高等学校规划教材

钢铁冶金学教程

包燕平　冯　捷　主编

北　京
冶　金　工　业　出　版　社
2019

内 容 简 介

本书系统地阐述了钢铁冶金过程的基本原理与工艺，介绍了炼铁、炼钢和连铸过程的新工艺、新设备和新技术。全书共分为13章，内容包括：绪论，高炉原料，高炉炼铁原理，高炉炼铁工艺，高炉炼铁设备，非高炉炼铁，铁合金生产，炼钢基本原理，炼钢原材料，氧气转炉炼钢，电弧炉炼钢，铁水预处理与钢水炉外精炼和连续铸钢。

本书可作为高等学校钢铁冶金专业本科生或研究生的教材，也可供从事钢铁生产的工程技术人员、管理人员以及相关专业的师生参考。

图书在版编目(CIP)数据

钢铁冶金学教程/包燕平，冯捷主编．—北京：冶金工业出版社，2008.7（2019.8重印）

高等学校规划教材

ISBN 978-7-5024-4454-9

Ⅰ.钢…　Ⅱ.①包…　②冯…　Ⅲ.①炼钢—高等学校—教材　②炼铁—高等学校—教材　Ⅳ.TF4

中国版本图书馆CIP数据核字(2008)第106627号

出 版 人　谭学余

地　　址　北京市东城区嵩祝院北巷39号　邮编　100009　电话　(010)64027926

网　　址　www.cnmip.com.cn　电子信箱　yjcbs@cnmip.com.cn

责任编辑　宋　良　美术编辑　李　新　版式设计　张　青

责任校对　王贺兰　责任印制　李玉山

ISBN 978-7-5024-4454-9

冶金工业出版社出版发行；各地新华书店经销；三河市双峰印刷装订有限公司印刷

2008年7月第1版，2019年8月第5次印刷

787mm×1092mm　1/16；28.25印张；751千字；435页

49.00元

冶金工业出版社　投稿电话　(010)64027932　投稿信箱　tougao@cnmip.com.cn

冶金工业出版社营销中心　电话　(010)64044283　传真　(010)64027893

冶金工业出版社天猫旗舰店　yjgycbs.tmall.com

（本书如有印装质量问题，本社营销中心负责退换）

前　言

钢铁材料是人类经济建设和日常生活中所使用的最重要的结构材料和用量最大的功能材料，是人类社会进步所依赖的重要物质基础，在经济发展中发挥着举足轻重的作用。20世纪90年代以来，世界钢铁工业格局发生了重大变化，其中最令人瞩目的是中国钢铁工业的崛起。1990年中国钢产量为6535万吨，1996年超过1亿吨成为世界第一产钢大国。近几年来，我国钢铁工业更是连续高速发展，从2002年开始，钢产量年增长速度均在20%以上，2006年和2007年钢产量连续两年都超过4亿吨，这对我国钢铁工业来说，是一个新的历史大跨越。它标志着我国钢铁工业的发展应该由注重数量的增长，转向注重质量的提高和结构的优化，更加注重全面、协调、可持续发展；进一步优化品种质量结构；节约能源、水资源，降低各种物质消耗；更注重环境保护，提高清洁生产水平。

为了适应我国钢铁工业发展对钢铁冶金专业人才的要求，满足高等学校冶金工程专业的教学需要，我们在多年教学讲义的基础上，参考了诸多专家学者的文献，注意所收集资料的全面性、新颖性和时效性，编写了本书。

考虑到近年来国内各高校冶金工程专业钢铁冶金学课程的学时不尽相同，内容各有侧重，我们在内容的安排上，注意了以下三个方面：

(1) 强调基础。对钢铁冶金的基本反应、基本原理和基本流程进行了详细的阐述。

(2) 注重工艺。对炼铁原料处理工艺、炼铁工艺、炼钢工艺、炉外精炼工艺、连铸工艺等进行了全面、系统的论述，通过本书的学习，可以全面掌握钢铁冶金的工艺过程。

(3) 突出先进。对近年来钢铁冶金技术的发展进行了比较全面的概括，引入了近年来对钢铁冶金专业发展有重要影响的新技术。

北京科技大学刘建华、张宗旺、崔衡和吴华杰也参加了本书的编写工作。

受水平所限，书中不足之处，诚请读者批评指正。

北京科技大学　包燕平

河北科技大学　冯　捷

2007年10月于北京

目　录

1 绪论

1.1 冶金基本概念

冶金是一门研究如何经济地从矿石或其他原料中提取金属或金属化合物，并用各种加工方法制成具有一定性能的金属材料的学科。

用于提取各种金属的矿石具有不同的特性，故提取金属要根据不同的原理，采用不同的生产工艺过程和设备，从而形成了冶金的专门学科——冶金学。

冶金学以研究金属的提取、加工和改进金属性能的各种技术为重要内容，发展到还包括对金属成分、组织结构、性能和有关基础理论的研究。就其研究领域而言，冶金学分为提取冶金和物理冶金两门学科。

提取冶金学是研究如何从矿石中提取金属或金属化合物的生产过程，由于该过程伴有化学反应，故又称化学冶金。

物理冶金学是通过成形加工制备有一定性能的金属或合金材料，研究其组成、结构的内在联系，以及在各种条件下的变化规律，为有效地使用和发展特定性能的金属材料服务。它包括金属学、粉末冶金、金属铸造、金属压力加工等分支学科。

1.1.1 冶金方法

从矿石或其他原料中提取金属的方法很多，可归结为以下三种方法。

1.1.1.1 火法冶金

火法冶金是指在高温下矿石经熔炼与精炼反应及熔化作业，使其中的金属和杂质分开，获得较纯金属的过程。整个过程可分为原料准备、冶炼和精炼三个工序。过程所需能源，主要靠燃料燃烧供给，也有依靠过程中的化学反应热来提供的。

1.1.1.2 湿法冶金

湿法冶金是在常温或低于100℃下，用溶剂处理矿石或精矿，使所要提取的金属溶解于溶液中，而其他杂质不溶解，然后再从溶液中将金属提取和分离出来的过程。由于绝大部分溶剂为水溶液，故也称水法冶金。该方法包括浸出、分离、富集和提取等工序。

1.1.1.3 电冶金

电冶金是利用电能提取和精炼金属的方法，按电能形式可分为两类：

(1) 电热冶金。利用电能转变成热能，在高温下提炼金属，本质上与火法冶金相同。

(2) 电化学冶金。用电化学反应使金属从含金属的盐类的水溶液或熔体中析出。前者称为溶液电解，如铜的电解精炼，可归入湿法冶金；后者称为熔盐电解，如电解铝，可列入火法冶金。

采用哪种方法提取金属，按怎样的顺序进行，在很大程度上取决于所用的原料以及所要求的产品。冶金方法基本上是火法和湿法，钢铁冶金主要用火法，而有色金属冶炼则火法和湿法兼有。

1.1.2 主要冶金过程简介

在生产实践中，各种冶金方法往往包括许多个冶金工序，如火法冶金中有选矿、干燥、煅烧、焙烧、烧结、球团、熔炼、精炼和浇注等工序。

(1) 干燥。指除去原料中的水分的过程。干燥温度一般为400～600℃。

(2) 焙烧。指将矿石或精矿置于适当的气氛下，加热至低于它们熔点的一定温度，发生氧化、还原或其他化学变化的冶金过程。其目的是为改变原料中提取对象的化学组成，满足熔炼的要求。按焙烧过程控制气氛的不同，可分为氧化焙烧、还原焙烧、硫酸化焙烧、氯化焙烧等。

(3) 煅烧。指将碳酸盐或氢氧化物的矿物原料在空气中加热分解，除去二氧化碳或水分变成氧化物的过程，也称焙解。如石灰石煅烧成石灰，作为炼钢熔剂。

(4) 烧结和球团。将粉矿经加热焙烧，固结成多孔块状或球状的物料，是粉矿造块的主要方法。

(5) 熔炼。指将处理好的矿石或其他原料，在高温下通过氧化还原反应，使矿石中金属和杂质分离为两个液相层即金属液和熔渣的过程，也叫冶炼。按冶炼条件可分为还原熔炼、造锍熔炼、氧化吹炼等。

(6) 精炼。进一步处理熔炼所得含有少量杂质的粗金属，以提高其纯度。如熔炼铁矿石得到生铁，再经氧化精炼成钢。精炼方法很多，如炼钢、真空冶金、喷射冶金、熔盐电解等。

(7) 浇注。指将精炼后合格的金属熔液浇注成要求的尺寸和凝固组织的过程。现代钢冶金中主要指连续铸钢。

可见，冶金过程是应用各种化学和物理化学的方法，使原料中的主要金属和其他金属或非金属元素分开，以获得纯度较高的金属的过程。

冶金是一门多学科的综合运用科学，一方面，冶金学不断吸收其他学科特别是物理学、化学、力学、物理化学、流体力学等方面的新成就，指导着冶金生产技术向新的广度和深度发展；另一方面，冶金生产又以丰富的实践经验充实冶金学的内容，也为其他学科提供新的金属材料和新的研究课题。电子技术和计算机的发展和应用，对冶金生产产生了深刻的影响，促进了新金属和新合金材料不断产出，进一步满足了高精尖科学技术发展的需要。

1.2 钢铁工业

1.2.1 钢铁工业在国民经济中的重要地位与作用

钢具有强度高、韧性好、易加工和焊接等特性，所以它是一种优良的结构材料。改变钢中的合金元素及其数量可以获得各种不同性能的合金钢，从而满足制造各种工具和设备的要求。此外，由于铁矿石贮藏丰富，便于冶炼和加工，可以进行大规模工业化生产，因此钢铁一直是经济建设、社会发展的重要物质基础，并成为衡量一个国家国力的重要标志之一。

钢铁一直是人类社会使用量最大、覆盖面最宽的重要材料。在现代化建设中，钢的需求涉及所有部门，而且需用的品种和数量都很大。现代农业、机械工业、化学工业、建筑业、电子工业、兵器工业、航空航天工业以及人们日常生活都离不开钢。钢铁业是工业经济和人民生活改善的支柱产业。展望21世纪，钢铁仍将是最主要的结构材料和产量最大的功能材料。

钢铁之所以成为使用最多的金属材料，其原因是：

(1) 就金属元素而言，铁在自然界中的储藏量仅次于铝，居第二位，而且多形成巨大的铁矿床。铁矿石中铁的含量通常为25%～70%。

(2) 铁矿石冶炼和加工较容易，且生产规模大、效率高、质量好和成本低，具有其他金属生产无可比拟的优势。

(3) 钢铁具有良好的物理、机械和工艺性能，如有较高的强度和韧性，是热和电的良好导体，耐磨、耐腐蚀、焊接及铸造加工性好等。

(4) 将某些金属(如镍、铬、钒、锰等)作为合金元素加入铁中,就能获得具有各种性能的金属材料。

(5) 钢铁材料通过热处理能调整其力学性能,以满足国民经济各方面的需要。

(6) 钢铁材料失效后,回收再利用方便,可以形成生产—使用—废弃—回收—再生产的循环使用链,是很好的生态材料。

目前世界钢铁产量随着国民经济的发展仍在不断增长,而且近年来钢铁材料与各种有色金属及合金、有机合成材料、无机非金属材料等组成复合材料,使其用途进一步扩大。因此,目前还没有哪一种材料能取代钢铁材料现有的地位。

1.2.2 新一代钢铁材料主要特征

新一代钢铁材料具有以下三个主要特征:

(1) 超细晶。钢只有获得超细晶组织才能在"强度翻番"后具有良好强韧性配合。铁素体—珠光体钢最终使用态的晶粒度应当从传统的几十微米(八级晶粒度为 20 μm)细化到几个微米。贝氏体—马氏体的板条束宽度细化到几个微米,甚至更细。细晶技术应当是研究提高材料强韧性的首选途径。

(2) 高洁净度。洁净度是指钢材内部杂质含量和夹杂物形态能满足使用要求,我们把它称为"经济洁净度"。由于钢的强度翻番,材料在使用时承受了更高应力,使裂纹形成和扩展的敏感性增加。按照断裂力学的基本概念,在相同条件下,受力愈大,要求临界裂纹尺寸(以夹杂物大小作为内在不可避免的裂纹)愈小。新一代钢铁材料应有更高的洁净度。

(3) 高均匀性。钢液凝固过程中,由于传热规律造成顺序凝固。无论模铸还是连铸,都会带来低熔点元素的宏观偏析。随后的高温加热及大变形量轧制,都难以消除偏析。现代冶金的发展趋势是流程愈来愈紧凑,过程愈来愈快,材料组织向非平衡发展。为改善钢的均匀性,在凝固过程中应尽可能减少柱状晶,争取获得全等轴晶的钢坯,在杂质总量不变的情况下,提高均匀性相当于提高洁净度。

新一代钢铁材料除上述三个特征外,从经济和生产应用方面考虑,还应满足以下三个条件:

(1) 良好的性能价格比。强度翻番,价格不能翻番。必须有更好的性能价格比,以保证市场的竞争力。

(2) 强韧性良好配合。不能以牺牲韧性来提高强度。必须有足够的韧性储备,特别是低温韧性,以保证安全。

(3) 符合可持续发展方针。应尽量降低能源、资源消耗,便于废钢回收利用。钢中要少用合金元素,降低碳含量,以保证塑性、韧性和焊接性。工艺过程不能污染环境。

正在开发的新一代钢铁材料,有高级别管线钢(X100,X120),高层建筑耐火抗震用钢,大跨度重载桥梁用钢,高强(超高强)汽车用钢等。

1.2.3 钢与生铁的区别

钢和生铁的区别可从表 1-1 中看出。由于钢具有很好的物理化学性能与力学性能,可以进行拉、压、轧、冲、拔等深加工,因此钢比生铁的用途广泛。除占生铁总量极少部分的铸造生铁用于生产铁铸件外,绝大部分的生铁要进一步冶炼成钢,以满足国民经济各部门的需要。

表 1-1　钢和生铁的区别

名　称	含碳量/%	熔点/℃	特　性
生　铁	2.0～4.5	1100～1200	脆而硬，无韧性，不能锻轧，铸造性能好
钢	＜2.0(工业上使用的钢中 $w[C]$ 一般＜1.4%)	1450～1500	强度高，塑性好，韧性大，可以锻、压、铸

钢与生铁都是以铁元素为主，并含有少量碳、硅、锰、磷、硫等元素的铁碳合金。根据含碳和其他元素含量的不同而区分为钢和生铁，特别是碳含量的差别，引起铁碳合金在不同温度下所处的状态和结构的变化，因而使钢和生铁具有不同的性能和用途。一般地说，含碳量高于 2%的铁碳合金为生铁，含碳量低于 2%的为钢。

生铁含碳较高，其性质硬而脆，不能锻造。它主要用于铸造电动机外壳、变速箱壳体、机床床体与支架以及其他机械零件等。在世界各国生铁产量中，大部分是作为炼钢原料，进一步精炼成钢。而只有 10%左右用于铸造各种部件和零件。

钢具有比生铁更好的综合力学性能，如有较高的机械强度和韧性；可塑性好，易加工成各种形状的钢材和制品；能铸造、轧制、锻造和焊接；具有良好的导电、导热性能。若在钢中添加一些合金元素，则可得到特殊性能的钢种，如不锈钢、耐热钢、耐酸钢等。若对钢进行热处理，可在很大范围内改变同一成分钢的性能，如两块含碳 0.8%的钢，其中一块经加热至 770℃，在炉内进行缓慢冷却(退火)，得到硬度和强度较低的钢。另一块同样加热至 770℃，然后放入水中急冷(淬火)，其硬度和强度可比前者高 3～4 倍。

1.2.4　现代钢铁冶炼的发展历程

最早熔炼钢水的方法是 1740 年出现的坩埚法，它是将生铁和废铁装入石墨和黏土制成的坩埚内，用火焰加热熔化炉料，之后将熔化的炉料铸成钢锭。但这种方法不能去除钢中的有害杂质。

第一次解决用铁水直接冶炼钢水这一难题的是 1856 年英国人贝塞麦(H. Bessemer)发明的底吹酸性空气转炉炼钢法。将空气吹入铁水，使铁水中硅、锰、碳快速氧化，依靠这些元素放出的热量将液体金属加热到能顺利地进行浇注所需的温度，从此开创了大规模炼钢的新时代。由于采用酸性炉衬和酸性渣操作，吹炼过程中不能去除磷、硫，同时为了保证有足够的热量来源，要求铁水有较高的含硅量。

1878 年，英国人托马斯(S. G. Thomas)又发明了碱性底吹空气转炉炼钢法(即托马斯法)，用白云石加少量黏土作黏结剂制成炉衬，在吹炼过程中加入石灰造碱性渣，解决了高磷铁水的脱磷问题(特别适用于西欧一些国家)。但这种方法采用空气底吹，钢水中氮的含量高，炉子寿命也低。

1865 年，法国人马丁(Mar Tin)利用蓄热室原理发明了以铁水、废钢为原料的酸性平炉(马丁炉)法；继托马斯炼钢法以后，于 1880 年出现第一座碱性平炉。由于碱性平炉适用于各种原料条件，生铁和废钢的比例可以在很宽的范围内变化，解决了废钢炼钢的问题，钢的品种质量也大大超过了空气转炉。因此，碱性平炉一度成为世界上最主要的炼钢方法，其地位保持了半个多世纪。但是平炉的设备庞大，生产率较低，对环境的污染较大。到 2000 年，平炉炼钢法在我国已全部淘汰。

20 世纪 40 年代初，大型空气分离机问世以来，可提供大量廉价的氧气，给氧气炼钢提供了物质条件。1948 年，德国人罗伯特·杜勒(Robert · Durrer)在瑞士成功地进行了氧气顶吹转炉炼钢试验。1952 年在奥地利林茨(Linz)城，1953 年在多纳维茨(Donawitz)城先后建成了 30 t 氧气顶吹转炉车间并投入生产，所以这一方法也称为LD法。而在美国一般称做BOF(Basic Oxygen Furnace)或BOP法(Basic Oxygen Process)，在英国、加拿大等地称为BOS法(Basic Oxygen Steelmaking)。由于氧气顶吹转炉生产率及热效率高，成本低，钢水质量高，便于实现自动化操作，因此而成为冶金史上发展最迅速的新技术。氧气转炉炼钢是目前世界上最主要的炼钢方法。

1967年，西德马克希米利安公司与加拿大莱尔奎特公司共同协作试验，成功开发了氧气底吹转炉炼钢法。由于从炉底吹入氧气，改善了冶金反应的动力学条件，脱碳能力强，有利于冶炼超低碳钢种，也适用于高磷铁水炼钢。

1978年，法国钢铁研究院(IRSID)在顶吹转炉上进行了底吹惰性气体搅拌的实验并获得成功，1979年日本住友金属发表了转炉复合吹炼的报告。由于转炉复合吹炼兼有顶吹和底吹转炉炼钢的优点，促进了金属与渣、气体间的平衡，吹炼过程平稳，渣中氧化铁含量少，减少了金属和铁合金的消耗，加之改造容易(对LD转炉)，因此该炼钢方法在各国得到了迅速推广。目前我国大中型转炉大都采用了复吹技术。

1899年，法国人赫劳特研制炼钢用三相交流电弧炉获得成功。由于钢液成分、温度和炉内气氛容易控制，品种适应面宽，特别适于冶炼高合金钢。电弧炉炼钢法是当前主要的炼钢法之一，由电炉冶炼的钢目前占世界钢总产量的30%～40%。当前电炉炼钢普遍采用超高功率(交流、直流)电弧炉技术。

世界上的主要炼钢方法是氧气转炉和电弧炉炼钢法(其特征见表1-2)。此外，为了冶炼某些特殊用途的钢种和合金，人们还采用感应炉、电渣炉、等离子炉等特种冶金方法。

表1-2 主要炼钢法的特征

炼钢法	原料	热源	氧化剂	造渣剂	特征	用途
转炉	主要是铁水，少量废钢	铁水物理热、杂质的氧化热	主要是氧气	石灰、白云石、萤石等	炼钢时间短，废钢用量少	普通钢、低合金钢
电弧炉	主要是废钢，少量生铁	主要是电能	氧气、铁矿石	石灰、萤石、耐火砖块等	热效率高，钢中磷、硫含量低，成分调整容易	合金钢、普通钢

目前炼钢新技术方面有高效转炉炼钢技术，转炉溅渣护炉技术，转炉炉体长寿及冷却技术，转炉少渣操作技术，高纯净度、高性能、高附加值钢生产技术，钢的品种与质量控制技术，高效连铸技术等。

在炼铁新技术方面有高炉长寿技术，富氧大喷煤技术，高风温长寿热风炉技术，精料技术，熔融还原炼铁新技术，高压操作技术等。

1.2.5 我国钢铁工业的发展

1.2.5.1 近代钢铁工业状况

我国近代钢铁生产开始于1890年清末时期，当时的湖广总督张之洞在湖北汉阳开办了汉阳钢铁厂。旧中国钢铁工业非常落后，产量很低，从1890年到1948年的半个世纪中，累计产钢不到200万t，年产钢量最多的是1943年92.3万t，1949年只有15.8万t。

新中国成立以来，特别是改革开放以来，我国钢铁工业有了迅速的发展。1980年钢产量为3712万t，1990年达到6500万t；1991年钢产量为7100万t，居世界第三位，1996年突破1亿t，钢产量为10124万t，列世界第一位；2002年我国钢产量达1.82亿t，到2003年钢产量突破

2亿t,达到22234万t,中国钢铁工业发展进入高速增长的时期。2004年钢产量仍保持快速发展的势头,达到27280万t(见图1-1),2005年中国钢产量达到34936.15万t,比上年增加6887.6万t,增长超过24%;2006年已达到41878万t;2007年中国的钢产量则达到48900万t。这样,中国钢产量从1亿t到2亿t,花了七年时间,而从2亿t钢到4亿t钢,仅用3年时间。中国是世界上第一个钢产量超2亿t的国家。中国钢产量平均年增长率在20世纪90年代为6.99%,而2000～2004年的四年间平均年增长率高达20.71%,在1亿多吨钢产量的基础上,连续四年保持在20%以上的年增长速度;2010年产钢量为6.27亿t,预计2011年产能可达7.77亿t,已引起了全球钢铁界的关注,可以说中国正由钢铁大国向钢铁强国迈进。

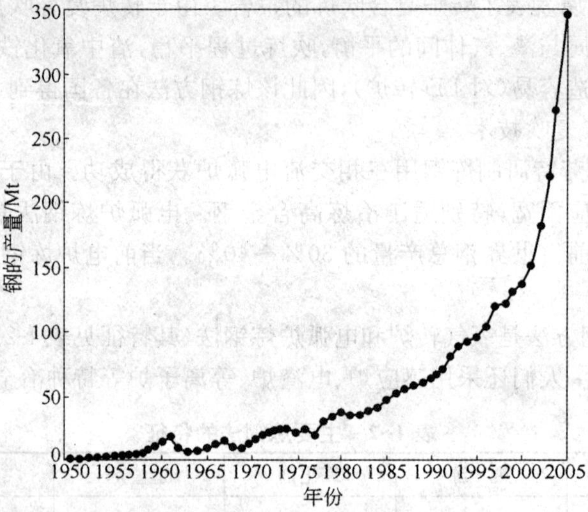

图1-1 我国钢产量的变化情况

1.2.5.2 现代钢铁工业的可持续发展

主要重在增加高附加值的产品,提高质量,不能片面追求数量扩张;重在提高产业集中度,加强现有企业的改组改造,不能单纯依靠铺新摊子,上新项目;重在节能减排,提高企业和产品的竞争力,不能依赖消耗资源污染环境。

我国钢铁工业要坚持走新型工业化道路,实现我国从钢铁大国向钢铁强国的根本转变:

(1)坚持以内需为主导。结合实际情况,要着力解决产能过剩问题,严格控制新增产能,加速淘汰落后工艺、装备和产品,提高产品档次和质量。

(2)积极推进循环经济。以“3R”(即减量化、再利用、再循环)为基本原则,并在一定条件下将物质、能量、时间、空间、资金五要素有效地整合在一起的经济发展模式。

(3)推广集团化重组。以若干个大型先进型企业为核心,联合其他企业,逐步壮大。

(4)大城市钢厂的搬迁和淘汰落后生产能力。如在曹妃甸等地,自主创新建设新一代技术先进、具有强大竞争力的新基地。

(5)低品位铁矿石资源的利用和复合矿的综合利用。科学、合理地利用国内低品位铁矿资源和复合矿资源,绝不是提倡一哄而起,到处乱采乱挖,影响环境,破坏生态。

1.3 现代钢铁生产工艺流程

1.3.1 长流程与短流程

现代炼钢工艺主要的流程有两种,即以氧气转炉炼钢工艺为中心的钢铁联合企业生产流程和以电炉炼钢工艺为中心的小钢厂生产流程。通常习惯上把前者叫做长流程，把后者叫做短流程。

(1) 长流程工艺。从炼铁原燃料准备开始，原料入高炉冶炼得到液态铁水，高炉铁水经过铁水预处理（或不经过）入氧气转炉吹炼、再经二次精炼（或不经过）获得合格钢水，钢水经过凝固成型工序（连铸或模铸）成坯或锭，再经轧制工序最后成为合格钢材。由于这种工艺流程生产单元多，规模庞大，生产周期长，因此称此工艺流程为钢铁生产的长流程工艺（见图 1-2）。

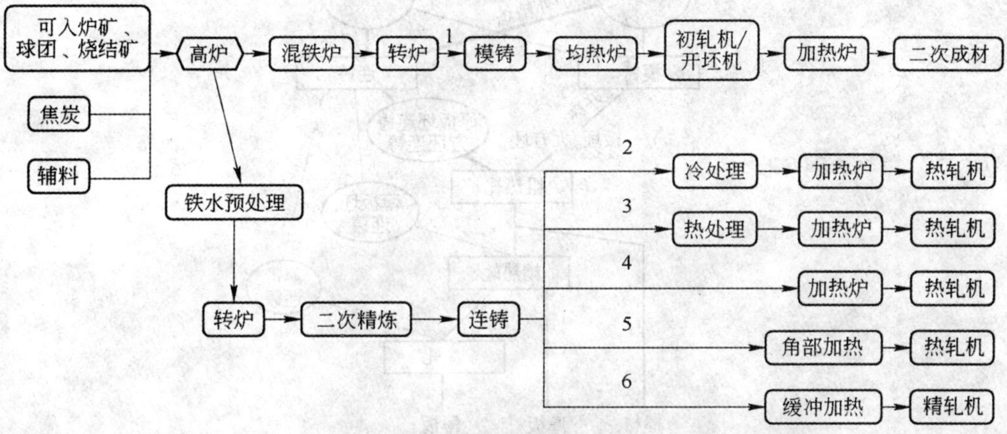

图 1-2　钢铁生产的长流程工艺流程图

(2) 短流程工艺。将回收再利用的废钢（或其他代用料），经破碎、分选加工后，经预热直接加入电炉中，电炉利用电能作热源来进行冶炼，再经二次炉外精炼，获得合格钢水，后续工序同长流程工序。由于这种工艺流程简捷，高效节能，生产环节少，生产周期短，因此称此工艺流程为钢铁生产的短流程工艺（见图 1-3）。又称“三位一体”流程（即由电炉→炉外精炼→连铸组成），或者“四个一”流程（即由电炉→炉外精炼→连铸→连轧组成）。

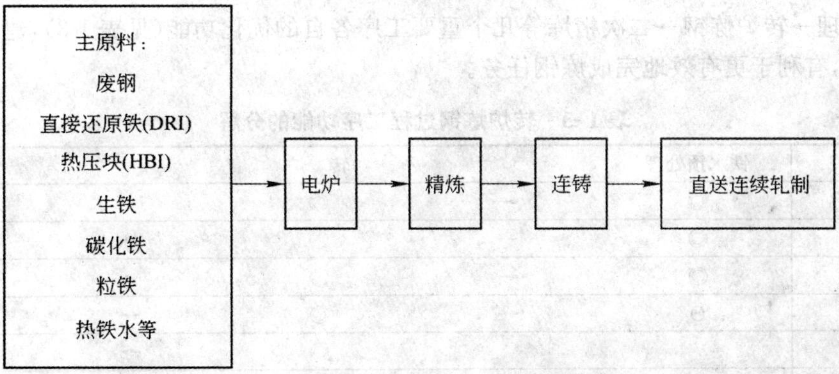

图 1-3　钢铁生产的短流程工艺流程图

21 世纪，在自然资源保有量不断锐减和环境状况日益恶化的背景下，社会更加关心人类今后的生存空间和可持续发展的战略问题。因此，用全新的观点改造传统的工艺流程，已成为今后社会发展的必然要求。根据资源的多样化，钢铁生产将采用多种冶炼工艺（见图 1-4）。

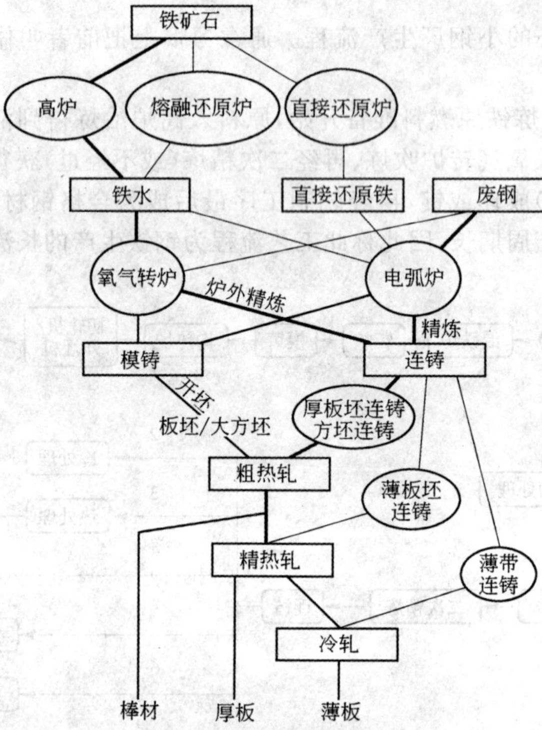

图 1-4　21 世纪钢铁生产的不同流程

1.3.2　炼钢过程工序功能的分解与集成

20 世纪 70 年代以来，工艺流程逐步从间歇式向准连续化、连续化演变，从注重规模的扩大和流程中工序功能的简单划分或简单迭加，转向注重综合集成和流程的结构优化。

通过对各单元冶金工序进行研究，将相关的单元工序最合理、高效地整合在一起，从而形成钢铁产品的最佳生产流程，即实现流程系统内工序组成的重构与优化。如通过选择、分配、协调好铁水预处理→转炉炼钢→二次精炼等几个重要工序各自的优化功能（见表 1-3），建立好各工序的相互关系，有利于更有效地完成炼钢任务。

表 1-3　转炉炼钢过程工序功能的分解

工序功能	铁水预处理		转　炉		二次精炼
脱　硅	◎	←	◎		
脱　硫	◎	←	○	→	Θ
脱　磷	◎	←	○	→	Θ
脱　碳	Θ	←	◎	→	◎①
升　温			◎	→	Θ
脱　气			Θ	→	◎
夹杂物形态控制			Θ	→	◎
脱　氧			◎	→	◎
合金化			Θ	→	◎
纯净化	◎	←	Θ	→	◎

注：◎—完成该功能的主要工序；Θ—完成该功能的次要工序；○—在该工序退化的功能。

①超低碳情况下，真空脱碳更重要。

1.3.3 绿色冶金的基本流程

1.3.3.1 钢铁工业的环境现状

钢铁工业各生产工序，除了生产出需要的金属及加工成材料外，同时还排出大量的废气、废水和固体废物(炉渣等)。这不仅浪费资源和能源，而且对环境造成严重污染，直接危害人民身体健康。近十几年来，经有关部门和广大环保工作者努力，钢铁工业环境面貌有了很大改观，出现了一批环保型钢铁企业，综合利用工作也取得了很大进展。

1.3.3.2 钢铁工业的主要污染

A 废水污染

钢铁工业是用水的大户，用水量占全国工业用水量的 19%，废水排放量占全国工业废水排放量的 11.3%，且钢铁工业废水含多种污染物。

钢铁工业用水主要是冷却水，其次是煤气洗涤水，以及冲洗设备、地面及除尘用水等。在这些耗水中，一部分水经冷却后循环使用，另一部分被污染的水需经处理后循环利用或排放。

钢铁冶金废水的处理原则是：采取最有效的、最简便和最经济的处理方法，使处理后的水和有用资源两者都回收利用。故应做到以下几点基本要求：

(1) 工厂或车间生产过程中排放出的废水应做到"清污分流、分片治理"。不应使其与其他废水混合，使废水总量增加并使处理回收复杂化。

(2) 所选用的处理方法和工艺流程，应紧密结合工厂的主体生产流程，使处理后的水循环利用、重复利用，争取实现"零排放"。

(3) 对目前技术水平和经济条件尚无法回收利用的少量废水，则应进行无害化处理，使之达到国家排放标准。

炼钢厂污水主要分为冶炼过程污水、设备和产品直接冷却水和设备间接冷却水。冶炼过程污水主要是指烟气除尘污水，是炼钢厂的主要污水。这种污水含有大量的氧化铁和其他杂质，必须经过处理后才能回用和外排，否则将会给周边地区的水环境带来严重危害。

以转炉除尘污水为例，其排放量一般为吨钢 5～6 m^3。但对于每一个炼钢厂，由于除尘工艺不同，水处理流程不同，其污水量也有很大差别。原则上，除尘污水量相当于其供水量。但在供水流程上，如果采用串联供水，则较之并联供水，其水量几乎减少一半。如宝钢炼钢厂 300 t 氧气顶吹转炉，采用二文一文串联供水，吨钢污水量设计值仅约 2 m^3。仅就污水量而言，水量小，污染也小，治理起来也较容易。所以水量问题是与工艺密切相关的。氧气顶吹转炉炼钢是个间歇生产过程，由于工艺方面的特点，使得炉气量、温度、成分等都在不断变化，因此除尘污水的性质也在随时相应的变化。

B 空气污染

空气污染是指空气中污染物的浓度达到了有害的程度。污染物有固态、液态、气态，如酸雾、有害气体等。钢铁企业各个生产环节几乎都有污染物产生，空气污染对人体健康、植物生长都有很大影响，众所周知的"伦敦烟雾"，就是在高浓度污染物突然作用下导致多人死亡的事例。二氧化硫大量排放会造成"酸雨"，破坏树木，使植物生长缓慢甚至枯萎，枝叶脱落。

C 钢铁渣污染

从矿山开采、金属冶炼到加工制造都有废渣产生，如废石、尾矿、冶炼渣、粉尘、污泥等，统称钢铁工业固体废物，其中主要是高炉渣和炼钢渣。高炉每炼 1 t 生铁要产生 300 kg 左右的炉渣，每炼 1 t 钢要产生 150 kg 左右的钢渣。这些渣如不加以利用，对环境会造成污染，对有用物也是浪费。

渣对环境污染是通过大气、水及固体废物本身三种途径造成的。钢铁渣的处理和利用是三废治理的重要内容，不仅对环境保护有重要作用，而且又可产生十分显著的技术经济效益。目前高炉渣和钢渣都得到了较好的利用。

钢铁工业除上述污染物外，噪声的污染也不可忽视，它会影响人们的正常生活，损伤听力，诱发多种疾病，降低劳动生产率，甚至引发事故，因此必须设法控制。在发展技术，改进和增加设备的同时，必须考虑环境保护，使钢铁企业成为无公害企业。

1.3.3.3　绿色冶金

所谓绿色制造是指：

(1) 从源头入手根治造成污染的制造过程，并高度关注产品绿色生命周期；

(2) 使污染物消除在制造过程中，协调经济效益和环境效益；

(3) 不同类型、相关类型企业之间形成工业生态链，促进构成污染物的"零"排放体系(或称为最小排放体系)；

(4) 所谓污染是指在不同尺度上超过生态平衡所能接受的外源性污染；

(5) 强调持续性的对环境污染集成预防策略，追求构成可持续发展战略的最佳模式。

绿色制造与环境治理有不同的立场，甚至是不完全相同的概念。环境治理的立场往往是对已被污染的环境进行治理，使之恢复到被污染前的面貌，这种方法往往导致企业成本增加，甚至削弱市场竞争力；绿色制造则是强调从源头上阻止污染物生成的新策略。必须高度重视绿色制造，要从过程科学、技术与工程研发入手，发展环境友好的生产工艺、技术装备、制造流程，解决好环境污染与可持续发展这对矛盾。

近年来，又提出了"绿色冶金"的概念，绿色冶金也称环境意识冶金，是一个综合考虑生态环境影响和资源，能源消耗的现代冶金材料制造模式，其目标是使得冶金材料制品从设计、开发、生产、制备、加工到进入材料使用的整个产品生命周期中，对环境的负影响作用相对最小，资源和能源的使用效率相对最高。

该定义体现出一个基本观点，即材料制备的冶金系统中导致环境污染的根本原因是资源及能源消耗和废弃物的产生及排放，因而绿色冶金的定义中体现了资源、能源和生态环境之间不可分割的关系。在绿色冶金中，所谓的环境是一个泛环境的概念，它包括资源消耗、能源消耗和废弃物，特别是污染物排放，是一个综合性的环境概念，而不是一个单一的生态环境的概念。

绿色钢材生命周期体系(图 1-5)，将涉及资源、能源的开采、输送过程、钢材的制造过程、加工组装过程、使用过程、废弃过程、回收利用过程等因果链。就钢铁企业而言，发展新一代钢铁生产流程(图 1-6)应该从单一钢材生产功能拓宽为社会废弃物消纳及能源高效转化等多功能生产流程，如新日铁公司 2006 年度使用了日本全国产生容器包装废塑料的 30%。环境保护的内涵如图 1-7 所示。因此，冶金过程"三废"处理及二次资源的回收利用将意义深远。

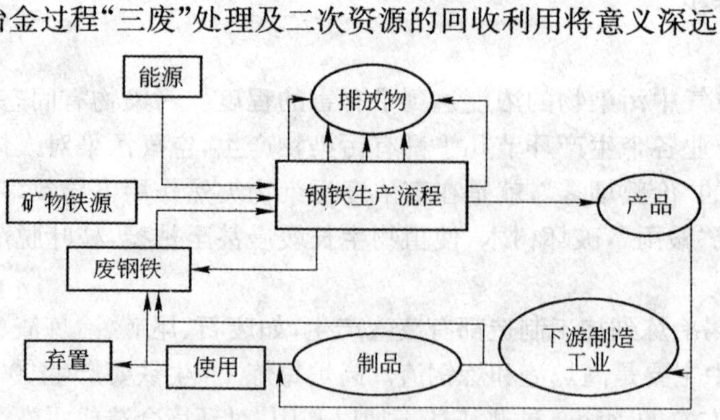

图 1-5　绿色钢材生命周期

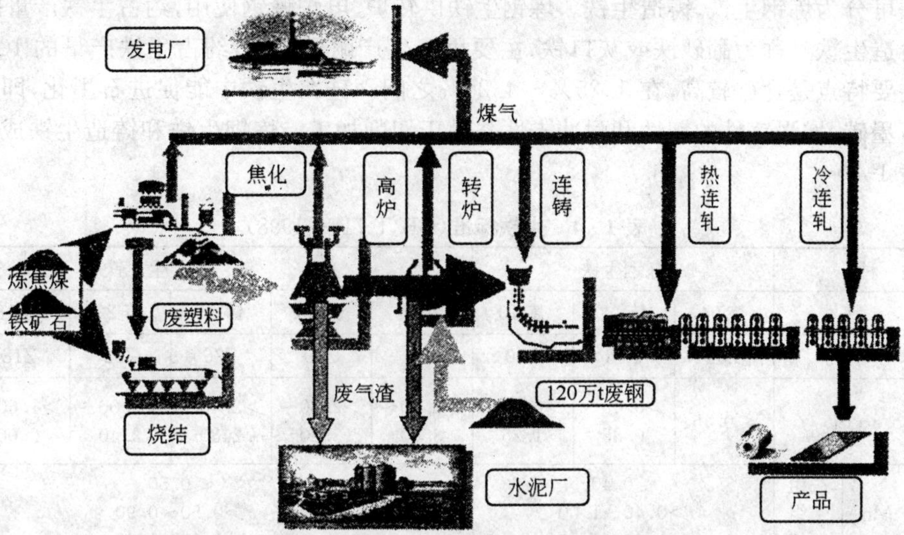

图 1-6 新一代钢铁生产流程

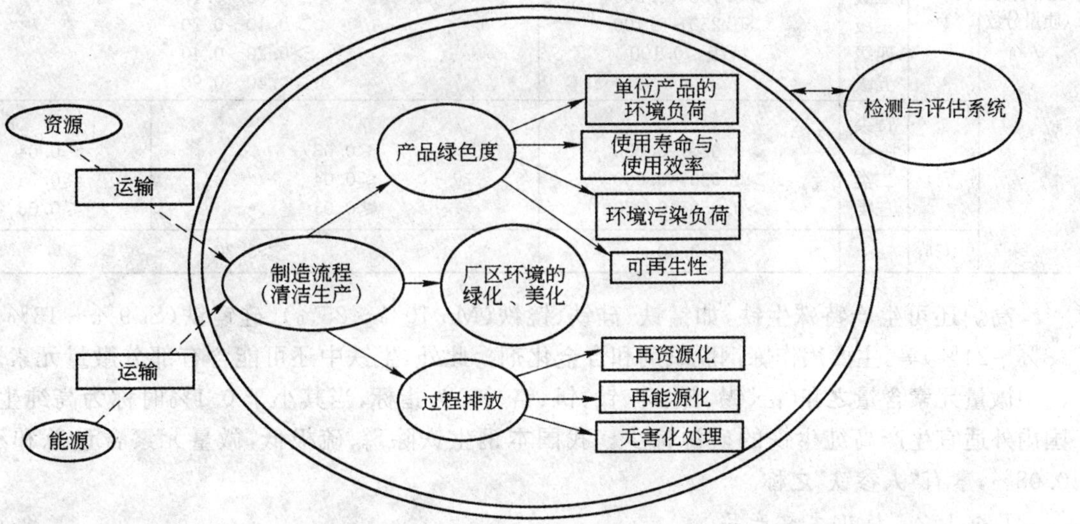

图 1-7 绿色冶金流程图

1.4 钢铁主要产品及副产品

1.4.1 钢铁冶炼主要产品

1.4.1.1 高炉冶炼主要产品

高炉冶炼的主要产品是生铁。炉渣和高炉煤气为副产品。

生铁是铁与碳及其他一些元素的合金。通常，生铁含铁 94%左右，含碳 4%左右，其余为硅、锰、磷、硫等少量元素。

一般来说，生铁和钢的化学成分主要差别是含碳量。钢中含碳量最高不超过 2.11%。高炉生铁含碳量在 2.5%～4.5%之间，铸铁中不超过 5.0%（此时 Fe_3C 含量约占 75%，当铸铁中 Fe_3C 达 100%时，其含碳量为 6.67%）。当铸铁中含碳量高于 5.0%时，铸铁甚脆，没有实用价值。而含碳量在 1.6%～2.5%之间的钢铁材料，由于缺乏实用性，一般不进行工业生产。

生铁可分为炼钢生铁、铸造生铁。炼钢生铁供转炉、电炉炼钢使用，约占生铁产量的80%～90%。铸造生铁又称为翻砂铁或灰口铁，主要用于生产耐压铸件，约占生铁产量的10%。铸造生铁的主要特点是含硅较高，在1.25%～4.25%之间。硅在生铁中能促进石墨化，即使化合碳游离成石墨碳，增强铸件的韧性和耐冲击性并易于切削加工。炼钢生铁和铸造生铁成分的国家标准见表1-4。

表1-4　生铁标准(GB/T 717—1998)

铁种			炼钢生铁			铸造生铁					
铁号	牌号		炼04	炼08	炼10	铸34	铸30	铸26	铸22	铸18	铸14
	代号		L04	L08	L10	Z34	Z30	Z26	Z22	Z18	Z14
化学成分(质量分数)/%	Si		≤0.45	>0.45～0.85	>0.85～1.25	>3.20～3.60	>2.80～3.20	>2.40～2.80	>2.00～2.40	>1.60～2.00	>1.25～1.60
	Mn	一组	≤0.40			≤0.50					
		二组	>0.40～1.00			>0.50～0.90					
		三组	>1.00～2.00			>0.90～1.30					
	P	一级	>0.100～0.150			≤0.06					
		二级	>0.150～0.250			>0.06～0.10					
		三级	>0.250～0.400			>0.10～0.20					
		四级	特级≤0.100			>0.20～0.40					
		五级				>0.40～0.90					
	S	特类	≤0.02								
		一类	>0.020～0.030			≤0.03				≤0.04	
		二类	>0.030～0.050			≤0.04				≤0.05	
		三类	>0.050～0.070			≤0.05				≤0.06	
	C		≥3.50			>3.30					

高炉还可生产特殊生铁，如锰铁、硅铁、镜铁(Mn 10%～25%)、硅镜铁(Si 9%～13%，Mn 18%～24%)等，主要用作炼钢脱氧剂和合金化剂。此外，生铁中还可能含有部分微量元素。生铁中微量元素含量之和(铅、锡、锑、砷、钛、钒、铬、锌)为指标，当其小于0.1%时称为高纯生铁。国内外适宜生产高纯生铁的矿源稀少。我国本钢生铁除磷、硫极低，微量元素含量总和小于0.08%，素有“人参铁”之称。

1.4.1.2　炼钢主要产品

钢是含碳量低于2%，并含有少量其他元素的铁碳合金，是社会生产和日常生活所必需的基本材料。按组成元素不同，钢可分为碳素钢和合金钢。碳素钢含有规定的碳元素及其他元素如硅、锰等。为改善或获得某种性能在碳素钢的基础上，加入一种或多种适量元素的钢为合金钢。钢的品种规格目前已发展到上千种，为生产和使用方便，将钢的品种进行如下分类。

A　按使用功能分类

一类是以其强度和韧性作为力学性能指标，主要用于建筑、机械结构件的结构材料。另一类是以其电磁性或耐腐蚀性等物理化学性能作为主要指标，主要用于电器元件或容器的功能材料。虽然用作功能材料的钢在功能材料中所占比重很大，但90%以上的钢是用作结构材料。

B　按使用特性分类

钢按其主要使用特性分为工程结构和机械结构用钢。

工程结构用钢大多由钢铁企业提供具有最终要求性能的产品，使用部门下料、成形后，制成工程结构件。工程构件多采用焊接技术成形，故要求钢材有良好的焊接性能。机械结构用钢因使用部门还要经过机械加工和热处理，获得所需零件的几何形状和使用性能，因此要求钢材具有良好的切削性能和相应的热处理工艺性能。

C 按化学成分分类

国际钢分类标准(ISO 4949—1)按化学成分把钢分为非合金钢和合金钢两类。我国钢分类标准(GB/T 13304—91)按化学成分把钢分为非合金钢、低合金钢和合金钢三类。

非合金钢不仅包括了“碳素钢”，还包括有电工用纯铁、原料纯铁以及具有其他特殊性能的“非合金钢”。根据我国和某些国家的情况，钢中碳含量规定如下：

高碳钢：$w[C]>0.60\%$（一般 $w[C]<1.4\%$），如弹簧钢、工具钢等均属此类；

中碳钢：$w[C]=0.25\%\sim0.60\%$，机械结构钢多属此类；

低碳钢：$w[C]<0.25\%$，其塑性和可焊性能好，建筑结构用钢多属此类；

工业纯铁：$w[C]<0.04\%$，它是电器、电讯和电工仪表用的磁性材料。

超低碳钢的碳含量没有一个公认的严格标准，近年来认为 $w[C]<0.015\%$，甚至 $w[C]<0.005\%$的钢种为超低碳钢。

合金钢则是为了获得某种物理、化学或力学特性而有意添加了一定量的合金元素如 Cr、Ni、Mo、V 等，并对杂质和有害元素加以控制的一类钢。按钢中合金元素总含量可分为：

高合金钢：合金元素总含量大于 10%；

中合金钢：合金元素总含量为 5%～10%；

低合金钢：合金元素总含量为 3%～5%；

普通低合金钢：合金元素总含量小于 3%。

按钢中所含的主要合金元素不同可分为锰钢、硅钢、硼钢、铬镍钨钢、铬锰硅钢等。

在国内习惯上又将特殊质量的碳素钢和合金钢称为特殊钢，全国 31 家特钢企业专门生产这类钢，如优质碳素结构钢、合金结构钢、碳素工具钢、合金工具钢、高速工具钢、碳素弹簧钢、合金弹簧钢、轴承钢、不锈钢、耐热钢、电工钢，还包括高温合金、耐蚀合金和精密合金等等。

D 按金相组织分类

工程结构用钢按使用状态在光学显微镜下主体相组成可划分为铁素体/珠光体钢、低碳贝氏体钢、针状铁素体钢、超低碳贝氏体钢、低碳马氏体钢和双相钢。

这种划分方法既反映了钢种强度与相应组织的关系，又体现了材料的发展进程。

铁素体/珠光体钢的典型组织为多边形铁素体和 10%～25%的片层状珠光体，相应钢中的碳含量为 0.08%～0.20%。随碳含量的提高，钢中珠光体的体积分数增加，钢的强度提高。工业用钢中均含有一定数量的锰，它可以消除或削弱因硫所引起的热脆性，形成固溶体，起固溶强化作用；同时，它可降低临界转变温度，细化钢的组织。加入微合金化元素，采用控轧控冷工艺，使组织细化，从而提高钢的强韧性。随工程的需求，出现了微珠光体钢（珠光体的体积分数小于 10%）和无珠光体钢（珠光体的体积分数小于 5%）。

工程结构钢包括碳素钢（也称非合金钢）和低合金高强度钢。低合金高强度钢是指在碳含量低于 0.25%（质量分数，下同）的普通碳素钢的基础上，通过添加一种或多种少量合金元素（低于 3%），使钢的强度明显高于碳素钢的一类工程结构用钢，统称低合金高强度钢。目前，对低合金高强度钢下一个严格的且被一致认可的定义尚有困难。美国把这种钢称为高强度低合金钢（HSLA，High Strength Low Alloy Steel）。

低碳碳素结构钢基本为铁素体/珠光体型，强度较低，$\sigma_s\approx200$ MPa，其代表性钢号为 Q235。

传统的低合金高强度钢中大多为铁素体/珠光体型，其强度较高，$\sigma_s \approx 300 \sim 400$ MPa，代表性钢号为 Q345。由于这类钢应用量大面广，故提高其强韧性有巨大经济价值。

1.4.2 钢铁冶炼副产品

1.4.2.1 高炉冶炼副产品

A 高炉渣

由于冶炼矿石品位、焦比及焦炭灰分的不同，高炉生产每吨生铁产生的炉渣量差异很大。我国大中型高炉的单位生铁渣量在 0.3～0.5 t 之间。一些原料条件差、技术水平低的高炉单位生铁渣量甚至超过 0.6 t。

高炉渣主要是由钙、镁、硅、铝的氧化物构成的复杂硅酸盐矿物。一般高炉渣的成分(质量分数)为：CaO 35%～44%；SiO_2 32%～42%；Al_2O_3 6%～16%；MgO 4%～13%。

此外，高炉渣中含有少量硫化物和碳化物，如 MnO、FeO、CaS 等。使用特殊矿冶炼的高炉炉渣还含有其他物质，如我国包钢高炉渣含有 CaF_2、K_2O、Na_2O，攀钢高炉渣中含有 TiO_2、V_2O_5。

高炉渣的工业用途广泛。如在炉前急冷粒化成水渣，可制作成水泥和建筑材料；酸性渣还可在炉前用蒸汽吹成渣棉，作绝热材料。炉渣还可代替天然碎石作为路基材料。冶炼多元素共生的复合矿时，炉渣中常富集有多种元素(如稀土、钛等)，这类炉渣可进一步利用。

高炉炉渣出炉温度通常为 1400～1450℃，热含量 1680～1900 kJ/kg，对于这部分显热，目前已经引起人们的重视。

B 高炉煤气

冶炼每吨生铁可产生 1600～3000 m^3 的高炉煤气，其中 CO 26%～30%，CO_2 0%～25%，H_2 1%～3%，还有少量甲烷(CH_4)等可燃气体。从高炉排出的煤气中含有大量的炉料粉尘，经过除尘处理可使含尘量降到 10～20 mg/m^3。除尘处理后的高炉煤气发热值约为 3350～3770 kJ/m^3，是良好的气体燃料。但高炉冶炼产生的煤气量、成分及发热值与高炉操作参数及产品种类有关。如高炉冶炼铁合金时煤气中几乎没有 CO_2。

高炉煤气是钢铁联合企业的重要二次能源，主要用作热风炉燃料，还可供动力、炼焦、烧结、炼钢、轧钢等部门使用。

1.4.2.2 炼钢副产品

A 钢渣

钢渣是炼钢过程中的重要产物之一，其主要来源于：冶炼中，生铁、废钢、铁合金等金属原料中各种元素的氧化产物(SiO_2、MnO、P_2O_5、FeO 等)及脱硫产物(CaS)；人为加入的造渣材料如石灰(CaO)、萤石(CaF_2)、电石(CaC_2)和氧化剂铁矿石、烧结矿(Fe_2O_3)等；被侵蚀下来的耐火材料(MgO)；各种原材料带入的泥砂(SiO_2、Al_2O_3)和铁锈(Fe_2O_3)。

综上所述，钢渣是一个复杂的多元矿物，主要由各种氧化物如 CaO、MgO、MnO、FeO、Fe_2O_3、Al_2O_3、P_2O_5、SiO_2 及少量的 CaS、CaF_2、CaC_2 组成。通过控制熔渣的组成可形成不同性能的熔渣，其化学成分见表 1-5。

B 煤气

钢铁生产中还能获得大量的可燃气体，转炉炼钢可获得转炉煤气，炼焦时可得焦炉煤气等。它们是冶金生产中的副产品，也是钢铁联合企业内部的重要气体燃料。

转炉炼钢烟气的性质完全由回收方式决定。

表 1-5 各种钢渣的化学成分

分类	炉 渣	化学成分 w/%								
		SiO_2	CaO	FeO	MnO	P_2O_5	MgO	Al_2O_3	CaF_2	CaC_2
酸性	酸性液渣	50～55	20～30	≤0.5				10～15	≤1.0	
碱性	氧气顶吹转炉	6～21	35～55	7～30	2～8	1～4	2～12			
	氧气底吹转炉	5.5	51	16	2.0	17.0	0.7	0.6		
	复吹转炉	8～19	30～50	10～25	3～7	2～5	6～12			
	电炉氧化渣	8～15	40～50	12～30	5～7	0.2～2	8～10	1～2		
	电炉还原渣	10～15	55～65	0.3～0.5	9.1～0.2		8～10	2～3		

(1) 成分。从表 1-6 可见，燃烧法的主要成分为氮气(74%～80%)，CO_2(7%～14%)，称为废气；未燃法的主要成分为 CO(60%～80%)，由于 CO 含量高，回收后称为煤气。

表 1-6 烟气成分

方法 \ 成分 w/%	CO	CO_2	N_2	O_2	H_2	CH_4
燃烧法(废气)	0.02～0.3	7～14	74～80	11～20	0～0.4	0～0.2
未燃法(煤气)	60～80	14～19	5～10	0.4～0.6		

(2) 温度。对于燃烧法，因为 CO 又进行燃烧，所以温度高，约在 1800～2400℃之间；对于未燃法，因为其中 CO 未经燃烧直接回收，所以温度低，约在 1400～1600℃之间。因为两种方法的烟气温度都在 1400℃以上，所以回收系统中都必须有冷却设备。

(3) 发热量。燃烧法烟气中 CO 已经再次燃烧，所以烟气只有物理热；未燃法烟气中 CO 未经燃烧，所以煤气还具有化学热。例如：烟气中 CO 含量为 60%～80%时，发热量为 7.7～10.0 kJ/m^3；烟气中 CO 含量为 50%～70%时，发热量为 6.2～8.4 kJ/m^3。

(4) 烟气数量。燃烧法：因为吸入大量空气使 CO 完全燃烧，所以烟气(废气)量是未燃法的 6～8 倍；未燃法：吨钢煤气回收 60～110 m^3。

(5) 回收煤气的意义。煤气有毒，人体吸入后有生命危险，而且对牲畜、庄稼都有害；煤气易爆，如一个区域聚集煤气过多就有爆炸危险。煤气是一种能源，回收煤气意味着节能。所以煤气回收后有利于环境保护。利用化学热——作燃料。由于转炉煤气中含氢量少，含硫量低，所以是一种很好的燃料，其标态下的发热值为 7.7～10.0 kJ/m^3，可用于车间内混铁炉加热，钢包、中间包、铁合金的烘烤，作为加热炉的燃料。利用物理热——制造蒸汽。未燃法进入烟道烟气温度为 1400～1600℃，吨钢煤气利用汽化冷却式烟道可产生 60～100 kg 的蒸汽，该蒸汽可以供生活使用或工业用气。利用 CO——作化工原料。600 m^3 煤气可生产 1 t 甲酸钠，甲酸钠可以代替金属锌成为染料工业中生产保险粉的重要原料，也是制造草酸钠的原料，3600 m^3 煤气可以生产 1 t 合成氨，用以制造氮肥。利用烟尘——回收用作烧结矿和球团矿原料。湿式净化系统中得到的泥浆是带水的烟尘，脱水干燥后制成烧结矿和球团(内含金属小颗粒和 FeO 等)，可以作为高炉炼铁原料。转炉煤气是副产品，成本低。

1.5 钢铁生产技术经济指标

1.5.1 高炉生产主要技术经济指标

高炉生产技术水平和经济效果以其技术经济指标来衡量，主要技术经济指标有：

(1) 高炉有效容积利用系数(η_V,t/(m^3 · d))。高炉有效容积利用系数是指每昼夜、1 m^3 高炉有效容积的生铁产量，即高炉每昼夜的生铁产量 P(t/d)与高炉有效容积 $V_{有}$(m^3)之比。

$$\eta_V = P/V_{有} \tag{1-1}$$

式中，η_V是高炉冶炼的一个重要指标，η_V愈大，高炉生产率愈高。目前，一般大型高炉超过 2.0，一些先进高炉可达到 2.2～2.3。小型高炉的 η_V更高，100～300 m^3 高炉的利用系数为 2.8～3.2。

(2) 焦比(K,kg/t)。焦比是指冶炼每吨生铁消耗的焦炭量，即每昼夜焦炭消耗量 Q_K(kg/d)与每昼夜生铁产量 P(t/d)之比。

$$K = Q_K/P \tag{1-2}$$

焦炭消耗量约占生铁成本的 30%～40%，欲降低生铁成本必须力求降低焦比。焦比大小与冶炼条件密切相关，一般情况下焦比为 450～500 kg/t，喷吹煤粉可以有效地降低焦比。

(3) 煤比(Y,kg/t)。冶炼每吨生铁消耗的煤粉量称为煤比。当每昼夜煤粉的消耗量为 Q_Y(kg/d)时，则：

$$Y = Q_Y/P \tag{1-3}$$

喷吹其他辅助燃料时的计算方法类同，但气体燃料应以体积(m^3)计量。

单位质量的煤粉所代替的焦炭的质量称为煤焦置换比，它表示煤粉利用率的高低。一般煤粉的置换比为 1.7～0.9。

(4) 冶炼强度(I,t/(m^3 · d))。冶炼强度是每昼夜 1 m^3 高炉有效容积燃烧的焦炭量，即高炉一昼夜焦炭消耗量(Q_K)与有效容积($V_{有}$)的比值：

$$I = Q_K/V_{有} \tag{1-4}$$

冶炼强度表示高炉的作业强度，它与鼓入高炉的风量成正比，在焦比不变的情况下，冶炼强度越高，高炉产量越大。当前国内外大型高炉冶炼强度一般为 1.05 左右。

(5) 生铁合格率。化学成分符合国家标准的生铁称为合格生铁，合格生铁占总产生铁量的百分数为生铁合格率。它是衡量产品质量的指标。

(6) 生铁成本。生产 1 t 合格生铁所消耗的所有原料、燃料、材料、水电、人工等一切费用的总和，单位为元/t。

(7) 休风率。休风率是指高炉休风时间占高炉规定作业时间的百分数。休风率反映高炉设备维护的水平，先进高炉休风率小于 1%。实践证明，休风率降低 1%，产量可提高 2% 。

(8) 高炉寿命。高炉寿命是从点火开炉到停炉大修之间的冶炼时间，或是指高炉相邻两次大修之间的冶炼时间。大型高炉寿命为 10～15 年。

判断高炉寿命结束的准则主要是高炉生产的经济性和安全性。如果高炉的破损程度已使生产陷入效率低、质量差、成本高、故障多、安全差的境地，就应考虑停炉大修或改建。衡量高炉寿命的指标有两条，一是高炉的寿命；二是一代寿命内单位容积的产铁量。

1.5.2 炼钢生产主要技术经济指标

炼钢的技术经济准则是高效、优质、品种多、低消耗，以及综合利用资源，提高经济效益。因此技术经济指标能够反映生产中的技术水平与经济效果，它反映并衡量一个企业完成计划的情况，同时也能为企业内部的各项技术、生产、经营活动与检查分析提供依据。

1.5.2.1 钢产量

炼钢产量是用合格钢产量来表示，即万 t/a，或 t/月、t/d。

炼钢废品是从出钢开始考核，其中包括从出钢到浇注整个过程中所产生的跑钢、漏钢、混号铸坯及连铸各种因素造成的断流损失，以及轧后废品、用户退回的废品。炼钢必需的合理损失不计入废品，如连铸的切头、切尾、开浇摆槽损失、中包浇余钢水、氧化铁皮等损耗在规定范围之内均属合理损失。

1.5.2.2 小时产钢量

$$\text{小时产钢量(t/h)}=\frac{\text{平均炉产钢水量(t)}\times\text{良坯(锭)收得率(\%)}}{\text{炉役期平均冶炼时间(h)}} \tag{1-5}$$

1.5.2.3 平均冶炼周期

指冶炼一炉钢所需时间。

$$\text{平均炼钢时间(min/炉)}=\frac{\text{炼钢作业总时间(min)}}{\text{出钢总炉数(炉)}} \tag{1-6}$$

炼钢作业时间与日历作业率计算内容相同。炼钢出钢炉数不包括全炉废品、全炉钢水回炉、事故回炉等。

1.5.2.4 利用系数

(1) 转炉利用系数。指转炉在日历工作时间内，每公称吨位所生产合格钢的数量。

$$\text{转炉的日历利用系数(t/(公称吨位·d))}=\frac{\text{合格钢产量(t)}}{\text{转炉公称吨位}\times\text{转炉座数}\times\text{日历天数(d)}} \tag{1-7}$$

转炉公称吨位是指转炉设计总吨位；用于修砌和烘烤的炉座可不计算在内。日历天数是指规定的实际日历天数，其中包括转炉大、中修停工的天数。

(2) 电炉利用系数。是衡量一座电炉产量高低的标志。它是指电炉 1 天(24 h)每 1 MV·A 变压器生产合格钢的吨数，单位为 t/(MV·A·d)。计算公式为：

$$\text{利用系数}=\frac{\text{合格钢产量}}{\text{变压器容量}\times\text{日历昼夜}} \tag{1-8}$$

式中，合格钢产量＝检验量－废品量。

电炉变压器容量按铭牌容量计算，但经改造后的变压器应按新测定的容量计算。天数通常按月、季度、年进行统计，但扣除计划检修和停电所占去的时间。

利用系数在很大程度上综合反映了产品质量的优劣、产量的增减、操作水平的高低、设备潜力的挖掘以及企业管理水平等。

1.5.2.5 作业率

指炼钢炉作业时间占日历时间的百分比。

$$\text{作业率(\%)}=\frac{\text{实际炼钢作业时间}}{\text{日历时间}}\times 100\%=\frac{\text{日历时间}-\text{停工时间}}{\text{日历时间}}\times 100\% \tag{1-9}$$

转炉炼钢作业时间是指扣除停炉的非作业时间，它包括吹氧时间和辅助时间，如装料、等铁水、等废钢、等钢包、等吊车、等浇注、等氧气等等，只要炉与炉的间隔时间在 10 min 以内，都计算在炼钢作业时间之内，超过 10 min 就统计在非作业时间中。

电炉实际炼钢时间包括补炉、装料、炼钢、出钢以及冶炼过程中耽误的时间。冶炼过程中的耽误时间是指等吊车、等钢包、等分析、等原材料、接换电极以及处理冶炼过程中的各类事故所耗的时间。停工时间包括检修设备、更换水冷件、特殊修砌补打炉衬、计划停电、停水及换炉壳与换炉盖等所花费时间的总和。

作业率反映了炼钢对时间的利用程度，一般波动在 94%～96%之间。如果企业管理水平高，设备维修保养好，炉衬使用寿命高，冶炼操作正常，防止各类事故的发生，缩短计划或杜绝非计划检修时间，就能提高作业率。

1.5.2.6　炉龄

炉衬寿命也称炉龄。转炉炉龄是指新砌内衬后，从开始炼钢起直到更换炉衬为止，一个炉役所炼钢的炉数。可按下式计算平均炉龄：

$$炉龄(炉)=\frac{炼钢总炉数}{炉衬更换次数} \tag{1-10}$$

炼钢电炉的炉龄是指在一个炉役期内，即炉底、炉壁（或炉盖）从投入使用起到更换新炉底、新炉壁（或新炉盖）期间内的炼钢炉数。炼钢电炉的炉底、炉壁或炉盖平均使用寿命的计算公式为：

$$炉底平均使用寿命=\frac{出钢总炉数}{更换炉底次数} \tag{1-11}$$

$$炉壁平均使用寿命=\frac{出钢总炉数}{更换炉壁次数} \tag{1-12}$$

$$炉盖平均使用寿命=\frac{出钢总炉数}{更换炉盖次数} \tag{1-13}$$

炉底、炉壁或炉盖的平均使用寿命通常按月、季度、年进行统计。

1.5.2.7　铸坯合格率

$$铸坯合格率(\%)=\frac{合格铸坯量(t)}{铸坯检验合格量(t)+废品量(t)}\times 100\% \tag{1-14}$$

1.5.2.8　合金比

指合金钢合格产量占合格钢总产量的百分数。

$$合金比=\frac{合金钢合格产量}{合格钢总产量}\times 100\% \tag{1-15}$$

高合金比是指合格的高合金钢（合金元素总含量大于 10%的钢）产量占合格钢总产量的百分比。计算公式为：

$$高合金比=\frac{合格的高合金钢产量}{合格钢总产量}\times 100\% \tag{1-16}$$

1.5.2.9　钢铁料消耗

每冶炼 1 t 合格铸坯所消耗钢铁原料的数量，即：

$$钢铁料消耗(kg/t)=\frac{入炉钢铁原料数量(kg)}{合格铸坯(锭)产量(t)} \tag{1-17}$$

钢铁料数量＝铁水量＋废钢铁量

1.5.2.10 金属料消耗

金属料消耗是每冶炼 1 t 合格铸坯所消耗的金属材料，其中包括钢铁原料和铁合金的消耗数量，铁合金包括脱氧剂，提温剂和发热剂及调整成分用的铁合金；还要将含铁原料如铁矿石，氧化铁皮折合成铁后计入消耗。

有些钢铁原料可按规定折算后计入消耗，例如轻薄废钢可按 60％折算；压块废钢按 65％折算；渣钢按 70％折算，若是砸碎加工的渣钢可按 90％折算；钢丝和铁屑按 40％折算；粉状铁合金按 50％折算；除此之外的其他材料均按实物量计入。

$$金属料消耗(kg/t)=\frac{金属料消耗总和(kg)}{合格铸坯(锭)产量(t)} \tag{1-18}$$

1.5.2.11 氧气消耗

$$氧气消耗量(标态)(m^3/t)=\frac{氧耗总量(标态)(m^3)}{合格铸坯(锭)总量(t)} \tag{1-19}$$

1.5.2.12 冶炼电耗

冶炼电耗是指生产 1 t 合格钢所消耗的电量，单位为 kW · h/t。计算公式为：

$$电能单位消耗量=\frac{炼钢所使用的电量}{所炼合格钢量} \tag{1-20}$$

冶炼电耗是指炉前电度表指示的耗电量，可扣除烤炉用电。但洗炉和为了提高电炉钢质量服务的炼渣炉、二次精炼炉所耗用的冶炼用电，应与电炉钢冶炼电耗一并计算。

1.5.2.13 工序能耗

表示每生产 1 t 合格铸坯所消耗标准燃料的数量。

$$工序能耗=支出\,\Sigma\,\frac{总耗量}{钢产量}\times换算系数-收入\,\Sigma\,\frac{总耗量}{钢产量}\times换算系数 \tag{1-21}$$

支出部分的总耗量包括每炼 1 t 合格铸坯所消耗的煤气、氧气、氮气、氩气、压缩空气、淡水、软化水、电能等总量；收入部分是每炼 1 t 合格铸坯回收的煤气、蒸汽等总量。

换算系数是将所有消耗和回收的能量都折合成标准燃料值。由于各厂具体情况有差异，换算系数也稍有不同。

1.5.2.14 成本与利润

冶金企业有大批量、多工序生产的特点。通常上一工序半成品的成本（或价格）随半成品实物转移，计入下一工序相应产品的原料费用中。炼钢厂（车间）的成品是连铸坯或钢锭。可比成本用成本的降低率表示：

$$连铸坯成本(元/t)=\frac{(原料费用+辅助费用+燃料费+人工费用+维修费+其他费用)(元)}{合格连铸坯产量(t)} \tag{1-22}$$

$$成本降低率(\%)=1-\frac{\Sigma(每种品种本期单位成本\times本期产量)}{\Sigma(每种品种上期单位成本\times本期产量)}\times100\% \tag{1-23}$$

$$利润(元)=销售价格-成本-税金 \tag{1-24}$$

复习思考题

1-1 冶金的主要方法有哪些？

1-2 冶金过程主要包括哪几个工序？

1-3 新一代钢铁材料的主要特征是什么？

1-4 钢与生铁的主要区别是什么？

1-5 试述钢铁生产的长流程和短流程，各有何特点？

1-6 钢铁工业产生的污染有哪些，如何改进钢铁生产的环境？

1-7 炼钢生产的主要副产品及其应用有哪些？

1-8 高炉生产主要技术经济指标有哪些？

1-9 试述钢铁料的组成。

1-10 试述电炉单位能耗的计量范围。

2 高炉炼铁原料

原料是高炉冶炼的物质基础，炼铁原料的发展趋势是采用精料，精料的具体内容可概括为“高、熟、净，匀、小、稳”六个字。在高压、高风温、高负荷、合理的炉料结构的生产条件下，精料是使高炉操作稳定顺行，获得高产、优质、低耗(降低焦比)及长寿的基本保证，因此为高炉提供精料是原料工作者的重要任务。

高炉冶炼用的原料主要有铁矿石(天然富矿和人造富矿)、燃料(焦炭与喷吹燃料)、熔剂(石灰石与白云石等)。冶炼 1 t 生铁大约需要 1.5～2.0 t 矿石，0.35～0.6 t 焦炭、0.2～0.4 t 熔剂。高炉冶炼是连续的生产过程，因此，必须尽可能为其提供数量充足、品位高、强度好、粒度均匀、粉末少、有害杂质少及性能稳定的原料。对一些不能满足上述要求的原料，要进行一系列的准备处理，以保证高炉正常而有效地生产。

2.1 铁矿石

2.1.1 天然矿物

(1) 矿物。地壳中具有均一内部结晶结构、化学组成以及一定物理、化学性质的天然化合物或自然元素称为矿物。能够为人类利用的矿物，称为有用矿物。

(2) 矿石。从矿床中开采出的并具有工业利用价值的固体物质均称作矿石，俗名简称为矿。在选矿的术语上则叫做原矿、粗矿或冒砂。矿石一般是由有用矿物(即矿石矿物)与其伴生的脉石所构成。

(3) 矿石矿物。是指在工业上能从其中提取一种或数种有用成分的矿物。矿石矿物大多数是不透明矿物，往往具有金属光泽，如黄铜矿、方铅矿分别为铜、铅的矿石矿物。但也有一些是透明矿物。金属矿石矿物有时作为自然金属产出，如自然金、铂等，但其大多数为化合物。

矿石矿物的概念也是相对的，有许多过去认为不能利用的岩石，随着科学技术的发展，今天已成为重要的矿石资源，如钒钛磁铁矿等。

(4) 脉石矿物。在矿石中除了有用矿物外，几乎都有一些在工业上没有利用价值的矿物，称为脉石矿物。如磁铁矿石中的石英就是该矿石的脉石矿物，通常在矿石处理过程中被废弃掉。

矿石通常都以氧化物、硫化物、碳酸盐等化合物状态存在，许多矿石是多种矿物共存。按所含有用矿物矿石可分为简单矿石和复合矿石两种，简单矿石是从中提取一种有用成分的矿石，如磁铁矿矿石从中只能提取金属铁；复合矿石是从中同时能提取两种或两种以上有用矿物的矿石，如钒钛磁铁矿矿石，可从中提取钒、钛和铁等金属。

矿石有金属矿石和非金属矿石之分。金属矿石是指在现代技术经济条件下可从中提取金属的矿石，而矿石的名称是以其中所含金属种类来命名的，如铜矿石、铁矿石等。

(5) 矿石品位。矿石中有用成分的含量称作矿石的品位，常用百分数表示。如品位 40%的铁矿石，就是铁矿石中金属铁的含量为 40%。对于贵金属，由于它们的含量一般都很低，所以矿石品位常以每 1 吨中含金属克数来表示。

(6) 富矿、贫矿和精矿。根据矿石品位的不同，一般分为富矿石和贫矿石。它们之间并没有严格的界限，通常根据各个工业部门及矿区的具体条件而定。钢铁冶金中，如矿石中的含铁量超过其理论含铁量的70%，则称该矿石为富矿；而品位较低，需经选矿加工富集的则称为贫矿石。一般地，富矿含铁范围为50%～69%，贫矿为30%～50%。经加工处理后获得的高品位矿石称为精矿。

2.1.2 铁矿石的分类及特性

高炉冶炼用的铁矿石有天然富矿和人造富矿两大类。含铁量在50%以上的天然富矿经适当破碎、筛分处理后可直接用于高炉冶炼。贫铁矿一般不能直接入炉，须破碎、富选并重新造块，制成人造富矿再入高炉。人造富矿含铁量一般在55%～65%之间。由于人造富矿事先经过焙烧或烧结高温处理，因此又称为熟料，其冶金性能远比天然富矿优越，是现代高炉冶炼的主要原料。天然块矿通常称为生料。

我国富矿贮量很少，多数是含铁30%左右的贫矿，需要经过富选才能使用。

天然铁矿石按其主要矿物分为磁铁矿、赤铁矿、褐铁矿和菱铁矿等几种，主要矿物组成及特征见表2-1。

表2-1 常见铁矿石的组成及特征

矿石名称	化学式	理论含铁量 $w(Fe)/\%$	矿石密度 $/t\cdot m^{-3}$	颜色	冶炼性能		
					实际含铁量 $w(Fe)/\%$	有害杂质	强度及还原性
磁铁矿	Fe_3O_4	72.4	5.2	黑色	45～70	S、P高	坚硬、致密、难还原
赤铁矿	Fe_2O_3	70.0	4.9～5.3	红色	55～60	S、P低	软、较易破碎、易还原
褐铁矿	$2Fe_2O_3\cdot H_2O$ $Fe_2O_3\cdot H_2O$ $3Fe_2O_3\cdot 4H_2O$ $2Fe_2O_3\cdot 3H_2O$	66.1 62.9 60.9 60.0	4.0～5.0 4.0～4.5 3.0～4.4 3.0～4.2	黄褐色 暗褐色 绒褐色	37～55	S低 P高低不等	疏松、易还原
菱铁矿	$FeCO_3$	48.2	3.8	灰色带黄褐色	30～40	S低 P高	易破碎、焙烧后易还原

(1) 赤铁矿（红矿）。主要含铁矿物为Fe_2O_3，其中理论含铁量70%，含氧量30%。赤铁矿有α-Fe_2O_3和γ-Fe_2O_3两种晶形。常温下无磁性，但在一定温度下，当α-Fe_2O_3转变为γ-Fe_2O_3时，便具有磁性。色泽为赤褐色到暗红色，由于其硫、磷含量低，还原性较磁铁矿好，是优良原料。赤铁矿的熔融温度为1580～1640℃。

(2) 磁铁矿。主要含铁矿物为Fe_3O_4，具有磁性。其化学组成可视为$Fe_2O_3\cdot FeO$，其中FeO 31%，Fe_2O_3 69%；理论含铁量72.4%，含氧量27.6%。磁铁矿颜色为灰色或黑色，由于其结晶结构致密，所以还原性比其他铁矿差。磁铁矿的熔融温度为：1500～1580℃。这种矿物与TiO_2和V_2O_5共生，叫钒钛磁铁矿；只与TiO_2共生的叫钛磁铁矿，其他常见混入元素还有镍、铬、钴等。在自然界中纯磁铁矿很少见，常常由于地表氧化作用使部分磁铁矿氧化转变为半假象赤铁矿和假象赤铁矿。假象赤铁矿是仍保留磁铁矿的外形，但Fe_3O_4已被氧化成Fe_2O_3的矿石。一般用$w(TFe)/w(FeO)$的比值来区分：$w(TFe)/w(FeO)=2.33$的为纯磁铁矿石；$w(TFe)/w(FeO)<3.5$的为磁铁矿石；$w(TFe)/w(FeO)=3.5\sim7.0$的为半假象赤铁矿石；$w(TFe)/w(FeO)>7.0$的为假象赤铁矿石。

(3) 褐铁矿。通常指含水氧化铁的总称，如$3Fe_2O_3\cdot 4H_2O$称为水针赤铁矿；$2Fe_2O_3\cdot 3H_2O$才称褐铁矿。这类矿石一般含铁较低，但经过焙烧去除结晶水后，含铁量显著上升。颜色为浅褐色、深褐色或黑色，硫、磷、砷等有害杂质一般多。

(4) 菱铁矿。又称碳酸铁矿石，因其晶体为菱面体而得名。颜色为灰色、浅黄色、褐色。其化学组成为 $FeCO_3$，亦可写成 $FeO \cdot CO_2$，理论上 FeO 含量为 62.1%，CO_2 含量为 37.9%。常混入镁、锰等的矿物。一般含铁较低，但若受热分解放出 CO_2 后品位显著升高，而且组织变得更为疏松，很易还原。所以使用这种矿石一般要先经焙烧处理。

2.1.3 铁矿石质量评价

铁矿石质量直接影响高炉冶炼效果，必须严格要求。通常从含铁品位、脉石成分、杂质元素含量、还原性、矿石高温性能等几方面评价。

2.1.3.1 含铁品位

矿石品位基本上决定了矿石的价格，即冶炼的经济价值。若含铁品位低需经富选才能入炉的为贫矿。划分富矿与贫矿没有统一的标准，此界限将随选矿及冶炼技术水平的提高而变化。

一般将矿石中铁的质量分数高于 65%，而 S、P 等杂质少的矿石，供直接还原法和熔融还原法使用。而矿石中铁的质量分数高于 50%而低于 65%的可供高炉使用。我国富矿贮量很少，绝大部分是铁的质量分数为 30%左右的贫矿，要经过富选才能使用。

2.1.3.2 脉石的成分及分布

铁矿石中的脉石包括 SiO_2、Al_2O_3、CaO 及 MgO 等氧化物，在高炉冶炼条件下，这些氧化物不能或很难被还原为金属，最终以炉渣的形式与金属分离。因为只有当渣中碱性氧化物（CaO、MgO 等）与酸性氧化物（SiO_2 等）的质量分数大体相等时，渣的熔点才较低，黏度也较小，这样才利于在炉内处理而不致有碍于正常操作。为此，实际操作中应根据铁矿石带入的脉石的成分和数量，配加适当的“助熔剂”，简称“熔剂”，以便得到性能较理想的炉渣。此外，造渣物的另一个重要来源——焦炭及煤粉灰分，几乎是 100%的酸性氧化物，而大多数铁矿石的脉石也是酸性氧化物，故通常要消耗相当数量的石灰石（$CaCO_3$）或白云石（$CaCO_3$、$MgCO_3$）等碱性氧化物作为熔剂。若矿石的脉石成分中碱性氧化物较多，甚至以碱性物为主，必然会节省燃料灰分中的酸性氧化物造渣所需外加的熔剂量。

有些矿石中 Al_2O_3 的质量分数很高，也是不利的，原因是 Al_2O_3 将大大地提高炉渣的熔点。

矿石中（CaO＋MgO）质量分数适当的矿石，可允许矿石中铁的质量分数低些，冶炼仍然是经济的。用扣除（CaO＋MgO）后的折算铁的质量分数对不同的矿石进行评价和对比是合理的。

矿石中脉石的结构和分布，特别对于贫矿，是很重要的特性。如果含铁矿物结晶的颗粒比较粗大，则在选矿过程中容易实现有用矿物的单体分离，从而使有用元素达到有效的富集。相反，如果含铁矿物呈现细粒结晶嵌布于脉石矿物的晶粒中，则要消耗更多的能量以细碎矿石才能实现有用矿物的单体分离。

此外，有用矿物及脉石矿物的结构又决定了矿石的致密程度，影响矿石的机械强度及还原性。矿石要具有一定的机械强度，但不宜过度致密，以致难以进行加工和被还原。

2.1.3.3 有害元素的含量

矿石中除去不能还原而造渣的氧化物外，常含有其他化合物，它们可以被还原为元素形态。其中有的可与铁形成合金，有的则不能，有的则是有害的。

常见的有害元素是 S、P；较少见的有碱金属（K、Na 等）以及 Cu、Pb、Zn、F 及 As 等。

S、P、As 和 Cu 易还原为元素并进入生铁，对铁及其后的钢及钢材的性能有害。碱金属及 Zn、Pb 和 F 等虽不能进入生铁，但易于破坏炉衬，或易于挥发并在炉内循环富积造成结瘤事故，或污染环境有害人身健康。事先用选矿法除去这些有害杂质，或困难很大，或代价太高，迫使高炉炉料中限制这些矿石用量的百分比，从而极大地降低了这些矿石的使用价值。

各种有害杂质的界限含量见表 2-2。

表 2-2 矿石中有害杂质的危害及界限含量

<table>
<tr><th>元素</th><th>允许的质量分数/%</th><th colspan="2">危害及某些说明</th></tr>
<tr><td>S</td><td>≤0.3</td><td colspan="2">使钢产生“热脆”，易轧裂</td></tr>
<tr><td rowspan="4">P</td><td>≤0.3</td><td>对酸性转炉生铁</td><td rowspan="4">磷使钢产生“冷脆”，烧结及炼铁过程皆不能除磷；矿石允许含磷量 $w(P_{矿})$ 可按下式计算：
$w(P_{矿})=\frac{[w(P_{铁})-w(P_{熔焦附})]\times w(Fe_{矿})}{w(Fe_{铁})}(\%)$</td></tr>
<tr><td>0.2～1.2</td><td>对碱性转炉生铁</td></tr>
<tr><td>0.05～0.15</td><td>对普通铸造生铁</td></tr>
<tr><td>0.15～0.6</td><td>对高磷铸造生铁</td></tr>
<tr><td>Zn</td><td>≤0.1～0.2</td><td colspan="2">Zn 在 900℃挥发，上升后冷凝沉积于炉墙，使炉墙膨胀，破坏炉壳，烧结时可除去 50%～60%的 Zn</td></tr>
<tr><td>Pb</td><td>≤0.1</td><td colspan="2">Pb 易还原，密度大，与 Fe 分离沉于炉底，破坏砖衬，Pb 蒸气在上部循环累积，形成炉瘤，破坏炉衬</td></tr>
<tr><td>Cu</td><td>≤0.2</td><td colspan="2">少量 Cu 可改善钢的耐腐蚀性，但 Cu 过多使钢热脆，不易焊接和轧制，Cu 易还原并进入生铁</td></tr>
<tr><td>As</td><td>≤0.07</td><td colspan="2">砷使钢“冷脆”，不易焊接，生铁含 $w(As)\leqslant0.1\%$，炼优质钢时，铁中不应有 As</td></tr>
<tr><td>Ti</td><td>(TiO_2)15～16</td><td colspan="2">钛在钢中是一种有益元素，但高炉渣中钛的碳化物和氮化物增加，会使炉渣变稠、带铁</td></tr>
<tr><td>K,Na</td><td></td><td colspan="2">易挥发，在炉内循环累积，造成结瘤，降低焦炭及矿石的强度</td></tr>
<tr><td>F</td><td></td><td colspan="2">氟高温下气化，腐蚀金属，危害农作物及人体，CaF_2 侵蚀破坏炉衬</td></tr>
</table>

2.1.3.4 有益元素

有些与铁伴生的元素可被还原并进入生铁，并能改善钢铁材料的性能。这些有益元素有 Cr、Ni、V 及 Nb 等。还有的矿石中的伴生元素有极高的单独分离提取价值，如钛及稀土元素等。某些情况下，这些元素的品位已达到可单独分离利用的程度，虽然其绝对含量相对于铁仍是少量的，但其价值已远超过铁矿石本身，则这类矿石应作为综合资源利用。

2.1.3.5 矿石的还原性

矿石在炉内被煤气还原的难易程度称为“还原性”。冶炼易还原的矿石，可降低碳消耗量。矿石的还原性与其结构，特别是开口的微气孔率及气孔的分布状态有关。一般赤铁矿不如磁铁矿致密，还原性好。褐铁矿及菱铁矿在炉内受热后，其所含碳酸盐及结晶水或分解或挥发，留下孔洞，形成疏松多孔的结构，便于煤气的渗透。故此类矿石的还原性好。

2.1.3.6 矿石的高温性能

矿石是在炉内逐渐受热、升温的过程中被还原的。矿石在受热及被还原的过程中及还原后都不应因强度下降而破碎，以免矿粉堵塞煤气流通孔道而造成冶炼过程的障碍。

为了在熔化造渣之前，铁的氧化物更多地被煤气还原，矿石的软化熔融温度不可过低，软化与熔融的温度区间不可过宽。这样一方面可保证炉内有良好的透气性，另一方面可使矿石在软熔前达到较高的还原度，以减少高温直接还原，降低能源消耗。

2.1.3.7 粒度和强度

入炉铁矿石应具有适宜的粒度和足够的强度。粒度过大会减少煤气与铁矿石的接触面积，使铁矿石不易还原；过小则增加气流阻力，同时易吹出炉外形成炉尘损失；粒度大小不均，则严重影响料柱透气性。因此，大块应破碎，粉末应筛除，粒度应适宜而均匀。一般要求矿石粒度在5～

40 mm 范围，并力求缩小上下限粒度差。

铁矿石的强度是指铁矿石耐冲击、摩擦的强弱程度。随着高炉容积不断扩大，入炉铁矿石的强度也要相应提高。否则易生成粉末、碎块，一方面增加炉尘损失；另一方面使高炉料柱透气性变坏，引起炉况不顺。

2.1.4 铁矿石的准备处理

根据上述质量要求，一般的铁矿石很难完全满足要求，须在入炉前进行必要的准备处理。

天然富矿须经破碎、筛分以获得合适而均匀的粒度。褐铁矿、菱铁矿和致密磁铁矿应进行焙烧处理，以去除其结晶水和 CO_2，提高品位，疏松其组织，改善还原性，提高冶炼效果。

贫铁矿的处理比较复杂。一般须经过破碎、筛分、细磨、精选，得到含铁 60% 以上的精矿粉，经混匀后进行造块，制成人造富矿，然后按高炉粒度要求进行适当破碎、筛分才能入炉。

2.1.4.1 破碎筛分

破碎和筛分是铁矿石准备处理工作中的基本环节。通过破碎和筛分，天然富矿的粒度达到"小、匀、净"的入炉标准，使贫矿中的铁矿物与脉石单体分离，以便选矿。

破碎的常用设备有颚式、锥式、辊式破碎机，球磨机和棒磨机。筛分的常用设备有固定条筛、圆筒筛、振动筛等。

2.1.4.2 混匀

为了保证矿石化学成分的稳定，须在储矿场按平铺切取法进行混匀。一般采用先破碎筛分后混匀的流程，减少粒度不均匀产生偏析而造成成分波动。对于烧结、球团的原料同样需要混匀，以保证烧结矿成分稳定。

2.1.4.3 焙烧

焙烧是在适当的气氛中，使铁矿石加热到低于其熔点的温度，在固态下发生的物理化学过程。例如，氧化焙烧是在空气充足的氧化性气氛中进行，保证燃料完全燃烧和矿石的氧化，可用于去除 CO_2、H_2O 和 S（碳酸盐和结晶水分解，硫化物氧化），使致密矿石的组织变得疏松，易于还原。

菱铁矿的焙烧，在 500～900℃之间分解：

$$4FeCO_3 + O_2 = 2Fe_2O_3 + 4CO_2 \uparrow \tag{2-1}$$

褐铁矿的脱水，在 250～500℃之间发生反应：

$$2Fe_2O_3 \cdot 3H_2O = 2Fe_2O_3 + 3H_2O \uparrow \tag{2-2}$$

氧化焙烧可使矿石中的硫氧化：

$$3FeS_2 + 8O_2 = Fe_3O_4 + 6SO_2 \uparrow \tag{2-3}$$

还原焙烧的目的是使贫赤铁矿中的 Fe_2O_3 转变为具有磁性的 Fe_3O_4，以便磁选。

$$3Fe_2O_3 + CO = 2Fe_3O_4 + CO_2 \uparrow \tag{2-4}$$

$$3Fe_2O_3 + H_2 = 2Fe_3O_4 + H_2O \uparrow \tag{2-5}$$

氯化焙烧则是为了回收赤铁矿中的有色金属如锌、铜、砷等，或去除其他有害杂质。

2.1.4.4 选矿

选矿是依据矿石的性质，采用适当的方法，把有用矿物和脉石机械地分开，从而使有用矿物富集的过程。通过选矿可使矿石品位提高，去除部分有害杂质，回收有用元素（如钒、铬等），使矿物资源得到充分利用。

通过选矿获得的有用富集矿物称为精矿，如铁精矿等；其余部分称为尾矿，主要由脉石组成，一般废弃。在对复合铁矿石选矿时，常有一些有用元素富集于尾矿中，必须将它们进一步精选出来。

精选铁矿石的方法主要有：

(1) 重选。利用含铁矿物和脉石密度的差异选分。当两者粒度相近而在介质中沉落时，则密度大的含铁矿物将迅速沉降而与脉石分开。常用的介质为水。用密度大于水的液体作介质时称为重液选。

(2) 磁选。利用有用矿物和脉石导磁性不同的特点进行选分。在磁场作用下，强磁性的颗粒(如 Fe_3O_4)便同弱磁性(如 Fe_2O_3)或无磁性(如石英)的颗粒分开。

(3) 浮选。利用矿物亲水性差异进行选分。将矿物磨碎到一定粒度，使有用矿物和脉石矿物基本达到单体分离。在细磨矿浆中进行充气搅拌时，亲水性强的颗粒表面容易被水润湿而下沉，亲水性弱的颗粒浮起，从而使有用矿物和脉石分离。

为了提高浮选效果，常使用各种浮选药剂来调节和控制浮选过程。如在矿粒表面形成薄膜、控制润湿、促进浮起的捕集剂，形成气泡和稳定泡沫、防止浮起颗粒下沉的气泡剂等。

2.1.4.5 造块

富选得到的精矿粉，天然富矿破碎筛分后的粉矿，以及一些含铁粉尘物料不能直接加入高炉，必须用烧结或制团的方法将它们重新造块，制成烧结矿、球团矿或预还原炉料入炉。

在钢铁和其他工业部门，常有不少含铁的废弃物料，可作高炉冶炼矿石的代用品。这不仅有利于节约和充分利用国家资源，增加产量，降低成本，而且还可改善环境，减少公害。

目前可供高炉冶炼的含铁原料进行造块的主要有高炉炉尘、转炉炉尘、轧钢铁皮、硫酸渣等。具体组成如下：

(1) 高炉炉尘。高炉炉尘是从高炉煤气系统中回收的高炉瓦斯灰，它主要由矿粉、焦粉及少量石灰石粉组成。含铁：30%～55%，含碳：8%～20%。目前高炉每炼 1 t 生铁炉尘量为 20 kg 左右，若原料粉末过多或原料强度不好，炉尘量还会更多。

炉尘可作烧结原料，能节约熔剂和燃料消耗，降低生产成本。高炉尘一般亲水性较差，但对黏性大、水分高的烧结料，添加部分高炉尘能降低烧结料水分并提高其透气性。

(2) 氧气转炉炉尘和钢渣。氧气转炉炉尘是从氧气转炉的炉气中经除尘器回收的含铁原料，它含铁量高，粒度细，可做烧结原料。

转炉钢渣是炼钢生产的废弃物，含有 Fe、CaO、MnO、P、S 等。利用钢渣作为烧结原料，可代替部分石灰石。

(3) 轧钢皮。轧钢皮是轧钢过程中剥落下来的氧化铁皮。轧钢皮一般占总钢材的 2%左右，含铁 60%～70%，且有害杂质少、密度大，是很好的烧结原料。

(4) 硫酸渣。硫酸渣是化工厂用黄铁矿制硫酸的副产品。含铁 40%～55%，但含硫较高。由于硫酸渣含有在低温下难以除掉的硫酸盐，故它作为烧结原料时，应考虑脱硫问题，其配比应根据混合料中的含硫量来确定。

此外，还有高炉车间的沟铁、废铁，铁罐残铁、机械加工厂的铁屑等废钢铁，均可作含铁炉料使用。

铁矿粉造块并非简单地将细矿粉制成团矿，而是在造块过程中采用一些技术，以生产出优质的冶炼原料。例如加入 CaO、MgO 以提高矿石碱度；在可能的条件下加入还原剂碳，改善矿石还原性能。铁矿粉造块的过程中，还可以去除某些杂质元素。通过铁矿粉造块技术使高炉冶炼的各项技术指标得到大幅度提高。

2.2 高炉熔剂

高炉冶炼中,除主要加入铁矿石和焦炭外,还要加入一定量的助熔物质,即熔剂。

2.2.1 熔剂的作用

熔剂在冶炼过程中的主要作用有两个:在高炉冶炼条件下,脉石及灰分不能熔化,必须加入熔剂以生成低熔点化合物,形成流动性好的炉渣,实现渣铁分离并自炉内顺畅排出。此外,加入熔剂形成一定碱度的炉渣,如 $w(CaO)/w(SiO_2)=1.0\sim1.2$,可去除生铁中有害杂质硫,提高生铁质量。

现代高炉大多使用高碱度烧结矿加酸性炉料。当烧结矿碱度适宜,酸性炉料配比准确,原料化学成分波动较小时,所需加入的熔剂量较少。一些重点企业熔剂用量小于 1 kg/t。

2.2.2 熔剂的种类

根据矿石中脉石成分的不同,高炉冶炼使用的熔剂,按其性质可分为碱性、酸性和中性三类:

(1) 碱性熔剂。矿石中的脉石主要为酸性氧化物时,则使用碱性熔剂。由于燃料灰分的成分和绝大多数矿石的脉石成分都是酸性的,因此,普遍使用碱性熔剂。常用的碱性熔剂有石灰石($CaCO_3$)和白云石($CaCO_3\cdot MgCO_3$)。

(2) 酸性熔剂。高炉使用主要含碱性脉石的矿石冶炼时,可加入酸性熔剂。酸性熔剂主要有石英石(SiO_2)、均热炉渣(主要成分为 $2FeO$、SiO_2)及含酸性脉石的贫铁矿等。生产中用酸性熔剂的很少,只有在某些特殊情况下才考虑加入酸性熔剂。

(3) 中性熔剂。也称高铝质熔剂。当矿石和焦炭灰分中 Al_2O_3 很少,渣中 Al_2O_3 含量很低,炉渣流动性很差时,在炉料中加入高铝原料作熔剂,如铁矾土和黏土页岩。生产上极少遇到这种情况。

2.2.3 对碱性熔剂的质量要求

对碱性熔剂质量有以下要求:

(1) 碱性氧化物 $w(CaO+MgO)$ 含量高,酸性氧化物 $w(SiO_2+Al_2O_3)$ 愈少愈好,否则冶炼单位生铁的熔剂消耗量增加,渣量增大,焦比升高。一般要求石灰石中 CaO 的质量分数不低于 50%,$SiO_2+Al_2O_3$ 的质量分数不超过 3.5%。

(2) 有害杂质硫、磷含量要少。石灰石中一般硫的质量分数为 0.01%~0.08%,磷的质量分数为 0.001%~0.03%。

(3) 要有较高的机械强度,粒度要均匀,大小适中。适宜的石灰石入炉粒度范围是:大中型高炉为 20~50 mm,小型高炉为 10~30 mm。

当炉渣黏稠引起炉况失常时,还可短期适量加入萤石(CaF_2),以稀释炉渣和洗掉炉衬上的堆积物。因此常把萤石称为洗炉剂。

2.3 高炉燃料

燃料是高炉冶炼不可缺少的基本物料之一,物料中铁矿物的还原及炉料的加热熔化,都离不开燃料的参与。在所有高炉用燃料中,焦炭是不可缺的,所有现代高炉都使用焦炭作为主要燃料和还原剂。炼制焦炭必须使用结焦性好的煤种,由于焦煤资源的紧缺,从风口喷吹燃料技术迅速发展，以部分替代昂贵的焦炭。目前喷吹燃料用量已占全部燃料的10%～40%，用作喷吹的燃料主要有煤粉、重油和天然气等。

焦炭的应用是高炉冶炼发展史上一个重要的里程碑。古代高炉使用木炭，17、18世纪随着钢铁工业的发展，以及森林资源的急剧减少，木炭供应成了冶金工业进一步发展的限制性环节。1709年焦炭发明，1735年英国高炉使用焦炭炼铁获得成功，从此焦炭成为现代高炉冶炼的主要燃料和能源基础。不仅使用地球上储量极其丰富的煤炭资源代替木炭的方法，而且焦炭的强度比木炭的高，这给高炉不断增大容积，扩大生产规模奠定了基础。目前，世界上最大的高炉容积已达5500 m^3，炉缸直径达16 m，日产铁量为12000 t以上。

2.3.1 焦炭

2.3.1.1 炼焦工艺

现代焦炭生产过程分为洗煤、配煤、炼焦、熄焦及煤气和化工产品回收处理等工序，生产工艺流程见图2-1。

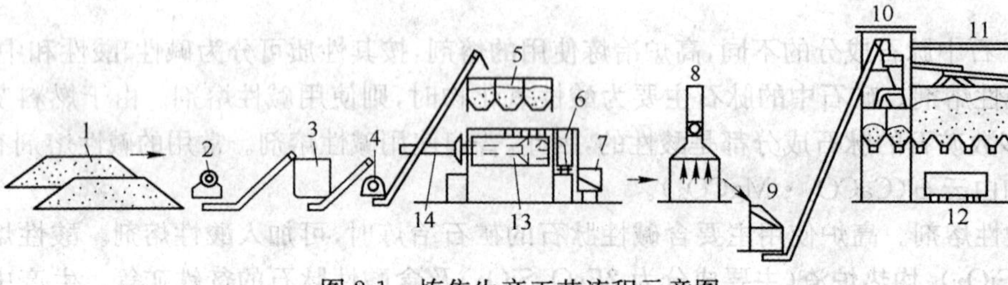

图2-1　炼焦生产工艺流程示意图

1—煤堆；2—破碎机；3—配煤槽；4—粉碎；5—贮煤塔；6—拦焦机；7—熄焦车；8—熄焦塔；9—凉焦台；10—筛分机；11—焦槽；12—装焦车；13—炼焦炉；14—推焦机

(1) 洗煤。原煤在炼焦前洗选，目的是降低煤中灰分和洗除其他杂质。

(2) 配煤。可用于炼焦的煤主要有气煤、肥煤、焦煤和瘦煤等。配煤是将上述各种结焦性不同的煤经洗选后，按一定比例配合炼焦。目的是在保证焦炭质量的前提下，节约日趋减少的主焦煤，扩大炼焦用煤源，同时尽可能多地获得一些化工产品。

(3) 炼焦。将配好的煤料，装入炼焦炉的炭化室，在隔绝空气的条件下，由两侧燃烧室供热，随温度升高经干燥、预热、热分解、软化、半焦、结焦成具有一定强度的焦炭。煤结焦过程如表2-3所示。

表2-3　煤结焦过程变化情况

结焦过程	温度区域/℃	反应产物
干燥和预热	50～200	煤中水分蒸发和放出 CH_4 和 CO_2 等气体
热分解	200～300	放出气体挥发物
软　化	300～500	产生胶质体
半　焦	500～800	析出大量液体焦油及气体挥发物，形成多孔状半焦
成　焦	900～1000	产生较大的体积收缩，并开始炭化最后形成焦炭。经过一个结焦周期(14～18 h)，由推焦机把焦炭从炭化室推出

(4) 熄焦。炽热的焦炭由熄焦车送去喷水熄焦、凉焦，或用 CO_2、惰性气体等逆流穿过红焦层进行热交换，焦炭冷却到200℃以下，惰性气体则升温至800℃左右，送到余热锅炉生产蒸汽，这就是干熄焦法。这种方法对环境污染小，焦炭质量高，同时可回收大量显热。我国宝钢等企

业采用干熄焦法。

(5) 煤气和化工产品回收。炼焦过程不仅产出焦炭,同时还逸出高热值的煤气及其他可提取化工产品的原料。每1000 kg干精煤约可获得冶金焦750 kg,煤焦油15～34 kg,氨1.5～2.6 kg,粗苯4.5～10 kg,焦炉煤气290～350 m^3。

2.3.1.2 焦炭在高炉内的作用

在高炉冶炼过程中,焦炭具有如下作用:

(1) 燃料。焦炭在风口前被鼓风中的氧燃烧,放出热量,这是高炉冶炼所需要热量的主要来源(高炉冶炼所消耗热量的70%～80%来自燃料燃烧)。

(2) 还原剂。高炉冶炼主要是生铁中的铁和其他合金元素的还原及渗碳过程,而焦炭中所含的固定碳以及焦炭燃烧产生的CO是铁及其他氧化物进行还原的还原剂。

(3) 料柱骨架。由于焦炭在高炉料柱中约占1/3～1/2的体积,在高炉冶炼条件下焦炭既不熔融也不软化,能起支持料柱、维持炉内透气性的骨架作用。在高炉下部,矿石和熔剂已全部软化并熔化为液体,只有焦炭仍以固体状态存在,从而保证高炉下部料柱的透气性,使炉缸煤气初始分布良好。焦炭的这一作用目前还没有其他燃料能代替。

(4) 生铁渗碳的碳源。每吨炼钢铁渗碳消耗的焦炭在50 kg左右。

2.3.1.3 焦炭的化学成分

焦炭质量好坏,直接影响高炉冶炼过程的进行及能否获得好的技术经济指标,因此对入炉焦炭有一定的质量要求。

焦炭的化学成分常以焦炭的工业分析来表示。工业分析项目包括固定碳、灰分、硫分、挥发分和水分的含量。

(1) 固定碳和灰分。焦炭中的固定碳和灰分的含量是互为消长的。固定碳$w(C_{固})$按下式计算:

$$w(C_{固})=[1-(灰分+挥发分+硫)] \tag{2-6}$$

要求焦炭中固定碳含量尽量高,灰分尽量低。因为固定碳含量高,发热量高利于降低焦比。

生产实践证明:固定碳含量升高1%,可降低焦比2%。焦炭中灰分的主要成分是SiO_2、Al_2O_3。灰分高,则固定碳含量少,而且使焦炭的耐磨强度降低,熔剂消耗量增加,渣量亦增加,使焦比升高。生产实践还证明:灰分增加1%,焦比升高2%,产量降低3%。我国冶金焦炭灰分一般为11%～14%。

(2) 硫和磷。在一般冶炼条件下,高炉冶炼过程中的硫有80%是由燃料带入的,因此降低焦炭中的含硫量对降低生铁含硫量有很大作用。在炼焦过程中,能够去除一部分硫,但仍然有70%～90%的硫留在焦炭中,因此要降低焦炭的含硫量必须降低炼焦煤的含硫量。焦炭中含磷一般较少。

(3) 挥发分。焦炭中的挥发分是指在炼焦过程中未分解挥发完的H_2、CH_4、N_2等物质。挥发分本身对高炉冶炼无影响,但其含量的高低表明焦炭的结焦程度,正常情况下,挥发分一般在0.7%～1.2%。含量过高,说明焦炭的结焦程度差,生焦多,强度差;含量过低,则说明结焦程度过高,易碎。因此焦炭挥发分高低将影响焦炭的产量和质量。

(4) 水分。焦炭中的水分是湿法熄焦时渗入的,通常为2%～6%。焦炭中的水分在高炉上部即可蒸发,对高炉冶炼无影响。但要求焦炭中的水分含量要稳定,因为焦炭是按重量入炉的,水分的波动将引起入炉焦炭量波动,会导致炉缸温度的波动。可采用中子测水仪测量入炉焦炭的水分,从而控制入炉焦炭的重量。

2.3.1.4 焦炭的物理性质

A 机械强度

焦炭的机械强度是指焦炭的耐磨性和抗撞击能力。它是焦炭的重要质量指标。高炉冶炼要求焦炭的机械强度要高。否则,机械强度不好的焦炭,在转运过程中和高炉内下降过程中破裂产生大量的粉末,进入初渣,使炉渣的黏度增加,增加煤气阻力,造成炉况不顺。测定焦炭机械强度的方法是转鼓试验。目前使用的转鼓有两种,即大转鼓(松格林转鼓)和小转鼓(米库姆转鼓),见表 2-4。

表 2-4 焦炭转鼓指数

等 级	大转鼓(松格林转鼓)转鼓指数/kg		小转鼓(米库姆转鼓)转鼓指数/%	
	鼓内>25 mm	鼓外<10 mm	M_{40}	M_{10}
一级品	≥325	<40	≥80.0	≤8.0
二级品	310~324	41~50	≥78.0	≤10.0

大转鼓是过去常用的测定焦炭强度的方法。取粒度大于 25 mm 的块焦 410 kg,放在直径为 2.0 m,宽 0.8 m 的转鼓内(鼓外缘由 ϕ25 mm 圆钢相隔 25 mm 焊成),转鼓以 10 r/min 的转速转 15 min。用鼓内残留的重量(kg)表示转鼓指数。转鼓指数愈大,焦炭强度愈好。鼓外小于 10 mm 的重量(kg)为焦炭耐磨指数。小转鼓是国际通用的鉴定焦炭强度的方法。它是一个直径和宽度皆为 1.0 m 的封闭转鼓,内壁焊有 100mm×50mm×10 mm 角钢四块,互成 90°布置。取粒度大于 60 mm 的焦块 50 kg 装入鼓内,以 25 r/min 的转速转 4 min。然后将试样用直径 40mm 和10 mm 的圆孔筛进行筛分。以粒度大于 40 mm 的焦炭所占的质量百分数 M_{40} 作为焦炭破碎强度指数;以小于 10 mm 的焦粉所占的质量百分数 M_{10} 表示焦炭磨损强度指数。M_{40} 愈大,M_{10} 愈小,说明焦炭强度愈好。

小转鼓比大转鼓测试方便,表达更为确切。但大小转鼓强度指标只代表焦炭的冷态强度,不能代表焦炭在高炉内的实际强度。在炉内高温条件下,焦炭强度有很大变化。因此,焦炭的高温热态强度对高炉冶炼更有实际意义。

焦炭的热强度主要是指焦炭入炉后在高温下的耐磨性,其测定方法是:取粒度(20±1)mm 的 0.2 kg 干焦,先测定其反应性,然后将试样全部装入直径 130 mm、长 70 mm 的小转鼓内,以 20 r/min 的速度转 30 min,取出过 10 mm 的方孔筛,以试样粒度大于 10 mm 的质量与原质量的百分比为热转鼓指标。目前国内外要求该指标大于 60%。

冷态强度与热态强度有着一定关系。一般说来,M_{40} 高的焦炭其热稳定性较好。焦炭的热转鼓耐磨性与 M_{10} 有良好的相关性。

B 粒度

对于焦炭粒度,既要求块度大小合适,又要求粒度均匀、粉末少。大型高炉焦炭粒度范围为 20~60 mm,中小高炉用焦炭,其粒度分别以 20~40 mm 和大于 15 mm 为宜。但这并不是一成不变的标准。高炉使用大量熔剂性烧结矿以来,矿石粒度普遍降低,焦炭和矿石间的粒度差别扩大,这不利于料柱透气性,因此,有必要适当降低焦炭粒度,使之与矿石粒度相适应。

2.3.1.5 焦炭的化学性质

焦炭的化学性质包括焦炭的燃烧性和反应性两方面。

燃烧性是指焦炭在一定温度下与氧反应生成 CO_2 的速度即燃烧速度,其反应式为:

$$C+O_2=CO_2 \tag{2-7}$$

反应性是指焦炭在一定温度下和 CO_2 作用生成 CO 的速度，反应式为：

$$C+CO_2=2CO \tag{2-8}$$

若这些反应速度快，则表明燃烧性和反应性好。一般认为，为了提高炉顶煤气中的 CO_2 含量，改善煤气利用程度，在较低温度下，希望焦炭的反应性差些为好；为了扩大燃烧带，使炉缸温度及煤气流分布更为合理，使炉料顺利下降，也希望焦炭的燃烧性差一些为好。

焦炭强度差对高炉冶炼的影响见表 2-5。

表 2-5　焦炭强度差对高炉冶炼的影响

部　位	后　果
块状带	粉焦增多、炉尘增多、气流阻力增加
软熔带	焦炭层内某些部位粉焦增多，煤气阻力明显增加，影响煤气的合理分布，易发生管道和崩、悬料
滴落带	粉焦和软融的矿石粘结在一起，滞留熔融物增多，使煤气阻力增大，通过的煤气减少，边缘气流增强
风口区	回旋区深度减小、高度增加；边缘气流增加，中心气流减弱；渗透性变坏，铁水和熔渣淤积在风口下方，易烧坏风口或休风时发生风口灌渣
炉　缸	气流吹不透中心，炉缸温度降低，铁水和熔渣的流动性变差；炉缸工作不均，时间长将造成炉缸中心堆积
炉　况	上部气流分布紊乱，下部风压升高，热交换和间接还原都变差，炉况应变能力和顺行都差，经济技术指标明显降低

2.3.2　喷吹煤粉

随着高炉炼铁生产规模的不断扩大和对生铁需求量的日益增加，高炉炼铁对原料的需要也愈来愈大，由于现有的焦炉的老化，严重污染环境以及炼焦煤储量的日趋减少，导致冶金焦炭的供应日趋紧张，人们寻求由新的燃料代替部分焦炭。高炉采用喷吹燃料已成为高炉节焦和强化冶炼的一种手段。高炉可以喷吹的燃料分为三大类：液体燃料，如重油、焦油等；固体燃料，如无烟煤、烟煤、褐煤等；气体燃料，如天然气、焦炉煤气等。喷吹燃料的选择依赖于各国燃料资源的条件，并随资源条件的变化而改变。自 20 世纪 60 年代初喷吹技术在法国获得成功至今，美国、俄罗斯主要喷吹天然气，西欧、日本则自 20 世纪 80 年代初以喷吹重油转为喷吹煤粉。我国是开发喷煤技术较早的国家，自 20 世纪 60 年代初开始试验，至今已有 40 多年历史，特别是近十几年来，高炉喷煤技术得到了广泛的应用和发展，从而促进了我国钢铁工业的迅猛发展，减少了炼铁生产受炼焦煤资源、投资、环保等多方面的限制和影响。

2.3.2.1　高炉喷煤的意义

高炉喷煤对现代高炉炼铁技术来说是一项重要的技术革命。所谓高炉喷煤，就是指从高炉风口向炉内直接喷吹磨细了的煤粉（无烟煤、烟煤或两者的混合煤粉以及褐煤），以代替焦炭向高炉提供热量和还原剂。它的意义在于：

(1) 以低价的煤代替了日趋贫乏且价格昂贵的冶金焦，降低了焦比，使高炉炼铁的成本大幅下降。

(2) 高炉喷煤可以作为一种调剂炉况的手段。

(3) 高炉喷煤可以改善炉缸工作状态，使高炉稳定顺行。

(4) 为高炉提高风温和富氧鼓风创造条件。因为喷吹煤粉会使风口前理论燃烧温度降低，导致理论燃烧温度降低的主要原因有：高炉喷吹煤粉后煤气量增加，加热煤气需要消耗热量；喷吹煤粉带入的热量少，而焦炭进入风口区时已被充分加热，温度高达 1450～1500℃，而喷吹的煤粉温度不超过 100℃；煤粉中的碳氢化合物分解需要吸热。

(5) 喷吹煤粉中的氢含量比焦炭带入的多,氢提高了煤气的还原能力和穿透扩散能力,有利于矿石的还原和高炉操作指标的改善。

(6) 喷吹煤粉代替了部分焦炭,不仅缓解了焦煤的供需紧张状况,也减少了对炼焦设施的投资和建设,更降低了炼焦生产对环境的污染。

2.3.2.2　我国高炉喷煤发展概况

我国高炉喷煤始于20世纪60年代初,起步最早的是鞍钢、首钢。鞍钢1964年开始试验至1966年实现5座高炉全部喷煤。首钢也于1964年开始试验至1965年正式喷煤。因此,我国是世界上最早实现喷煤的国家之一。之后一段时间发展缓慢,直至80年代末90年代初,特别是近十几年我国的高炉喷煤技术得到迅速发展。2000年,宝钢高炉年平均喷煤量达到250 kg/t以上,创造了国际先进水平。在喷吹煤种上,20世纪90年代前几乎都是喷吹无烟煤,只有1981年马钢小高炉、苏钢小高炉曾试验喷吹烟煤,但没有广泛推广。1989年,鞍钢重新开始研究,1990年喷吹烟煤试验成功并进行推广,喷吹烟煤企业逐渐增加,我国的喷煤技术得到迅速发展。从20世纪90年代以来,我国高炉喷煤技术和富氧喷煤技术发展迅速的主要原因是:

(1) 新型制粉、喷吹工艺的形成和完善及其装备水平的提高;

(2) 储量丰富的烟煤得到应用;

(3) 自动化水平得到提高;

(4) 喷煤比不断提高和低富氧高煤比的喷吹成功;

(5) 氧煤燃烧技术等一批新技术得到实现;

(6) 高炉喷煤已成为炼铁系统工艺结构优化,能源结构变化的核心。它的发展增强了高炉炼铁工艺与新型非高炉炼铁工艺竞争的力量,缓解了炼铁生产受资源、投资、成本、能源、环境、运输等多方面限制的压力,奠定了继续发展喷煤的基础。

2.3.2.3　高炉喷煤技术的进步

喷煤技术的进步主要体现在以下几个方面。

A　喷煤设备大型化和装备水平的提高

现代高炉炼铁技术进步的特点之一,是不断提高生产率,喷吹更多煤粉,大幅度降低焦比。喷吹煤粉的绝对量增大,要求喷煤设备大型化和不断提高喷煤设备的装备水平。喷煤设备装备水平的提高集中表现在喷煤自动控制及计量和调节精度方面,喷煤量可以按照高炉要求自动调节,喷煤量计量精度可以控制在1%误差范围内,各风口喷吹煤粉的均匀性控制在3%的误差范围内。

B　高炉富氧喷煤

富氧喷煤是实现高炉生产稳产、高产、优质、低耗的必备手段。高炉的富氧和喷煤是互为条件、互为依存的。喷煤量不断增加,就需要有足够的氧气来促进煤粉燃烧,以提高煤焦置换比和保证高炉顺行。生产实践证明,当风温达到1000℃时,在不富氧的条件下,煤粉喷吹量每吨铁不宜超过100 kg。否则,煤粉不能完全燃烧,引起煤焦置换比下降,并可能造成高炉难行。相反,如果不喷煤粉,富氧使高炉风口前的理论燃烧温度过高,也将导致高炉不能顺行。只有富氧和喷煤相结合,才能大幅度提高产量,降低焦比。据有关计算,高炉鼓风中富氧率每增加1%,喷煤量约增加13 kg/t,生铁产量增加3%。因此,富氧喷煤是实现高炉高产、稳产、优质、低耗的必备手段,是高炉炼铁技术进步的重要标志。

C　喷吹烟煤和无烟煤或烟煤、无烟煤混合喷吹

我国长期喷吹无烟煤,其优点是无烟煤含碳量高,挥发分低喷吹安全。但其燃点高,煤质硬,可磨性差,制粉能耗高。随着无烟煤储量的日趋减少,无烟煤质量也逐年下降。改喷烟煤,扩大

了喷煤品种，其优点是烟煤挥发分高，燃烧性能好，含氢量高，利于高炉顺行。且煤质软，易磨，制粉能耗低，储量也较多，分布较广，保证有充足的喷煤资源。但喷吹烟煤时，易燃易爆，安全性差，必须采取相应的保护措施。

D 浓相输送

高炉喷煤采用气力输送，按单位气体载运煤粉量的多少，可以分为稀相输送和浓相输送。气力输送过程中，一般稀相输送的速度在 20 m/s 以上，煤粉浓度在 5～30 kg/m^3 范围内。而浓相输送的速度则小于 10 m/s，煤粉浓度大于 40 kg/m^3。采用浓相输送的优点是：喷吹浓度高，消耗输送介质量少，煤粉在管道内的流速低，对管道及设备的磨损减小，可以节省能源，提高煤粉喷吹量。其缺点是：设备复杂，价格较高，对煤粉质量要求严格，需用输送介质的压力也比较高。

2.3.2.4 高炉喷煤工艺

高炉喷吹煤粉工艺系统主要由原煤储运、煤粉制备、煤粉输送、煤粉喷吹、干燥气体制备和动力系统组成。工艺流程如图 2-2，如果是直接喷吹工艺，则无煤粉输送部分。

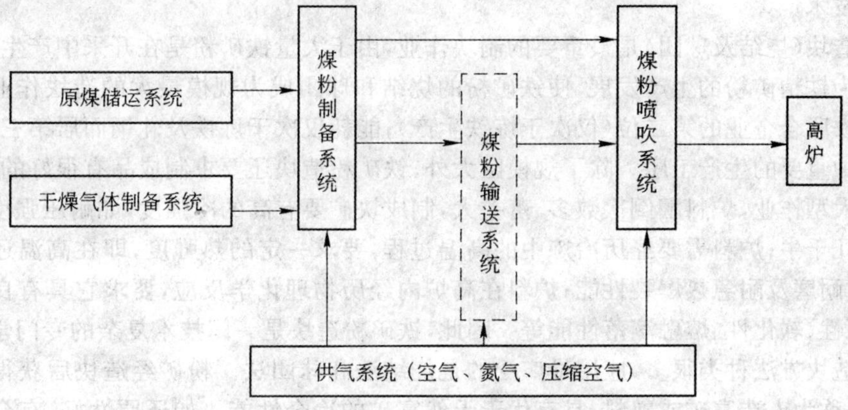

图 2-2 高炉喷煤系统的工艺流程

从煤粉制备和喷吹设施的配置上来分，高炉喷吹工艺有两种模式，即间接喷吹模式和直接喷吹模式。制粉系统和喷吹系统在一起向高炉喷吹的工艺称为直接喷煤工艺；制粉系统和喷吹系统分开，通过罐车或气动输送管道将煤粉从制粉车间送到靠近高炉的喷吹站，再向高炉喷吹煤粉的工艺称为间接喷煤工艺。一般高炉多的企业宜采用间接喷吹工艺，高炉少的企业宜采用直接喷吹工艺。

2.3.3 喷吹其他燃料

从风口向高炉内喷吹辅助燃料是大幅度降低焦比的有效措施。目前喷吹燃料已占高炉全部燃料用量的 10%～30%，有的达 40%。高炉喷吹用燃料除固体煤粉外，还有液体和气体。

(1) 气体燃料。用于喷吹的有天然气、焦炉煤气、热转化气（裂化石油气，重油裂化气）。它们易与空气混合，燃烧效率高；可预热，提高燃烧温度，燃烧过程易于控制；输送方便。

高炉喷吹气体的种类和数量主要取决于当地资源条件。

(2) 液体燃料。常用于喷吹的有重油，有时还有柴油、焦油。重油是由石油分馏提取汽油、柴油、煤油后剩下的产品。其中可燃物多，含碳 86%～89%，氢 10%～12%，硫、灰分、水分少。重油发热量高达 40～42 MJ/kg，燃烧温度高，火焰辐射能力强，喷吹效果好，贮存方便，喷吹设备简单，易于操作控制，是适宜高炉喷吹的优质燃料。国外高炉多用它，但受资源限制。

2.4 铁矿粉造块

2.4.1 铁矿粉造块的意义

天然富矿开采和处理过程中产生的富矿粉以及贫矿富选后得到的精矿粉，都不能直接入炉，为了满足高炉冶炼的要求，必须将其制成具有一定粒度的块矿。细粒散料制成大块物料的工艺是工业生产中常见的一种生产过程，在冶金、化工、水泥、医药及化肥生产中普遍应用。在炼铁工业中造块作业则以非常巨大的规模进行，且制块作业对炼铁生产的意义也远比对其他工业生产的意义重大。这是因为炼铁反应大多在气流与固体填充床之间进行，稳定的操作要求填充床具有一定透气性，这就要求炉料必须具有一定粒度且粒度均匀。天然未经加工的炉料(铁矿石、熔剂及燃料)往往不具备这样的要求，细粒散料造块是满足这一要求的主要手段。除此以外，某些冶金工业粉状产品及副产品，不适于下一步工序要求或不便于运输，为了使用及保存方便，也常常需要制块操作；冶金工业中还有大量粉尘和烟灰，为了保护环境及回收利用，用这些粉尘造块也是一常用技术。

铁矿粉造块(烧结及球团)是最重要的制块作业，由于大量铁矿粉是在开采中产生的，特别是贫铁矿富选为铁精矿粉的生产发展，使铁矿粉的烧结和球团成为规模最大的造块作业。其物料处理量占钢铁联合企业的第二位(仅次于炼铁生产)；能耗仅次于炼铁及轧钢而居第三位，成为现代钢铁工业中重要的生产工序。除了规模巨大外，铁矿粉造块还要求制成品有很好的性能，由于现代炼铁是大型作业，炉料翻倒次数多、落差大，制成块矿要有高的冷强度，如耐压强度要求每个料块要达到几千牛；炉料需要经历冶炼中的高温过程，要求一定的热强度，即在高温还原性气氛下具有耐压、耐磨及耐急热爆裂性能；炉料在高炉内经历物理化学反应，要求它具有良好的冶金性能，如还原性、软化性、熔融滴落性能等。因此，铁矿粉造块是一门技术复杂的专门学科。

铁矿粉造块方法种类很多，应用最广泛的是烧结法和球团法。粉矿经造块后获得的烧结矿和球团矿，统称为人造富矿或熟料，具有优于天然富矿的冶金性能。如还原性好，有合适的强度和较高的软熔温度。造块生产中配加一定量的熔剂，可制成有足够碱度的人造富矿，高炉冶炼过程可不加或少加熔剂，避免了熔剂分解吸热而消耗焦炭。造块过程还可去除矿石中某些有害杂质，如硫、砷、锌、钾、钠等，减少其对高炉的危害。高炉生产实践证明，使用质量良好的人造富矿，可使高炉冶炼各项技术经济指标得到大幅度提高，因而粉矿造块已成为钢铁冶金工业中不可缺少的一个重要生产工序。

由此可见，铁矿粉造块的目的是：

(1) 将粉状料制成具有高温强度的块状料以适应高炉冶炼、直接还原等在流体力学方面的要求；

(2) 通过造块，改善铁矿石的冶金性能，使高炉冶炼指标得到改善；

(3) 通过造块去除某些有害杂质，回收有益元素达到综合利用资源和扩大炼铁矿石原料资源的目标。

2.4.2 铁矿粉造块的联结力

散粒物料聚集现象是颗粒间相互联结力与相互排斥力的综合作用结果：

颗粒间固结力＝联结力－排斥力

经常起作用的排斥力是重力，一般情况下，物料的密度稳定，密度越大则重力越大，即相互分离倾向越大。

颗粒间相互联结力有多种，例如：

(1) 引力。分子吸引力(范德华力)、静电接触电位、过剩电荷引力、磁力等；

(2) 液相作用力。水桥、表面张力(毛细力)、高黏度液体黏合力等；

(3) 固体联结力。盐类晶桥、熔化物固结——液相烧结、黏结剂硬化联结、固相烧结、化学反应联结等。

(4) 其他。氢键联结、形状因素——钩联或镶联等。

这些联结力是否在铁矿粉造块中起作用，取决于其大小。

引力作用的数值都很小，在铁矿粉造块中没有实际影响，比如两球形颗粒间(半径为 r)的范德华力约为 $100r\times10^{-5}$N，而一般情况下静电接触电位、过剩电荷以及磁力在铁矿粉造块时不可能出现。

液相作用力中，主要是表面张力起作用，其比分子引力大 3～4 个数量级，能在比表面积很大的细颗粒间起相当的聚结能力，是烧结生料及球团造球的主要作用力。单纯的水桥联结力只比范德华力大几倍，造块时不会有实际作用：液体黏合力与水桥原理相同，但有时候可能很大，会增加黏结力(例如膨润土加入铁精矿粉)。

固相联结力很强，一般比表面张力高 1～2 个数量级，是工业造块的主要因素。在铁矿粉造块中，这几种固相联结力都可能发挥重要作用。如固相烧结和晶桥联结都是球团矿焙烧固结的重要机理：液相烧结主要作用于铁矿粉烧结生产；黏结物固化有时用于冷固球团；化学键联结常见于铁的锈结过程。

其他联结力，如氢键联结，常见于纤维聚结过程。

2.5 烧结矿的生产过程

2.5.1 烧结矿生产的工艺流程

烧结是铁矿粉造块的主要方法，其工艺是将各种粉状含铁原料配入适量的燃料和熔剂，均匀混合，然后放在烧结设备上点火烧结。在燃料产生高温和一系列物理化学变化的作用下，部分混合料颗粒表面发生软化和熔化，产生一定液相，并润湿周围其他未熔化的矿石颗粒，使其溶解成为液相。当冷却后，液相将矿粉颗粒粘结成块，这个过程称为烧结。

目前世界各国 90%以上的烧结矿由抽风带式烧结机生产，其他还有回转炉烧结、悬浮烧结、抽风或鼓风盘式烧结以及土法烧结等。图 2-3 为抽风烧结一般工艺流程。现代烧结生产的程序是：将准备好的矿粉、燃料、熔剂、返矿及其他含铁原料，按不同比例送到混合机内，进行混匀和加水润湿造球。混好的料由布料器铺到烧结机台车上，进行点火烧结。烧好的烧结矿经冷却、破碎和筛分，成品烧结矿送往高炉，筛下物为返矿或作铺底料。烧结过程产生的废气，经除尘器除尘后，由风机抽入烟

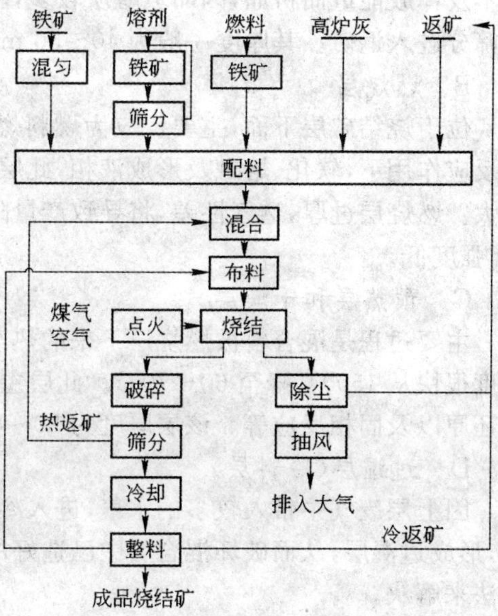

图 2-3 抽风烧结一般工艺流程

囱排入大气。

2.5.2　抽风式烧结过程概述

现代烧结生产是一种抽风烧结过程，即将铁矿粉、熔剂、燃料、辅助原料及返矿（前次未烧结好的烧结混合料）按一定比例组成混合料，配以适当的水分，经混合及制粒（造小球）后，铺于带式烧结机的台车上，在一定负压下点火，开始烧结。整个过程是在 9.8～16 kPa 负压抽风下，自上而下进行的，在烧结机上取某一烧结断面，可见料层有明显的分层，依次出现烧结矿层、燃烧层、预热层、干燥层和过湿层（图 2-4），然后又相继消失，最后剩下烧结矿层。

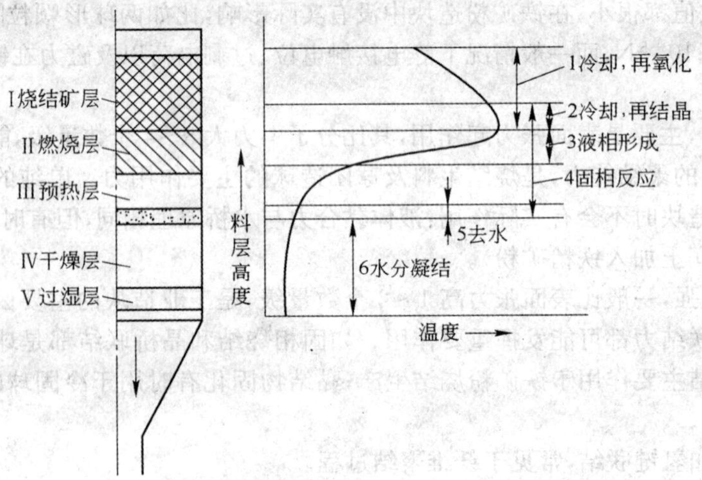

图 2-4　烧结过程各层反应及温度分布示意图

A　烧结矿层

即成矿层，主要反应是液相凝固，矿物析晶，预热空气。由于抽风对成矿冷却程度不同，成矿层又分为冷烧结矿层和热烧结矿层，表层的烧结矿受冷空气急剧冷却作用，温度降低很快，矿物来不及释放能量而析晶，因而玻璃质较多，内应力大而性脆，在烧结机尾部卸矿时被破碎机击碎，经筛分进入返矿。其厚度一般为 40～50 mm。

B　燃烧层

位于烧结矿层下面，主要反应为燃料燃烧，燃料燃烧温度可达 1100～1500℃。混合料在固相反应作用下，软化、熔融及形成液相，此层厚度为 15～50 mm，它对烧结过程和烧结矿质量影响较大。燃烧层过厚，透气性差，将导致产量降低；此层过薄，烧结温度低，液相不足，烧结矿固结不好，强度低。

C　预热层和干燥层

主要过程是混合料被燃烧层下来的热废气干燥和预热。由于热交换进行迅速剧烈，故废气温度很快从 1500℃降至 60～70℃。此层主要反应是水分蒸发、结晶水及碳酸盐分解、矿石的氧化还原以及固相反应等。该层厚度为 20～40 mm。

D　过湿层（冷料层）

因上层废气中带入较多的水气，进入冷料层温度降至露点以下时，水气将会大量冷凝于料层中，形成过湿层，从而破坏混合料中已造好的小球，影响料层透气性。生产中采用混合料预热等办法来解决。

2.5.3 烧结过程主要化学反应

烧结过程是复杂的物理化学反应的综合过程，根据温度和反应气氛条件，主要进行以下反应。

2.5.3.1 燃料燃烧反应

烧结所用的燃料主要是焦粉或无烟煤粉，它们含有大量的固定碳，在700℃时即可着火。烧结料中燃料同空气中氧气进行氧化燃烧时放出大量热及CO_2气体，是烧结过程一切物理化学反应的基础。混合料层碳燃烧具有以下特点：

(1) 生产1 t烧结矿所需的$1.3\times10^5 \sim 1.7\times10^5$ kJ热量中，有80%～90%是燃烧燃料提供的。但燃料仅占混合料总量的3%～5%，按体积计算不到10%，在料层中分布稀疏，为保证迅速完全燃烧，就需要有较大的空气过剩系数(1.4～1.5)，其主要反应为：

$$C+O_2=CO_2 \tag{2-9}$$

(2) 局部燃料较集中的地方或燃料颗粒较大时，会发生不完全燃烧，其反应为：

$$2C+O_2=2CO \tag{2-10}$$

(3) 在高温条件下，还有可能产生$CO_2+C=2CO$的反应。但由于燃烧层很薄，废气温度降低很快，故产生CO的反应受到一定限制。

总的来说，烧结废气中除N_2外，以CO_2为主，有少量的CO及自由氧。可以认为烧结过程是弱氧化性气氛，但在炭粒周围的局部区域属还原性气氛。

2.5.3.2 分解反应

烧结混合料中经常含有一些结晶水，在烧结加热至一定温度时进行分解。如褐铁矿中结晶水在250～300℃时分解，脉石中高岭土($Al_2O_3 \cdot 2SiO_2 \cdot 2H_2O$)结晶水分解温度为500℃以上。结晶水分解吸热，因此在使用含结晶水的物料烧结时，应适当增加燃料用量。

当生产熔剂性烧结矿时，烧结料中常配入一定量的熔剂(白云石和石灰石)，这些碳酸盐在烧结过程中达到一定温度时会发生分解反应，其反应式如下：

$$CaCO_3=CaO+CO_2 \quad (750℃以上) \tag{2-11}$$

$$MgCO_3=MgO+CO_2 \quad (720℃) \tag{2-12}$$

由于烧结过程很短，为使碳酸盐完全分解，要求配入的熔剂粒度小于3 mm。

2.5.3.3 还原与再氧化反应

在烧结过程中，靠近燃料颗粒处存在着还原性气体CO以及赤热的燃料颗粒，因此混合料中的铁、锰等氧化物将被还原：

$$3Fe_2O_3+CO=2Fe_3O_4+CO_2 \tag{2-13}$$

$$Fe_3O_4+CO=3FeO+CO_2 \tag{2-14}$$

在远离燃料的混合料中，特别是在烧结矿层的冷却过程中，有Fe_3O_4和FeO的再氧化现象，如：

$$2Fe_3O_4+0.5O_2=3Fe_2O_3 \tag{2-15}$$

$$3FeO+0.5O_2=Fe_3O_4 \tag{2-16}$$

2.5.3.4 脱硫反应

烧结过程是一个有效的脱硫过程，一般脱硫效率可达90%以上。烧结料中硫以有机硫、硫化物和硫酸盐形态存在。有机硫在烧结过程中挥发或燃烧成 SO_2 逸出，大部分硫化物通过氧化被脱除：

$$2FeS_2 + 5.5O_2 = Fe_2O_3 + 4SO_2 \tag{2-17}$$

$$2FeS + 3.5O_2 = Fe_2O_3 + 2SO_2 \tag{2-18}$$

生成的 SO_2 及 S_2 排入大气，对环境污染严重。另外，在烧结过程中还能去除其他有害元素，如 As、Pb、Zn、K、Na 等。这些均为有毒气体，所以对烧结废气应作净化处理。

2.5.4　烧结矿的质量指标

2.5.4.1　烧结矿强度和粒度

烧结矿强度好，粒度均匀，可减少运输过程中和炉内产生的粉末，改善高炉料柱透气性，保证炉况顺行。同时，烧结矿强度提高意味着烧结机产量(成品率)增加。

国内外多采用标准转鼓的鉴定方法来确定烧结矿强度。取粒度 25～150 mm 的烧结矿试样 20 kg，置于直径 1.0 m，宽 0.65 m 的转鼓中(鼓内焊有高 100 mm，厚 10 mm，互成 120°布置的钢板 3 块)。转鼓以 25 r/min 的转速旋转 4 min。然后用 5 mm 的方孔筛往复摆动 10 次进行筛分，取其中大于 5 mm 的质量百分比作为烧结矿的转鼓指数：

$$\text{烧结矿的转鼓指数} = \frac{20-A}{20} \times 100\% \tag{2-19}$$

式中　A——试样中小于 5 mm 部分的质量，kg。

一般要求烧结矿的转鼓指数大于 75%。其他还有一些强度试验和表示法，如美国材料试验协会的 ASTM 转鼓指数用大于 6.4 mm 的质量百分数表示，ASTM 转鼓指数愈大，烧结矿强度愈好，一般要求达到 60%～80%。

冷态强度不能完全反映烧结矿在炉内高温还原条件下的行为，因此，低温还原粉化、热爆裂等热态强度指标也应重视。

2.5.4.2　烧结矿的还原性

烧结矿还原性好，有利于强化冶炼并相应减少还原剂消耗。由于模拟高炉条件进行还原试验非常困难，生产中习惯采用烧结矿中的 FeO 含量表示还原性。一般认为 FeO 高，表明烧结矿中难还原的硅酸铁 $2FeO \cdot SiO_2$(还有钙铁橄榄石)多，烧结矿过熔而使结构致密，气孔率低，故还原性差。反之，若 FeO 低，则还原性好。一般要求 FeO 应低于 10%。

烧结矿强度和 FeO 含量有一定相关关系，即 FeO 高，强度也高，但还原性变差。烧结生产的重要任务之一，就是要使烧结矿既获得足够的强度，又有良好的还原性。

2.5.4.3　烧结矿的碱度

烧结矿碱度一般用 $w(CaO)/w(SiO_2)$ 表示。按照碱度的不同，烧结矿可分为三类：

(1) 酸性(或普通)烧结矿。碱度低于炉渣碱度(R=1.0～1.2)的烧结矿。高炉使用这种烧结矿，须加入一定量的石灰石以达到预定炉渣碱度。

(2) 自熔性烧结矿。碱度等于或接近炉渣碱度的烧结矿(R=1.0～1.4)。高炉使用自熔性烧结矿一般可不加或少加石灰石。

(3) 熔剂性烧结矿。碱度明显高于炉渣碱度的烧结矿(R>1.4)。此外还有高碱度(R=2.0～3.0)、超高碱度(R=3.0～4.0)烧结矿。由于这种烧结矿含 CaO 高，使用时无须加石灰石，往往与酸性矿配合冶炼，以获得碱度合适的炉渣。

为了改善炉渣的流动性和稳定性，烧结矿中常含有一定量的 MgO(如 2%～3%或更高)，使渣中 MgO 含量达到 7%～8%或更高，烧结矿和炉渣的碱度可按 $w(CaO+MgO)/w(SiO_2)$来考虑。表 2-6 列出了我国烧结矿行业标准铁烧结矿技术要求。

表 2-6 我国烧结矿行业标准铁烧结矿技术要求

类别		品级	化学成分 w/%				物理性能/%			冶金性能/%	
			TFe	R	FeO	S	转鼓指数(+6.3 mm)	抗磨指数(−0.5 mm)	筛分指数(−5 mm)	低温还原粉化指数 RDI(+3.15 mm)	还原度 RI
			允许波动范围		不大于						
碱度	1.50～2.50	一级	0.5	0.08	12.0	0.08	≥66.0	<7.0	<7.0	≥60	≥65
		二级	1.0	0.12	14.0	0.12	≥63.0	<8.0	<9.0	≥58	≥62
	1.00～1.50	一级	0.5	0.05	13.0	0.06	≥62.0	<8.0	<9.0	≥62	≥61
		二级	1.0	0.1	15.0	0.08	≥59.0	<9.0	<11.0	≥60	≤59

2.5.5 烧结过程中的固相反应

烧结成矿机理影响烧结矿的矿物组成及显微结构，对烧结矿的质量有密切的关系。

2.5.5.1 固相反应

固相反应在烧结过程中占有很重要地位。固相反应是指烧结料在它们的接触界面上在液相生成之前以固体状态进行的反应，产物也是固态。由于通过固相反应形成了原始烧结料所没有的低熔点化合物，为烧结过程产生液相创造了条件，而液相是烧结过程中使矿粉成块和使烧结矿具有一定强度的主要条件。因此，固相反应的进行情况直接影响烧结矿的质量。

在铁矿粉烧结料中添加石灰时，主要矿物成分为 Fe_2O_3、Fe_3O_4、CaO、SiO_2 等。这些矿物颗粒间互相接触，在加热过程中发生固相化学反应，如图 2-5 所示。

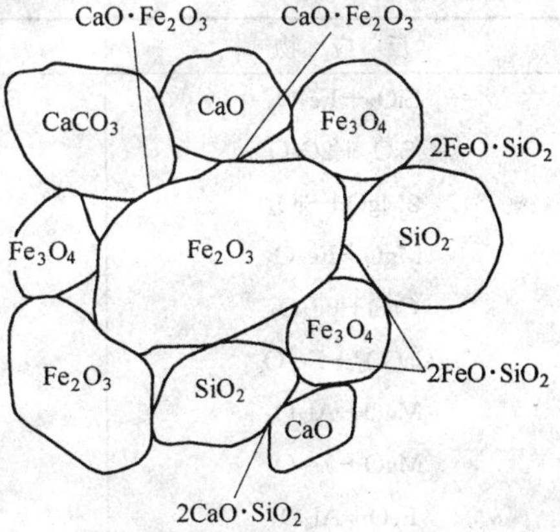

图 2-5 烧结固相反应示意图

固相反应在温度较低的固体颗粒状态下进行，只局限于颗粒间的接触面发生位移，反应速度一般较慢，所以固相反应不可能得到充分发展，但固相反应生成的低熔点化合物为形成液相打下了基础。

2.5.5.2 固相反应的条件

固相反应是反应物旧晶格被破坏和新相晶格的形成过程。随着温度的升高，旧相晶格结点上的离子的振动逐渐加剧起来，当温度升高到使离子能够离开原始中心位置向临近晶格扩散的临界温度时，晶格结点上的离子便离开离子键的束缚，扩散到相邻固体颗粒的表面和内部进行反应，力图形成比单独存在时更低的稳定化合物。临界温度是固相反应开始的温度。根据上面的分析可知，影响固相反应的因素是：固相比表面积愈大，晶格愈不完整的物质，固相反应愈易进行；此外温度愈高，离子间扩散愈容易。因此固相反应的外在条件是温度，而内在条件是晶格的不完整。

2.5.5.3 固相反应的特点

(1) 均为放热反应。当反应物加热到固相反应开始的温度，并且周围也达到相同的温度时，反应放出热量，由于不能向外扩散，而使其本身的温度升高，这就加快了固相反应的速度。因此，固相反应一旦开始，它们的速度就会加快，直到反应物的形成。

(2) 两种物质间反应的最初产物，无论其反应物的分子数之比如何，只能是一种化合物，而且是结晶构造最简单的化合物。

因此，对于烧结生产有实际意义的是固相反应开始的温度和最初形成的产物。

例如，将 CaO 和 SiO_2 的混合物，在空气中加热至 1000℃，其中有过剩的 SiO_2，它们的反应进程如图 2-6 所示。在 CaO 与 SiO_2 接触处，最初反应产物是正硅酸钙（$2CaO \cdot SiO_2$），继之沿着 $2CaO \cdot SiO_2$ 与 CaO 接触处，进一步形成一层 $3CaO \cdot SiO_2$，而沿着 $2CaO \cdot SiO_2$ 与 SiO_2 的接触处形成一层 $3CaO \cdot 2SiO_2$，在整个过程的最后阶段才完全形成为 $CaO \cdot SiO_2$（硅灰石）。

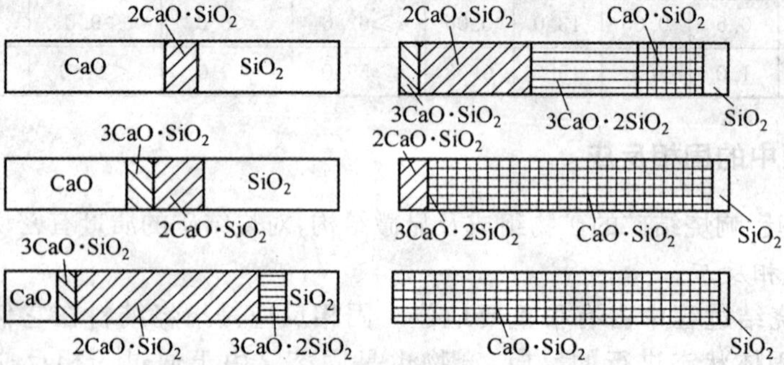

图 2-6　CaO 与 SiO_2 接触带固相反应

固相反应产物往往是低熔点化合物。它们开始发生固相反应的温度如表 2-7 所示。

表 2-7　烧结过程中可能产生的固相反应及开始反应温度

反应物	固相反应	开始反应温度/℃
$SiO_2+Fe_2O_3$	Fe_2O_3 在 SiO_2 中的固溶体	575
SiO_2+2CaO	$CaO \cdot SiO_2$	500,610,690
$2MgO+SiO_2$	$2MgO \cdot SiO_2$	680
$MgO+Fe_2O_3$	$MgO \cdot Fe_2O_3$	600
$CaO+Fe_2O_3$	$CaO \cdot Fe_2O_3$	500,600,610,650
$CaCO_3+Fe_2O_3$	$CaO \cdot Fe_2O_3$	590
$MgO+Al_2O_3$	$MgO \cdot Al_2O_3$	920,1000
$MgO+Fe_2O_3$	含镁浮士体	700
$FeO+Al_2O_3$	$FeO \cdot Al_2O_3$	1100
$CaO+MgCO_3$	$CaCO_3+MgO$	525
$CaO+MgSiO_3$	$CaSiO_3+MgO$	560
$CaO+MnSiO_3$	$CaSiO_3+MnO$	565
$CaO+Al_2O_3 \cdot SiO_2$	$CaSiO_3+Al_2O_3$	530
$Fe_3O_4+SiO_2$	$2FeOSiO_2$	990

(3) 在非熔剂性烧结料中，Fe_2O_3 和 SiO_2 之间不发生固相反应，Fe_2O_3 只能溶入 SiO_2 中形成有限固溶体。

只有当 Fe_2O_3 还原或分解成 Fe_3O_4 时，才能与 SiO_2 反应生成低熔点的 $2FeO \cdot SiO_2$，开始形成的温度为 910～1057℃。因此，燃料用量较多和还原气氛是固相反应中产生 $2FeO \cdot SiO_2$ 的主要条件。

(4) 在熔剂性烧结料中主要固相反应产物是 $CaO \cdot Fe_2O_3$。一方面是由于开始 $CaO \cdot Fe_2O_3$ 形成的温度较低(500～700℃);另一方面,尽管 CaO 与 SiO_2 的亲和力远比 CaO 与 Fe_2O_3 的亲和力大,但烧结料中 CaO 与 Fe_2O_3 接触的机会多,在相同温度下形成 $CaO \cdot Fe_2O_3$ 的速度比形成 $CaO \cdot SiO_2$ 的速度快,因此熔剂性烧结矿固相反应产物中 $CaO \cdot Fe_2O_3$ 居多。由于 Fe_3O_4 不与 CaO 发生固相反应,只有 Fe_3O_4 氧化生成 Fe_2O_3 后才能生成 $CaO \cdot Fe_2O_3$,所以燃料用量低和强氧化气氛是固相反应生成 $CaO \cdot Fe_2O_3$ 的主要条件。

(5) 固相反应的产物不等于烧结矿最终矿物组成。固相反应的结果产生低熔点化合物,促使烧结过程中产生大量的黏结相,有利于提高烧结矿强度。但固相反应的产物不等于烧结矿最终矿物组成,在后来的熔化过程中,这些复杂化合物大部分又分解成简单化合物。烧结矿是熔融物再结晶的产物,烧结矿的矿物组成受熔融物冷却再结晶规律的支配,而碱度是熔融物结晶作用的决定因素,因此,烧结矿的最终矿物,在燃料用量一定的条件下,主要决定于碱度。只有当燃料用量较低,液相数量较少时,固相反应的产物才能直接转入成品烧结矿中。

2.5.5.4 烧结料中常见的固相反应及反应产物

在烧结时经常遇到的铁矿物是赤铁矿和磁铁矿,这些矿石中的主要脉石成分为 SiO_2。当生产熔剂性烧结矿时,需要加石灰石和石灰,它们的主要成分为 CaO。这些矿粉在焦炭耗量正常或增多的情况下,烧结料中所进行固相反应流程和反应产物可能有下列两种形式。

A 烧结非熔剂性赤铁矿与熔剂性赤铁矿

在烧结非熔剂性赤铁矿时,赤铁矿被还原和分解为 Fe_3O_4、FeO 和金属铁,在温度升高时 Fe_3O_4、FeO 与 SiO_2 在固相反应中将形成铁橄榄石。温度再升高铁橄榄石熔化,并且 Fe_3O_4、FeO 和 SiO_2 也转入到熔融物中,见图 2-7。

在烧结熔剂性赤铁矿时,除存在图 2-7 同样过程外,CaO 与 SiO_2 进行固相反应生成正硅酸钙又与 Fe_2O_3 反应形成铁酸钙,部分未作用完的 SiO_2 同样转到熔融物中。熔融物为多种物质熔化和分解的产物所构成,所以结晶方式复杂,见图 2-8。

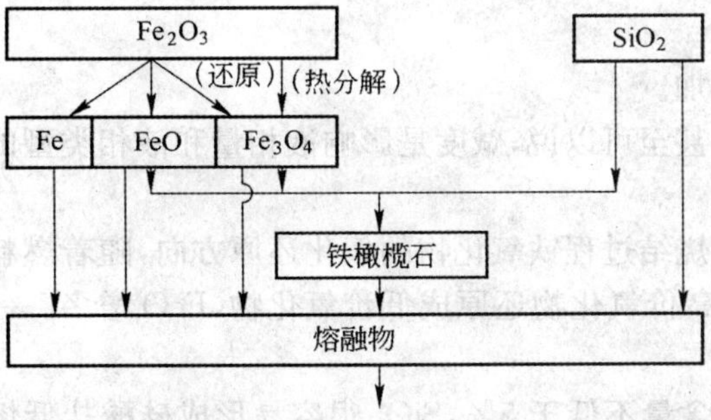

图 2-7 赤铁矿非熔剂性烧结料中固相反应流程

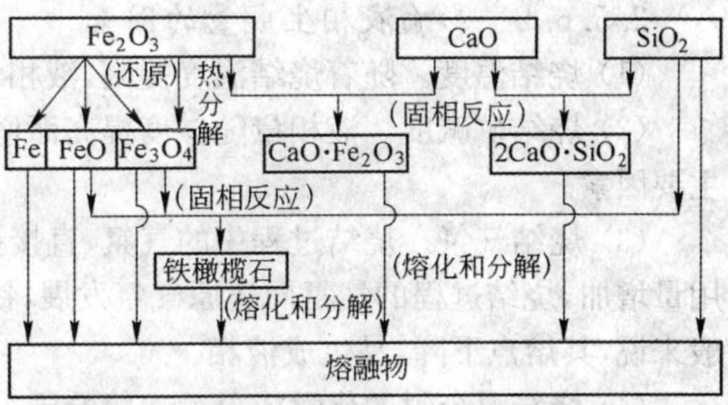

图 2-8 赤铁矿熔剂性烧结料中固相反应流程

B 烧结非熔剂性磁铁矿与熔剂性磁铁矿

烧结非熔剂性磁铁矿时与赤铁矿的不同点在于有一部分磁铁矿的中间氧化物,其中部分又再次被还原和分解,见图 2-9。

烧结熔剂性磁铁矿烧结料的固相反应流程是最复杂的一个,见图 2-10。在实际烧结过程中,固相反应形成的矿物结构更为复杂,因为除这几种矿物外还有更多的矿物参加。

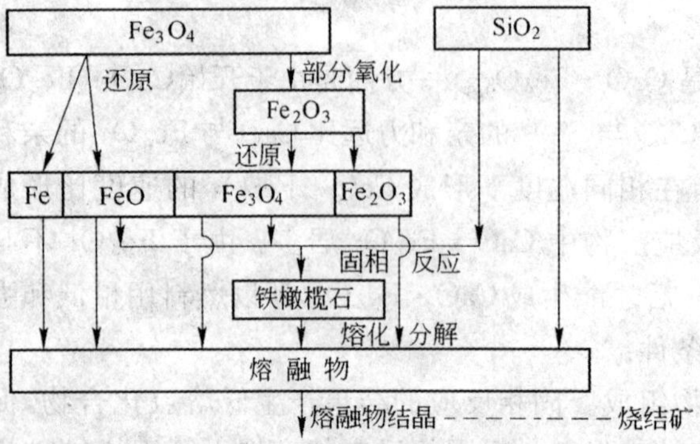

图 2-9 磁铁矿非熔剂性烧结料中固相反应流程

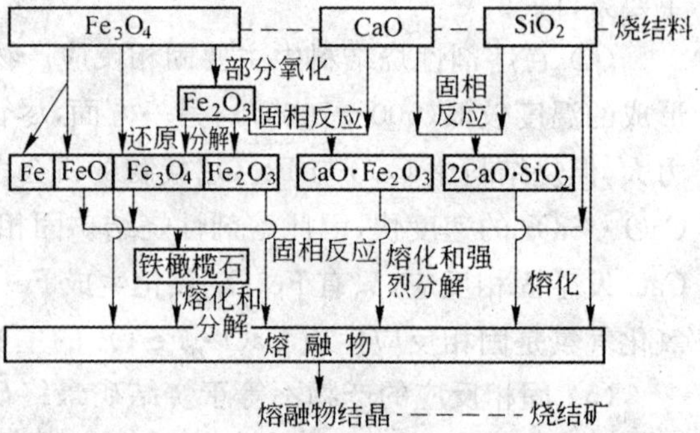

图 2-10 磁铁矿熔剂性烧结料中固相反应流程

2.5.6 烧结过程液相生成与冷却结晶

研究烧结过程的液相生成及结晶过程，就要研究它们的生成规律，以便改善烧结矿的质量。

2.5.6.1 液相生成在烧结过程中的作用

液相生成有以下作用：

(1) 液相是烧结矿粘结相，将未熔的固体颗粒粘结成块，保证烧结矿具有一定的强度。

(2) 液相具有一定的流动性，可进行黏性或塑性流动传热，使高温熔融带的温度和成分均匀，液相反应后的烧结矿化学成分均匀化。

(3) 液相能润湿未熔的矿粒表面，产生一定的表面张力将矿粒拉紧，使其冷凝后具有强度。

(4) 从液相中形成并析出烧结料中所没有的新的矿物，这种新矿物有利于改善烧结矿的强度和还原性。

液相数量多少为最佳，还有待于进一步研究，一般认为应有 50%～70%的固体颗粒不熔，以保证高温带的透气性，而且要求液相黏度低，具有良好的润湿性。

2.5.6.2 影响液相生成量的因素

(1) 烧结温度。随着烧结温度提高，液相量增加。

(2) 烧结矿碱度。液相量随碱度提高而增加，甚至可以说，碱度是影响液相量和液相类型的主要因素。

(3) 烧结气氛。烧结过程中的气氛，直接控制烧结过程铁氧化物的氧化还原方向，随着燃料用量增加，烧结过程的气氛向还原气氛发展，铁的高价氧化物还原成低价氧化物，FeO 增多。一般来说，其熔点下降，易生成液相。

(4) 烧结混合料的化学成分。一般希望 SiO_2 含量不低于 5%，SiO_2 很容易形成硅酸盐低熔点液相，SiO_2 含量过高则液相过多，过低则液相量不足；Al_2O_3 含量主要由矿石和固体燃料灰分带入，有使熔点降低的趋势；MgO 含量由白云石等熔剂带入，有使熔点升高的趋势，但 MgO 能改善烧结矿低温还原粉化现象。

烧结原料特有的化合物和混合物熔化温度如表 2-8 所示。

表 2-8 中所列的化合物在烧结所能达到的温度范围内都能形成液相，其中有如 2.5.6.3 中所述 7 种典型物系。

表 2-8 烧结原料特有的化合物和混合物熔化温度

系 统	液 相 特 性	熔化温度/℃
FeO-SiO_2	$2FeO \cdot SiO_2$	1205
	$2FeO \cdot SiO_2$-SiO_2 共熔混合物	1178
	$2FeO \cdot SiO_2$-FeO 共熔混合物	1177
Fe_3O_4-$2FeO \cdot SiO_2$	$2FeO \cdot SiO_2$-Fe_3O_4 共熔混合物	1142
MnO-SiO_2	$2MnO \cdot SiO_2$ 异分熔化	1323
MnO-Mn_2O_3-SiO_2	MnO-Mn_3O_4-$2MnO \cdot SiO_2$ 共熔混合物	1303
$2FeO \cdot SiO_2$-$2CaO \cdot SiO_2$	$(CaO)_x \cdot (FeO)_{2-x} \cdot SiO_2 (x=0.19)$	1150
$2CaO \cdot SiO_2$-FeO	$2CaO \cdot SiO_2$-FeO 共熔混合物	1280
CaO-Fe_2O_3	$CaO \cdot Fe_2O_3 \rightarrow$ 液相 $+ 2CaO \cdot Fe_2O_3$ 异分熔化	1216
	$CaO \cdot Fe_2O_3$-$CaO \cdot 2Fe_2O_3$ 共熔混合物	1200
FeO-Fe_2O_3-CaO	(18%CaO + 82% FeO)-$2CaO \cdot Fe_2O_3$ 固溶体的共熔混合物	1140
Fe_3O_4-Fe_2O_3-$CaO \cdot Fe_2O_3$	Fe_3O_4-$CaO \cdot Fe_2O_3$	1180
	Fe_2O_3-$2CaO \cdot Fe_2O_3$ 共熔混合物	
Fe_2O_3-$CaO \cdot SiO_2$	$2CaO \cdot SiO_2$- $CaO \cdot Fe_2O_3$-$2CaO \cdot Fe_2O_3$ 共熔混合物	1192

2.5.6.3 烧结过程的主要液相

A 铁—氧体系（FeO-Fe_3O_4）

烧结磁铁矿粉时，由于还原或分解反应的发生，部分 Fe_3O_4 转变为 FeO，FeO 可与 Fe_3O_4 形成固溶体，其熔化温度比纯 FeO 和 Fe_3O_4 都低，在烧结温度下可熔化成为液相。例如，由 45% FeO 和 55%Fe_3O_4 组成的固溶体，熔化温度为 1220℃。当烧结高品位磁铁矿粉时，虽然渣相极少，但由于固溶体的熔化，也能使烧结料固结起来，并具有一定的强度。

不过，在实际生产中是很少有此情况的。

B 硅酸铁体系（FeO-SiO_2）

烧结料中总存在一定数量的 SiO_2，当铁氧化物还原或分解产生有 Fe_3O_4 和 FeO 时，与 SiO_2 彼此接触的 Fe_3O_4 或 FeO，在 1000℃左右便可发生固相反应而形成低熔点化合物铁橄榄石（$2FeO \cdot SiO_2$），其成分为 FeO72%，$SiO_2$28%，熔点 1205℃。$2FeO \cdot SiO_2$ 可分别与 SiO_2 和 FeO 形成熔化温度更低的共晶体 $2FeO \cdot SiO_2$-SiO_2 和 $2FeO \cdot SiO_2$-FeO，前者 FeO 为 62%，$SiO_2$38%，熔点 1178℃，后者 FeO76%，$SiO_2$24%，熔点 1177℃。此外，$2FeO \cdot SiO_2$ 还可与 Fe_3O_4 组成低熔点共晶混合物，其成分为 $2FeO \cdot SiO_2$83%，$Fe_3O_4$17%，熔点仅 1142℃，比铁橄榄石更低，它在烧结过程中首先形成液相。随着物料中的 Fe_3O_4 逐渐溶入液相，液相的熔点逐步上升，由此可见，在烧结酸性烧结料时，要使 Fe_3O_4 较多地溶入液相，需要加热到很高的温度，即配碳量要高。

硅酸铁体系液相是生产非熔剂性烧结矿的主要粘结相。其生成条件是较高的烧结温度和还原性气氛，以保证形成必要的 Fe_3O_4 或 FeO，且矿粉中含有较多的 SiO_2，液相数量与此密切相关。

形成足够数量的铁橄榄石体系液相，是使非熔剂性烧结矿获得良好强度的前提，这就要求有较高的燃料配比。但燃料不宜过多，否则液相生成过多，导致烧结矿还原性降低，并由于薄壁粗孔结构的出现，烧结矿有变脆的趋向。因此，在烧结矿强度足够的情况下不希望铁橄榄石过分发展。

C 硅酸钙体系（CaO-SiO_2）

生产熔剂性烧结矿，烧结料中加入较多的石灰石或生石灰时，它们与矿粉中的 SiO_2 作用，可形成硅酸钙体系的液相。

该体系化合物有：硅灰石（$CaO \cdot SiO_2$），熔点为 1544℃，硅钙石（$3CaO \cdot 2SiO_2$），熔点为 1478℃，正硅酸钙（$2CaO \cdot SiO_2$），熔点 2130℃，硅酸三钙（$3CaO \cdot SiO_2$），熔点 1900℃。另外，该体系还有 3 个共晶混合物：$CaO \cdot SiO_2$-SiO_2，$CaO \cdot SiO_2$-$3CaO \cdot 2SiO_2$ 和 $2CaO \cdot SiO_2$-CaO，其共晶温度分别为 1436℃、1460℃和 2065℃。

该体系的特点是：无论化合物或共晶混合物的熔化温度都很高，最低也在 1436℃以上，因此，在烧结条件下不可能熔化形成一定数量的液相，故不能成为烧结料的主要粘结相。$2CaO \cdot SiO_2$ 熔化温度虽然很高，但它是该体系中固相反应的最初产物，在 500～600℃下即开始出现，转入熔体中后不分解，因此在烧结矿中可能存在 $2CaO \cdot SiO_2$ 矿物，它的存在将影响烧结矿的强度。这是因为 $2CaO \cdot SiO_2$ 在冷却时，发生晶形转变。$2CaO \cdot SiO_2$ 在不同温度下有 α、α′、β、γ 四种晶形，它们的密度分别为：3.07、3.31、3.28、2.97 kg/m^3。$2CaO \cdot SiO_2$ 冷却时晶形变化：

$$\alpha\text{-}2CaO \cdot SiO_2 \xrightarrow{1436℃} \beta\text{-}2CaO \cdot SiO_2 \xrightarrow{675℃} \gamma\text{-}2CaO \cdot SiO_2$$

上述的正硅酸钙晶形变化中，影响最坏的是 β-$2CaO \cdot SiO_2$ 向 γ-$2CaO \cdot SiO_2$ 的晶形转化，因为这一晶形转变可使其体积增大 10%，从而发生体积膨胀，导致烧结矿在冷却时自行粉碎。

为了防止或减少正硅酸钙 $2CaO \cdot SiO_2$ 的破坏作用，在生产中可采用以下措施：

(1) 使用粒度较小的石灰石、焦粉，矿粉；加强混合作业。改善 CaO 与 Fe_2O_3 的接触，尽量避免石灰石和燃料的偏析。

(2)提高烧结矿的碱度。实践证明当烧结矿碱度提高到 2.0 以上时，剩余的 CaO 有助于形成 $3CaO \cdot SiO_2$ 和铁酸钙。当铁酸钙中的 $2CaO \cdot SiO_2$ 含量不超过 20%时，铁酸钙能稳定成 β-$2CaO \cdot SiO_2$ 晶形。此外，添加少量 MgO、Al_2O_3 也有稳定 β-$2CaO \cdot SiO_2$ 晶形转变作用。

(3) 加入少量的含有磷、硼、铬等元素的化合物，如硼酸能有效地抑制烧结矿的粉化。

D 铁酸钙体系（CaO-Fe_2O_3）

用赤铁矿生产熔剂性烧结矿，或在燃料用量较低的情况下用磁铁矿生产熔剂性烧结矿时，可生成铁酸钙体系的液相成分。该体系的化合物：铁酸二钙（$2CaO \cdot Fe_2O_3$），熔点为 1449℃，铁酸一钙（$CaO \cdot Fe_2O_3$），熔点为 1216℃，二铁酸钙（$CaO \cdot 2Fe_2O_3$），其熔点为 1226℃，二铁酸钙只在 1155～1226℃范围内稳定，1150℃分解为 $CaO \cdot Fe_2O_3$ 及 Fe_2O_3。另外，$CaO \cdot Fe_2O_3$ 与 $CaO \cdot 2Fe_2O_3$ 能组成共晶混合物，熔点为 1205℃。

该体系液相的特点是：

(1) 熔化温度低，而且一旦 $2CaO \cdot Fe_2O_3$ 液相生成后，当其中逐步溶入 Fe_2O_3 时，其熔化温度是逐步下降的。这是造成烧结矿碱度高，烧结温度较低，FeO 低的原因之一。

(2) $CaO \cdot Fe_2O_3$ 不仅熔点低，而且生成速度快，它在 500～700℃时就开始出现，并且是固相反应的最初产物，随温度升高，反应速度加快。烧结矿碱度不很高时，主要生成物是 $CaO \cdot Fe_2O_3$，当碱度达到 2.0 左右时，开始出现 $2CaO \cdot Fe_2O_3$。

(3) 当烧结料层中出现熔体时，由于熔体中 CaO 与 SiO_2 的亲和力远大于 CaO 与 Fe_2O_3 的亲和力，故当温度较高，最初以 $CaO \cdot Fe_2O_3$ 进入熔体中的 Fe_2O_3 将被 SiO_2 置换出来，甚至被还原成 FeO，只有在 CaO 含量高的情况下，才会保留较多的铁酸钙。以铁酸钙作烧结矿的主要粘结相时，烧结矿的强度和还原性都很好，这就是获得铁酸钙体系液相的重要意义。

获得铁酸钙体系液相的条件是：烧结温度较低，氧化性气氛较强，烧结料碱度高，石灰石粒度细并混合均匀。由于生成 $CaO \cdot Fe_2O_3$ 需要 Fe_2O_3，故烧结赤铁矿粉比烧结磁铁矿粉更有利于该体系的形成。

E 钙铁橄榄石体系($CaO-FeO-SiO_2$)

生产熔剂性烧结矿，当燃料配用较多，烧结温度高，还原性气氛强时，引起铁氧化物的分解、还原，产生 FeO，在此情况下，可形成钙铁橄榄石体系的液相成分。该体系的主要化合物有钙铁橄榄石($CaO \cdot FeO \cdot SiO_2$)，铁黄长石($2CaO \cdot FeO \cdot SiO_2$)，钙铁辉石($CaO \cdot FeO \cdot 2SiO_2$)和钙铁方柱石($2CaO \cdot FeO \cdot 2SiO_2$)，其熔化温度依次为 1208℃，1280℃，1150℃，1190℃。这些化合物的特点是，能够形成一系列的固溶体，并在固相中产生复杂的化学变化和分解作用。

钙铁橄榄石的生成条件与铁橄榄石相似，都需要高温和还原性气氛，但钙铁硅酸盐体系的熔化温度比铁橄榄石体系的低，且液相的黏度较小，从而使得烧结熔剂性烧结矿时，气流阻力比烧结非熔剂性烧结矿时要小，故能改善透气性，强化烧结过程。缺点是液相流动性过好，易形成薄壁大孔结构，使烧结矿变脆。

F 钙镁橄榄石体系($CaO-MgO-SiO_2$)

烧结料中含有 MgO，烧结熔剂性烧结矿时，除配加石灰石外，还常加入白云石，因此，可出现钙镁橄榄石体系的液相成分。其主要化合物有：钙镁橄榄石($CaO \cdot MgO \cdot SiO_2$)，熔点 1490℃；镁黄长石($2CaO \cdot MgO \cdot 2SiO_2$)，熔点 1454℃；镁蔷薇辉石($3CaO \cdot MgO \cdot 2SiO_2$)，熔点 1570℃；透辉石($CaO \cdot MgO \cdot 2SiO_2$)，熔点 1391℃。此外，还有二元系化合物镁橄榄石($2MgO \cdot SiO_2$)；熔点 1890℃；偏硅酸镁($MgO \cdot SiO_2$)，熔点 1557℃；以及铁酸镁($MgO \cdot Fe_2O_3$)等。

可见，在熔剂性烧结料中加入适量的 MgO 时，可使硅酸盐的熔化温度降低，在烧结温度下，其低熔点混合物及透辉石、镁黄长石可以完全熔融，有的可部分熔融，这就增加了烧结料层中的液相数量；同时，因 MgO 的存在，生成镁黄长石和钙镁橄榄石，就减少了正硅酸钙和难还原的铁橄榄石、钙铁橄榄石生成的机会；此外，MgO 有稳定 β-C_2S 的作用；不能熔化的部分高熔点钙镁橄榄石矿物，在冷却时成为液相结晶的核心，可减少玻璃质的形成等。这些均有助于提高烧结矿的机械强度，减少粉化率，改善还原性。因此，生产熔剂性烧结矿时，添加适量白云石是有利的。

G 铁钙铝的硅酸盐体系($CaO-SiO_2-Al_2O_3-FeO$)

当矿粉中含 Al_2O_3 较高时，可形成含铝的硅酸盐矿物，如铝黄长石($2CaO \cdot Al_2O_3 \cdot SiO_2$)、铁铝酸四钙($4CaO \cdot Al_2O_3 \cdot Fe_2O_3$)及铝酸钙与铁酸钙的固溶体($CaO \cdot Al_2O_3$-$CaO \cdot Fe_2O_3$)等。

Al_2O_3 的存在对改善烧结矿的性质有良好的作用：它可降低烧结料的熔化温度，从而增加液相数量；形成铝黄长石可减少或消除 β-C_2S 的生成并提高正硅酸钙开始出现的碱度，能提高液相的表面张力，降低其黏度，促进氧离子的扩散，有助于铁氧化物的氧化，利于铁酸钙的生成。因此，富含 Al_2O_3 的烧结矿强度较好，不易粉化。

由于烧结料成分复杂，烧结工艺因素多变，故烧结过程中，可能出现的液相成分还要复杂多样。在烧结生产中，应积极创造条件，促进有利于改善烧结矿强度与还原性的液相成分生成，而采取抑制措施，尽量减少或避免有损烧结矿质量的液相成分出现。

2.5.6.4 液相冷却结晶

随着燃烧带下移，料层上部烧结矿便开始冷却结晶。烧结矿在冷却过程中仍有许多物理化学变化发生，冷却过程对烧结矿品质影响很大。

随着烧结矿层的温度降低，其液相中的各种化合物开始冷却结晶。结晶的原则是：熔点高的矿物首先开始结晶析出，然后是熔点低的矿物析出，来不及结晶的就成为玻璃质。

A 冷却

冷却速度是影响冷却过程的主要因素。料层中不同部位的冷却速度差别很大，烧结矿表层温度下降快，一般为(120～130)℃/min，下层为(40～50)℃/min。冷却速度过快，结晶来不及发展，易形成无一定结晶形状易破碎的玻璃质，这是表层烧结矿强度低的重要原因。冷却太慢也降低烧结机产量，造成烧结矿卸下温度太高，给运输胶带带来困难。

冷却速度受料层透气性、抽风速度，抽风量的影响。料层透气性好，抽风量大，冷却速度就快。解决冷却速度与烧结矿强度矛盾的有效途径是，既改善料层透气性，又增加料层厚度，这样既可维持烧结速度，又使表层强度差的烧结矿比例减少，产量、质量都得到保证。

B　凝固与结晶

随温度降低，液相逐渐冷凝，各种化合物开始结晶。未熔融的烧结料中的 Fe_2O_3、Fe_3O_4 颗粒，以及从烧结料中随抽风带来的结晶碎片、粉尘等都可充当晶核，然后围绕晶核，依各种矿物熔点高低先后结晶，晶核沿着传热方向，呈片状、针状、长条状和树枝状等不断长大。因各处冷却条件不同，晶粒发展也不一样。一般说来，表面层冷却速度快，结晶发展不完整易形成无一定结晶形状、易碎的玻璃质。下部料层冷却缓慢，结晶较完整，这是下部烧结矿层品质好的主要原因。液相冷凝速度过快，大量晶粒同时生成而互相冲突排挤，又因各种矿物的膨胀系数不同，结晶过程中烧结矿内部产生的内应力不易消除，甚至使烧结矿内部产生细微裂纹，降低了烧结矿的强度。

2.5.7　烧结矿的矿物组成及结构

烧结矿是烧结过程的最终产物。烧结矿的矿物组成和结构，是由烧结过程熔融体成分和冷却速度所决定。而烧结矿的矿物组成和结构，在很多方面决定着烧结矿的冶金性能。因此，对烧结矿物组成、结构的研究，对控制和研究烧结矿的品质，有十分重要的意义。

目前对烧结矿矿物及其结构研究的方法很多。用显微镜观察，根据矿物晶形和光学性质不同，鉴定烧结矿的矿物组成和结构，是重要的方法之一。

2.5.7.1　烧结矿的矿物组成

烧结矿是由含铁矿物及脉石矿物形成的液相粘结而成的，其矿物组成随原料及烧结工艺条件不同而变化，主要受碱度和燃料用量的影响。对于普通矿粉生产的烧结矿，当碱度在 0.5～5.0范围时，其主要矿物组成有：含铁矿物为磁铁矿(Fe_3O_4)、赤铁矿(Fe_2O_3)、浮士体(Fe_xO)；粘结相矿物较复杂，主要有铁橄榄石($2FeO·SiO_2$)、钙铁橄榄石[$(CaO)_x·(FeO)_{2-x}·SiO_2$，$x=0.25～1.5$]、硅灰石($CaO·SiO_2$)、硅钙石($3CaO·2SiO_2$)、正硅酸钙($2CaO·SiO_2$)、硅酸三钙($3CaO·SiO_2$)、铁酸钙($CaO·Fe_2O_3$，$2CaO·Fe_2O_3$，$CaO·2Fe_2O_3$)、钙铁辉石($CaO·FeO·2SiO_2$)以及硅酸盐玻璃质等；当脉石中含有较高的 Al_2O_3 时，烧结矿中则出现铝黄长石($2CaO·Al_2O_3·SiO_2$)、铁铝酸四钙($4CaO·Al_2O_3·Fe_2O_3$)、铁黄长石($2CaO·Fe_2O_3·SiO_2$)以及钙铁榴石($3CaO·Fe_2O_3·3SiO_2$)；当 MgO 含量较多时，则可出现钙镁橄榄石($CaO·MgO·SiO_2$)、镁黄长石($2CaO·MgO·2SiO_2$)及镁蔷薇辉石($3CaO·MgO·2SiO_2$)等；当脉石中含有少量磷酸盐时，可能出现磷酸钙($3CaO·P_2O_5$)；此外，还有少量反应不完全的游离石英(SiO_2)和游离石灰(CaO)等。以上矿物中，对于某一烧结矿来说，不一定全部矿物都有，而且矿物数量有多有少。磁铁矿是最主要的矿物组成，并最早从熔体中结晶出来，有较完好的结晶形态，浮士体含量则随烧结料中配碳比增高而增加。

2.5.7.2　烧结矿的结构

烧结矿的结构包括宏观结构和微观结构两个方面。宏观结构是指烧结矿的外观特征，用肉眼来判断烧结矿空隙的大小，孔隙分布及孔壁的厚薄。可分为三种结构。

(1) 微孔海绵状结构。当燃料用量和烧结温度适宜，液相生成量适度，黏度较大时，形成微孔海绵状结构，这种结构烧结矿还原性好，强度高。

(2) 粗孔蜂窝状结构。当燃料配比多，烧结温度高，液相生成多且黏度小时，形成粗孔蜂窝状结构，烧结矿表面和孔壁显得熔融光滑，其强度和还原性均较差；燃料配比更多，烧结温度过高时，产生过熔现象，形成气孔度很小的石头状结构，其强度尚好，但还原性很差。

(3) 松散状结构。燃料配比低，液相生成量少，烧结料颗粒仅点接触粘结，烧结矿强度很低。

烧结矿的微观结构一般是指在显微镜下观察所见到的烧结矿矿物结晶颗粒的形状、相对大小及它们相互结合排列的关系。常见的有以下几种结构：

(1) 粒状结构。烧结矿中含铁矿物与粘结相矿物晶粒相互结合成粒状结构。分布均匀，强度较好。

(2) 斑状结构。烧结矿中含铁矿物晶粒呈斑晶状与细粒的粘结相矿物互相结合成斑状结构，强度也较好。

(3) 骸晶结构。烧结矿中早期结晶的含铁矿物晶粒，发育不完全，呈骨架状，其内部常为硅酸盐粘结相矿物充填，但仍保持含铁矿物结晶外形和边缘部分，形成骸晶结构。

(4) 丹点状共晶结构。含铁矿物呈圆点状或树枝状分布于粘结相矿物中。

(5) 熔蚀结构。含铁矿物被粘结相矿物所熔融，形成熔蚀结构。这是高碱度烧结矿的结构特点。含铁矿物与粘结相矿物接触紧密，强度较好。

(6) 交织结构。含铁矿物与粘结相矿物彼此发展或交织构成，此种结构的烧结矿强度最好。

2.5.8 强化烧结的技术措施

在实际生产中为了提高烧结矿的产量与质量，采用了一些改善烧结作业的技术措施，主要有以下几项。

2.5.8.1 混合料预热

混合料预热是为了将混合料温度提高到(或接近)露点温度，使气流温度保持在露点以上，以防止气流中水分凝结恶化料层的透气性。生产中常常是采用热返矿和蒸汽预热两种并用的预热手段，而且混合料粒度越细，预热后增产效果愈显著。国外有的烧结结合二次能量利用，用冷却烧结矿的热废气吹入烧结料层，取得了很好的效果。

2.5.8.2 加生石灰或消石灰

混合料中配入一定量的生石灰代替石灰石粉，可以强化烧结过程。我国的实践证明，在细磨精矿粉烧结时，加入2%～4%的生石灰可增产20%～50%，对于强磁选赤精矿粉烧结，加入2%～4%的生石灰也可取得同样的增产效果。

生石灰在混合料中消化成为极细的消石灰 $Ca(OH)_2$ 胶凝体颗粒，有利于混合料的混合制粒效果；此外，生石灰消化后的胶体颗粒具有较大的比表面积，可以吸附和持有较大量的水分而不会使料层失去原有的疏松性和透气性，在出现一定程度的过湿现象时，不致引起料球的破坏，能一定程度上消除过湿层的负面影响。

但生石灰消化时，体积激增，并放出热量使混合料中水分蒸发，如掌握不当，对混合料的成球反而有破坏作用。故其用量要适当，而且要在混合料装上台车之前消耗完毕。因此应使用活性大，不过烧的生石灰，且粒度应小于5 mm。

为解决生石灰使用中的问题，有些厂家使用消石灰代替生石灰，消石灰是已经消化成 $Ca(OH)_2$ 的胶体颗粒，而且吸足了水，它能加固料球的强度并提高其稳定性，使之在干燥或过湿条件下保持不破。但在实际生产中，消石灰含水往往波动很大，且结成块，在混合料中分布很不均匀，降低了其使用效果。为此，有些工厂试用石灰乳代替消石灰，使其在混合料中分布均匀。但其浓度要很好控制，否则太浓不易流动，起不到均匀混合料的作用；太稀则 $Ca(OH)_2$ 含量太低。

2.5.8.3 热风烧结

为了克服烧结层上下温度和热量不均造成的上部固结不好，下部过熔，以及上部因抽入冷风急冷，形成大量玻璃质，产生较大的内应力和裂纹而使烧结矿强度变差等，可在点火后一段时间内用热风(500℃)供气烧结。热风带入的物理热使烧结料层上下部热量和温度分布趋向均匀，而且上层烧结矿因抽入的是热风，处于高温作用下时间较长，大大减轻了因急冷造成的表层强度降低。为此，热风烧结具有改善表层烧结矿强度的重要作用。此外，热风烧结可降低混合料中的配碳量，从而降低气氛的还原性，也使烧结矿中 FeO 含量降低 2%～4%，而且燃料分布均匀程度提高，利于形成均匀分布的小气孔，提高烧结矿的气孔率。这些都使烧结矿的还原性得到提高。

获得热风的方法有将空气通过预热到要求温度供给烧结和利用气体和液体燃料的高温废气与空气混合形成的热气供给烧结，前者预热较复杂，而后者含氧低。为弥补这一缺陷，可在热气中加入一定数量的氧气。富氧不仅具有热废气烧结明显改善烧结矿质量的优点，而且氧浓度的提高有利于加快烧结速度。在富氧不超过 25%的情况下，垂直烧结速度加快 10%～15%。目前，由于氧的来源和价格问题，尚未在生产中广泛应用。

2.5.8.4 分层布料和双层烧结

为了克服烧结矿上下层质量不均匀和节约燃料，可以分层布料，使烧结料层含碳量由上而下逐渐减少。也可以将混合料先铺台车高度的 50%～70%，点火烧结，当其进行到料层阻力下降时，再在其上铺其余的料，并进行第二次点火，这样在同一横断面上有两个烧结层同时向下移动。

分层布料和双层烧结从理论上讲是合理的，工业试验也取得了良好的结果，但实际工业生产比较困难，它要求两套配料、供料、布料和点火设备同时工作，基建投资、设备维护增加很多。

不同燃料配比的双层烧结工艺在前苏联的一些烧结厂采用，取得良好的效果，它们在进入一混中的料内加入的是满足下层烧结需要的碳量。一混后的混合料分两路进入两个二混装置，其中一个是起原来二混调整水分和造球的作用，另一个则在调水制粒的过程中再添加部分碳，以满足上层烧结的需要。往烧结机台车上先布含碳量低的料，再布含碳量高的料，然后点火烧结。这样可以节约 1/5～1/4 的固体燃料，而且烧结矿质量明显改善。

2.5.8.5 偏析布料

由于传统布料器在烧结机台车上布的料层，在烧结过程中其下部透气性比上部的要差；又因烧结过程的自动蓄热作用，下部热量比上部的要多，因此，这种粒度和配碳量相对均一的布料方式是不适宜的。国外一些工厂做了大量研究，开发出多种偏析布料装置，投入实际生产后，取得良好的效果。这些偏析布料装置的共同特点是在烧结机台车上产生上部小颗粒多、下部大颗粒多的粒度偏析和料层含碳量上多下少的燃料量偏析。

我国攀钢在 1994 年自日本引进了一套这种装置(简称 ISF 布料器)，使用后烧结台车上混合料粒度和含碳量出现了较使用前更为合理的偏析：混合料下层与上层的平均粒径差由原来的 0.4 mm，提高到 0.83～2.59 mm；含碳量由原来的上层比下层仅高 0.089%，提高到现在的 0.33%～0.47%，从而改善了料层的透气性和烧结热工状态，使产量提高 6.0%，每吨烧结矿工序能耗下降 6.22 kg 标准煤。

2.5.8.6 烧结料层透气性

烧结过程必须向料层中送风，固体燃料的燃烧反应才能得以进行，混合料层才能获得必要的高温，烧结过程才能顺利实现。烧结过程之所以能顺利进行，就是气流在料层中自上而下运动的结果，如果没有气流运动，烧结过程就会终止。在料层中气流运动是畅通还是受阻，就是人们常说的透气性。

A　透气性的表示方法

烧结料层的透气性可以用两种方法来表示。

(1) 在一定的压差条件下,可按单位时间内通过单位面积的烧结料层的气体量来表示料层的透气性。即在一定压差条件下,以单位时间内,通过单位面积烧结料层的气体流量大小,表示料层透气性的高低。显然,在抽风面积一定时,单位时间内通过料层的空气量愈大,则说明烧结料层的透气性愈好。

(2) 在一定料层厚度的抽风量不变的情况下,以气体通过料层时的压头损失 ΔP 来表示料层的透气性。即按真空度(负压)大小来表示,真空度愈高,透气性愈差;反之亦然。由此可见,在料层透气性改善后,风机能力即使不变,也可增加通过料层的空气量。

研究烧结料层的透气性,应考虑两个方面,一是烧结料层原始的透气性;二是在点火后,烧结过程中的料层透气性。前者在一定的生产条件下变化不大,而后者由于烧结过程的特点,如料层被抽风压紧密实,烧结料层因温度升高产生软化、熔融、固结等,使透气性发生变化。因此,烧结料层的透气性对烧结生产的影响,主要取决于烧结过程的透气性,它的好坏,决定着垂直速度的大小。

B　透气性的变化

烧结过程中烧结料层透气性的变化规律如图2-11所示。由图可以看出:在点火初期,料层被抽风压紧,气体温度骤然升高和液相开始生成,使料层阻力增加,负压升高。烧结矿层形成后,烧结矿层的阻力损失出现较平稳的阶段。随着烧结矿层的不断增厚及过湿层的逐渐消失,整个矿层阻力损失减小,透气性变好,所以负压又逐渐消失。

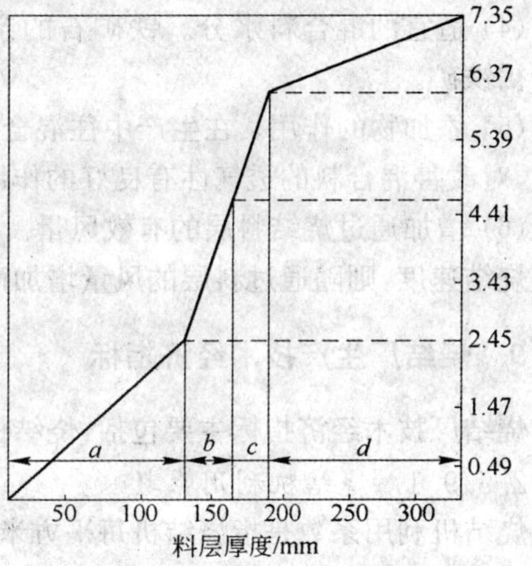

图 2-11　烧结料层中各层阻力损失的变化
a—烧结矿层;b—燃烧层;c—预热层;
d—冷料层(过湿层)

废气流量的变化规律,和负压的变化相呼应,当料层阻力增加,在相同的压差作用下,废气流量降低,反之则废气流量增加。

而温度的变化规律,是和燃料燃烧及烧结矿层的自动蓄热作用相关的。

烧结料每一层的透气性,相差是很大的。熔化带即燃烧带,与其他各带比较,阻力最大,透气性最差,因为这一带燃料燃烧,料层温度最高,并生成一定数量的液体,所以燃烧带气流阻力最大,显然,温度愈高,液相量愈多,熔化带厚度的增大,都会促使该层阻力增加。预热带和干燥带虽然厚度较小,但其单位厚度的气流阻力较大。这是因为湿料球粒干燥预热时会发生碎裂,料层孔隙度变小,同时,预热带温度高,通过此层实际气流速度增加,从而增加了气体运动的阻力。过湿层气流阻力与原始料层比较,增大一倍左右。这是由于料层过湿,导致料粒的破坏。彼此粘结或堵塞孔隙,使料层孔隙度减小,增加了气流运动阻力。特别是烧结未经预热的细精矿时,过湿现象及其影响更为显著。烧结矿带即冷却带,由于烧结矿气孔多阻力小,所以透气性好。随烧结过程自上而下进行,烧结矿层变厚,这一层的增加有利于改善整个料层中的透气性。但在烧结过融时,烧结矿气孔率下降,结构致密,透气性变差。

在烧结过程中,由于各带的厚度相应发生变化,故料层的总阻力是变化的。在开始阶段,由于烧结矿层尚未形成,料面点火温度高,抽风造成料层压紧以及过湿层的形成等原因,所以料层阻力升高,与此同时,固体燃料燃烧熔融物的形成,以及预热带,干燥带混合料粒的破裂,也会使料层阻力增加，故点火后2～4 min，料层透气性激烈下降。随后，由于烧结矿层的形成和增厚，以及过湿带的逐步消失，所以料层阻力逐渐下降，透气性增加。据此可以推论，垂直烧结速度并非固定不变，而是愈向下速度愈快。

除此以外，应该指出气流在料层各处分布的均匀性，对烧结生产有很大影响。不均匀的气流分布会造成不同的垂直烧结速度，而料层各处的不同垂直烧结速度反过来又会加重气流分布的不均匀性。这就必然产生料层中有些区域烧得好，有些区域烧得不好，势必产生烧不透的夹生料。这不仅减少了烧结成品率，而且也降低了返矿品质，破坏正常的烧结过程。因此，均匀布料和减少粒度偏析是造成透气性均匀的必要手段。

C 改善烧结料层透气性的主要措施

加强原料、燃料、熔剂准备，减少烧结料层各带的气流阻力，改进烧结设备，减少漏风及提高抽风机能力等是改善烧结料层透气的主要措施，具体如下：

(1) 加强烧结料准备，改进原料粒度和粒度组成，配加富矿粉、返矿；

(2) 加强二次混合机的制粒作用，提高烧结料粒度，改善烧结料粒度组成；

(3) 使用小球料烧结，其球粒上限一般为6～8 mm，下限要大于1.2～1.5 mm。

(4) 适宜的混合料水分。铁矿石的亲水性依下列顺序依次增强：磁铁矿→赤铁矿→菱铁矿→褐铁矿。

(5) 添加物的作用。在生产中往混合物料里加入适当数量的消石灰、生石灰、皂土等粘结性物质，对改善混合料的透气性有良好的作用。

(6) 增加通过烧结料层的有效风量。在一定条件下，烧结机产量与垂直烧结速度成正比，而垂直烧结速度，则随通过料层的风量增加而增快。

2.5.9 烧结厂生产技术经济指标

烧结厂技术经济指标主要包括：烧结机利用系数、作业率、合格率、原料消耗等。

2.5.9.1 烧结机利用系数

烧结机利用系数是指烧结机每平方米有效抽风面积1h的产量。它用烧结机台时产量和有效抽风面积的比值来表示：

$$利用系数=\frac{Q}{F} \tag{2-20}$$

式中 Q——烧结机台时产量，t/(台·时)；

F——烧结机有效抽风面积，m^2。

烧结机利用系数是衡量烧结机生产效率的指标，它与烧结机有效烧结面积大小无关。

2.5.9.2 烧结机台时产量

烧结机台时产量是指一台烧结机1 h生产的烧结矿产量大小。

$$Q=\frac{Q_{总}}{t_{总}} \tag{2-21}$$

式中 Q——台时产量，t/(台·时)；

$Q_{总}$——一台烧结机的生产总量，t；

$t_{总}$——烧结机总运行时间，h。

烧结机台时产量是体现烧结机生产能力大小的指标，它与烧结机有效烧结面积大小有关。

2.5.9.3 成品率

成品率是指成品烧结矿量占烧结混合料总消耗量的百分数。

$$成品率=\frac{Q_{成}}{Q_{混}}\times 100\% \tag{2-22}$$

式中 $Q_{成}$——成品烧结矿量,t;

$Q_{混}$——烧结混合料总消耗量,t。

2.5.9.4 烧结机作业率

烧结机作业率是衡量设备工作状态的指标,以设备运转时间占日历时间的百分数计算。

$$作业率=\frac{实际作业时间(台·时)}{日历时间(台·时)}\times 100\% \tag{2-23}$$

$$日历台时=台数\times 24\times 年日历天数$$

2.5.9.5 烧结矿合格率

烧结矿的化学成分和物理性能、冶金性能符合国家标准的叫烧结矿的合格品,不符合国家标准的烧结矿叫不合格品。

$$合格率=\frac{合格品}{总产量} \tag{2-24}$$

2.5.9.6 生产成本

生产成本指生产每吨烧结矿所需的费用,由原料费和加工费组成。原料费主要是含铁原料和熔剂的费用。加工费包括辅助材料费(燃料、动力、箅条、胶带油脂等),工人工资与附加工资,车间经费(设备折旧、维修、差旅费等)等项。

2.5.9.7 工序能耗

工序能耗指在烧结生产过程中生产 1 t 烧结矿所消耗的各种能源(煤、焦、煤气、电、水、蒸汽、压缩空气、氧气等)总和折合成标准煤。

2.5.9.8 带式烧结机的生产率

$$Q=60\cdot K\cdot B\cdot L\cdot \gamma\cdot d \tag{2-25}$$

式中 K——烧结料成品率,即单位重量混合料所出产的成品烧结矿量(即除去水分、挥发分、烧掉的燃料等烧损和返矿量之后的成品量),一般 $K=0.5\sim0.7$;

B——烧结机台车宽度,m;

L——烧结机有效(抽风)长度,m;

γ——烧结混合料松装密度,t/m³;

d——垂直烧结速度,即燃烧层垂直下移的速度,可用料层厚度 H 和烧结时间 t 求出,即 $d=\frac{H}{t}$,m/min。而 t 又可根据台车运行速度 v 和抽风长度 L 来计算,即 $t=\frac{L}{v}$,min。将$d=\frac{Hv}{L}$代入式(2-25)得:

$$Q=60\cdot K\cdot \gamma\cdot B\cdot H\cdot v \tag{2-26}$$

带式烧结机抽风面积为:

$$A=B\times L$$

通常用 A 表示带式烧结机的大小。如:$A=75\ m^2$,即称为 75 m² 烧结机。

由式(2-25)看到，在一定的原料和设备条件下，B、L、γ、K 基本上是固定因素，只有 d 是可变因素。$Q \propto d$，烧结产量同垂直烧结速度成正比。而 d 主要同抽过料层的空气量有关，在抽风机能力和负压一定时，垂直烧结速度主要决定于料层透气性。

2.5.10　烧结生产设备

目前，烧结生产使用的主要设备为带式烧结机，它由烧结机本体、布料设备、点火器和抽风除尘系统等设备组成，如图 2-12 所示。

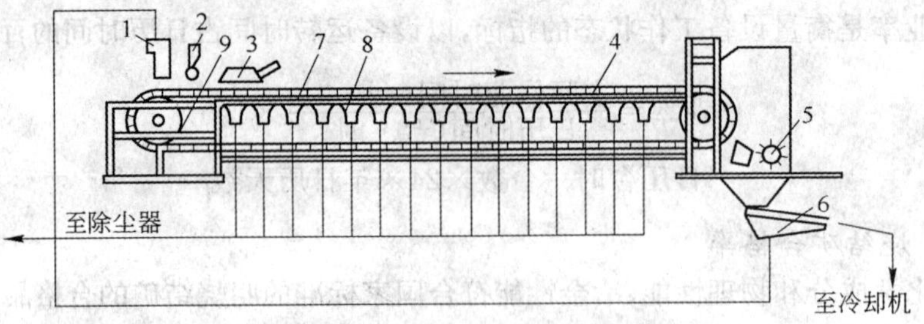

图 2-12　带式烧结机示意图

1—铺底料布料器；2—混合料布料器；3—点火器；4—烧结机；5—单辊破碎机；6—热矿筛；7—台车；8—真空箱；9—机头链轮

烧结机本体主要有台车、真空箱、密封装置、传动系统（机头链轮、弯轨、导轨和机尾链轮）、单辊破碎机、热矿筛等组成，将其安放在铺有密封轨道的钢结构支架上，在传动装置的驱动下，各个独立的台车在轨道上连续运转，铺满混合料的台车移至真空箱（风箱）时，上面点火（点火温度1200～1300℃），下面抽风，即烧结过程开始并连续进行至机尾结束。台车在尾部翻车卸料后，沿下面水平轨道上移至烧结机头部导轨处，被转动着的链轮咬入带至上面的行走轨道，台车完成一个工作循环。

烧结机大小按其有效抽风面积来表示，即烧结机的有效长度与台车宽度之乘积为烧结机的有效抽风面积。如 75 m^2 的烧结机，其有效长度为 30 m，台车宽为 2.5 m 。

烧结厂规模大小的划分，按烧结机机型或年产烧结矿量分为：

大型厂：单机面积≥200 m^2，或年产量≥200 万 t；

中型厂：单机面积≥50 m^2，或年产量≥100 万 t；

小型厂：单机面积≤50 m^2，或年产量＜50 万 t。

20 世纪 50 年代初带式烧结机单机面积不超过 90 m^2，随着现代钢铁企业的日趋大型化，烧结机的规格也向大型化发展。进入 20 世纪 70 年代后，烧结机规格已发展到 400 m^2，500 m^2，750 m^2或更大面积。

2.5.11　烧结新工艺

随着钢铁工业的发展和科学技术的进步，高炉冶炼对烧结矿质量提出了更高要求：良好的热态性能和冷强度，稳定适宜的化学组成。

近年来各烧结厂普遍采用了一些强化措施，如配加生石灰，强化混合制粒，安装松料器，提高抽风负压，厚料层低碳烧结及采用新型高效点火器等，使传统的烧结法在工艺技术和产品质量方面都达到了较高水平，但仍存在能耗高、产品质量差及对原料粒度范围适应性较小的缺点，为此，广大的造块工作者进行了大量研究工作，提出和开发了不少新工艺、新技术，其中低温烧结法、小球团烧结法、燃料分加最为人们所关注。

2.5.11.1 低温烧结法

低温烧结法就是指在较低温度(1250～1300℃)下生产烧结矿的过程。低温烧结工艺的理论基础是"铁酸钙理论"。铁酸钙特别是针状复合铁酸钙(常以 SFCA 表示)是还原性和强度均好的矿物,但是它只能在低温的烧结温度(1250～1280℃)下获得,为促进 SFCA 的生成,在以磁铁矿粉为原料的烧结中,要求 $w(Al_2O_3)/w(SiO_2)$在 0.1～0.4 范围内。

低温烧结法是目前烧结工艺中一项先进技术,它具有节能和改善烧结矿性能两大优点。天津铁厂与北京钢铁研究总院采取合理配料、混合料整粒、缩小石灰石粒度、添加消石灰(或生石灰)、稳定混合料水分、强化造球、提高料层等一系列措施后,减少燃料用量,实行低温烧结,取得了显著的节能效果。烧结固体燃料消耗降低了 7.84～8.88 kg/t,节约 15.2%～13.5%;烧结矿质量改善,高炉产量提高 4%～9%,焦比降低 6～15 kg/t。

低温烧结的特点如下:

(1) 烧结温度低,高温持续时间长。低温烧结法,就是以较低的烧结温度,使烧结混合料中部分矿粉起反应,产生一种强度好、还原性好的理想的矿物——针状铁酸钙,并以此来粘结、包裹那些未起反应的残存矿石(或叫未熔矿石),使其生成一种钙铝硅铁固溶体。

当烧结温度为 1250～1280℃时,有 30%～40%的 SFCA 生成,成交织结构,强度最好;当烧结温度为 1280～1300℃时,有 10%～30%的 SFCA,SFCA 下降,针状变板状,强度升高,还原性下降,所以适宜的烧结温度是低温烧结的关键。

其高温保持时间都在 5～8 min,比熔融型烧结矿要长 1～3 min,这对针状铁酸钙的形成、发育十分有利。

(2) 胶结相为针状铁酸钙。低温烧结矿的主要胶结相是针状铁酸钙,其数量为 30%～40%,而高温熔融烧结矿由于烧结温度高于 1300℃以后,铁酸钙分解,数量大大降低。

(3) 显微结构为交织残余结构。低温烧结是部分熔化物去粘结部分未熔化矿物的工艺。在国外,烧结料主要是赤铁矿粉,因此,其残余结构主要是赤铁矿,我国以磁铁矿为主,因此,反应残余结构以磁铁矿为主,致使我国低温还原粉化指标比国外要低。

(4) 要有适宜的碱度。我国铁精矿绝大多数为酸性矿,为要获得针状铁酸钙,必须添加适量的石灰石等,使其达到一定的碱度。根据北京科技大学(原北京钢铁学院)的研究,以符山磁精矿为主要原料的烧结矿,碱度 1.5 以上时,即有大量铁酸钙出现,但以碱度 1.7～1.8 时强度为最好。

(5) 要有合理的工艺操作制度。如要重视原料整粒,加强混合制粒和合理的烧结制度。

低温烧结工艺可以在现有烧结生产设备不作大的改造的情况下,通过加强烧结原料的准备,优化烧结工艺,控制烧结温度等技术措施来实现。

低温烧结的主要工艺对策是:

(1) 加强原料准备,特别要控制好粒度:要求富矿粉小于 8 mm 的占 90%;焦粉小于 3 mm 的占 85%～90%,其中小于 0.125 mm 占 20%左右;石灰石小于 3 mm 的占 90%;蛇纹石小于 1 mm 的大于 80%。

(2) 烧结矿碱度控制在 1.8～2.0。

(3) 低燃料低水分高料层作业,同时改进布料。

(4) 严格控制烧结温度在 1250℃左右,不要超过 1300℃,以避免 SFCA 分解,点火温度以 1050～1100℃为宜。

(5) 有条件的厂家,可考虑辅以外配碳工艺以提高燃烧效率,降低燃料消耗。

(6) 以磁精粉为原料时,要特别注意确保 Fe_3O_4 的充分氧化,这要求高料层中有较宽的高温氧化带，1100℃以上高温区保持5 min以上。

2.5.11.2　小球烧结

小球烧结是将混合料制成一定粒度的小球（粒度上限一般为6～8 mm，下限不小于1.5～2 mm）后进行烧结。

日本钢管公司自20世纪70年代开始研究，1988年在福山烧结机上投入运转以来，一直成功地进行生产。表2-9列出了小球烧结工艺与普通烧结、球团工艺的比较。

表 2-9　小球烧结工艺与烧结、球团工艺比较

项　目	烧结工艺	球团工艺	小球团烧结工艺
原　料	烧结料（−125 μm占20%）	球团料（−44 μm占70%）	烧结料 球团料
制　粒	准粒度 （3～5 mm） 圆筒混合机	球　团 （8～15 mm） 圆盘，圆筒造球机	小球团（5～8 mm） 圆盘造球机外滚焦粉，圆筒混合机
产品形状	不规则 （5～50 mm）	球状 （8～15 mm）	小球团（5～8 mm） 和块状物
产品结构 产品TFe 渣　量 还原度 低温粉化率 软化性能	渣相固结 55%～58% 15%～20% 60%～65% 35%～45% 优　良	扩散固结 60%～63% 5%～10% 60%～75% 次于烧结矿	扩散固结 58%～61% 7%～12% 70%～80% 30%～40% 相当于烧结矿

小球团烧结法工艺流程和特点：

（1）增设了造球设施。将全部混合料制成小球团是小球团烧结的核心，混合料经一次混合后进入造球系统，在圆盘造球机内进行造球。增加造球设施的目的在于使用以细精矿为主的原料，经造球后料层透气性远比普通烧结要好，易于实行高料层低负压生产。

（2）增加外滚煤粉工艺环节。小球团烧结法的燃料添加方式是以小球外滚煤粉为主（70%～80%），小球内部仅配加少量煤粉（20%～30%），煤粉粒度以小于1 mm为宜，外滚煤粉能有效改善固体燃料的燃烧效率。

（3）采用新型布料系统。因采用一般烧结的辊式布料机会造成生球破裂，小球工艺采用梭式胶带机和两条与烧结机同样宽的胶带，靠沿烧结机宽度上的偏析布料。另一种布料方式是采用摆动胶带机配宽胶带机，将球布到辊式布料机上，以解决在料层厚度上的合理偏析布料，而将大球布在底下，小球及脱落煤粉布在上部，改善球层透气性，又有利烧结过程中热量的合理分布。

（4）烧结点火前设置干燥段。与常规烧结工艺比较，烧结料铺在烧结机台车上后，如直接送点火器下面，生球受高温热气流冲击，由于小球内水分迅速蒸发产生热应力易导致小球破裂，恶化烧结料层透气性。为此，在点火前设置干燥段是必要的。

（5）产品为外形不规则的小球集合体。

2.5.11.3　烧结混合料中燃料分加

燃料分加就是将配入烧结混合料中的燃料分两次加入。一部分燃料在配料室加入，与铁料、熔剂在一次混合机内混匀，再运送到二次混合机内造球；另一部分燃料则在混合料基本成球后再加入，使之存在于料球表面，这种操作称为外配燃料。这样做既可改善燃料的燃烧条件，又可减少燃料与铁料接触还原而造成的燃料损失。同时，由于燃料的密度小，在布料过程中可增加上层的燃料量而形成燃料的合理偏析。在分加燃料时，应根据混合料的性质，选择合适的内、外燃料配比。

2.5.11.4 富氧点火

富氧点火可使点火区表层烧结料的固体燃料充分燃烧，减少固体燃料消耗并增加炉膛内的氧化气氛，有利于烧结过程的氧化反应，改善烧结矿的机械强度，提高生产率，进而达到节能与改善质量的目的。

2.5.11.5 低 SiO_2 高还原性烧结

低 SiO_2 烧结矿一般是指烧结矿中 SiO_2 含量低于或等于 5.0%，它具有以下优点：使入炉品位提高，渣量减少；改善了烧结矿冶金性能，尤其是使其软熔温度升高、软熔区间变窄，可使高炉的软熔带位置下移，厚度变薄，有利于高炉内间接还原发展和料柱透气性、透液性的改善。

自 1986 年瑞典皇家工学院的 Edstrom 等人开始研究低 SiO_2 烧结矿以来，一些国家相继开展了降低烧结矿中 SiO_2 含量的研究，目前部分先进企业的 SiO_2 含量已达到 4.5%左右的水平。

从烧结的机理可知，烧结矿是液相固结的产物，单纯减少烧结矿的 SiO_2 含量，有可能导致烧结矿的液相量不足，从而引发烧结矿强度变差的问题。因为在二元碱度不变化时，SiO_2 的减少也意味 CaO 含量的减少，而 SiO_2 和 CaO 都是构成烧结矿液相的主要组元，因此如何在低温烧结的工艺条件下，在降低烧结矿 SiO_2 含量的同时，确保烧结过程中产生在质量及数量上均适宜的“有效粘结相”是这一新工艺能否在生产上成功的技术关键。为此必须采取相应的技术对策：

(1) 为弥补因 SiO_2 含量减少而使粘结相量减少的问题，需要适当提高烧结矿二元碱度以增加烧结矿中 CaO 含量，从而也就增加了烧结矿中的铁酸钙量，这对维持必要的粘结相量，以及改善烧结矿的还原性都有利。

(2) 适当提高烧结原料的粉/核比例。因为粘结相起源于粒度较细的粉粒，粒度细的粉粒能促进固相反应的快速进行，易于生成烧结液相。

(3) 铁矿粉的种类和自身的性质对烧结矿中铁酸钙物相的生成和烧结体的固结状况有着重要影响。在把握铁矿粉烧结特性的基础上，通过配矿设计，形成合适的烧结相，既满足低 SiO_2 烧结矿对粘结相量的要求，也满足高还原性的要求。

2.6 球团矿生产

由于高炉炼铁对铁矿石品位的要求日益提高，贫铁矿资源被大量开发利用以及选矿工业的发展，提供了大量细磨铁精矿粉。这样的细磨精矿粉用于烧结不仅工艺技术困难，烧结生产指标恶化，而且能耗浪费。为了经济合理地利用这种精矿粉，早在 20 世纪 20 年代，瑞典就提出了生产球团矿的方法。20 世纪 40 年代，美国开采出低品位铁燧岩磁铁矿，精选出的矿粉粒度极细，难于烧结。工业规模的球团生产于 20 世纪 50 年代逐渐获得应用，并使高炉生产用原料结构发生了变化。而从经济和实际冶炼效果上看，高炉全部使用烧结矿的炉料结构未必合理，高炉使用部分球团矿对冶炼过程是有益的。

球团矿的种类很多，根据其固结机理的不同，可分为高温固结型（即氧化焙烧球团、金属化球团等）和常温固结球团（冷固球团）两类。目前球团矿生产以酸性氧化球团矿为主，所以在后续的介绍中以这类球团矿的内容为重点。

2.6.1 球团矿质量指标

2.6.1.1 生球质量指标

质量优良的生球是获得高产、优质球团矿的先决条件。优质生球必须具有适宜而均匀的粒度、足够的抗压强度和落下强度及良好的抗热冲击性。

(1) 生球粒度。近年来球团粒度逐渐变小，生产实践表明，粒度为 6～12 mm 的球团较理想。

在高炉中由于球团粒度均匀，孔隙度大，气流阻力小，还原速度快，为高炉高产低耗提供了有利条件。故目前大多数生产厂家都以生产 6～16 mm 的球团为目标。

(2) 生球抗压强度。生球必须具有一定的抗压强度，以承受生球在热固结过程中的各种应力、台车上料层的压力和抽风负压的作用等。抗压强度使用压力机进行检测。一般选取 10 个粒度均匀的生球(通常直径为 12.5 mm)在压力机上加压，直到破裂为止。以生球破裂时的平均压力值作为生球平均抗压强度。生球的抗压强度随焙烧方法的不同而异。目前，尚未有统一标准，一般带式焙烧机要求单球 9.8～29.4 N，链箅机-回转窑为单球 9.8 N。

(3) 生球落下强度。生球必须有足够的落下强度以保证生球在运输过程中既不破裂又很少变形。其检验方法是，选取 10 个直径为 12.5 mm 的生球，自 457.2 mm 高处自由落在钢板上(有的则落在皮带上)，反复数次，直至出现裂纹或破裂为止。记录每个生球的落下次数并求出其平均值，作为落下强度指标。

(4) 生球破裂温度。生球在干燥时受到水分强烈蒸发和快速加热所产生的应力作用，从而使生球产生破裂式剥落，影响了球团的质量。生球的破裂温度除了与干燥介质状态有关外，还与原料的组成及理化性质有关。

2.6.1.2　球团矿质量指标

球团矿质量要求的项目主要有：粒度、机械强度、还原性、软化及熔点、化学成分及其稳定性。近年来，对高温还原条件下的强度以及热膨胀性能也开始重视。

A　冷强度

冷强度是球团矿入炉前的一项重要指标。主要反映球团矿的抗冲击、抗摩擦、抗压的能力。检验方法包括落下试验、转鼓试验及抗压强度试验等。

落下强度反映球团矿的抗冲击能力，即产品的耐转运能力。转鼓试验可同时反映出球团的抗冲击和抗摩擦的综合特性，是球团质量鉴定的主要手段之一。抗压强度可用材料试验机测定。

B　还原性

评价球团矿还原性的主要指标是还原度，即还原过程中失去的氧量与试样在试验前氧化铁所含的总氧量之比的百分数表示。测定炼铁原料的还原性方法很多，但由于方法不同，还原结果难于进行相互比较。

与球团矿还原性能有关的指标还有：低温还原粉化(500～600℃)、还原膨胀指标。

低温还原粉化的测定方法：将一定粒度范围的试样，在固定床中 500℃下，用 CO、CO_2 和 N_2 组成的还原气体进行静态还原。恒温还原 60 min 后，试样经冷却，装入转鼓($\phi 130 \times 200$ mm)，转 300 转后取出，用 6.3，3.15 和 0.5 的方孔筛分级，分别计算各粒级量，用 *RDI* 表示球团矿的还原粉化性。

球团矿还原时体积膨胀的测定：用水银置换法测出球团矿还原前和冷却后体积，根据还原前后体积的变化和氧的损失，可计算出膨胀率和还原度。

C　高温软化及熔融特性

球团矿和其他炉料一起降至高炉炉身下部受到煤气的还原，温度升高至熔化。为了避免黏稠的熔化带扩大，造成煤气分布的恶化及降低料柱的透气性，应尽可能避免使用软化区间特别宽及熔点低的球团矿及其他炉料。

有关球团矿软化性能及软化温度的测定方法较多，但基本思路都是模拟高炉内气氛、温度和负荷条件，通过试样的收缩和膨胀及压降变化进行分析。

2.6.1.3　球团矿与烧结矿质量比较

目前国内外普遍认为球团矿比烧结矿在冶金性能上有以下优点：

(1) 粒度小而均匀，有利于高炉料柱透气性的改善和气流的均匀分布。通常，球团粒度在8～16(或)20 mm的占90%～95%以上，即使整粒最好的烧结矿也难以相比。

(2) 冷态强度(抗压和抗磨)高。在运输、装卸和贮存时产生粉末少。

(3) 还原性好，有利于改善煤气化学能的利用。

(4) 原料来源较宽，产品种类多。适于球团法处理的原料包括磁铁矿、赤铁矿、褐铁矿以及各种含铁粉尘，化工硫酸渣等。不仅能制造常规氧化球团，还可以生产还原球团、金属化球团等。

(5) 适于处理细精矿粉。选矿技术的进步可经济地选出高品位细磨铁精矿，其粒度从－200网目(小于0.074 mm)减少到－325网目(小于0.044 mm)。这种过细精矿透气性不好，影响烧结矿产量和质量的提高。而过细精矿易于成球，球团强度也高，适于用球团方法处理。

由于冶金性能良好，自20世纪60年代以来球团矿生产得到很大发展。据统计，国外大型钢铁企业球团矿年生产能力超过2.8亿t。

铁精矿粉的球团生产工艺过程包括生球形成和焙烧固结两个主要作业。

2.6.2 生球形成

把精矿粉、粘结剂等混合料，加水润湿滚动成球是生球形成的最基本条件。干燥的精矿粉像散沙一样，不会粘结成球，但滴入一滴水，就会形成比水滴大的小球，故矿粉成球主要靠水的作用。

2.6.2.1　*矿粉成球机理及造球过程和力的作用*

矿粉颗粒表面通常带有电荷，在颗粒表面空间形成电场，水分子又具有偶极构造，在电场作用下发生极化并与细磨粉料之间因静电引力而相互吸引。因此，水分子被牢固地吸附在矿粉表面上，形成吸附水膜。它是由吸附水和薄膜水组成的，也称为分子结合水。受外力作用，水分子排列紧密，具有很大的黏滞性，使颗粒彼此粘结，这就是细磨粉料成球后具有一定机械强度的原因之一。当粉料中水分进一步增加到超过最大结合水时，水分开始充填在矿粉颗粒间的空隙中，形成毛细水。这时，水在矿粉颗粒间隙中形成弯曲的液面，产生毛细压力，在其作用下将水滴周围的颗粒拉向水滴中心，形成小球。矿粉颗粒越细，表面亲水性越强，毛细力作用越大，越容易成球，可见毛细水在成球过程中起着主导作用。过多的水分在重力作用下会发生迁移，这种受重力作用的水称重力水，显然对成球是不利的。在造球过程中，物料所含吸附水、薄膜水、毛细水和重力水的水分总含量称为全水量。

由上述分析可知，不同形态的水分对造球过程有着不同的作用，且对成球影响很大。原料湿度过大，易形成过湿的生球，强度小，在运输和焙烧过程中容易互相粘结或变形；水分过低，生球成长慢，强度也低。所以，造球配加的水分要适宜，通常磁、赤精矿粉造球的适宜湿度为8%～10%，褐铁矿粉为14%～28%。为改善矿粉成球性能，提高生球强度，要在造球料中加入某些添加剂，常用的有皂土($Al_2O_3 \cdot 4SiO_2 \cdot H_2O + mH_2O$)、消石灰$Ca(OH)_2$)、石灰石粉($CaCO_3$)等。

造球过程大致可分为三个阶段：母球形成、母球长大和生球压紧。

(1) 母球形成。矿粉颗粒被水润湿后，首先在其表面形成薄膜水；若进一步润湿，并且被润湿的颗粒互相接触，在触点处形成毛细水，靠毛细力作用，使两个或较多的颗粒连接起来，形成小球；继续增加水分，在机械滚动力作用下，小球内部颗粒重新排列，进一步密集，形成比较坚实稳定的小球，即称为母球。

(2) 母球长大。母球在滚动过程中，彼此碰撞，母球被进一步压紧，引起内部颗粒间毛细管形状与尺寸的改变，从而使过剩的毛细水被挤到母球的表面上来。这样，过湿的母球表面靠毛细力的作用，将周围湿度较低的粉矿粘到母球表面。由于不断向母球表面进行人工喷水，使母球表面润湿，而不断重复粘结周围矿粉，使母球逐渐长大，至符合要求的尺寸。

(3) 长大母球进一步压紧。正在长大的母球中，颗粒间的结合力主要靠毛细力联结，强度低。因此，当母球长到要求的尺寸时，应停止喷水润湿，使母球在机械力作用下，内部颗粒进一步重新排列，且其排列更加紧密，挤出多余的水分，获得强度更高的生球。

上述成球的三个阶段，是在造球机内靠加水润湿和滚动产生的机械力作用完成的。

2.6.2.2　*矿粉造球设备*

铁矿粉造球设备主要有圆盘造球机和圆筒造球机(见图 2-13)。我国广泛采用圆盘造球机，而欧美较多地采用圆筒机。圆盘机的优点是成球均匀，生产率高，基建和生产费用低；缺点是：操作不易稳定，实现高度的全自动控制有困难。盘式造球机的工艺参数有：转数、倾角、容积填充率等。

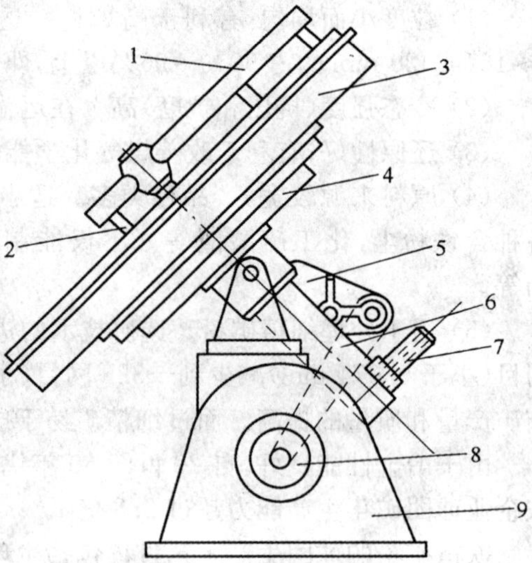

图 2-13　圆盘造球机简图

1—刮刀架；2—刮刀；3—圆盘；4—伞齿轮；5—减速机
6—中心轴；7—调倾角螺杆；8—电动机；9—底座

2.6.3　球团焙烧固结

生球通过高温焙烧而固结，并具有足够的机械强度，同时还可去除部分有害元素。

2.6.3.1　球团固结机理

生球焙烧是个复杂的物理化学过程。焙烧时，随着原始矿物组成、焙烧制度(主要是指气氛和温度)的不同，进行着不同的固相反应。生球焙烧存在如下几种固结方式。

A　晶桥联结

(1) Fe_2O_3 晶桥的形成。在氧化性气氛下，磁精矿粉生球加热到 200～300℃就开始氧化，800℃时形成 Fe_2O_3 外壳。新生的 Fe_2O_3 微晶中原子具有高度迁移能力，它们与相邻的颗粒粘结起来，形成晶桥。随着温度升高，微晶长大，使颗粒互相联结起来。当温度达到 900～1000℃以上时，Fe_3O_4 全部氧化成 Fe_2O_3；在 1000℃以上时 Fe_2O_3 微晶长大并再结晶，使颗粒结合成牢固的整体，球团的强度提高，如图 2-14a、b 所示。

(2) Fe_3O_4 或 Fe_2O_3 的再结晶与晶粒长大。在中性或还原性气氛中焙烧磁铁矿生球时，Fe_3O_4 晶粒在 900℃以上产生再结晶和晶粒长大，球团以“Fe_3O_4 晶桥键”使颗粒互相联结起来，如图 2-14c 所示；

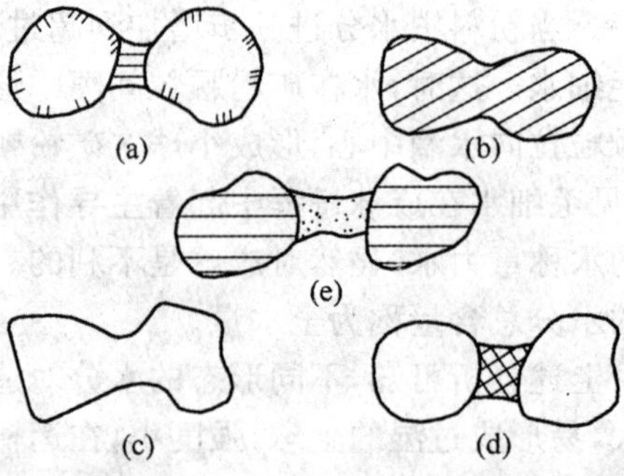

图 2-14　球团固结形式示意

(a)Fe_2O_3 晶桥形成；(b)Fe_2O_3 再结晶；(c)Fe_3O_4 再结晶；(d)Fe_2SiO_4 液相形成；(e)铁钙橄榄石液相形成；
⊘—赤铁矿；○—磁铁矿；⊗—硅酸铁；◎—铁钙橄榄石

同样地，在中性或氧化性气氛中焙烧赤铁矿球团时，Fe_2O_3 在高温下也可以发生再结晶与晶粒长大而形成晶桥固结。

这种主要靠再结晶和晶粒长大的方式固结的球团，其强度较前一种低得多。

B　固相烧结固结

当温度提高到 1100℃时，生球内部颗粒间由于固相扩散而形成渣化联结颈，球团空隙减少，密度增加而形成一定的固结强度。

固相烧结固结在铁矿粉球团固结中有一定的作用，但只是一种次要的固结方式。

C 液相烧结固结

(1) Fe_2SiO_4 液相的形成。在还原性或中性气氛中焙烧磁铁矿球团时，Fe_3O_4 与 SiO_2 作用，生成低熔点的 Fe_2SiO_4 液相，在冷却时各颗粒粘结起来，如图 2-14d 所示。

(2) 生成铁酸钙或硅酸钙液相。在生产自熔性球团时，CaO 含量较高，在 1000℃以上的高温、强氧化性气氛中，有可能产生铁酸钙($CaO \cdot Fe_2O_3$)或铁钙橄榄石($CaO \cdot SO_2 \cdot FeO$)低熔点化合物，如图 2-14e 所示。

在球团矿焙烧过程中出现液相，尽管能提供一定的固结强度，但同时也会导致球团间的粘连，且有可能产生大块，因而实际生产中要加以严格控制，保证球团中液相产生量不超过 5%。

2.6.3.2 影响球团矿焙烧固结的因素

A 造球原料的性能

首先是矿石种类，Fe_3O_4 在焙烧中氧化成 Fe_2O_3，并伴随晶型转变，能更好地构成晶桥。同时氧化放热，能耗较低，球团矿质量也较好。

在强氧化性气氛中，脉石中的 SiO_2 与 Fe_2O_3 不发生反应，对焙烧无影响。但在中性和还原性气氛中，或 Fe_3O_4 未氧化成 Fe_2O_3 的区域，在一定温度下会形成液相，长石熔点低，而且流动性好，与 Fe_2O_3 之间有较强的附着力，所以焙烧时，长石熔化而填充于 Fe_2O_3 之间，能在较低的温度下获得有足够强度的球团矿。

其次是填加物，皂土在焙烧时形成渣相，存在于赤铁矿颗粒之间，有利于固结。消石灰和石灰石在焙烧温区下形成 CaO，它与 Fe_2O_3 形成铁酸钙，但也能与脉石中的 SiO_2、Al_2O_3 作用生成低熔点渣相，产生球团粘结现象。生产中往往被迫降低焙烧温度，不利于球团矿焙烧生产。白云石中的 MgO 与 Fe_2O_3 反应形成镁铁矿，而镁橄榄石中 MgO 与 SiO_2 结合，其熔点较高，焙烧时不易产生液相，而且还有利于提高成品球的高温冶金性能。

B 焙烧温度制度

需要一定的温度保证 Fe_3O_4 的再氧化(900～1100℃)及固相扩散(1200～1300℃)，也需要一定的升温制度及高温持续时间，以保证 Fe_3O_4 完全氧化及再结晶(一般需要 20～30 min)。但温度也不能过高以防止球团之间粘连。因此存在一个球团固结必需的温度与最高限制温度之间的焙烧温度区间。对于脉石含量较低的磁铁精矿球团的焙烧温度为 1300～1350℃，而对于杂质较多或熔剂性球团，焙烧温度应控制在 1150～1250℃的范围内。对于某一具体矿粉的球团焙烧温度制度必须通过试验确定。

C 焙烧气氛

氧化气氛有利于 Fe_3O_4 精矿粉球团的焙烧。焙烧气氛是根据燃烧室产物中含氧量来划分，如表 2-10 所示，可通过改变燃烧的过剩空气系数来调节气氛性质。

表 2-10 焙烧气氛与燃烧室产物中含氧量的关系

含氧量/%	气 氛
>8.0	强氧化性气氛
4.0～8.0	氧化性气氛
1.5～4.0	弱氧化性气氛
1.0～1.5	中性气氛
<1.0	还原性气氛

D　球团粒度

生球粒度愈大,需要的焙烧和高温持续时间的愈长,以保证氧向中心扩散和热量向中心传递,使 Fe_3O_4 完全氧化成 Fe_2O_3,并进行再结晶长大。对以 Fe_2O_3 矿粉制造的生球焙烧尤其重要,因为它内部无氧化放热,全部热量均需由外界传递进去。因此,希望将球团粒度控制在 9～12 mm。

应当指出,生产球团矿的精矿粉粒度对焙烧也有影响。一般地说,精矿粉粒度愈细,对焙烧愈有利。为得到高强度的球团矿,宜将矿粉磨细。

2.6.3.3　球团焙烧工艺过程

生球高温焙烧包括干燥、预热、焙烧固结、均热和冷却等五个阶段,如图 2-15 所示。对不同原料、不同焙烧设备,每个阶段的温度水平、延续时间以及气氛均不尽相同。在整个焙烧过程中进行的一系列物理化学变化,如水分蒸发、碳酸盐分解、氧化和去硫反应、粉矿固结、气体与固体间的传热等,基本上是相同的。焙烧过程需用气体或液体燃料燃烧产生高温废气进行。

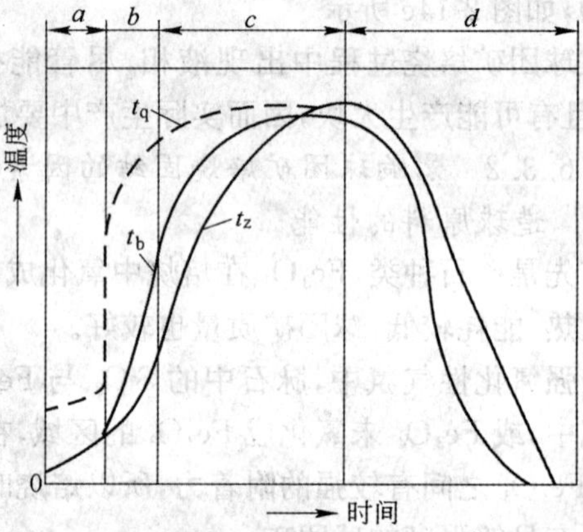

图 2-15　球团焙烧过程温度变化情况

a—干燥;b—预热;c—焙烧(含均热);d—冷却;

t_q—气体温度(炉温);t_b— 表面温度;t_z—球团中心温度

A　干燥过程

干燥过程目的是降低生球中的水分,以免在高温下焙烧时发生破裂,一般干燥温度为 200～400℃。在干燥过程中,生球内部水分向外扩散,并从表面蒸发去除,所以温度高,气流速度快,有利于脱水。但干燥过程在 400～600℃之间易发生生球爆裂,因此需严格控制干燥温度和气流速度。

B　预热

干燥阶段尚未排完的水分,在预热阶段除净,同时产生某些固相反应,碳酸盐、硫化物的分解和氧化等反应。该阶段温度一般为 600～1000℃。

C　焙烧固结

预热过程中未完成的反应在焙烧固结阶段继续进行。此时主要进行铁氧化物的结晶和再结晶,晶粒长大、固相反应以及由其产生的低熔点化合物或共晶的熔化,形成部分液相,球团体积收缩及组织致密化。球团固结主要靠固相反应和再结晶,过多的液相会引起球团相互粘连成大块。

D　球团均热

球团均热主要目的是使球团内晶体长大,再结晶充分,矿物组成均匀。该过程温度略低于焙烧温度。

E　球团矿冷却

为将球团矿温度从 1000℃以上降到运输带能承受的温度(90～120℃),并回收其热量,需将烧成的球团进行冷却,其冷却介质为空气。

2.6.4　球团焙烧设备及工艺特点

目前采用的球团焙烧设备,主要有竖炉、带式焙烧机和链箅机—回转窑三种。带式焙烧机法产量占各种焙烧设备生产球团矿总产量的比例最大,链箅机—回转窑次之,竖炉法最小。此外,还有环式焙烧机等。球团焙烧工艺过程一般包括干燥、预热、焙烧和冷却几个环节。它们的特点列于表 2-11。

表 2-11 三种球团焙烧设备的比较

方 法	带式焙烧机	链算机—回转窑	竖 炉
优 点	1. 便于操作、管理和维护； 2. 可以处理各种矿石； 3. 焙烧周期短，各段长度易控制； 4. 可以处理易结团原料	1. 设备结构简单； 2. 焙烧均匀，产品质量好； 3. 可处理各种矿石，生产自熔性球团矿； 4，不需耐热合金材料	1. 结构简单； 2. 材质无特殊要求； 3. 炉内热利用好
缺 点	1. 上下层球团质量不均； 2. 台车、箅条需用耐高温合金； 3. 铺边、铺底料流程复杂	1. 窑内易结圈； 2. 环冷机冷却效果差； 3. 维修工作量大； 4. 大型部件运输困难	1. 焙烧不够均匀； 2. 单机生产能力受限制； 3. 处理矿石不广泛
生产能力	单机生产能力大，最大为 6000～6500 t/d，适于大型生产	单机生产能力大，最大为 6500～12000 t/d，适于大型生产	单机生产能力小，最大 2000 t/d，适于中小型生产
产品质量	良 好	良 好	稍 差
基建投资	稍 高	较 高	低
经营费用	稍 高	低	一 般
电 耗	中	稍 低	高

2.6.4.1 带式焙烧机

如图 2-16 所示，带式焙烧机结构与带式烧结机相似，但其生产工艺则不同。焙烧全靠外部供热，沿焙烧机长度分为干燥、预热、焙烧、均热和冷却五段，每段的长度和热工制度随原料条件不同而异，机上球层厚为 500 mm 左右。目前世界上近 60％球团矿用带式焙烧机生产。

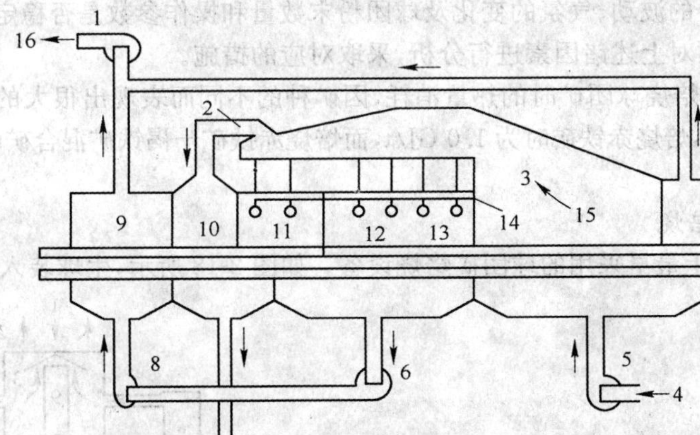

图 2-16 带式焙烧机

1—烟罩排气风机；2—调节风；3—直接回热烟罩；4—冷风；5—冷风机；6—风箱回热风机；7—排烟风机；8，9—鼓风干燥；10—抽风干燥；11—预热；12—焙烧；13—均热；14—燃料；15—冷却；16—废气

带式机焙烧工艺的特点是：

(1) 铺有底料和边料。底料的作用是保护炉箅和台车免受高温烧坏，使气流分布均匀；在下抽干燥时可吸收一部分废热，其他物理热再在鼓风冷却带回收；保证下层球团焙烧温度，从而保证球团质量。

边料的作用是保护台车两侧边板，防止被高温烧坏；防止两侧边板漏风。

(2) 采用鼓风与抽风混合流程干燥生球，既强化了干燥，又提高了球团矿的质量和产量。

(3) 球团矿冷却采用鼓风方式，冷却后的热废气一部分直接循环，一部分借助于风机循环，循环废气一般用于抽风区。

(4) 各抽风区风箱热废气可根据需要作必要的温度调节后，循环到鼓风干燥区或抽风预热区。

(5) 干燥区的废气因温度低、水汽多而排空。

由于焙烧和冷却带的热废气用于干燥、预热和助燃，因此单位成品的热耗降低。在焙烧磁精矿粉球团时，先进的厂家为 380～400 MJ/t，一般也只有 600 MJ/t，而在焙烧赤铁矿球团时，需耗热约 800～1000 MJ/t。

2.6.4.2　链算机-回转窑

它由链算机-回转窑和冷却机三部分组成(见图 2-17)。生球在链算机上进行干燥和预热，然后进入回转窑中高温焙烧，而冷却则在环冷机上进行。链算机—回转窑从 60 年代后期开始发展，目前国外有 40%左右的球团矿由它生产。

此焙烧工艺的特点为：

(1) 生球在链算机上利用回转窑出来的热气体进行鼓风干燥、抽风干燥和抽风预热，而且各段长度可根据矿石类型的特点进行调整。由于链算机上只进行干燥和预热，所以不使用铺底。

(2) 球团矿在窑内不断滚动，各部分受热均匀，球团中颗粒接触更紧密，球团矿的强度好而且质量均匀。

(3) 根据生产工艺的要求来控制窑内气氛可生产氧化球团或还原(或金属化)球团，还可以通过氯化焙烧处理多金属矿物等。

(4) 生产操作不当容易"结圈"，其原因主要是在高温带产生过多的液相，物料中低熔点物质的数量、物料化学成分的波动、气氛的变化及球团粉末数量和操作参数是否稳定等都对结圈有影响。为防止结圈，必须对上述诸因素进行分析，采取对应的措施。

链算机-回转窑法焙烧球团矿时的热量消耗，因矿种的不同而表现出很大的差异。焙烧磁铁矿时，一般为 0.6 GJ/t，焙烧赤铁矿时为 1.0 GJ/t，而焙烧赤铁矿一褐铁矿混合矿时需要 1.35～1.5 GJ/t。

2.6.4.3　竖炉焙烧

竖炉焙烧是世界上最早采用的球团矿焙烧设备。如图 2-18 所示，生球装入竖炉以均匀的速

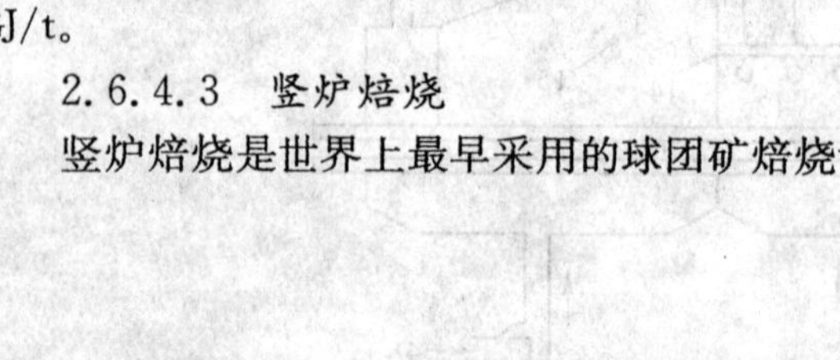

图 2-17　链算机-回转窑

1—布料器；2—链算机；3—干燥室；4—预热室；5—回转窑；6—冷却机；7—振动给料器；8—冷却风机；9—抽烟机；10—多管除尘器；11—燃烧器

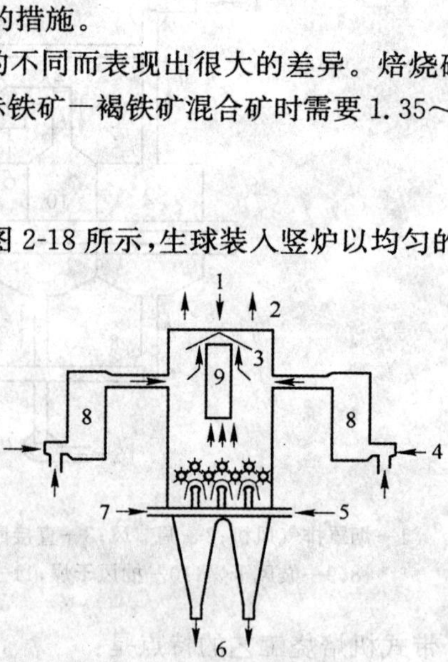

图 2-18　竖炉

1—生球；2—废气；3—烘干床；4—燃料；5—助燃风；6—成品球；7—冷却风；8—燃烧室；9—导风墙

度连续下降，并与上升热气流进行热交换。生球经干燥、预热、焙烧、均热和冷却，然后排出。整个过程在炉内一次完成。

我国竖炉在炉内设有导风墙，在炉顶设有烘干床。它们改善了竖炉焙烧条件，因而提高了竖炉的生产能力和成品球的质量。

此工艺的特点是：

(1) 生球的干燥和预热可利用上升热废气在上部进行。我国独创的炉顶烘干床可使生球在床箅上被上升的混合废气（由导风墙导出的冷却带热风和穿过焙烧带上升的废气的混合物，温度在550～750℃）烘干。这一创造不仅加速了烘干过程，而且有效地利用了废气热量，提高了热效率。同时由于气流分布较合理，减少了烘干和预热过程中的生球破裂，粉尘减少，料柱透气性提高，为强化焙烧提供了条件。

(2) 合理组织焙烧带的气流分布和供热是直接影响竖炉焙烧成败的关键。我国利用低热值高炉煤气在燃烧室里燃烧到1100～1150℃的烟气进入竖炉，由于导风墙的设置，基本上解决了冷却风对这烟气流股的干扰和混合，保证磁铁球团矿焙烧所要求的温度，并使焙烧带的高度和焙烧温度保持稳定，从而较好地保证焙烧固结的进行。

(3) 导风墙的设置还能克服气流的边缘效应所造成的炉子上部中心“死料柱”（即透气性差，甚至完全不透气的湿料柱），使气流分布更趋均匀，球团矿成品质量改善。

竖炉焙烧球团矿由于废气利用好，焙烧磁铁矿球团的热耗为350～600 MJ/t。

复习思考题

2-1　高炉炼铁常用的铁矿石有哪几种，各有什么特点？

2-2　高炉冶炼对铁矿石的要求是什么？

2-3　简述高炉熔剂的主要种类和作用。

2-4　粉矿造块的意义及其方法有哪些？

2-5　简述烧结的固结机理及其烧结过程料层断面的变化规律。

2-6　烧结过程液相是如何形成的，不同碱度烧结矿的粘结相各有什么特点，对烧结矿质量有何影响？

2-7　简述铁矿粉的成球机理。生球形成过程分几个阶段？

2-8　焙烧球团矿大致分几个阶段。焙烧设备有哪些，各有什么特点？

2-9　不同品种铁精矿粉的生球在焙烧中的固结有何异同？

2-10　比较烧结矿和球团矿性能上的优缺点。

2-11　焦炭在高炉冶炼中起什么作用。高炉对其质量有何要求？

2-12　简述炼焦生产工艺过程。

2-13　简述高炉喷吹燃料的主要作用和意义。

3　高炉炼铁原理

高炉冶炼过程是个连续生产过程。炉料自炉顶加入炉内，在下降过程中与风口前燃料燃烧产生向上流动的高温煤气相遇，受热和还原剂的作用，一些物质被挥发和分解，铁及某些元素的氧化物被还原，被还原出来的铁经渗碳作用及其他元素的加入，形成液体生铁；未被还原部分和脉石生成炉渣，最后将液体渣、铁放出炉外。已用去大部分能量的煤气则从炉顶排出。整个冶炼过程中发生的物理化学变化是复杂交错、互相影响的。这些变化的发展方向、反应速度和进行程度，影响高炉生产率、产品质量和物资消耗，特别是燃料消耗。

3.1　高炉内还原过程与生铁的形成

高炉是一个密闭的连续的逆流反应器。把正在生产的高炉，突然停止鼓风，并急速降温以保持炉内原状，然后将高炉剖开，并进行全过程的观察、录像、取样分析化验等各个项目的研究，这项工作称为高炉解剖研究。

早在1930年前后，斯德哥尔摩就进行过解剖高炉的工作。1968年日本首先对646 m^3 高炉作了解剖研究。随后日本解剖了13座容积更大的高炉。前苏联解剖了2座高炉，美国等其他国家也进行过解剖研究。我国于1979年10月对首钢23 m^3 试验高炉进行了解剖研究，继之在攀钢解剖了一座容积更小的试验高炉，获得了大量而丰富的资料。

3.1.1　高炉内基本现象和基本规律

3.1.1.1　高炉内各区域的物性状态

为了弄清高炉内各部分的反应及变化规律，人们曾多次对正在运行中的高炉突然停炉，并用水或氮气进行急冷，使炉内物料保持生产时的原状，然后对其解剖分析，以揭示高炉内部的奥秘。大量解剖研究表明，炉料下降过程分布是呈层状的，直至下部熔化区域，但炉料中焦炭在燃烧前始终处于固体状态而不软化熔化。高炉冶炼过程中炉内炉料下降过程状态的变化如图3-1所示。高炉冶炼过程大致可分为块状、软熔、滴落、焦炭回旋和炉缸五带，如图3-2所示。

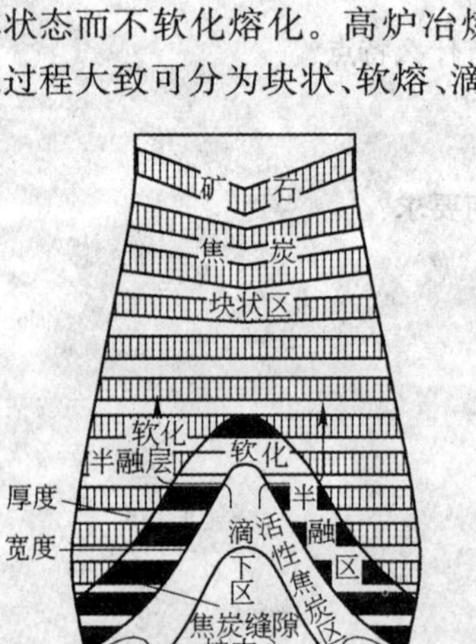

图3-1　高炉内固体炉料形态变化示意图

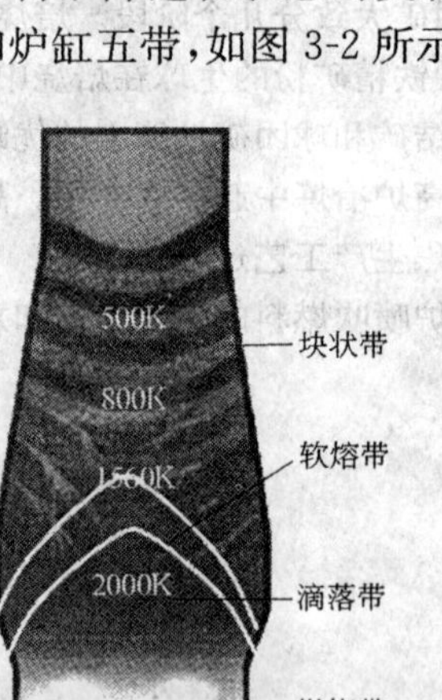

图3-2　高炉料柱结构及区域分布

3.1.1.2 软熔带及其对高炉行程的影响

高炉解剖研究肯定了软熔带的存在，这是一项很重要的研究成果。寻求最佳软熔带的形状与位置，对于改善高炉操作以及获得先进的经济技术指标，具有非常重要的实际意义。

各带主要反应及特征见表 3-1。

表 3-1 高炉内各区域的主要反应及特征

区域 \ 功能	相向运动	热交换	反应
块状带	固体(矿、焦)在重力作用下下降，煤气在强制鼓风作用下上升	上升的煤气对固体炉料进行预热和干燥	矿石间接还原，炉料中水分蒸发，分解
软熔带	影响煤气流分布	上升煤气对软化半融层进行传热熔化	矿石进行直接还原和渗碳，焦炭的 $CO_2+C=2CO$ 气化反应
滴落带	固体(焦炭)、液体(铁水熔渣)下降，煤气上升向回旋区供给焦炭	上升煤气使铁水、熔渣、焦炭升温，滴下的铁水、熔渣和焦炭进行热交换	非铁元素的还原，脱硫、渗碳，焦炭的 $CO_2+C=2CO$ 气化反应
焦炭回旋区	鼓风使焦炭作回旋运动	反应放热，使煤气温度上升	鼓风中的氧和蒸汽使焦炭燃烧
炉缸区	铁水、炉渣存放，出铁时，铁水和炉渣作环流运动，而"浸入渣铁中的焦炭则随出渣铁而作缓慢的沉浮运动部分被挤入风口燃烧带气化"	铁水、熔渣和缓慢运动的焦炭进行热交换	最终的渣、铁反应

高炉煤气上升时的阻力有 70%左右发生在炉料软熔区域，即软熔带。因而软熔带的位置、形状及尺寸，对高炉顺行、产量、燃料消耗量及铁水成分影响很大。根据不同的冶炼条件，软熔带大致可分为倒 V 形、V 形和 W 形三种典型形式。

A 倒 V 形

它的形状像倒写的英文字母 V 字，如图 3-3 中所示的软熔带形状。其特点是：由于中心温度高，边缘温度低，煤气利用较好，有利于炉墙的保护，而且对高炉冶炼过程一系列反应有着很好的影响。但高度不同带来的影响也不同，软熔带高度大则含有较多的焦炭夹层，供煤气通过的断面积大，阻力小，故可使高炉接受更多的风量，有利于强化高炉冶炼，提高产量。但软熔带高度增大后，块状带体积减小，矿石间接还原区也相应减少，使煤气利用变坏，焦比升高。

B V 形

它的形状像英文字母 V 字。其特点刚好与倒 V 形相反，边缘温度高而中心温度低，煤气利用不好，而且不利于炉缸一系列反应。高炉操作中应该尽量避免它。

C W 形

它的特点与效果都处于以上二者之间。

因此，操作中应监测软熔带的形态变化，及时进行调整，以保证高炉运行处于最佳状态。

影响软熔带三种形状的因素如下述。

根据高炉解剖研究及矿石的软熔特性、软熔带形状与炉内等温线相适应，而等温线又与煤气中 CO_2 分布相适应的特

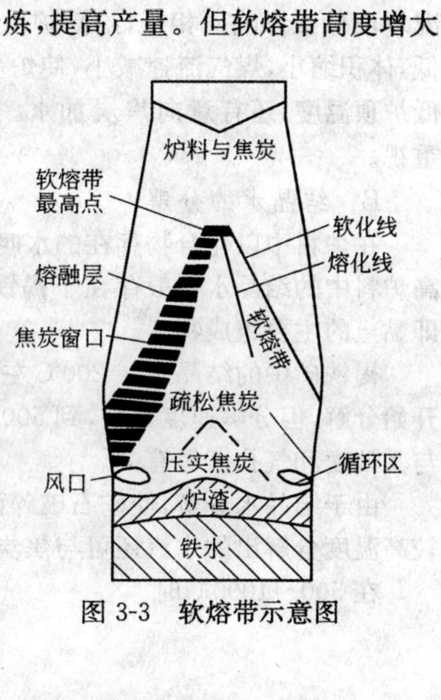

图 3-3 软熔带示意图

点。在高炉操作中炉喉煤气 CO_2 曲线形状主要靠改变装料制度调节，其次受送风制度影响。因此，软熔带的形状主要受装料制度与送风制度影响。前者属上部调剂，后者属下部调剂。例如，对正装比例为主的高炉，一般都是接近倒 V 形的软熔带；如果以倒装为主或全倒装的高炉，基本上属 V 形软熔带；对正、倒装都占一定比例的高炉，一般接近 W 形的软熔带。

软熔带对高炉中下部起着煤气再分布的作用，它的形状和位置对高炉冶炼过程产生明显的影响。如影响矿石的预还原、生铁含硅、煤气利用、炉缸温度与活跃程度以及对炉衬的维护等。

目前倒 V 形软熔带被公认为是最佳软熔带。各种形状软熔带对冶炼进程的影响列于表 3-2。

表 3-2　软熔带形状对高炉冶炼进程的影响

形状 影响内容	倒 V 形	V 形	W 形
铁矿石预还原	有利	不利	中等
生铁脱硫	有利	不利	中等
生铁含硅	有利	不利	中等
煤气利用	利用好	不好	中等
炉缸中心活跃	中心活跃	不活跃	中等
炉墙维护	有利	不利	中等

3.1.2　炉料的蒸发、挥发、分解与气化

3.1.2.1　水分的蒸发与水化物的分解

炉料从炉顶装入高炉后，在下降过程中被上升的煤气流加热，首先水分蒸发。装入高炉的炉料，除烧结矿等熟料之外，焦炭及有些矿石中均含有较多的水分。炉料中的水分分为吸附水（也称物理水）和化合水（也称结晶水）。

A　吸附水的蒸发

存在于焦炭和矿石表面及孔隙中的吸附水加热到 105℃时就迅速干燥和蒸发。高炉炉顶温度用冷料时为 150～250℃，用热的熟料时能达 400～500℃，炉内煤气流速度快，因此，吸附水在高炉上部很快蒸发。蒸发时消耗的热量是高炉上部不能再利用的余热。所以对焦比和炉况均没什么影响。相反，给高炉生产带来一定好处。如吸附水蒸发时吸收热量，使煤气温度降低，体积缩小，煤气流速减小，使炉尘吹出量减少，炉顶设备的磨损相应减弱。有时（很少）为了降低炉顶温度，还有意向焦炭加水。但吸附水的波动会影响配料称量的准确，对焦炭尤其应予重视。

B　结晶水的分解

在炉料中以化合物存在的水叫结晶水，也叫化合水。这种含有结晶水的化合物也叫水化物。高炉料中的结晶水一般存在于褐铁矿（$n Fe_2O_3 \cdot m H_2O$）和高岭土（$Al_2O_3 \cdot 2SiO_2 \cdot 2H_2O$）中，即黏土的主要组成物。

褐铁矿中的结晶水在 200℃左右开始分解，400～500℃时分解速度激增。高岭土在 400℃时开始分解，但分解速度很慢，到 500～600℃时才迅速进行，结晶水分解速度除与温度有关外，还与其粒度和气孔度等有关。

由于结晶水分解，使矿石破碎而产生粉末，炉料透气性变坏，对高炉稳定顺行不利。部分在较高温度分解出的水汽还可与焦炭中的碳素反应，消耗高炉下部的热量。其反应如下：

在 500～1000℃时　$2H_2O + C_{焦} = CO_2 + 2H_2 \quad \Delta H = -83134\ J/mol$　(3-1)

在1000℃以上时 $H_2O+C_{焦}=CO+H_2$ $\Delta H=-124450$ J/mol (3-2)

这些反应大量耗热并且消耗焦炭，同时减小风口前燃烧的碳量。使炉温降低，焦比增加。反应虽产生还原性气体(CO)，但因在炉内部位较高，利用不充分，因而不能补偿其有害作用。

3.1.2.2 挥发物的挥发

A 燃料挥发分的挥发

燃料挥发分存在于焦炭及煤粉中。焦炭中挥发分的高低是评价焦炭质量的指标之一。挥发分高的焦炭，强度较差，对高炉冶炼不利。国家标准中规定，冶金焦的挥发分应该<1.2%(按质量计)。焦炭中一般含挥发物0.7%～1.3%(按质量计)，其主要成分是N_2、CO和CO_2等气体。焦炭到达风口前，被加热到1400～1600℃时，挥发物全部挥发。挥发物的量少，对煤气成分和冶炼过程影响不大。但在高炉喷吹燃料的条件下，特别是大量喷吹含挥发物较高的煤粉时，将引起炉缸煤气成分的明显变化，对还原的影响是不能忽视的。

B 其他物质的挥发

高炉中很多化合物或元素都能或多或少地挥发，其中最易挥发的是碱金属(K和Na)化合物，此外还有Zn，Mn，SiO等。

碱金属在炉腹部位被还原，一般有70%进入炉渣，30%挥发后随煤气上升。随煤气上升的碱金属化合物中，有一部分随煤气逸出炉外，一部分则被氧化成K_2O和Na_2O。在高炉中下部形成循环富集现象，同时，使炉料粉化，恶化料柱透气性，当K_2O和Na_2O粘结在炉衬上时容易损坏炉衬，严重时还可能在炉墙上形成炉瘤。

Zn在炉料中以ZnO的状态存在，在高炉中能还原成Zn。Zn很易挥发，但上升到高炉上部又被CO_2或H_2O氧化成ZnO，其中有一部分氧化锌被煤气带出炉外，另一部分粘附在炉料上，又随炉料下降，再被还原和挥发，造成循环。一部分Zn蒸气渗入炉衬中，冷凝下来被氧化成ZnO，体积增大，胀裂炉衬；另一部分ZnO附在炉墙的内壁上，严重时也会形成炉瘤，破坏炉料的顺行。

在冶炼锰铁时，有8%～12%的Mn挥发。挥发的Mn随煤气上升至低温区又氧化成极细的Mn_3O_4，随煤气逸出，增加了煤气清洗的困难。

SiO也易挥发，这种挥发的SiO在高炉上部重新被氧化，凝成白色的SiO_2微粒，一部分随煤气逸出炉外，增加了煤气清洗的困难，另一部分沉积在炉料的孔隙中，堵塞煤气上升的通道，使料柱的透气性变坏，导致炉料难行。不过冶炼炼钢生铁和铸造生铁时，在温度不是特别高的情况下，Mn和SiO的挥发不多，影响不大。

3.1.2.3 碳酸盐的分解

炉料中的碳酸盐常以$CaCO_3$、$MgCO_3$、$FeCO_3$、$MnCO_3$等形态存在，以前两种为主。它们中很大部分来自熔剂即石灰石或白云石，后两种来自部分矿石。这些碳酸盐受热时分解。其中大多分解温度较低，一般在高炉上部已分解完毕，对高炉冶炼过程影响不大。但$CaCO_3$的分解温度较高，对高炉冶炼有较大影响。

A 石灰石的分解

石灰石的主要成分是$CaCO_3$，其分解反应为：

$$CaCO_3=CaO+CO_2 \qquad \Delta H=-178000\ \text{J/mol} \tag{3-3}$$

反应达到平衡时，CO_2的压力称为$CaCO_3$的分解压力，可用符号p_{CO_2}表示。分解压随温度升高而升高。当分解压力等于周围环境中CO_2的分压力(p'_{CO_2})时，$CaCO_3$开始分解。此时的温度叫开始分解温度。当分解压力等于环境中气相的总压力($p_{总}$)时，$CaCO_3$剧烈分解，此称为化学沸腾，此时温度称化学沸腾温度。

$CaCO_3$ 的开始分解温度和化学沸腾温度与周围环境的压力（$p_{总}$ 和 p'_{CO_2}）有关。在大气中 $CaCO_3$ 的开始分解温度为 530℃，化学沸腾温度为 900～925℃。在高炉内的总压力（$p_{总}$），二氧化碳分压力（p'_{CO_2}）和环境温度都是随高度而变化的，故开始分解和化学沸腾温度与在大气中有所不同，如图 3-4 所示。

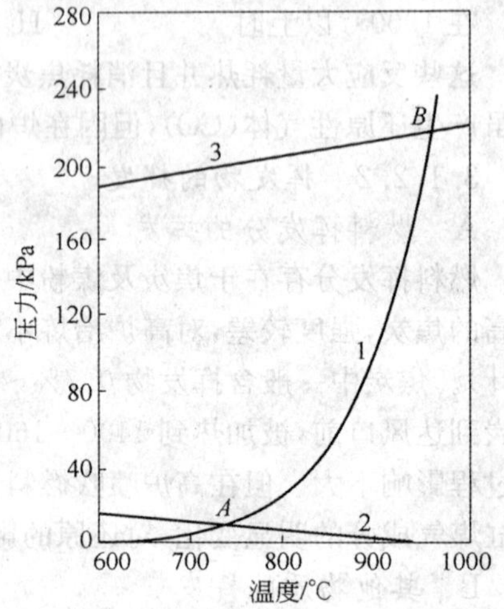

图 3-4 在高炉条件下的 $CaCO_3$ 分解

1—$CaCO_3$ 分解压力；2—高炉煤气中 CO_2 分压；3—高炉煤气总压力

曲线 1 为 $CaCO_3$ 分解压力（p_{CO_2}）与温度关系，曲线 2 为煤气的 CO_2 分压（p'_{CO_2}）与温度关系。当 $p_{CO_2}=p'_{CO_2}$ 时，其交点 A 即为 $CaCO_3$ 在高炉内开始分解的温度（740℃），随着温度的升高 $CaCO_3$ 逐渐分解。当分解压 p_{CO_2} 等于炉内煤气的总压力（曲线 3）时，达到交点 B，此时温度为化学沸腾温度（>960℃），石灰石将激烈分解。如若炉内 p'_{CO_2} 和 $p_{总}$ 发生变化，则 $CaCO_3$ 的开始分解和化学沸腾温度也随之变化。

此外，石灰石的分解还与其本身的粒度有关，这是因为分解是由料块表面开始逐渐向内部进行。分解一定时间后，石灰石表面形成一层石灰层（CaO）。在相同条件下，无论大块或小块的石灰石，分解形成的石灰层厚度几乎相同。由于粒度愈小，开始分解的总表面积愈大，而且在石灰层厚度相同情况下，小块的分解速度比大块的要大。再则，由于石灰层导热性很差，石灰石中心不易达到分解温度。或者说，石灰石料块中心达到分解温度时，料块表面温度早已超过 1000℃，因此说高炉内大块的石灰石要比小块的需到更高的温度区域（1000℃以上）才能完全分解。而在高温区分解出的 CO_2 会与焦炭发生以下反应：

$$CO_2+C=2CO \qquad \Delta H=-165800\ \text{J/mol} \tag{3-4}$$

这个反应称贝波反应，或叫碳的气化反应。

据测定，在正常冶炼情况下，高炉中石灰石分解后，大约有 50% 的 CO_2 参加以上贝波反应，因此要消耗一定的碳。

B 石灰石分解对高炉冶炼的影响

石灰石分解对高炉冶炼的影响如下：

(1) $CaCO_3$ 分解反应是吸热反应，据计算分解 1 kg$CaCO_3$ 要消耗约 1780 kJ 的热量。

(2) 在高温区产生贝波反应的结果，不但吸收热量，而且还消耗碳并使这部分碳不能到达风口前燃烧放热（要注意，这里是双重的热消耗）。

(3) $CaCO_3$ 分解放出的 CO_2，冲淡了高炉内煤气的还原气氛，降低了还原效果。

由于以上影响，增加石灰石（熔剂）的用量，将使高炉焦比升高，据统计每吨铁少加 100 kg 石灰石，可降低焦比 30～40 kg/t。

C 消除石灰石不良影响的措施

消除石灰石不良影响的措施如下：

(1) 采用熔剂性烧结矿（或球团矿），高炉内不加或少加石灰石，对使用熟料率低的高炉可配加高碱度或超高碱度的烧结矿。

(2) 减小石灰石的粒度，使其在高炉的上部尽可能分解完毕，减少在高炉下部高温区发生贝波反应。

(3)使用生石灰代替石灰石，在一些使用天然矿或酸性炉料较多的小高炉（指 255 m^3 以下）上，以生石灰块作为熔剂，获得明显效果：不但焦比能降低，而且焦炭负荷明显增加，生铁产量大幅度提高。

但是由于生石灰强度差，吸水性强，只适合于小高炉使用，而且储存不应超过 2 天，否则吸水粉化；同时劳动条件或环境较差，不能长久使用。

3.1.2.4 析碳反应

高炉内进行着一定程度的析碳化学反应：$2CO=CO_2+C$，它是碳素溶损反应的逆反应。从热力学角度分析，煤气中 CO 在上升过程中，当温度降到 400～600℃时此反应即可发生；而从动力学条件分析，由于温度低，反应速度可能过于缓慢，但在高炉中由于存在催化剂——低温下还原生成新相、金属铁、催化能力稍差的 FeO 以及煤气中一定含量的 H_2 等，故高炉内仍有一定量的析碳反应发生。

此反应对高炉冶炼过程有不利影响，渗入炉身耐火衬中 CO 若析出碳素会因膨胀而破坏炉衬，渗入炉料中的 CO 析碳则可能使炉料破碎，产生粉末阻碍煤气流通过等。通常，此反应发生量较少，对冶炼进程影响不大。

3.1.2.5 气化反应

有一些物质可能在高炉内气化（蒸发或升华），例如可在高炉中还原的元素 P、As、K、Na、Zn、Pb 和 S 等；还原的中间产物：SiO_2、Al_2O_3、PbO 等；在高炉中生成的化合物 SiC、CS 以及由原料带入的 CaF_2 等。

蒸发或升华发生在下部较高的温度区域，然而这些气态物质在随煤气上升过程中又会由于温度的降低而凝聚：少部分随煤气逸出炉外，一部分被炉渣吸收而排出炉外，有相当一部分又随炉料再次下降至高温区而重复此气化—凝聚过程。这些易气化物质的"循环累积"，使料流中这些物质的浓度随炉子高度而变化。

气化物质在冷的炉壁和炉料表面上的凝聚，轻者阻塞炉料孔隙，增大对煤气流的阻力，降低料块强度，重者造成炉料难行、悬料及炉墙结瘤等。

解决气化物质"循环累积"的办法，是增大其随煤气逸出或被炉渣吸收的数量，在多种措施无效而危害日趋严重时，只能限制和降低这些物质的入炉量。

提高炉顶煤气温度，增大煤气量等是提高随煤气排出量的有效方法；而降低炉渣碱度和加大渣量是提高炉渣排出量的办法。这些办法都要增加成本或增大燃料消耗量，并会带来其他副作用，如铁水质量降低。所以在采取措施时，应全面权衡利弊得失。

3.1.3 铁氧化物还原反应的热力学

大多数金属是从该金属的化合物中提炼获得的。金属铁是从铁矿石中提取的，而铁矿石中的金属铁是以铁氧化物的状态存在的，因此从铁氧化物中提取金属铁是冶炼生铁的最基本反应。目前，主要是用还原剂夺取矿石中与金属铁结合的氧，这是冶炼过程要完成的基本任务。

3.1.3.1 还原反应的基本理论

金属与氧的亲和力很强，除个别的金属能从其氧化物中分解出来外，几乎所有金属都不能靠简单加热的方法从氧化物中分离出来，必须靠某种还原剂夺取氧化物中的氧使之变成金属元素。高炉冶炼过程基本上就是铁氧化物的还原过程。除铁的还原外，高炉内还有少量的硅、锰、磷等元素的还原。炉料从高炉顶部装入后就开始还原，直到下部炉缸（除风口区域），还原反应几乎贯穿整个高炉冶炼的始终。

对金属氧化物的还原反应可按下面通式表示：

$$MeO+B=Me+BO \tag{3-5}$$

式中　MeO——被还原的金属氧化物；

Me——还原得到的金属；

B——还原剂，可以是气体或固体，也可以是金属，或非金属；

BO——还原剂夺取金属氧化物中的氧后被氧化得到的产物。

从上式看出，MeO 失去 O 被还原成 Me，B 得到 O 而氧化成 BO。从电化学的实质看，氧化物中金属离子是获得电子的过程，还原剂是失去电子的过程。那么什么物质可以充当还原剂夺取氧化物中的氧，决定于以下两个方面。

一方面看它们与氧的化学亲和力大小。凡是与氧亲和力比金属元素 Me 的亲和力大的物质，都可以作为该金属氧化物的还原剂。显然，还原剂与氧的亲和力越大，夺取氧的能力越强，或者说还原能力越强。对被还原的金属氧化物来说，其金属元素与氧的亲和力越强，该氧化物越难还原。某物质与氧亲和力的大小，又可用该物质氧化物的分解压衡量。氧化物分解压（p_{O_2}）越大，说明该物质与氧亲和力小，氧化物不稳定，易分解，反之则相反。所以还原反应的必备条件是：

$$(p_{O_2})_{BO}<(p_{O_2})_{MeO} \tag{3-6}$$

即还原剂氧化物的分解压（p_{O_2}）$_{BO}$小于金属氧化物的分解压（p_{O_2}）$_{MeO}$。

另一方面，看其氧化物的标准生成自由能（$\Delta G^{\ominus}$）。衡量各种元素对氧亲和力的大小，还原反应进行的条件是 $\Delta G^{\ominus}<0$，即

$$\Delta G^{\ominus}_{BO}<\Delta G^{\ominus}_{MeO} \tag{3-7}$$

这里 $\Delta G^{\ominus}_{MeO}$、$\Delta G^{\ominus}_{BO}$分别是 MeO 和 BO 的标准生成自由能。就是说还原剂氧化物 BO 的标准生成自由能必须小于（负值大于）被还原氧化物的标准生成自由能。

生成自由能的大小说明该氧化物的稳定程度。生成自由能越小（负值越大）则它的化学稳定性越好。因此，只有其氧化物生成自由能小于（负值大于）被还原元素氧化物的生成自由能，才能起到还原剂的作用。

图 3-5 列举了高炉中常见氧化物的标准生成自由能随温度变化的关系（对 1 molO_2 而言）。

在图上位置越低的氧化物，其 $\Delta G^{\ominus}$ 值越小（负值越大）该氧化物越稳定，越难还原。凡是在铁以下的物质，其单质都可用来还原铁的氧化物，例如，Si 可以还原 FeO，如果两线有交点，则交点温度即为开始还原温度。高于交点温度，下面的单质能还原上面的氧化物；低于交点温度，则反应逆向进行。如两线在图中无交点，那么下面的单质一直能还原上面的氧化物。从热力学的有关手册数据以及图中可了解到，在高炉冶炼常遇到的各种金属元素还原难易的顺序，由易到难依次排列为：Cu，Pb，Ni，Co，Fe，Cr，Mn，V，Si，Ti，Al，Mg，Ca。从理论上讲，按上面排列的各元素中，排在铁后面的各元素，均可作为铁氧化物的还原剂。但是，根据高炉生产的特定条件，在高炉生产中作为还原剂的是焦炭中的固定碳和焦炭燃烧后产生的 CO，以及鼓风水分和喷吹物分解产生的 H_2。

从以上又可得出在高炉冶炼条件下：

Cu，Pb，Ni，Co，Fe 是易全部被还原的元素；Cr，Mn，V，Si，Ti 只能部分被还原；Al，Mg，Ca 不能被还原。

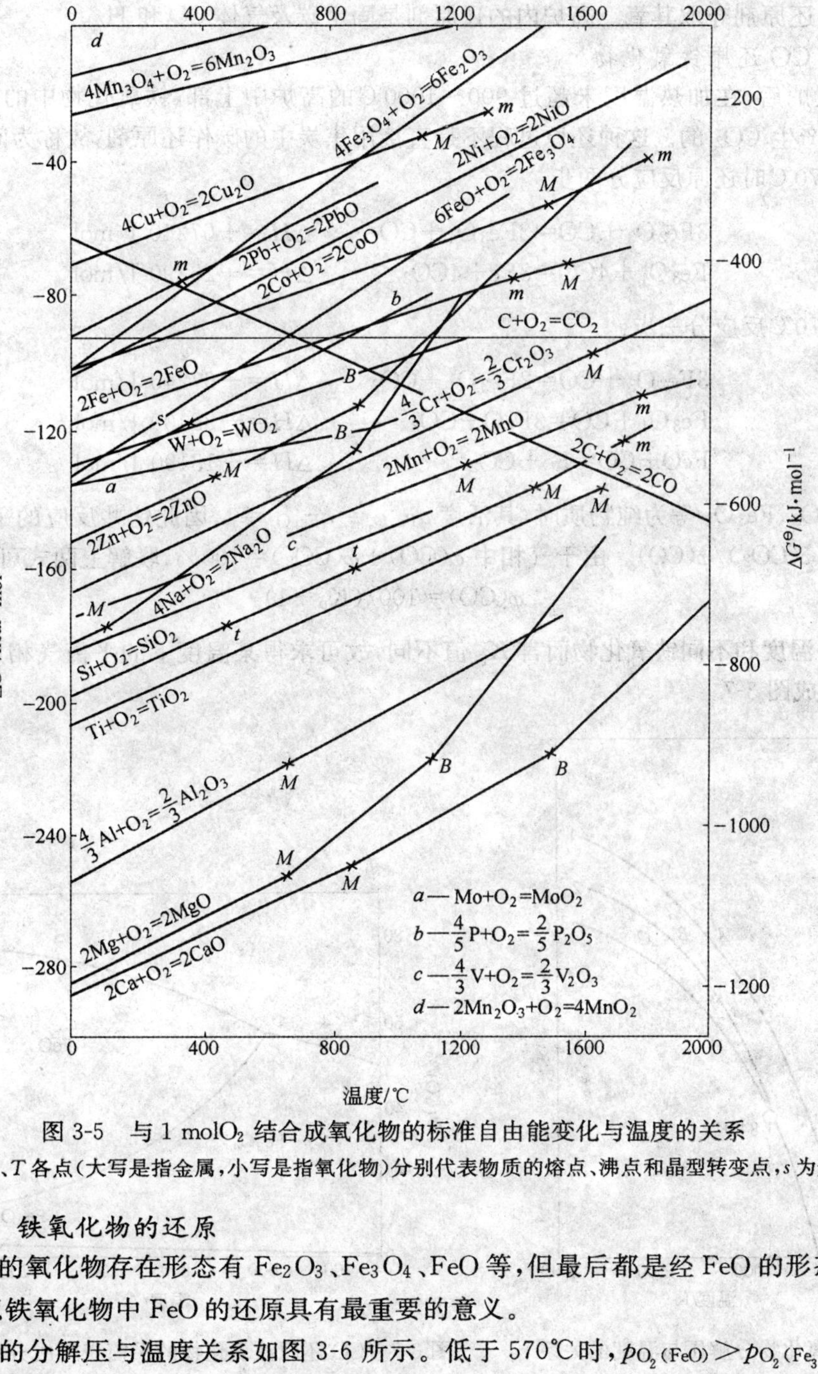

图 3-5 与 1 molO_2 结合成氧化物的标准自由能变化与温度的关系

图中 M、B、T 各点(大写是指金属,小写是指氧化物)分别代表物质的熔点、沸点和晶型转变点,s 为升华点

3.1.3.2 铁氧化物的还原

炉料中铁的氧化物存在形态有 Fe_2O_3、Fe_3O_4、FeO 等,但最后都是经 FeO 的形态被还原成金属 Fe。所以铁氧化物中 FeO 的还原具有最重要的意义。

铁氧化物的分解压与温度关系如图 3-6 所示。低于 570℃时,$p_{O_2(FeO)} > p_{O_2(Fe_3O_4)}$,FeO 不稳定,会立即按下式分解:

$$4FeO \longrightarrow Fe_3O_4 + Fe$$

∴ 所以此时还原顺序是: $Fe_2O_3 \longrightarrow Fe_3O_4 \longrightarrow Fe$

温度高于 570℃还原顺序: $Fe_2O_3 \longrightarrow Fe_3O_4 \longrightarrow FeO \longrightarrow Fe$

铁的高价氧化物分解压比低价氧化物的大,Fe_3O_4 的分解压则低得多,FeO 的分解压则更低。故在高炉的温度条件下,除 Fe_2O_3 不需要还原剂(只靠热分解)就能得到 Fe_3O_4 外,Fe_3O_4、

FeO 必须要还原剂夺取其氧。高炉内的还原剂是固定碳及气体 CO 和 H_2。

A 用 CO 还原铁氧化物

矿石入炉后，在加热温度未超过 900～1000℃的高炉中上部，铁氧化物中的氧是被煤气中 CO 夺取而产生 CO_2 的。这种还原过程不是直接用焦炭中的碳作还原剂，故称为间接还原。

小于 570℃时还原反应分两步：

$$3Fe_2O_3+CO=2Fe_3O_4+CO_2 \qquad \Delta H=+67240\ J/mol \tag{3-8}$$

$$Fe_3O_4+4CO=3Fe+4CO_2 \qquad \Delta H=+25290\ J/mol \tag{3-9}$$

大于 570℃反应分三步：

$$3Fe_2O_3+CO=2Fe_3O_4+CO_2 \qquad \Delta H=+67240\ J/mol \tag{3-10}$$

$$Fe_3O_4+CO=3FeO+CO_2 \qquad \Delta H=-22400\ J/mol \tag{3-11}$$

$$FeO+CO=Fe+CO_2 \qquad \Delta H=+13190\ J/mol \tag{3-12}$$

当 Fe_2O_3、Fe_3O_4 等为纯物质时，其活度 $a_{Fe_2O_3}=a_{Fe_3O_4}=1$，因此这些反应的平衡常数 $K_p=p_{CO_2}/p_{CO}=\varphi(CO_2)/\varphi(CO)$。由于气相中 $\varphi(CO)+\varphi(CO_2)=100\%$，联解上两式可得：

$$\varphi(CO)=100/(K_p+1) \tag{3-13}$$

对不同温度和不同铁氧化物而言 K_p 值不同，故可求得某温度下的平衡气相成分 $\varphi(CO)$ 和 $\varphi(CO_2)$，绘成图 3-7。

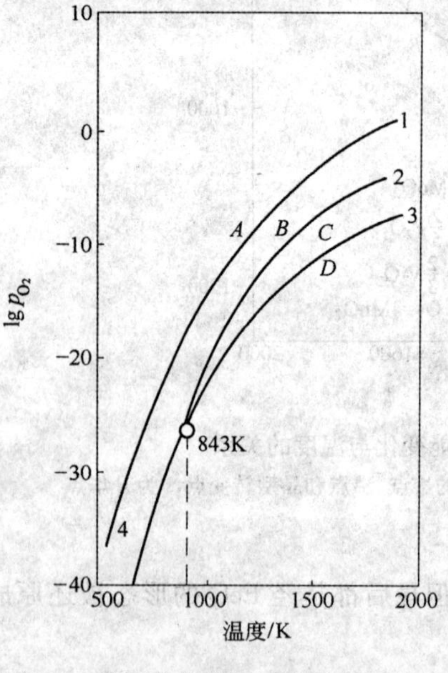

图 3-6 铁氧化物分解压与温度的关系

1—Fe_2O_3；2—Fe_3O_4；3—FeO

A—Fe_2O_3 稳定区；B—Fe_3O_4 稳定区

C—FeO 稳定区；D—Fe 稳定区

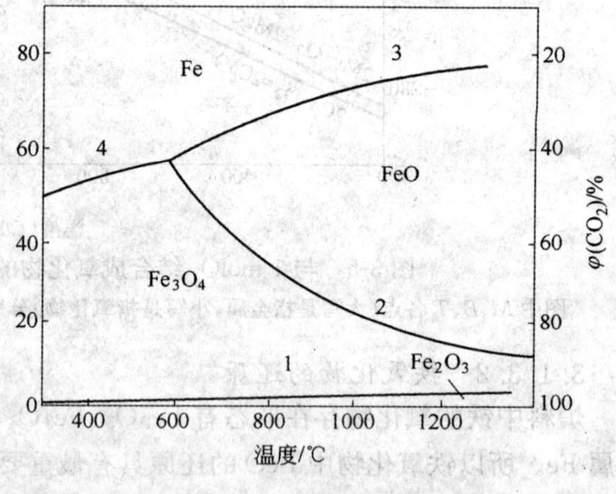

图 3-7 CO 还原铁氧化物的平衡三相成分与温度的关系

图 3-7 中曲线 1 为反应 $3Fe_2O_3+CO=2Fe_3O_4+CO_2$ 的平衡气相成分与温度的关系线。它的位置很低，说明平衡气相中 CO 浓度很低，几乎全部为 CO_2，换句话讲，只要少量的 CO 就能使 Fe_2O_3 还原。这是因为 $3Fe_2O_3+CO=2Fe_3O_4+CO_2$ 反应的平衡常数 K_p 在不同温度下的值都很大，或者说 Fe_2O_3 的分解压很大，其反应很容易向右进行。一般把它看为不可逆反应。该反

应在高炉上部低温区就可全部完成，Fe_2O_3 还原成 Fe_3O_4。

曲线 2 是反应式 $Fe_3O_4+CO=3FeO+CO_2$ 的平衡气相与温度关系线。它向下倾斜，说明平衡气相中 CO 的浓度随温度的升高而降低，随温度升高，CO 的利用程度提高。也说明这个反应是吸热反应，温度升高有利反应向右进行。

当温度一定时，平衡气相成分是定值。如果气相中的 CO 含量高于这一定值，反应则向右进行，低于这一定值，反应向左进行，使 FeO 进一步被氧化而成 Fe_3O_4。

曲线 3 是反应式 $FeO+CO=Fe+CO_2$ 的平衡气相成分与温度关系线。它向上倾斜，即反应平衡气相中 CO 的浓度随温度升高而增大，说明 CO 的利用程度是随温度升高而降低，并且还是放热反应，升高温度该反应不利向右进行。

曲线 4 是反应式 $Fe_3O_4+4CO=3Fe+4CO_2$ 的平衡气相与温度关系线。它与曲线 3 一样是向上倾斜的，并在 570℃的位置与曲线 2、3 相交，这说明反应仅在 570℃以下才能进行。升高温度对该反应不利。由于温度低，反应进行的速度很慢，该反应在高炉中发生的数量不多，其意义也不大。

曲线 2、3、4 将图 3-7 分为三部分，分别称为 Fe_3O_4、FeO、Fe 的稳定存在区域。稳定区的含意是该化合物在该区域条件下能够稳定存在，例如在 800℃条件下，还原气相中保持 $\varphi(CO)=20\%$，那么投进 Fe_2O_3，它将被还原成 Fe_3O_4；而投进 FeO 则被氧化成 Fe_3O_4，所以稳定存在的物质是 Fe_3O_4。若在 800℃下要得到 FeO 或 Fe，必须把 CO 的浓度相应保持 28.1%或 65.3%以上才有可能，所以稳定区的划分取决于温度和气相成分。

由于 Fe_3O_4 和 FeO 的还原反应均属可逆反应，即在某温度下有固定平衡成分（$K_p=\varphi(CO_2)/\varphi(CO)$），故按以上反应式 3-10、3-11 和 3-12，即用 1 mol CO 不可能把 1 mol Fe_3O_4（或 FeO）还原为 3 mol FeO（或金属 Fe），而必须要有更多的还原剂 CO，才能使反应后的气相成分满足平衡条件需要，或者说，为了 1 mol Fe_3O_4 或 FeO 能彻底还原完毕，必须要加过量的还原剂 CO 才行。所以更正确的反应式应写为：

$T>570$℃时 $$Fe_3O_4+nCO \longrightarrow 3FeO+CO_2+(n-1)CO$$

$$3FeO+nCO \longrightarrow 3FeO+CO_2+(n-1)CO$$

$T<570$℃时 $$Fe_3O_4+4nCO \longrightarrow 3Fe+4CO_2+4(n-1)CO$$

式中，n 称为还原剂的过剩系数，其大小与温度有关，其值大于 1。n 可根据平衡常数 K_p 求得，也可按平衡气相的成分求得。

$$K_p=\varphi(CO_2)/\varphi(CO)=1/(n-1) \tag{3-14}$$

则

$$n=1+1/K_p \tag{3-15}$$

$K_p=w(CO_2)/w(CO)$ 代入上式

$$n=1+(w(CO)/w(CO_2))=(w(CO_2)+w(CO))/w(CO_2)$$

$$w(CO_2)+w(CO)=100\%$$

$$n=100/w(CO_2) \tag{3-16}$$

式中，$w(CO_2)$ 和 $w(CO)$ 为在某温度下，反应处于平衡状态时 CO_2 或 CO 的体积分数。

B 用固定碳还原铁的氧化物

用固定碳还原铁的氧化物生成的气相产物是 CO，这种还原叫直接还原。如，$FeO+C=Fe+CO$。由于矿石在下降过程中，在高炉上部的低温区已先经受了高炉煤气的间接还原，即在矿石到达高温区之前，都已受到一定程度的还原，残存下来的铁氧化物主要以 FeO 形式存在（在崩料、坐料时也可能有少量未经还原的高价铁氧化物落入高温区)。

矿石在软化和熔化之前与焦炭的接触面积很小,反应的速度则很慢,所以直接还原反应受到限制。在高温区进行的直接还原实际上是通过下述两个步骤进行的。

第一步:通过间接还原

$$Fe_3O_4+CO=3FeO+CO_2$$
$$FeO+CO=Fe+CO_2$$

第二步:间接还原的气相产物与固定碳发生反应(前面提到的贝波反应),是以上两个步骤的最终结果。直接还原

$$FeO+CO=Fe+CO_2 \quad \Delta H=+13190\ \mathrm{J/mol}$$
$$CO_2+C=2CO \quad \Delta H=-165390\ \mathrm{J/mol}$$
$$FeO+C=Fe+CO \quad \Delta H=-152200\ \mathrm{J/mol} \tag{3-17}$$

以上两步反应中,起还原作用的仍然是气体 CO,但最终消耗的是固定碳,故称为直接还原。

二步式的直接还原不是在任何条件下都能进行。这是因为贝波反应是可逆反应,只有该反应在高温下向右进行,直接还原才存在。而 $CO_2+C=2CO$ 反应前后气相体积发生变化(由 1 mol CO_2 变为 2 mol CO),因此反应的进行不仅与气相成分有关,也与压力有关。提高压力反应有利向左进行,一般由于高炉正常时的压力变化不大,下面只讨论温度与平衡气相成分的影响。

图 3-8 是将反应 $CO_2+C=2CO$ 在一大气压下,平衡气相成分与温度关系曲线绘在图 3-7 中。

图中曲线 5 分别与曲线 2、3 交于 b 和 a,两点对应的温度分别是 $t_b=647℃$,$t_a=685℃$(注意这里总压力 $p=p_{CO}+p_{CO_2}=10^5$ Pa)。

由于碳的气化(贝波)反应的存在,使图中的三个稳定存在区域发生了变化。在温度大于 685℃的区域内,曲线 5 下面部分,CO 的浓度都低于贝波反应达到平衡时气相中 CO 的浓度,而且高炉内又有大量碳存在,所以碳的气化反应总是向右进行,直到气相成分达到曲线 5 为止。从此看,在 685℃以上区域,气相中 CO 浓度总是高于曲线 1、2、3 的平衡气相中 CO 的浓度,使反应向右进行,直到 FeO 全部还原到 Fe 为止。所以说,大于 685℃的区域是铁的稳定存在区。

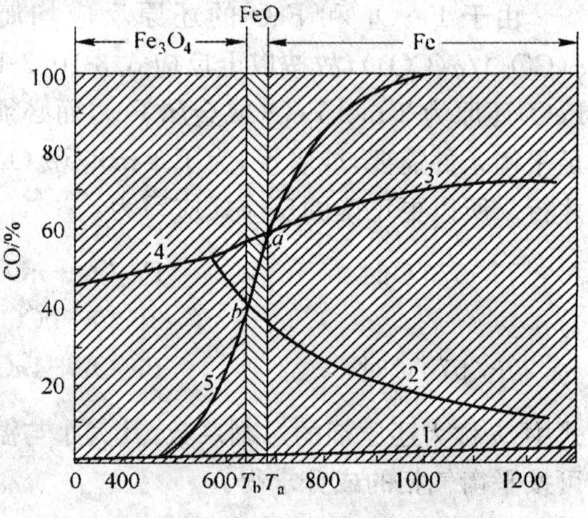

图 3-8　碳的气化反应对还原反应的影响

温度小于 647℃区域,曲线 5 的位置很低,与前面分析情况相反,碳的气化反应向左进行,则发生 CO 的分解反应。使气相中 CO 减少,CO_2 增多,最后导致 FeO 的还原反应向左进行,直到全部 Fe 氧化成 Fe_3O_4 并使反应达到平衡为止。所以在温度小于 647℃的区域为 Fe_3O_4 的稳定存在区。

温度在 647～685℃之间,曲线 5 的位置高于曲线 2,低于曲线 3。同理可知,使曲线 2,即 Fe_3O_4 的还原反应向右进行,使曲线 3,即 FeO 的还原反应向左进行,所以该区为 FeO 的稳定存在区。

综上所述,有碳的气化反应存在,铁氧化物稳定区域发生变化,由主要依据煤气成分而变为

以温度界限划分。但高炉内的实际情况又与以上分析不相符。在高炉内低于 685℃的低温区，已见到有 Fe 被还原出来，其主要原因有以下几方面：

(1) 上述的讨论是在平衡状态下的结论，而高炉内由于煤气流速很大，煤气在炉内停留时间很短(2～6 s)，煤气中 CO 的浓度又很高，故使还原反应未达到平衡。

(2) 碳的气化反应在低温下有利反应向左进行。但任何反应在低温下反应速度都很慢，反应达不到平衡状态，所以气相中 CO 成分在低温下远远高于其平衡气相成分。故在高炉中除在风口前的燃烧区域为氧化区域外，都是较强的还原气氛。铁的氧化物则易被还原成 Fe。

(3) 685℃是在压力为 $p_{CO}+p_{CO_2}=10^5$ Pa 前提下获得，而实际高炉内的 $CO\%+CO_2\%=40\%$左右，即 $p_{CO}+p_{CO_2}=0.4\times10^5$ Pa。外界压力降低，碳的气化反应平衡曲线应向左移动，故交点应低于 685℃。

(4) 碳的气化反应不仅与温度、压力有关，还与焦炭的反应性有关。据测定，一般冶金焦炭在 800℃时开始气化反应，到 1100℃时激烈进行。此时气相中 CO 几乎达 100%，而 CO_2 几乎为零。这样可认为高炉内低于 800℃的低温区不存在碳的气化反应也就不存在直接还原，故称间接还原区域。大于 1000℃时气相中不存在有 CO_2，也可认为不存在间接还原，所以把这区域叫直接还原区。而在 800～1000℃的中温区为二者还原反应都存在的区域，如图 3-9 所示。

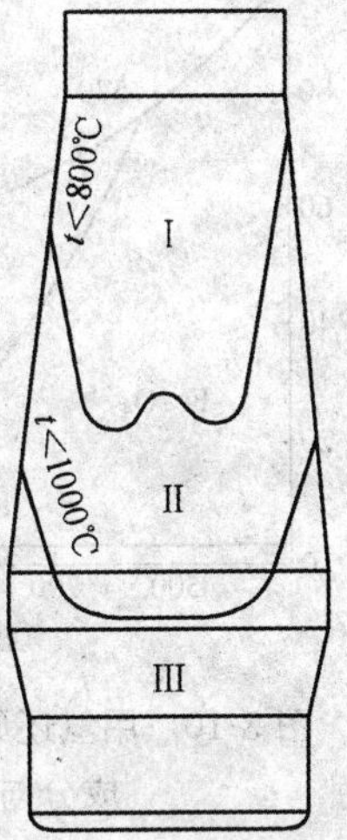

图 3-9　高炉内铁的还原区示意图

高炉内的直接还原除了以上提到的两步反应方式外，在下部的高温区还可通过以下方式进行：

$$(FeO)_{液}+C_{焦}=[Fe]_{液}+CO\uparrow \tag{3-18}$$

$$(FeO)_{液}+[Fe_3C]_{液}=4[Fe]_{液}+CO\uparrow \tag{3-19}$$

一般只有 0.2%～0.5%的 Fe 进入炉渣中。如遇炉况失常渣中 FeO 较多，造成直接还原增加，而且由于大量吸热反应会引起炉温剧烈波动。

C　用氢还原铁的氧化物

在不喷吹燃料的高炉上，煤气中的含 H_2 量只是 1.8%～2.5%。它主要是由鼓风中的水分在风口前高温分解产生的。在喷吹燃料(特别是重油，天然气)的高炉，煤气中含 H_2 量显著增加，可达 5%～8%。氢和氧的亲和力很强，所以氢也是高炉冶炼中的还原剂。氢的还原也称间接还原。

用氢还原铁氧化物的顺序与 CO 还原时一样，在温度高于 570℃还原反应分三步进行：

$$Fe_2O_3+H_2=2Fe_3O_4+H_2O \qquad \Delta H=+21800\ J/mol \tag{3-20}$$

$$Fe_3O_4+H_2=3FeO+H_2O \qquad \Delta H=-63570\ J/mol \tag{3-21}$$

$$FeO+H_2=Fe+H_2O \qquad \Delta H=-27700\ J/mol \tag{3-22}$$

低于 570℃时反应分两步进行：

$$3Fe_2O_3+H_2=2Fe_3O_4+H_2O \qquad \Delta H=+21800\ J/mol \tag{3-23}$$

$$Fe_3O_4+4H_2=3Fe+4H_2O \qquad \Delta H=-20510\ J/mol \tag{3-24}$$

上述反应除式 3-20 是不可逆反应外，其余均为可逆反应。即在一定温度下有固定的平衡常数。$K_p = p_{H_2O}/p_{H_2} = \varphi(H_2O)/\varphi(H_2)$。其平衡气相与温度关系如图 3-10 所示。

曲线 1、2、3、4 相应表示反应式 3-20、3-21、3-22 和 3-23。曲线 2、3、4 向下倾斜，表示均为吸热反应，随温度升高，平衡气相中的还原剂量降低，而 H_2O 的含量增加，这与 CO 的还原不同。

为了比较，将图 3-10 与图 3-7 绘在一起成为图 3-11。可见，用 H_2 和 CO 还原 Fe_3O_4 和 FeO 时的平衡曲线都交于 810℃。

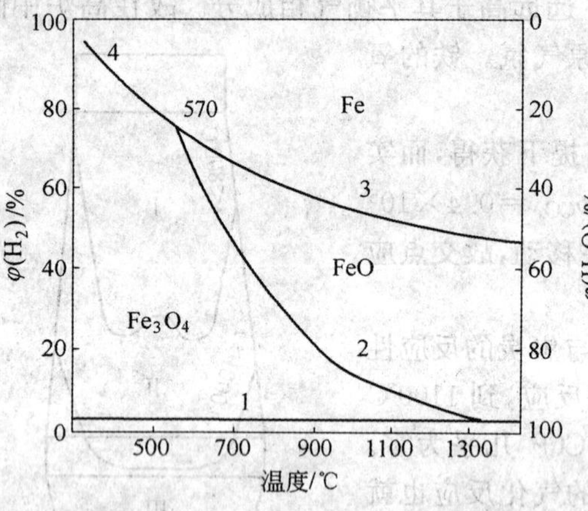

图 3-10　用氢还原铁氧化物的平衡气相成分与温度的关系

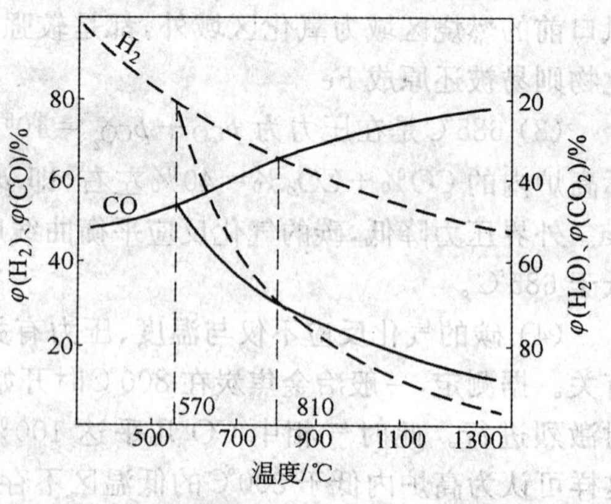

图 3-11　铁氧碳与铁氧氢气相平衡成分比较

当 $T<810$℃时：$p_{H_2O}/p_{H_2} < p_{CO_2}/p_{CO}$；

$T=810$℃时：$p_{H_2O}/p_{H_2} = p_{CO_2}/p_{CO}$；

$T>810$℃时：$p_{H_2O}/p_{H_2} > p_{CO_2}/p_{CO}$。

以上说明 H_2 的还原能力随温度升高不断提高，在 810℃时 H_2 与 CO 的还原能力相同。在 810℃以上 H_2 的还原能力高于 CO 的还原能力。而在 810℃以下 CO 的还原能力高于 H_2 的还原能力。

H_2 与 CO 的还原相比有以下特点：

(1) 与 CO 还原一样，均属间接还原，反应前后气相体积（H_2 与 H_2O）没有变化，即反应不受压力影响。

(2) 除 Fe_2O_3 的还原外，Fe_3O_4、FeO 的还原均为可逆反应。在一定温度下有固定的平衡气相成分，为了彻底还原铁的氧化物，都需要过量的还原剂。

(3) 反应为吸热过程，随着温度升高，平衡气相曲线向下倾斜，说明 n 值降低，也即是 H_2 的还原能力提高。

(4) 从热力学因素看，810℃以上，H_2 还原能力高于 CO 还原能力。810℃以下时，则相反。

(5) 从反应的动力学看，因为 H_2 与其反应产物 H_2O 的分子半径均比 CO 与其反应产物 CO_2 的分子半径小，因而扩散能力强。以此说明不论在低温或高温下，H_2 还原反应速度都比 CO 还原反应速度快（当然任何反应速度都是随温度升高而加快的）。

(6) 在高炉冶炼条件下，H_2 还原铁氧化物时，还可促进 CO 和 C 还原反应的加速进行。因为 H_2 还原时的产物 $H_2O_{(气)}$，会同 CO 和 C 作用放出氧，而 H_2 又重新被还原出来，继续参加还原反应。如此，H_2 在 CO 和 C 的还原过程中，把从铁氧化物中夺取的氧又传给了 CO 或 C，起着中间媒介传递作用。

在低温区 H_2 还原时的产物 H_2O 与 CO 作用：

$$\begin{array}{r}FeO+H_2=Fe+H_2O\\ +\quad H_2O+CO=H_2+CO_2\\ \hline FeO+CO=Fe+CO_2\end{array} \tag{3-25}$$

在高温区，H_2O 与 C 作用：

$$\begin{array}{r}FeO+H_2=Fe+H_2O\\ +\quad H_2O+C=H_2+CO\\ \hline FeO+C=Fe+CO\end{array} \tag{3-26}$$

可见 H_2 在中间积极参与还原反应，而最终消耗的还是 C 和 CO。H_2 在高炉冶炼过程中，只能一部分参加还原，得到产物 H_2O。据统计，在入炉总 H_2 中，有 30%～50%的 H_2 参加还原反应并变为 $H_2O_{(气)}$，而大部分 H_2 则随煤气逸出炉外。

如何提高 H_2 的利用率，是改善还原强化冶炼的一个重要课题。实践表明，H_2 在高炉下部高温区还原反应激烈，为在炉内参加还原 H_2 量的 85%～100%。而直接代替 C 还原的 H_2 约占炉内参加还原 H_2 量的 80%以上，另一少部分则代替了 CO 的还原。

3.1.3.3 铁的复杂化合物的还原

高炉原料中的铁氧化物常常与其他物质结合为复杂化合物。例如，酸性烧结矿中的铁橄榄石(Fe_2SiO_4)，自熔性烧结矿、自熔性球团矿和熔剂性烧结矿中的钙铁橄榄石($CaFeSiO_4$)和铁酸钙($CaO \cdot Fe_2O_3$)，钒钛磁铁矿中的钛铁矿($FeTiO_3$)和钛铁晶石(Fe_2TiO_4)，此外还有蓝铁矿($(FeO)_3P_2O_5$)、菱铁矿($FeCO_3$)和褐铁矿($2Fe_2O_3 \cdot 2H_2O$)等。同时，在高炉的还原与造渣过程中，还形成铁钙橄榄石($CaFeSiO_4$)和 $FeSiO_3$ 等矿物。

这些以复杂化合物存在的铁氧化物，一般都比纯铁氧化物难还原。首先它们必须分解成自由的铁氧化物，然后再被还原剂还原，因此还原比较困难，会消耗更多的燃料。下面只讨论常见的 Fe_2SiO_4 的还原情况。

Fe_2SiO_4 的还原可按如下先分解后还原的方式进行：

$$\begin{array}{rl}Fe_2SiO_4 \longrightarrow 2FeO+SiO_2 & \Delta H=-47311\ \mathrm{J/mol}\\ 2FeO+2CO \longrightarrow 2Fe+2CO & \Delta H=+27214\ \mathrm{J/mol}\\ \hline Fe_2SiO_4+2CO \longrightarrow 2Fe+SiO_2+2CO & \Delta H=-20097\ \mathrm{J/mol}\end{array} \tag{3-27}$$

由上可见，Fe_2SiO_4 中的 FeO 被 CO 还原要吸收热量，而 FeO 的还原却放出热量，因此 Fe_2SiO_4 比纯 FeO 难还原得多。从热力学理论计算得出：在 900℃时，用 CO 还原 FeO 的平衡成分为 $\varphi(CO_2)$33%，$\varphi(CO)$67%；而在同一温度下，用 CO 还原 Fe_2SiO_4 的平衡成分却为 $\varphi(CO_2)$ 15%，$\varphi(CO)$85%。

3.1.3.4 钒钛磁铁矿的还原

钒钛磁铁矿是一种多金属共生的复合矿石，含有铁、钛、钒、镍、铬等多种元素。其中，钒的氧化物以固溶体状态结合于磁铁矿中，即以尖晶石 $FeO \cdot V_2O_3$ 代替磁铁矿 $FeO \cdot Fe_2O_3$ 的部分晶格；含钛矿物常以钛铁矿($FeTiO_3$)，钛铁晶石(Fe_2TiO_4)和钛磁铁矿(Fe_3TiO_6)等形态存在。含钛矿物结构复杂，组织致密，较难还原，一般需在高于 900℃的温度下用固定碳进行直接还原。因此，若直接使用钒钛磁铁矿天然富矿冶炼，焦比肯定较冶炼普通矿高。

高炉冶炼钒钛磁铁矿，在铁还原的同时，钛、钒等元素随之还原，但它们只能部分被还原。一般高炉内 V 的还原率为 70%～80%，钛很少，大部分 TiO_2 转入炉渣。

钒能组成一系列氧化物，其还原顺序也是从高价到低价逐级进行的：

$$V_2O_5 \longrightarrow V_2O_4 \longrightarrow V_2O_3 \longrightarrow VO \longrightarrow V$$

钛的主要氧化物在还原过程中的还原顺序为：

$$TiO_2 \longrightarrow Ti_3O_5 \longrightarrow Ti_2O_3 \longrightarrow TiO \longrightarrow Ti$$

还原出的钛一部分溶入铁中，另一部分还能与C、N结合生成TiC和TiN及固溶体Ti(C,N)。由于TiC、TiN的熔点极高，呈固态微粒悬浮于液体渣中使其黏度急剧增加，造成炉渣变稠。此外在还原过程中形成的Ti_2O_3可同MgO，Al_2O_3，SiO_2等形成极难熔的巴依石矿物（含Ti_2O_3和MgO的硅铝酸盐），存在于渣中，也使渣变稠。

国外研究认为，炉渣含TiO_2超过16%，高炉就不能正常生产。我国炼铁科技工作者经过努力，在20世纪60年代中期，成功地在1000 m^3级的高炉上用含TiO_2高达25%的炉渣进行了冶炼，实现了渣、铁畅流，高炉正常生产，且技术经济指标日益改善。

3.1.4　非铁元素的还原

高炉内除铁元素外，还有锰、硅、磷等其他元素的还原。根据各氧化物的分解压的大小，可知铜、砷、钴、镍最易还原，在高炉内几乎全部被还原；锰、钒、硅、钛等较难还原，只有部分被还原进入生铁。

3.1.4.1　锰的还原

锰是高炉冶炼中常遇到的金属，高炉中的锰主要由锰矿石带入，一般铁矿石中也都含有少量锰。高炉内锰氧化物的还原也是从高价向低价逐级进行的。

其顺序为：　$MnO_2 \xrightarrow[H_2]{CO} Mn_2O_3 \xrightarrow[H_2]{CO} Mn_3O_4 \overset{CO}{\underset{H_2}{\rightleftharpoons}} MnO \overset{C}{\rightleftharpoons} Mn$

气体还原剂（CO，H_2）把高价锰氧化物还原到低价MnO是比较容易的，因为MnO_2和Mn_2O_3的分解压都比较大。在$p_{O_2}=1atm(98066.5\ Pa)$时，$MnO_2$分解温度为565℃，$Mn_2O_3$分解温度为1090℃，其反应可认为是不可逆反应：

$$2MnO_2+CO=Mn_2O_3+CO_2 \qquad \Delta H=+226690\ J/mol \tag{3-28}$$

$$3Mn_2O_3+CO=2Mn_3O_4+CO_2 \qquad \Delta H=+170120\ J/mol \tag{3-29}$$

Mn_3O_4的还原则为可逆反应：

$$Mn_3O_4+nCO=3MnO+CO_2+(n-1)CO \qquad \Delta H=+51880\ J/mol \tag{3-30}$$

在1400 K(1127℃)以下Mn_3O_4没有Fe_3O_4稳定，即是说，Mn_3O_4比Fe_3O_4易还原。

但MnO是相当稳定的化合物，其分解压比FeO分解压小得多。在1400℃的纯CO的气流中，只能有极少量的MnO被还原，平衡气相中的CO_2只有0.03%，由此可见，高炉内MnO不能进行间接还原。MnO的直接还原也是通过气相反应进行的，反应式如下：

$$\begin{array}{rll} & MnO+CO=Mn+CO_2 & \Delta H=-121500\ J/mol \\ + & CO_2+C=2CO & \Delta H=-165390\ J/mol \\ \hline & MnO+C=Mn+CO & \Delta H=-286890\ J/mol \end{array} \tag{3-31}$$

还原1 kgMn耗热为286890/55=5216 kJ/kg，它比直接还原1 kgFe的耗热(2720 kJ/kg)约高1倍，即比铁难还原，所以高温是锰还原的首要条件。

由于Mn在还原之前已进入液态炉渣，在1100～1200℃时，能迅速与炉渣中SiO_2结合成

$MnSiO_3$，此时要比自由的 MnO 更难还原。

$MnSiO_3$ 与 Fe_2SiO_4 的还原相类似，当渣中 CaO 高时，可将 MnO 置换出来，还原变得容易些。

$$\begin{array}{lll} & MnSiO_3+CaO=CaSiO_3+MnO & \Delta H=+58990\ J/mol \\ + & MnO+C=Mn+CO & \Delta H=-287190\ J/mol \\ \hline & MnSiO_3+CaO+C=Mn+CaSiO_3+CO & \Delta H=-228200\ J/mol \end{array} \tag{3-32}$$

如碱性更高时，形成 Ca_2SiO_4，此时锰还原耗热更少些。此外，高炉内有先已还原的 Fe 存在，有利于锰的还原，因为锰能溶于铁水，降低[Mn]的活度，故有利还原。

锰在高炉内有部分随煤气挥发，它到高炉上部又被氧化成 Mn_3O_4。在冶炼普通生铁时，约有 40%～60%锰进入生铁，有 5%～10%的锰挥发入煤气，其余进入炉渣。

3.1.4.2 硅的还原

不同的铁种对其含硅量有不同要求。一般炼钢生铁含硅应小于 1%。目前高炉冶炼低硅炼钢生铁，其含硅量已降低到 0.2%～0.3%，甚至 0.1%或更低。铸造生铁则要求含硅在 1.25%～4.0%，对硅铁合金则要求含硅愈高愈好。

生铁中的硅主要来自矿石的脉石和焦炭灰分中的 SiO_2，特殊情况下高炉也可加入硅石。SiO_2 是比较稳定的化合物，其分解压很低（1500℃时为 3.6×10^{-19} MPa），生成热很大。所以 Si 比 Fe 和 Mn 都难还原。SiO_2 只能在高温下（液态）靠固定碳直接还原，反应式如下：

$$SiO_2+2C=Si+2CO \quad \Delta H=-627980\ J/mol \tag{3-33}$$

还原 1 kgSi 的耗热为 627980/28＝22430 kJ/kg。相当于还原 1 kgFe（直接还原）所需量的 8 倍，是还原 1 kgMn 耗热的 4.3 倍。Si 还原的顺序是逐级进行。在 1500℃以下为 $SiO_2\rightarrow Si$，1500℃以上为 $SiO_2\rightarrow SiO\rightarrow Si$。还原的中间产物 SiO 的蒸气压比 Si 和 SiO_2 的蒸气压都大。在 1890℃时可达 1atm（98066.5 Pa）。所以 SiO 在还原过程中可挥发成气体，高炉风口附近温度高于 1900℃，故炉内 SiO 的挥发条件是存在的。另外由于气态 SiO 的存在改善了与焦炭接触条件，有利 Si 的还原。其反应为：

$$SiO_2+C=SiO+CO \tag{3-34}$$

$$SiO+C=Si+CO \tag{3-35}$$

SiO_2 的还原也可借助于被还原出来时 Si 进行，即 $SiO_2+Si=2SiO$。未被还原的 SiO 在高炉上部重新被氧化，凝成白色的 SiO_2 微粒，部分随煤气逸出，部分随炉料下降。在炼硅铁时，挥发量高达 10%～25%，冶炼高硅铸造铁时在 5%左右。

高炉内由于有 Fe 的存在，还原出来的 Si 能与 Fe 在高温下形成很稳定的硅化物 FeSi（也包括 Fe_3Si 和 $FeSi_2$ 等）而溶解于铁中，因此降低了还原时的热消耗和还原温度，从而有利 Si 的还原。其反应为：

$$\begin{array}{lll} & SiO_2+2C=Si+2CO & \Delta H=-627980\ J/mol \\ + & Si+Fe=FeSi & \Delta H=+80333\ J/mol \\ \hline & SiO_2+2C+Fe=FeSi+2CO & \Delta H=-547647\ J/mol \end{array} \tag{3-36}$$

与锰的还原类似，从矿石（特别是烧结矿）的硅酸盐中或从炉渣中还原 Si 要比从自由的 SiO_2 中还原困难得多，即使有 Fe 存在也比较困难。

3.1.4.3 磷的还原

炉料中的磷主要以磷酸钙 $(CaO)_3\cdot P_2O_5$（又称磷灰石）形态存在，有时也以磷酸铁

$(FeO)_3 \cdot P_2O_5 \cdot 8H_2O$(又称蓝铁矿)形态存在。

蓝铁矿脱水后比较容易还原,在900℃时用CO(用H_2则为700℃)可以从蓝铁矿中还原出P来。温度低于950～1000℃时是进行间接还原:

$$2[(FeO)_3 \cdot P_2O_5]+16CO=3Fe_2P+P+16CO_2 \tag{3-37}$$

温度高于950～1000℃进行直接还原,

$$2[(FeO)_3 \cdot P_2O_5]+16C=3Fe_2P+P+16CO \tag{3-38}$$

还原生成的Fe_2P和P都溶于铁水中。

磷灰石是较难还原的,它在高炉内首先进入炉渣,被炉渣中的SiO_2置换出自由态的P_2O_5再进行直接还原:

$$\begin{array}{ll} 2[(CaO)_3 \cdot P_2O_5]+3SiO_2=3Ca_2SiO_4+2P_2O_5 & \Delta H=-917340\ \mathrm{J/mol} \\ +\quad 2P_2O_5+10C=4P+10CO & \Delta H=-1921290\ \mathrm{J/mol} \\ \hline 2Ca_3(PO_4)_2+3SiO_2+10C=3Ca_2SiO_4+4P+10CO & \Delta H=-2838630\ \mathrm{J/mol} \end{array} \tag{3-39}$$

换算成还原出1 kgP需要耗热为2838630/4×31=22892 kJ。可见反应要吸收大量的热,P属难还原元素。但在高炉条件下,一般能全部还原,这是由于炉内有大量的碳,炉渣中又有过量的SiO_2,而还原出的P又溶于生铁生成Fe_2P,并放出热量。置换出的自由P_2O_5易挥发,改善了与碳素的接触条件,这些都促进P的还原。P本身也很易挥发,而挥发的P随煤气上升,在高炉上部又全部被海绵铁吸收。在这些十分有利的条件下,可认为在冶炼普通生铁时,P能全部还原进入生铁。因此要控制生铁中的含[P]量,只有控制原料的含P量,使用低磷的原料。

有人认为当炉料中含P较高时,采用高碱度炉渣冶炼可以阻止10%～20%的磷酸钙还原,而直接进入炉渣。

3.1.4.4　铅、锌、砷的还原

铅在炉料中以$PbSO_4$、PbS等形式存在,Pb是易还原元素,可全部还原,其反应为:

$$PbSO_4+Fe+4C=FeS+Pb+4CO \tag{3-40}$$

或者是PbS借助CaO的置换作用,生成PbO,再被CO间接还原。还原出的Pb不溶于铁水,由于其密度大于生铁(Pb:$11.34\times10^3\ \mathrm{kg/m^3}$,Fe:$7.86\times10^3\ \mathrm{kg/m^3}$)而熔点又低(327℃),还原出的Pb很快穿入炉底砖缝,破坏炉底的衬砖。Pb在1550℃沸腾,在高炉内有部分Pb挥发上升,而后又被氧化并随炉料下降,再次还原从而循环富集,有时也能形成炉瘤破坏炉衬。我国鞍山和龙烟铁矿中均含有微量的Pb。

有的铁矿中含少量的锌(如南京凤凰山矿)。锌在矿石中常以ZnS的形态存在,有时也以碳酸盐或硅酸盐状态存在。随着温度升高,碳酸盐能分解成ZnO和CO_2。硅酸盐也将被CaO取代出来。ZnO可被CO、H_2和C所还原。

$$ZnO+CO=Zn+CO_2 \quad \Delta H=-65980\ \mathrm{J/mol} \tag{3-41}$$

$$ZnO+H_2=Zn+H_2O \quad \Delta H=-107280\ \mathrm{J/mol} \tag{3-42}$$

Zn在高炉内400～500℃就开始还原,一直到高温区才还原完全。还原出的Zn易于挥发,在炉内循环。部分渗入炉衬的Zn蒸气在炉衬中冷凝下来,并氧化成ZnO,其体积膨胀,破坏炉衬,凝附在内壁的ZnO积久形成炉瘤。ZnS能借助Fe的作用得到还原。

通常铁矿中砷的含量不多，As还原后进入生铁与铁化合成FeAs，会显著降低钢的焊接性。生铁最好不要超过0.1%。As属易还原元素。试验表明，无论高炉冷行、热行，炉渣碱度高低，As均能被还原进入生铁。

3.1.5 直接还原和间接还原

3.1.5.1 直接还原度的概念

高炉内进行的还原方式共有三种，即直接还原、间接还原和氢的还原（也可列为间接还原）。各种还原在高炉内的发展程度分别用直接还原度、间接还原度和氢的还原度来衡量。直接还原度又可分为铁的直接还原度和高炉的综合直接还原度两个不同的概念。

(1) 铁的直接还原度（r_d）。假定铁的高级氧化物（Fe_2O_3，Fe_3O_4）还原到低级氧化物（FeO）全部为间接还原。则FeO中以直接还原的方式还原出来的铁量与铁氧化物中还原出来的总铁量之比，称铁的直接还原度，以r_d表示：

$$r_d = w(Fe_{直})/(w(Fe_{生铁}) - (w(Fe_{料})) \tag{3-43}$$

式中 $w(Fe_{直})$——FeO以直接还原方式还原出的铁量；

$w(Fe_{生铁})$——生铁中的含Fe量；

$w(Fe_{料})$——炉料中以元素铁的形式带入的铁量，通常指加入废铁中的铁量。

(2) 铁的间接还原度。$r_i = 1 - r_d$，通常r_d处于0～1之间，常在0.4～0.6之间。

3.1.5.2 直接还原与间接还原对焦比的影响

在高炉内如何控制各种还原反应来改善燃料的热能和化学能的利用，是降低焦比的关键问题。高炉最低的燃料消耗，并不是全部为直接还原或是全部为间接还原。而是在两者适当比例下获得。这一理论可以通过下面的计算与分析证明。

A 还原剂碳量消耗（以吨铁为计算单位）

(1) 用于直接还原铁的还原剂碳量消耗（C_d）：

$$C_d = (12/56) r_d w[Fe] = 0.214 r_d w[Fe] \tag{3-44}$$

式中 $w[Fe]$——1 t生铁中的铁量，kg；

r_d——铁的直接还原度，%。

(2) 用于间接还原铁的还原剂CO的碳量消耗（C_i）：

这里只讨论FeO的间接还原，因为FeO是各类铁氧化物还原中最难还原的，只要能满足FeO还原的还原剂，其他铁氧化物还原也可满足。

$$FeO + nCO = Fe + CO_2 + (n-1)CO$$

可知 $C_i = (12/56) n r_i$ （r_i为间接还原度）

对铁的还原来说，$r_d + r_i = 1$，即$r_i = 1 - r_d$（氢的还原归在间接还原中）。这里的关键是找到恰当的n值。

在高炉风口区燃烧生成的煤气中的CO首先遇到FeO进行还原（见图3-12）：

$$FeO + n_1CO = Fe + CO_2 + (n_1 - 1)CO$$

$$n_1 = 1/(K_{p1} + 1) \quad (K_{p1}\text{为平衡常数})$$

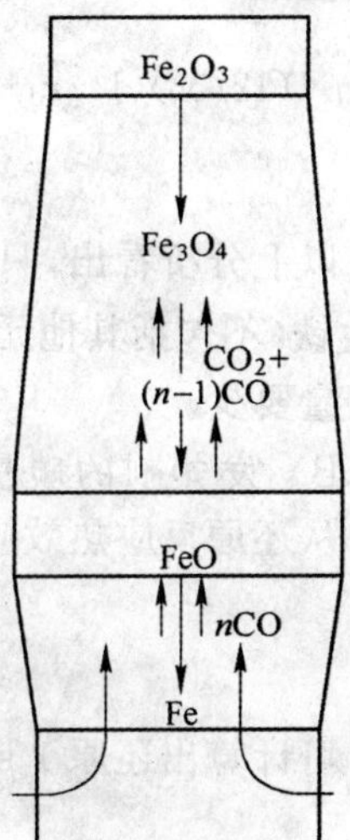

图3-12 高炉内CO还原铁氧化物示意图

还原 FeO 之后的气相产物 $CO_2+(n_1-1)CO$ 上升中遇到 Fe_3O_4，如果能保证从 Fe_3O_4 中还原出相应数量的 FeO 时，下列反应就可成立。

$$1/3Fe_3O_4+CO_2+(n_1-1)CO=FeO+4/3CO_2+(n_1-4/3)CO$$

该反应平衡常数为：$\varphi(K_{p_2})=\varphi(CO_2)/\varphi(CO)=(4/3)/(n_1-4/3)$

则求出：$$n_1=4/3[(1/K_{p_2})+1]$$

为区别 FeO 的还原，这里把 Fe_3O_4 还原的过量系数 n_1 改写成，即 $n_2=4/3[(1/K_{p_2})+1]$；当 $n_1=n_2$ 时，FeO 与 Fe_3O_4 还原时的耗碳量均可满足，此时的温度应该认为是铁氧化物全部还原的最低温度。相应的碳素消耗也是最低的理论碳素消耗（$n_1=n_2=n$）。

分别求出不同温度下的 n_1 和 n_2 的值，列于表 3-3。

表 3-3　不同温度下的 n_1 与 n_2 值

反应式的 n 值 \ 温度/℃	600	700	800	900	1000	1100	1200
$FeO \xrightarrow{n_1CO} Fe$	2.12	2.5	2.88	3.17	3.52	3.82	4.12
$\frac{1}{3}Fe_3O_4 \xrightarrow{n_2CO} FeO$	2.42	2.06	1.85	1.72	1.62	1.55	1.50

将数值绘成图 3-13。比较两个反应，由于 FeO 的还原是放热反应，所以 n_1 随温度升高而上升。而 Fe_3O_4 的还原为吸热反应，故 n_2 随温度升高而降低。若同时保证两个反应，应取其中最大值。当 $n_1=n_2=n$ 的情况是保证两个反应都能完成的最小还原剂消耗量。从 3-13 图可见，630℃时，$n_1=n_2=2.33$，从而可计算出间接还原时还原剂的最小消耗量为：

$$C_i=n\times(12/56)(1-r_d)w[Fe]=0.4993(1-r_d)w[Fe] \tag{3-45}$$

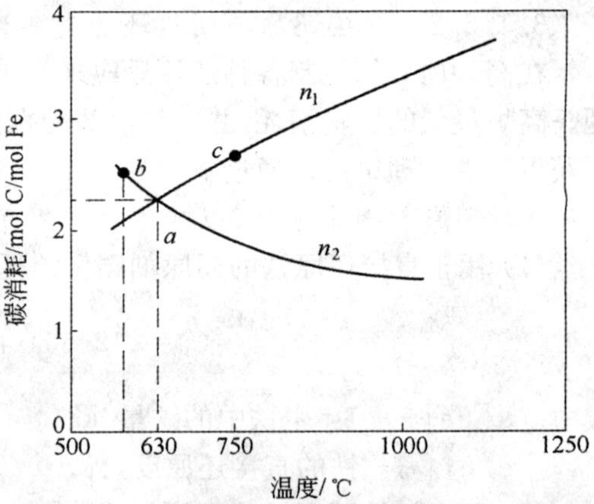

图 3-13　CO 还原铁氧化物 n 值与温度的关系

以上分析看出，只从还原剂消耗看，还原产出 1 t生铁（不包括其他元素等直接还原耗碳），全部直接还原的耗碳量要比全部为间接还原所消耗的碳量要少。

B　发热剂的碳量消耗

从还原反应热效应看，间接还原是放热反应：

$$FeO+CO=Fe+CO_2 \quad \Delta H=+13600\ kJ \tag{3-46}$$

可计算出还原 1 kgFe 的放热为 13600/56=243 kJ，而直接还原则是吸热反应：

$$FeO+C=Fe+CO \quad \Delta H=-152200\ kJ \tag{3-47}$$

即 1 kgFe 的吸热为 152200/56=2720 kJ，二者绝对值相差 10 倍以上，所以从热量的需求看发展间接还原大为有利。

综上所述，高炉中碳的消耗应满足三方面需求，即作为还原剂消耗在直接还原和间接还原方面，同时还应满足碳作为发热剂方面的消耗。为了说明清楚，把 C_d、C_i 和冶炼 1 t 生铁时的热量消耗 Q（该数据将在热平衡计算中说明）及以上三者与直接还原度 r_d 的关系绘在同一图上（图3-14 所示）。

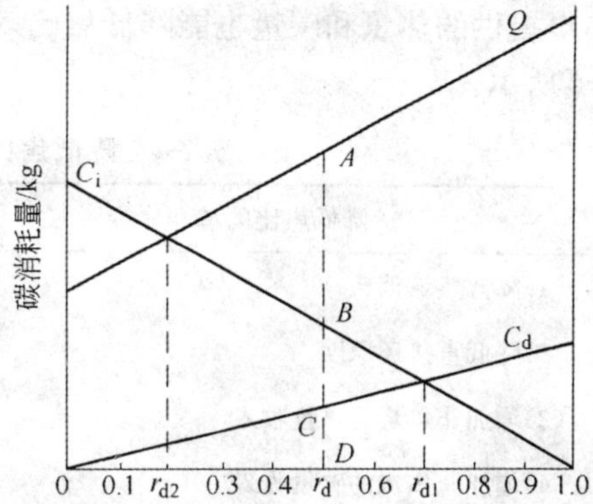

图 3-14 C_d、C_i 与 Q 三者与 r_d 之间关系

横坐标为铁的直接还原度 r_d，纵坐标是单位生铁的碳量消耗（只考虑铁氧化物还原），左端纵轴代表全部为间接还原行程，右端纵轴代表全部为直接还原行程。对单位生铁的热耗 Q 折算成相应的碳耗（它也是 r_d 的函数），由于生产中热损失有所不同，对 Q 线在图中会有相互平行的上、下移动。从该图可分析以下几点：

(1) 当高炉生产处于 r_d 时，如 D 点，直接还原所消耗的碳量为 $\overline{CD}$，间接还原消耗的碳量为 $\overline{BD}$。最终的碳量消耗应是二者中的大者，而不是二者之和，即等于 $\overline{BD}$ 值。原因是在高炉下部直接还原生成的 CO 产物，在上升过程中仍能继续用于高炉上部的间接还原。所以在 r_d 时最低还原剂消耗量，应该是 $C_d=C_i$ 即 C_d 与 C_i 线之交点。

(2) 若同时考虑热量消耗所需碳时，如高炉之 r_d 仍处于 D 点，则此时为了保证热量消耗，在风口前要燃烧 AC 数量的碳量才行，那么高炉所需的最低焦比应该是 $\overline{AD}$ 所确定的值，而不是 $\overline{AD}+\overline{BD}$ 之和，即取 Q 与 C_i 之间的大值（$\overline{AC}$）再加上 $\overline{CD}$。原因是为了满足 Q，需在风口前燃烧碳，产生热量。而燃烧生成的 CO 在上升中能继续用于间接还原，所以取 Q 与 C_i 之间的大者。而直接还原消耗的碳素仍需保证，所以焦比的碳量 $=\overline{AD}$。由此可见理想高炉行程是既非全部直接还原，也非全部间接还原，而是两者有一定比例。

(3) 高炉冶炼处于 D 点时，直接还原消耗碳素 $\overline{CD}$，而热量消耗需在风口前燃烧的碳素 $\overline{AC}$。风口前燃烧和直接还原都生成 CO，其中有 BD 部分用在间接还原，而 $\overline{AB}$ 部分以 CO 形式离开高炉，此即高炉煤气中化学能未被利用的部分。它是通过操作等方法可以继续挖取的潜力。请注意，$\overline{AB}$ 并不等于炉顶煤气中 CO 的值，因为 $\overline{BD}$ 中包含一部分为可逆反应平衡所需的 CO，这部分 CO 加上 $\overline{AB}$ 段 CO，再扣去铁、锰等高价氧化物还原剂 FeO，MnO 所消耗的 CO，才是最终从炉顶离开的 CO 量。

(4) 现实高炉的 $r_d>r_{d2}$，故高炉焦比主要取决于热量消耗，严格说取决于热量消耗的碳量与直接还原消耗的碳量之和，而不取决于间接还原的碳量消耗量，此即高炉焦比由热平衡来计算的理论依据。由此推论，一切降低热量消耗的措施均能降低焦比。目前高炉 $r_d>r_{d2}$，高炉工作者当前的奋斗目标仍是降低 r_d。不能认为 100%间接还原是非理想行程，而对间接还原的意义注意不够，降低 r_d 是当前降低焦比的一个有效措施。

(5) 单位生铁的热量消耗降低时（如渣量减少，灰石用量减少，控制低[Si]，减少热损失等），Q 线则平行下移，此时理想的 r_d 值向右移动，高炉更容易实现理想行程。r_{d2} 的焦比就是在某冶炼条件下的理论最低焦比。r_{d2} 又称为理想的直接还原度（或称适宜的直接还原度），一般在 0.2～0.3 范围；而对一些小高炉由于热损失过大，使 Q 线上移，r_{d2} 点还要小于 0.2～0.3。我国目前的实际直接还原度往往在 0.5～0.6。

3.1.5.3 降低焦比的基本途径

降低高炉热量消耗和直接还原度能降低焦比。此外，增加非焦炭的热量和碳量收入以代替焦炭提供的热量和碳量也能降低焦比。因此，降低焦比的基本途径及高炉内热量消耗情况如表3-4所示。

表 3-4　降低焦比的基本途径及高炉内热量消耗情况

降低焦比的基本途径	高炉内消耗热量
(1)降低热量消耗	(1)直接还原(包括 Fe、Mn、Si、P、CO_2 等)吸热
(2)降低直接还原度	(2)碳酸盐分解吸热
(3)增加非焦炭的热量收入	(3)水分蒸发、化合水分解，H_2O 在高温区与 C 反应吸热
(4)增加非焦炭的碳量收入	(4)脱 S 吸热
	(5)炉渣、生铁、煤气带出炉外的热量
	(6)冷却水和高炉炉体散热

从上表可以看出：降低热量消耗第一项是降低直接还原度的问题；第三项中主要是化合水分解吸热，可通过炉外焙烧消除；第五项的铁水带出炉外的热量是必须的，不能降低。而煤气带出炉外的热量多少与煤气量的多少及高炉内的热交换好坏有关，煤气量少和热交换好时，炉顶温度低，煤气带出炉外的热量就少。反之，炉顶温度高，煤气带出炉外的热量就多。所以，要降低煤气带出炉外的热量，就要降低煤气量和改善炉内热交换。第六项冷却水带走和炉体散热是一项损失，一般来说，它的数值是一定的。因此，当产量提高时，单位生铁的热损失就降低，反之则升高，所以它只与产量有关。其他各项消耗热量多少的关键是原料性能。例如：降低焦炭的灰分和含硫量，提高矿石品位，采用高碱度烧结矿，可以少加或不加熔剂，降低渣量，从而能降低碳酸盐分解吸热和炉渣带出炉外的热量。

降低直接还原度，包括改善 CO 的间接还原和氢的还原，主要措施有：改善矿石的还原性；控制炉内煤气流的合理分布，改善煤气能量利用；高炉综合喷吹(喷吹燃料配合富氧鼓风等)。

增加非焦炭的热量收入和碳量收入的办法主要有提高风温和喷吹燃料等。

目前国内外为了降低焦比而采取的精料、高风温、富氧鼓风、喷吹燃料等技术措施都是基于上述四条基本途径。

3.1.6　铁氧化物还原反应的动力学

3.1.6.1　铁氧化物还原机理

铁矿石还原机理有多种，未反应核模型理论比较全面地解释铁氧化物的整个还原过程，是目前得到公认的理论。这种理论的要点是，铁氧化物从高价到低价逐级还原，当一个铁矿石颗粒还原到一定程度后，外部形成了多孔的还原产物——铁壳层，而内部尚有一个未反应的核心(图3-15)。随着反应推进，这个未反应核心逐渐缩小，直到完全消失。

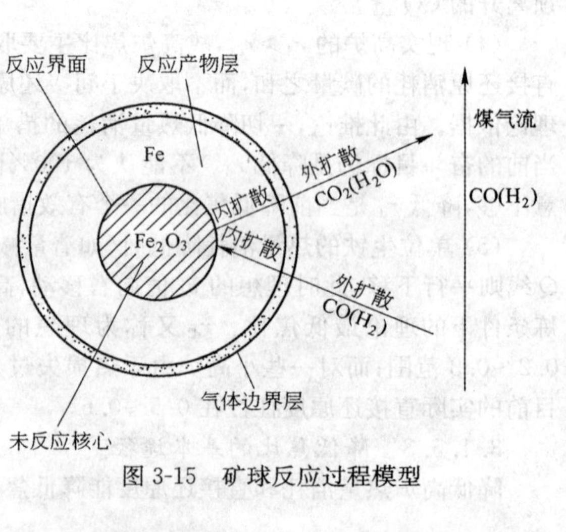

图 3-15　矿球反应过程模型

当矿石粒度较小，或气孔率较大，还原气体及其产物可自由进出时，则分层性不明显。

块矿还原反应过程主要由三个环节组成：

(1) 外扩散。即还原气体通过边界层向块矿表面或气体产物自块矿表面向边界层的扩散，包括空间对流传质和通过边界层的传质。

(2) 内扩散。即还原气体或气体产物通过块矿或固态还原产物层的大孔隙、微孔隙向反应界面或脱离反应界面而扩散。还有铁、氧离子在还原产物层晶格结点间及空位上的扩散。扩散是以分子、原子或离子迁移为基础的传质过程，它宏观表现为分子、原子或离子从高浓度区向低浓度区的转移。

(3) 反应界面的化学反应。包括还原气体(CO 或 H_2)在反应界面上的吸附，吸附的还原剂与矿石晶格上氧的结合，气体产物(CO_2 或 H_2O)的脱附及固相还原产物的结晶化学变化及晶格的重建等。这一环节充分反映了还原反应的吸附、自动催化特性。由于新相 Fe 晶格本身的形成和长大，起到催化剂的作用，大大加速了还原反应的进行。

还原反应速度决定于最慢环节的速度，此最慢环节称为限制步骤或限制性环节。一般在高炉中煤气流速很快，边界层很薄，传质速度很快。由于气流速度已大大超过临界流速，而在临界流速下，气流速度的提高不再影响还原速度。这时边界层的厚度趋近于零，外扩散阻力消失。因而保证外扩散的顺利进行。外扩散一般不会成为高炉内铁矿还原的限制步骤。但在实验室条件下应予以考虑。

3.1.6.2 加速铁矿石还原的条件

高炉生产的主要任务是尽可能利用高炉煤气中的 CO(与少量的 H_2)的还原能力，使矿石在熔化前还原得好，减少氧化铁在高炉下部的直接还原。因此一般所指的还原速度都是在温度不高于 900～1000℃矿石还原的速度。加速铁矿石在固态下的还原对降低直接还原度与焦化，改善高炉技术经济指标具有重大意义。根据以上动力学分析，影响矿石还原速度主要取决于矿石的特性以及煤气流的条件两个方面。

矿石特性主要是指提高矿石的还原性，包括粒度、气孔度和矿物组成等。煤气流条件是指煤气温度、压力、流速和成分以及掌握煤气流性质和分布规律等。

A 改善矿石性质

(1) 提高矿石的孔隙度(气孔率 ε)。提高矿石孔隙度，特别是微气孔率，可以改善气体内扩散条件，提高内扩散速度。同时微孔隙多，可增加还原气体同矿石的接触和吸附表面，有利提高界面化学反应速度。同时内扩散往往成为还原反应限速步骤，所以孔隙度在很大程度上决定了矿石的还原性。但在高炉还原过程中，孔隙度及孔隙的大小、形式(开口或封闭)，会因一系列的原因如矿物组成及晶型转变、膨胀、软熔等而变化。如当矿石局部熔化时，初生的液相便可能堵塞使孔隙度降低，还原性差。因此，冷态孔隙度并不能完全决定矿石的还原性。应考虑冶炼过程中孔隙度变化的影响。

(2) 减小矿石粒度(包含均匀性)。减小矿石粒度可增加还原气体同矿石的接触面积，减小还原产物层厚度，缩短还原气体到达未反应核界面和气体产物自内向外逸出的途径，也有利于减小内扩散阻力，同时可加速传热，缩短未反应核达到还原反应所需温度的时间，从而加速了还原进程。随着矿石粒度的减小，还原反应将由内扩散范围转入动力学范围，此时还原速度与粒度成反比。在内扩散范围时，还原速度与粒度的平方成反比。但矿石粒度不能过小，否则将恶化高炉内气体力学条件，影响煤气分布和高炉顺行，反过来阻碍还原。同时将增加炉尘吹出量。

(3) 改善矿石矿物组成。减少组织致密、结构复杂而易熔的铁橄榄石(Fe_2SiO_4)类难还原矿物，可加速矿石的还原。

B　控制气流条件

(1) 保证足够高的煤气温度是进行界面还原反应的必备条件。提高温度对改善扩散和加速还原反应,特别是在反应处于动力学范围时,效果十分显著。但在温度升高的过程中,有时会出现还原速度减慢的现象。如在400～600℃,由于CO的分解,($2CO=CO_2+C_{黑}$)析出大量炭黑,附在矿石表面,阻塞气孔,恶化了煤气同矿石的接触条件,同时煤气中CO_2浓度升高,CO浓度降低,使还原减慢。在900～1000℃,由于矿石软化、熔融、造渣,液相阻塞了气孔,恶化了内扩散条件,使还原速度减慢。

(2) 控制煤气流速。在临界流速范围内,提高煤气流速,有利边界层外扩散的进行,可促进还原,但若超过临界流速,此时不但不能加快还原速度,反而因煤气在炉内停留时间过短,降低煤气能量的利用。

(3) 控制煤气的压力。在动力学范围,提高压力可加速还原,并且在低压水平阶段时的效果较显著,但压力提高到一定程度后,还原速度几乎不再增加。因为低压阶段,还原气体的吸附覆盖率与压力成正比。在扩散范围,压力对还原速度没有影响。

(4) 提高煤气中还原性气体CO和H_2的浓度,可以增大边界层与化学反应界面的浓度差,从而加速还原气体向反应界面的扩散,提高还原速度。这一浓度差实际上是扩散传质过程的推动力。由于H_2的扩散能力比CO强,还原气体中少量H_2的存在,能大大提高CO的还原能力与还原速度。因为在H_2还原过程中能多次被利用,其还原气体产物H_2O又可按H_2O-C反应和水煤气反应再生为H_2,反复利用。用($CO+H_2$)混合气体时,还原速度随H_2%的升高而增加。因此提高煤气含H_2量对加速高炉还原过程具有重要意义。

3.1.7　生铁的形成与渗碳过程

生铁的形成过程主要是已还原出来的金属铁中逐渐溶入其他合金元素和渗碳的过程。

在高炉上部有部分铁矿石在固态时就被还原成金属铁,随着温度升高逐渐有更多的铁被还原出来。刚被还原出的铁呈多孔的海绵状,故称海绵铁。这种早期出现的海绵铁成分比较纯,几乎不含碳。海绵铁在下降过程中,不断吸收碳并熔化,最后得到含碳较高的(一般为4%左右)液态生铁。

高炉内生铁形成(除了硅、锰、磷和硫等元素的渗入或去除外)的主要特点是必须经过渗碳过程。现在研究认为,高炉内渗碳过程大致可分三个阶段。

第一阶段:是固体金属铁的渗碳,即海绵铁的渗碳反应:

$$2CO=CO_2+C_{黑}$$

$$3Fe_{固}+C_{黑}=Fe_3C_{固}$$

总的结果是:

$$3Fe_{固}+2CO=Fe_3C_{固}+CO_2 \tag{3-48}$$

CO在低温下分解产生的炭黑(粒度极小的固定碳)化学活泼性很强。一般说这阶段的渗碳发生在800℃以下的区域,即在高炉炉身的中上部位,有少量金属铁出现的固相区域。这阶段的渗碳量占全部渗碳量的1.5%左右。

第二阶段:此阶段为液态铁的渗碳。这是在铁滴形成之后,铁滴与焦炭直接接触,渗碳反应为:$3Fe_{液}+C_{焦}=Fe_3C$。

据高炉解剖资料分析:矿石在高炉内下降过程中随着温度的升高,由固相区的块状带经过半熔融状态的软熔带进入液相滴落带,矿石在进入软熔带以后,其还原可达70%,此时出现致密的金属铁层和具有炉渣成分的熔结聚体。再向下,随温度升高到1300～1400℃,形成由部分氧化铁组成的低碱度的渣滴。而在焦炭空隙之间，出现的金属铁的“冰柱”，此时金属铁以 γ 铁形态，含碳量达 0.3%～1.0%。由相图分析得知此金属仍属固体。继续下降至 1400℃以上区域，“冰柱”经炽热焦炭的固相渗碳，熔点降低，才熔化为铁滴并穿过焦炭空隙流入炉缸。由于液体状态下与焦炭接触条件得到改善，加快了渗碳过程，生铁含碳立即增加到 2%以上，到炉腹处的金属铁中已含有 4%的碳了，与最终生铁的含碳量差不多。

第三阶段：炉缸内的渗碳过程。炉缸部分只进行少量渗碳，一般渗碳量只有 0.1%～0.5%。

由以上可知，生铁的渗碳是沿着整个高炉高度上进行的，在滴落带尤为迅速。这三个阶段中任何阶段的渗碳量增加都会导致生铁含碳量的增高。生铁的最终含碳量，还与生铁中其他元素的含量有关，特别是 Si 和 Mn。

Mn、Cr、V、Ti 等能与 C 结合成碳化物而溶于生铁，因而能提高生铁含碳量。例如，Mn 量为 15%～20%的锰铁，其含碳量常在 5%～5.5%左右。含 Mn80%的锰铁，含碳量达 7%左右。

Si、P、S 能与铁生成化合物，即促进碳化物分解。这些元素阻止渗碳，能促使生铁含碳量降低。故铸造铁由于含硅量较高，含碳量只有 3.5%～4.0%，硅铁含碳量更低(只有 2%C 左右)，一般炼钢生铁的含碳量在 3.8%～4.2%。

在凝固的生铁中碳的存在形态有两种，或呈化合物状态(Fe_3C，Mn_3C)或呈石墨碳(又称游离碳)。如果是以碳化物状态存在时，其生铁的断面呈银白色，这种生铁又叫白口铁。如果以石墨状态存在时则生铁断口呈暗灰色，这种生铁又叫灰口铁。碳元素在生铁中存在的形态，一方面与生铁中 Si、Mn 等元素的含量有关，另一方面又与铁水的冷却速度有关。例如，Si 可促使 Fe_3C 分解，而析出石墨碳，成灰口铁，所以铸造铁一般都是灰口铁，而炼钢生铁其含 Si 较低，往往成白口铁。锰铁中的碳成化合状态的多，故为白口断面。当生铁中 Si、Mn 及其他元素含量相同时，其冷却速度愈慢，则析出石墨碳愈多，成灰口铁断面，常用下列经验公式估算生铁含碳量：

$$w[C]=4.3-0.27w[Si]-0.32w[P]+0.3w[Mn]-0.032w[S] \tag{3-49}$$

或

$$w[C]=1.31+0.026T-0.34w[Si]-0.33w[P]+0.3w[Mn]-0.33w[S] \tag{3-50}$$

式中 T—— 铁水温度。

近年来发现生铁含碳量普遍提高，生铁平均含碳为 5.1%(过去认为在 4%～4.5%)。这现象普遍引起人们重视，开始对渗碳过程进行新的研究。目前研究认为，影响生铁含碳的因素是多方面的。近年来采用高压操作使炉内压力不断提高，生铁含碳也相应提高，并指出，炉内压力每提高 10 kPa，生铁含碳提高 0.045%。此时，随着炉料还原性的改善，生铁含碳量也有增加。采用自熔性烧结矿冶炼比用生矿或普通烧结矿冶炼时，生铁含碳量高。采用球团矿时生铁含碳量又高于以前。高炉内生铁的渗碳不仅决定于生铁的成分和铁水温度，还在很大程度上决定于炉内的压力、炉料的性质、煤气成分、氧化带大小等工艺因素，即生铁含碳量和高炉冶炼的一系列过程有关。

3.2 高炉炉渣与脱硫

高炉生产不仅要从铁矿石中还原出金属铁，而且还原出的铁与未还原的氧化物和其他杂质都能熔化成液态，并能分开，最后以铁水和渣液的形态顺利流出炉外。炉渣数量及其性能直接影响高炉的顺行，以及生铁的产量、质量及焦比。因此，选择合适的造渣制度是炼铁生产优质、高产、低耗的重要环节。炼铁工作者常说：“要炼好铁，必须造好渣”，这是多年实践的总结。

高炉生产从使用天然矿逐渐改为使用自熔性(或熔剂性)的熟料后，大大改善了各项技术经济指标，其重要原因之一就是原料性质的改善使高炉内造渣和脱硫条件有了很大变化。按我国目前使用的原料条件，每炼 1 t 生铁大约产生 300～600 kg 炉渣，国外已达 250 kg 左右。

3.2.1　高炉渣的来源

炉渣成分的来源主要是铁矿石中的脉石以及焦炭（或其他燃料）燃烧后剩余的灰分。它们大多以酸性氧化物为主，即 SiO_2 及 Al_2O_3。其熔点各为 1728℃及 2050℃。即使混合在一起，它们的熔点仍很高（约 1545℃）。在高炉中只能形成一些黏稠的物质，这会造成渣铁不分，难于流动。因此必须加入碱性助熔物质，如石灰石、白云石等作为熔剂。尽管熔剂中的 CaO 和 MgO 自身熔点也很高，分别为 2570℃和 2800℃，但它们能同 SiO_2 和 Al_2O_3 结合成低熔点（低于 1400℃）的化合物，在高炉内足以熔化，形成流动性良好的炉渣。它与铁水的密度不同（铁水密度 6.8～7.0，炉渣为 2.8～3.0），渣铁分离而畅流，高炉正常生产。

高炉生产中总是希望炉渣愈少愈好，但完全没有炉渣是不可能的（也是不可行的），高炉工作者的责任是在一定的矿石和燃料条件下，选定熔剂的种类和数量，配出最有利的炉渣成分，以满足冶炼过程的要求。

3.2.2　高炉渣的成分与作用

3.2.2.1　高炉渣的成分

一般的高炉渣主要由 SiO_2、Al_2O_3、CaO、MgO 等氧化物组成。此外还有少量的其他氧化物和硫化物。用焦炭冶炼的高炉其炉渣成分大致范围见表 3-5。

表 3-5　高炉炉渣成分范围

组成	SiO_2	Al_2O_3	CaO	MgO	MnO	FeO	CaS	K_2O+Na_2O
含量 w/%	30～40	8～18	35～50	<12	<3	<1	<2.5	0.5～1.5

这些成分与其数量，主要取决于原料的成分和高炉冶炼的铁种。冶炼特殊铁矿的高炉炉渣还会有其他成分，如冶炼包头含氟矿石时，渣中含有 18%左右的 CaF_2，冶炼攀枝花钒钛磁铁矿时渣中含有 20%～25% TiO_2，冶炼酒泉的含 BaO 高硫镜铁矿时，炉渣含 BaO6%～10%。在冶炼锰铁时，渣中含 MnO8%～20%。此外我国还有一些分布较广的高 Al_2O_3 和高 MgO 的铁矿，有些小高炉使用，其炉渣中 Al_2O_3 高达 20%～30%，MgO 高达 20%～25%。

炉渣中的各种成分可分为碱性氧化物和酸性氧化物两大类。炉渣离子理论认为，熔融炉渣中能提供氧离子 O^{2-} 的氧化物称为碱性氧化物，反之能吸收氧离子的氧化物称酸性氧化物。有些既能提供又能吸收氧离子的氧化物则称为中性氧化物或两性氧化物，从碱性到酸性排列顺序为：

$$K_2O \to Na_2O \to BaO \to PbO \to CaO \to MnO \to FeO \to ZnO \to MgO \to$$
$$CaF_2 \to Fe_2O_3 \to Al_2O_3 \to TiO_2 \to SiO_2 \to P_2O_5$$

其中在 CaF_2 以前可视为碱性氧化物，Fe_2O_3、Al_2O_3、TiO_2 为中性氧化物（TiO_2 也有划为酸性的），SiO_2、P_2O_5 为酸性氧化物。碱性氧化物可与酸性氧化物结合形成盐类，如 $CaO \cdot SiO_2$、$2FeO \cdot SiO_2$ 等。酸碱性相距越大，结合力就越强。以碱性氧化物为主的炉渣称碱性炉渣，以酸性氧化物为主的称酸性炉渣。炉渣的很多物理化学性质与其酸碱性有关，表示炉渣酸碱性指数的叫炉渣碱度（R）。通常是以炉渣中的碱性氧化物与酸性氧化物的质量百分数之比来表示碱度，有以下三种表示：

(1) $R = w(CaO+MgO)/w(SiO_2+Al_2O_3)$ 称四元碱度，又叫全碱度。在一定的冶炼条件下，渣中 Al_2O_3 含量比较固定，生产过程中也难以调整，故常在计算中不考虑 Al_2O_3 这一项。

(2) $R=w(CaO+MgO)/w(SiO_2)$称为三元碱度。同样，炉渣中 MgO 也常是比较固定的，一般情况下生产中也不常调整，故往往不用 MgO 一项。

(3) $R=w(CaO)/w(SiO_2)$称为二元碱度。由于二元碱度计算比较简单，调整方便，又能满足一般生产工艺的需要。因此在实际生产中大部分使用二元碱度这一指标。

在生产中常把碱度大于 1.0 的炉渣称为碱性炉渣，把碱度小于 1.0 的称为酸性炉渣。我国大中型钢铁厂高炉选用的炉渣碱度 $w(CaO)/w(SiO_2)$ 一般波动在 1.0～1.2 之间，少数小高炉可达 1.3。三元碱度 $w(CaO+MgO)/w(SiO_2)$波动在 1.2～1.4 之间。

3.2.2.2 高炉炉渣的作用

炉渣和生铁相伴随生成，它是高炉冶炼的副产品，但它对高炉冶炼过程、生铁的质量、高炉的顺行、高炉的寿命、炉缸热制度等起着不容忽视的重要作用。

(1) 炉渣具有熔点低，密度小（熔渣密度一般为 2.2～2.5 t/m^3，铁水密度为 7.0 t/m^3）和不溶于生铁的特点，能使渣铁分离，得到纯净的生铁，并能自由的流出炉外，这是高炉造渣过程的基本作用。

(2) 去除生铁中的硫和有利于选择或抑制 Si、Mn 等元素的还原，起着控制生铁成分的作用。例如，高碱度炉渣能促进脱硫反应，有利于锰的还原，从而改善生铁质量；SiO_2 含量高的炉渣能促进 Si 的还原，从而控制生铁 Si 含量等。

(3) 炉渣的生成形成了高炉内的软熔带及滴落带，对炉内煤气流分布及炉料的下降都有很大的影响，因此，炉渣的性质和数量，生成的位置对炉料顺行和炉缸热制度起着直接作用。

(4) 炉渣附着在炉墙上形成渣皮，起着保护炉衬的作用。但是，有时也可能侵蚀炉衬，起着破坏作用。因此，炉渣成分和性质直接影响高炉寿命。

在控制和调整炉渣成分和性质时，必须兼顾上述几方面的作用。

上述作用主要取决于炉渣的性质，即炉渣的黏度、熔化性和稳定性，而这些又主要由炉渣的化学成分（或碱度）以及矿物组成所决定，同时操作制度对这些性质也有重大影响。

3.2.3 高炉渣的性质及其影响因素

3.2.3.1 炉渣的熔化性

熔化性是指炉渣熔化的难易程度。它可用熔化温度和熔化性温度这两个指标来表示。

A 熔化温度

炉渣的熔化温度是指熔渣完全熔化为液相时的温度，或液态炉渣冷却时开始析出固相的温度，即相图中的液相线或液相面的温度。炉渣不是纯物质，没有一个固定的熔点，炉渣从开始熔化到完全熔化是在一定的温度范围内完成的，即从固相线到液相线的温度区间。对高炉而言，固相线表示软熔带的上沿，液相线表示软熔带的下沿或滴落带的开始。熔化温度是炉渣熔化性的标志之一，熔化温度高表明它难熔，熔化温度低表明它易熔。

对炉渣熔化温度研究比较早的是 $CaO-SiO_2-Al_2O_3$ 三元渣系。近几十年来 MgO 已经成为高炉渣中不可缺少的成分，对 $CaO-SiO_2-MgO-Al_2O_3$ 四元渣系熔化温度的研究很多。四元系相图为立体图形，而高炉渣中的 Al_2O_3 一般不高于 20%，故往往采用固定 Al_2O_3 为 5%，10%，15%和 20%，在 $CaO-SiO_2-MgO-Al_2O_3$ 四元相图中切取四个断面图形。其平面图则为三元相图。三边坐标轴的分度加上 Al_2O_3 的量后正好为 100%，分别用图 3-16～图 3-19 表示。

当 $w(Al_2O_3)=5\%\sim20\%$，$w(MgO)\leqslant20\%$时，在 $w(CaO)/w(SiO_2)\approx1.0$ 左右的区域里其熔化温度比较低。当 Al_2O_3 含量低时，随着碱度的增加，熔化温度增加比较快。$Al_2O_3>10\%$以

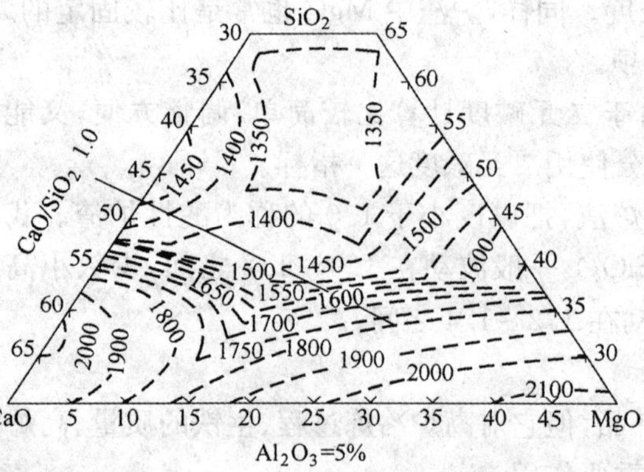

图 3-16　CaO-SiO$_2$-Al$_2$O$_3$-MgO 四元系等熔化温度图

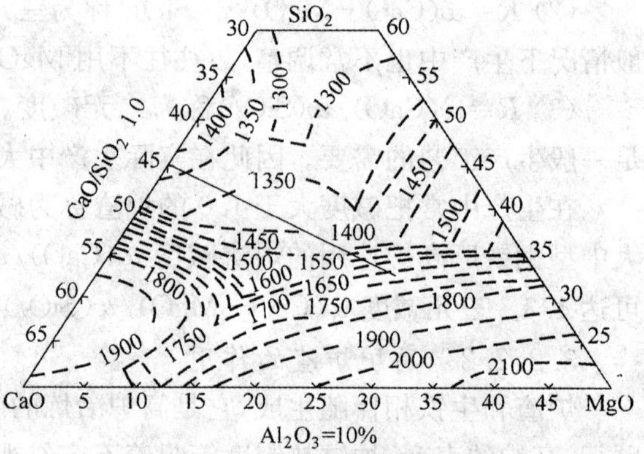

图 3-17　CaO-SiO$_2$-Al$_2$O$_3$-MgO 四元系等熔化温度图

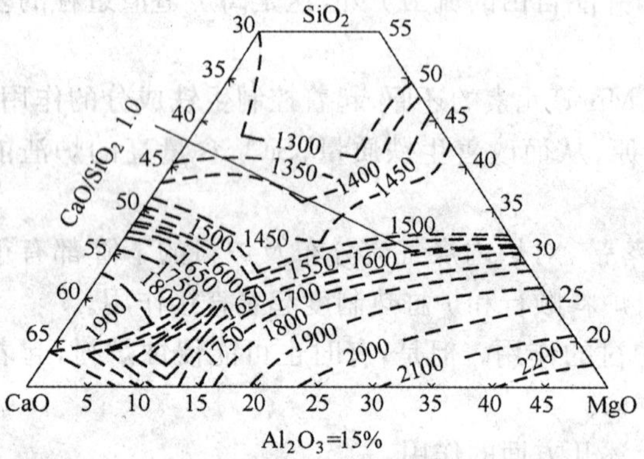

图 3-18　CaO-SiO$_2$-Al$_2$O$_3$-MgO 四元系等熔化温度图

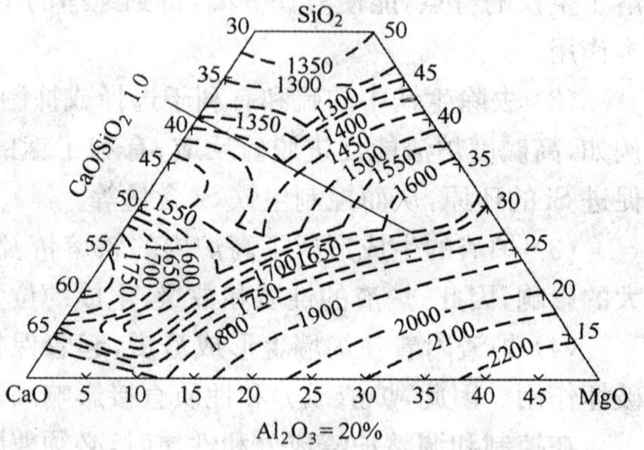

图 3-19　CaO-SiO$_2$-Al$_2$O$_3$-MgO 四元系等熔化温度图

后，随碱度增加熔化温度增加得较慢，低熔化温度区域扩大，炉渣稳定性提高，这是 Al_2O_3 所起的作用。由于有较多的 Al_2O_3 存在削弱了 $w(CaO)/w(SiO_2)$ 变化的影响。在碱度 $w(CaO)/w(SiO_2)$ 低于 1.0 的区域熔化温度也不高，但因脱硫能力和炉渣流动性不能满足高炉要求，所以一般不选用。如果碱度超过 1.0 很多，使炉渣成分处于高熔化温度区域也不合适，这样的炉渣在炉缸温度下不能完全熔化而且极不稳定。

选择熔化温度时，必须兼顾流动性和热量两个方面因素。各种不同成分炉渣的熔化温度可以从四元系熔化温度图中查得。

实际高炉渣的成分除了以上四种主要成分外还有其他成分，查图时有两种处理方法：一种是只取 CaO、SiO_2、MgO 和 Al_2O_3 四种化合物的百分数值，舍弃其他成分，再将四种化合物折算成 100%，查图找出其熔化温度；另一种是把性质相似的成分合并，如将 MnO、FeO 并入 CaO 中，而后再查四元相图，找出熔化温度。但应注意，从图中查出的熔化温度数值要比该成分炉渣的熔点高 100～200℃，而与炉渣出炉时温度基本相似。这是因为相图是按四元系做出的，而实际炉渣是多元系，其熔点要低一些，从高炉里能流出来的炉渣实际温度，一般都要高出其熔点。

在高炉渣中增加任何其他氧化物都能使熔化温度降低，尤其是 CaF_2（萤石或包头含氟矿）能显著降低炉渣熔点，渣中 MnO 含量增加也能降低其熔点。

B　熔化性温度

要求高炉炉渣在熔化后必须具有良好的流动性。有的炉渣（特别是酸性渣），加热到熔化温度后并不能自由流动，仍然十分黏稠，例如 $w(SiO_2)=62\%$，$w(Al_2O_3)=14.25\%$，$w(CaO)=$

22.25%的炉渣在1165℃熔化后再加300～400℃它的流动性仍很差，又如$w(CaO)=24.1\%$，$w(SiO_2)=47.2\%$，$w(Al_2O_3)=18.6\%$的炉渣，在1290℃熔化，再加热到1400℃就能自由流动。所以说，对高炉生产有实际意义的不是熔化温度而是熔化性温度，它是指炉渣从不能流动转变为能自由流动时的温度。熔化性温度高，则表示渣难熔，反之，则易熔。熔化性温度可通过测定该渣在不同温度下的黏度，画出黏度-温度(η-t)曲线来确定。曲线上的转折点所对应的温度即是炉渣的熔化性温度，如图3-20所示。

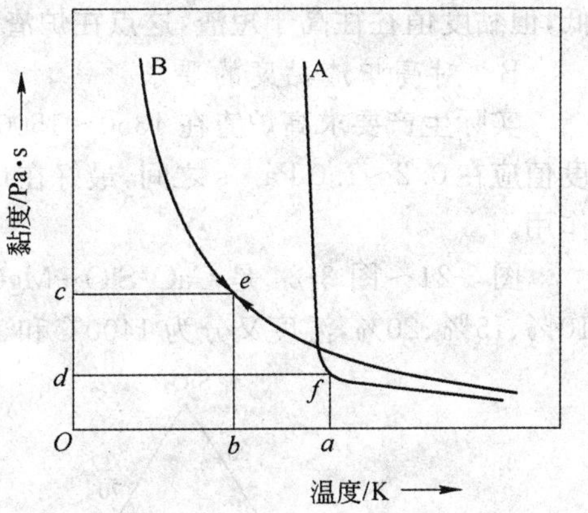

图3-20　炉渣黏度-温度图

A渣的转折点为f，当温度高于t_a时，渣的黏度较小(d点)，有很好的流动性。当温度低于t_a之后黏度急骤增大，炉渣很快失去流动性。t_a就是A渣的熔化性温度。一般碱性渣属这种情况，取样时渣滴不能拉成长丝，渣样断面呈石头状，俗称短渣或石头渣。B渣黏度随温度降低逐渐升高，在η-t曲线上无明显转折点，一般取其黏度值为1.0～1.5 Pa·s时的温度(相当于t_b)为熔化性温度。1.0～1.5 Pa·s为炉渣能从高炉顺利流出的最大黏度。为统一标准起见，常取45°直线与η-t曲线相切点e所对应的t_b为熔化性温度。一般酸性渣类似B渣特性，取样时渣滴能拉成长丝，且渣样断面呈玻璃状，俗称长渣或玻璃渣。

C　炉渣熔化性对高炉冶炼的影响

在选择炉渣时究竟是难熔的炉渣有利还是易熔炉渣有利，这需要根据不同情况具体分析，具体对待。

(1) 对软熔带位置高低的影响。难熔炉渣开始软熔温度较高，从软熔到熔化的范围较小，则在高炉内软熔带的位置低，软熔层薄，有利于高炉顺行。当难熔炉渣在炉内温度不足的情况下可能黏度升高，影响料柱透气性，这不利顺行。易熔炉渣在高炉内软熔带位置较高，软熔层厚，料柱透气性差。另一方面易熔炉渣流动性能好，有利于高炉顺行。

(2) 对高炉炉缸温度的影响。难熔炉渣在熔化前吸收的热量多，进入炉缸时携带的热量多，有利于提高炉缸的温度。相反，易熔渣对提高炉缸温度不利。对冶炼不同的铁种时应控制不同的炉缸温度。

(3) 影响高炉内的热消耗和热量损失。难熔渣要消耗更多的热量，流出炉外时炉渣带出热量较多，热损失增加，使焦比增高。反之，易熔炉渣有利于焦比降低。

(4) 对炉衬寿命的影响。当炉渣的熔化性温度高于高炉某处的炉墙温度时，在此炉墙处炉渣容易凝结而形成渣皮，对炉衬起到保护作用。易熔炉渣的熔化性温度低，则在此处炉墙不能形成保护炉衬的渣皮，相反由于其流动性过大会冲刷炉衬。

3.2.3.2　炉渣的黏度

炉渣黏度直接关系到炉渣流动性，而炉渣流动性又直接影响高炉顺行和生铁的质量等指标。它是高炉工作者最关心的炉渣性能指标。

A　炉渣黏度的概念

炉渣黏度是流动性的倒数。炉渣黏度是指速度不同的两层液体之间的内摩擦系数。黏度越大，流动性越差。炉渣黏度单位用Pa·s(帕·秒)表示。

炉渣黏度随温度升高而降低，流动性变好。但对长渣和短渣有区别。一般短渣在高于熔化性温度后黏度比较低，以后的变化不大；而长渣在高于熔化性温度后虽然黏度仍随温度升高而降低，但黏度值往往高于短渣，这点在炉渣离子理论中可得到解释。

B　对高炉渣黏度的要求

实际生产要求高炉渣在1350～1500℃时有较好的流动性，一般在炉缸温度范围内适宜的黏度值应在0.2～1.0 Pa·s之间，最好在0.4～0.6 Pa·s。过低时流动性过好，对炉衬有冲刷侵蚀作用。

图3-21～图3-24是CaO-SiO_2-MgO-Al_2O_3四元系炉渣黏度。其Al_2O_3分别固定为5%、10%、15%、20%，温度又分为1400℃和1500℃两种。

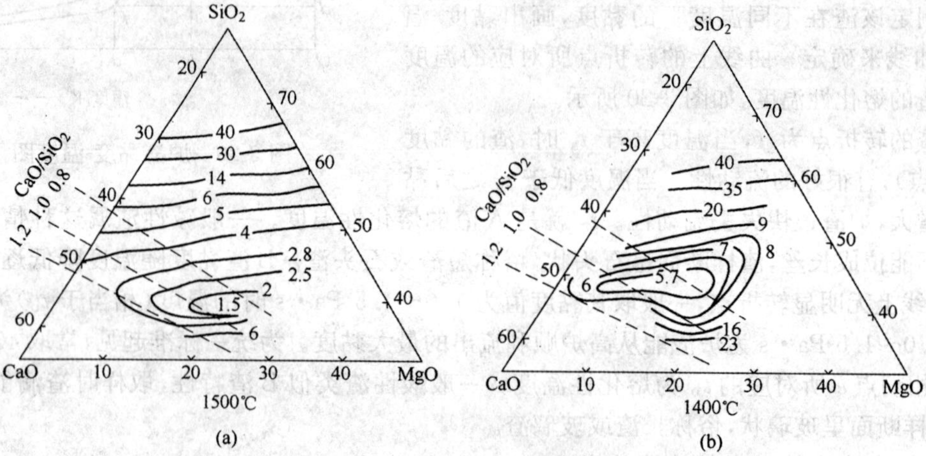

图3-21　$w(Al_2O_3)=5\%$的四元系等黏度图(1/9.8Pa·s)

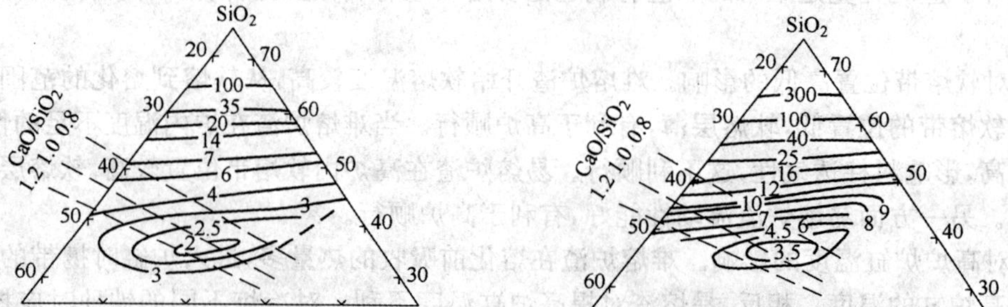

图3-22　$w(Al_2O_3)=10\%$的四元系的等黏度图(1/9.8Pa·s)

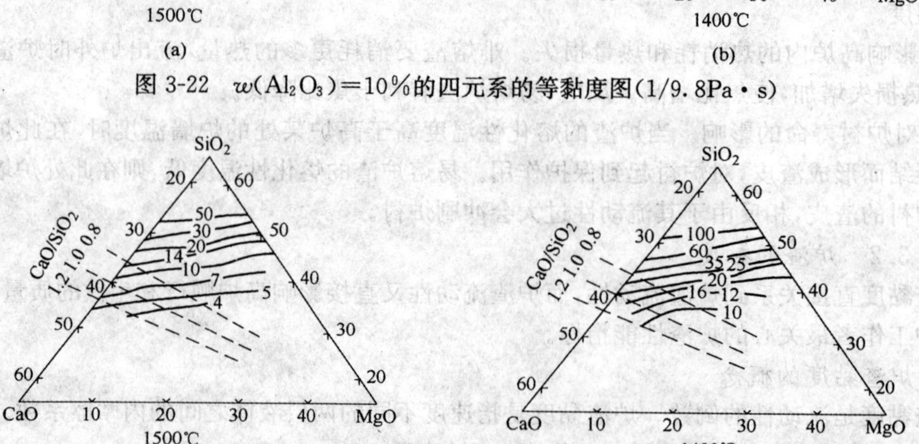

图3-23　$w(Al_2O_3)=15\%$的四元系的等黏度图(1/9.8Pa·s)

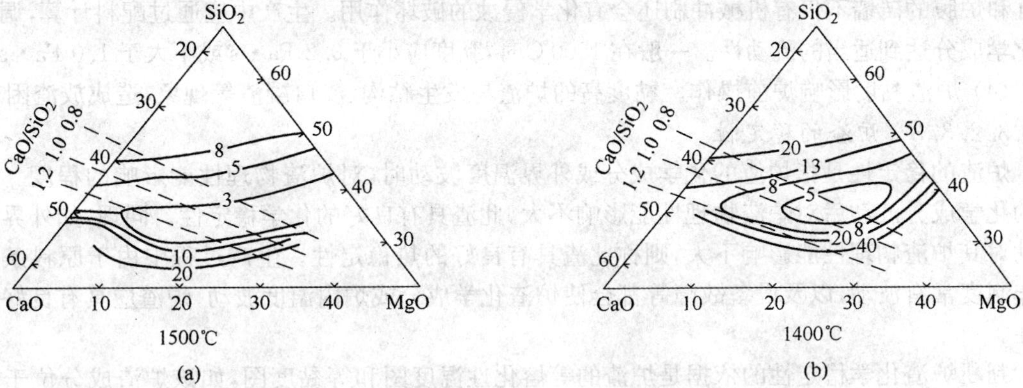

图 3-24 $w(Al_2O_3)=20\%$的四元系等黏度图(1/9.8Pa·s)

C 影响炉渣黏度的因素

(1) SiO_2。SiO_2 在35%左右黏度最低,若再增加渣中 SiO_2 含量其黏度逐渐增加。此时黏度线几乎与 SiO_2 浓度线平行。

(2) CaO。CaO对炉渣黏度的影响正好与 SiO_2 相反。随着渣中CaO含量增加,黏度逐渐降低,当 $w(CaO)/w(SiO_2)=0.8\sim1.2$ 之间黏度最低。之后继续增加CaO,黏度急剧上升。

(3) MgO。MgO的影响与CaO相似。在一定范围内随着MgO的增加炉渣黏度下降,特别在酸性渣中。当保持 $w(CaO)/w(SiO_2)$ 不变而增加MgO时,这种影响更为明显。如果三元碱度 $w(CaO+MgO)/w(SiO_2)$ 不变,而用MgO代替CaO时,这种作用不明显。但无论何种情况,MgO含量都不能过高,否则由于 $w(CaO+MgO)/w(SiO_2)$ 比值太大,会使炉渣难熔,造成黏度增高且脱硫率降低。表3-6是一组炉渣在1350℃时其黏度随MgO含量变化的数据:

表 3-6 炉渣在1350℃时其黏度随MgO含量变化情况

渣中 $w(MgO)$/%	1.52	5.10	7.35	8.68	10.79
黏度/Pa·s	2.45	1.92	1.52	1.18	1.18

可见在1350℃之下,$w(MgO)$ 从1.52%增加至7%时,黏度降低近一半,超过10%以后,黏度不再降低。所以一般认为炉渣中 $w(MgO)=7\%\sim9\%$ 较为合适。同时亦有利于改善炉渣的稳定性和难熔性。

(4) Al_2O_3。Al_2O_3 一般为酸性物质,所以当 Al_2O_3 高时,炉渣碱度应取得高些。当渣中 $w(CaO)/w(SiO_2+Al_2O_3)$ 比值固定,SiO_2 与 Al_2O_3 互相变动时对黏度没有影响。渣中 Al_2O_3 还能改善炉渣的稳定性。如 $w(Al_2O_3)>10\%$,炉渣熔化温度与黏度均随碱度的变化减缓,相当于扩大了低熔化温度和低黏度区域,即增加了稳定性。

D 炉渣的黏度对高炉冶炼的影响

(1) 炉渣黏度影响成渣带以下料柱的透气性。黏度过大的初成渣能堵塞炉料间的空隙,使料柱透气性变坏从而增加煤气通过时的阻力。这种炉渣也易在高炉炉腹的墙上结成炉瘤,会引起炉料下降不顺,形成崩料和悬料等生产故障。

(2) 炉渣黏度大小影响炉缸工作。过于黏稠的炉渣(终渣)容易堵塞炉缸,不易从炉缸中自由流出,使炉缸壁结厚,缩小炉缸容积,造成操作上的困难。有时还会引起渣口和风口大量烧坏。

(3) 炉渣黏度影响炉渣的脱硫能力。炉渣的脱硫能力与其流动性也有一定关系。希望炉渣流动性好,有利于脱硫反应时的扩散作用。对含 CaF_2 和FeO较高的炉渣,流动性过好,反而对炉缸和炉腹的砖墙不仅有机械冲刷还会有化学侵蚀的破坏作用。生产中应通过配料计算，调整终渣化学成分达到适当的流动性。一般在1500℃时，黏度应小于0.2 Pa·s或不大于1.0 Pa·s。

(4) 炉渣黏度影响炉前操作。黏度高的炉渣易发生粘沟、渣口凝渣等现象，造成放渣困难。

3.2.3.3 炉渣的稳定性

炉渣的稳定性是指炉渣的化学成分或外界温度波动时，对炉渣物理性能影响的程度。若炉渣的化学成分波动后对炉渣物理性能影响不大，此渣具有良好的化学稳定性。同理，如外界温度波动对其炉渣物理性能影响不大，则称此渣具有良好的热稳定性。生产过程中由于原料条件和操作制度常有波动，以及设备故障等都会使炉渣化学成分或炉内温度波动，炉渣应具有良好的稳定性。

判断炉渣化学稳定性的依据是炉渣的等熔化性温度图和等黏度图，如该炉渣成分位于图中等熔化性温度线或等黏度线密集的区域内，当化学成分略有波动时，则熔化性温度或黏度波动很大，说明化学稳定性很差；相反，位于等熔化性温度线或等黏度线稀疏区域的炉渣，其化学稳定性就好。通常在炉渣碱度等于1.0～1.2区域内，炉渣的熔化性温度和黏度都比较低，可认为稳定性好，是适于高炉冶炼的炉渣。碱度小于0.9的炉渣其稳定性虽好，但由于脱硫效果不好，故生产中不常采用。渣中含有适量的$w(MgO)=5\%\sim15\%$和适量的$w(Al_2O_3)<15\%$，都有助于提高炉渣的稳定性。

在高炉冶炼过程中，由于原料成分、操作制度的变化，炉渣成分和炉温必然会或多或少的波动，如果这时使用稳定性比较好的炉渣，其炉渣仍能保持良好的流动性，从而可维持高炉正常生产。若使用稳定性比较差的炉渣，将会导致炉渣熔化温度和黏度突然升高，轻则引起炉况不顺，严重时会造成炉缸冻结的恶果，所以高炉生产要求炉渣具有较高的稳定性。

3.2.4 高炉内的成渣过程

煤气与炉料在相对运动中，前者将热量传给后者，炉料在受热后温度不断提高。不同的炉料在下降过程中其变化不同。矿石中的氧化物逐渐被还原，而脉石部分首先是软化，而后逐渐熔融、滴落穿过焦炭层，汇集到炉缸。石灰石在下降过程中受热后逐渐分解，到1000℃以上区域才能分解完毕。分解后的CaO参与造渣。焦炭在下降过程中起料柱的骨架作用，一直保持固体状态下到风口，与鼓风相遇燃烧，剩下的灰分进入炉渣。

现代高炉多用熔剂性熟料冶炼，一般不直接向高炉加入熔剂。由于在烧结(或球团)生产过程中熔剂已先矿化成渣，大大改善了高炉内的造渣过程。高炉渣从开始形成到最后排出，经历了一段相当长的过程。开始形成的渣称为“初成渣”，最后排出炉外的渣称“末渣”，或称“终渣”。从初成渣到末渣之间，其化学成分和物理性质处于不断变化过程的渣称“中间渣”。

3.2.4.1 初渣的生成

初渣的生成包括固相反应、软化、熔融、滴落几个阶段。

A 固相反应

在高炉上部的块状带发生游离水的蒸发、结晶水或菱铁矿的分解，矿石产生间接还原(还原度可达30%～40%)。同时，在这个区域发生各物质的固相反应，形成部分低熔点化合物。固相反应主要是在脉石与熔剂之间或脉石与铁氧化物之间进行，形成FeO-SiO_2、CaO-SiO_2、CaO-Fe_2O_3等低熔点化合物。当高炉使用自熔性烧结矿(或自熔性球团矿)时，固相反应主要在矿块内部脉石之间进行。

B 矿石软化

随着炉料的下降，炉内温度升高，固相反应生成的低熔点化合物首先出现微小的局部熔化，这就是软化的开始。液相的出现改善了各种矿物的接触条件,继续下降和升温,使液相不断增多,最终软化下来变成了熔融、流动状态。可见软化是矿石从固态变成液态的一个过渡阶段,是造渣过程中对高炉顺行很有影响的一个环节。

各种矿石有着不同的软化性能。它主要表现在两个方面:一是开始软化温度;二是软化温度区间。矿石在高炉内从开始软化到熔化滴落,需要一段时间和空间(升温),这就是所谓软化温度区间,如图 3-25 所示。处于这段空间,即相当于软熔带内的矿石,软化、熔融成黏稠状,形成软熔层(或熔融层),并受到上部炉料的压力,因而矿石之间的空隙度和矿石本身的气孔率大大降低,透气性变差,对气流的阻力很大。显然,矿石开始软化温度愈低,初渣出现的愈早,软熔带位置就愈高;而软化温度区间愈大,则软熔层愈宽,对气流的阻力愈大,对高炉顺行不利。所以一般希望矿石的开始软化温度要高,软化区间要窄。这样软熔带位置较低,软熔层较窄,对高炉顺行有利。一般说来矿石软化温度波动在 700～1200℃之间。

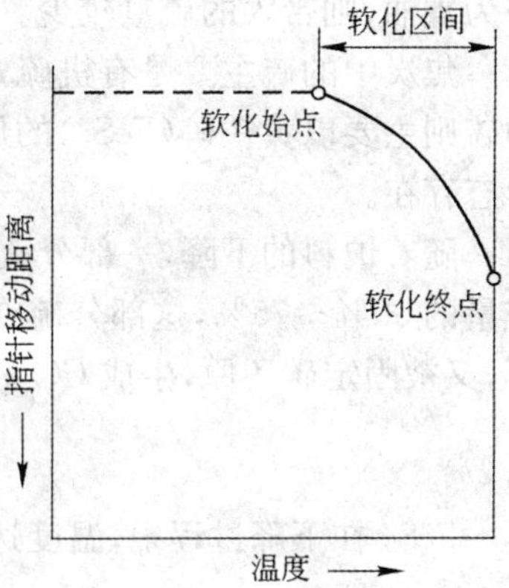

图 3-25 矿石的软化性能

C 初渣生成

矿石从软化到熔融滴落就形成了初渣。由于矿石还原得到的 FeO 易与 SiO_2 结合成低熔点的硅酸铁,所以初渣中总是含有较高的 FeO,矿石越难还原,初渣中 FeO 就越高。这是初渣与终渣在化学成分上的最大差别。

软熔带对煤气阻力和顺行的影响,除矿石的软化特性外,还与矿石品位、渣量、矿焦层厚度(料批重)有关。

3.2.4.2 中间渣的变化

形成的初渣在滴落下降过程中,随着温度升高,化学成分和物理性质将不断发生变化;FeO 不断被还原减少,流动性随温度升高而增加。实际上,中间渣就是在风口水平以上,软熔带以下,正在滴落过程中的炉腹渣。

中间渣能否顺利落下,取决于原料成分和炉温的稳定。矿石成分不稳定,往往造成炉温和中渣成分的激烈波动,导致黏度的剧变,使高炉不顺。使用热态强度高的焦炭,保证气流正常分布是中渣顺利滴落的基本条件。

3.2.4.3 终渣的形成

中间渣经过风口区域后,其成分与性能再次的变化(碱度与黏度降低)后趋于稳定。风口区、焦炭和喷吹煤粉燃烧后的灰分参与造渣,使渣中 Al_2O_3 和 SiO_2 明显升高,而 CaO 和 MgO 却较初、中渣相对降低。这样的炉渣流入炉缸,形成终渣。其成分和性质基本稳定,变化不大。经风口区再氧化的铁及其他元素在这里又可能还原到铁水中,使渣中 FeO 含量降低。铁水穿过渣层和渣铁界面发生的脱硫反应使渣中 CaS 有所增加。一般所说的高炉渣系指终渣。终渣对控制生铁成分,保证生铁质量有重要影响。

3.2.5 高炉内的脱硫

硫在生铁中是有害的元素,高硫生铁铸造时产生热脆,还会降低铁水在铸造时的填充性能。对炼钢生铁来说炼钢过程中脱硫困难。保证获得含硫合格的铁水是高炉冶炼中的重要任务。

3.2.5.1 硫在高炉中的变化及决定生铁含硫量的因素

高炉的硫来自矿石、焦炭和喷吹燃料,使用天然矿冶炼时熔剂也会带入少量的硫。冶炼每吨生铁时由炉料带入的总硫量称硫负荷。

炉料中的焦炭带入的硫量最多，占 60%～80%，而矿石带入的硫一般不超过 1/3，喷吹燃料如为重油，则带入的硫量较少。硫负荷一般要求每吨铁在 10 kg/t 以下。

焦炭中的硫主要是有机硫，另一部分以 FeS 和硫酸盐的形态存在于灰分中。矿石及熔剂中的硫则主要以黄铁矿（FeS_2）的形态，有少量以硫酸钙、硫酸钡及其他金属（Cu、Zn、Pb）的硫化物形态存在。

随着炉料的下降，一部分硫逐渐挥发进入煤气，当炉料到达风口时，剩下的硫量一般为原有硫量的 50%～75%，这部分硫在风口前燃烧成 SO_2 进入煤气。但接着在炉子下部的还原气氛下，又被固定碳还原，生成 CO 和硫的蒸气：

$$SO_2+2C=2CO+S \tag{3-51}$$

FeS_2 在下降过程中，温度达到 565℃以上时开始按下式分解：

$$FeS_2=FeS+S \tag{3-52}$$

生成硫的蒸气，在有 SiO_2 与之接触时，硫酸钙在高炉中有以下反应：

$$CaSO_4+SiO_2=CaSiO_3+SO_3 \tag{3-53}$$

分解出来的 SO_3 又被 CO 和 C 还原成 S，当有铁存在时生成 FeS。由于 $CaSO_4$ 较难分解，高炉中更多的可能是：

$$CaSO_4+4C=CaS+4CO \tag{3-54}$$

CaS 直接进入炉渣。

挥发上升的 S、H_2S 等气体，有一部分随煤气逸出，另一部分则在途中被 CaO、Fe 和铁的氧化物等吸收，随着炉料下降，形成循环富集现象。从图 3-26 可清楚看出，炉料带入的硫量每 1 吨铁是 2.83 kg/t，重油带入 0.4 kg/t，风口处燃烧生成的 S 为 1.92 kg/t，在燃烧之前先挥发了 0.75 kg/t，这些硫在上升到熔融滴落带时，被滴落的渣和铁吸收 0.85 kg/t 铁。煤气中硫浓度降低，继续上升到熔融带，该处透气性很差，炉料（半融的渣和铁）吸硫能力很强，被吸收了 1.24 kg/t，而至块状带则吸硫较少（0.58 kg/t）。由于硫在炉内的循环，在软融滴落带的总硫量比实际炉料带入的硫量要多。硫在炉内的分布情况与煤气分布一致。最终从煤气挥发带走的硫量应包括在差额 0.35 kg 中。硫最后以 FeS 的形态溶于铁水之中。可见炉料带入高炉的硫，在炉内分配于铁水、炉渣和煤气三部分中。进入铁水的硫量可根据硫的平衡计算：

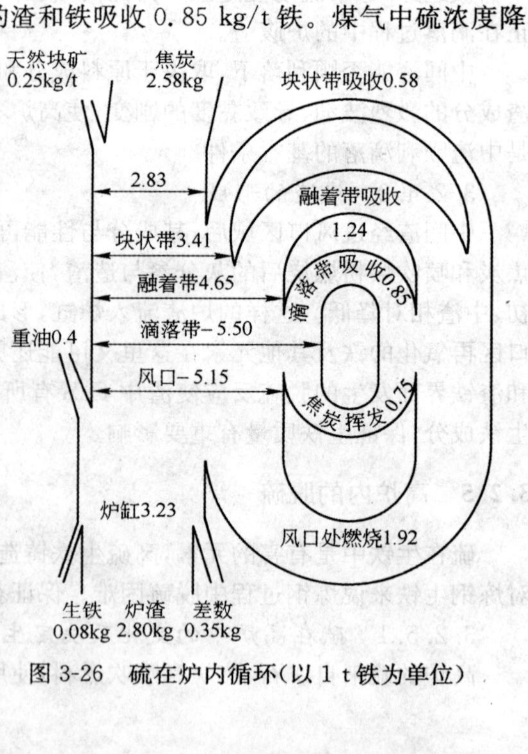

图 3-26　硫在炉内循环（以 1 t 铁为单位）

$$S_{料}=S_{铁}+S_{渣}+S_{挥}$$

若以冶炼单位生铁为例：

$$10w[S]=S_{料}-S_{挥}-n\cdot w(S)/100 \tag{3-55}$$

式中　$S_{料}$——炉料带入的总硫量，kg/t 铁；

$S_{挥}$——随煤气挥发的硫量，kg/t 铁；

n——单位重量生铁的渣量，t/t 铁；

$w(S)$、$w[S]$——分别为炉渣中和铁水中硫的质量分数，%。

硫在渣铁之间的分配是以分配系数 $L_S = w(S)/w[S]$ 表示，代入式 3-55 得：

$$w[S] = 0.1(S_{料} - S_{挥})/(10 + 0.01 n L_S) \quad (3\text{-}56)$$

从上式看出，铁水含硫高低决定于以下四方面因素：

(1) 冶炼单位生铁炉料带入的总硫量即硫负荷。硫负荷对生铁质量有直接关系，炉料(矿石和燃料)中带入的硫量愈少生铁含硫愈低，生铁质量愈有保证。同时由于硫负荷减少，可减轻炉渣的脱硫负担，从而减少熔剂用量并降低渣量，这对降低燃料消耗和改善炉况顺行都是有利的。

降低矿石含硫，主要是通过选矿、焙烧和烧结。目前高炉原料在采用烧结和球团矿的条件下，由矿石和熔剂带入的硫量不多，主要应重视燃料(焦炭和喷吹煤粉)含硫量的降低。降低燃料含硫的措施一是选用低硫的燃料，二是洗煤过程中加强去除无机硫。

高炉生产中操作人员应经常根据炉料的变化情况，掌握和校核硫负荷的大小和变动，做到心中有数。这对经常变料的中小高炉尤为重要。

(2) 随煤气挥发的硫。挥发逸出炉外的硫实际只占气体硫中的一部分。影响挥发硫量的主要因素有两方面：

1) 焦比和炉温。焦比和炉温升高时，生成的煤气量增加，煤气流速加快，煤气在炉内的停留时间缩短，则被炉料吸收的硫量减少而增加了随煤气挥发的硫量。当然，由于焦比提高而造成硫负荷的提高也不可忽视。

2) 碱度和渣量。石灰和石灰石的吸硫能力很强，当炉渣碱度高时，增加炉料的吸硫能力。当碱度不变而增加渣量，也会增加吸硫能力而减少硫的挥发。据生产统计，冶炼不同品种生铁时，由于高炉热制度、炉渣碱度和渣量以及煤气在高炉内的分布等因素不同，挥发的硫量参见表 3-7。

表 3-7 冶炼不同品种生铁时挥发的硫量比例情况

生铁品种	炼钢铁	铸造铁	硅铁及锰铁
挥发硫/%	<10	15～20	40～60

(3) 相对渣量。前两个因素不变时，相对渣量愈大，生铁中的硫量愈低。但一般不采用这一措施去硫，因为增加渣量必然升高焦比反而使硫负荷增加，同时焦比和熔剂用量的增加也增加了生铁的成本。还有增加渣量会恶化料柱透气性，使炉况难行和减产。

(4) 硫的分配系数 L_S。硫的分配系数 L_S 代表炉渣的脱硫能力，L_S 愈高，生铁中的硫量愈低。硫负荷和渣量主要与原料条件(即外部条件)有关。硫的分配系数则与炉温、造渣制度及作业的好坏有密切关系。

3.2.5.2 炉渣的脱硫能力

在一定冶炼条件下，生铁的脱硫主要是通过如何提高高炉渣的脱硫能力，即提高 L_S 来实现。

A 炉渣的脱硫反应

高炉内渣铁之间的脱硫反应在初渣生成后即开始，在炉腹或滴落带中较多进行，在炉缸中最终完成。炉缸中的脱硫存在两种情况：一是当铁水滴下穿过渣层时，在渣层中脱硫；这时渣、铁接触面积大，脱硫反应进行很快。另一是在渣-铁界面上，这时渣、铁接触面积虽不如前者大，但接触时间较长，可保证脱硫反应充分进行，最终完成炉内生铁脱硫过程。

炉渣中起脱硫反应的主要是碱性氧化物 CaO、MgO、MnO 等(或其离子)。从热力学看,CaO 是最强的脱硫剂,其次是 MnO,最弱的是 MgO。按分子理论观点,渣铁间脱硫反应分以下步骤:

$$[FeS]=(FeS) \tag{3-57}$$

$$(FeS)+(CaO)=(CaS)+(FeO) \tag{3-58}$$

$$(FeO)+C=[Fe]+CO\uparrow \tag{3-59}$$

即在渣铁界面上首先是铁中的[FeS]向渣面扩散并溶入渣中,然后与渣中的(CaO)作用生成 CaS 和 FeO,因为 CaS 只溶于渣而不溶于铁;FeO 则被固定碳还原生成 CO 气体离开反应界面,同时产生搅拌作用,将聚积在渣铁界面的生成物 CaS 带到上面的渣层,加速 CaS 在渣内的扩散,从而加速炉渣的脱硫反应。总的脱硫反应可写成:

$$[FeS]+(CaO)+C=[Fe]+(CaS)+CO \quad \Delta H=-149140\ \text{J/mol} \tag{3-60}$$

B 影响高炉渣脱硫能力的因素

L_S 体现了熔渣对金属的去[S]能力的强弱。从热力学分析可得提高炉渣脱硫能力的三个基本条件:

(1) 提高炉渣碱度,使脱硫剂(CaO)或(MgO)的活性增大,以利于生铁中的硫转变为 CaS 或 MgS,稳定转入炉渣。增加渣中 MgO 含量可降低炉渣黏度,加速渣中硫的传质,改善脱硫反应的动力学条件。

(2) 提高炉缸(渣、铁)温度,可推动反应向脱硫方向进行。因为脱硫总反应吸热,需直接消耗碳和大量热量,故必须高温。同时,高温可降低炉渣黏度,改善其流动性,增加硫在渣中的传质速度。

(3) 强烈的还原性气氛,可使渣中 FeO 不断地被还原,不断降低其浓度,有利于反应向脱硫方向进行。

在实际生产中,一般炉温受冶炼铁种所限,还原气氛在高炉正常生产条件下是完全能保证的。因此,脱硫主要靠提高炉渣碱度来进行,即根据生铁含硫情况及时调整入炉石灰石用量来调节炉渣碱度,改变其脱硫能力。

另外,提高脱硫率除取决于渣-铁界面脱硫化学反应外,还决定于硫在铁中和渣中的传质速度。在炉缸渣-铁界面温度条件下,化学反应速率要比硫的传质速率大的多。因此,硫的传质是炉渣脱硫的限制性环节。

3.2.5.3 实际生产中有关脱硫问题的处理

处理脱硫问题有以下措施:

(1) 如果炉渣碱度未见有较大波动,但炉温降低,[S]有上升出格趋势,此时首先解决炉温问题,如有后备风温时尽量提高风温,有加湿鼓风时要关闭。如果下料过快要及时减风,控制料速。如有长期性原因导致炉温降低,应考虑适当减轻焦炭负荷。

(2) 炉渣碱度变低,炉温又降低时,应在提高炉缸温度的同时,适当提高炉渣碱度,待变料下达,看碱度是否适当。也可临时加 20～30 批稍高碱度的炉料,以应急防止[S]的升高(但需注意炉渣流动性)。

(3) 炉温高,炉渣碱度也高而生铁含[S]不低时,要校核硫负荷是否过高,如有此因,要及时调整原料。如原料硫负荷不高,脱硫能力差,系因炉渣流动性差,炉缸堆积所造成,应果断降低炉渣碱度以改善流动性提高 L_S 值。

(4) 炉温高,炉渣碱度与流动性合适而生铁含[S]不低,主要原因是硫负荷过高。应选用低硫焦炭，如是矿石硫高应先焙烧去硫或采用烧结、球团等熟料。

3.3 燃料燃烧及煤气在高炉内的变化

高炉冶炼的燃料主要是焦炭，其次是煤粉。它们都在风口前与鼓风中的氧燃烧。研究表明：煤的燃烧至少由两个过程组成，即煤的热分解和碳的氧化。这两者可循序进行，也可以重叠，甚至同时发生。

焦炭中的碳在炼焦过程已基本完成分解，故在高炉风口区只有一个氧化的过程。

装入高炉的焦炭中的碳除少部分消耗于直接还原和生铁渗透外，大部分在风口前燃烧。从风口喷吹的燃料也基本上在风口前燃烧。风口前燃料的燃烧和炉缸工作对高炉冶炼过程极为重要：

(1) 燃料燃烧是高炉冶炼所需热能和化学能的源泉。燃料在风口前燃烧，放出大量的热，并产生高温还原性气体（CO、H_2），保证了炉料的加热、分解、还原、熔化、造渣等过程的进行。

(2) 燃料燃烧是高炉炉料下降的前导。风口前焦炭及其他燃料的燃烧和炉料的熔化，产生了空间，为炉料的不断下降创造了基本条件。风口前燃料燃烧是否均匀有效，对炉料和煤气运动具有重大影响。没有燃料燃烧，高炉炉料和煤气的运动也就无法进行。

(3) 炉缸反应除燃料燃烧外，还包括直接还原，渗碳，渣、铁间脱硫等尚未完成的反应，都集中在炉缸内来最后完成，最终形成生铁和炉渣，自炉内排出。

因此，炉缸反应既是高炉冶炼过程的开始，又是高炉冶炼过程的归宿。炉缸工作的好坏对高炉冶炼过程起着举足轻重的作用。

3.3.1 风口前的燃烧反应

3.3.1.1 风口前燃烧反应的机理

高炉内绝大部分区域都处于焦炭过剩并有大量 CO 的还原性气氛中，只有风口前例外，是氧化性气氛。因为这里有着从风口喷射出来的强大鼓风气流，存在着大量的自由氧并且使碳激烈地燃烧。

理论研究指出，碳燃烧的最初产物既有 CO_2，也有 CO。

$$C+O_2=CO_2 \qquad \Delta H=-395\ \text{kJ/mol} \tag{3-61}$$

$$C+\frac{1}{2}O_2=CO \qquad \Delta H=-114.4\ \text{kJ/mol} \tag{3-62}$$

前者为完全燃烧，发生在氧过剩的地方；后者为不完全燃烧，发生在碳过剩、氧不足的地方。燃烧反应在气一固界面上进行，即氧（或 CO_2，H_2O）扩散到碳的反应表面，并为碳原子所吸附，形成 C_xO_y 型的复合物，而后 C_xO_y 在气相中 O_2 的冲击下或高温的作用下，再分解为 CO_2 和 CO，并且从反应表面脱附而转移到气相中。

高炉风口前由于存在着大量的自由氧，最初生成的那部分 CO 将很快被 O_2 燃烧成 CO_2。

$$CO+\frac{1}{2}O_2=CO_2 \qquad \Delta H=-280.6\ \text{kJ/mol} \tag{3-63}$$

随着向炉缸中心深入，气流中的自由氧消耗殆尽，而生成的大量 CO_2 将遇到炽热焦炭并与之作用，最终生成 CO。

$$CO_2+C_{焦}=2CO \qquad \Delta H=166.2\ \text{kJ/mol} \tag{3-64}$$

因此，在炉缸中实际上起主要作用的燃烧反应过程为：式 3-63 和式 3-64 之和即

$$2C+O_2=2CO$$

考虑到鼓风中相应带入的氮气，则反应可写成

$$2C+O_2+(79/21)N_2=2CO+(79/21)N_2 \tag{3-65}$$

可见，在干空气鼓风条件下，碳燃烧的最终产物为 CO 和 N_2。若不考虑 N_2，则炉缸最终煤气成分全部为 CO。若考虑 N_2，则炉缸煤气的理论成分为：

$$w(CO)=[2/(2+3.76)]=34.7\% \tag{3-66}$$

$$w(N_2)=(3.76/5.76)=65.35\% \tag{3-67}$$

大气鼓风中总含有一定的水分（自然湿度一般为 1%～3%，相当于 8～24 gH_2O/m^3 鼓风）。水蒸气在炉缸的高温下，在氧缺乏、碳过剩的地方和碳发生反应

$$H_2O+C=CO+H_2 \qquad \Delta H=133.1\ kJ/mol \tag{3-68}$$

因此，实际上炉缸煤气中，除了 CO 和 N_2 外，还有 H_2。增加鼓风湿度（加湿鼓风），则煤气中 $w(H_2)$、$w(CO)$含量增加，$w(N_2)$相对减少。

喷吹燃料时，其中 C-H 化合物分解，使炉缸煤气含 $w(H_2)$量显著增加，$w(CO)$、$w(N_2)$相对降低；富氧鼓风时，由于 $w(N_2)$减少，因而 $w(CO)$相对增加。

3.3.1.2 炉缸燃烧反应过程

研究炉缸反应过程，是通过测量风口区成分、温度、压力的变化和渣、铁成分等来进行的。

研究证明，炉缸燃烧反应过程是逐渐完成的。在风口前，沿炉缸半径的不同位置上，由于燃烧条件不同，生成的煤气成分各异。图 3-27 是所谓炉缸燃烧反应的经典曲线。它说明以下几个关系：

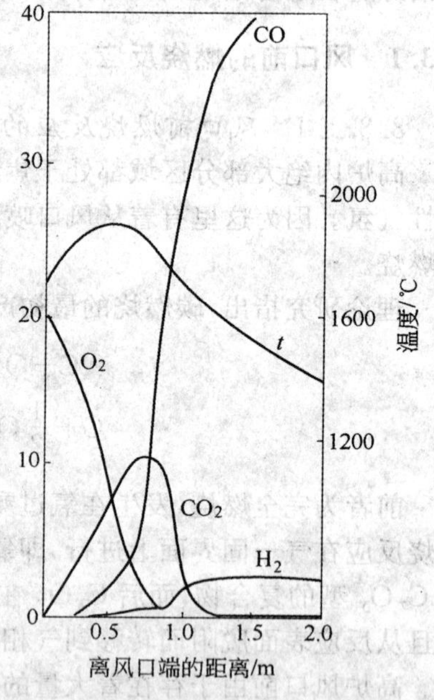

图 3-27 风口前沿炉缸半径上煤气成分和温度的分布

(1) O_2 与 CO_2。风口前 O_2 充足，与 C 激烈燃烧生成大量 CO_2（反应 3-61），O_2 激烈降低及至消失，CO_2 迅速升高达到最大值。

(2) CO_2 与 CO。CO_2 达最大值后，逐渐降低；已出现的 CO 则迅速升高（反应 3-64），在燃烧带边缘，$w(CO)$接近达到理论值 34.7%，而向炉缸中心则高达 40%～50%，甚至更高，这是由于直接还原反应也产生大量 CO 的结果。

(3) O_2 与 H_2。在通常鼓风条件下，O_2 消失后，鼓风中的水蒸气开始被 C 分解成 H_2（反应3-68）。

(4) CO_2 与温度分布。风口前随着 C 的激烈燃烧，CO_2 升高，温度也逐渐升高。当 CO_2 达到最大值，温度也达最高点。这是高炉内温度最高之处，成为燃烧焦点。根据压力条件的不同，焦点温度变动在 1900～2200℃范围内。随着向炉缸中心深入，CO_2 消失。CO 大量生成（反应3-64），直接还原热量消耗的增加，温度逐渐降低。一般风口水平方向的炉缸中心温度约为 1400℃左右。

这个经典曲线是在强化程度较低的高炉上获得的。在现代强化高炉上，鼓风以 100 m/s 以上的速度从风口喷射而入高炉，使风口前形成一个近似球形空间的回旋区，焦块随着鼓风气流处

于激烈的回旋运动状态(图 3-28)。回旋区外围是厚约 200~300 mm 的中间层。此层焦炭高速回旋气流的冲击,堆积比较疏松,焦炭不断被气流带走、燃烧消耗,而外围焦炭又继续补充进入中间层。这就是现代化强化高炉风口区焦炭的燃烧和运动过程。

由图 3-28 看到,风口前径向煤气分布也发生了一些变化。在回旋区两端,O_2 两度出现激烈下降,而 CO_2 相应出现两个高峰。在空腔里,O_2 维持相当高水平,而 CO_2 相应维持在较低水平。这充分证明激烈的燃烧反应 $C+O_2=CO_2$ 是在回旋区边缘(与中间层交界)处进行的,而空腔里焦炭甚少。在中间层则进行着 $CO_2+C=2CO$ 的激烈反应,因此 CO_2 迅速下降,CO 急剧升高。

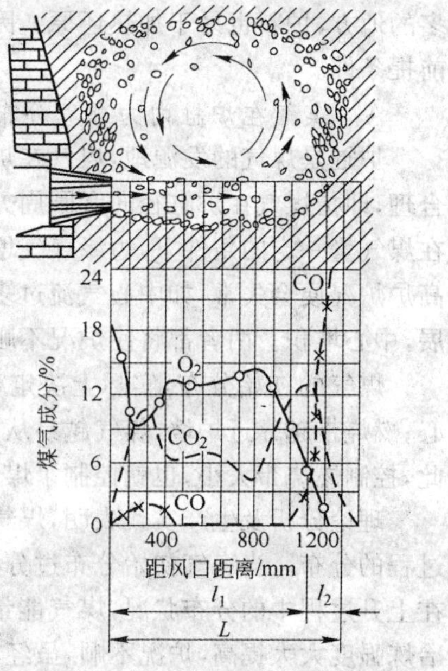

图 3-28 风口前回旋区与径向煤气分布

研究表明,回旋区是椭圆形;回旋区不存在气流、焦炭的循环,只有焦炭在回旋燃烧。当气流沿风口轴线射向中心而遇到紧密的焦炭料柱时,便转折向上运动,焦炭被气流带至回旋区上部进行激烈燃烧,部分焦块在气流惯性力推动下继续回旋燃烧。

3.3.2 理论燃烧温度与炉缸内的温度分布

3.3.2.1 风口区理论燃烧温度

在风口前燃烧带中,焦炭为 1000℃以上的高温热风所燃烧,最终变成 CO,放出大量热量,使炉缸煤气温度达到相当高的水平。理论燃烧温度是衡量高炉热状态的常用指标。

A 理论燃烧温度

所谓理论燃烧温度,就是在与周围环境绝热(无热损失)的条件下,所有由燃料和鼓风带入的显热(物理热)以及碳燃烧放出的化学热,全部传给燃烧产物——炉缸煤气,这时煤气达到的温度称为理论燃烧温度,也就是炉缸煤气尚未同炉料热交换的原始温度。

显然,风口区理论燃烧温度直接影响高炉内的传热、传质过程。理论燃烧温度愈高,炉缸煤气原始温度愈高,同周围环境炉料之间的温差就愈大,便具有更多的热量传给炉料,有利于炉料的加热。尤其在高炉喷吹燃料时,较高的理论燃烧温度可加速喷吹物的燃烧,改善喷吹效果。

但是,在一定的冶炼条件下,理论燃烧温度过高将引起初始煤气体积膨胀,增大了对料柱的阻力,影响炉料下降;同时,也会引起 SiO 的大量挥发,造成高炉难行和悬料。

B 理论燃烧温度的影响因素

影响理论燃烧温度的因素主要有风温,鼓风湿度,燃料喷吹量及成分,焦炭热含量等。在风量一定的情况下,生成煤气量基本不变,鼓风湿度一般也是自然湿度,变化不大,焦炭从上带到风口水平的物理热在冶炼制度一定时,也基本不变。因此,理论燃烧温度主要取决于风温、富氧程度和燃料喷吹量。

理论燃烧温度与炉缸渣、铁温度有关,但不是严格的依赖关系。如喷吹燃料时,理论燃烧温度降低,但渣、铁温度却升高。因此理论燃烧温度不宜作为炉温的标志,但它仍是高炉操作特别是喷吹时的重要参数之一。

3.3.2.2 炉缸内煤气的分布

煤气是热量的载体,煤气量增多就意味着热量增多、温度升高;煤气也是还原剂,煤气流通过多的地方，炉料也易于加热还原。因此，希望煤气分布均匀合理，这是高炉顺行，获得良好指标的前提条件。

A 煤气在炉缸内的合理分布

炉缸是煤气的发源地，煤气在炉缸内的分布，也就是煤气的初始分布。所谓煤气的初始分布合理，即指煤气在炉缸径向和圆周方向的分布适当。它决定炉缸的活跃和温度分布的均匀程度。在煤气量一定的条件下，边缘煤气增多，中心煤气则减少；反之则相反。煤气初始分布比例失调，高炉炉况便会失常，如中心气流过多，造成中心过吹，边缘堆积；相反边缘气流过多，形成边缘发展，中心堆积。两者都将使炉况不顺，燃料消耗增多，产量降低，质量下降。

煤气的初始分布，实际上决定于燃烧带的大小。燃烧带越伸向中心，煤气也越容易达到中心；燃烧带越靠近炉墙，煤气越易从炉墙边缘上升。前者促使中心气流增多，而后者则相反。因此，控制燃烧带大小，也就控制了煤气流的初始分布。

理论分析及生产实践表明，煤气的初始分布，不仅影响炉缸工作状况，而且也影响煤气上升过程的分布。当煤气初始分布过分失当时，往往通过炉顶布料来控制，但不能从根本上改变煤气在上升过程中的分布状况，煤气能量不能得到充分利用。1960 年前后，本钢、太钢的高炉，由于冶炼强度大大提高，炉况不顺，虽经布料调剂加重中心负荷，疏松边缘，但成效不大。最终还是采取增大风口直径的措施，减小鼓风动能，缩短燃烧带，调剂煤气的初始分布，减少中心煤气，使边缘和中心的煤气流分布重新协调合理，才使炉况根本好转，高炉生产得到进一步的强化。

鼓风动能是受送风条件（如风量、风温、风压、喷吹等），以及风口参数（如风口直径、伸入长度）等诸多因素影响的一个综合指标。通过改变送风条件即下部调剂来控制煤气流的初始分布，从而使煤气流的初始分布合理。

B 调剂煤气初始分布的一般规律

通常调剂煤气初始分布重点是鼓风动能，手段是风口直径，有时也调节风口伸入炉内的长度。影响煤气初始分布的因素很多，现简述如下。

(1) 冶炼强度。冶炼强度是影响燃烧带和煤气分布的重要因素。在一般情况下，提高冶炼强度，鼓风动能增大，燃烧带扩大，若造成中心煤气量过多，边缘堆积，应降低鼓风动能。与此相反，降低冶炼强度，鼓风动能减小，燃烧带缩小，若造成边缘气流过大，中心堆积，应增大鼓风动能。这一规律的特点是适宜的鼓风动能和冶炼强度成反比关系，即冶炼强度高时，可采用较低的鼓风动能；冶炼强度低时，宜采用较高的鼓风动能。

(2) 原料条件。原料条件对煤气初始分布的影响也比较明显。一般原料条件好（如粉末少、品位高），渣量少，高温冶金性能好，则炉缸透气性好，煤气容易扩散，将使燃烧带缩小，为保证中心煤气流，应采用较大的鼓风动能；原料条件差的，则应减少鼓风动能。

(3) 压力。风压升高，鼓风动能降低，促使燃烧带缩小，边缘气流增加。所以在高压操作时，应增加鼓风动能，以抑制边缘气流，增加中心煤气。而当压力降低过多时，则应采取相反的调剂措施。

(4) 喷吹燃料。高炉喷吹燃料后，有 25%～40%燃料在风口内燃烧，使鼓入炉内的空气温度升高，燃烧产物的体积增大，鼓风动能增加，中心气流增加。因此，要适当减小鼓风动能。

(5) 富氧鼓风。高炉富氧鼓风时，将加快燃烧速度，减少燃烧产物体积，最终导致燃烧带缩小。当富氧率高时，应考虑风口直径向减小的方向调整，以增大鼓风动能，获得适宜的煤气分布。

(6) 炉容。高炉容积扩大后，炉缸直径增加，需增大鼓风动能，以保证合适的中心气流，使中心活跃，消除堆积。

3.3.2.3 燃烧带及其大小的确定

研究证明，无论回旋区形状、大小如何，回旋区中煤气和焦炭如何运动，在高炉每个风口前实际都存在着一个燃烧带。所谓燃烧带就是风口前有 O_2 和 CO_2 存在，并进行着碳燃烧反应的区域，即回旋区空腔加周围疏松焦炭的中间层。在燃烧带里由于是氧化性气氛，所以又称氧化带。从上面滴下经过这里的铁水，其中已还原的元素（如铁、硅、碳等）有一部分又被氧化，此称再氧化现象。这些元素氧化放热，而到炉缸渣、铁盛积带被还原，又吸热。所以再氧化只引起热量的转移，而对整个热平衡无影响。然而，再氧化现象或广义的炉缸氧化作用，对特定条件下的高炉冶炼可能产生重要影响。

燃烧带和回旋区既是一个空间，就有长、宽、高三个方向的尺寸。沿风口中心线两侧为宽，向上为高，径向为长。显然，燃烧带的长度 $L=l_1+l_2$（图 3-28），即回旋区与中间层长度之和。可见燃烧带和回旋区是相互联系而又有区别的两个概念。

燃烧带的大小可按 CO_2 消失的位置来确定。但是当 $w(CO_2)$ 降低到 2%左右时，往往延续相当长的距离才消失。因此，实践中以 $w(CO_2)$ 降低到 1%～2%的位置，来确定燃烧带的尺寸。在喷吹燃料或大量加湿的情况下，产生较多的水蒸气，H_2O 同 CO_2 一样，也起着把 O_2 送到炉缸深处的作用，此时还应参考 H_2O 的影响来确定燃烧带。

3.3.2.4 燃烧带对高炉冶炼过程的影响

燃烧带对炉料和煤气的运动与分布，对高炉工作的均匀化和炉况顺行都有很大影响。

A 燃烧带的大小对炉内的煤气温度和炉缸温度分布的影响

燃烧带是高炉煤气的发源地。燃烧带的大小和分布决定着炉缸煤气和煤气的初始分布，在较大程度上决定和影响煤气流在高炉内上升过程中的第二次分布（软熔带处的煤气分布）和第三次分布（块状带）。煤气分布合理，则煤气的热能和化学能利用充分，高炉顺行，焦比就降低。

燃烧带若伸向炉缸中心，中心煤气流就发展，炉缸中心温度则升高。相反，燃烧带缩小至炉缸边缘，此时边缘煤气流发展，炉缸中心温度则降低，这对炉缸内的化学反应不利。炉缸中心不活跃和热量不充足，对高炉冶炼极为不利。通常，希望燃烧带较多地伸向炉缸的中心。但燃烧带过分向中心发展会造成“中心过吹”，而边缘煤气流不足。增加炉料与炉墙之间的摩擦阻力（边缘下料慢），不利于高炉顺行。如燃烧带较小而向风口两侧发展，又会造成“中心堆积”，同时煤气流对炉墙的过分冲刷使高炉寿命缩短。因此，为了保证炉缸工作的均匀和活跃，必须有适当大小的燃烧带。

B 燃烧带的大小对高炉顺行的影响

燃料在燃烧带燃烧，为炉料的下降腾出了空间，它是促进炉料下降的主要因素。在燃烧带上方的炉料总是比其他地方松动，而且下料快。适当扩大燃烧带（包括纵向和横向），可以缩小炉料的呆滞区域，扩大炉缸活跃区域面积，整个高炉料柱就比较松动，有利于高炉的顺行。从炉料顺行看，希望燃烧带的水平投影面积愈大愈好。但即使燃烧带水平投影面积相同，高炉内的边缘气流和中心气流也可能有不同的发展情况，它要看燃烧带是靠近边缘还是伸向中心。大风量时燃烧带伸向中心，小风量时相反。如图 3-29a 及图 3-29b 所示。图 3-30a 或图 3-30b 燃烧带的水平投影面积可能相同，但如图 3-30b 所示，风口直径缩小会使燃烧带变得细长，它发展中心煤气流，炉缸中心温度升高。反之如图 3-30a 所示，燃烧带缩短而向风口两侧扩展，它发展边缘煤气流，炉缸圆周温度升高，中心温度将降低。大型高炉的炉缸直径大，风口数目已定，首要的问题是应发展和吹透中心，否则炉缸中心“死料柱”过大，会产生中心堆积等故障。

从炉缸的周围看，希望燃烧带连成环形，有利于高炉顺行。这可通过改变送风制度（风量、风压、风温等）以及风口数目、形状、长短等进行调节。

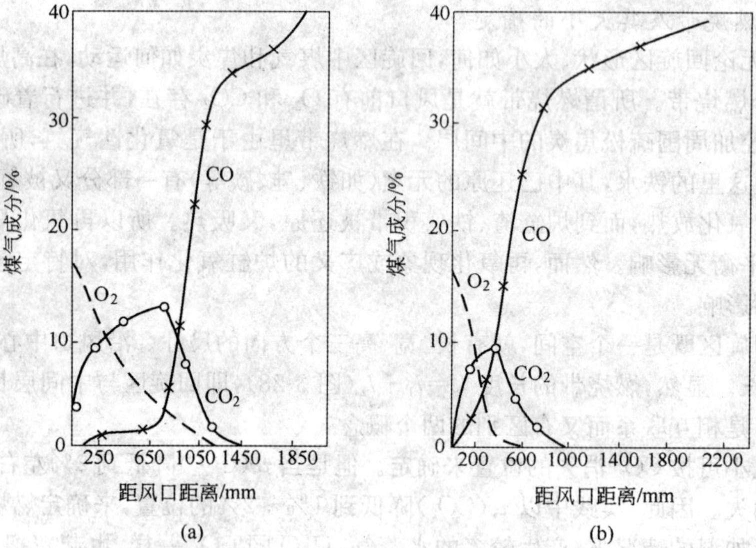

图 3-29　在不同风量时燃烧带长度的变化

(a) 大风量；(b) 小风量

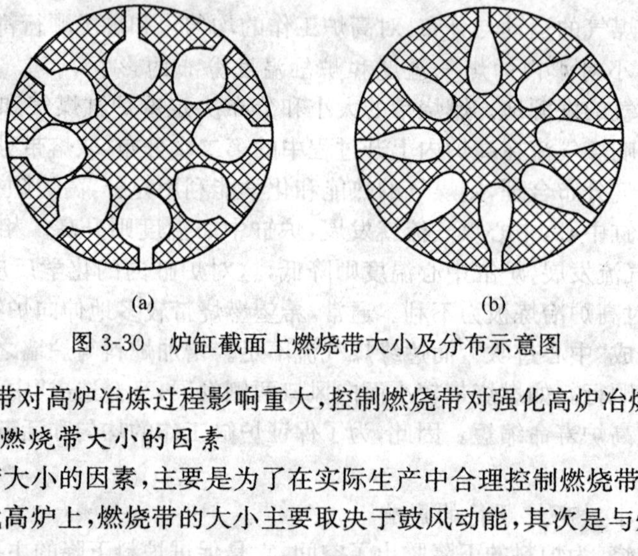

图 3-30　炉缸截面上燃烧带大小及分布示意图

由上可见，燃烧带对高炉冶炼过程影响重大，控制燃烧带对强化高炉冶炼具有重要意义。

3.3.2.5　影响燃烧带大小的因素

研究影响燃烧带大小的因素，主要是为了在实际生产中合理控制燃烧带，以获得合理的初始煤气流分布。在现代高炉上，燃烧带的大小主要取决于鼓风动能，其次是与燃烧反应速度、炉料状况有关。

A　鼓风动能的影响

从风口鼓入炉内的风，克服风口前料层的阻力后向炉缸中心扩大和穿透的能力称为鼓风动能，即鼓风所具有的机械能。它是使焦炭回旋运动的根本因素。

鼓风动能可用下式表示：

$$E=\frac{1}{2}mv^2 \tag{3-69}$$

式中　E——鼓风动能，kW；

v——鼓风速度(实际状态下)，m/s。

提高风温鼓风体积膨胀，风速增加，动能增大，使燃烧带扩大，然而另一方面，风温升高，使燃烧反应加速，因而所需的反应空间即燃烧带相应缩小。这两方面因素看谁占优势而定。一般说来，风温升高，燃烧带扩大。

高压操作时，由于炉内煤气压力升高，因而风压也升高，使鼓风体积压缩而重量不变，故炉内气流速度降低，鼓风动能减小，燃烧带缩短。所以，提高炉顶压力，引起边缘气流发展。高炉正常操作时，炉顶压力变化不大。这时，随着风量的变化，风压虽有变化但幅度不大，对鼓风动能影响也不大。

在风量、风温和其他条件一定时，改变风口直径（即改变进风面积），就改变了风速，鼓风动能随之改变。因此，改变风口直径已成为生产中调节送风制度的主要手段。

调节风口长度也是调整炉缸工作的一种措施。当炉衬等设备条件或风量水平有大幅度变化时，才应用这手段。增加风口伸入炉内的长度，可使燃烧带伸向中心，使炉缸中心活跃。反之，则促使边缘活跃。

总之，合适的鼓风动能应保证获得一个既向中心延伸，又在圆周有一定发展的燃烧带，实现炉缸工作的均匀活跃与炉内煤气的合理分布。

B　燃烧反应速度对燃烧带大小的影响

通常如燃烧速度增加，燃烧反应在较小范围完成，则燃烧带缩小；反之，燃烧速度降低，则燃烧带扩大。

前已述及，在有明显回旋区的高炉上，燃烧带大小主要决定回旋区尺寸，而回旋区大小又取决于鼓风动能高低，此时燃烧速度仅是通过对 CO_2 还原区的影响来影响燃烧带大小。但 CO_2 还原区占燃烧带的比例很小，因此可以认为燃烧速度对燃烧带大小无实际影响。只有在焦炭处于层状燃烧的高炉上，燃烧速度对燃烧带大小的影响才有实际意义。

此外，焦炭粒度、气孔度及反应性等对燃烧带大小有影响。对无回旋区高炉，焦炭粒度大时，单位质量焦炭的表面积就小，减慢燃烧速度使燃烧带扩大。对存在回旋区的高炉，焦炭粒度增大，不易被煤气挟带回旋，使回旋区变小，燃烧带缩小。

焦炭的气孔度对燃烧带影响是通过焦炭表面实现的。气孔率增加则表面积增大，反应速度加快，使燃烧带缩小。

C　炉缸料柱阻力对燃烧带大小的影响

除鼓风动能影响燃烧带大小外，炉缸中心料柱的疏松程度，即透气性也影响燃烧带大小。当中心料柱疏松，透气性好，煤气通过的阻力小，此时即使鼓风动能较小，也能维持较大（长）的燃烧带，炉缸中心煤气量仍然会是充足的。相反，炉缸中心料柱紧密，煤气不易通过，即使有较高鼓风动能，燃烧带也不会有较大扩展。

3.3.3　高炉内的煤气运动

风口前燃料燃烧产生高温还原性煤气（$CO+H_2$），为高炉冶炼提供了热能和化学能。煤气能量是否充分利用，直接关系到焦比、燃料比的高低和其他指标的改善。煤气和炉料之间良好的传热是传质的条件，也是改善高炉能量利用的关键。

3.3.3.1　煤气上升过程中体积和成分的变化

高炉煤气自下而上穿过料层而运动时，以对流、传导、辐射等方式将热量传给炉料，同时进行着传质，使煤气在上升过程中，体积、成分和温度都发生了重大变化。

从图 3-31 看到，煤气的总体积自下而上有所增加。通常鼓风时，炉缸煤气量（就体积而言）约为风量的 1.21 倍；而炉顶煤气量约为风量的 1.35 倍。喷吹燃料时，炉缸煤气量约为风量的 1.30倍；而炉顶煤气量约为风量的 1.45 倍。

煤气体积的增加主要是因为矿石中的 Fe、Si、Mn、P 等元素的直接还原生成一部分 CO；碳酸盐在高温区分解出的 CO_2 同 C 作用生成两倍体积的 CO，而在中温区分解出的 CO_2 亦直接增加

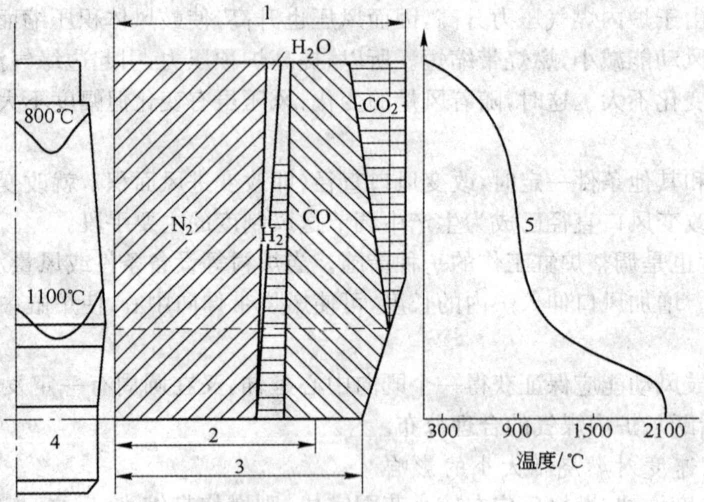

图 3-31　煤气上升过程中量、成分以及煤气温度沿高炉高度的变化

1—炉顶煤气量 $V_{顶}$；2—风量 $V_{风}$；3—炉缸燃烧带煤气量 $V_{燃}$；4—风口中心线；5—煤气温度

了煤气体积。

高炉煤气在上升过程中成分的变化如图所示。炉缸煤气中 $w(CO)$ 含量在 35%～45%范围，而无 CO_2 存在。炉顶煤气中，$w(CO)$ 含量一般为 20%～25%，而 $w(CO_2)$ 含量一般为 15%～22%。两者之和，即 $w(CO)+w(CO_2)$ 一般稳定在 38%～42%之间。其他成分如 H_2、CH_4、N_2 等也有所变化。

沿高炉高度上，自下而上煤气的温度不断降低，仅几秒钟时间就从炉缸处的 1700～1800℃降低到炉顶处的 150～300℃。这是因为煤气和炉料之间进行激烈热交换的结果。

高炉热效率高达 78%～86%，是各类冶金炉中最高者。沿高炉截面上，煤气温度分布是不均匀的，它主要取决于煤气分布。一般中心和边缘气流较发展，煤气温度也较高。

改善煤气化学能利用的关键是提高 CO 利用率（η_{CO}）和 H_2 利用率（η_{H_2}）。炉顶煤气中 $w(CO_2)$ 愈高，$w(CO)$ 愈低，则煤气化学能利用愈好；反之，则化学能利用愈差。

CO 利用率一般表示为

$$\eta_{CO}=w(CO_2)/[w(CO_2)+w(CO)]\times 100\% \tag{3-70}$$

显然，在 $w(CO_2)+w(CO)$ 之和基本稳定不变的情况下，提高炉顶煤气 $w(CO_2)$ 含量，意味着 $w(CO)$ 必然降低，而 η_{CO} 必然提高。这就是说，有更多的 CO 参与了间接还原变成了 CO_2，改善了煤气(CO)能量的利用。

炉顶煤气温度（$t_{顶}$）是高炉内煤气热能利用的标志。$t_{顶}$ 低，说明炉内热交换愈充分，煤气热能利用愈好；反之，$t_{顶}$ 高，煤气热能利用愈差（传热不好）。

炉顶煤气中的 $w(CO)$ 含量和 $t_{顶}$ 又是互相联系，表现一致的。一般 $t_{顶}$ 高，$w(CO)$ 含量也高，$w(CO_2)$ 含量则低，煤气能量利用变坏；反之，$t_{顶}$ 低，$w(CO)$ 也低，$w(CO_2)$ 则高，煤气能量利用改善。这说明高炉内传热、传质过程是密切相关的。

3.3.3.2　煤气上升过程中压力的变化

煤气从炉缸上升，穿过滴落带、软熔带、块状带到达炉顶，本身的压力能降低，产生的压头损失（Δp）可表示为 $\Delta p=p_{炉缸}-p_{炉喉}$，炉喉压力（$p_{炉喉}$）主要取决于高炉炉顶结构、煤气系统的阻力和操作制度（常压或高压操作）等。它在条件一定时变化不大。炉缸压力主要决定于风机提供的风压，而 Δp 则由料柱透气性、风温、风量和炉顶压力等决定。一般高炉料柱阻力 Δp 可近似表示为：$\Delta p = p_{热风} - p_{炉顶}$。

当操作制度一定时，料柱阻力变化，主要反映在热风压力（$p_{热风}$），所以热风压力增大，说明料柱透气性变坏，阻力变大。

正常操作的高炉，炉缸边缘到中心的压力是逐渐降低的。若炉缸料柱透气性好，则中心的压力较高（压差小）；反之，中心压力低（压差大）。

压力变化在高炉下部比较大，即压力梯度大，而在高炉上部则比较小。随着风量加大（冶炼强度提高），高炉下部压力变化更大，说明此时高炉下部料柱阻力增长值提高。因此，改善高炉下部料柱的透气性（渣量、炉渣黏度等）是进一步提高冶炼强度的重要措施。

3.3.3.3 煤气温度在炉内的变化

煤气在高炉内高度方向和横截面都有变化。

A 煤气沿高度方向的温度变化

煤气在上升过程中与下降的炉料进行热交换见图 3-32，高炉竖向温度呈 S 形曲线分布。在高炉上部和下部，由于煤气与炉料存在较大的温差，所以温度迅速降低，而在中部温度变化不大（称热交换空区）。其具体数值因不同高炉而略有差异。煤气的温度沿高度方向降低的幅度越大，炉顶煤气温度越低，说明煤气热能利用越好，可以说，炉顶温度是反映热能利用率的主要指标。

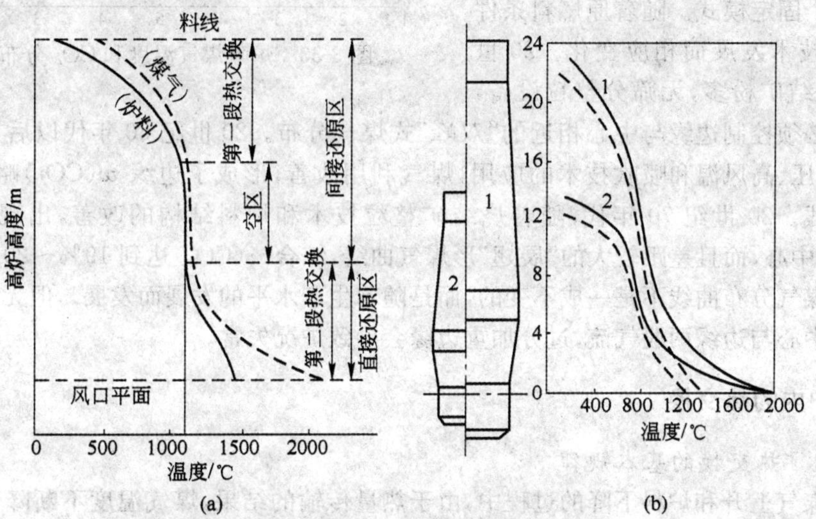

图 3-32 高炉内热交换过程示意图

(a)高炉内热交换过程分区；(b)大、小高炉内炉料和煤气温度沿炉子高度的变化

1—大高炉；2—小高炉

B 沿高炉横截面上的温度分布

煤气温度沿高炉横截面上的分布是不均匀的，这主要取决于煤气流的分布。煤气多的地方温度高，煤气少的地方温度低。按煤气流分布可分以下三种情况：

(1) 边缘煤气流过分发展，中心煤气流分布较少，因此边缘温度高，中心温度低，其等温线形状与软熔带形状相一致，呈 V 形曲线。

(2) 中心煤气流过分发展，高炉中心煤气分布较多，温度高，而靠近炉墙处煤气流分布少，温度低，等温线呈倒 V 形。

(3) 边缘和中心煤气流都发展时，炉内等温线呈 W 形状分布。

3.3.3.4 合理的煤气流分布

合理的煤气流分布是高炉顺行的重要标志之一。在高炉料柱透气良好、煤气流分布合理时，高炉炉料顺利下降，炉况稳定顺行，炉温充足，整个料柱透气性好；煤气能量利用充分，炉顶温度低，而 CO 利用率高，最终表现为焦比、燃料比降低。可见，炉况顺行与煤气合理分布密切相关。

生产中主要是利用沿炉喉截面不同半径方向上煤气的温度和 CO_2 分布曲线来判断煤气分布状况的。取样和测温位置一般在炉喉料下 1～2 m 处。在不同半径方向上进行五点取样。测定结果绘制如图 3-33 所示。由图 3-33 看到，温度和 CO_2 曲线，两者完全对应相反。因此，生产中一般只会绘制 CO_2 曲线。

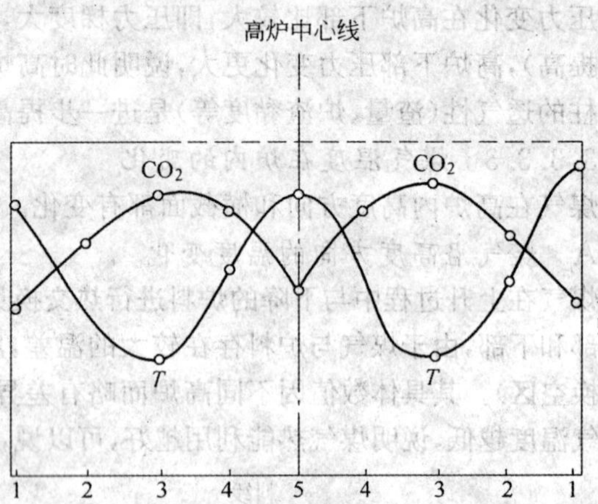

图 3-33　炉喉煤气温度和 CO_2 分布曲线

由图 3-33 可判断煤气沿炉喉截面和径向的分布状况和利用情况。凡 $w(CO_2)$ 低处，$w(CO)$ 必然高。煤气温度也高，说明那里煤气流发展，煤气利用不好。反之，凡 $w(CO_2)$ 高处，$w(CO)$ 必低，煤气温度也低，说明那里煤气流较少，煤气利用较好。

高炉合理煤气分布规律首先是要保持炉况稳定，控制边缘与中心两股气流；其次是最大限度改善煤气利用，降低焦炭消耗。但它没有一个固定模式。随着原燃料条件改善和冶炼技术发展而相应变化。20 世纪 50 年代烧结矿粉多，无筛分整粒设备，为保持顺行必须控制边缘与中心相近的"双峰"式煤气分布。20 世纪 60 年代以后，随着原燃料条件改善，高压、高风温和喷吹技术的应用，煤气利用改善，形成了边缘 $w(CO_2)$ 略高于中心的"平峰"式曲线。20 世纪 70 年代，随着烧结矿整粒技术和炉料结构的改善，出现了边缘煤气 $w(CO_2)$ 高于中心，而且差距较大的"展翅"形煤气曲线，综合 $w(CO_2)$ 达到 19%～20%。

合理的煤气分布曲线不是一成不变的，而是随着生产水平的发展而发展。但无论怎样变化，都必须保持中心与边缘两股气流，过分加重边缘会导致炉况失常。

3.3.4　高炉内的热交换

3.3.4.1　热交换的基本规律

高炉内煤气上升和炉料下降的过程中，由于热量传输的结果，煤气温度不断降低，而炉料的温度不断升高，这个热交换过程比较复杂。由于煤气和炉料的数量、形态和热流方向不断变化，要准确计算各部位各种传热方式的比例很困难。大体来说，炉身上部主要进行的是对流热交换；炉身下部因温度很高，对流热交换和辐射热交换同时进行；而料块本身和炉缸渣铁之间主要进行传导传热；炉身中部的传热作用很小。

高炉内煤气温度仅几秒钟就由炉缸内的 1750℃左右降低到炉顶处的 200℃左右。而炉料(使用冷料)温度则在数小时内，由常温升高到风口水平处的 1500℃左右。显然，在煤气和炉料之间进行着激烈的热交换。其基本方程可表示为：

$$dQ = a \cdot F \cdot \Delta t \cdot d\tau \tag{3-71}$$

式中　dQ——$d\tau$ 时间内，煤气传给炉料的热量；

a——传热系数；

F——炉料表面积；

Δt——煤气与炉料之间的温度差，$\Delta t = t_{气} - t_{料}$。

由上式可知，单位时间内炉料所吸收的热量与炉料表面积、煤气和炉料温差、传热系数成正比。而 a 又与煤气速度、温度、炉料性质有关。在风量、煤气量、炉料性质一定的情况下，dQ 主要取决于 Δt。然而，由于沿高度上煤气与炉料温度不断变化，因而 Δt 也是变化的，这种变化规律可用图 3-32 表示。

由图 3-32 可见，沿高炉高度上煤气和炉料之间的热交换分为三段区域：上段热交换区；中段热交换平衡区；下段热交换区。在上、下两段热交换区，煤气和炉料之间存在着较大的温差 Δt，而且下段比上段还大；Δt 随着高度而变化，在上段是愈向上愈大；在下段是愈向下愈大。因此在这两个区域存在着激烈的热交换。在中段，Δt 较小，而且变化小于 20℃，热交换不激烈，被认为是炉料和煤气之间热交换的动态平衡区，因此有人把它称为"空段"或"呆区"。

3.3.4.2 水当量概念

高炉是竖炉的一种，竖炉热交换过程有一个共同的规律，即温度沿高度的分布呈 S 形变化。

为研究和阐明这个问题，常引用"水当量"概念。所谓水当量就是单位时间内通过高炉某一截面的炉料(或煤气)，其温度升高(或降低)1℃所吸收(或放出)的热量，即单位时间内使煤气或炉料改变 1℃所产生的热量变化。

炉料水当量 $$W_{料}=G_{料}\times C_{料} \tag{3-72}$$

煤气水当量 $$W_{气}=V_{气}\times C_{气} \tag{3-73}$$

式中 $G_{料}$，$V_{气}$——分别为通过高炉某一截面上的炉料量和煤气量；

$C_{料}$，$C_{气}$——分别为炉料热容和煤气热容。

高炉不是一个简单的热交换器，因为在煤气和炉料进行热交换的同时，还进行着传质等一系列的物理化学反应。

在高炉下部热交换区，由于炉料中碳酸盐激烈分解，直接还原反应激烈进行和熔化造渣等，都需要消耗大量热量，愈到下部需热量愈大，因此，$W_{料}>W_{气}$，愈往下愈不断增大。即单位时间内通过高炉下部某一截面使炉料温度升高 1℃所需的热量远大于煤气温度降低 1℃所放出的热量，热量供应相当紧张，因此煤气温度迅速下降，而炉料温度升高并不快，即煤气的降温速度远大于炉料的升温速度。这样两者之间就存在着较大的温差，而且愈向下热交换愈激烈。

煤气上升到中部某一高度后，由于直接还原等耗热反应的减少，间接还原放热反应的进行，$W_{料}$ 逐渐减小，以至在某一时刻与 $W_{气}$ 相等，即 $W_{料}=W_{气}$，此时煤气和炉料间的温差很小(≤20℃)，并维持相当时间，煤气放出的热量和炉料吸收的热量基本保持平衡，炉料的升温速率大致等于煤气的降温速率，热交换进行很缓慢，而成为"空段"。

煤气从空段往上进入上部热交换区。此处进行着炉料的加热、蒸发和分解以及间接还原反应等，由于所需热量较少，$W_{料}<W_{气}$，即此时单位时间内炉料温度升高 1℃所吸收的热量小于煤气降温 1℃所放出的热量，炉料迅速被加热，热交换激烈进行。

煤气和炉料温度升降的速率决定着热交换曲线变化的趋势。

3.4 高炉内炉料的运动

高炉内存在着固、气、液三相物质流。从风口前焦炭燃烧产生的高速向上运动的煤气流，在软融带以上缓慢向下运动的固体料流，从软熔带开始生成液相渣铁，当它们具有一定的流动性时便向下滴落，穿过焦炭层向炉缸汇集，最终形成液体渣铁流。因此，在块状带存在着气固两相的逆向运动，而在滴落带则存在着气、固、液三相共存的逆向运动。高炉内各种变化和反应都是在这种逆向运动状态下进行的，是高炉冶炼得以进行的基本条件，也是区别于钢铁冶炼用其他炉窑的最主要的特点之一。

高炉冶炼过程都是在炉料和煤气的相向运动，没有煤气和炉料间的密切接触、传热、传质等过程就不能顺利进行。当煤气和炉料的相向运动遭到破坏时，就要产生难行、崩料、悬料，破坏高炉顺行。因此，炉料和煤气的相向运动往往成为高炉冶炼过程中，特别是强化操作中的主要矛盾。它的存在和发展，规定或影响着其他矛盾的存在和发展。

3.4.1　炉料的下降与力学分析

3.4.1.1　炉料下降的空间条件

任何物体从上向下降落，其下面必须有自由空间。炉料在高炉内也不例外，炉料下降的条件是在炉内不断产生使炉料下降的自由空间。形成这一空间的因素有：

(1) 风口前焦炭燃烧，固体焦炭转化为煤气，为上部炉料下降提供了35%～40%的自由空间。

(2) 风口区上部，由于直接还原，消耗了固定碳，碳变为CO气体向上逸出，提供了约15%左右的空间。

(3) 矿石在下降过程中重新排列、压紧并熔化成液相而使体积缩小，提供了30%左右的空间。

(4) 炉缸不断放出渣、铁，可提供约20%的空间。

风口前焦炭燃烧提供的空间最大，而且是其他三项因素发生作用的前提，因此对炉料下降起着决定性影响。焦比增大，则第(1)项影响较大；反之，则焦比降低时，第(1)项影响减小。

大型高炉在喷吹燃料之后，焦比降为250 kg/t左右，焦炭燃烧提供空间的作用就小得多了，而第(4)项的作用就会大大增加。因此，在操作过程中，铁口基本不堵，让其长流，其目的是放尽渣铁，腾出空间，以利于炉料顺利下降。

3.4.1.2　炉料下降的充分条件

炉内不断形成自由空间，这只是为炉料下降创造了空间条件，但料柱在实际下降过程中还需要克服一系列阻力。炉料是靠自身重力下降的，但高炉内的炉料是散料，散料间的接合力小，且散料下降速度各不相同，散料与散料间有摩擦力，散料与炉墙间有摩擦力，并且煤气上升对炉料下降还有一个阻力，炉料下降的力必须要大于上述摩擦力和煤气上升对料柱的阻力，才能顺利下降，即

$$P=(Q_{炉料}-P_{墙摩}-P_{料摩})-\Delta P=Q_{有效}-\Delta P \tag{3-74}$$

式中　P——决定炉料下降的力；

$Q_{炉料}$——炉料在炉内的总重力；

$P_{墙摩}$——炉料与炉墙间的摩擦阻力；

$P_{料摩}$——料块相互运动时，颗粒之间摩擦阻力；

ΔP——上升煤气对炉料的阻力或支撑力或浮力；

$Q_{有效}$——炉料下降的有效重力，$Q_{有效}=Q_{炉料}-P_{墙摩}-P_{料摩}$。

显而易见，炉料下降的力学条件是$P>0$，即$Q_{有效}>\Delta P$，即料柱本身重力克服各阻力作用后仍为正值。P值越大，或者说$Q_{有效}$越大，ΔP越小，越有利于炉料顺行。

当$Q_{有效}$接近或等于ΔP时，炉料难行或悬料。

若$P<0$，由于上升煤气的支撑力大于炉料下降的有效重力，炉料不能下降，出现悬料或形成管道。

值得注意的是，$P>0$是炉料能否下降的力学条件，并且其值越大，越有利于炉料下降。但P值的大小，对炉料下降快慢影响并不大。影响下料速度的因素，主要是决定于单位时间内焦炭燃烧的数量，即下料速度与鼓风量和鼓风中含氧量成正比。

应当指出，高炉顺行的基本条件不仅是整个料柱的有效重力应大于煤气上升的支撑力ΔP，而且在料柱中每个局部位置，也应保持$Q_{有效}>\Delta P$。但生产中的高炉条件复杂多变，如不同部位下料速度、布料情况、煤气流分布情况、初渣性能等等都在不时地变化。所以炉料不顺的情况随时都可能在高炉的某截面的某一局部地区出现，操作者必须密切注视，仔细观察和分析各个仪表的变化趋势，及时进行调节。

3.4.1.3 影响$Q_{有效}$和ΔP的因素

A 影响有效质量($Q_{有效}$)的因素

高炉内充满着的炉料整体称为料柱。料柱本身的质量由于受到摩擦力($P_{墙摩}$和$P_{料摩}$)的作用，并没有完全作用在风口水平面或炉底上，真正起作用的是它克服各种摩擦阻力后剩下的质量，这个剩余质量称为料柱有效质量($Q_{有效}$)。因此，料柱有效质量要比实际质量小得多 。

由于$Q_{有效}$的绝对值受到炉容大小的影响，为了便于比较，有时采用有效质量系数，即$Q_{有效}/Q_{炉料}\times100\%$。

影响炉料有效质量的因素有：

(1) 炉腹角和炉身角。炉腹角α(炉腹与炉腰部分的夹角)增大，炉身角β(炉腰与炉身部分的夹角)减小，炉料和炉墙间摩擦力减小，炉料的有效质量增大，有利于炉料顺行。但α角过大，炉腹砖衬易于烧坏。β角小，边缘气流过分发展，对煤气利用和炉衬保护都不利，所以α和β应全面考虑。

(2) 料柱高度。在一定限度内，随料柱高度的增加，炉料有效质量系数增加。但高度超过一定值后，有效质量系数反随料柱升高而减小，因为这时随高度而增加的$P_{墙摩}$和$P_{料摩}$增加的幅度大于料柱质量增加的幅度。一般情况下，当料柱逐渐增高时，料柱的有效质量系数是不断降低的。所以高炉趋于矮胖型($H_{有效}/D_{减小}$)是有利于顺行的，尤其适合大型高炉。

(3) 炉料运动状态。炉料在运动的条件下，有效质量系数比静止的大，因为动摩擦系数比静摩擦系数小。在高炉上用细砂测定结果表明，运动时有效质量系数为39%～41%，静止时为15%～16%，在静止条件下，对高炉的实际测定结果表明，风口水平面上的有效质量系数为18.2%。

(4) 造渣制度。高炉内成渣带的位置、炉渣的物理性质和炉渣的数量，对炉料下降的摩擦阻力影响很大。因为炉渣，尤其是初成渣和中间渣，是一种黏稠的液体，它会增加炉墙与炉料之间及炉料相互之间的摩擦力。因此，成渣带位置愈高、成渣带愈厚、炉渣的物理性质愈差和渣量愈大时，则$P_{墙摩}$和$P_{料摩}$愈大，而$Q_{有效}$愈小。

(5) 风口数目。通过测定，增加风口数目，有利于提高$Q_{有效}$。这是因为随着风口数目增加，扩大了燃烧带炉料的活动区域，减小了$P_{墙摩}$和$P_{料摩}$，所以有利于$Q_{有效}$提高。

(6) 炉料堆积密度。炉料的堆积密度$\gamma_{料}$越大，$Q_{炉料}$增大，有利于$Q_{有效}$增大。因此，焦比降低后，随着焦炭负荷的提高，炉料堆积密度也随之提高，对顺行是有利的。研究表明，$\gamma_{料}$是诸多因素中起决定性因素的。

(7) 在生产高炉上，影响$Q_{有效}$因素更为复杂，如造渣情况，炉料下降是否均匀，炉墙是否结瘤及煤气流分布状况等因素都会造成$P_{墙摩}$和$P_{料摩}$的改变，从而影响炉料有效质量的变化而影响炉料顺行。

B　ΔP 及其影响因素

鼓风在风口区域燃烧焦炭而形成原始煤气流。由于鼓风机所产生的压力，原始煤气流向中心穿透和向上运动。煤气只能穿过炉料与炉料之间和炉料与炉墙之间的空隙而向上运动。由于这些空隙自下而上不断变化，并不是有规则的通道，因而煤气流向上运动的轨迹也是不断变化的和无规则的。并且煤气向上运动的速度非常快，研究表明，煤气在炉内停留时间只有 1～5 s，甚至更短。

煤气对料柱的支撑力（ΔP）是由于高压、高速的煤气流强行通过料柱而产生的压力损失。它包括炉料与煤气之间的摩擦损失和煤气通过形状复杂的料块间隙产生的局部损失。由这种损失而造成料柱上下部压差，即构成对炉料的支托力或叫浮力，炉料必须克服这个阻力才能下降。

$$\Delta P = P_{炉缸} - P_{炉喉} \approx P_{热风} - P_{炉顶} \tag{3-75}$$

式中　$P_{炉缸}$——煤气在炉缸风口水平面的压力；

$P_{炉喉}$——料线水平面炉喉煤气压力；

$P_{热风}$——热风压力；

$P_{炉顶}$——炉顶煤气压力。

由于炉缸和炉喉处煤气压力不便于经常测定，故近似采用 $P_{热风}$ 和 $P_{炉顶}$ 代替。$P_{热风} - P_{炉顶}$ 称为全压差。

高炉料柱在软融带以上的块状带由固体散料构成，软融带由矿石软融层和焦炭夹层所构成，滴落带为固体焦炭所构成（液态渣铁流经其空隙）。煤气通过高炉各带时压力损失及其影响因素不尽相同，其阻力损失非常复杂，目前尚无准确可靠的公式表示。

3.4.2　料柱的透气性

3.4.2.1　透气性的表示

目前高炉普遍采用透气性指数（ε）来表示高炉料柱的透气性好坏或透气状态。

$$\varepsilon = V_{风} / \Delta p \tag{3-76}$$

式中　$V_{风}$——高炉风量，m^3/min；

Δp——高炉料柱全压差，MPa。

透气性指数把风量和全压差联系起来，能更好地反映出风量必须与料柱透气性相适应的规律。它的物理意义是，单位压差所允许通过的风量。实践表明，在一定的条件下，透气性指数有一个适宜的波动范围。超出这个范围，说明风量和透气性不相适应，应及时调整，否则将引起炉况不顺。

显然，增加料柱孔隙率和煤气通道当量直径 d_e，可以降低 Δp，改善料柱透气性。但高炉料柱部位不同，料柱状态及其影响因素亦各异。因此，应按高炉不同部位来讨论改善料柱透气性问题。

3.4.2.2　改善块状带透气性

在块料带，即矿石未发生软熔的块料区，首先应提高焦炭和矿石的强度，减少入炉料的粉末。特别是要提高矿石的热态强度，增强其在高炉还原状态下抵抗摩擦、挤压、膨胀、热裂的能力，减少或避免在炉内产生粉末，这样可改善料层透气性，降低 Δp。其次，大力改善炉料粒度组成。一般说来，增大原料粒度对改善料层透气性，降低 Δp 有利。但当料块直径超过一定数值范围（$d>$ 25 mm）后，相对阻力基本不降低；而粒度小于 6 mm，则相对阻力显著升高。这表明适宜于高炉冶炼的矿石粒度范围为6～25 mm。对于5 mm以下的粉末,危害极大,务必筛除。

在原料适宜粒度范围内,应使粒度均匀化,来改善料柱透气性。对于粒度均一的散料,孔隙率与原料粒度无关,一般可达0.5左右。但在实际生产中,炉料的孔隙率将随大、小块粒度比的不同而变化。

综合高炉气体动力学和还原动力学两方面的需要,控制原料粒度的趋势是向小、均的方向发展。

3.4.2.3 改善软熔带透气性

在高炉软熔带及其以下的区域(包括滴落带),煤气的压力损失,要比上部块料带大得多。在这个区域,矿石、熔剂逐渐软化、熔融、造渣,变成液态的渣、铁,而只有焦炭保持着固体状态。熔融而黏稠的初渣或中渣充填于焦块之间并向下滴落,大大增加了料柱的阻力。

在软熔带、滴落带及炉缸内,主要依靠焦块间的空隙透液、透气。因此,提高焦炭高温强度,改善其粒度组成,对改善这个区域的料柱透气(透液)性具有重要意义。焦炭粒度也要坚持均匀的原则,如根据不同高炉的情况,可将焦炭分为40～60 mm、25～40 mm、15～25 mm三级,分别分炉使用。过去焦炭的入炉粒度一般都在40 mm以上,近年来也有缩小的趋势(接近矿石粒度上限)。焦炭高温强度与其反应性(即进行气化反应的能力)有关。反应性好的焦炭,其中部分炭素过早气化,产生溶解损失,使焦炭结构疏松、易碎,从而降低其高温强度。因此,应抑制焦炭反应性以推迟其气化反应的进行。

改善造渣是改善软熔带、滴落带透气性,降低Δp的另一个重要方面。通过提高入炉矿品位,减少渣量,以降低透气性差的软熔层厚度,同时相对增加了气流在这个区域的可通截面(或d_e)。其次要提高矿石的高温冶金性质,如提高软化温度,缩小软化区间,这样一方面可降低软熔带位置,一方面可减少软熔层宽度(即使软熔带变窄),从而减小了对煤气的阻力。改善初渣性质,降低其黏度,增强其稳定性,使其顺利滴落,从而可大大改善高炉下部料柱的透气(液)性。

改善软熔带状况,获得适宜的软熔带位置、结构和形状,是改善高炉料柱透气性的关键环节。高炉解剖调查研究结果表明,从软化到熔滴这个温度区间,按等温线分布,形成同焦炭夹层相间布置的若干软熔层。这些软熔层和焦炭夹层按等温线规律共同组成了一个完整的软熔带。在软熔带以下,只有焦炭保持着固体状;软熔带中,仍然明显的保持着按装料顺序形成的焦矿分层状态,只是固态矿石层变成了软熔层或熔融层。

显然,软熔带形状、结构(位置、尺寸)对煤气流运动阻力Δp有重大影响。它决定着高炉中煤气流分布状况,并对块料带和炉喉煤气分布有重要影响。

显然,软熔带愈窄,焦炭夹层层数愈多,夹层愈高(厚),孔隙率愈大,则软熔带透气阻力指数愈小,透气性愈好。反之,透气性愈差。从各因素幂指数看ε、h_c、n影响较大,故焦炭夹层对软熔带透气性有决定性影响。

3.4.3 高炉上部的调剂

在炉型和原料物理性质一定的情况下,可通过下部控制燃烧带,中部控制软熔带以获得合理的煤气流分布。在高炉炉喉,煤气的分布主要取决于炉料的分布。因此。可以通过布料来控制煤气分布,使其按一定规律分布。

高炉上部调剂是根据高炉装料设备特点,按原燃料的物理性质及在高炉内分布特性,正确选择装料制度,保证高炉顺行,获得合理的煤气分布,最大限度地利用煤气的热能和化学能。

现代多数高炉基本上已淘汰钟式炉顶,在我国300 m^{3}以上高炉已基本上是无钟炉顶,只有300 m^{3}以下仍采用钟式炉顶装料设备。高炉炉型的特点决定了炉料落入炉内时,在炉喉的分布总是不均匀的,炉料的分布应与煤气的分布相适应。从下料顺畅角度分析,中心的大块料和焦炭应较多,而边缘与中心之间的环形区域小块料和矿石应较多,这样边缘和中心的透气性好,以利于形成两道煤气流分布。但从提高煤气利用率方面分析,炉料应均匀分布,而且边缘炉料的负荷(矿石量/焦炭量)应适当(由于边缘效应等原因,通常边缘煤气流易得到发展),以利于形成平峰式或中心开放式煤气流分布。

影响炉喉布料的因素很多:

(1) 炉料的种类一粒度一自然堆角一料层厚度等对煤气分布有重要影响。通常,焦炭集中的地方,透气性好,阻力小;矿石集中的地方,透气性差,阻力大。

(2) 大块与小块比较,大块集中的地方,透气性好,阻力小;反之,小块集中处阻力大。

(3) 料层薄的地方,阻力小,煤气通过的多;料层厚处阻力大,煤气通过的少。

(4) 炉料偏析的影响 在炉料堆脚处,大块多,阻力小;在堆尖处,小块粉末多,阻力大。

这种偏析作用是因为散料都有一定的自然堆角。凡粒度大,密度小,表面光滑的炉料,其滚动性好,自然堆角小,分布时领先滚向堆角。凡粒度小,密度大表面不规则的炉料,滚动性差,自然堆角大,分布时停滞于堆尖。因此,将不同粒度的矿石倒成一堆时,大块则集中于堆角;而小块尤其是粉末,则集中于堆尖。炉料粒度不均时,偏析作用影响甚大;经过整粒,使粒度均匀化,可使偏析影响减小。

此外,还有炉料堆角、粒度、密度、形状等原料因素,装料设备类型、参数,炉喉直径和间隙等设备因素和装料工艺制度方面的因素等。

复习思考题

3-1 高炉冶炼有什么特点?用框图表示现代高炉炼铁车间工艺主要流程。
3-2 高炉内主要反应带有哪些?比较高炉内各区域的主要反应及特征。
3-3 什么是回旋区和燃烧带,其作用和影响因素是什么?
3-4 铁氧化物还原的特点是什么?
3-5 比较用 CO 和 H_2 还原铁氧化物的特点。
3-6 直接还原和间接还原各有什么特点?
3-7 分析高炉中脱硫反应的特点。
3-8 高炉冶炼过程中能否脱磷,是否磷被全部还原进入生铁中,为什么?
3-9 简述高炉软熔带的特点和作用。
3-10 简述高炉造渣的过程。
3-11 高炉渣有哪些性质,对高炉冶炼有何影响,何为长渣和短渣?
3-12 高炉内热交换有什么特点,降低炼铁能耗的主要途径有哪些?
3-13 分析高炉降低焦比的主要途径。
3-14 简单说明高炉内煤气上升过程中体积、成分和温度变化规律。

4 高炉炼铁工艺

高炉炼铁是应用焦炭、铁矿石和熔剂在竖式反应器——高炉内连续生产液态生铁的方法，是现代钢铁联合企业中的重要环节。高炉不仅生产铁水，而且副产高炉煤气和高炉渣。高炉铁水是炼钢的原料；高炉煤气是钢铁联合企业的重要气体燃料，占钢铁企业二次能源的20%左右；高炉渣经水淬成水渣后，是生产矿渣水泥的原料。高炉生产是否稳定，直接影响到钢铁联合企业的生产能否正常、稳定、均衡地运行，高炉铁水的质量更直接影响着后续炼钢的生产和产品质量。高炉又是能耗大户和原材料的巨大消耗者，高炉能耗占钢铁企业能耗的1/3～1/2，消耗了钢铁工业所用焦炭的80%，动力的15%。高炉炼铁工序是钢铁工业节能环保的重点。

4.1 高炉炼铁概述

4.1.1 高炉炼铁生产过程

现代高炉生产过程是一个庞大的生产体系，由一个高炉本体和五个辅助设备系统完成。高炉本体和辅助设备系统如图4-1所示。

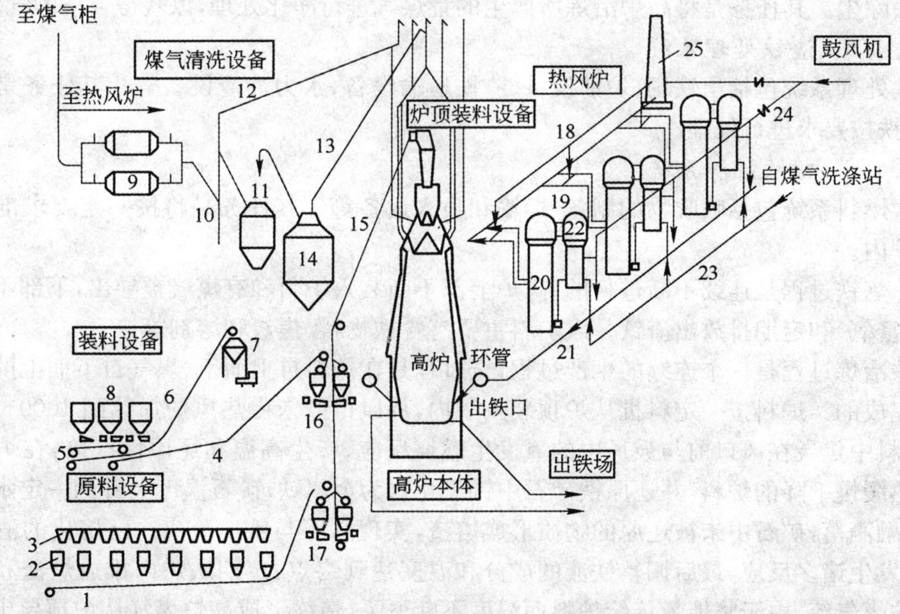

图4-1 高炉炼铁生产工艺流程

1—矿石输送皮带机；2—称量漏斗；3—贮矿槽；4—焦炭输送皮带机；5—给料机；6—粉焦输送机；7—粉焦仓；8—贮焦槽；9—电除尘器；10—调节阀；11—文氏管除尘器；12—净煤气放散管；13—下降管；14—重力除尘器；15—上料皮带机；16—焦炭称量漏斗；17—矿石称量漏斗；18—冷风管；19—烟道；20—蓄热室；21—热风主管；22—燃烧室；23—煤气主管；24—混风管；25—烟囱

4.1.1.1　高炉本体

高炉本体包括炉基、炉壳、炉衬、冷却设备、炉顶装料设备等。高炉的内部空间称为炉型，从上到下分为五段，即炉喉、炉身、炉腰、炉腹、炉缸。现代高炉炉体结构如图 4-2 所示。整个冶炼过程是在高炉内完成的。

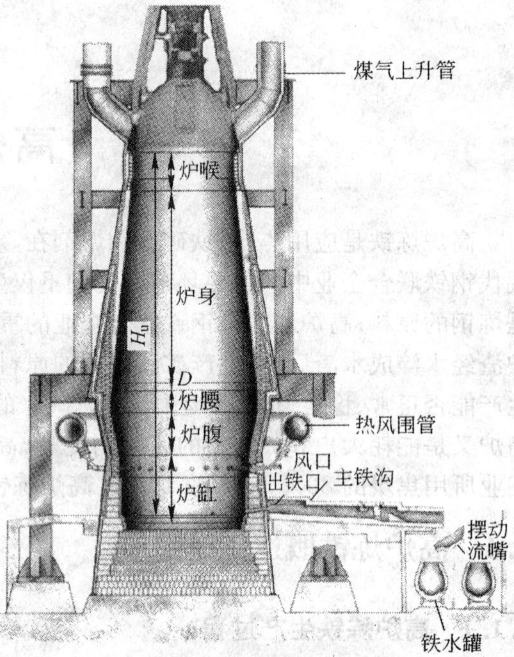

图 4-2　现代高炉炉体剖面图

4.1.1.2　上料系统

上料系统包括储矿槽、槽下漏斗、槽下筛分、称量和运料设备，料车斜桥或装料传送皮带向炉顶供料设备。其任务是将高炉所需原燃料通过上料设备装入高炉内。

4.1.1.3　送风系统

送风系统包括鼓风机、冷风管道、热风炉、热风管道、热风围管和风口装置等。其任务是将风机送来的冷风经热风炉预热以后送进高炉。

4.1.1.4　煤气净化系统

煤气净化系统包括煤气导出管、上升管、下降管、重力除尘器、洗涤塔、文氏管、脱水器及高压阀组等，也有的高炉用布袋除尘器或电除尘器进行干法除尘。其任务是将高炉冶炼所产生的荒煤气进行净化处理，以获得合格的气体燃料。

4.1.1.5　渣铁处理系统

渣铁处理系统包括出铁场、炉前设备、渣铁运输设备、水力冲渣设备等。其任务是将炉内放出的渣、铁按要求进行处理。

4.1.1.6　喷吹燃料系统

喷吹燃料系统包括喷吹物的制备、运输和喷入设备等。其任务是将按一定要求准备好的燃料喷入炉内。

高炉炼铁过程是连续不断进行的，高炉上部不断装入炉料和有煤气被导出，下部不断鼓入空气（有时富氧）和定期排放出渣铁。入炉料主要有含铁物料、焦炭和熔剂等。

高炉冶炼过程是一个连续的生产过程，全过程是在炉料自上而下、煤气自下而上的相互接触过程中完成的。炉料按一定料批从炉顶装入炉内，从风口鼓入由热风炉加热到 1000～1300℃的热风，炉料中焦炭在风口前与鼓风中的氧发生燃烧反应，产生高温和还原性气体，在炉内上升过程中加热缓慢下降的炉料，并还原铁矿石中铁氧化物为金属铁；矿石温度上升到一定水平后开始软化、熔融滴落，矿石中未被还原的物质形成熔渣，实现脉石与铁的分离。已熔化的渣铁聚集于炉缸内，发生诸多反应，最后调整铁液的成分和温度达到终点，定期从炉内排放炉渣和生铁。上升的高炉煤气流，由于将能量传给炉料而温度不断下降，最终形成高炉煤气从炉顶导出管排出。

整个过程取决于风口前焦炭的燃烧，上升煤气流与下降炉料间进行的一系列传热、传质以及干燥、蒸发、挥发、分解、还原、软熔、造渣、渗碳、脱硫等物理化学变化。因此，高炉实质是一个炉料下降、煤气上升两个逆向流运动的反应器。

4.1.2　高炉炼铁的基本原则

高炉冶炼生产的目标是在较长的一代炉龄内生产出尽可能多的生铁，而且消耗要低，生铁质量要好，经济效益要高，概括起来就是“优质、低耗、高产、长寿、高效益”。众所周知，表明高炉冶炼产量与消耗的三个重要指标——有效容积利用系数（η_V）、冶炼强度（I）和焦比（K）之间有着如下的关系：

$$\eta_V = I/K \tag{4-1}$$

显然，利用系数的提高，也即高炉产量的增加，存在着四种途径：

(1) 冶炼强度保持不变，不断地降低焦比；

(2) 焦比保持不变，冶炼强度逐步提高；

(3) 随着冶炼强度的逐步提高，焦比有所降低；

(4) 随着冶炼强度的提高，焦比也有所上升，但焦比上升的幅度不如冶炼强度增长的幅度大。

在高炉炼铁的发展史上，这四种途径都被应用过。应当指出在最后一种情况下，产量增长很少，而且是在牺牲昂贵的焦炭的消耗中取得的，一旦在冶炼强度提高的过程中，焦比升高的速率超过冶炼强度提高的速率，则产量不但得不到增加，反而会降低。因此，冶炼强度对焦比的影响，成为高炉冶炼增产的关键。

在高炉冶炼的技术发展过程中，人们通过研究总结出冶炼强度与焦比的关系如图 4-3 所示。

在一定的冶炼条件下，存在着一个与最低焦比相对应的最适宜的冶炼强度 $I_{适}$。当冶炼强度低于或高于 $I_{适}$ 时，焦比将升高，而产量稍后开始逐渐降低。这种规律反映了高炉内煤气和炉料两流股间的复杂传热、传质现象。

在冶炼强度很低时，风量及相应产生的煤气量均小，流速低，动压头很小，造成煤气沿炉子截面分布极不均匀，表现为边缘气流过分发展，煤气与矿石不能很好地接触，结果是煤气的热能和化学能不能得到充分利用，炉顶煤气中 CO_2 含量低，温度高，而进入高温区的炉料因还原不充分，直接还原发展，消耗了大量宝贵的高温热量，因此焦比很高。

随着冶炼强度的提高，风量、煤气量相应增加，煤气的速度也增大，从而改变了煤气流的流动状态，由层流转为湍流，风口前循环区的出现，大大改善了煤气流分布和煤气与炉料之间的接触，煤气流的热能和化学能利用改善，间接还原的发展减少了下部高温区热量的消耗，从而焦比明显下降，直到与最适宜冶炼强度 $I_{适}$ 相对应的最低焦比值。之后冶炼强度继续提高，煤气量的增加进一步提高了煤气流速，这将带

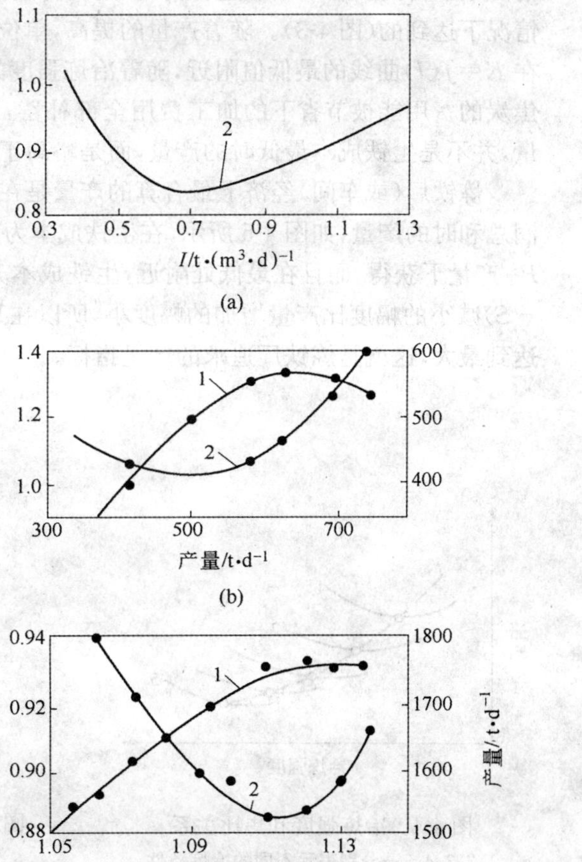

图 4-3 冶炼强度与产量(1)和焦比(2)的关系

(a)美国资料；(b)原联邦德国资料；(c)前苏联资料

来叠加性的煤气流分布，导致中心过吹或管道行程（在煤气流速过大时，它的压头损失可变得与炉料的有效质量相等或超过有效质量，炉料就停止下降而出现悬料）。所有这些将引起还原过程恶化，炉顶煤气温度升高，炉况恶化，最终表现为焦比升高。

高炉炼铁工作者应该掌握这种客观规律，并应用它来指导生产，即针对具体生产条件，确定与最低焦比相适应的冶炼强度，使高炉顺行，稳定地高产。然而高炉的冶炼条件是可以改变的，随着技术的进步，例如加强原料准备，采取合理的炉料结构，提高炉顶煤气压力，使用综合鼓风，改造设备等，高炉操作条件大大改善。与改善了的条件相应的冶炼强度可以进一步提高，而焦比不会提高，相反与之相对应的最低焦比也进一步下降，这就是世界各国几十年来冶炼强度不断提高，焦比也降低的原因（如图 4-3 所示）。

但是，在任何生产技术水平上，当冶炼条件一定时，冶炼强度 I 与焦比 K 之间始终保持着极值关系，如图 4-4 所示，绝不可以得出产量是与冶炼强度成正比地增长的简单结论，而盲目追求高冶炼强度。超越冶炼条件允许的过高冶炼强度将使焦比大幅度上升。

上述有关高炉冶炼重要技术指标 η_V、I、K 之间的关系还未解决经济效益最佳的冶炼强度问题。在对钢铁的需求大于供给的条件下，实践表明：尽管焦比的消耗对生铁成本有着很大影响，但在一定的操作情况下，产品的最低成本并不是在最低焦比相对应的冶炼强度下，而是在略高的情况下取得的。所以出现这种情况，是因为最高产量是在比最低焦比相对应的冶炼强度稍高的情况下达到的（图 4-3）。随着产量的提高，单位生铁成本中不随时间变化的费用总和不断降低。在 $K=f(I)$ 曲线的最低值附近，随着冶炼强度的提高，焦比上升得较缓慢，在这个区域内多消耗焦炭的费用能被节省下的加工费用全部补偿，而且还有多余。实践还证明，经济上最合算的产量，并不是生铁成本最低时的产量，而是略高于这个最低产量。

炼铁厂（或车间）经济上最合算的产量是在所具有的生产条件下，于单位时间内达到最高利润总和时的产量，如图 4-5 所示，在生铁成本为产量的函数 $S=f(P)$ 曲线上，生铁最低成本是在 P_0 产量下获得，而且在最低处附近，生铁成本升高较慢，使得生铁出厂价 C 与成本 S 的差值（$C-S$）减小的幅度比产量增加的幅度小，所以在某种 $P>P_0$ 的情况下经济效益 $P\cdot(C-S)$ 的乘积达到最大，这就是炼铁厂追求的产量指标。

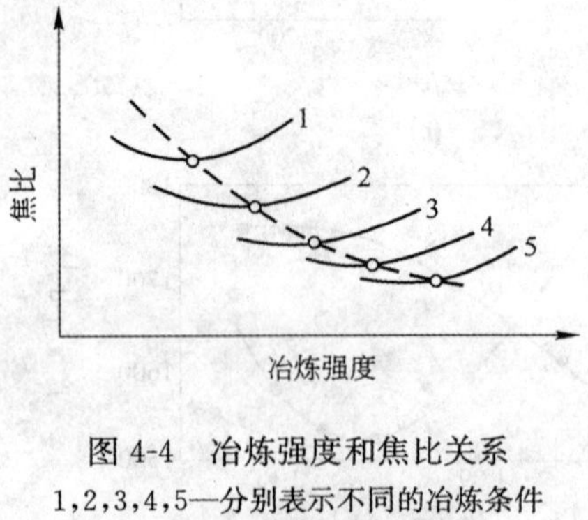

图 4-4　冶炼强度和焦比关系

1,2,3,4,5—分别表示不同的冶炼条件

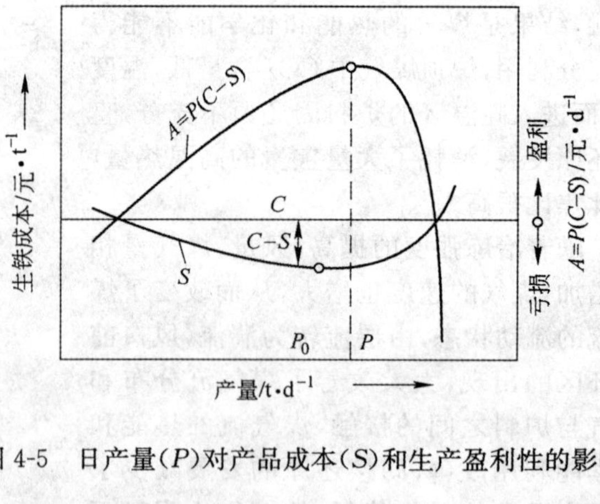

图 4-5　日产量（P）对产品成本（S）和生产盈利性的影响

最后应当指出的是，随着我国产量和效益的提高，高炉设备特别是高炉本体的寿命日益引起人们重视，大修和中修费用不断增加，有可能影响到增产的效益。提高高炉寿命的有效措施，例如采用高质量炭砖、碳化硅砖，改进高炉冷却（炉底水冷，炉身软水密闭循环冷却）以及钒钛炉渣

护炉等技术都已在采用。高炉长寿技术的开发和实现将促使高炉生产实现高产、低耗、优质，高效益。目前世界各国已把高炉长寿看作炼铁技术的一个重要组成部分和发展的标志。

4.2 高炉操作制度

高炉冶炼是逆流式连续过程。炉料一进入炉子上部即逐渐受热并参与诸多化学反应，在上部预热及反应的程度，对下部工作状况有极大影响。通过控制操作制度可维持操作的稳定，这是高炉高产、优质与低耗的基础。

由于影响高炉运行状态的参数很多，其中有些极易波动又不易监控，如入炉原料的化学成分及冶金特性的变化等。故需人和计算机自动化地随时监视炉况的变化并及时做出适当的调整，以维持运行状态的稳定。

高炉操作制度就是对炉况有决定性影响的一系列工艺参数的集合。包括装料制度、送风制度、造渣制度及热制度。高炉冶炼的实践证明，只有选择合理的基本操作制度，才能实现炉况稳定顺行。

4.2.1 装料制度

装料制度是炉料装入炉内方式的总称。包括装入顺序、批重大小、料线高低、布料装置的功能等。它决定着炉料在炉内分布的状况。由于不同炉料对煤气流阻力的差异，因此炉料在横断面上的分布状况对煤气流在炉子上部的分布有重大影响，从而对炉料下降状况，煤气利用程度，乃至软熔带的位置和形状产生影响。利用装料制度的变化以调节炉况被称为“上部调节”。

由于炉顶装料设备的密闭性，炉料在炉喉分布的实际情况是无法直观地见到的。生产中是以炉喉处煤气中 CO_2 分布，或煤气温度分布，或煤气流速分布作为上部调节的依据。一般来说炉料分布少的区域，或炉料中透气性好的焦炭分布多的区域，煤气流就大，相对地煤气中 CO_2 含量就较低，煤气温度就较高，煤气流速也较快，反之亦然。因此在生产中只要有上述三个依据之一就可以判断。

从煤气利用角度出发，炉料和煤气分布在炉子横断面上分布均匀，煤气对炉料的加热和还原就充分。但是从炉料下降，炉况顺行角度分析，则要求炉子边缘和中心气流适当发展。边缘气流适当发展有利于降低固体料柱与炉墙间的摩擦力，使炉子顺行；适当发展中心是使炉缸中心活跃的重要手段，也是炉况顺行的重要措施。在生产中由原燃料条件的差异和操作技术水平的不同，存在四种煤气分布情况（见表 4-1）。

表 4-1 高炉煤气分布类型

类型名称	炉顶煤气 CO_2 曲线	炉顶十字测温温度曲线	煤气上升阻力	煤气流利用程度	相应的软熔带形状	形成的原因和条件	采用的装料制度	高炉寿命
边缘发展型（馒头型）			小	差 η_{CO}=0.3 以下	V 形	原燃料条件差，强度低，粉末多，渣量大在 500 kg/t 以上	小料批，低负荷，倒装为主	短
二条通路型（双峰型）			较小	较差 η_{CO}=0.4 以下	W 形	原燃料粒度组成差，渣量大在 400～500 kg/t	料批不大，负荷不高，正倒混合循环装料	短
中心发展型（喇叭花型）	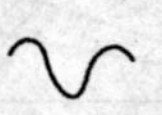	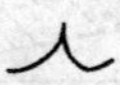	较大	较好 η_{CO}=0.45 左右	倒 V 形	原燃料质量好，粉末筛除，渣量在 350 kg/t 左右，高炉较强化	较大料批，负荷较高，正装	较长
平坦型			大	好 η_{CO}=0.5 以上	平坦倒 V 形	原燃料质量很好，渣量 250 kg/t，合适的冶强在 0.95～1.05 之间	大料批，重负荷正装	长

生产者应根据各自的生产条件，选定适合于生产的煤气分布类型，然后应用炉料在炉喉分布规律，采用不同的装料制度来达到具体条件下的炉况顺行，煤气利用好的状态。可供生产者选择的装料制度内容有以下几项：批重、装料顺序、料线、装料装置的布料功能变动（例如双钟马基式旋转布料器的工作制度，变径炉喉活动板工作制度，无钟炉顶布料溜槽工作制度）等来达到预定的目的。

4.2.1.1　批重（料批大小）

批重是指装入高炉的每批料重量，包括一定重量和一定比例的各种原料（焦炭、矿石和熔剂）。每批料中的矿石重量称为矿石批重，焦炭的重量称为焦炭批重。矿石和焦炭的重量比称为焦炭负荷，即单位重量的焦炭所负担的矿石量。

批重大小对煤气流有影响，矿批小，矿料落在炉墙附近较多，分布不到中心或中心矿层太薄，因而边缘透气性差，边缘气流就少。所以批重大压中心，批重小压边缘。每一座高炉采用的炉料批重，应根据实践经验来选择。图 4-6 所示为批重对布料的影响。

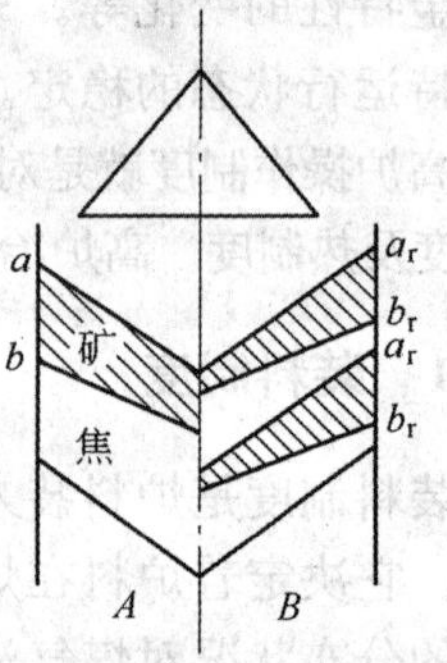

图 4-6　批重对炉料分布影响

A—大批重；B—小批重

每座高炉批重对布料的影响都有一个临界批重的概念，当批重大于临界值时，随矿石批重增加而加重中心，过大则炉料分布趋向均匀，当批重小于临界值时，矿石布不到中心，随批重增加而加重边缘或作用不明显。如果批重过大则出现中心和边缘均加重的现象。

高炉喷吹燃料后，负荷增加，批重要调整，此时应遵循保持焦批不动，扩大矿石批重。这样可保持软熔带焦窗的面积，而使煤气能顺利通过。如果保持矿批不动，缩小焦炭批重，不仅焦层变薄，而且由于矿焦层的界面混料效应，使焦窗面积更缩小，增大煤气通过的阻力，不利于炉况顺行。

4.2.1.2　装料顺序

装料顺序是指一批料中矿石和焦炭进入高炉时的顺序。一般将矿石先焦炭后的顺序称为正装，反过来焦炭先矿石后的顺序称为倒装。装料顺序对布料的影响在于矿石和焦炭的堆角不同，以及装入炉内时原料面（上一批料下降后形成的旧料面）的不同而起作用的。如果原料面相同，矿石和焦炭两者堆角相同，则装料顺序对布料将不产生影响。实际生产中，不同料速时形成的原料面不同，焦炭和矿石在炉喉形成的堆角也有差别。一般是焦炭的堆角略小于大块矿石的堆角，接近于小块矿石的堆角。从这个基本情况就可以知道装料顺序对布料有着明显的影响，如图 4-7 所示；另外，且矿石粒度在这种影响上起着相当重要的作用，其作用情况如图 4-8 所示。

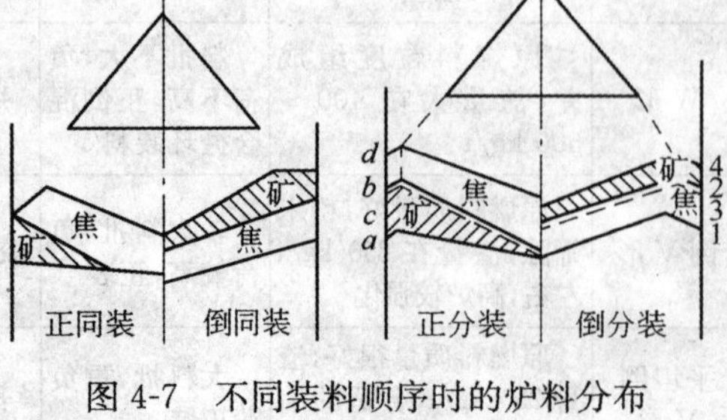

图 4-7　不同装料顺序时的炉料分布

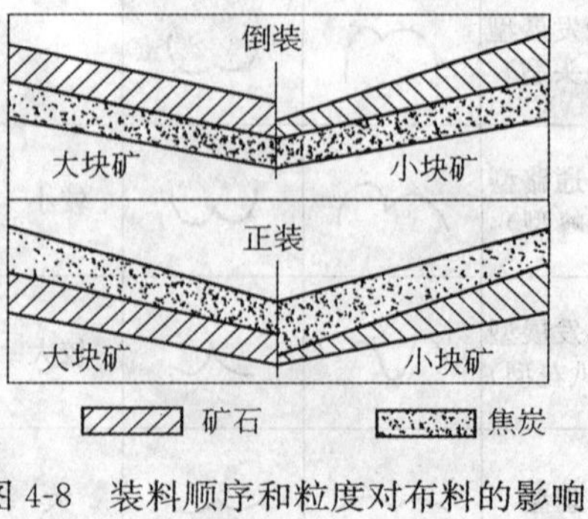

图 4-8　装料顺序和粒度对布料的影响

装料顺序上还有同装和分装之别，在料车双钟装料时，同装是一批料的矿石和焦炭全都装在大钟上，然后大钟开启，将矿和焦炭同时装入炉喉。而分装是矿石开一次大钟，焦炭再开一次大钟。分装的特点是焦炭或矿石入炉时的实际料线和原料面不同而影响堆角，从而影响布料。实践证明，分装减少矿焦层的界面混合效应，有利于煤气合理分布，煤气利用改善。在生产中一般是在相同冶炼条件下考虑装料顺序的影响，加重边缘和中心的装料顺序是：

加重边缘←————→加重中心

正同装→正分装→倒分装→倒同装

4.2.1.3 料线

从大钟完全开启位置的下缘至料面的垂直距离称为料线。料线的深度是用料尺(或称探尺)来测定的。每次装料后，大钟关闭或无钟炉顶的溜槽停止工作后，料尺下放到料面随料面下降，当降到规定的位置时，提起料尺装料。料线对炉料分布影响的一般规律是料线愈深，堆尖愈靠近边缘，边缘分布的炉料愈多。料线对布料的影响示于图 4-9。

生产上料线一般是相对稳定的，只有在装料顺序调节尚不能满足要求时才改变料线。为避免布料混乱，料线一般选在碰撞点以上某一高度。料线一般不宜选得太深，因为过深的料线不仅使炉喉部分容积得不到利用，而且矿焦界面混合效应加大，不利于煤气流运动和炉况顺行。

4.2.1.4 装料设备对布料的影响

A 双钟装料设备的旋转布料器

在传统的单侧料车上料时，炉料倒入小料斗发生堆尖和粒度偏析(如图 4-10)。为克服这种偏析，采用马基式旋转布料器将小钟、小料斗和斗中的料一起旋转，使这种偏析较均匀地分布在炉喉，一般旋转为六个位置或站(0°、60°、120°、180°、240°、300°)，可以每批料，也可以每车料旋转一个角度。为克服炉子偏行，可用区域的几个站布料；而为纠正管道行程，则可定站布料。在生产中往往是采用两种以上的装料方式循环，以保证炉料沿圆周方向尽可能均匀分布。

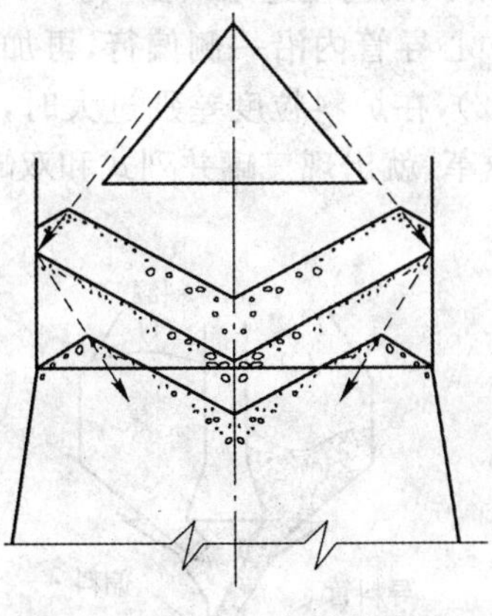

图 4-9 料线对布料的影响

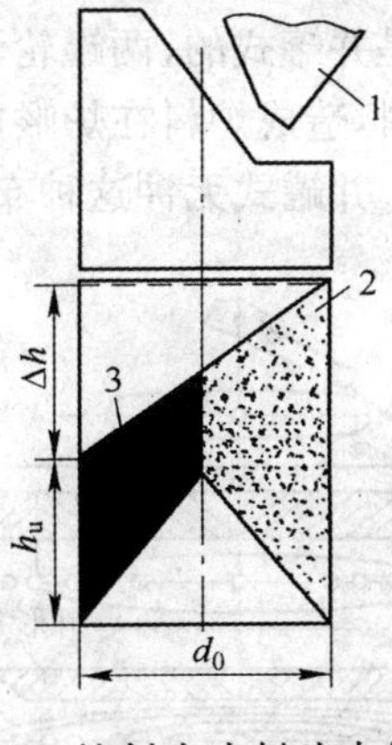

图 4-10 炉料在小料斗中的分布

1—料车；2—细粒分布区；3—块料分布区

每个循环的料批数不能为 6 的倍数或约数，以免堆尖重叠，一般为 10 或 5。在双钟带旋转布料器的高炉上，制定合适的布料器工作制度成为决定堆尖在炉内分布的重要手段。

B 可调炉喉

随着炼铁工业的发展，高炉日趋大型化，巨型高炉上不断出现大钟直径不能在巨大直径的炉喉部位灵活布料的情况，中心布矿过少，中心料面与边缘料面高度差随炉喉直径增大而加大的问题尤为突出。于是出现了种种的补救办法，其中之一即是 1964 年出现的“可调炉喉”。它在炉喉部位安装以机械形式调节炉喉直径的钢板，根据布料需要，钢板向内推进，入炉料碰到钢板反弹入炉内，将炉料布到炉内指定的位置。

这种活动喉板，虽然解决了中心布矿等问题，但也只是对传统钟式装料系统的改良，不能从根本上改变其调节范围小，调节不够灵活有效的缺点。这种改良也未能解决双钟的密封问题。

C　无钟炉顶

无钟装料装置是1972年由卢森堡PW公司发明的。它由两个料罐一个溜槽组成。两个料罐相当于双钟装料装置的大小钟之间的大料斗，料罐的两端有两个直径小并嵌有弹性良好的橡胶密封圈的密封阀，上阀相当于小钟密封，下阀则相当于大钟密封。上阀开、下阀关时，炉料装入罐内，而上阀关、下阀开炉料沿导管流进转动的溜槽，边转动炉料边落到炉内料面上，一般一批料布8～12圈。溜槽的倾斜角是可以根据布料要求任意变动，再加上水平面上方位角的调节，就可将炉料布到炉喉任何所希望的部位。

无钟布料器的四种典型布料方式示于图4-11。

(1) 环形布料。倾角固定的旋转布料称为环形布料。这种布料方式与料钟布料相似，改变旋转溜槽的倾角相当于改变料钟直径。由于旋转溜槽的倾角可任意调节，所以可在炉喉的任一半径做单环、双环和多环布料，将焦炭和矿石布在不同半径上以调整煤气分布。

(2) 螺旋形布料。倾角变化的旋转布料称为螺旋形布料。布料时溜槽做等速的旋转运动，每转一圈跳变一个倾角，这种布料方法能把炉料布到炉喉截面任一部位，并且可以根据生产要求调整料层厚度，也能获得较平坦的料面。

(3) 定点布料。方位角固定的布料形式称为定点布料。当炉内某部位发生“管道”或“过吹”时，需用定点布料。

(4) 扇形布料。方位角在规定范围内反复变化的布料形式称为扇形布料。当炉内产生偏析或局部崩料时，采用该布料方式。布料时旋转溜槽在指定的弧段内慢速来回摆动。

初期的无钟是并罐式的，两罐轮流装料，由于炉料在中心导管内沿一侧偏行，再加上大部分至今采用单环布料，造成炉料在炉喉内分布不均匀(图4-12)，在炉料粒度差别过大时，这种偏析比钟式还要严重。并罐式无钟这种布料上的缺点推动了改革，就出现三罐并列式和双罐串罐式

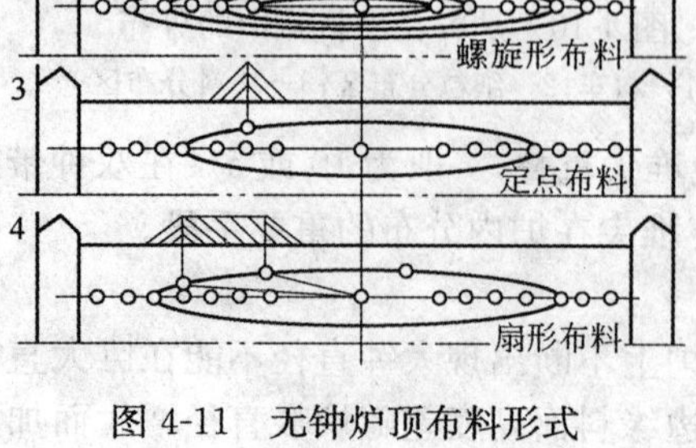

图4-11　无钟炉顶布料形式

图4-12　并罐式无钟布料不均匀的图解

无钟的开发和应用。串罐式的下罐排料口与导料管在同一中心线上,从而可克服炉料偏行的缺点。

4.2.2 送风制度

送风制度是指通过风口向高炉内鼓送具有一定能量的风的各种控制参数的总称。它包括风量、风温、风压、风中含氧、湿分、喷吹燃料以及风口直径、风口中心线与水平的倾角,风口端伸入炉内的长度等等。由此确定两个重要的参数:风速和鼓风动能。

调节上述诸参数以及喷吹量常被称为“下部调节”,下部调节是通过上述诸参数的变动来控制风口燃烧带状况和煤气流的初始分布。与上部调节相配合是控制炉况顺行、煤气流合理分布和提高煤气利用的关键。一般来说下部调节的效果较上部调节快。因此它是生产者常用的调节手段。

4.2.2.1 送风制度检验指标

生产实践表明,不同的燃料条件,不同的炉缸直径应达到相应的鼓风动能值,过小的鼓风动能使炉缸不活跃,初始煤气分布偏向边缘;而过大的鼓风动能则易形成顺时针方向的涡流造成风口下方堆积而使风口下端烧坏。

A 风速的计算

标准态风速的计算公式为:

$$v_{标}=4Q/(n\pi d^2) \tag{4-2}$$

式中 Q——风量,m^3/s;

n——风口数,个;

d——风口直径,m。

实际风速是高炉生产实际情况下($t_{风}$、$p_{风}$)的鼓风通过风口时所达到的风速:

$$v_{实}=v_{标}\times(273+t_{热风})\times101.325/(101.325+p_{热风})\times(273+t_{冷风}) \tag{4-3}$$

式中 $t_{热风}$——热风温度,℃;

$p_{热风}$——热风压力,kPa;

$t_{冷风}$——冷风温度,℃。

不同类型高炉的标准风速的参考值见表 4-2。

表 4-2 高炉有效容积与标准风速的关系

有效容积/m^3	100	255～300	700	1000	2000	3000	4000
$v_{标}$/$m\cdot s^{-1}$	>80	>100	>120	>140	>180	>200	>220

B 鼓风动能

高炉有效容积与鼓风动能的关系见表 4-3,判断鼓风动能合适的直接表象见表 4-4。

表 4-3 高炉有效容积与鼓风动能的关系

有效容积/m^3	100	300	600	1000	2000	3000	4000
鼓风动能/$kJ\cdot s^{-1}$	15～30	25～40	35～50	40～60	60～80	90～110	110～140

表 4-4　判断合适鼓风动能的直接表象

内容		鼓风动能正常	鼓风动能过大	鼓风动能过小
仪表	风压	稳定,并在一定范围内出现小的波动	波动大而有规律,出铁、出渣前显著升高,出铁后降低	曲线死板,风压升高时容易悬料、崩料
	风量	稳定,在小范围内发生波动	波动大,随风压升高风量减少,风压降低风量增加	曲线呆死,风压升高,崩料后风量下降很多
	料尺	下料均匀、整齐	不均匀,出铁前料慢,出铁后料快	不均匀,有时出现滑料与过满现象
	炉顶温度	带宽正常,相互交错,波动小	带窄,波动大,料快时温度低,料慢时升高	带宽,四个方向有分叉
风口情况		各风口工作均匀、活跃,风口破损少	风口活跃,但显凉,严重时风口破损较多,且多坏风口内侧下端	风口明亮,但不均匀,有升降,炉况不顺时,风口自动灌渣,破损多
炉渣		炉温充足,流动性好,上下渣均匀,上渣带铁少,渣口破损少	渣温不均匀,上渣带铁多,易喷花,上渣难放,渣口破损较多	炉渣不均匀,上渣热,而变化大,有时带铁多,渣口易坏
生铁		物理热足,炼钢生铁常是灰口,有石墨碳析出	物理热稍低,炼钢生铁白口多,而硫低,石墨少	铁水暗红,炼钢生铁为白口、硫高、几乎没有石墨

C　风口前理论燃烧温度

焦炭和喷吹物在风口前燃烧时,所能达到的最高绝对温度,即假定风口前燃料燃烧放出的热量全部用来加热燃烧产物时所能达到的最高温度,叫做风口前理论燃烧温度,也叫燃烧带火焰温度。理论燃烧温度是风口前燃烧带热状态的主要标志。它的高低不仅决定炉缸的热状态和煤气温度,而且也对炉料传热、还原、造渣、脱硫以及铁水温度、化学成分等产生重大影响。在喷吹燃料的情况下,理论燃烧温度低于界限值后,还会使燃烧的置换比下降,燃烧消耗升高,甚至使炉况恶化。所以,风口前理论燃烧温度是送风制度的一个重要指标。

D　合适的风口回旋区深度

具有一定速度和动能的鼓风,在风口前吹动着焦炭回旋运动,形成一个疏松且近似椭圆形的区间,这个区间就叫回旋区。回旋区形状和大小,反映了风口的进风状态,它直接影响气流和温度的分布,以及炉缸的均匀活跃程度。回旋区深度受风速和鼓风动能的影响而变化,鼓风动能增加,回旋区深度也增加,边缘煤气流减少,中心气流增强。回旋区深度要适宜,过大或过小将造成中心或边缘气流发展。炉缸直径越大,回旋区应该越深,煤气流越向中心扩展,使中心温度充沛,控制焦炭堆积数量,维持良好的透气性和透液性。回旋区以风口数目多些,风口循环区面积大一些为宜,这样有利于炉缸工作均匀与炉况顺行。循环区深一些,有利于活跃炉缸中心,也有利于改善生产和煤气利用。

E　风口圆周工作均匀程度

炉缸工作良好,不仅要求煤气流径向分布合理,还要求圆周气流分布均匀。长时间圆周工作不均匀会使炉衬遭到侵蚀,使正常的工作炉型遭到破坏。这种圆周工作的不均匀必然导致上部矿石预还原程度不均匀,从而破坏炉缸的均匀与稳定。因此要求各风口进风量、风口直径、长度和斜度等参数应基本一致。

4.2.2.2　送风制度的操作

A　风量

风量对高炉冶炼的下料速度、煤气流分布、造渣制度和热制度都将产生影响。一般情况下,风量与下料速度、冶炼强度和生铁产量成正比关系,但它只有在燃料比降低或维持燃料比不变的条件下,上述关系才成立,否则适得其反。

风量的调节作用:控制料速,达到预期的冶炼强度,实现料速均衡不变;稳定气流,炉况不顺初期,减少风量是降低压差、消除管道、防止难行、崩料和悬料的有效手段;炉凉时减风控制下料速度;炉况顺行和供料正常情况下,全风操作,提高高炉生产率。

B 风温

提高风温是强化高炉冶炼的主要措施。提高风温能增加炉缸高温热量的收入,也就同时增加了鼓风动能,提高了炉缸温度,活跃炉缸,促进煤气流初始分布合理,改善喷吹燃料的效果。

C 风压

风压直接反映炉内煤气量与料柱透气性的适应情况,它的波动是冶炼过程的综合反映,也是判断炉况的重要依据。目前高炉普遍装备有透气性指数仪表,对炉况变化反应灵敏,有利于操作者判断炉况。

D 鼓风湿度

全焦冶炼的高炉,采用加湿鼓风最有利,它能控制适宜的理论燃烧温度,使风温固定在最高水平。喷吹燃料的高炉,基本上不采用加湿鼓风;大喷煤以后,为了稳定喷煤量及提高煤粉燃烧率,可采用脱湿鼓风。

E 喷吹燃料

喷吹燃料不仅在热能和化学能方面可以取代焦炭,而且也增加了一个下部调节手段。喷吹燃料的高炉应固定风温操作,用煤量来调节炉温。

F 富氧鼓风

空气中的氧气含量在标准状态下为21%,采用不同方法,提高鼓风中的氧含量就叫富氧鼓风。富氧鼓风可以提高风口前理论燃烧温度,有利于提高炉缸温度和冶炼强度及增加喷煤量。同时也增加了一个下部调节手段。富氧后不仅能提高冶炼强度,而且能增加产量。

G 风口面积和长度

在一定风量下,风口面积和长度对风口的进风状态起决定性的作用。生产实践表明,一定的冶炼强度必须与合适的鼓风动能相配合(见表4-3和表4-4),在高强度冶炼时,由于风量、风温必须保持最高水平,通常采用改变风口进风面积的办法来调剂鼓风动能,有时也用改变风口长度的办法调节边沿与中心气流,所以调整风口直径和长度便成为下部调节的重要手段。

4.2.3 造渣制度

4.2.3.1 造渣制度的选择

造渣制度包括造渣过程和终渣性能的控制。造渣制度应根据冶炼条件、生铁品种确定。

在炼铁原理中已对炉渣性能作了详细的介绍,它是选择造渣制度的依据。为控制造渣过程,应对使用的原料的冶金性能作全面了解,特别是它们的软化开始温度,熔化开始温度,软熔温度区间,熔化终了温度以及软熔过程中的压降等。目前推广的合理炉料结构就是要将这些性能合理搭配,使软熔带宽度和位置合理,料柱透气性良好,煤气流分布合理。

终渣性能控制是使炉渣具有良好的热稳定性和化学稳定性,以保证良好的炉缸热状态和合理的渣铁温度,以及控制好生铁成分,主要是生铁中的[Si]和[S]的含量。

造渣制度应相对稳定,只有在改换冶炼产品品种或原料成分变动大,造成有害杂质量增加或出现不合格产品,炉衬结厚需要洗炉,炉衬严重侵蚀需要护炉,排碱以及处理炉况失常等特殊情况下才调整造渣制度。一经调整则应尽量维持其稳定。

4.2.3.2 造渣制度的调节

(1) 造渣制度与生铁含硫量的关系。在保证生铁质量前提下,尽可能把炉渣碱度调节到规定范围的下限。以往多注意单向调节，即硫高提碱度。较好的操作应是双向调节，即硫高提碱度硫低降碱度。除非必要，过低的铁水含硫量对高炉冶炼以及总的生产技术经济指标是有影响的。

(2) 较大幅度调整炉渣碱度时，必须充分估计炉温状况是否许可。碱度已降，炉温未升，恐危及质量；碱度已升，炉温不足或不稳，恐危及顺行。所以较稳妥的做法是将炉温置于合适水平，再调整炉渣碱度。

炉渣碱度控制过高，不仅是个浪费，而且是导致炉况失常的一个隐患。已有许多事例说明，确保铁水硫含量合格的首要措施，在于维持稳定的炉温。这在冶炼低硅生铁时尤其重要。国外许多先进高炉渣量很少，铁水温度高而稳定。在此种条件下，为强化炉渣对生铁成分的控制作用，采用高碱度渣(1.20～1.25)操作，不仅为冶炼低硫低硅生铁所需，也无炉况不顺之虑。

4.2.4　炉缸热制度

炉缸热制度是指高炉炉缸所具有的高温热量水平，或者说是根据冶炼条件，为获得最佳效益而选择的最适当的炉缸高温热量，它反映了高炉炉缸内热量收入与支出的平衡状态。表示炉缸热制度的指标有两个。一个是铁水温度，它一般在1350～1550℃之间，俗称“物理热”。另一个指标是生铁含硅量，生铁中的硅全部是直接还原得来的，炉缸热量越充足，越有利于硅的还原，生铁含硅量就越高，所以生铁含硅量的高低，在一定条件下可以表示炉缸热量的多少，俗称“化学热”。一般情况下，当炉渣碱度变化不大时，两者基本是一致的，即化学热愈高，物理热愈高，炉温也愈充沛。目前许多厂尚无直接测量铁水温度的仪器，因此生铁含硅量成为表示热制度的常用指标。在平衡状态下，还原1 kg硅所耗的热量是还原1 kg铁耗热的8倍。

4.2.4.1　热制度的选择

在一定的原燃料条件下，合理的热制度要根据高炉的具体特点及冶炼品种来定。

(1) 根据铁种的需要，保证生铁含硅量、含硫量在所规定的范围内。冶炼制钢铁时，$w[Si]$应控制在0.2%～0.5%之间，$w[S] \leqslant 0.03\%$；冶炼铸造铁时应根据生铁牌号来确定生铁含硅量，如冶炼18号铸造生铁时，可将$w[Si]$控制在1.7%左右；

(2) 根据原燃料条件来选择。原燃料含硫高，物理性能好时，可维持偏高的炉温；原燃料稳定时，可维持偏低的生铁含硅量；在保证顺行的基础上，可维持稍高的炉渣碱度，适当降低生铁含硅量；

(3) 结合高炉设备情况选择热制度，如高炉炉缸侵蚀严重或冶炼过程出现严重故障时，要规定较高的炉温；

(4) 结合技术操作水平与管理水平选择热制度，如原料中和混匀搞得好，高炉操作水平高时，可以将生铁含硅量控制在下限，实现铁水物理温度高的低硅操作。

4.2.4.2　影响热制度的主要因素

生产中影响热制度的因素很多。任何影响炉内热量收支的因素都会造成热制度的波动。

A　原燃料性质的变化对热制度的影响

矿石质量影响热制度的因素有矿石品位、粒度和含粉末率、还原性。矿石含铁量越高，脉石就越少，脉石熔化造渣所消耗的热量也越少，而且渣量减少，炉料的透气性得到改善，有利于还原，可降低焦比，一般矿石品位提高1%，焦比约降2%，产量提高3%；矿石粒度均匀有利于透气性改善和煤气利用率提高，对小高炉来说，矿石粒度10～40 mm，而对大高炉则在15～60 mm为易，小于5 mm的粉末越少越好。

焦炭质量的影响因素有焦炭灰分、焦炭含硫量和焦炭强度。焦炭灰分增加，固定碳含量就会降低，其发热值也随之降低；另外，灰分增加，渣量也增加，从而使消耗热量增加。

B 冶炼参数的变动对热制度的影响

冶炼参数变动引起风温、冶炼强度、湿度、富氧率、炉顶压力、炉顶混合煤气 CO_2 含量以及料柱透气性的变化等。风温是高炉冶炼的主要热源之一，提高风温可以有效地增加热量，降低燃料消耗，改变炉缸热制度；喷吹燃料也是热源和还原剂的来源。喷吹燃料会改变炉缸内煤气流的分布。实践证明喷吹燃料能促进炉缸中心温度升高，使整个炉缸截面积的温度梯度减小，保证炉缸工作均匀活跃；风量增减直接影响料速的变化。风量增加，料速加快，煤气在炉内的停留时间缩短，直接还原增加，会造成炉温向凉；装料制度如批重和料线等对煤气分布、热交换和还原反应产生直接影响；

C 设备及其他方面故障引起的影响

如冷却设备漏水、原燃料称量上的误差、装料设备故障等都能使炉缸热制度发生变化。

热状态是多种操作制度的综合结果，生产中是用选择合适的焦炭负荷，辅以相应的装料制度、送风制度、造渣制度来维持最佳热状态。日常生产中常因某些操作参数变化而影响热状态，则采用风温、风量、湿分、喷吹量来微调，而必要时则采用负荷调节。严重炉凉时，还要投入空焦。

4.2.5 高炉冷却制度

冷却制度是一个大的系统管理项目，主要是冷却水参数的管理，冷却器破损的检查与处理。目的在于保障高炉各部位的合理冷却，以维护正常的操作炉型，延长高炉寿命。

合理的冷却制度要满足三方面要求：

(1) 高炉各部位的冷却水量与其热流强度相适应；

(2) 高炉每个冷却器内的水速、水量和水质要相适应；

(3) 保证足够的水压和合理的进出水温差。

1) 水压。一般规定水压应比炉内压力高出 50%，若达不到规定，必须立即处理。

2) 进出水温差。对水温差必须严密注视，当其超标时必须立即减风，提高水压，或采用高压水泵加强冷却等措施。休风时间超过 4 h，应适当关小进水，使水温差保持上限值。进出水温差过高，会使水失去稳定性而产生碳酸盐沉淀结垢，故应以水稳定温度 $t_{稳}$ 作为出水温度界限，一般为 50～60℃。为保证热流强度升到最高值时出水温度不超过 $t_{稳}$，设安全系数为 φ。因此进出水温差 $\Delta t=\varphi(t_{稳}-t_{进})$。

3) 水速。一是保证水中悬浮物不沉降的最小水速 $v_{沉}$；二是保证水在冷却器内不产生局部沸腾的临界水速。

4.3 炉况判断

高炉冶炼是在密闭的竖炉内进行的极为复杂的物理化学反应和热交换过程，同时它又是一个依靠各辅助系统工作，以及生产组织等支撑的过程。因此受到诸如内部、外部、主观和客观的众多因素的影响，造成高炉炉况的波动是绝对的、经常性的。生产者的重要任务是及时准确地判断炉况，并在此基础上采用各种调节措施，保证高炉顺行，避免炉况剧烈波动而造成炉况失常，甚至生产事故。

炉况判断是生产者通过直接观察和仪表监测显示获得可靠信息，然后进行分析而得出炉况走向，可能发生的波动性质和幅度。现代先进高炉还借助于计算机高炉数学模型及人工智能专家系统等进行炉况判断。

4.3.1 正常炉况

生产者结合直观观察(包括看风口、看出渣出铁、渣样、铁样、下料速度等)和仪表监测显示

(主要是热风压力、冷风流量、压差、炉身静压力、透气性指数和料线,料尺走动、炉顶温度和煤气曲线或十字测温温度曲线等)综合判断炉况是否正常。

正常炉况的标志能够反映炉缸工作、下料和煤气流分布的特征,即炉缸工作均匀活跃,炉温充沛稳定,下料均匀稳定,煤气分布合理。其具体标志如下:

(1) 风口明亮,焦炭活跃,风口前无生料、不挂渣,风口破损极少;

(2) 炉温充足,炉渣流动性好,上渣不带铁,渣沟不结厚壳, 渣口烧损极少;

(3) 铁水白亮,物理热高,成分相对稳定;

(4) 炉顶温度有规律波动;

(5) 风压平稳,风量微微波动,曲线画圆,透气性指数变化平稳,无锯齿状;

(6) 顶压稳定,没有频繁的上下尖峰;

(7) 下料均匀,不停滞、不塌落,没有时快时慢的现象,双探尺基本一致,料尺曲线整齐,倾角稳定;

(8) 炉喉 CO_2 曲线接近于对称的双峰形,中心峰谷较为开阔,尖峰位置在炉墙至中心的 $\frac{1}{3}\sim\frac{1}{2}$ 之间;边缘与中心数值相近或稍高一些,且 $w(CO_2)$ 平均值较高;

(9) 炉喉、炉身、炉基温度变化不大;

(10) 炉喉、炉腰和炉身等处冷却水温差符合规定要求。

4.3.1.1　炉温充足而稳定

炉温充足稳定表现为铁水物理热高,生铁含硅合格,含硫量低;渣温充足,流动性良好,流过渣沟不结壳,上下渣及各渣口渣温均匀,渣色与成分相近,渣样断口呈褐玻璃状,上渣带铁少,渣口破损少;各风口均匀活跃,明亮而不耀目,风口不挂渣,破损极少。

操作人员根据出铁出渣时的一些物理现象,可凭经验直接判断炉温。

生铁含硅高时铁水黏稠,沟中挂残铁,火花高、大、疏;$w[Si]<0.9\%$时,随着含硅量降低,火花逐渐变小而密;$w[Si]\geqslant 1.0\%$时,火花少、跳得高;$w[Si]\geqslant 1.5\%$时仅有小火球出现,但跳得很沉;铁水颜色随硅含量增高由黄红变黄白色。

含硅高的铁水凝固时,表面有石墨碳析出,断面呈黑灰色,称灰口铁。低硅铁断口呈白色放射状,称白口铁。

硫对铁水凝固速度影响比较大,硅高硫低时,铁水凝固快、铁样略微下凹;硅低硫高时,凝固慢、铁水表面出现“油皮”,铁样略微凸起。一般情况下,生铁硅高硫低或硅低硫高,但在炉缸工作不均匀时也有高硅高硫的现象。

看渣样的外表大体可分石头渣和玻璃渣两大类。石头渣碱度高,其颜色愈淡炉温愈高,过热时会出现蓝石头或白石头,炉温渐低颜色转深,由黄绿变棕黄色。玻璃渣的断面愈光亮、平滑,炉温愈高;反之则低。正常颜色为褐玻璃,炉温较低呈棕玻璃。不论是石头渣或是玻璃渣,在炉温过低时,由于含(FeO)过多均变成黑渣。

放渣时,渣的流动性好,白亮耀眼同时冒白烟,说明炉温高;流动性差,渣沟挂渣,颜色暗红,说明炉温低。

4.3.1.2　料速均匀

料尺移动反映下料的情况。料速均匀表现在下料顺畅,料批稳定,两个探尺速度一致(相差不超过 0.2 m),既无过慢或低料线,也无停滞、陷落及崩落现象。

4.3.1.3　煤气分布合理

合理的煤气流分布表现为风压正常稳定,只有小范围(±5 kPa)波动;风量也正常稳定,只有小范围波动而没有上下尖峰；炉喉温度曲线带窄而稳定，对于使用热烧结矿的高炉炉喉温度稳定在750～900℃范围内，圆周上四个点相差不超过80～120℃；炉顶温度曲线带窄，随上料有所波动，但范围较小而稳定。热装时在450～500℃之间，四点相差不超过30～50℃；气流分布稳定，炉喉煤气CO_2曲线稳定、规则，煤气利用良好。

4.3.2 异常炉况

高炉常见的炉况异常有低料线、偏料、崩料、悬料、结瘤和炉缸冻结。它们不是一种独立的失常炉况，而是失常炉况没有及时处理，使矛盾激化的表现。

A 低料线

由于各种原因不能按时上料，以致探料尺较正常规定料线低0.5 m以上时，即称低料线。低料线使矿石不能进行正常的预热和还原，导致煤气分布紊乱，它是造成炉凉和不顺的重要原因，必须及时处理。

B 偏料

高炉截面下料速度不一致，在料尺上呈现斜面(一边高一边低)的现象，叫做偏料。产生偏料的原因是：炉内煤气流分布很不均匀或各风口进风不均匀，使得局部区域料速过快或过慢，炉墙部分被侵蚀或结瘤，造成高炉内型不规整，装料设备中心不正；旋转布料器长期工作不正常或料罐内矿石分布不均匀。

偏料的特征是：炉顶及炉身温度曲线带明显分散；低料面一边的炉喉CO_2含量少且风口有剧烈升降；各渣口及上下渣的温度差别大；两料尺相差0.5 m以上。

C 崩料

高炉煤气分布失常与炉缸热制度破坏引起炉料突然塌落的现象，称为崩料。崩料往往发生于难行(炉料下降不畅)或停滞之后。

崩料的特征是：料尺不断停滞、崩落或陷落；风压风量剧烈地呈锯齿状波动；炉顶与炉喉温度剧烈波动，半径CO_2曲线紊乱；炉温急剧下降，风口前大量生降，短期内即造成风口涌渣现象，渣铁温度显著降低；炉顶压力剧烈波动，炉顶上升管可能出现不正常的响声。

D 悬料

高炉炉料停止下降超过1～2批料时就是悬料。应注意预防悬料的发生。在发现风压升高、炉料难行、料尺曲线开始打横时，若炉凉可以减风，若炉温足够可以减喷吹物，增加湿分，最后也可以减风温，进一步可以采取发展边缘的装料制度5～10批，并适当减轻负荷。此外，日常操作中为防止悬料，在出铁前和炉温剧烈向热时避免加风。

高炉煤气流分布失常和热制度的破坏都可以引起悬料，只有正确判断产生悬料的原因，才能采取消除悬料的正确措施。

E 结瘤

高炉结瘤的特征是：炉况经常不顺，难行、崩料、悬料频繁、不能维持正常风量；经常偏料，炉缸工作不均匀(环形瘤此特征不明显)；结瘤部位炉墙温度降低，炉瘤下方的炉墙温度升高；煤气分布紊乱，炉瘤上方CO_2含量升高，炉瘤前沿CO_2含量降低；有环形瘤时，中心气流发展，炉顶温度各点相差很小；有局部炉瘤时，各点炉顶温度相差增大；炉尘量增加，且粒度变大。

结瘤以后，如属上部炉瘤，初期可用发展边缘气流或装入洗炉料的办法进行洗炉，以清除炉瘤；对于金属铁凝结的下部炉瘤，首要是消除结瘤原因(如换掉漏水的冷却部件)。在原因消除后，这类瘤往往能被熔融而逐渐消失。因粉末和炉温波动造成的高炉下部结厚或结瘤，可装洗炉料洗炉，或用降低风温减轻负荷使高温区上移的办法把它熔掉。无论高炉上部或下部，当炉瘤已长得相当大时，清除炉瘤的有效办法只有休风炸瘤。

F　炉缸冻结

炉缸温度降低到渣铁不能自渣口、铁口自由流出的程度，就是炉缸冻结。炉缸冻结是高炉的严重事故，它容易发生在：连续崩料未能及时制止；洗炉时，炉瘤熔化进入高炉下部（甚至炉缸）进行直接还原，而减轻的焦炭负荷或加入净焦量不足以弥补这种过分的热消耗，造成炉缸温度剧烈降低；操作失误或称量误差；冷却设备大量漏水。

发生炉缸冻结事故后，主要应采取以下措施：首先大量减风 20%～30%（以风口不灌渣为限）；尽量设法让渣铁流出来，同时勤放渣铁；尽量保持较多的风口能正常工作，至少要使靠近渣铁口的风口畅通；立即加净焦，视炉况加 10～20 批左右，并减轻焦炭负荷；停止喷吹，相应减轻焦炭负荷；减少熔剂使渣碱度维持低水平；避免在冻结期间坐料或休风换设备，免得炉况进一步恶化；炉缸严重冻结、铁口打不开时，可将渣口三、四套取下，砌上耐火砖，由渣口出铁；如渣口也冻结时，应将渣口与风口用氧气烧通，并扩大烧开的容积，填上新焦，用渣口上的 1～2 个风口送风，从渣口出渣出铁；当炉温转热时，应首先恢复渣铁口的工作，同时根据炉况恢复风口工作，以后再恢复风量、负荷及喷吹物。

4.4　开炉、休风、停炉

4.4.1　开炉

开炉是一代高炉连续作业的开始。开炉的准备工作和开炉过程的好坏，直接影响着高炉操作的技术经济指标和寿命。

开炉前必须严格检查高炉系统的部件和附属设备，使之完全正常可靠，以避免在开炉过程休风。对上料系统必须进行联合试车。

新砌的砖衬含有很多水分，必须根据一定的烘炉制度对高炉和热风炉逐渐加热，以免因炉衬突然经受高温引起砖墙破裂。

根据高炉大小和原料条件，选择合理的造渣制度和确定开炉焦比，然后进行开炉配料计算，确定开炉料中焦炭、矿石和熔剂等各种料批的重量组成，以备装炉。

开炉操作分为装炉、点火、炉内操作和炉前操作几个步骤。

4.4.1.1　装炉

合理的开炉装料方法，应符合下列原则：

(1) 熔渣应在炉缸内冷料（焦炭）消除后进入炉缸，以免造成炉缸冻结和铁口难开等事故；

(2) 铁水应在炉缸积存有足够的高温炉渣时才流到炉缸，以免铁水直接与炉墙接触而凝固，或失去流动性；

(3) 按全炉焦比决定的焦炭量，不能平均分配，应使沿高炉高度自上而下温度逐渐升高，保证高炉下部炉墙和上部炉料得到充分加热；

(4) 用木柴填充炉缸的高炉，炉缸及风口以上 600 mm 的炉腹区域都要用木柴填充。

开炉填充料应分段加入。以焦炭填充炉缸为例：净焦集中在下部，其次是一定量的空焦，然后是一定比例的空焦与正常料交替装入，最后是正常料。为防止铁水过早进入炉缸，第一批正常料应尽量上移，一般可装在炉身下部。

此外，在正常出铁前最好装入一定量的水渣，使炉缸在铁水下达前已积存相当量的熔渣，并把上部热量部分转移到下部，更有利于加热炉缸。这项措施对小高炉更有意义。

4.4.1.2 点火

若使用 700～750℃的热风开炉，直接鼓热风便可点着填充在炉缸内的焦炭，点火的热风温度愈高愈好。为点火容易起见，也可在风口前放入相当数量的木柴等易燃物。若没有热风，可用红热的铁棍伸进风口点火，事先可在点火的地方装进刨花或塞进蘸有煤油的棉纱、破布。

不论采用哪种点火方式，点火前均应关闭大小料钟，打开炉顶放散阀，并切断与煤气系统的联系。当煤气成分接近正常、煤气压力在 4 kPa 时，即可接通除尘系统。

4.4.1.3 炉内操作

开炉时风量小，边缘易发展，应采用适当加重边缘的装料制度。由于高炉焦比高，料柱透气性远较正常时为好，适当加重边缘不仅不会破坏顺行，而且对炉喉保护板和炉衬的维护都有好处。

为了更好地加热炉料和炉墙，使矿石充分还原，开炉风量不应过大，要随着炉料下降和顺行情况的改善逐渐加风。为保持有足够的风速，开炉初期应缩小风口或适当堵塞一些风口，待风量加大后再逐个捅开。

4.4.1.4 炉前操作

炉前操作应注意以下事项：

(1) 用冷风点火的高炉，在送风以后，要经常注意风口是否被炉渣封死，若不见火光，要随时用铁棍将它捅开。

(2) 从铁口吹出的煤气，要把它点燃。待铁口流出熔渣时，拔出铁管，用人工堵住铁口。

(3) 第一次出渣和出铁时间，可按点火后下料批数来估算，按前述的送风制度操作，可在 10 h左右放第一次渣，在 14 h 后放第一次铁。为防止第一次渣可能带铁烧坏渣口，此次渣通常由铁口放出。

(4) 由于炉缸温度较低，铁水可能凝结在铁口，使铁口难以打开。因此，要做好用氧气烧开铁口和用较长时间打开铁口的准备。

4.4.2 休风

高炉生产过程中，有时因临时检修或计划检修，而需要短期或长时间的停止送风，叫做休风。休风时间一般超过 8 h 的称长期休风，8 h 以下的称短期休风(通称休风)。

高炉休风时，由于煤气压力的降低，容易使空气渗入管道和炉内，此时高炉煤气(含 CO 和 H_2)与空气混合至一定比例，并有接触剂(矿粉、热的耐火材料及镍、铜和一些金属氧化物)存在时，只要有适当的温度条件就能着火爆炸。着火温度随煤气中 H_2 含量的增加而降低，含有少量 H_2 的高炉煤气的混合气体，着火温度为 300～500℃。

煤气爆炸可能造成设备破坏和人身事故，故高炉休风和复风操作中最重要的是防止煤气爆炸。因此，无论长、短期休风时，都要将高炉本体与煤气管道完全切断。为预防爆炸性混合气体的生成，在休风期应向高炉炉顶及煤气管道内通入蒸汽，以保持炉顶及管道内的正压，既可防止空气渗入并可冲淡煤气中 CO 和 H_2 的浓度，减少爆炸的可能性。

对于长期休风的高炉，应在停风前，对于大高炉风压降到$(1.05\sim1.1)\times10^5$ Pa，关闭炉顶蒸汽，打开大钟；用红焦或烧着的木柴与油布点燃炉顶煤气，并维持火焰不灭，然后停风堵严风口，在继续通蒸汽的情况下，使煤气管道与大气相通，靠自然抽力驱净煤气。

高炉恢复送风时，也要注意煤气安全。复风前，上述各部位都要通入蒸汽，待炉顶煤气有足够压力时，再按操作程序接通煤气系统。

4.4.3 高炉停炉

高炉一代寿命将结束需要大修时，就是停炉。停炉大修不但要耗费巨额投资，而且也少生产许多生铁。因此，在安全生产的前提下应尽量延长高炉的生产期限。

停炉是一件非常重要的工作，要做到安全、出净残铁、便于拆除和检修。

停炉方法主要有焦丁填充法和空料线喷水法两种：

(1) 焦丁填充法。停炉时开始装入湿的小焦块，并经炉顶喷水，直到小焦块下达风口平面时停止送风，马上取下风管同时由炉顶喷水冷却，直到焦炭熄灭为止。此法的优点是：湿焦和炉顶喷水生成大量水汽可以冲淡煤气中CO的浓度，同时降低了炉顶温度；小焦块填充炉内可避免停炉过程中炉衬崩落；节省时间，劳动条件较好。缺点是停炉过程容易发生蒸汽爆炸。

(2) 空料线喷水法。停炉开始时就停止装料，待料面下降至上部空间扩大时，从炉顶喷水；当料面到达风口平面或其上1～2 m时停止送风，仍继续喷水；待炉缸内红焦全部熄灭后，开始修理工作。此法的优点是大大缩短了修炉时间，但与焦丁法比较在安全方面有些问题，如煤气含氢量增加，停炉过程炉衬有崩落的危险等。实践证明，采用空料线喷水法时，只要处理恰当，完全可以保证安全停炉。

4.5 炼铁技术的发展

近20年来，高炉炼铁技术主要朝着获得优质、高产、低耗和长寿的目标，向大型化、自动化方向发展。在生产工艺上，发展的方向在强化冶炼和节焦方面。

4.5.1 高炉大型化

建设大型钢铁企业，采用大型高炉，可节省基建投资，提高劳动生产率，降低各项消耗和生产成本。因此，世界各国高炉建设，以很快的速度向大型化发展。日本从1959年开始搞大型化，20世纪60年代中2000 m^3 以上的高炉仅有3座。到1973年末便发展到28座，相当于全部高炉座数的47%。其中4000 m^3 级高炉有6座。20世纪70年代末以来，日本已有十几座4000～5000 m^3的高炉投产。世界上其他国家5000 m^3 以上高炉也不断在建设，我国宝钢已有4座4000 m^3 级高炉投产，首钢5500 m^3 级高炉正在曹妃甸建设中。

大型高炉结构与设备特点如下：

(1) 高炉内型朝矮胖发展，炉容增大，直径方向增加显著，炉身高度基本不变，炉缸与炉腹高度稍有增加；

(2) 多风口，多出铁口，无渣口；

(3) 自立式炉体框架结构，炉缸周围无支柱，便于风口平台机械化；

(4) 皮带上料；

(5) 采用轴流式鼓风机，适应大风量、高风压需要；

(6) 设大贮料场，采用机械化装卸与原料混匀；

(7) 提高风温，采用外燃式热风炉、顶燃式热风炉和陶瓷燃料器，风温可达1250～1350℃；

(8) 使用带炉喉导料板钟阀式或无料钟炉顶装料设备；

(9) 出铁场机械化与防尘措施；

(10) 改进炉衬：炭砖炉底，炉缸与炉腹、炉身下部砌高铝砖或碳化硅砖，炉壁与炉底向薄壁发展；

(11) 炉体冷却多采用冷却壁，炉底采用水冷或空冷，风口用倾斜高流速水冷；

(12) 炉顶、炉身大量采用检测仪表，装料和热风炉操作采用微机控制以外，使用过程控制和数学模型与计算机，实行人机对话，预报悬料与控制操作。

4.5.2 精料

精料是高炉高产、低耗、优质的物质基础。随着资源的逐渐贫化，很多国家都重视铁矿石的准备处理工作，钢铁联合企业配备有现代化的矿石混匀、破碎、筛分设备。

精料的关键措施：提高矿石的品位，提高熟料使用率，稳定原、燃料的化学成分，加强原料的整粒工作，改善炉料的高温冶金性能，高炉的合理炉料结构，改进焦炭质量。

4.5.3 高压操作

提高炉内煤气压力的操作称为高压操作，它是靠安装在高炉煤气系统管道上的调压阀组来调节的（如图 4-13）。炉顶压力低于 0.03 MPa 的为常压操作，高于 0.03 MPa 的称为高压操作。高炉采用高压操作后，使炉内煤气流速降低，从而减小煤气通过料柱的阻力；高压后，如果维持高压前煤气通过料柱的阻力，则可获得增加产量的效果。所以，高压操作不仅是增产的有效措施，而且还可减少炉尘吹出量，改善煤气净化质量，降低焦比。一般顶压每提高 0.01 MPa，可增产 2%、降焦 1%。

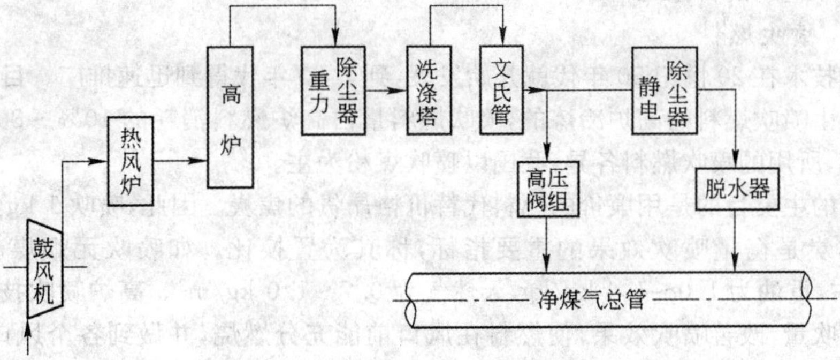

图 4-13 高炉高压操作工艺流程图

高压操作已被大型高炉广泛使用，顶压水平也愈来愈高，4000 m³ 级高炉炉顶压力已达 0.25～0.3 MPa。我国大型高炉也普遍采用高压操作，宝钢高炉 4063 m³ 高炉顶压达 0.25 MPa，国内其他企业 1000～2000 m³ 的高炉顶压有的也达到了 0.2 MPa 左右。

4.5.4 高风温

提高风温是降低焦比的重要手段。自 180 余年前采用鼓风加热技术以来，风温已由最初的 150℃提高到 1350℃，高炉焦比大幅度地降低，特别是在风温水平较低时更为突出。随着风温的提高，降低焦比与燃烧焦炭所需风量的减少，则热风节焦的效果也减小。但由于采用喷吹技术必须有高风温相配合，为此各国仍在为继续提高风温而努力。目前风温的先进水平达 1350～1450℃。我国目前平均风温水平为 1100℃左右，先进的企业可达 1250℃。所以，改进热风炉结构、材质，采取预热助燃空气、富化煤气等措施，均可进一步提高风温，为扩大喷吹燃料量、降低焦比创造条件。

提高热风温度，会对高炉冶炼带来一系列的影响，主要体现在如下几个方面：

(1) 风口前燃烧碳量减少，热风带入的物理热的增加，替代了部分风口前燃料中的碳燃烧放出的物理热；

(2) 高炉高度上温度分布发生变化。炉缸温度升高，炉身和炉顶温度降低，中温区域（900～

1000℃)略有扩大;

(3) 高炉铁的直接还原度上升。由于风温的提高,单位生铁的煤气发生量下降,导致煤气量的减少,使得煤气中CO绝对量降低;

(4) 炉内料柱阻损增加。风温提高,导致高炉下部温度升高较明显,使煤气流速急剧升高,煤气压差升高,尤其是高炉下部压差变化更为明显;

(5) 冶炼所需有效热消耗减少。

4.5.5　喷吹燃料及综合鼓风

高炉鼓风不单纯鼓入热风,有时还在鼓风中添加氧气、蒸汽和辅助燃料,以求增产节焦、操作稳定、提高效益。

4.5.5.1　富氧鼓风

富氧鼓风会大大加快碳的燃烧过程,导致风口燃烧带变小,并引起边缘气流的发展;富氧使得单位生铁的热风需要量降低,煤气量的减少会使炉身温度温降更为突出,进而影响该区域间接还原反应的进行。

富氧鼓风一般是和喷吹燃料相结合,以克服喷吹燃料时炉缸趋冷的问题。高富氧、大喷煤量是现代高炉生产追求的目标之一。

4.5.5.2　喷吹燃料

高炉喷吹技术在20世纪50年代就开始发展,到了60年代得到迅速推广。目前世界上90%以上的生铁是由喷吹燃料的高炉冶炼的,喷吹燃料量占高炉燃料消耗的10%～30%。由于各国资源条件不同,所用的喷吹燃料各异,我国以喷吹煤粉为主。

喷吹燃料的主要目的是用廉价的燃料代替价格昂贵的焦炭。因此,喷吹1 kg(或1 m^3)燃料能替换多少焦炭是衡量喷吹效果的重要指标,称其为置换比。如喷吹无烟煤粉的置换比为0.8 kg/kg左右,重油为1.0～1.4 kg/kg,天然气为0.7～1.0 kg/m^3。高炉喷吹技术发展的重要任务是加大喷吹量,改善喷吹效果,使燃料在风口前能充分燃烧,并做到各个风口能均匀喷入。目前我国喷煤量平均为80～160 kg/t,宝钢大高炉已达到了吨铁250 kg左右的水平。

喷吹燃料对高炉冶炼的影响:炉缸煤气量和鼓风动能增加,中心气流发展;间接还原反应改善,直接还原反应降低;理论燃烧温度降低,中心温度升高;料柱阻损增加,压差升高;顶温升高;热滞后现象;喷吹后生铁质量普遍提高。

4.5.5.3　脱湿鼓风

空气中湿度是随大气湿度变化而改变的,由于气温变化大,空气中湿度波动也大。为使鼓风湿度维持在一个较低的水平上,并保持稳定,70年代日本首次在新日铁高炉上使用脱湿鼓风,以后相继在其他高炉上采用这一技术。脱湿鼓风就是用脱湿剂或冷冻机把鼓风中的水分吸收或冷凝而除去。经验证明,采用脱湿鼓风可将鼓风湿度降至6～10 g/m^3,每脱湿10 g/m^3,可降低焦比8～10 kg/t,相当于提高风温60～70℃。它不仅稳定了炉况,而且又提高了风口前理论燃烧温度,为增加喷吹燃料量创造了条件。

按脱湿方法不同其装置可分两类:将空气冷却到露点以下,使水分冷凝去除;将空气与氯化钾等吸收剂接触,吸收除去水分。

4.5.6　炉顶煤气余压发电

高炉煤气的化学能作为钢铁企业的主要能源已被利用,但将炉顶煤气引入煤气罐前需减压,使其物理能(压力、温度)未被利用。这是一种浪费,而且目前大型高炉顶压日趋提高。为充分有效地利用压力能,60年代开始采用高炉炉顶煤气余压发电技术,先后在法国等地取得成功,可回收风机用电的25%～30%,节省了炼铁能耗。3座顶压为0.2 MPa的4000 m^3级高炉,共可发电3.6亿度电。这种装置的工作原理是先把煤气通过透平涡轮机,使高压煤气膨胀降压,推动涡轮机旋转,带动发电机发电。

炉顶煤气余压发电装置投资省、成本低、设备简单、不消耗煤气、无污染、噪音低,设备费用回收期短,是炼铁生产中回收压力能的有效措施。

4.5.7 高炉长寿技术

4.5.7.1 高炉长寿的意义

提高高炉生产效率,可以降低生铁成本中的固定费用。而延长高炉寿命不仅可以节约高炉大修费用,并可以减少由于大修引起的停产损失。长寿高炉是国内外炼铁企业长期追求的目标。目前国外高炉寿命已达10年以上(其间无中修),一代高炉的单位炉容产铁量达6000 t/m^3以上;先进高炉的一代寿命达21年9个月(日本水岛容积为2857 m^3的2号高炉),单位炉容产铁已达到15600 t/m^3。我国高炉的炉底寿命一般也达10年左右,但炉身寿命过短,一般两次大修之间要进行1～2次更换炉身砖衬的中修,实际炉子寿命只有3～5年,个别高炉也有8～10年左右的,因此与国外先进水平有相当大的差距。

近几十年来,高炉炼铁技术的大量研究成果不断被采用,这些技术措施导致高炉生产能力的迅速提高,热冲击、碱腐蚀、液态渣铁冲刷、铁的渗透、机械应力等现象更加严重,冷却器漏水、冷却壁烧坏和暴露等事故的发生可能性也在加大,因而高炉长寿方面承受着更大的压力。

4.5.7.2 延长高炉寿命的途径

(1) 合理的高炉设计,改善耐火材料材质。炭砖导热性好,设计炉底结构时,应将其放在炉底下部边沿,炉底周围强化冷却有助于形成渣皮,防止炉缸烧穿。目前广泛采用综合炉底(高铝砖在炉底中间,炭砖在炉底边沿)。武钢4号高炉采用全炭砖薄炉底达到长寿。近年来有采用炭砖与石墨化炭砖设计的炉底,炉身下部与炉腹采用氮化硅与碳化硅砖。20世纪90年代开始试用新开发的高铝炭砖高炉内衬。

(2) 改善冷却方式。当前总的发展趋势是强化冷却,有的高炉曾采用汽化冷却,但效果不够理想,有待研究。首钢、太钢等厂采用软水密闭循环冷却水,使用软化水强制循环冷却,防止结垢损坏冷却壁与冷却板,效果较好。

(3) 改进冷却器的材质与结构。使用铁素体球墨铸铁冷却壁或铜冷却板;改变冷却壁间的铁屑填料为碳素耐火材料;也有采用可锻铸铁镶入碳化硅—氮化硅砖;改善四个角等部位的冷却;用双层水管;在Γ形与鼻形冷却壁的凸缘部位另设水管等。

(4) 调节布料与煤气流分布。防止冷却壁损坏,也起到延长炉衬寿命的作用,例如日本使用布料分布控制技术;当冷却壁温度升高一定程度时,即用细粒炉料压制边缘,发展中心。

(5) 采用喷补技术。如喷浆与灌浆技术的应用,可延长寿命几个月至二年。有的高炉在炉喉与炉身上部采用光面冷却壁,可保持炉壁的光滑,免除喷补。

4.5.8 高炉中心加焦技术

高炉中心加焦是近年来发展起来的一种新型装料技术。其基本点与最终目的是改变传统的布料方式,使其能将少量的焦炭布于高炉中心,形成细长的中心焦柱,从而可以确保强而稳定的狭窄的中心煤气流的形成,达到高产、稳产低耗的目的。

4.5.8.1　高炉中心加焦技术的发展

乌克兰于 1986 年在查波罗什 3 号高炉率先采用大钟开孔式中心加焦方法，使煤气利用改善，炉况稳定顺行，增产 2%，节焦 20 kg。加古川 2 号高炉 1988 年安装了锥台溜管式中心加焦装置，效果理想，软熔带呈典型的倒 V 形，喷煤量从 80 kg/t 增加到 115 kg/t，焦比降至 320 kg/t 以下，1990 年 4 月又降至 298 kg/t。

武钢 1 号高炉于 1989 年 8 月开始采用中心加焦，加焦量约为批重的 3%，炉况顺行状况明显改善，但是未达到增产节焦的预期目的。

包钢 1 号高炉(1513 m^3)于 1992 年进行富氧大喷煤工业试验，喷煤量达到 120 kg/t 后，由于中心透气性变差，炉况不顺，喷煤量无法突破 150 kg/t 的大关。后来采取了中心加焦技术，利用无钟布料把大约 10%的焦炭加到高炉的炉喉中心，炉况很快改善，喷煤量最高达 157 kg/t。

关于中心加焦量对炉况的影响，有的实验研究表明，随着加焦量的增加，软熔带形状从 M 形、W 形、倒 V 形依次转变，加古川 2 号高炉试验中心加焦 30 kg/批时，对炉况无明显影响，但大于 100 kg/t 批后，中心气流强烈发展，总压下降，崩料次数减少，炉缸活跃、物理热充沛。

中心加焦量太少，对疏松中心作用难以发挥，中心加焦过多，又有可能导致中心过吹。因此对一座具体的高炉来说，存在一个冶炼效果最佳或较佳的适宜的“中心加焦量”范围。中心加焦法示意图如图 4-14 所示。

4.5.8.2　高炉中心加焦方法

要实现中心加焦，目前大致有以下四种方法。

A　大钟开孔式中心加焦技术

乌克兰于 1986 年开发成功大钟开孔式中心加焦技术。将传统的大钟顶部开孔(见图 4-15)，使正常炉料中部分焦炭经过该孔布于炉喉中心，以达到疏松中心料柱的目的，煤气利用得到改善。

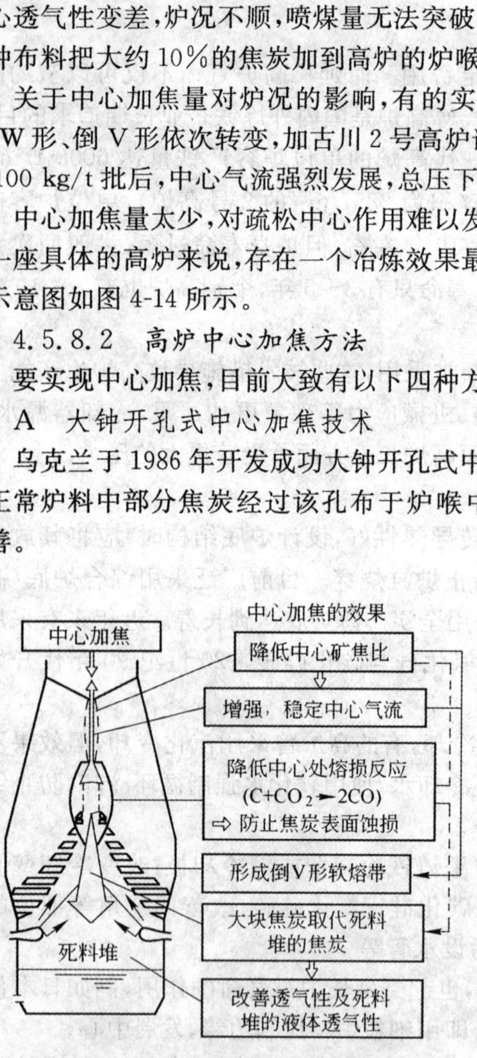

图 4-14　中心加焦法示意图

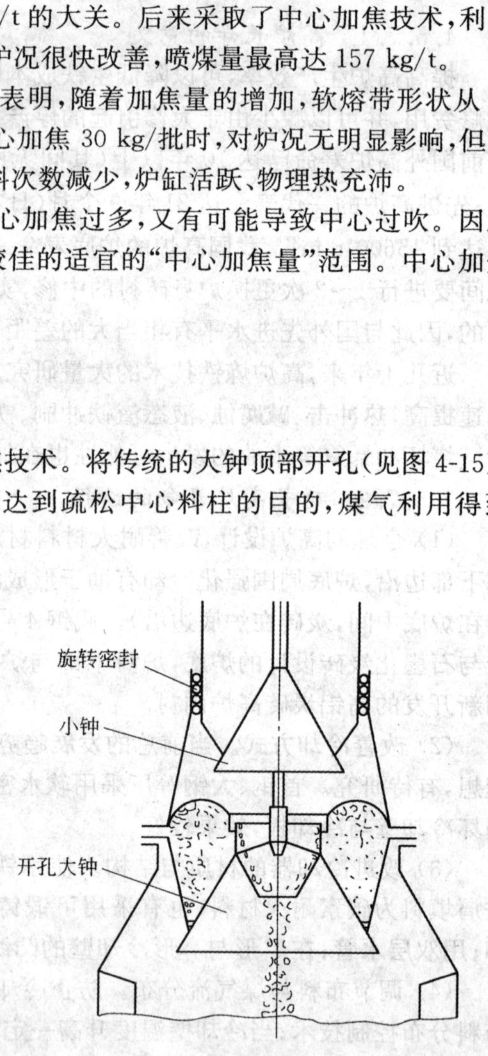

图 4-15　高炉中心装焦装置

B　锥台溜管式中心加焦技术

日本于 1988 年 8 月在加古川 2 号高炉开发研制出独特的通过安装在炉顶封板上的溜管来完成的中心加焦技术。该高炉容积为 3850 m^3，属于可调式炉喉，最大能力是每批料加 500 kg，当超过 500 kg 时要分两次加入。

实践证明采用这种中心加焦技术后，高炉煤气稳定性好，透气性好，软熔带能保持倒 V 形，炉墙热损失减少，焦比降低，产量增加。我国武钢高炉中心加焦的设备，如图 4-16 所示。

C 导料漏斗中心加焦技术

导料漏斗中心装焦装置见图 4-17。该装置由导料漏斗和升降杆组成。这种装置是在钟式炉顶装料设备完全不变的情况下，在大料斗外侧通过改装探尺，增装一个导料漏斗并在卷扬机室增装一台小型卷扬机来实现的。

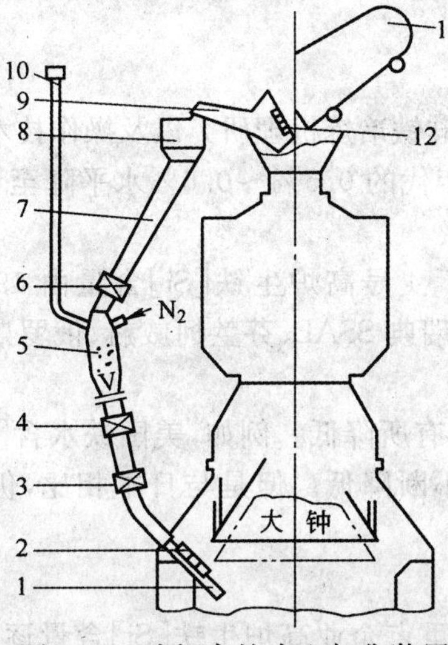

图 4-16 武钢高炉中心加焦装置

1—溜管；2—溜管保护；3—切断阀；4—下料阀；5—斜罐；6—上料阀；7—上料罐；8—中心焦受料斗；9—迎料槽；10—均压放散管；11—料车；12—调节盖板

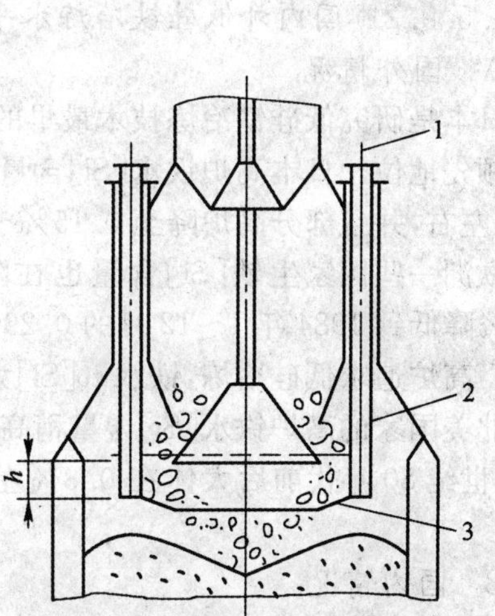

图 4-17 导料漏斗中心加焦装置

1—探尺；2—升降杆；3—导料漏斗

导致漏斗用钢板卷焊而成。导料漏斗的升降杆采用无缝钢管，安装在探尺孔内下部与导料漏斗焊接在一起。探尺安装在升降杆内。

由图 4-17 可见，导料装置处于大料斗与炉喉钢砖之间。高炉不进行中心装焦时，导料漏斗处于大料斗外侧，导料漏斗底部与大料斗底部相重合，因此也不影响装料与布料。

D 无钟炉顶中心加焦技术

无钟炉顶的布料溜槽布料时，以一定速度旋转从而保证了圆周方向布料的均匀性，同时溜槽的夹角又可以自由变动，能按照人们的需要，把不同的炉料送到径向上的任何圆周上，当高炉冶炼需要中心加焦时，可以将 α 角调到最小，例如 15°，13°，9°，可将所需焦炭准确无误地送到中心部位，疏松的中心焦炭料柱便可以形成稳定而狭窄的中心煤气流。

4.5.9 冶炼低硅生铁

4.5.9.1 低硅铁冶炼的意义

随着科学技术和社会经济的发展，要求冶金行业提供的是更多的优质钢材，相应的对钢中的 S、P 等有害元素的限制也更加严格，而传统的 LD 炼钢工艺是以保证产量为宗旨的。而在一座转炉内又要同时进行去除 H、N、Si、Mn、P、S 等一系列反应，难以达到理想的效果，因此要求开发研究新的炼钢工艺。

日本从提高精炼效果和节能两方面考虑，提出了无渣或少渣的炼钢法。这种炼钢方法减少渣量的着眼点是将铁水中[Si]含量降低到一定值。由于铁水中[Si]含量的减少，炼钢过程中 Si 的氧化产物 SiO_2 也就相应降低。炼钢渣中的(CaO)的活度得到提高，导致脱[P]效果改善。因此，脱[P]用的 CaO 与渣量大大降低。根据统计，铁水中 w[Si]每降低 0.1%，将使吨钢产渣量减少 8%～13%，而且这种炼钢过程平稳、周期短、铁损与热量损失减少。随着渣量的减少，对转炉耐火材料的侵蚀减弱，延长了炉龄。

从高炉→转炉联合工序的能量利用角度来看，将高[Si]含量铁水加入转炉导致了严重的浪费。研究与统计表明：铁水中 w[Si]每增加 0.1%，高炉吨铁将多耗能 20.902 MJ/t，相当于增加焦比 4～6 kg/t。可见，高炉冶炼低硅铁水从能源利用角度看也是比较合理的。

4.5.9.2 国内外低硅铁冶炼水平

A 国外情况

日本是研究低硅铁冶炼技术最早的国家。日本在低硅铁冶炼机理研究以及操作技术方面均处于领先地位。日本高炉铁水[Si]含量已由 20 世纪 70 年代的 0.5%～0.6%水平降至 0.3%～0.4%左右，并且部分高炉降至 0.15%～0.25%左右。

欧洲一些国家生铁[Si]含量也在降低。德国汉堡厂 4 号高炉生铁[Si]含量由 1979 年的 0.39%降低到 1984 年 1～12 月的 0.29%。法国索尔梅、瑞典 SSAB、芬兰柯威赫、俄罗斯卡拉巴达等厂高炉追求低硅冶炼，铁水 w[Si]为 0.28%～0.4%。

北美国家的高炉铁水[Si]含量稍高一些，但近年来也有所降低。例如，美国铁水含[Si]水平在 20 世纪 80 年代前后大体在 0.8%左右，近年来也在不断降低。但是与日本相比，仍有较大差距。

B 国内情况

我国从 1979 年开始推广冶炼低硅生铁的先进经验，重点企业高炉生铁[Si]含量逐年降低。1978 年 8 月我国重点冶金企业铁水平均 w[Si]为 0.76%，1982 年 6 月为 0.62%，1984 年 9 月为 0.54%。我国大型钢铁厂如宝钢在 1999 年已降至 0.30%～0.33%左右。

C 最佳硅含量的选择

冶炼低硅铁，一方面可以为新的炼钢工艺提供合适的优质铁水，使得炼钢过程少加造渣剂，并使吹炼时间大为缩短，改善转炉终点控制和提高炉衬寿命。另一方面，采用低硅冶炼对提高高炉生产和效益也是非常有益的。

但是传统的观点与传统的操作技术阻碍着冶炼低硅生铁的发展。例如在操作上怕影响炉温、影响一级品率、影响炼钢加废钢数量。其实，这个观点不够全面，而且也不符合实际。加拿大 Mcmaster 大学卢维高教授曾对比分析过日本与北美生产的炼钢生铁，例如当时日本铁水 w[Si]为 0.4%，北美为 0.8%。而日本生产的铁水温度平均比北美高 50～100℃，铁水脱 Si 为氧化过程，属于放热反应，每降低 w[Si]=0.1%的热量，可以提高铁水温度 12.3℃，因此不会导致高炉炉凉。此外，冶炼低硅高温铁水每降低 w[Si]=0.1%，炼钢过程中吨钢可少加白灰 7～10 kg，并可多加废钢。

铁水[Si]含量并非越低越好。从冶炼效果方面综合考虑，铁水硅含量不一定越低越好。日本人在实践中考虑脱 Si 后的脱 P 与脱 S，认为兑入转炉铁水成分中仅 w[Si]<0.25%、w[P]<0.10%、w[S]<0.04%比较适宜。就我国目前情况而言，铁水 w[Si]=0.35%～0.45%为宜。

4.5.9.3 低硅铁冶炼的理论与实践

A 高炉内铁水含硅量变化规律

根据国内外研究，控制高炉铁水含硅量主要需考虑三个方面的情况：一是控制硅的来源，因为硅主要来自矿石中脉石与焦炭灰分中的 SiO_2，只有减少 SiO_2 还原产物（SiO）的量，才能降低生铁的 w[Si]。二是控制滴落带的高度，因为铁水中吸收的硅是通过随煤气上升的 SiO 气体与滴落铁水中[C]发生反应而还原出来的，降低滴落带高度可以减少铁水中[C]与 SiO 相接触的机会，故有利于冶炼低硅铁水。三是增加炉缸渣中的氧化性，以促进铁水脱硅反应的进行，因而有利于降低铁水 w[Si]。

根据国内风口、渣口及铁口三个水平面的渣铁取样结果，高炉内铁水 w[Si]含量变化趋势如图 4-18 所示。

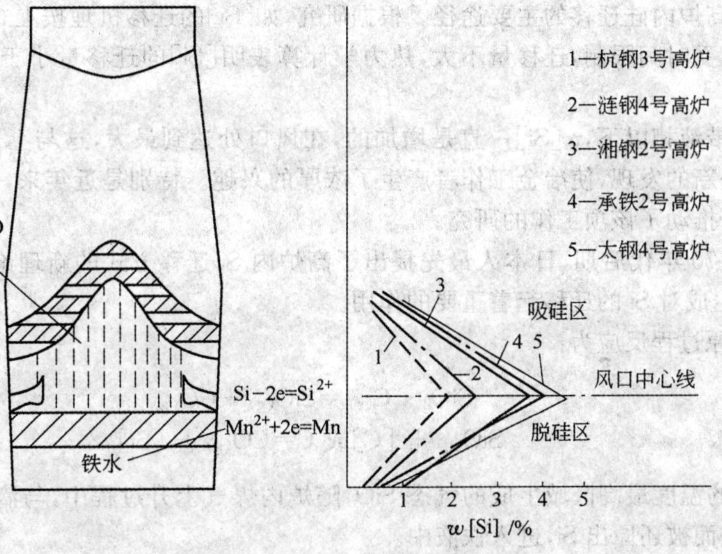

图 4-18 我国高炉铁水含硅量变化示意图

从图 4-18 可以看出，铁水中[Si]含量在风口水平面处达最高，故可以这样来划分：在风口水平面以上，主要是硅的还原，铁水[Si]含量不断升高的过程（增硅），因此称为硅的还原区、铁水吸硅区又叫做增硅区；在风口水平面以下，由于各种氧化作用的结果，铁水[Si]含量不断减少，是一个脱硅过程，因此可以叫做硅的氧化区，铁水脱硅区又叫做降硅区。炉内硅含量的变化规律与日本各类高炉解剖后[Si]含量变化的内在规律相似（见图 4-19）。

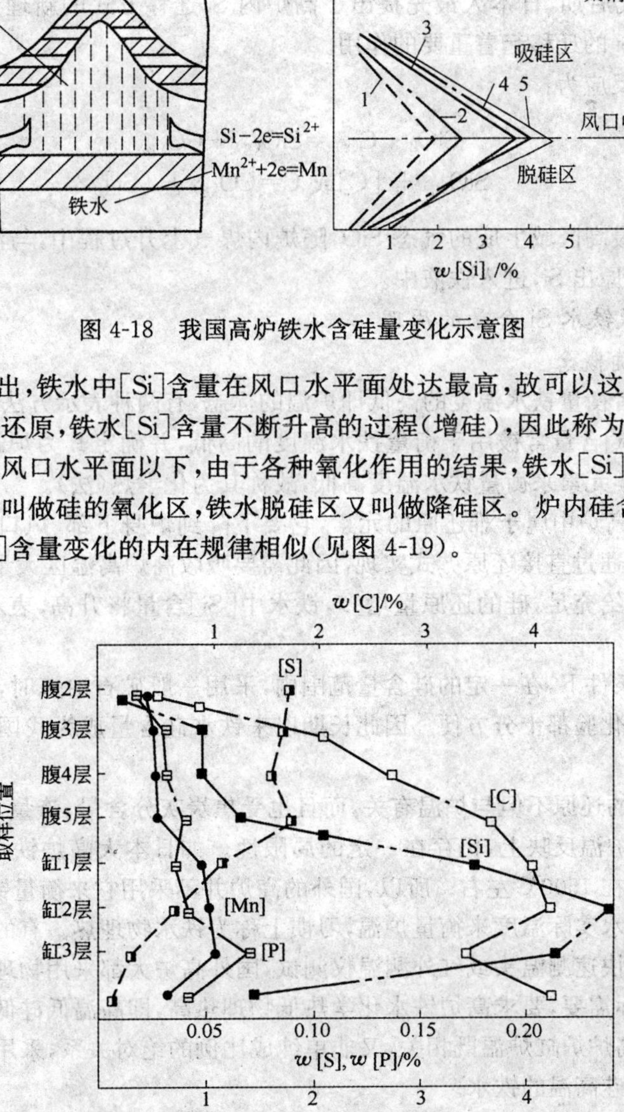

图 4-19 日本高炉解剖后硅的变化曲线

B　硅的还原机理与硅迁移理论的进展

传统高炉理论认为：[Si]向铁水中迁移是通过高炉炉缸的渣铁反应来实现的，即渣中(SiO_2)与铁液中的[C]或焦炭中的C进行反应：

$$(SiO_2)+2[C]=[Si]+2CO$$

这就是高炉内硅迁移的主要途径。根据研究，如[Si]的迁移机理按上式进行属于一级反应，速度较慢，又受时间限制，迁移量不大，热力学计算表明[Si]的迁移量小于高炉铁水实际的[Si]含量。

从软熔带液相以下，w[Si]一直是增加的，在风口处达到最大，这与上述传统的炼铁理论截然不同，这一新的发现，使冶金工作者产生了浓厚的兴趣。特别是近年来，低硅冶炼技术飞速发展，更进一步推动了该项工作的研究。

20 世纪 70 年代后期，日本人最先提出了高炉内 Si 迁移方式的新理论，确认在炉腹和炉缸 SiO 气相的生成对 Si 的迁移起着重要的作用。

Si 的还原过程反应为：

$$SiO_2+C_{(s)}=SiO_{(g)}+CO_{(g)}$$

$$SiO_{(g)}+[C]或C=CO_{(g)}+[Si]$$

在高炉的温度最高区域生成的气态 SiO，随炉内煤气上升过程中，与滴落的渣铁接触，部分被吸收，并进而被还原出 Si，进入铁液中。

4.5.9.4　降低铁水 Si 含量的原理

A　炉温的准确概念

我国高炉工作者衡量铁水温度的高低即炉温的标志，有两种表示方法：

化学热：铁水[Si]含量常被用于衡量铁水温度的高低，并确定其为炉缸热制度的主要参数。由于是以某一个化学元素来衡量铁水温度高低，故称其为化学热(法)。

这是由于 Si 在高炉中属于难还原的元素，它要下降到炉身下部、风口区及炉缸等高温区才能被还原，并且只能通过直接还原方式实现，因此需要吸收高炉高温区大量的宝贵热量。如果炉缸温度充沛，热量供给充足，硅的还原量增多，铁水中[Si]含量将升高，表示炉温向热。反之，则为炉温向凉。

在一定的生产条件下，在一定的硅含量范围内，采用一般矿石冶炼时，以上变化规律十分明显而易于控制，检测化验都十分方便。因此长期以来铁水硅含量成为我国炼铁工作者衡量铁水温度的参考指标。

由于高炉中 Si 的还原不但与炉温有关，而且也受焦炭灰分含量、渣量、炉渣碱度等因素的影响，铁水[Si]含量对炉温反映上，仍存在一定的局限性。如日本大高炉铁水 w[Si]一般在 0.2%左右，但实际温度均在 1500℃左右。所以，国外的高炉并不采用它来衡量铁水温度的高低。

物理热：常以铁水实际温度来衡量炉温，习惯上称为铁水物理热。有的高炉采用连续测温仪检测，有的高炉采用快速测温头或红外测温仪测试，国外高炉大都采用物理热的概念。

由于炼钢的实际需要，要求高炉铁水化学热低物理热高，即高温低硅低硫铁水。只有搞清楚了铁水硅含量低与高炉炉缸炉温既相关，又非单纯成比例的绝对关系，采用相应的冶炼措施相配合，才可能冶炼出低硅高温的铁水。

硅的还原过程需要吸收热量，相反硅的氧化过程将会放出热量。如果能创造和控制氧化条件，使铁水中[Si]在炉缸部位再氧化，其结果必然会导致铁水中[Si]含量降低，物理温度升高。

据计算，在炉缸中铁水中 Si 氧化每增加 1.0%，铁水温度大约可以升高 100℃。由此可见，[Si]含量虽然有所降低，但炉温却升高了，不会出现炉缸向凉的情况，正好符合现代炼钢生产的需要。

B 控制铁水含[Si]量的分析

要控制铁水[Si]含量，可从以下三个方面着手：

控制 SiO 的产生量：硅经过还原迁移进入铁水，是从经随煤气上升的 SiO 在滴落带区域与渣铁接触并被进一步还原而实现的。SiO 主要在风口燃烧区产生，其反应物主要来源于焦炭的灰分。因此，控制焦炭的灰分含量，减少进入风口区域的 SiO_2 的量，降低 SiO 的发生量，有利于降低铁水的[Si]含量；高炉冶炼过程属于高温冶金反应，SiO_2 的还原为强吸热反应，从化学反应平衡的观点分析，反应的环境温度升高，将进一步促进 SiO_2 的还原，为降低铁水[Si]含量，应适当控制风口区的理论燃烧温度。

控制铁水吸硅量：铁水吸硅主要发生在含有 SiO 的煤气穿过滴落带下的区域时，煤气经流此区域行程的长短，对铁滴吸收 SiO 并反应的量有直接的正比关系，缩短这一行程，即降低软熔带的位置，将能有效制约下落铁滴吸收的 SiO 量，进而降低铁水中的[Si]含量。

增加炉缸的脱硅反应：风口中心线以上区域铁水的含[Si]量远远高于缸沉积的铁水，说明在风口中心线以下，存在硅的氧化(或脱硅)反应过程，即大部分铁中的 Si 在风口以下又被氧化进入炉渣。降低炉渣中 SiO_2 的活度，将更有利于促进脱硅反应的进行。因此，保证适当高的炉渣碱度是必要的。

4.5.9.5 降低铁水 Si 含量的技术措施

从以上分析可知，高炉冶炼低硅生铁时，应采取如下合理的技术措施：

(1) 选择适宜的合理炉渣碱度：根据高炉实践，炉渣二元碱度一般要高于 1.2；

(2) 适当降低软熔带位置和软熔带本身的高度；

(3) 适当增加渣中(MgO)含量，渣中 MgO 可降低炉渣 SiO_2 活度；

(4) 保持良好的高炉煤气流分布；

(5) 选用灰分含量低的焦炭；

(6) 选用合理的炉料结构；

(7) 保持较高而合理的鼓风动能；

(8) 采用合理的综合鼓风制度；

(9) 加强生产管理。

4.5.10 含钛物料护炉技术

我国高炉自从 20 世纪 80 年代初开始使用含钛物料进行护炉的技术研究，至今该项技术已经得到了广泛的应用。并且无论在理论上还是在实践上都有很大的发展。目前，含钛物料护炉技术已经成为维护高炉炉底、解决高炉炉缸危机的主要技术措施，对于延长高炉炉缸寿命起到了良好的作用。钛化物护炉机理如下。

4.5.10.1 TiC、TiN 的形成及其溶解

将含有 TiO_2 的炉料加入高炉后，在软熔带中形成含 TiO_2 的初渣，并且遵循从高价到低价的规律逐级进行还原。即

$$TiO_2 \rightarrow Ti_3O_4 \rightarrow Ti_2O_3 \rightarrow TiO \rightarrow Ti \rightarrow TiC(\text{或 } TiN)$$

根据热力学条件计算，当温度越高时形成的 TiC、TiN 越多。从高炉解剖结果已经知道了 TiC、TiN 在炉内的形成与分布变化的趋势。

它与硅溶解于铁水时的状况不同，一定温度和压力下，钛在铁水中的溶解度是一定的。当铁中的钛含量低于铁水中钛的饱和溶解度时，大部分 TiC、TiN 将溶于铁水，使铁水钛含量增加。当铁水进入炉缸下部温度较低的区域后，由于温度的降低，钛在铁水中的饱和溶解度下降，并有可能低于铁中的 Ti 含量。此时会发生溶解于铁中的 TiC 与 TiN 将以固溶体形态而结晶析出，并沉积到炉缸底部的耐火衬表面，形成一层保护层，由于 TiC、TiN 以及它们的固溶体的熔点很高，所以这一沉积层会起到很好的保护炉缸底部的效果。

4.5.10.2 影响 TiC 与 TiN 的形成与溶解的因素

当采用含钛物料护炉时，人们总希望多形成一些 TiC 与 TiN 的沉积物，而沉积物在被损坏的炉缸与炉底部位将形成一层保护层，以防止进一步被侵蚀，但是这种沉积层的形成过程受很多因素的影响，主要因素如下。

A 温度的影响

从热力学计算与生产实践结果看，温度的影响最为明显，由于温度愈高钛的还原愈多，因而形成 TiC、TiN 的可能性愈大。有的试验结果得出，当温度为 1470℃时，还原后 w[Ti]为 6.90％，温度升至 1550℃后，铁水 w[Ti]可增至 13.20％。由于在风口区的温度最高，因此风口区的 TiC、TiN 含量也最多，但是在温度相同时，TiC、TiN 的含量也各不相同，而 TiC 含量高于 TiN 含量。

B 气氛的影响

气氛中的氧势对 TiC(TiN)的形成有非常大的影响，例如体系中氧势越高则[Ti]含量越少。试验与生产实践表明，已经还原出的[Ti]也可以被再氧化。由此可见，体系中氧势越高时越不利于 TiC、TiN 的存在。另外，体系中 N_2 分压的影响也是明显的，当煤气中 N_2 分压越高将越有利于 TiN 的形成。

C 渣中(TiO_2)含量的影响

虽然目前对于 TiO_2 在炉渣中的活度变化规律的研究还很不够，但根据一般规律仍可初步推测：随着炉渣中 TiO_2 浓度的提高，其活度(a_{SiO_2})也是增加的，因此这将有利于钛还原量的增加，有利于 TiC、TiN 的形成，因此对炉底维护是有利的。

D 炉渣碱度的影响

铁水中 w[Ti]与铁水中 w[Ti]＋w[Si]总量有关，而且又由于炉渣中碱度 $w(CaO)/w(SiO_2)$ 影响着铁水中 w[Si]，因此也影响铁水 w[Ti]。提高炉渣碱度有利于铁水[Si]含量的降低，因而利于铁水[Ti]含量的升高。故提高碱度有利于 TiC、TiN 的形成。

4.5.10.3 含 TiC、TiN 炉渣的性能

按炉渣中(TiO_2)的含量不同，人们习惯上按以下含量区分：$w(TiO_2)>20\%$时称为高钛渣；$w(TiO_2)=10\%\sim20\%$时称为中钛渣；$w(TiO_2)=5\%\sim10\%$时称为低钛渣；$w(TiO_2)<5\%$时称为微钛渣或护炉钛渣。

A 钛渣属于高熔点短渣

$w(TiO_2)=20\%\sim25\%$的炉渣，熔化温度在 1395～1440℃之间，比普通矿的炉渣高 100℃左右。主要原因是由于含有大量熔点高、结晶性强的一些矿物。它们的结晶顺序是氮碳化钛(TiN，TiC)1310℃、钙钛矿 1300℃、尖晶石 1200℃，其中特别是碳化钛(TiC)，它的熔点高达 3140℃，氮化钛(TiN)的熔点也高达至 2950℃，它们的熔点太高，远远高于高炉炉缸所能够达到的温度。另外还有一些固溶体的形成也导致炉渣熔点的升高，如果这些高熔点的矿物能够沉积在炉缸炉底的破损处，将会起到良好的补炉或护炉作用。

B 钛渣的渣相为非均质结构

含(TiO_2)高的炉渣不是普通的均质玻璃渣，它明显地分层，例如钙钛矿层、尖晶石层、碳、氮化钛层以及金属铁层。不能熔化的Ti(C, N)悬浮于渣中，而且往往聚集于金属铁的周围，形成Ti(C, N)固溶体，金属铁也呈悬浮状或弥散状，使炉渣变得黏稠。包裹在金属铁珠表面的TiC、TiN与金属铁相互润湿，难以分离而成黏稠状，这对于高炉冶炼过程是十分有害的，应该设法消除，即进行消稠，但是这对于用钛渣护炉的高炉来说，减缓了炉衬的被侵蚀过程，炉渣的变稠与Ti(C, N)的沉积又是十分有益的。

C 钛渣的脱硫能力

含(TiO_2)高的高炉炉渣的脱硫能力不强，渣中带铁多，而且由于表面张力小容易形成泡沫渣以及粘罐现象，这对于高炉冶炼是不利的。

4.5.10.4 TiC、TiN的沉积作用

从以上分析可知，钛渣冶炼的高炉在炉缸、炉底沉积的TiC与TiN形成了TiC(TiN)的沉积层，而且还由于本身的熔点高，将逐渐沉积于炉衬的破损处，可以保护炉衬以防进一步侵蚀，因而延长了炉衬的寿命。根据国内外对碳氮化钛生成过程的研究，如果以1500℃的温度为界，在此温度以上沉积的TiC与TiN，是以TiC为主的沉积层，低于1500℃的TiC与TiN的沉积层中是以TiN为主。

(1) 钛沉积层部位。炉衬被侵蚀最严重部位得到的沉积物最多，如首钢4号高炉，本钢5号高炉等护炉后停炉时发现，在侵蚀最严重炉底处沉积物最厚可达到300～400 mm，而炉缸壁的部位沉积物最薄。

(2) 钛积层一般呈层状结构。在炉底以Ti(C, N)为主的富集层中，根据钛积物的微观结构分析可知，TiC与TiN之间与共同作用的结果构成不同色调的层状结构，形成年轮状结构。

(3) 侵蚀越深，年轮越高。从以上Ti(C, N)等的变化规律可知，在炉底与炉缸的交界处是侵蚀最严重的部位，钛积物的来源是铁液中的TiC与TiN的析出，同时还有少量的石墨析出，这种沉积与析出现象是在较低温度下(低于1500℃)析出量最多。当随着高炉冶炼条件下的变化，例如温度与N_2分压的变化，形成了不同色调的层状钛积物；它将起着保护炉衬以免受到进一步侵蚀的作用。

(4) 护炉时要控制的两个条件。从护炉理论与护炉实践可知，要达到好的护炉效果，主要应该控制好两个因素，首先要控制在高温条件下TiO_2的还原条件；其次要控制在低温条件下TiC、TiN从铁水中析出的条件。

4.5.10.5 TiC、TiN护炉方法

我国有多家钢铁厂的高炉都采用过含钛物料进行护炉，并且都取得明显的效果。

(1) 风口喷吹钛精粉。从风口喷入钛精粉，最主要的优点是可以解决炉缸局部侵蚀问题，铁水的[Ti]含量也不必太高，消耗的含钛物料少，并且可以利用原有的喷煤装置和另设小型喷吹罐。

(2) 堵口泥中加入含钛物料。将含钛物料(钛精粉)加入堵铁口的炮泥中，经铁口打入炉内，对于维护铁口与维护炉缸也取得良好效果。

(3) 冷固结含钛球团护炉试验。

(4) 冶炼含钛铸造生铁。含钛铸造生铁是一种新型品种的铸造生铁，这种生铁$w[Ti]=0.20\%\sim0.30\%$，$w[Si]=1.60\%$，其冶炼过程不仅可以起到护炉效果，而且还扩展了高炉冶炼的产品。

复习思考题

4-1　高炉炼铁的基本原则是什么？
4-2　简述高炉操作的基本制度。
4-3　什么叫上部调剂，主要有哪些手段？
4-4　什么叫下部调剂，主要有哪些手段？
4-5　造渣制度如何选择？
4-6　对送风制度应有哪些要求？
4-7　热制度选择的依据是什么？
4-8　装料制度包括哪些内容？
4-9　正装和倒装对煤气流分布有何影响？
4-10　开炉前要进行哪些准备工作，开炉的基本操作包括哪些内容？
4-11　停炉方法主要有哪些形式，各有何特点？
4-12　炉况判断的依据是什么，正常炉况和特殊炉况的特征是什么？

5 高炉炼铁设备

现代的(炼钢、铸造)生铁绝大部分是由高炉炼铁系统生产的,一个大型高炉炼铁系统(或炼铁车间)由几大部分组成,即高炉本体、原料贮运系统、鼓风加热系统、煤气净化系统、渣铁处理系统、燃料喷吹系统等。

5.1 高炉本体

高炉本体包括高炉基础、钢结构、炉衬、冷却设备以及高炉炉型设计等。高炉的大小以高炉有效容积表示,高炉有效容积和高炉座数表明高炉车间的规模,高炉炉型设计是高炉本体设计的基础。近代高炉炉型向着大型横向发展,目前,世界高炉有效容积最大的是 6183 m^3。高炉本体结构设计的先进、合理是实现优质、低耗、高产、长寿的先决条件,也是高炉辅助系统设计和选型的依据。

5.1.1 高炉内型

高炉是一个两头小中间大的竖立圆筒形炉子,其内部由炉墙而形成的工作空间几何形状称为高炉的炉型或内型,如图 5-1 所示。高炉设计时的炉子内型称为设计炉型,而高炉投产后,炉墙表面受损所形成的炉型则称为操作炉型。由此可见,生产高炉的内型并非一成不变。设计者和操作者的任务是要凭借合理设计、冷却制度和操作制度等手段,使操作炉型尽可能地保持设计炉型的形状,因为后者更接近于合理炉型。

现代高炉内型一般由炉缸、炉腹、炉腰、炉身和炉喉五段组成,各部分名称及尺寸常用符号如图 5-2所示。图中的 H_u 为高炉的有效高度,即从铁口中心线到大钟开启位置的下缘之间的距离。

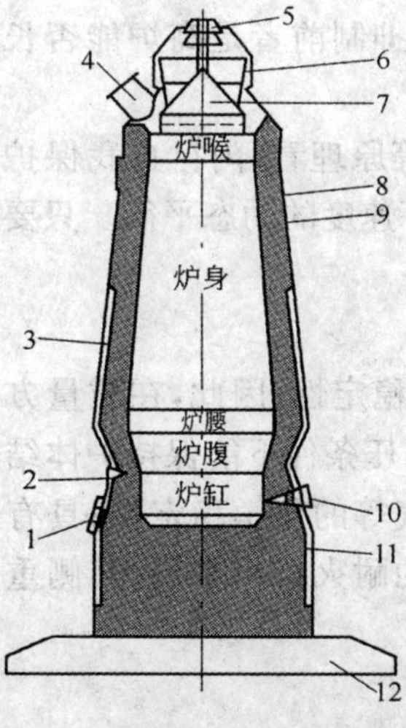

图 5-1 高炉内型结构示意图

1—铁口;2—风口;3—冷却器;4—煤气导出管;5—小料钟;6—大料斗;7—大料钟;8—炉壳;9—炉衬;10—渣口;11—炉底;12—炉基

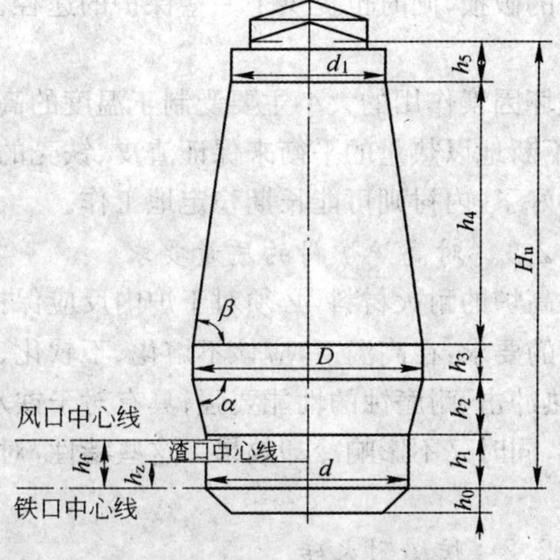

图 5-2 五段式高炉内型图

H_u—有效高度;h_0—死铁层厚度;h_1—炉缸高度;h_2—炉腹高度;h_3—炉腰高度;h_4—炉身高度;h_5—炉喉高度;h_f—风口高度;h_z—渣口高度;d—炉缸直径;D—炉腰直径;d_1—炉喉直径;α—炉腹角;β—炉身角

五段式高炉内型是经过长期生产实践总结出来的，完全适应冶炼工艺的要求。它与炉料和煤气两大流体在炉内运动规律相适应，竖立的炉体使炉料可借重力而自动下降，在与上升的煤气流接触中进行热交换和一系列的物理化学反应，既利于煤气的能量利用，又利于渣铁液的形成。两头小、中间粗略带锥度的圆柱形空间，既保证了炉料下降过程受热膨胀、松动软熔和最后形成液态而体积收缩的需要，又符合煤气上升过程中冷却收缩和高温煤气上升不至烧坏炉腹砖衬的特点。

高炉内型作为一个外部条件对整个冶炼过程起着重要的作用。内型的合理与否，对高炉一代的技术经济指标及寿命有很大的影响。

高炉有效容积 V 系五段容积之和，是炉料在炉内实际占有的容积。一般定义为：由高炉出铁口中心线所在水平面到大料钟下降位置下沿水平面之间的容积。

高炉大小用“有效容积”表示，在我国有如 100 m^3 以下的小型高炉，也有 1000 m^3 以下的中型高炉和 2000 m^3 以上大型高炉。我国已投产的最大高炉是上海宝山钢铁总厂的 4 号高炉，容积为 4747 m^3，目前宝钢和首钢正在设计兴建 5500 m^3 以上的巨型高炉。高炉大型化是高炉炼铁发展的必然趋势，有利于在保证和改善生铁质量的前提下，降低生产每吨生铁的建设费和能耗。

5.1.2　高炉炉衬

高炉炉型是炉子的冶炼空间，这个空间是由炉墙围成的。炉墙由炉壳、冷却设施及耐火炉衬三部分组成。

炉衬主要是直接抵抗冶炼过程中机械、热力和化学的侵蚀，以保护炉壳和其他金属结构，减少热损失，并形成一定的冶炼空间及炉型。

炉壳起密封渣、铁和煤气的作用，并承担一定建筑结构的任务。

冷却器用来保护炉衬、炉壳，其布置轮廓在很大程度上决定着操作炉型状态。

影响高炉寿命的因素较多，而内衬的破损程度是根本。高温是高炉冶炼本身的特点，高温会加速内衬的破损，同时也提供了一些保护的途径。如何利用后者来抑制前者是高炉能否长寿的关键。

诸破坏因素作用的大小主要受制于温度的高低。因此从传热等原理看，内衬自我保护的实质，就是不断地以热量的平衡来保证渣皮、铁壳的形成速度与被破坏速度的动态平衡。只要这个平衡保持好了，内衬则可能长期稳定地工作。

5.1.2.1　对高炉炉衬的质量要求

用于高炉的耐火材料，必须对于炉内反应保持物理和化学上的稳定性，因此，在质量方面应达到以下的要求：在高温下，应该不熔化、不软化、不挥发；在高温、高压条件下能保持炉体结构的强度；耐热冲击、耐磨蚀的性能要强；具有对于铁水、炉渣和炉内煤气等的化学稳定性；具有适当的热导率，同时又不影响冷却效果。这些特性，对高炉不同部位上的耐火材料来说，其侧重点是不同的。

5.1.2.2　炉墙耐火砖

炉墙耐火砖的性质是影响高炉寿命的重要因素之一。设计时，各部位内衬工作条件和侵蚀机理不同，所选耐火材料性质也应不同。目前，高炉常用的耐火材料有陶瓷质耐火材料（如黏土砖、高铝砖、刚玉砖、不定形耐火材料等）和碳质耐火材料（如炭砖、石墨炭砖、石墨碳化硅砖、自结合或氮结合碳化硅砖和捣打材料等）两大类。

A 炉底耐火砖

20世纪50年代以前，炉底都是使用黏土耐火砖。后来由于出铁量增加，炉底侵蚀愈益严重，不断发生炉底烧穿事故，成为制约高炉寿命的主要环节之一。因此自60年代开始采用导热性好的炭砖。在采用炭砖的初期阶段，一般是采用黏土砖和炭砖组合在一起的综合炉底（图5-3）。而目前，全炭砖炉底（如图5-4）和陶瓷杯炉底技术（如图5-5）在大中型高炉中已普遍采用。

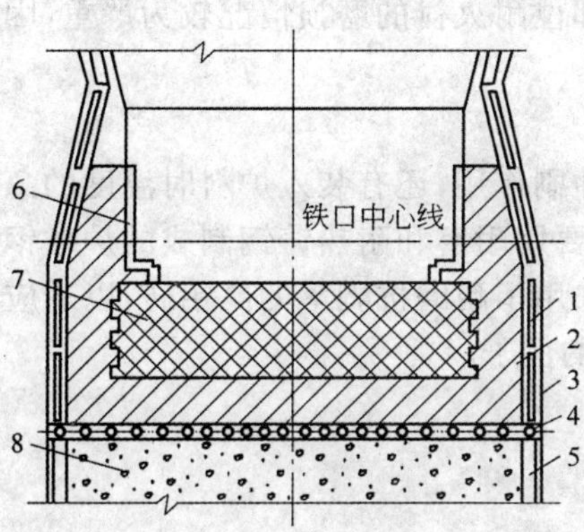

图5-3 综合炉底结构示意图

1—冷却壁；2—炭砖；3—炭素填料；4—水冷管；5—黏土砖；6—保护砖；7—高铝砖；8—耐热混凝土

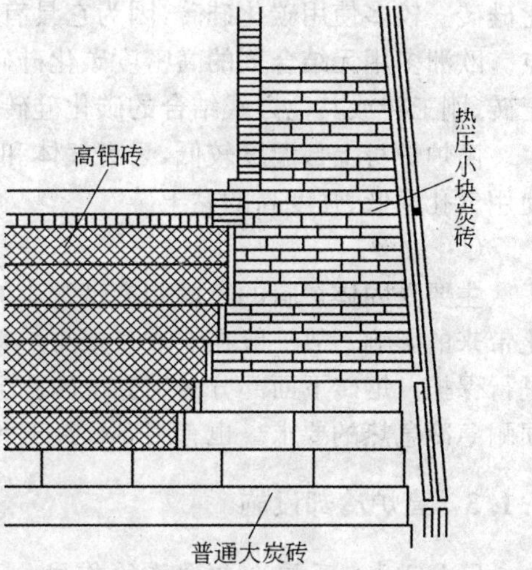

图5-4 全炭砖炉缸炉底结构

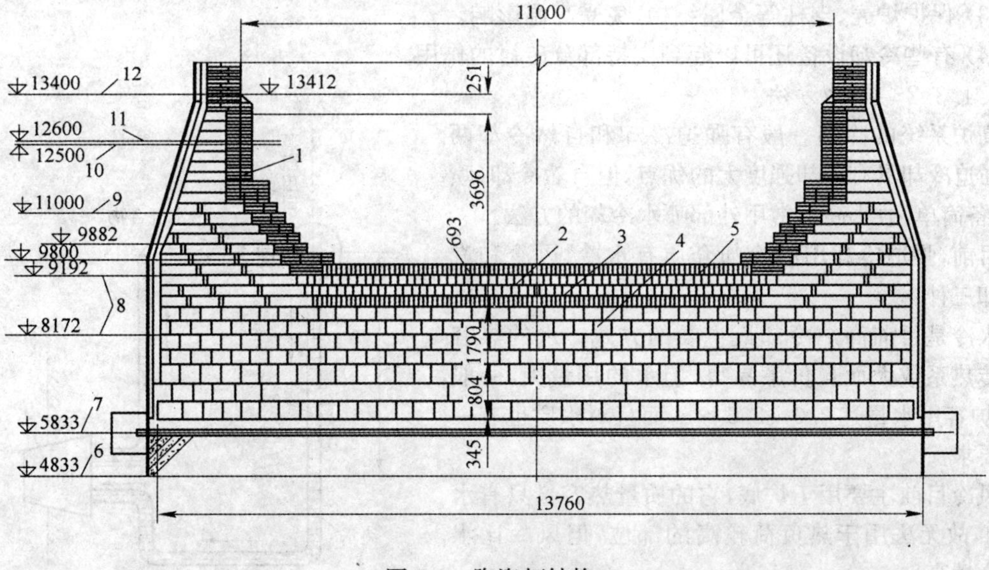

图5-5 陶瓷杯结构

1—刚玉莫来石砖；2—黄刚玉砖；3—烧成铝炭砖；4—半石墨化自焙炭砖；5—保护砖；6—炉壳封板；7—水冷管；8—测温电偶；9—铁口中心线；10,11—东西渣口中心线；12—炉壳拐点

B　炉腹、炉腰和炉身

炉腹、炉腰和炉身下部是高炉内衬侵蚀最严重的部位，尤其难以形成保护层的炉腰和炉身下部，目前已成为高炉内衬的最薄弱环节，这里不仅受到下降炉料和上升煤气流的机械磨损，还有各种化学侵蚀，特别是因温度波动而引起的热冲击破损危害更大。因此，炉腰到炉身下部的耐火材料应具有良好的耐磨性、抗热冲击性和化学侵蚀的能力。

此部位耐火砖现趋向使用纯的氧化物（如纯氧化镁、纯刚玉）、纯碳（石墨或半石墨砖）或纯碳化硅砖。较多使用碳化硅砖，因为它具有导热性好、膨胀系数小、高温强度好和蠕变变形小等优点。欧洲多用无结合剂的高密度碳化硅砖，日本多用氮化物结合的碳化硅砖。前者效果远比黏土砖、刚玉砖或其他方式结合的碳化硅砖为好。

高炉炉身上部温度较低，只有气体和固体存在，此部位耐火衬的磨损情况较为严重，因此应使用气孔率低、强度高的黏土砖。

C　炉喉

主要受固体炉料的摩擦和夹带炉尘的高速煤气流冲刷作用，还有装入炉料时温度的急剧变化带来的影响。故一般在炉喉直接与炉料碰撞的部位，要用耐磨和耐热铸钢制成的炉喉钢砖来进行保护。钢砖下面部分常用黏土砖。宝钢1号高炉采用了耐磨抗剥落的高铝砖，以适应耐磨损耐急冷急热的要求。也有用SiC砖于此处，并获成功的例子。

5.1.3　高炉冷却设施

5.1.3.1　高炉冷却设施的作用

高炉炉体的合理冷却，对保护砖衬和金属构件、维护合理的炉型有决定性作用，在很大程度上决定着高炉寿命的长短，并对高炉技术经济指标有重要影响。其主要作用表现在：

(1) 降低炉衬温度，使砖衬保持一定的强度，维护炉型，延长寿命。

(2) 形成保护性渣皮，保护炉衬。

(3) 保护炉壳、支柱等金属结构，免受高温影响。

(4) 有些冷却设备还可以起到支持部分砖衬的作用。

5.1.3.2　冷却方法

高炉系统的冷却一般有强迫冷却和自然冷却两种。强迫冷却具有冷却强度大的优点，但自然冷却（喷水）设备简单，故小高炉常用外部喷水冷却的方法。

目前，强迫冷却用的冷却介质有水冷、风冷和汽化冷却三种。

水冷是目前高炉冷却最主要的方式。水的热容量和传热系数大而且价廉易得，但水的用量大，一般1 m^3 炉容用水量达2.0～2.5 t/h，而且对水质也有一定的要求。

风冷目前主要用于炉底，它的质量热容量只有水的1/4，故无法用于热负荷较高的部位，但风冷比水冷安全性高。

汽化冷却是目前高炉冷却上的一项新技术，它是利用接近饱和温度的软水，在冷却器内受热汽化时大量吸收热量的原理达到冷却设备的目的（图5-6）。这

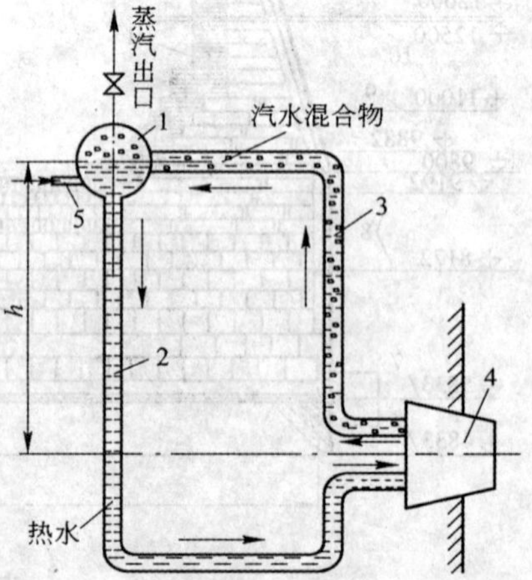

图5-6　自然循环汽化冷却示意图
1—汽包；2—下降管；3—上升管；
4—冷却设备；5—供水管

种方法的优点是可大量节约工业用水，可为缺水地区建设钢铁厂提供方便条件。

5.1.3.3 冷却设备

高炉有以下冷却装置和专用冷却设备。

A 喷水冷却装置

一般高炉炉身和炉腹部位设有环形喷水管冷却炉皮。这种装置简单、易于检修，但冷却不能深入，只限于炉皮或炭质炉衬的冷却。我国小型高炉炉身和炉腹多采用喷水冷却，国外也有大型高炉炉身和炉缸用炭砖结构配以炉皮喷水冷却的。

B 冷却壁

它是内部铸有无缝钢管的铸铁板，装在砖衬和炉壳之间。冷却壁有光面和镶砖两种，其构造如图 5-7 所示。光面冷却壁用于炉底和炉缸，镶砖冷却壁用于炉腹、炉腰和炉身下部。

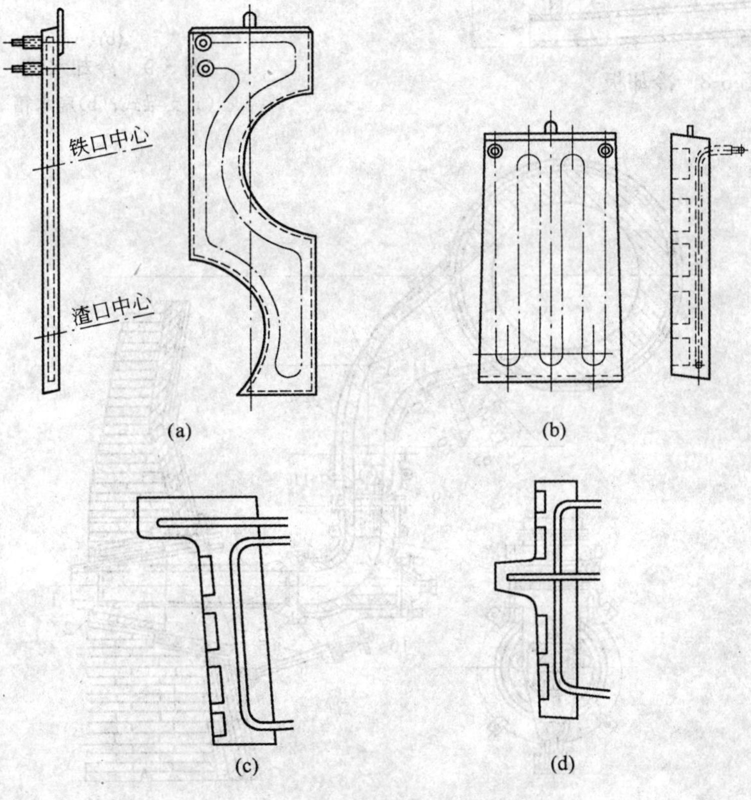

图 5-7 冷却壁基本结构

(a)渣铁口区光面冷却壁；(b)镶砖冷却壁；(c)上部带凸台镶砖冷却壁；(d)中间带凸台镶砖冷却壁

C 冷却水箱(冷却板)

这是埋设在高炉砖衬中的冷却器。其材质以铸铁为主，也有用不锈钢和钢板焊接的。从外形上可分为扁平卧式和支梁式，其结构如图 5-8 和图 5-9 所示。

D 风口装置

从热风炉来的热风先通过呈环状围绕着高炉的围管，再经风口装置进入高炉，如图 5-10 所示。风口装置由热风围管以下的送风支管、弯管、直吹管、风口水套等组成。对它的要求是：接触严密不漏风，耐高温，隔热且热量损失少，耐用，拆卸方便，易于机械化。

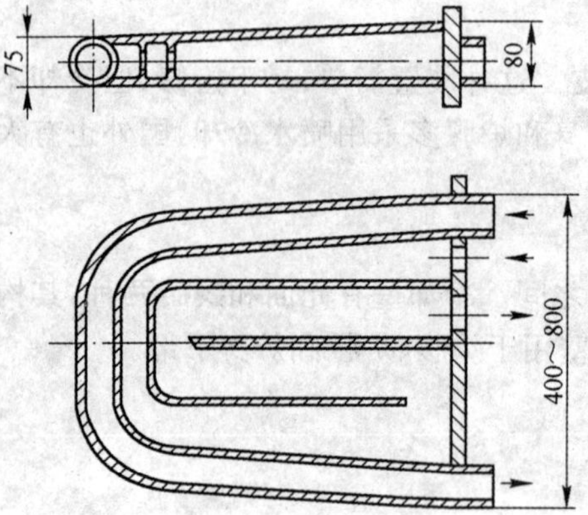

图 5-8　冷却板

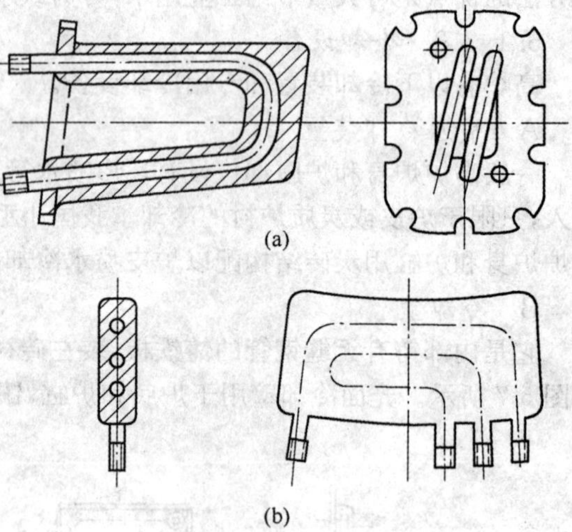

图 5-9　冷却水箱

(a)支梁式;(b)扁水箱

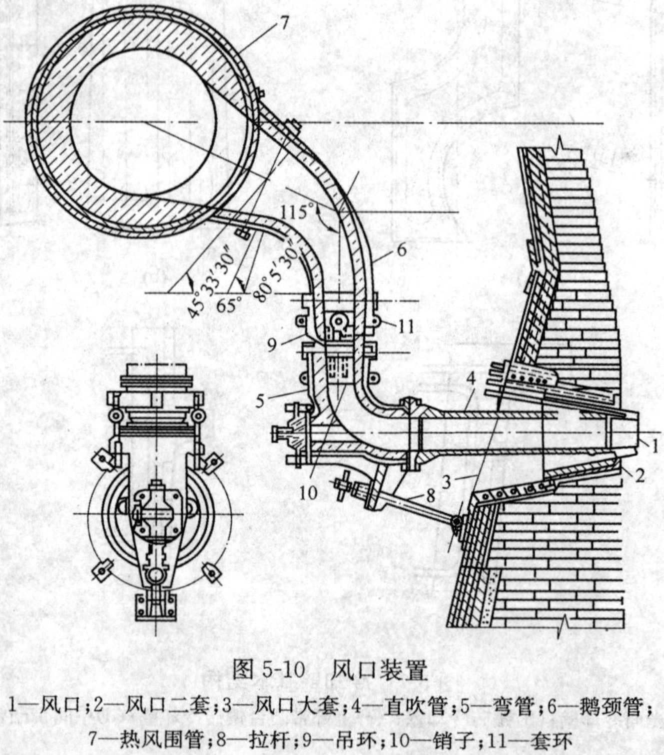

图 5-10　风口装置

1—风口;2—风口二套;3—风口大套;4—直吹管;5—弯管;6—鹅颈管;
7—热风围管;8—拉杆;9—吊环;10—销子;11—套环

风口水套,由大中小三个套组成。为便于更换和减少备件消耗,风口大套采用铸入蛇形无缝钢管的铸铁冷却器,由法兰盘用螺钉固定在炉壳上;风口二套和风口一般用青铜铸成,大高炉也有用铜板焊接而成的。

E　渣口装置

它由四个水套及其压紧固定件组成(图 5-11)。渣口是用青铜或紫铜铸成的空腔式水套,渣口二套也是青铜铸成的中空水套,渣口三套和大套是铸有螺旋形水管的铸铁水冷套,现代大型高炉已不设渣口,如宝钢 4063 m³ 高炉只设四个铁口。

F 铁口装置

铁口是在炉缸耐火砖墙上砌筑的孔道内填以耐火泥浆做成的，每次出铁后要用堵口泥堵塞，开炉生产前的铁口见图5-12，开炉后生产中的铁口状况见图5-13。铁口周围的炉壳，因频繁地受到出铁时的热力作用，很易破坏。这部分炉壳用无冷却的铸钢框架加固，框架与炉壳之间一般采用铆接，中小高炉也有用焊接的。现在国外高炉铁口炉皮也用喷水冷却。

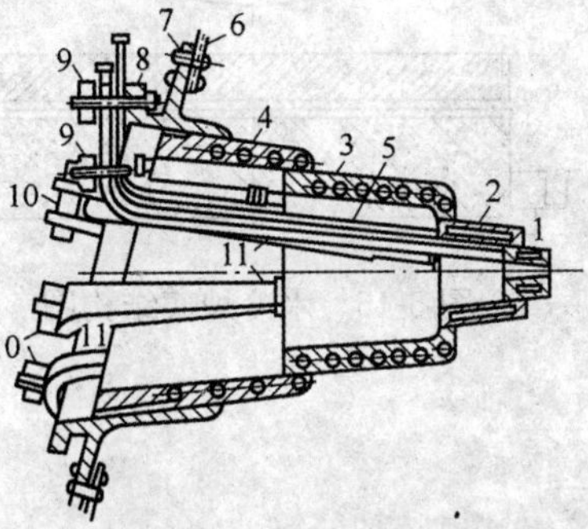

图5-11 渣口装置

1—渣口小套(四套)；2—渣口三套；3—渣口二套；4—渣口大套；5—冷却水管；6—炉皮；7,8—大套法兰；9,10—固定楔；11—挡杆

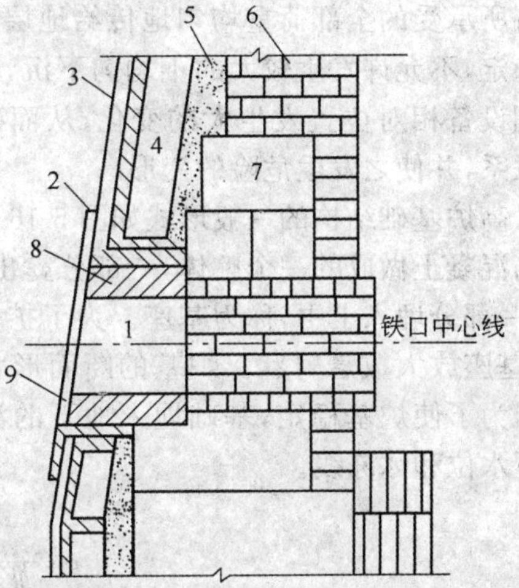

图5-12 开炉生产前的铁口

1—铁口通道；2—铁口框架；3—炉壳 4—冷却壁；5—填料；6—炉墙砖；7—炉缸环砌炭砖；8—砖套；9—保护板

G 炉底冷却

随着高炉冶炼的进一步强化，炉底侵蚀严重，炉基经常出现过热现象。为延长炉底寿命，通常在炉底耐火砖下面进行强制冷却，在炉底砌体周围则用光面冷却壁冷却。图5-14为大型高炉

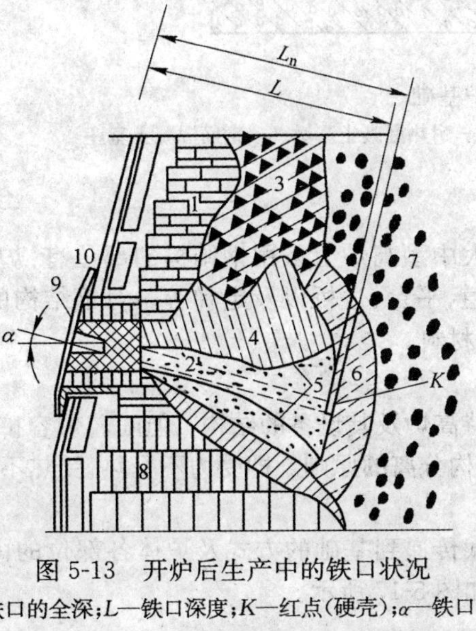

图5-13 开炉后生产中的铁口状况

L_n—铁口的全深；L—铁口深度；K—红点(硬壳)；α—铁口角度；1—残存的炉墙砌砖；2—铁口孔道；3—炉墙渣皮；4—旧堵泥；5—出铁时泥包被渣、铁侵蚀的变化；6—新堵泥；7—炉缸焦炭；8—残存的炉底砌砖；9—铁口泥套；10—铁口框架

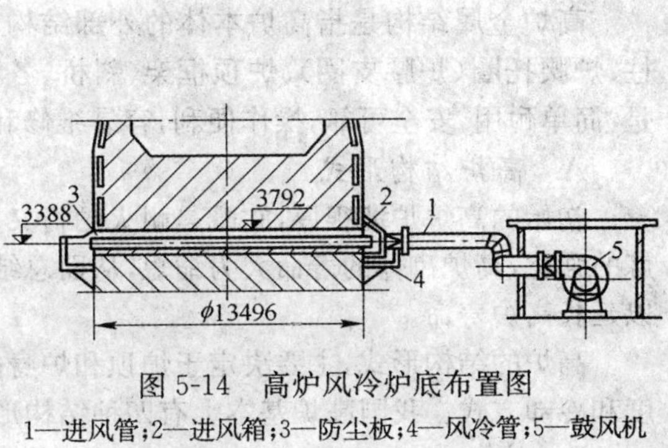

图5-14 高炉风冷炉底布置图

1—进风管；2—进风箱；3—防尘板；4—风冷管；5—鼓风机

风冷炉底示意图，图 5-15 为我国某高炉的水冷炉底结构图。

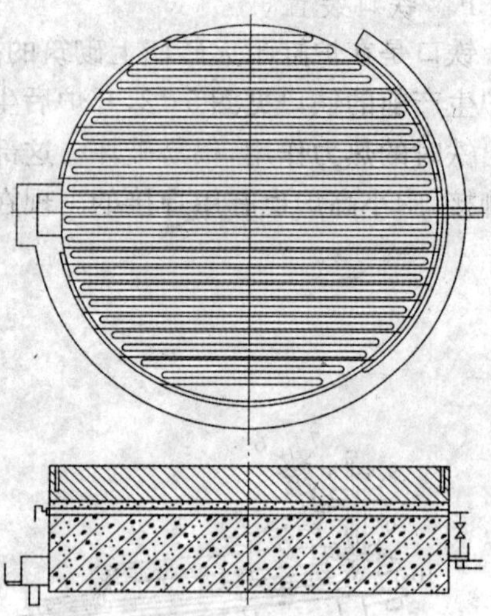

图 5-15　水冷炉底结构图

5.1.4　高炉基础

高炉基础是高炉最底层的承载建筑结构。其作用是将所承受的全部荷重均匀地传给地层。高炉基础必须稳定，不允许发生较大的不均匀下沉，以免高炉与其周围设备相对位置发生大的变化，从而破坏它们之间的联系，并使之发生危险的变形。

高炉基础结构的一般形式如图 5-16 所示。它是由钢筋混凝土做成的一个整体，一部分露出地面，称为基墩；一部分埋入土中，称为基座。为了扩大炉基的底面积，基座放大成悬臂状。炉基的断面形状一般为多边形。为了使炉基稳定，基础埋入地下的深度必须超过地下水位和冰冻线。

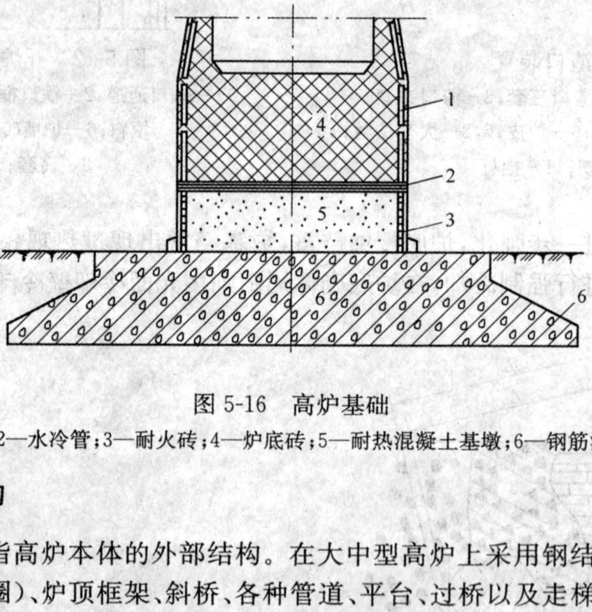

图 5-16　高炉基础

1—冷却壁；2—水冷管；3—耐火砖；4—炉底砖；5—耐热混凝土基墩；6—钢筋混凝土基座

5.1.5　高炉金属结构

高炉金属结构是指高炉本体的外部结构。在大中型高炉上采用钢结构的部位有：炉壳、支柱、炉腰托圈（炉腰支圈）、炉顶框架、斜桥、各种管道、平台、过桥以及走梯等。对钢结构的要求是：简单耐用，安全可靠，操作便利，容易维修和节省材料。

A　高炉结构形式

初始的高炉炉墙很厚，它既是耐火炉衬又是支持高炉及其设备的结构。但随着炉容扩大，冶炼的强化，高炉砌体的寿命大为缩短，从而总结出结构分离的原则。即受力不受热，受热不受力，以延长高炉寿命。

高炉的结构形式，主要决定于炉顶和炉身的荷载传递到基础的方式及炉体各部位的内衬厚度和冷却方式。我国高炉基本上有四种结构形式，如图 5-17 所示。

B　炉壳

炉壳的主要作用是承受载荷，固定冷却设备和利用炉外喷水来冷却炉衬，以保证高炉衬体的整体坚固性和使炉体具有一定的气密程度。炉壳除承受巨大的重力外，还受热应力和内部

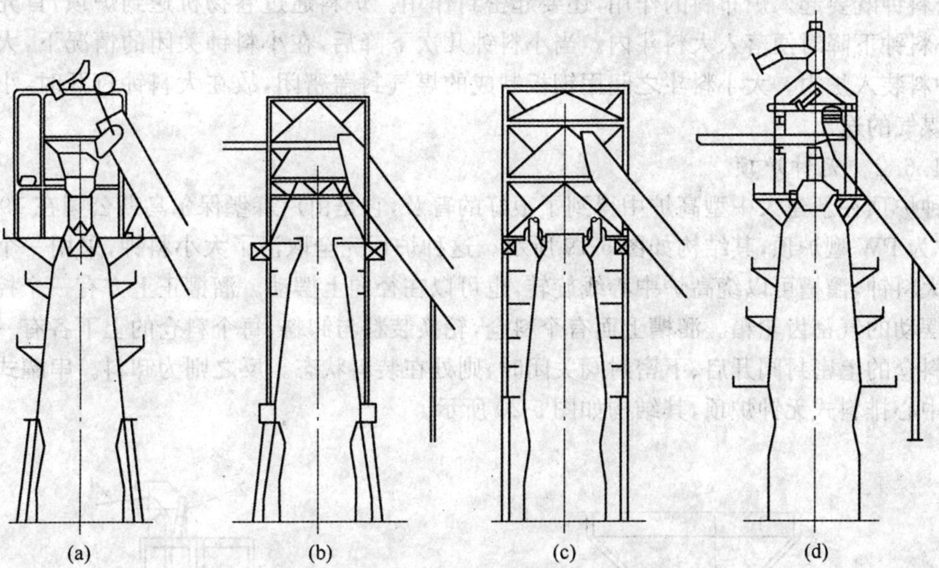

图 5-17 高炉本体钢结构

(a)炉缸支柱式；(b)炉缸炉身支柱式；(c)炉体框架式；(d)自立式

的煤气压力，有时还要抵抗煤气爆炸、崩料、坐料等突然事故冲击，因此要求炉壳具有足够的强度。

C 支柱

支柱可分三种：炉缸支柱、炉身支柱和炉体框架，如图 5-17 中(a)、(b)、(c)所示。

D 炉顶框架

为了便于炉顶设备的检修和维护，在炉顶法兰水平面上设有炉顶平台。炉顶平台上有炉顶框架，用来支撑大小料钟的平衡杆，安装大梁和受料漏斗等。

5.1.6 炉顶装料装置

炉顶是炉料的入口也是煤气的出口，又是高炉的咽喉。炉顶装料设备是把运送到炉顶的炉料装入炉内，并能得到合理的分布。现代高炉随着高压操作的广泛应用，炉顶设备已成为高炉设备中的薄弱环节，其寿命、结构和制造质量等不但影响高炉的作业率，也影响高压作业和布料调剂，还决定着高炉中修甚至大修的期限。

5.1.6.1 双钟式炉顶（马基式炉顶）

马基式炉顶，即双钟带小料斗旋转式布料器，其结构见图 5-18。它是由下列部分组成

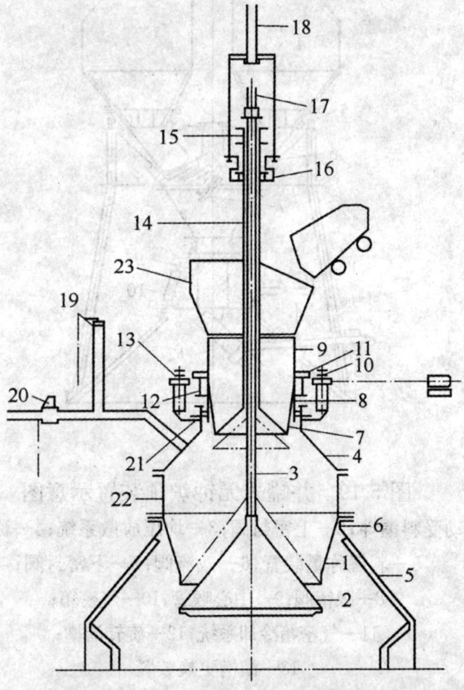

图 5-18 马基式布料器双钟炉顶

1—大料斗；2—大钟；3—大钟杆；4—煤气封罩；5—炉顶封板；6—炉顶法兰；7—小料斗下部内层；8—小料斗下部外层；9—小料斗上部；10—小齿轮；11—大齿轮；12—支撑轮；13—定位轮；14—小钟杆；15—钟杆密封；16—轴承；17—大钟杆吊挂件；18—小钟杆吊挂件；19—放散阀；20—均压阀；21—小钟密封；22—大料斗上节；23—受料漏斗

的:两个料钟既要起入炉布料的作用,还要起密封作用。炉料通过卷扬机送到炉顶,首先装入小料斗,小料钟下降时便落入大料斗内。当小料钟几次下降后,在小料钟关闭的情况下,大料钟下降,将炉料装入炉内。大小料斗之间用钢板制成的煤气封盖密闭,故在大料钟打开时,小料钟便阻止了煤气的逸出。

5.1.6.2　无钟炉顶

无钟炉顶在新建大中型高炉中得到了很好的普及,它是由卢森堡保尔乌斯公司在1970年提出的,称为PW型炉顶,其结构如图5-19所示。这种炉顶完全取消了大小料钟,采用一个旋转溜槽代替大料钟,溜槽可以绕高炉中心线旋转,也可以在径向上摆动。溜槽正上方有一个控制溜槽旋转与摆动的气密齿轮箱。溜槽上面有个料仓,轮换装料与卸料,每个料仓的上下各有一个密封阀。当料仓的上密封阀开启、下密封阀关闭时,则处在装料状态。反之则为卸料。串罐式无钟炉顶也称中心排料式无钟炉顶,其结构如图5-20所示。

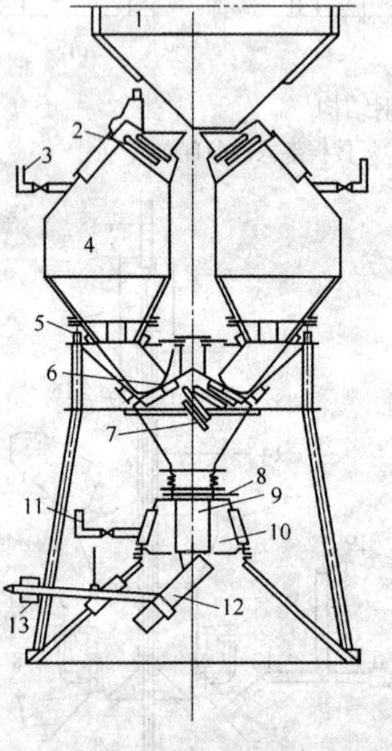

图5-19　并罐式无钟炉顶装置示意图

1—移动受料漏斗;2—上密封阀;3—均压放散系统;4—称量料罐;
5—料罐称量装置;6—截流阀;7—下密封阀;
8—眼镜阀;9—中心喉管;10—气密箱;
11—气密箱冷却系统;12—旋转溜槽;
13—溜槽更换装置

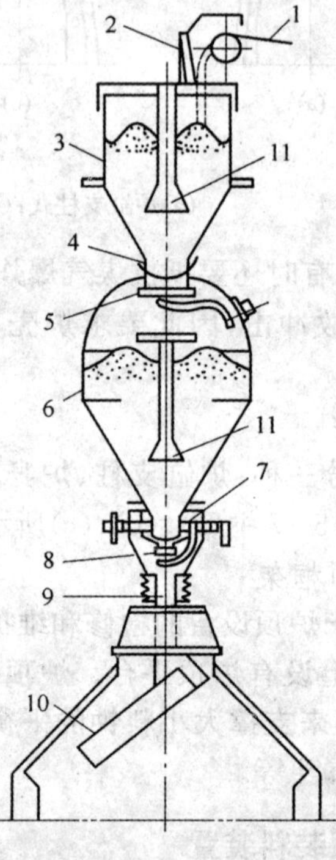

图5-20　串罐式无钟炉顶装置

1—上料皮带机;2—挡板;3—受料漏斗;
4—上闸阀;5—上密封阀;6—称量料罐;
7—下截流阀;8—下密封阀;9—中心喉管;
10—旋转溜槽;11—中心导料器

无钟炉顶设备由于取消了笨重的大小料钟,而且布料上有很大的灵活性,因此在大高炉上的使用已日益广泛,目前世界上已有近百座高炉装了无钟炉顶。

使用这种设备的缺点是控制和传动系统较复杂,要求有较高的监测和自动化水平;对原燃料的粒度上限要求严格,否则容易卡料。

5.2　原料供应系统

供料系统是指原料运到高炉车间到装入高炉的过程。在现代钢铁联合企业中,炼铁原料的供应系统包括两部分，以高炉贮矿槽为界：

第一部分是指从原料进厂到高炉贮矿槽顶。主要完成原料的卸、堆、取、运等作业，根据需要进行破碎、筛分、混匀和洗矿等工序，起到贮存、处理供应原料的作用。

第二部分是从高炉贮矿槽到高炉炉顶，它保证按规定及时向高炉供应不同品种、数量充足的原料。

炼铁生产的原料运输量大，占全部钢铁企业的75%左右，故大中型高炉车间都实现了机械化和自动化，小高炉也根据具体情况采取必要的机械化和自动化措施，以减轻繁重的体力劳动。

5.2.1 原料的卸车、贮存与运输

厂外来的原料通常是铁路运输的，大中型厂普遍采用翻车机卸车和自卸车，小型厂多采用卸车机械如抓斗桥式起重机卸车或人工卸车。水运进厂的船舶，工厂须自建专用码头，并配备卸船机。原料入厂后可以采用火车或皮带运输机运至矿槽。

原料的堆存、取料和混匀在贮料场进行，贮存量应根据运输距离、运输方式的可靠程度、矿种多少而定。为保证高炉冶炼的均衡供料，防止发生运输中断现象，一般铁矿石和锰矿石的贮存量按30～45天考虑，石灰石按20～30天考虑。

厂内自产烧结矿和焦炭通常不在贮矿场存放，而直接由烧结车间和焦化车间分别送到贮矿槽和焦槽中。

5.2.2 贮矿槽、焦槽

它主要是中间仓库，起短期贮备的作用。贮矿槽和焦槽的容积与数目，要根据料种多少、高炉容积大小、强化程度和运输设备可靠性而定。一般贮矿槽数目不少于10个，焦槽一般为两个，分列斜桥左右，上有房盖防雨。

5.2.3 槽下供料

槽下供料目前有两种方法，即称量车和带式运输机。

5.2.3.1 称量车供料

用称量车完成取料、称量、运输和卸料。但称量车设备庞大，投资多，维护困难，也不容易实现自动化。因此，新建大高炉已不再使用。

5.2.3.2 带式运输机系统

用皮带运输机运送原料，由称量漏斗称量。由于大量使用冷烧结矿，这种方法已得到广泛使用。其优点是设备简单，投资少，容易实现自动化；缺点是只适应于原料品种少和冷烧结矿的高炉。

5.2.4 炉顶上料系统

炉顶上料系统是把炉料运送到炉顶的设备，目前主要有料车式上料机和皮带上料机两种形式。以前大多数高炉都采用料车上料，近年来，由于高炉向大型化发展，要求运输炉料能力加大，故新建大型高炉广泛采用皮带上料系统。

5.2.4.1 料车斜桥上料装置

料车式上料机是由卷扬机通过钢绳驱动料车在斜桥上行走，将炉料送到炉顶的机构。一般高炉都采用两个互相平行的料车上料，一个上升，一个下降，彼此起着平衡作用。

5.2.4.2　皮带上料系统

由于高炉大型化的进展，料车斜桥上料方式已不能满足大中型高炉的要求，皮带运输机成为新建大中型高炉上料系统的必然选择。皮带上料机的优点是上料能力大，可连续上料，效率高；设备简单，质量轻，投资少；容易实现自动化。缺点是必须使用冷矿和使用的原料品种少。

5.3　送风系统

高炉送风系统是由鼓风机、冷风管道、热风炉、热风管道、煤气管道、废气管道以及设置在上述管道上的各种阀门和烟囱、烟道等所组成的。

5.3.1　高炉鼓风机

高炉鼓风机是向高炉供给空气的必要设备。高炉鼓风机的形式有轴流式和离心式两种。随着高炉大型化和超高压操作，鼓风机也向着大流量、高压力、高转速、大功率、高自动化水平的方向发展。目前轴流鼓风机的能力已达到：风量 10000 m^3/min，风压 0.4 MPa，功率 70000 kW。广泛采用的离心鼓风机风量已达 5000 m^3/min，风压 0.45 MPa，功率 22000 kW。目前我国小高炉多采用离心式罗茨风机。

高炉鼓风机所存在的最大问题是飞动，即风机风压上升到最高点时，风量大幅度降低，出现鼓风机因此失速的现象。这种现象一旦发生，不仅会损坏风机，而且由于送往高炉的鼓风压力急剧下降，还会引起铁水和炉渣向风口倒灌以及炉内煤气向送风系统倒流的危险。因此在实际运行中，为了避免发生飞动，必须安装安全装置。图 5-21 示出了鼓风机的特性曲线。鼓风机的运行，当由于某种原因偏离正常运行工况区而进入防止飞动曲线以左的区域时，安全阀就起作用，从而可防止飞动的发生。

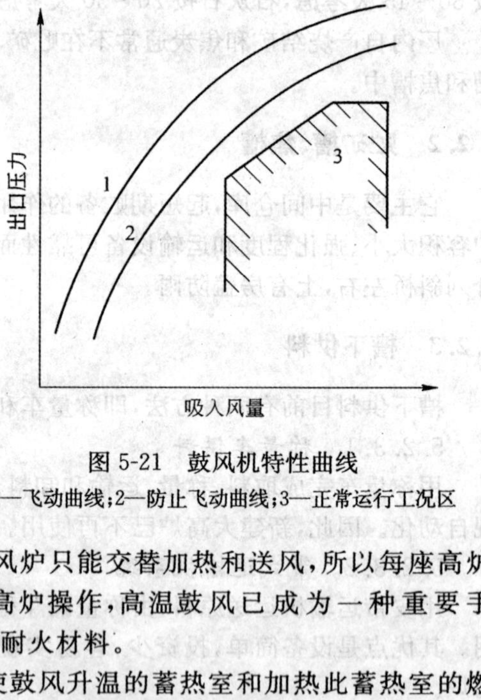

图 5-21　鼓风机特性曲线

1—飞动曲线；2—防止飞动曲线；3—正常运行工况区

5.3.2　热风炉系统

热风炉是高炉热风的加热设备。鉴于蓄热式热风炉只能交替加热和送风，所以每座高炉通常配备2～4 座蓄热式热风炉。近年来，为了强化高炉操作，高温鼓风已成为一种重要手段。为此，正不断改进热风炉的结构形式和所使用的耐火材料。

内燃式热风炉的型式如图 5-22 所示，热风炉由使鼓风升温的蓄热室和加热此蓄热室的燃烧室所组成。在结构上，有将燃烧室和蓄热室放在同一个圆筒形炉壳之内的内燃式，也有将燃烧室独立砌筑于蓄热室之外的外燃式。无论是哪一种形式，蓄热室都是由大量的带孔耐火砖(格子砖)砌筑而成的。

为了解决内燃式热风炉的隔墙裂纹问题，将燃烧室独立砌筑，便出现了外燃式热风炉。外燃式热风炉目前已有拷贝式、地得式、马琴式和新日铁式等几种形式，如图 5-23 所示，它们的拱顶结构形式各有不同特点。这些外燃式热风炉使用硅砖砌筑时，其热风温度可达 1350℃。

热风炉的性能即加热能力，取决于格子砖的受热面积(加热面积)。从实际运行效果来看，高炉每1 m^3有效容积应具有的加热面积约为 60～80 m^2 左右。热风温度是由加热面积、鼓风量、拱

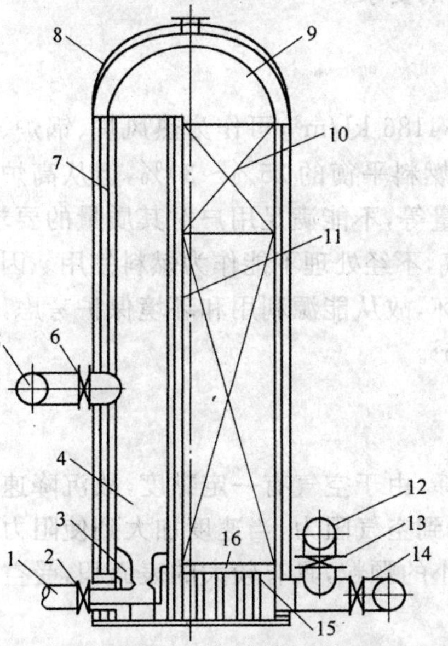

图 5-22 内燃式热风炉

1—煤气管道；2—煤气阀；3—燃烧器；4—燃烧室；
5—热风管道；6—热风阀；7—大墙；8—炉壳；9—拱顶；
10—蓄热室；11—隔墙；12—冷风管道；13—冷风阀；
14—烟道阀；15—支柱；16—炉箅子

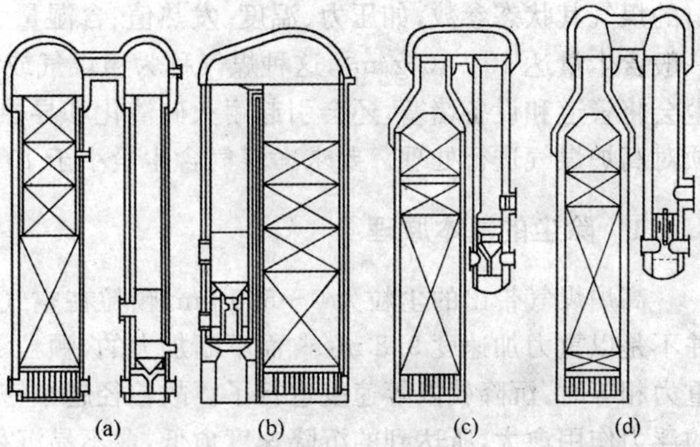

图 5-23 外燃式热风炉结构示意图

(a)拷贝式；(b)地得式；(c)马琴式；(d)新日铁式

顶最高温度、热风炉的操作制度等决定的。

顶燃式热风炉又称为无燃烧室热风炉，其结构如图 5-24(a)所示，图 5-24(b)所示为顶燃式热风炉平面布置图，它是将煤气直接引入拱顶空间内燃烧。为了在短暂的时间和有限的空间内，保证煤气和空气很好地混合并完全燃烧，就必须使用能力很大的短焰烧嘴或无焰烧嘴，而且烧嘴的

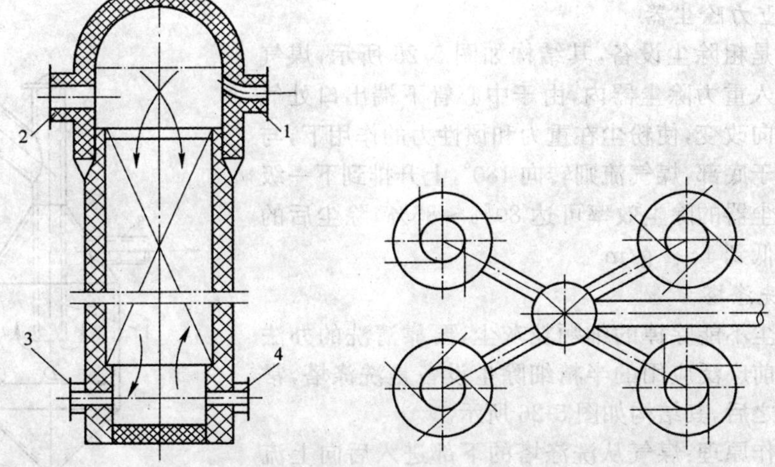

图 5-24 顶燃式热风炉

(a)结构示意图；(b)平面布置图

1—燃烧器；2—热风出口；3—烟气出口；4—冷风入口

数量和分布形式应满足燃烧后的烟气在蓄热室内均匀分布的要求。

5.4　煤气净化除尘系统

高炉煤气含有 CO_2、H_2 等可燃气体，发热值为 3350～4186 kJ/m³，可作为热风炉、锅炉、焦炉和各种冶金炉的燃料。在冶金联合企业中，高炉煤气占燃料平衡的 25%～30%，但从高炉引出的煤气其状态参数，如压力、温度、发热值、含湿量、含尘量等，不能满足用户对其质量的要求。一般含尘量达 10～40 g/m³，这种煤气称为粗煤气或荒煤气，不经处理不能作为燃料使用。因灰尘会将管道和设备堵塞，还会引起耐火砖渣化和导热性变坏，故从能源利用和环境保护考虑，必须对高炉煤气进行处理。要求净煤气含尘量小于 10 mg/m³。

5.4.1　除尘的基本原理

高炉煤气带出的尘粒为 0～500 μm，颗粒在空气中沉降，由于空气有一定黏度，故沉降速度并不是以重力加速度 9.8 m/s² 而不断加大的，颗粒沉降遇到空气阻力，当速度加大到使阻力和重力相等时，沉降就以等速度进行了。故粒径越小密度越小的颗粒，具有较大的表面积，受空气的浮力作用愈大，所达到的沉降速度愈低，愈不易沉积。

一般来讲，除尘过程需要逐级进行。100 μm 以上的颗粒是较易除去的，称其为粗除尘。常用的除尘设备有重力除尘器、离心除尘器等。除去更小的尘粒则称为精除尘，除尘设备有文氏管、电除尘器和布袋除尘器等。一切除尘设备都是借外力作用来使尘粒和气体分离的。这些外力主要有以下三种：

(1) 惯性力。当气流方向改变时，尘粒具有惯性力，使其继续前进而分离。

(2) 加速度力。靠尘粒具有比气体分子更大的重力，离心力和静电引力而分离。

(3) 束缚力。主要是通过过筛和过滤的办法，挡住尘粒继续前进。

5.4.2　常用除尘设备

高炉系统常用的除尘器有以下几种。

5.4.2.1　重力除尘器

重力除尘器是粗除尘设备，其结构如图 5-25 所示，煤气从顶部中心管进入重力除尘器内，由于中心管下端出口处气流突然减速和方向改变，使粉尘在重力和惯性力的作用下，与煤气流分离沉降于底部，煤气流则转向 180°，上升排到下一级除尘器。这类除尘器的除尘效率可达 80%～85%，除尘后的煤气含尘量可降低到 1～4 g/m³。

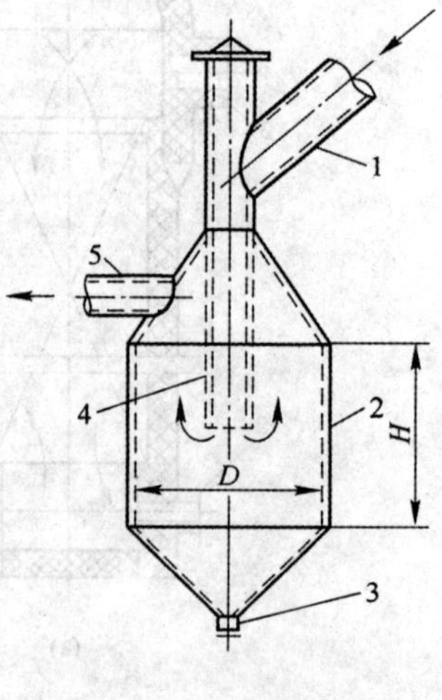

图 5-25　重力除尘器

1—煤气下降管；2—除尘器；3—清灰口；4—中心导入管；5—塔前管

5.4.2.2　洗涤塔

用干式粗除尘不能除掉的细颗粒灰尘，要靠清洗的办法进一步除去。目前广泛应用的半精细除尘设备是洗涤塔，常设在重力除尘器之后，其结构如图 5-26 所示。

洗涤塔的工作原理：煤气从洗涤塔的下部进入后向上流动，与向下喷洒的水相遇，煤气和水进行热交换，使煤气温度降低，同时煤气中的灰尘被水滴所湿润，彼此凝聚成大颗粒，由于重力作用而离开煤气流，随水一起流向洗涤塔底部，与污水一起经塔底水封排走，经冷却和洗涤后的煤气由塔顶管道

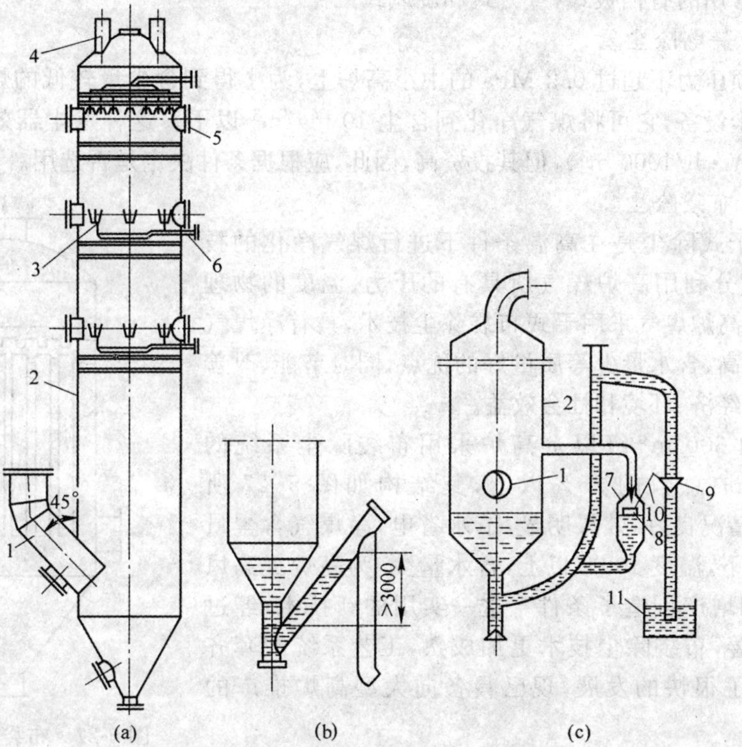

图 5-26　洗涤塔

(a)空心洗涤塔；(b)常压洗涤塔水封装置；(c)高压煤气洗涤塔的水封装置

1—煤气导入管；2—洗涤塔外壳；3—喷嘴；4—煤气导出管；5—人孔；6—给水管；

7—水位调节器；8—浮标；9—碟式调节阀；10—连杆；11—排水沟

导出。经洗涤后煤气含尘量降到1 g/m³以下，除尘效率达 80%～85%，煤气温度冷却到 40℃以下，降低了煤气中饱和水。

目前采用的洗涤塔有木格式和空心式两种。因空心式具有结构简单、节省木材、投资省、除尘效果好等优点，故一般采用空心塔较合理。有些高炉采用溢流文氏管做半精细除尘设备。

5.4.2.3　文氏管

煤气经洗涤塔或溢流文氏管初洗之后，仍有一部分灰尘悬浮于煤气中，由于所剩的灰尘颗粒更细，不能被洗涤塔喷水所湿润，必须用强大的外力来使其凝聚成大颗粒而与煤气分离。文氏管和静电除尘器常被用来作为精除尘设备。

文氏管工作原理是：当煤气以高速通过喉口时，与净化煤气用水发生剧烈的冲击，煤气中的灰尘与水滴充分接触而润湿，彼此凝聚后随水排走。文氏管除尘效率很高，可将煤气含尘量降至20 mg/m³ 以下。煤气压力愈高，除尘效率越高，所以适应于高压操作。

5.4.2.4　调压阀组

高压操作的高炉，气流从鼓风机开始直到除尘设备全处于高压状态，故在通入煤气管网的总管之前应设置减压装置。对高炉来说它是一个增压阀组，是获得高压的设备，故又称高压阀组。它不仅用来调压，同时也可降温除尘。

5.4.2.5　脱水器

清洗后的煤气中含有大量的细颗粒水滴，必须将其除去，否则会降低煤气发热值和因为水中带有灰尘使煤气除尘实际效果变坏。因此，必须重视煤气脱水。脱水器的种类很多，我国高炉煤气除尘系统中常用的有挡板式、重力式和旋风式三种。

5.4.2.6　静电除尘器

在高炉炉顶压力不超过 0.2 MPa 的中小高炉上，为了得到含尘量较低的煤气，可用静电除尘器作精细除尘设备，它可将煤气净化到含尘 10 mg/m³ 以下。这种除尘器效率高、耗电量少（一般为 0.7 kW·h/1000 m³），但其投资高，因此，应根据条件决定是否选用。

5.4.2.7　布袋除尘

高炉煤气干式除尘是在高温条件下进行煤气净化的技术，因此可以充分利用高炉煤气所具有的压力、温度的物理能。实践表明，高炉煤气采用干式布袋除尘技术，具有净煤气含尘量低、温度高、含水量少等质量好的优点，同时节能、改善环境，有良好的经济、环境和社会效益。

目前，国内 300 m³ 级以上高炉采用布袋除尘系统的已占同类型高炉总数的 25% 以上，其结构如图 5-27 所示。生产运行情况良好，效果明显，节水省电，净煤气含尘量达 6 mg/m³ 以下，温度 100℃以上，含水量少，为高炉提高风温、降低焦比和增产创造了条件。这一实用的新技术，经过不断的改进完善，布袋除尘技术更加成熟，工艺系统配套齐全、合理，得到了很快的发展，现已具备向大型高炉推广的条件。

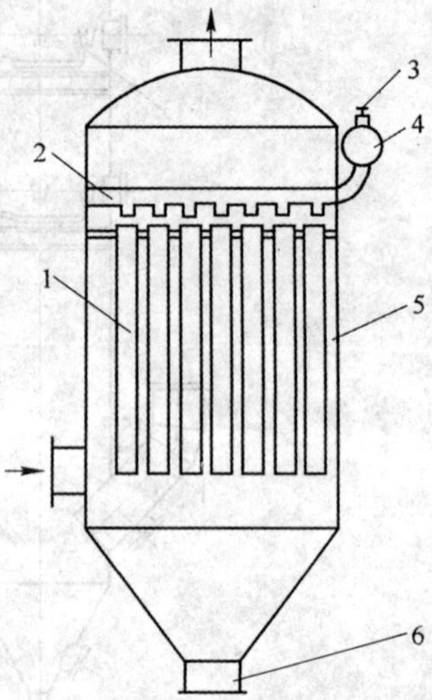

图 5-27　布袋除尘器示意图

1—布袋；2—反吹管；3—脉冲阀；4—脉冲气包；5—箱体；6—排灰口

5.5　渣铁处理系统

为保证高炉正常生产，由高炉铁口和渣口放出的液态生铁和熔渣，必须及时处理。随着高炉大型化和冶炼的强化，生产量猛增，一座高炉日产渣铁逾万吨，处理这些渣铁不仅要有足够的运输能力，同时要有高度机械化、自动化的处理设备，以及良好的劳动条件。目前高炉渣铁处理的一般流程如图 5-28 所示。

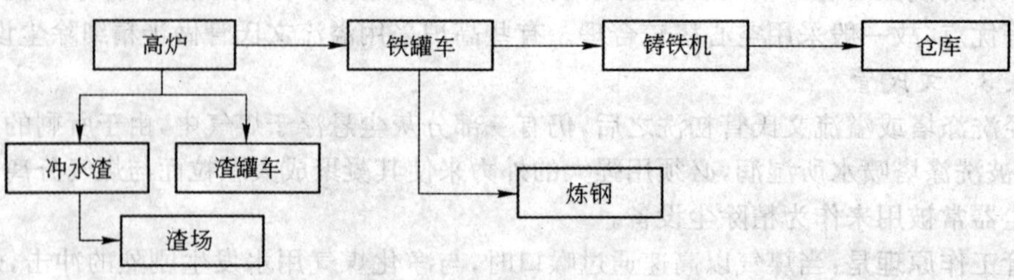

图 5-28　渣铁处理系统流程图

(1) 出铁场风口平台。在铁口侧布置着出铁场，场上配置有铁水沟（图 5-29）、砂口（撇渣器）、倾动铁水沟和起重吊车等设备，以进行渣铁处理作业。沿高炉炉体周围设置风口平台，在平台上可进行更换风口和观察风口等作业。

在大型高炉上，为处理大量的铁水，设有 3～4 个出铁口，为操作方便有的采用环形出铁场。渣口数有向少的方向发展的趋势，也有的高炉不设渣口，通过铁口实施渣铁混出。为满足炉前操作，一般大中型高炉炉前配备有开铁口机、堵铁口泥炮、堵渣机。现代大型高炉还有换风向机等其他设备。

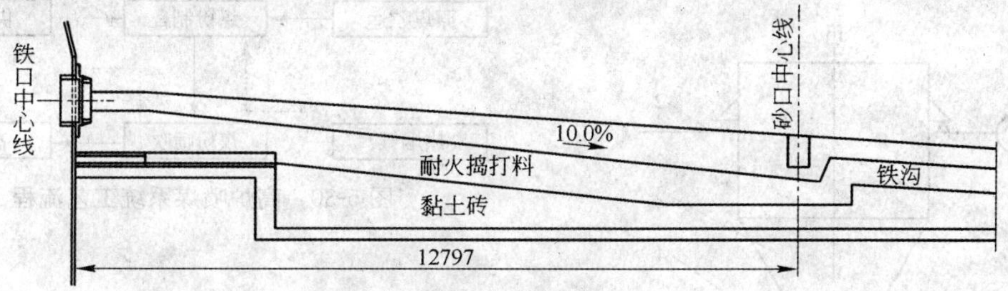

图 5-29 铁水主沟

(2) 铁水处理。高炉生产的铁水大部分直接送去炼钢，一部分用于铸成铁锭。铁水用铁水罐车运到炼钢车间或铸铁机。

(3) 炉渣处理。高炉炉渣的处理，取决于对其利用途径的选择，传统的罐车—弃渣场的处理法，已被淘汰。目前广泛采用的是水淬处理，其次是干渣块利用，此外还有少量的渣棉及其他用途。

5.6 高炉喷吹系统

高炉经风口喷吹煤粉已成为节焦和改进冶炼工艺最有效的措施之一。它不仅可以代替日益紧缺的焦炭，而且有利于改进冶炼工艺：扩展风口前的回旋区，缩小呆滞区；降低风口前的理论燃烧温度，有利于提高风温和采用富氧鼓风，特别是喷吹煤粉和富氧鼓风相结合，在节焦和增产两方面都能取得非常好的效果；可以提高一氧化碳的利用率，提高炉内煤气含氢量，改善还原过程等等。总之，高炉喷煤既有利于节焦增产，又有利于改进高炉冶炼工艺和促进高炉顺行，受到世界各国的普遍重视。

除了煤粉外，还可向高炉喷吹重油、焦油、沥青和天然气、焦炉煤气或石油裂化气等。

5.6.1 喷煤工艺及设备

高炉喷煤系统主要由原煤贮运、煤粉制备、煤粉喷吹、热烟气和供气等几部分组成，其工艺流程如图 5-30 所示。

高炉冶炼对所喷吹燃料的工艺及设备要求是：能保证连续、稳定、均匀地喷入炉内，计量准确、调节灵活，设备简单、安全可靠。

喷吹固体燃料主要是无烟煤粉、烟煤煤粉和焦粉等。虽然燃料种类不同，但其工艺设备基本相同。图 5-31、图 5-32 分别为高炉煤粉串罐和并罐喷吹系统示意图。

A 原煤贮运系统

原煤用汽车或火车运至原煤场进行堆放、贮存、破碎、筛分及去除其中金属杂物等，同时将过湿的原煤进行自然干燥。根据总图布置的远近，用皮带机将原煤送入煤粉制备系统的原煤仓内。

B 煤粉制备与输煤系统

为了便于气动输送和保证煤粉在高炉风口区获得较高的燃烧效率，要求煤粉细度小于 180 网目(0.088 mm)的占 85%以上，含水量小于 1.0%。通常设有制粉车间，制粉包括原煤卸车、贮存、干燥、细磨、收粉和煤粉的贮存等。

从煤粉仓到喷吹罐，从喷吹罐到风口，煤粉都采用气动运输。其方式有两类，即仓式泵和螺旋泵：喷吹罐有下出料方式，它是利用压差法来给煤，煤粉进入混合器后，用压缩空气向高炉输

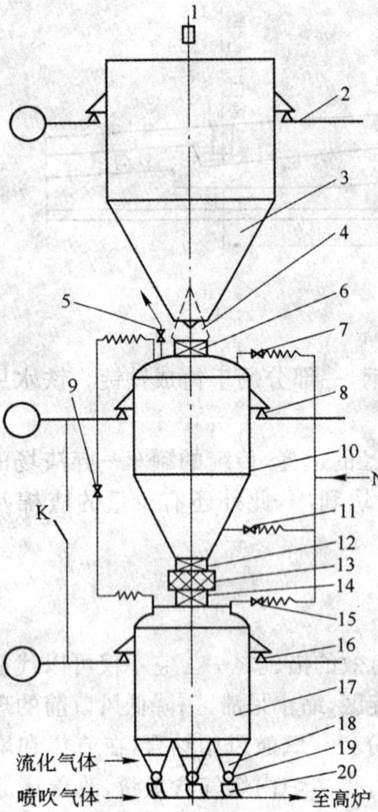

图 5-31　串罐喷吹工艺

1—塞头阀；2—煤粉仓电子秤；3—煤粉仓；4—软连接；
5—放散阀；6—上钟阀；7—中间罐充压阀；8—中间罐电子秤；
9—均压阀；10—中间罐；11—中间罐流化阀；12—中钟阀；
13—软连接；14—下钟阀；15—喷吹罐充压阀；
16—喷吹罐电子秤；17—喷吹罐；18—流化器；
19—给煤球阀；20—混合器

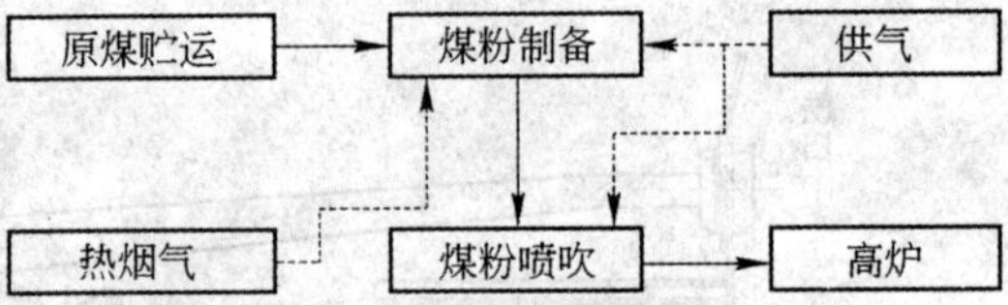

图 5-30　高炉喷煤系统工艺流程

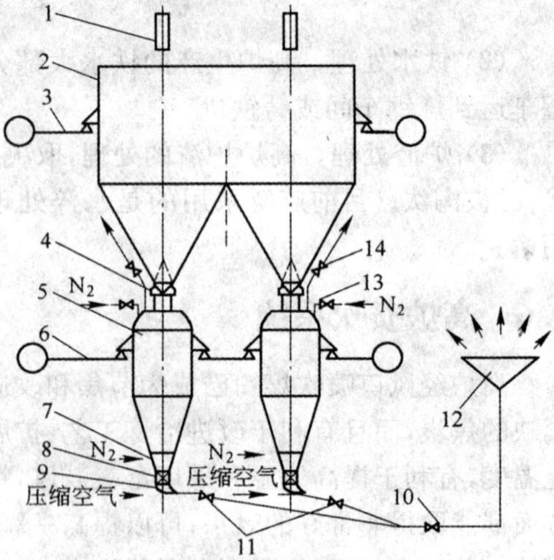

图 5-32　并罐喷煤系统

1—塞头阀；2—煤粉仓；3—煤粉仓电子秤；4—软连接；
5—喷吹罐；6—喷吹罐电子秤；7—流化器；8—下煤阀；
9—混合器；10—安全阀；11—切断阀；12—分配器；
13—充压阀；14—放散阀

送；上出料方式的仓式泵，其输煤原理与下出料方式相似（如图 5-33）。其优点是没有转动的机械设备；而螺旋泵送煤如图 5-34 所示，煤粉由煤粉仓（或喷吹罐）底部经过阀门进入料箱，由电动机

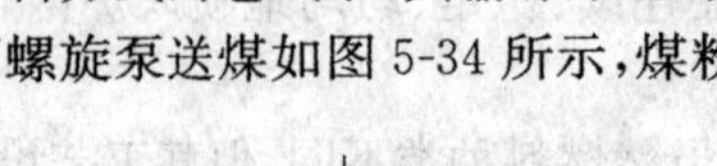

图 5-33　上出料仓式泵

1—煤粉仓；2—给煤阀；3—充压阀；4—喷出口；
5—沸腾板；6—沸腾阀；7—气室；8—补气阀

图 5-34　螺旋泵构造示意图

1—螺杆；2—压盖；3—可调的压重

带动螺旋杆旋转压入混合室,借助于通入混合室内的压缩空气将煤粉送出。它可以用转数来调节给煤速度,也可防止压缩空气倒流入煤粉仓。螺旋泵输煤的优点是煤粉仓是敞口,便于处理易燃易爆的烟煤粉,另外输煤浓度也较大。但其密封性差,易磨损,动力消耗大。

C 煤粉喷吹系统

喷吹的设施主要包括煤粉仓、贮煤罐、喷吹罐及输送系统和喷枪。按喷吹罐工作压力不同,可分为高压喷吹装置和常压喷吹装置。

贮煤和喷吹作业交替进行,贮煤罐接收煤粉装满后,便停止装煤作业,关闭钟阀。需向喷煤罐输煤时,先向输煤罐充压,再打开钟阀向喷吹罐装煤,喷吹罐总是处于高压状态。喷吹罐下部设有混合器,煤粉和压缩空气在此混合后经喷吹管路通过喷枪喷入炉内。煤枪与油枪一样,斜插入直吹管。

D 热烟气系统

将高炉煤气在燃烧炉内燃烧生成的热烟气送入制粉系统,用来干燥煤粉。

E 供气系统

供给整个喷煤系统的压缩空气、氮气、氧气及少量的蒸汽。压缩空气用于输送煤粉,氮气用于烟煤制备和喷吹系统的气氛惰化,蒸汽用于设备保温。

F 安全措施系统

煤粉是粉状可燃物,其粒度细、表面积大,尤其是挥发分高的烟煤,在高压容器内更易燃易爆,一旦爆炸,破坏力相当大,因此必须重视煤粉的安全问题,采取相应的安全措施。

5.6.2 喷煤技术的发展

高炉实际应用喷煤技术始于 20 世纪 60 年代,但由于受能源价格因素的影响,喷煤技术并没有得到大的发展。20 世纪 70 年代末,发生了第二次石油危机,世界范围内高炉停止喷油。为了避免全焦操作,大量的高炉开始喷煤,喷煤成为高炉调剂和降低成本的手段。进入 20 世纪 90 年代,西欧、美国和日本的一批焦炉开始老化,由于环保及投资等原因,很难新建和改造焦炉。为保持原有的钢铁生产能力,必须大幅度降低焦炭消耗。喷煤已不仅是高炉调剂和降低成本的手段,也是弥补焦炭不足,从而不新建焦炉的战略性技术。另外,全世界炼焦用煤资源日益短缺,在世界范围内大量喷煤,用煤粉代替焦炭就成为高炉技术发展的必然趋势,并且发展速度越来越快。喷煤技术的进步主要体现在以下几方面。

5.6.2.1 喷煤设备大型化和装备水平的提高

现代高炉炼铁技术进步的特点之一是不断提高生产率,喷吹更多煤粉,大幅度降低焦比。欧洲高炉的煤比每吨铁已突破 200 kg,焦比降至每吨铁 300 kg 左右,正向煤比 250 kg、焦比 250 kg 的目标迈进。我国宝钢高炉喷吹煤比每吨铁已实现 295 kg,进入世界先进行列。喷吹煤粉绝对量的增大,要求喷煤设备大型化和提高装备水平。喷煤设备装备水平的提高集中表现在喷煤自动控制及计量和调节精度方面。喷煤量可以按照高炉要求自动调节,喷煤量计量精度可以控制在±1%误差范围内,各风口喷吹煤粉的均匀性控制在±3%的误差范围内。

5.6.2.2 高炉富氧喷煤

富氧喷煤是实现高炉稳产、高产、优质、低耗的必备手段,是高炉炼铁技术进步的重要标志。高炉富氧和喷吹煤粉是互为条件、互为依存的。喷煤量增加到一定程度,需要用氧气促进煤粉燃烧,以提高煤焦置换比和保证高炉顺行。实践证明,当风温 1000℃时,在不富氧的条件下,煤粉喷吹量每吨铁不宜超过 100 kg,否则,煤粉不能完全燃烧,引起煤焦置换比下降,并且可能引起高炉难行。相反,如果不喷吹煤粉,富氧使高炉风口前的理论燃烧温度过高,引起高炉不能顺行。

只有富氧和喷煤相结合，才能大幅度提高产量，降低焦炭消耗。生产实践证明，高炉鼓风中富氧率每增加1%，喷煤量每吨铁约增加13 kg，生铁产量增加3%。国外大喷煤量高炉的用氧量已达到每吨铁40～70 m^3。

5.6.2.3　喷吹烟煤或烟煤与无烟煤混合喷吹

我国长期喷吹无烟煤，其优点是含碳量高，挥发分低，喷吹安全。但是不易燃烧，煤质硬，制粉能耗高。随着无烟煤储藏量的减少，无烟煤质量逐年下降，灰分含量增多，使得煤焦置换比降低，高炉冶炼的渣量增大，不利于高炉生产。改喷烟煤，扩大了喷煤煤种，从煤的储量及分布看，烟煤储量较多，分布较广，保证了充足的喷煤资源。烟煤挥发分高，燃烧性能好，含氢量高，有利于高炉顺行，并且煤质软，易磨碎，制粉能耗低。但是喷吹烟煤时，特别是喷吹高挥发分、强爆炸性烟煤时，安全性差，易爆易燃，必须采取相应的安全保护措施。目前我国喷吹烟煤技术已经成熟。

目前我国部分高炉采用烟煤和无烟煤混合喷吹技术取得了良好的效果，表现为燃烧率明显提高，置换比上升。生产实践表明，无烟煤中配加一定比率的烟煤后，其燃烧率明显提高。

5.6.2.4　浓相输送

高炉喷煤采用气力输送，按单位气体载运煤粉量的多少，可分为稀相输送和浓相输送。浓相输送的特点是单位气体载运的煤粉量大，或者说输送单位煤粉消耗的气体量小，管径细，输送速度较低。气力输送过程中，一般稀相输送的速度在20 m/s以上，而浓相输送的速度则小于10 m/s。由于煤粉流速的降低，对管道及设备的磨损会大大减小。

5.6.3　烟煤喷吹的安全措施

5.6.3.1　煤粉爆炸的条件

与喷吹无烟煤相比，喷吹烟煤的最大优点是煤粉中挥发分含量高，在高炉风口区燃烧的热效率高，但其安全性较差。喷吹烟煤的关键是防止煤粉爆炸。产生爆炸的基本条件是：

(1) 必须具备一定的含氧量。煤粉在容器内燃烧后体积膨胀，压力升高，其压力超过容器的抗压能力时容器爆炸。容器内氧浓度越高，越有利于煤粉燃烧，爆炸力越大。控制含氧量就可控制助燃条件，即控制煤粉爆炸的条件。因此，喷吹烟煤时，必须严格控制气氛中的含氧量。至于含氧量控制在什么范围才安全，目前有两种意见，一种认为控制在15%以下；另一种则认为控制在10%以下。因为煤粉爆炸的气氛条件还与烟煤本身的特性即挥发分多少、煤粉粒度组成及混合浓度的高低等有关，故只能针对特定的煤种，在模拟实际生产的条件下进行试验，来确定该煤粉的含氧量。

(2) 一定的煤粉悬浮浓度。试验证明，煤粉在气体中的悬浮浓度达到一个适宜值时才可能发生爆炸，高于或低于此值时均无爆炸可能。发生爆炸的适宜浓度值随着烟煤的成分组成、煤粉粒度组成以及气体含氧量的不同而改变，这些数值需要由试验得出。

(3) 煤粉温度达到着火点。烟煤煤粉沉积后逐步氧化、升温以及外来火源都是引爆条件，彻底消除火源即可排除爆炸的可能性。

以上三个条件必须同时具备，否则煤粉就不会爆炸。实际生产中应该采取一系列必要的措施，防止煤粉爆炸的发生。

5.6.3.2　高炉喷吹烟煤的安全措施

喷吹烟煤的关键是防止煤粉爆炸，烟煤爆炸具有上述三个必要条件，只要消除其中一个即可达到安全运行。由于实际生产条件多变，影响安全生产的因素很多，有些因素难以预计。并且当一个条件变化时常常会引起其他条件的变化，因此，对所有能够控制的条件都应该重视和调节。

(1) 控制系统气氛。磨煤机所需的干燥气一般多采用热风炉烟道废气与燃烧炉热烟气的混合气体。为了控制干燥气的含氧量，必须及时调节废气量和燃烧炉的燃烧状况，减少兑入冷风量，防止制粉系统漏风。严格控制系统的氧含量在8%～10%。分别在磨煤机干燥气入口管、脉冲袋式收粉器出口管处设置氧含量和一氧化碳含量的检测装置，达到上限时报警，达到上限时，系统各处消防充氮阀自动打开，向系统充入氮气。布袋收粉器的脉冲气源一般采用氮气，氮气用量应能够根据需要进行调节。在布袋箱体密封不严的情况下，若氮气压力偏低，则空气被吸入箱体内会提高氧的含量，反之，氮气外溢可能使人窒息。喷吹罐补气气源、充压、流化气源采用氮气，喷吹煤粉的载气使用压缩空气。实际生产中应重视混合器、喷吹管、分配器及喷枪的畅通，否则，喷吹用载气会经喷嘴倒灌入罐内，使喷吹罐内的氧含量增加。在处理煤粉堵塞和磨煤机满煤故障时，使用氮气，严禁使用压缩空气。

(2) 设计时要避免死角，防止积粉，如煤粉仓锥形部分倾角应大于70°，或设计为双曲线形煤粉仓。在煤粉仓、中间罐、喷吹罐下部设流化装置。

(3) 综合喷吹。可以采取烟煤和无烟煤混合喷吹技术，这样可以降低煤粉中挥发分的含量。各种煤的配比，应根据煤种和煤质特性经过试验而定。若制粉和喷吹工艺条件允许，可在煤粉中加入高炉冶炼所需要的其他粉料，如铁矿粉、石灰石粉、焦粉和炼钢炉尘等，加入这些粉料对烟煤爆炸起着极为明显的抑制作用。

(4) 控制煤粉温度。严格控制磨煤机入口干燥气温度不超过250～290℃及其出口温度不超过90℃。在其他各关键部位，如收粉装置煤粉斗、煤粉仓、中间罐、喷吹罐等都设有温度检测装置。当各点温度达到上限时报警，达到上限时，系统各处消防充氮阀自动打开，向系统充入氮气。

(5) 设备和管道采取防静电措施。管道、阀门及软连接处设防静电接地线，布袋选用防静电滤袋。

(6) 喷煤管道设自动切断阀，当喷吹压力低时自动切断阀门，停止喷煤。

另外，系统还应设置消防水泵站和消防水管路系统。各层平台均应有消防器材和火灾报警装置。

复习思考题

5-1 何谓高炉炉型？画出高炉炉型并标明各部分的名称。

5-2 何谓高炉有效容积、有效高度？

5-3 对高炉炉衬有何质量要求，如何选择高炉各部位的耐火材料？

5-4 高炉为何要进行冷却，有哪些冷却方法？

5-5 简述高炉原料系统的主要组成及其作用。

5-6 简述高炉煤气净化除尘系统的主要组成及常用的除尘设备的作用。

5-7 简述高炉喷吹系统的主要装备及其作用。

5-8 简述高炉喷煤技术的发展。

6 非高炉炼铁

6.1 概述

非高炉炼铁法是指除高炉炼铁法之外，不用焦炭炼铁的各种工艺方法的总称。按工艺特征、产品类型和用途，主要分为直接还原法和熔融还原法两大类。

6.1.1 直接还原法与熔融还原法

直接还原(Direct Reduction)法是指不用高炉而将铁矿石炼制成海绵铁的生产过程。直接还原铁是一种低温下固态还原的金属铁。它未经熔化而仍保持矿石外形，但由于还原失氧形成大量气孔，在显微镜下观察形似海绵，因此也称海绵铁。直接还原铁的含碳量低(＜2%)，不含硅锰等元素，还保存了矿石中的脉石，因此不能大规模用于转炉炼钢，只适于代替废钢作为电炉炼钢的原料。

熔融还原(Smelting Reduction)法指在熔融状态下把铁矿石还原成液态铁水的非高炉炼铁法。它以非焦煤为能源，得到的产品是一种与高炉铁水相似的高碳生铁，适合于作氧气转炉炼钢的原料。近年来，非高炉炼铁法发展比较快，其原因是：

(1) 不用焦炭炼铁。高炉冶炼需要高质量冶金焦，而从世界矿物燃料的总储量来看，煤炭占92%左右，而焦煤只占煤炭总储量的5%，且日渐短缺，价格越来越高。非高炉炼铁可以使用非炼焦煤和天然气作燃料与还原剂，对缺少焦煤资源的国家和地区提供了发展钢铁工业的巨大空间。

(2) 高炉炼铁要求强度好的焦炭和块状铁料。必须有炼焦和铁矿粉造块等工艺配套，工艺环节多，经济规模大，需要大的原料基地和巨额投资。非高炉炼铁法使用非焦煤或天然气，可使用矿块或直接使用粉矿，市场适应性强。

(3) 科学技术的进步，对钢材质量和品种提出了更高的要求。现代电炉炼钢技术为优质钢的生产提供了有效手段，但由于废钢的循环使用，杂质逐渐富集，而一些杂质元素在炼钢过程又很难去除，无法保证钢的质量，并限制了电炉法冶炼优质钢种的优势。非高炉炼铁法能为炼钢提供成分稳定、质量纯净的优质原料，为炼钢设备潜能的发挥，提高企业的经济效益，提供了有力的支持。

(4) 随着钢铁工业的发展，氧气转炉和电炉炼钢逐渐取代平炉，废钢消耗量迅速增加，废钢供应量日趋紧张，非高炉生产的海绵铁、粒铁等是废钢的极好替代品。

(5) 废钢—电炉—连铸连轧的钢铁生产短流程的迅速发展，具有节能、生产率高、污染少和生产灵活性大的优点。如今电炉钢已占世界钢产量的1/3左右，反过来又极大地推动了非高炉炼铁技术的发展，从而出现了传统(高炉—转炉)流程和短流程共存的局面。

(6) 非高炉炼铁法能充分利用本国资源和需求，确定适宜规模，灵活调整产品结构、数量和品种，投资少，建设快，为发展中国家快速发展钢铁工业提供了良好的机遇，同时也促使发达国家积极发展短流程生产。

非高炉所得还原铁的用途有以下三类：

(1) 炼钢原料。直接还原铁主要用于代替电炉废钢，而液态非高炉生铁主要用于转炉和热装电炉精炼。

(2) 高炉原料。经过预还原的矿石可作为高炉炉料，以增加产量，降低焦比。

(3) 铁粉。铁粉可用于粉末冶金或用作电焊条的原料等。

还原度越低，所得的还原铁越容易二次氧化，因此若要贮藏或远距离特别是海上运输，则必须进行钝化处理。常用的钝化处理方法有在控制气氛下形成氧化膜，用化学物质处理，或者进行压块。

6.1.2 非高炉炼铁的发展及特点

非高炉炼铁的种类很多，有的已有上百年的历史。随着钢铁生产技术的发展，近几十年特别是近十几年，非高炉炼铁得到了迅速发展。

直接还原铁的发展与资源条件密切相关：一是要有优质高品位铁矿，二是要具备廉价和丰富的能源，尤其是能源因素。因而受地区资源的限制，更适用于有高品位铁矿石、廉价天然气或非焦煤资源，发展钢铁又缺少优质废钢和炼焦煤的国家和地区。

熔融还原法是直接还原法的逻辑发展，是以非高炉液态生铁取代高炉铁水的有效途径，由于其具有高炉冶炼不可替代的优势，已成为现代冶金的前沿技术之一。熔融还原具有如下特点：

(1) 熔融还原使用煤或低强度焦作主能源，不依赖焦炭，也不使用天然气，能耗低，不受能源资源限制；

(2) 对含铁原料适应性强，可采用廉价的原料，不像高炉和直接还原法那么严格，并且有的工艺可以使用粉矿；

(3) 熔融还原液态铁水可送氧气转炉炼钢，也可作为纯净铁料热装电炉，流程简单；

(4) 对环境污染少，可形成封闭生产；

(5) 生产规模可大可小，能适应一般地区的要求，可简化生产工序，实现短流程生产，并且匹配性好，建设费用少，生铁成本低。

非高炉炼铁与高炉炼铁相比，除了不用焦炭以外，工艺上的显著特点是温度和还原度的关系不同(见图 6-1)。

在高炉方式中，铁矿石 A 在高炉内升温、还原、熔化成为铁水 B；因为铁水被过度地还原，含碳量达到饱和状态，所以必须在纯氧顶吹转炉内进行氧化、脱碳，使铁水中 C 变成处于状态 E 的钢液而出钢，最后经过脱氧去除多余的氧即成为成品钢液 F。

在非高炉炼铁方式中，还原是按虚线所示的路线进行的。如在直接还原方式中，矿石 A 被升温、还原成海绵铁 D。在此状态下，还原度和温度都较低，因此还须在电炉中熔化，还原其中未还原的部分，从而得到钢液 E；而在熔融还原方式下，矿石可经过和高炉还原类似的过程，也可一步实现炼制钢液。

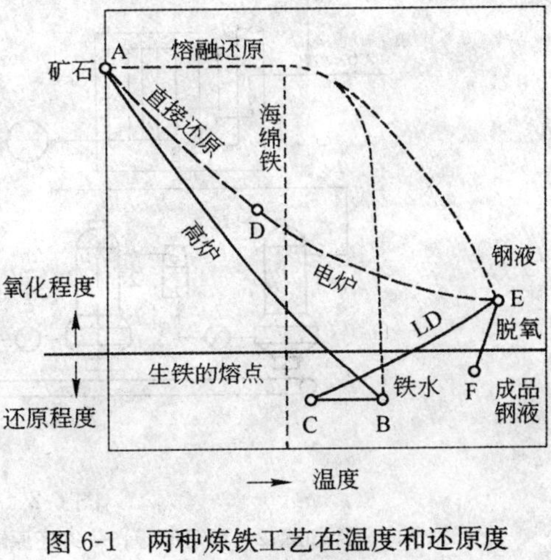

图 6-1 两种炼铁工艺在温度和还原度关系方面的比较

6.1.3 非高炉炼铁的方法及分类

非高炉炼铁法根据原料和产品用途分类的方法

很多,已发表的方法就有百余种。各种分类方法是根据以下不同的观点来进行划分的:

(1) 按还原装置进行分类:有固定床法、回转炉法、竖炉法和流化床法等。

(2) 按还原剂进行分类:有固体还原剂法、气体还原剂法等。

(3) 按生产方式进行分类:有预还原法、直接炼钢法、熔融还原法、原子能炼铁法等。

6.2 直接还原法简介

现今世界上的直接还原法有四十多种,但达到工业规模的并不多。直接还原法分气基法和煤基法两大类。前者是用天然气经裂化产出 H_2 和 CO 气体,作为还原剂,在竖炉、罐式炉或流化床内将铁矿石中的氧化铁还原成海绵铁,主要有 Midrex 法、HYL Ⅲ法、FIOR 法等。后者是用煤作还原剂,在回转窑、隧道窑等设备内将铁矿石中的氧化铁还原,主要有 SL/RN 法、Krupp 法和 FASMET 法等。当前世界上直接还原铁产量的 90%以上是采用气基法生产的,而煤基法只占直接还原铁总产量的 10%左右。

直接还原法的优点是流程短,直接还原铁加电炉炼钢;不用焦炭,不受主焦煤资源短缺的影响;污染少,取消了焦炉、烧结等工序;海绵铁中硫、磷等有害杂质与有色金属含量低,有利于电炉冶炼优质钢种。

直接还原法的缺点是对原料要求较高:气基要有天然气;煤基要用灰分熔点高、反应性好的煤;海绵铁的价格一般比废钢要高。

直接还原法发展的原因:直接还原法已有上百年的发展历史,但直到 20 世纪 60 年代才获得较大突破。进入 20 世纪 70 年代石油危机以后,其生产工艺日臻成熟并获得长足发展。其主要原因是:天然气的大量开发利用,特别是高效率天然气转化法的采用,提供了适用的还原煤气,使直接还原法获得了来源丰富、价格相对便宜的新能源;电炉炼钢迅速发展以及冶炼多种优质钢的需要,大大扩展了对海绵铁的需求;选矿技术提高,可提供大量高品位精矿,矿石中的脉石量降低到还原冶炼过程中不需加以脱除的程度,从而简化了直接还原技术。

6.2.1 希尔法

希尔法(HYL)属于固定床法,又叫罐式法,是用 H_2、CO 或其他混合气体将装于移动的或固定的容器内的铁矿石还原成海绵铁的一种方法。其设备由两部分组成,见图 6-2。

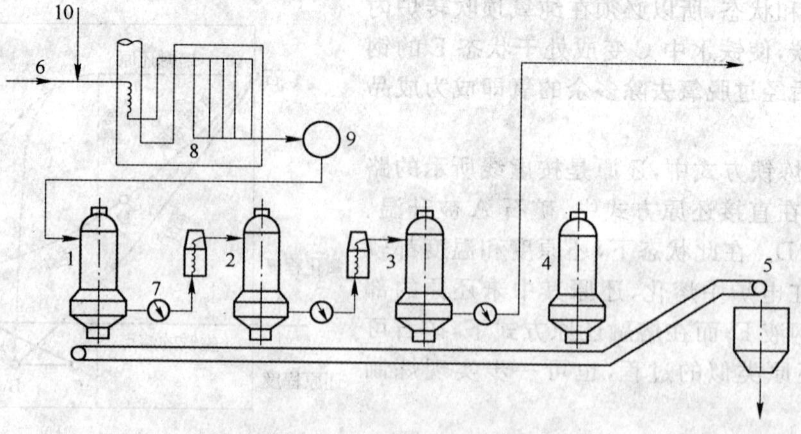

图 6-2 HYL 法生产流程

1—冷却罐;2—预还原罐;3—终还原罐;4—装料及排料;5—直接还原铁;6—天然气;7—脱水器;8—煤气转化;9—冷却塔;10—水蒸气

制气部分(主要由转化炉构成):转化炉内有许多不锈钢管,管内涂有镍催化剂。加热后的天然气和过热蒸汽经过不锈钢管而发生裂解,生成主要由 H_2 和 CO 组成的还原气:

$$CH_4 + H_2O \xlongequal{催化} 3H_2 + CO$$

该工艺也可用甲烷,挥发油等制备还原气。

还原部分由四个反应罐组成。还原气体制成后送入反应罐,在同一时间每个反应罐的工作阶段依次是:

(1) 加热和初还原期:使用的还原气是来自主反应罐的还原气;

(2) 主还原期:使用的还原气是来自转化炉的新鲜还原气;

(3) 冷却和渗碳:冷却后的还原产品通常 $w[C]=2.2\%\sim2.6\%$;

(4) 卸料和装料:海绵铁由反应罐底部卸出。关闭密封卸料门,从顶部用插入式旋转布料槽加料,大块料装在下部,以改善料柱透气性和气流分布。

希尔法(HYL)的每个反应罐是间歇式生产,四个罐联合起来构成连续性生产。

6.2.2 Midrex 法(竖炉法)

竖炉直接还原的反应条件与高炉上部间接还原区相似,是一个不出现熔化现象的还原冶炼过程。炉料与煤气相向运动,下降的炉料逐渐被煤气加热和还原。

竖炉法主要以米德莱克斯(Midrex)法为代表。该法的工艺流程见图 6-3。

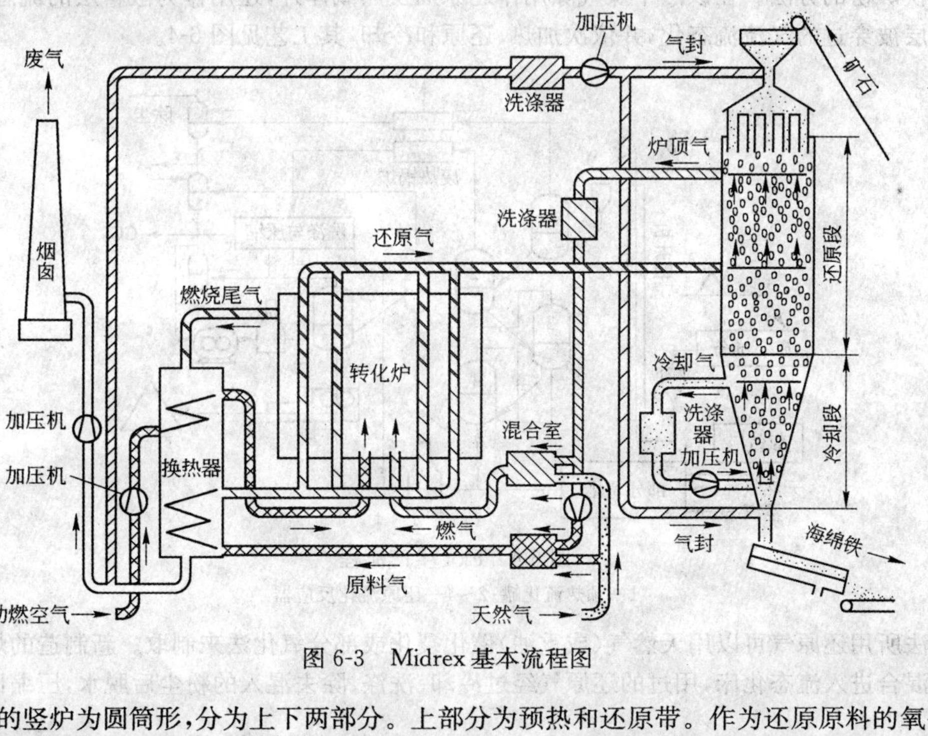

图 6-3 Midrex 基本流程图

该法的竖炉为圆筒形,分为上下两部分。上部分为预热和还原带。作为还原原料的氧化球团矿由炉顶加入竖炉后,依次经过预热、还原、冷却三个阶段。还原得到的海绵铁冷却到 50℃后排出炉外,以防再氧化。还原气 $w(CO)+w(H_2)>95\%$,它是由天然气和炉顶循环煤气按一定比例组成的混合气,在换热器温度(900~950℃)条件下,经镍催化剂裂解获得。该气体组成比例不另外补充氧气和水蒸气,由炉顶循环煤气作唯一载氧体供氧。

还原性气体温度(视矿石的软化程度)定在700～900℃之间,由竖炉还原带下部通入。炉顶煤气回收后,部分用于煤气再生,其余用于转化炉加热和竖炉冷却。因而该法的煤气利用率几乎与海绵铁还原程度无关,而热量消耗较低。

竖炉下部为冷却带。海绵铁被底部气体分配器送入 $w(N_2)=40\%$的冷却气冷却到100℃以下,然后用底部排料机排出炉外。冷却带装有3～5个弧形断路器,调节弧形断路器和盘式给料装置可改变海绵铁排出速度。冷却气由冷却带上部的集气管抽出炉外,经冷却器冷却净化后再用抽风机送入炉内。为防止空气吸入和再氧化的发生,炉顶装料口、下部卸料口都采用气体密封,密封气是重整转化炉排出的 $w(O_2)<1\%$的废气。

含铁原料除氧化球团矿外,还可用块矿或混合料,入炉粒度为6～30 mm,小于6 mm料应低于5%,希望含铁原料有良好的还原性和稳定性。入炉原料的脉石和杂质元素含量也很重要。竖炉原料内 $w(SiO_2)+w(Al_2O_3)$最好在5.0%以下,$w(TFe)=65\%\sim67\%$。

还原产品的金属化率通常为92%～95%,$w(C)$按要求控制在0.7%～2.0%。产品耐压强度应达到5MPa以上,否则在转运中会产生较多粉末。产品的运输和储存应注意防水,因为海绵铁极易吸水促进再氧化。

6.2.3　Fior 法(流态化法)

(流态化法)由美国埃索尔公司发明。它用天然气和重油等作还原剂。

流态化系指物质在气体介质中呈悬浮状态。所谓流态化直接还原则是指在流态化床中用煤气还原铁矿粉的方法。在该法中煤气除用作还原剂及热载体外,还用作为散料层的流态化介质。细粉矿层被穿过的气流流态化,并依次加热、还原和冷却,其工艺见图6-4。

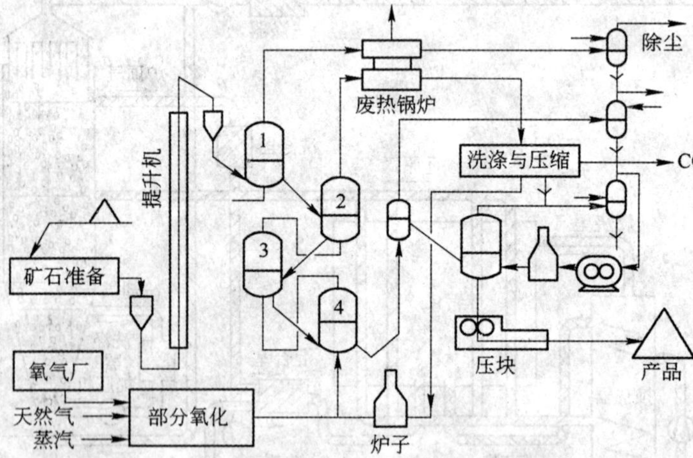

图6-4　Fior生产流程

1—预热流化罐;2～4—还原流化反应器

该法所用还原气可以用天然气(或重油)催化裂化或部分氧化法来制取。新制造的煤气与循环气相混合进入流态化床,用过的还原气经过冷却、洗涤、除去混入的粉尘后脱水,压缩回收再循环使用。

在该法中,流态化条件所需的煤气量大大超过还原所需的煤气量,故煤气的一次利用率较低。为提高煤气利用率和保证产品的金属化率,采用了五级式流化床。

第一级流化床为氧化性气氛,矿石直接与燃烧气体接触,被预热到预还原所需的温度,同时可除去矿石中的结晶水和大部分硫;第二级到第四级为还原;第五级为产品冷却。

该法选用含脉石量小于3%的高品位铁矿粉作原料，可省去造块工艺。但由于矿粉极易粘结引起“失常”或矿粉沉积而失去流态化状态，因此要求入炉料含水低，入炉料粒度应小于4目(4.76 mm)操作温度要求在600～700℃。这个条件不仅减慢了还原速度，而且极易促成CO的分解反应。另外该法煤气的一次利用率低。正常情况下，产品的金属化率可达到90%～95%。

还原产品经双辊压球机热压成球团块，再在一个旋转式圆筒筛通过滚动将团块破碎成单个球团，卸入环形炉箅冷却机冷却并进行空气钝化，最终产品就是抗氧化性产品。

6.2.4 SL-RN 法(回转窑法)

SL-RN 法又称固体还原剂直接还原法，该法的还原剂为固体燃料。矿石(球团、烧结、块矿或矿粉)和还原剂(有时包括少量的脱硫剂)从窑尾连续加入回转窑，炉料随窑体转动并缓慢向窑头方向运动，窑头设燃烧喷嘴喷入燃料加热。矿石和还原剂经干燥、预热进入还原带，在还原带铁氧化物被还原成金属铁。还原生成的CO在窑内上方的自由空间燃烧，燃烧所需的空气由沿窑身长度方向上安装的空气喷嘴供给。通过控制窑身空气喷嘴的空气量来有效控制窑内温度和气氛。窑身空气喷嘴是直接还原窑的重要特征，由它供风燃烧是保证回转窑还原过程进行的最重要的基础之一。窑身空气喷嘴的控制是该法最主要的控制手段之一。炉料还原后，在隔绝空气的条件下进入冷却器，使炉料冷却到常温。冷却后的炉料经磁选机磁选分离，获得直接还原铁。过剩的还原剂还可以返回使用。

回转窑内的最高温度一般控制在炉料的最低软化温度之下100～150℃。在使用低反应煤(无烟煤、天然焦)时，窑内温度一般为1050～1100℃；在使用高反应煤时，窑内温度可降低到950℃。

回转窑的产品是在高温条件下获得的，因而不易再氧化。一般不经特殊处理就能直接使用。回转窑生产的海绵铁的金属化率达95%～98%，w(S)可达到0.03%以下，w(C)=0.3%～0.5%。

回转窑对原燃料适应性强，可以使用各种类型和形态的原料，可以使用各种劣质煤作还原剂。但回转窑填充率低，产量低，易产生结圈故障，炉尾废气温度高达800℃以上，热效率低。这类方法的流程见图6-5。

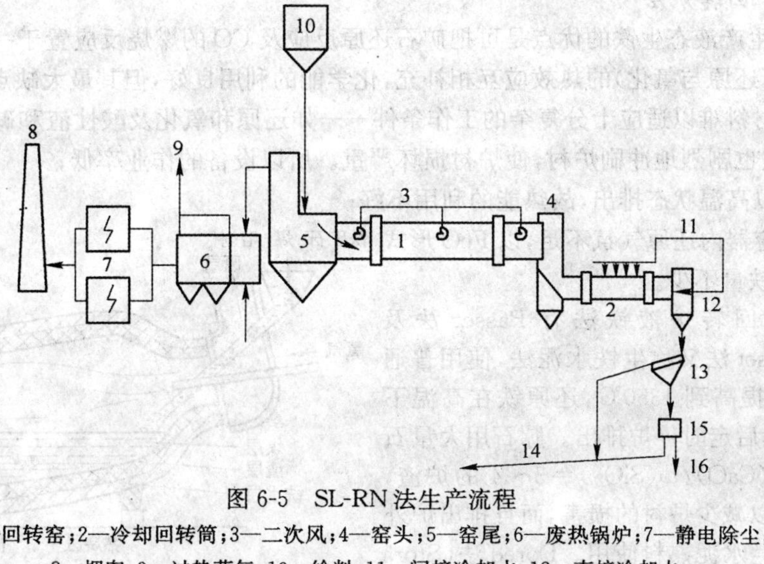

图6-5 SL-RN法生产流程

1—回转窑；2—冷却回转筒；3—二次风；4—窑头；5—窑尾；6—废热锅炉；7—静电除尘；8—烟囱；9—过热蒸气；10—给料；11—间接冷却水；12—直接冷却水；13—磁选；14—直接还原铁；15—筛分；16—废料

SL-RN 法和 Krupp 法没什么原则区别，二者均采用固体原料褐煤作还原剂，以前使用精矿粉作原料时，一般采用“一步法”，即矿粉造球，湿球团在链箅机上利用回转窑的废热气干燥、焙烧，焙烧后的热球团直接进入回转窑，加入还原剂还原。这种形式工艺流程短，设备少，投资省。但是两个相衔接的设备要完成两个完全不同的反应（链箅机焙烧要求氧化性气氛，窑内则要求还原性气氛），因此，生产控制困难，链箅机工作条件差，维护也困难，目前多采用“二步法”，即矿粉经常规工艺制成氧化球团，回转窑以氧化球团为原料，构成两个完全独立的工序。这样就克服了相互干扰，生产稳定。从整个工艺的经济效益分析，“二步法”较为有利。因此使用精矿粉为原料的回转窑均采用“二步法”。

6.3　熔融还原法

液态生铁的生产过程特点是高温作业，而高温下只能发生碳的直接还原：

$$3C+Fe_2O_3 \longrightarrow 2Fe+3CO \qquad \Delta H=456.4\ kJ/mol$$

析出的 CO 含有大量的热量：

$$3CO+3/2O_2 \longrightarrow 3CO_2 \qquad \Delta H=-841.6\ kJ/mol$$

如能充分利用，则供给还原耗热还有余，如生产过程用这个热量能满足需要，则液态生铁能耗仅 9.41 GJ/t。但这在实际上很难实现，因为无法把一个还原反应和一个氧化反应放在同一区域、同一时间进行。实际上往往是还原反应热量需要另外提供，而 CO 的能量则被排出不能被利用。为了解决这一矛盾，熔融还原法采用了两种方式加以解决：

(1) 一步法。用一个反应器完成铁矿石的高温还原及渣铁熔化，生成的 CO 排出反应器后，再加以回收利用。

(2) 二步法。先利用富含 CO 的气体在第一个反应器内把矿石预还原，而在第二个反应器内补充还原和熔化。

6.3.1　一步熔融还原法

6.3.1.1　回转炉法

回转炉法生产液态生铁的优点是可把矿石还原反应及 CO 的燃烧反应置于一个反应器内进行。两个反应（还原与氧化）的热效应互相补充，化学能的利用良好，但其最大缺点是：

(1) 耐火材料难以适应十分复杂的工作条件——如还原和氧化及酸性渣和碱性渣的交替变化。炉渣、生铁也剧烈地冲刷炉衬，使炉衬损坏严重。所以设备的作业率低；

(2) 煤气以高温状态排出，故热能的利用不好；

(3) 因反应器内还原气氛不足，以 FeO 形式损失于渣中的铁量不少。

最有名的回转炉液铁法有 Basset 法及 Dored 法。Basset 法又称生铁水泥法，使用普通回转窑将炉温提高到 1350℃，还原铁在高温下渗碳并熔化，然后定时停炉排出。脉石用大量石灰造成碱度 $w(CaO)/w(SiO_2)=3\sim4$ 的炉渣，炉渣不熔化可以减少炉衬的损害，而且排出炉外后即作为波特兰水泥熟料使用。Dored 法（Stora 法）用短粗的转鼓型炉（如图 6-6）。

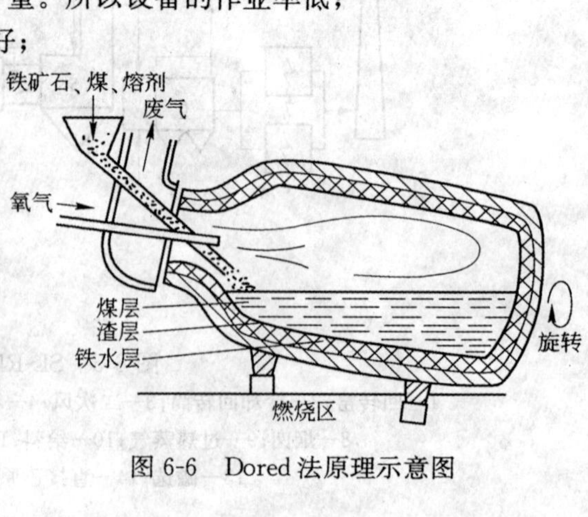

图 6-6　Dored 法原理示意图

6.3.1.2 悬浮态法

极细的铁矿粉在悬浮状态(稀相流态化)下经受还原。该法具有以下优点:还原速度快;不受温度限制,能使用高温作业;直接使用细精矿。

这就提供了一个不必造块,直接使用细精矿,能脱除脉石成分,生产率高的生产方法,因此十分引人注意。

在悬浮态中,细粒矿粉与粗粒炭粉一起被氧(空气)吸入,在气流中发生下列反应:

$$2C + O_2 \longrightarrow 2CO$$

$$3CO + Fe_2O_3 \longrightarrow 2Fe + 3CO_2$$

$$CO_2 + C \longrightarrow 2CO$$

也可使用 H_2 作为还原剂进行悬浮态还原。图 6-7 表示 H_2 还原的悬浮态反应器炉料停留时间与反应器利用系数的关系。但是悬浮态反应器的实际效率并不高。

超细矿粉的还原已处于拟均相化学反应控制,还原速度与粒度无关,悬浮态反应器利用系数在 0.5 t/(m³ · d)左右。

悬浮态法的其他缺点是:煤气排出的温度高,热利用不良,还原出的铁滴细小,悬浮于渣中不易渣铁分开,因此一步法的悬浮态法总的效果较差。

6.3.1.3 电炉法

电炉炼铁用碳作还原剂,而以电能供应反应过程所需要的热量消耗。最常用的炼铁电炉是矿热电弧炉(Tysland-Hole 电炉),电弧炉的冶炼过程见图 6-8。近年来等离子电炉在炼铁工艺上有较多的应用。

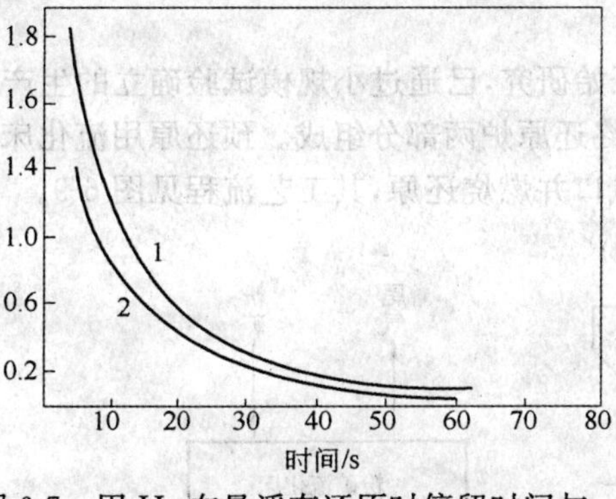

图 6-7 用 H_2 在悬浮态还原时停留时间与利用系数的关系

1—按 100%平衡计算;2—按 70%平衡计算

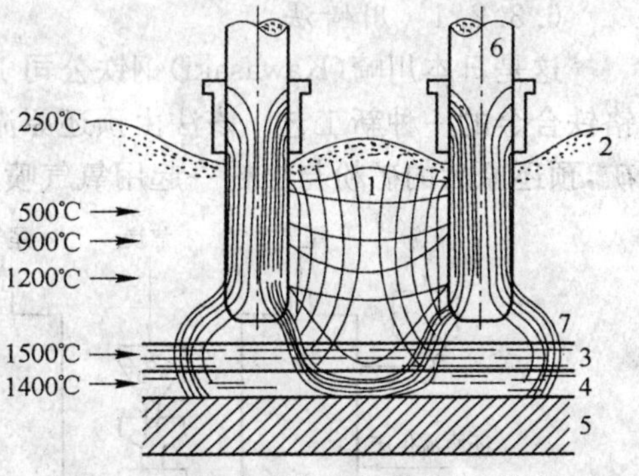

图 6-8 矿热电弧炉炼铁法示意图

1—电力线;2—原料;3—炉渣;4—铁水;5—炉衬;6—电极;7—焦炭层

电极之间的电流通过炉料时分散成很多细小的电弧释放热量,电流也通过炉料的阻抗作用释放热量。由矿石、焦炭(无烟煤)及熔剂组成的炉料加入电炉后先受煤气作用。但由于电炉煤气仅由还原生成的 CO 构成,它比高炉煤气量少得多,虽然煤气原始温度很高,也不能把炉料预热到 400℃以上,因此煤气中 CO 不能有效还原铁矿石,炉料只有达到弧区附近时,受电弧辐射才迅速地被加热升温,所以电炉内间接还原很难发展。间接还原度不超过 10%~20%,电炉中主要靠固体炭直接还原来完成还原反应。

电炉炼铁作业平稳,炉渣碱度 $w(CaO)/w(SiO_2)$ 一般为 1.2~1.3,因炉渣温度高,硫负荷低,铁水含 S 低,生铁中 C、Si、Mn 可依靠配料及配 C 量来有效地控制。

6.3.2　二步熔融还原法

二步熔融还原法是用两种方法串联操作的方法。第一步的作用是加热矿石并把矿石预还原，一般还原到 30%～80%，最常用的第一步是悬浮态及回转窑；第二步的作用是补充还原和渣铁的熔化分离，第二步一般用电弧炉或等离子电炉。由于第一步预还原是在较低温度下进行，并且高价氧化铁还原反应容易完成，因此可以使用低级的能源，从而节约第二步高级能源（电）的消耗，最理想的配合应当是利用第二步还原产生的高温 CO 气体作为第一步过程的能源。但由于随着预还原度的提高，第二步生产过程中产生的煤气量已大大减少，不能有效地进行还原及预热。因此通常第一步及第二步过程中的能量消耗都是分别提供的，或者只由第二步的气流在第一步过程中起部分作用。

在二步法中第一步操作指标对第二步过程的能量节约，以电能为例，可由下式计算：

$$\Delta W = Q \times R_d (1 - R_1)/(860n) \tag{6-1}$$

式中　Q——每吨氧化铁用固体炭还原的耗热，4.187 kJ/t；

R_d——电炉中原来的直接还原度；

R_1——第一步还原达到的还原度；

n——电炉效率。

除预还原外，炉料被预热还原有下列效果：

(1) 炉料每升高 100℃可直接降低电耗 30 kW·h/t，而且预热后的炉料能提高第二步的间接还原度，又可进一步降低电耗；

(2) 炉料水分降低，每减少 1%水分，可节约电耗 1 kW·h；

(3) 石灰石被分解，每 1 kg 石灰石分解将多耗电 0.67 kW·h。

常见的二步法类型有以下几种。

6.3.2.1　川崎法

这是日本川崎（Kawasaki）钢铁公司 1972 年开始研究，已通过小规模试验确立的生产生铁或铬铁合金的一种新工艺。该法由预还原流化床及终还原炉两部分组成。预还原用流化床还原精矿，预还原后的矿粉与煤粉一起用氧气喷入竖炉风口并燃烧还原，其工艺流程见图 6-9。

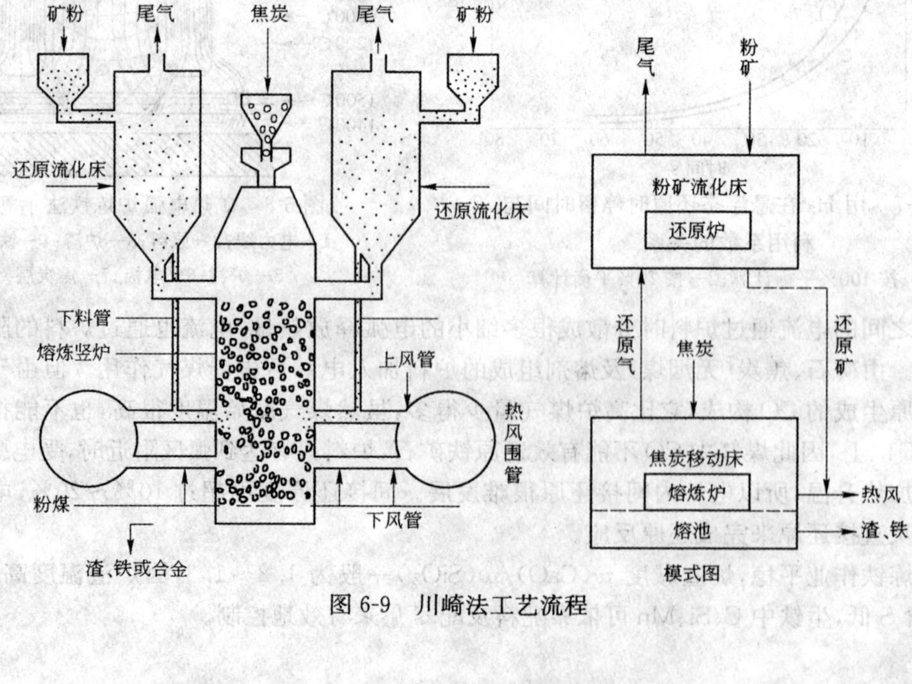

图 6-9　川崎法工艺流程

该法的优点是：生产效率高，单位容积生产率达 2～10 t/(m³ · d)；以低质焦和煤为能源，可直接使用粉矿，设备投资低，只是高炉的 67%；还可用于铁合金生产。

6.3.2.2　Corex 法

Corex 流程中铁的还原和熔炼过程是在两个不同的容器中完成的。这两个容器分别是上部的竖炉和下部的熔炼造气炉。预还原采用竖炉，铁矿石预还原度可达 90%以上，熔融气化炉兼有制造还原气、熔化、终还原的作用，上部为一流化床，下部为熔池。此法是目前发展最快的熔融还原法，有多种方案在发展中。德国与奥地利联合提出的 Corex 法，其工艺流程见图6-10。

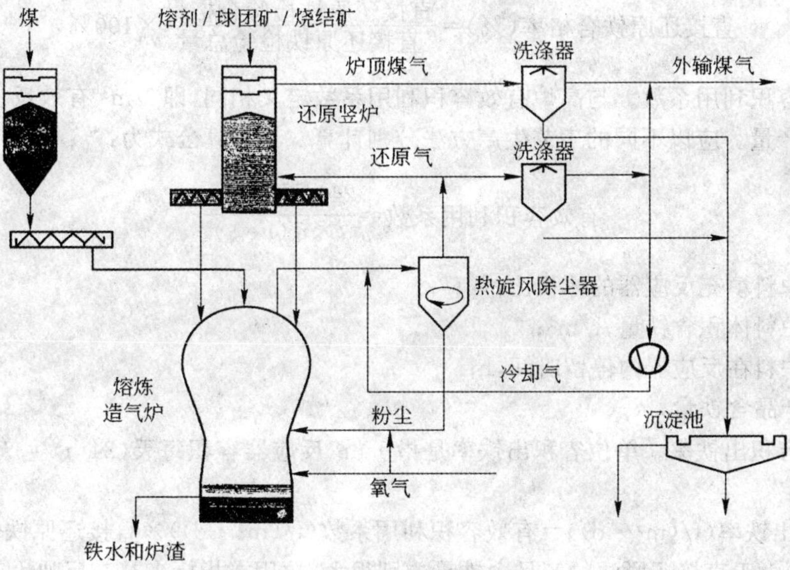

图 6-10　Corex 法工艺流程图

Corex 法的优点是：以非焦煤为能源，对原燃料适应性强，生产的铁水可直接用于转炉炼钢，直接使用煤和氧，不需要焦炉及热风炉设备，减少污染，降低基建投资，生产费用比高炉减少30%以上。

Corex 法的不足之处是精矿需要造块及氧耗多，不易冶炼低硅铁等。

6.3.2.3　HIsmelt 法

HIsmelt 工艺是由德国 Klockner 和 CRA 工艺联合开发的。该流程采用铁浴炉作为熔炼造气炉，循环流化床作为还原炉，直接使用粉矿进行全煤冶炼。流程概况如图 6-11 所示。

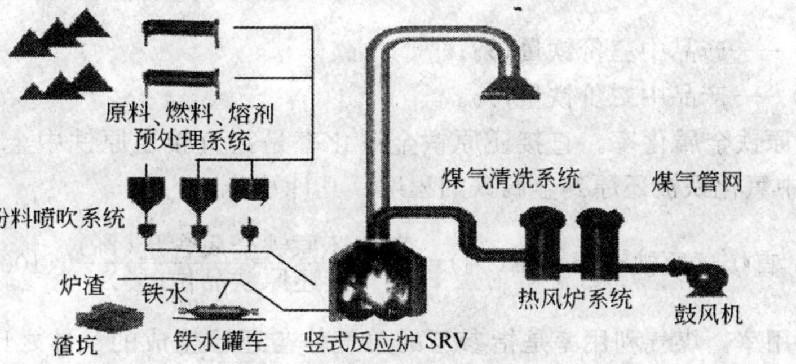

图 6-11　HIsmelt 工艺流程图

第一个工业化 HIsmelt 熔融反应炉目前正在澳大利亚西部的 Kwinana 建设，设计年产 80 万 t优质生铁。由中国首钢集团、力拓集团、纽柯集团和三菱公司投资合营。

6.4 非高炉炼铁的技术经济指标

6.4.1 直接还原法炼铁的主要技术经济指标

(1) 直接还原铁合格率。直接还原铁合格率是指合格直接还原铁占全部检验直接还原铁的百分比。

$$直接还原铁合格率(\%)=\frac{直接还原铁检验合格量}{直接还原铁检验总量}\times 100\% \tag{6-2}$$

(2) 有效容积利用系数。与高炉有效容积利用系数定义相同，即 1 m^3 有效反应器容积每天(24 h)的产品产量。应以不同的工艺生产方法分别计算。其计算公式为：

$$有效容积利用系数=\frac{24\times V\times \gamma_{Fe_{料}}}{t\times w(Fe_{铁})} \tag{6-3}$$

式中 V——炉料填充反应器的体积比，%；

$\gamma_{Fe_{料}}$——炉料体积含铁量，t/m^3；

t——炉料在反应器内停留时间，h；

$w(Fe_{铁})$——产品含铁量，%。

(3) 单位容积出铁率。单位容积出铁率是指 1 m^3 反应器容积每天(24 h)生产的金属铁量。其计算公式为：

单位容积出铁率($t/(m^3\cdot d)$)＝有效容积利用系数($t/(m^3\cdot d)$)×直接还原铁金属化率

计算说明：由于直接还原法的产品含铁量差别很大，故用本指标来补充反映生产效率。

(4) 直接还原铁品位。直接还原铁品位是反映直接还原铁全铁含量，衡量直接还原铁最重要的指标之一，该值越高，脉石含量越低，质量越好。其计算公式为：

$$直接还原铁品位(\%)=\frac{直接还原铁含铁总量}{直接还原铁总量}\times 100\% \tag{6-4}$$

(5) 直接还原铁还原度。直接还原铁还原度是指还原过程中总的失氧率，即(1－氧化度)。全部铁氧化成 Fe_2O_3 时，氧化度为 100%。其计算公式为：

$$直接还原铁还原度(\%)=1-\frac{1.5\times w(Fe^{3+})w(Fe^{2+})}{1.5\times 直接还原铁品位}\times 100\% \tag{6-5}$$

式中 $w(Fe^{3+})$——产品中三价铁量，%；

$w(Fe^{2+})$——产品中二价铁量，%。

(6) 直接还原铁金属化率。直接还原铁金属化率是指直接还原铁中金属铁量与全铁量之比，它表示矿石中氧化铁被还原到金属铁的程度。其计算公式为：

$$直接还原铁金属化率(\%)=\frac{直接还原铁金属含量(\%)}{直接还原铁品位(\%)}\times 100\% \tag{6-6}$$

(7) 煤气利用率。煤气利用率是指参与的总气体与还原生成的气体之比，它表示煤气化学能利用的程度。其计算公式为：

$$煤气利用率(\%)=\frac{w(CO_2)+w(H_2O)}{w(CO)+w(CO_2)+w(H_2O)}\times 100\% \tag{6-7}$$

式中 $w(CO)$、$w(CO_2)$、$w(H_2)$、$w(H_2O)$——分别为还原生成物气相成分的质量分数，%。

(8) 作业率。作业率是指直接还原设备的实际作业时间占日历时间的百分比，它反映直接还原设备的生产利用程度。其计算公式为：

$$作业率(\%)=\frac{实际作业时间(台时)}{日历时间(台时)}\times 100\% \tag{6-8}$$

(9) 单位热能消耗。单位热能消耗是评价直接还原法燃料消耗水平的指标，它是指系统内每炼 1 t 合格直接还原铁所消耗的一次能源的总热值。其计算公式为：

$$单位热能消耗=\frac{一次能源消耗}{合格直接还原铁总量} \tag{6-9}$$

(10) 煤消耗。煤消耗是评价煤矿基直接还原法燃料消耗水平的指标，它是指系统内每炼1 t 合格直接还原铁所消耗的煤量。其计算公式为：

$$煤消耗(t/t)=\frac{煤消耗量(t)}{合格直接还原铁产量(t)} \tag{6-10}$$

(11) 天然气消耗。天然气消耗是评价气基直接还原法燃料消耗水平的指标，它是指系统内每炼 1 t 合格直接还原铁所消耗的天然气量。其计算公式为：

$$天然气消耗(m^3/t)=\frac{天然气消耗量(m^3)}{合格直接还原铁产量(t)} \tag{6-11}$$

(12) 原料消耗。原料消耗是评价直接还原法原料消耗水平的指标，是指系统内每炼 1 t 合格直接还原铁所消耗的原料矿石量（含人造块矿和天然矿石）。其计算公式为：

$$原料消耗(t/t)=\frac{原料矿石消耗量(t)}{合格直接还原铁产量(t)} \tag{6-12}$$

(13) 熔剂消耗。熔剂消耗是评价直接还原法熔剂消耗水平的指标，它是指系统内每炼 1 t 合格直接还原铁所消耗的熔剂量。其计算公式为：

$$熔剂消耗(t/t)=\frac{熔剂消耗量(t)}{合格直接还原铁产量(t)} \tag{6-13}$$

(14) 电力消耗。电力消耗是评价直接还原法电力消耗水平的指标，它是指系统内每炼 1 t 合格直接还原铁所消耗的电力。其计算公式为：

$$电力消耗(kW\cdot h/t)=\frac{电力消耗量(kW\cdot h)}{合格直接还原铁产量(t)} \tag{6-14}$$

(15) 直接还原工序单位能耗。直接还原工序单位能耗是指直接还原工序生产每 1 t 直接还原铁所消耗的能源。其计算公式为：

$$直接还原工序单位能耗折标煤量(kg/t)=\frac{直接还原工序标煤消耗净用量(kg)}{合格直接还原铁产量(t)} \tag{6-15}$$

(16) 直接还原全员实物劳动生产率。直接还原全员实物劳动生产率是指报告期内直接还原铁生产全员的人均直接还原铁产量。其计算公式为：

$$\text{直接还原全员实物劳动生产率}(\text{t/人})=\frac{\text{合格直接还原铁产量}(\text{t})}{\text{直接还原铁生产全员}(\text{人})} \tag{6-16}$$

计算说明：直接还原铁生产全员包括直接还原铁厂生产组织和管理人员、各生产工序的生产人员（含学徒工）、日常维修人员。

(17) 压块合格率。压块合格率是指合格压块铁占全部检验压块铁的百分比。其计算公式为：

$$\text{压块合格率}(\%)=\frac{\text{压块检验合格量}(\text{t})}{\text{压块检验总量}(\text{t})}\times 100\% \tag{6-17}$$

(18) 压块耗水玻璃。水玻璃消耗是评价压块铁水玻璃消耗水平的指标，它是指系统内每生产 1 t 合格压块铁所消耗的水玻璃。其计算公式为：

$$\text{水玻璃消耗}(\text{kg/t})=\frac{\text{水玻璃消耗}(\text{kg})}{\text{合格压块产量}(\text{t})} \tag{6-18}$$

(19) 压块耗消石灰。消石灰消耗是评价压块铁消石灰消耗水平的指标，它是指系统内每生产 1 t 合格压块铁所消耗的消石灰。其计算公式为：

$$\text{消石灰消耗}(\text{kg/t})=\frac{\text{消石灰消耗量}(\text{kg})}{\text{合格压块产量}(\text{t})} \tag{6-19}$$

6.4.2　熔融还原法炼铁的主要技术经济指标

(1) 作业率。作业率是指熔融还原设备的实际作业时间占日历时间的百分比，它反映熔融还原设备的生产利用程度。其计算公式为：

$$\text{作业率}(\%)=\frac{\text{实际作业时间}(\text{台时})}{\text{日历时间}(\text{台时})}\times 100\% \tag{6-20}$$

(2) 单位煤耗。单位煤耗是评价熔融还原法燃料消耗水平的指标，它是指系统内每炼 1 t 合格熔融还原铁所消耗煤的总量。其计算公式为：

$$\text{单位煤耗}(\text{kg/t})=\frac{\text{煤消耗总量}(\text{kg})}{\text{合格熔融还原铁总产量}(\text{t})} \tag{6-21}$$

(3) 单位氧气消耗。单位氧气消耗是评价熔融还原法氧气消耗水平的指标，它是指每炼 1 t 合格熔融还原铁所消耗氧气的总量。其计算公式为：

$$\text{单位氧气消耗}(\text{m}^3/\text{t})=\frac{\text{氧气消耗量}(\text{m}^3)}{\text{合格熔融还原铁总量}(\text{t})} \tag{6-22}$$

(4) 原料消耗。原料消耗是评价熔融还原法原料消耗水平的指标，它是指系统内每炼 1 t 合格熔融还原铁所消耗的原料矿石量。其计算公式为：

$$\text{原料消耗}(\text{t/t})=\frac{\text{原料矿石消耗量}(\text{t})}{\text{合格熔融还原铁产量}(\text{t})} \tag{6-23}$$

(5) 熔剂消耗。熔剂消耗是评价熔融还原法熔剂消耗水平的指标，它是指系统内每炼 1 t 合格熔融还原铁所消耗的熔剂量。其计算公式为：

$$\text{熔剂消耗}(\text{t/t})=\frac{\text{溶剂消耗量}(\text{t})}{\text{合格熔融还原铁产量}(\text{t})} \tag{6-24}$$

(6) 电力消耗。电力消耗是评价熔融还原法电力消耗水平的指标，它是指系统内每炼 1 t 合格熔融还原铁所消耗的电力。其计算公式为：

$$\text{电力消耗}(\mathrm{kW\cdot h/t})=\frac{\text{电力消耗量}(\mathrm{kW\cdot h})}{\text{合格熔融还原铁产量}(\mathrm{t})} \tag{6-25}$$

(7) 熔融还原工序单位能耗。熔融还原工序单位能耗是指熔融还原工序生产每 1 t 熔融还原铁所消耗的能源。其计算公式为：

$$\text{熔融还原工序单位能耗折标煤量}(\mathrm{kg/t})=\frac{\text{熔融还原工序标煤消耗净用量}(\mathrm{kg})}{\text{合格熔融还原铁产量}(\mathrm{t})} \tag{6-26}$$

(8) 熔融还原全员实物劳动生产率。熔融还原全员实物劳动生产率是指报告期内熔融还原铁生产全员的人均熔融还原铁产量。其计算公式为：

$$\text{熔融还原全员实物劳动生产率}(\mathrm{t}/\text{人})=\frac{\text{合格熔融还原铁产量}(\mathrm{t})}{\text{熔融还原铁生产全员}(\text{人})} \tag{6-27}$$

计算说明：熔融还原铁生产全员包括熔融还原铁厂生产组织和管理人员、各生产工序的生产人员（含学徒工）、日常维修人员。

复习思考题

6-1 论述非高炉炼铁法快速发展的原因。

6-2 简述非高炉炼铁的方法及分类。

6-3 简述主要的直接还原方法及其特点。

6-4 简述一步熔融还原法及其特点。

6-5 比较直接还原—电炉流程和高炉—氧气转炉流程各有什么特点，它们的发展前景如何？

7 铁合金生产

铁合金是指一种或一种以上的金属或非金属元素与铁组成的合金，主要用作炼钢的脱氧剂和合金元素的添加剂。例如，锰铁是锰与铁的合金，硅铁是硅与铁的合金，硅钙合金是硅与钙组成的合金。钢铁工业中习惯上把炼钢用的中间合金（不论含铁与否），都叫做铁合金。由于铁合金的生产工艺比纯金属的制取过程简单，而且又具有比纯金属熔点低、体积密度大（指体积密度小的金属如钛、硼等）的优点，有利于炼钢过程中脱氧和合金化的进行。因此，炼钢脱氧和添加合金元素多以铁合金形式加入。

7.1 铁合金生产概述

7.1.1 铁合金的用途

（1）用作脱氧剂。炼钢是用氧化方法去除铁液中的碳、磷等杂质。在完成这些氧化的任务后，同时钢液中也吸收了氧，如果这些氧存在于钢中就会大大地降低钢的性能。因此需要添加一些与氧结合力比较强，且其脱氧产物又能顺利从钢液中排除，从而使钢液中的氧含量降低的元素。这个过程叫做钢的脱氧。用于脱氧的元素或合金叫做脱氧剂。常用的脱氧剂有锰、硅、铝等。这些元素多以铁合金 Fe-Mn、Fe-Si 和 Al 等形式加入钢液中。元素与氧的结合能力越强，钢中含氧量越低，其脱氧效果也就越好。

（2）用作合金剂。合金元素不但能降低钢中杂质的含量，而且还能调整钢的化学成分。用于调整钢的化学成分使钢合金化的元素或合金叫做合金剂，常用的合金元素有硅、锰、铬、钼、钒、钛、钨、钴、硼、铌等。不同的合金元素含量的钢种具有不同的特性和用途。

铁合金的产量、品种和质量，直接影响着钢铁工业的发展，其用量一般占钢产量的2%～3%。

（3）用于铸造工业，改善铸造工艺和铸件性能。改变铸铁和铸钢性能的措施之一是改变铸件的凝固条件，在浇铸前加入某些铁合金作为晶核孕育剂，形成晶粒中心，使形成的石墨变得细小分散，晶粒细化，从而提高铸件的性能。

（4）用作还原剂。硅铁可作为生产钼铁、钒铁等其他铁合金的还原剂；硅铬合金、锰硅合金可分别作为生产中低碳铬铁、中低碳锰铁的还原剂。

（5）用于其他工业。在有色金属和化学工业中，铁合金的使用越来越广泛，如作为有色金属的添加剂；中低碳锰铁用于电焊条的生产；铬铁用于生产铬化物和镀铬阳极材料等。

7.1.2 铁合金的分类

随着现代科学技术的发展，铁合金的品种在不断扩大。铁合金的品种繁多，分类方法也多，一般按下列方法分类。

（1）单一铁合金。只含一种合金元素的合金叫做单一铁合金。其主要品种有硅铁、锰铁、铬铁、钼铁、钛铁、钨铁、工业硅、硼铁、钒铁、金属锰等。

（2）复合铁合金。含有两种或两种以上合金元素的称为多元铁合金，主要品种有硅钙合金、锰硅合金、硅铬合金、硅钙铝合金、锰硅铝合金、硅钙钡合金、硅铝钡合金等。

(3) 按铁合金中含碳量分类。有高碳、中碳、低碳、微碳、超微碳等品种。

(4) 按生产方法分类。有高炉铁合金、电炉铁合金、炉外法(金属热法)铁合金、真空固态还原法铁合金、转炉铁合金、电解法铁合金等。

(5) 氮化制品。用锰铁或铬铁粉末,在高温条件下经渗氮等方法生产的氮化产品。其主要品种有氮化锰铁、氮化铬铁等。

(6) 氧化物团块。易被铁还原的氧化物团块也可以作为合金剂直接加入钢液中。例如氧化钼团块等。

7.1.3 铁合金的生产方法

铁合金的生产方法很多,主要有以下几种。

7.1.3.1 按热量来源分类

根据热量来源不同分为碳热法、电热法、电硅热法和金属热法。

(1) 碳热法。碳热法其冶炼过程的热量来源主要是焦炭的燃烧放热,用焦炭作还原剂还原矿石中的氧化物,生产在高炉中进行。

(2) 电热法。电热法其冶炼过程的热量来源主要是电能,使用碳质还原剂还原矿石中的氧化物,采用连续式的操作工艺,在还原电炉中进行。

(3) 电硅热法。电硅热法其冶炼过程的热量来源主要是电能,其余为硅氧化放出的热量,使用硅(如硅铁或中间产品硅锰合金、硅铬合金)作还原剂还原矿石中的氧化物,生产时在精炼电炉中进行间歇式作业。

(4) 金属热法。金属热法其热量来源主要是由硅、铝等金属还原剂还原精矿中氧化物时放出的热量,生产采用间歇式,在筒式熔炼炉中进行。

7.1.3.2 按操作方法和工艺分类

根据生产工艺特点不同分为熔剂法和无熔剂法、连续式和间歇式、无渣法和有渣法等冶炼方法。

(1) 熔剂法。熔剂法生产铁合金是采用碳质材料、硅或其他金属作还原剂,生产时加造渣材料调节炉渣成分和性质(炉渣的酸、碱性)。

(2) 无熔剂法。无熔剂法生产铁合金一般多用碳质材料作还原剂,生产时不加造渣材料调节炉渣成分和性质。

(3) 连续式冶炼法。连续式冶炼法一方面根据炉口料面下降情况,不断地向炉内加料,另一方面将炉内熔池积聚的合金和炉渣定期排除。采用埋弧还原冶炼,操作功率几乎是均衡稳定的。

(4) 间歇式冶炼法。间歇式冶炼法是将炉料集中或分批加入炉内,冶炼过程一般分为熔化和精炼两个时期,熔化期电极埋在炉料中,精炼完毕,排出合金和炉渣,再装入新料,进行下一炉冶炼。由于冶炼各个时期的工艺特点不同,操作功率也不同。

(5) 无渣法。无渣法冶炼铁合金采用碳质还原剂、硅石或再制合金为原料,在还原电炉中连续冶炼。

(6) 有渣法。有渣法冶炼铁合金是在还原电炉或精炼电炉中,选用合理的造渣制度生产铁合金,其渣铁比受冶炼品种和采用的原料条件等因素影响。

7.1.4 铁合金生产技术的发展趋势

随着钢铁工业的发展和科学技术的进步,铁合金生产品种、冶炼工艺、技术装备、节能降耗、环境保护、资源综合利用等方面都有一定的发展和进步。

(1) 产品结构发生变化,品种面向多元化。合理利用资源、增加产品品种、充分利用合金元素、产品向复合或多元化方向发展是铁合金生产的发展趋势。

(2) 采用精料技术。精料技术是铁合金生产增产降耗的重要环节。如采用优质组合的碳质还原剂,搭配气煤焦和烟煤,代替一部分冶金焦;采用烧结矿、球团矿、铁精矿球团、铁鳞球团等,改善入炉矿石的制备技术和入炉条件,从而提高生产效率。

(3) 采用高效率的大型还原电炉,提高技术装备。包括还原电炉的大型化、连续作业;根据冶炼品种,采用全封闭式电炉或敞口炉改造为全封闭式电炉、新建或改建半封闭式电炉;采用新型结构的电极把持器、车式加料拨料捣炉机、开堵铁口机等。

(4) 采用先进的生产工艺。采用连续法冶炼硅钙合金、一步法冶炼硅铬合金、热兑法(波伦法)生产中低碳锰铁及微碳铬铁等生产工艺,缩短工艺流程,降低能耗,提高生产效率,进而降低生产消耗和成本。

(5) 应用电子计算机控制电炉冶炼过程。用计算机控制电炉生产全过程,如配料、上料及加料、电极压放、电炉功率调节、冷却水及烟气净化系统的控制等,可提高电炉工作负荷和作业率,避免操作失误引起的炉况波动和设备事故。

(6) 采用铁合金生产新技术。铁合金生产新技术包括铁合金直流还原电炉技术(含中空电极技术)、铁合金熔融还原技术、等离子炉冶炼新技术、采用顶底复合吹炼转炉冶炼中(低)碳铬铁及中碳锰铁技术、铁合金产品的深加工及芯线技术等。

7.2 铁合金生产的基本原理

铁合金的品种十分繁杂,其冶炼设备和冶炼方法也比较多样,如何从中找出其基本规律,以便更深入地认识它,这就要从铁合金冶炼的基本原理、氧化还原过程的本质上去加深认识和理解,了解其基本特点和规律,对于铁合金生产和进一步讨论其节能工作是非常必要的。

7.2.1 铁合金冶炼的本质

铁合金冶炼,尽管品种多样,设备各异,方法繁多,但从其根本上来说就是利用适当的还原剂,从含有氧化物的矿石中还原出所需元素的氧化还原过程。

对一些元素形成的多种氧化物,其还原也同样遵循逐级转化规律,即由高价氧化物向低价氧化物逐级还原,低价氧化物最稳定、最难还原。所以这些元素还原时,应以其低价氧化物的稳定性来考虑。铁合金中常见的氧化物的稳定性由强到弱的顺序是:CaO、MgO、Al_2O_3、TiO_2、SiO_2、V_2O_5、MnO、Cr_2O_3、FeO、P_2O_5。

矿石中除了有益氧化物外,还有许多杂质,如锰矿中除含氧化锰外,还有 P_2O_5、FeO、SiO_2、Al_2O_3 等。P_2O_5、FeO 为易还原氧化物,在生产过程中几乎全部被还原;而 MnO 比 FeO 稳定故部分被还原;SiO_2 更稳定只有少部分被还原;而 Al_2O_3、MgO、CaO 很稳定,几乎不被还原。因此,生产中应通过控制温度、炉渣成分和选用合适的还原剂等,来促进所需要的有益元素充分还原,而尽量抑制其他杂质元素的还原,以达到选择性还原的目的。

例如冶炼硅铁、中低碳锰铁和金属铬时,其基本反应式是有其共同点的。如以下三个反应式:

$$SiO_2 + 2C = Si + 2CO \tag{7-1}$$

$$2MnO + Si = 2Mn + SiO_2 \tag{7-2}$$

$$Cr_2O_3 + 2Al = 2Cr + Al_2O_3 \tag{7-3}$$

反应式中 C、Si、Al 作为不同的还原剂，分别夺取了氧化物 SiO_2、MnO、Cr_2O_3 中的氧，元素 Si、Mn、Cr 从各自的氧化物中被还原出来，组成适当成分的合金。但生产这三种产品的炉子、冶炼方法和原料大不相同。生产硅铁用碳质还原剂，在矿热炉中冶炼，采用电热法；生产中碳锰铁用硅质还原剂，在精炼电炉中冶炼，采用金属热法；生产金属铬用铝质还原剂，在筒式炉中冶炼。

以上三种合金，虽然生产方法不同，选用的还原剂性质不同，但其冶炼实质相同，可用一通式表达：

$$MeO + M = Me + MO \tag{7-4}$$

即　所需元素氧化物＋还原剂＝所需元素＋还原剂中主元素的氧化物

由于各种元素在矿石中富集程度不一样，存在的状态不一样，冶炼过程就产生了区别，导致了铁合金生产的复杂性。如硅、锰、铬矿中的有用元素的含量较高、杂质含量少时则可不进行元素的富集工艺，而将矿石直接入炉冶炼；如果所用金属氧化物矿较贫，且杂质多，则需富集冶炼；如锰铁比低而磷含量高的贫锰矿，必须先在高炉或电炉中冶炼，将矿石中的磷、铁还原生成高磷生铁，将锰在炉渣中富集后，用其生成的富锰渣代替部分或全部锰矿来进行锰合金的冶炼。还有一些矿石，其中有用的元素含量很低，如钼矿中 $w(Mo) < 0.1\%$，则必须先经过选矿，富集成含 Mo 元素较高的钼精矿，才能用来进行钼铁生产；稀有元素在矿石中存在较分散，并且常与其他元素组成化合物，则必须采用化学方法将元素富集后，才能用来进行合金的生产。冶炼钒铁时，就是将含钒的矿石，经过多次火法、水法处理富集之后才能进行钒铁的生产。其主要工艺流程是：

$$\text{含钒铁矿 } w(V) \approx 0.1\% \xrightarrow{\text{高炉冶炼}} \text{含钒生铁 } w(V) = 0.1\% \sim 1\% \xrightarrow{\text{雾化提钒}}$$

$$\text{含钒炉渣 } w(V_2O_5) = 7\% \sim 18\% \xrightarrow[\text{化学处理}]{\text{溶解、浸出、熔烧}} w(V_2O_5) = 90\% \xrightarrow{\text{电炉冶炼}} \text{钒铁 } w[V] \geq 35\%$$

由于钒铁原料的富集处理流程很长，使得铁合金的生产工艺如同制取化工产品一样，但其冶炼的本质仍然是：

$$\frac{2}{5}V_2O_5 + Si = \frac{4}{5}V + SiO_2 \tag{7-5}$$

或

$$\frac{1}{5}V_2O_5 + \frac{2}{3}Al = \frac{2}{5}V + \frac{1}{3}Al_2O_3 \tag{7-6}$$

在电炉铁合金的生产中，由于矿石带入杂质，大多数品种的冶炼需要采用有渣法进行，并在炉料中配入适量的熔剂，使矿石中带入的杂质在合金的冶炼过程中生成熔点、碱度适宜，且流动性能良好的炉渣，出炉后便于进行炉渣与合金的分离操作。对于这种需要采用有渣法进行生产的铁合金，冶炼者的主要任务是掌握好炉渣成分、熔点和流动性等，通过对炉渣的控制来控制好合金的成分及质量，但其冶炼本质仍然是氧化物矿石被还原的过程。

7.2.2 还原剂的选择

为了得到所要求的合金成分及炉渣组成，正确地控制还原剂用量及适宜的冶炼温度十分重要，这要应用选择还原的原理，利用一定数量的还原剂，在恰当的温度下，将有用的氧化物和无用的氧化物分开，即控制还原剂有选择地去还原。选择性还原的客观规律存在于整个铁合金生产之中。

铁合金生产中有两种还原剂，即金属还原剂与碳质还原剂。

7.2.2.1 金属还原剂

从图 3-5 关系曲线中可知，曲线位置低的元素与氧的亲和力大，可用它来还原曲线位置高的氧化物。两曲线在图上的位置相距愈远，表明二者与氧的亲和力相差愈大；还原反应就进行得愈彻底。反之，曲线位置相距愈近，表明二者与氧的亲和力相差不大，还原反应就不可能进行得很彻底。如 1800 K 时，用硅还原 FeO 的反应就比硅还原 MnO 的反应进行得更彻底。

可作还原剂的金属很多，但从资源条件、经济性、可行性等综合考虑，大多采用 Si、Al 作还原剂。如果氧化物比较容易还原如 MnO、FeO、Cr_2O_3 等，一般选择 Si 作还原剂；若氧化物比较难还原，则需选择与氧亲和力更强的元素如 Al、Mg 来作还原剂，如 TiO_2 用 Al 还原；BO 和 ZrO 用 Al 或 Mg-Al 合金还原。

用金属作还原剂时，有如下特点：

(1) 还原过程为放热反应，故又称为金属热法。如放出的热量足够使全部金属和炉渣熔化，并加热到必要的高温时，则冶炼过程可在无外加热源的炉子中进行，如用 Al 作还原剂时可产生足够的热量，无需从外面补充热量，因此，这种冶炼方法又称为铝热法或金属热法。若反应放出的热量较少，尚需从外面补加较多的热量，如用 Si 作还原剂时，则需在电炉中进行冶炼，用电能来补充热量，故又称为电硅热法。

(2) 炼得的合金含碳很低，但可能含有一定数量的还原剂金属。

(3) 用金属热法时，冶炼反应迅速，设备简单。

7.2.2.2 碳还原剂

由于 CO 的稳定性与其他氧化物的不同，随温度的升高其稳定性增加，故 CO 的 p_{O_2} 线与其他氧化物的 p_{O_2} 线有一交点，高于此点所对应的温度，CO 比该氧化物稳定，碳可还原该氧化物；低于该点所对应的温度，则该氧化物比 CO 稳定，碳不能还原该氧化物。故交点所对应的温度是碳还原该氧化物的最低温度，氧化物越稳定则最低还原温度越高。只要温度足够高，CO 的曲线几乎与每种氧化物的 p_{O_2} 线都有交点，所以，原则上讲碳可作为各种金属氧化物的还原剂。在实际生产中，要得到预定的产品，所采用的反应温度只有比最低还原温度高得多，才能保证反应顺利进行。

易还原的氧化物如 FeO、MnO，其还原温度较低，一般可在高炉内将其还原成金属；而对于难还原的氧化物如 Cr_2O_3、SiO_2 等，还原温度高，只有在电炉中才能达到所需要的温度将其还原，故又称其为碳热法。

用碳作还原剂有如下特点：

(1) 用碳还原氧化物的反应是吸热反应，温度愈高碳的还原能力愈强，只有在一定高温下，碳才能开始进行还原反应。

(2) 用碳作还原剂时，生成碳化物比生成金属的还原反应容易进行。所以，如果生成的金属碳化物溶于合金中，则只能得到碳素合金。例如，用碳还原生产锰铁、铬铁时，得到的是碳素锰铁和碳素铬铁；如果生成的碳化物不溶于合金（如 SiC），则得到的合金含碳很低，如硅质合金。如果是生成碳化物能力很强的元素（如 Ti、Zr 等），则用碳还原其氧化物时（如 TiO_2、ZrO），得到的产品全是碳化物——碳化钛、碳化锆。

(3) 金属的硅化物往往比金属的碳化物稳定，为了降低合金中的 C 量，可采用增加含 Si 量的方法来生产一些含 Si 的铁合金，如硅锰合金、硅铬合金。

(4) 还原出来的元素与铁或其他元素互溶或生成合金，将降低还原反应温度使反应易于进行，减少反应吸收的热量。如生产 w[Si]＝45％的硅铁比生产 w[Si]＝75％的硅铁电耗低。

(5) 用C作还原剂时，反应产物除所需要的有益元素外，就是CO气体。由于CO气体易从反应区排除，故反应进行得比较彻底。当原料纯净时，可不用熔剂造渣。如炼制硅铁时，硅石中含 $w(SiO_2)$ 一般大于97％，故冶炼过程可不造渣。

碳质还原剂来源广泛，价格便宜，故广泛用于铁合金生产中。常用的有冶金焦、木炭、石油焦、煤等。

7.3　铁合金的生产方法

铁合金生产过程就是将合金氧化物炉料、还原剂、渣料和成分调节剂在高温下经过物理化学变化生成铁合金、炉渣、炉气的过程。要保证其变化按需要的方向进行，必须有一定的冶炼设备、正确的操作和提供必要的热量。铁合金的品种多，原料复杂，所提取的合金元素物理化学性质差别大，因此采用的生产方法也各异。根据所用冶炼设备的不同，目前主要有高炉法、电炉法、炉外法、真空法及氧气转炉吹炼法等。表7-1为铁合金生产方法的分类情况。

表7-1　铁合金生产方法的分类

<table>
<tr><th colspan="2">设　备</th><th colspan="2">还原法</th><th>操作方法</th><th>产　品</th></tr>
<tr><td colspan="2" rowspan="3">电炉法</td><td colspan="2" rowspan="2">碳还原法</td><td>埋弧电炉法</td><td>高碳锰铁、硅锰、硅铁、金属硅、硅钙、高碳铬铁、硅铬、高碳镍铁、磷铁</td></tr>
<tr><td>电弧炉法</td><td>钨铁、高碳钼铁（高碳钒铁）</td></tr>
<tr><td>硅还原法</td><td rowspan="2">放热法</td><td>电弧炉-钢包熔炼法</td><td>中低碳锰铁、中低碳铬铁</td></tr>
<tr><td colspan="2">铝热法</td><td>铝还原法</td><td>铝热法（包括铝硅或硅发热剂与电炉并用法）</td><td>钒铁、铌铁、金属铬、低碳钼铁、硼铁硅锆铁（钨铁）</td></tr>
<tr><td rowspan="6">其他</td><td>电解法</td><td colspan="2">电解还原法</td><td></td><td>金属锰、金属铬</td></tr>
<tr><td>转炉法</td><td colspan="2"></td><td>氧气吹炼</td><td>中碳铬铁、中碳锰铁</td></tr>
<tr><td>感应炉法</td><td colspan="2"></td><td>熔　融</td><td>钛　铁</td></tr>
<tr><td>真空加热炉法</td><td colspan="2">真空固定碳还原法</td><td></td><td>低碳铬铁（高碳钒铁）</td></tr>
<tr><td>高炉法</td><td colspan="2">碳还原法</td><td></td><td>高碳镍铁（高碳锰铁、镍铁）</td></tr>
<tr><td>团矿法</td><td colspan="4">氧化物团矿（钼、钒）、发热型铁合金、氮化铁合金（用真空加热炉）</td></tr>
</table>

7.3.1　高炉法

易还原元素的铁合金和低品位铁合金，因所需还原温度低，可在高炉中冶炼，其过程与冶炼生铁时类似。但因所需温度比炼生铁高，故焦比大，如炼 w[Mn]＝78％～80％的锰铁，其焦比是炼生铁时的2倍以上，而产量只及正常生铁量的50％。同时，由于用焦炭作燃料及还原剂，合金渗碳多，只能生产高碳产品。

用高炉冶炼铁合金劳动生产率高，成本低，目前我国高炉锰铁产量占铁合金总量的1/4左右。

7.3.2　电炉法

电炉法是铁合金冶炼的主要方法，其产量占全部铁合金产量的70％以上。按所选用的还原剂的不同，电炉法又分为碳热法和硅热法。

7.3.2.1　碳热法

用碳作还原剂生产铁合金的电炉，常称为矿石还原炉，简称矿热炉。矿热炉常采用三相电源，炉身多呈圆形，短炉身（见图 7-1）。炉壳用钢板制成，内砌耐火材料和炭素砖。电极大多为自焙电极。生产时，混合好的炉料从炉口加入，电极埋在炉料中，电流通过电极导入。熔化的金属和炉渣集聚在炉底，通过出铁口定期放出。合金在铸铁模中冷凝成合金锭，经精整破碎成成品。冶炼过程中随炉料的熔化料面下沉，不断补入新炉料维持一定的料面高度，进行连续生产。

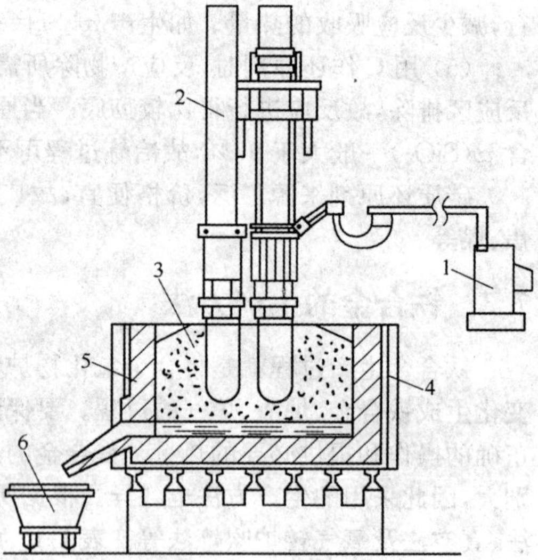

图 7-1　矿热炉
1—变压器；2—电极；3—炉料；4—炉壳；5—耐火材料；6—铁罐

根据所用原料纯度的不同，又可分为有渣法和无渣法。如生产硅铁、高硅硅铬合金时，原料纯度高，冶炼过程出渣量只有合金重量的 5%，故称无渣法。生产锰铁、铬铁、硅锰合金等一些铁合金时，矿石中含杂质氧化物多，需加入熔剂造渣，故渣量大，常称为有渣法。

7.3.2.2　电硅热法

在电弧炉内用 Si（主要是 Si 质合金）作还原剂来还原矿石或精矿，并加入石灰等熔剂来生产铁合金，得到的产品含碳量低。目前用此法主要生产中、低、微碳铬铁，中、低碳锰铁，金属铬和钒铁等。成品中的碳含量主要取决于中间合金的碳含量和电极的少量增碳。

电弧炉有固定式、倾动式和带盖、敞口等不同形式。炉衬、炉盖均采用镁砖；一般采用石墨电极。为避免增碳，采用较高电压操作，故与同容量炼钢电炉相比直径大，炉身较高。

电硅热法一般采用间断式生产，炉料按一定配比加入炉内，进行熔化、精炼，当合金成分达到标准要求时，即可出铁。

7.3.3　炉外法（金属热法）

用铝、硅铁、铝镁合金等金属作还原剂，还原精矿或纯氧化物来生产铁合金或纯金属。依靠还原反应产生的化学热来加热合金与炉渣，并使还原反应自动进行，无需外部供给热源。

炉外法设备简单，能生产含碳极低的产品。但由于反应快，时间短，合金中的杂质含量在冶炼过程中不能调整。因此对炉料质量要求严格，含杂质要少，并要经干燥、粉碎成一定粒度。冶炼时，将配好的炉料装入内砌耐火材料的圆筒形炉中，炉底用镁砖（铝热法）或石英砂（硅热法）或设活动炉底（如图 7-2）。

按冶炼时加料的不同，又可分为上部点火法和下部点火法。

上部点火法是将全部混好的炉料一次装入炉筒中，在混合料上部放入点火物（镁屑与硝石混合物），用烧红的铁钎或燃着的木棒等将镁屑点燃，燃烧放出的热量将周围炉料熔化，炉料开始反应，又放出热量直至将全炉炼完。上部点火法多用于反应较激烈、反应时人不能靠近，或反应热较紧张希望加快反应以减少热损的情况。

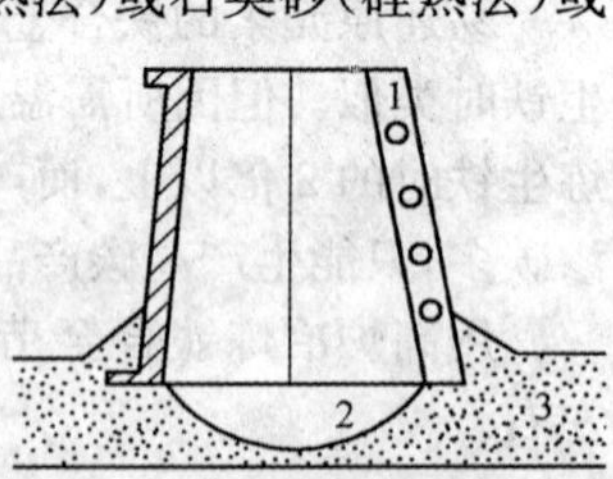

图 7-2　炉外法炉筒示意图
1—圆型炉筒；2—收容金属的砂质凹坑；3—砂基

下部点火法是将混合好的炉料先部分放入炉筒中，点燃，开始反应，随着反应的进行，将其余炉料逐步加入炉中直至将其全部炼完。下部点火可通过加料的快慢稍许调整反应时间，在同容积的炉筒中，冶炼的炉料比上部点火法多。

熔炼完毕待金属凝固后，提起炉筒，取出炉渣和铁锭，冷却好的金属锭经喷砂打光、破碎、精整为成品。

炉外法的主要优点是设备简单，能生产电炉无法生产的难还原元素的低碳铁合金或金属。目前，我国主要用于生产钛铁、钼铁、硼铁、高钒铁、金属铬等。其缺点是消耗大量贵重金属和发热材料，成本较高。

7.3.4 真空碳还原法

$w[C]<0.03\%$的超微碳铬铁，用电硅热法难以达到，可采用真空电阻炉生产。此法还可生产含氮铬铁。

经氧化焙烧的铬矿和未经焙烧的碳素铬铁粉按一定比例混合，加水玻璃作粘结剂压块成型，烘干后放入用电阻加热的真空炉内，在低于合金熔点的温度下脱碳而制得微碳铬铁。此法因冶炼时间长、生产率低、合金密度小和夹杂多等，而未能推广。

7.3.5 氧气转炉法

主要生产中碳铬铁和中碳锰铁。将液态碳素铬铁（或碳素锰铁）兑入转炉内，用氧枪向熔池吹氧脱碳。目前国内外应用最广的是顶吹氧和底吹氧两种方式。

7.4 硅、锰、铬系铁合金的生产

硅系、锰系、铬系合金是铁合金中的三个主要系列，其产量之和占铁合金总产量的95%以上。下面简单介绍它们的生产工艺，其他铁合金因篇幅有限不作叙述。

7.4.1 硅系铁合金

硅系铁合金主要有硅铁、工业硅及含硅脱氧剂等。

我国硅铁$w[Si]=40\%\sim95\%$，用得最多的是$w[Si]=75\%$的硅铁，其次是$w[Si]=45\%$的硅铁。含硅的脱氧剂及添加剂有硅钙合金、硅钙钡、硅钙锰、硅钙铝、硅钙镁、硅钙铈、硅钙钛、硅钙锆等，$w[Si]$大都在50%以上；工业硅$w[Si]=97\%\sim99\%$，主要用作非铁基合金的添加剂，其中用作铝合金添加剂的用量占工业硅总产量的70%以上。另外，还可作某些有色金属的添加剂；硅树脂及半导体用的高纯硅原料等。

7.4.1.1 硅铁

原料、工艺及主要反应如下。

A 生产硅铁的原料及要求

(1) 硅石。要求$w(SiO_2)\geqslant97\%$，Al_2O_3、CaO、MgO、P_2O_5等杂质愈低愈好。硅石进厂后应用水冲洗其中的泥土，以减少杂质含量（主要是铝），然后破碎成一定粒度（小电炉25～80 mm，大电炉40～120 mm）。硅石在受热过程中不应产生爆裂。

(2) 含铁原料。用碳素钢屑，含$w(Fe)>95\%$。

(3) 碳质还原剂。固定碳含量愈高愈好；灰分要低；杂质要少（Al_2O_3、P、S）；电阻率大，化学活性好并有一定机械强度。常用的有冶金焦、木炭、石油焦、煤、半焦等，一般将多种还原剂配合使用。

B　硅铁冶炼的操作工艺

硅铁是在内砌炭砖炉衬的开口式还原电炉中，采用连续操作法进行生产的。将炉料按焦炭、硅石、钢屑的次序进行配料，分批倒入料斗中(一般按 200 kg 或 300 kg 硅石所组成的炉料为一批)，经皮带斜桥送入炉顶料仓，然后经加料管直接加入炉内。电流通过电极导入炉内，依靠电极与炉料间发生的电弧热和电阻热进行熔炼。在整个冶金过程中，电极总是深而稳地插在炉料内，不外露电弧。电极插入深度一般为：大炉子 1400～1600 mm；小炉子 800～1300 mm。料层应有良好的透气性，反应产生的高温还原性气体能大面积均匀地通过料层，使炉料得到加热和还原。随着炉料的熔化、还原，料面均衡地下沉，随之及时地小批地加入混匀的炉料，使料面始终保持一定高度，并使炉料沿电极周围成一宽而平的锥体，一般锥体高度为 200～300 mm。

当炉内铁水积存到一定程度时，则打开出铁口放铁。硅铁液在缓慢冷凝过程中，由于密度小的纯硅上浮，密度大的硅化铁下沉而产生偏析，因此应降低浇注温度，并减小铁锭厚度，以加快铁锭冷却速度，减小偏析。一般 75%硅铁锭厚应小于 100 mm，45%硅铁锭厚应大于 150 mm。

C　硅铁冶炼过程的主要反应

用碳还原 SiO_2 的总反应式是：

$$SiO_2 + 2C = Si + 2CO \qquad \Delta H = -687000\ J/mol \tag{7-7}$$

在其反应过程中，将生成中间产物 SiC 和 SiO，在冶炼过程中进行着复杂的反应，其主要反应如下：

不完全还原：　$SiO_2 + C = SiO + CO \qquad \Delta H = -700400\ J/mol$　(7-8)

SiC 的生成：　$SiO_2 + 3C = SiC + 2CO \qquad \Delta H = -624300\ J/mol$　(7-9)

由 Si 还原 SiO_2：　$SiO_2 + Si = 2SiO \qquad \Delta H = -713800\ J/mol$　(7-10)

SiO 的还原：　$2SiO + 2C = 2Si + 2CO \qquad \Delta H = -26800\ J/mol$　(7-11)

由 SiC 还原 SiO_2：　$SiO_2 + 2SiC = 3Si + 2CO \qquad \Delta H = -812500\ J/mol$　(7-12)

冶炼硅铁时，因系统内存在大量的铁，生成的 Si 溶于铁中，硅与铁生成硅化物，同时放出热量，促进了硅的生成反应向右进行，此时硅的还原反应可用下式表示：

$$SiO_2 + 2C + nFe = [Si]Fe_n + 2CO \tag{7-13}$$

由于铁的存在降低了开始还原反应的温度，而且随着硅含量的不同，还原反应开始的温度也不同，如表 7-2 所列。由于所需还原温度不同，冶炼所消耗的电能也不同，见表 7-3。

表 7-2　硅含量的变化与还原反应开始的温度关系

温　度	硅 18	硅 45	硅 75	硅 90	工业硅
计算温度/K	1703	1861	1917	1930	1946
实测温度/K	1723	1863	1964	1958	1963

表 7-3　1 t 工业硅和基准吨硅铁原材料及电能消耗

项　目	硅石/kg	焦炭/kg	石油/kg	木炭/kg	烟煤/kg	钢屑/kg	石磨电极/kg	电极材料/kg	电耗/kW·h·t^{-1}
硅 45	1000～1050	510～530				560～580		20～30	4500～4800
硅 75	1780～1850	890～930				220～230		45～55	8400～8800
工业硅	2500		610	910	320		100		11000～13000

此外，铁还能破坏二氧化硅还原过程中生成的中间产物 SiC，从而使反应向生成硅的方向移动，铁与碳化硅作用的反应式为：

$$Fe+nSiC=FeSi_n+nC \quad (7\text{-}14)$$

7.4.1.2 硅钙合金

钙是强脱氧剂和脱硫剂。但钙的生产成本高，保存十分困难，故工业生产中未能大量使用。而硅钙合金不但比钙便宜得多，而且常温下非常稳定，易保存，故应用广泛。

硅钙合金是冶炼优质钢较理想的复合脱氧剂和脱硫剂，硅钙粉则是钢包精炼的主要喷粉剂，还可作铸铁的球化剂。

我国硅钙合金有三种牌号：Ca24Si60、Ca28Si60、Ca31Si60，其含[Ca]量分别不低于 24%、28%、31%；含[Si]量均不低于 55%～65%。

硅钙合金的生产方法有两种，即一步法与二步法。

A 一步法

一步法是在一台电炉内用碳同时还原硅石和石灰而得到硅钙合金。它又可分为混合加料法和分层加料法。

混合加料法是将硅石、石灰、焦炭一同加入还原电炉内，用碳还原 CaO 和 SiO_2 而得到硅钙合金。其反应式是：

$$CaO+3SiO_2+7C=CaSi_2+Si+7CO \quad (7\text{-}15)$$

但由于 CaO 与 SiO_2 极易生成低熔点的硅酸盐，而使硅和钙的还原变得困难。为减少 CaO 与 SiO_2 的接触，以减少硅酸盐的生成反应，北京科技大学朱觉教授 1962 年提出了分层加料法，经国内外实践证明，采用此法有明显经济效益。

分层加料法是先将石灰和一部分焦炭（按生成低品位电石的需要量计算）加在电极附近，熔化后让 CaO 尽可能多地生成 CaC_2。其反应式为：

$$CaO+3C=CaC_2+CO\uparrow \quad (7\text{-}16)$$

然后再将硅石和剩余的焦炭混合后加入炉内，利用 SiO_2 来破坏 CaC_2，即：

$$CaC_2+SiO_2=CaSi+2CO\uparrow \quad (7\text{-}17)$$

同时还有：

$$2SiC+3SiO_2=Si+4SiO+2CO\uparrow \quad (7\text{-}18)$$

用一步法生产时，由于还原过程中不可避免地产生大量难熔的硅和钙的碳化物，易使炉底结瘤上涨。为减缓炉底上涨速度，除应有恰当的还原剂用量外，还必须使电极始终深而稳地插入炉料中，使炉底保持高温。

B 二步法

二步法生产也有两种，一种是先用石灰和焦炭在一台电炉中生产电石，然后用电石和硅石、焦炭在另一台电炉中生产出硅钙合金。德、法、日一些国家的工厂用此法生产。

另一种是在一台电炉中生产出高硅硅铁，然后用高硅硅铁加石灰在另一台电炉中生产出硅钙合金，此法又称硅还原法。其反应为：

$$8CaO+5[FeSi_2+2Si]=[4CaSi_2+5FeSi_2]+2(2CaO\cdot SiO_2) \quad (7\text{-}19)$$

即利用硅铁中的自由硅去还原 CaO，而硅与铁的化合物则进入合金，故合金中 Si、Fe 含量较高，仅能生产 $w[Ca]=15\%\sim20\%$ 的硅钙合金。前苏联有用此法生产。

我国硅钙合金生产主要用混合加料法与分层加料法，前者多用 1800～3200 kV · A 电炉；后者多用 1000 kV · A 电炉，国外一般在 10000～15000 kV · A 炉中生产，目前生产硅钙合金的电炉最大容量为法国的 30000 kV · A 炉。

7.4.2 锰系铁合金

锰铁是铁合金中最主要的一个品种，其产量占铁合金总产量的 50%以上，几乎所有的钢和铁中都含有一定量的锰。锰铁是炼钢的主要脱氧剂与脱硫剂，同时又是合金剂，锰和锰合金的消耗量约占钢产量的 1%。许多以铝和铜为基的有色金属的合金也含有锰，但大约 95%的锰是用于钢铁冶金中。

锰系铁合金主要有锰铁(高、中、低碳)、锰硅合金和金属锰。

7.4.2.1 高碳锰铁

高碳锰铁可在高炉或电炉中生产，二者生产的主要差别见表 7-4。高炉可用贫锰矿炼出合格的锰铁，且锰的回收率较高，但其产品含磷高。我国贫锰矿多，且电力紧张，因此，在今后较长时间内，高炉仍将是我国生产高碳锰铁的主要设备。而在发达国家中此法已逐渐被电炉所代替。

表 7-4 高炉和电炉生产高碳锰铁的差别

项目 \ 生产方法	高 炉	电 炉
锰回收率/%	80～85	60～75
使用锰矿的品位/%	能用贫锰矿，一般矿中含锰 28～30	只能用富锰矿，一般矿中含锰≥35
能源	焦 炭	电
产品质量	磷 高	磷 低

我国也用电炉生产高碳锰铁，其生产方法通常有两种：碱性渣法（又名熔剂法）和酸性渣法（又名无熔剂法）。当锰矿平均 $w(Mn)<40\%$，且 $w(Mn)/w(Fe)<6.5$ 时，采用熔剂法；当锰矿平均 $w(Mn)>40\%$，$w(Mn)/w(Fe)>6$ 时，可采用无熔剂法。因此，高碳锰铁的生产方法是由锰矿质量决定的。

电炉熔剂法生产高碳锰铁，是以锰矿石(包括锰烧结矿和球团矿)、焦炭、石灰为原料，在电炉中进行连续性生产。

根据所炼锰合金的品种和牌号的不同，对锰矿品位、$w(Mn)/w(Fe)$ 及 $w(P)/w(Fe)$ 有不同要求，详见表 7-5。

表 7-5 不同牌号的锰质合金对锰矿石的要求

类型	牌 号	锰质合金主要成分 w/%				对锰矿石的要求		
		Mn	C	Si	P	w(Mn)/%	w(Mn)/w(Fe)	w(P)/w(Fe)
		不小于	不大于			不小于		不大于
中低碳锰铁	FeMn80C0.4	80.00	0.4	2.0	0.15～0.3	40	8.4	0.00325
	FeMn78C1.0	78.00	1.0	2.0	0.2～0.3	40	7.7	0.00335
	FeMn75C1.5	75.00	1.5	2.5	0.2～0.3	40	7.0	0.00345
高碳锰铁	FeMn75C7.5	75.00	7.5	2.5	0.2～0.33	30	7.0	0.005～0.0058
	FeMn70C7.0	70.00	7.0	3	0.2～0.33	30	5.0	0.005～0.0058
	FeMn65C7.0	65.00	7.0	4	0.2～0.4	30	3.7	0.005～0.0058
硅锰合金	FeMn63Si22	63.00	0.5	23.0	0.15～0.25	35	9.0	0.00244
	FeMn65Si20	65.00	1.0	20.0	0.15～0.25	35	8.8	0.00244
	FeMn65Si17	65.00	1.7	17.0	0.15～0.25	35	7.3	0.00244
	FeMn60Si14	60.00	2.5	14.0	0.3	35	4.6	0.00435
	FeMn60Si12	60.00	3.0	12.0	0.3	35	3.0	0.00435

世界锰矿资源集中分布在南非、前苏联、澳大利亚和巴西等国，我国锰矿资源也比较丰富，但品位不高，难选矿、粉矿、复合矿多，大多数锰矿含有较高的铁和磷。锰矿中锰的氧化物有：Mn_2O_3（褐锰矿）、Mn_3O_4（黑锰矿）、MnO_2（软锰矿）、$MnCO_3$（菱锰矿）等。

在电炉中冶炼时，随炉料在炉内的下降，温度上升，锰的氧化物首先将发生热分解反应而成为低价氧化锰：

$$4MnO_2=2Mn_2O_3+O_2 \quad \Delta H=-164800\ J/mol \tag{7-20}$$

$$6Mn_2O_3=4Mn_3O_4+O_2 \quad \Delta H=-206700\ J/mol \tag{7-21}$$

接着与下部还原已析出的CO接触而进行间接还原反应：

$$Mn_3O_4+CO=3MnO+CO_2 \quad \Delta H=+51900\ J/mol \tag{7-22}$$

然后在电极下的坩埚区进行碳直接还原，生成金属锰和碳化锰：

$$MnO+4/3C=1/3Mn_3C+CO \quad \Delta H=-269400\ J/mol \tag{7-23}$$

$$MnO+C=Mn+CO \quad \Delta H=-274500\ J/mol \tag{7-24}$$

MnO的还原只通过直接还原进行，并且Mn_3C比金属锰容易生成，故锰中含碳量接近于饱和值。

7.4.2.2 锰硅合金

锰硅合金是炼钢常用的复合脱氧剂，又是生产中低碳锰铁和电硅热法生产金属锰的还原剂。锰硅合金可在大、中、小型矿热炉内采取连续式操作进行冶炼。

A 原料

生产锰硅合金的原料有锰矿、富锰渣、硅石、焦炭、白云石（或石灰石）、萤石。

锰矿：生产锰硅合金可使用一种锰矿或几种锰矿（包括富锰渣）的混合矿。由于锰硅合金要求铁、磷含量比高碳锰铁低，故要求冶炼锰硅合金的锰矿有更高的锰铁比和锰磷比。所用的锰矿含锰越高，各项指标越好，锰矿中二氧化硅含量通常不受限制，采用$w(SiO_2)=30\%\sim40\%$的锰矿来冶炼锰硅合金在技术上是允许的，在资源上是合理的。锰矿中的杂质P_2O_5要低，P_2O_5使合金中磷含量升高。

锰矿粒度一般为10～80 mm，小于10 mm的不超过总量的10%。

硅石：要求$w(SiO_2)\geqslant97\%$，$w(P_2O_5)<0.02\%$，粒度10～40 mm，不带泥土及杂物。

焦炭：要求固定碳$w(C)\geqslant84\%$，w(灰分)$\leqslant14\%$，焦炭粒度一般中小型电炉使用3～13 mm，大型电炉使用5～25 mm。

对石灰的要求与冶炼高碳锰铁相同。

白云石：要求$w(MgO)\geqslant19\%$，$w(SiO_2)\leqslant2.0\%$，用于生产高硅锰硅合金的白云石，其$w(Fe_2O_3)\leqslant0.4\%$。中小型电炉粒度要求为10～40 mm，大型电炉其粒度为25～60 m。

B 冶炼过程

锰的高价氧化物不稳定，受热后容易分解或被CO还原成低价氧化物MnO，而MnO较稳定，只能用碳直接还原。由于炉料中$w(SiO_2)$较高，MnO还没来得及还原，就与之反应生成低熔点的硅酸锰（富锰渣中的锰硅也是以硅酸盐的形式存在），因此从MnO中还原锰的反应，实际上是从液态炉渣的硅酸盐中进行还原的。

由于锰与碳能生成稳定的化合物Mn_3C，用碳直接还原MnO得到的不是纯锰，而是锰的碳化物Mn_3C：

$$MnO\cdot SiO_2+\frac{4}{3}C=\frac{1}{3}Mn_3C+SiO_2+CO \tag{7-25}$$

炉料中的氧化铁比氧化锰容易还原，还原出来的铁与锰形成共熔体$(Mn \cdot Fe)_3C$，大大改善了 MnO 的还原条件。

随着温度的升高，硅也被还原出来，其反应式是：

$$SiO_2 + 2C = Si + 2CO \tag{7-26}$$

由于硅与锰能够生成比 Mn_3C 更稳定的化合物 MnSi，当还原出来的硅遇到 Mn_3C 时，Mn_3C 中的碳被置换出来，使合金含碳量下降，其反应式为：

$$\frac{1}{3}Mn_3C + Si = MnSi + \frac{1}{3}C \tag{7-27}$$

被还原出来的硅越多，碳化物破坏得越彻底，合金的含碳量就越低。

用碳从液态炉渣中还原硅和锰生产锰硅合金的总反应式：

$$MnO \cdot SiO_2 + 3C = MnSi + 3CO \qquad \Delta G^{\ominus} = 3821656.6 - 2435.67T \tag{7-28}$$

炉料中磷的氧化物在较低温度下即被还原，还原反应按下式进行：

$$\frac{2}{5}P_2O_5 + 2C = \frac{4}{5}P + 2CO \qquad \Delta G^{\ominus} = 85100 - 81.32T \tag{7-29}$$

其开始反应温度为 773℃，炉料中的磷约有 75％进入合金。

在锰硅合金的冶炼过程中，为了改善硅的还原条件，炉料中必须有足够的 SiO_2，以保证冶炼过程始终处在酸性渣下进行；但是如果渣中 SiO_2 过量，又会造成排渣困难，通常冶炼锰硅合金的炉渣成分为：$w(SiO_2) = 34\% \sim 42\%$；$[w(CaO) + w(MgO)]/w(SiO_2) = 0.6 \sim 0.8$；$w(Mn) < 8\%$。

7.4.2.3 精炼锰铁

中低碳锰铁主要是由锰、铁两种元素组成的合金，熔点接近 1300℃，密度 7200～7300 kg/m^3。按照其含碳量的不同，中低碳锰铁可分为 $w[C] < 0.7\%$ 的低碳锰铁和 $w[C] = 0.7\% \sim 2.0\%$ 的中碳锰铁。中低碳锰铁广泛应用于特殊钢生产，是炼钢的重要原料之一，同时也应用于电焊条的生产。

用碳素还原剂还原锰矿，只能得到 $w[C] = 6\% \sim 7\%$ 的高碳锰铁，减少炉内的还原剂并不能降低合金的碳含量。

用锰矿可使高碳锰铁按下式进行脱碳：

$$Mn_3C + MnO = 4Mn + CO$$

但该反应只有在高温下才能进行。实验表明，在稍高于 1973K 的温度下，只能由 $w[C] = 6.0\% \sim 6.7\%$、$w[Mn] = 67\% \sim 71\%$ 的高碳锰铁炼出 $w[C] \geqslant 2.5\% \sim 3.0\%$ 的合金，同时锰会大量挥发损失，炉衬工作条件异常恶劣，因此该方法没有实际意义。

中低碳锰铁的生产方法主要有电硅热法、摇炉法和吹氧法三种，三种方法均为间歇式操作。

电硅热法生产中低碳锰铁是在精炼电炉中用锰矿对锰硅合金精炼脱硅（即用锰硅合金还原锰矿）而得到中低碳锰铁，这是目前冶炼中低碳锰铁的主要方法。所炼中低碳锰铁的含碳量取决于锰硅合金的含碳量，电极和原料进入合金的碳极少。

由于入炉料的状态不同，又分为冷装法和热装法。加入的炉料全部是冷料称为冷装法；锰矿和石灰稍加预热，而锰硅合金为液态装入的称为热装法；锰矿和石灰是冷料，而锰硅合金为液态装入的称为锰硅热装法。

A 原料

电硅热法生产中低碳锰铁的原料有锰矿、锰硅合金和石灰。

锰矿：要求使用 $w(Mn) > 40\%$，$w(Mn)/w(Fe) > 7$，$w(P) < 0.1\%$，$w[SiO_2] < 15\%$ 的富锰氧

化矿。如果使用含锰低、含 SiO_2 高的贫矿，不但锰的回收率低、脱硅慢、渣量大，而且很难炼出低碳锰铁。冶炼中低碳锰铁不宜采用烧结矿和富锰渣。

锰矿的粒度应不大于 50 mm，$w[H_2O]<6\%$。锰矿水分对各项技术经济指标有一定的影响，例如用 $w[H_2O]=10\%\sim20\%$的锰矿与含水 $w[H_2O]<3\%$的同种锰矿相比，前者比后者锰的回收率低 4%～6%，产量低 10%～20%，单位电耗高 15%～20%。

锰硅合金：中低碳锰铁的含碳量基本上取决于锰硅合金的含碳量，根据冶炼不同牌号的中低碳锰铁来确定所用锰硅合金的含碳量和与其相应的含硅量，生产上可通过不同含碳量的硅锰合金搭配，使其含碳量满足要求。

要求锰硅合金含锰越高越好。在所炼产品含锰一定的条件下，所用锰硅合金含锰越高，锰矿的允许含铁量也越高，使用含铁高的锰矿，对加速脱硅、减少渣量和降低电耗是有益的。实践证明锰硅合金中 $w[Mn]$每提高 1%，所用锰矿铁 $w[Fe]$允许提高 0.7%～1%。我国用于生产中低碳锰铁的锰硅合金中 $w[Mn]$通常为 67%～69%。

采用冷装时，锰硅合金的粒度小于 30 mm，并去掉高碳层。采用液态锰硅合金兑入法，热兑时要将渣扒干净。

石灰：生产中低碳锰铁所用的石灰，要求 $w(CaO)>85\%$，$w(P)\leqslant0.02\%$，$w(SiO_2)\leqslant3\%$，粒度 8～40 mm，不得带有碳质夹杂物，不应使用粉状、未烧透的石灰。

B 冶炼过程

炉料中的锰矿石在受热过程中，锰的高价氧化物随着温度的升高逐步分解，变成低价氧化物。锰矿受热分解生成 Mn_3O_4 以后，在继续升温的同时，部分高价氧化物直接与硅反应生成低价氧化物或锰金属，其反应如下：

$$2Mn_3O_4+Si=6MnO+SiO_2 \tag{7-30}$$

$$Mn_3O_4+2Si=3Mn+2SiO_2 \tag{7-31}$$

未被还原的 Mn_3O_4 受热分解成 MnO，熔化进入炉渣中，继续被合金熔融液中的硅还原，其反应式为：

$$2MnO+Si=2Mn+SiO_2 \tag{7-32}$$

由于反应生成物 SiO_2 与 MnO 结合成硅酸盐（$MnO\cdot SiO_2$），造成反应物 MnO 的活度降低，正向反应变得困难。为了提高 MnO 的还原效果，提高锰的回收率，需要在炉料中配入一定量的石灰，将 MnO 从硅酸锰盐中置换出来。其反应式为：

$$CaO+MnO\cdot SiO_2=MnO+CaO\cdot SiO_2 \tag{7-33}$$

$$2CaO+MnO\cdot SiO_2=MnO+2CaO\cdot SiO_2 \tag{7-34}$$

富锰渣或锰矿是锰的氧化物的来源。使用富锰渣时能得到较低磷含量的中低碳锰铁，但是富锰渣中的 SiO_2 较高，MnO 以 $2MnO\cdot SiO_2$ 状态存在，MnO 的还原较困难，而锰矿中的锰多以 MnO_2 的形式存在，MnO_2 在炉内受热分解成 Mn_3O_4。

根据熔炼进行的反应来看，加入石灰对提高炉渣碱度是有利的。但是碱度不宜过高，因为碱度过高，会增加渣量使炉渣变稠，反应不活跃，同时还会使炉温升高，电耗增加，锰的挥发损失也增加。因此实际生产中通常把炉渣碱度$[w(CaO)+w(MgO)]/w(SiO_2)$控制在 1.3～1.5 的范围内。

7.4.2.4　金属锰

金属锰是一种以锰单质为主，其他各种成分均作为杂质加以严格限制的纯锰金属。

金属锰主要用于生产高温合金、不锈钢、有色金属合金和低碳高强度钢的添加剂、脱氧剂和脱硫剂，其中绝大部分用于生产铝锰合金、不锈钢和不锈钢焊条等，铝锰合金具有良好的耐蚀性能和较高的强度，主要用于航空工业和现代建筑用装饰性材料。

金属锰的生产有以下三种方法：1)电硅热法；2)电解法；3)铝热法。

电硅热法生产金属锰与电硅热法生产中低碳锰铁相似，它是在精炼炉内用高硅锰硅合金中的硅还原富锰渣中的 MnO 生产金属锰，此法的优点是在整个冶炼过程中，能够大量地去除铁、碳、硅、磷、硫等杂质，生产成本比较低，然而与电解法相比，对锰矿的品位要求比较高，获得的金属锰纯度不高，含锰约为 94%～98%，锰的总回收率为 56%左右。

电解法生产金属锰，是用直流电电解硫酸锰溶液而得到含锰极高的金属锰。此法可使用多种类型和品级的锰矿(包括贫锰矿)，生产出含锰高达 99.9%左右的金属锰，但是该方法要消耗大量的化工原料和电能，成本高、价格昂贵，局限于炼制特种合金时用。

铝热法是采用铝作还原剂，利用还原氧化锰释放的化学热进行冶炼，炼制含锰高于 90%的低牌号金属锰。此法的优点是生产设备和操作工艺比较简单，但生产过程中不能去除杂质，对原料要求严格，通常都选用含 SiO_2 等杂质极低的富锰矿，耗铝量大，成本高，并且产量也低，所以现在很少采用这种方法生产金属锰。

目前国内外普遍采用的是电硅热法和电解法，而以电硅热法的生产量最大，因此下面只介绍电硅热法生产金属锰。

电硅热法生产金属锰的全部过程共分三步，其生产工艺流程如图 7-3 所示。

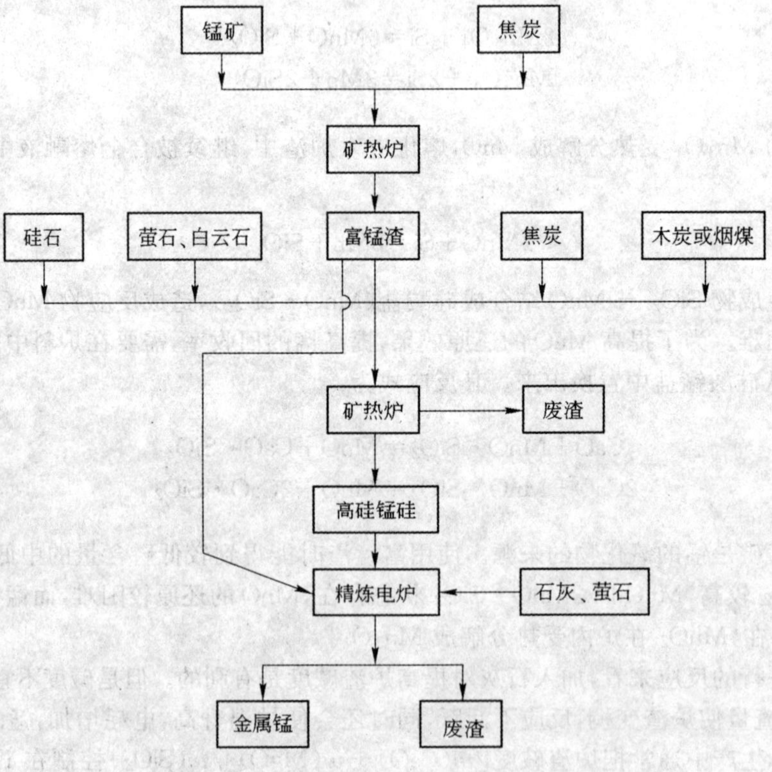

图 7-3　电硅热法生产金属锰工艺流程图

第一步:在矿热炉内用锰矿石冶炼低磷低铁富锰渣。其基本原理是把锰矿及少量的还原剂加入炉内,在较低的温度(略高于 FeO 和 P_2O_5 的还原温度)下将铁和磷尽可能多地还原出来,而将锰尽可能多地留在渣中,即进行选择还原。

其化学反应式为:

$$T_{开}=685℃ \qquad FeO+C=Fe+CO \tag{7-35}$$

$$T_{开}=763℃ \qquad P_2O_5+5C=2P+5CO \tag{7-36}$$

需要抑制的化学反应式为:

$$T_{开}=1370℃ \qquad MnO+C=Mn+CO \tag{7-37}$$

第二步:在矿热炉内用富锰渣生产高硅锰硅合金。其主要化学反应为:

$$MnO\cdot SiO_2+3C=MnSi+3CO \tag{7-38}$$

锰合金中的碳含量随着硅含量的增加而减少,其化学反应为:

$$MnC_x+Si=MnSi+xC \tag{7-39}$$

从锰硅合金中硅含量与碳含量的关系中可以得出,含[Si]低于 30%的合金,其 w[C]最低为 0.2%,如此高的含碳量是不能用来冶炼金属锰的,必须通过炉外镇静降碳处理,把 w[C]降至 0.05%~0.15%。实际生产中允许产品的 w[Si]控制在 28%~32%的范围。

第三步:在精炼炉内以富锰渣为原料,高硅锰硅合金作还原剂,石灰作熔剂生产金属锰。其主要化学反应为:

$$2MnO+MnSi+2CaO=3Mn+2CaO\cdot SiO_2 \tag{7-40}$$

由于 SiO_2 易于和 MnO 作用生成 $MnO\cdot SiO_2$,使自由 MnO 减少,MnO 还原困难,为了改善 MnO 的还原,提高锰的回收率,需要加入石灰,以置换 MnO,使其呈自由状态,其反应式为:

$$MnO\cdot SiO_2+2CaO=2CaO\cdot SiO_2+MnO \tag{7-41}$$

为使 MnO 呈自由态,应使炉渣碱度 $w(CaO)/w(SiO_2)\geqslant 1.8$。

生产 1 t 含锰 95%~98%的金属锰,需消耗富锰渣 1900~2000 kg,高硅硅锰合金 610~630 kg,石灰 1900~2000 kg,萤石 180~200 kg,电 3000~3400 kW · h。而总电耗(包括富锰渣和高硅锰合金用电)在 10000 kW · h 左右。

7.4.3 铬系铁合金

铬系铁合金主要有铬铁(高、中、低及微碳铬铁)、硅铬合金、金属铬等。铬是钢中的重要合金元素,主要用于生产不锈钢,其消耗量占铬合金总量的 70%以上。

7.4.3.1 高碳铬铁

高碳铬铁 w[Cr]=50%~60%,w[C]=6%~10%,其原料为铬矿、焦炭、硅石(熔剂)。在电炉中生产工艺与生产锰铁相似。对焦炭与硅石的要求与炼硅铁时相同,对铬矿($FeO\cdot Cr_2O_3$)则要求 $w(Cr_2O_3)$愈高愈好,一般不小于 40%;$w(S)<0.05\%$;$w(P)<0.07\%$;并要求有一定的 $w(Cr_2O_3)/w(\Sigma FeO)$比。冶炼 w[Cr]>50%的高碳铬铁时,要求 $w(Cr_2O_3)/w(\Sigma FeO)>2.0$;炼制 w[Cr]>60%的高碳铬铁,要求 $w(Cr_2O_3)/w(\Sigma FeO)>2.6$。

我国铬矿储量不多,主要分布在西藏、新疆等地。世界上铬矿储量最丰富的是南非(占 62.8%)、津巴布韦(22.6%)和前苏联(7.9%)。

用碳还原铬矿时的主要反应式和开始温度为：

反应式	反应开始温度
$(FeO \cdot Cr_2O_3) + C = Fe + Cr_2O_3 + CO$	$T_{开} = 1184\ K$
$3Cr_2O_3 + 13C = 2Cr_3C_2 + 9CO$	$T_{开} = 1369\ K$
$Cr_2O_3 + 27/7C = \frac{2}{7}Cr_7C_3 + 3CO$	$T_{开} = 1403\ K$
$(FeO \cdot Cr_2O_3) + 4C = Fe + 2Cr + 4CO$	$T_{开} = 1448\ K$
$Cr_2O_3 + 3C = 2Cr + 3CO$	$T_{开} = 1513\ K$

7.4.3.2 硅铬合金

硅铬合金 $w[Cr] = 30\% \sim 35\%$，$w[Si] = 35\% \sim 45\%$，90%以上用于生产中、低、微碳铬铁，其余在冶炼不锈钢时作脱氧剂。硅铬合金生产方法有两种，即一步法与二步法。

一步法（有渣法）是将铬矿、硅石、焦炭一起加入电炉内进行炼制。

二步法（无渣法）是首先生产出高碳铬铁（也叫再制铬铁），然后用再制铬铁与硅石、焦炭一起在另一台电炉中冶炼而得。它是用碳还原硅石中的 Si，Si 再与铬铁中的碳化物反应，即：

$$Cr_7C_3 + 7Si = 7CrSi + 3C \tag{7-42}$$

我国均采用二步法生产硅铬合金。

7.4.3.3 精炼铬铁

精炼铬铁即 $w[Cr] = 52\% \sim 60\%$；含中碳 $w[C] = 1.0\% \sim 4.0\%$；低碳 $w[C] = 0.25\% \sim 0.50\%$；微碳 $w[C] = 0.03\% \sim 0.15\%$，其生产方法有两种，即脱碳法与脱硅法。

A 脱碳法

脱碳法是用氧气或氧化剂（$FeO \cdot Cr_2O_3$）氧化精炼高碳铬铁而得到低碳低硅的精炼铬铁。方式有顶吹或底吹氧气转炉、真空固态脱碳法等。

氧气转炉法是将 1600℃左右的高碳铬铁水兑入转炉中，然后吹氧，利用 Cr、Fe、Si 元素的氧化放热将铁水加热至 1725～1825℃后，碳即开始大量氧化，最后降至 1.0%～1.7%左右而得到中碳铬铁。出炉后在铁水包中加硅铁继续还原渣中 Cr_2O_3。吹氧过程中可加铬矿以抑制铁液中 Cr 的氧化。

B 脱硅法

脱硅法有炉外脱硅法和电硅热法，目前电硅热法为主要生产方法。电硅热法以铬矿、石灰、硅铬合金为原料在电炉中冶炼，其基本反应为：

$$FeO \cdot Cr_2O_3 + 2[Si] + 4CaO = 2[Cr + \frac{1}{2}Fe] + 2Ca_2SiO_4 \tag{7-43}$$

$$MgO \cdot Cr_2O_3 + \frac{3}{2}[Si] + 3CaO = MgO + 2Cr + \frac{3}{2}Ca_2SiO_4 \tag{7-44}$$

为使反应顺利进行并提高铬的回收率，必须保持较高的炉渣碱度，合适的碱度范围是：

中低碳铬铁： $[w(CaO) + w(MgO)]/w(SiO_2) = 1.9$

微碳铬铁： $[w(CaO) + w(MgO)]/w(SiO_2) = 2.0$

炉外脱硅法，实质与电硅热法相同，只是脱硅在炉外进行，可使硅铬合金单耗下降 140～168 kg，铬的回收率提高 6%～10%。炉外法是精炼微碳铬铁生产工艺的发展方向。图 7-4、图 7-5所示分别为波伦法与热兑法的生产流程。

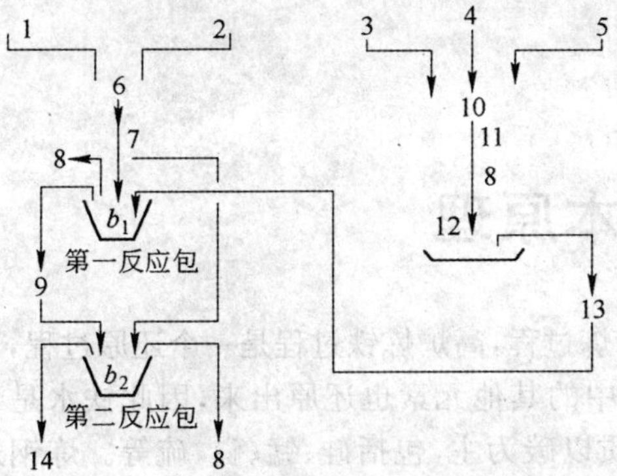

图 7-4 波伦法生产低碳铬铁流程图

1—碎铬矿；2—石灰；3—块状铬矿；4—硅石；5—焦炭；6—化渣炉；7—熔渣（$w(Cr_2O_3)=28\%$）；8—废渣；9—合金（$w[Si]=12\%$）；10—硅铬合金电炉（$w[Cr]=40\%$，$w[Si]=15\%$）；11—硅铬合金（$w[Cr]=40\%$，$w[Si]=45\%$）；12—浇铸；13—破碎；14—最终产品

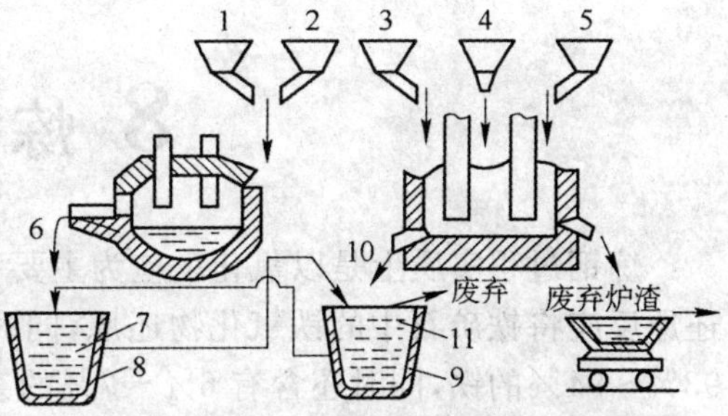

图 7-5 热兑法生产微碳铬铁流程图

1—铬精矿；2—石灰；3—铬矿；4—硅石；5—焦炭；6—熔渣（$w(Cr_2O_3)=30\%$）；7—中间渣（$w(Cr_2O_3)=15\%$）；8—铬铁；9—含 $w[Si]=25\%$ 中间硅铬合金；10—含 $w[Si]=45\%$ 硅铬合金；11—$w(Cr_2O_3)<2\%$ 的炉渣

7.4.3.4 金属铬

金属铬即含 $w[Cr]=98\%\sim99\%$，用于生产高温合金、电热合金、精密合金等。其生产方法有两种，即铝热法和电解法。

A 铝热法

铝热法以 Cr_2O_3 为原料，铝粒作还原剂，硝石为发热剂，用炉外法冶炼，采用下部点火方式。其反应式为：

$$Cr_2O_3+2Al=2Cr+Al_2O_3+543900\ J \tag{7-45}$$

对原料要求为：$w(Cr_2O_3)\geqslant94\%$；铝粒中 $w(Al)\geqslant98.5\%$；硝石中 $w(NaNO_3)>98.5\%$，$w(H_2O)<2.0\%$。

B 电解法

电解法以高碳铬铁为原料，经化学处理得到铬铵矾，然后电解铬铵矾得到金属铬。

复习思考题

7-1 何谓铁合金，它们在钢铁工业中的主要用途有哪些？
7-2 铁合金的主要种类有哪些？
7-3 铁合金的主要生产方法及其特点有哪些？
7-4 简述铁合金生产技术的主要发展趋势。
7-5 简述碳质还原剂与金属还原剂各有什么特点。
7-6 简述硅铁的用途及其冶炼工艺。
7-7 简述锰铁的用途及其冶炼工艺。
7-8 简述铬铁的用途及其冶炼工艺。

8 炼钢基本原理

炼钢过程实质上是以氧化反应为主要手段的精炼过程，高炉炼铁过程是一个还原过程，通过还原反应将铁矿石中的铁氧化物还原，同时将炉料中的其他元素也还原出来，因此铁水是含有93%～94%的铁，同时还含有6%～7%的杂质，杂质以碳为主，包括硅、锰、磷、硫等。炼钢过程就是通过氧化反应，以氧气作为主要的氧化剂，将铁水中的杂质氧化分离，将其中的碳、硅、锰、磷、硫等控制在规定的范围内。同时，需要提高钢水温度，合理控制冶炼、精炼、连铸过程中的钢水质量，生产出合格的连铸坯，为轧钢工序提供合格原料。

8.1 炼钢基本任务

普通品种钢和铁都是以铁元素为基本成分的铁碳合金。钢是由生铁炼成的，钢的许多使用性能如强度、韧性、热加工性能和焊接性能等均优于生铁。生铁和钢之所以在性能上有较大的差异，主要原因是由于两者的含碳量不同而造成的，两者的化学成分见表8-1。生铁含碳高，硬而脆，冷热加工性能差，因而90%的高炉生铁须经再次冶炼成为具有良好金属特性的钢，才能加工成各种类型的钢材而使用。

表8-1 生铁和钢的化学成分

材　料	化学成分 w/%				
	C	Si	Mn	P	S
普通炼钢生铁	3.5～4.0	0.6～1.6	0.20～0.80	0.10～0.40	0.03～0.07
碳素镇静钢	0.06～1.5	0.12～0.37	0.25～0.80	≤0.045	≤0.055
沸腾钢	0.05～0.27	≤0.07	0.25～0.70	≤0.045	≤0.055

生铁除含有较高的碳外，还含有一定量的磷、硫和其他杂质。所谓炼钢，就是通过冶炼降低生铁中的碳和去除有害杂质，再根据对钢性能的要求加入适量的合金元素，使其成为具有高的强度、韧性或其他特殊性能的钢。因此，炼钢的基本任务可归纳为：

(1) 脱碳并将其含量调整到一定范围。碳含量是控制钢性能的最主要元素。钢中含碳量增加，则硬度、强度、脆性都将提高，而延展性能将下降；反之，含碳量减少，则硬度、强度下降而延展性提高。所以，炼钢过程必须按钢种规格将碳氧化至一定范围。

(2) 脱磷、脱硫。对绝大多数钢种来说，P、S均为有害杂质。P可引起钢的冷脆，而S则引起钢的热脆，因此，要求在炼钢过程中尽量去除。

(3) 脱氧。由于在氧化炼钢过程中，向熔池输入大量氧以氧化杂质，致使钢液中溶入一定量的氧，它将大大影响钢的质量。因此，需降低钢中的含氧量。一般是向钢液中加入比铁有更大亲氧力的元素来完成(如Al、Si、Mn等合金)。

(4) 去除气体和非金属夹杂物。钢中气体主要指溶解在钢中的氢和氮。非金属夹杂物包括氧化物、硫化物、磷化物、氮化物以及它们所形成的复杂化合物。在一般炼钢方法中，主要靠碳—氧反应时产生CO气泡，当它从钢液中逸出时，引起熔池沸腾来降低钢中气体和非金属夹杂物，也可以通过真空冶炼的方法去除。

(5) 调整钢液成分。为保证钢的各种物理、化学性能，除控制钢液的碳含量和降低杂质含量外，还应加入适量的合金元素使其含量达到钢种规格范围。

(6) 调整钢液温度。为完成上述各项任务并保证钢液能顺利浇注，必须将钢液加热并保持在一定的高温范围内，一般在 1600～1700℃左右，同时根据冶炼过程的要求不断将钢液温度调整到合适的范围。

(7) 将钢液浇注成质量好的钢锭或钢坯。通过连续铸钢或模铸方法，将钢液浇注成各种不同形状和不同断面尺寸的、质量良好的钢坯或钢锭。

炼钢的基本任务是脱碳、脱磷、脱硫、脱氧，去除有害气体和非金属夹杂物，提高温度和调整成分。可以归纳为："四脱"(脱碳、氧、磷和硫)，"二去"(去气和去夹杂)，"二调整"(调整成分和温度)。采用的主要技术手段为：供氧、造渣、升温、加脱氧剂和合金化操作。

8.2 炼钢炉渣

炼钢过程的实质是一个氧化过程，就是用不同来源的氧(矿石中的氧、氧气等)来氧化炼钢原料中的各种杂质，将其中的碳、锰、硫、磷、硅等控制在规定的范围内。为此目的，在炼钢过程中必须加入许多必要的材料，称之为造渣材料，如石灰、萤石、氧化铁皮等。使炼钢各种反应——硅锰反应，脱磷、脱硫反应，朝需要的方向进行，被加入的各种材料和各种反应所形成的产物大多比铁液轻，浮在金属表面，我们把这一层混合物称作炉渣。

"炼好钢，首先要炼好渣。"说明了炉渣在炼钢生产中的重要性，它不仅影响到钢的质量、产量，而且与原材料、能量的消耗都有着密切的关系。认识炉渣的作用、特性，将有助于我们在今后的生产实践中，合理控制炉渣，利用炉渣，对获得良好的技术经济指标具有极为重要的意义。

8.2.1 炼钢炉渣的作用、来源、分类与组成

8.2.1.1 炼钢炉渣的作用

炉渣是炼钢过程中的必然产物，又是实现一系列重要冶金反应的基本条件，它直接参与炼钢过程的物理化学反应和传热、传质过程，其具体作用如下：

(1) 去除铁水和钢水中的磷、硫等有害元素，同时能将铁和其他有用元素的损失控制在最低限度内。熔渣还能吸收铁水中的钒、铌等有用元素的氧化物，而成为钒渣或铌渣，然后再从中提取钒或铌，可以说熔渣是炼钢去除杂质的精炼剂；

(2) 炼钢熔渣覆盖在钢液表面，保护钢液不过度氧化、不吸收有害气体、保温、减少有益元素烧损；

(3) 防止热量散失，以保证钢的冶炼温度；

(4) 吸收钢液中上浮的夹杂物及反应产物。

熔渣在炼钢过程也有不利作用，主要表现在：侵蚀耐火材料，降低炉衬寿命，特别是低碱度熔渣对炉衬的侵蚀更为严重；熔渣中夹带小颗粒金属及未被还原的金属氧化物，降低了金属的收得率。

因此，造好渣是炼钢的重要条件，造出成分合适、温度适当并能适宜于某种精炼目的的炉渣，发挥其积极作用，抑制其不利作用。

8.2.1.2 炼钢炉渣的来源

炼钢炉渣的来源有：

(1) 生铁、废钢带入的泥沙和铁锈等；

(2) 氧化物或冷却剂(矿石、烧结矿等)带入的脉石；

(3) 加入的各种造渣材料(石灰、萤石、黏土砖等)；

(4) 被侵蚀的炉衬耐火材料；

(5) 炼钢过程中化学反应的产物，即金属炉料、脱氧剂及合金中的各元素被氧化后所生成的氧化物(SiO_2、MnO、P_2O_5、FeO、Fe_2O_3)；还有少量硫化物(CaS、MnS)。

8.2.1.3　炼钢炉渣的分类与组成

不同炼钢方法往往采用不同的渣系进行冶炼，造不同成分的炉渣，可达到不同的冶炼目的，例如转炉炼钢中造的是碱性氧化渣，而电炉炼钢过程中造的是碱性还原渣，它们在物理化学性质和冶金反应特点上有明显的差别。碱性氧化渣因碱性氧化物 w(CaO)和 w(FeO)含量较高，具有脱磷、脱硫的能力，碱性还原渣因含有(CaC_2)，不仅具有脱硫能力，而且还有脱氧能力。表 8-2 为两种炼钢法的炉渣成分和性质。

表 8-2　转炉和电炉的炉渣成分和性质

类　别	化学成分	转炉中组成 w/%	电炉中组成 w/%	冶金反应特点
酸性氧化渣	CaO+FeO+MnO SiO_2 P_2O_5	～50 ～50 1～4	～50 ～50	[C]、[Si]、[Mn]氧化缓慢 不能脱 P、脱 S 钢水中[O]较低
碱性氧化渣	CaO/SiO_2 CaO FeO MnO MgO	3.0～4.5 35～55 7～30 2～8 2～12	2.5～3.5 40～50 10～25 5～10 5～10	[C]、[Si]、[Mn]迅速氧化 能较好脱 P 能脱去 50%的 S 钢水中[O]较高
碱性还原渣 (白渣)	CaO/SiO_2 CaO CaF_2 Al_2O_3 FeO MgO CaC_2		2.0～3.5 50～55 5～8 2～3 <0.5 <10 <1	脱 S 能力强 脱氧能力强 钢水易增碳 钢水易回磷 钢水中[H]增加 钢水中[N]增加

8.2.2　炼钢炉渣的主要性质

在这里仅介绍对炼钢过程有极大影响的炉渣的黏度、炉渣的碱度及炉渣的氧化性。

8.2.2.1　炉渣的黏度

黏度是炉渣的主要物理性质之一，它代表炉渣内部相对运动时各层之间的内摩擦力。黏度对于渣和金属间的传质和传热速度有密切关系，因而它影响着渣-钢反应的反应速率和炉渣传热的能力。过黏的渣使熔池不活跃，冶炼不能顺利进行。过稀的渣容易喷溅，而且严重侵蚀炉衬和耐火材料，降低炉子寿命。因此，炼钢炉渣应有适当的黏度，以保证钢的质量和良好的技术经济指标。

A　炉渣的黏度与流动性

炉渣黏度与流动性成反比关系，流动性与渣中不熔物有关，如石灰、镁砂、氧化铬等微小颗粒使渣的内摩擦力增大，增加了黏度。

对冶金生产来说，炉渣黏度的稳定性极为重要。所谓炉渣黏度的稳定性是指一定温度下炉渣成分在一定范围内变化时，黏度不急剧变化；或者说当渣组成一定时，温度变化而黏度变化很小。为了顺利地进行冶炼，不希望炉渣黏度急剧波动。

B　温度对炉渣黏度的影响

一般说来，一定成分的炉渣升高温度时能改善流动性，因为升高温度可提供液体流动所需要的活化能，而且可使某些复杂的复合阴离子解体，或使固体微粒消失。温度降低时黏度突然急剧增加，此种渣常称为短渣。黏度增高的原因是由于析出 CaO 或 Ca_2SiO_4 微粒，它们都是高熔点的固体，析出的越多，黏度增加的就越快。炉渣碱度为 0.9 的酸性渣，温度降低时黏度平稳增大，此种类型的炉渣常称为长渣。一般情况下，同样温度的酸性渣比碱性渣的黏度大，主要因为渣中 SiO_2，以 SiO_4^{4-} 或更大的离子团存在的缘故。而温度在 1450℃以下，酸性渣比碱性渣的黏度低。因此浇注用的保护渣多为偏酸性的熔渣。

碱性氧化渣的碱度在 1.8～3.2 区间时，冶炼温度对其粘度的影响很小，这样炉内不同地区的渣都有良好的流动性，可保证金属液和炉渣间的反应顺利进行。

C　未熔质点对炉渣黏度的影响

炼钢过程实用的渣系黏度随温度和组成变化很大，它不仅决定于熔点，而且在很大程度上决定于渣中组元存在的状态。炉渣组成一定时，提高温度可使黏度降低。但是相同熔点不同组成的炉渣，其黏度取决于组元在渣中存在的状态，如离子半径的大小及数量的多少等。

8.2.2.2　炉渣的碱度

碱度是判断炉渣碱性强弱的指标。去磷、去硫以及防止金属液吸收气体等都和炉渣的碱度有关，因此碱度是影响渣钢反应的重要因素。

熔渣中碱性氧化物浓度总和与酸性氧化物浓度总和之比称之为熔渣碱度，常用符号 R 表示。熔渣碱度的大小直接对渣钢间的物理化学反应如脱磷、脱硫、去气等产生影响。由于碱性氧化物和酸性氧化物种类很多，为简便起见，当炉料中 $w(P)<0.30\%$ 时，规定 $R=w(CaO)/w(SiO_2)$。

炉料中的 $0.30\%\leqslant w(P)<0.60\%$ 时，规定 $R=w(CaO)/[w(SiO_2)+w(P_2O_5)]$。

熔渣的 $R<1.0$ 时为酸性渣，由于 SiO_2 含量高，高温下可拉成细丝，所以称为长渣，冷却后呈黑亮色玻璃状。当 $R>1.0$ 时为碱性渣，称之为短渣。炼钢熔渣 $R\geqslant 3.0$。

炼钢熔渣中含有不同数量的碱性氧化物、中性氧化物和酸性氧化物，它们酸、碱性的强弱可排列如下：

$$CaO>MnO>FeO>MgO>CaF_2>Fe_2O_3>Al_2O_3>TiO_2>SiO_2>P_2O_5$$

←碱性　　　　中性　　　　酸性→

碱性氧化物离解产生 O^{2-}，如 CaO，MgO 和 MnO；而酸性氧化物则消耗 O^{2-}，如 SiO_2 与 $2O^{2-}$ 结合成 SiO_4^{4-}，P_2O_5 与 $3O^{2-}$ 结合成 $2PO_4^{3-}$。熔渣中 O^{2-} 浓度高，则碱度越高。

8.2.2.3　炉渣的氧化性

炼钢生产中炉渣的氧化性是指炉渣向金属相的供氧能力，也可以认为是炉渣氧化金属熔池中杂质的能力。炉渣的氧化能力取决于其组成和温度。通常用渣中最不稳定的氧化物（氧化铁）的多少来代表氧化能力的强弱。

在炼钢过程中，由于炉气的氧化作用或者通过加铁矿等方法，使炉渣含有大量铁的氧化物（FeO 或 Fe_2O_3），因为氧化铁在金属、炉渣两相中的溶解度服从分配定律，所以渣中铁的氧化物将向金属相中扩散，这就给金属相中杂质的氧化提供了条件。这一点对于不用氧直接氧化金属熔池的冶炼过程是十分重要的。至于氧气顶吹转炉中炉渣氧化性的重要性，还在于它对于化渣速度、炉渣黏度、喷溅情况和去磷效果等有着极其重要的意义。

炉渣氧化性的表示方法，按照分子理论，通常用渣中氧化铁（FeO 和 Fe_2O_3）的含量多少来表示炉渣的氧化性。把渣中的 Fe_2O_3 折算成 FeO 有两种方法：

全氧法：
$$w(\Sigma FeO)=w(FeO)+1.35w(Fe_2O_3) \quad (8\text{-}1)$$

全铁法：　　$w(\Sigma FeO)=w(FeO)+0.9w(Fe_2O_3)$　　(8-2)

全铁法比较合理，因为在渣样冷却时，有少量低价铁会氧化成高价铁，使全氧法计算结果偏高，而全铁法可避免这种误差。但目前各厂采用第一种方法表示熔池氧化能力的比较普遍。

8.2.3　造渣

所谓造渣，是指通过控制入炉渣料的种类和数量，使熔渣具有氧化或还原性质，以满足熔池内有关炼钢反应需要的工艺操作。

生产实践表明，造渣是实现炼钢工艺的重要手段，造好渣是炼好钢的前提。因为，如果渣子造不好会严重影响炉内的物化反应，不仅去除硫、磷等杂质元素困难，而且还会降低炉龄，延长冶炼时间，增加原材料消耗等。

就熔渣的化学性质而言，目前的炼钢渣主要有氧化渣和还原渣两种。为了强化去磷和去硫过程，二者均为碱性渣；不同的是，它们对渣中的(FeO)的含量要求不同。还原渣的标志是渣中(FeO)含量很低，而且(FeO)含量愈低，熔渣的还原性愈强即脱氧、脱硫的能力愈大。通常情况下，还原渣的(FeO)含量不大于0.5%。

造还原渣的目的主要有两个：一是降低钢液含氧量，以减少调整钢液成分时所加合金元素的烧损。二是更有效地去硫，造氧化渣虽也能去除部分硫，但效果远不及还原精炼。

8.2.3.1　造渣的目的及要求

氧气顶吹转炉和电炉的熔化期与氧化期的熔渣均为氧化渣。炼钢中，造氧化渣的主要目的是为了去除钢中的磷，并通过氧化渣向熔池传氧。

炼钢中的去磷过程，主要是在钢一渣两相的界面上进行的。因此，造氧化渣，就是要设法使熔渣具有适于脱磷反应的理化性质；同时，还要精心控制造渣过程，即在冶炼过程中随温度的变化调整熔渣的成分，使熔渣的物理性质和化学性质得以良好地配合，以充分去除钢中的磷，并减少熔渣对炉衬的侵蚀。炼钢过程对氧化渣的要求是：较高的碱度、较强的氧化性、适量的渣量、良好的流动性及适当泡沫化。

A　碱度的控制

碱度是熔渣酸碱性的衡量指标，是炼钢过程中有效去磷的必需条件。简单而又常用的碱度表示方法是渣中的(CaO)含量与(SiO_2)含量之比，即$w(CaO)/w(SiO_2)$。

理论研究表明，渣中的(ΣFeO)含量相同的条件下，碱度为1.87时其活度最大，熔渣的氧化性最强。实际生产中正是根据这一理论并结合具体工艺来控制熔渣碱度的。氧气顶吹转炉炼钢中，通常是将碱度控制在2.4～2.8的范围内；对于原料含磷较高或冶炼低硫钢种的情况，碱度则控制在3.0以上。电弧炉炼钢的熔化期，熔渣的碱度一般控制在2.0左右；进入氧化期后，随着温度的升高，碱度逐渐提高到2.5～3.0；而氧化的中、后期以脱碳为主，通常又将碱度降低到2.0左右。

B　渣中的(ΣFeO)含量

渣中(ΣFeO)含量的高低，标志着熔渣氧化性的强弱及去磷能力的大小。碱度一定时，熔渣的氧化性随着渣中(ΣFeO)含量的增加而增强。但是，过高的(ΣFeO)含量熔渣显得太稀，会使钢液吸气，且吹炼中产生喷溅的可能性增大；同时，还会加速炉衬的侵蚀、增加铁的损耗等。因此，生产中通常将渣中的(ΣFeO)含量控制在10%～20%之间。氧气顶吹转炉炼钢中$w(\Sigma FeO)$有时高达30%，但是要求终渣中的$w(\Sigma FeO)$在满足石灰完全溶解的条件下尽量低。

C 渣量的控制

在其他条件不变的情况下，增大渣量可增加冶炼过程中的去磷量。但是，过大的渣量不仅增加造渣材料的消耗和铁的损失，还会给冶炼操作带来诸多不便如喷溅、粘枪等。因此，生产中渣量控制的基本原则是，在保证完成脱磷、脱硫的条件下，采用最小渣量操作。氧气顶吹转炉炼钢时，一般情况下适宜的渣量约为钢液量的10%～12%，必要时可采用双渣操作；电炉氧化期的渣量一般应为钢液量的3%～5%，必要时采用从炉口自动流渣的方法进行换渣操作。

D 熔渣的流动性

对于去磷、去硫这些双相界面反应来说，物质的扩散是其限制性环节，因此保证熔渣具有良好的流动性十分重要。影响熔渣流动性的主要因素是温度和成分。但是，去磷反应是放热反应，不希望温度太高，因此，生产中应适当增加渣中的(FeO)和(CaF_2)等稀渣成分的含量，使碱性氧化渣在温度不高的情况下也具有良好的流动性，满足去磷的需要。

E 熔渣的泡沫化

泡沫化的熔渣，使钢一渣两相的界面积大为增加，改善了去磷反应的动力学条件，可加快去磷反应速度。但应避免熔渣的严重泡沫化，以防喷溅发生。

8.2.3.2 熔渣的泡沫化

有大量微小气泡存在的熔渣呈泡沫状，这样的渣子人们称之为泡沫渣。据测定，泡沫渣中气泡的体积通常要大于熔渣的体积。可见，泡沫渣中的渣子是以气泡的液膜的形式存在的。另外，泡沫渣中往往还悬浮有大量的金属液滴。

A 泡沫渣的作用

熔渣被泡沫化后，钢、渣、气三相之间的接触面积大为增加，可使传氧过程及钢一渣间的物化反应加速进行，冶炼时间大大缩短；同时，熔渣的泡沫化，使得在不增加渣量的情况下，渣的体积显著增大，渣层的厚度成倍增加，对炉气的过滤作用得以加强，可减少炉气带出的金属和烟尘，提高金属收得率。泡沫渣的这些作用在转炉炼钢中表现得尤为突出。在电炉炼钢中，一般要求泡沫渣的厚度要达到弧柱长度的2.5倍以上，以实现埋弧操作。

B 熔渣泡沫化的条件及影响因素

a 熔渣泡沫化的条件

使熔渣呈泡沫状即泡沫化的原因比较复杂，目前研究得尚不透彻，但是必须具备的条件有两个：

(1) 要有足够的气体进入熔渣。这是熔渣泡沫化的外部条件，向熔渣吹入气体，或熔池内有大量气体通过钢渣界面向渣中转移均可促使熔渣泡沫化。例如熔池内的碳氧反应，因其反应的产物是CO气体，而且要通过渣层向外排出，因而具有促使熔渣起泡的作用。

(2) 熔渣本身要有一定的发泡性。这是熔渣泡沫化的内部条件。衡量熔渣发泡性的标准有两个：一是泡沫保持时间，它是测量泡沫渣由一个高度降到另一个高度时所用的时间，又称之为泡沫寿命。泡沫寿命越长，熔渣的发泡性越好。二是泡沫渣的高度，它是测量在一定的供氧速度下，泡沫渣所能达到的最大高度，此值愈大熔渣的发泡性愈好。

虽然两种衡量标准所测定的实验参数不同，但都在一定程度上体现了熔渣发泡性的本质，即渣中气泡的稳定性，即熔渣使进来的小气泡能较长时间地滞留其中，不至于迅速合成大气泡从渣中排出而使泡沫消除的能力。

b 影响熔渣泡沫化程度的因素

实际生产中，熔渣的泡沫化程度是形成泡沫渣的外部条件和内部条件共同作用的结果。外部条件主要是进气量和气体种类，而内部条件即熔渣的发泡性则是由其本身的性质决定的。在熔渣的诸多性质中，熔渣的表面张力和黏度对其发泡性的影响最大而且直接，其他性质都是通过影响熔渣的黏度和表面张力而间接影响熔渣的发泡性的。熔渣的表面张力愈小，其表面积就愈易增大即小气泡愈易进入而使之发泡。增大熔渣的黏度，将增加气泡合并长大及从渣中逸出的阻力，渣中气泡的稳定性增加。总的看来，影响熔渣泡沫化程度的因素主要有以下四个。

(1) 进气量和气体的种类。熔渣的成分及温度一定时，在不使熔渣泡沫破裂或产生喷溅的条件下，适当增加进入熔渣的气体流量，会使熔渣的泡沫化程度增加。

可见，在相同的冶炼条件下随吹氧量增大，熔渣的发泡高度直线增大。

此外，气体的种类对熔渣的泡沫化程度也有一定的影响。在向熔渣吹入的各种气体中，对熔渣泡沫化程度影响作用的大小顺序是还原性气体、中性气体、氧化性气体。这主要是和这些气体与熔渣之间的表面张力依次增大有关。

(2) 熔池温度。随着熔池温度升高，熔渣的黏度降低，泡沫寿命缩短，其他条件相同时，熔渣的泡沫化程度下降。有关研究指出，温度升高100℃，泡沫寿命下降58%。

(3) 熔渣的碱度及(FeO)含量。许多研究都指出，对于CaO-FeO-SiO_2系熔渣，碱度在1.8～2.0之间时熔渣的发泡能力最强，即其他条件相同时熔渣的泡沫化程度最高。

这是因为碱度为1.87时渣中有适量的2CaO·SiO_2固态颗粒生成，它不仅可以作为生成气泡的核心；而且，2CaO·SiO_2吸附在气泡表面时，具有降低表面张力和增大渣膜黏度的作用，因而有利于熔渣发泡。

研究还发现，碱度在1.8～2.0之间时，渣中氧化铁含量的变化对熔渣的发泡能力几乎无影响；而当碱度远离1.8～2.0时，(FeO)含量为20%的熔渣比$w(FeO)=40\%$的熔渣更易发泡，这是由于过高的氧化铁会使熔渣的黏度严重下降的缘故。因此，生产中一般选择(FeO)含量20%左右、碱度在1.8～2.0之间的熔渣作为泡沫渣的基本要求。

(4) 熔渣的其他成分。由上述分析可知，凡是影响CaO-FeO-SiO_2系熔渣表面张力和黏度的成分都会影响熔渣的发泡性能。例如，适当增加渣中的氧化镁含量会使渣的黏度增大，从而可改善熔渣的发泡性能。又如，渣中(P_2O_5)含量较高时，熔渣的表面张力较低，其发泡性较好。再如，对于(CaF_2)来说，增加其含量可以降低熔渣的黏度，但同时又会使熔渣的表面张力下降，因此(CaF_2)对熔渣发泡性的具体影响取决于这两方面作用的相对大小。有关研究表明，在碱度为1.8～2.0之间时，渣中(CaF_2)含量以5%为界，低于5%时，增加渣中的(CaF_2)含量对熔渣的发泡有利，这说明此时是(CaF_2)对表面张力的影响起主导作用；当(CaF_2)含量高于5%时，再增加渣中(CaF_2)含量会降低熔渣的发泡能力，显然此时是(CaF_2)对黏度的影响起主导作用。

8.3　炼钢熔池中元素的氧化次序

钢的氧化精炼过程中，各种炼钢方法去除杂质的基本过程都是一样的。其主要手段是向熔池吹入氧气(或加入矿石)并加入造渣剂形成炉渣来去除钢液中的杂质。因此只有了解炼钢过程中熔池传氧和各种元素的氧化规律，才能认识炼钢工艺操作的本质。

8.3.1　炼钢熔池中氧的来源及铁液中元素的氧化方式

熔池中氧的来源主要有三种形式。一是直接向熔池中吹入工业纯氧($w(O_2)>98\%$)；二是向熔池中加入富铁矿；三是炉气中的氧传入熔池。钢液中的氧常以[O]来表示。

铁液中元素的氧化方式有以下几种。

(1) 钢液中元素的直接氧化与间接氧化。当直接向熔池吹入氧气时，氧气与金属液直接接触，气体氧分子分解并吸附在钢液表面：$O_2=2[O]_{吸附}$。

然后吸附氧溶解于钢液中：$[O]_{吸附}=[O]$或与钢液中其他元素反应：$[O]_{吸附}+[Me]=MeO$。

其总反应式可写成：$O_2+2[Me]=2MeO$，反应可看作是元素 Me 的直接氧化。

(2) 钢液中元素的间接氧化。由于熔池中 Fe 原子数远大于其他元素的原子数，所以在氧流作用区，氧首先与铁结合成 FeO，表面生成 FeO 薄膜的金属液滴随氧气流股参与熔池的循环运动，将氧传给金属，并氧化杂质，起到了间接氧化的作用，即：

$$(FeO)=[O]+Fe \qquad [O]+[C]=CO$$

$$2[O]+[Si]=SiO_2 \qquad 2[O]+[C]=CO_2$$

$$[O]+[Mn]=MnO \qquad 5[O]+2[P]=P_2O_5$$

从上可知，吹入熔池中的气体氧，一部分溶入金属；一部分与杂质元素反应；一部分则以 FeO 形式进入炉渣。

实际熔池中的传氧过程，很难区分是直接氧化还是间接氧化，两者几乎同时存在，只是随供氧条件不同各自所占比例不同而已。

(3) 炉渣传氧过程。当金属液不与炉气中的气态氧直接接触或接触很少时，如在电炉及氧气顶吹转炉高枪位操作时的情况，这时气态氧主要通过炉渣以下列方式传入金属：

$$2(FeO)+\frac{1}{2}O_2=(Fe_2O_3) \qquad (FeO)=[O]+[Fe]$$

$$(Fe_2O_3)+[Fe]=3(FeO) \qquad [O]+[Me]=MeO$$

通过炉渣来传氧的过程是扩散过程，传氧速度慢，故元素的氧化反应速度慢。

8.3.2 炼钢熔池中元素的氧化次序

8.3.2.1 纯氧化物的分解压

熔池中元素被大量氧化的先后次序，取决于它们与氧的亲和力的大小。一般用该元素氧化物的分解压来表示该元素与氧的亲和力的强弱。纯氧化物的分解反应可用下式表示：

$$2MeO=2Me+O_2$$

在一定温度下，分解反应达到平衡时，其平衡常数等于气相中氧的分压，即：

$$K=p_{O_2} \tag{8-3}$$

此 p_{O_2} 即称为该氧化物的分解压。

氧化物的分解压愈小，该氧化物愈稳定，即该元素愈易被氧化。

当 $t<1400$℃时，元素的氧化顺序是：Si、V、Mn、C、P、Fe；

当 1400℃ $<t<1530$℃时，元素的氧化顺序是：Si、C、V、Mn、P、Fe；

当 $t>1530$℃时，元素氧化顺序则变为：C、Si、V、Mn、P、Fe。

8.3.2.2 炼钢实际熔池中元素氧化顺序

上述元素氧化顺序是根据纯氧化物分解压的大小来判断的。纯氧化物分解压仅与温度有关，而在实际熔池中，各元素及其氧化物是处于多组元的溶液中，不是纯物质，因此，溶液中的氧化物的分解压不仅与温度有关，还与元素的浓度和炉渣的成分有关。利用纯氧化物分解压的大小，只能定性地说明各元素与氧结合能力的大小及其随温度变化的趋势，而在炼钢的实际过程中，情况要复杂得多。可利用改变温度、浓度、分压、造渣剂等因素来创造条件，促使反应按所需要的方向进行，实现选择氧化或还原的目的。

8.4　炼钢过程的基本反应

8.4.1　碳氧化反应

碳氧化反应是炼钢过程中极其重要的反应，炼钢过程中的碳氧反应不仅能完成脱碳任务，而且还具有以下作用：

(1) 反应产物 CO 气体逸出时引起的沸腾对熔池具有强烈的搅拌作用，可强化熔池的传质与传热过程，促进钢液、熔渣的成分和温度的均匀；

(2) 碳氧反应对熔池的搅拌可加快反应物和生成物的扩散，并增大熔渣和金属的反应界面，能加速熔池内的物理化学反应；

(3) 上浮的 CO 气体可携带和促进钢中的气体和非金属夹杂物上浮，有利于提高钢的质量；

(4) 大量 CO 气体通过渣层使炉渣泡沫化和熔池中的气体、炉渣、金属三相乳化，可大大加速炼钢反应。当然爆发性的碳氧反应会造成喷溅。

熔池中的碳氧反应可写成如下三种基本形式：

$$[C]+\frac{1}{2}O_2=CO;[C]+[O]=CO;[C]+(FeO)=[Fe]+CO$$

在吹氧炼钢过程中，金属液中的一部分碳在反应区被气体氧化，一部分碳与溶解在金属液中氧进行氧化反应，还有一部分碳与炉渣中(FeO)反应，生成 CO。

上述第二个碳氧反应式的平衡常数为

$$K_P=\frac{p_{CO}}{a[C]\cdot a[O]} \tag{8-4}$$

如果取 $p_{CO}=1atm$，则可得：

$$K_P=\frac{1}{a[C]\cdot a[O]}=\frac{1}{f_{[C]}\cdot f_{[O]}\cdot w[C]\cdot w[O]} \tag{8-5}$$

温度一定，K_P 是定值，若令 $m=w[C]\cdot w[O]$，$f_{[C]}\cdot f_{[O]}=1$，则 $m=1/K_P$，m 即为碳氧浓度积。1600℃时，$K_P=400$，$m=0.0025$。当达到平衡时，m 为一常数，在坐标中表现为一双曲线，见图 8-1。

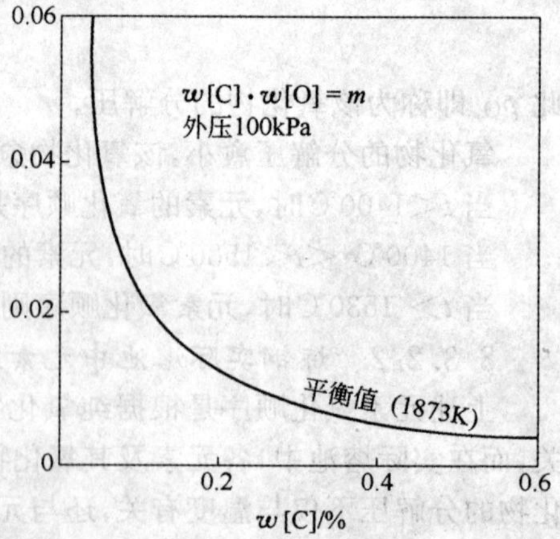

图 8-1　常压下碳氧浓度之间的关系

由于碳氧反应是放热反应，因此，随温度升高，m 值升高，曲线向右角移动。由于在炼钢过程中存在着 $[Fe]+[O]=[FeO]$，钢中实际氧含量比碳氧平衡时氧含量高，将炼钢熔池中实际的含氧量 $w[O]_{实}$ 与碳氧平衡的理论含氧量之间的差，称之为过剩氧。炼钢熔池中出现过剩氧，m 值高于理论值的原因可以归纳为以下几个方面：

(1) 炼钢熔池中过剩氧与脱碳速度有关，脱碳速度大，过剩氧小；

(2) $w[C]\sim w[O]$ 平衡的理论含氧量是在 $p_{CO}=0.1$ MPa 的条件下得出的，而实际炉中 p_{CO} 大于或小于 0.1 MPa。如顶吹氧气转炉中 p_{CO} 约为 0.12 MPa，

而顶底复吹转炉中 p_{CO}约为 0.07 MPa；

(3) 熔池中含碳量处于低碳时，钢水的 $w[O]_{实}$还受 a_{FeO}和温度的影响。当钢水中含碳量一定时，含氧量随温度的增加而略有增加。如果将与 $w[C]$相平衡的 $w[O]_{平}$值和实际熔池中的 $w[O]_{实}$之差称之为过剩氧 $w(\Delta[O])$，即

$$w(\Delta[O])=w[O]_{实}-w[O]_{平} \tag{8-6}$$

再将此式代入 $m=w[C]\cdot w[O]$式中，可得到：

$$w(\Delta[O])=w[O]_{实}-m/w[C]$$

过剩氧 $w(\Delta[O])$的存在是熔池中发生碳氧反应的必要条件，其大小主要与以下几个因素有关：

过剩氧 $w(\Delta[O])$与脱碳反应动力学因素有关，脱碳速度大时，则碳氧反应接近平衡，过剩氧少；反之，过剩氧就多。

过剩氧 $w(\Delta[O])$随钢液的含碳量不同而不同，钢液的含碳量越低，则过剩氧越小，即 $w[O]_{实}$越接近于与 $w[C]$平衡的氧含量 $w[O]_{平}$。

8.4.2 硅的氧化和还原

在炼钢的铁水和废钢中，均含有一定数量的 Si。Si 在铁液中有无限溶解度，它与 Fe 的稳定化合物为 FeSi，在炼钢温度下 Si 可氧化成稳定的化合物 SiO_2。

A 硅的氧化

在任何一种炼钢操作中，由于 SiO_2 的分解压低，所以 Si 在熔炼初期即被迅速氧化，并放出大量的热。其氧化反应式为：

$$2(FeO)+[Si]=(SiO_2)+2[Fe];2[O]+[Si]=(SiO_2)$$

由于 Si 的氧化为强烈的放热反应，故温度低有利于 Si 的氧化。Si 氧化时产生的(SiO_2)起初与(FeO)结合成硅酸铁，即：

$$(SiO_2)+2(FeO)=(2FeO\cdot SiO_2)$$

在碱性操作法中，随着石灰的逐渐熔化，(FeO)被强碱性的氧化钙所置换：

$$(2FeO\cdot SiO_2)+2(CaO)=(2CaO\cdot SiO_2)+2(FeO)$$

硅酸钙很稳定，故在碱性渣中，冶炼前期 Si 几乎全部被氧化，而不会再被还原。

B 硅的还原

当熔池温度升高到一定程度后，将发生 Si 的还原反应。一般认为 Si 的还原按以下反应方程式进行，即：

$$(SiO_2)+2[C]=[Si]+2CO$$

8.4.3 锰的氧化和还原

炼钢熔池中总含有一定量的锰。锰也能无限溶于铁液中。锰的氧化产物为 MnO，其氧化反应式为：

$$[Mn]+(FeO)=(MnO)+[Fe];[Mn]+[O]=(MnO)$$

在有过量(FeO)存在时,(MnO)、(SiO_2)、(FeO)将结合为$(Fe、Mn)_2SiO_4$,随着(CaO)的增加,$(Fe、Mn)_2SiO_4$ 逐渐向 Ca_2SiO_4 转变,即:

$$(Fe、Mn)_2SiO_4+2CaO=(Ca_2SiO_4)+2(FeO\cdot MnO)$$

Mn 的氧化还原与 Si 的氧化还原相比,有以下特点:

(1) 在冶炼初期 Mn 和 Si 一样被迅速大量氧化,但 Mn 的氧化程度要低些,这是由于 Si 与氧的结合能力大于 Mn 与氧的结合能力。

(2) MnO 为弱碱性氧化物,在酸性渣中大部分(MnO)将生成较稳定的硅酸盐,因此,酸性渣下 Mn 的氧化较完全,不易被还原。在碱性渣中的(MnO),则大部分呈自由状态存在,因此,在一定条件下可以被还原。由于 Mn 的氧化反应是放热反应,故温度升高有利于 Mn 的还原,所以在冶炼后期,将有一定量的“余锰”存在。

“余锰”与许多因素有关:温度升高能增加(MnO)从渣中的还原速度,引起“余锰”增加,当温度和(MnO)一定时,渣中(FeO)越高,“余锰”则越低;而当(FeO)和温度一定时,则(MnO)越高,钢中“余锰”越高。

8.4.4 脱磷反应

8.4.4.1 脱磷的基本反应

在碱性炼钢法中,P 的氧化是在炉渣-金属液界面进行的,其反应式为:

$$2[P]+5(FeO)=(P_2O_5)+5Fe$$
$$(P_2O_5)+3(FeO)=(3FeO\cdot P_2O_5)$$
$$(3FeO\cdot P_2O_5)+3(CaO)=(3CaO\cdot P_2O_5)+3(FeO)$$
$$(3FeO\cdot P_2O_5)+4(CaO)=(4CaO\cdot P_2O_5)+3(FeO)$$

则得脱磷总反应式:

$$2[P]+5(FeO)+4(CaO)=(4CaO\cdot P_2O_5)+5[Fe]$$

反应达平衡时,其平衡常数可表示为:

$$K_P=\frac{w(4CaO\cdot P_2O_5)}{w[P]^2\cdot w(FeO)^5\cdot w(CaO)^4} \tag{8-7}$$

此式所得平衡常数为近似值,且随炉渣成分的变化 K_P 值波动较大,即 K_P 值不仅决定于温度,还决定于炉渣成分。在炼钢过程中,脱磷效果常用炉渣和金属中[P]的浓度的比值来表示,即:

$$L_P=w(P_2O_5)/w[P]^2 \tag{8-8}$$

式中,L_P 称为脱磷指数,L_P 愈大,则表示金属脱磷愈完全。

8.4.4.2 脱磷基本条件的分析

A 炉渣成分的影响

由脱磷的基本反应式可知,高碱度、高氧化铁炉渣有利于去磷。但(CaO)和(FeO)之间应有一定比值,才能取得良好的脱磷效果。由实验数据的分析指出,一定碱度的炉渣有一最佳 w(FeO)含量,在此 w(FeO)含量下,[P]的分配比(即脱磷指数)为最大,而且此最大值随碱度的升高而增大,见图 8-2。

从图 8-3 的等脱磷指数曲线(L_P)中也可看出,w(FeO)含量不变时,脱磷指数随 w(CaO)含量的增加而增大。但 w(CaO)过高,将使炉渣变粘而不利于脱磷。当 w(CaO)一定时,脱磷指数

随 w(FeO)含量的增加而增大，但 w(FeO)过高时，将稀释(CaO)的去磷作用。所以，只有在一定限度内增加 w(FeO)浓度，才有助于脱磷。

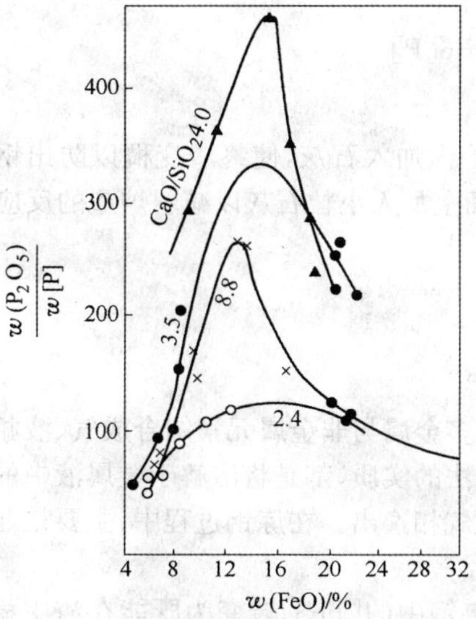

图 8-2 L_P 与炉渣碱度和 w(FeO)含量的关系

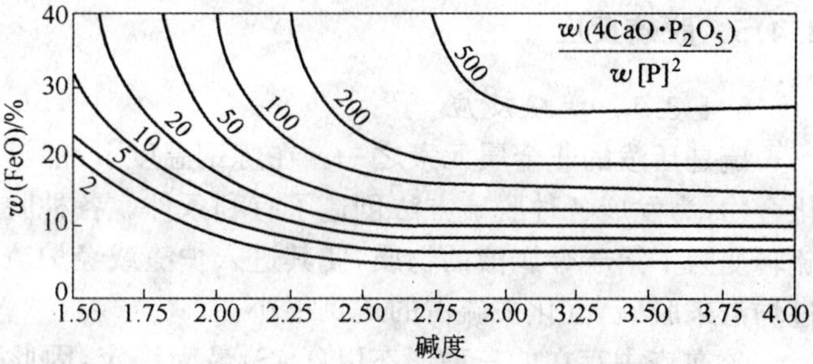

图 8-3 等脱磷指数曲线

综上所述，脱磷指数只有在最合适的 w(FeO)和 w(CaO)比值下，才能达最大值。

B 温度的影响

脱磷是强放热反应，所以高温不利于去磷。同时，高温促使脱碳反应速度增加，使渣中(ΣFeO)显著降低，也不利于去磷。但熔池温度的提高，将加速石灰的熔化，加强钢渣界面的反应。所以从动力学角度来看，过低的温度也不利于磷的去除。

C 金属成分的影响

钢液中其他元素和杂质对脱磷反应也有一定影响。一般说来，某元素与氧的亲和力大于磷和氧的亲和力时，则该元素将阻碍磷的氧比。这个影响主要在炼一炉钢的初期有一定作用。而更主要的作用是它们的氧化产物影响炉渣的性质。如铁水中含 w[Si]过高。影响炉渣碱度而不利于去磷；w[Mn]高则使渣中 w(MnO)增高，有利于化渣而促进脱磷等。

D 渣量的影响

增加渣量可以在 L_P 一定时降低钢中 w[P]。因增加渣量意味着稀释 $w(P_2O_5)$的浓度，从而使 $4CaO \cdot P_2O_5$ 浓度也相应减小。所以，多次换渣操作是脱磷的有效措施，但金属和热量的损失较大。

综合上述，为使脱磷反应进行完全，必要的热力学条件是：较高的炉渣碱度(3～4)；w(FeO)较高(15%～20%)；较低的熔池温度；渣量要大，可利用多次放渣和造新渣来去磷。

8.4.4.3 回磷

在冶炼或出钢过程中，如果炉温过高，碱度、w(ΣFeO)过低，往往会使已脱除到渣中的磷又返回到钢液中去，这个现象就叫做“回磷”。冶炼过程中的回磷现象，一般开始于炉内预脱氧期，直至出钢。其后，在钢包中的回磷延续到浇注完毕。在脱磷过程中，如果操作不当，也会出现含磷量回升的现象。

熔炼末期向炉内或出钢过程向钢包内的钢水中加入脱氧剂，将使钢中氧及渣中 w(FeO)下降，同时，脱氧产物SiO_2、Al_2O_3等进入炉渣，使碱度降低，均促使一部分磷由炉渣还原进入金属。另外，强脱氧剂（如Si和Al）还能直接与渣中(P_2O_5)作用，发生下列反应：

$$2(P_2O_5)+5[Si]=5(SiO_2)+4[P]$$
$$3(P_2O_5)+10[Al]=5(Al_2O_3)+6[P]$$

钢中硅和铝的含量越高，则回磷现象越严重。

为了抑制回磷现象，在生产中常用的办法是：出钢前向炉内加入石灰，使终渣变稠以防出钢时下渣；或用挡渣球等机械方法防止下渣；出钢时向钢包渣面上加入小粒石灰以减弱炉渣的反应能力；尽可能缩短钢液在钢包内的停留时间等。

8.4.5　脱硫反应

8.4.5.1　脱硫反应

硫是活泼的非金属元素之一。在炼钢温度下，能够同很多金属与非金属元素结合成气、液相化合物，为发展各种脱硫方法创造了有利条件。各种脱硫方法的实质，都是将溶解于金属液中的硫转变为不溶于金属液的物质，使其进入炉渣或经炉渣再成气相逸出。在炼钢过程中，主要是通过炉渣来脱硫，气化去硫占的比例很小。

硫在渣中存在的三种形态以(CaS)最为稳定，因此，若将钢中的[FeS]转变为既能在渣中稳定存在又不溶于钢的(CaS)，就能达到炉渣去硫的目的。

炉渣脱硫反应按下列步骤进行：

$$[FeS]=(FeS)$$
$$(FeS)+(CaO)=(FeO)+(CaS)$$
$$[FeS]+(CaO)=(FeO)+(CaS)$$
$$K_S=w(CaS)w(FeO)/w(FeS)w(CaO) \tag{8-9}$$
$$\lg K_S=-6024/T+1.79 \tag{8-10}$$

一般以炉渣和金属中含硫量之比$L_S=w(S)/w[S]$表示炉渣的脱硫能力，L_S称为脱硫指数或硫的分配系数。

8.4.5.2　影响炉渣脱硫的因素

A　炉渣碱度的影响

由脱硫反应方程式可知，较高的碱度渣有利于脱硫。但脱硫是在钢渣界面进行的反应，在炼钢温度下，若炉渣碱度过高，炉渣黏度增大，从而增加了反应物[FeS]通过钢—渣界面的阻力，也降低了脱硫产物(CaS)离开反应区的扩散速度。因此，在提高碱度的同时，必须保证炉渣具有良好的流动性。炉渣碱度与脱硫分配比的大致关系如图8-4所示。

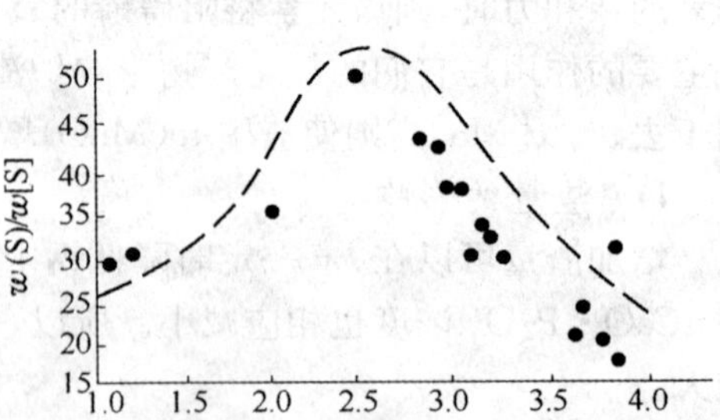

图8-4　脱硫指数L_S与炉渣碱度的关系

B　渣中氧化铁含量的影响

渣中$w(FeO)$含量对脱硫的影响比较复杂。从脱硫反应方程式知，降低氧化铁有利于脱硫反应的进行，$w(FeO)$含量越低，L_S越大。当$w(FeO)<1$时，L_S与$w(FeO)$之间具有线性关系，图8-5所示为电炉还原渣范围的情况。这时$w(FeO)$含量的增加，将使L_S大大降低。

在渣中$w(FeO)$含量较高范围内，其$w(FeO)$含量一般均大于8%～10%，这时$w(FeO)$含量对脱硫没有明显影响。因此，在氧气顶吹转炉操作中，为保证炉渣既具有高碱度而又有良好的流动性，渣中 $w(FeO)$ 含量往往较高，以便加快石灰成渣，改善脱硫的动力学条件。

C 温度的影响

从式 8-10K_S 与温度的关系式及图 8-6 中可知，提高温度可增大 K_S，即有利于脱硫。因脱硫是吸热量较小的反应，温度对反应影响不大。更重要的影响是高温能促进石灰的渣化和提高炉渣的流动性，从而增加脱硫效果。

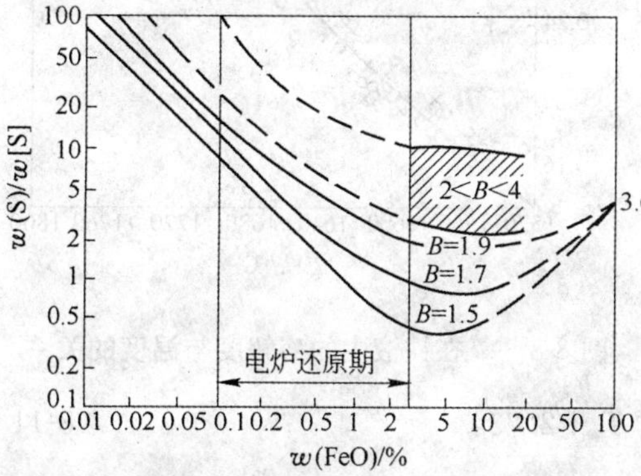

图8-5 渣中 $w(FeO)$ 含量对脱硫指数 L_S 的影响

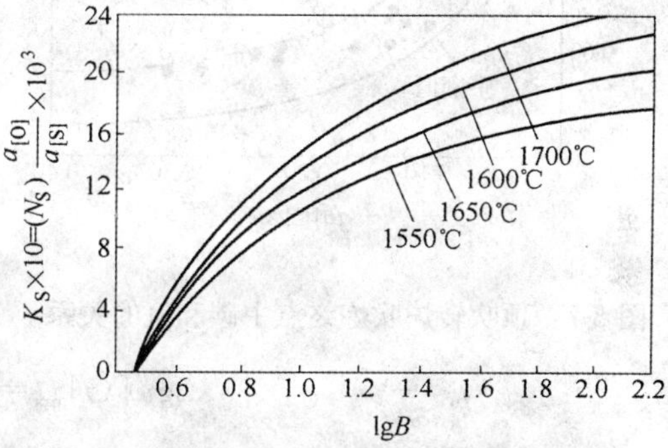

图 8-6 温度及熔渣碱度 B 对 K_S 的影响

D 渣量的影响

增大渣量对脱硫有利，但渣量要适当，以避免渣层过厚，使脱硫反而不活跃。另外，还应加强钢—渣搅拌扩大反应界面，以利于脱硫反应的进行。

应该指出，过分提高碱度或增大渣量及多次放渣、造渣等，不仅给操作带来困难，而且影响技术经济指标。因此，降低钢中含硫量的最主要途径，是控制原料的含硫量，如采用铁水预处理脱硫等。

8.4.6 钢液的脱氧与合金化

现代炼钢方法都是通过吹氧、加矿的方式先进行氧化初炼，都需要在熔池中供氧去除 C、Si、Mn、P 等杂质元素，氧化精炼结束后，钢液达到了一定成分和温度，其碳氧含量一般超过 C-O 平衡线，如图 8-7 所示。不管是哪种炼钢方法，随着吹炼的进行，钢中的碳含量不断下降而氧含量逐渐增加，以至于钢液中的氧含量大大超过了成品钢的允许值。因此，氧化初炼结束后，应设法减少钢液中的氧含量，这种减少钢液含氧量的工艺操作叫做脱氧。

8.4.6.1 脱氧的目的

简而言之，脱氧的目的就是脱除钢液中多余的氧，以保证钢的质量。按照熔渣结构的离子理论，氧是按照如下方式进入金属的：

$$(Fe^{2+})+(O^{2-})=[Fe]+[O]$$

氧原子分布在铁原子之间，氧原子和铁原子之间具有一定的引力，一般认为它是以 FeO 的形式溶于金属之中。实验发现，温度在 1519～1700℃的范围内，氧在铁中的溶解度与温度间接近于直线关系，而且随温度的上升而增大，如图 8-8 所示。启普曼测得在纯氧化铁渣下，氧在钢液中的饱和含量可按下式计算：

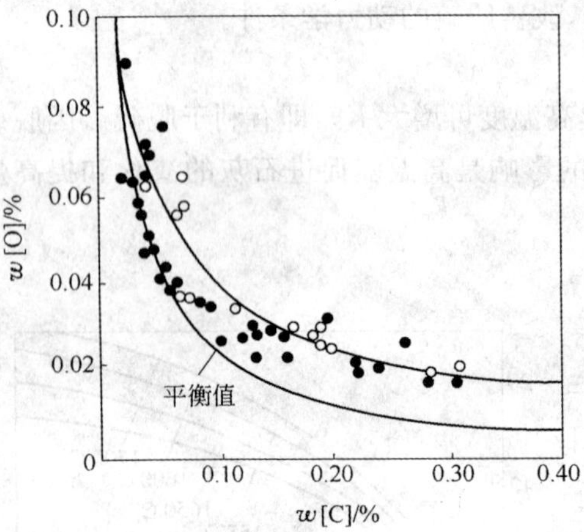

图 8-7　顶吹转炉吹炼终点中碳和氧的关系

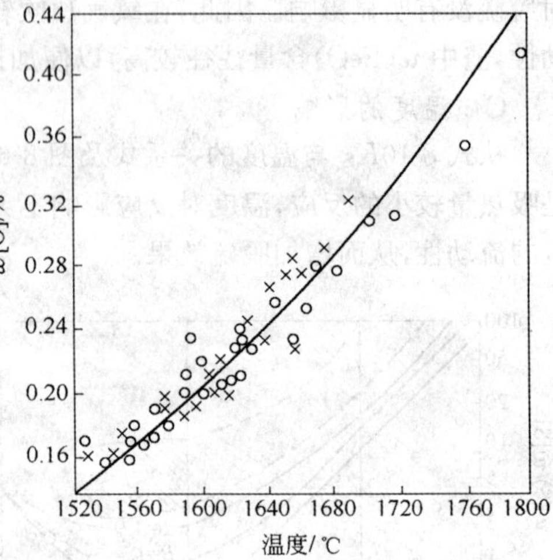

图 8-8　氧在铁液中的溶解度与温度的关系

$$\lg w[\mathrm{O}]_{\max} = -6320/T + 2.734 \qquad (8\text{-}11)$$

当温度为 1600℃时，$w[\mathrm{O}]_{\max}=0.230$。这与图 8-7 显示的数据基本吻合。在向金属中直接吹氧时，还会发生如下过程：

$$\frac{1}{2}\mathrm{O}_2 = [\mathrm{O}] \qquad \Delta_r G_m^{\ominus} = -116.94 - 0.0024T \qquad \mathrm{kJ/mol}$$

在炼钢过程中，钢液并非与纯 FeO 渣相接触，同时氧的溶解过程也没有达到平衡，所以在相同温度下，钢液中的实际氧含量总是低于上述计算值。研究发现，钢液的实际含氧量主要取决于钢液的含碳量，其次是熔渣中的 $w(\mathrm{FeO})$含量和温度。

8.4.6.2　脱氧的基本任务

(1) 按钢种要求脱除多余的氧。脱氧的首要任务是按钢种要求脱除多余的氧。根据脱氧的程度不同，钢可以分为镇静钢、沸腾钢和半镇静钢三类。

(2) 排除脱氧产物。脱氧操作还要保证最大限度地排除钢液中的脱氧产物，否则，钢中的总氧量并没有降低，不过是以另一种氧化物代替了钢液中的 FeO，或者说只是把钢中的溶解态的氧转换成了化合态的氧。

实际生产中，常采取复合脱氧、注意合金的加入顺序、加强搅拌等措施促使脱氧产物上浮。

(3) 调整钢液成分。在对钢液进行脱氧时，总有一部分脱氧剂未能参与脱氧反应而残留并溶解在钢液中。因此，生产中尤其是生产碳素钢时，通常是依据合金元素回收率，通过控制合金加入量的方法达到脱氧的同时调整钢液硅、锰成分的目的。

8.4.6.3　元素的脱氧能力

元素的脱氧能力指的是在一定温度和压力条件下，与一定浓度的脱氧元素平衡存在的钢液中溶解的氧量。显然和一定浓度的脱氧元素平衡存在的氧含量越低，该元素的脱氧能力越强。

若用 Me 代表任意脱氧元素，则脱氧反应通式为：[Me]+[O]=MeO，氧化物 MeO 称为脱氧产物。

$$K = a_{[\mathrm{MO}]}/(a_{[\mathrm{O}]} \cdot a_{[\mathrm{M}]}) \qquad (8\text{-}12)$$

当脱氧产物 MeO 以纯态析出时，$a_{\mathrm{MeO}}=1$，于是上式可简写成

$$K=\frac{1}{w[O]\cdot w[Me]}\times\frac{1}{f_{[O]}\cdot f_{[Me]}} \quad 或 \quad w[O]\cdot w[Me]=\frac{1}{K}\times\frac{1}{f_{[O]}\cdot f_{[Me]}} \tag{8-13}$$

乘积 $w[O]\cdot w[Me]$ 称为脱氧常数，用以量度元素的脱氧能力，元素的脱氧常数越小，其脱氧能力就越强，脱氧后残存的氧浓度越低。将上式的左右取对数，得到：

$$\lg w[O]=-\lg w[Me]-\lg K-\lg(f_{[O]}\times f_{[Me]}) \tag{8-14}$$

再以各元素的 $\lg w[O]$ 值对 $\lg w[Me]$ 作图，得出如图 8-9 的元素脱氧能力曲线。图中直线表明 Fe-Me-O 系熔体接近于无限稀溶液，即 $f_{[O]}=1, f_{[Me]}=1$；而曲线则表示该熔体对无限稀溶液有较大偏离。

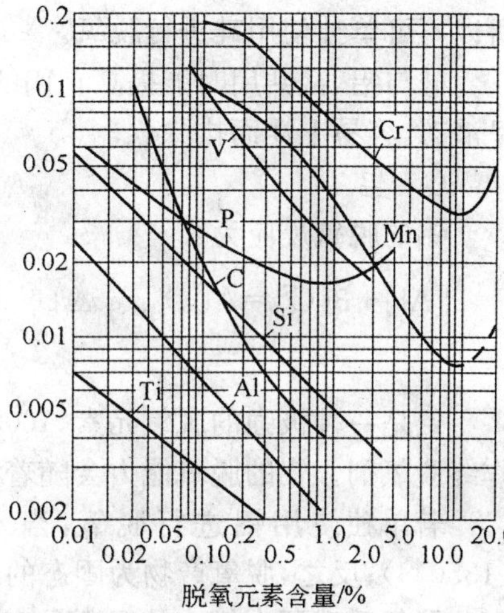

图 8-9 各种元素的脱氧能力(1600℃)

8.4.6.4 常用的脱氧元素

目前炼钢生产中最常用的脱氧元素是锰、硅、铝等。为增加密度便于使用，常做成铁基合金，如 Fe-Mn、Fe-Si等。

8.4.6.5 常用元素的单独脱氧

A 锰

锰的脱氧反应为：

$$[Mn]+[O]=(MnO) \quad \Delta_r G_m^{\ominus}=-244.53+0.109T \quad kJ/mol \quad \lg K_{Mn}=12760/T-5.68 \tag{8-15}$$

锰是一种弱脱氧元素，1600℃时与 $w[Mn]=0.2\%$ 相平衡的钢液的氧含量 $w[O]$ 高达 0.08%。

锰的脱氧反应是一个放热反应，其脱氧能力随温度的升高而下降。由于其脱氧产物显碱性，所以酸性渣下它的脱氧能力强。

单独使用锰脱氧时，脱氧产物是复合型的化合物，而且随着钢液中的含锰量增加，化合物中 MnO 所占比例逐渐增大。含有一定量的 FeO 时，脱氧产物的熔点较低，有利于其从钢液中上浮而排除。

B 硅

硅的脱氧反应为：

$$[Si]+[O]=(SiO_2)$$
$$\Delta_r G_m^{\ominus}=-593.84+0.233T \quad kJ/mol$$
$$\lg K_S=31000/T-12.15 \tag{8-16}$$

由图 8-10 可见，1600℃时与 $w[Si]=0.2\%$ 相平衡的钢液的 $w[O]$ 含量为 0.013%，说明硅的脱氧能力很强，因而常用于镇静钢的脱氧。

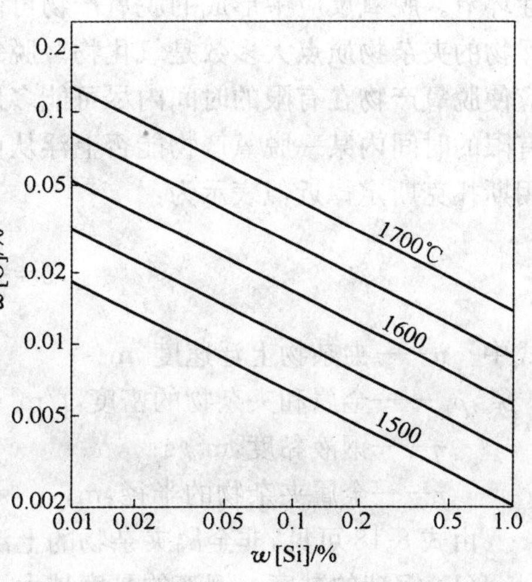

图 8-10 [Si]—[O]平衡关系图

由于硅的脱氧产物是酸性的 SiO_2，而且是强放热反应，所以在碱性渣下硅的脱氧能力比酸性渣下要强，且随温度下降而提高。

单独使用硅脱氧时，当钢液的含 $w[Si]$ 量由 0.06%增加到 0.37%，脱氧产物逐渐由液态的 $2FeO \cdot SiO_2$（1250℃）变成固态的 SiO_2（1710℃）。几乎所有的钢的含 $w[Si]$ 量都超过了 0.37%，所以不可单独使用硅进行脱氧。

硅与铝、锰共用时能提高它们的脱氧能力，且脱氧产物为低熔点的复合化合物，炼钢温度下呈液态，容易上浮而排除。

C 铝

铝的脱氧反应为：

$$2[Al]+3[O]=Al_2O_{3(s)} \quad \Delta_r G_m^{\ominus}=-1200.82+0.395T \quad kJ/mol \quad \lg K_{Al}=63685/T-20.59 \tag{8-17}$$

铝是一种极强的脱氧元素，1600℃时与 $w[Al]=0.11\%$ 相平衡的 $w[O]$ 为 0.0001%，故常用作终脱氧剂。铝的脱氧能力会随着温度的降低和炉渣碱度的增加而增强。

若单独使用铝进行脱氧，当 $w[Al]<1\times10^{-4}\%$ 时，脱氧产物为液态的 $FeO \cdot Al_2O_3$（1350℃）；反之，脱氧产物为固态的 Al_2O_3（2050℃），不过很容易上浮。

脱氧后残留在钢中的铝还具有如下作用：降低钢的时效倾向性；细化钢的晶粒。

8.4.6.6 复合脱氧

同时使用两种或两种以上脱氧元素脱氧的方法叫做复合脱氧。为方便脱氧操作，常按一定比例制成合金，如 Mn-Si、Al-Si、Al-Mn-Si、CaSi、Si-Al-Ba、Si-Al-Ba-Ca 等，称作复合脱氧剂。

从式(8-12)可以看出，元素的脱氧能力（或钢中残余氧含量）还取决于脱氧产物的活度 a_{MeO}。而脱氧产物的活度则主要取决于其析出状态，如果以纯氧化物析出，其活度值为 1；若脱氧产物又与其他氧化物发生渣化反应，则其活度值将小于 1，这将使元素的脱氧能力增强。采用复合脱氧剂脱氧时，可以在同一时间、同一地点生成酸性（或两性）和碱性氧化物，而且其浓度比恰能生成低熔点液态复杂化合物，既能显著降低脱氧产物的活度，从而使所用脱氧元素的脱氧能力大大增强，又有利于脱氧产物聚合长大和上浮排除。

8.4.6.7 脱氧产物的排除

溶解在金属中的氧和脱氧元素之间的化学反应进行得十分迅速，因而使脱氧反应没有限制性环节。脱氧反应中形成的脱氧产物可能以液态也可能以固态悬浮于钢液中，一般情况下，呈悬浮物的夹杂物质点大多数是氧化物。脱氧产物的存在会对钢的许多性能产生不良的影响，因此，应使脱氧产物在有限的时间内尽可能多地从钢液中排除，以提高钢的纯净度，改善钢的质量。在有限的时间内某一脱氧产物能否上浮从而排除，主要取决于其上浮速度。对于钢液，上浮速度可用斯托克斯定律近似表示为：

$$v=\frac{2}{9}\times\frac{g \cdot r^2(\rho_{Fe}-\rho_{夹})}{\eta} \tag{8-18}$$

式中 v——夹杂物上浮速度，m/s；

ρ_{Fe}，$\rho_{夹}$——金属和夹杂物的密度，t/m^3；

η——钢液黏度，m^2/s；

r——金属夹杂物的半径，m。

由式 8-18 可见，非金属夹杂物的上浮速度和三方面的因素有关。

(1) 钢液的黏度。钢液的黏度越大，脱氧产物上浮时所受的黏滞力即阻力越大，脱氧产物的上浮速度越慢。因此，脱氧过程中避免未溶质点出现及适当提高温度，可在一定程度上增加脱氧产物的上浮速度。

(2) 脱氧产物的密度。炼钢生产中钢液的密度基本不变(6.9 t/m^3)，脱氧产物的密度较小时，二者的密度差较大即脱氧产物上浮的动力较大，因而上浮速度较快。所有夹杂物的密度都小于钢液。但是应该承认，除了少数几种夹杂物外，多数夹杂物的密度与钢液相差并不悬殊，而且，这一影响上浮速度的因素是不可控制的。

(3) 脱氧产物的半径。脱氧产物的上浮速度与其半径的平方成正比，加之这一因素是可以控制的，所以它是影响夹杂物上浮速度的最主要的因素。

为了使脱氧产物能够最大限度地排出，必须设法增大其半径。初生脱氧产物的半径是很小的，但是由于表面张力的作用和相互吸引，它们会互相熔合或聚集成为较大夹杂物。

可见，影响脱氧产物上浮与排除的因素，除了钢液黏度、脱氧产物的密度和半径以外，还有脱氧产物与钢液间的界面张力。

8.4.6.8 脱氧合金化

目前冶炼和连铸的钢种主要为镇静钢，各种牌号的合金钢、高碳钢、中碳钢和低碳优质钢都属于镇静钢。镇静钢脱氧比较完全，一般脱氧后的钢水含氧量小于0.002%。镇静钢的脱氧可分为两种类型：钢包内脱氧；炉内预脱氧，钢包内终脱氧。

脱氧和合金化操作不能截然分开，而是紧密相连。合金化操作的关键问题是合金化元素的加入次序。合金元素加入的一般原则：

(1) 脱氧元素先加，合金化元素后加；

(2) 脱氧能力比较强，而且比较贵重的合金，应在钢水脱氧良好的情况下加入；

(3) 熔点高，不易氧化的元素，可加在炉内。

脱氧元素被钢水吸收的部分与加入总量之比，称为脱氧元素的收得率 η。在生产碳素钢时，如知道终点钢水成分、钢水量、钢合金成分及其收得率，便可根据成品钢成分，计算脱氧剂加入量。

$$\text{脱氧剂加入量}=\frac{w[\mathrm{M}]_{\text{规格中限}}-w[\mathrm{M}]_{\text{终点残余}}}{w[\mathrm{M}]_{\text{脱氧剂}}\times\eta}\times\text{出钢量} \tag{8-19}$$

准确判断和控制脱氧元素收得率，是达到预期脱氧程度和提高成品钢成分命中率的关键。冶炼一般合金钢和低合金钢时，合金加入量的计算方法和脱氧剂基本相同，而

$$\text{合金加入量}=\frac{w[\mathrm{M}]_{\text{规格中限}}-w[\mathrm{M}]_{\text{残余}}-w[\%\mathrm{M}]_{\text{其他合金带入}}}{w[\mathrm{M}]_{\text{合金}}\times\eta}\times\text{出钢量} \tag{8-20}$$

冶炼高合金钢时，合金加入量大，必须考虑加入的合金量对钢水重量和钢水终点成分的影响。

8.5 钢中气体

钢中气体是指溶解在钢中的氢和氮。炼钢所用的原材料中含有一定数量的气体，而且冶炼中钢液不可避免地要与空气接触，因此成品钢中或多或少含有氢和氮。

钢中气体的含量不高，甚至在钢号的规格中也不列出，但危害却不小，严重时会导致钢材报废。目前很多高附加值钢种都对钢中的气体含量提出了越来越严格的要求。所以，尽量减少钢中的氢和氮，也是炼钢的重要任务之一。

8.5.1 钢中的氮

8.5.1.1 钢中氮的来源

钢中的氮主要来源于以下三个方面。

（1）氧气。目前炼钢用的氧气是通过分离空气而获得的，其纯度为 99.5%左右，即氧气中含有 0.5%的氮，炼钢过程中会溶入钢液。

（2）炉气和大气。炉气和大气中氮的分压约 79 kPa，所以炼钢尤其是电炉炼钢的冶炼和浇注过程中，钢液会直接从炉气和大气中吸收大量的氮，而且低碳钢比高碳钢吸得多。

（3）金属炉料。铁水、废钢及铁合金等金属炉料中均溶解有一定量的氮，尤其是一些将氮作为合金化元素用的合金如氮锰合金、氮铬合金等含氮量更高，冶炼过程中，它们会将其中的氮带入钢液。

8.5.1.2　氮在钢中的溶解

在冶炼和浇注过程中，大气和炉气中的氮可按下列步骤溶入钢液：

（1）氮气分子与钢液表面接触时被吸附并分解成原子：$\frac{1}{2}\{N_2\}=N_{吸}$；

（2）被吸附的氮原子溶入钢液：$N_{吸}=[N]$；

（3）氮在钢液中溶解的总反应式为：$\frac{1}{2}\{N_2\}=[N]$。

氮在溶铁中的溶解反应平衡时，其平衡常数为：

$$K_N=\frac{w[N]}{(p_{N_2}/p^{\ominus})^{\frac{1}{2}}}\qquad \lg K_N=-\frac{188}{T}-1.246 \tag{8-21}$$

式中　$w[N]$——氮在钢液中的质量分数，%；

p_{N_2}——钢液面上气相中氮气的分压，Pa；

$p^{\ominus}$——标准大气压力，100 kPa。

显然，氮在铁液中的溶解量与气相中氮气的分压及铁液的温度有关。通常把一定温度下，与 101325 Pa 的氮气相平衡的溶于金属中的氮的数量，称为氮在金属中的溶解度。由式 8-21 可见，氮在溶铁中的溶解服从平方根定律，即一定温度下，氮在溶铁中的溶解度与作用在铁液面上的氮气分压的平方根成正比。

由式 8-21 可求得，1600℃的炼钢温度下，氮在铁液中的极限溶解量（即 $p_{N_2}=p^{\ominus}$ 时）为 0.0451%。

氮在固态铁中的溶解度则取决于铁的晶格类型及温度，氮在不同状态的固体铁中溶解时的平衡常数与温度的关系分别为：

$$\lg K_{\alpha,\delta}=-\frac{1570}{T}-1.02 \tag{8-22}$$

$$\lg K_{\gamma}=-\frac{400}{T}-1.95 \tag{8-23}$$

气相中氮的分压为 101325Pa 时，不同温度下氮、氢在纯铁中的溶解度如图 8-11 所示。

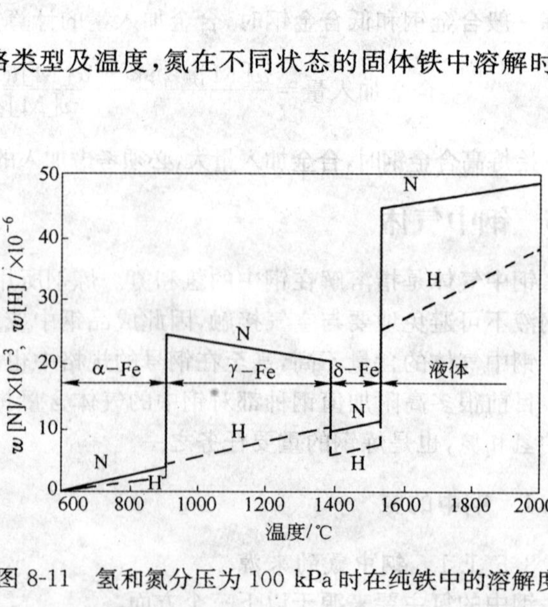

图 8-11　氢和氮分压为 100 kPa 时在纯铁中的溶解度

（1）氮在铁液中的溶解是吸热反应，其溶解度随温度的升高而增加。当铁液在 1539℃凝固时，由于铁原子的排列更加致密，使气体溶解度大大降低。

（2）在固态铁发生相变时，铁的原子间

距发生突变，气体的溶解度也随之改变。

(3) 由于γ-Fe为面心立方结构(α-Fe和δ-Fe为体心立方结构)，其原子间距较大，所以能溶解更多的气体。

另外，氮在γ-Fe中的溶解度是随温度升高而下降的，与氢的情况恰好相反。这是因为，在该温度范围内铁的结构是由原子间隙较大的面心立方晶格向原子间隙较小的体心立方晶格转变，因而氮的溶解度逐渐下降；而氢原子的半径小，其溶解度几乎不受此影响。

除铁外，钢中还含有其他元素，它们会对氮在铁液中的溶解度产生影响。钢中常见元素对氮在铁液中的影响如图8-12所示。

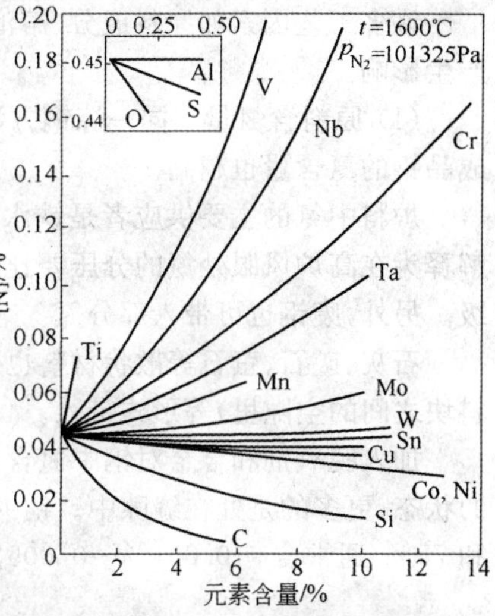

图8-12 当p_{N2}=100 kPa和1600℃时，各元素对氮在纯铁中溶解度的影响

(1) 碳、硅等元素可与铁形成化合物，降低了铁的活度，加之碳与铁也形成间隙式溶液，占据了铁原子之间的间隙，因而能显著地降低氮在铁液中的溶解度，例如，在含碳$w[C]=6.3\%$的Fe-C熔体中，氮的溶解度接近于零。

(2) 锰、镍、钼、钴等元素的性质与铁相近，它们对氮在铁液中的溶解度影响不大。

(3) 钒、铌、铬、钛、锆和稀土元素可与氮形成稳定的氮化物，降低氮在熔铁中的活度，使氮在铁液中的溶解度显著增加。

8.5.1.3 影响钢中氮含量的主要因素

由于炼钢方法不同，或者同一炼钢方法的不同炉次冶炼条件有所不同，甚至于在某炉钢的各个不同的冶炼时期，钢中氮或氢的含量是不相同的。各种炼钢方法中钢的气体含量如表8-3所示。

表8-3 各种炼钢方法精炼末期钢中气体含量

炼钢方法种类	[H]	[N]	$\frac{p_{H_2}}{p^\ominus}+\frac{p_{H_2O}}{p^\ominus}$	$\frac{p_{CO}}{p^\ominus}$	$\frac{p_{N_2}}{p^\ominus}$	$w[O]/\%$
电炉(氧化期)	$(3.0\sim7.0)^{①}\times10^{-4}\%$	$(30\sim80)\times10^{-4}\%$			约0.80	0.04～0.07
电炉(还原期)	$(3.0\sim10.0)\times10^{-4}\%$ $(3.0\sim6.0)^{②}\times10^{-4}\%$ $(6.0\sim10.0)^{③}\times10^{-4}\%$	$(60\sim150)\times10^{-4}\%$	约0.04	约0.60	$p_{CO_2}/p^\ominus\approx0.02$ p_{N_2}：平衡	0.004～0.010
氧气顶吹转炉	$(1.0\sim3.0)\times10^{-4}\%$	$(10\sim20)\times10^{-4}\%$	约0.0(火点)	约100		0.04～0.06

①矿石法；②吹氩法；③普通法。

影响钢中气体含量的因素是多方面的，而且是很复杂的。总体说来，在冶炼的过程中不仅发生着气体的吸收，而且在熔池沸腾时，一氧化碳气泡还不断地从金属中排除氮和氢。正是由于这一原因，在冶炼的任何时候，金属中氮和氢的实际含量总是达不到熔池和气相达到平衡时的极限值(溶解度)。

气体被液体金属吸收的过程本身就是一个复杂过程，它包括吸附、吸收及在液相中传质等环节。研究表明，氮和氢被吸收的限制性环节是扩散而不是其他。同样的，相反的过程，即氮和氢由金属扩散进入一氧化碳气泡然后从金属中排出的过程，过程的限制性环节仍然是气体在金属中的扩散，而不是解吸或分子化等其他环节。

许多工艺因素如原料成分、熔池温度、金属成分、脱碳速度、氧气纯度等都会对钢的气体含量产生影响。

(1) 原料含氮量。同一炼钢方法，冶炼中去气的能力相差不大，因此原材料的含氮量越高，成品钢的氮含量也越高。

炉料中氮的主要供应者是铁水，它通常含有 0.004%～0.010%的氮。铁水的高含氮量可以解释为在高炉风眼处氮的分压要比氧气顶吹转炉一次反应区内和射流中的分压高出几个数量级。另外，废钢也可带入部分氮。

石灰、矿石、萤石等散状材料也会带入一部分氮，它以溶解的形式或以空气组分(处于缝隙和料块之间的空隙里)等形式带入。

加入脱氧剂和合金对钢中氮含量也起一定的作用。在铁合金中，只有一部分氮是处于溶解的状态，更多的是处在缝隙中。锰铁、硅锰和铬铁含有特别多的氮(0.01%～0.05%)，硅铁(45%和 75%)通常含有 0.001%～0.005%的氮。常用铁合金的含氮量见表 8-4。

表 8-4　铁合金中的氮含量

名　称	硅铁(75%)	高碳锰铁	高碳铬铁	硅锰合金	钛铁	氮锰合金	氮铬合金
氮含量 w/%	0.003	0.002	0.039	0.025	0.022	2.88	7.67

(2) 钢的成分。一般钢中氮的溶解度低，吸气能力小，最终钢中的氮含量较低，而含铬、钛、铝的合金钢氮的溶解度大，成品钢的含氮量较高。

(3) 温度的影响。提高温度会使钢中的氮含量有所增加。因为温度的提高不仅能增大氮在钢中的溶解度，更重要的是能使钢液的黏度值下降，改变了吸气过程的动力学条件，可加速氮的扩散和溶解。

(4) 氧气的纯度。提高氧气的纯度会降低氮的分压，因而会减少钢液的吸氮量；同时，还会使脱碳速度增大，加强熔池的脱气过程，这将使钢中气体含量大幅度地下降。因此，氧气是钢中氮的最主要的来源，其纯度基本上决定了钢的氮含量。氧气纯度对钢中含氮量的影响见表 8-5。

表 8-5　钢中氮与氧气纯度的平衡关系

氧气纯度 w/%		93	96	98	99	99.5
氧气中不纯物含量 w/%	Ar	2	2	1.0～1.5	0.6～0.9	0.48
	N_2	5	2	1.0～1.5	0.4～0.1	0.02
$w[N]_{平均}$/%		0.0092	0.0056	0.0035	0.0020	0.0004

从表 8-5 中可以看出，氧气纯度仅变化了 6.5%，而钢中氮含量却变化了 20 多倍。因此，提高氧气纯度是减少含氮量(尤其是氧气顶吹转炉钢含氮量)的关键性措施。

对于低碳钢，国内某厂认为有表 8-6 所示的关系。

表 8-6　使用不同纯度氧气时钢中的含氮量

氧气纯度 w/%	98.4	98.6	98.8	99.2	99.4	99.6
钢中平均含氮量 w/%	0.0049	0.0045	0.0040	0.0033	0.0031	0.0022

根据计算和实验数据，当氧气纯度达到 99.7%～99.8%时，可以认为在氧气中实际上已经没有氮了，因为残余量中的主要成分是惰性气体。在此情况下，氧气流将不再向熔池供氮，而只起冲洗熔池中氮的作用，有可能获得低氮含量(0.001%～0.005%)的钢。

(5) 冶炼方法。不同的炼钢方法，所炼钢中的含氮量不同，如表 8-3 所示。氧气转炉炼钢法因其脱碳速度快而钢液的含氮量最低。由于电弧会加速氮的溶解过程，因而电炉钢的含氮量最高；另外，氧化期因具有脱气作用而钢液的氮含量相对较低，与之相反，还原期钢液的含氮量则较高。

(6) 出钢操作。维护好出钢口，保证出钢时钢流不散乱、不细流，并在规定的时间内出完钢，可在一定程度上减少钢中的氮含量。

8.5.2　钢中的氢

8.5.2.1　钢中氢的来源

生产实践表明，氢是在冶炼过程中进入并溶解在钢中的，其主要来源于以下三个方面。

(1) 炉气。炉气中氢气的分压很低，约为 5.3×10^{-2} Pa，因此，钢中的氢并不取决于炉气中氢气的分压。而炉气中的水蒸气才是钢中氢的来源之一，炉气中水蒸气的分压越大，钢中的氢含量越高。一般情况下，炉气中水蒸气分压随季节而变化，在干燥的冬季约为 1 kPa，而在潮湿的雨季则高达 8 kPa。

(2) 原材料。原材料带入的水分是钢中氢的重要来源，如废钢和生铁表面的铁锈，矿石、石灰、萤石中的化合水和吸附水等，不仅能增高炉气中水蒸气的分压，而且可以直接进入钢液。

铁水的含氢量可达 3.0～7.0 cm^3/100 g，废钢的含氢量为 2～4 cm^3/100 g，冶炼中这些氢将直接被带入钢液。

铁合金中也溶解有一定量的氢，其含量取决于冶炼方法、操作水平、合金成分以及破碎程度等，通常在较宽的范围内波动，表 8-7 列出了一些铁合金中的氢含量范围。

表 8-7　铁合金中的氢含量范围　cm^3/100 g

铁合金名称	硅铁(45%)	高碳锰铁	低碳锰铁	低碳铬铁	硅锰合金	电解镍
氢含量	10.8～19.5	8.4～19.0	9.1	4.8～6.7	15.9	0.22

由表 8-7 可见，铁合金尤其是硅锰合金中含有较高的氢，在冶炼优质合金钢时不可忽视。

(3) 冶炼和浇注系统的耐火材料。新打结的炉衬、补炉材料以及转炉用的焦油白云石砖中都含有沥青，而沥青中含有 8%～9%的氢；若用卤水作粘结剂，其氢含量更高，所以炉衬也是钢中氢的来源之一。

钢包和浇注系统耐火材料中的水分，与钢液接触后会蒸发、溶解，而使钢液的含氢量增高，因此使用前应充分烘烤，彻底干燥。

8.5.2.2　氢在钢中的溶解

A　溶解过程

冶炼中，炉气中的水蒸气遇到高温钢液时被分解成氢气和氧气，即

$$2\{H_2O\}=2\{H_2\}+\{O_2\}$$

分解出的氢气按下列步骤溶入钢液：

(1) 氢气分子被钢液表面吸附并分解成原子：$\frac{1}{2}\{H_2\}=H_{吸}$

(2) 被吸附的氢原子溶入钢液：$H_{吸}=[H]$

(3) 氢在钢液中溶解的总反应式为：$\frac{1}{2}\{H_2\}=[H]$

当溶解达到平衡时有：

$$K_H=\frac{w[H]}{(\frac{p_{H_2}}{p^{\ominus}})^{\frac{1}{2}}}\quad \lg K_H=-1905/T-1.59 \tag{8-24}$$

利用式 8-24 可求得：1600℃时，$K_H=0.0027$。

B　氢在金属中的溶解度及其影响因素

式 8-24 可写成：

$$w[H]=K_H(p_{H_2}/p^{\ominus})^{1/2} \tag{8-25}$$

式中　$w[H]$——氢在钢液中的质量分数，%；

p_{H_2}——铁液面上气相中氢气的分压，Pa。

可见，氢在铁液中的溶解量与气相中氢气的分压的平方根及铁液的温度成正比。通常把一定温度下，与 101325 Pa 的氢气分压相平衡的溶于金属中氢的数量，称为氢在金属中的溶解度。

金属中的氢含量常用 $cm^3/100\ g$ 表示。在标准状态下，1 $cm^3/100\ g$ 氢相当的质量分数为$0.894\times10^{-4}\%$。

显然，在 1600℃ 的炼钢温度下，氢在铁液中的极限溶解量（即 $p_{H_2}=p^0$ 时）为 0.0027% 或 30.1 $cm^3/100\ g$。

氢在固态铁中的溶解度则取决于铁的晶格类型及温度，氢在不同状态的固体铁中溶解时的平衡常数与温度的关系分别为：

$$\lg K_{\delta\alpha}=-1418/T-2.370 \tag{8-26}$$

$$\lg K_{\gamma}=-1182/T-2.37 \tag{8-27}$$

气相中氢的分压为 101325 Pa 时，不同温度下氢在纯铁中的溶解度如图 8-13 所示。

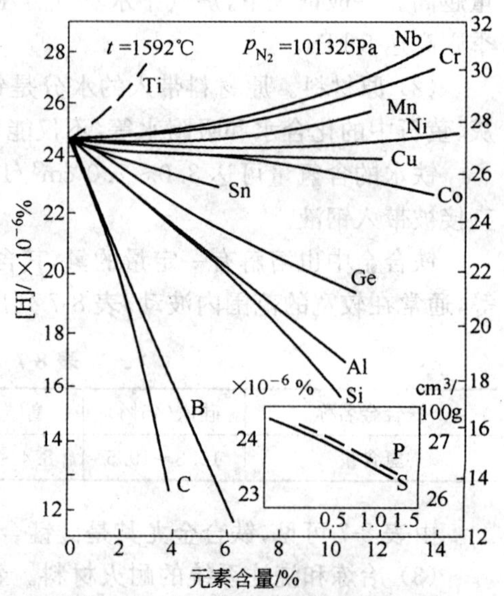

图 8-13　各元素对氢在纯铁中溶解度的影响（p_{H_2}=1 大气压，1592℃）

合金元素对氢在熔铁中溶解的影响如图 8-13 所示。由图可见，根据合金元素对熔铁中氢的溶解度的影响情况，可以分为三类：

(1) 钛、铌、锆和稀土元素铈、镧等元素可以和氢形成氢化物如 TiH_2、ZrH_2、CeH_2、LaH_2 等，使氢在溶铁中的活度下降，因此，氢在铁液中的溶解度随着这些元素的增加而增大。

(2) 锰、钼、钴、镍和铬等元素对于氢在熔铁中的溶解度影响不大，因为这些元素的性质与铁十分相近。

(3) 碳、硅、硼和铝等元素与铁的结合力大于铁原子与氢的结合力，它们的存在会降低铁原子的活度，从而会降低氢在铁液中溶解度，例如在 Fe-Si 系中，$w(Si)$为 33%时，形成化合物 FeSi，这时铁的活度和吸收氢的能力都最小，所以氢的溶解度也最小，但当进一步增大硅含量时，由于硅对氢的吸收能力增大，所以氢的溶解度便又逐渐增大。

8.5.2.3　减少钢中含氢量的措施

鉴于上述氢的诸多危害，生产中应尽量减少钢中含氢量，主要有以下三个方面的措施：

A　降低炉气中的 p_{H_2O}

从大量的研究工作所得出的结论表明，炉气的成分，尤其是炉气中水蒸气的分压力 p_{H_2O}对熔池中的氢以至于成品钢中的氢含量的影响是很大的。因此必须选用含水分少的生铁和废钢，并对于加入炉内的铁矿、氧化铁皮，石灰和铁合金等进行充分的烘烤。

对于氢含量要求严格的钢种，不能安排在阴雨天生产，同时还不应在新开炉和前若干炉里冶炼，以防止由于焦油沥青炉衬中碳氢化合物的分解或卤水镁砂炉衬中水分的分解而增加氢向钢液中的溶解量。

B 冶炼中尽量多去氢

根据国外某厂对炼钢的试验和统计，各种吹氧强度下熔炼过程中金属氢含量的变化列于表8-8中。

表 8-8 熔池供氧强度不同时金属中氢含量的变化

供氧强度 /$m^3 \cdot (t \cdot h)^{-1}$	炉 数	金属中的氢含量/$cm^3 \cdot (100g)^{-1}$				
		熔化期	纯沸腾初	吹氧结束	脱氧前	浇注时
6.7～7.3	20	4.37	4.17	3.90	4.60	5.15
9.4～10.0	10	3.83	3.32	2.80	3.41	4.30
11.0～11.7	10	3.25	2.87	2.51	2.80	3.80

由表 8-8 可见，所有各炉吹氧熔炼过程中均发现熔化期到吹氧终了时氢含量是降低的。这是由于碳氧化速度很高的缘故，由此而使被 CO 气泡带出熔池的氢量大于熔池所吸收的氢量。

随着吹炼强度的提高，氢的去除速度也有所增大，从而使吹氧终了时金属中的氢浓度降低，吹氧强度越大，出钢前金属中的氢含量也就越低。

电炉炼钢生产中，钢液含氢量与上述的变化规律相同，因此炉前冶炼的操作规程通常规定，一般钢种脱碳时间要足够，对于“白点”敏感的钢则脱碳时间要适当延长；脱碳速度要控制在0.01%/min 左右；同时出钢温度不要过高。

C 炉后处理

一般的说，从脱氧前直到浇注，钢中的氢含量是有所升高的，这从上表所列的数据得到证明。

这是因为，在脱氧阶段加入炉内和钢包里的铁合金会给钢液带来相当数量的氢；另外，氢原子具有很强的活动性和对铁质渣膜的穿透能力，这些都使钢液在出钢和浇注过程中以很大的速度和大气之间进行氢的交换。

针对钢液在出钢之后氢含量的增加，许多炼钢厂采取了钢包吹氩的技术措施。还可以在钢包中进行合成渣处理，即先向钢包中注入一定量的合成渣，然后向包里注入钢水，最后在大气压下或在真空室中进行吹氩操作，氩从镁质塞头砖或底部透气砖吹入。

氩是单原子惰性气体，不与任何元素形成化合物。在标准状态下，气态氩的密度为1.784 kg/m^3。氩能去气是基于金属中的氮和氢与吹入熔体的氩气泡间存在着压力差，即对于钢液中的氢来说，氩气泡就相当于一个个真空室，原子状态的氮和氢自发地从钢液扩散转入氩气泡中，并在瞬间复合成为分子，然后随氩气泡一起从钢液排入大气。

减小氩气泡的直径和延长其在熔体中停留的时间可使去气过程得到加强。小气泡的优点是在总的吹氩体积一定时，与金属接触的气泡表面积增大。

此外，用氩气吹炼金属时发生的反应类似在浮选的条件下进行的反应。熔体中悬浮的质点——非金属夹杂物会附着在上浮的氩气泡上而被带到金属面上的渣中。这样，金属熔体得到进一步的净化，可使金属的力学性能和工艺性能的各向异性大为降低。

若在钢包中吹氩精炼时，由于金属和熔渣的补充搅拌，提高了合成渣的利用效果，并可使合成渣的用量从 4.5%～5.5%减少到 3.5%～4.0%。把合成渣处理过的 GCr15 钢用氩气吹炼后，钢中氢含量降低了25%，从一般熔炼的钢中的5.5 cm^3/100 g降低到4.1 cm^3/100 g。氧含量从0.0033%降低到0.0020%。当在大气压下吹氩时，钢中非金属夹杂物降低3/8～3/4；在真空室内吹氩时，则降低大约18/19。吹炼过程中钢的温度降低20～30℃，疏松透气的镁质塞头的寿命为8～13次。

总之，为了减少钢液中的气体含量，应该严格限制原材料中的水分，加强沸腾脱气，在条件许可时应采用真空技术等炉外精炼措施，以使钢中气体含量降低到不至于危害钢质量的程度。

8.5.3　常压下的钢液脱气

由于炼钢过程中钢液表面始终被一层炉渣覆盖，所以任何气体直接自动排出的可能性很小，只能通过产生气泡后上浮逸出。然而，在钢液中氢和氮的析出压力很小，无法独立形成气泡核心，必须依赖钢中现成的气泡或其他能生成气泡反应的帮助，如熔池中的碳氧反应或向钢包中吹入氩气等才能从钢液中脱除。由于初生的CO气泡或氩气泡，对于氢和氮都相当于一个真空室即气泡中的氢气分压和氮气分压均为零，这样钢液中的氢和氮就会向这些气泡内扩散。由于气泡在快速上浮过程中体积不断增大，使气泡内氢、氮的实际分压不断降低，因此在整个脱碳过程或氩气泡上浮过程中，钢中氢和氮会不断地扩散进入这些气泡，并最终被带出钢液。由此可见，钢液的沸腾是十分有效的脱气手段。

必须指出，在冶炼过程中，碳氧反应能使钢液脱气，同时高温熔池也会从炉气中吸收气体，所以钢液在脱气的同时还存在着吸气的过程。只有当去气速度高于吸气速度时，才能使钢液中的气体减少。冶炼中沸腾去气的速度取决于脱碳速度，脱碳速度越高，钢液的去气速度就越快。因此，脱碳速度大于一定值时，才能使钢中气体减少。对于每一种炼钢炉都存在着一个临界脱碳速度。如10～15 t的电弧炉，当脱碳速度 $v_{w[C]}>0.35\%/\text{min}$，脱气速度就能超过吸气速度。

8.5.3.1　转炉吹炼中钢液气体含量的变化

A　钢液含氮量的变化规律

铁水中含氮量较高，有时可达到0.008%以上。转炉炼钢使用高纯度的氧气吹炼时，钢液中的氮含量能够降低到0.001%～0.0015%。吹炼过程中熔池含氮量的变化规律与脱碳反应有密切的关系，如图8-14所示。

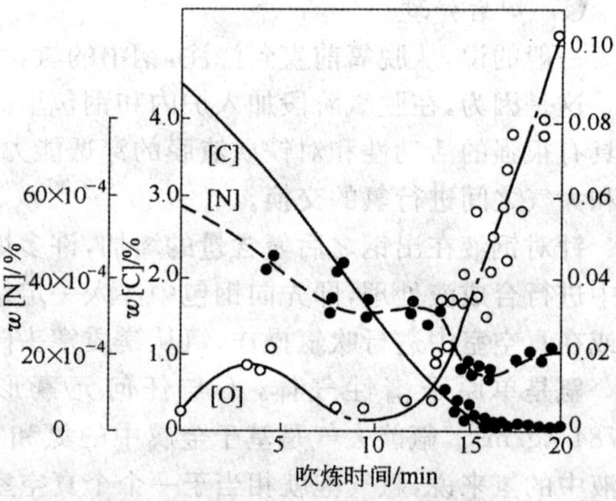

图8-14　转炉吹炼过程中 $w[C]$、$w[O]$、$w[N]$的变化

由图8-14可见：吹炼初期铁水中的含氮量迅速降低。这是由于该阶段的大部分时间是在非淹没状态下进行吹炼，加上沸腾的作用，钢液的吸氮速度很低；同时，随着吹炼的进行，钢中的硅含量降低，氧含量升高，脱碳速度逐渐加大，去气速度也不断增加，所以钢液中的氮迅速降低。

吹炼中期脱氮出现停滞现象。吹炼中期，碳氧反应激烈，从理论上讲具有良好的去气条件，而实际测试发现熔池中氮含量基本不变。这是因为此时脱碳反应是在氧流冲击区附近进行的，该处气泡的液膜表面形成了一层氧化膜，使钢液中的氮向其中扩散的速度减慢；同时，由于脱碳反应的激烈进行，渣中氧化铁减少，炉渣出现“返干”现象，金属液失去了熔渣的保护，含氮的氧气流股使熔池的吸氮速度大大增加，所以氮含量基本保持不变，甚至略有回升。

吹炼末期根据各炉含碳量和含氧量的高低，以及是否补吹等情况，钢中的氮含量会有不同的变化,可能降低,可能升高,也可能保持不变。通常情况是氮含量有所降低,但停吹前 2~3 min 起氮又略有回升。因为吹炼末期,钢中的氧含量大幅度增加,使钢中氮的活度增大,以及熔池中所产生的CO气泡的脱氮作用等原因,会使钢中含氮量进一步降低。但是随着钢中的碳含量降低,脱碳速度显著下降,产生 CO 气体的量减少,从炉口卷入的空气量增多,炉气中氮的分压增大,因而停吹前 2~3 min 时会出现增氮现象。

在出钢和浇注过程中,钢液与大气接触,使钢中含氮量增加,例如,转炉钢的氮含量在出钢过程中一般会增加 0.0007%以上。但是沸腾钢在出钢和浇注过程中气体的含量变化不大,这主要是因为钢液在模内发生了碳氧反应,产生沸腾,排除了部分氢和氮。

B 钢液含氢量的变化情况

通常,转炉钢的氢含量比较低,这与其冶炼方法的特点有直接关系。转炉吹炼使用的是脱了水的工业纯氧,炉气中没有水蒸气和氢气;同时,转炉炼钢中的碳氧反应激烈,脱气速度很快,能较好地去除钢液中的氢。

吹炼过程中,钢液含氢量的变化情况和氮类似。吹炼前期,钢中的氢含量能降低到 2~2.5 $cm^3/100$ g,即$(1.788\sim2.235)\times10^{-4}\%$。但在吹炼末期,由于温度升高,冷料带入水分以及脱碳速度的减小,氢含量有所回升。其增加程度取决于铁合金的水分和含氢量、空气湿度、钢液温度等因素。

8.5.3.2 电炉冶炼中钢液气体含量的变化

电炉冶炼过程中,各个时期钢液中的含气量各不相同,其变化规律大致如下。

A 熔化期

送电后,电极下的固体料开始熔化,且温度不断升高;加之炉气中的水蒸气和氮气在电弧的作用下加速分解,为钢液吸气创造了优越的条件。

在熔化初期,向下移动的金属液滴直接与炉气接触,以及熔池液面尚未被炉渣覆盖,这些都有利于氢、氮的溶解。尽管以后熔渣形成并覆盖熔池表面,以及合理的吹氧助熔能脱除一部分氢和氮,但总的来讲,固体炉料在熔化过程中气体含量是增加的。

熔化末期钢液中氢和氮的含量的高低,与熔化时间的长短、炉料中水分和氮含量的多少、熔渣形成的早晚以及熔化期吹氧助熔的操作水平等因素有关。一般氢含量波动在$(3.5\sim6.2)\times10^{-4}\%$范围内,而氮含量波动在$(6\sim12)\times10^{-3}\%$范围内。

B 氧化期

由于合理的加矿及吹氧脱碳,金属熔池激烈沸腾,此时脱气速度大于吸气速度,钢液的气体含量逐渐降低。由于去气速度取决于熔池的脱碳速度,因此,实际生产中要求脱碳速度大于0.6%/min,使高温熔池均匀而激烈地沸腾。但到了氧化末期,由于脱碳速度的降低或氧化渣较薄,钢中的氢含量稍有回升。操作正常时,氧化末期钢液中的氢含量能降至$(2\sim2.5)\times10^{-4}\%$,而氮含量能降低到$(30\sim40)\times10^{-4}\%$。

C 还原期

还原期熔池处于平静状态,没有脱气能力;同时,又处在较高的精炼温度下,并且还要加入渣料、合金和脱氧剂,钢液不可避免地会增氢、增氮。特别是炉温高、冶炼时间长、渣料及合金和脱氧剂烘烤不良时增氢、增氮更严重。所以,应尽量缩短还原时间,严格控制熔池温度,充分烘烤造渣材料及合金等,使钢液尽可能少地吸收气体。一般出钢前钢液中的氢回升到$(3.5\sim5.0)\times10^{-4}\%$,达到熔化末期的水平,而在湿度大的雨季增高得更多。氮含量回升到$(6\sim9)\times10^{-3}\%$,比氧化末期增加了$(3\sim5)\times10^{-3}\%$。

与转炉一样,在出钢和浇注过程中钢液还要与空气接触,继续吸收气体,使成品钢的气体含量更高。

8.6 钢中的非金属夹杂物

在冶炼和浇注过程中产生或混入钢中，经加工或热处理后仍不能消除而且与钢基体无任何联系而独立存在的氧化物、硫化物、氮化物等非金属相，统称为非金属夹杂物，简称为夹杂物。

钢中的非金属夹杂物主要是铁、锰、铬、铝、钛等金属元素与氧、硫、氮等形成的化合物。其中氧化物主要是脱氧产物，包括未能上浮的一次脱氧产物和钢液凝固过程再次发生脱氧反应形成的脱氧产物。

非金属夹杂物的存在破坏了钢基体的连续性，造成钢组织的不均匀，对钢的各种性能都会产生一定的影响，如降低钢的强度和韧性等。钢中的非金属夹杂物也产生有利的作用，例如控制晶粒的大小，产生沉淀硬化，改善切削性能等。

钢中的非金属夹杂物主要来自以下几个方面：

(1) 原材料带入的杂物。炼钢所用的原材料如钢铁料和铁合金中的杂质、铁矿石中的脉石，以及固体料表面的泥沙等都可能被带入钢液而成为夹杂物。

(2) 冶炼和浇注过程中的反应产物。钢液在炉内冶炼、包内镇静及浇注过程中生成而未能排除的反应产物，残留在钢中便形成了夹杂物。这是钢中非金属夹杂物的主要来源。

(3) 耐火材料的侵蚀物。炼钢用的耐火材料中含有镁、硅、钙、铝、铁的氧化物。从冶炼、出钢到浇注的整个生产过程中，钢液都要和耐火材料接触，炼钢的高温、炉渣的化学作用及钢、渣的机械冲刷等或多或少要将耐火材料侵蚀掉一些进入钢液而成为夹杂物。这是钢中 MgO 夹杂的主要来源，约占夹杂总量的 5%以上。

(4) 乳化渣滴夹杂物。除了电弧炉偏心炉底出钢外，出钢过程中渣钢混出是经常发生的，有时为了进一步脱氧、脱硫也希望渣钢混出，如果镇静时间不够，渣滴来不及分离上浮，就会残留在钢中，成为所谓的乳化渣滴夹杂物。

另外，出钢和浇注过程中，炉盖、出钢槽、钢包和浇注系统吹扫不干净，各种灰尘微粒的机械混入也将成为钢中大颗粒夹杂物。

8.6.1 非金属夹杂物的分类

根据研究目的的需要，可以从不同的角度对钢中的非金属夹杂物进行分类。目前最常见的是按照非金属夹杂物的组成、性能、来源和大小不同进行分类。

8.6.1.1 按照夹杂物的组成分类

该分类方法又称为化学分类法，在描述和分析夹杂物的成分时常用这一分类法。根据组成不同，钢中的非金属夹杂物可以分成氧化物系夹杂物、硫化物系夹杂物和氮化物系夹杂物三类。

A 氧化物系夹杂物

氧化物系夹杂物有简单氧化物、复杂氧化物、硅酸盐和固溶体之分。

(1) 简单氧化物。常见的简单氧化物夹杂有 FeO、Fe_2O_3、MnO、SiO_2、Al_2O_3、TiO_2 等。例如，在用硅铁和铝脱氧的镇静钢中，就能见到 SiO_2 和 Al_2O_3 夹杂物。

(2) 复杂氧化物。复杂氧化物包括尖晶石类夹杂物和钙的铝酸盐两种。

尖晶石类氧化物常用化学式 $MeO \cdot R_2O_3$ 表示。Me 代表二价金属，如铁、锰、镁等，R 为三价金属，如铁、铝、铬等。这类夹杂物因具有尖晶石 $MgO \cdot Al_2O_3$ 的八面晶体结构而得名。常见的有 $FeO \cdot Al_2O_3$、$MnO \cdot Al_2O_3$ 等铝尖晶石(多出现于镇静钢中)；$FeO \cdot Cr_2O_3$、$MnO \cdot Cr_2O_3$ 等铬尖晶石(常出现于含铬的合金钢中)等。这些夹杂物中的二价或三价金属可以被其他二价或三价金属置换，因此实际遇到的尖晶石类夹杂物可能是多相的；又由于 $MO \cdot R_2O_3$ 内可以溶解相当数量的 MO 和 R_2O_3，因而其成分可在相当宽的范围内波动，实际成分往往偏离化学式。尖晶石类夹杂物的特点是熔点高，在钢液中呈固态并具有形成外型良好的坚硬八面体晶体的倾向，热轧时不易变形；冷轧时，特别是在轧制规格较薄的产品时易造成表面损伤。

钙（还有钡等）虽然也是二价金属元素，但因离子半径太大（比铁、锰、镁等离子半径大 20%～30%），所以它的氧化物不是尖晶石结构，而是形成钙的铝酸盐 $CaO \cdot Al_2O_3$。钙的铝酸盐是碱性炼钢中最为常见的夹杂物。它是钢中的铝与悬浮在钢液中的碱性炉渣的反应产物，或是用含钙合金和铝共同脱氧的产物。

(3) 硅酸盐。硅酸盐类夹杂是由金属氧化物和二氧化硅组成的复杂化合物，所以也属于氧化物系夹杂物。化学通式可写成 $FeO \cdot mMnO \cdot nAl_2O_3 \cdot pSiO_2$。其成分比较复杂，而且常常是多相的。常见的有 $2FeO \cdot SiO_2$、$2MnO \cdot SiO_2$、$3MnO \cdot Al_2O_3 \cdot 2SiO_2$ 等。这类夹杂物与被侵蚀下来的耐火材料、裹入的炉渣及钢流的二次氧化有关。

硅酸盐类夹杂物一般颗粒较大，其熔点按组分中 SiO_2 所占的比例而定，SiO_2 占的比例越多硅酸盐的熔点越高。

(4) 固溶体。氧化物之间还可以形成固溶体，最常见的是 FeO-MnO，常以(Fe、Mn)O 表示，称含锰的氧化铁。

B 硫化物系夹杂物

含硫量高时，在铸态钢中以熔点仅为 1190℃ 的 FeS 形式在晶界析出，从而导致钢产生“热脆”。为了消除或减轻硫的这一危害，一般的方法是向钢中加入一定量的锰，以形成熔点较高的 MnS 夹杂（熔点为 1620℃）。因此，一般情况下，钢中的硫化物夹杂主要是 FeS、MnS 和它们的固溶体(Fe、Mn)S。二者相对量的大小取决于加锰量的多少，随着 $w[Mn]/w[S]$ 比的增大，FeS 的含量越来越少，而且这少量的 FeS 溶解在 MnS 之中，这是由于锰比铁对硫有更大的亲和力。

冶炼中，铝的加入量大时钢中会有 Al_2S_3 形态的夹杂物出现；当向钢中加入稀土元素镧和铈等时，可形成相应的稀土硫化物如 La_2S_3、Ce_2S_3 等。

在多数钢中，硫化物是比氧化物更重要的夹杂物。因为一般情况下钢的氧含量 $w[O]$ 在 0.004%以下，而硫的含量 $w[S]$ 则在 0.03%左右。根据钢的脱氧程度及残余脱氧元素的含量不同，硫化物在固态钢中有三类不同的形态：

第一类是当仅用硅或铝脱氧，且脱氧不完全时，硫化物或氧硫化物呈球形任意分布在固态钢中。

第二类是在用铝完全脱氧，但过剩铝不多的情况下，硫化物以链状或薄膜状分布在晶界处。

第三类是当用过量的铝脱氧时，硫化物呈不规则外形任意分布在固态钢中。

这三类硫化物的形态不同，对钢性能的影响也不同。比如，它们对钢的热脆倾向的影响是，第二类硫化物的热脆倾向最为严重，第三类硫化物次之，第一类硫化物的热脆倾向最小。

C 氮化物系夹杂物

一般情况下，钢液的含氮量不高，因而钢中的氮化物夹杂也就较少。但是，如果钢液中含有铝、钛、铌、钒、锆等与氮亲和力较大的元素时，在出钢和浇注过程中钢流会吸收空气中的氮而使钢中氮化物夹杂的数量显著增多。

通常，将不溶于或几乎不溶于奥氏体并存在于钢中的氮化物才视为夹杂物，其中最常见的是 TiN。至于 AlN，一般是在钢液结晶时才析出的，颗粒细小，它在钢中具有许多良好的作用，例如，在钢液结晶过程中它可作为异质核心使钢的晶粒细化，因而 AlN 一般不视为夹杂物。

综上所述，一般情况下钢中的氮化物不多，主要是氧化物和硫化物，且常以复合型夹杂物存在，沸腾钢中主要是(Fe、Mn)O，其中混有一些尖晶石、硅酸盐、MnS等；而镇静钢中主要是包含有铝尖晶石的硅酸盐或硫化物。

8.6.1.2 按照夹杂物的来源分类

该分类方法又叫做炼钢分类法，主要用于确定夹杂物的来源和产生的时间。根据来源不同，钢中非金属夹杂物可分为外来夹杂物和内生夹杂物两类。

A 外来夹杂物

在冶炼及浇注过程中混入钢液并滞留其中的耐火材料、熔渣或两者的反应产物以及各种灰尘微粒等称外来夹杂。

外来夹杂物的颗粒较大，外形不规则，分布也无规律即在钢中出现带有偶然性。

B 内生夹杂物

内生夹杂物是在脱氧和钢液凝固时生成的各种反应产物，主要是氧、硫、氮的化合物。根据形成的时间不同，内生夹杂物可分为四种：

(1) 一次夹杂。在冶炼过程中生成并滞留在钢中的脱氧产物、硫化物和氮化物称一次夹杂，也称为原生夹杂。一次夹杂在钢的冷凝过程中会成长为大的颗粒，因此它在钢中的悬浮量越少越好。

(2) 二次夹杂。出钢和浇注过程中，由于钢液温度降低，导致平衡移动而生成的夹杂物称二次夹杂。

(3) 三次夹杂。钢液在凝固过程中，因元素溶解度下降引起平衡移动而生成的夹杂物称为三次夹杂。

(4) 四次夹杂。固态钢发生相变时，因溶解度发生变化而生成的夹杂物称为四次夹杂。

从数量上来看，内生夹杂物主要是一次夹杂和三次夹杂即在脱氧和凝固时所生成的夹杂物。

相对于外来夹杂来说，内生夹杂物的分布比较均匀，颗粒也比较细小，而且形成时间越迟，颗粒越细小。

至于内生夹杂物在钢中的存在形态，则取决于其形成时间的早晚和本身的特性。如果夹杂物形成的时间较早，而且因熔点高以固态形式出现在钢液中，这些夹杂在固体钢中仍将保持原有的结晶形态；如果夹杂物是以液态的异相形式出现于钢液中，那么它们在固态钢中则呈球形。较晚形成的夹杂物多沿初生晶粒的晶界分布，依据它们对晶界的润湿情况不同，或呈颗粒状如FeO，或呈薄膜状如FeS。

应该指出的是，钢中的一些夹杂物很难确定它是内生的还是外来的。比如，以外来夹杂为核心析出内生夹杂的情况；再如，外来夹杂与钢液发生作用，其外形及成分均发生了变化的情况等。因此，有人提出应有第三类夹杂——相互反应夹杂物。这一观点正在被越来越多的人所接受。

8.6.1.3 按照夹杂物的变形性能分类

该分类方法又称轧钢分类法，主要用于研究各类夹杂对钢性能的不同影响。钢材在热加工变形时，其中的夹杂物因在热加工温度下具有不同的塑性而呈不同的形态，从而会对钢的性能产生一定的影响。所以有时按照夹杂物变形性能的好坏(即塑性的大小)，把夹杂物分为脆性夹杂、塑性夹杂和点状不变形夹杂三类。

(1) 塑性夹杂物。这类夹杂的塑性好，变形能力强，在热加工过程中沿加工方向延伸成条带状。FeS、MnS及含SiO_2较低的低熔点硅酸盐等均属于这一类的夹杂物。

(2) 脆性夹杂物。这类夹杂几乎没有塑性，当钢进行热加工时不会变形，而沿加工方向破碎成串。属于这一类的夹杂物有尖晶石类型复合氧化物以及钒、钛、锆的氮化物等高熔点、高硬度的夹杂物。

(3) 不变形夹杂。有的夹杂物，在钢进行热加工的过程中保持原有的球形(或点状)不变，而钢基体围绕其流动，这一类夹杂叫做球形(或点状)不变形夹杂。属于此类的夹杂物有 SiO_2、$w(SiO_2)>70\%$的硅酸盐、钙的铝酸盐以及高熔点的硫化物 CaS、La_2S_3、Ce_2S_3 等。

除了以上三种基本类型外，还有一些所谓半塑性夹杂物。它实际上是塑性夹杂物与脆性夹杂物的复合体。在热加工过程中，其塑性部分随钢基体延伸，但脆性部分仍保留原来的形状，只是或多或少地被拉开。

人们习惯上往往把脆性夹杂物用氧化物来代表，而把塑性夹杂物用硫化物来代表。

8.6.1.4 按照夹杂物的尺寸大小分类

这种分类方法又称金相分类法，研究夹杂物对钢性能的影响时常用。

钢中的非金属夹杂物，按其尺寸大小不同可分为宏观夹杂、显微夹杂和超显微夹杂三类。

A 宏观夹杂

尺寸大于 50 μm 的夹杂物称为宏观夹杂，又称大型夹杂物。

这一类夹杂物用肉眼或放大镜即可观察到，主要是混入钢中的外来夹杂物；其次，钢液的二次氧化也是大型夹杂物的主要来源，因为研究发现在大气中浇注的钢中大型夹杂物的数量明显多于氩气保护下浇注的钢。

一般情况下，钢中的大型夹杂物的数量不多，但对钢的质量影响却很大。

B 微观夹杂

尺寸在 1～50 μm 之间的夹杂物叫做微观夹杂，因为要用显微镜才能观察到故又叫显微夹杂。

研究发现，钢中微观夹杂物的数量与脱氧后钢中溶解氧的含量之间存在很好的对应关系，因此一般认为微观夹杂主要是二次夹杂和三次夹杂。

C 超显微夹杂

尺寸小于 1 μm 的夹杂物，称作超显微夹杂。钢中的超显微夹杂主要是三次夹杂和四次夹杂，一般认为钢中的该类夹杂数量很多，但对钢性能的危害不大。

8.6.2 减少钢中非金属夹杂物的途径

一般情况下，钢中的氮化物较少，主要是氧化物和硫化物夹杂，而且二者的危害也较大。因此，减少钢中夹杂物的关键是减少钢中的氧化物夹杂和硫化物夹杂。

8.6.2.1 减少钢中的氧化物夹杂

研究表明，严把原料关及充分利用脱碳反应的净化作用，正确地组织脱氧操作，减少卷渣防止或减轻钢液的二次氧化等是减少钢中氧化物夹杂的主要途径。

A 最大限度地减少外来夹杂

生产中减少外来夹杂的主要措施有：

(1) 加强原材料的管理。对废钢、生铁、合金、石灰、萤石、矿石等力求做到清洁、干燥、分类保存；

(2) 提高炉衬质量，并加强对炉衬的维护，尽量减少其侵蚀、剥落；

(3) 加强氧化操作，利用脱碳反应去除原材料带入的夹杂物和炉衬的侵蚀物；

(4) 出钢前调整好炉渣的流动性，出钢后保证钢液在钢包中的镇静时间以利于炉渣充分上浮、电弧炉炼钢严禁电石渣下出钢等，防止钢液混渣，减少浇注过程中的卷渣；

(5) 提高浇注系统耐火材料的质量并做好清洁工作，减少耐火材料颗粒夹杂。

B 有效控制内生夹杂

生产中控制内生夹杂的措施主要是：

(1) 根据钢的质量要求选择合适的冶炼方法和工艺，如转炉冶炼或电炉冶炼、配加炉外精炼等。

(2) 依据所炼钢种制定合理的脱氧制度并正确地组织脱氧操作，包括采用综合脱氧、使用复合脱氧剂并加强搅拌等，促进脱氧产物上浮，尽量减少钢中的一次夹杂，同时最大限度地降低钢液中溶解的氧，有效地控制钢液冷凝过程中产生二次夹杂和三次夹杂的数量。

(3) 对于优质钢和特殊要求的钢，采用添加变质剂、热加工和热处理等方法，改善残留夹杂物的形态及分布，减轻夹杂物的危害。

C 防止或减少钢液的二次氧化

已脱氧的钢液，在出钢和浇注过程中与大气(或其他氧化性介质)接触再次被氧化的现象，称为"二次氧化"。

实验发现，$w[C]=0.55\%\sim0.65\%$的镇静钢，在出钢过程中锰氧化了0.074%，硅氧化了0.04%，铝氧化了0.043%，它们的氧化产物有相当一部分未能上浮而滞留在钢中成为夹杂。另据报道，38CrMoAlA钢的非金属夹杂物在浇注过程中增高1.0～1.5倍，含氮量增加了20%。可见，钢液在出钢和浇注过程中的二次氧化十分严重，应引起足够的重视。

研究发现，二次氧化产物的颗粒比脱氧产物大得多，而且二次氧化产物的多少，往往与钢液温度高低、钢液与大气接触面积大小、接触时间长短等因素有关，因此在出钢和浇注过程中，一定要做好以下三方面的工作，防止或减少钢液的二次氧化。

(1) 控制好出钢温度。其他条件相同时，温度越高，钢液在出钢和浇注过程中二次氧化越严重。因此，实际操作中应控制好出钢温度，尽量避免高温钢。

(2) 掌握正确的出钢操作。出钢时，要开好出钢口并维持好出钢口的形状，保证钢流不散流或过细，减小钢液与大气的接触面积和缩短出钢时间。对夹杂要求严格的钢种，最好采取气体保护出钢。

(3) 保护浇注。连铸过程中，做好钢包到中间包，中间包钢液面，中间包到结晶器，以及结晶器液面的保护渣层，采用长水口，Ar气保护，中间包覆盖剂等措施，减少和防止钢液同大气的接触。

除了大气的二次氧化外，钢液在钢包内镇静及浇注过程中，还会与熔渣及钢包的耐火材料发生反应，即钢液还会被熔渣和包衬二次氧化。因此，采用高质量的耐火材料，出钢后向钢包中加入少量石灰稠化熔渣并提高其碱度，对减少钢中的夹杂物也有一定的作用。

8.6.2.2 减少钢中的硫化物夹杂

钢中硫化物夹杂多少主要取决于钢中的硫含量，钢中硫降得越低，硫化物夹杂就越少。所以，冶炼时应加强钢液的脱氧脱硫操作，尽量降低钢液的含硫量。

应指出的是，为了减轻硫的危害，一方面要采取措施降低钢中硫的含量；另一方面也可以通过改变硫化物形态来降低其危害。通常情况下，钢材中的硫化物是呈细长条状的FeS、MnS，它们会使钢的横向塑性、韧性等降低。向钢液中添加少量的钛、钙、锆、稀土等与硫亲和力比锰、铁大的元素，使FeS、MnS转变成在热加工过程中不变形的TiS、CaS、ZrS、CeS等球状硫化物，可以在不降低硫含量的条件下使钢的横向力学性能得以改善。这种改变钢中硫化物夹杂形态的做法称为变质处理，这些添加元素称为变质剂。

复习思考题

8-1 炼钢工序要完成的主要任务是什么?

8-2 炼钢炉渣的来源和在炼钢过程中的主要作用?

8-3 何谓炉渣的氧化性和碱度,如何表示?

8-4 脱碳反应在炼钢中的作用?

8-5 何谓碳氧积,分析熔池中碳-氧浓度间的关系?

8-6 从热力学和动力学角度,分析炼钢过程中脱磷的基本条件。

8-7 分析炼钢过程中提高脱硫效率的主要措施。

8-8 为什么要脱氧,脱氧的原理和主要方法有哪些?

8-9 钢中氢、氮的主要来源有哪些?分析降低钢中气体的主要措施。

8-10 何谓钢中非金属夹杂物,其主要来源和种类有哪些?

9 炼钢原材料

原材料是炼钢的物质基础。原材料质量的好坏，直接影响着炼钢生产过程和产品的质量。原材料的质量，不仅指化学成分和物理性质应符合技术标准，而且要求其化学成分和物理性质保持相对稳定。大量生产实践证明，保证原材料化学成分和物理性质的稳定，是实现冶炼过程自动化和改善各项技术经济指标的重要途径。因此，要实现炼钢的“高产、优质、低耗、多品种”，对原材料必须提出严格要求，既要保证一定的质量和成分的相对稳定性，又要考虑因地制宜和充分利用各种资源。

炼钢用原材料可分为金属料、辅助材料和炉衬材料。金属料主要指铁水（或生铁块）、废钢和铁合金，辅助材料主要指造渣材料、氧化剂、冷却剂、增碳剂和气体等，炉衬材料主要指各种耐火材料。

9.1 金属料

9.1.1 铁水

铁水是炼钢的基本原料，转炉炼钢铁水一般占原料入炉量的70%～100%；电炉一般采用废钢冶炼，现代电炉也采用铁水作为金属料，个别电炉厂铁水量可高达60%。铁水的物理热和化学热是炼钢的基本热源，因此对铁水的成分和温度应有一定的要求，铁水的成分和温度是否合适和稳定，对炼钢操作稳定和获得良好的技术经济指标具有重要的影响。

9.1.1.1 铁水成分

铁水成分直接影响炉内的温度、化渣和钢水质量，因此要求铁水成分符合技术要求，并力求稳定。

A 硅

Si是炼钢的重要发热元素之一，铁水含[Si]高，炉内热量来源增加。根据热平衡计算，铁水中 w[Si]每增加0.10%，废钢加入量可提高1.3%～1.5%。炼钢过程中，硅几乎完全氧化，铁水含[Si]过高，在同样炉渣碱度条件下，必然增大石灰耗量，使渣量增大，引起渣中铁损增加，使石灰耗量和吹损增加。渣量大，还容易引起喷溅；同时，由于渣中(SiO_2)的增加，加剧了对炉衬的侵蚀作用，使炉龄下降。

铁水含硅量也不宜过低，这不仅会因此减少废钢的用量，而且不易成渣。渣量小，对去除硫、磷也不利。所以，为了快速成渣，并能保持适当渣量，要求铁水有适当的含Si量。根据铁水中磷含量的不同，我国炼钢铁水中的 w[Si]一般在0.4%～0.8%范围内。

B 锰

Mn是弱发热元素。铁水中Mn氧化后形成的MnO能有效地促进石灰溶解，如果铁水中 w[Mn]较高，将促进前期早化渣，减少石灰用量，提高炉衬寿命，并有利于去硫，提高金属收得率以及减少合金化时所需的铁合金Fe-Mn耗量。但如果要求铁水有较高含锰量则将使高炉焦比显著增加，生产率下降。目前，对炼钢用的铁水含[Mn]量的大小，仍存在不同的观点。因此，我国对炼钢用铁水含锰量未作规定，一般 w[Mn]在0.2%～0.4%左右。

C 磷

P是强发热元素，对一般钢种来说也是有害元素，通常是炼钢过程中要去除的。因此，希望铁水中含[P]低些好。但P在高炉中是不能去除的，故只能要求铁水含磷量尽量稳定。对含[P]量不同的铁水，则可采用不同的炼钢方法来处理，目前转炉脱P技术发展很快，能够满足脱P的要求。另外，铁水含[P]高时也可采用铁水炉外脱P。

D 硫

S也是炼钢要去除的有害元素之一。在炼钢的氧化气氛下，脱S率一般为30%～50%，炼钢时脱硫是困难的。在高炉的高碳和还原气氛条件下，S的去除要容易些，因此炼钢对高炉铁水提出要求，希望铁水 $w[S]<0.04\%$。近年来随着对钢质量要求提高，对低S钢的需求急剧增多，对吹炼低S钢的铁水，要求 $w[S]<0.015\%$，甚至更低。为了提高转炉的生产率，铁水炉外脱硫工艺有了很大的发展，这就为低硫铁水入炉提供了条件。

目前，国内部分转炉炼钢厂对铁水控制范围见表9-1。

表9-1 国内部分转炉炼钢厂铁水成分

厂 家	化学成分 w/%					入炉温度/℃
	Si	Mn	P	S	V	
首 钢	0.20～0.40	0.40～0.50	≤0.10	<0.040		1310
鞍钢三炼	0.52	0.44	≤0.10	0.013		>1240
武钢二炼	0.67	≤0.30	≤0.014	0.024		1220～1310
包 钢	0.72	1.73	0.480	0.047		>1200
攀 钢	0.064		0.042	0.040	0.323	
宝 钢	0.40～0.80	≥0.40	≤0.120		≤0.040	1400

电弧炉炼钢以废钢为基本原料，铁水（生铁）主要用于提高炉料的含碳量，一般配加钢铁料的10%～30%。有时也用报废的钢锭模、底盘、轧辊等废铸铁代替生铁配料，以降低钢的成本。电弧炉以返回法冶炼高合金钢时往往用含碳极低的工业纯铁（软铁）降低炉料的含碳量。

9.1.1.2 铁水温度

铁水温度是铁水含物理热量多少的标志，一般铁水物理热占转炉热收入的50%，应努力保证入炉铁水温度大于1300℃，且保持稳定，以保证炉内热源充足和成渣迅速。对于小炼钢炉和化学热量不富裕的铁水，保证铁水的高温入炉尤为重要，以利于炉子热行，迅速成渣，减少喷溅。

9.1.1.3 铁水带渣量

高炉渣中 $w(S)$、$w(SiO_2)$ 和 $w(Al_2O_3)$ 较高，过多的高炉渣进入炼钢炉内会导致炼钢渣量大，石灰消耗增加，容易造成喷溅，降低炉衬寿命。因此，兑入炼钢炉的铁水要求带渣量不得超过0.5%。

9.1.2 生铁块

与铁水相比，生铁没有显热，但成分与铁水相似。一般情况下转炉很少用大量生铁做炉料，因为这将延长转炉冶炼时间。但铁水不足时，也可以用生铁作为辅助热源。优质生铁还可以在转炉冶炼终点前用于增碳和预脱氧。

生铁在电炉炼钢中使用，其主要目的在于提高炉料或钢中的碳含量，并解决废钢来源不足的困难。由于生铁中含碳及杂质较高，因此炉料中生铁块配比通常为10%～25%，最高不超过

30%。电炉炼钢对生铁的质量要求较高，一般[S]、[P]含量要低，w[Mn]不能高于 2.5%，w[Si]不能高于 1.2%。

生铁块也叫冷铁，是铁锭、废铸件、罐底铁和出铁沟铁的总称，其成分与铁水相近，但没有显热。它的冷却效应比废钢低，同时还需要配加适量石灰渣料。有的厂家将废钢与生铁块搭配使用。

生铁是碳含量 w[C]>2.0%的另一种铁碳合金，炼钢生产中所用的生铁，其碳含量 w[C]=3.5%～4.4%之间。它的特点是无塑性，很脆，不能进行压力加工变形，熔点较低，液态时的流动性比钢好，易铸成各种铸件。

固态生铁标为铁块，表面大多有凹槽及肉眼可见砂眼。铁块有两大品种：一是灰口铁，也叫灰铸铁，因其断面呈暗灰色而得名，其硅含量较高，液态时流动性好，常用于生产铸件；二是白口铁，因其断面呈亮白色而得名，其硅含量较低，一般作为炼钢用生铁。

9.1.3 废钢

转炉和电炉均使用废钢，废钢是电炉炼钢的主要原材料，转炉用废钢量一般占总装入量的10%～30%。它还是转炉冷却效果比较稳定的冷却剂，增加转炉废钢用量可以降低转炉炼钢成本、能耗和炼钢辅助材料消耗。

废钢是电弧炉炼钢的基本原料，用量约占钢铁料的 70% ~ 90%。废钢的质量对炼钢的技术经济指标影响很大，而废钢的来源往往很杂，因此废钢的管理和加工非常重要。废钢入炉前应仔细检查，严防混入封闭器皿、爆炸物和毒品，注意防止混入铅、锌、锡、铜等有色金属。此外，应尽量减少废钢带入的泥沙、耐火材料和炉渣等。

合金钢的废料应按所含合金元素分组堆放，以便用于电炉以返回法冶炼相应的合金钢种，充分回收利用合金元素和降低钢的成本。

对外形尺寸和单重过大的废钢，应预先进行解体和切割，使能顺利装炉，不撞坏炉衬和加速熔化。对轻薄料应打包或压块，以缩短装料时间。锈蚀特别严重和沾有油污的轻薄料，不宜用于返回法冶炼。

近年来，由于所需的废钢主要依靠外购，而外购废钢往往混有各种残余合金元素，使许多钢种的冶炼发生困难。因此，为了降低废钢中有害元素含量，可以用铁矿石在较低温度下还原得到的海绵铁代替部分废钢作为电炉炼钢原料。

9.1.4 直接还原铁

电炉炼钢直接采用直接还原铁替代废钢，解决了废钢供应不足的困难，而且也满足了冶炼优质钢的要求。

直接还原铁(DRI，Directly Reduced Iron)是以铁矿石或精矿粉球团为原料，在低于炉料熔点的温度下，以气体(CO 和 H_2)或固体碳作还原剂，直接还原铁的氧化物而得到的金属铁产品。

直接还原的铁产品可以有三种形式：

(1) 海绵铁。块矿在竖炉或回转窑内直接还原得到的海绵状金属铁。

(2) 金属化球团。使用铁精矿粉先造球，干燥后在竖炉或回转窑中直接还原得到的保持球团外形的直接还原铁。

(3) 热压块铁 HBI(Hot Bricqueted Iron)。把刚刚还原出来的海绵铁或金属球团趁热加压成形，使其成为具有一定尺寸的块状铁，一般尺寸多为 100 mm×50 mm×30 mm。经还原工艺生产的直接还原铁在高温状态下压缩成高体积密度的型块，且具有高的电导率和热传导率，可促进熔化和减少氧化所造成的铁损。热压块铁 HBI 的表面积小于海绵铁与金属化球团，使其在保管或运输过程中不易发生氧化，在电炉中使用时装炉效率高。目前，全世界所生产的直接还原铁中热压块铁的比例在逐年增加。

9.1.5 碳化铁

碳化铁(Fe_3C)也是电炉炼钢的优质原料。它是以铁精矿粉为原料，用合成煤气(用部分转化的天然气合成)在流态化床中反应生成的产品，反应式为：

$$3Fe_2O_3 + 5H_2 + 2CH_4 = 2Fe_3C + 9H_2O$$

碳化铁具有不自燃、流动性好的特点，它含磷、硫低，碳含量高，冶金性能好，其成本低于海绵铁和热压块铁，是一种理想的炼钢原料。

9.1.6 铁合金

炼钢生产中广泛使用各种脱氧和合金化元素与铁的合金，如锰铁、硅铁、铬铁和复合脱氧剂，如硅锰合金、硅钙合金、硅锰铝合金，以及铝、锰、镍、钴等金属。

铁合金必须按其成分仔细分类并加工成一定块度后使用，使钢的成分均匀和减少烧损。使用前还必须进行烘烤，以减少带入钢中的气体。熔点较低和易氧化的合金，如钒铁、铬铁、铝铁、硼铁、硅钙、铝和稀土金属等可在低温下(100～150℃)烘烤。熔点高和不易氧化的合金，如硅铁、铬铁、钨铁、钢铁等应在高温下(≥800℃)烘烤。含氢量高的金属如电解镍、电解锰等应进行退火。

9.2 炼钢辅助材料

9.2.1 造渣材料

9.2.1.1 *石灰*(CaO)

石灰是碱性炼钢方法基本的造渣材料，通常由石灰石在竖窑或回转窑内用煤油、煤气煅烧而成，有强的脱磷、脱硫能力，不危害炉衬。

石灰质量如何，对炼钢操作影响很大。特别是转炉冶炼时间短，要在很短的时间内造渣去除磷硫，保证各种钢的质量，因而对石灰质量要求更高。

(1) 有效(CaO)含量高。石灰有效(CaO)含量取决于石灰中 $w(CaO)$ 和 $w(SiO_2)$ 含量，而 SiO_2 是石灰中的杂质。若石灰中含有一单位的 SiO_2，按炉渣碱度为 3 计算，需要三单位的 CaO 与 SiO_2 中和，这就大大降低了石灰中有效(CaO)的含量。因此，对石灰要求其有效 $w(CaO)_{有效} = w(CaO)_{石灰} - R \times w(SiO_2)$ 高于 80%～85%，石灰中 $w(SiO_2) < 4\%$，$w(S) < 0.15\%$，$w(H_2O) < 0.3\%$。

(2) 硫含量低。造渣的目的之一是去除铁水中的硫，若石灰本身含硫量较高，显然对于炼钢中硫的去除不利。据有关资料报道，在石灰中 $w(S)$ 增加 0.01%，相当于钢水中增加 $w[S] = 0.001\%$。因此，石灰中硫含量应尽可能低，一般应小于 0.05%。

(3) 残余 CO_2 少。石灰中残余 CO_2 量，反映了石灰在煅烧中的生过烧情况。残余 CO_2 量在适当范围时，有提高石灰活性的作用，但对废钢的熔化能力有很大影响。一般要求石灰中残余 CO_2 量为 2%左右，相当于石灰灼减量 2.5%～3.0%。

(4) 石灰块度适中。石灰块度不能过大，以免在炉内难以熔化。石灰块度要小而均匀，且无细粉；对转炉石灰块度 20～50 mm，电炉 20～60 mm。块度大小和工艺要求、冶炼时间长短有关。

(5) 活性度高。石灰的活性，是指石灰同其他物质发生反应的能力，用石灰的溶解速度来表示，石灰在高温炉渣中的溶解能力称为热活性。大量研究表明，用石灰与水的反应，即石灰的水活性可以近似地反映石灰在炉渣中的溶解速度，但这只是近似方法。原冶金部部颁标准规定，石灰的活性度用盐酸滴定法测定，盐酸消耗大于 300 mL 才属优质活性石灰。

(6) 石灰存放时间。石灰不能潮解，应保持干燥、新鲜，仓内保存时间不应超过两天。在存放过程中，由于石灰吸收空气中的水分自行消化，生成 $Ca(OH)_2$，而 $Ca(OH)_2$ 又与空气中的 CO_2 作用生成不溶解的 $CaCO_3$，使石灰中自由 CaO 减少，因而造成石灰活性度降低。

为了减少炉渣对碱性炉衬的侵蚀，很多炼钢厂都采用了含镁的造渣材料，由此而产生了镁质石灰，有的地方也称之为白云石质石灰。

镁质石灰是白云石质石灰石或石灰石与白云石混合煅烧而生产的，其石灰成分中含 $w(MgO)$ 在 8%～15%左右。镁质石灰由于含有 MgO，它可与 CaO 形成 CaO-MgO 的共晶体，这种共晶体比纯 CaO 的熔点低 280℃。通常，镁质石灰的熔点比石灰低，在炉渣中的熔化性能也较好。我国马钢、首钢等厂都生产和使用镁质石灰造渣，取得了良好的效果。

9.2.1.2 萤石(CaF_2)

萤石又叫氟石，是炼钢中普遍应用的熔剂，其主要成分为 CaF_2，杂质中含有 SiO_2、Al_2O_3。有黄、绿、黑、玫瑰等多种颜色的结晶，密度约 3.2 g/cm^3。它的熔点较低(1418℃)，熔化温度约为 935℃。在炼钢生产中，萤石作为助熔剂使用。它与石灰生成低熔点共晶物质，使初期渣中石灰块表面形成硅酸二钙，从而降低石灰熔点，加速石灰溶解，改善炉渣的流动性。转炉炼钢要求快速化渣，萤石则成为必备材料。但萤石分解后的氟离子有强腐蚀性，对炉衬和设备有很强的侵蚀作用，用量过大加剧对炉衬的侵蚀，也将增加喷溅。一般转炉操作规程规定，萤石用量低于 4 kg/t。对萤石成分的要求为：$w(CaF_2)=75\%\sim85\%$，$w(SiO_2)=5\%\sim4\%$，$w(CaO)<5\%$，$w(S)<0.2\%$，$w(H_2O)<0.5\%$，块度为 5～50 mm。

近年来，由于萤石供应不足和价格贵，许多工厂都在寻求萤石的代用品，以全部或部分替代萤石。我国许多转炉钢厂使用铁钒土和氧化铁皮代替萤石。

9.2.1.3 白云石

近年来国内外氧气转炉普遍采用白云石等含 MgO 的材料造渣，增加渣中 MgO 含量，阻止炉衬中 MgO 向炉渣中转移，减少炉衬的熔损和炉渣对炉衬的侵蚀，而且能促进前期化渣。

白云石的化学组成为 $CaMg(CO_3)_2$ 的矿物，纯白云石 $w(MgO)=21.9\%$，$w(CaO)=30.4\%$，$w(CO_2)=47.7\%$。在炼钢中使用的是天然白云石，其组成中还含有 SiO_2、Fe_2O_3、Al_2O_3 等杂质。

作为转炉造渣料使用的有生白云石和经过 900～1200℃焙烧的轻烧白云石。由于生白云石在转炉造渣使用中要发生分解反应，吸收热量，影响废钢加入量。因此有条件的钢铁厂宜使用轻烧白云石。

9.2.1.4 合成造渣材料

将石灰和熔剂预先在炉外制备成低熔点的造渣材料，即把石灰的造渣过程部分地、甚至全部地移到炉外进行。把这种预先制备的熔点较石灰低得多的合成造渣材料加入炉内，能加速成渣过程，提高炼钢的经济技术指标，但由于制备困难，成本偏高，目前应用还不普遍。

使用高碱度烧结矿或球团矿，可以显著改善造渣过程。特别是高碱度球团矿，它的块度、强度、化学成分及稳定性都很好，并可由高炉的球团车间供应，是有一定前途的合成造渣材料。其缺点是造渣过程中要吸收大量的热，影响转炉废钢用量。

近年来，国内一些钢厂用转炉污泥为基制备复合造渣剂，也取得了较好的使用效果和经济效益。转炉大量排放的除尘污泥，约含 56%的铁和 12%的 CaO。在经沉淀、过滤，加石灰和萤石等组分后搅拌、消化、碾压后制成合成球团，使其 $w(TFe)\leqslant 40\%$，$w(FeO)\geqslant 25\%$，$w(MgO)\geqslant 2.6\%$，$w(CaO)\geqslant 22\%$，$w(S)\leqslant 0.15\%$，$w(CaO)/w(SiO_2)\geqslant 8$，干球强度不低于 24 MPa，附着水不高于 1.3%。这种复合球团用于转炉造渣，脱硫率提高 5%～10%，脱磷率提高 10%～15%；石灰消耗降低 3～5 kg/t 钢，转炉钢铁料消耗降低 2～3 kg。污泥基复合造渣剂不但为转炉炼钢带来好处，也为转炉污泥利用开辟了新的途径，减轻了环境污染。

9.2.1.5 菱镁矿

菱镁矿也是天然矿物，主要成分是 $MgCO_3$，焙烧后用作耐火材料，也是目前转炉溅渣护炉的调渣剂。

9.2.1.6 火砖块

火砖块是浇注系统的废弃品，其主要成分为 $w(SiO_2)=60\%$ 左右，$w(Al_2O_3)=35\%$ 左右。它的作用也是用于改善电炉炼钢炉渣的流动性，特别是对含 $w(MgO)$ 高的熔渣，稀释作用比萤石好。火砖块中的 Al_2O_3 可改善炉渣的透气性，使氧化渣形成泡沫而自动流出，促进了氧化期操作的顺利进行。在还原期炉渣碱度较高时用一部分火砖块代替萤石是比较经济的，用炭粉还原炉渣时钢液也不易增碳。但因降低炉渣碱度，影响去磷、硫效果，用量不能太大。

9.2.2 氧化剂

9.2.2.1 氧气

氧气是转炉炼钢的主要氧源，其纯度应达到或超过 99.5%，压力要稳定，应脱除水分和肥皂液。

氧气是电炉炼钢最主要的氧化剂。它可使钢液迅速升温，加速杂质的氧化速度和脱碳速度，去除钢中气体和夹杂，强化冶炼过程和降低电耗。电炉炼钢要求氧气纯度高，含氧量不低于 98%；水分少，水分不高于 3 g/m^3；有一定的氧气压力，一般熔化期吹氧助熔时应为 0.3～0.7 MPa，氧化期吹氧脱碳时为 0.7～1.2 MPa。

9.2.2.2 铁矿石

铁矿石中铁的氧化物存在形式是 Fe_2O_3，Fe_3O_4 和 FeO，其 $w(O)$ 分别为 30.06%，27.64% 和 22.28%。在炼钢温度下，Fe_2O_3 不稳定，铁矿石是转炉中较少使用的氧化剂。要求含铁量高（$w(TFe)>56\%$）、杂质量少、块度合适。铁矿石还是冷却剂，氧化铁分解吸热降低熔池温度，分解出来的铁可以增加转炉金属收得率。

电炉用铁矿石的含铁量要高。因为含铁量越高密度越大，入炉后容易穿过渣层直接与钢液接触，加速氧化反应的进行。矿石中有害元素磷、硫、铜和杂质含量要低。要求矿石成分为：$w(Fe)\geqslant 55\%$、$w(SiO_2)<8\%$、$w(S)<0.10\%$、$w(P)<0.10\%$、$w(Cu)<0.2\%$、$w(H_2O)<0.5\%$，块度为 30～100 mm。

铁矿石入库前用水冲洗表面杂物，使用前须在 500℃以上高温烘烤 2 h 以上，以免使钢液降温过大，并减少带入水分。

9.2.2.3 氧化铁皮

氧化铁皮又称铁鳞，是钢坯（锭）加热、轧制和连铸过程中产生的氧化壳层，$w(Fe)$ 约 70%～75%。氧化铁皮还有帮助转炉化渣和冷却作用。

电炉用氧化铁皮造渣，可以提高炉渣中（FeO）含量，改善炉渣的流动性，稳定渣中脱磷产物，以提高炉渣的去磷能力。要求氧化铁皮的成分为：$w(Fe)\geqslant 70\%$、$w(SiO_2)\leqslant 3\%$、$w(S)\leqslant 0.04\%$、$w(P)\leqslant 0.05\%$、$w(H_2O)\leqslant 0.5\%$。

氧化铁皮的铁含量高，杂质少，但粘附的油污和水分较多，因此使用前须在 500℃以上的高温下烘烤 4 h 以上。

除以上三种氧化剂外，电炉还有时使用一些金属的氧化物。如在冶炼某些合金钢时，为了节省合金元素的用量，有时利用它们的矿石或精矿粉来代替部分相应的铁合金，如锰矿、铬矿、钒渣以及镍、钼、钨的氧化物（NiO、MoO_3、WO_3），这些矿石在使钢液合金化的同时，也具有氧化剂的作用。

9.2.3　冷却剂

(1) 废钢。氧气转炉炼钢因热量有富裕，可加入多达 30％的废钢，作为调整冶炼温度的冷却剂。采用废钢冷却，可降低钢铁料、造渣材料和氧气的消耗，而且比用铁矿石冷却的效果稳定、喷溅少。同时，因废钢价格较生铁低，多用废钢可降低钢的成本。

(2) 富铁矿、团矿、烧结矿、氧化铁皮。这类冷却剂主要是利用它们所含 Fe_XO_Y 氧化金属中的杂质时，需要吸收大量的热而起到冷却的作用。这部分炼钢原料可以直接炼成钢，而且利用了其中的氧，与废钢比较，它们同时又是助熔剂，有利于化渣。缺点是带进的脉石将使石灰消耗量增加，渣量增大。一次加入矿石过多时会产生严重喷溅。

对这类冷却剂的要求是含铁量要高，SiO_2 和硫的含量少，成分和块度稳定（氧化铁皮不要求块度），干燥。

(3) 石灰石。在缺乏废钢和富铁矿等原料的地方，可用石灰石作冷却剂，因 $CaCO_3$ 分解时要大量吸热。实践表明，它比加入铁矿石和氧化铁皮时喷溅少，在去除磷硫程度相同的情况下渣中 $w(\Sigma FeO)$要低些。其主要缺点是比加废钢冷却时的金属损失多，又没有加铁矿石冷却时的铁的收益，钢铁料消耗较高。

9.2.4　增碳剂

在冶炼过程中，由于配料或装料不当以及脱碳过量等原因，有时造成钢中碳含量没有达到预期的要求，这时要向钢液中增碳。常用的增碳剂有增碳生铁、电极粉、石油焦粉、木炭粉和焦炭粉。转炉冶炼中，高碳钢种时，使用含杂质很少的石油焦作为增碳剂。对顶吹转炉炼钢用增碳剂的要求是固定碳要高，灰分、挥发分和硫、磷、氮等杂质含量要低，且干燥、干净、粒度适中。其 $w(C)\geqslant 96\%$，w(挥发分)$\leqslant 1.0\%$，$w(S)\leqslant 0.5\%$，w(水分)$\leqslant 0.5\%$，粒度为 1～5 mm 。

9.2.5　炼钢用气体

转炉炼钢技术的发展，特别是顶底复合吹炼转炉的出现，使炼钢用气体的种类和数量日趋增多。除氧气在炼钢中广泛使用外。底吹气体使用了氮气、氩气、二氧化碳、天然气、一氧化碳等气体。

(1) 氮气和氩气。氮气和氩气是制氧机制取氧气过程中的副产物，由于氮气和氩气的沸点都比氧气低，因此在液态空气加热精馏时，通过不同的分离塔，精确地控制精馏温度和压力，就可以得到工业氮气和氩气。氩气与氧气的沸点十分接近，制取氩气更困难一些。现在氮气和氩气广泛作为复合吹炼转炉的底吹搅拌用气，炼钢生产中要求氮气纯度达 99％，氩气纯度在 95％以上。

(2) 二氧化碳。二氧化碳气体也是复合吹炼转炉底吹搅拌用气之一，使用 CO_2 作为底吹搅拌用气的纯度要求达 80％以上。CO_2 气体的制取，既可以从石灰窑废气中回收，也可以从转炉煤气中制取。目前采用 CO_2 作为底吹气体的复合吹炼转炉年产钢近亿吨，是一种具有前景的底吹搅拌用气。

(3) 一氧化碳。一氧化碳是可燃性气体，它在燃气中得到广泛应用。作为复合吹炼转炉的搅拌用气，要求其纯度很高，如日本在复合吹炼中应用的(CO)含量都在98%以上。但是，也有采用转炉回收煤气(w(CO)为65%左右)作为底吹用气的试验报道。总之，在使用CO气体作转炉底吹用气时，主要的问题是防止爆炸和中毒，故应谨慎对待。

(4) 天然气。天然气是蕴藏在地下的烃和非烃气体温合物，绝大多数的天然气主要成分为甲烷，其$w(CH_4)$=80%～90%，是一种可燃性气体。在转炉炼钢中，天然气可用作底吹用气，既可搅拌熔池，又能助燃。但CH_4分解的H_2则对钢水w[H]含量有影响，故在吹炼后期要切换为惰性气体吹炼，以去除钢水中的氢气。

9.3 炼钢用耐火材料

凡是具有抵抗高温及在高温下能够抵抗所产生的物理化学作用的材料统称耐火材料。它们一般是无机非金属材料和制品，也包括天然矿物和岩石等。

耐火材料的分类方法很多，若按其化学性质可分酸性耐火材料、碱性耐火材料和中性耐火材料；按耐火度的高低可划分为普通型耐火材料、高级耐火材料、特级耐火材料和超级耐火材料。普通级耐火材料的耐火度在1480～1770℃；高级耐火材料的耐火度在1770～2000℃；特级耐火材料的耐火度在2000℃以上；耐火度在3000℃以上的称为超级耐火材料。按其化学矿物组成分类，可划分为硅酸铝质耐火材料、硅质耐火材料、镁质耐火材料和碳质耐火材料等。如果按其用途还可分为高炉用耐火材料、顶吹转炉用耐火材料和连续铸钢用耐火材料等。

9.3.1 耐火材料的分类

(1) 酸性耐火材料。酸性耐火材料通常是指$w(SiO_2)$>93%的氧化硅质耐火材料。它的主要特点是在高温下能抵抗酸性熔渣的侵蚀，易与碱性熔渣起反应。如石英玻璃制品、熔融石英制品、硅砖及硅质不定形耐火材料均属酸性耐火材料；黏土质耐火材料是属半酸性或弱酸性耐火材料；锆英石质和碳化硅质作为特殊酸性耐火材料也归在此类之中。

(2) 碱性耐火材料。碱性耐火材料是指以MgO或MgO和CaO为主要成分的耐火材料。这类耐火材料的耐火度都很高，能够抵抗碱性熔渣的侵蚀，像镁砖、镁铝质、镁铬质、镁橄榄石质、白云石质材料等均属此类耐火材料；其中镁质、白云石质属强碱性耐火材料；而镁铝质、镁铬质、镁橄榄石质及尖晶石类材料均属弱碱性耐火材料。

(3) 中性耐火材料。在高温下，与碱性或酸性熔渣都不易起明显反应的耐火材料为中性耐火材料，如铝质、铬质耐火材料均属此类。高铝质耐火材料则是具有酸性倾向的中性耐火材料；而铬质耐火材料则是具有碱性倾向的中性耐火材料。

(4) 耐火材料的化学组成。常用耐火材料化学组成见表9-2。

表9-2 各种耐火材料的主要化学组成

类 别	主 要 成 分
硅 质	$w(SiO_2)$>93%
黏土质	$w(SiO_2)$=50%～60%；$w(Al_2O_3)$=30%～40%
高铝质	$w(Al_2O_3)$=48%～75%
刚 玉	白刚玉$w(Al_2O_3)$>98%；棕刚玉$w(Al_2O_3)$>94.5%
镁 质	w(MgO)>85%
镁铝质	w(MgO)>80%；$w(Al_2O_3)$=5%～12%
镁铬质	w(MgO)=48%～80%；$w(Cr_2O_3)$=8%～12%
白云石质	w(MgO)>36%；w(CaO)>40%
镁碳质	w(MgO)>75%；w(C)>14%

9.3.2 耐火材料的主要性质

(1) 耐火度。耐火度是指耐火材料在高温下不软化的性能。耐火材料是多种矿物的组合体，在受热过程中，熔点低的矿物首先软化进而熔化；随着温度的升高，高熔点矿物也逐渐软化进而熔化。因此，耐火材料没有固定的熔点，耐火材料受热软化到一定程度时的温度称为该材料的耐火度。

(2) 荷重软化温度。荷重软化温度也称荷重软化点。耐火制品在常温下耐压强度很高，但在高温下承受载荷后就会发生变形，耐压强度就显著降低。所谓荷重软化温度就是耐火制品在高温条件下，承受恒定压负荷条件下发生一定变形的温度。荷重软化温度也是衡量耐火制品高温结构强度的指标。

(3) 耐压强度。耐火材料试样单位面积承受的极限载荷称为耐压强度，单位是 MPa。在室温下所测耐压强度为耐火材料的常温耐压强度；在高温下所测数值为高温耐压强度。

(4) 抗热震性。耐火材料抵抗由于温度急剧变化而不开裂或不剥落的性能称为抗热震性，又称温度急变抵抗性，或耐急冷急热性。耐火材料经常处于温度急剧变化状态下作业，由于耐火材料的导热性较差，使得材料内部会产生应力，当应力超过材料的结构强度极限时就会产生裂纹或剥落。因此，抗热震性也是耐火材料的重要性质之一。

(5) 热膨胀性。耐火材料及其制品受热膨胀遇冷收缩，这种热胀冷缩是可逆的变化过程，其热胀冷缩的程度取决于材料的矿物组成和温度。耐火材料的热膨胀性可用线胀率或体积胀率来表示，以每升高 1℃制品的长度或体积的相对增长率作为热胀性的量度，即用线膨胀百分率或体积膨胀百分率表示。

(6) 导热性。耐火材料及制品的导热能力用导热系数表示，即单位时间内，单位温度梯度，单位面积耐火材料试样所通过的热量称为导热系数，也称热导率，单位是 W/(m·K)。

(7) 重烧线变化。耐火材料及其制品在高温下长期使用体积发生不可逆变化，也就是继续完成在焙烧过程中未完成的物理化学变化；有些材料产生膨胀，称其为重烧膨胀，也称残存膨胀；有些材料是发生收缩，称其为重烧收缩，也称残存收缩。用膨胀或收缩的数值占原尺寸的百分数来表示高温下耐火材料或制品的体积稳定性。

(8) 抗渣性。耐火材料在高温下，抵抗熔渣侵蚀的能力称为抗渣性，耐火材料的抗渣性与熔渣的化学性质、工作温度和耐火材料的致密程度有关。

对耐火材料的侵蚀包括化学侵蚀、物理溶解和机械冲刷三个方面。化学侵蚀是指熔渣与耐火材料发生化学反应，其所形成的产物进入熔渣，从而改变了熔渣的化学成分，同时耐火材料遭受蚀损。物理溶解是指由于化学侵蚀和耐火材料颗粒结合不牢固，使得固体颗粒溶解于熔渣之中。机械冲刷是指由于熔渣流动对耐火材料中结合力差的固体颗粒带走或溶于熔渣中。

(9) 气孔率。气孔率是耐火材料制品中气体的体积占制品体积的百分比，表示耐火材料或制品致密程度的指标。耐火材料内气孔与大气相通的叫开口气孔，其中贯穿的气孔称为连通气孔；不与大气相通的气孔称为闭口气孔。

(10) 体积密度。单位体积（包括气孔体积在内）的耐火材料的质量称为体积密度，其单位是 g/cm^3 或 t/m^3。

9.3.3 耐火材料损毁的原因及防止措施

耐火材料的损毁原因很多，有耐火材料本身性能、质量不高，也有使用耐火材料的条件不合适以及炉子设计不当等。耐火材料的损毁往往是许多因素综合造成的。对于碱性材料炉衬，在熔炼过程中和熔渣的反应，改变了材料组成和结构，造成耐火材料损毁。而操作温度的剧烈被动以及钢、渣和气流的冲击等因素，可加速耐火材料的损毁。

9.3.3.1 熔渣的侵蚀

氧化精炼的初期，Si、Mn、Cr、Al 等氧化形成的酸性渣对碱性耐火材料有强烈的侵蚀作用。应用轻烧的活性石灰造渣，使高碱度渣快速形成，有助于减轻初期的侵蚀。氧化精炼终渣含(ΣFeO)高，温度也高；氧化铁降低耐火材料的耐火度。当方镁石颗粒间有气孔或低熔物时，氧化渣很容易沿缝隙渗入砖体内部，使未溶解的方镁石颗粒解体脱落。CaO 可以生成铁酸钙，抗氧化性渣侵蚀能力比 MgO 差。所以方镁石直接结合及 MgO 网络包围 CaO 的组织抗渣侵蚀能力强。

碱性渣中 MgO 溶解度不高，且随碱度的升高而降低。在造渣时加入适当的轻烧白云石，初期能迅速溶入酸性渣，加快造渣速度。后期渣中 w(MgO)呈过饱和状态，渣子变黏，能显著减小侵蚀能力，甚至在砖的工作面形成粘渣保护层。

镁铬砖抗酸性渣侵蚀能力优于镁砖和镁白云砖，但在高碱度渣下，镁铬砖的侵蚀速度比镁砖大得多。在炉外精炼时也可以用白云石增加渣中 MgO，减轻熔渣溶解 MgO 的能力。

镁白云石砖在炉外精炼时的侵蚀情况又有其特点：在 w(FeO)低的条件下，(SiO_2)和砖中的 CaO 形成高熔点的 $2CaO \cdot SiO_2$ 层，阻止熔渣渗入。但用 Al 脱氧生成 Al_2O_3，可破坏 $2CaO \cdot SiO_2$ 层生成硅铝酸盐，加速了熔渣对砖的侵蚀。

CaF_2 是造渣过程所必需的加入物，但 CaF_2 也对耐火材料有强烈的侵蚀作用。因此应严格控制萤石的使用量。

9.3.3.2 高温高真空下的损毁

在常压下，耐火材料中的氧化物都很稳定；在常温下，耐火材料的蒸气压也很低。但在高温和高真空下工作时，耐火材料中氧化物的分解和挥发成为不可忽视的大问题。

真空下耐火氧化物也可能分解，还会使钢中 w[O]增加，使耐火材料成为钢液二次氧化的原因之一。由于钢的炉外精炼大多在真空下进行，对耐火材料的要求非常苛刻，必须选用高纯度高密度的优质耐火材料。

9.3.3.3 耐火材料的剥落

由于开口气孔的毛细作用，熔渣可以进入砖的内部，形成以硅酸盐为主的新相。在高温下原砖和新形成的变质层膨胀系数有差异，往往产生热应力以致裂纹，裂纹的扩展使变质层剥落而损毁。气孔率大、气孔直径大、熔渣和耐火材料间润湿良好，都使这种损毁加剧。

MgO 比尖晶石和 CaO 对熔渣的润湿性都好，适当提高砖中的尖晶石和 CaO，有利于减轻渣的润湿作用。镁碳砖对熔渣不润湿，熔渣不能渗入，仅在工作面有 0～5 mm 厚的反应层，而不形成变质层，5～10 mm 以内砖的组织没有改变，也不出现裂纹。这是镁碳砖显著优于其他砖的主要原因。提高砖的烧成温度有利于提高砖的高温强度，从而能经受住较大的热应力。

总之，要提高炼钢炉衬的寿命，从耐火材料性能看要采用高纯原料、高压成型、高温烧成"三高"技术，以得到高纯度、高密度、高强度的高效碱性耐火材料。从使用耐火材料方面看，要正确选择耐火材料砌筑方法，使炉衬均衡侵蚀，并且改进冶炼工艺。另外，为了解决局部炉衬蚀损严重问题，近来广泛采用喷补技术，特别是转炉溅渣护炉技术迅速发展。

复习思考题

9-1 氧气转炉炼钢用的主要金属料组成有哪些，对铁水有什么要求？

9-2 电炉炼钢用的主要金属料组成有哪些，对废钢有什么要求？

9-3 谈谈炼钢原料对生产高品质钢的重要作用。

9-4 炼钢用氧化剂主要是什么，对它们有什么要求？

9-5 炼钢用造渣材料主要有哪些，对它们有什么要求？

9-6 铁矿石作冷却剂与废钢相比有什么不同？

9-7 论述耐火材料在炼钢中的重要作用。

10 氧气转炉炼钢

氧气转炉炼钢法就是使用转炉(Converter),以铁水作为主原料,以纯氧作为氧化剂,靠杂质的氧化热提高钢水温度,一般在30～40 min内完成一次精炼的快速炼钢法。转炉按炉衬耐火材料性质可分为碱性转炉和酸性转炉,按供入氧化性气体种类分为空气和氧气转炉,按供气部位分为顶吹、底吹、侧吹及复合吹转炉,按热量来源分为自供热和外加热燃料转炉。现在,全世界主要的转炉炼钢法是氧气顶吹转炉炼钢法(LD法)和氧气顶底复合吹炼转炉炼钢法(复合吹炼法),如图10-1所示。在我国,主要采用LD法(小转炉)与复合吹炼法(大中型转炉)。现代转炉炼钢流程如图10-2所示。

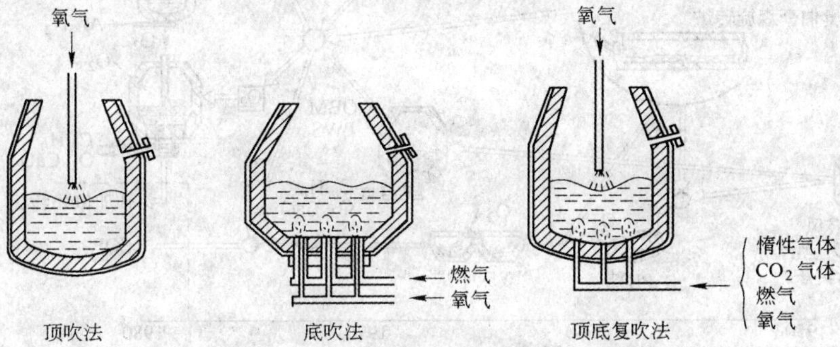

图10-1 转炉吹炼示意图

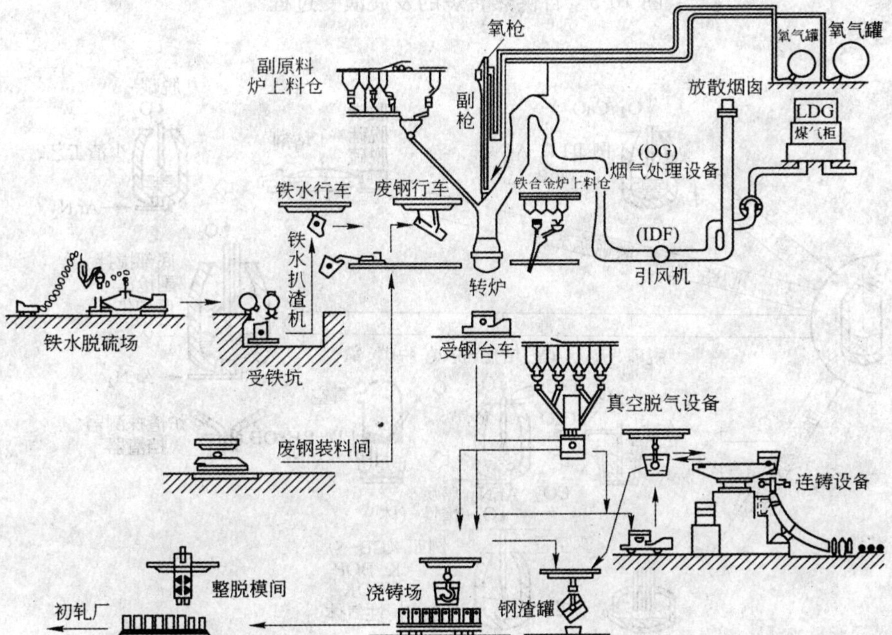

图10-2 转炉炼钢主要设备与工艺流程

自 1856 年英国人贝塞麦发明酸性空气底吹转炉炼钢法起，开始了转炉大量生产钢水的历史。上世纪 50 年代用氧气代替空气炼钢是炼钢史上的一次重大变革，70 年代出现的氧气底吹转炉和顶吹复合转炉，是氧气转炉在发展和完善道路上取得的丰硕成果。氧气转炉的高速发展是其他炼钢法所无法比拟的，图 10-3 是由 LD 法为主体的自供热转炉的发展演变过程，图 10-4 是从传统供热方法向外加燃料联合供热法转炉发展的演变过程。目前，转炉炼钢已经形成了多种高效的生产工艺，充分发挥和保持着转炉炼钢的技术优势和强大竞争优势。图 10-4 表达了转炉炼钢功能的发展与完善。

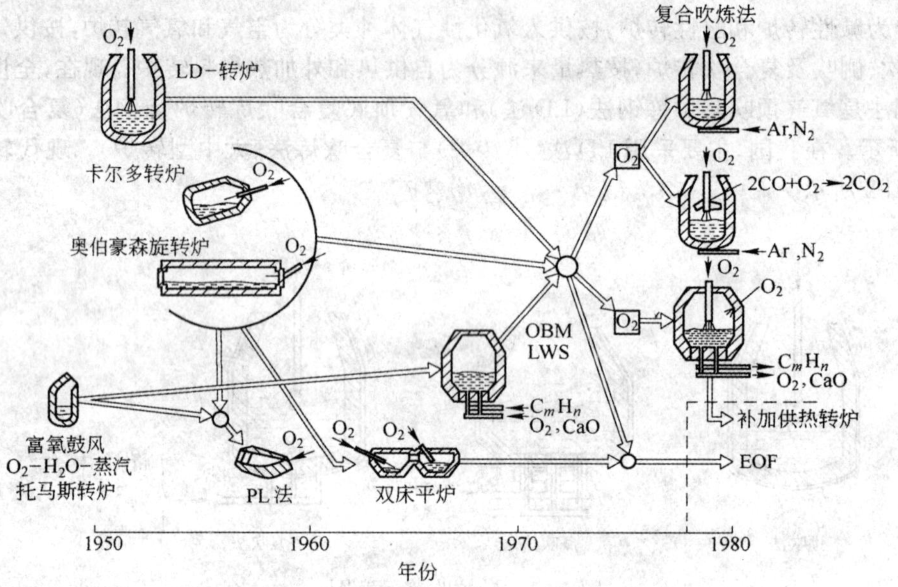

图 10-3　自供热转炉的发展演变过程

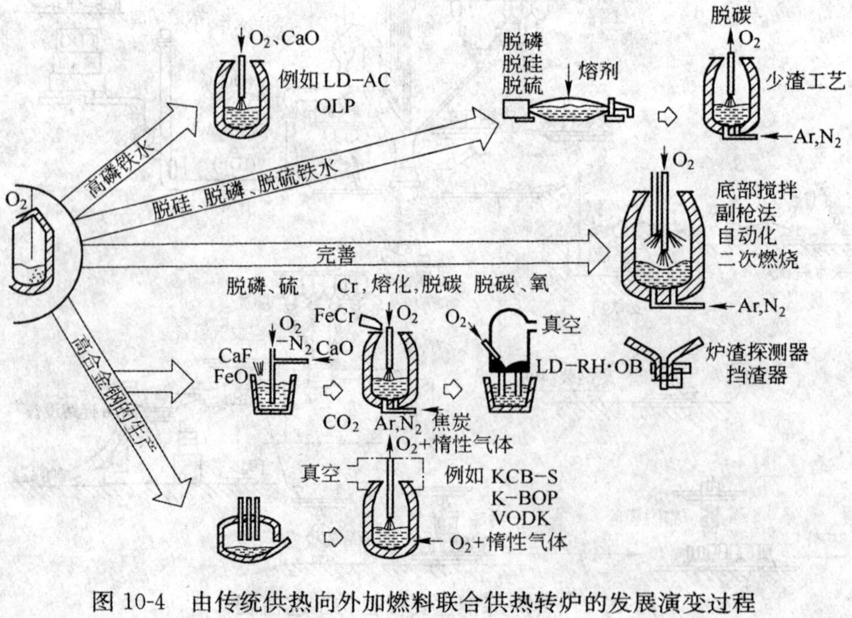

图 10-4　由传统供热向外加燃料联合供热转炉的发展演变过程

10.1 氧气顶吹转炉炼钢法

10.1.1 氧气顶吹转炉炼钢特点

顶吹氧气转炉炼钢法具有下列优点：吹炼速度快、生产率高；品种多、质量好；原材料消耗少、热效率高、成本低；基建投资省、建设速度快；氧气顶吹转炉容易与连续铸钢相匹配。

氧气顶吹转炉炼钢法的缺点是：吹损大（达 10%左右）、金属收得率低；相对底吹法与复吹法，其氧气射流对熔池搅拌不均匀，从而影响氧气顶吹转炉吹炼强度、吹炼稳定性和生产率的提高。因此氧气顶吹转炉将逐渐被顶底复吹转炉所代替。

10.1.2 一炉钢的冶炼过程

上炉钢出完后，根据炉况，加入调渣剂调整熔渣成分，并进行溅渣护炉（必要时补炉），倒完残余炉渣，然后堵出钢口。装入废钢和兑铁水后，摇正炉体。下降氧枪的同时，由炉口上方的辅助材料溜槽加入第一批渣料（白云石、石灰、萤石、铁皮）和作冷却剂用的铁矿石，其量约为总渣料量的 2/3。当氧枪降至规定枪位时，吹炼正式开始。

当氧流与熔池面接触时，硅、锰、碳开始氧化，称为点火。点火后约几分钟，初渣形成并覆盖于熔池面。随着硅、锰、磷、碳的氧化，熔池温度升高，火焰亮度增加，炉渣起泡，并有小铁粒从炉口喷溅出来，此时应适当降低氧枪高度。

吹炼中期脱碳反应激烈，渣中氧化铁降低，致使炉渣熔点增高和黏度加大，并可能出现稠渣（即“返干”）现象。此时应适当提高枪位，并可分批加入铁矿石和第二批渣料（其余 1/3），以提高渣中氧化铁含量及调整炉渣性能。如果炉内化渣不好，则加入第三批渣料（萤石），其加入量视炉内化渣情况决定。

吹炼末期，金属含碳量大大降低，脱碳反应减弱，火焰变短而透明。最后根据火焰状况，供氧数量和吹炼时间等因素，按所炼钢种的成分和温度要求，确定吹炼终点，并提枪停止供氧（称之拉碳），倒炉、测温、取样。根据分析结果，决定出钢或补吹时间。

当钢水成分（主要是碳、硫、磷的含量）和温度合格，打开出钢口，倒炉挡渣出钢。当钢水流出总量的 1/4 时，向钢包内加入铁合金进行脱氧和合金化。出完钢后，溅渣护炉（或喷补），倒渣之后，便组织装料，继续炼钢。

通常将相邻两炉钢之间的间隔时间（即从装入钢铁料至倒渣完毕的时间）称为冶炼周期或冶炼一炉钢的时间，一般为 30～40 min（或为 30 min 左右）。它与炉子吨位大小和工艺的不同有关。其中吹氧过程的时间称为供氧时间或纯吹炼时间，通常为 12～18 min。

10.1.3 转炉吹炼过程金属成分的变化规律

通常情况下，吹炼时炉内的喷枪是埋没在炉渣中的。炉渣由于含有大量 CO 气泡而膨胀。熔池受到氧气射流的强烈冲击和熔池沸腾的作用，一部分钢液飞溅起来，成为金属液滴弥散在熔渣中，形成气-渣-金属乳化相。氧气射流冲击区凹陷下去，和熔池冲击处大致呈抛物线状。图 10-5为吹炼过程中金属成分、熔渣成分变化实例。当然，吹炼过程中炉内变化并不是固定不变的，而是随着吹炼条件会大幅度地变化。但有一些基本规律。

10.1.3.1 硅的氧化规律

[Si]的氧化图解见图 10-6，反应式中(FeO)为渣中(FeO)和金属珠表面的氧化膜。

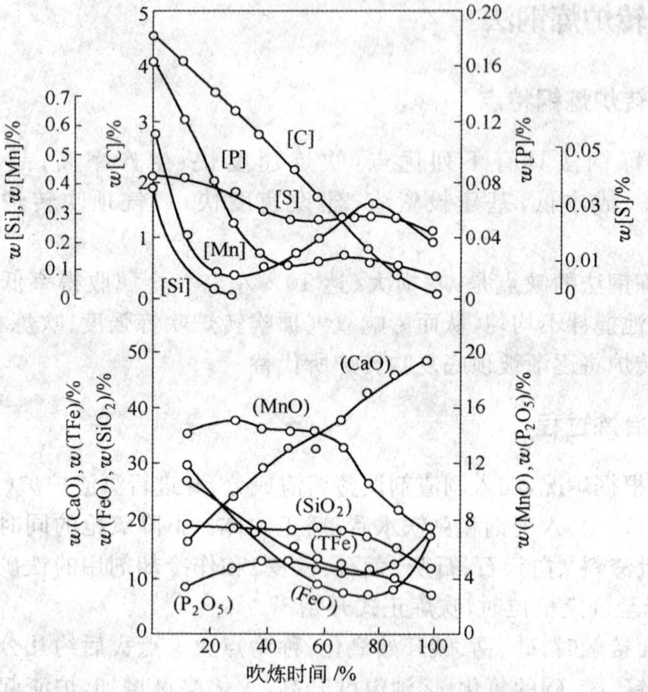

图 10-5　吹炼一炉钢过程中熔池内成分的变化

熔渣
$2(CaO) + (2FeO \cdot SiO_2) = (2CaO \cdot SiO_2) + 2(FeO)$
$2(FeO) + (SiO_2) = (2FeO \cdot SiO_2)$　（产物不稳定，随熔渣碱度提高而转变）

界面
$[Si] + 2(FeO) = (SiO_2) + 2[Fe]$

钢水
$[Si] + 2[O] = (SiO_2)$　（熔池内反应）
$[Si] + \{O_2\} = (SiO_2)$　（氧气直接氧化）

图 10-6　硅的氧化图解

A　硅的氧化规律

(1) [Si]在吹炼初期就大量氧化。在吹炼初期，一般在 5 min 内就被氧化到很低，一直到吹炼终点，也不发生硅的还原。在开吹时，铁水中[Si]含量高，同时[Si]和氧的亲和力大，[Si]氧化反应为放热反应，低温下有利于反应进行，所以[Si]在吹炼初期大量地迅速氧化。

(2) 一直到吹炼终点，不发生硅的还原。随着吹炼的进行，石灰逐渐溶解，$2FeO \cdot SiO_2$ 转变为稳定的化合物：$2CaO \cdot SiO_2$，SiO_2 活度 a_{SiO_2} 很低。在碱性渣中 a_{FeO} 较高。基于这两个原因，不仅[Si]能被氧化到很低含量，而且在[C]激烈氧化时，也不会被还原。即使温度大于 1530℃，[C]与[O]的亲和力大于[Si]与[O]亲和力，终因(CaO)与(SiO_2)结合为稳定的 $2CaO \cdot SiO_2$，[C]也不能还原(SiO_2)。

B　[Si]的氧化对熔池温度、熔渣碱度和其他元素氧化的影响

[Si]氧化带来如下影响：

(1) [Si]氧化可使熔池温度升高，硅氧化是吹氧炼钢的主要热源之一；

(2) [Si]氧化后生成(SiO_2)，降低熔渣碱度，不利于脱磷、脱硫，侵蚀炉衬耐火材料，降低炉渣氧化性，增加渣料消耗；

(3) [Si]对[C]氧化的影响是：如铁水 w[Si]高，即使熔池温度高，[C]氧化反应也要一直到 w[Si]<0.15%左右时，才能激烈进行。如铁水 w[Si]低，而熔池温度高时，不等[Si]氧化到很低，而较早地发生[C]的氧化。

可见，影响[Si]氧化规律的主要因素是：[Si]与氧的亲和力、熔池温度、熔渣碱度和 a_{FeO}。而[Si]的氧化反过来又影响熔池温度、熔渣碱度和[C]的氧化时间。

10.1.3.2　锰的氧化规律

A　熔池中[Mn]的氧化图解

熔池中[Mn]的氧化图解见图 10-7，反应式中(FeO)为渣中(FeO)和金属珠表面的氧化膜。

熔渣	[C] +(MnO) = [Mn] + {CO}	(吹炼后期，炉温升高后，(MnO)被还原)
	2(CaO) + ($MnO\cdot SiO_2$) = (MnO) +($2CaO\cdot SiO_2$)	(在碱性渣中大部分呈游离(MnO))
	(SiO_2) + (MnO) = ($MnO\cdot SiO_2$)	(吹炼前期)
界面	[Mn] + (FeO) = (MnO) + [Fe]	
钢水	[Mn] + [O] = (MnO)	(熔池内反应)
	[Mn] + 1/2{O_2} = (MnO)	(氧气直接氧化反应)

图 10-7　锰的氧化图解

B　[Mn]的氧化规律

(1) [Mn]在吹炼初期迅速氧化，但不如[Si]氧化的快。在开吹时，铁水中 w[Mn]含量高，同时[Mn]和氧的亲和力大，[Mn]氧化反应为放热反应，低温有利于反应进行，所以[Mn]在吹炼初期迅速地氧化。

(2) 随着吹炼的进行，渣中的 w(CaO)含量的增加，大部分(MnO)呈游离状态，当脱碳反应剧烈进行时，炉渣中 w(FeO)大量减少，吹炼后期，炉温升高后，(MnO)被还原，即：

$$(MnO)+[C]=[Mn]+CO \quad 或 \quad (MnO)+[Fe]=(FeO)+[Mn]$$

因此，吹炼终了时，钢中的锰含量也称余锰或残锰。这是[Mn]的氧化规律和[Si]的氧化规律不同的地方。

一般认为钢液中的余锰，可防止钢液的过氧化，或避免钢液中含过多的过剩氧，以提高脱氧合金的收得率，降低钢中氧化物夹杂。余锰高，也可以降低钢中硫的危害。但在冶炼工业纯铁时，要求锰含量越低越好，应采取措施降低终点锰含量。

C　影响余锰量的因素

影响余锰量的因素如下：

(1) 炉温高利于(MnO)的还原，余锰含量高；

(2) 碱度升高，可提高自由(MnO)浓度，余锰量增高；

(3) 降低熔渣中 w(FeO)含量，可提高余锰含量；

(4) 铁水中锰含量高，单渣操作，钢中余锰也会高些。

锰的氧化也是吹氧炼钢热源之一，但不是主要的。在吹炼初期，锰氧化生成 MnO 可帮助化渣，减轻初期渣中 SiO_2 对耐火内衬的侵蚀。在炼钢过程中，应尽量控制锰的氧化，以提高钢水余锰量。

可见，影响[Mn]氧化规律的主要因素是：[Mn]与氧的亲和力、熔池温度、熔渣碱度和 a_{MnO}。而[Mn]的氧化反应反过来又影响熔池温度、熔渣碱度和[C]的氧化。

10.1.3.3　碳的氧化规律

A　[C]的氧化反应图解

[C]的氧化反应图解见图 10-8。

熔渣　$[C] + (FeO) = [Fe] + \{CO\}$

界面　$[C] + (FeO) = [Fe] + \{CO\}$

钢水　$[C] + [O] = \{CO\}$（熔池粗糙表面上反应，只有 $w[C] < 0.05\%$ 时，$[C]+2[O]=\{CO_2\}$ 才反应）

　　　$[C] + 1/2\{O_2\} = \{CO\}$　（氧射流冲击区，直接氧化反应）

图 10-8　碳的氧化图解

C-O 反应主要是在气泡和金属的界面上发生。[C]的氧化规律主要表现为吹炼过程中[C]的氧化速度，影响碳氧化速度的主要因素有：熔池温度、熔池金属成分、熔渣中 $w(\Sigma FeO)$ 和炉内搅拌强度。在吹炼的前、中、后期，这些因素随吹炼过程的进行，时刻在发生变化，所以吹炼各期[C]的氧化速度的变化规律，也有一定的差别。吹炼各期[C]氧化速度的变化规律及其与主要影响因素之间的关系列于表 10-1。

表 10-1　[C]氧化速度的变化规律及其主要影响因素

吹炼时期	碳氧化速度的工艺影响因素				碳氧化速度
	熔池温度	熔池金属成分	熔渣 $w(\Sigma FeO)$	熔池搅动	
前期（Ⅰ期）	(1) 熔池平均温度低于 1400～1500℃；(2) 在此温度下[C]处于非活性状态，不利于[C]氧化	[Si]、[Mn]含量高，[Si]与氧亲和力、[Mn]与氧亲和力均大于[C]与氧亲和力，不利于[C]氧化	$w(\Sigma FeO)$ 较高，而化渣、脱碳消耗的(FeO)较少	熔池搅动不如中期强烈	初期碳的氧化速度不如中期高；但熔池反应区，即火点处的碳氧化速度较高
中期（Ⅱ期）	熔池温度大于 1500℃，[C]与氧的化合能力增加	(1) [Si]、[Mn]含量已降低；(2) [P]与氧亲和力小于[C]与氧亲和力	(1) [C]氧化消耗较多的(FeO)；(2) 熔渣中 $w(\Sigma FeO)$ 有所降低	熔池搅动强烈，反应区乳化得较好	碳氧化速度高
后期（Ⅲ期）	熔池温度很高，大于 1600℃	[C]含量比较低	碳氧化速度减慢，消耗的(FeO)少，所以 $w(\Sigma FeO)$ 增加	熔池搅动不如中期	碳氧化速度比中期低；碳氧化速度低，有利于按所炼钢种拉碳

B　碳氧反应作用

炼钢过程中碳氧反应不仅完成脱碳任务，还有以下作用：加大钢—渣界面，加速物理化学反应的进行；搅动熔池，均匀成分和温度；有利于非金属夹杂的上浮和有害气体的排出；有利于熔渣的形成；放热升温；爆发性的碳氧反应会造成喷溅。

整个冶炼过程中脱碳速度的变化情况如图 10-9 所示，我们将整个脱碳过程中脱碳速度变化的曲线称为“梯形曲线”。

第Ⅰ期脱碳速度　$v_C = -dw[C]/dt = K_1 t$

第Ⅱ期脱碳速度　$v_C = -dw[C]/dt = K_2$

第Ⅲ期脱碳速度　$v_C = -dw[C]/dt = K_3 w[C]$

式中　K_1、K_2、K_3——系数，分别受各阶段主要因素影响；

t——吹炼时间，min；

$w[C]$——熔池碳的质量分数，%。

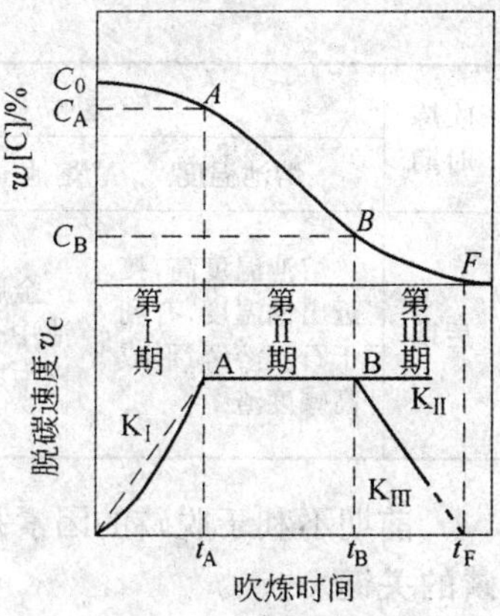

图 10-9　脱碳速度与吹炼时间的关系

10.1.3.4　吹炼过程中[P]的变化规律

A　脱磷反应图解

脱磷反应图解见图 10-10。

熔渣：

$n(CaO) + (3FeO \cdot P_2O_5) = (nCaO \cdot P_2O_5) + 3(FeO)$　（吹炼中、后期）（n为3或4）

$3(FeO) + (P_2O_5) = (3FeO \cdot P_2O_5)$　（吹炼前期）

界面：

$2[P] + 5(FeO) = (P_2O_5) + 5[Fe]$

钢水：

$2[P] + 5[O] = (P_2O_5)$

$2[P] + 5/2\{O_2\} = (P_2O_5)$

图 10-10　脱磷反应图解

B　脱磷速度变化规律的影响因素

[P]的变化规律主要表现为吹炼过程中的脱磷速度，脱磷速度的变化规律主要受下列因素影响：熔池温度、熔池金属含磷量、熔渣 $w(\Sigma FeO)$、熔渣碱度、熔池的搅拌强度或脱磷速度。在吹炼的前、中、后期，这些影响因素是不同的，而且随吹炼过程的进行又时刻发生变化，所以吹炼各期脱磷速度的变化规律，也有一定的差别。吹炼各期脱磷速度的变化规律及其与主要影响因素之间的关系列于表 10-2。

表 10-2　脱磷速度的变化规律及其主要影响因素

吹炼时期	脱磷速度的工艺影响因素					脱磷速度
	熔池温度	熔池 $w[P]$	熔渣 $w(\Sigma FeO)$	熔渣碱度	熔池搅动	
前期	温度较低，在热力学上有利于脱磷，但不利于形成高碱度流动性好的熔渣	熔池金属含磷量比较高	$w(FeO)$含量较高，可帮助化渣，有利于脱磷；(FeO)作为[P]的氧化剂可促进脱磷反应进行	一般碱度不高，平均 2.0 左右。因为温度不高不易形成高碱度渣，渣中 CaO 消耗于中和 SiO_2 形成 $CaO \cdot SiO_2$	一般搅动强度，不如吹炼中期大	金属中[P]几乎与[C]同时氧化；脱磷速度低于中期
中期	[C]大量氧化，熔池温度比前期提高。从热力学上看，温度提高不利于脱磷。从动力学上看，有利于形成高碱度熔渣	熔池金属含磷量比前期低	$w(FeO)$含量比较低，比前期少了，从热力学上看，不利于脱磷，从动力学上看，不利于化渣	熔渣碱度比前期提高。有利于脱磷，促进不稳定的 $3FeO \cdot P_2O_5$ 转变为 $nCaO \cdot P_2O_5$	[C]大量氧化，脱碳速度高，熔池金属搅拌乳化好，有利于脱磷，熔池温度升高，促进化渣	关键因素是熔渣碱度。熔渣碱度高，脱磷具有一定的速度，高于初期

续表 10-2

吹炼时期	脱磷速度的工艺影响因素					脱磷速度
	熔池温度	熔池 w[P]	熔渣 w(ΣFeO)	熔渣碱度	熔池搅动	
后期	熔池温度高，接近出钢温度，有利于石灰溶解，形成高碱度渣	金属熔池中[P]比中期低	因脱碳速度降低，w(FeO)又较快地升高	由于温度高，石灰进一步溶解，熔渣碱度高	脱碳速度降低，搅动不如中期	后期仍具有一定的脱磷能力，但低于中期

前期不利于脱磷的因素是熔渣碱度比较低。因此，如何及早形成碱度较高的熔渣，是前期脱磷的关键。

中期不利于脱磷的因素是 w(ΣFeO)较低。因此，如何控制渣中 w(ΣFeO)达 10%～12%，避免炉渣"返干"，是中期脱磷的关键。

后期不利于脱磷的热力学因素是熔池温度高。因此，如何防止终点温度过高，是后期的脱磷关键。

碳和磷的选择氧化：

在氧气顶吹转炉中，脱磷和脱碳是同时进行的。脱碳沸腾能促进渣钢间的传质过程，但碳和磷又同时争夺氧。特别在冶炼低磷高碳的钢种时，要求脱磷不迟于脱碳反应。要使磷优先氧化，必须形成碱性氧化渣，又要使生成的 P_2O_5 能与熔渣迅速接触。可采取以下措施：尽可能采用软吹；使用活性石灰，提高造渣速度；使用合成渣料；喷吹石灰粉。

C　防止回磷

(1) 回磷原因。炉内炉渣返干，渣中 w(FeO)低；或温度过高，w(FeO)过高使炉渣碱度降低；在氧化渣下向熔池加入脱氧剂，使金属中 w[O]量降低；钢水脱氧后在钢包内镇静时，炉渣溶解酸性砖衬而降低碱度。

(2) 防止回磷措施。出钢前向炉内加少量石灰稠化炉渣，防止出钢下渣；出钢时向钢包内加入石灰，提高钢包内渣层的原始的碱度；减少金属在钢包内停留时间；用碱性包衬；挡渣出钢；出钢过程向钢包内加入钢包渣改质剂，一方面抵消因硅铁脱氧后引起炉渣碱度的降低，另一方面可以稀释熔渣中磷的含量，以减弱回磷反应。另外挡渣不好时，精炼前应扒除钢包渣。

10.1.3.5　吹炼过程中 w[S]的变化规律

硫在金属液中存在三种形式，即[FeS]、[S]和 S^{2-}，FeS 既溶于钢液，也溶于熔渣。碱性氧化渣脱硫反应图解见图 10-11，这是根据熔渣的分子理论写出的脱硫反应式。渣中的(MnO)、(MgO)也可发生脱硫反应。

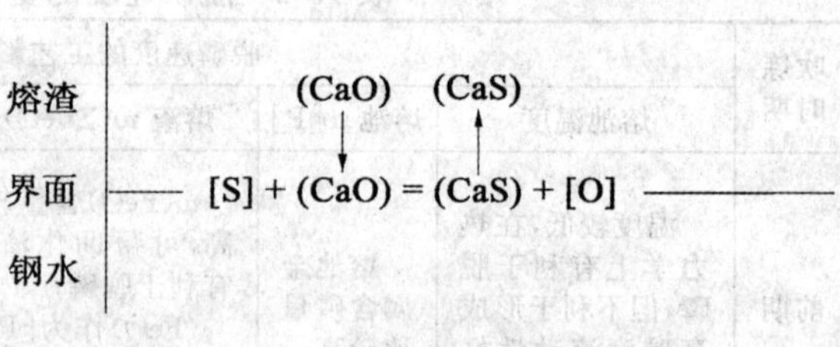

图 10-11　碱性氧化渣脱硫反应图解

根据熔渣的离子理论，脱硫反应可表示为：

$$[S] + (O^{2-}) = (S^{2-}) + [O]$$

[S]的变化规律主要表现为吹炼过程中的脱硫速度，吹炼过程中脱硫速度变化规律的主要影响因素有：熔池温度、熔池 w[S]含量、熔渣 w(ΣFeO)、熔渣碱度、熔池的搅拌强度或脱碳速度。在吹炼的前、中、后期，这些影响因素是不同的，所以吹炼各期脱硫速度的变化规律，也有一定的差别。吹炼各期脱硫速度的变化规律及其与主要影响因素之间的关系列表 10-3。

表 10-3 脱硫速度的变化规律及其主要影响因素

吹炼时期	脱硫速度的变化规律及其主要影响因素					脱硫速度
	熔池温度	熔池[S]含量	$w(\Sigma FeO)$	熔渣碱度	脱碳速度 v_C	
前期	温度较低	比中、后期高	较高	碱度较低，流动性差	碳氧化不激烈，熔池搅拌一般	脱硫能力较低，脱硫速度很慢
	如炉子热行，温度较高			早化好渣，有一定的碱度		可提前较好地脱硫
中期	温度逐渐升高	比前期稍低	比前期降低，在热力学上有利于脱硫，不利于化渣	石灰大量熔化，熔渣碱度升高	脱碳速度高，熔池乳化得比较好	脱硫速度比前、后期高，一般是脱硫的最好时期
后期	熔池温度已升高，接近出钢温度	比前、中期都低	(FeO)回升，比中期高	熔渣碱度高，流动性好	v_C 低于中期，搅拌不如中期	脱硫速度低于或稍低于中期

可以看出，氧气顶吹转炉的脱硫特点是，在吹炼各个时期都能脱硫。但每炉各期的影响因素也会有变化，各炉次之间也会出现各种不同的脱硫速度曲线。

气化脱硫：有文献中指出，在氧气顶吹转炉内，直接气化脱硫是不可能实现的。只有在钢液中没有[Si]、[Mn]或含[C]很少时，在氧化性气流强烈流动并能顺利排出的条件下，才有可能气化脱硫。因此，钢液气化脱硫的最大可能是钢液中[S]进入炉渣后，再被气化去除，即：

$$(S^{2-})+3/2O_2=SO_2\uparrow+(O^{2-})$$

在氧气顶吹转炉熔池的氧流冲击区，由于温度很高，硫以 S、S_2、SO 和 COS 的形态挥发是可能的，即：

$$S_2+2CO=2COS$$

$$SO_2+3CO=2CO_2+COS$$

从氧气转炉硫的衡算可以得出，氧化渣脱硫占总脱硫量的 90%，气化脱硫占 10%左右。

10.1.4 熔渣成分的变化规律

熔渣成分影响着元素的氧化和脱除的规律，而元素的氧化和脱除又影响着熔渣成分的变化。

10.1.4.1 熔渣中 w(FeO)的变化规律

熔渣中 w(FeO)的变化决定于它的来源和消耗两方面。(FeO)的来源主要与枪位、加矿量有关；(FeO)的消耗主要与脱碳速度有关。

(1)枪位。枪位低时，高压氧气流股冲击熔池，熔池搅动激烈，渣中金属液滴增多，形成渣、金乳浊液，脱碳速度加快，消耗渣中 w(FeO)，w(FeO)降低。枪位高时，脱碳速度低，渣中 w(FeO)增高。

(2)矿石。渣料中加的矿石多，则渣中 w(FeO)增加。

(3)脱碳速度。脱碳速度高，渣中 w(FeO)低；脱碳速度低，渣中 w(FeO)高。

开吹氧后，大量铁珠被氧化，表面生成一层氧化膜，或生成 FeO 而进入熔渣，此时脱碳速度又低，所以渣中 w(FeO)很快升高。有时采用高枪位操作和加矿石造渣，w(FeO)很快达到最高值。一般可达到 18%～25%，平均 20%左右。

中期温度升高，[C]还原(FeO)的能力增强，脱碳速度大，枪位较低。所以中期渣中 w(FeO)比前期低，一般可降到7%～12%。

后期脱碳速度降低，熔渣中 w(FeO)又开始增加。

可见，熔渣中(FeO)在吹炼过程中由高而低再高，呈“锅底形”变化。

根据上面讲到的渣中(FeO)与枪位、脱碳速度之间的关系，在氧压一定的条件下，改变枪位的高低，可达到操作工艺上所要求的化渣或脱碳的目的，如表10-4所示。

表10-4　控制枪位的效果

操作工艺要求	控制枪位	控制枪位的效果	
		脱碳速度	w(FeO)
化　渣	高	降　低	增　加
脱　碳	低	增　加	降　低

氧气顶吹转炉通过改变枪位，可达到化渣、降碳的不同目的，这是它与其他炼钢方法相比，具有操作灵活的特点。

10.1.4.2　熔渣碱度的变化规律

熔渣碱度的变化规律决定于石灰的溶解，渣中(SiO_2)和熔池温度。在吹炼各期中，石灰的溶解情况、渣中(SiO_2)的来源和温度的高低，都不一样，因而熔渣碱度也不一样，形成熔渣碱度在吹炼过程中有一定的变化规律。

吹炼初期，熔池温度不高，渣料中石灰还未大量熔化。而吹炼一开始，[Si]迅速氧化，渣中 $w(SiO_2)$很快提高，有时可高达30%。初期熔渣碱度不高，一般为1.8～2.3，平均为2.0左右。

吹炼中期，熔池温度比初期提高，促进石灰大量熔化。金属熔池中[Si]已氧化完了，SiO_2 来源中断。中期脱碳速度高，熔池搅动比前期强烈。这些因素都有利于形成高碱度熔渣。

吹炼后期，熔池温度比中期进一步提高，接近出钢温度，有利于石灰渣料熔化，在中期熔渣碱度较高的基础上，吹炼后期，仍能得到高碱度、流动性良好的熔渣。

10.1.5　熔池温度的变化规律

熔池温度的变化与熔池的热量来源和热量消耗有关。

吹炼初期，兑入炉内的铁水温度一般为1300℃左右，铁水温度越高，带入炉内的热量就越高，[Si]、[Mn]、[C]、[P]等元素氧化放热，但加入废钢可使兑入的铁水温度降低，加入的渣料在吹炼初期大量吸热。综合作用的结果，吹炼前期终了，熔池温度可升高至1500℃左右。

吹炼中期，熔池中[C]继续大量氧化放热，[P]也继续氧化放热，均使熔池温度提高，可达1500～1550℃。

吹炼后期，熔池温度接近出钢温度，可达1650～1680℃左右，具体因钢种、炉子大小而异。

在整个一炉钢的吹炼过程中，熔池温度约提高350℃左右。

综上所述，顶吹氧气转炉开吹以后，熔池温度、炉渣成分、金属成分相继发生变化，它们各自的变化又彼此相互影响，形成高温下多相、多组元极其复杂的物理化学变化。通常把冶炼过程分为三个阶段。

A　吹炼前期(也称硅锰氧化期)

吹炼前期由于铁水温度不高，[Si]、[Mn]的氧化速度比[C]快，开吹2～4 min时，[Si]、[Mn]已基本上被氧化。同时，铁也被氧化形成FeO进入渣中，石灰逐渐熔解，使[P]也氧化进入炉渣中。[Si]、[Mn]、[P]、[Fe]的氧化放出大量热，使熔池迅速升温。吹炼初期炉口出现黄褐色的烟尘，随后燃烧成火焰（对“燃烧法”而言），这是由于带出的铁尘和小铁珠在空气中燃烧而形成。开吹时，由于渣料未熔化，氧气射流直接冲击在金属液面上，产生的冲击噪声较刺耳，随着渣料熔化，炉渣乳化形成而噪声变得温和。吹炼前期的任务是化好渣、早化渣，以利磷和硫的去除；同时也要注意减少炉渣对炉衬材料的侵蚀。

B 吹炼中期（也称碳的氧化期）

吹炼中期铁水中[Si]、[Mn]氧化后，熔池温度升高，炉渣也基本化好，[C]的氧化速度加快。此时从炉口冒出的浓烟急剧增多，火焰变大，亮度也提高；同时炉渣起泡，炉口有小渣块溅出，这标志着反应进入吹炼中期。吹炼中期是碳氧反应剧烈时期，此间供入熔池中的氧气几乎100%与碳发生反应，使脱碳速度达到最大。由于碳氧剧烈反应，使炉温升高，渣中w(FeO)含量降低，磷和锰在渣-金属间分配发生变化，产生回磷和回锰现象。但此间由于高温、低w(FeO)、高w(CaO)存在，使脱[S]反应得以大量进行。同时，由于熔池温度升高使废钢大量熔化。吹炼中期的任务是脱碳和去硫，因此应控制好供氧制度，防止炉渣返干和喷溅的发生。

C 吹炼后期（终点控制）

吹炼后期，铁水中碳含量低，脱碳速度减小，从炉口排出的火焰逐渐收缩，透明度增加。这时吹入熔池中的氧气使部分铁氧化，使渣中w(FeO)和钢水中w[O]含量增加。同时，温度达到出钢要求，钢水中磷、硫得以去除。吹炼后期要做好终点控制，保证温度、w[C]、w[P]、w[S]含量合乎出钢要求。此外，还要根据所炼钢种要求控制好炉渣氧化性，使钢水中氧含量合适，以保证钢的质量。若终点控制失误，则要补加渣料和补吹。

LD转炉的炉内反应特征是：氧的反应效率高，脱碳反应极快，精炼时间短；渣-金属的搅拌激烈，从吹炼初期开始，脱磷反应和脱碳反应同时进行；由于没有氮气，精炼反应中的热效率高，废钢使用量高；由于强有力的沸腾现象，钢水中的氮、氢等气体成分被除去，其含有量低；炉内最高温度部分位于炉中心的火点，因此耐火材料的损伤少；等等。

10.1.6 氧气顶吹转炉炼钢工艺

氧气顶吹转炉炼钢工艺主要包含装料、供氧、造渣、温度及终点控制、脱氧及合金化等内容。

10.1.6.1 装料制度

A 装料次序

对使用废钢的转炉，一般先装废钢后装铁水。先加洁净的轻废钢，再加入中型和重型的废钢，以保护炉衬不被大块废钢撞伤。过重的废钢最好在兑铁水后装入。

为了防止炉衬过分急冷，装完废钢后，应立即兑入铁水。炉役末期，以及废钢装入量比较多的转炉也可以先兑铁水，后加废钢。

B 装入量

装入量是指炼一炉钢时铁水和废钢的装入数量，它是决定转炉产量、炉龄及其他技术经济指标的主要因素之一。装入量中铁水和废钢配比根据热平衡计算确定。通常，铁水配比为70%～90%，其值取决于铁水温度和成分、炉容比、冶炼钢种、原材料质量和操作水平等。

在确定装入量时，必须考虑以下因素：

(1) 炉容比。它是指转炉内自由空间的容积与金属装入量之比（m^3/t），通常在0.7～1.0波动，我国转炉炉容比一般不低于0.75，见表10-5。

表 10-5　国内一些企业顶吹转炉的炉容比

厂　名	宝钢	首钢	鞍钢	本钢	攀钢	首钢	太钢
吨位/t	300	210	180	120	120	80	50
炉容比/$m^3 \cdot t^{-1}$	1.05	0.97	0.86	0.91	0.90	0.84	0.97

(2) 熔池深度。合适的熔池深度应大于顶枪氧气射流在熔池中的最大穿透深度，以保证生产安全，炉底寿命和冶炼效果。不同公称吨位转炉熔池深度见表 10-6。

表 10-6　不同公称吨位转炉熔池深度

公称吨位/t	300	210	100	80	50	30
熔池深度/mm	1949	1650	1250	1190	1050	800

(3) 炉子附属设备。应与钢包容量、浇铸吊车起重能力、转炉倾动力矩大小、连铸机的操作等相适应。

目前国内采用三种控制装入量的方法，即定量装入量、定深装入量和分阶段定量装入法。定量装入量是指整个炉役期间，保证金属料装入量不变；定深装入量是指整个炉役期间，随着炉子容积的增大依次逐渐增大装入量，保证每炉的金属熔池深度不变；分阶段定量装入法是指将炉子按炉膛的扩大程度划分为若干阶段，每个阶段实行定量装入法。分阶段定量装入法兼有两者的优点，是生产中最常见的装入制度。

10.1.6.2　供氧制度

供氧制度的主要内容包括确定合理的喷头结构、供氧强度、氧压和枪位控制。供氧是保证杂质去除速度、熔池升温速度、造渣制度、控制喷溅去除钢中气体与夹杂物的关键操作，关系到终点的控制和炉衬的寿命，对一炉钢冶炼的技术经济指标产生重要影响。

A　氧射流与熔池的相互作用

氧射流射入转炉炉膛内，与炉内介质存在温度差、浓度差和密度差，是具有化学反应的逆向流中非等温超声速湍流射流，与自由射流相比，有很大差异。

氧射流的能量主要用于搅动熔池、克服阻力及能量损失。研究表明，非弹性碰撞的能量损失约为总初始动能的 70%～80%，对熔池起搅拌作用的能量仅占 20%。

氧射流接触熔池时在液面上形成冲击凹坑，凹坑区的温度相当高，在 2000～2700℃之间。图 10-12 为氧气射流作用熔池表面的示意图。穿透深度和冲击面积是反映凹坑特征的两个参数。前人在理论和实践上均进行了大量研究，弗林等人在 0.05～90 t 转炉上得出了确定穿透深度的公式：

$$h_{穿} = 3.4 \times 10^6 \cdot p_0 \cdot d_0 \cdot H_0^{-0.5} + 3.81, \text{cm} \tag{10-1}$$

式中　p_0——喷嘴压力，Pa；

d_0——喷嘴直径，cm；

H_0——喷嘴在静止液面上的高度，cm。

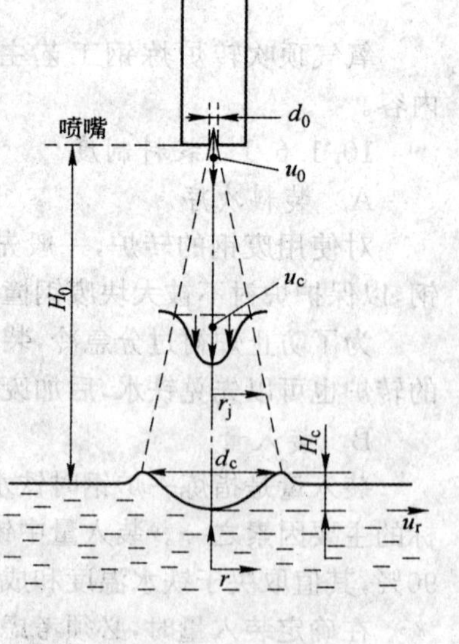

图 10-12　氧气射流作用熔池表面的示意图

熔池的搅拌强度与射流的冲击强度密切相关。氧射流的冲击力大(硬吹)，则射流的穿透深度大，冲击面积小，对熔池搅拌强烈；反之软吹，则射流的穿透深度小，冲击面积大，对熔池搅拌弱。在氧射流的作用下，熔池将受到搅拌、产生环流、喷溅、振荡等复杂运动。

在不同的吹炼方式下，熔池的化学反应的表现形式也不同。硬吹时，载氧液滴大量进入钢液中，碳氧反应激烈，熔池氧化性较弱；软吹时，则进入钢液中的氧少，熔渣氧化性提高。

研究结果表明，顶吹氧吹炼过程中，用于熔池搅拌的能量主要来自碳氧反应产生的CO气体，氧射流的贡献并不大，即使其能量全部用于搅拌熔池，也仅仅是CO搅拌能的10%～20%。因此，顶吹转炉的缺点之一就是吹炼前期和末期搅拌不足，因为此时产生CO气泡数量有限。

在顶吹氧气转炉吹炼过程中，有时炉渣会起泡并从炉口溢出，这就是吹炼过程中发生的典型的乳化和泡沫现象。由于氧射流对熔池的强烈冲击和CO气泡的沸腾作用，使熔池上部金属、熔渣和气体三相剧烈混合，形成了转炉内发达的乳化和泡沫状态，如图10-13所示。

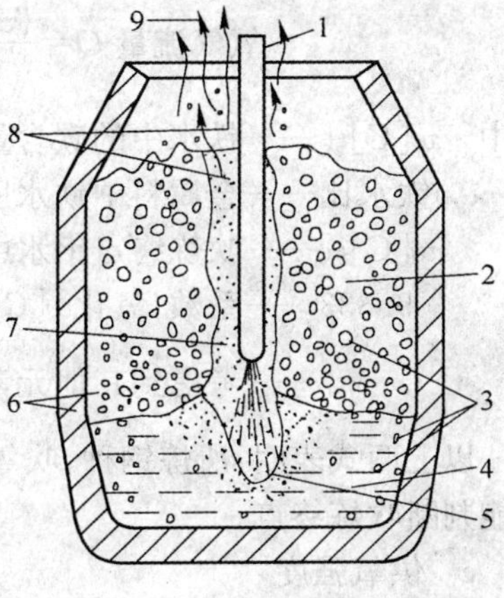

图10-13 转炉内的泡沫现象示意图
1—氧枪；2—气-钢-渣乳化相；3—CO气泡；4—金属熔池；5—火点；6—金属液滴；7—CO气流；8—飞溅出的金属液滴；9—烟尘

对于乳化概念，目前已有准确的描述。它是指金属液滴或气泡弥散在炉渣中，若液滴或气泡数量较少而且在炉渣中自由运动，这种现象称为渣钢乳化或渣气乳化；若炉渣中仅有气泡，而且数量少，气泡无法自由运动，这种现象称炉渣泡沫化。由于渣滴或气泡也能进入到金属熔体中，因此转炉中还存在金属熔体中的乳化体系。

渣钢乳化是冲击坑上沿流动的钢液被射流撕裂成金属滴所造成的，其中金属液滴比例很大。可见，吹炼时金属和炉渣密切相混。

研究表明，金属液滴比金属熔池的脱碳、脱磷、脱锰更有效。金属液滴尺寸越小，脱除量越多。而金属液滴的含硫量比金属熔池的含硫量高，金属液滴尺寸越小，含硫量越大。生产实践表明，冶炼中期硬吹时，由于渣内富有大量的CO气泡以及渣中氧化铁被金属液滴中的碳所还原，导致炉渣的液态部分消失而“返干”。软吹时，由于渣中(FeO)含量增加，并且氧化位(即Fe^{3+}/Fe^{2+})升高，持续时间过长就会产生大量起泡沫的乳化液，乳化的金属量非常大，生成大量CO气体，容易发生大喷或溢渣。因此，必须正确调整枪位和供氧量，使乳化液中的金属保持在某一百分比。

B 供氧参数

a 供氧压力

供氧压力应保证射流出口速度达到超声速，并使喷头出口处氧压稍高于炉膛内的炉气压力。目前，大型转炉的供氧压力为0.8～1.5 MPa。

b 氧气流量

氧气流量指在单位时间内向熔池供氧的数量，常用标准状态下体积量度，其单位为m^3/min或m^3/h。氧气流量是根据吹炼每吨金属料所需要的氧气量、金属装入量、供氧时间等因素决定。即

$$\text{氧气流量}=\frac{\text{单位金属的需氧量}(m^3/t)\times\text{金属装入量}(t)}{\text{供氧时间}(min)} \tag{10-2}$$

还可按照下述简单公式计算：

$$氧气流量 Q=\frac{\{w[C]_{铁}\times 铁水比-w[C]_{终}\}\times 9.333}{\eta_{氧}\times 供氧时间}\times 装入量 \quad (10\text{-}3)$$

式中　$w[C]_{铁}$——铁水中的碳含量,%；

铁水比——金属料中铁水所占之百分比,一般大于70%；

$w[C]_{终}$——吹炼终点钢水中的碳含量,%；

9.333——系数,氧化$w[C]$为1%的耗氧量；

$\eta_{氧}$——考虑到其他元素的氧化,取0.70~0.75；$\eta=\frac{0.933\times 碳氧化量}{实际供氧量}\times 100\%$。

以上两式表明,所炼钢种、吹氧时间与氧气流量(供氧量)有密切关系,以及为什么根据供氧量能判断吹炼终点。

c　供氧强度

供氧强度指在单位时间内每吨钢的氧耗量,它的单位是$m^3/(t\cdot min)$。

$$供氧强度 I=\frac{氧气流量(标态)(m^3/min)}{装入量(t)} \quad (10\text{-}4)$$

供氧强度的大小根据转炉的公称吨位、炉容比来确定。主要受炉内喷溅的影响,通常在不影响喷溅的情况下可使用较大的供氧强度。国内几家钢厂转炉的供氧强度控制见表10-7。

表10-7　不同容量转炉的供氧强度

炉容量/t (厂名)	55 (威远钢厂)	80 (太钢二炼钢)	90 (涟钢)	250 (宝钢二炼钢)	300 (宝钢一炼钢)
I(标态)/$m^3\cdot(t\cdot min)^{-1}$	4.3	4.1	4.2	3.33	3.78

d　枪位

氧枪高度即枪位,是指氧枪喷头与静止熔池表面之间的距离,不考虑吹炼过程实际熔池面的剧烈波动。

(1) 枪位高低对熔池的影响。枪位越低,氧气射流对熔池的冲击动能越大,熔池搅拌越强,氧气利用率越高,其结果是加速了炉内脱硅、脱碳反应,使渣中$w(FeO)$含量降低,同时,由于脱碳速度快,缩短了反应时间,热损失相对减少,使熔池升温迅速。但枪位过低,则不利于成渣,也可能冲击炉底。而枪位过高,将使熔池的搅拌能力减弱,造成表面铁的氧化,使渣中(FeO)含量增加,导致炉渣严重泡沫化而引起喷溅。枪位高低对熔池的物理作用和化学作用影响很大,概括于表10-8中。由此可见,只有合适的枪位才能获得良好的吹炼效果。

表10-8　枪位高低对熔池的物理作用和化学作用

枪位	对熔池的物理作用		对熔池的化学作用			调节枪位
	冲击面积	冲击深度	脱磷、脱硫、脱碳	化渣	喷溅	
过高	过大	过浅	提高脱磷、脱硫速度。脱碳速度低	化渣快,能促进脱磷、脱硫	渣中$w(FeO)$多,易引起喷溅	降低枪位
过低	过小	过深	影响脱磷、脱硫速度。搅动好,供氧足,脱碳速度高	化渣慢,影响早期脱磷、脱硫	氧气流股对熔池冲击力过大,易引起喷溅	提高枪位

(2) 转炉枪位控制。转炉枪位与炉子吨位、喷头参数、原料条件、冶炼钢种、炉型以及操作习惯等因素有关。枪位的确定,主要考虑两个因素:一是氧射流要有一定的冲击面积;二是氧射流应有一定的冲击深度,但保证不能冲击炉底。枪位H(mm)可先根据经验公式确定,再根据操作

效果加以校正。经验公式(式中 d_t 为喷头喉口直径,mm)为:

$$多孔喷头\ H=(35\sim50)d_t \tag{10-5}$$

利用穿透深度与熔池深度之比的经验值可确定不同吹炼阶段的枪位高度。图 10-14 是转炉枪位高度与炉子吨位的关系。

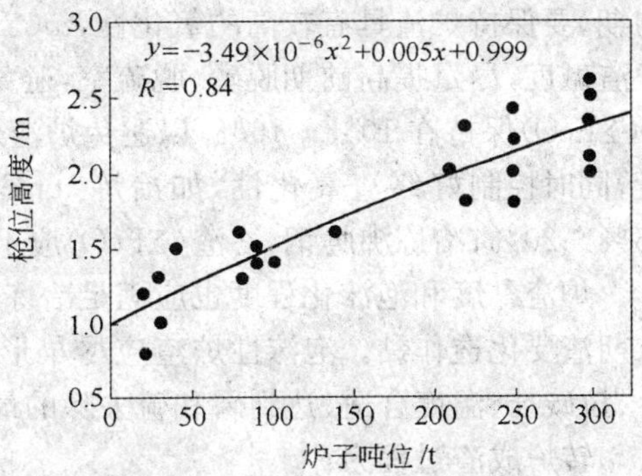

图 10-14 转炉枪位高度与炉子吨位的关系

1) 仪表监控枪位:声纳仪,这种仪器的原理是氧射流的噪声强度与浸入炉渣内的深度有关。氧枪喷头位于渣面之上时,利用声纳仪较为灵敏。当喷头位于渣面之下,声纳仪就失去作用了。

氧枪振动仪,其原理是氧枪浸入渣层的深度增加,枪体受横向推力加大。在枪尾的应变片所测出枪体受力的大小可表示炉内渣面高度。

2) 利用炉气定碳技术控制枪位:它是根据吹炼过程中所测得的转炉烟气成分及烟气量可以计算出每一时刻炉渣中所蓄积的氧气体量,用以控制渣中氧化铁合理含量。

3) 用自动控制模型控制枪位:用静态模型按所炼钢种的要求,设定吹炼过程的枪位高度。在吹氧量达到总供氧量的约 85%时,根据副枪所测得的熔池碳和温度值进行终点前的动态修正,并把氧枪降到喷头所能承受的最低枪位。国内外多数大型转炉采用这种技术。

4) 由操作人员根据经验控制枪位:由每个氧枪工根据自己的经验控制供氧操作。其结果是吹炼过程的成渣状况和吹炼终点钢水成分、温度波动太大。

(3) 影响枪位变化的因素。枪位变化受多种因素影响,其基本原则是早化渣,化好渣,减少喷溅,有利于脱碳和控制终点。其影响因素有:

铁水成分;铁水温度;炉内留渣;炉龄;渣料加入;装入量变化;碳氧化期;停吹控制。

枪位的变化除上述因素外,还受冶炼钢种、炉龄期变化等影响,总之应根据生产实际情况,灵活调节,以保证冶炼的正常进行。

C 供氧操作

氧枪操作是指调节氧压或枪位。目前氧枪操作方法有三种类型:一种是恒压变枪操作,即在一炉钢的吹炼过程中,其供氧压力基本保持不变,通过氧枪枪位高低变化来改变氧气流股与熔池的相互作用,以控制吹炼过程;第二种类型是恒枪变压,即在一炉钢吹炼过程中,氧枪枪位基本不动,通过调节供氧压力来控制吹炼过程;第三种是采用分阶段恒压变枪操作;也有采用变压变枪操作,但正确进行控制要求更高的技术水平。但随着炉龄增长、熔池体积增大、装入量增多,应适当提高供氧压力,做到分期定压操作,以便使不同装入量时供氧强度大致相同,吹炼时间相差不大。使生产管理稳定,并可增加产量。

顶底复吹转炉的熔池搅拌主要依靠底部吹气和 CO 气体产生的搅拌能来实现,因此其顶吹氧枪的供氧压力有所降低,枪位有所提高。就目前国内大多数顶底复吹转炉来说,属于底吹气体(如 N_2/Ar)的弱搅拌型复吹转炉,仍然采用恒压变枪操作,在一个炉役期内氧压变化不大。

10.1.6.3 造渣制度

造渣是炼钢的一项重要操作。造渣制度是确定合适的造渣方法、渣料的种类、渣料的加入数量和时间以及加速成渣的措施。由于转炉冶炼时间短,必须快速成渣,才能满足冶炼进程和强化冶炼的要求,同时造渣对避免喷溅、减少金属损失和提高炉衬寿命都有直接影响。

A 成渣过程及造渣途径

转炉冶炼各期,都要求炉渣具有一定的碱度,合适的氧化性和流动性,适度的泡沫化。吹炼初期，要保持炉渣具有较高的氧化性，$w(\Sigma FeO)$稳定在25％～30％，以促进石灰熔化，迅速提高炉渣碱度，尽量提高前期脱磷、脱硫率，避免酸性渣侵蚀炉衬；吹炼中期，炉渣的氧化性不得过低，$w(\Sigma FeO)$保持在10％～16％，以避免炉渣返干；吹炼末期，要保证去除[P]、[S]所需的炉渣高碱度，同时控制好终渣氧化性，如冶炼$w[C]\geqslant 0.10\%$的镇静钢，终渣$w(\Sigma FeO)$应控制不大于15％～20％；冶炼沸腾钢，终渣(ΣFeO)应不小于12％，需避免终渣氧化性过弱或过强。

炉渣黏度和泡沫化程度也应满足冶炼进程需要。前期要防止炉渣过稀，中期渣黏度要适宜，末期渣要化透作黏。泡沫性炉渣应尽早形成，并将其泡沫化程度控制在合适范围，以达到喷溅少、拉碳准、温度合适、达到磷和硫去除的最佳吹炼效果。

转炉成渣过程为：

(1) 吹炼初期。炉渣主要来自铁水中[Si]、[Mn]、[Fe]的氧化产物。加入炉内的石灰块由于温度低，表面形成冷凝外壳，造成熔化滞止期，对于块度为40 mm左右的石灰，渣壳熔化需数十秒。由于发生[Si]、[Mn]、[Fe]的氧化反应，炉内温度升高，促进了石灰熔化，这样炉渣的碱度逐渐得到提高。

(2) 吹炼中期。随着炉温的升高和石灰的进一步熔化，同时脱碳反应速度加快导致渣中(FeO)逐渐降低，使石灰熔化速度有所减缓，但炉渣泡沫化程度则迅速提高。由于脱碳反应消耗了渣中大量的(FeO)，再加上没有达到渣系液相线正常的过热度，使化渣条件恶化，引起炉渣异相化，并出现返干现象。

(3) 吹炼末期。脱碳速度下降，渣中(FeO)再次升高，石灰继续熔化并加快了熔化速度。同时，熔池中乳化和泡沫现象趋于减弱和消失。

B　石灰渣化机理和影响因素

炼钢过程中成渣速度主要指的是石灰熔化速度，所谓快速成渣主要指的是石灰快速熔解于渣中。

吹炼初期，各元素的氧化产物FeO、SiO_2、MnO、Fe_2O_3等形成了熔渣。加入的石灰块就浸泡在初期渣中，初期渣中的氧化物从石灰表面向其内部渗透，并与CaO发生化学反应，生成一些低熔点的矿物，引起石灰表面的渣化。这些反应不仅在石灰块的外表面进行，而且也在石灰气孔的内表面进行。

但是在吹炼初期，SiO_2易与CaO反应生成钙的硅酸盐，沉积在石灰块表面上，如果生成物是致密、高熔点的$2CaO\cdot SiO_2$(熔点2130℃)和$3CaO\cdot SiO_2$(熔点2070℃)，则将阻碍石灰的进一步渣化熔解。如生成$CaO\cdot SiO_2$(熔点1550℃)和$3CaO\cdot 2SiO_2$(熔点1480℃)则不会妨碍石灰熔解。在吹炼中期，碳的激烈氧化消耗大量的(FeO)，熔渣的矿物组成发生了改变，即$2FeO\cdot SiO_2\rightarrow CaO\cdot FeO\cdot SiO_2\rightarrow 2CaO\cdot SiO_2$，从而熔点升高，石灰的渣化有所减缓。吹炼末期，渣中(FeO)有所增加，石灰的渣化加快，渣量又有增加。

影响石灰溶解速度的因素主要有：石灰本身质量、铁水成分、炉渣成分和供氧操作。

C　白云石造渣

采用白云石或轻烧白云石代替部分石灰石造渣，提高渣中$w(MgO)$含量，对减少炉渣对炉衬的侵蚀，具有明显效果。

(1) MgO在低碱度渣中有较高的溶解度，采用白云石造渣，初期渣中(MgO)含量提高，会抑制熔解炉衬中的MgO，减轻初期炉渣对炉衬的侵蚀。同时，前期过饱和的MgO会随着炉渣碱度的提高而逐渐析出，使后期渣变黏，可以使终渣挂在炉衬表面上，形成炉渣保护层，有利于提高炉龄；

(2) 在保证渣中有足够的(ΣFeO)，渣中$w(MgO)$不超过6％的条件下，增加初期渣中(MgO)

含量，有利于早化渣并推迟石灰石表面形成高熔点致密的 $2CaO \cdot SiO_2$ 壳层。

D 萤石的化渣作用

萤石的主要成分为 CaF_2，并含有 SiO_2、Fe_2O_3、Al_2O_3、$CaCO_3$ 和少量磷、硫等杂质。它的熔点约 930℃。萤石加入炉内后，在高温下即爆裂成碎块并迅速熔化。它的作用体现在：

(1) CaF_2 与 CaO 作用形成熔点为 1362℃的共晶体，直接促进石灰的熔化；

(2) 萤石能显著降低 $2CaO \cdot SiO_2$ 的熔点，使炉渣在高碱度下有较低的熔化温度；

(3) CaF_2 可降低炉渣黏度。

但是，萤石用量增加对提高炉龄不利，并且氟又会造成环境污染，目前力求减少萤石的使用量。

E 造渣方法

根据铁水成分和所炼钢种来确定造渣方法。常用的造渣方法有单渣法、双渣法和双渣留渣法。

(1) 单渣法。整个吹炼过程中只造一次渣，中途不倒渣、不扒渣，直到吹炼终点出钢。

(2) 双渣法。整个吹炼过程中需要倒出或扒出约 1/2～2/3 的炉渣，然后加入渣料重新造渣。根据铁水成分和所炼钢种的要求，也可以多次倒渣造新渣。

(3) 双渣留渣法。将双渣法操作的高碱度、高氧化铁、高温、流动性好的终渣留一部分在炉内，然后在吹炼第一期结束时倒出，重新造渣。

F 泡沫渣

在吹炼过程中，由于氧射流与熔池的相互作用，形成了气-熔渣-金属液密切混合的 3 相乳化液。分散在炉渣中的小气泡的总体积往往超过熔渣本身体积的数倍甚至数十倍。熔渣成为液膜，将气泡包住，引起熔渣发泡膨胀，形成泡沫渣。正常泡沫渣的厚度经常在 1～2 m，甚至 3 m，造成炉口溢渣，悬浮于泡沫渣中的金属液滴，多达 30%～70%。

在泡沫渣中生成气泡，产生一个新的气泡表面，需要对它做功，这个功的供给者是：

(1) 脱碳反应放出的 CO 气体上浮到熔渣中；

(2) 氧气流股冲击渣面和熔池被击碎的小气泡存在于熔渣中；

(3) 熔渣中铁滴中的[C]和(FeO)反应，生成 CO，即

$$[C]_{铁滴} + (FeO) = [Fe] + CO \qquad (10\text{-}6)$$

由于炉内的乳化现象，大大发展了气-熔渣-金属液的界面，加快了炉内化学反应速度，从而达到良好的吹炼效果。当然若控制不当，严重的泡沫渣也会引发事故。

大量的研究表明，气泡少而小，炉渣表面张力低，炉渣黏度高，温度低，泡沫容易形成并稳定地存在于渣中，生成泡沫渣。

根据泡沫渣的生成条件、影响因素，结合炉内的实际情况，分析吹炼过程泡沫渣的形成情况。现将这些问题概括于表 10-9 中。由表可见，生成泡沫渣的可能性，前期较大。

表 10-9 吹炼过程泡沫渣的形成情况

吹炼时期	脱碳速度	熔渣			泡沫渣
		碱度	$w(\Sigma FeO)$	表面活性物质	
前期	脱碳速度小，气泡小而无力，易停留于渣中	石灰未很好溶解，碱度不高	$w(\Sigma FeO)$ 较高，有利于渣中铁滴生成 CO 气泡	有 SiO_2、P_2O_5 和 Fe_2O_3	易起泡沫

续表 10-9

吹炼时期	脱碳速度	熔渣			泡沫渣
		碱度	$w(\Sigma FeO)$	表面活性物质	
中期	脱碳速度高，CO 气泡能冲破渣层而排出	碱度提高	$w(\Sigma FeO)$较低	SiO_2、P_2O_5 表面活性物质的活度降低	易起泡沫的条件不如吹炼初期多
后期	脱碳速度降低，产生的 CO 减少	(CaO)多，碱度进一步提高	$w(\Sigma FeO)$较高，但[C]较低，产生 CO 少	表面活性物质 SiO_2、P_2O_5 的活度比中期进一步降低	使泡沫稳定的因素大为减弱，泡沫渣趋于消除

G　吹损

在转炉吹炼过程中，出钢量总是比装入量少，这些吹炼过程中损失的金属量叫做吹损。吹损一般用装入量的百分数来表示：

$$\text{吹损}=\frac{\text{装入量}-\text{出钢量}}{\text{装入量}}\times 100\% \qquad (10\text{-}7)$$

吹损由化学损失、烟尘损失、渣中铁珠和氧化铁损失、喷溅损失等几部分组成。

H　喷溅

喷溅是顶吹转炉吹炼过程中经常出现的一种现象，尤其是爆发性大喷，是炼钢的一种恶性事故。实践表明，喷溅会造成大量铁损和热量损失，使温度及成分难于控制，并且污染环境。

喷溅发生的主要原因是碳氧的不均衡反应，瞬间产生大量的 CO 气体，从炉口将金属和熔渣托出炉外。爆发性喷溅、泡沫性喷溅和金属喷溅是氧气顶吹转炉吹炼常见的喷溅。在操作中防止喷溅的基本措施是：控制好熔池温度，前期不过低，中、后期不过高。严格避免强烈冷却熔池，以确保脱碳反应均衡发展，消除爆发式碳氧反应；同时控制好渣中 $w(FeO)$含量，使渣中(FeO)不出现明显的聚集现象，防止炉渣过分发泡或引发爆发性的 C-O 反应。在吹炼中期注意控制渣中(FeO)，避免炉渣严重返干，造成金属喷溅。

10.1.6.4　温度制度

在吹炼一炉钢的过程中，需要正确控制温度。温度制度主要是指炼钢过程的温度控制和终点温度控制。

转炉吹炼过程的温度控制相对比较复杂，如何通过加冷却剂和调整枪位，使钢水的升温和成分变化达到协调，同时达到吹炼终点的要求，是温度控制的关键。

A　吹炼过程热量的来源和消耗

转炉炼钢最突出的优点是不需要外加热源。

(1) 热量来源。铁水的物理热和化学热，它们约占各点热量来源的一半。铁水的物理热取决于铁水温度和钢铁料中铁水比，而化学热就是铁水中各元素氧化或成渣过程放出的热量，与铁水的化学成分有关。

(2) 热量消耗。习惯上转炉的热量消耗可分为两部分，一部分直接用于炼钢的热量，即用于加热钢水和炉渣的热量；一部分未直接用于炼钢的热量，即废气、烟尘带走的热量，炉口炉壳的散热损失和冷却剂的吸热等。

(3) 转炉热效率。是指加热钢水的物理热和炉渣的物理热占总热量的百分比。LD转炉热效率比较高，一般在75%以上。

B 出钢温度

不同钢种要求的出钢温度不同。出钢温度首先取决于所炼的钢种，钢种不同，其液相线温度（凝固温度）也不同，它可根据钢种的化学成分而定，钢液的凝固温度（液相线温度）也可用经验公式计算。出钢温度还需考虑从出钢到浇注各阶段的温降，这样出钢温度的确定可依据下式：

$$T_{出}=T_{液}+\Delta T+\Delta T_{过程} \tag{10-8}$$

式中 $T_{液}$——液相线温度，℃；

ΔT——钢液过热度，℃；

$\Delta T_{过程}$——出钢到浇注过程温降，℃。

C 冷却剂的冶金特点和冷却效应

转炉获得的热量除用于各项必要的支出外，通常上有大量富余热量，需加入一定数量的冷却剂。冷却剂的冶金特点包括其自身的冷却效应以及对化渣、喷溅、氧耗、钢铁料消耗和冷却剂加入方法的影响。要准确控制熔池温度，用废钢做冷却剂的效果最好，但为了促进化渣，也可以搭配一部分铁矿石或氧化铁皮。目前，主要采用定废钢调矿石或定矿石调废钢等冷却方式。

冷却剂的冷却效果，是冷却剂被加热到一定温度所消耗的物理热和冷却剂发生化学反应消耗的化学热之和。不同冷却剂的冷却效果可以通过计算得到。

D 影响熔池温度的因素

铁水含硅量；铁水装入量；铁水温度；终点碳含量；相邻炉次间隔时间；空炉时间。除了上述诸因素外，还有其他因素如出钢温度、造渣情况、喷溅情况以及铁水其他元素的含量变化等，也对熔池温度有影响。

E 吹炼过程的温度控制

在吹炼过程中，要求炉温不能忽高忽低，而是均衡地升温，同时满足各期的温度要求。现概括于表10-10中。

表10-10 各吹炼时期温度控制

吹炼时期	前 期	中 期	后 期
一般控制的温度范围	前期结束温度为1450～1550℃，大炉子、低碳钢取下限；小炉子、高碳钢取上限	1550～1600℃，中、高碳钢取上限，因后期挽回温度时间少	1600～1680℃，决定于所炼钢种
根据操作工艺特点进行调节的原则	为了前期脱磷，温度可适当低些。为了脱硫，温度可适当高些，少加些冷却剂	为了脱磷，温度可低些 为了脱硫，温度可高些 但温度过低不利于脱硫 温度过高，不利于脱磷	应均匀升温，达到钢种要求的出钢温度。温度过高，钢水中气体含量增高，炉子寿命降低。温度过低，不能形成高碱度流动性良好的熔渣

10.1.6.5 终点控制和出钢

终点控制是转炉吹炼末期的重要操作。终点控制主要是指终点温度和成分的控制。由于脱磷、脱硫比脱碳操作复杂，总是尽可能提前让磷、硫达到终点所需的范围，因此，终点的控制实质就是脱碳和温度的控制，把停止吹氧又俗称为“拉碳”。

达到终点的具体表现为：钢中碳含量达到所炼钢种要求的控制范围；钢中[P]、[S]含量低于规定下限要求的一定范围；出钢温度保证能顺利进行精炼和浇铸；达到钢种要求控制的氧含量。

终点含碳量主要根据所炼钢种要求来控制，但应考虑到脱氧剂和铁合金含碳量的影响。吹炼中钢水的碳含量和温度达到吹炼目标要求时刻的一次拉碳，如能准确命中，则可以避免后吹，否则需要进行补吹。拉碳时不管是碳含量偏高、$w[S]$与$w[P]$偏高、还是温度偏低均需要补吹。生产实践表明，在进行补吹的情况下，钢中氧和氮含量升高，铁的损失增加，炉衬寿命降低，冶炼成本增加。

因此，目前采用经验控制吹炼终点的办法和转炉的自动控制，尤其是转炉的终点预报，可以具有较高的终点命中率。经验控制方法有两个，即拉碳法和增碳法。

拉碳法就是熔池中含碳量达到出钢要求时停止吹氧，即吹炼终点符合终点的具体目标，不需要再专门向熔池中追加增碳剂增碳，因此，它具有终点钢水氧含量和终渣$w(FeO)$较低，终点钢水含锰量较高，氧气消耗量较少等优点。

增碳法是在吹炼平均含$w[C]\geqslant 0.08\%$钢种时，都采取吹到0.05%～0.06%的碳时停吹，然后按照所炼钢种的规格，在钢包内增碳。它省去倒炉、取样及随后的补吹时间，因而生产率高，终渣$w(FeO)$高，化渣好，去磷率高，热量收入较多，有利于增加废钢用量。

转炉出钢时间为2～6 min，采用红包出钢和挡渣出钢法。自1970年日本人发明挡渣球法挡渣出钢后，先后又出现了多种挡渣出钢方式，其目的是有利于准确控制钢水成分，减少钢水回磷，特别是降低钢中夹杂物含量，提高钢包精炼效果。

目前，采用的挡渣法有挡渣球法、挡渣塞法、气动挡渣器法、气动吹渣法等，如图10-15所示。

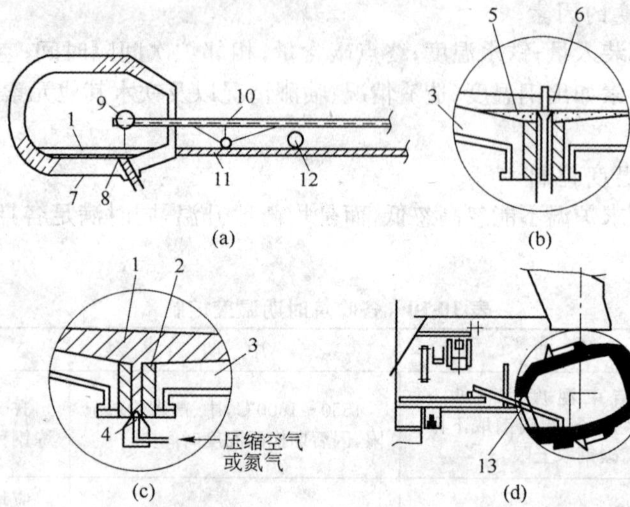

图10-15 挡渣示意图

(a)挡渣球法；(b)挡渣塞法；(c)气动挡渣器法；(d)气动吹渣法

1—炉渣；2—出钢口砖；3—炉衬；4—喷嘴；5—钢渣界面；6—挡渣锥；7—炉体；8—钢水；9—挡渣球；10—挡渣小车；11—操作平台；12—平衡球；13—气动吹渣装置

10.1.6.6 脱氧及合金化制度

在转炉吹炼过程中，由于不断向金属熔池吹氧，当吹炼终点时，钢液中必然残留一定数量的溶解氧，吹炼结束后，如果不将氧脱除到一定程度，就不能顺利浇注，也不能得到结构合理的铸坯。因此在出钢前或者在出钢及其以后的过程中根据钢种要求选择合适的脱氧剂及其加入量，加入到钢水中使其达到合乎规定的脱氧程度，这个操作称为脱氧。在脱氧的同时，也使钢水中硅、锰及其他合金元素的含量达到成品钢的规格，达到合金化的目的。

A 脱氧原则

氧在液态钢水中溶解度较大，而在固态钢中溶解度很小。因此在钢水凝固过程中将发生C—O的再次反应，使CO气体有相当部分留在铸坯内，破坏了铸坯的结构，同时，析出的氧化物使硫的危害作用加剧，生成FeO · FeS的低熔点共晶物，使铸坯晶界在轧制时发生热脆现象。

在实际钢水中，C—O反应没有达到平衡，钢水中的实际氧含量高于与碳平衡时的氧含量，其差值 $w(\Delta[O]) = w[O]_{实际} - w[O]_{平衡}$ 称为钢水的氧化性。钢水的脱氧，就是选择一些与氧亲和力大的合金元素加入钢水中，使其降低钢水的氧化性。脱氧剂的选择应满足下列原则：具有一定的脱氧能力；脱氧产物不溶于钢水中，并易于上浮排出；来源广，价格低。

根据以上原则，在生产实际中常用的脱氧剂为铝、硅、锰及它们组合的硅锰、硅铝合金等，其脱氧能力的大小次序是Al>Si>Mn。

根据钢水脱氧程度的不同，可以把钢分为镇静钢、沸腾钢和半镇静钢三类。

B 脱氧方法

常用的脱氧方法有：沉淀脱氧、扩散脱氧和真空脱氧等。

沉淀脱氧时，铁合金直接加入到钢水中，脱除钢水中的氧。这种脱氧方法脱氧效率比较高，耗时短，合金消耗较少，但脱氧产物容易残留在钢中会造成内生夹杂物。氧气顶吹转炉炼钢普遍采用沉淀脱氧法。

扩散脱氧时，脱氧剂加到熔渣中，通过降低熔渣中的 $w(TFe)$ 含量，使钢水中氧向熔渣中转移扩散，达到降低钢水中氧含量的目的。钢水平静状态下扩散脱氧的时间较长，脱氧剂消耗较多，但钢中残留的有害夹杂物较少。渣洗及钢渣混冲均属扩散脱氧，其脱氧效率较高，但必须有足够时间使夹杂上浮。若配有吹氩搅拌装置，效果非常好。

真空脱氧的原理是将钢水置于真空条件下，通过降低外界CO分压打破钢水中碳氧平衡，使钢中残余的碳和氧继续反应，达到脱氧的目的。这种方法不消耗合金，脱氧效率也较高，钢水比较洁净，但需要专门的真空设备。

随着炉外精炼技术的应用，根据钢种的需要，转炉炼钢也可采用真空脱氧。

C 合金化的原理

向钢中加入一种或几种合金元素，使其达到成品钢成分规格要求的操作过程称为合金化。实际上，在多数情况下，脱氧和合金化是同时进行的，加入钢中的脱氧剂一部分消耗于钢的脱氧，转化为脱氧产物而排出，另一部分则为钢水所吸收，起合金化作用。而加入钢中的大多数合金元素，因其与氧的亲和力比铁强，也必然起一定的脱氧作用。可见，在实践中往往不大可能把脱氧和合金化，脱氧元素和合金元素截然分开。

冶炼一般合金钢或低合金钢时，合金加入量的计算方法与脱氧剂基本相同。但由于加入的合金种类较多，必须考虑各种合金带入的合金元素量，计算公式为：

$$合金加入量 = \frac{w(E)_{规格中限} - [w(E_{残余}) + w(E_{其他合金带入})]}{(E_{合金}) \times \eta_E} \times 出钢量 \qquad (10\text{-}9)$$

冶炼高合金钢时，合金加入量较大，加入的合金量对钢水量和终点成分的影响不能忽略，计算时也应给以考虑。

各种合金元素应根据它们与氧的亲和力大小、熔点高低、密度以及热物理性能等，决定其合理的加入时间、地点和必须采取的助熔或防氧化措施。

对于与氧的亲和力比铁小得很多的元素，如镍、钼、铜等，而且熔化时又吸热较多，可在加料时或者吹炼前期作为冷却剂加入。钼容易蒸发，最好在初期渣形成以后加入。这些元素的收得率可按 94%～100%考虑。

对于与氧亲和力比铁大得不多的元素，如钨、铬等总是以铁合金形式加入。它们的熔点比较高，为便于熔化又避免氧化，应在出钢前加入。同时，加入一定量的硅铁和铝并吹氧助熔或者使用发热铁合金，它们的回收率一般为 80%～90%。

对于与氧亲和力比铁大得多的元素，如铝、钛、硼、硅、钒、铌、锰、稀土金属等大多加入包内。

D 合金加入量的确定

各种铁合金的加入量可按下列公式计算：

$$\text{合金加入量}=\frac{\text{钢种规格中限\%}-\text{终点残余成分\%}}{\text{铁合金中合金元素含量\%}\times\text{合金元素吸收率}}\times 1000 \tag{10-10}$$

$$\text{钢种规格中限}=\frac{\text{钢种规格上限\%}+\text{钢种规格下限\%}}{2} \tag{10-11}$$

$$\text{合金增碳量}=\frac{\text{合金加入量}\times\text{合金碳含量\%}\times\text{碳吸收率\%}}{1000} \tag{10-12}$$

10.1.6.7 溅渣护炉制度

提高转炉炉龄是炼钢生产中一项十分重要的工作。20 世纪 70 年代以来，国内外即开始研究开发此项技术，但均未在生产中大量应用。1991 年美国 LTV 钢铁公司印第安纳港钢厂率先在两座 250 t 顶底复吹转炉上正式采用溅渣护炉技术，在提高炉龄、转炉利用系数，降低成本和有利于均衡组织生产等诸方面取得十分明显的效果。因而在一些国家，特别是北美洲得到推广应用。LTV 钢铁公司印第安纳港钢厂的转炉炉龄从 6000～7000 炉迅速提高，1994 年炉龄达到 15658 炉，1996 年炉龄达到 19126 炉。此后，其他钢厂更创造了 36000 炉甚至更高的转炉炉龄长寿纪录。采用溅渣护炉技术后，吨钢耐火材料消耗分别降至 0.195～0.277 kg 的最新水平，转炉耐火材料消耗相应降低 25%～50%。

1995 年以后，我国转炉钢厂迅速推广采用了此项技术，在提高转炉炉龄上取得了十分显著的效果。1998 年，宝钢 1 号转炉(300 t)炉龄达到 14000 炉，鞍钢三炼钢 3 号转炉(180 t)炉龄达 8348 炉，其他企业如首钢、太钢、三明等厂的中小型转炉(100 t 以下)炉龄在该年均突破 10000 炉。推广溅渣护炉技术后，我国大中型转炉炉龄平均提高 3～4 倍，转炉利用系数提高 2%～3%，炉衬砖消耗吨钢降低 0.2～1.0 kg，渣中含铁量降低 2.5%～5.0%，石灰消耗吨钢降低 3～10 kg，金属收得率提高 0.5%～1.5%，氧气消耗减少 4～6 m^3/t，残锰提高 0.02%～0.06%，全国转炉钢平均获益为 4.0 元/t。

溅渣护炉目前是生产中的常规操作，是维护炉衬的主要手段。它是利用 MgO 含量达到饱和或过饱和的炼钢终点渣，通过高压氮气的吹溅，使其在炉衬表面形成一层高熔点的熔渣层，并与炉衬很好地粘结。通过溅渣形成的溅渣层其耐蚀性较好，同时可抑制炉砖表面的氧化脱碳，又能减轻高温熔渣对炉衬砖的侵蚀冲刷，从而保护炉衬，提高炉衬使用寿命。

A 溅渣层对炉衬的保护作用

(1) 对镁炭砖表面脱碳层的固化作用。镁炭砖的侵蚀主要由于表层碳氧化使 MgO 丧失了结合能力，使镁炭砖表层大颗粒 MgO 松动脱落，在炉渣的冲刷下流失。采用溅渣技术后，炉渣渗入砖表面脱碳层，充填在 MgO 颗粒间脱碳形成的孔隙内，或与周围 MgO 颗粒反应，或以镶嵌固溶的方式生成较致密的烧结层。由于烧结层作用使砖表面大颗粒 MgO 不再会松动、脱落和流失，防止了炉衬砖的进一步侵蚀。

(2) 减轻了高温炉渣对镁炭砖表面的直接冲刷侵蚀。由于溅渣可在镁炭砖残砖表面生成一层以高熔点化合物为主体的致密的炉衬-炉渣结合层，该层主要以高熔点化合物 MgO 结晶成 C_2S、C_3S 为主体，熔点明显高于转炉终渣，在炼钢后期的高温条件下不易软熔，而以烧结或机械镶嵌的形式与炉衬砖紧密结合，不易剥落。因而可以有效地抵抗高温炉渣的冲刷，大为减轻炉渣对镁炭砖表面的侵蚀。

(3) 抑制了镁炭砖表面层的氧化，保证炉衬砖机体不会受到严重侵蚀。由于镁炭砖表面生成的烧结层和结合层都比原先炉衬砖表面脱碳层致密，而且熔点较高，这就有效地抑制了高温氧化渣(或炉气)向砖内扩散渗透，避免了镁炭砖机体内的 C 被进一步氧化。衬砖表面存在的金属沉积带，不仅说明了衬砖原先被侵蚀的深度，也说明形成致密溅渣层后，镁炭砖基本不再被侵蚀而遗留下来的痕迹。

(4) 表面新溅渣层有效地保护了炉衬-溅渣层的结合界面。尽管在溅渣层中结合层表面喷溅上的新溅渣层每炉都会被不同程度地熔化掉，但下一炉溅渣中又会重新喷补起来。而表面新溅渣层又起到新的作用：有效地抵抗转炉初期渣侵蚀，特别是低碱度高 FeO 渣的化学侵蚀；在冶炼后期高温条件下该溅渣层熔化，发生“分熔”现象，分熔使低熔点氧化物流失，有利于形成高熔点的溅渣结合层；保护溅渣结合层不会被严重侵蚀。

B 溅渣护炉操作要点

溅渣护炉操作要点如下：

(1) 调整好熔渣成分。控制终点渣合适的 $w(MgO)$ 和 $w(TFe)$ 含量，$w(MgO)$ 含量应控制在 8%～10%，$w(TFe)$ 含量高时，$w(MgO)$ 含量应高一点。

(2) 留渣量要合适。在确保炉衬内表面形成足够厚度的溅渣层后，还要留有满足对装料侧和出钢侧进行倒炉挂渣的需要量。

(3) 控制溅渣枪位。最好使用溅渣专用枪，控制在喷枪最低枪位溅渣。

(4) 控制氮气的压力与流量。要根据转炉吨位的大小选择氮气的压力与流量。

(5) 保证溅渣时间。溅渣时间一般在 3 min 左右。

10.1.7 氧气顶吹转炉炼钢过程自动控制

氧气转炉炼钢的冶炼周期短，通常只有 30～45 min，其中纯吹氧时间仅有十几分钟。转炉内高温冶炼过程复杂，需要控制和调节的参数很多，现在冶炼钢种日益增多，对质量要求很高，炉子的容量也不断扩大，单凭操作人员的经验来控制转炉炼钢已不适应需要。应用计算机于氧气转炉炼钢的过程控制，能对冶炼过程的各个参数进行快速、准确的计算和处理，给出所要的综合结果，提出合理的操作模式，并进行自动控制，以获得合格成分和温度的钢水。

采用计算机控制氧气转炉的炼钢过程，首先是美国琼斯、劳夫林钢铁公司于 1959 年实现的，随后很多国家都进行研究并相继投入应用。通常，氧气转炉自动控制分为静态控制和动态控制两类。静态控制是模拟操作工的经验操作或根据物料平衡和热平衡建立的数学模型，按照吹炼时间或供氧量分配来完成预定的操作程序。静态控制要求原材料供应和工艺操作稳定，吹炼过程中不能根据炉内情况调整吹炼，因而终点命中率只有 50%～70%。在静态控制 30 年的基础上，通过固定吹炼过程中的成分和温度作为反馈信息，按照一定的数学模型计算和修正炼钢过程工艺参数使吹炼终点的命中率提高。这种在冶炼过程中能调整工艺参数的自控方法就是动态控制，动态控制的吹炼终点命中率一般为 85%～95%。

转炉炼钢的自动控制系统包括计算机系统、称量系统、检测调节系统、逻辑控制系统、仪表显示系统等部分。控制模型由原材料计算、冶炼测试、吹炼校正、补吹校正、模型参数修正等子程序组成。转炉炼钢的计算机自动控制系统通常应具备的功能有：工艺参数的自动收集、处理和记录;根据模型计算各种原材料的用量;吹炼过程自动控制,人-机联系(包括用显示器报告冶炼过程和向主机输入信息),控制系统自身故障处理;生产管理(包括打印报表和输出信息)等功能。

炼钢计算机控制系统一般分三级:管理级(三级机)、过程级(二级机)、基础自动化级(一级机)。

10.1.7.1　转炉吹炼终点控制

转炉计算机控制最基本的要求是进行吹炼终点控制,即要求在停吹时钢水温度和成分能同时命中目标值。目前,终点控制有两种方式:静态控制和动态控制。它们的控制目标都是为了提高钢水温度和成分的控制精度和命中率。图 10-16 示出转炉终点控制的示意图。对一般钢种而言,终点成分主要控制钢水中含碳量。终点碳的命中范围根据终点碳目标值的不同,要求也不同。如对目标碳小于 0.1%的低碳钢,一般要求±0.01%～0.02%;目标碳在 0.1%～0.3%时为±0.03%;目标碳大于 0.3%以上时为±0.04%。终点温度的命中范围为目标温度±12～13℃。

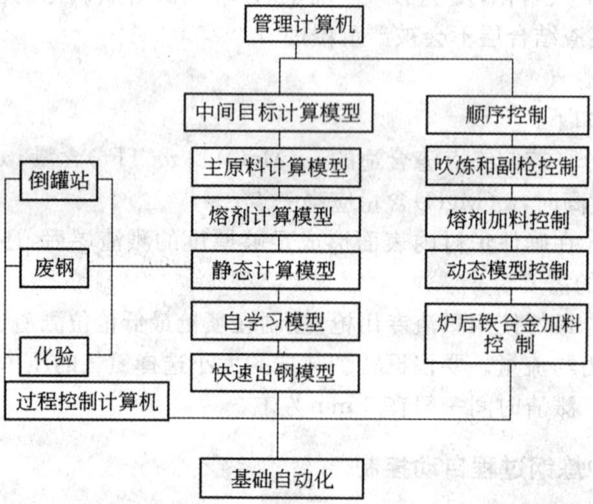

图 10-16　炼钢主要控制功能模块

到目前为止,世界各国虽然对转炉中钢水温度和成分的连续测量做过多年的研究,但一直没有得到解决。正因为缺少钢水温度和成分连续测量的手段,所以静态控制成为氧气转炉的一种基本的吹炼控制方式。静态控制是在转炉开吹前,根据初始装料(铁水和废钢)条件计算好这一炉次的吹氧量和副原料量以及冷却剂量等,并按钢种要求确定氧流量和枪位制度以及副原料加料和底吹供气制度,在吹炼过程中按这些参数一直吹炼到停吹,中间没有任何信息反馈。正因为如此,静态控制的吹炼轨迹在吹炼过程中不能得到修正,其终点同时命中率不高,一般为50%～60%。

转炉动态控制是在吹炼过程中能够得到钢水温度和碳含量的信息,不断修正吹炼轨迹,使之最后命中终点。所以,实现转炉动态控制的关键是要有动态检测手段。目前副枪已成为最成熟的转炉动态控制方法,被称为副枪法动态控制。

副枪是与氧枪有一定距离并排安装的测试装置。它的顶端装有直接测试探头,可单独安装测温、定氧、测钢水液面的探头,也可安装测温、定碳、取样复合探头,通过它的装、拔探头装置可很方便地更换探头。这样,副枪就可以测量钢水液面、钢水温度、钢水含碳量、钢水含氧量以及取钢水样送化验室分析。

副枪法动态控制是在静态控制的基础上进行的。即在吹炼前期和中期仍按静态控制，只在吹炼末期到达终点前 2～3 min 时，降下副枪测试钢水温度和含碳量，通过动态模型计算求得要补加的冷却剂量和到达终点尚需的吹氧量，以此数据吹炼到终点。由于它在吹炼终点前对吹炼轨迹进行了修正(见图 10-17)，其终点命中率大大提高，可达 90%以上。

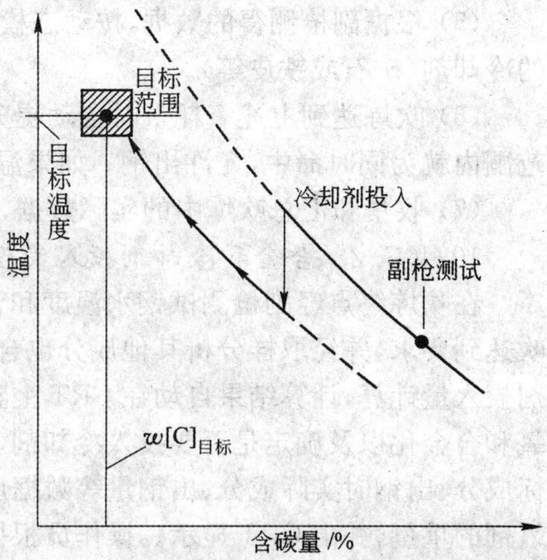

图 10-17　副枪法终点动态控制示意图

表 10-11 给出对于不同类型转炉推荐采用的终点控制方法。

本钢炼钢厂采用副枪＋炉气分析动态控制方法控制吹炼终点，使转炉不倒炉直接出钢的比例达到 74.2%，平均缩短终点操作时间 7min，效果十分显著。钢铁研究总院与莱芜钢厂合作，在 65 t 小转炉上采用炉气分析动态控制吹炼终点，已投入工业运行。

表 10-11　转炉终点控制方法

炉　型	终点控制方法	控制精度	命中率/%
大型转炉 (公称容量≥150 t)	副枪＋炉气分析动态控制，全自动吹炼	w[C]±0.015% t±12℃	≥90
中型转炉 (80～150 t)	以生产低碳板材为主的钢厂，采用炉气分析动态控制的方法	w[C]±0.015% t±12℃	≥90
	以生产中高碳钢为主的钢厂，采用副枪＋炉气分析动态控制的方法	w[C]±0.05% t±12℃	≥90
小型转炉 (炉容量＜80 t)	炉气分析动态控制	w[C]±0.02% t±12℃	≥90

采用炉气分析进行终点控制的优点：运行成本低，投资少；可实现全程自动吹炼和不倒炉直接出钢工艺；适用于大、中、小各种类型的转炉；适宜生产高、中、低碳钢。

转炉计算机终点控制的执行过程如下：

(1) 在上一炉次的终点或出钢时起动本炉次的装料计算。根据装料模型计算出本炉装入的铁水重量和废钢种类及重量，分别在铁水站(混铁炉)和废钢场准备铁水和废钢。称量铁水重量，取样分析和测量铁水温度；按要求的废钢类别称量废钢重量，将这些实际数据输入计算机。

(2) 在铁水和废钢装入转炉后，起动副原料和终点控制模型，计算出本炉所需的石灰、白云石、萤石、矿石等原料的重量以及吹氧量。

(3) 氧枪降入炉内开吹，按钢种要求选择规定的供氧和枪位制度(模式)、副原料加料制度和底吹供气制度进行吹炼。这些标准吹炼制度是随吹炼时间变更的。由于各炉氧耗量不同，为统一操作通常用“氧步”来表示时间，即将氧耗量分成若干等份，每吹一个等份为一个氧步，如某厂取每炉氧耗量的 1/25 为一个氧步。

(4) 吹炼到达终点前2～3 min,下降副枪测试钢水温度和含碳量。

(5) 根据副枪测得的数据,按动态模型计算出为同时命中终点目标应补吹的氧耗量和补加的冷却剂(矿石或铁皮等)。

(6) 吹炼达到上述氧耗量时自动提升氧枪,用副枪测试终点温度和终点碳。如二者在命中范围内就为同时命中,允许出钢。如果温度或含碳量有一项不命中,需进行再吹处理。

(7) 收集和汇总吹炼中的实际数据,对静态和动态模型进行自学习修正。

10.1.7.2 合金和冷却剂投入管理以及转炉出钢控制

在吹炼终点经副枪测试钢水温度和含碳量以及含氧量,若温度和含碳量同时命中,或者经再吹达到要求,并经取样分析其他成分也合格时就出钢。若停吹温度高于目标温度时,要进行冷却剂投入量计算,计算结果自动在CRT上显示作为操作指导。在出钢时要按不同钢种要求进行脱氧和合金化以及确定是否要投入冷却剂,向钢包投入铁合金和脱氧剂以及冷却剂。根据钢水目标成分、出钢时实际成分、出钢量等数据用合金模型计算加入钢包中的各种铁合金的重量以及脱氧剂的重量,并由CRT显示。操作员根据所有显示结果并确认后,计算机将向铁合金、脱氧剂和冷却剂投入系统输出各称量值。在脱氧、合金化后,将钢水重量、成分等实际数据采集到计算机中,对合金模型中的各元素的收得率进行自学习修正。

10.1.7.3 再吹管理

在副枪测试钢水温度和含碳量以及含氧量后,操作员按停吹温度和含碳量以及含氧量决定是否要再吹。再吹时,计算机要在再吹点火时进行再吹计算(按动态计算),将钢水温度和碳含量的预测值和冷却剂投入指示值作为操作指导,由CRT显示。有关再吹管理的详细流程见图10-18。

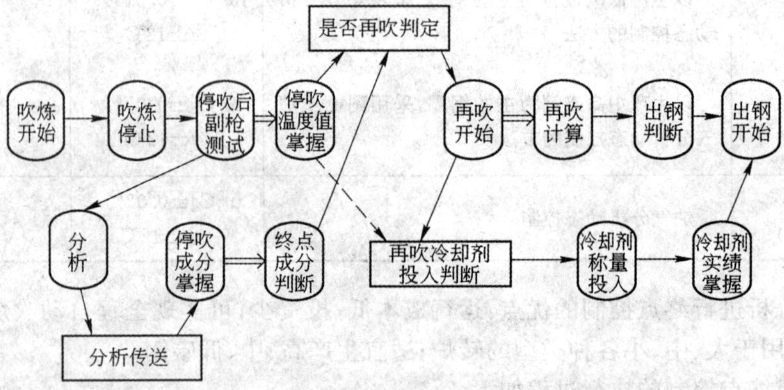

图10-18 再吹管理的详细流程

10.1.7.4 静态控制与动态控制

A 静态控制模型

现有的转炉吹炼控制都是以静态和动态模型为基础的。由于转炉静态控制是转炉计算机的基本控制方式,副枪动态控制也以静态控制为基础,所以静态控制模型包括的内容比较多,主要有终点控制模型、供氧模型、造渣模型、底吹模型。

B 动态控制模型

动态模型主要是在吹炼末期用副枪大量测试取得钢水温度和含碳量的数据,通过统计分析和总结操作经验建立起来的。包括脱碳速度模型、钢水升温模型和冷却剂加入量模型三个模型。

10.1.8 氧气顶吹转炉炼钢主要设备

10.1.8.1 转炉系统设备

转炉系统设备(如图 10-19)是由转炉炉体(包括炉壳和炉衬),炉体支承系统(包括托圈、耳轴、耳轴轴承及支座),倾动机构所组成的。

A 顶吹转炉炉型

转炉炉型是指用耐火材料砌成的炉衬内形。转炉的炉型是否合理直接影响着工艺操作、炉衬寿命、钢的产量与质量以及转炉的生产率。

合理的炉型应满足以下要求:

(1) 要满足炼钢的物理化学反应和流体力学的要求,使熔池有强烈而均匀的搅拌;

(2) 符合炉衬被侵蚀的形状以利于提高炉龄;

(3) 减轻喷溅和炉口结渣,改善劳动条件;

(4) 炉壳易于制造,炉衬的砌筑和维修方便。

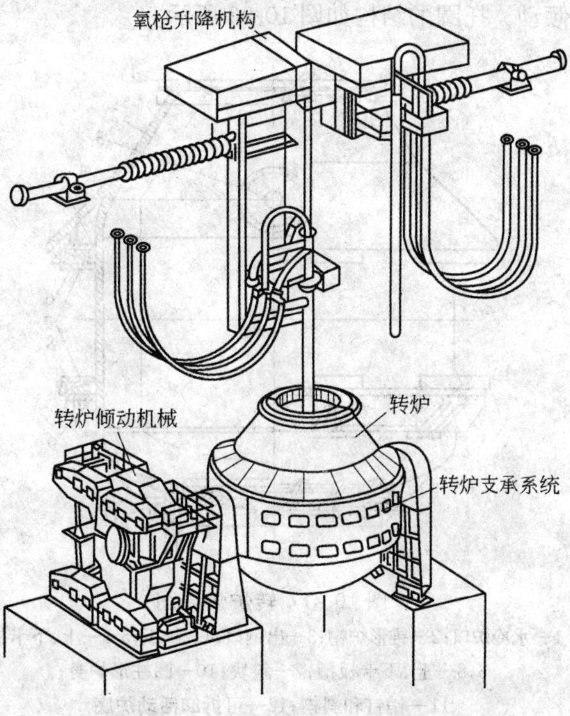

图 10-19 氧气顶吹转炉总图

最早的氧气顶吹转炉炉型,基本上是从底吹转炉发展而来。炉子容量小,炉型高瘦,炉口为偏口。以后随着炉容量的增大,炉型向矮胖发展而趋近球形。

按金属熔池形状的不同,转炉炉型可分为筒球型、锥球型和截锥型三种,如图 10-20 所示。

(1) 筒球型。这种熔池形状由一个球缺体和一个圆筒体组成。

(2) 锥球型。锥球型熔池由一个锥台体和一个球缺体组成。

(3) 截锥型。截锥型熔池为上大下小的圆锥台。

(4) 大炉膛炉型。炉膛内壁倾斜,上大下小,炉帽的倾角较小(约 50°)。

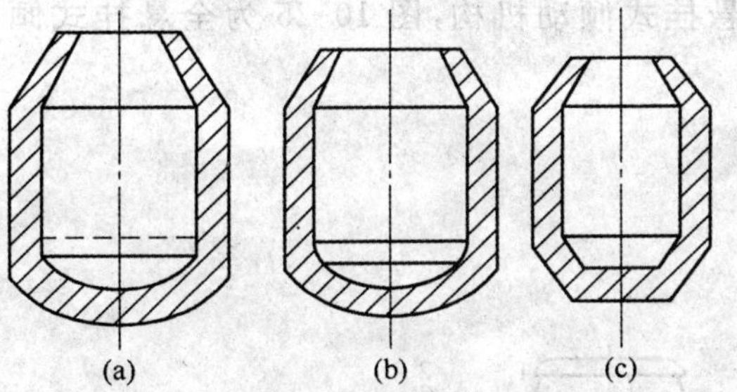

图 10-20 顶吹转炉常用炉型示意图

(a)筒球型;(b)锥球型;(c)截锥型

B 炉壳

转炉炉壳的作用是承受耐火材料、钢液、渣液的全部重量,保持炉子有固定的形状,倾动时承受扭转力矩。

大型转炉炉壳如图 10-21 所示。由图可知,炉壳本身主要由三部分组成:锥形炉帽、圆柱形炉身和炉底。各部分用普通锅炉钢板或低合金钢板成型后,再焊成整体。

C 炉体支承系统

炉体支承系统包括:支承炉体的托圈、炉体和托圈的连接装置以及支承托圈的耳轴、耳轴轴承和轴承座等。托圈与耳轴连接,并通过耳轴坐落在轴承座上,转炉则坐落在托圈上。转炉炉体的全部重量通过支承系统传递到基础上,而托圈又把倾动机构传来的倾动力矩传给炉体,并使其倾动。托圈的结构如图 10-22 所示。

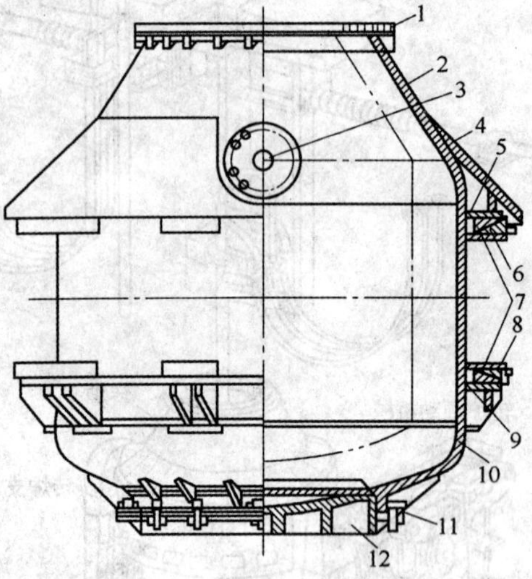

图 10-21　转炉炉壳图

1—水冷炉口；2—锥形炉帽；3—出钢口；4—护板；5,9—上、下卡板；6,8—上、下卡板槽；7—斜块；10—圆柱形炉身；11—销钉和斜楔；12—可拆卸活动炉底

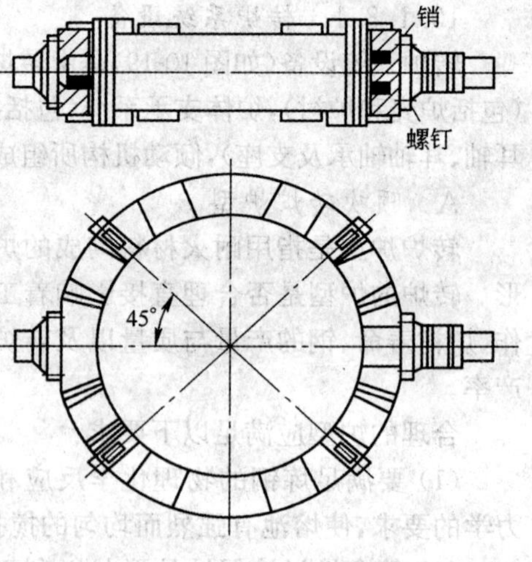

图 10-22　剖分式托圈

D　转炉倾动机构

在转炉设备中，倾动机构是实现转炉炼钢生产的关键设备之一。倾动机构一般由电动机、制动器、一级减速器和末级减速器组成。就其传动设备安装位置可分为落地式、半悬挂式和全悬挂式等。

图 10-23 为落地式倾动机构，图 10-24 为半悬挂式倾动机构，图 10-25 为全悬挂式倾动机构。

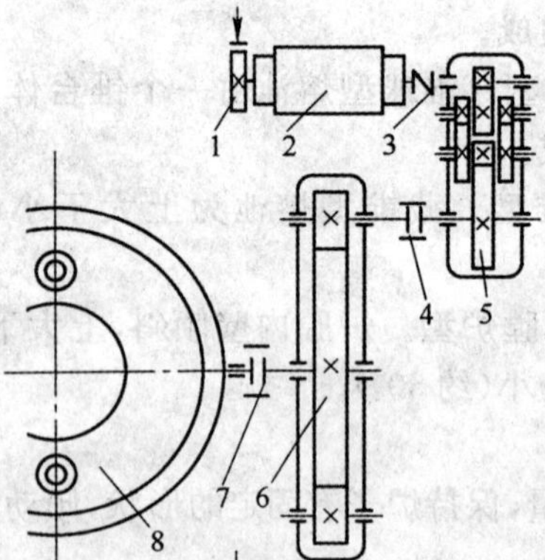

图 10-23　落地式倾动机构

1—制动器；2—电动机；3—弹性联轴器；4,7—齿形联轴器；5—分减速器；6—主减速器；8—转炉

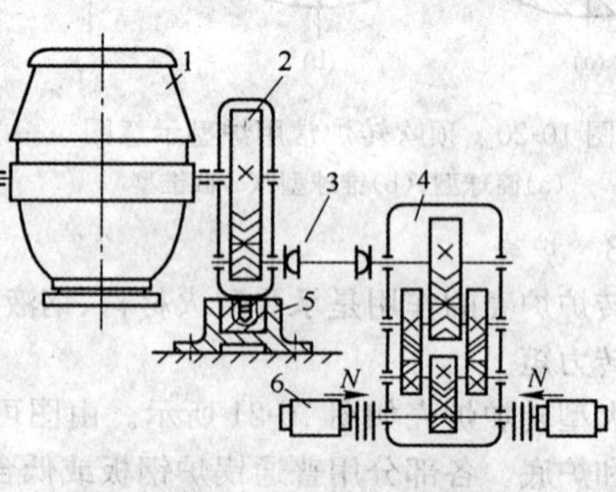

图 10-24　半悬挂式倾动机构

1—转炉；2—悬挂减速器；3—万向联轴器；4—减速器；5—制动装置；6—电动机

10.1.8.2 原材料供应系统设备

氧气转炉炼钢的原材料包括铁水、废钢、散状材料及铁合金等。

A 铁水供应

(1) 铁水罐车供应铁水。其工艺流程为：

高炉→铁水罐车→前翻支柱→铁水包→称量→转炉

(2) 混铁炉供应铁水。混铁炉由炉体、炉盖开闭机构和炉体倾动机构3部分组成，如图10-26所示。其工艺流程为：

高炉→铁水罐车→混铁炉→铁水包→称量→兑入转炉

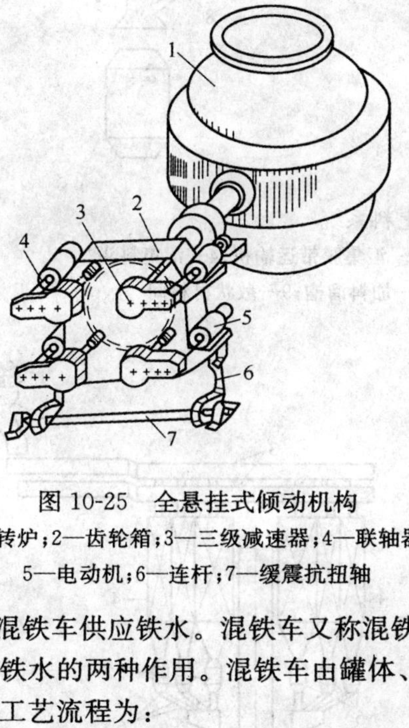

图10-25 全悬挂式倾动机构

1—转炉；2—齿轮箱；3—三级减速器；4—联轴器；
5—电动机；6—连杆；7—缓震抗扭轴

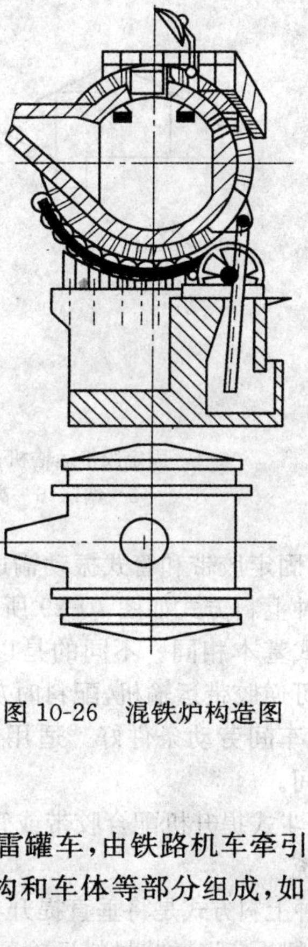

图10-26 混铁炉构造图

(3) 混铁车供应铁水。混铁车又称混铁炉型铁水罐车或鱼雷罐车，由铁路机车牵引，兼有运送和贮存铁水的两种作用。混铁车由罐体、罐体支承及倾翻机构和车体等部分组成，如图10-27所示。其工艺流程为：

高炉→混铁车→铁水包→称量→转炉

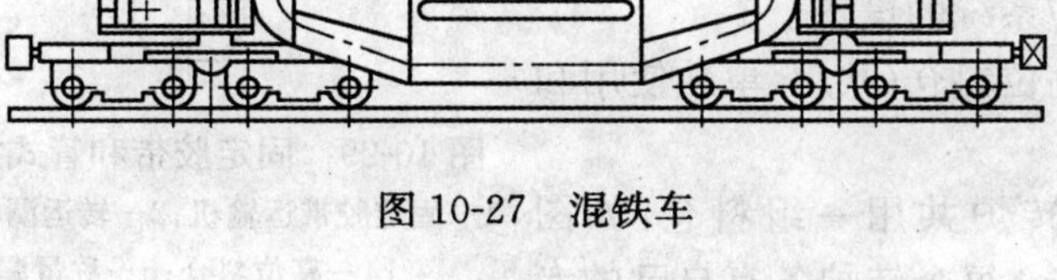

图10-27 混铁车

B 废钢供应

目前在氧气顶吹转炉车间，向转炉加入废钢的方式有两种：直接用桥式吊车吊运废钢槽倒入转炉；用废钢加料车装入废钢。

C　散状材料供应

散状材料是指炼钢过程中使用的造渣材料、补炉材料和冷却剂等，如石灰、萤石、白云石、铁矿石、氧化铁皮、焦炭等。氧气转炉所用散状材料供应的特点是种类多、批量小、批数多。供料要求迅速、准确、连续、及时，设备可靠。

a　全胶带上料系统

图 10-28 表示一个全胶带上料系统，其作业流程如下：

地下(或地面)料仓→固定胶带运输机→转运漏斗→可逆式胶带运输机→高位料仓→分散称量漏斗→电磁振动给料器→汇集胶带运输机→汇集料斗→转炉。

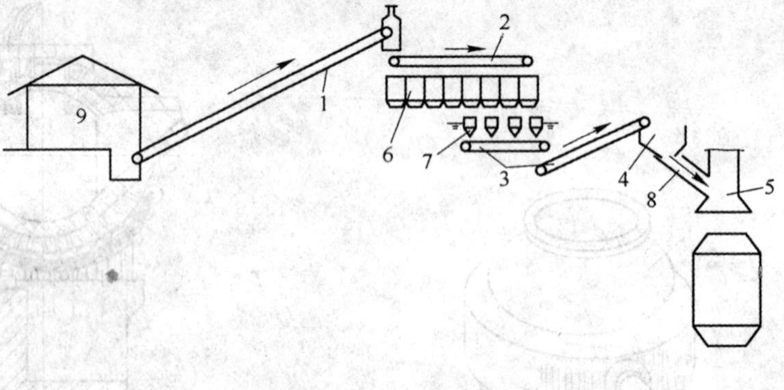

图 10-28　全胶带上料系统

1—固定胶带运输机；2—可逆式胶带运输机；3—汇集胶带运输机；4—汇集料斗；5—烟罩；6—高位料仓；7—称量料斗；8—加料溜槽；9—散状材料间

b　固定胶带和管式振动输送机上料系统

这种上料方式如图 10-29 所示，它与全胶带上料方式基本相同。不同的是以管式振动输送机代替可逆胶带运输机，配料时灰尘外逸情况大大改善，车间劳动条件好。适用于大、中型氧气转炉车间。

c　斗式提升机配合胶带或管式振动输送机上料系统

这种上料方式是将垂直提升与胶带运输结合起来，用翻斗车将散状材料运输到主厂房外侧，通过斗式提升机(有单斗和多斗两种)将料从地面提升到高位料仓以上，再用胶带运输、布料小车、可逆胶带或管式振动输送机把料卸入高位料仓。

d　散状材料供应系统的设备

包括地下料仓；高位料仓(共用、单独使用和部分共用三种)。

共用料仓：两座转炉共用一组料仓，如图 10-30所示；单独用料仓：每个转炉各有自己的专用料仓，如图 10-31 所示；部分共用料仓：某些散

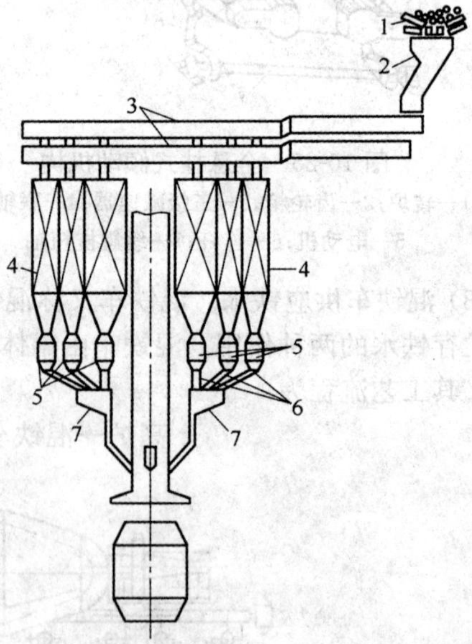

图 10-29　固定胶带和管式振动输送机上料系统

1—固定胶带运输机；2—转运漏斗；3—管式振动输送机；4—高位料仓；5—称量漏斗；6—电磁振动给料器；7—汇集料斗

料的料仓两座转炉共用，某些散料的料仓则单独使用，如图 10-32所示。

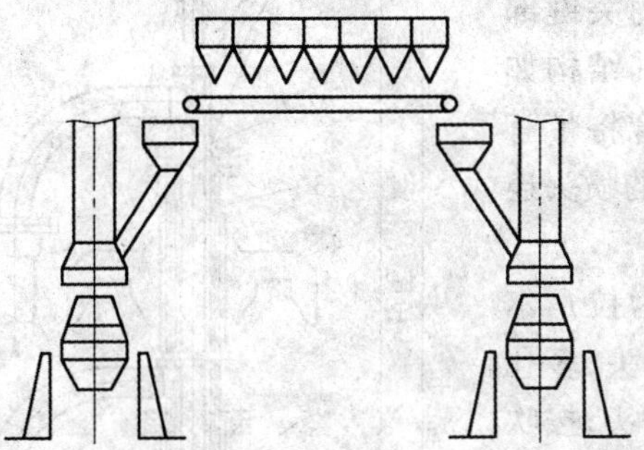

图 10-30　共用高位料仓示意图

图 10-31　单独用高位料仓示意图

D　铁合金供应

铁合金加料系统有两种型式：

第一种是铁合金与散状料共用一套上料系统，然后从炉顶料仓下料，经旋转溜槽加入钢包。这种方式不另增设铁合金上料设备，而且操作可靠，但稍增加了散状材料上料胶带运输机的运输量。

第二种方式，铁合金自成系统用胶带运输机上料，有较大的运输能力，使铁合金上料不受散状原料的干扰，还可使车间内铁合金料仓的贮量适当减少。对于规模很大的转炉车间，这种流程更可确保铁合金的供应。但增加了一套胶带运输机上料系统，设备重量与投资有所增加。

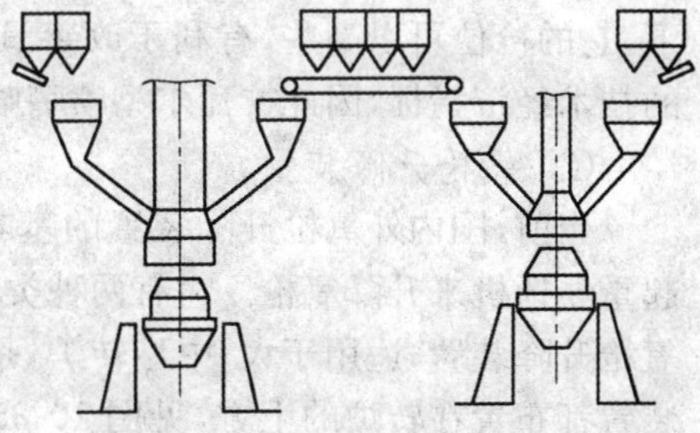

图 10-32　部分共用高位料仓示意图

10.1.8.3　供氧系统设备

A　氧气转炉炼钢车间供氧系统

氧气转炉炼钢车间的供氧系统一般是由制氧机、加压机、中间储气罐、输氧管、控制闸阀、测量仪表及氧枪等主要设备组成。如图 10-33 所示。

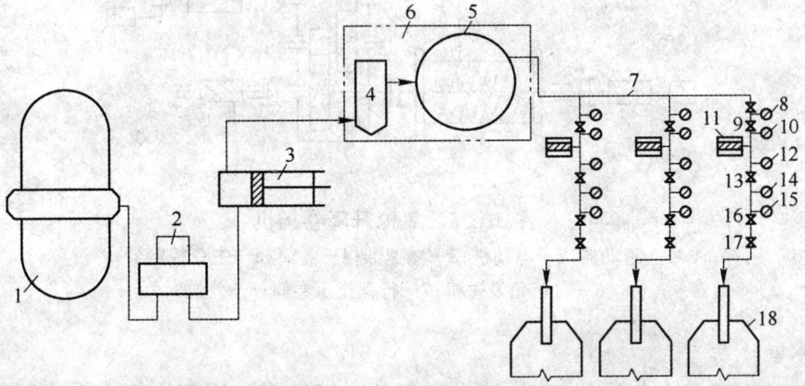

图 10-33　供氧系统工艺流程图

1—制氧机；2—低压储气柜；3—压氧机；4—桶形罐；5—中压储气罐；6—氧气站；7—输氧总管；8—总管氧压测定点；9—减压阀；10—减压阀后氧压测定点；11—氧气流量测定点；12—氧气温度测定点；13—氧气流量调节阀；14—工作氧压测定点；15—低压信号连锁；16—快速切断阀；17—手动切断阀；18—转炉

B　氧枪

氧枪又称喷枪或吹氧管，是转炉吹氧设备中的关键部件，它由喷头（枪头）、枪身（枪体）和枪尾所组成，其结构如图 10-34所示。氧枪的基本结构是由三层同心圆管将带有供氧、供水和排水通路的枪尾与决定喷出氧流特征的喷头连接而成的一个管状空心体。

目前存在的喷头类型很多，按喷孔形状可分为拉瓦尔型、直筒型、螺旋型等；按喷头孔数又可分为单孔喷头、多孔喷头和介于二者之间所谓单三式的或直筒型三孔喷头；按吹入物质分，有氧气喷头、氧—燃喷头和喷粉料的喷头。由于拉瓦尔型喷嘴能有效地把氧气的压力能转变为动能，并能获得比较稳定的超声速射流，而且在相同射流穿透深度的情况下，它的枪位可以高些，有利于改善氧枪的工作条件和炼钢的技术经济指标，因此拉瓦尔型喷嘴喷头使用得最广。

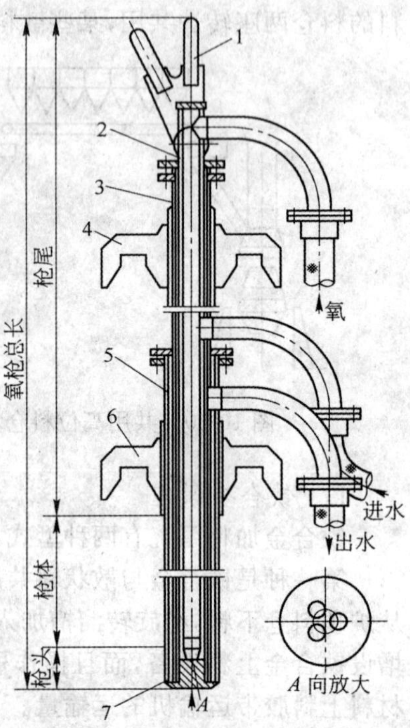

图 10-34　氧枪结构示意图

1—吊环；2—内层管；3—中层管；4—上卡板；5—外层管；6—下卡板；7—喷头

C　氧枪升降装置

当前，国内外氧枪升降装置的基本形式都相同，即采用起重卷扬机来升降氧枪。它有两种类型，一种是垂直布置的氧枪升降装置，适用于大、中型转炉，是把所有的传动及更换装置都布置在转炉的上方，见图 10-35。垂直布置的升降装置有单卷扬型氧枪升降机构和双卷扬型氧枪升降机构（图 10-36）两种类型；另一种是旁立柱式（旋转塔型）升降装置，它的传动机构布置在转炉旁的旋转台上，采用旁立柱固定、升降氧枪，旋转立柱可移开氧枪至专门的平台进行检修和更换氧枪。只适用于小型转炉。

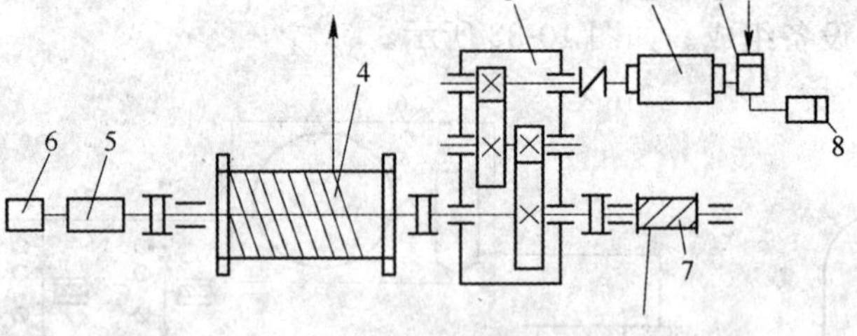

图 10-35　氧枪升降卷扬机

1—制动器；2—电动机；3—减速器；4—卷筒；5—主令控制器；6—自正角发送机；7—行程指示卷筒；8—气缸

D　氧枪更换装置

换枪装置的作用是在氧枪损坏时，能在最短的时间里将备用氧枪换上投入工作。

换枪装置基本上都是由横移换枪小车、小车座架和小车驱动机构三部分组成。但由于采用的升降装置形式不同，小车座架的结构和功用也明显不同，氧枪升降装置相对于横移小车的位置也截然不同。单卷扬型氧枪升降机构的提升卷扬与换枪装置的横移小车是分离配置的（如图 10-37）；而双卷扬型氧枪升降机构的提升卷扬则装设在横移小车上，随横移小车同时移动。

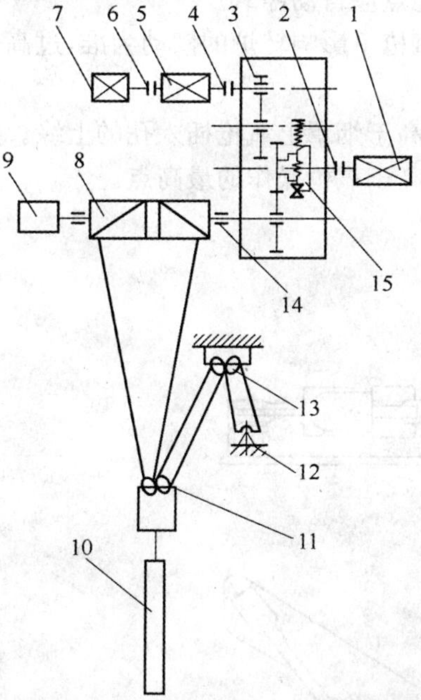

图 10-36 双卷扬型氧枪升降传动示意图

1—快速提升电机；2，4—带联轴节的液压制动器；3—圆柱齿轮减速器；5—慢速提升电机；6—摩擦片离合器；7—风动马达；8—卷扬装置；9—自整角机；10—氧枪；11—滑轮组；12—钢绳断裂报警；13—主滑轮组；14—齿形联轴节；15—行星减速器

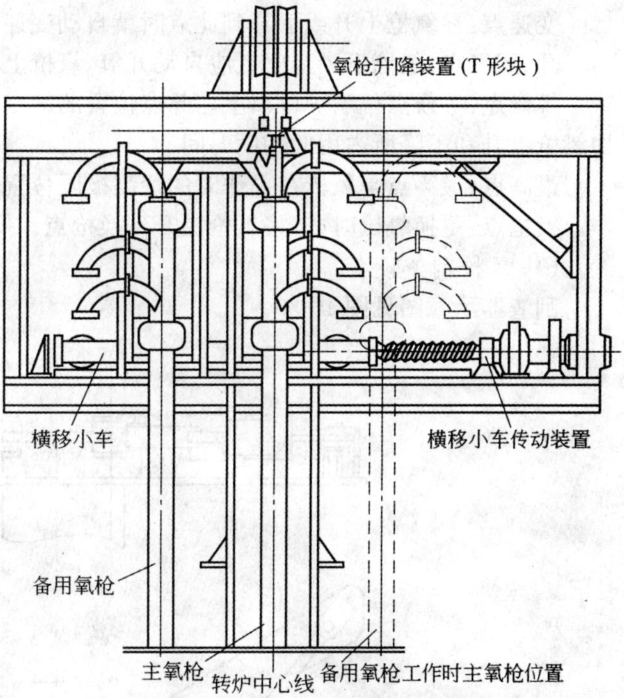

图 10-37 50 t转炉单卷扬型换枪装置

双卷扬型氧枪升降机构的两套提升卷扬都装设在横移小车上。如我国 300 t 转炉，每座有两台升降装置，分别装设在两台横移换枪小车上。一台横移小车携带氧枪升降装置处于转炉中心的操作位置时，另一台处于等待备用位置，每台横移小车都有各自独立的驱动装置。当需要换枪时，损坏的氧枪与其升降装置脱离工作位置，备用氧枪与其升降装置进入工作位置。换枪所需时间为 4 min。

E 氧枪各操作点的控制位置

转炉生产过程中，为了能及时、安全和经济地向熔池供给氧气，氧枪应根据生产情况处于不同的控制位置。图 10-38 为某厂 120 t 转炉氧枪在行程中各操作点的标高位置。各操作点的标高系指喷头顶面距车间地平轨面的距离。

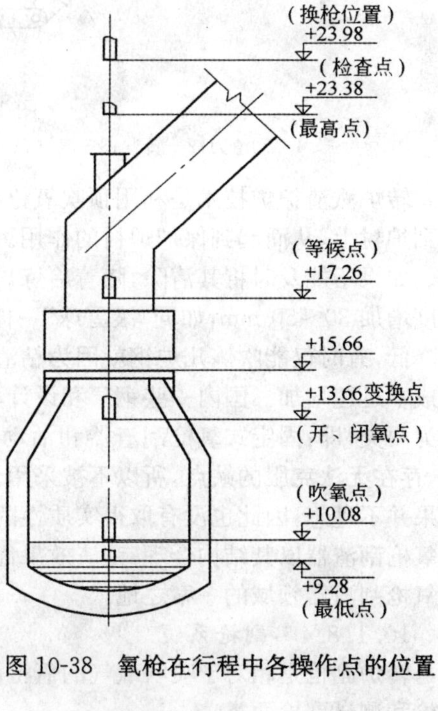

图 10-38 氧枪在行程中各操作点的位置

氧枪各操作点标高的确定原则：

最低点：最低点是氧枪下降的极限位置，其位置取决于转炉的容量。

吹氧点：此点是氧枪开始进入正常吹炼的位置，又叫吹炼点。

变速点：在氧枪上升或下降到此点时就自动变速。

开、闭氧点：氧枪下降至此点应自动开氧，氧枪上升至此点应自动停氧。

等候点：等候点位于炉口以上。此点位置的确定应以氧枪不影响转炉的倾动为准，过高会增加氧枪上升和下降所占用的辅助时间。

最高点：最高点是氧枪在操作时的最高极限位置，它应高于烟罩上氧枪插入孔的上缘。

换枪点：更换氧枪时，需将氧枪提升到换枪点。换枪点高于氧枪操作的最高点。

F　氧枪刮渣设备

刮渣器示意图见图 10-39。

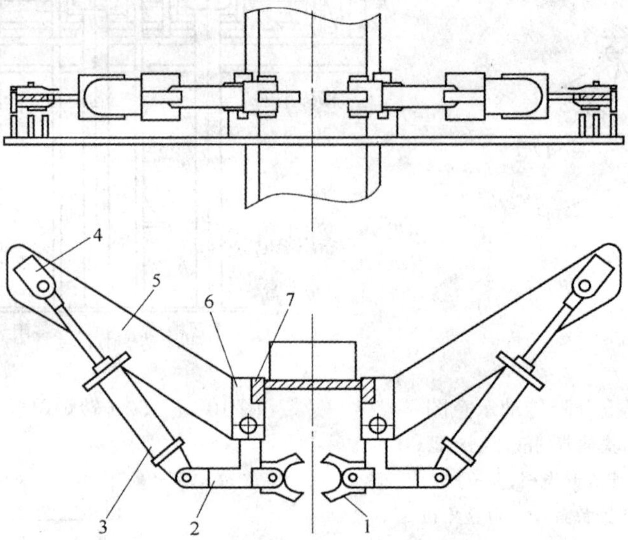

图 10-39　刮渣器示意图

1—刮渣刀；2—转臂；3—汽缸；4—汽缸座；5—底板；6—转臂座；7—氧枪升降小车滑道

转炉溅渣护炉技术是利用顶吹氧枪将高压氮气吹入炉内，将炉内剩余炉渣经过改质以后吹溅到炉衬上，从而起到保护炉衬的作用。在吹溅过程中不可避免地会在氧枪外层钢管上粘附钢渣。如果不能及时将其清除，随着冶炼炉数的增加，每溅一次渣便会使已经粘渣的氧枪上的渣层厚度增加 30～50 mm，如同"滚雪球"一样，致使氧枪粘渣愈来愈厚，从而导致氧枪的使用寿命大为降低，有时仅能吹炼几炉钢就因为粘渣太厚而不得不更换氧枪，由此直接带来的问题是氧枪消耗成本迅速增加。国内一些钢厂和设计单位也推出了早期的刮渣器，根据结构形状分类大致可分为两类，即：固定式氧枪刮渣器和活动式氧枪刮渣器。由于固定式氧枪刮渣器容易将氧枪卡住，存在无法克服的缺点，所以不被采用。活动式氧枪刮渣器虽然也被有些钢厂采用过，但刮渣效果并不理想，因此也没有取得实质性的效果。实际上在氧枪刮渣器领域还是一片空白。新式的氧枪刮渣器以其结构合理，刮渣效果优良，检修维护简便的特点，被多家钢厂所采用，占领了国内氧枪刮渣器领域的一席之地。

10.1.8.4　副枪系统

转炉副枪是相对于喷吹氧气的氧枪而言。它同样是从炉口上部插入炉内的水冷枪，有操作副枪和测试副枪两类。

操作副枪用以向炉内吹石灰粉、附加燃料或精炼用的气体。测试副枪用于在不倒炉的情况下快速检测转炉熔池钢水温度、碳含量和氧含量以及液面高度，它还被用以获取熔池钢样和渣样。目前，测试副枪已被广泛用于转炉吹炼计算机动态控制系统。这里主要介绍测试副枪。测试副枪装置见图 10-40。

副枪系统检测及报警包括钢水温度、钢水定碳、钢水溶氧和钢水液位(在探头端部设有电极，当电极接触钢水时，电极导电，就以此时副枪高度来换算钢水液面高度)检测。副枪也设有冷却水系统，其检测和报警以及控制和氧枪相同。

副枪探头按测定性能分有下列四种类型:测温探头;测温＋定碳＋取样探头;定氧探头;钢水液面测定探头。

副枪装置主要由副枪枪身、导轨小车、卷扬传动装置、换枪机构(探头进给装置) 等部分组成。

副枪按探头的供给方式可分为“上给头” 和“下给头”两种。探头从贮存装置由枪体的上部压入，经枪膛被推送到枪头的工作位置，这种给头方式称为“上给头”;探头借机械手等装置从下部插在副枪枪头插杆上的给头方式称为“下给头”。由于给头方式的不同，两种副枪结构及其组成也不相同。目前，上给头副枪已很少使用。

下给头副枪是由三层同心钢管组成的水冷枪体，内层管中心装有信号传输导线，并通保护用气体，一般为氮气;内层管与中间管、中间管与外层管之间的环状通路分别为进、出冷却水的通道;在枪体的下顶端装有导电环和探头的固定装置。

副枪装好探头后，插入熔池，所测温度、碳含量等数据反馈给计算机，或在计器仪表中显示。副枪提出炉口以上，锯掉探头样杯部分，钢样通过溜槽，风动送至化验室校验成分。拔头装置拔掉探头废纸管，装头装置再装上新探头，准备下一次的测试工作。

测试头又称探头。可分为单功能探头和复合探头，目前应用广泛的是测温与定碳复合探头。

测温定碳复合探头的结构形式，主要取决于钢水进入探头样杯的方式，有上注式、侧注式和下注式，侧注式是普遍采用的形式。

侧注式测温定碳探头结构如图 10-41 所示。

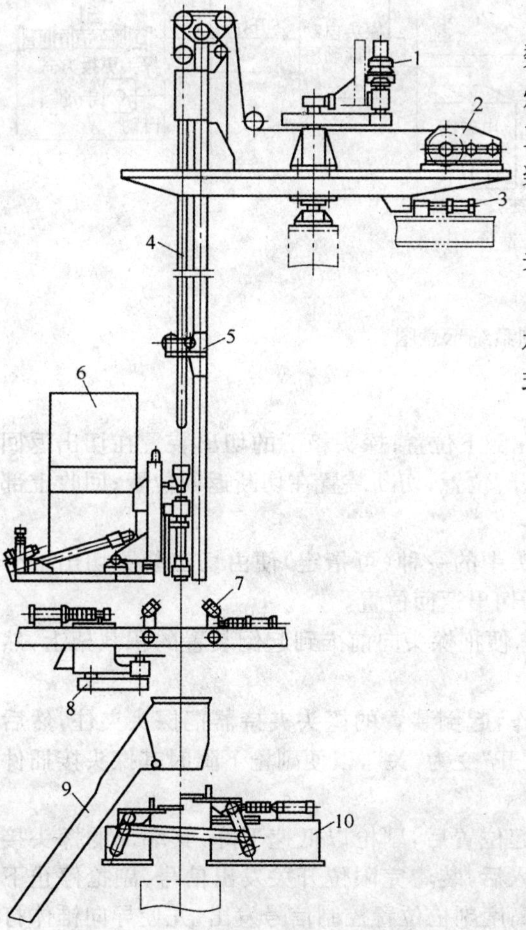

图 10-40 下给头副枪装置示意图

1—旋转机构;2—升降机构;3—定位装置;4—副枪;5—活动导向小车;6—装头装置;7—拔头机构;8—锯头机构;9—溜槽;10—清渣装置及枪体矫直装置组成的集合体

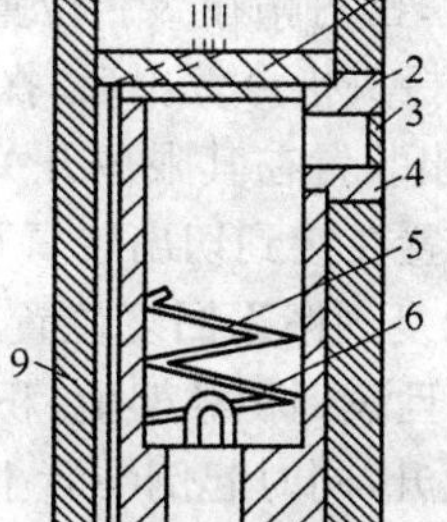

图 10-41 侧注式测温定碳探头

1—压盖环;2—样杯;3—进样口盖;4—进样口保护套;5—脱氧铝;6—定碳热电偶;7—测温热电偶;8—补偿导线;9—保护纸管

副枪电气控制包括高度的位置控制以及探头装卸的程序控制。前者与氧枪基本相似，后者的示意图见图 10-42。整个副枪包括升降装置和装卸装置是由 PLC 控制的。副枪升降装置由卷扬传动部分、副枪导轨、副枪台车及本体和探头接插件等组成；副枪装卸装置由探头箱、起倒装置、拔取装置以及切断装置等组成。附属装置还有回收溜槽装置、密封帽等。

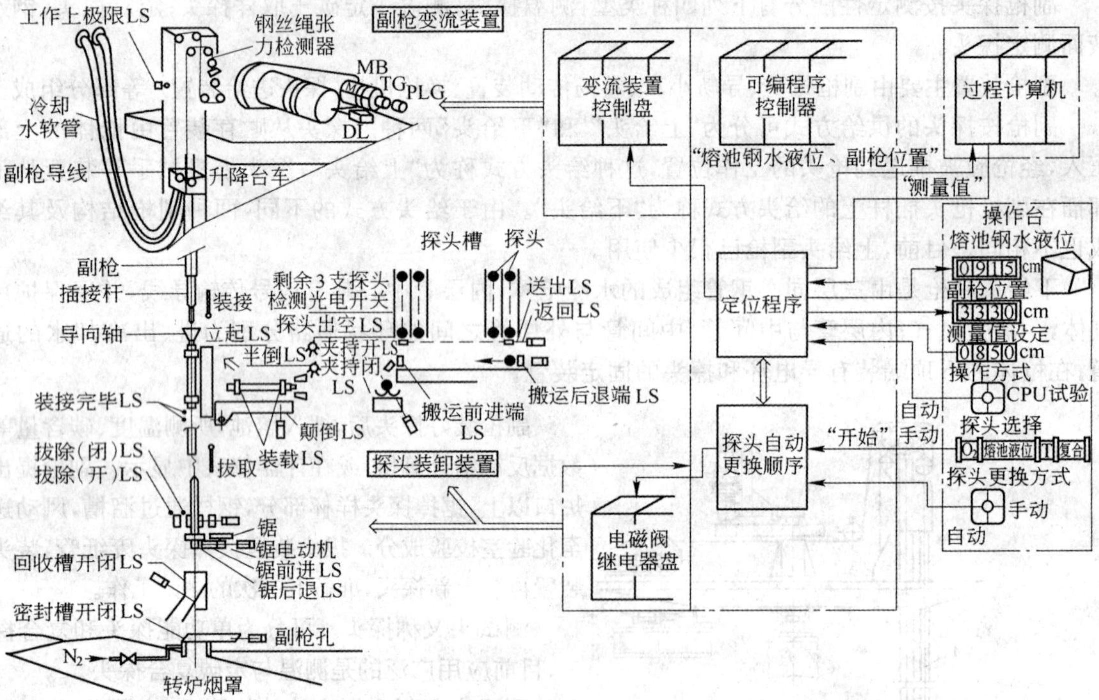

图 10-42　副枪控制系统示意图

副枪探头装卸程序控制大体如下：

(1) 原始状态副枪在常用上限位置；起倒装置在倒下位置；探头箱下的切出装置在切出返回位置；搬送装置在搬送回复位置；拔取装置在拔取"开"位置；切断装置在切断返回位置；回收上部挡板在"开"位置；密封帽在"闭"位置等。

(2) "装着"探头指令发出后，探头箱中四种探头中的一种(可指定)便由切出装置切出一个探头，同时当切出装置在其限位开关动作后，返回到切出返回位置。

(3) 搬送装置在接到切出装置切出探头信号后，便把探头向前推到起倒装置的积载架上，然后搬送装置便回复到搬送回复位置。

(4) 探头一旦滚到积载架上，积载限位开关动作，起倒装置的探头夹持器把探头夹住，然后起倒装置开始上升，同时起倒装置上的导向锥体从"开"变为"关"，以便副枪下降时其探头接插件能被导向插进探头孔内。

(5) 当起倒装置升到垂直位置，即起倒装置升起位置后，副枪以低速下降，其端部的探头接插件通过导向锥体顺利地插进探头孔内，当完全插入后，装着完限位开关发出信号，副枪停止下降，在插入过程中，一旦副枪插到探头中，根据位置高度副枪位置控制信号发出，先使导向锥体打开，待全插入后，探头夹持器从夹持状态回到放开状态。起倒装置自动从升起位置开始倒下，在半倒状态时有一半倒限位开关动作并发出信号，表明副枪探头的"装着"已完成，此时装有探头的副枪将等待"测定"信号。

(6) 当计算机发出“测定开始”或操作员按下“测定开始”按钮后，副枪就自动由位置控制系统进行停位控制，一般情况下副枪探头在钢水液面下约 500～700 mm 处停数秒钟后便迅速上升，然后转为中速或低速上升。探头浸入钢水后，探头测得的信号便通过探头接插件送到仪表装置并传送到计算机。

(7) 副枪上升到拔取位置时，自动停止，拔取装置动作，把探头夹住(称为“拔取夹持”)，同时切断装置的锯片电机启动，把探头下部的试样部分切断，回收上部挡板打在“闭”位置，试样被切断后便通过回收溜槽落到操作平台上。

(8) 当切断装置把试样切断后，副枪便自动上升，由于上半截探头被“拔取夹持”装置夹住，故在副枪上升时，探头便从副枪接插件中拔出，副枪本体回升到常用上限。

(9) 副枪接插件从探头中拔出后，回收上部挡板又从“闭”位置翻到“开”位置，此时拔取夹持装置松开探头，上半截剩余的探头便落入炉内。

(10) 密封帽在“测定开始”指令条件下，当回收上部挡板处于“开”状态下便自动打开，便于副枪下枪测定；在拔取夹持装置松开探头后一段时间便又把密封帽“闭合”，以免炉内火焰窜出。

10.1.8.5 烟气净化及回收处理设备

A 烟气、烟尘净化回收系统主要设备

转炉烟气净化系统可概括为烟气的收集与输导，降温与净化，抽引与放散等三部分。

烟气的收集有活动烟罩(图 10-43 所示为裙式活动单烟罩，图 10-44 为活动烟罩双罩)和固定烟罩。

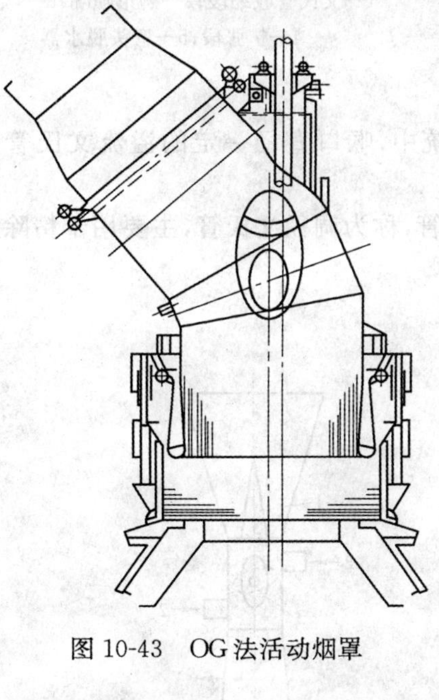

图 10-43 OG 法活动烟罩

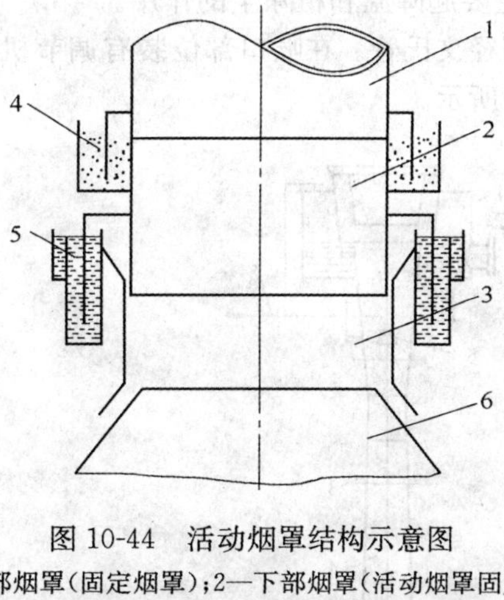

图 10-44 活动烟罩结构示意图

1—上部烟罩(固定烟罩)；2—下部烟罩(活动烟罩固定段)；3—罩裙(活动烟罩升降段)；4—沙封；5—水封；6—转炉

烟气的输导管道称为烟道。烟气的降温装置主要是烟道和溢流文氏管。烟气的净化装置主要有文氏管脱水器，以及布袋除尘器和电除尘器等。回收煤气时，系统还必须设置煤气柜和回火防止器等设备。

转炉烟气净化方式有全湿法、干湿结合法和全干法三种形式。

汽化冷却烟道是用无缝钢管围成的筒形结构，其断面为方形或圆形，如图 10-45 所示。

文氏管净化器是一种湿法除尘设备，也兼有冷却降温作用。文氏管是当前效率较高的湿法净化设备。文氏管净化器由雾化器(碗形喷嘴)、文氏管本体及脱水器等三部分组成，如图 10-46 所示。

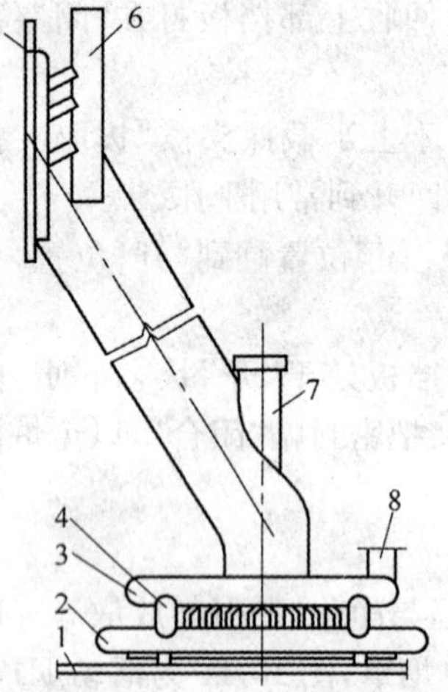

图 10-45　汽化冷却烟道示意图

1—排污集管；2—进水集箱；3—进水总管；4—分水管；5—出口集箱；6—出水(汽)总管；7—氧枪水套；8—进水总管接头

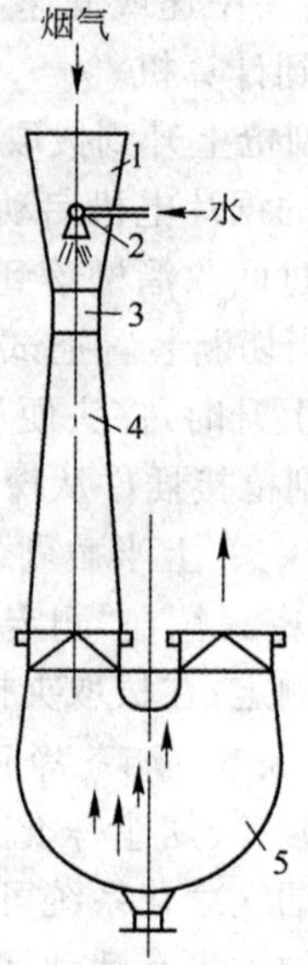

图 10-46　文氏管除尘器的组成

1—文氏管收缩段；2—碗形喷嘴；3—喉口；4—扩张段；5—弯头脱水器

文氏管本体是由收缩段、喉口段、扩张段三部分组成。

(1) 溢流文氏管。在双文氏管串联的湿法净化系统中，喉口直径一定的溢流文氏管(见图 10-47)主要起降温和粗除尘的作用。

(2) 调径文氏管。在喉口部位装有调节机构的文氏管，称为调径文氏管，主要用于精除尘，如图 10-48 所示。

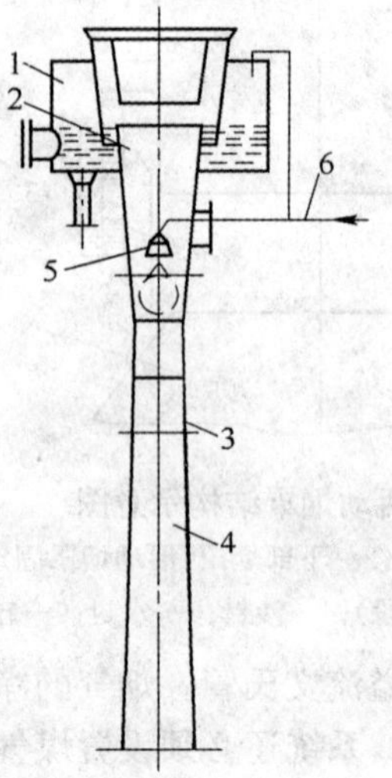

图 10-47　定径溢流文氏管

1—溢流水封；2—收缩段；3—腰鼓形喉口(铸件)；4—扩张段；5—碗形喷嘴；6—溢流供水管

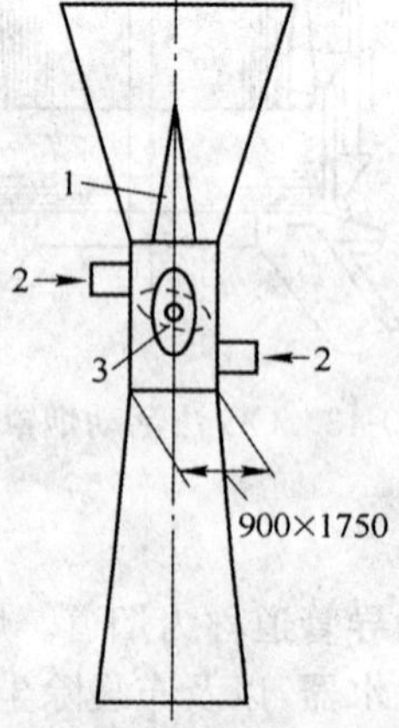

图 10-48　圆弧形-滑板调节(R-D)文氏管

1—导流板；2—供水；3—可调阀板

B 净化回收系统

图 10-49 是 OG 净化回收系统流程示意图。这是当前世界上未燃法全湿系统净化效果较好的一种。其主要特点为：

(1) 净化系统设备紧凑。净化系统由繁到简，实现了管道化，系统阻损小，且不存在死角，煤气不易滞留，利于安全生产；

(2) 设备装备水平较高。通过炉口微压差来控制二文的开度，以适应各吹炼阶段烟气量的变化和回收放散的转换，实现了自动控制；

(3) 节约用水量。烟罩及罩裙采用热水密闭循环冷却系统，烟道用汽化冷却，二文污水返回一文使用，明显地减少用水量；

(4) 烟气净化效率高。排放烟气(标态)的含尘浓度可低于 100 mg/m³，净化效率高；

(5) 系统安全装置完善。设有 CO 与烟气中 O_2 含量的测定装置，以保证回收与放散系统的安全；

(6) 实现了煤气、蒸汽、烟尘的综合利用。

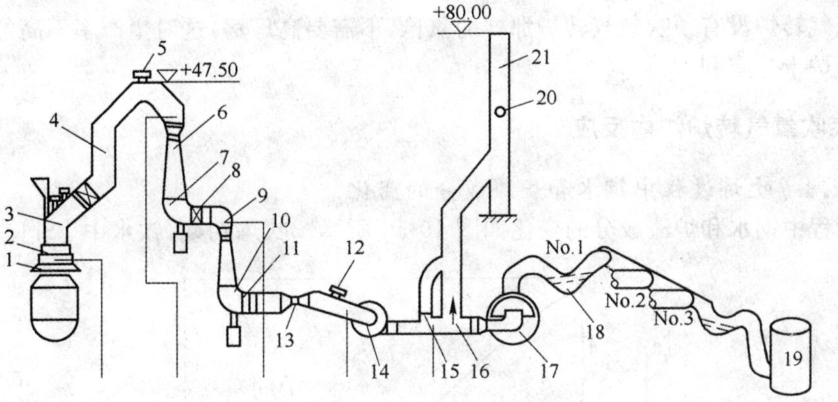

图 10-49 OG 系统流程示意图

1—罩裙；2—下烟罩；3—上烟罩；4—汽化冷却烟道；5—上部安全阀(防爆门)；6—一文；7—一文脱水器；8—水雾分离器；9—二文；10—二文脱水器；11—水雾分离器；12—下部安全阀；13—流量计；14—风机；15—旁通阀；16—三通阀；17—水封逆止阀；18—V 形水封；19—煤气柜；20—测定孔；21—放散烟囱

10.2 底吹氧气转炉炼钢法

1856 年，贝塞麦发明了酸性底吹空气转炉炼钢法。贝塞麦法只能很好地进行脱碳，但不能脱磷、脱硫。因此，到 1878 年，托马斯发明了碱性底吹转炉，用石灰造渣，能较好地进行脱磷，炼钢副产品炉渣可做磷肥，从此碱性底吹空气的托马斯法在欧洲和美国盛行起来，尤其是欧洲，一直到 1920 年，此法是当时的主要炼钢法。在 1950 ~ 1960 年期间，底吹转炉并没有完全用氧气吹炼，富氧量只用到 40%，如果再提高富氧度，喷嘴寿命就会降低。1965 年加拿大液化空气公司成功研制了双层管氧气喷嘴。1967 年，德国马克西米利安公司引进了此喷嘴技术，并成功开发了底吹氧气转炉炼钢技术，称之为 OBM 法(Oxygen Bottom Blowing Maxhutfe)。此喷嘴内层钢管通氧气，钢管与其外层无缝管的环缝中通碳氢化合物，利用包围在氧气外层的碳氢化合物的裂解吸热和形成还原性气幕冷却保护氧气喷嘴。与此同时，比利时、法国研制成功与 OBM 相似的方法，法国命名为 LMS 法，他们是以液态的燃料油作为氧气喷嘴的冷却介质，在30t OBM 炉取得了较好的效果，钢中 $w[N]$ 从 $100\times10^{-4}\%$ 降到 $20\times10^{-4}\%$，炉子寿命由100次增到200次以上。1971年，美国钢铁公司引进了OBM法，1972年建设了3座200 t底吹氧气转炉，命名为Q-BOP法（Quiet-BOP）。此后，底吹氧气转炉在欧洲、美国和日本又得到了进一步发展。

10.2.1　底吹氧气转炉结构特点

底吹氧气转炉结构如图10-1b所示。炉身和炉底可拆卸分开，不同吨位的炉子，在炉底安装不同数目的吹氧喷嘴，一般为6～22支。例如230 t底吹氧气转炉有18～22个喷嘴，150 t有12～18个喷嘴。

喷嘴在炉底上的布置，最常用的是炉底和喷嘴垂直，而且与炉子转动轴对称。为了改善熔池搅拌，也有喷嘴与炉底倾斜布置，而且与炉子转动轴不对称。

喷嘴冷却剂可根据当地的实际采用天然气、丙烷、丁烷等碳氢化合物。为了提高脱磷、脱硫效率，由喷嘴内管吹氧的同时吹炭粉和萤石粉等造渣剂。根据不同的冶炼目的，内管除吹氧外，还可吹氩或氮气。

底吹氧气转炉没有顶吹氧气转炉那样的氧枪，不需要高厂房，这对生产率不高的平炉改为底吹氧气的转炉十分有利。

10.2.2　底吹氧气转炉炉内反应

10.2.2.1　吹炼过程中钢水和炉渣成分的变化

吹炼过程中钢水和炉渣成分的变化如图10-50所示。吹炼初期，铁水中[Si]、[Mn]优先氧

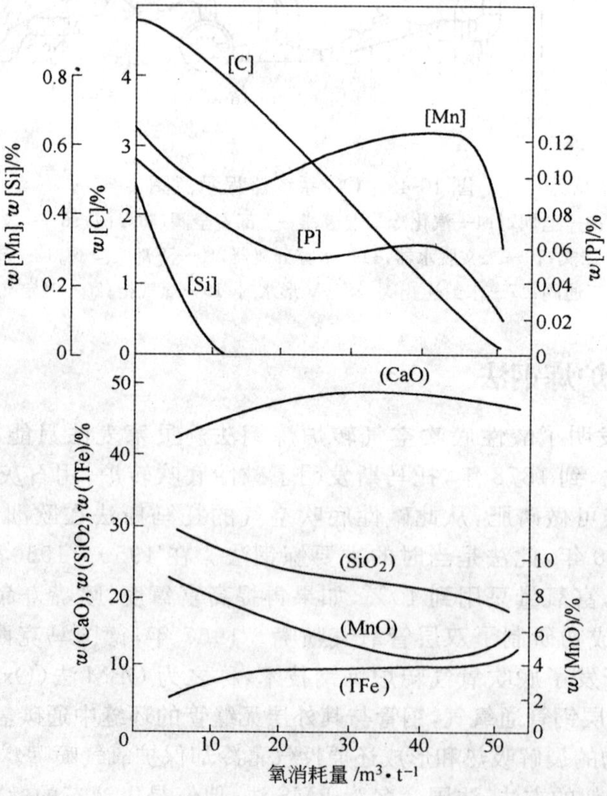

图10-50　吹炼过程中钢水和炉渣成分的变化

化，但[Mn]的氧化只有 30%～40%，这与 LD 转炉吹炼初期有 70%以上锰氧化不同。

吹炼中期，铁水中碳大量氧化，氧的脱碳利用率几乎是 100%，而且铁矿石、铁皮分解出来的氧，也被脱碳反应消耗。这体现了底吹氧气转炉比顶吹氧气转炉具有熔池搅拌良好的特点。由于良好的熔池搅拌贯穿整个吹炼过程，所以渣中的(FeO)被[C]还原，渣中 w(FeO)含量低于 LD 转炉，铁合金收得率高。

10.2.2.2 [C]-[O]平衡

底吹氧气转炉和顶吹氧气吹炼终点钢水含碳量 w[C]与含氧量 w[O]的关系，如图 10-51 所示。

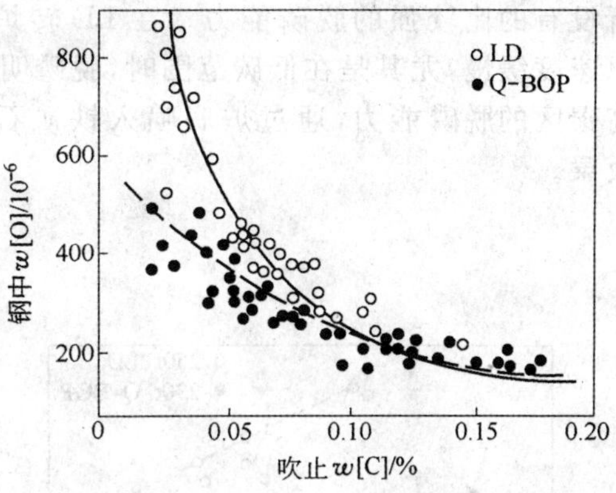

图 10-51 吹炼终点 w[C]和 w[O]的关系图

10.2.2.3 锰的变化规律

底吹氧气转炉熔池中[Mn]的变化有两个特点：吹炼终点钢水残[Mn]比顶吹转炉高，如图10-52所示；[Mn]的氧化反应几乎达到平衡，如图 10-53 所示。

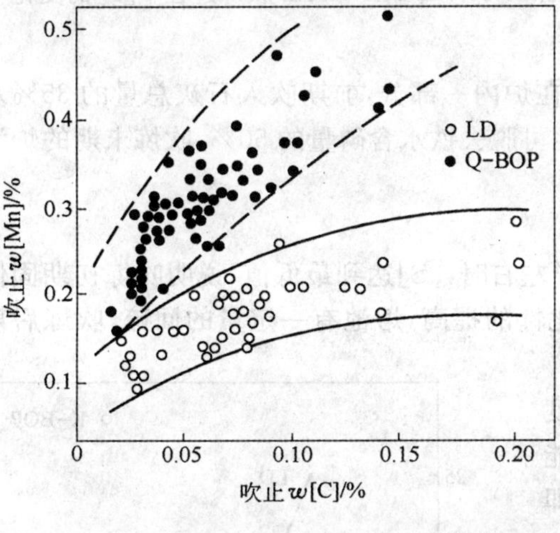

图 10-52 底吹氧气转炉与顶吹氧气转炉吹炼终点钢水残 w[Mn]和 w[C]的关系

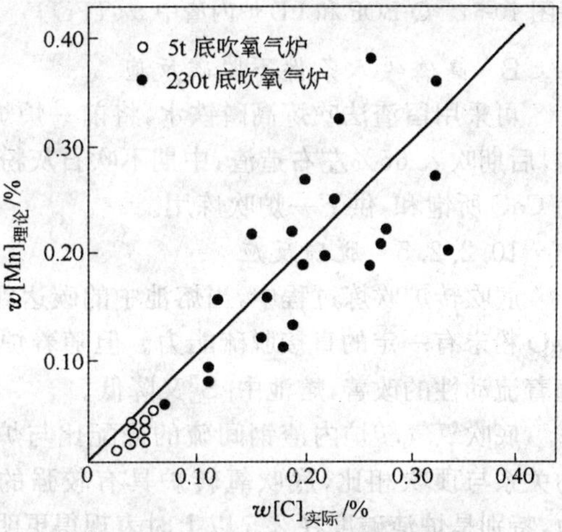

图 10-53 钢水中锰的理论值和实际值的比较

10.2.2.4 铁的氧化和脱磷反应

A 低磷铁水条件下铁的氧化和脱磷反应

[P]的氧化与渣中(TFe)含量密切相关。如图 10-54 所示，底吹氧气转炉渣中(TFe)含量低于顶吹氧气转炉，这样不仅限制了底吹氧气转炉不得不以吹炼低碳钢为主，而且也使脱磷反应比顶吹氧气转炉滞后进行，但渣中(TFe)含量低，金属的收得率就高。

图 10-55 为 Q-BOP 炉和 LD 炉吹炼过程中[P]的变化，从中可以看出在低碳范围内，底吹氧气转炉的脱磷并不逊色于 LD 炉。其原因可归纳为在底吹喷嘴上部气体中 O_2 分压高，产生强制氧化，P 生成 PO(气)，并被固体石灰粉迅速化合为 $3CaO \cdot P_2O_5$，从而具有 LD 转炉

所没有的比较强的脱磷能力。在LD转炉火点下生成的$Fe_2O_3 \cdot P_2O_5$则比较稳定，再还原速度缓慢，尤其是在低碳范围时，脱磷明显，也说明了这个问题。为了提高底吹氧气转炉高碳区的脱磷能力，通过炉底喷入铁矿石粉或返回渣和石灰粉的混合料，已取得明显的效果。

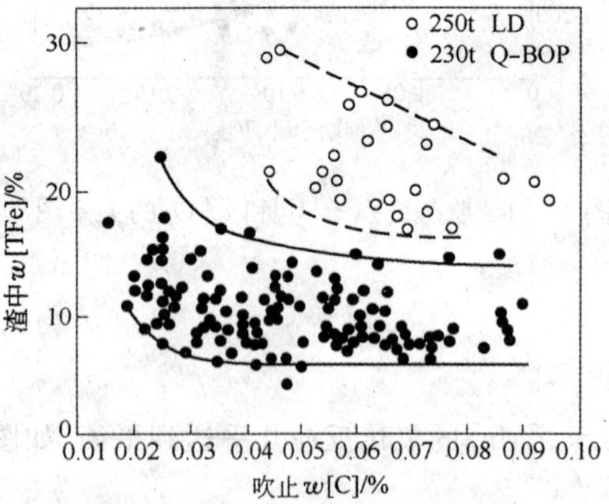

图 10-54　Q-BOP和LD炉内渣中w(TFe)

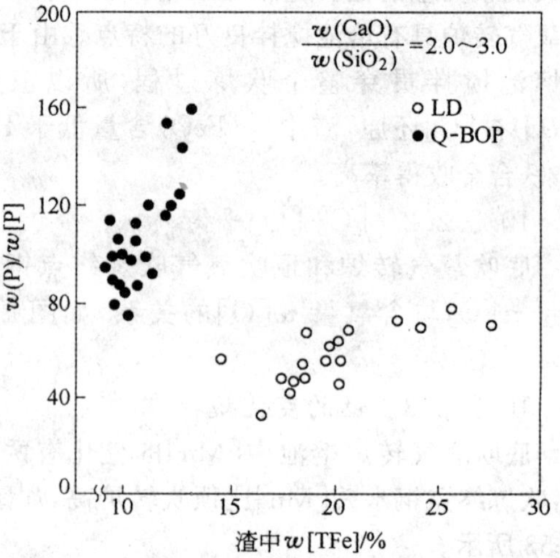

图 10-55　Q-BOP和LD吹炼过程中[P]的变化

B　高磷铁水条件下脱磷反应

可采用留渣法吹炼高磷铁水，将前一炉炉渣留在炉内一部分，前期吹入石灰总量的35%左右，后期吹入65%左右造渣，中期不吹石灰粉。前期可脱去铁水含磷量的50%，吹炼末期的炉渣为CaO所饱和，供下一炉吹炼用。

10.2.2.5　脱硫反应

底吹转炉吹炼过程中，当熔池中的碳达到0.8%左右时，[S]达到最低值，说明吹炼初期固体CaO粉末有一定的直接脱硫能力。但随着炉渣氧化性的提高，熔池有一定量的回硫，吹炼后期随着流动性的改善，熔池中[S]又降低。

底吹氧气转炉内渣钢间硫的分配比与炉渣碱度的关系与顶吹相比，底吹氧转炉具有较强的脱硫能力，特别是炉渣碱度在2.5以上时表现得更明显。即使在钢水低碳范围内，底吹氧转炉仍有一定的脱硫能力，原因是其炉内的CO分压比顶吹的低，而且熔池内的搅拌一直持续到吹炼结束。

10.2.2.6　钢中的[H]和[N]

底吹氧气转炉钢中[H]比顶吹转炉的高，其原因是底吹转炉用碳氢化合物作为冷却剂，分解出来的氢被钢水吸收。图10-56为底吹氧转炉内终点w[C]与w[N]的关系，从中可以看出底吹转炉钢水的w[N]量，尤其是在低碳时比顶吹转炉的低，原因是底吹转炉的熔池搅拌一直持续到脱碳后期，有利于脱气。

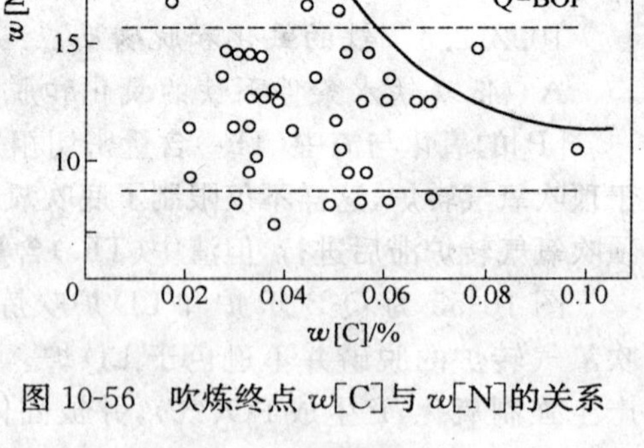

图 10-56　吹炼终点w[C]与w[N]的关系

10.2.2.7 底吹转炉与顶吹转炉的比较

底吹法与顶吹法的比较综述于表10-12。

表10-12 底吹法与顶吹法主要特点比较

顶吹法	底吹法
(1) 工艺简单	(1) 搅拌能力大
(2) 生产率高	(2) 渣-金属间反应动力学条件改善
(3) 废钢熔化率高,适应性强	(3) 没有渣的过氧化,铁损失较少
(4) 成渣易于控制	(4) 合金回收率较高
(5) 吹炼操作灵活	(5) 钢中氮含量较低
(6) 耐火材料寿命长	(6) 喷溅少,烟尘生成少
(7) 可脱碳加热	(7) 较易预热废钢
(8) 在高含碳量下可较好地脱磷	(8) 高重复性
(9) 氧流及其搅拌仅作用于局部,而且不到冶炼结束	(9) 废钢熔化能力较低(炉子热效率降低)
(10) 熔池成分、温度不均匀	(10) 炉底材料寿命低
(11) 反应未达到平衡	(11) 吹入气体量大
(12) 临界状态下喷溅	(12) 喷嘴处保护气体吸热以及吸入氢气
(13) $w[C]$不能达到低于0.01%	(13) 为前期去磷,只有通过喷入石灰粉,因而工艺复杂
(14) 终渣$w(FeO)$高	
(15) 炉渣温度高(不适于脱磷)	
(16) 由于没有平衡,过程控制困难	

10.3 顶底复合吹炼转炉炼钢法

氧气转炉顶底复吹冶炼法(如图10-1c所示)可以说是顶吹转炉和底吹转炉冶炼技术不断发展的必然结果。1978年4月法国钢铁研究院(IRSID)在顶吹转炉上进行了底吹惰性气体搅拌的实验并获得成功,1979年4月日本住友金属发表了转炉复合吹炼的报告,从而加速了各国对LD转炉的改造。由于复合法在冶金效果、操作以及经济上均体现出一系列的优点,加之容易改造,因此,在世界范围普及速度相当快。我国首钢、鞍钢分别在1980年和1981年开始进行复吹的实验研究,并于1983年分别在首钢30 t转炉和鞍钢180 t转炉上推广使用。

10.3.1 顶底复吹转炉炼钢法的类型

国内外所采用的顶底复合吹炼法,主要是为解决顶吹氧气转炉,特别是大型炉子熔池搅拌强度不足问题而发展起来的。虽然各厂根据自身条件开发了多种顶底复吹方式,但归纳起来主要有四类:

(1) 顶吹氧、底吹惰性气体的复吹工艺。其代表方法有LBE、LD-KG、LD-OTB、NK-CB、LD-AB等。顶部100%供氧气,并采用二次燃烧技术以补充熔池热源。底部供给惰性气体,吹炼前期供氮气,后期切换为氩气,供气强度在0.03～0.12 $m^3/(t \cdot min)$范围。底部多使用集管式、多孔塞砖或多层环缝管式供气元件。

(2) 顶、底复合吹氧工艺。其代表方法有BSC-BAP、LD-OB、LD-HC、STB、STB-P等。顶部供氧比为60%～95%,底部供氧比为40%～5%,底部的供氧强度在0.2～2.5 $m^3/(t \cdot min)$范围,属于强搅拌类型,目的在于改善炉内动力学条件的同时,使氧与杂质元素直接氧化,加速吹炼过程。底部供气元件多使用套管式喷嘴,中心管供氧,环管供天然气(或液化石油气、油)做冷却剂。

(3) 底吹氧喷熔剂工艺。其典型代表有 K-BOP。从顶吹转炉底部，通过底枪，在吹氧的同时，还可以喷吹石灰等熔剂，吹氧强度一般为 0.8～1.3 $m^3/(t \cdot min)$，熔剂的喷入量取决于钢水脱磷、脱硫的量。除加强熔池搅拌外，还有使氧气、石灰和钢水直接接触，加大反应速度。

(4) 喷吹燃料型工艺。这种工艺是在供氧同时喷入煤粉，燃油或燃气等燃料，燃料的供给既可从顶部加入，也可从底部喷入。通过向炉内喷吹燃料，可使废钢比提高，如 KMS 法可使废钢比达 40%以上；而以底部喷煤粉和顶底供氧的 KS 法还可使废钢比达 100%，即转炉全废钢冶炼。

10.3.2 底部供气元件的类型及特点

底部供气元件是复吹技术的核心，目前有喷嘴型、砖型和细金属管多孔塞型三类。它们都必须满足分散、细流、均匀、稳定的供气要求。

(1) 喷嘴供气元件。有单管、双层套管、环缝管或双槽式等。单管式为圆形等截面钢管，适用于喷吹 Ar、N_2 等气体，由于流量调节范围有限，而且易烧损，因此已经很少使用。双层套管式中心管通氧气，内外管间环缝通碳氢化合物保护介质，或者内管和环缝均通 Ar，N_2，CO_2 等相同介质，但压力和流量不同。环缝管是将内管用泥料堵塞，环缝通气，最大限度地扩大了双层套管内外压差，但它不适合于喷吹氧化性较强的气体。

由于冷却介质流量不足、冷却过度、喷管堵塞和气流的"后坐"现象等，喷嘴型供气元件有时存在烧结和结瘤现象，需要从冷却介质工艺参数方面加以改进。使用碳氢化合物作喷嘴的冷却介质，在喷嘴出口周围可以形成蘑菇头(炉渣与金属的凝结层，其中有放射气孔带)对喷嘴有保护作用。蘑菇头大小取决于所吹气体的冷却能力及流量。

(2) 砖型供气元件。砖型供气元件包括弥散型透气砖、砖缝组合型和直孔型透气砖三类。弥散型透气砖适于喷吹 Ar、N_2 等搅拌气体，气体阻力大，透气量小，不能喷吹氧化性气体；砖缝组合型供气阻力小，适用于喷吹惰性气体，但容易漏气而且各缝气流不均匀；直孔型透气阻力小而且气流分布较均匀，不容易漏气。

(3) 多微管透气塞供气元件。它是钢管型与砖型供气元件两者的结合，微管直径早期为 1.5 mm 左右，现增大到 3～4 mm。微管的合理排布方式是保证管上形成的蘑菇头连接起来，因此管距应在设定蘑菇头半径的 2 倍以内。

10.3.3 底部供气元件的寿命

为了实现底部供气元件的一次性寿命与炉龄同步，必须减少底部供气元件的熔蚀，进而使后期供气元件达到零侵蚀。传统的"金属蘑菇头"以金属铁为主，熔点低，不抗氧化，在炼钢末期的高温、高氧化的气氛下，"金属蘑菇头"很容易熔蚀，不能显著提高底部供气元件的寿命。因此必须在底部供气元件的表面形成一种新型的"蘑菇头"，以实现下列目标：

(1) 可显著减轻钢流，气流时对底部供气元件的冲刷，减轻对底部供气元件的熔蚀；

(2) 严格避免形成冲击凹坑；

(3) 新型"蘑菇头"应具有较高的熔点和抗氧化性能，不易在吹炼末期熔蚀；

(4) 新型"蘑菇头"应具有良好的透气性能，可满足炼钢过程底部供气量灵活调整的需要，从而对熔池具有良好的搅拌作用；

(5) 新型"蘑菇头"具备良好的防堵塞功能，不易发生堵塞。

针对"金属蘑菇头"的特点，结合溅渣工艺，武钢二炼钢厂研究开发出利用"炉渣-金属蘑菇头"保护底部供气元件的工艺技术。这种"炉渣-金属蘑菇头"在整个炉役运行期间都能保证底部供气元件始终处于良好的通气状态，可以根据冶炼工艺要求在线调节底部供气强度。

10.3.3.1 “炉渣-金属蘑菇头”的快速形成

在炉役前期，由于底部供气元件不锈钢中的[Cr]及耐火材料中的[C]被氧化，底部供气元件的侵蚀速度很快，底部供气元件很快形成凹坑。武钢二炼钢厂通过粘渣涂敷使炉底挂渣，再结合溅渣工艺，能快速形成“炉渣-金属蘑菇头”，吹炼操作时，化好过程渣，终点避免过氧化，使终渣化透并具有一定的黏度。终渣成分要求：碱度3.0～3.5，$w(MgO)$控制在7%～9%，$w(TFe)$控制在20%以内。在倒炉测温、取样及出钢过程中，这种炉渣能较好地挂在炉壁上，再结合采用溅渣技术，可促进“炉渣-金属蘑菇头”的快速形成，因为溅渣时，炉内无过热金属，炉温低，有利于气流冷却形成“炉渣-金属蘑菇头”；溅渣过程中顶吹N_2射流迅速冷却液态炉渣，降低了炉渣的过热度；溅渣过程中大幅度提高底吹供气强度，有利于形成放射状气泡带发达的“炉渣-金属蘑菇头”。这种“炉渣-金属蘑菇头”具有较高的熔点，能抵抗侵蚀。

10.3.3.2 “炉渣-金属蘑菇头”生长控制

采用溅渣工艺往往造成炉底上涨，容易堵塞底部供气元件。因此必须控制“炉渣-金属蘑菇头”的生长高度，并保证“炉渣-金属蘑菇头”的透气性，其技术关键是：控制“炉渣-金属蘑菇头”的生成结构，要具有发达的放射状气泡带；控制“炉渣-金属蘑菇头”的生长高度，其关键是控制炉底上涨高度，通常采用如下办法：控制终渣的黏度；终渣必须化透；调整溅渣频率；及时倒掉剩余炉渣；调整冶炼钢种，尽可能冶炼超低碳钢种；采用顶吹氧洗炉工艺，当炉底上涨严重时，可采用该项技术，但要严格控制，避免损伤底部供气元件；优化溅渣工艺，选择合适的枪位，提高N_2压力均有利于控制炉底上涨。

10.3.3.3 “炉渣-金属蘑菇头”供气强度控制

“炉渣-金属蘑菇头”通气能力的控制和调节是保证复吹转炉冶金效果的核心。因此要求控制“炉渣-金属蘑菇头”的生成结构，保证形成放射状气泡带发达的蘑菇头结构，保证良好的透气性；控制“炉渣-金属蘑菇头”的生长高度，避免气体流动阻力过大；根据冶炼工艺的要求，可方便灵活地调节底吹供气强度。

10.3.3.4 “蘑菇头”的维护措施

(1) 炉役前期(不溅渣)底吹供气元件“蘑菇头”的维护措施：

1) 合理控制炉渣成分，$w(MgO)$控制在8%～12%，尽量避免钢水过氧化。

2) 出钢前充分利用底吹的后搅功能，降低渣中$w(TFe)$含量，提高炉渣熔点，使炉渣进一步黏稠。

3) 出完钢后将炉体处于竖直位置，利用底部上升气体贯穿炉渣，冷却炉渣，MgO结晶析出，C_2S、C_3S晶体长大形成弥散多孔保护渣层，即“蘑菇头”。

4) 合理控制“蘑菇头”的大小。通过目视和测“零位”操作判断，当炉底上涨严重时应及时吹氧涮炉底，确保“蘑菇头”高度控制在50～150 mm范围。

(2) 炉役溅渣期间底吹供气元件“蘑菇头”的维护措施：

1) 当炉底见砖缝，底吹供气元件完全裸露或“蘑菇头”端头面积小于两倍底吹供气元件截面积时，溅渣时间要合理控制，保证溅完渣有一定的流动性，并将炉子竖至零位位置放置一段时间，以便形成透气性能良好的“蘑菇头”。

2) “蘑菇头”形成后要密切注视炉底上涨情况，当炉底上涨严重时要采用吹氧涮炉底操作。

3) 根据炉底上涨情况，合理安排品种钢结构，把此作为控制炉底升降的一种重要手段，如当炉底上涨超过 300 mm 时，可适当增加高温低碳钢比例。

10.3.4　顶底复吹转炉内的反应

复吹转炉内钢水和炉渣成分的变化见图 10-57，虽然基本成分的变化趋势与顶吹转炉差不多，但由于复吹转炉的熔池搅拌加强，使渣-钢间的反应更加趋于平衡，因而具有一定的冶金特点。

10.3.4.1　成渣速度

复吹转炉与顶吹、底吹两种转炉相比，熔池搅拌范围大，而且强烈，从底部喷入石灰粉造渣，成渣速度快。通过调节氧枪枪位化渣，加上底部气体的搅动，形成高碱度、流动性良好和一定氧化性的炉渣，需要的时间比顶吹转炉或底吹转炉的都短。

10.3.4.2　渣中(ΣFeO)含量

顶底复吹转炉在吹炼过程中，渣中的(ΣFeO)的变化规律和(ΣFeO)含量与顶吹转炉、底吹转炉有所不同，这是它炉内反应的特点之一。复吹转炉渣中(ΣFeO)的变化如图 10-58 所示。从图中可看出，从吹炼初期开始到中期逐渐降低，中期变化平稳，后期又稍有升高，其变化的曲线与顶吹转炉有某些相似之处。

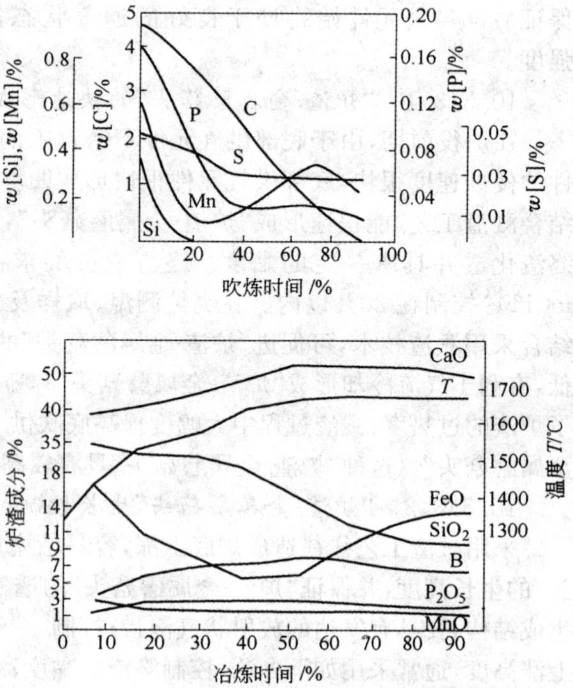

图 10-57　复合吹炼熔池内成分的变化

就渣中(ΣFeO)含量高低而言，顶吹转炉(LD)＞复吹转炉(LD/Q-BOP)＞底吹转炉(Q-BOP)，见图 10-59。

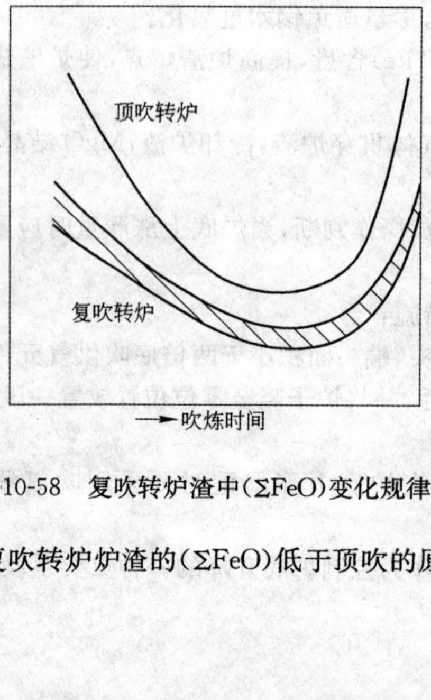

图 10-58　复吹转炉渣中(ΣFeO)变化规律

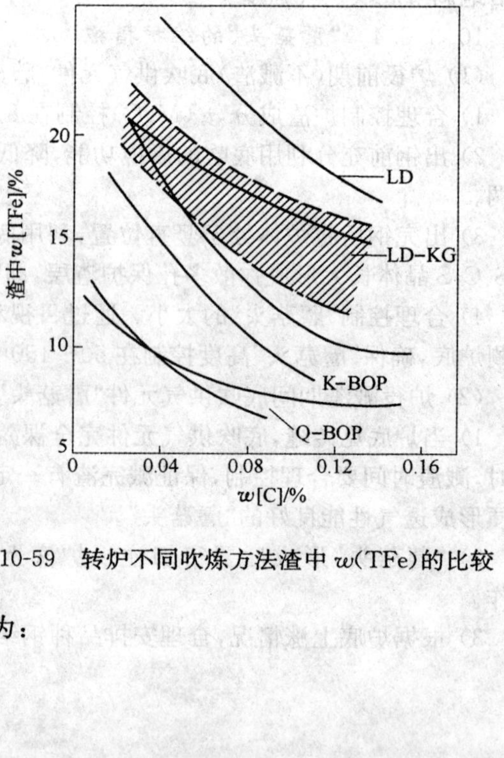

图 10-59　转炉不同吹炼方法渣中 w(TFe)的比较

复吹转炉炉渣的(ΣFeO)低于顶吹的原因主要为：

(1) 从底部吹入的氧，生成的 FeO 在熔池的上升过程中被消耗掉；

(2) 有底吹气体搅拌，渣中 $w(\Sigma FeO)$ 低，也能化渣，在操作中不需要高的 $w(\Sigma FeO)$；

(3) 上部有顶枪吹氧，所以它的 $w(\Sigma FeO)$ 含量比底吹氧气的还高。

10.3.4.3 钢水中的碳

吹炼终点的 $w[C]$-$w[O]$ 关系和脱碳反应不引发喷溅也是反映复吹转炉的冶金特点。

复吹转炉钢水的脱碳速度高而且比较均匀，原因是从顶部吹入大部分氧，从底部吹入少量的氧，供氧比较均匀，脱碳反应也就比较均匀，使渣中 $w(\Sigma FeO)$ 含量始终不高。在熔池底部生成的 FeO 与[C]有更多的机会反应，FeO 不易聚集，从而很少产生喷溅。

图 10-60 为复吹转炉、顶吹转炉、底吹转炉吹炼终点的 $w[C]$ 和 $w[O]$，复吹转炉的 $w[C]$-$w[O]$ 关系线低于顶吹转炉，比较接近底吹转炉的 $w[C]$-$w[O]$ 关系线。在相同含碳量下，复吹转炉铁合金收得率高于顶吹转炉。

图 10-61 为 65 t 复吹转炉，底部吹入惰性气体前后钢水中 $w[C]$-$w[O]$ 关系的变化。吹入惰性气体后，钢水中 $w[C]$-$w[O]$ 的关系线下移，原因是吹入熔池中的 N_2 或 Ar 小气泡降低 CO 的分压，同时还为脱碳反应提供场所。因此，在相同含碳量的条件下，复吹转炉钢水中的含氧量低于顶吹。

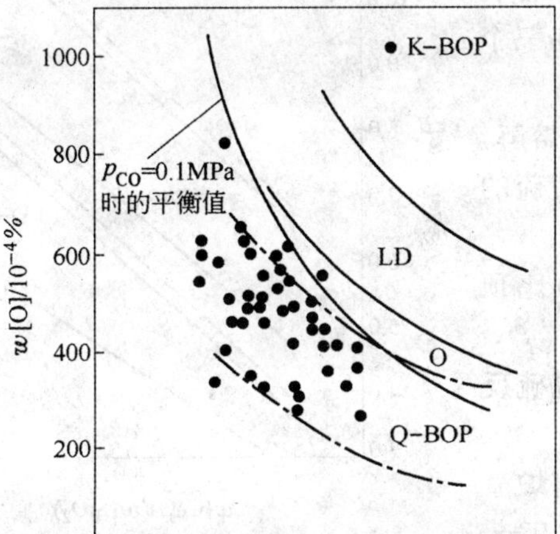

图 10-60 转炉不同吹炼方法终点 $w[C]$ 与 $w[O]$ 的关系

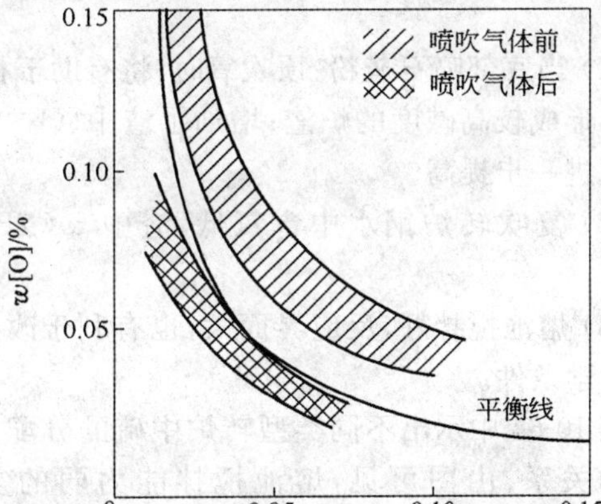

图 10-61 吹惰性气体后对钢水中 $w[C]$ 和 $w[O]$ 的影响

10.3.4.4 钢水中的锰

顶底复吹转炉中 $w(\Sigma FeO)$ 低，在吹炼初期，钢水中的[Mn]只有 30%～40%被氧化，待温度升高后，在吹炼中期的后段时间，又开始回锰，所以出钢前钢水中的残锰较顶吹转炉高，见图10-62。

10.3.4.5 钢水中的磷

从炉底部吹入的氧气，可与金属液反应生成 FeO，FeO 与[P]反应，也有可能氧直接氧化金属液中的[P]生成 P_2O_5。从反应的动力学看，强有力的熔池搅拌有利于脱磷，在吹炼初期，脱磷率可达 40%～60%，以后保持一段平稳时间，吹炼后期，脱磷又加快，如图 10-63 所示。复吹转炉磷的分配系数相当于底吹转炉，而比顶吹高得多。

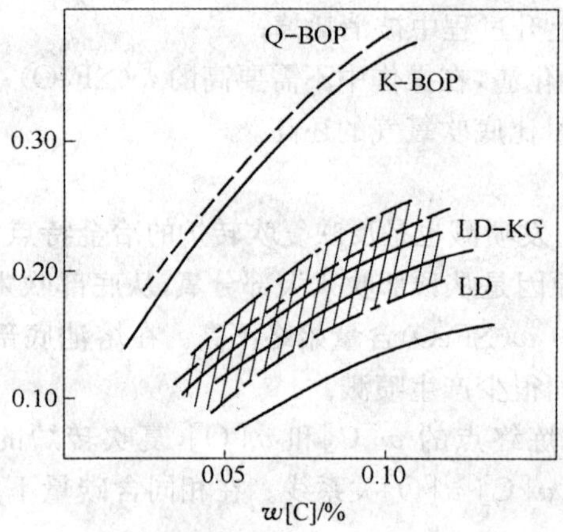

图 10-62 转炉不同吹炼方法终点钢水中 w[Mn]与 w[C]的变化

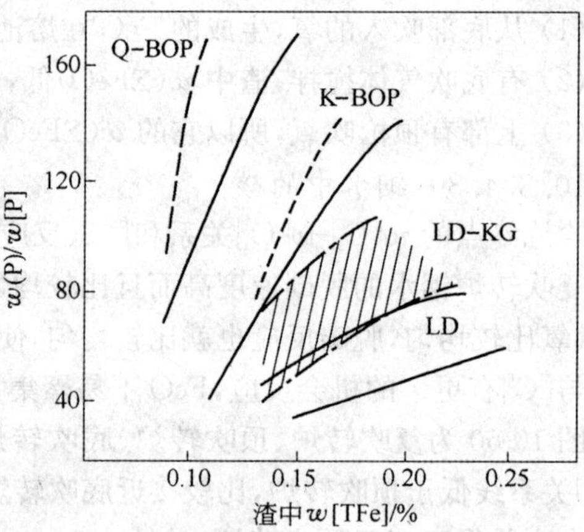

图 10-63 转炉不同吹炼方法终点钢水中磷分配比与 w(TFe)的关系

10.3.4.6 钢水中的硫

脱硫反应通常表示为：$[S]+(O^{2-})=(S^{2-})+[O]$，从脱硫反应可知，渣中$(O^{2-})$多或钢水中氧含量低有利于硫的去除。顶底复吹转炉脱硫条件较好，表现在三个方面：

(1) 当底部喷石灰粉、顶吹氧时，将有助于石灰熔解，能及早形成较高碱度的炉渣；增加了渣中(O^{2-})，使硫的分配比进一步提高。

(2) 复吹转炉钢水中含氧低，渣中 $w(\Sigma FeO)$ 比顶吹低；

(3) 熔池搅拌好，反应界面大，也有利于改善脱硫反应动力学条件。

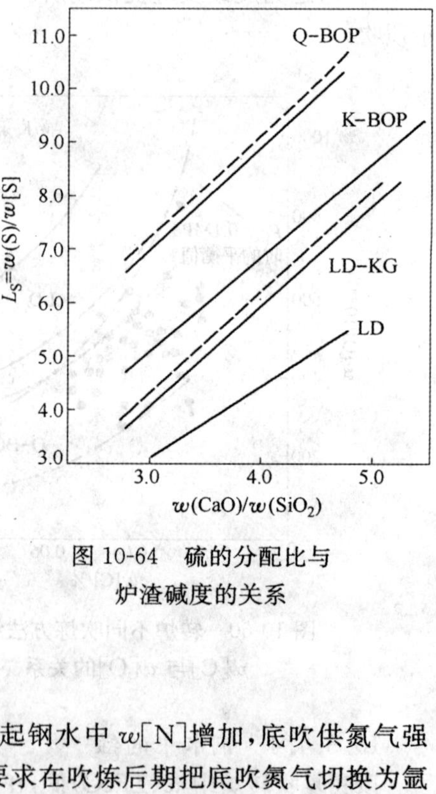

图 10-64 硫的分配比与炉渣碱度的关系

图 10-64 中示出不同类型转炉中硫的分配比与炉渣碱度的关系，由图可见，熔池搅拌能力弱的复吹工艺 LD-KG与顶吹转炉 LD 工艺的硫分配比没有差别，而熔池搅拌能力强的复吹工艺 LD-OB 和底吹石灰粉的 K-BOP和 Q-BOP 工艺的硫分配比较大。

10.3.4.7 钢液中的氮

在复吹转炉中，若是底吹气体全过程应用氮气，必然引起钢水中 w[N]增加，底吹供氮气强度越大，钢水中 w[N]越多。为了防止钢水中氮含量增加，要求在吹炼后期把底吹氮气切换为氩气，并增大供气强度，以去除钢水中[N]，这样才能保证钢水中 w[N]符合技术要求。在吹炼后期，底吹供氩强度的大小对排氮速度影响较大，因此，较高强度的底吹供氩有可能使终点钢中 w[N]比较低强度底吹供氩时稍低。若在吹炼中采用其他气体，将有助于降低钢水中氮含量。

10.3.4.8 钢液中的氢

钢液中的[H]通常由水分带入。但在复吹转炉中，若是底部吹氧而采用碳氢化合物作冷却剂，则钢液中的[H]含量有所增加。同样的原因，若是底吹天然气，也会由于 CH_4 裂变后增加钢液中的[H]含量。若是底吹其他气体，将有助于降低钢液氢含量而不会影响钢的质量。

总之,顶底复吹转炉石灰单耗低,渣量少,铁合金单耗相当于底吹转炉,氧耗介于顶吹与底吹之间。顶底复吹转炉能形成高碱度氧化性炉渣,提前脱磷,直接拉碳,生产低碳钢种,对吹炼中、高磷铁水有很大的适应性。

10.3.5 复吹转炉的冶金特点

氧气顶吹转炉(LD法)可通过软吹化渣,有利于快速成渣,提高渣中 $w(FeO)$,促进脱磷反应,这是其突出优点。但熔池搅拌不充分(尤其是大型炉子),特别是在低碳区CO的发生量减少导致搅拌力减低;金属中 $w[O]$增大,铁、锰的氧化损失较大。而氧气底吹转炉,冶炼过程更加平稳,搅拌能力大,促进了炉内的反应,脱碳能力强,金属收得率也高,脱磷脱硫也更接近平衡;采用喷吹石灰粉操作,使底吹转炉提前脱磷,可适用吹炼高磷铁水,但工艺复杂。而复合吹炼法具备两者的优点,因此,自20世纪70年代初开发以来,得到了迅速普及。

根据复吹转炉内的冶金反应,复吹转炉具有以下特点:

(1) 显著降低了钢水中氧含量和熔渣中TFe含量。由于复吹工艺强化熔池搅拌,促进钢-渣界面反应,反应更接近于平衡状态,所以显著地降低了钢水和熔渣中的过剩氧含量。

(2) 提高吹炼终点钢水余锰含量。渣中(TFe)含量的降低,钢水余锰含量增加,因而也减少了铁合金的消耗。

(3) 提高了脱磷、脱硫效率。由于反应接近平衡状态,磷和硫的分配系数较高,渣中(TFe)含量的降低,明显改善了脱硫条件。

(4) 吹炼平稳减少了喷溅。复吹工艺集顶吹工艺成渣速度快和底吹工艺吹炼平稳的双重优点,吹炼平稳,减少了喷溅,改善了吹炼的可控性,可提高供氧强度。

(5) 更适宜吹炼低碳钢种。终点碳可控制在不大于0.03%的水平,适于吹炼低碳钢种。

综上所述,复吹工艺不仅提高钢质量,降低消耗和吨钢成本,更适合供给连铸优质钢水。国内外一些转炉炼钢厂采用顶底复吹工艺的冶金效果见表10-13。

表10-13 国内外各厂复吹与顶吹工艺冶金效果对比

方法与厂家	金属收得率 /%	终点[Mn] w/%	铁合金消耗 /kg·t^{-1}	渣料消耗 /kg·t^{-1}	氧气消耗 /m^3·t^{-1}	底吹气消耗 /m^3·t^{-1}
K-BOP	+1.0	+0.07	−1.2	−5	−1.2	
STB	+0.7~1.0	0.10	−0.8	−11.8	−0.8	
LD-KG	+0.54	+0.04			−1.64	+0.88
LBE	+1.0	+0.03	−0.9	−(5~20)		+(0.2~1.5)
鞍钢	+0.34	+0.02	−0.9	−15.8	−1.0	+8.52
武钢	+1.56	+0.03	−0.84	−10.43	−1.43	+0.96

10.3.6 复合吹炼转炉少渣冶炼

1979年,新日铁室兰厂开发了脱硅铁水在转炉内的小渣量冶炼法,即SMP法(Slag Minimizing Process)。在此基础上,新日铁君津厂于1982年投产了采用石灰熔剂脱磷、脱硫预处理的ORP法(Optimizing the Refining Process)法。同年,日本住友金属也投产采用了苏打粉进行铁水预处理的SARP法(Sumitomo Alkali Refining Process)。1983年,神户制钢开发了石灰和苏打粉联合预处理铁水的OLTPS法。由此,开创了转炉少渣冶炼的发展历程,并逐渐完善形成了当今的转炉生产中的先进工艺流程。

少渣冶炼工艺是把炼钢过程分成几个阶段，首先进行铁水预处理，把铁水中的[Si]、[P]、[S]去除掉，然后在转炉内脱碳升温。经"三脱"处理后铁水中硅含量降至痕迹，磷含量也大幅度下降，大大减轻了转炉冶炼的负荷，转炉的渣量因此可以大为降低。由于脱磷负荷很小，前期化渣脱磷的时间可以缩短，尽快进入脱碳升温阶段，转炉的产能将因此提高。主要的问题在于"三脱"铁水中硅含量为痕迹，对转炉吹炼化渣作业而言，开吹后势必前期碱度过高导致起渣慢、成渣难，转炉必增加额外硅源和助熔剂化渣。表 10-14 对转炉少渣吹炼的试验数据与普通单脱硫铁水常规吹炼实绩（同期生产实际数据）进行了分类比较。由此可见，渣量、铁损和氧气单耗均有不同程度的降低。

表 10-14　少渣吹炼与常规吹炼的部分指标对比（吨钢用量）

项　目	生石灰/kg	轻烧白云石/kg	铁矿石/kg	硅石/kg	萤石/kg	渣量/kg	铁损量/kg	氧气（标态）单耗/m^3
常规吹炼	31.0	20.0	29.0	0	0.03	90	19.0	50.7
少渣吹炼	11.3	6.3	12.8	0.9	1.03	30	6.3	48.9

转炉少渣冶炼过程中炉内铁水成分变化见图 10-65，由于铁水中硅含量很低，一开吹就进入脱碳期，使铁水中碳含量呈直线降低，而铁水中[P]、[S]含量变化很小。由于渣量少，复吹转炉中(ΣFeO)低，底部吹 N_2 或 Ar 搅拌熔池，使熔池中渣、钢的氧分压都降低，而具有一定程度的还原性功能。铁水中有大量的碳存在，使锰的氧化也减少，钢水余锰量增加。通常的少渣精炼铁水锰回收率为 60%左右，若采用锰矿造渣，则使铁水锰的回收率高达 80%以上。如吹入锰矿粉，可利用渣量少，(ΣFeO)低，熔池温度高的特点，使 MnO 直接还原，回收锰矿中的 Mn，从而提高钢液中锰含量。

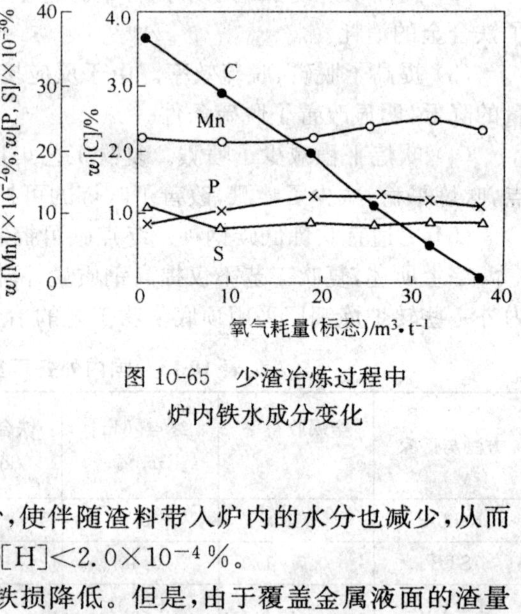

图 10-65　少渣冶炼过程中炉内铁水成分变化

少渣冶炼中，由于加入炉内的渣料（如石灰）减少，使伴随渣料带入炉内的水分也减少，从而使钢水中的[H]含量也降低，可以稳定地得到终点 $w[H]<2.0\times10^{-4}\%$。

在少渣冶炼时，由于渣量大幅度减少，使炉渣中铁损降低。但是，由于覆盖金属液面的渣量少，使排入炉气中的金属微粒和蒸发的铁尘量增加。为了减少炉气中的铁损，少渣冶炼时可提高顶吹枪位，以减少在射流冲击区内飞溅的金属微粒和铁的蒸发损失。少渣吹炼时顶吹氧枪枪位较高，在吹炼前期和中期为了快速脱碳而采用了高强度供氧；同时为均衡 C-O 反应和 CO 气体排出，底吹供气强度低。而冶炼后期，为了减少铁水中[Mn]、[Fe]元素氧化，采用氧枪低强度供氧；为了促进铁水脱碳，底吹采用高强度供气，以充分搅拌熔池，加快碳的传质。

复吹转炉少渣冶炼的冶金特性如下：

(1) 还原性功能。由于渣量少，复吹转炉中(ΣFeO)低，底部吹 Ar 或 N_2 搅拌熔池，使熔池中渣、钢的氧分压都降低，而具有一定程度的还原性功能。这样吹入的锰矿粉，可利用渣量少，(ΣFeO)低，熔池温度高的特点，使 MnO 直接还原，回收锰矿中的 Mn，从而提高钢液中锰含量。

(2) 钢中的氢明显减少。由于散装料及铁合金消耗量减少，少渣精炼时钢水和炉渣的氢含量明显减少，可以稳定地得到终点 $w[H]<2.0\times10^{-4}\%$的钢水。

(3) 铁损明显减少。由于渣量减少,渣带走的铁损明显减少。由于覆盖钢水的渣层薄,使烟气带走的烟尘量增多。

复习思考题

10-1 简述氧气顶吹转炉冶炼一炉钢的过程,分析其中钢液成分、炉渣成分和温度的变化。

10-2 供氧制度的主要内容是什么,分析氧枪的枪位对熔池中的冶金过程产生的影响。

10-3 转炉造渣的方法有哪几种,各有什么特点?

10-4 分析转炉冶炼过程中石灰的渣化机理和影响因素。

10-5 什么是终点控制,终点控制的主要方法有哪些?

10-6 什么是"回磷",如何减少"回磷"?

10-7 什么是溅渣护炉,其主要技术特点是什么?

10-8 顶吹转炉炼钢法与底吹转炉炼钢法的工艺特点比较?

10-9 从技术特点分析,为什么顶底复合吹炼工艺逐步代替顶吹工艺?

10-10 何谓静态控制与动态控制?

10-11 转炉底部供气元件端部的"炉渣-金属蘑菇头"是怎样形成的?

10-12 顶吹法、底吹法与复吹各有何特点?

11 电弧炉炼钢

11.1 电弧炉炼钢概述

电弧炉(简称 EAF)炼钢是以电能作为热源的炼钢方法,它是靠电极和炉料间放电产生的电弧,使电能在弧光中转变为热能,并借助电弧辐射和电弧的直接作用加热并熔化金属炉料和炉渣,冶炼出各种成分合格的钢和合金的一种炼钢方法。图 11-1 为电弧炉炼钢过程示意图。

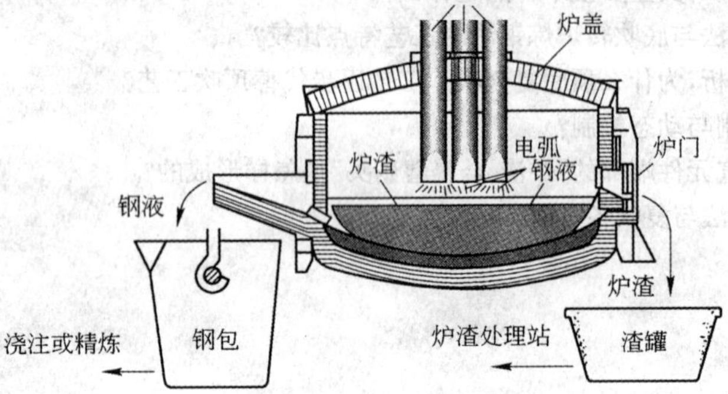

图 11-1　电弧炉炼钢过程示意图

目前,世界上电炉钢产量的 95%以上都是由电弧炉生产的,因此电炉炼钢主要指电弧炉。传统电炉是以废钢为主要原料,以三相交流电作电源,利用电流通过石墨电极与金属料之间产生电弧的高温来加热、熔化炉料,是用来生产特殊钢和高合金钢的主要方法。电弧炉从诞生至今已经历了 107 年。在这百年中,电弧炉的设备工艺技术在不断发展,产量在不断提高,其原因在于电弧炉炼钢的经济效益与环境优势。

电弧炉是继转炉、平炉之后出现的又一种炼钢方法,它是在电发明之后的 1898 年,由法国的海劳尔特(Heroult)在 La Praz 发明的。它发展于阿尔卑斯山(Alps)的峡谷中,原因是在距它不远处有一个火力发电厂。电弧炉的出现,开发了煤的替代能源,使得废钢开始了经济回收,这最终使得钢铁成为世界上最易于回收的材料。

电弧炉炼钢从诞生以来,其发展速度虽然不如 20 世纪 60 年代前的平炉,也比不上 60 年代后的转炉的发展,但随着科技的进步,电弧炉钢产量及其比例始终在稳步增长。尤其是自 20 世纪 70 年代以来,电力工业的进步,科技对钢的质量和数量的要求提高,大型超高功率电炉技术的发展以及炉外精炼技术的采用,使电炉炼钢技术有了很大的进步。

电炉钢除了在传统的特殊钢和高合金钢领域继续保持其相对优势外,正在普钢领域表现出强劲的竞争态势。在产品结构上,电炉钢几乎覆盖了整个长材生产领域,诸如圆钢、钢筋、线材、小型钢、无缝管,甚至部分中型钢材等。并且正在与转炉钢争夺板材(热轧板)市场。

11.1.1　电弧炉炼钢特点

11.1.1.1　传统电弧炉炼钢特点

传统电弧炉炼钢特点如下:

(1) 温度高而且容易控制。氧气顶吹转炉熔炼的热源主要是铁水的化学热，它的数值是有限的；至于电弧炉，它的弧光区温度高达3000～6000℃，远远高于冶炼一般钢种所需的温度，不但可以熔化各种高熔点的合金，而且升温也比较迅速准确。电炉热效率一般可达65％以上。

(2) 可以造成还原性气氛。在氧气顶吹转炉中，吹入大量氧是熔炼得以进行的必要条件，在这些炉子中，熔炼自始至终在不同程度的氧化性气氛下进行。至于传统电弧炉，在还原期采取加入还原性材料(炭粉或硅铁粉等)、杜绝空气进入等措施，可以迅速造成强的还原性气氛，有利于钢的脱氧和脱硫，并大大减少易氧化合金元素如铝、钛、硼等的烧损，为冶炼某些特殊钢种提供了条件。

(3) 冶炼设备简单。与其他炼钢方法相比，电弧炉炼钢法的设备简单，因此基建投资较少，投产也较快。

由于碱性电弧炉炼钢法具有上述优点，能够生产多种当前转炉仍然不能生产的高质量合金钢，特别是高合金钢。所以近年来电炉钢在世界全部钢产量中所占的比重逐年稳步上升。

电弧炉炼钢法有一定的缺点，其一是耗电量较大，目前熔炼1 t钢所消耗的电能约为400 kW·h左右，在电力供应紧张的地区，电弧炉的建立比较困难；其二是在电弧作用下，炉中的空气和水气大量离解，使成品钢中含有较多的氢和氮。

11.1.1.2 现代电弧炉炼钢特点

现代电弧炉炼钢特点如下：

(1) 多种能源，除电能外还有化学能和物理能(超过50％)；

(2) 过程连续化，流程紧凑；

(3) 多种原料，除废钢外还有生铁或DRI/HBI(30％～40％)；

(4) 采用现代生产方法，配合精炼与连铸/连铸连轧；

(5) 重视环保，源头治理，力求实现绿色制造，重视生态平衡与循环经济。

11.1.1.3 两者的比较

传统电弧炉炼钢与现代电弧炉炼钢特点的区别见表11-1。

表11-1 现代电弧炉炼钢与传统电弧炉炼钢特点比较

比较项目	传统电弧炉	现代电弧炉
能　源	电能	电能、化学能、物理能
冶金过程	熔化、氧化、还原三期操作；熔毕含碳高于0.2％	取消电弧炉还原期，采用炉外精炼；高配碳，可停电不停氧操作
主要原料	废钢、10％～15％生铁	废钢、30％～40％生铁/铁水及DRI/HBI
产 品	钢锭	连铸坯
环 境	环保意识差	重视环保、绿色制造

钢铁工业产生的大量固体钢制品若不认真对待，将是巨大的潜在环境污染源，有些甚至可能对水质、土壤等构成严重威胁。

当今钢铁生产可分为“从矿石到钢材”和“从废钢到钢材”两大流程。相对于钢铁联合企业中以高炉—转炉炼钢为代表的常规流程而言，以废钢为主要原料的电弧炉炼钢生产线具有工序少、投资低和建设周期短的特点，因而被称为短流程。

近年来，短流程更特指那些电弧炉炼钢与连铸—连轧相结合的紧凑式生产流程。根据最近的统计将两种流程作一比较(见表11-2)，可见在投资、效率和环保等方面，以电弧炉为代表的短流程炼钢具有明显的优越性。

表 11-2　高炉—转炉炼钢和电弧炉炼钢两大流程的比较

类　别	高炉—转炉流程	电弧炉流程
投资/美元·t 钢$^{-1}$	1000～1500	500～800
从原料到钢水的能耗/标煤·t 钢$^{-1}$	703.17	213.73
从原料到成品材的运输力需求/t·t 钢$^{-1}$	15.8	9.48
二氧化碳排放/kg·t 钢$^{-1}$	2000～3000	800

11.1.2　电弧炉炼钢技术的发展

钢铁冶金的本质是高温化学反应，因而冶金中传统的能源是基于碳-氧反应的化学能，电弧炉炼钢所使用的能源以电能为主。

电能具有清洁、高效、方便等多种优越的特性，是工业化发展的优选能源。19 世纪中叶以后，各种大规模实现电一热转换的冶炼装置陆续出现：1879 年 William Siemens 首先进行了使用电能熔化钢铁炉料的研究，1889 年出现了普通感应炼钢炉，1900 年法国人 P. L. T. 海劳尔特设计的第一台炼钢电弧炉投入生产。从此，电弧炉炼钢在近 100 年中得到了长足的发展，已成为最重要的炼钢方法之一。

20 世纪以来世界总钢产量、电炉钢产量和电炉钢所占百分比的变化列于图 11-2，可以看出：

(1) 20 世纪 50 年代前电炉钢占百分比很低，是一类特殊的炼钢方法；

(2) 20 世纪 50 年代以后，电炉钢得到迅速发展，1950～1990 年间世界电炉钢总产量增长近 17 倍。电炉钢所占百分比也由 6.5%增至 27.5%；

(3) 20 世纪 90 年代以来，世界电炉钢保持高速发展，1990～1998 年间，世界电炉钢年产量增加 5123 万 t，电炉钢占百分比增长至 33.9%。

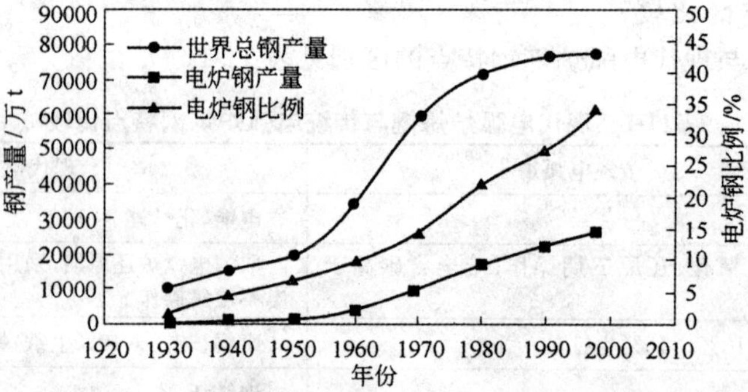

图 11-2　世界年总钢产量、电炉钢产量和电炉钢比例之变化

电弧炉炼钢发展过程中，经历了普通功率电弧炉→高功率电弧炉→超高功率电弧炉。其冶金功能也发生了革命性的变化，其功能由传统的“三期操作”发展为只提供初炼钢水的“二期操作”。

11.1.2.1　现代炼钢流程冶炼工序的功能演变

随着炼钢技术的进步，传统转炉和电炉的功能在发生转变：现代转炉的功能逐步演变为快速高效脱碳器、快速升温器、能量转换器和优化脱磷器；现代电炉的功能演变为：

(1) 快速废钢熔化。现代电弧炉冶炼的一个重要特征是冶炼周期大大缩短，已达到 35～45 min，与同容量转炉冶炼周期相当，可满足高效连铸多炉连浇的节奏要求，成为一个废钢快速熔化装置。

(2) 熔池快速升温。电炉原料中的废钢和生铁熔化后，为满足出钢温度要求，熔池快速升温，现代电炉成为一个快速升温装置。

(3) 能量转换。现代电弧炉的能源结构包括电能、化学能和物理热。为缩短冶炼周期，必须充分利用变压器功率，增加电能输入；增加化学能和物理热，在一定的冶炼周期条件下，三种能量可以互相转换。在电力紧缺，价格高的地区，可以增加化学热和物理热的比例。采用废气预热炉料技术，可以增加物理热，减少电能的输入。原料中高配碳，生铁成为主要原料之一，加铁水是最好的生铁预热方式，可以增加化学热和物理热。现代电炉成为一个很好的能量转换装置。

(4) 高效脱碳脱磷。为了缩短冶炼周期，以满足高效连铸节奏的要求，强化供氧，脱碳速度快，在废钢熔化和升温过程中，电弧炉冶炼具有良好的脱磷条件，现代电弧炉成为一个高效脱碳脱磷装置。

(5) 废弃塑料、轮胎等回收。现代转炉流程的焦炉、高炉工序可以回收部分废弃塑料；现代电炉流程也可能具有废弃塑料、轮胎等的回收功能且成本较低。

如上所述，转炉和电炉的功能已演变为基本相近，只是由于炉型不同，原料成分(主要是 C、P)不同，在脱碳量、脱碳速度和脱磷要求方面有所不同，从而工艺有所差别。

11.1.2.2 电弧炉炼钢工艺的进步

传统的电弧炉炼钢操作集炉料熔化、钢液精炼和合金化于同一熔池内，包括熔化期、氧化期和还原期。在电弧炉内既要完成熔化、脱磷、脱碳、升温，又要进行脱氧、脱硫、去气、去除夹杂物、合金化以及温度、成分的调整，因而冶炼周期长。这既难以保证对钢材越来越严格的质量要求，又限制了电弧炉炼钢生产率的提高。现代电弧炉炼钢工艺只保留了熔化、升温和必要的精炼操作，如脱磷、脱碳，而把其余的精炼过程均移到二次精炼工序中进行。电弧炉炼钢工艺上的改变，提高了电弧炉设备能力，使其能够以尽可能大的功率进行熔化、升温操作，而把只需要较低功率的操作转移到钢包精炼炉内进行。越来越完善的二次精炼技术，完全能满足钢液清洁度和严格的成分、温度控制的要求。

11.1.3 电弧炉炼钢操作方法

电炉一次冶炼工艺一般是按造渣工艺特点来划分的，可分为氧化法(双渣氧化法)、返回吹氧法(双渣还原法)和不氧化法三种类型。目前普遍采用双渣还原法与双渣氧化法。电炉二次精炼工艺方法已成为电弧炉炼钢发展的主流，电炉开始由冶炼设备逐步向熔化型设备转变，它只起熔化和粗炼的作用。

11.1.3.1 双渣还原法

A 双渣还原法的特点

双渣还原法冶炼过程中有较短的氧化期(≤15 min)，造氧化渣，又造还原渣，能吹氧去碳、去气、去夹杂。但由于该种方法去磷较难，故要求炉料应由含低磷返回废钢组成。

双渣还原法由于采取了小脱碳量、短氧化期，不但能去除有害元素，还可以回收大量的合金元素。此法适合冶炼不锈钢、高速钢等含 Cr、W 高的钢种。

B 配料原则

返回吹氧法的炉料尽量由返回钢组成，不足的再配以一定量的碳素废钢、铁合金等构成。配料时炉料的化学成分和质量必须准确。

碳：因为这种冶炼方法有吹氧脱碳过程，炉料中的配碳量应保证炉料全熔后能吹氧脱碳

0.20%～0.40%。

铬：中、低合金钢铬的配入量应不大于钢种成品规格的中限。高合金钢铬的配入量应在7%～12%左右。

磷：由于返回吹氧法不能去磷，炉料中的磷含量应比钢种规格低0.005%～0.010%。

硅：冶炼一般钢种以不超过成品规格上限0.2%为宜。高铬合金钢为防止铬的低温氧化损失，配料中应配入0.8%～1.0%的硅。

锰：一般应以不超过钢种规格上限为宜。

返回吹氧法炉料的综合收得率一般在96%～97%。

11.1.3.2　双渣氧化法

A　双渣氧化法的特点

双渣氧化法冶炼过程有氧化期，能去碳、去磷、去气、去夹杂等杂质。对炉料无特殊要求，冶炼过程既有氧化期，又有还原期，有利于钢质量的提高。目前，几乎所有的钢种都可以用氧化法冶炼，以下主要介绍氧化法冶炼工艺。

B　冶炼形式

传统电弧炉氧化法冶炼一炉钢的工序，可以分为熔化期、氧化期、还原期，俗称老三期。但是，随着炉外精炼的普及，现代电弧炉炼钢大多缩短或完全取消还原期，还原精炼任务由炉外精炼完成。根据有无炉外精炼和对钢种的质量要求，电炉氧化法冶炼有以下三种形式（如图11-3所示）。

(1) 单渣法（图11-3a）。单渣法是在熔化期—氧化期中只造一次高 $w(FeO)$ 的氧化性渣即结束炉内精炼的方法。其后，在出钢过程中往钢包里投入还原性渣料与铁合金，依靠Ar和 N_2 对钢包进行气体搅拌来调整成分及温度。虽然这是效率最高的电弧炉操作法，但由于正确地调整钢水成分及温度有困难，所以多设置钢包炉（LF，Ladle Furnace），进行炉外精炼，以求进一步提高质量。

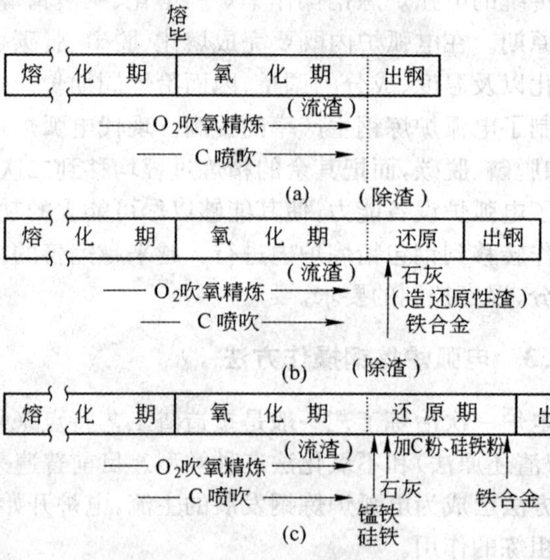

图11-3　电弧炉炼钢法的吹炼形式

(a) 单渣法；(b) 半双渣法；(c) 双渣法

(2) 半双渣法（图11-3b）。半双渣法是氧化期终了后除去氧化性渣，接着往电弧炉内添加还原性渣料（日本专家提出往电炉内添加入石灰、铝灰；铝灰是以铝精炼渣为主要成分的粉末，主要由 $Al+Al_2O_3$ 构成）与铁合金，只在短时间内造低 $w(FeO)$ 的还原性渣，调整成分及温度后出钢的方法。此方法也多设置LF，进行炉外精炼，以确保操作的稳定性。

(3) 双渣法（图11-3c）。此法在熔化期—氧化期中造氧化性渣，脱磷和调整碳含量后，完全除去氧化性渣，接着往炉内加Fe-Mn、Fe-Si块等预脱氧；加石灰、萤石、火砖块，造稀薄渣；稀薄渣形成后还原，分批加C粉、Fe-Si粉等，在炉内进行脱氧、脱硫及成分调整（合金化），插铝或加Ca-Si块等终脱氧，然后出钢。

比较这三种方法，单渣法的生产率最高，冶炼时间可控制在1 h左右。而使用双渣法，还原期回磷是个问题。而设置LF进行炉外精炼，可提高电炉生产率和钢的质量。

C 配料原则

由于氧化法冶炼有较好的去除气体和夹杂物的作用,因此在选用废钢作原料时不作过高要求,但是为获得较好的经济技术指标,对炉料中的碳、硅、锰、磷、硫、铬的含量应有一定的要求。

碳:为了保证氧化期的氧化脱碳沸腾,要求炉料全熔后钢中的碳含量一般应高于成品规格下限的0.3%～0.4%。废钢中的w[C]在熔化期约有0.2%～0.3%的烧损(吹氧助熔约0.3%),一般要求配碳量比所炼钢种规格下限高出0.5%～0.7%。

硅:它是由炉料自然带入的。要求炉料全熔后钢液中的w[Si]不高于0.15%,硅含量过高会延缓氧化沸腾,使脱碳速度减慢。

锰:锰由炉料带入,要求炉料全熔后钢液中w[Mn]不应高于0.20%。

磷、硫:w(P)≤0.06%,w(S)≤0.08%,过高磷、硫含量需进行多次换渣,延长冶炼时间,增大劳动强度。

铬:从炉料中带入,在炉料全熔后钢液中w[Cr]含量不应高于0.30%,铬含量过高,经氧化生成三氧化二铬产物进入炉渣,使炉渣变黏,阻碍脱磷和脱碳反应的正常进行。并增大矿石、氧气用量的消耗,延长冶炼时间,铬含量高的炉料冶炼非铬钢种这也是一种浪费。

镍、钼、铜:这也是由炉料带入的,由于这些元素不易氧化去除,故对于一般的钢种分别要求低于0.10%。

氧化法冶炼适应的钢种:对磷、硫含量要求极低的钢种;对容易产生白点及层状断口缺陷的钢种;对冶炼含有易与氧、氮化合的元素(如Ti、B、Zr等)的钢种等。一般说来大多数的碳素结构钢、合金结构钢和某些内在质量要求高的钢种如滚珠轴承钢、弹簧钢、不锈钢等都宜采用此法冶炼。氧化法冶炼炉料的综合收得率为95%～97%。

11.1.3.3 不氧化法

A 冶炼特点

不氧化法冶炼对炉料的质量有严格的要求,如废钢清洁无锈,干燥,磷含量低,配碳量较准时,可采用不氧化法冶炼。不氧化法冶炼的特点是没有氧化期,没有脱磷、脱碳和去除气体的要求,要求配入的成分在熔化终了时[C]和[P]应达到氧化末期的水平。此时钢液温度不高,故需有15～20 min的加热升温时间,然后扒除熔化渣进入还原期。由于没有氧化期,可缩短冶炼时间15 min左右,并可回收废钢中大部分的合金元素,可减少电耗、渣料和氧化剂的消耗,对炉衬维护也是有利的,是一种比较经济的冶炼方法。

近年来,对不氧化法工艺可允许在熔化末期加入少量矿石,或采用吹氧助熔及短时间的吹氧提温,去除钢液中部分气体与夹杂,有利提高钢的质量,但合金的回收率有所降低。

在采用普通废钢的炉料中,按一定数量配入铁合金,将它们一起装入炉内,称为装入法。

在采用不氧化法冶炼时,为了回收贵重的合金元素,冶炼过程中不扒除熔化渣,一直进入还原期,这种炼钢方法称为单渣法(单渣还原法)。

B 配料原则

不氧化法冶炼不能去除钢中气体和外来夹杂物,不能去磷和没有脱碳量的要求,只能靠纯洁的炉料和准确的配料成分予以保证。

碳:电炉熔化期金属炉料的碳约有0.2%～0.3%的氧化损失,要求炉料全熔后钢液中的含w[C]量应低于钢种成品规格下限0.03%～0.06%。目前不氧化法工艺为全熔后再吹氧脱w[C]>0.1%左右。

磷:炉料中的磷应保证炉料全熔后比钢种的成品规格低0.02%～0.015%。

配料时，要求 $w(S)$不高于0.06%，$w(Si)$不高于0.5%，$w(Mn)$不超过钢种规格上限0.2%。冶炼的钢种有残余元素（如Ni、Cr、Cu）要求者，配料中的残余元素应低于规格的1/2。

不氧化法的炉料质量好，块度大小合适。可以一次装料入炉，通常炉料的综合收得率可达到98%左右。本法可以冶炼低合金钢、不锈钢等钢种。

选择冶炼方法的主要依据是：钢的化学成分、钢种特性、质量要求、原材料供应情况。冶炼方法选择是否恰当，对钢的质量、成本、电炉的生产率等影响甚大。

11.2　传统电弧炉炼钢工艺过程

传统的氧化法冶炼工艺操作过程包括：补炉、装料、熔化、氧化、还原与出钢六个阶段组成，主要由三期组成，俗称老三期。传统电炉老三期工艺，因其设备利用率低，生产率低，能耗高等缺点，满足不了现代冶金工业的发展，必须进行改革，但它是电炉炼钢的基础。

11.2.1　原料

电弧炉炼钢使用的造渣材料、氧化剂等和转炉炼钢基本一样，但炼钢原料二者明显不同。转炉炼钢以铁水作为主要原料，电弧炉炼钢是以废钢作为主要原料。

废钢来源一般有三个方面，即钢铁企业在生产过程中的自产废钢、工矿企业在生产过程中的加工废钢、社会生产、生活、国防等废弃钢铁材料的拆旧废钢，如报废汽车、舰船、钢结构桥梁与建筑钢等。由于连铸技术的发展，连铸比不断提高，切头、切尾越来越少，每吨钢自产废钢大幅减少，钢厂内部回收废钢相应减少。

仅就电弧炉炼钢工序而言，废钢是基本原料，和其他冶炼工序一样，精料是首要的基础工作，废钢原料的鉴别、分类等管理工作和打包、剪切等预处理工作都是非常重要的。废钢铁是电炉的主要原料，电弧炉炼钢相当于钢铁工业的回收工具，它既回收从电弧炉流程返回的废钢，也回收从氧气转炉流程返回的废钢。这种现象，使得大型联合企业与小型钢厂形成一个闭环。为此，世界各国（或地区）均把废钢铁视为宝贵资源。

电弧炉炼钢使用废钢原料的最大问题是金属残留元素，主要是残留的Ni，Cr，Mo等合金元素和Cu，Sn，Bi，Sd，Pb等有害元素。目前在电弧炉炼钢过程中，这些有害元素尚无有效方法去除，残留在钢材中造成种种危害，并在废钢循环再利用过程中不断积累。

目前采用的对策主要有：加强废钢管理；在废钢预加工过程中挑选或分离；冶炼过程配加其他铁源，稀释残留元素的浓度。

11.2.2　补炉

炉衬寿命是能否实现多炼钢、炼好钢、节约原材料、降低成本的关键问题。

炉衬是指炉壁、炉底和炉盖。寿命最低的是炉壁，它的工作条件最差，距电弧近，温度高，又受炉渣的严重侵蚀。

炉衬严重损坏或补炉镁砂未烧结而在往渣中上浮时，渣中MgO颗粒大量增加，渣的流动性变坏，延缓渣钢间的化学反应，钢中夹杂物增加，钢质严重降低。

A　影响炉衬寿命的主要因素

影响炉衬寿命的主要因素：炉衬的种类、性质和质量（包括制作、打结、砌筑质量）；高温电弧辐射和熔渣的化学侵蚀；吹氧与钢液、炉渣等的机械冲刷以及装料的冲击。为了提高炉衬寿命，除选择高质量的耐火材料与先进的筑炉工艺外，还要加强维护，即在每炉钢出完后，要进行补炉，如遇特殊情况，还须采用特殊的方式进行修砌垫补。

B 补炉部位

炉衬各部位的工作条件不同,损坏情况也不一样。炉衬损坏的主要部位是炉壁渣线,渣线受到高温电弧的辐射、渣钢的化学侵蚀与机械冲刷以及冶炼操作等损坏严重,尤其渣线的2号热点区还受到电弧功率大、偏弧等影响侵蚀严重,渣线2号热点区的损坏程度常常成为换炉的依据;出钢口附近因受渣钢的冲刷也极易减薄,炉门两侧常受急冷急热的作用、流渣的冲刷及操作与工具的碰撞等损坏也比较严重。因此,一般电炉在出钢后要对渣线、出钢口及炉门附近等部位进行修补,无论进行喷补或投补,均应重点补好这些部位。

C 补炉原则

补炉原则是高温、快补、薄补。补炉是将补炉材料喷投到炉衬损坏处,并借助炉内的余热在高温下使新补的耐火材料和原有的炉衬烧结成为一个整体,而这种烧结需要很高的温度才能完成。一般认为较纯镁砂的烧结温度约为1600℃,白云石的烧结温度约为1540℃。电炉出钢后,炉衬表面温度下降很快,因此应该抓紧时间趁热快补。薄补的目的是为了保证耐火材料良好的烧结。经验告诉我们,新补的厚度一次不应大于30 mm,需要补得更厚时,应分层多次进行。

D 补炉方法

补炉方法可分为人工投补和机械喷补,根据选用材料的混合方式不同,又分为干补和湿补两种。目前,在大型电炉上多采用机械喷补,机械喷补设备种类比较繁多,有炉门喷补机,有炉内旋转补炉机。机械喷补补炉速度快、效果好。

E 补炉材料

碱性电炉人工投补的补炉材料是镁砂、白云石或部分回收的镁砂。所用粘结剂为:湿补时选用卤水或水玻璃;干补时一般均掺入沥青粉。机械喷补材料主要用镁砂、白云石或两者的混合物,还可掺入磷酸盐或硅酸盐等粘结剂。

补炉时间因侵蚀的情况和炉子容量而定,一般为3~5 min。

11.2.3 装料

装料质量对电弧炉炼钢熔化时间、合金元素烧损和炉衬寿命都有很大影响。装料应做到快和密实,以缩短冶炼时间和减少热损失。

为了保证炉料熔化的顺利进行,必须装得密实。炉料分为大料、中料、小料、轻薄料,装料时按一定比例以便一次加入,图11-4是电弧炉炉顶装料图。

目前,广泛采用炉顶料筐装料,每炉钢的炉料分1~3次加入。装料的好坏影响炉衬寿命、冶炼时间、电耗、电极消耗以及合金元素的烧损等。因此要求装料合理,而装料合理主要取决于炉料在料筐中的布料合理与否。

合理布料的顺序如下:先将部分小块料装在料筐底部,借以保护料筐的链板或合页板,减缓重料对炉底的冲击,以保护炉底、及早形成熔池;在小块料的上面,料筐的中心部位装块大料或难熔料,并填充小块料,作到平整、致密、无大空隙,使之既有利于导电,又可消除料桥及防止塌料时折断电极,即保护电极;其余的中、小块料装在大料或难熔料的上边及四周;最后在料筐的上部装入小块轻薄料,以利于起弧、稳定电流和减轻弧光对炉盖的辐射损伤,即保护炉顶,如图11-5所示。

另外,渣钢等不易导电的炉料应装在远离电极的地方,以免影响导电;生铁不要装在炉门附近或炉坡上,而要装在大料或难熔料的周围,以利用它的渗碳作用,降低大料或难熔料的熔点,从而加速熔化。凡随炉料装入的铁合金,为了保证元素的收得率,应根据它们不同的理化性能装在

图 11-4　电弧炉炉顶装料图

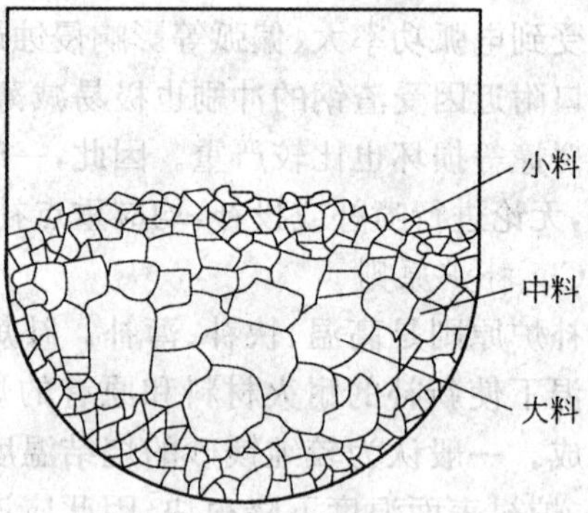

图 11-5　料罐布料示意图

不同的位置，如钨铁、钼铁熔点高，不易氧化，可装在高温区，但不要装在电极下边；铬铁、镍板、锰铁等应装在远离高温区的位置，以减少它们的挥发损失。

总之布料时应做到：下致密，上疏松；中间高，四周低，炉门口无大料。使得送电后穿井快，不搭桥，有利熔化的顺利进行。

无论哪种料罐型式，料罐进入炉内桶底不宜距炉底太高，炉料一般应装在靠近 2 号电极高温区稍偏向炉门处，以便于吹氧和拉料。

11.2.4　炉料的熔化冶炼

装料完毕，确认设备可以正常运转，开始通电称熔化开始，至炉料熔化完毕，并将熔化的钢液加热到加矿或吹氧氧化所要求的温度时，叫熔化期结束。在电炉冶炼时熔化期约占全炉冶炼时间的 50%～70%，熔化过程的电耗，占全炉冶炼总电耗的 60%～80%，因此加强熔化期操作，提高炉料熔化速度，是缩短全炉冶炼时间和降低电耗的重要环节。

11.2.4.1　炉料熔化冶炼的主要任务

在保证炉体寿命的前提下，合理供电，尽快使固体炉料迅速熔化成为均匀的钢液，提前造好熔化渣，以稳定电弧，并减少钢液的吸气及金属的挥发和氧化损失；造好熔化渣，利用熔化末期炉温不高对去磷的有利条件，可去除钢液中 50%～70%的磷，以减轻氧化期的去磷任务，加热钢液温度，为氧化期创造正常沸腾条件；正确控制熔化结束时钢液的各种化学成分，尤其应控制好钢液的熔毕碳量，对矿石氧化法使氧化期去 $w[C]$量为 0.3%～0.4%，矿石-吹氧法去 $w[C] \geqslant 0.3\%$，为以后氧化期创造有利条件。

完成上述任务，就是在熔化期作了部分氧化精炼期的工作，叫做熔-氧结合。它不仅减轻了氧化期的操作任务，而且使钢的纯洁度有所提高。

11.2.4.2　炉料的熔化过程

在炉料的熔化过程，重点是合理供电，及时吹氧，提前造渣。其中合理供电制度是使熔化期顺利进行的重要保证。

A　炉料熔化过程及供电

装料完毕即可通电熔化。但在供电前，应调整好电极，保证整个冶炼过程中不切换电极，并对炉子冷却系统及绝缘情况进行必要的检查。

熔化期供电曲线与炉料的熔化过程如图 11-6 所示，基本可分为四个阶段(期)，由于各阶段熔化的情况不同，所以供电情况也不同，见表 11-3。

表 11-3　炉料熔化过程与操作

熔化过程	电极位置	必要条件	方　法
起弧期	送电→1.5 $d_{极}$	保护炉顶	较低电压，顶布轻废钢
穿井期	1.5 $d_{极}$→炉底	保护炉底	较大电压，石灰垫底
主熔化期	炉底→电弧暴露	快速熔化	最大电压
熔末升温期	电弧暴露→全熔	保护炉壁	低电压、大电流，水冷加泡沫渣

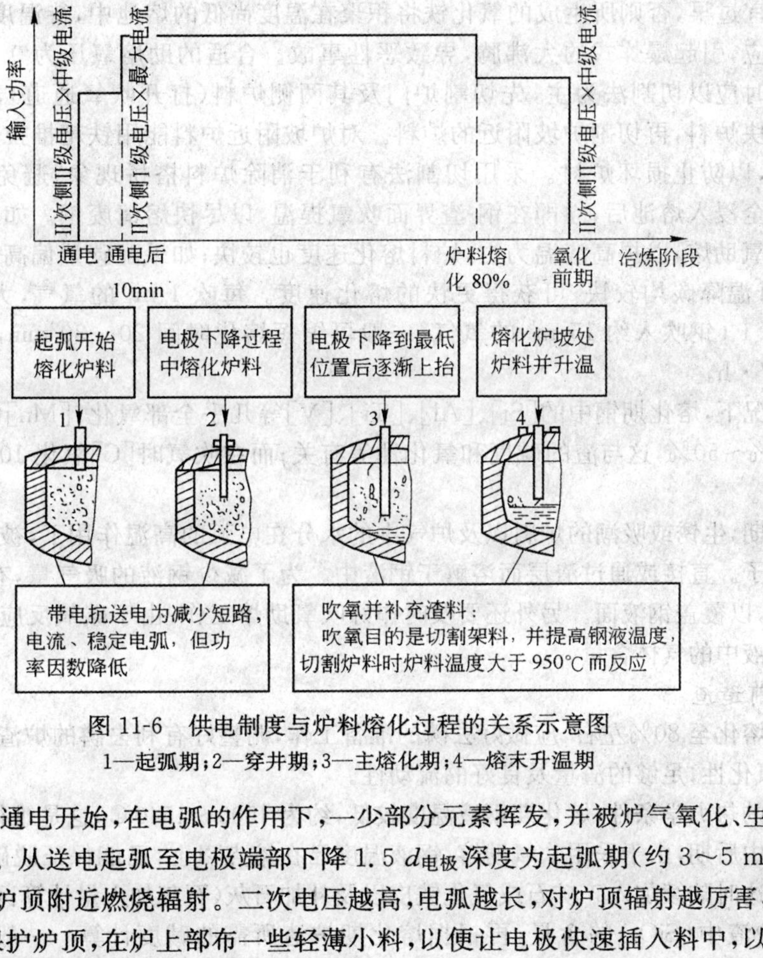

图 11-6　供电制度与炉料熔化过程的关系示意图
1—起弧期；2—穿井期；3—主熔化期；4—熔末升温期

(1) 起弧期。通电开始，在电弧的作用下，一少部分元素挥发，并被炉气氧化、生成红棕色的烟雾，从炉中逸出。从送电起弧至电极端部下降 1.5 $d_{电极}$ 深度为起弧期（约 3～5 min）。此期电流不稳定，电弧在炉顶附近燃烧辐射。二次电压越高，电弧越长，对炉顶辐射越厉害，并且热量损失也越多。为了保护炉顶，在炉上部布一些轻薄小料，以便让电极快速插入料中，以减少电弧对炉顶的辐射；供电上采用较低电压、电流。

(2) 穿井期。起弧完了至电极端部下降到炉底为穿井期。此期虽然电弧被炉料所遮蔽，但因不断出现塌料现象，电弧燃烧不稳定，供电上采取较大的二次电压、大电流或采用高电压带电抗操作，以增加穿井的直径与穿井的速度。但应注意保护炉底，办法是：加料前采取石灰垫底，炉中部布大、重废钢以及合理的炉型。

(3) 主熔化期。电极下降至炉底后，开始回升时主熔化期开始。随着炉料不断的熔化，电极渐渐上升，至炉料基本熔化（>80%），仅炉坡、渣线附近存在少量炉料，电弧开始暴露给炉壁时主熔化期结束。主熔化期由于电弧埋入炉料中，电弧稳定、热效率高、传热条件好，故应以最大功率供电，即采用最高电压、最大电流供电。主熔化期时间占整个熔化期的 70%。

(4) 熔末升温期。电弧开始暴露给炉壁至炉料全部熔化为熔末升温期。此阶段因炉壁暴露,尤其是炉壁热点区的暴露受到电弧的强烈辐射,故应注意保护。此时供电上可采取低电压、大电流或采取泡沫渣工艺。

B 吹氧与元素氧化

在熔化过程中,炉料由固体变为液体,炉中会发生一系列的物理化学反应,如元素的挥发、元素的氧化和钢液吸气等。

吹氧是利用元素氧化热加热熔化炉料的。当电极到底后,炉底已经形成部分熔池,炉门附近的炉料已达到红热程度时(在950℃以上),应及时吹氧助熔,以利用元素氧化热加热、熔化炉料。吹氧不宜过早,否则所生成的氧化铁将积聚在温度尚低的熔池中,待温度上升时会发生急剧的氧化反应,引起爆炸式的大沸腾,导致恶性事故。合适的助熔氧压为0.4～0.6 MPa。吹氧助熔开始时应以切割法为主,先切割炉门及其两侧炉料(打开吹氧通道),后切割靠近电极“搭桥”的大块炉料,再切割炉坡附近的炉料。对炉坡附近炉料能用铁耙推拉进入熔池的,就不用氧气切割,以防止损坏炉衬。采用切割法有利于消除炉料搭桥现象,避免大塌料事故的发生。当炉料全浸入熔池后,立即在钢-渣界面吹氧提温,以尽快熔清废钢。如果配碳量偏低,可在渣面上吹氧助熔,以提高渣温为主,炉料熔化速度也较快;如果配碳量偏高,可浅插钢水吹氧助熔,这样升温降碳均较快,可获得更快的熔化速度。每吹1 m^3 的氧气,大约节约电能4～6 kW·h,每1 t钢吹入约15 m^3 的氧气,一般可缩短熔化时间20～30 min,每吨钢约可节电80～100 kW·h。

一般情况下,熔化期钢中的[Si]、[Al]、[Ti]、[V]等几乎全部氧化,[Mn]氧化40%～60%,[P]氧化40%～50%,这与渣的碱度和氧化性等有关;而在吹氧时[C]氧化10%～30%、[Fe]氧化2%～3%。

在熔化期,生锈或吸潮的炉料以及炉气中的水分在电弧的高温作用下,被分解为氢原子、氧原子和氮原子。直接或通过渣层而溶解于钢液中。为了减少钢液的吸气量,有效的方法是尽早造好熔化渣,以覆盖钢液面。另外还要及时作好吹氧助熔工作,由于碳氧反应使钢液产生沸腾,有利降低钢液中的气体含量。

C 提前造渣

当炉料熔化至80%左右,应做好去磷的准备工作,调整好有利去磷的炉渣。它包括:合适的碱度;强的氧化性;足够的渣量及良好的流动性。

按脱磷的热力学条件,熔化期钢液温度较低,约为1500～1540℃,这是难得的去磷的重要条件。在熔化中后期,由于采用吹氧助熔,钢液温度已在熔点以上,已能保证脱磷动力学条件的需要。如果在这时陆续加入碎矿石或氧化铁皮以及补加石灰(石灰加入量计算:可根据炉料中的含硅量,算出炉渣中(SiO_2)的含量,再根据熔化期炉渣所需的碱度计算。一般石灰加入量应在2.0%～2.5%以上),加大造渣量,使总渣量在3%～5%以上,碱度在2.0～2.5,渣中 w(FeO)在15%～20%左右,就可以使原料中的磷去除50%～70%。在炉料熔清后,先是自动流渣,而后扒去大部分炉渣重新造渣,可使氧化期时间大为缩短。

熔化期炉渣成分依钢种和操作条件的不同有所变化,大致成分如表11-4所示。

表11-4 熔化期炉渣成分

成　分	CaO	SiO_2	MnO	FeO	MgO	P_2O_5
含量 w/%	30～45	15～25	6～10	15～25	6～10	0.4～1.0

为提前造渣,用2%～3%石灰垫炉底(留钢操作、导电炉底等除外),这样在熔池形成的同时

就有炉渣覆盖,使电弧稳定,有利于炉料的熔化与升温,并可减少热损失,防止吸气和金属的挥发。由于初期渣具有一定的氧化性和较高的碱度,可脱除一部分磷;当磷高时,可采取自动流渣、换新渣操作,脱磷效果更好,为氧化期创造条件。

脱磷任务主要在熔化期完成。通过在加料前,在炉底加2%～3%左右,提前造高碱度、高氧化性炉渣,并采用流渣造新渣的操作等在熔化期基本完成脱磷任务。

当炉料全熔后,根据钢中磷含量高低,进行自动流渣(w[P]≤0.015%、加小矿、倾炉流渣),或扒除部分炉渣(w[P]≥0.02%、扒渣50%～80%),为进入氧化期创造条件。

当炉料熔清,碳含量不能满足所冶炼钢种去碳量的要求时,一般应采取先扒渣增碳后造新渣的操作方法,也可采取推渣增碳的方法。

当炉料熔化完毕,一般应有10～15 min的升温时间,在温度合适及渣况良好条件下,便可进入氧化期操作。

D 缩短熔化期的措施

缩短熔化期的措施有:快速补炉和合理装料;提高变压器的输出功率;吹氧助熔;烧嘴助熔;废钢预热;开发、推广二次燃烧技术;执行泡沫渣工艺,提高热能利用系数以及其他措施。

采用留钢留渣操作,将注余钢水和热渣回炉,可以充分利用剩余钢水和炉渣的物理热,并可提前吹氧助熔,从而缩短熔化时间并降低电耗。

11.2.5 钢液的氧化期冶炼

要去除钢中的磷、气体和夹杂物,必须采用氧化法冶炼。氧化期是氧化法冶炼的主要过程。传统冶炼工艺当废钢炉料完全熔化,并达到氧化温度,磷脱除70%以上进入氧化期。为保证冶金反应的进行,氧化开始温度应高于钢液熔点50～80℃。

当钢液的温度、磷、碳等符合要求,扒除氧化渣、造稀薄渣进入还原期。

11.2.5.1 钢液氧化期冶炼的目的

氧化期冶炼的目的是:去除钢液中的磷到规定的限度;去除钢液中的气体(氢气和氮气);去除钢液中氧化物夹杂;升高钢液温度;调整钢液的碳含量。

在氧化精炼时,钢液中的硅、锰、铬、钒等元素都进行氧化,含量都在降低,当钢液中残余硅、钒等含量高时使碳的氧化速度降低。

11.2.5.2 脱碳和各项任务的关系

A 脱磷和脱碳的关系

脱磷和脱碳都是氧化反应,它们之间有共性,都需要氧。它们对氧的需要方面又有矛盾,在强制氧化钢液时可满足二者的要求。加铁矿石氧化钢液时,氧通过炉渣向钢液溶解。在钢-渣界面产生脱磷反应,C-O反应在熔池进行,产生的CO气泡沫使钢液沸腾并增大钢、渣界面积,加快了脱磷反应。在其他条件相同时增大熔池脱碳速度,能显著地提高脱磷反应速度。

B 去气和脱碳的关系

脱碳时在熔池产生的CO气泡和钢液接触,此时溶解在钢液的氢和氮向CO气泡内扩散,并生成分子的H_2和N_2随气泡上浮进入炉气中,脱碳过程去气反应为:

$$2[H] \longrightarrow H_2 \qquad 2[N] \longrightarrow N_2$$

由于CO气泡中不含H_2和N_2,所以上述两个反应右边的压力等于零,反应向右自动进行。去气的速度和去气量直接和脱碳速度、脱碳量有关。

当钢液的去气速度大于炉气通过炉渣向钢液溶解气体的速度时,钢液去气,否则钢液吸气。

熔池脱碳速度、脱碳量和钢液氢含量的关系见图 11-7 和图 11-8。脱碳量增大时去氢量增加，钢液中的氢、氮含量降低。

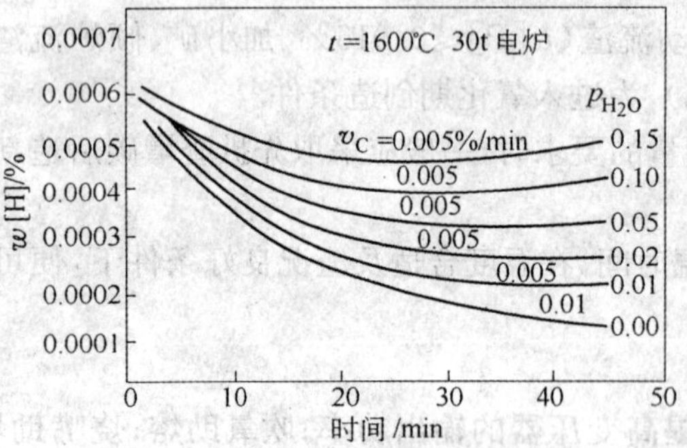

图 11-7　熔池脱碳速度和钢液氢含量的关系

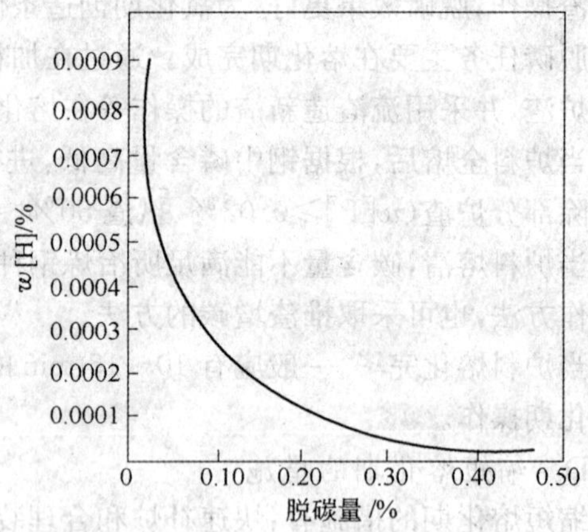

图 11-8　熔池脱碳量和钢液氢含量的关系

去除钢中氧化物夹杂和熔池脱碳的关系：悬浮在钢液中的固体夹杂物，在氧化性的钢液中易形成 $2FeO \cdot SiO_2$、$2FeO \cdot TiO_2$ 和 $2FeO \cdot Al_2O_3$ 等低熔点含氧化铁的大颗粒夹杂物，在沸腾的钢液中容易使夹杂物互相碰撞、聚积长大成大颗粒的夹杂物，上浮到炉渣中被炉渣吸收。

C　钢液升温和脱碳的关系

氧化期钢液升温比较容易，这是因为有强烈的熔池沸腾，能迅速将电弧下高温钢液搅拌到熔池底部，使温度均匀。氧化精炼中钢液上部和炉底的温差约 5℃。熔池沸腾时炉渣呈泡沫状，电弧被其周围的泡沫状炉渣包围，炉渣吸收电弧热能的能力比静止渣面要大，有利于快速加热钢液。所以脱碳沸腾为加热钢液创造良好的条件。近些年来，在钢液氧化精炼中，向渣中喷入碳粉，产生 CO 气泡或吹入其他气体，造泡沫渣，强化供电加热，取得了良好的钢液升温效果。

11.2.5.3　氧化期冶炼中的脱碳

炉料装入电炉后，随着电弧加热和吹氧助熔的进行，炉料逐渐升高温度、开始熔化。伴随着炉料的升温和熔化，炉内会发生一些物理化学反应。

A　矿石氧化脱碳

加矿石脱碳时，矿石中的高价铁吸热变为低价氧化亚铁，即：

$$Fe_2O_3 = 2(FeO) + 1/2\ O_2 \qquad \Delta H^{\ominus} = 340.2\ kJ/mol \tag{11-1}$$

氧化亚铁由炉渣向钢液的反应扩散转移：

$$(FeO) = [Fe] + [O] \qquad \Delta H^{\ominus} = 121.38\ kJ/mol \tag{11-2}$$

钢液中氧和碳在反应区进行反应，生成 CO，CO 气体分子长大成气泡，从钢液中上浮逸出，进入炉气。

$$[O] + [C] = CO \qquad \Delta H^{\ominus} = -35.742\ kJ/mol \tag{11-3}$$

总的反应式表示为：

$$(FeO) + [C] = [Fe] + CO \qquad \Delta H^{\ominus} = 85.638\ kJ/mol \tag{11-4}$$

上述过程包括反应物的转移(扩散)、化学反应、生成物的长大及排除三个步骤。对于矿石法脱碳反应来说,FeO 由炉渣向钢液的扩散以及脱碳的总过程都是吸热反应。在炼钢温度下,碳氧反应本身是能够顺利进行的。CO 气泡能顺利地在炉底及钢液中悬浮的固体质点形成核心,然后长大上浮逸出。所以生成物的排除也是很容易的,而 FeO 的扩散是决定反应速度的关键因素。其影响因素如下。

(1) 炉渣中 w(FeO)浓度的影响。根据质量作用定律,渣中 w(FeO)浓度愈高,浓度梯度愈大,(FeO)向钢中扩散的速度就愈快,所以要保证矿石的加入量。

在一定温度和压力下,平衡时钢中的碳浓度和氧浓度的乘积是一个常数。随着碳-氧反应的进行,钢液中的碳含量不断减少,而与碳平衡的氧则相应增加。为了使碳-氧反应继续进行和保持合适的脱碳速度,就必须相应地增加矿石的加入量,以此来增加渣中 w(FeO)浓度,保证钢中的含氧量能大于平衡值。在生产实践中,冶炼低碳钢比高碳钢脱碳更困难,这是因为低碳钢碳的氧化比高碳钢碳的氧化需要供给更多的氧。

(2) 熔池温度的影响。渣中(FeO)由炉渣向钢液中的转移和脱碳反应的全过程都是吸热反应,从热力学的观点来看,提高熔池温度有利于反应的进行。此外,当炉渣中 w(FeO)浓度和碱度一定时,温度越高,溶解于钢中的氧量就越多。从动力学的角度来看,在渣中 w(FeO)浓度一定的条件下,(FeO)的转移速度主要决定于温度条件,因温度提高时,可以改善炉渣和钢液的流动性,能相应增加(FeO)的转移速度,有利于钢液中的碳氧反应,也有利于 CO 气泡的逸出。

在操作中规定了最低的加矿温度,目的就是要保证氧化反应在较高的温度下进行,以获得一定的脱碳速度。氧化期加矿温度一般为 1590℃以上。实践中矿石加入量占金属装入量的1%时,使钢液温度降低约 30℃左右,在加矿之后温度回升至加矿之前的钢液温度,至少应间隔4 min以上时间。因此矿石宜分配加入,一次加入量不能过大,以防熔池温度降低太多,影响脱碳反应的顺利进行,否则,一旦温度升上来,就会突然发生猛烈的大沸腾,甚至会造成跑钢事故。

(3) 炉渣碱度的影响。在温度和炉渣中 w(FeO)浓度一定的情况下,炉渣碱度在 1.8～2.0时,炉渣的氧化能力最强。当炉渣碱度高于 2.0 时,渣中的 FeO 和 CaO 结合成(CaO · FeO)的化合物,当碱度低于 1.8 时,渣中的(FeO)和(SiO_2)结合生成(2FeO · SiO_2)化合物,同样减少了渣中自由 w(FeO)量,从而降低了渣的氧化能力。因此在脱碳过程中,除了保持熔池较高的温度和加入足够的矿石外,还应使炉渣碱度保持在 2.0 左右,使其具有最大氧化能力,加速碳和磷的氧化,缩短冶炼时间。

除上述影响因素外,渣层厚度及流动性也对脱碳有影响;一般希望渣层薄(渣量控制在2%～3%),减少 CO 的逸出压力,相对提高 w(FeO)的浓度,保持炉渣良好的流动性,可以提高渣-钢反应的接触面积、渣中(FeO)向钢液的扩散以及生成 CO 气泡的逸出能力。此外,钢中硅、锰、铬等元素含量过高,也影响碳氧反应的顺利进行。

综上所述:矿石法脱碳操作要点应该是:高温、薄渣、分批加矿、均匀激烈的沸腾。

铁矿石加入炉内经吸热产生分解反应,以 FeO 形式提供氧使元素氧化。矿石的加入量必须适当。如果加入矿石过多,氧化末期钢中碳含量会降得过低,钢中剩余氧含量又会过高,给还原期操作带来困难,而且浪费矿石,延长冶炼时间。相反,加入量太少,脱碳量又不够。为此必须对铁矿石的加入量要有一个大致的估算,并与炉前矿石加入量的经验数据结合起来,以做到准确加矿。

根据大量实践的结果,生产中每脱碳 0.01%时,钢中含碳量与矿石用量的关系见表 11-5。

表 11-5　脱碳 0.01%时钢中含碳量与矿石用量关系

w[C]/%	>0.30	0.2	0.1	0.08	0.06	0.04
矿石用量/kg · t^{-1}钢	0.7～0.8	1.0	1.6	1.8	2.7	5.8

B　吹氧脱碳

在氧化期将氧气直接吹入熔池，从根本上改善熔池的供氧条件，大大加速传质、传热和化学反应过程，能显著提高脱碳速度，强化熔池沸腾，提高钢液温度，扩大钢种冶炼范围，改善钢的质量。

当氧气压力足够，吹入钢液中的氧能迅速细化为密集的气泡流。氧气压力愈大则氧气在钢液中愈呈细小的气泡。这些细小的氧气泡在钢液内可与[C]直接氧化反应，也可与[C]进行间接氧化反应。

直接反应为：　$[C]+1/2\{O_2\}=\{CO\}$　　$\Delta H^{\ominus}=-115.23$ kJ/mol　　(11-5)

间接反应为：　$[Fe]+1/2\{O_2\}=[FeO]$　　$\Delta H^{\ominus}=-238.69$ kJ/mol　　(11-6)

$[FeO]+[C]=\{CO\}+[Fe]$　　$\Delta H^{\ominus}=-46.12$ kJ/mol　　(11-7)

从以上反应可以看出，不论是直接氧化或间接氧化，吹氧去碳都是放热反应，不受温度限制；由于细小分散的氧气泡直接与钢液中碳接触，反应在气-液界面能进行，不存在受[O]扩散的限制问题。所以加速 C-O 反应速度可以用加大吹氧压力的方法来达到。

在电炉炼钢吹氧脱碳时，脱碳速度一般可达 0.025～0.050%/min（供氧强度为 0.5m³/(t · min)），但在钢液含碳量低于 0.2%～0.3%时，随着含碳量的降低，脱碳速度急剧下降（图 11-9）。如果钢液中含碳量低时，氧化单位碳量所消耗的氧量就高，可采用增强供氧速度的办法，以保证脱碳速度。

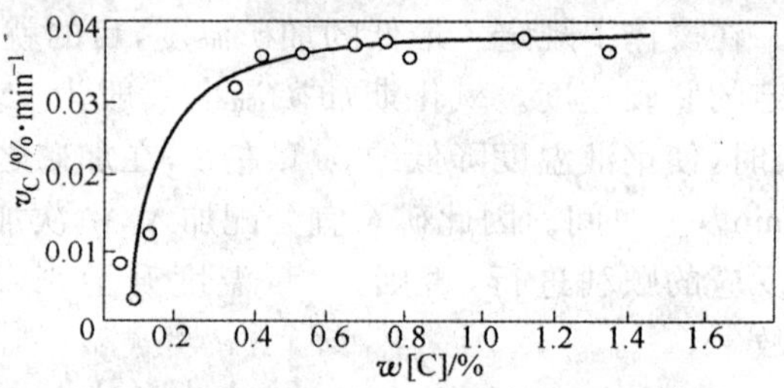

图 11-9　钢液含碳量与脱碳速度间关系

同矿石法脱碳一样，渣量对吹氧法脱碳速度也是有影响的。要获得高的脱碳速度，不仅需要供给和碳反应的氧量，而且至少还需要供给保持钢液和炉渣与钢中含碳量平衡的氧量。当钢液中与碳量平衡的氧量增加时，炉渣中与碳量平衡的氧量也在增加，因此在其他条件相同时，减少渣量就等于减少进入渣中的氧量，增加与碳反应的氧量，所以在薄渣下吹氧脱碳，可以增大脱碳速度，特别是在冶炼低碳钢时更应如此。

C　吹氧脱碳与矿石脱碳比较

吹氧脱碳没有矿石分解为 FeO 而吸热、并由渣向钢液中扩散这一缓慢过程，所以吹氧脱碳速度要比加矿脱碳速度大得多。一般来说，矿石脱碳速度约为 0.01%/min，而吹氧脱碳速度则可达 0.025%/min 以上。特别是当钢中碳含量降至 0.10%以下时，用矿石降碳就十分困难，因为欲继续降碳，必须保证渣中有大量的(FeO)，使 $w(O)_{渣}>w[O]_{实}>w[O]_{平}$，就必须向熔池中加入大量矿石。这样又会导致熔池温度降低，影响(FeO)向钢液转移，使脱碳速度更加缓慢。吹氧脱碳是直接向钢液供氧，供氧量不受限制，吹氧脱碳是放热反应，氧化 0.2%～0.3%的碳使熔池温度升高约 20℃，这对于钢、渣的流动性，反应物的扩散和反应产物的生成及去除均有利，吹氧脱碳熔池搅拌激烈，且吹入钢液中的氧气泡又成了 CO 气泡生成的非均质核心，也是 CO 形成的现成表面，由于吹氧的优越性，w[C]较容易降到 0.1%以下。还由于吹氧脱碳的热力学和动力学条件良好，[C]-[O]反应更加接近平衡，因此钢中和渣中氧含量均低，从而减轻了还原期的脱氧任务，吹氧脱碳甚至可以取消氧化末期的纯沸腾时间。

吹氧脱碳的缺点是熔池升温过快，渣中 $w(FeO)$ 较低，不利于钢的去磷。为了兼顾去磷和脱碳的要求，生产中广泛采用矿氧结合的综合氧化法，即前期采用矿石氧化，以保证去磷，后期吹氧氧化，以保证脱碳。在原料含磷量不高的情况下，或将去磷任务能放在熔化末期和氧化初期完成的，在氧化期应尽早采用吹氧氧化脱碳的操作。

11.2.5.4 氧化期冶炼中的脱磷

去磷的基本条件是提高渣中(FeO)、(CaO)的活度和较低的熔池反应温度。

目前电炉中脱磷的总的趋向是把氧化期的脱磷任务大部分提前到熔化期内进行，使进入氧化期时钢中的磷含量已降到规格范围之内，在氧化初期再进一步将磷氧化到规格含量的一半以下。在操作上通过加入石灰和矿石，不断地流渣或扒渣，加强搅拌和控制较低的反应温度，就可以顺利脱磷。

实际生产中，当熔清磷大于0.06%才采用换渣操作，熔清磷小于0.04%则采用流渣操作，使炉内保持约3%～5%的渣量，即可取得良好的去磷效果。实践证明，以下几点是保证去磷的良好条件：

(1) 炉渣 $w(FeO)=12\%\sim20\%$，$B=2.0\sim3.0$，$w(CaO)/w(FeO)=2.5\sim3.5$，流动性良好；

(2) 控制适当偏低的温度；

(3) 采用大渣量及换渣、流渣操作；

(4) 加强钢渣搅拌作用。

此外，钢中硅、锰、铬、碳等元素对磷的氧化也有较大的影响。只有硅几乎氧化完以及锰、铬氧化到小于0.5%后，磷才能较快的氧化。理论与实践都证明，电炉与转炉相比有着良好的去磷效果，因为转炉使用大量铁水，金属液中的[Si]、[Mn]、[C]含量都偏高，而熔池温度的控制远不如电炉操作方便，因此电炉可将钢中的磷去除到很低的水平。但冶炼高铬钢时，磷无法靠氧化去除，必须严格控制炉料中的含磷量。

碳在低温时与氧的作用比较缓慢，因此炉渣中有足够的(FeO)含量时并不妨碍磷的氧化。但是在较高的温度下，碳的氧化激烈，此时磷的氧化缓慢，甚至停止氧化而产生回磷现象。因此，在实际操作中应该利用熔炼前期温度较低的条件，趁碳氧反应没有充分发展以前，尽快地将磷降下来。钢液中含碳量增加，阻碍磷氧化的趋势相应加大，所以高碳钢比低碳钢脱磷要困难些，在其他条件相似时，更应控制熔池温度，不要升温过快过高。

吹氧氧化时熔池温度上升很快，脱磷的热力学条件变差，不如矿石法氧化对脱磷有利。但只要做好熔化期的脱磷工作，在氧化初期吹氧脱碳，熔池温度升高，可以使高碱度、高氧化性的炉渣具有良好的流动性，同样具备脱磷条件。

11.2.5.5 氧化期冶炼中的操作制度

A 造渣制度

对氧化期炉渣的主要要求是：具有足够的氧化性能；合适的碱度与渣量；良好的物理性能；以保证能顺利完成氧化期的任务。

氧化过程的造渣应兼顾脱磷和脱碳的特点，两者共同的要求是：炉渣的流动性良好，有较高的氧化能力。不同的是：脱磷要求渣量大，不断流渣和造新渣，碱度以2.5～3为宜；而脱碳要求渣层薄，便于CO气泡穿过渣层逸出，炉渣碱度为2左右。

氧化期的渣量是根据脱磷任务而确定的。在完成脱磷任务时，渣量以能稳定电弧燃烧为宜。一般氧化期渣量应控制在3%～5%。

调整好炉渣的流动性也极为重要。氧化渣过稠，会使钢、渣间反应减慢，流渣困难，对脱磷与脱碳反应均不利。氧化渣过稀，不仅对脱磷不利，而且钢液难于升温，炉衬侵蚀加剧。影响炉渣流动性的主要因素是温度和炉渣成分。对于碱性渣提高渣中(CaF_2)、(Al_2O_3)、(SiO_2)、(FeO)，(MnO)等含量时，可以改善炉渣流动性；而增加 w(CaO)，w(MgO)、w(Cr_2O_3)等含量时，使炉渣的流动性变坏，所以炉渣碱度愈高，其流动性愈差。调整炉渣的流动性，常用的材料是萤石、火砖块和硅石，它们有稀释炉渣的作用，但会侵蚀炉衬，火砖块和硅石还会降低炉渣碱度，在使用时都应合理控制用量。

好的氧化渣在熔池面上沸腾，溅起时有声响，有波峰，波峰成圆弧形，表明沸腾合适。如波峰过尖，甚至脱离渣面，表明沸腾过于强烈。好的氧化渣还应是泡沫状，流出炉门时呈鱼鳞状，冷却后的断面有蜂窝状的小孔，这样的炉渣碱度合适，氧化性强，流动性好，夹杂物易被炉渣吸附，气体易排出，且有利于加热熔池和保护炉衬。

在实际操作中，可根据炉渣的埋弧情况，熔池活跃程度及流渣的情况等，对渣况作出判断。也常用铁棒蘸渣，待其冷却后观察，符合要求的氧化渣一般为黑色，有金属光泽，断口致密，在空气中不会自行破裂。前期渣有光泽，断面疏松，厚度 3～5 mm；后期渣断面色黄，厚度要薄些。

不好的氧化渣取出渣样观察，炉渣表面粗糙呈浅棕色，表明渣中 w(FeO)太低，高碳钢易出现这种情况，在操作上应重补加矿石和铁皮。当炉渣表面呈黑亮色，且粘附在样杆上的渣很薄，表明渣中 w(FeO)很高。一般低碳钢易出现这种情况，操作上应重补加石灰。如果炉渣断面光滑甚至呈玻璃状，说明碱度低，也应补加石灰。一般氧化末期炉渣成分如表 11-6 所示。

表 11-6　氧化末期炉渣成分

成　分	CaO	SiO_2	FeO	MgO	MnO	Al_2O_3	P_2O_5
含量 w/%	40～50	10～20	12～25	4～10	5～10	2～4	0.5～2.0

B　温度制度

温度控制对于冶金反应的热力学和动力学都是十分重要的。从熔化后期就应该为氧化期创造温度条件，以保证高温氧化并为还原期打好基础。

由于脱碳反应须在一定的温度条件下才能顺利进行。在现场中无论矿石氧化法，或采用综合氧化法及吹氧氧化法，都规定了开始氧化的温度。氧化终了的温度(出渣温度)比开始氧化的温度一般应高出 40～60℃，原因是钢中许多元素已经氧化，使钢的熔点有所升高；另外，扒除氧化渣有很大的热量损失，而熔化还原渣料和合金料也需要热量，所以氧化结束时的温度，一般控制在钢的熔点(1470～1520℃)以上 110～130℃。电炉出钢温度应高出钢种熔点 90～110℃，即氧化末期出渣温度，一般应高于该钢种的出钢温度 10～20℃，模铸的浇注温度应高于该钢种熔点的 30～50℃。

电炉冶炼各期钢液温度制度的控制如表 11-7 所示。氧化期总的来说是一个升温阶段，升温速度的快慢应根据脱碳、去磷两个反应的特点作适当控制。氧化前期主要任务是去磷，温度应稍低些，氧化后期主要任务是脱碳，温度应偏高些，因此在升温速度的控制上，要前期慢后期快，使熔池温度逐渐升高。

表 11-7　冶炼各期的钢液温度制度

钢　种	熔毕碳 w[C]/%	氧化温度/℃	出渣温度/℃	出钢温度/℃
低碳钢	0.6～0.9	1590～1620	1630～1650	1620～1640
中碳钢	0.9～1.3	1580～1610	1620～1640	1610～1630
高碳钢	≥1.30	1570～1600	1610～1630	1590～1620

氧化期钢液的升温条件比还原期有利得多。如果在还原期进行升温,不仅升温速度缓慢,还会给钢的质量与电炉炉衬造成不良影响,所以还原期理想的温度制度,应该是一个保温过程,一般是出钢温度应低于氧化期的出渣温度。

氧化期的升温速度主要靠供电制度作保证,一般情况下采用二级电压调整电流大小的供电操作制度。如果氧化期脱碳量较大,可采用吹氧降碳,以减少输入炉内的电功率;如果电炉超装量过大或变压器本身功率不足时,则整个氧化期可始终使用最高一级电压供电,以保证向炉内输入足够的功率。

C 氧化制度

氧化期的工艺操作方法分为:矿石氧化法、吹氧氧化法和综合氧化法。

a 矿石氧化法操作

矿石氧化法是一种间接氧化法,它是利用铁矿石中的高价氧化铁(Fe_2O_3 或 Fe_3O_4),加入到熔池中后,转变成低价氧化铁(FeO),FeO 一部分留在渣中,大部分用于钢液中碳和磷的氧化。此法可应用于缺乏氧气的地方小厂。矿石氧化法炉内冶炼温度较低,致使氧化时间延长,但脱磷和脱碳反应容易相互配合。

工艺流程:熔化→提温→流渣造渣→加矿(分 2～3 批加入,加矿数量占金属料重的 3%～4%)→扒去 1/3～1/2 的氧化渣→$w[C]<0.2\%$,加 $w[Mn]=0.2\%$左右→纯沸腾 10 min→扒除氧化渣。

b 吹氧氧化法操作

吹氧氧化法是一种直接氧化法,即直接向熔池吹入氧气,氧化钢中碳等元素。单独采用氧气进行氧化操作时,在含碳量相同的情况下,渣中 FeO 含量远远低于用矿石氧化时的含量。因此停止吹氧后熔池较用矿石氧化时容易趋向稳定,熔池温度比较高,钢中[W]、[Cr]、[Mn]等元素的氧化损失也较少。但不利于脱磷,所以在熔清后含磷量高时不宜采用。

在原料含磷量不高的情况下,应在装料中加入适量石灰及少量矿石提前在熔化期脱磷。对冶炼高碳钢,由于炉料易于熔化,要抓紧在金属炉料大半熔化时(钢液占整个料重的 70%～80%)开始积极调渣,达到早期去磷的效果,否则进入氧化期后去磷就困难了。熔炼低碳钢炉料化的慢,但化好后,钢液温度也迅速升高,所以也要注意早期调渣,同样可达到早期去磷的效果。

当钢中磷含量基本符合要求后,要迅速加入石灰、萤石调渣,使钢液迅速加热,同时起到防止回磷的作用。

采用吹氧脱碳(与综合氧化法后期吹氧操作工艺相同)可在较低的温度下进行,使熔池中气体的原始含量较低,而脱碳速度却比加矿脱碳速度高,因此可在脱碳量(>0.2%)不大的情况下,仍能保证金属的去气和去除夹杂物,而且不用矿石脱碳相对减少了钢中气体和非金属夹杂物的带入量,从而提高了钢液的纯洁度。

c 综合氧化法操作

综合氧化法系指氧化前期加矿石,后期吹氧的氧化工艺,并共同完成氧化期的任务。这是生产中常用的一种方法。

在处理去磷和脱碳的关系时应遵守以下工艺操作制度:在氧化顺序上,先磷后碳;在温度控制上,先低温后高温;在造渣上先大渣量去磷,后薄渣层脱碳;在供氧上,应先矿后氧。

前期加矿,可使熔池保持均匀沸腾,自动流渣,使钢中的 $w[P]$含量顺利去除到 0.015%以下。后期吹氧,可提高脱碳速度,缩短氧化时间(特别是炼低碳钢),降低电耗,使熔池温度迅速提高到规定的氧化末期温度,也有利于钢中气体和夹杂物的排除,减少钢中残余过剩氧含量。

当炉料熔清以后,充分搅拌熔池,取样分析钢中[C]、[Mn]、[P]、[S]及[Ni]、[Cr]、[Cu]等元素，在 $w[P]$高于 0.03%时，可向炉渣加入 FeO 皮或小块矿石，并进行换渣操作。

当钢中 $w[P]<0.03\%$；脱碳量不小于 0.3%；温度高于规定温度；就可加入矿石进行氧化操作。综合氧化法的加矿和吹氧的比例视钢中磷含量高低而定，钢中磷高时可提高矿石氧化比例。综合氧化法一般矿石加入量占金属料重的 1%～3%。当矿石加入量为 1%时，可一批加入；当矿石加入量为 2%～3%时，应分为两批加入。每批矿石间隔时间为 5～7 min（陆续加入一批矿石不少于 5 min），在加入每批矿石的同时，应补加占矿石量的 50%～70%的石灰及少量萤石调渣。在加完矿石 5 min 之后，经搅拌取样分析钢中[C]、[P]及有关元素。炉前工根据炉渣、炉温、加矿的数量及时间，以及流渣和换渣等情况，加上对碳火花的识别，凭经验判断出当时炉中钢液的碳、磷含量范围，在 $w[P]\leqslant 0.015\%$时即可进入吹氧操作。如果 $w[P]>0.015\%$时，可换渣后再进入吹氧操作。吹氧压力一般控制在 0.5～0.8 MPa（不锈钢可达 0.8～1.2 MPa），吹氧管直径选用 19～25 mm（外涂约 5 mm 厚的耐火泥），过细的吹氧管烧蚀极快；吹氧去碳的速度一般控制在（0.02～0.04）%/min；连续吹氧时间应不少于 5 min。

在吹氧操作时，控制吹氧管与水平角度成 20°～30°，先小后大，吹氧管插入钢液面以下 100～200 mm 深度。为了均匀脱碳，防止钢液和炉衬局部过热，吹氧管应在炉内来回移动，但应注意吹氧管头不能触及炉坡、炉底及炉门两侧。为改善吹氧操作的劳动条件，可采用炉顶水冷升降氧枪及炉门水冷卧式氧枪。炉顶水冷升降氧枪机械化控制水平较高，适用于大中型电弧炉。炉门水冷卧式氧枪喷头（喷头与水冷导管成一定角度，喷头为直管或拉瓦尔管）可安放在电炉熔池中心，脱碳速度（氧压为 0.8～1.2 MPa）及热效率（停电升高电极进行吹氧操作）较高，氧枪操作及管理较为方便。

吹氧操作氧化终点碳量的控制最为关键。在吹氧后期炉前工应取样估碳，当确认钢中碳含量已合乎氧化终点碳量的规定时（一般低于钢种规格中限 0.03%～0.08%），应立即停止吹氧以期防止终点碳量脱得过低，造成后期增碳；或脱碳量不足而造成二次氧化。在氧化结束时，$w[P]\leqslant 0.015\%$，钢液温度高于出钢温度 10～20℃，炉渣流动性合适，如果操作中规定需要加入锰铁时，应在扒渣前 5 min 加入，保持 5 min 的清洁沸腾时间，立即扒除氧化渣。

净沸腾：当温度、化学成分合适，就应停止加矿或吹氧，继续流渣并调整好炉渣，使成为流动性良好的薄渣层，让熔池进入微弱的自然沸腾，称为净沸腾。净沸腾时间约为 5～10 min，其目的是使钢液中的残余含氧量降低，并使气体及夹杂物充分上浮，以利于还原期的顺利进行。在冶炼低碳结构钢时，由于钢中过剩氧量多，应按 0.2%计算加锰预脱氧，并可使碳不再继续被氧化，称为锰沸腾。有人认为，这时用高碳锰铁可以出现一个二次沸腾，较为有利，也有人认为加入硅锰合金可使预脱氧的效果更好。这两种观点各有理由，尚无定论。在沸腾结束前 3 min，充分搅拌熔池，然后进行测温及取样分析，准备扒除氧化渣。

在熔清后钢液中磷含量不高的条件下，加矿与吹氧可以同时进行（或交替进行），并可提高吹氧氧化脱碳的比例，可获得较好的技术经济指标。

D　增碳制度

如果氧化期结束时，钢液含碳量低于规格中限 0.08%以上时（还原期增碳及加入合金增碳不能进入钢种规格时），则应在扒除氧化渣后对钢液进行增碳。

增碳剂一般采用经过干燥的焦炭粉或电极粉。电极粉所含水分、挥发物和硫含量都较低，是一种理想的增碳剂。为了稳定增碳剂的回收率，必须扒净氧化渣，同时搅拌钢液可加快已经溶解的碳由钢液表面向内部扩散，因而可以提高回收率。生铁也可作增碳剂，但因其含碳量低、用量大，一般仅在增碳量小于 0.05%时才使用。

增碳剂的回收率与增碳剂用量、密度、钢液中碳含量及温度等条件有关。在正常情况下，焦炭粉的回收率为 40%～60%，电极粉为 60%～80%，喷粉增碳为 70%～80%，生铁增碳时则为 100%。增碳剂的用量(kg)可用式(9-24)计算：

$$\text{增碳剂用量}=\frac{\text{钢水量}\times\text{增碳量}}{\text{增碳剂含碳量}\times\text{收得率}} \tag{11-8}$$

增碳不是正常操作，会造成钢液降温和吸气，并使冶炼时间延长 5～10 min。因此规定对碳素结构钢增碳量不超过 0.10%，对工具钢则不超过 0.15%。

11.2.6 钢液的还原期冶炼

从氧化末期扒渣完毕到出钢这段时间称为还原期。电炉有还原期是电炉炼钢法的重要特点之一，它为电炉单炼提高钢的质量和冶炼高合金钢创造了条件。

还原期的任务有以下几项：

(1) 使钢液脱氧，尽可能地去除钢液中溶解的 $w[O]$ 量(≤0.002%～0.003%)和氧化物夹杂；

(2) 将钢中的硫含量去除到小于钢种规格要求，一般钢种 $w[S]<0.045\%$，优质钢 $w[S]$ 为 0.02%～0.03%；

(3) 调整钢液合金成分，保证成品钢中所有元素的含量都符合标准要求；

(4) 调整炉渣成分，使炉渣碱度合适，流动性良好，有利脱氧和去硫；

(5) 调整钢液温度，确保冶炼正常进行并有良好的浇注温度。

这些任务互相之间有着密切的联系，一般认为脱氧是核心，温度是条件，造渣是保证。

11.2.6.1 钢液的脱氧

钢液脱氧的任务：一是降低钢中的溶解氧量，使其达到需要的范围；二是减少钢中的非金属夹杂物，并改善其性能、大小形态和分布。此外，还应使钢具有细小的晶粒。

在电炉炼钢过程中，脱氧方法主要有沉淀脱氧和扩散脱氧(如图 11-10 所示)，电炉常用综合脱氧法。综合脱氧是在还原过程中，交替使用沉淀脱氧与扩散脱氧，充分发挥二者的优点，弥补其不足之处，被认为是一种比较合理的脱氧制度。

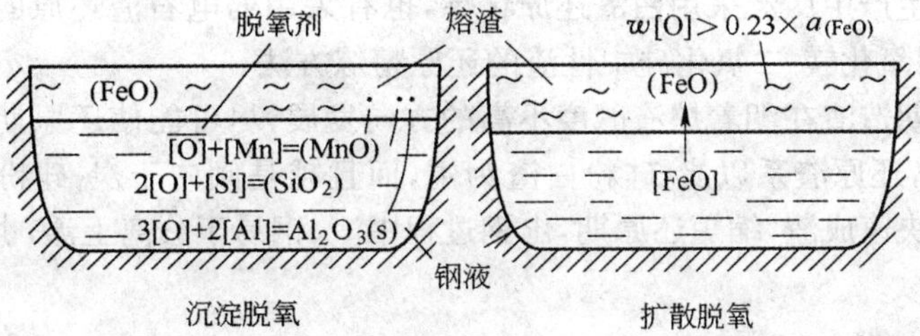

图 11-10 沉淀脱氧和扩散脱氧示意图

在电炉炼钢中，主要应用沉淀脱氧对钢液进行预脱氧和终脱氧。预脱氧在氧化末期转入还原期时，加入块状的锰铁、硅铁、硅锰铁、硅铝铁或铝块脱氧剂到钢液中，迅速脱去钢液中溶解的氧量(降至 0.01%～0.02%)。当稀薄渣形成后，采用粉状脱氧剂扩散脱氧，在扩散脱氧期内，钢液中沉淀脱氧产物还有充分时间上浮。出钢前再用强脱氧剂铝块、硅钙块进行沉淀终脱氧，进一步降低钢液中的溶解氧量(降至 0.002%～0.005%)。终脱氧产物大部分也能在浇注前的镇静过程中上浮排出。综合脱氧既可提高钢的质量，又可缩短冶炼时间。

11.2.6.2 钢液的脱硫

碱性还原渣脱硫只有在电弧炉还原期或炉外精炼时才能实现，其主要特点是渣中的氧化铁含量很低,因而对脱硫十分有利。

为了获得低硫钢,首先应从配料抓起,对高硫料适当搭配,分散使用;在熔化期和氧化期,利用金属溶液中碳、锰、硅、磷较高的特点,使钢中[S]易向渣中转移,通过造高碱度流动性良好的炉渣,配合吹氧脱碳,适当提高熔池温度,以及流渣换渣操作,在熔化期和氧化期其去硫率波动在15%～35%之间;在还原期虽然脱硫条件较好,但因还原期钢-渣界面反应较少,使炉内 L_S 仅为30～50,不易达到更好的脱硫效果。所以在操作中应加强搅拌、吹气、喷粉或采用电磁搅拌;在出钢过程中应采用大口深坑,钢渣混出,使出钢过程渣、钢界面积提高约为炉内渣、钢界面积的35倍,在钢包中 L_S 可达80,出钢过程的脱硫率一般为50%～80%。

11.2.6.3　温度控制

还原期的温度控制尤为重要。因为还原精炼操作要求在一个很窄温度范围下进行,如温度过高使炉渣变稀,还原渣不易保持稳定,钢液脱氧不良且容易吸气;温度太低时,炉渣流动性差,脱氧、脱碳及钢中夹杂物上浮等都受到影响。温度还影响钢液成分控制,影响浇注操作与钢锭(坯)质量。

氧化末期钢液的合理温度,是控制好还原期温度的基础。在正确估算氧化末期降温,造还原渣降温,合金化降温的基础上,合理供电,能保证进入还原期后在10～15 min内形成还原渣,并保持这个温度直到出钢。

在供电制度上,加入稀薄渣料后,一般用中级电压(2～3级)与大电流化渣,当还原渣一旦形成,应立即减小电压(3～5级电压),输入中、小电流的供电操作。如系变压器功率不够或超装严重时,在整个还原期宜采用2级电压,只作调整电流的操作。在温度控制上,应严格避免在还原期进行“后升温”。

出钢温度取决于钢的熔点及出钢到浇注过程的热损失。一般取高出钢种熔点100～140℃,对于连续铸钢可选取上限,大炉子可取下限。即:

$$T_{出钢}=t_{熔点}+(100\sim140℃) \tag{11-9}$$

11.2.6.4　炉渣控制

在我国电炉钢生产中广泛采用白渣还原精炼,也有采用弱电石渣还原的,当熔炼高硫、磷的易切削钢时,则采用氧化镁-二氧化硅中性渣的还原精炼方法。

电炉炼钢还原期造渣在朝着炉渣碱度不高的方向发展,尽可能使还原期的炉渣碱度控制在2.0～2.5的范围内,还原渣系以炭-硅粉白渣为主,而且越是倾向于炭-硅粉混合白渣的方向发展。它不仅是可以快速成渣,缩短还原期,出钢过程中渣、钢易于分离上浮,也有利于提高钢的内在质量。

A　白渣精炼

白渣精炼分炭-硅粉白渣和炭-硅粉混合白渣两种。一般认为,冶炼对夹灰(杂)和发(裂)纹有严格要求的钢种时,采用炭-硅粉白渣,冶炼对夹灰、发纹没有要求的或对夹灰要求不高的钢种时采用炭-硅粉混合白渣。

已很少采用单独的炭粉造白渣(炭粉在炉内保持时间大于20 min),炭粉脱氧速度慢,精炼时间长,一些渣中未烧尽的炭粒使出钢过程中钢液增碳。另外,长时间和较大量的使用炭粉脱氧容易形成电石渣(强电石渣 $w(CaC_2)=2\%\sim4\%$,弱电石渣 $w(CaC_2)=1\%\sim2\%$),如果以电石渣出钢,由于这种渣难于与钢液分离,会造成钢中夹渣,危害钢的质量,因此电石渣在出钢前必须加以破坏,但又降低了炉渣的还原性,影响钢液的脱氧。故在稀薄渣形成后,先用炭粉进行短时间扩散脱氧,再用硅铁粉脱氧,或在稀薄渣形成后,一开始便用混合后的炭粉和硅铁粉脱氧,可显著提高钢液的脱氧能力，缩短还原时间，有利于改善钢的质量。

B 中性渣精炼

冶炼高硫高磷的易切削钢时，广泛采用氧化镁—二氧化硅中性渣精炼。中性渣也称火砖渣。这种渣表面张力大，即使渣层较薄，电弧也不致冲开渣层而与钢液直接接触，所以电弧十分稳定；这种渣的另一特点是电阻大，有利于钢液的加热和提温。一般认为，钢液在这种渣下精炼，由于渣的表面张力大，透气性差，非金属夹杂物和气体含量均较低。但因这种炉渣的脱硫能力小，且易损坏炉衬，所以除了冶炼易切屑钢外，则很少采用。

11.2.6.5 钢液的合金化

炼钢过程中调整钢液合金成分的过程称为合金化。传统电炉炼钢的合金化可以在装料、氧化、还原过程中进行，也可在出钢时将合金加到钢包里。一般是在氧化末期、还原初期进行预合金化，在还原末期、出钢前或出钢过程进行合金成分微调。合金化操作主要指合金加入时间与加入的数量。

要求合金元素加入后能迅速熔化、分布均匀，收得率高而且稳定，生成的夹杂物少并能快速上浮，不得使熔池温度波动过大。

11.2.6.6 出钢

当钢液满足下述生产条件时即可出钢：符合该钢种的出钢温度；钢液[C]、[P]成分控制合格。

出钢温度通常用下式描述

$$T_{出钢} = T_1 + \Delta T_{过程} - \Delta T_{加热} + \Delta T_{浇注} \quad (11\text{-}10)$$

式中 T_1——液相线温度，℃；

$\Delta T_{过程}$——过程温降（包括出钢温降、运输温降、由钢包到中间包的温降），℃；

$\Delta T_{加热}$——钢包加热补偿温度，℃；

$\Delta T_{浇注}$——浇注过程温降（一般为 30±10℃），℃。

出钢温度应根据不同钢种，充分考虑以上各因素来确定。出钢温度过低，钢水流动性差，不利于出钢过程的钢、渣反应和化渣，同时增加后续精炼的钢液升温任务；出钢温度过高，使钢清洁度变坏，钢中氧、气体含量增高，造成合金消耗量增大。总之，出钢温度应在能顺利完成后续精炼任务的前提下尽量控制低些。钢液出钢过程到开始精炼的时间很短，发生激烈的化学反应，钢液和炉渣成分变化，钢液中的夹杂物、气体、温度也产生了变化。除钢、渣界面化学反应脱除溶解的氧外，渣粒还吸收了钢液中的氧化物夹杂，使钢液的总含氧量降低。

11.3 现代电弧炉炼钢冶炼工艺

11.3.1 现代电弧炉的功能演化

现代电炉冶炼已从过去包括熔化、氧化、还原精炼、温度、成分控制和质量控制的炼钢设备，变成仅保留熔化、升温和必要精炼功能（脱磷、脱碳）的化钢设备。而把那些只需要较低功率的工艺操作转移到钢包精炼炉内进行。钢包精炼炉完全可以为初炼钢液提供各种最佳精炼条件，可对钢液进行成分、温度、夹杂物、气体含量等的严格控制，以满足用户对钢材质量越来越严格的要求。尽可能把脱磷，甚至部分脱碳提前到熔化期进行，而熔化后的氧化精炼和升温期只进行碳的控制和不适宜在加料期加入的较易氧化而加入量又较大的铁合金的熔化，对缩短冶炼周期，降低消耗，提高生产率特别有利。

电炉采用留钢留渣操作，熔化一开始就有现成的熔池，辅之以强化吹氧和底吹搅拌，为提前进行冶金反应提供良好的条件。从提高生产率和降低消耗方面考虑，要求电炉具有最短的熔化时间和最快的升温速度以及最少的辅助时间（如补炉、加料、更换电极、出钢等），以期达到最佳经济效益。

电炉炼钢工艺及其流程优化的核心是缩短冶炼周期，提高生产率，而UHP电炉的发展也正是围绕着这一核心进行的。在完善电炉本体的同时，注重与炉外精炼等装置相配合，真正使电炉成为"高速熔器"，而取代了"老三期"一统到底的落后工艺，变成废钢预热(SPH)→超高功率电弧炉(UHP—EAF)→二次精炼(SR)→连铸(CC)。

与传统工艺比较，相当于把熔化期的一部分任务分出去，采用废钢预热，再把还原期的任务移到炉外，并采用熔氧合一的快速冶炼工艺，变成形成高效节能的"短流程"优化流程，见图11-11。电弧炉作用的改变，日本人称之为"电弧炉的功能分化"。而超高功率电弧炉（交流/直流）的完善和发展促进了电炉流程的进步。

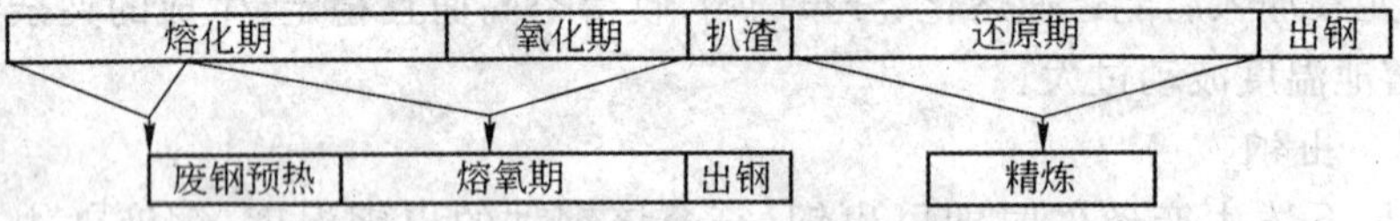

图11-11　电炉的功能分析图

综上所述，现代电炉出钢到出钢时间的研究是从两个方面进行的，首先是强化电炉本身的冶炼能力，从能量平衡的角度来缩短电炉冶炼周期；第二是从冶炼工艺流程上考虑，将传统电炉工艺分别由电炉与炉外精炼两者完成。

20世纪70年代以来，全世界都大力发展UHP电炉，几乎不再建普通功率电炉。因此，UHP电炉是现代电弧炉炼钢的典范，它的工艺流程即为现代电弧炉炼钢的工艺流程。

11.3.2　超高功率电弧炉冶炼工艺

11.3.2.1　*超高功率电弧炉概述*

超高功率电弧炉这一概念是1964年由美国联合碳化物公司的W. E. Schwabe与西北钢线材公司的C. G. Robinson两个人提出的，并且首先在美国的135 t电炉上进行了提高变压器功率、增加导线截面等一系列改造，目的是提高生产率，发展电炉炼钢。超高功率简称"UHP"(Ultra High Power)。

UHP一般指电炉变压器的功率是同吨位普通电炉功率的2～3倍。UHP电炉主要优点有：缩短熔化时间，提高生产率；提高电热效率，降低电耗；易于与炉外精炼、连铸相配合，实现高产、优质、低耗的目标。对于150 tUHP电炉，生产率不低于100 t/h，电耗可达420～450 kW·h/t以下，即生产节奏转炉化。表11-8为当时一座70 t电弧炉改造实施超高功率化后的效果情况。

表11-8　70 t电弧炉超高功率化后的效果

电弧炉	额定功率 /MV·A	熔化时间 /min	冶炼时间 /min	熔化电耗 /kW·h·t^{-1}	总电耗 /kW·h·t^{-1}	生产率 /t·h^{-1}
普通功率(RP)	20	129	156	538	595	27
超高功率(UHP)	50	40	70	417	465	62

11.3.2.2　*UHP电弧炉的主要技术特征*

(1) 具备较高的单位功率水平。功率水平（kV·A/t)是超高功率电弧炉的主要技术特征，它表示每吨钢占有的变压器额定容量，即：

$$\text{功率水平}=\frac{\text{变压器额定容量(kV·A)}}{\text{公称容量或实际出钢量(t)}} \tag{11-11}$$

并以此区分普通功率（RP）、高功率（HP）和超高功率（UHP）。

(2) 高的电弧炉变压器功率利用率和时间利用率。功率利用率与时间利用率，反映了电炉车间的生产组织、管理、操作及技术水平。

功率利用率：指一炉钢实际输入能量与变压器额定能量的比值，或指一炉钢总的有功能耗与变压器的额定有功能耗的比值，用 C_2 表示。

时间利用率：指一炉钢总通电时间与总冶炼时间之比，用 T_u 表示。

$$C_2=\frac{\overline{P}_2\cdot t_2+\overline{P}_3\cdot t_3}{P_n(t_2+t_3)} \tag{11-12}$$

$$T_u=\frac{t_2+t_3}{t_1+t_2+t_3+t_4}=\frac{t'}{t} \tag{11-13}$$

式中 t——冶炼周期，min；

t_2，t_3——熔化与精炼通电时间，即总通电时间 t'，min；

t_1，t_4——出钢间隔与热停工时间，即非通电时间 t''，min；

$\overline{P}_2$，$\overline{P}_3$——熔化与精炼期平均输入功率，kW；

P_n——变压器的额定功率，kW。

超高功率电弧炉要求 C_2 与 T_u 均大于 0.7，把电弧炉真正作为高速熔器。

(3) 较高的电效率和热效率。电弧炉的平均电效率应不小于 0.9，平均热效率应不小于 0.7。

(4) 较低的电弧炉短网电阻和电抗，且短网电抗平衡。

11.3.2.3 UHP 电弧炉的工艺流程模式

在生产工艺上，根据冶炼品种或客户对质量的要求可采用不同的工艺，如图 11-12 所示。

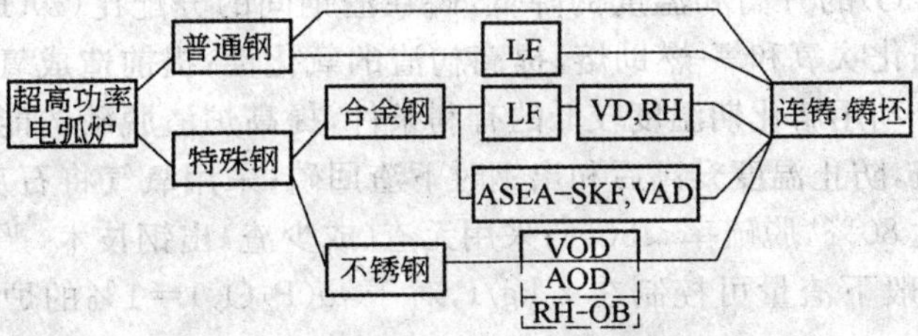

图 11-12 UHP 电弧炉的工艺流程模式

A 废钢预热→电弧炉熔炼→EBT 氧化性钢水无渣出钢工艺

其工艺流程为：废钢预热→装料→进料→通电熔化→去磷、脱碳、升温→净沸腾→无渣出钢→钢包内吹氩、合金化、脱硫剂脱硫→浇铸。此工艺因采用氧化性出钢，碳和硅等波动较大。碳的波动与终点碳到出钢的时间内钢水的稳定性有关，使用的电功率严重影响碳的稳定。硅的回收率与钢水含碳量有关。低碳时，硅的回收率低，中高碳时，硅的回收率高。

B 废钢预热→电弧炉熔炼→EBT 半还原钢水无渣出钢工艺

其工艺流程为：废钢预热→装料→进料→通电熔化→去磷、脱碳、升温→净沸腾→拉渣→半还原、炉内合金化→无渣出钢→钢包内吹氩、合金微调、脱硫剂脱硫→浇铸。此工艺可用于低合金钢的生产。

C　废钢预热→电弧炉熔炼→EBT 无渣出钢→钢包精炼短流程工艺

用 LF 作为炉外精炼设备时，其工艺流程为：废钢预热→装料→进料→通电熔化→去磷、脱碳、升温→取样→无渣出钢→钢包内吹氩、初调合金、脱硫剂脱硫→取样→LF 升温、微调合金→浇铸。通过 LF 精炼，钢水成分稳定，钢锭或铸坯的内在质量和表面质量均可得到进一步的改善。此工艺可用于质量高的钢类的生产。

如前所述，电炉钢较转炉钢成本高，电弧炉如果只生产转炉也能生产的产品，肯定竞争不过转炉。电弧炉炼钢的优势在于能够冶炼转炉难以冶炼的高质量合金钢，特别是高合金钢。因此，电炉只有采用现代冶炼工艺，提高钢的质量，增加电炉钢品种，多生产高附加值产品，才能提高自身的竞争力。

11.3.2.4　UHP 电弧炉的熔氧期操作

UHP 电炉采用熔、氧结合的方式，完成熔化、升温和必要精炼任务（脱磷、脱碳）。把那些只需要较低功率的工艺操作转移到钢包精炼炉内进行。钢包精炼炉完全可以为初炼钢液提供各种最佳精炼条件，可对钢液进行成分、温度、夹杂物、气体含量等的严格控制，以满足用户对钢材质量越来越严格的要求。

操作要点：在装料前炉底先垫上适量石灰和增碳剂，炉料按正确布料方式装入，炉料熔化至1/3～1/2 时开始吹氧助熔，在熔化中、后期不断补充新渣料，使熔化期总渣量达到 3%～5%，以便熔清时可脱去原料中 50%～70%的磷，使全熔分析的磷进入规格含量，在熔清后采用自动流渣和扒渣以放出大部分炉渣，重新造渣、吹氧升温降碳。

A　升温操作

快速熔化和升温是超高功率电弧炉最重要的功能，将第 1 篮预热废钢加入炉后，此过程即开始进行。超高功率电弧炉以最大的功率供电，氧-燃烧嘴助熔，吹氧助熔和搅拌，底吹搅拌，泡沫渣以及其他强化冶炼和升温等技术，为二次精炼提供成分、温度都符合要求的初炼钢液。

B　脱磷操作

脱磷操作的三要素，即磷在渣-钢间分配的关键因素有：炉渣的氧化性、炉渣碱度和温度。随着渣中 $w(FeO)$、$w(CaO)$的升高和温度的降低，磷在渣钢间的分配比（$w(P)/w[P]$）明显提高。采取的主要工艺有：强化吹氧和氧-燃助熔，提高初渣的氧化性；提前造成氧化性强、氧化钙含量较高的泡沫渣，并充分利用熔化期温度较低的有利条件，提高炉渣脱磷的能力，及时放掉磷含量高的初渣，并补充新渣，防止温度升高后和出钢时下渣回磷；采用氧气将石灰与萤石粉直接吹入熔池，脱磷率一般可达 80%，脱硫率＜50%；采用无渣（或少渣）出钢技术，严格控制下渣量，把出钢后磷降至最低。一般下渣量可控制在 2 kg/t，对于 $w(P_2O_5)=1\%$的炉渣，其回磷量不大于 0.001%。

出钢磷含量控制应根据产品规格、合金化等情况综合考虑，一般 $w[P]<0.02\%$。

C　泡沫渣操作

采用熔、氧结合工艺后，熔池在全熔时，磷就可能进入规格含量，随后的任务就是升温和脱碳，在温度很低时，尽管采用吹氧操作，但由于碳氧反应的温度条件不好，因而反应不良，氧气利用也较差，钢液升温依然主要依靠电弧的加热。若能在这段时间里增大供电功率，并采用埋弧操作，既能保证钢液有效地吸收热量，又能避免强烈弧光的反射对炉衬造成的损坏。

a　泡沫渣的作用

电弧炉炼钢泡沫渣操作源于连续加料的直接还原铁炼钢。连续不断的剧烈碳氧反应和较大的渣量生成厚泡沫渣，有效地屏蔽和吸收了电弧辐射能，并传递给熔池，提高了加热效率，缩短了冶炼时间，减少了辐射到炉壁、炉盖的热损失。图 11-13 示出泡沫渣对输入炉内电能转化率的影响。

研究表明，输入炉内的电功率约有 86%转化为电弧辐射能，14%在电极端部和熔池燃烧点（约各占 7%）转变成热能，当电极和熔池短路时，电能主要转化为石墨电极电阻热（见图 11-13 中 b），在图 11-13 中 c 的电弧自由燃烧情况下，转化率为 36%。当电弧的 1/2 或全部埋于渣中时，辐射能的 1/2 或全部将通过渣传递给熔池，转化率分别达 65%（见图 11-13 中 d）和 93%（见图 11-13中 e）。图 11-13 中 f 和 g 的还是电弧、电阻混合加热和纯电阻加热，由于减少了燃烧点热损失，其转化率可达 100%，由此可以看出，泡沫渣对提高电弧炉加热效率是十分重要的。图 11-14 示出炉渣状况对能量损失的影响。在泡沫渣下能量损失最低，即使在长弧（高功率因数）下运行，能量损失也无明显增加，而且长弧运行电流降低，电极消耗量也是相应在减少，因此，在操作中尽快造成泡沫渣并保持下去是确保炉子在整个周期内以高电压、最大功率运行和提高功率利用率的关键，而这种运行模式意味着低消耗和高生产率。

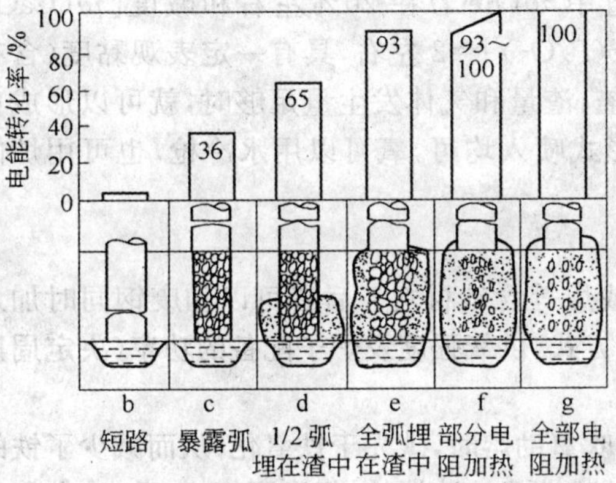

图 11-13 泡沫渣对输入炉内电能转化率的影响

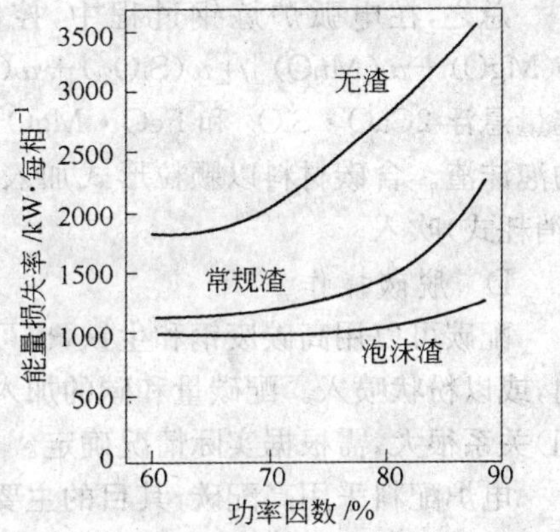

图 11-14 炉渣状况对能量损失的影响

b 影响泡沫的因素

(1) 吹氧量。泡沫渣主要是依靠碳、氧反应生成大量的 CO 所致，因此提高供氧强度既增加了氧气含量又提高了搅拌强度，促进碳、氧反应激烈进行，使单位时间内的 CO 气泡发生量增加，在通过渣层排出时，使渣面上涨，渣层加厚。图 11-15 示出吹氧强度对不同 $w(FeO)$ 含量炉渣泡沫高度的影响。

图 11-15 吹氧量对炉渣泡沫高度影响

(2) 熔池碳含量。碳是产生 CO 气泡的必要条件，如果碳不足将使碳氧反应乏力，影响泡沫渣生成，这时应及时补碳，或喷吹或从炉盖加料孔加入焦炭或煤，以促进 CO 气泡的生成。

(3) 炉渣的物理性质。增加炉渣的黏度、降低表面张力和增加炉渣中悬浮质点数量，将提高渣的发泡沫性能和泡沫渣的稳定性。

(4) 炉渣化学成分。在碱性炼钢炉渣中，$w(FeO)$含量和碱度 $w(CaO)/w(SiO_2)$ 对泡沫渣高度的影响很大。一般来说，随 $w(FeO)$含量升高，炉渣的发泡沫性能变差。从图 11-15 中可以看出这种趋势。炉渣碱度的影响示于图 11-16，碱度在指数 2 附近有一峰值，此时泡沫渣高度达最大。

(5) 温度。在炼钢温度范围内，随温度升高，炉渣黏度下降，熔池温度越高，生成泡沫渣的条件越差。

c 泡沫渣的控制

良好的泡沫渣是通过控制 CO 气体发生量、渣中 (FeO) 含量和炉渣碱度来实现的。足够的 CO 气体量是形成一定高度泡沫渣的首要条件。熔池中产生 CO 气泡主要来自溶解碳和氧的碳氧反应，其前提是熔池中有足够的碳含量。渣中 CO 气泡主要是碳和气体氧、氧化铁等一系列反应产生的。实践证明，产生泡沫渣的气体 80％来自渣中，20％来自熔池。熔池中产生的细小分散气泡既利于熔池流动，促进冶金反应，又利于泡沫渣的形成。

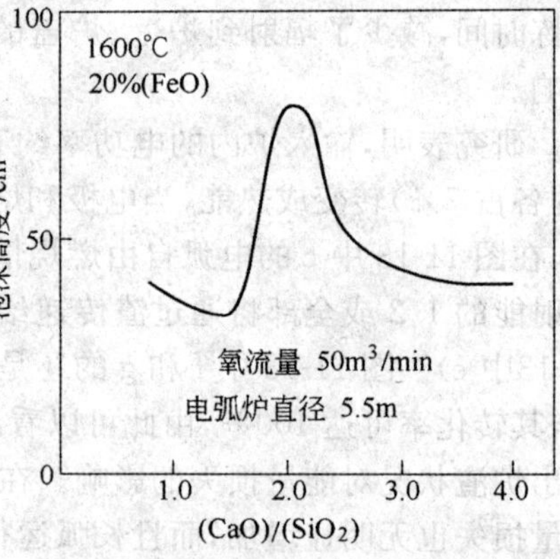

图 11-16 炉渣碱度对泡沫高度的影响

总之，在电弧炉炼钢过程中，控制适宜的渣中 $w(FeO)$ 在 20％左右和碱度 $[w(CaO)+w(MgO)+w(MnO)]/[w(SiO_2)+w(Al_2O_3)+w(P_2O_5)]=2$ 左右，具有一定表观黏度（含有一定量悬浮 $2CaO \cdot SiO_2$ 和 $FeO \cdot MgO$ 颗粒）的炉渣，渣量和气体发生量足够时，就可以形成良好的泡沫渣。含碳材料以颗粒形式加入或以细粉形式喷入均可，氧可以用水冷枪，也可用炉门枪（消耗式）吹入。

D 脱碳操作

配碳可以用高碳废钢和生铁，也可以用焦炭或煤等含碳材料。后者可以和废钢同时加入炉内，或以粉状喷入。配碳量和碳的加入形式，吹氧方式，供氧强度及炉子配备的功率（决定周期时间）关系很大，需根据实际情况确定。

电炉配料采用高配碳，其目的主要是：熔化期吹氧助熔时，碳先于铁氧化，从而减少了铁的烧损；渗碳作用可使废钢熔点降低，加速熔化；碳氧反应造成熔池搅拌，促进了钢-渣反应，有利于早期脱磷；在精炼升温期，活跃的碳氧的反应，扩大了钢-渣界面，有利于进一步脱磷，有利于钢液成分和温度的均匀化和气体、夹杂物的上浮；活跃的碳氧反应有助于泡沫渣的形成，提高传热效率，加速升温过程。

E 温度控制

良好的温度控制是顺利完成冶金过程的保证，如脱磷不但需要高氧化性和高碱度的炉渣，还需要有良好的温度相配合，这就是强调应在早期脱磷的原因。因为那时温度较低有利于脱磷；而在氧化精炼期，为造成活跃的碳氧沸腾，要求有较高的温度（>1550℃）；为使炉后处理和浇注正常进行，根据所采用的工艺不同要求电弧炉初炼钢水有一定的过热度，以补偿出钢过程、钢包精炼以及钢液的输送等过程中的温度损失。

出钢温度应根据不同钢种，充分考虑以上各因素后确定。出钢温度过低，钢水流动性差，浇注后造成短尺或包中凝钢；出钢温度过高，使钢清洁度变坏，铸坯（或锭）缺陷增加，消耗量增大。总之，出钢温度应在能顺利完成浇注的前提下尽量控制低些。

11.3.2.5 合金化操作

现代电炉合金化一般是在出钢过程中在钢包内完成，那些不易氧化、熔点又较高的合金，如 Ni、W、Mo 等铁合金可在熔化后加入炉内。但采用留钢操作时应充分考虑前炉留钢对下一炉钢液所造成的成分影响。出钢时要根据所加合金量的多少来适当调整出钢温度，再加上良好的钢包烘烤和钢包中热补偿，可以做到既提高了合金收得率，又不造成低温。

出钢时钢包中合金化为预合金化，精确的合金成分调整最终是在精炼炉内完成的。为使精炼过程中成分调整顺利进行，要求预合金化时被调成分不超过规格中限。

11.3.2.6　出钢与精炼操作

电炉出钢后，对质量要求高的钢类的生产应采用相应的精炼方法。精炼工艺制度与操作因各钢厂及钢种的不同而多种多样。

LF 法使用较多，其一般工艺流程为：电弧炉无渣出钢→同时预吹氩、加脱氧剂、增碳剂、造渣材料、合金料→钢包进准备位→测温→进加热位→测温、定氧、取样→加热、造渣→加合金调成分→取样、测温、定氧→进等待位→喂线、软吹氩→加保温剂→连铸。

LF 精炼过程的主要操作有：全程吹氩操作→造渣操作→供电加热操作→脱氧及成分调整（合金化）操作等。

11.3.3　UHP 电弧炉炼钢多元化的能量利用技术

为降低电（能）耗，提高能量输入强度以缩短冶炼周期，多种形式的能量利用技术被采用，如大流量机械式氧—碳枪、二次燃烧、炉壁烧嘴、底吹等。近年来电炉炉壁烧嘴技术应用日益普及：将传统烧嘴的亚声速喷吹变为超声速而成为炉壁喷枪，并进而通过所谓的集束射流技术，使得氧气流股的动能损失减小，实现向熔池高速供氧脱碳，不仅改善了炉内热量和成分的均匀性，而且可关闭炉门冶炼，达到降低热损失和噪声的良好效果。采用炉壁喷枪使冶炼周期缩短 10 min 以上，吨钢电耗降低 50 kW · h 以上已不乏实例。

11.3.3.1　氧燃烧嘴助熔

氧燃烧嘴助熔是电弧炉广泛采用的技术。在提高电弧炉生产率的各种方法中，氧燃助熔是降低生产成本最有效的方法。一般在电弧炉上安装 3 支烧嘴，分别对准三个冷区。炉料熔化时，烧嘴和电极共同加热，使废钢能更均匀、更有效地熔化。熔化速度提高，使电力消耗和电极消耗量降低，缩短了冶炼时间，提高了生产率和过程的经济性。

电弧炉上安装氧、燃助熔烧嘴，是替代部分电能和降低成本的措施。现代电弧炉采用水冷炉壁、水冷炉盖、第四孔排烟除尘，使其更适合氧、燃烧嘴的应用。现代高效、高生产率的炼钢电弧炉上，几乎都安装有氧燃烧嘴。图 11-17 是电弧炉氧燃烧嘴和氧枪布置图。

（1）氧燃烧嘴结构。氧燃烧嘴的结构取决于使用的燃料。对于油（轻油或重油），天然气、煤粉或焦炭粉，其烧嘴结构有完全不同的型式。图 11-18 示出一种氧油烧嘴的结构图。

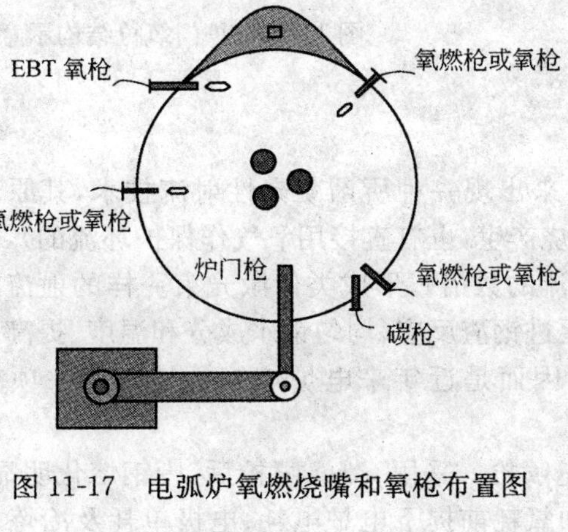

图 11-17　电弧炉氧燃烧嘴和氧枪布置图

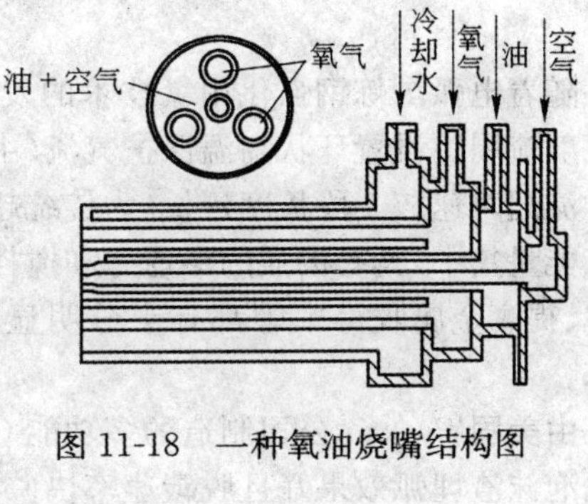

图 11-18　一种氧油烧嘴结构图

(2) 烧嘴位置。每座电弧炉都是独立的，它需要与操作特性相适应的氧、燃烧嘴系统。烧嘴位置的选择应考虑到：

在大多数电弧炉中，炉壁安装的氧、燃烧嘴可提供穿透冷点区的最佳角度。烧嘴被安装在靠近冷点区处，其传热效率可能最高。烧嘴火焰迅速切开冷点区处的废钢，可直达电极三角区。

为实现氧气与燃料的理想配比，在操纵台上应装有氧气流量和燃料消耗量的显示器，操作工可以根据炉子的情况，调节氧气与燃料的比值，以控制烧嘴的操作。

11.3.3.2　富氧操作

与氧燃烧嘴相配合的富氧操作对强化电弧炉炼钢是必不可少的措施。富氧操作的主要目的如下：

(1) 吹入氧气切割大块废钢。随着熔化的进行形成熔池，在熔池中吹入氧气产生氧化反应，释放出反应热，促进废钢的熔化。通过氧气的搅拌作用，提高了炉底废钢的熔化速率，而且减小了钢水温度的不均匀性，抑制了精炼期的大沸腾现象。

(2) 进行快速脱碳，脱碳终了，同时达到氧化期结束的目标温度。通过富氧操作加速钢熔化，缩短氧化期时间，生产率得到提高。

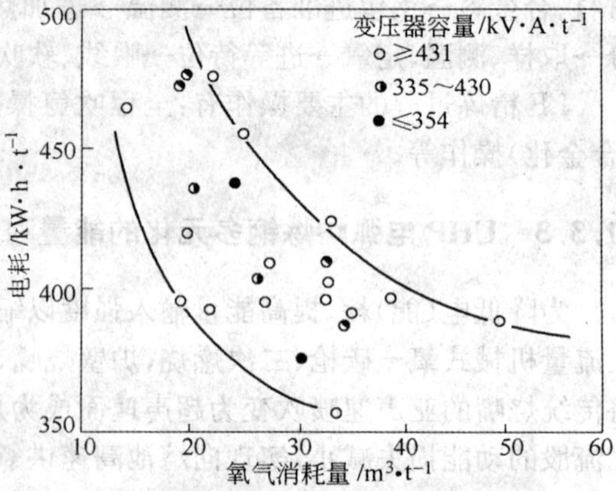

图 11-19　电耗与氧耗的置换关系

富氧操作时，氧气消耗与电耗之间有明确的关系(见图 11-19)。从图 11-19 中可看出，虽然变压器容量不同，但随着氧气消耗量的增加，电耗呈现出迅速下降趋势。图 11-20 是电弧炉炼钢炉门氧枪操纵装置的示意图。图 11-21 是一种电弧炉炉门氧枪结构示意图。

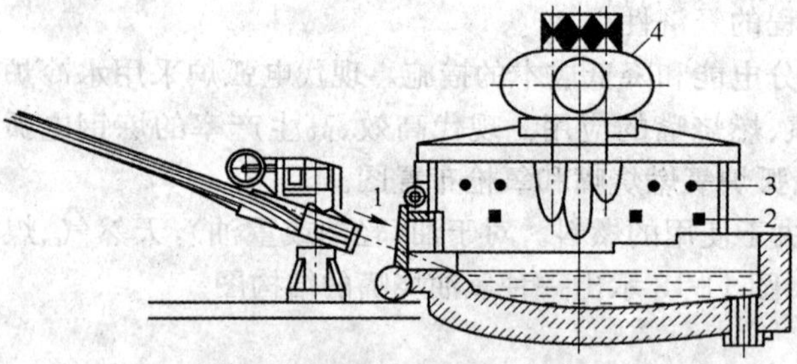

图 11-20　炉门氧枪操纵装置

1—炉门碳氧喷枪；2—氧-天然气烧嘴；
3—二次燃烧喷嘴；4—废气处理系统

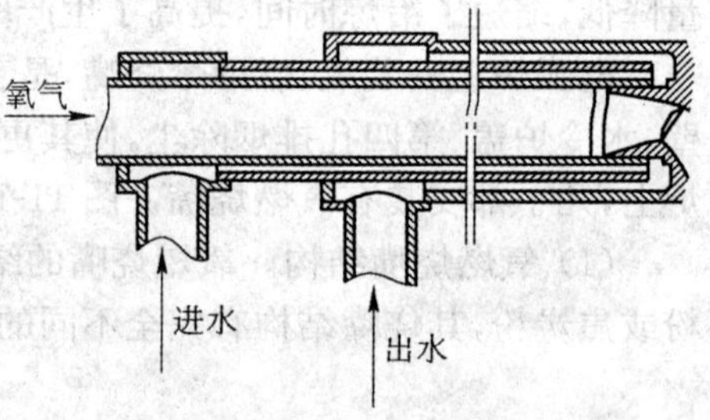

图 11-21　炉门氧枪结构示意图

随着电弧炉炼钢强化用氧技术的发展，近年来出现一种所谓凝聚性射流技术，其原理是在主氧射流周围设置环状高温保护气流(由燃气燃烧产生，也有直接用氧气作保护环流的)，使得主氧射流超声速核心段长度延长(为传统超声速射流的数倍)，形成类似激光束一样的射流。此种射流能量集中，具有极强的穿透力和搅拌力，对促进钢渣反应、均匀钢水成分和温度、提高氧气利用率、提高金属收得率等都有十分明显的效果，因而是近年来电炉炼钢领域内的一项变革性技术。

由美国 Praxair 公司制造的多功能 Cojet 炉壁喷枪。采用 Cojet 喷枪后，废钢熔化明显加快，熔池泡沫渣埋弧效果好且脱碳速率快。在未增加氧耗前提下电炉电耗、电极单耗及冶炼周期等主要技术指标均显著改善。冶炼周期缩短约 10～15 min，电耗下降 20～50 kW·h/t，电极单耗下降约 0.2 kg/t，在铁水比为 33%及氧耗(标态)为 40 m^3/t 的条件下最低冶炼周期为 35 min，对应电耗为 210 kW·h/t。

图 11-22 、图 11-23 分别是集束射流氧枪结构简图和凝聚性射流工艺示意图。一般 Cojet 喷枪有三种操作模式：烧嘴模式，快速加热与熔化废钢；氧枪模式，熔清后可转换成氧枪；脱碳方式；二次燃烧模式：可独立向熔池上方喷吹二次燃烧氧气。根据冶炼的不同阶段，调整 Cojet 喷枪，使其适应工艺的需要。

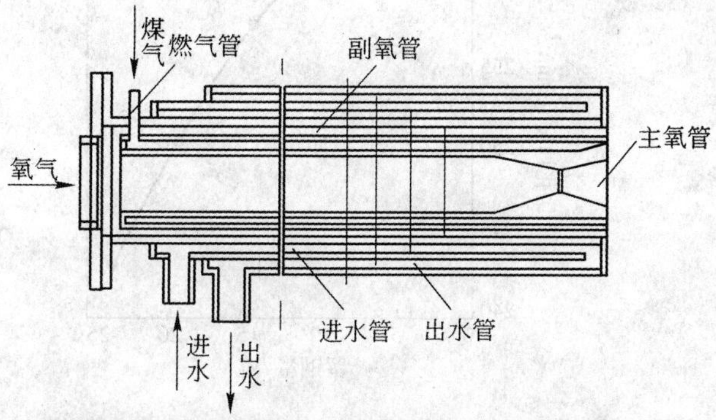

图 11-22 集束射流氧枪结构简图

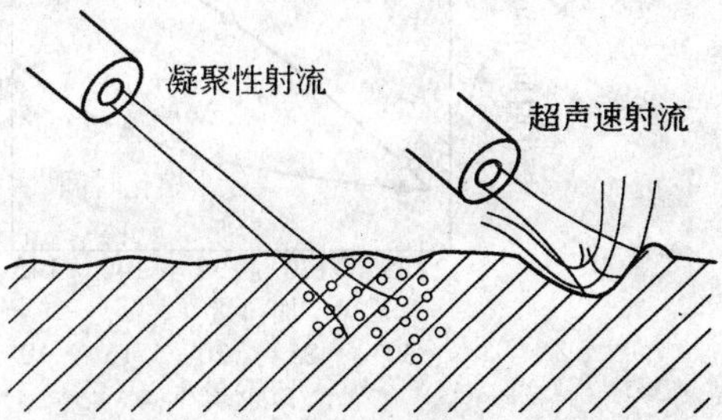

图 11-23 超声速和凝聚性射流工艺

11.3.3.3 底吹气体搅拌

电弧炉炼钢是通过分布在极心圆上的三支电极对废钢和熔池表面加热，并通过炉渣和金属对整个熔池加热。

由于加热的不均匀性，使炉内存在冷区，熔池温度、成分不均匀和炉渣过氧化等问题。

底吹气体搅拌为电炉炼钢克服上述问题提供了廉价而有效的解决办法。底吹气体搅拌，把只有电弧电动力作用时的搅拌能 1～3 W/t 提高到 375～400 W/t，因而可使电弧炉炼钢获得如下好处：

(1) 改善钢-渣反应；

(2) 提高熔池成分和温度的均匀性；

(3) 加速电弧向熔池的传热；

(4) 促进脱磷和碳氧反应，可冶炼 $w[C]<0.04\%$的钢种；

(5) 能更有效地排渣进行无渣出钢操作，有利于清洁钢的生产。

一般认为底吹搅拌可使电耗减少 10 kW·h/t，冶炼时间缩短 5 min，金属收得率提高 0.2%～0.5%。

11.3.3.4 无渣出钢

经初炼后温度、成分达到出钢要求的钢水为顺利转入炉外精炼，一般要求无渣(少渣)出钢，最常用的技术是偏心炉底出钢(EBT)，如图 11-38。

采用偏心炉底出钢的优点是：

(1) 可以做到无渣出钢，实现留钢操作；

(2) 减少倾炉角度，大大缩短大电流电缆长度(减少阻抗)，炉壁水冷面积可进一步扩大；

(3) 圆而粗的出钢口和短的出钢流程减少了出钢时间和降低了出钢温度，也减少了钢水吸气和二次氧化，钢水垂直注入钢包，减轻了对耐火材料的冲刷侵蚀，提高了包衬寿命。

11.3.3.5　留钢操作

电弧炉炼钢的无渣出钢操作会使炉内留有一部分（10%～15%）钢水和几乎全部炉渣，这为下一炉加速熔化、早期脱磷创造了条件；同时，由于液体熔池的存在，使熔化初期电弧稳定性提高，平均输入功率增加，提高生产率。

图 11-24 示出装入量为 155 t 电弧炉留钢量（加入量为质量百分比）与熔化时间和生产率的关系。图 11-25 示出钢量与熔化速度的关系。可以看出，留钢量在 10%附近可获得最佳效果。

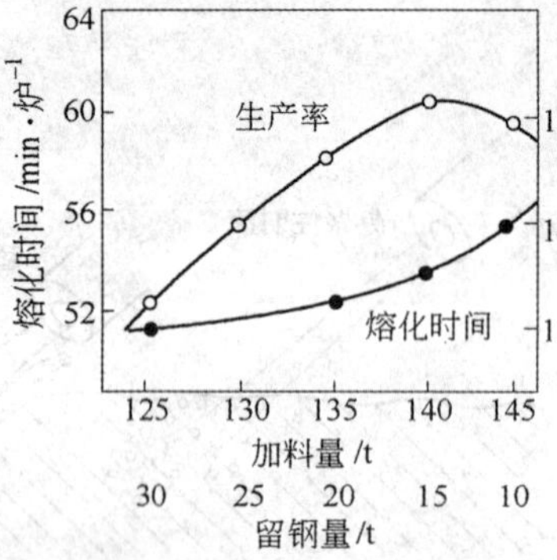

图 11-24　电弧炉的主要冶炼指标和留钢量的关系

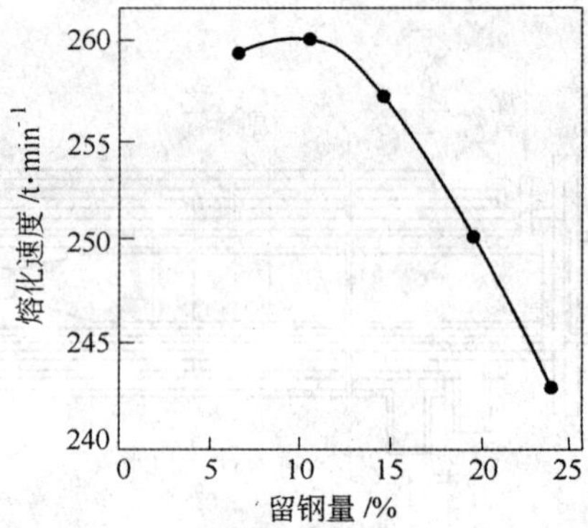

图 11-25　炉料熔化速度与留钢量的关系

11.3.3.6　环境保护措施

二恶英是多氯化二苯并二恶英和多氯代二苯并呋喃的总称。目前已知来源的 95%以上是废弃物（含城市生活垃圾、工业废弃物等）焚烧时所产生。此外，金属制造业、一些造纸业的副产品等也产生一定量二恶英。研究表明，二恶英可通过凝聚反应、取代反应和基团反应等方式形成，也能在富氧和催化条件下，由碳氢化合物和无机氯经过复杂的反应复合而成。产生的主要条件是：

(1) 成分条件：原料有含氯的碳氢化合物；

(2) 温度条件：200～600℃，其中 250～400℃是最有利于二恶英形成的温度区间；

(3) 催化条件：如粉尘中的某些金属氧化物。

电弧炉炼钢带来的环境问题包括炉渣、粉尘、CO、CO_2、NO_x、SO_x、二恶英和其他有机物、重金属、噪声、电磁辐射、直流炉的强磁场等。密闭罩和全程泡沫渣冶炼在降低噪声方面作用明显。例如，因采用炉壁喷枪而能够使炉门在大部分时间关闭或半关闭，如图 11-26 所示。该炉型在控制烟尘放散方面采取了专门措施，利用二次燃烧和喷雾冷却解决二恶英的问题，将二恶英放散的

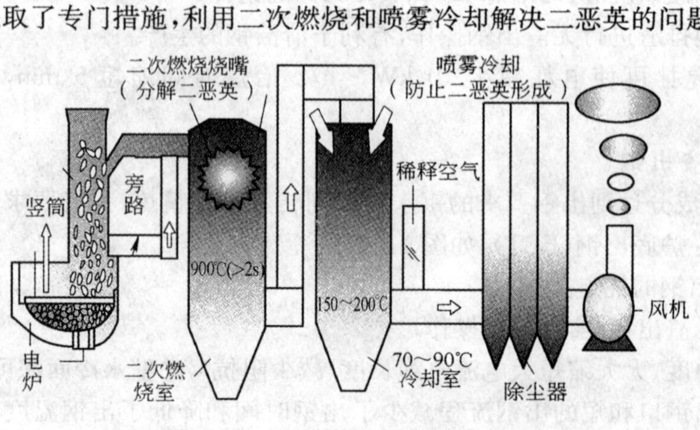

图 11-26　ECOARC 电弧炉示意图

可能性降至最低。

11.3.4 直流电弧炉

20 世纪 60 年代以后，由于大功率的电源可控硅整流技术的发展，引起了人们研究以直流电弧作为冶炼热源的兴趣。德国的 MAN-GHH-BBC 公司于 1982 年 6 月联合开发和建造了世界上第一台用于工业生产的 12 t 直流电弧炉，并在施罗曼-西马克公司的克劳茨塔尔·布什钢厂正式投产，用于铸钢生产。随后这两家公司又为美国的大林顿钢厂把 30 t 交流电弧炉改造成直流电弧炉，这是第一座用来炼钢的直流电弧炉，获得了良好的结果。同时，瑞典、法国、前苏联、日本等国也积极开发，如 1985 年底，当时世界上最大的 75 t/48MV·A 直流电弧炉在法国埃斯科钢厂投产，1989 年日本钢管公司制造了当时世界上容量最大的 130 t 直流电弧炉，在东京制铁公司九州工厂投产。

我国直流电弧炉的发展也很快。台湾东和钢公司于 1992 年引进了 CLECIM/DAVY 的 1 台容量为 100 t 的直流电弧炉。成都无缝钢管厂于 1993 年投产了一台 30 t 的直流电弧炉，江浙地区也建有一批容量为 100～150 t 的直流电弧炉。此外，国内还新建或改建了一批变压器容量小于 7000 kV·A 的单顶电极和双顶电极直流电弧炉。迄今为止，全世界已经投产的 50 t 以上的直流电弧炉 100 多台，在今后较长一段时间内将与交流炉共存。

11.3.4.1 直流电弧炉设备特点

直流电弧炉通常是高功率或超高功率直流电弧炉。在世界各地新投产的直流电弧炉的比功率(单位炉容量占有变压器功率)大多在 700～1000 kW/t 范围内，最高达 1100 kW/t。此外，变压器超载是直流电弧炉的优势之一。通常，变压器的工作容量比额定容量高 20%。

从设备方面看，直流电弧炉与超高功率交流电弧炉具有许多相同之处。例如废钢预热设备、氧-燃烧嘴、水冷氧枪、水冷炉壁及炉盖、加料设备、电极升降机构、底吹氩装置，除尘设备、偏心炉底出钢装置等两者是相同的。直流电弧炉设备布置见图 11-27。

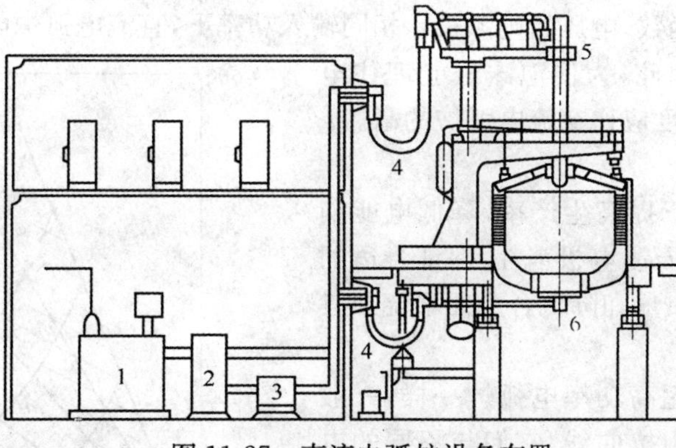

图 11-27 直流电弧炉设备布置

1—整流变压器；2—整流器；3—直流电抗器；4—水冷电缆；
5—石墨电极；6—炉底电极

11.3.4.2 直流电弧炉炼钢工艺特点

大型的直流电弧炉一般均采用超高功率供电，所以超高功率交流电弧炉的炼钢工艺原则上适用于直流电弧炉。

A 原料及装料制度

直流电弧炉炼钢原料也是废钢，与超高功率交流电弧炉一样，直流电弧炉的任务主要是金属料的熔化，为此必须充分发挥电源的能力，实现快速熔化、缩短冶炼时间。对废钢及其装料制度有如下要求：采用一定的废钢加工技术，改善入炉条件；限制重废钢装入量，合理布料；确定合理的装料次数；原料中有害元素（如硫等）的含量应尽量低。

直流电弧炉多采用单根顶电极结构，因此输入电能集中于炉子的中心部位，加之输入功率较高，所以穿井很快，炉料呈轴对称熔化，极少塌料，废钢熔化特征如图 11-28 所示。

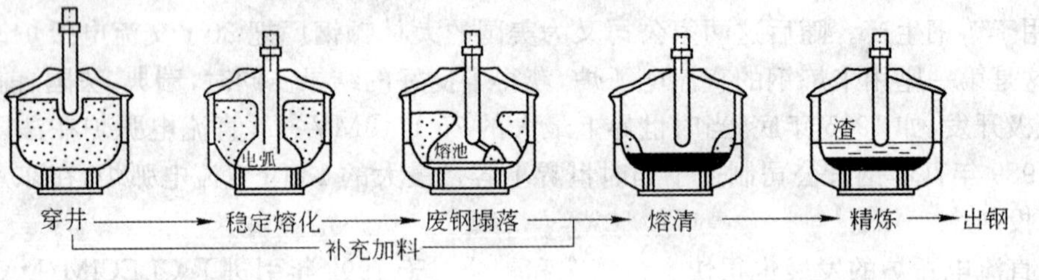

图 11-28　直流电弧炉废钢熔化特征

现代直流电弧炉也可使用直接还原铁（DRI）作为原料，其要求和交流电弧炉相同。

B　造渣制度

现代直流电弧炉也采用偏心炉底出钢技术，留钢留渣操作。在考虑造渣制度时，必须考虑留渣的量和成分。

造泡沫渣是超高功率电弧炉和直流电弧炉炼钢的一项重要配套技术，它能够实现高压长弧操作，提高功率因数，减小炉衬热负荷，提高热效率，缩短冶炼时间，降低电能消耗，减少电极表面直接氧化、降低电极消耗，改善脱磷的动力学条件从而加速脱磷过程。

为保证泡沫渣覆盖住电弧，渣层厚度 Z 应满足：

$$Z \geqslant 2L \tag{11-14}$$

式中　L——弧长。

弧长是电弧电压的函数，电压高则弧长。相同输入功率下，直流电弧炉电弧电压比交流电弧炉的高（见图 11-29）。因此，为使泡沫渣能埋住电弧，直流电弧炉泡沫渣厚度应比交流电弧炉的高。

C　供电制度

合理的供电制度对于提高生产率，降低电能消耗，降低炉衬耐火材料及石墨电极消耗，保证合适的冶炼温度以及提高钢水质量和降低合金元素烧损具有重要作用。

直流电弧炉与交流超高功率电弧炉一样，一般均具有多组供电曲线和阻抗曲线，它们与不同的电压、电流、功率因数及阻抗对应。根据不同的钢种，原料配比及冶炼阶段，通过自动转换装置，选用不同的供电曲线和阻抗曲线。例如，在采用 100% 废钢操作时，料位较高，在熔化阶段可选用较高电压供电，实现长弧操作，达到快速熔化的目的；在采用直接还原铁操作时，料位较低，就不能选择电弧较长的供电曲线，否则，炉衬寿命及热效率会降低。

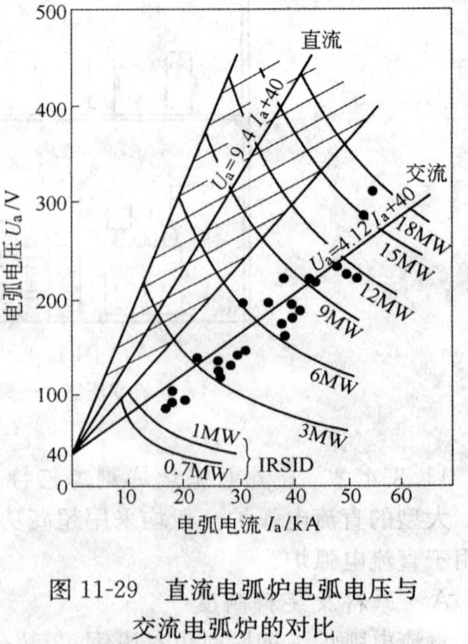

图 11-29　直流电弧炉电弧电压与交流电弧炉的对比

熔炼过程的熔池温度控制与冶炼操作(包括海绵铁的加入、出钢等)密切相关。熔池温度可以通过数学模型来估算,并通过过程计算机控制供电制度。

11.3.4.3 直流电弧炉的优越性

(1) 对电网冲击小,无需动态补偿装置,可在短路容量较小的电网中使用。交流电弧炉工作时电流波动大,对电网干扰大,产生大的闪烁,需增设功率动态补偿装置,增加相当于炼钢厂投资的10%～20%的设备费用。

采用直流电弧炉,虽然也会有闪烁,但闪烁值仅是三相交流电弧炉的1/3～1/2,直流电弧炉熔化期积累闪烁电平为交流电弧炉的1/10,与交流电弧炉电弧稳定燃烧时相近。直流电弧炉对减小闪烁的效果与交流电弧炉采用动态补偿装置的效果相近,所以无需动态补偿装置。当交流电弧炉必须采用动态补偿装置时,直流电弧炉的投资仅为交流电弧炉的70%。此外,直流电弧炉所需电网短路容量仅为交流电弧炉的$1/\sqrt{10}$。

(2) 石墨电极消耗低。直流电弧炉能够大大降低石墨电极的消耗。生产统计表明,交流电弧炉电极消耗中端部消耗占43.0%、侧面氧化占44.5%、断电极占7.5%、电极残头占5.0%;直流电弧炉的电极消耗中端部消耗及电极残头占85%、侧面氧化占10%、断电极占5%。从绝对消耗量看,当交流电弧炉的3根石墨电极被直流电弧炉的一根石墨电极代替时,侧面消耗将减少近2/3;直流操作时,作为阴极的石墨顶电极端部平均温度比交流的低,而且作用于端部的电动力小,可使由于氧化及开裂剥落造成的端部消耗降低。在相同条件(废钢、钢种、单位变压器功率、炉子容量等)下,直流电弧炉的电极消耗可比交流电弧炉的降低50%以上,一般为1.1～2.0 kg/t。当交流电弧炉的石墨电极消耗大时,直流电弧炉在降低石墨电极消耗方面的优点将更为突出。

(3) 缩短冶炼时间,降低电耗。直流电弧炉用电极,由于无集肤效应,电极截面上的电流负载均匀,电极所承受的电流可比交流时增大20%～30%(见图11-30),直流电弧比交流电弧功率大。

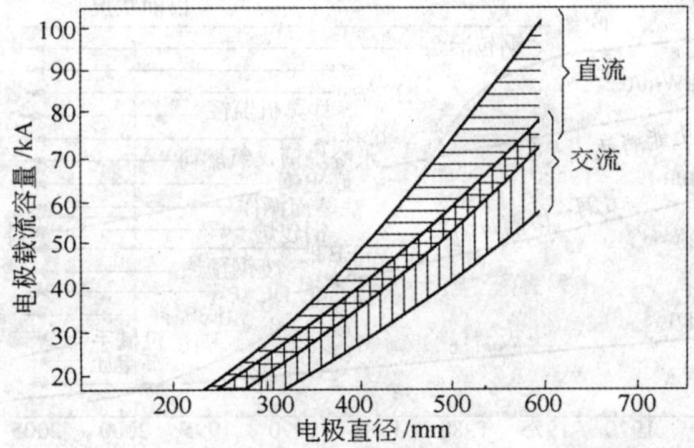

图11-30 直流与交流电弧炉用石墨电极载流容量的对比

直流电弧炉石墨电极接阴极,金属料接阳极,由于阳极效应直流电弧传给熔体的热量,在相同输入功率下,比交流电弧的大1/3。

在热损失方面,直流电弧炉只有1支石墨电极,减少了电极孔、水冷电极夹持器及水冷电极圈的热损失;加上采用高电压操作、无感抗损失、功率因数高,与交流电弧炉相比,电能利用率高。

上述原因使得直流电弧炉废钢熔化快、穿井快、金属熔池容易形成。与交流电弧炉相比,熔化时间可缩短 10%～20%，电耗可降低 5%左右。

(4) 减少环境污染。直流电弧炉发射的噪声比交流电弧炉小。据文献报道，平均噪声可减小 10 dB。对噪声频谱分析表明，直流电弧炉没有交流电弧炉所特有的 100 Hz 噪声，且 1000 Hz 以下噪声能量要少得多。此外，直流电弧炉与交流电弧炉相比，烟尘污染也小得多。

(5) 降低耐火材料消耗。直流电弧炉与交流电弧炉相比，无电弧偏吹，无热点，且电弧距炉壁远，以致炉壁，特别是渣线处热负荷小且分布均匀，从而降低了耐火材料的消耗。

直流电弧炉采用高电压长弧操作，对提高炉衬寿命不利，但配以合适的泡沫渣操作，可以有效地降低炉衬热负荷。底阳极寿命一般均很高，不致引起耐火材料消耗的增加。

(6) 降低金属消耗。直流电弧炉由于只有 1 根电极、1 个高温电弧区和 1 个与大气相通的电极孔，从而降低了合金元素的挥发与氧化损失，也使合金料及废钢的消耗降低。

(7) 投资回收周期短。对于容量较小的炉子，直流电弧炉和交流电弧炉的投资费用相差不大，对于大容量的炉子，则直流电弧炉投资要比交流电弧炉高 30%～50%。

直流电弧炉的不足之处有：需要底电极；大电流需要大电极；长弧操作需要更多的泡沫渣；易引起偏弧现象；留钢操作限制了钢种的更换。

11.3.5　电弧炉炼钢的节能降耗技术

11.3.5.1　概述

现代电弧炉炼钢工艺的基本技术思想是高效、节能、低消耗。应用于现代电弧炉炼钢的各项技术，如超高功率供电、吹氧和氧燃助熔、二次燃烧、水冷炉壁和炉盖、熔池底吹搅拌、泡沫渣操作、无渣出钢、废钢预热、炉料多样化等都是在这种技术思想指导下开发出来的。综合应用这些技术，与计算机控制、管理和炉外精炼相配合，已经使现代电弧炉炼钢（全废钢冶炼）达到冶炼周期（出钢→出钢时间）小于 60 min，冶炼电耗低于 410 kW · h/t，电极消耗量低于 2.2 kg/t 的高水平。图 11-31 是现代电弧炉各项工艺技术与主要操作指标的进步情况。

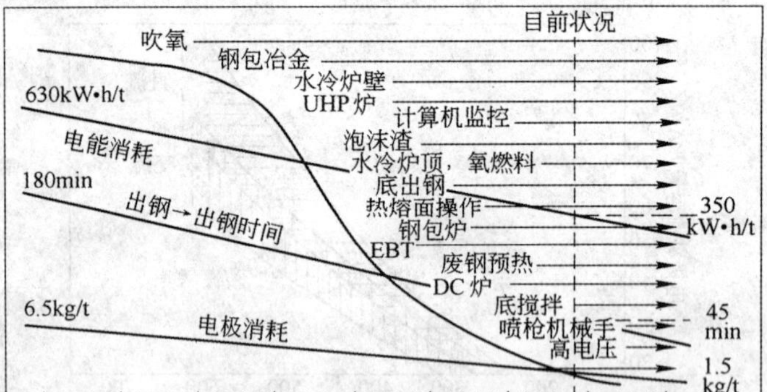

图 11-31　现代电弧炉工艺技术与主要操作指标的进步情况

综观近年来电炉炼钢技术的发展，电弧炉炼钢无论从提高生产率，还是改善质量，必须配以炉外精炼，并与连铸机相匹配。所有电弧炉炼钢技术的现代化都围绕此中心在发展。包括大型化、高功率化、提高生产率；多元化的能量利用技术，应用其他辅助能源，包括氧气，油，天然气，煤；主原料多样化；重视电弧炉炼钢的环境保护；节能技术，主要是炉气余热利用。

综上所述，将缩短电炉冶炼周期的技术措施列成表 11-9。

表 11-9 缩短电炉冶炼周期技术措施

目标		缩短电炉冶炼周期的技术措施		
缩短冶炼周期	缩短总通电时间	提高变压器的额定功率/钢液质量	超高功率电炉	
			直流电炉	
			高阻抗交流电炉	
			变阻抗交流电炉	
		提高电效率及功率因素	长弧泡沫渣操作	水冷炉壁
				水冷炉盖
				优质耐火材料
			直接导电电极臂	
			优化短网结构	
			优化供电制度	
			底吹惰性气体搅拌	
		利用化学热	碳氧喷枪(加入大量氧、碳)、底吹氧风口	
			加入热铁水	
			氧燃烧嘴	
			二次燃烧	
		利用物理热	加入热铁水,废钢预热	
		优化炼钢工艺	偏心底出钢,炉外精炼(将还原期放在炉外进行)	
	缩短非通电时间	缩短装料时间、减少装料次数		
		充分利用补炉机械、清渣门机械		
		快速测温、取样和分析		
		设备的可靠性运行		

11.3.5.2 合理供电技术

电弧炉容量逐渐增大是近几十年来的基本趋势,国际上指标最先进的电弧炉炉容量大都在80～120 t左右。其原因为在其他条件相同的前提下,电弧炉生产率与炉容量呈正比关系,大型化是合理单炉生产规模的保证;大型化有利于提高热效率,并便于集中采用供电、用氧以及机械化、自动化各项先进技术,便于提高管理水平,容易取得较好的生产运行效果;合理大型化是实现全连铸的基础;合理大型化是实现与后步轧机等物流匹配的基础。

随着电弧炉容量的增加,变压器容量也在增大。如何高效地使用大容量的变压器,提高电弧炉炼钢生产率,是大家关注的问题之一。

合理供电是电弧炉炼钢生产最基本的保障,它关系到冶炼工艺、原料、电气、设备等诸多方面的问题,直接影响电弧炉炼钢生产的各项技术经济指标。超高功率电弧炉炼钢过程中合理的供电制度是其最基本的工艺制度之一,合理的供电制度,不仅对操作顺行是必要的,而且有助于降低电耗、电极损耗和耐材侵蚀,缩短冶炼周期,带来良好的经济效果。

电弧炉以三相交流电作为供电电源,按直接加热的原理工作,利用电弧的弧光熔化和冶炼金属,电弧是电弧炉上三个石墨电极与炉膛内炉料之间通过强大的电流而产生的。电弧炉炼钢是电能转变为热能而使炉料熔化进行物理化学反应的过程,而完成这种能量转变的主要设备就是电弧炉电气设备。电弧炉电气设备完成的任务主要有为获得工艺要求的强大电流,用电炉变压器把高压变为低压,提供电能;为使电弧电流和电压电流保持在一定的水平上,电弧炉装有电极自动调节器,冶炼中随时调节电极和炉料之间的电弧距离为一定值。故此,电弧炉电气设备主要为电炉变压器和电极升降自动调节装置。

炼钢电弧炉设备的工作特点是频繁接通和断开电炉变压器，后者的接通和断开是通过高压断路器来完成。可见，高压断路器是在极其繁重的条件下工作的。据统计，对具有多级电压的无励磁电动调压变压器的电炉通断频度而言，一年期间通断次数共达 2.5～3 万多次。

11.3.5.3　化学余热利用技术

电炉冶炼过程中，产生的废气所携带的热量约为向电炉输入总能量的 11%左右，有的高达 20%，这部分能量若不被利用会白白地浪费掉。

炉气能量损失有两种：

(1) 高温炉气带走的物理显热：

(2) 炉气可燃成分带走的化学能。

根据电弧炉炼钢的能量平衡，炉气能量损失占输出能量的 21%，损失的能量可高达 18.4 kW · h/t。根据理论计算，C-CO 反应产生的热量可为废钢熔化提供 12.5 MJ/kgC 的热量，即最大熔化能力为 9 kg/kgC，若气相中发生 CO-CO_2 反应，则可提供 20.7 MJ/kgC 的热量，即二次燃烧可使熔化废钢的能力进一步提高到 15 kg/kgC。

电弧炉炼钢的二次燃烧见图 11-32，为增加二次燃烧氧枪对熔池上面的渣中吹氧，氧化碳氧反应生成的 CO 成 CO_2，可以得到附加的能量。

11.3.5.4　废钢预热技术

利用高温炉气的物理热预热废钢已实践多年。废钢预热技术的种类包括：料篮式、双炉壳式、竖炉型、多级竖炉式、连续加料式等。从原理上看，所有的废钢预热技术都是：在高温炉气排放之前，通过废钢（炉料）产生热交换，把热量传给废钢，提高废钢的温度，从而达到加快废钢（炉料）熔化、降低电耗，提高生产率的目的。

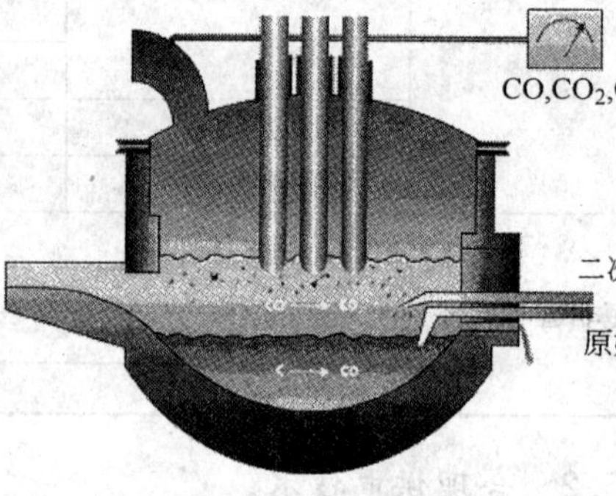

图 11-32　电弧炉炼钢的二次燃烧氧枪

A　竖炉式废钢预热

烟道竖炉电弧炉的炉体为椭圆形，在炉体第四孔（直流炉为第二孔）的位置配置一烟道竖井，并与熔化室连通。利用电弧炉冶炼时排放的烟气来预热废钢，并借废钢自身重量下落到电弧炉炉内进料。这种废钢预热系统的余热利用率高，且投资成本相应较低，是现在主要的废钢预热系统。在预热废钢时，同样可以向预热室内喷吹燃料以将废钢预热到更高的温度，但应防止废钢粘接以影响进料。实际操作中装料时，先将大约 60%废钢直接加入炉中，余下的（约 40%）由竖井加入，并堆在炉内废钢上面。送电熔化后，炉中产生的高温废气 1200～1500℃，直接对竖井中废钢料进行预热。随着炉膛中的废钢熔化、塌料，竖井中的废钢下落，进入炉膛中，废钢温度高 600～800℃。图 11-33 为带指条（托架）的烟道竖炉电弧炉操作示意图。

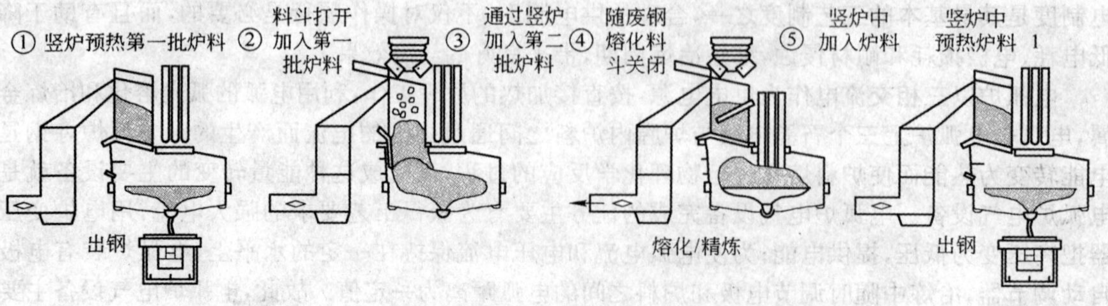

图 11-33　带指条（托架）的烟道竖炉电弧炉操作示意图

双炉壳炼钢电弧炉技术是近年来得到广泛推广应用的一种节能、环保新技术，可以更加有效地发挥一次加料式竖炉型直流电弧炉的节能与环保效果，提高生产效率，降低炼钢成本。

所谓双炉壳式炉料预热方式，即一套电源两个炉体的电弧炉，利用1台炉子作业中的排气对另一台炉壳内的炉料进行预热的炉料预热方式（图11-34）。传统式炼钢电弧炉，只能对初装料进行预热，而一次加料式电弧炉可以实现炉料100%的完全预热，显著提高炉料预热效率。

B 连续加料式废钢预热（Consteel）

废钢由传送带通过动态密封送入该系统的预热器，废钢通过预热器，靠炉气的化学能和物理热加热至550～600℃，然后进入熔池，炉内总有一定的剩余钢水，有助于熔化加热的废钢。可用的炉料是：废钢、生铁和热压块、热的和冷的直接还原铁。Consteel电弧炉的废钢预热见图11-35。

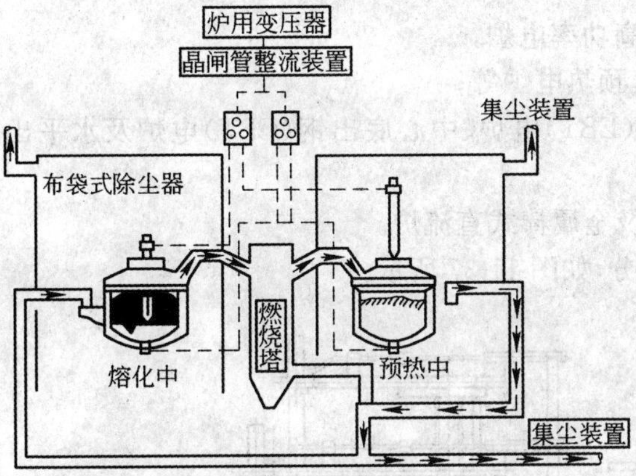

图11-34 一套电源两个炉体的双炉壳炉料预热方式

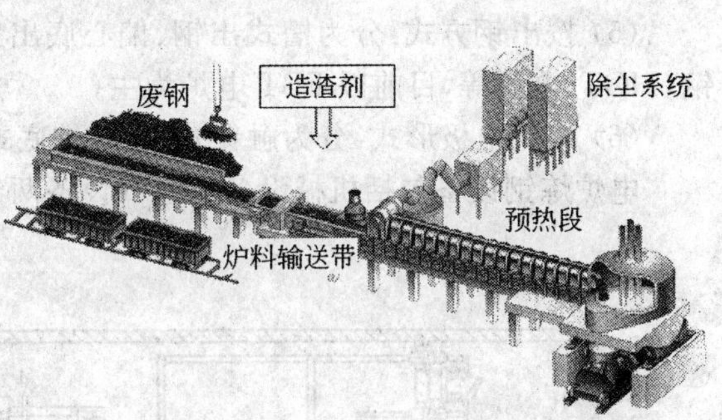

图11-35 Consteel电弧炉的废钢预热形式

C 多级废钢预热技术MSP

多级废钢预热（Multi Stage Preheating）技术代表着当代废钢预热技术发展方向，具有较高的技术水平。多级废钢预热是将整个竖炉分上、下两层预热室。上、下两层预热室均可用手指状的篦子独立开闭，在废钢进入电弧炉前，可单独分批预热废钢。竖炉位于电弧炉炉盖上方，设有三个工位，即预热位、加料位和维修位。预热位主要是接受废钢和预热废钢；加料位是把预热后的废钢从竖炉加入电弧炉。竖炉可在预热位、加料位和维修位往返运行。多级废钢预热竖炉电弧炉主要结构见图11-36。

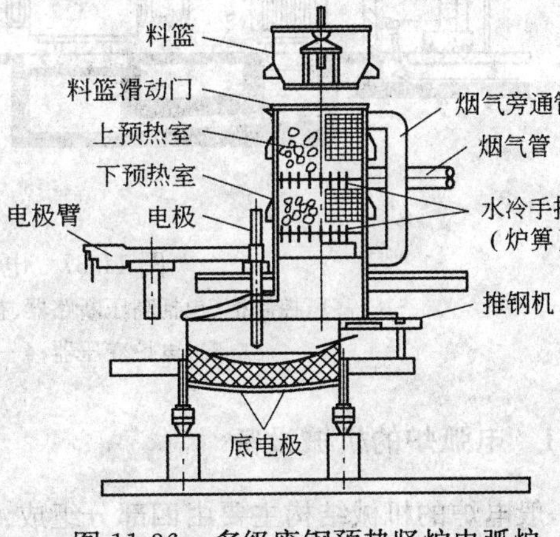

图11-36 多级废钢预热竖炉电弧炉

11.4 电弧炉炼钢设备

电炉是采用电能作为热源进行炼钢的炉子的统称。按电能转换热能方式的差异，电炉可分为：电弧炉（EAF，Electric Arc Furnace）——利用高温电弧，感应熔炼炉——利用电磁感应，电渣重熔炉——利用电阻热，电子束炉——依靠电子碰撞，等离子炉——利用等离子弧等几种炼钢的电炉。目前世界上95%以上的电炉钢是电弧炉冶炼的，因此电炉炼钢主要指电弧炉炼钢，特别是碱性电弧炉炼钢。传统电弧炉炼钢法是以废钢为主要原料，以三相交流电作电源，利用电流通过石墨电极与金属料之间产生电弧的高温来加热、熔化炉料，是用来生产特殊钢和高合金钢的主要方法。

电炉的大小可以用其熔池的额定容钢量来表示，常称为额定容量、公称容量或标准容量，也常用炉壳直径表示。通常把电炉的公称容量/炉壳直径在 40 t/4.6 m 以下的电炉看作小炉子，把 50 t/5.2 m 以上的电炉看作大炉子。2000 年，美国西北钢线材公司投产了世界最大的 415 t 电炉。日本最大电炉为 250 t，中国最大电炉为 150 t。20 世纪 70 年代以来，许多国家建造大型超高功率电炉，淘汰了 30～40 t 以下的小炉子。

电炉设备的分类方法很多：

(1) 按炉衬耐火材料的性质：分为酸性电炉、碱性电炉；

(2) 按电流特性：分为交流、直流电炉；

(3) 按功率水平：分为普通功率、高功率及超高功率电炉；

(4) 按废钢预热：分为竖炉、双壳炉、炉料连续预热电炉等；

(5) 按出钢方式：分为槽式出钢、偏心底出钢(EBT)电炉、中心底出钢(CBT)电炉及水平出钢(HOT)电炉等，目前以 EBT 电炉为主；

(6) 按底电极形式：分为触针式、导电炉底式及金属棒式直流炉。

电炉炼钢设备包括机械设备和电气设备两部分，如图 11-37 所示。

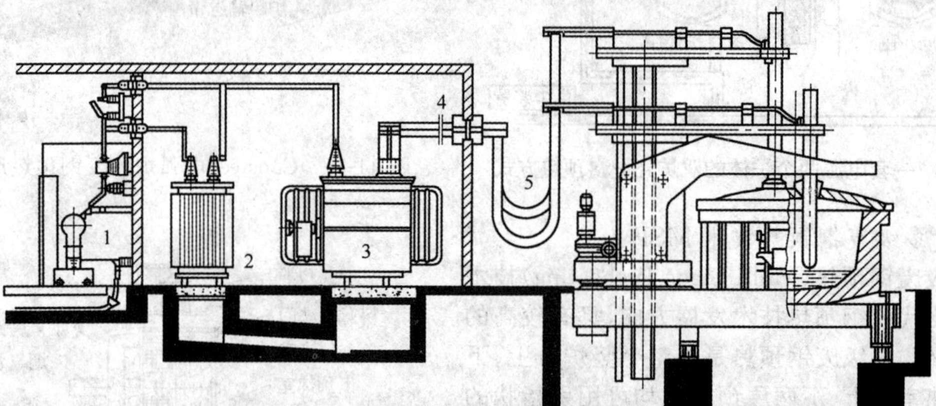

图 11-37 电炉设备布置示意图

1—高压控制柜(包括高压断路器、初级电流互感器与隔离开关)；2—电抗器；3—电炉变压器；4—次级电流互感器；5—短网

11.4.1 电弧炉的机械设备

一般电炉的机械结构主要由四部分组成：炉体装置，炉子倾动机构，电极升降机构及炉盖提升旋转机构。

11.4.1.1 电弧炉炉体构造

现代电弧炉炉体由金属构件和耐火材料砌筑成的炉衬两部分组成，炉体是电炉的最主要装置，它用来熔化炉料和进行各种冶金反应。而炉体的金属构件又包括炉壳及水冷炉壁、水冷炉门及开启机构、偏心炉底出钢箱及出钢口开启机构、水冷炉盖及电极密封圈等。电弧炉炉体的基本构造如图 11-38 所示。

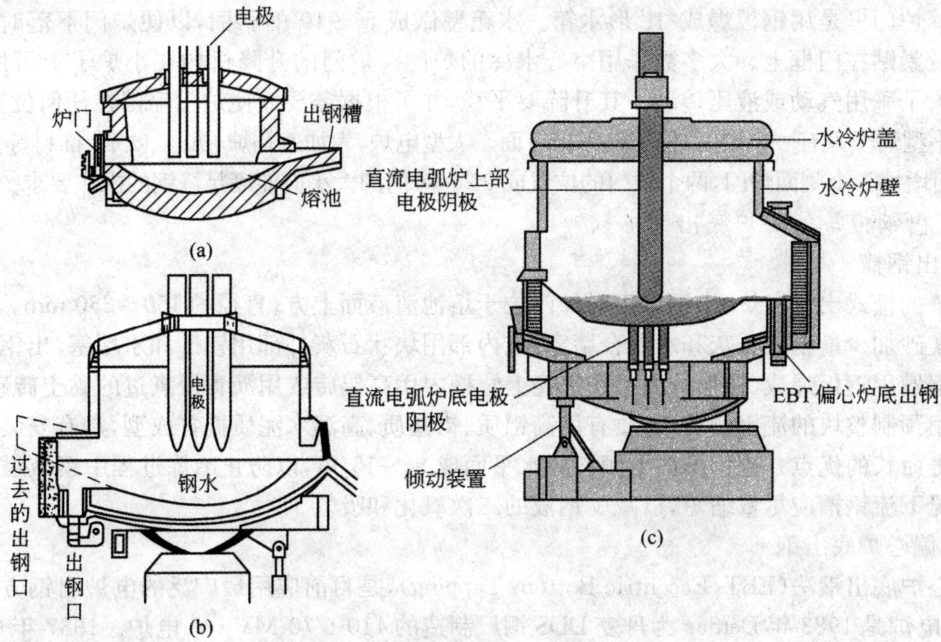

图 11-38　电弧炉炉体的基本构造示意图

(a) 普通电弧炉；(b) 偏心炉底出钢；(c) 直流偏心炉底出钢

A　炉壳

炉壳的结构如图 11-39 所示，它包括圆筒形炉身、炉壳底和上部加固圈三部分。炉壳除了承受炉衬、钢、渣的重量和自重外，同时还受到高温和炉衬膨胀的作用，因此要求炉壳具有足够的强度和刚度。炉壳通常用 12～30 mm 厚的钢板焊接而成，钢板厚度大约为炉壳直径的 1/200。为加速新炉衬的干燥，炉壳上钻有直径约 20 mm 的小孔，孔距约 400～500 mm。

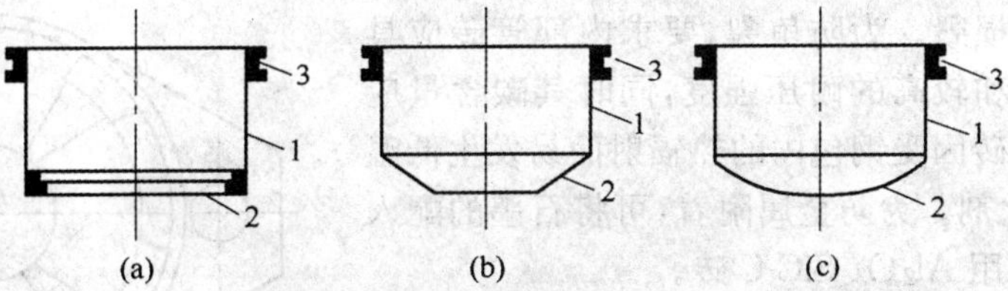

图 11-39　炉壳底部形状示意图

(a) 平底形；(b) 截锥形；(c) 球形

1—圆筒形炉身；2—炉壳底；3—加固圈

为了防止炉壳受高温作用发生变形，一般在炉壳上设有加固圈，大型炉子还采用加强筋。炉壳上沿的加固圈用钢板或型钢焊成，采用中间通水冷却。在加固圈的上部留有一个砂封槽，使炉盖圈插入砂槽内便于密封。

炉壳底部形状有球形、截头圆锥形和平底形三种。球形底坚固性最大，死角小，炉衬体积最小，但直径大的球形底成形困难，故多用于中、小型炉子。截头圆锥形炉壳底，其坚固性较球形底略差，所需的炉衬材料稍多，但制造容易，故常采用。平底炉壳坚固性最差，炉衬体积最大，但制造简单，故多用于大型电炉上。

B　炉门

炉门由炉门框、炉门和炉门升降机构三部分组成。炉门结构要严密，牢固耐用，升降装置简便灵活。炉门框是用钢板焊成“Π”形水箱。水箱壁做成 5°～10°的斜面，以便炉门下落时借助其自身质量紧贴在门框上。大多数采用空心水冷的炉门。炉门的升降机构在小炉子上可用手动，大中型炉子采用气动或液压传动。其升降要平稳，并可根据需要而使炉门停留在任何位置上。

中小型炉子只有一个炉门，位于出钢口对面。大型电炉，为加速补炉、扒渣、吹氧、推料等操作，在炉子侧面增加一个侧面炉门，两个炉门的位置成 90°。炉门的大小应能满足炼钢的操作要求。

C 出钢槽与偏心炉底出钢

a 出钢槽

传统的槽式出钢电炉，出钢口正对炉门位于熔池渣液面上方，直径约 150～250 mm。熔炼过程中用镁砂加少量粉状石灰和水混合堵塞，或内部用块状石灰外部用镁砂和水堵塞，出钢时再打开。流钢槽用钢板焊成(梯形)，固定在炉壳上。槽内用高铝砖或用沥青浸煮过的黏土砖砌成，大多数采用预制整块的流钢槽砖，材质有用高铝质、铝镁质、高温水泥质捣打成型，具有安装砌筑方便使用寿命长的优点。流钢槽向上倾斜与水平面成 8°～15°角，以防止冶炼过程中钢液溢出。在可能情况下流钢槽应尽量缩短，以减少钢液的二次氧化和吸气。

b 偏心炉底出钢

偏心炉底出钢法(EBT，Eccentric Bottom Tapping)，是目前应用最广泛的电炉出钢方法。首台 EBT 电炉是 1983 年 Demag 为丹麦 DDS 钢厂制造的 110 t/70 MV · A 电炉。1987 年 6 月，我国第一台偏心炉底出钢电弧炉在上钢五厂建成投产，如图 11-40 所示。

(1) EBT 电炉结构特点。它是将传统电炉的出钢槽改成出钢箱，出钢口在出钢箱底部垂直向下。出钢口下部设有出钢口开闭机构，开闭出钢口，出钢箱顶部中央设有塞盖，以便出钢口填料与维护。

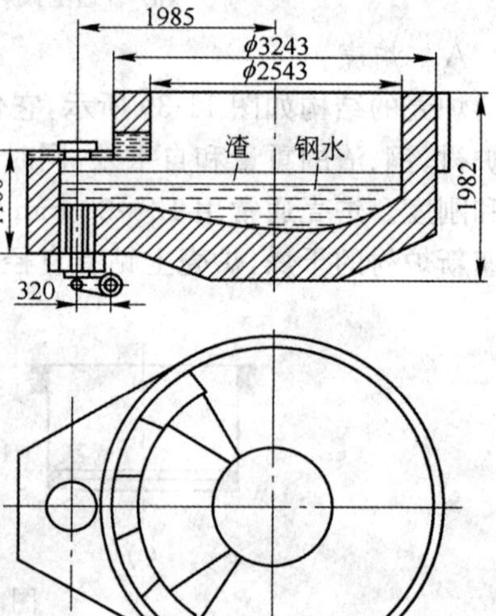

图 11-40 偏心炉底出钢炉型简图

出钢口由外部套砖和内部管砖组成，均采用镁碳管砖，内径一般为 140～260 mm，视炉容和出钢时间而定。管砖和套砖之间使用镁砂干打料填充。管砖在使用过程中主要以磨损方式损毁。为防龟裂，要求内部管砖应具有极好的抗氧化性和较高的耐压强度，同时其碳含量应大于 20%。外部套砖因受钢包内的热辐射而易发生低温氧化，可添加抗氧化剂。为防金属附着，可将石墨的配入量提高到 25%或采用 Al_2O_3-SiC-C 砖。

(2) EBT 电炉的出钢操作。出钢时，向出钢侧倾动少许(约 3°)后，开启出钢机构，填料在钢液静压力作用下自动下落，钢液流入钢包，实现自动开浇出钢。否则需要施以外力或烧氧出钢，一般要求自动开浇率在 90%以上。当钢液出至要求的约 95%时迅速回倾以防止下渣，回倾过程还有约 5%的钢液和少许炉渣流入钢包中，电炉摇正后(炉中留钢量一般控制在 10%～15%，留渣量不小于 95%)，检查维护出钢口，关闭出钢口，加填料(即引流砂，为 MgO 基的颗粒状耐火材料，一般用含(Fe_2O_3)大约 10%的 MgO 与 SiO_2 混合填料)，装废钢，起弧。

(3) EBT 电炉的优点。EBT 电炉主要优越性在于，采用偏心炉底出钢实现了无渣出钢及减小出钢倾角，增加了水冷炉壁使用面积。

其优点为：出钢倾动角度的减小；留钢留渣操作；炉底部出钢。

由于 EBT 电炉诸多优点，在世界范围迅速得到普及。现在建设电炉，尤其与炉外精炼配合的电炉，一定要求无渣出钢，而 EBT 是首选。

D 炉盖圈

炉盖圈用钢板或型钢焊成，其作用是保持炉盖的正确形状以及把炉盖的全部质量落在炉壳上。为了防止变形，一般采用水冷。

水冷炉盖圈的截面形状通常分为垂直形和倾斜形两种。倾斜形内壁的倾斜角约 22°～23°，这样可以不用拱脚砖。炉盖圈和炉壳之间必须有良好的密封，因此炉盖圈外沿下部设有刀口，使炉盖圈能很好地插入到加固圈的砂封槽内。炉盖圈上焊有吊环和挡板，以便吊装炉盖和防止倾炉时炉盖相对于炉体移动。

E 电极密封圈

为使电极在炼钢过程中能自由升降，电极孔直径一般要比电极直径大 40～80 mm，炉内的高温气体将会不断地从电极孔缝隙中逸出，而冷空气则不断地从炉门缝隙中吸入，这样不但使热损失增加，不利于维持炉内还原性气氛，而且使炉盖上部的电极温度升高氧化激烈，电极变细而易折断。设置电极密封圈，可以改善电极夹头的工作条件，防止炉气外逸，同时也可冷却炉盖，延长炉盖寿命。

国外尚有采用气封式电极密封圈的，结构与环形水箱式相似，气体通过密封圈内壁均匀分布的小孔喷射出来以冷却电极并阻止热气流逸出。

金属水冷炉盖的电极密封圈，为了防止电极与金属炉盖导电起弧，一般采用弧形高铝大块砖密封，也可采用高温耐火水泥捣打成圆形制作电极密封圈。

11.4.1.2 电弧炉倾动机构

电炉与转炉不同，电炉炼钢时要求炉体能够向出钢方向倾动 40°～45°出净钢水，偏心底出钢电炉要求向出钢方向倾动 12°～15°出净钢水；向炉门方向倾动 10°～15°以利出渣。这要靠倾动机构来完成。

目前广泛采用摇架底倾结构，如图 11-41 所示，它由两个摇架支持在相应的导轨上，导轨与摇架之间有销轴或齿条防滑、导向。摇架与倾动平台连成一体。炉体坐落在倾动平台上，并加以固定。倾动机构驱动方式多采用液压倾动。它是通过两个柱塞油缸推动摇架，使炉体倾动，回倾一般靠炉体自重。

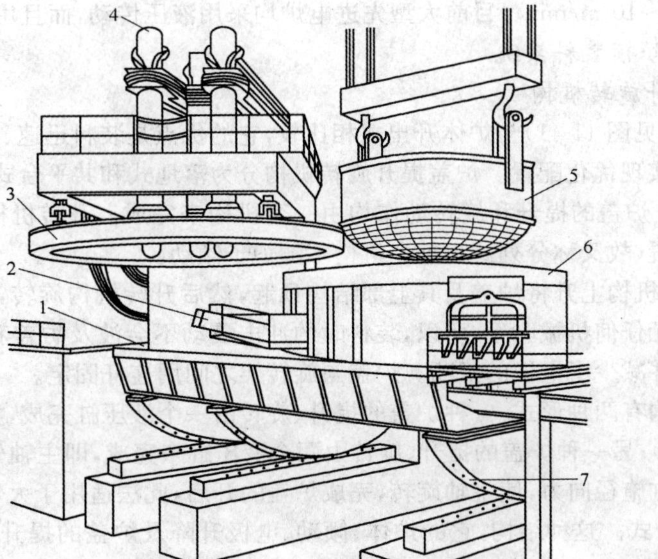

图 11-41 炉盖旋开式电弧炉

1—操作平台；2—出钢槽；3—炉盖；4—石墨电极；5—料罐；6—炉体；7—倾炉摇架

偏心底出钢电炉为了防止炉渣进入钢包中，采取提高电炉的回倾速度，由正常的 $1^{\circ}s^{-1}$ 提高至 $3^{\circ}\sim4^{\circ}s^{-1}$，故要求用活塞油缸。

11.4.1.3　电极升降机构

电极升降机构由电极夹持器、横臂、立柱及传动机构等组成。它的任务是夹紧、放松、升降电极和输入电流。

A　电极夹持器

电极夹持器（或称卡头、夹头）多用铜或用内衬铜质的钢夹头，铬青铜的强度高，导电性好。夹持器的夹紧常用弹簧（碟簧），而放松则采用气动或液压。碟簧与气缸可位于电极横臂内，或在电极横臂的上方或侧部。

B　横臂

横臂是用来支持电极夹头和布置二次导体。横臂要有足够的强度。大电炉常设计成水冷的。自 1984 年以来，由覆铜钢板制造的导电电极横臂已经成功地用于炼钢电弧炉上。使用导电横臂的优点是：高功率输入增加了生产率；改善了阻抗和电抗指标；电弧对称性和稳定性好，节圆直径小，降低了耐材消耗；电极臂刚性大，电极可快速调节而不会造成系统振动；电极臂有效冷却和绝缘；减少了维修工作量。

现在导电臂有覆铜臂和铝合金臂两种，断面形状为矩形，内部通水冷却，而近来几乎已全部由铝合金臂所取代。由于直流供电没有集肤效应，因而覆铜钢板导电横臂是不适合的。在直流电炉中使用铝电极横臂有许多优越性。铝合金臂由于装置轻，进一步提高了电极升降的速度和控制性能。由于震动衰减可改善电弧的稳定性，又使电弧功率越发增大，这就是铝合金臂将取代覆铜钢臂的理由。

C　电极立柱

电极立柱为钢质结构，它与横臂连接成一个 Γ 型结构，通过传动机构使矩形立柱沿着固定在倾动平台上的导向轮升降，故常称为活动立柱。

D　电极升降驱动机构

电极升降驱动机构的传动方式有电机传动或液压传动。液压传动系统的起动、制动快，控制灵敏，速度高达 6～10 m/min。目前大型先进电炉均采用液压传动，而且用大活塞油缸。

11.4.1.4　炉顶装料系统

A　炉盖提升旋转机构

炉盖旋转式（见图 11-41）与炉体开出式相比较，它的优点是装料迅速、占地面积小、金属结构重量轻以及容易实现优化配置。炉盖提升旋转机构分为落地式和共平台式。

(1) 落地式。炉盖的提升和旋转动作均由一套机构来完成。升转机构有自己的基础，且与炉子基础分开布置（故又称分列式），整个机构不随炉子倾动。

装料时，升转机构上升将炉盖及其上部结构顶起，然后升转机构旋转，将炉盖旋开。由于炉盖旋开后与炉体无任何机械联系，所以，装料时的冲击震动不会波及炉盖和电极，因而也延长了炉盖的使用寿命并减少了电极的折断。炉盖与旋转架之间用连杆固定。

此种升转机构有两种形式：一种炉盖的提升、旋转由一个液压缸完成，如升转缸，它适用于小炉子（不大于 10 t）；另一种炉盖的提升、旋转由两个液压缸来完成，即主轴先将炉盖顶起，然后在主轴下部的液压缸施径向力，使主轴旋转，完成炉盖的开启，此法适用于大炉子。

(2) 共用平台式。这种结构，它的炉体、倾动、电极升降及炉盖的提升旋转机构全都设置在一个大而坚固的倾动平台上，即四归一的共平台式。因炉子基础为一整体（故又称整体式），整个升、转机构随炉体一起倾动。它的提升与旋转由分开的两套机构完成。

B　料罐

炉顶装料是将炉料一次或分几次装入炉内，为此必须事先将炉料装入专门的容器内，然后通过这一容器将炉料装入炉内，这一容器通常称为料罐，也称料斗或料筐。料罐主要有两种类型：链条底板式和蛤式。目前国内大多采用链条底板式，国外普遍采用蛤式。

(1) 链条底板式料罐。链条底板式料罐如图 11-42 所示。这种料罐上部为圆筒形，下端是一排三角形的链条板，链条板下端用链条或钢丝绳串连成一体，用扣锁机构锁住，并成一个罐底。料罐吊在起重机主钩上，扣锁机构的锁杆吊在副钩上。装料时将罐吊至炉内，用副钩打开罐底，使炉料跌落至炉膛内。料罐的直径比熔炼室直径略小，以免装料时撞坏炉墙。

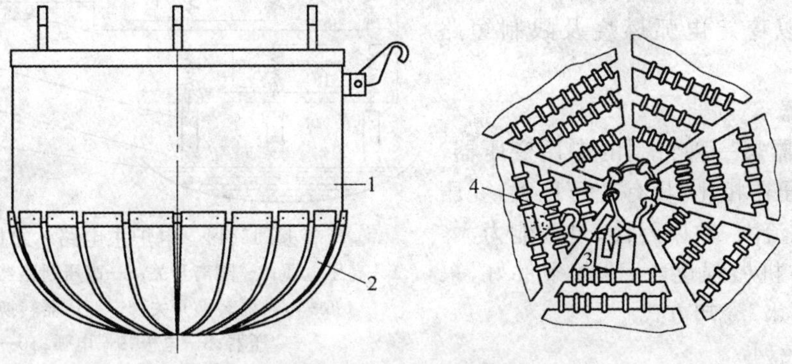

图 11-42　链条底板式料罐

1—圆筒形罐体；2—链条板；3—脱锁挂钩；4—脱锁装置

这种料罐的优点在于装料时料罐可进入炉膛中，吊至距炉底 300 mm 的位置减轻了炉料下落时的机械冲击。缺点是每次装完料后需将链条板重新串在一起，劳动强度大，链条板和扣锁机构易被烧损或被残钢焊住，维修量大，同时这种料罐需放在专门的台架上。

(2) 蛤式料罐。蛤式料罐又称抓斗式料罐，如图 11-43 所示。这种料罐的罐底是能分成两半而向两侧打开的腭，两个腭靠自重闭合，用起重机的副钩通过杠杆系统可使腭打开。

这种料罐的优点是能在一定程度上控制料罐底打开的程度，以控制炉料下落速度，同时不需要人工串链条板和专门的台架。其缺点是料罐不能放入炉内，只能在熔炼室的上部打开罐底，炉料下落时的机械冲击大，装料时易损坏炉底。

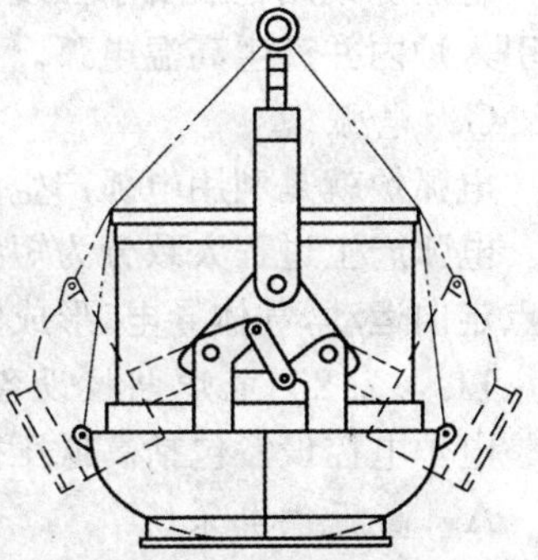

图 11-43　蛤式料罐

11.4.2　电炉电气设备

电炉电气设备包括“主电路”设备和电控设备。一般电炉炼钢车间的供电系统有两个：一个系统由高压线直接供给电炉变压器，然后送到电炉上，这段线路称电炉的“主电路”；另一个系统由高压线供给工厂变电所，再送到需要用电的其他低压设备上，这也包括电炉的电控设备，如高压控制柜、操作台及电极升降调节器等。

11.4.2.1　电炉的主电路

电炉主电路设备参见图 11-37，电炉主电路如图 11-44 所示，它的作用是实现电—热转换，完成冶炼过程。主电路电器(元件)的组成及其作用如下。

A　开关

隔离开关用以检修设备时断开高压电源，为一无载刀形开关。

B　断路器

高压断路器是电炉的操作开关，用来切断电源以保护电源和电器。当电流过大时，断路器会自动(在负载下)跳闸切断电源。高压断路器的种类有油断路器、空气断路器、磁吹断路器、SF_6 断路器及真空断路器，后者使用广泛。

C　电抗器

电抗器串联在变压器一次侧，用来增加电路电抗值，以稳定电弧燃烧及限制短路电流。

D　变压器

电炉变压器是一种特制的专用变压器，与一般电力变压器相比，具有变压比大，变压级别多；二次电流大，数以万计；过载能力大，可长时间超载；机械强度大，冷却条件好，采用强迫油循环"水"冷却方式。

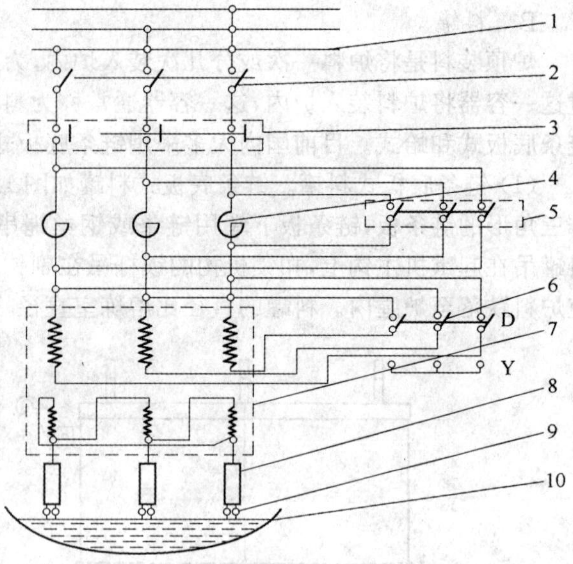

图 11-44　电炉主电路示意图

1—高压电缆；2—隔离开关；3—高压断路器；4—电抗器；5—电抗器转换开关；6—变压器转换开关；7—变压器；8—电极；9—电弧；10—熔池

E　电炉短网

短网是指从电炉变压器低压侧出线到石墨电极末端为止的二次导体，如图 11-37 所示。它包括石墨电极、横臂上的导电铜管(或横臂)，挠性电缆及硬母线。

由于这段导线流过的电流特别大，又称大电流导体(或大电流线路)，而长度与输电电网相比又特别短 10～25 m，故常称为短网或短线路。

短网中因流过的电流很大，故要求水冷，三相短网的布线方式影响三相功率的平衡；短网的阻抗，影响输入功率的大小。

F　电极

电炉炼钢用电极要求强度大、电阻低及热膨胀系数小，故常用石墨电极。它的作用是将大电流引入炉内并产生高温电弧。

G　电弧

电弧炉就是利用电弧产生的高温进行熔炼金属的。电弧是气体放电(导电)现象的一种形态。电弧产生过程大致分为短路热电子放出；两极分开形成气隙；电子加速运动气体电离；带电质点定向运动，气体导电，形成电弧。

11.4.2.2　电炉电控设备

电炉电控设备包括高低压控制系统及其相应的台柜以及电极自动调节器等。

A　高压供电系统

高压控制系统的基本功能是接通或断开主回路及对主回路进行必要的保护和计量。

一般电炉的高压控制系统由高压进线柜(高压隔离开关、熔断器、电压互感器)；真空开关柜(真空断路器；电流互感器)；过电压保护柜(氧化锌避雷器组及阻容吸收器)三面高压柜，以及置于变压器室墙上的高压隔离开关(带接地开关)组成。

高压控制柜上装有隔离开关手柄、真空断路器、电抗器及变压器的开关、高压仪表和信号装置等。高压控制系统所计量的主要技术参数有：高压侧电压，高压侧电流，功率因数，有功功率，有功电度及无功电度。

B 低压控制系统及其台柜

电炉的低压控制系统由低压开关柜、基础自动化控制系统(含电极自动调节系统)、人机接口相应网络组成。

低压开关柜系统主要由低压电源柜、PLC 柜及电炉操作台柜等组成。电炉操作台上安装有控制电极升降的手动、自动开关,炉盖提升旋转、电炉倾动及炉门、出钢口等炉体操作开关,低压仪表和信号装置等。

C 电极自动调节器

电极自动调节系统包括电极升降机构与电极自动调节器。电弧炉对调节器的要求:要有高灵敏度,不灵敏区≤6%;惯性要小,速度由零升至最大的90%时,需要时间≤0.3 s,反之≤0.2 s;调整精度要高,误差≤5%。

按电极升降机构驱动方式的不同,电极升降调节器可以分为机电式调节器和液压式调节器两种。通常前者用于容量 20 t 以下的电弧炉,后者用于 30 t 以上的中大型电弧炉。

机电式电极升降调节器类型有:电机放大机-直流电动机式,晶闸管-直流电动机式,晶闸管-转差离合器式,晶闸管-交流力矩电机式和交流变频调速式等。目前应用的主要是后两种及微机控制的产品。

液压式调节器按控制部分的不同有:模拟调节器,微机调节器,PLC 调节器。液压式调节器三种型式中前两种已经逐渐被 PLC 调节器取代。目前电炉基本都是采用 PLC 控制。

复习思考题

11-1 电弧炉冶炼方法有哪几种,各有何特点?

11-2 简述电弧炉炼钢和转炉炼钢的主要异同点。

11-3 试述现代电弧炉一炉钢的冶炼过程。

11-4 简述熔化期的任务是什么,缩短熔化期的主要措施有哪些?

11-5 简述废钢预热的主要作用有哪些?

11-6 试述氧燃烧嘴的类型及其特点。

11-7 何为超高功率电弧炉?

11-8 泡沫渣操作有何优点,其影响因素有哪些?

11-9 试述直流电弧炉的工艺特点以及它的优越性。

11-10 电弧炉主电路的组成及各部分的作用有哪些?

12 铁水预处理与钢水炉外精炼

12.1 概述

铁水炉外预处理是指铁水进入炼钢炉之前所进行的某种处理，可分为普通铁水的脱硫、脱硅和脱磷预处理（简称铁水的三脱处理）和特殊铁水的提钒、提钛、提铌、提钨预处理，同时提取其他虽不贵重但在经济上综合利用有利的元素。由于铁水预处理在技术上先进和经济上合理，逐渐演变成为当今用于扩大原材料来源、提高钢质量，增加品种和提高技术经济指标的必要手段。铁水预处理技术的日益成熟，已构成现代化钢铁企业生产流程的重要环节。尤其是铁水预脱硫处理已在现代化钢厂得到普遍的应用，我国的宝钢、武钢、鞍钢、攀钢、唐钢、邯钢等很多厂家都采用了铁水预脱硫处理。

传统的转炉生产钢铁流程：高炉→转炉→连铸，已逐步被新的工艺流程所代替：即高炉炼铁→铁水炉外预处理→转炉冶炼→炉外精炼→连铸连轧或连铸→铸坯热送直接轧制。这已成为国内外大型钢铁企业技术改造后的普遍模式。目前，铁水预处理已被公认为高炉→转炉→连铸工艺流程降低钢中杂质含量的最佳工艺，改善和提高转炉操作的重要手段之一。

转炉冶炼自始至终是在氧化气氛中进行，故脱硫能力有限，一般单渣法冶炼脱硫率在30%～40%。为了减轻转炉冶炼负担，长期以来对铁水预脱硫处理开展了大量研究并得到了迅速发展。70年代后期，由于超低磷、硫钢需求量的增长，又在喷射法铁水预脱硫基础上开发成功铁水炉外预脱磷处理技术。因为，脱磷必须先脱硅。这样，铁水的三脱处理技术与旨在分离转炉机能的目标相结合，导致产生了多种认为是最佳工艺流程的生产模式。

铁水预处理和炉外精炼技术的发展，使炼钢炉的前后工序整合成一个整体，充分发挥各工序的功能，使冶炼效益进一步提高，钢质量得到进一步改善，能耗和成本进一步降低，从而将转炉炼钢推进至一个全新的发展时期。

转炉采用低硅、低磷、低硫铁水冶炼，能给转炉带来一系列好处：减少造渣材料（石灰等）的消耗，吹炼过程中产生的渣量少，因此，吹炼过程中炉渣外溢和喷溅减少，炉渣对炉衬的侵蚀减少，炉龄显著提高。并且提高了转炉生产率、钢水收得率和钢水余锰量（由炉渣带走的Fe和Mn量减少），转炉的吹炼时间缩短，生产率提高，钢水质量提高。

随着现代科学技术和工业的发展，对钢质量的要求越来越高，用普通炼钢炉（转炉、电炉）冶炼出来的钢水已经难以满足其质量的要求；为了提高生产率，缩短冶炼时间，也希望能把炼钢的一部分任务移到炉外去完成；另外，连铸技术的发展，对钢水的成分、温度和气体的含量等也提出了更严格的要求。这几方面的因素迫使炼钢工作者寻求一种新的炼钢工艺，于是就产生了炉外精炼方法。

所谓炉外精炼，就是把常规炼钢炉（转炉、电炉）初炼的钢液倒入钢包或专用容器内进行脱氧、脱硫、脱碳、去气、去除非金属夹杂物和调整钢液成分及温度以达到进一步冶炼目的的炼钢工艺。即将在常规炼钢炉中完成的精炼任务，如去除杂质（包括不需要的元素、气体和夹杂）和夹杂变性、成分和温度的调整和均匀化等任务，部分或全部地移到钢包或其他容器中进行，把一步炼钢法变为二步炼钢法，即初炼加精炼。国外也称之为二次精炼(Secondary Refining)、二次炼钢(Secondary Steelmaking)和钢包冶金(Ladle Metallurgy)。

铁水预处理已经有很长的历史，而钢水二次精炼不但有很长的历史，而且种类繁多。在1950年前就有钢包底部吹氩搅拌钢水以均匀钢水成分、温度和去除夹杂物的Gazal法(法国)。到了20世纪50年代，由于真空技术的发展和大型蒸汽喷射泵的研制成功，为钢液的大规模真空处理提供了条件，开发出了各种钢液真空处理方法，如钢包除气法，倒包处理法(BV法)等。较为典型的方法是1957年联邦德国的多特蒙德(Dortmund)和豪特尔(Horder)两公司开发的提升脱气法(DH法)和1957年联邦德国的德鲁尔钢铁公司(Ruhrstahl)和海拉斯公司(Heraeus)共同发明的钢液真空循环脱气法(RH法)。

20世纪60年代和70年代，是钢液炉外精炼多种方法开发的繁荣时期，这是与该时期提出洁净钢生产、连铸要求稳定的钢水成分和温度以及扩大钢的品种密切相关联的。在这个时期，炉外精炼技术形成了真空和非真空两大系列。真空处理技术有：联邦德国于1965年开发的用于超低碳不锈钢生产的真空吹氧脱碳法(VOD)和1967年美国开发的真空电弧加热去气法(VAD)；1965年瑞典开发的，用于不锈钢和轴承钢生产的有电弧加热，带电磁搅拌和真空脱气的钢包精炼炉法(ASEA-SKF)；1978年在日本开发，用于提高超低碳钢生产效率的RH吹氧法(RH-OB)。非真空处理技术有：1968年在美国开发，用于低碳不锈钢生产的氩氧脱碳精炼法(AOD)；1971年在日本开发，配合超高功率电弧炉，代替电炉还原期对钢水进行精炼的钢包炉(LF)以及后来配套真空脱气(VD)发展起来的LF-VD；喷射冶金技术如1976年瑞典开发的氏兰法(SL法)，1974年联邦德国开发的蒂森法(TN法)，日本开发的川崎喷粉法(KIP)；喂合金包芯线技术如1976年日本开发的喂丝法(WF)；加盖或加浸渣罩的吹氩技术如1965年日本开发的密封吹氩法(SAB法)和带盖钢包吹氩法(CAB法)，1975年日本开发的成分调整密封吹氩法(CAS法)。

20世纪80年代以来，炉外精炼已成为现代钢铁生产流程水平和钢铁产品高质量的标志，并朝着功能更全、效率更高、冶金效果更佳的方向发展和完善。这一时期发展起来的技术主要有RH顶吹氧法(RH-KTB)、RH多功能氧枪(RH-MFB)、RH钢包喷粉法(RH-IJ)、RH真空室喷粉法(RH-PB)、真空川崎喷粉法(V-KIP)和吹氧喷粉升温精炼法(IR-UT法)等。

12.2 铁水炉外预处理

12.2.1 铁水炉外预脱硅处理

12.2.1.1 铁水炉外预脱硅处理的意义

铁水炉外预脱硅处理的目的是减少转炉渣量并为铁水预脱磷创造条件。铁水中的硅是发热元素，转炉炼钢为了脱磷造高碱度渣需SiO_2作化渣剂。但是研究表明，为了化渣和保证出钢温度有0.3%的硅就足够了。多余的硅含量则是有害的，并恶化了技术经济指标。

(1) 减少脱磷剂用量，提高脱磷脱硫效率。在氧化脱磷时，由于SiO_2比P_2O_5更稳定，Si比P优先氧化。因此在铁水硅含量较高($w[Si]=0.30\%\sim0.80\%$)对铁水进行炉外预脱磷处理时，加入的含氧化剂的脱磷剂大部分要被硅氧化消耗，而使脱磷反应滞后，脱磷剂用量增加，同时产生大量的SiO_2，降低了熔渣的碱度使脱磷无法进行。因此，在脱磷之前，首先要进行铁水脱硅处理。

(2) 减少转炉石灰用量。铁水预脱硅处理可使铁水含$w[Si]$量由0.6%以上脱除到0.2%以下。通常认为铁水中的硅是转炉炼钢的热源的成渣元素，这种观点应重新认识，因为铁水中的硅高是不经济的。

(3) 对于含钒和含铌等特殊铁水，预脱硅可为富集 V_2O_5 和 Nb_2O_5 等创造条件。

12.2.1.2 铁水预脱硅处理的原理

脱磷前的铁水预脱硅处理是基于铁水预脱磷而发展起来的。由于铁水中硅的氧势比磷的氧势低得多，当脱磷过程加入氧化剂后，硅与氧的结合能力远远大于磷与氧的结合能力，所以硅比磷优先氧化。这样形成的 SiO_2 势必会大大降低渣的碱度。因此，为了减少脱磷剂用量、提高脱磷效率，必须优先将铁水硅氧化到一定程度。为此，开发了铁水预脱硅技术。

为了优先脱硅，尽可能避免 Mn 和 C 的氧化，可以比较这三种元素氧化反应的标准自由能变化来判断。

脱硅剂是使用固体脱硅剂和气体脱硅剂，固体脱硅剂又分为氧化铁皮或者烧结矿。采用氮气作为运载气体将细碎的铁皮喷吹到铁水中，脱硅地点一般在高炉出铁场的铁水沟内添加碎氧化铁皮，也可以往鱼雷灌车内或铁水包内喷射氧化铁皮。

A 固体氧化剂脱硅

$[Si]+2\,FeO_{(s)}=(SiO_2)+2[Fe]$ $\quad \Delta G_1^{\ominus}=-81500+28.53T$ $\quad \lg K_1=17814/T-6.236$

$[Mn]+FeO_{(s)}=(MnO)_{(s)}+[Fe]$ $\quad \Delta G_2^{\ominus}=-34520+14.8T$ $\quad \lg K_2=7545/T-3.24$

$[C]+FeO_{(s)}=CO_{(g)}+[Fe]$ $\quad \Delta G_3^{\ominus}=25950-23.03T$ $\quad \lg K_3=-5672/T+5.03$

B 吹氧脱硅

$[Si]+O_{2(g)}=(SiO_2)$ $\quad \Delta G_4^{\ominus}=-197690+54.46T$ $\quad \lg K_4=43210/T-11.90$

$[Mn]+O_{2(g)}=(MnO)_{(s)}$ $\quad \Delta G_5^{\ominus}=-86290+25.44T$ $\quad \lg K_5=18860/T-5.56$

$[C]+O_{2(g)}=CO_{(g)}$ $\quad \Delta G_6^{\ominus}=-36440-8.09T$ $\quad \lg K_6=7965/T-1.77$

按等温方程式 $\Delta G=\Delta G^{\ominus}+RT\ln K$，在通常高炉铁水($w[C]\geqslant 4.0\%$，$w[Si]=0.4\%\sim0.7\%$，$w[Mn]=0.4\%\sim0.6\%$)，在 1300～1400℃范围内，可以算出：

$$\Delta G_1<\Delta G_2<\Delta G_3<0;\Delta G_4<\Delta G_5<\Delta G_6<0$$

这说明，加入固体氧化剂或深吹氧气，铁水中的硅都比锰和碳要优先氧化。

C 硅基本反应

铁水脱硅用的氧化剂有气体(氧气或空气)和固体(铁鳞、烧结矿、铁精矿粉、铁矿石)氧化剂。脱硅的基本反应如下：

$[Si]+O_{2(g)}=SiO_{2(s)}$ $\qquad [Si]+2/3Fe_2O_{3(s)}=SiO_{2(s)}+4/3Fe$

$[Si]+1/2Fe_3O_4=SiO_{2(s)}+3/2Fe$ $\qquad [Si]+2(FeO)=SiO_{2(s)}+2Fe_{(l)}$

因为脱硅反应产物中有 SiO_2，所以在固体脱硅剂中加入一定量的 CaO 等碱性氧化物，可降低渣中 a_{SiO_2} 值，从而有利于促进脱硅反应的进行。

尽管脱硅反应均为放热过程，但从生产实践和热平衡计算可知，用气体脱硅剂能使熔池温度升高；用固体脱硅剂时，因其熔化吸热，综合效果是使熔池温度下降。

12.2.1.3 铁水预脱硅方法

目前铁水炉外脱硅方法有高炉出铁场的铁水沟内连续脱硅的投入法；向铁水罐或混铁车内喷射脱硅剂脱硅和“两段式”脱硅三种方法。即为前两种方法的结合，先在铁水沟内加脱硅剂脱硅，然后在鱼雷罐车或铁水罐中喷吹脱硅。

A 高炉出铁沟脱硅

该方法是直接将脱氧剂加入高炉铁水沟中脱硅，脱氧剂一般是铁鳞，其优点是脱硅不占用时间，能大量处理，温降小，时间短，渣铁分离方便。缺点是用于脱硅反应的氧的利用率低和工作条件较差。

高炉铁沟中脱硅剂的加入方式有：

(1) 投撒给料法：向铁水流表面投入熔剂，并利用铁沟内铁水落差进行搅拌。

(2) 气体搅拌法：在投撒给料法的基础上，向铁水表面吹压缩空气加强搅拌促进脱硅反应进行。该法与投撒给料法相比，熔剂利用率高。

(3) 液面喷吹法：依靠载气将熔剂喷向铁水表面。

(4) 铁液内喷吹法：通过耐火材料喷枪利用载气向铁水内喷吹熔剂。

B 铁水罐或鱼雷罐车中喷射脱硅剂脱硅

这种方法特点是工作条件好，处理能力大，脱硅效率高且稳定，缺点是占用时间长，温降较大。

C “两段式”脱硅法

当铁水 $w[\mathrm{Si}]<0.4\%$时，可采用简单的铁水沟脱硅法。当 $w[\mathrm{Si}]>0.4\%$时，脱硅剂用量增大，泡沫渣严重，适宜采用脱硅效率高的喷吹法或两段法。若炼钢厂扒渣能力不足，应采用两段脱硅法，利用挡渣器分离渣铁。

12.2.2 铁水炉外预脱硫处理

12.2.2.1 铁水预脱硫的意义

在铁水中含有大量的硅、碳和锰等还原性好的元素，能够大大提高硫在铁水中的活度系数，在使用不同类型的脱硫剂，特别是强脱硫剂如钙、镁、稀土等金属及其合金时，不会发生大量的烧损，以致影响脱硫反应的进行，使硫很容易就能脱到很低水平。对高炉来说，铁水炉外脱硫能给高炉减轻负担，降低焦比，减少渣量和提高生产率。对炼钢则能减轻负担、简化操作和提高炼钢生产率。可减少渣量和提高金属收得率，并为转炉冶炼品种钢创造条件。铁水炉外脱硫炼铁炼钢相结合，可以对铁水实现深度脱硫，从而为转炉冶炼超低硫钢创造条件。

12.2.2.2 铁水预脱硫的基本原理

在铁水预处理温度下，硫元素的稳定状态是气态（硫的沸点为 445℃），但在有金属液和熔渣的情况下，硫能溶解在金属液和熔渣中。硫在铁液中的溶解度很高，在铁水温度下能同很多金属和非金属元素结合成气、液相化合物。这为开发各种脱硫方法创造了有利条件。各种脱硫方法的实质都是将溶解在金属液中的硫转变为在金属液中不溶解的相，进入熔渣或经熔渣再从气相逸出。

脱硫剂是决定脱硫效率和脱硫成本的因素之一。日本新日铁曾做过计算，脱硫剂的费用约为脱硫成本的 80%以上。因此，选择好脱硫剂的种类是降低成本的关键。目前，生产中常用的脱硫剂有石灰（CaO）、碳化钙（CaC_2）、苏打（Na_2CO_3）、金属镁、钙以及由他们组成的各种复合脱硫剂。

A 金属、氧化物及碳化物脱硫

典型脱硫剂的脱硫反应和 $\Delta G^{\ominus}$ 见表 12-1。

为了定量地比较各种脱硫剂脱硫能力的大小，可以从各脱硫反应的平衡常数与 $\Delta G^{\ominus}$ 和温度的关系式求出各脱硫反应的平衡常数 K 值来进行比较。

表 12-1　某些脱硫反应式和 $\Delta G^{\ominus}$

反应式	$\Delta G^{\ominus}$/J·mol^{-1}	反应式编号	备注
$Mg_{(g)}+[S]=MgS_{(s)}$	$-427367+180.67T$	12-1	
$[Mg]+[S]=MgS_{(s)}$	$-372648+146.29T$	12-2	
$Mn_{(l)}+[S]=MnS_{(s)}$	$-153789+555.52T$	12-3	
$Ca_{(l)}+[S]=CaS_{(s)}$	$-416600+80.98T$(851～1487℃)	12-4	
$Ca_{(g)}+[S]=CaS_{(s)}$	$-569767+168T$(1487～1727℃)	12-5	
$CaC_{2(s)}+[S]=CaS_{(s)}+2[C]$	$-359245+109.45T$	12-6	
$CaO_{(s)}+[S]=CaS_{(s)}+[O]$	$109070-29.27T$(851～1487℃) $108946-30.10T$(1487～1727℃)	12-7	
$2CaO_{(s)}+[S]+1/2[Si]=CaS_{(s)}+1/2\ 2CaO\cdot SiO_{2(s)}$	$-251930+83.36T$	12-8	$w[Si]\geqslant 0.05\%$
$CaO_{(s)}+[S]+[C]=CaS_{(s)}+CO_{(g)}$	$86670-68.96T$(851～1487℃) $86545-69.80T$(1487～1727℃)	12-9	$w[Si]<0.05\%$
$MgO_{(s)}+[S]+[C]=MgS_{(s)}+CO_{(g)}$	$164675-67.54T$	12-10	
$MnO_{(s)}+[S]+[C]=MnS_{(s)}+CO_{(g)}$	$115017-75.91T$	12-11	
$BaO_{(s)}+[S]+[C]=BaS_{(s)}+CO_{(g)}$	$29686-59.83T$	12-12	
$Na_2O_{(l)}+[S]+[C]=Na_2S_{(l)}+CO_{(g)}$	$-34836-68.54T$	12-13	

表 12-2 为 1350℃下各反应的平衡常数和各种脱硫反应达到平衡时铁水中的平衡硫含量。

表 12-2　各种脱硫剂的相对脱硫能力和平衡硫含量(1350℃)

脱硫剂	Mg	Mn	Ca	CaC_2	CaO	MgO	MnO	BaO	Na_2O
平衡常数 K	2.06×10^4	111.8	1.5×10^9	6.94×10^5	6.489	0.017	1.833	147.45	5×10^4
相对大小	3170	17.2	2.3×10^8	1×10^5	1	0.002	0.282	22.7	7700
平衡 w[S]	1.6×10^{-5}	3×10^{-3}	2.2×10^{-8}	4.9×10^{-7}	3.7×10^{-3}	1.16	1.1×10^{-2}	1.3×10^{-4}	4.8×10^{-7}
对应公式	12-1	12-3	12-4	12-6	12-9	12-10	12-11	12-12	12-13

从表 12-2 可看出，CaC_2、Mg 和 Na_2O 的脱硫能力均较 CaO 强很多，而且脱硫反应平衡时的硫含量前三者也可以达到较低的水平。实际生产中，Na_2O、Mg、CaC_2 等的脱硫能力只比 CaO 大几倍到几十倍，这主要是受脱硫剂气化损失以及动力学方面因素的影响。目前 CaC_2、Mg、CaO、Na_2O 被广泛地应用于铁水脱硫，尤其是近年来金属 Mg 脱硫在铁水预处理中所占的比例越来越大，已经成为铁水预处理脱硫的主流方法。金属 Ca 和 Ca 合金具有很强的脱硫能力，目前被广泛应用于钢水精炼脱硫和钢中非金属夹杂物的变性处理过程中。

B　碱性渣脱硫

按熔渣的离子理论，强化碱性渣脱硫能力的热力学条件是：提高熔渣的碱度，降低脱硫体系中的氧势，提高脱硫温度。

12.2.2.3　铁水预脱硫方法

目前已经开发的铁水预脱硫方法很多，部分典型处理方法可归纳于表 12-3 和图 12-1。

目前 KR 机械搅拌法和以镁为主的喷吹法成为应用最普遍和最广泛的方法。KR 法是日本 1965 年开发的，我国武钢 20 世纪 70 年代从日本引进了 KR 脱硫装置。在十字形的大型搅拌器的剧烈搅拌作用下，铁水和脱硫剂紧密混合。此法金属损失很小，因为是在铁水熔池深部进行搅拌，金属喷溅较少。

表 12-3 常用铁水脱硫处理方法分类

类别			脱硫方法及特征	脱硫效果 $w[S]_0=0.03\%\sim0.04\%$
一级	二级	三级		
分批处理法	铺撒法		在高炉出铁过程中连续地往出铁沟或铁水罐内撒入脱硫剂，也可撒在铁水流中或铁水表面上，利用铁水的冲混将其搅拌均匀	苏打粉 8～10 kg/t，$\eta_S=60\%\sim70\%$
	摇动法	回转炉法	在回转炉的铁水面上加入石灰粉和焦炭粉，并加以搅拌，搅拌转速 34 转/min	石灰粉 10～20 kg/t；炭粉 1～2 kg/t；$\eta_S=90\%$
		摇包法	在偏心回转包的铁水中加入脱硫剂，包的转速为 40～50 转/min	石灰粉 15 kg/t；炭粉 15 kg/t；CaC_2 5 kg/t，$\eta_S=80\%\sim90\%$
		DM 摇包法	摇包能正反双向进行，铁水和脱硫剂混合良好，转速为 43 转/min，正逆换向周期 14 s，中间停止 3 s	CaC_2 5 kg/t，$\eta_S=80\%\sim90\%$
		DO 法	用耐火材料制成的 T 形管状搅拌器搅拌铁水，转速约为 30 转/min	CaC_2 5 kg/t，$\eta_S=80\%\sim90\%$
		RS 法	用铁芯加强的耐火材料制成倒 T 型搅拌器，转速 60～70 转/min，在铁水表面附近旋转	CaC_2 5 kg/t，$\eta_S=80\%\sim90\%$
	机械搅拌法	KR 法	将耐火材料制成的十字形搅拌桨插入铁水中进行搅拌。转速 70～120 转/min，搅拌时铁水中央部位形成涡井，脱硫剂卷入其中，以致混合良好	CaC_2 2～3 kg/t，$\eta_S=90\%\sim95\%$ 苏打粉 6～8 kg/t，$\eta_S=80\%\sim90\%$ 90%石灰-5%萤石-5%C，4 kg/t，$\eta_S=90\%$
		赫歇法	在搅拌桨于铁水中旋转的同时，由转轴中心孔向铁水中喷入丙烷，促进石灰的脱硫	石灰粉 12.5 kg/t，丙烷 9L/t，$\eta_S=80\%$
		NP 法	用耐火材料制成的门型搅拌器来搅拌铁水，转速 77 转/min。搅拌同时，从搅拌器双叉端部喷出氮气，强化混合和使铁水面上保持惰性气氛，以提高脱硫剂的利用率和防止回硫	CaC_2 2～3 kg/t，$\eta_S=90\%$
	喷吹法	ATH 法	在混铁车内斜插入喷枪，用载流气体送入脱硫剂并进行搅拌	CaC_2 3～4 kg/t，$\eta_S=85\%\sim90\%$；60%石灰-3%萤石-12%炭粉，6～8 kg/t，
		TDS 法	在混铁车内垂直插入喷枪，用载流气体送入脱硫剂并进行搅拌	$\eta_S=85\%\sim90\%$；5 kg/t 石灰-0.16 kg/t Al，$\eta_S=70\%$；镁粒
		铁水罐喷射法	将喷枪垂直或倾斜地插入铁水罐深部，用载流气体送入脱硫剂并进行搅拌	0.6～0.7 kg/t(85%～93%Mg)，$\eta_S=90\%$
		IRSID 法	利用插入式喷枪向铁水罐、混铁车或混铁炉内喷吹石灰粉、碳化钙或氰氨化钙的空气流或氮气流	石灰粉 9.3 kg/t，$\eta_S=50\%$
	吹气搅拌法	PDS 法	将脱硫剂加到铁水面上，通过铁水罐底部的透气砖注入氮气、氩气或其他气体搅拌铁水，使之与脱硫剂混合	CaC_2 4～6 kg/t，$\eta_S=77\%\sim85\%$
		CLDS 法	它是改进的 PDS 法，一般能连续处理 4 罐铁水，可以提高脱硫效率，省去除渣操作和减少铁损失，但是需要倒包处理	
		GMR 法	又叫气泡泵法，从耐火材料圆筒底部内侧向铁水中吹入气体，气泡上浮迫使铁水向上流动，同时脱硫剂向下运动，造成良好搅拌	CaC_2 5 kg/t，$\eta_S=90\%\sim95\%$

续表 12-3

类别			脱硫方法及特征	脱硫效果 $w[S]_0=0.03\%\sim0.04\%$
一级	二级	三级		
分批处理法	镁脱硫法	镁焦脱硫法	利用插入式钟罩（简称插罩）将含镁40%～45%的镁焦加入到铁水罐内进行脱硫处理	镁焦用量 1.2 kg/t，$\eta_S>75\%$
		镁锭脱硫法	在蒸发器内部空心杆内吊有镁锭，使用时将端部带有蒸发器的插杆沉入到铁水熔池深处，同时在杆中供入空气	镁用量 0.43 kg/t，$\eta_S=50\%\sim75\%$
		吹镁脱硫法	采用氩气、氮气等作为输送气体，利用垂直喷枪将镁粉或镁颗粒喷入铁水罐或鱼雷罐车中	镁用量 0.43 kg/t，$\eta_S=80\%\sim95\%$
		镁合金脱硫法	典型的为“三明治”法，是将镁硅铁放在已预热的铁水罐底部，并覆盖一层铸铁车屑，然后兑入铁水，这样可使放出镁蒸气的时间持续数分钟之久	
连续处理法		平面流动法	向流铁沟内的铁水面连续加入脱硫剂	
		涡流法	将涡流装置与高炉出铁沟相连接，出铁时加入脱硫剂，利用涡流运动搅拌	
		机械搅拌法	在高炉出铁沟上装有机械搅拌器，出铁时加入脱硫剂并开动搅拌器。搅拌器旋转方向与铁水流动方向相反，得到良好的混合	CaC_2 1.8～2.3 kg/t，$\eta_S=80\%$；石灰 7.9 kg/t，$\eta_S=60\%$
		电磁搅拌法	在高炉出铁沟附近安装电磁搅拌器，出铁时使铁水与脱硫剂混合，促进脱硫反应	

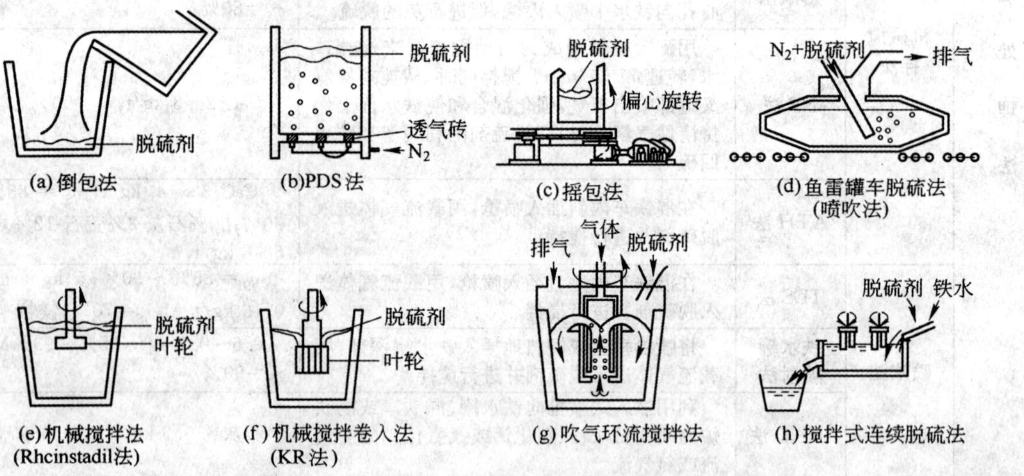

图 12-1　常用脱硫方法示意图

镁脱硫方法目前国内普遍应用的方式有：单喷颗粒镁、CaO-Mg 复合喷吹、CaC_2-Mg 复合喷吹，这几种方法均具有生产 $w[S]\leqslant0.005\%$ 铁水的深脱硫能力。

12.2.3　铁水预脱磷处理

近年来，随着用户对高强度、高韧性、高抗应力腐蚀性能钢种需求量的不断增加和质量要求的日益严格，世界各国都在努力降低钢中磷含量。如，对于低温用钢、海洋用钢、抗氢致断裂钢和部分厚板用钢，除了要求极低的硫含量以外，也要求钢中的 $w[P]$ 含量小于 0.01%甚至 0.005%

以下。此外，为了降低氧气转炉钢的生产成本和实行少渣炼钢，也要求铁水 $w[P]$ 含量小于 0.015%。因此，20 世纪 80 年代以来，许多冶金工作者致力于研究铁水的预处理脱磷问题，开发了各种处理方法。

12.2.3.1 脱磷预处理的基本原理

铁水炉外预脱磷与炉内脱磷原理相同，即低温、高碱度和高氧化性炉渣条件下有利于脱磷。与钢水相比，铁水温度低，这是炉外脱磷的有利条件，此时向铁水加入具有一定碱度和氧化能力的脱磷剂，可把铁水中的磷降低到较低的含量。

在氧化脱磷时，铁水中的磷被氧化成 P_2O_5 而除去，但是 P_2O_5 的熔点 550℃，沸点为 605℃，因此在铁水温度下 P_2O_5 是气体。铁水中除 P 外还会有 Si、Mn、C 和占 90%以上的 Fe，吹氧时这些元素也会发生氧化，在标准液态下优先氧化的是 Si、Mn、C、Fe，这时磷实际上不发生氧化，因此铁水中的磷不能直接氧化成 P_2O_5 气体而除去。

为了在铁水的氧化过程中能顺利地进行脱磷，必须加入与 P_2O_5 结合能力很强地碱性氧化物，使之生成稳定的磷酸盐，才能有效的进行脱磷。因此脱磷时首先将磷氧化成 P_2O_5 然后与强碱性氧化物结合成稳定的磷酸盐。

A 碱性氧化物的脱磷

各种碱性氧化物的脱磷反应式和 $\Delta G^{\ominus}$ 见表 12-4。

表 12-4 某些脱磷反应式和 $\Delta G^{\ominus}$

反应式	$\Delta G^{\ominus}$/J·mol^{-1}	反应式编号
$6/5CaO_{(s)}+4/5[P]+O_{2(g)}=2/5\ 3CaO\cdot P_2O_{5(s)}$	$-828342+249.90T$	12-14
$8/5CaO_{(s)}+4/5[P]+O_{2(g)}=2/5\ 4CaO\cdot P_2O_{5(s)}$	$-846190+256.58T$	12-15
$6/5MgO_{(s)}+4/5[P]+O_{2(g)}=2/5\ 3MgO\cdot P_2O_{5(s)}$	$-744030+256.58T$	12-16
$6/5MnO_{(s)}+4/5[P]+O_{2(g)}=2/5\ 3MnO\cdot P_2O_{5(s)}$	$-732725+276.76T$	12-17
$6/5FeO_{(l)}+4/5[P]+O_{2(g)}=2/5\ 3FeO\cdot P_2O_{5(s)}$	$-643960+197.20T$	12-18
$6/5Na_2O_{(l)}+4/5[P]+O_{2(g)}=2/5\ 3Na_2O\cdot P_2O_{5(s)}$	$-1017734+257.1T$	12-19

在标准状态下，为了定量地比较上述各种碱性氧化物脱磷能力的大小，计算得到的 1350℃ 下各反应的平衡常数见表 12-5。

表 12-5 各种碱性氧化物脱磷能力的比较(1350℃)

脱硫剂	FeO	MnO	MgO	CaO	Na_2O	数据来源
平衡常数 K	2.6×10^{10}	1.32×10^{9}	3.43×10^{10}	4.15×10^{13}	2.06×10^{19}	
	7	0.05	1.32	1.6×10^{3}	7.9×10^{8}	张信昭
相对大小	7	3	30	10×10^{5}		特克道根
	7	3	1000	3.0×10^{4}		弗勒德

由上述数据可以看出，Na_2O 的脱磷能力最强，其次是 CaO，但由于目前关于脱磷的热力学数据还不太精确，因此各研究者的计算结果只能作为参考。

B 碱性熔渣脱磷

在氧化性条件下，碱性熔渣脱磷反应可用见炼钢原理部分的描述。因平衡实验条件(如渣成分范围、温度范围等)以及实际冶炼中脱磷是否达到平衡等因素的不同，对脱磷反应的平衡常数目前尚无统一的数值。各工厂常常在上述基础研究的指导下结合自己的生产条件，提出实际的脱磷分配比与渣成分等的关系式，从而实现优化脱磷操作。

12.2.3.2 铁水预脱磷方法

根据所用容器的不同，可以分为三类：一种是在高炉出铁沟或出铁槽内进行脱磷，一种是在铁水包或鱼雷罐车中进行预脱磷，第三种是在专用转炉内进行铁水预脱磷。这三种方法在工业上均得到了实际应用，但由于在鱼雷罐车和铁水包中脱磷存在一些问题，许多厂家纷纷研究在转炉内进行脱磷的预处理方法，最早的是在日本神户制钢神户厂采用的 H 炉，随后新日铁、住友、日本钢管也纷纷采用了这一技术。

与鱼雷罐车内或铁水包内进行的铁水预处理脱磷相比，在转炉内进行铁水脱磷预处理的优点是转炉的容积大、反应速度快、效率高、可节省造渣剂的用量，吹氧量较大时也不易发生严重的溢渣现象，有利于生产超低磷钢，尤其是中高碳的超低磷钢。另外，在转炉内进行铁水预处理时脱磷剂可以喷粉或块状加入。神户制钢的 H 炉和新日铁的 LD-ORP 炉是用喷粉法加入，其优点是反应速度快，效率高，缺点是需增设喷粉设备，原有设备需要作较大的改动。NKK 福山厂和住友的 SRP 直接将脱磷剂加入炉内，利用较强的底吹搅拌，也能达到较好的脱磷效果，但为了化渣良好，需采取相应措施。韩国浦项公司技术研究所也在 300 t 和 100 t 的复吹转炉上进行了铁水脱磷预处理实验，研究了该过程中铁水成分的变化，认为在浦项第二炼钢厂采用 TDS(Top Desulphurization)脱硫预处理的情况下，适于在转炉中进行铁水脱磷预处理。经脱磷后的铁水可用来生产 $w[P]<0.004\%$的超低磷钢。

目前国内也面临类似的情况，故在新建或改建预处理脱磷装置的时候应考虑到这一发展趋势，并对此进行研究，结合自身的情况加以利用，从而达到经济而高效地大批量生产低磷钢的目的。

12.2.4　铁水同时脱硫脱磷预处理

从前面所讨论的脱硫脱磷反应的热力学条件可知，脱磷和脱硫的主要不同在于对炉渣(或金属液)氧化性的要求。前者要求高氧化性，而后者要求低氧化性，因此认为脱硫和脱磷不可能同时进行。

在氧化性条件下，渣铁间的磷硫分配比可表示为：

$$\lg L_P = \lg w(P)/w[P] = \lg C_P + \lg f_P + 5/2\ \lg a_O \tag{12-20}$$

$$\lg L_S = \lg w(S)/w[S] = \lg C_S + \lg f_S - \lg a_O \tag{12-21}$$

在温度和铁水成分一定时，选择磷容量 C_P 和硫容量 C_S 较大的渣系，就能得到较大的 L_P 和 L_S 值，实现铁水同时脱磷脱硫。在一定渣系条件下，可以通过控制熔渣-铁水界面的氧位来调节 L_P 和 L_S 值的大小，即增大氧位能增大 L_P 和减小 L_S，反之亦然。这样，可以根据铁水脱磷和脱硫的程度要求，控制合适的氧位，有效地实现铁水的同时脱磷脱硫。

用脱硫和脱磷能力大的 Na_2O 和石灰系渣进行实验，可找出同时满足脱磷和脱硫所必需的氧位。水渡等人得出 Na_2O 和 CaO 脱磷、脱硫时，a_P、a_S 和 a_O、p_{O_2} 的关系，如图 12-2 所示。用 Na_2CO_3 分解产生的 Na_2O 脱磷脱硫，在 a_O 很大的波动范围(10^{-1} 至 10^{-3})以内，均可使 a_P 和 a_S 降到 0.001 以下，因此用苏打作熔剂，很容易达到同时脱磷脱硫效果。而用 CaO 脱磷脱硫则不然，要想达到 $a_P \leqslant 10^{-3}$，必须 $a_O \geqslant 0.1$；而要想达到 $a_S \leqslant 10^{-3}$，要求必须 $a_O \leqslant 0.001$。这样看来，用石灰渣系时将难以达到同时脱

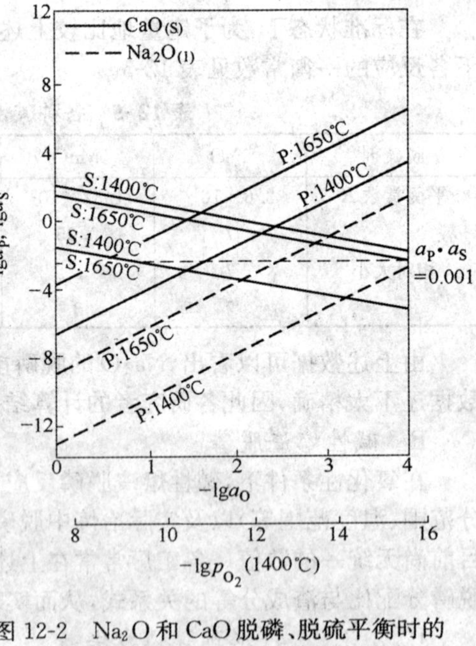

图 12-2　Na_2O 和 CaO 脱磷、脱硫平衡时的活度与铁水中氧活度的关系

磷脱硫的要求。但实际经验证明，利用喷吹方法可以在铁水罐内不同部位造成不同的氧位。在喷嘴及喷枪附近氧位高，可进行脱磷反应；在罐底、内衬及渣-铁界面附近氧位低，有利于脱硫。可见，在同一反应器中可以实现同时脱磷和脱硫。但是由于很难控制好不同区域的氧位，所以控制好脱磷和脱硫的限度也很不容易。

理论上的突破，促进了工艺技术的发展，目前铁水同时脱磷脱硫工艺已在工业上广泛应用，表 12-6 给出了铁水预处理（三脱）方面的工业生产结果。其中典型的工艺如日本的 SARP 法（Sumitomo Alkali Refining Process 住友碱性精炼工艺），工艺流程图见图 12-3。它是将高炉铁水首先脱 Si，当 $w[Si]<0.1\%$ 以后，扒出高炉渣，然后喷吹苏打粉 19 kg/t，其结果使铁水脱硫 96%，脱磷 95%。

表 12-6　铁水三脱预处理工业生产结果

厂　名	脱硅剂、脱磷剂、脱硫剂配方 w/%	三脱结果 w/%				工艺特点
		$[Si]_o$ $[Si]_f$	$[P]_o$ $[P]_f$	$[S]_o$ $[S]_f$	η_P η_S	
新日铁君津(Kimitsu) ORP(320 t 混铁车)	轧钢皮或(铁砂＋精炼渣) 35CaO＋55 轧钢皮＋$5CaF_2$＋$5CaCl_2$	0.50 0.15	0.120 0.015	0.025 0.005	87.5 80.0	炉前上置脱硅同时脱磷脱硫脱磷渣返回脱硅
住友鹿岛(Kashima) SARP(400 t 混铁车)	锰矿或铁矿或烧结返矿 烧结矿粉 Na_2CO_3＋顶吹 O_2	0.64～ 0.4 0.08	0.100 0.005	0.050 0.002	95.0 96.0	高炉炉前脱硅喷吹二次脱硅喷吹脱磷脱硫
住友专用炉 SRP (和歌山，鹿岛)	转炉渣(＋铁矿)＋CaO＋CaF_2 50 转炉渣＋40 铁矿＋10 CaF_2	0.1～ 0.3 0.7～ 1.6	0.103 0.011	～0.040 ～0.020	89.3 ～50	双转炉逆流操作脱磷渣 C/S≥2.5
川崎千叶(Chiba) Q-BOP(230 t)	39CaO＋55 铁矿石＋$6CaF_2$ (底吹 O_2＋CaO 粉＋ CaF_2 粉)	0.2～ 0.3	0.14 0.010	0.020 0.010	92.9 50.0	底喷 CaO＋CaF_2 脱磷时间 2～4min
川崎千叶(Chiba) (250 t 混铁车)	烧结除尘灰＋$CaCO_3$ 24CaO＋73 烧结矿＋1 CaF_2＋$2Na_2CO_3$ 25CaO＋38 烧结矿＋35 轧钢皮＋$2CaF_2$ Na_2CO_3	0.30 0.11 0.05	0.115 0.01～ 0.015	0.025 0.002～ 0.02	 87～92 20～92	炉前顶喷脱磷同时脱磷脱硅分期脱磷后再喷 Na_2CO_3 脱硫
NKK 京浜(Keihin) (260 t 铁水罐)	8CaO＋84 轧钢皮＋$8CaF_2$ 22CaO＋23LD 渣＋47 轧钢皮＋8 CaF_2	0.30 0.12	0.110 0.014		87.3	炉前顶喷脱硅在线配料喷吹
NKK 福山(Fukuyama) (200 t 铁水罐)	0～20CaO＋70～100 轧钢皮＋0～10CaF_2 25CaO＋62.5 轧钢铁皮＋12.5 CaF_2	0.25 0.10	0.110 0.030	0.030	72.7	炉前顶喷脱硅炉前喷吹脱磷
神户神户(Kobe) OLIPS(80 t"H 炉")	轧钢铁皮＋CaO(上置或顶喷) 脱磷剂：43CaO＋43 轧钢铁皮＋14CaF_2 54 脱磷剂＋14CaO＋13BOF 渣＋19 锰矿 Na_2CO_3	 0.38 0.15	0.085 0.082 0.015 0.020	0.038 0.038 0.008 0.010	82.4 75.6 78.9 73.7	高炉炉前脱硅"H 炉"喷粉块 CaO 等顶加分期脱磷脱硅
神户加古川(Kakogawa) (350 t 混铁车)	轧钢铁皮＋CaO 30～50CaO＋40～60 轧钢皮＋5～15CaF_2 CaC_2＋CaO	0.40 0.08	0.078 0.015	0.046 0.015	80.8 67.4	喷吹脱硅(高[Si]时二次脱硅)分期脱磷脱硫
太钢二钢	90 轧钢铁皮＋10 CaO 35 CaO＋55 轧钢铁皮＋10 CaF_2	0.69 0.10	0.082 0.013	0.030 0.023	84.15 23.57	两次脱硅同时脱磷脱硫
宝钢一炼钢 (320 t TDP)	75 轧钢铁皮＋25CaO 42CaO＋46 轧钢铁皮＋12CaF_2 85CaO＋15CaF_2	0.490 0.104	0.086 0.009	0.019 0.003 0.006	89.53 84.21 68.42	两次脱硅同时脱磷脱硫 单轻脱硫
宝钢二炼钢 (320 t 混铁车)	高炉炉前脱硅 烧结矿粉＋石灰＋萤石 Na_2CO_3	0.40 ≤0.20	0.090 ≤0.01	0.020 0.003	≥90 ≥85	炉前上置脱硅先脱磷、再脱硫，在线配料

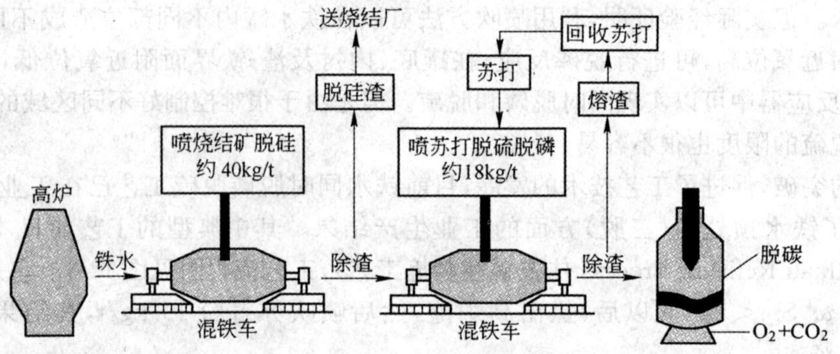

图 12-3 SARP 生产工艺流程图

为了获得最佳的冶炼效果，新日铁君津厂开发了铁水脱硅、脱磷、脱硫（三脱）预处理技术，配合转炉少渣冶炼和 MnO 矿熔融还原，形成“最佳精炼”工艺，即 ORP 法（Optimizing Refining Process）。该方法是采用石灰基熔剂进行铁水同时脱磷脱硫处理。首先在高炉铁水沟加入氧化铁皮进行脱硅，铁水 w[Si]含量降至 0.15%以下后的铁水，进入鱼雷罐车与上一次的脱磷脱硫剂进行混合，待渣铁分离后扒渣。向鱼雷罐车内喷入石灰粉剂，进行脱磷脱硫处理，处理后脱磷率约 88%，脱硫率约 80%。

目前，采用转炉作为铁水预处理设备已经成为该技术发展的一个新趋势，如住友的复吹转炉 SRP，神户的顶吹“H 炉”，川崎的低吹转炉 Q-BOP 等。住友在鹿岛厂 250 t 和和歌山厂 160 t STB 复吹转炉（脱磷炉）进行预处理，与公称容量相等的 STB 复吹转炉（脱碳炉）构成两级逆流反应器（SRP）。利用脱碳炉块状转炉渣返回脱磷炉配成脱磷剂（炉渣＋铁矿＋石灰＋萤石），顶吹氧，底吹 Ar 或 CO_2。经过 8～10 min 处理，w[P]由 0.103%脱至 0.011%。当渣中 $w(CaO)/w(SiO_2)\geqslant 2.5$ 时，$\eta_s \geqslant 50\%$。

12.3 钢水炉外精炼

12.3.1 炉外精炼简介

12.3.1.1 炉外精炼的任务

在现代化钢铁生产流程中，炉外精炼的任务主要是：承担初炼炉原有的部分精炼功能；均匀钢水，精确控制钢种成分；精确控制钢水温度，适应连铸生产的要求；进一步提高钢水纯净度，满足成品钢材性能要求；作为炼钢与连铸间的缓冲，提高炼钢车间整体效率。

为完成上述精炼任务，一般要求炉外精炼设备具备以下功能：熔池搅拌功能，均匀钢水成分和温度，促进夹杂物上浮和钢渣反应；钢水升温和控温功能，精确控制钢水温度，最大限度地减小包内钢水的温度梯度；精炼功能，包括脱气、脱碳、脱硫、去除夹杂和夹杂物变性处理等；合金化功能，对钢水实现窄成分控制，并使其分布均匀；生产调节功能，均衡炼钢—连铸生产。

12.3.1.2 炉外精炼的种类

到目前为止所采用的主要精炼手段有：渣洗、真空（或气体稀释）、搅拌、喷吹和加热（调温）等五种。当今名目繁多的炉外精炼方法都是这五种精炼手段的不同组合，综合一种或几种手段构成为一种方法（见图 12-4）。

五种精炼手段是当前技术水平的反映，随着技术的进步，完全有可能出现一些新的精炼手段，使精炼钢的质量和精炼的效率进一步提高，精炼的费用降低。过滤作为一种新的精炼手段，

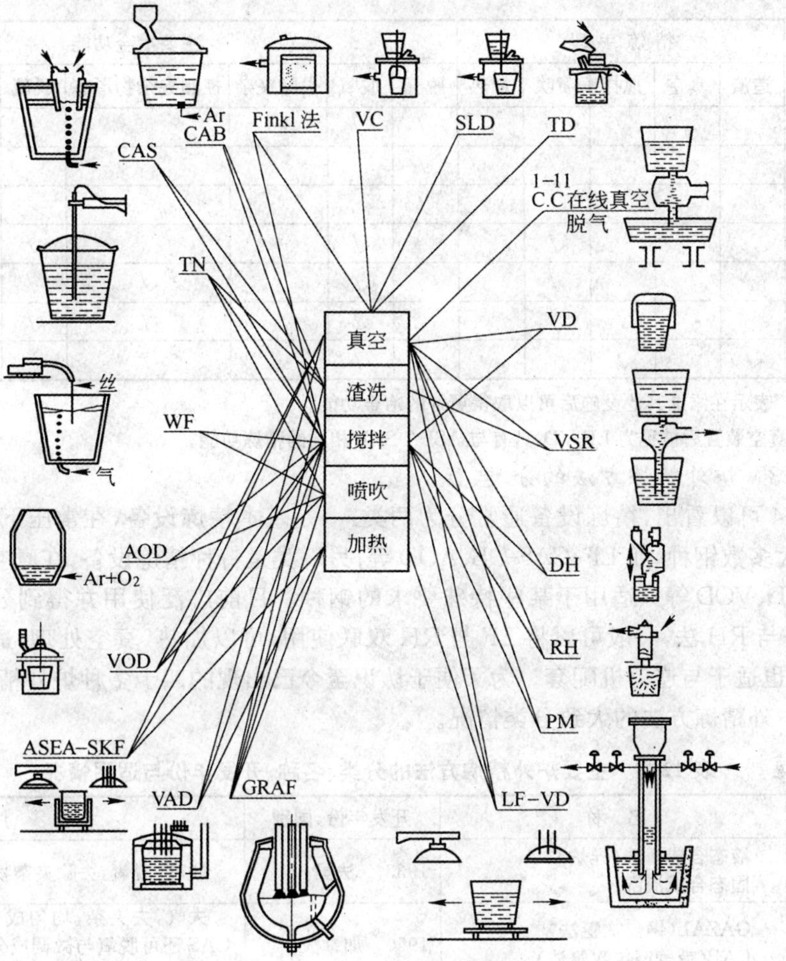

图 12-4 各种炉外精炼法示意图

如利用陶瓷过滤器将钢中悬浮的氧化物夹杂等过滤掉，用于炼钢目前还只限于连铸的中间包。精炼方式的选择可参考表 12-7。

表 12-7 各种炉外精炼法所采用的手段与目的

名称	精炼手段					主要冶金功能							
	造渣	真空	搅拌	喷吹	加热	脱气	脱氧	去除夹杂	控制夹杂物形态	脱硫	合金化	调温	脱碳
钢包吹氩			√					√				√	
CAB	+		√				√	√		+	√		
DH		√				√							
RH		√				√							
LF	+	①	√		√	①	√	√		+	√	√	
ASEA-SKF	+	√	√	+	√	√	√	√		+	√	√	+
VAD	+	√	√	+	√	√	√	√		+	√	√	+
CAS-OB			√	√	√		√	√			√	√	

续表 12-7

名　称	精炼手段					主要冶金功能							
	造渣	真空	搅拌	喷吹	加热	脱气	脱氧	去除夹杂	控制夹杂物形态	脱硫	合金化	调温	脱碳
VOD		√	√	√		√	√	√					√
RH-OB		√		√		√							√
AOD				√		√							√
TN				√			√			√			
SL				√			√		√	√	√		
喂线							√		√	√	√		
合成渣洗	√		√				√	√	√	√			

注:符号“+”表示在添加其他设施后可以取得更好的冶金功能。

① LF 增设真空装置后被称为 LF-VD,具有与 ASEA-SKF 相同的精炼功能。

12.3.1.3　炉外精炼方法的分类

从图 12-4 可以看出,精炼设备通常分为两类:一是基本精炼设备,在常压下进行冶金反应,可适用于绝大多数钢种,如 LF、CAS-OB、AOD 等;另一类是特种精炼设备,在真空下完成冶金反应,如 RH、VD、VOD 等只适用于某些特殊要求的钢种。目前广泛使用并得到公认的炉外精炼方法是 LF 法与 RH 法,一般可以将 LF 与 RH 双联使用,可以加热、真空处理,适于生产纯净钢与超纯净钢,也适于与连铸机配套。为了便于认识至今已出现的四十多种炉外精炼方法,表 12-8 给出了主要炉外精炼方法的大致分类情况。

表 12-8　主要炉外精炼方法的分类、名称、开发年份与适用情况

分　类	名　称	开发年份,国别	适　用
合成渣精炼	液态合成渣洗(异炉) 固态合成渣洗	1933　法国	脱硫,脱氧,去除夹杂物
钢包吹氩精炼	GAZAL(钢包吹氩法) CAB(带盖钢包吹氩法) CAS 法(封闭式吹氩成分微调法)	1950　加拿大 1965　日本 1975　日本	去气,去夹杂,均匀成分与温度。CAB、CAS 还可脱氧与微调成分,如加合成渣,可脱硫,但吹氩强度小,脱气效果不明显。 CAB 适合 30～50 t 容量的转炉钢厂。CAS 法适用于低合金钢种精炼
真空脱气	VC(真空浇注) TD(出钢真空脱气法) SLD(倒包脱气法) DH(真空提升脱气法) RH(真空循环脱气法) VD 法(真空罐内钢包脱气法)	1952　联邦德国 1962　联邦德国 1952　联邦德国 1956　联邦德国 1958　联邦德国 1952　联邦德国	脱氢,脱氧,脱氮。RH 精炼速度快,精炼效果好,适于各钢种的精炼,尤适于大容量钢液的脱气处理。现在 VD 法已将过去脱气的钢包底部加上透气砖,使这种方法得到了广泛的应用
带有加热装置的钢包精炼	ASEA-SKF(真空电磁搅拌,电弧加热法) VAD(真空电弧加热法) LF(埋弧加热吹氩法)	1965　瑞典 1967　美国 1971　日本	多种精炼功能。尤其适于生产工具钢,轴承钢,高强度钢和不锈钢等各类特殊钢。LF 是目前在各类钢厂应用最广泛的具有加热功能的精炼设备
不锈钢精炼	VOD(真空吹氧脱碳法) AOD(氩、氧混吹脱碳法) CLU(汽、氧混吹脱碳法) RH-OB(循环脱气吹氧法)	1965　联邦德国 1968　美国 1973　法国 1969　日本	能脱碳保铬,适于超低碳不锈钢及低碳钢液的精炼
喷粉及特殊添加精炼	IRSID(钢包喷粉) TN(蒂森法) SL(氏兰法) ABS(弹射法) WF(喂线法)	1963　法国 1974　联邦德国 1976　瑞典 1973　日本 1976　日本	脱硫,脱氧,去除夹杂物,控制夹杂形态,控制成分。应用广泛,尤适于以转炉为主的大型钢铁企业

12.3.1.4 炉外精炼技术的特点

各种炉外精炼技术都是各个开发厂家为了解决常规炼钢设备的某些不足和缺陷而提出来的。为了提高钢的质量、产量、降低成本，虽然在冶金功能、设备结构、操作方法等方面都各不相同，但是所有炉外精炼技术至少有以下三个共同特点：

(1) 二次精炼，在不同程度上完成脱碳、脱磷、脱氧、脱硫，去除气体、去除夹杂，调整温度和成分等冶金任务；

(2) 创造良好的冶金反应的动力学条件，如真空、吹氩、脱气、喷粉，增大界面积，应用各种搅拌增大传质系数，扩大反应界面；

(3) 二次精炼容器具有浇注功能。为了防止精炼后的钢液再次氧化和吸气，一般精炼容器(主要是钢包)除可以盛放和传送钢液外，还有浇注功能(使用滑动水口)，精炼后钢液不再倒出，直接浇注，避免精炼好的钢液再污染。

图 12-5 表示从初炼炉起到二次炼钢法的精炼作用。炉外精炼可以与电弧炉、转炉配合，现已成为炼钢工艺中不可缺少的一个环节(如日本五大钢铁公司所有转炉钢水都经过 RH 处理，提高质量)。尤其与超高功率电弧炉(UHP)配合，更能发挥超高功率技术的优越性，提高超高功率电弧炉的功率利用率。超高功率电弧炉的出现，显著提高了废钢的熔化速度，从而提高了生产率。但是，按照传统工艺冶炼，在炉内经过长时间的氧化和还原才出钢，这样超高功率缩短熔化期的效果就被冲淡，并且使大功率变压器长时间的低负荷运行，降低了功率利用率，显然这是不合理的。所以为了发挥 UHP 优越性，应将还原精炼移至炉外进行，尽量提高熔化时间占整个冶炼时间的比例。

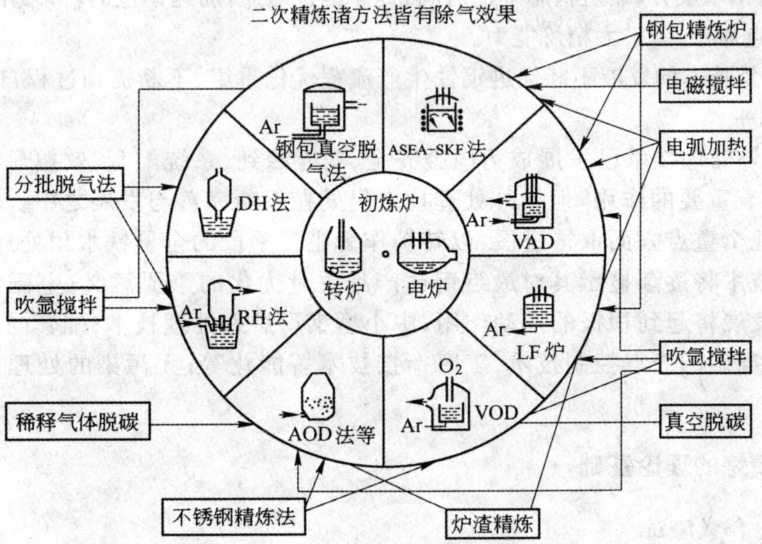

图 12-5 二次炼钢法的精炼作用

12.3.1.5 炉外精炼技术的发展趋势

炉外处理技术本身的发展和相关技术的完善，对于钢铁生产流程的整体优化及钢铁产品质量的影响十分重要。

(1) 钢水降温后的温度补偿技术。精炼过程钢水温度的降低，需要热补偿；

(2) 耐火材料使用寿命。炉外精炼设备用耐火材料寿命较低；

(3) 精炼后期钢水再污染。精炼处理时间越长，吸气越严重，污染越厉害。

当前炉外精炼技术主要发展趋势是：

(1) 多功能化。多功能化是指由单一功能的炉外精炼设备发展成为多种处理功能的设备和将各种不同功能的装置组合到一起建立综合处理站。

(2) 提高精炼设备生产效率和二次精炼比。表12-9给出了常用二次精炼设备生产效率的比较。影响二次精炼设备生产效率的主要因素是：钢包净空高度、吹氩强度和混匀时间、升温速度和容积传质系数以及冶炼周期和包衬寿命。

表12-9　常用二次精炼设备的生产效率

精炼设备	钢包净空高度/mm	吹Ar流量 $/L\cdot(min\cdot t)^{-1}$	混匀时间/s	升温速度 $/℃\cdot min^{-1}$	容积传质系数 $/cm^3\cdot s^{-1}$	精炼周期/min	钢包寿命/次
CAS-OB	150～250	6～15	60～90	5～12		15～25	60～100
LF	500～600	1～3	200～350	3～5		30～40	50～100
VD	600～800	0.25～0.50	300～500	—		25～35	17～35
VOD	1000～1200	2.4～4.0	160～400	0.7～1.0		60～90	40～60
RH	150～300	5～7	120～180	—	0.05～0.50	15～25	底部槽420～740 升降管75～120 钢包80～140

显然RH和CAS是生产效率比较高的精炼设备，一般与生产周期短的转炉匹配使用。

为了提高二次精炼的生产效率，近几年国外采用以下技术：提高反应速度，缩短精炼时间；采用在线快速分析钢水成分，缩短精炼辅助时间；提高钢包寿命，加速钢包周转；采用计算机控制技术，提高精炼终点命中率；扩大精炼能力。

(3) 炉外精炼技术的发展不断促进钢铁生产流程优化重组、不断提高过程自动控制和冶金效果在线监测水平。

多年来，炉外处理技术已发展成为门类齐全、功能独到、系统配套、效益显著的钢铁生产主流技术，发挥着重要的作用，但炉外处理技术仍处在不断完善与发展之中。未来炉外处理技术将在以下几个重点方面取得进展：以转炉作为主要手段的全量铁水预处理；中间包冶金及结晶器冶金技术将逐渐显示其对最终钢铁产品质量优化的重要意义；电磁冶金技术对炉外处理技术的发展将起到积极的推动作用；中小型钢厂炉外处理技术；配套同步发展辅助技术，包括冶炼炉准确的终点控制技术、工序衔接技术智能化等；无污染的处理技术及过程的环保技术。

12.3.2　炉外精炼的理论基础

12.3.2.1　合成渣洗

所谓合成渣洗是由炼钢炉初炼的钢水再在钢包内通过合成渣的冲洗进一步提高钢水质量的一种炉外精炼方法，是提高转炉和电炉钢纯净度的措施。渣洗是一种比较廉价的炉外精炼方法，适合于处理用于制造高强度钢板、钢管、航空及耐寒和深冲变形部件的钢种。

合成渣洗类似于还原精炼，但对钢液只进行洗涤而无合金化作用，因此又有别于还原精炼。根据钢种和质量要求的不同，被渣洗的钢液可以是还原性的，也可以是氧化性的，前者叫还原性渣洗，后者叫氧化性渣洗。氧化性渣洗炼钢时间短，成本消耗低，因而应用较为广泛。

合成渣洗的主要目的是降低钢中的氧、硫和非金属夹杂物含量，可以把 $w[O]$降至0.002%、$w[S]$降至0.005%。

合成渣有固态渣和液态渣，一般电炉钢水多用液态合成渣，转炉钢水多用固态合成渣。根据合成渣炼制的方式不同，渣洗工艺可分为异炉渣洗和同炉渣洗。所谓异炉渣洗就是设置专用的炼渣炉（一般使用电弧炉），将配比一定的渣料炼制成具有一定温度、成分和冶金性质的液渣，出钢时钢液冲进事先盛有这种液渣的钢包内，实现渣洗。同炉渣洗就是渣洗的液渣和钢液在同一座炉内炼制，并使液渣具有合成渣的成分与性质，然后通过出钢最终完成渣洗钢液的任务（适用于传统电弧炉“老三期”冶炼工艺，出钢时大口深坑，钢渣混出）。异炉渣洗效果比较理想，适用于许多钢种，然而工艺复杂，生产调度不便，且需一台炼渣炉相配合。为了弥补这样的不足，出现了同炉渣洗工艺。但同炉渣洗效果不如异炉渣洗，只用于碳钢或一般低合金钢上，因此在生产上还是应用异炉渣洗的情况较多，而通常所说的渣洗也是指异炉渣洗。此外，为了简化工艺，可将固体的合成渣料在出钢前或在出钢过程中加入钢包中，这就是所谓的固体渣渣洗工艺。固体合成渣虽然能够简化工艺与操作，但效果不稳定，且温度损失大，如使用不当会降低钢包的使用寿命，特别是过量的 CaF_2 更能加速包衬的损坏。

用预熔合成渣对转炉（或电弧炉）出钢过程的钢水进行渣洗，是比较有效的简易脱硫方法。国内、外实践证明，不同操作条件下，转炉出钢渣洗的脱硫率可以达到30%～50%。包钢（210 t转炉）、宝钢（150 tEAF-LF）的生产试验表明，预熔型精炼合成渣的脱硫效果优于传统精炼渣。试验用预熔精炼渣主要成分见表12-10。预熔型精炼渣具有熔化温度低，成渣速度快，脱硫效果十分稳定等特点。脱硫剂提前加在烘烤后的钢包底部或在出钢过程中加入。在出钢过程中用固体预熔合成渣对钢水渣洗，能提前把固体合成渣熔化或使其处于半熔融状态，为钢水渣洗脱硫、夹杂物改性、渣洗产物吸附钢水中的脱氧（包括脱硫）产物和后续精炼（如LF）创造比较好的条件。

表12-10 试验预熔精炼渣理化指标

企 业	化学成分 w/%							熔点/℃
	CaO	SiO_2	Al_2O_3	CaF_2	FeO	MgO	Na_2O	
包 钢	51.20	5.96	36.25	1.78	0.50	1.58	—	1355
宝 钢	56.09	5.53	15.43	1.71	—	9.62	2.16	

合成渣洗过程：出钢前将准备好的合成渣倒入钢包内并移至炼钢炉下，在出钢过程中，钢液流冲击合成渣，充分搅拌，使钢液与合成渣充分接触，使钢液得到渣洗。钢流有一定的高度（混冲高度一般为3～4 m）和速度，钢水很快出净，因此钢水有一定的冲击力，能使钢-渣充分搅拌接触。偏心炉底出钢的电弧炉可做到无渣出钢（或留钢留渣操作），转炉要挡渣出钢。氧化性渣洗的钢液成分的调整应是炉中和包中相结合进行。锰铁一般加入炉中，硅铁和终脱氧铝可随钢流加入包中。为使乳化的渣滴充分上浮，钢液在包中的镇静时间要比常规工艺略长些。

合成渣的使用温度和用量是影响渣洗效果的重要因素，也与钢液的温度和成分有关。现已发现，在1500℃时，熔渣和钢液的内聚功都大于渣钢的粘附功。但是当升高温度至1600℃时，渣和钢的粘附功接近于渣滴的内聚功。因此渣洗精炼时，温度过高有可能使渣钢粘附功大于渣滴的内聚功，因而渣滴可能悬浮于钢液中而不能排除。这一点对于那些尺寸较小的渣滴来说，危害更大。为使渣洗能够获得满意的效果，渣量一般为钢液重量的6%～7%。

合成渣是为达到一定的冶金效果而按一定成分配制的专用渣料。使用合成渣可以达到以下效果:强化脱氧、脱硫、脱磷;加快钢中杂质的排除、部分改变夹杂物形态;防止钢水吸气;减少钢水温度散失;形成泡沫性渣达到埋弧加热的目的。

现在使用的合成渣主要是为提高夹杂物的去除速度,降低溶解氧含量,提高脱硫率,加快反应速度而配制的。渣洗精炼作用的基础理论如下。

A　合成渣的乳化和上浮

盛放在钢包中的合成渣在钢流的冲击下,被分裂成细小的渣滴,并弥散分布于钢液中。粒径越小,与钢液接触的表面积越大,渣洗作用越强。这必然使所有在钢渣界面进行的精炼反应加速,同时也增加了渣与钢中夹杂接触的机会。乳化的渣滴随钢流紊乱搅动的同时,不断碰撞、合并、长大上浮。

在钢包内,钢液中已乳化的渣滴随钢流紊乱搅动的同时,不断碰撞、合并、长大和上浮。

在保证脱氧和去除夹杂的前提下,适当增大渣滴直径,有利于提高乳化渣滴的上浮速度。

B　合成渣脱氧

由于熔渣中的 $w(FeO)$ 远低于钢液中 $w[O]$ 平衡的数值,即 $w[O]>a_{FeO}L_O$,因而钢液中的 $[O]$ 经过钢-渣界面向熔渣滴内扩散而不断降低,直到 $w[O]=a_{FeO}L_O$ 的平衡状态。

当还原性的合成渣与未脱氧(或脱氧不充分)的钢液接触时,钢中溶解的氧能通过扩散进入渣中,从而使钢液脱氧。

当渣洗时,合成渣在钢液中乳化,使钢渣界面成千倍地增大,同时强烈地搅拌,都使扩散过程显著地加速。

根据氧在钢液与熔渣间的质量平衡关系,即钢液中排出的氧量等于进入熔渣的氧量,可得出脱氧所需的合成渣量。

由上述分析可知,降低熔渣的 a_{FeO} 及增大渣量,可提高合成渣的脱氧速率。

C　夹杂物的去除

渣洗过程中夹杂物的去除,主要靠两方面的作用:一是钢中原有的夹杂物与乳化渣滴碰撞,被渣滴吸附、同化而随渣滴上浮排除;二是促进脱氧反应产物的排出,从而使钢中的夹杂数量减少。

D　合成渣脱硫

脱硫是合成渣操作的重要目的。如果操作得当,一般可以去除[S]约 50%～80%。在渣洗过程中,脱硫反应可写成: $[S]+(CaO)=(CaS)+[O]$

钢包精炼渣中,脱硫产物(包括脱氧产物)与钢水之间硫的分配系数 $L_S=w(S)/w[S]$。

脱硫时合成渣的用量为:

$$m=\frac{(w[S]_0-w[S])\times 100}{w(S)-w(S)_0} \tag{12-22}$$

式中　$w(S)$——熔渣内硫的质量分数,%,可由熔渣的硫容量求出;

$w(S)_0$——合成渣最初硫的质量分数,%。

12.3.2.2　搅拌

一般地说,搅拌就是向流体系统供应能量,使该系统内产生运动。为达到这目的,可以借助于气体搅拌、电磁搅拌和机械搅拌等几类,而以气体搅拌和电磁搅拌较为常见。如图 12-6 所示。最常用的是在钢包底部装一个或几个透气砖(多孔塞),通过它可以吹入气体。另外因为浸入式喷枪可靠,所以也常被采用。

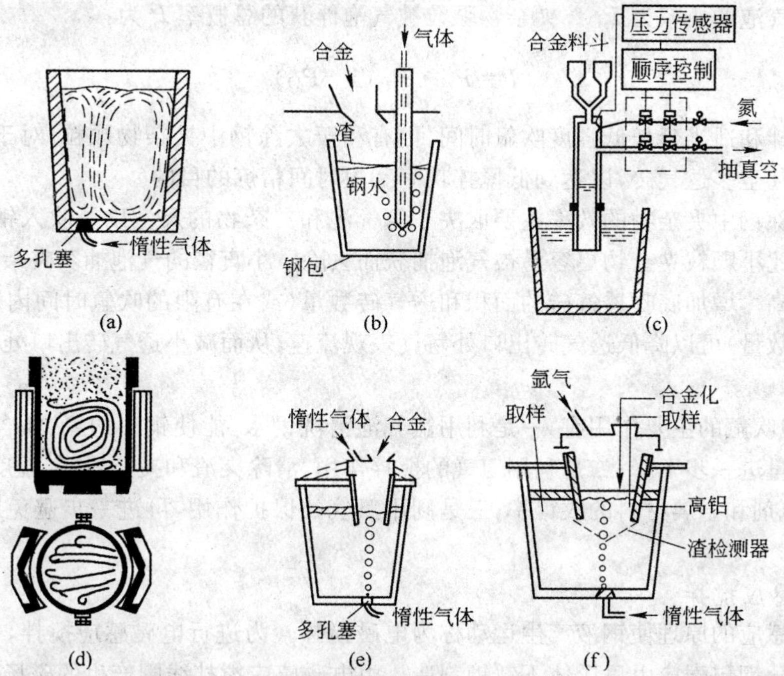

图 12-6 常用的搅拌方法

(a) 钢包底部气体搅拌;(b) 钢包顶部搅拌;(c) 脉动搅拌;(d) 电磁搅拌;
(e) 加盖氩气搅拌;(f) 密封氩气搅拌

A 气体搅拌

喷吹气体搅拌是一种应用较为广泛的搅拌方法。氩气是用来搅拌钢水的最普通的气体,氮气的使用则取决于所炼钢种。因此喷吹气体搅拌主要是各种形式的吹氩搅拌。应用这类搅拌的炉外精炼方法有:钢包吹氩、CAB、CAS、VD、LF、GRAF、VAD、VOD、AOD、SL、TN 等方法。下面结合钢包吹氩工艺重点介绍钢包吹氩搅拌方法。

氩气是一种惰性气体,吹入钢液内的氩气既不参与化学反应,也不溶解,纯氩内含氢、氮、氧等量很少,可以认为吹入钢液内的氩气泡对于溶解在钢液内的气体来说就像一个小的真空室,在这个小气泡内其他气体的分压力几乎等于零。根据西华特定律,在一定温度下,气体的溶解度与该气体在气相中分压力的平方根成正比。钢中的气体不断地向氩气泡内扩散(特别是钢液中的氢在高温下扩散很快),气泡内的分压力增大,但是气泡在上浮过程中受热膨胀,因而氮气和氢气的分压力仍然保持在较低的水平,继续吸收氢和氮,最后随氩气泡逸出钢液而被去除。

如果钢液未完全脱氧,钢液中有相当数量的溶解氧时,那么吹氩还可以脱除部分钢中的溶解氧,起到脱氧和脱碳的作用。

如果加入石灰、萤石混合物(CaO-CaF_2)等活性渣,同时以高速吹入氩气加剧渣-钢反应,可以取得明显的脱硫效果。

未吹氩前钢包上、中、下部的钢水成分和温度是有差别的,氩气泡上浮过程中推动钢液上下运动,搅拌钢液,促使其成分和温度均匀,钢液的搅拌还促进了夹杂物的上浮排除,同时又加速了脱气过程的进行。

钢包底吹氩条件下钢液中夹杂物的去除主要依靠气泡的浮选作用,即夹杂物与气泡碰撞并粘附在气泡壁上,然后随气泡上浮而被去除。将一个夹杂物颗粒与气泡碰撞的概率定义为碰撞概率 P_C,夹杂物颗粒与气泡碰撞后粘附于气泡上的概率定义为粘附概率 P_A,粘附于气泡上的夹杂物重新脱离气泡的概率为 P_D。夹杂物颗粒被气泡俘获的总概率 P 为：

$$P = P_C \cdot P_A (1 - P_D) \tag{12-23}$$

钢包弱搅拌和适当延长低强度吹氩时间，更有利于去除钢中夹杂物颗粒；对于大钢包，可以使用双透气砖甚至多透气砖，以达到低搅拌功率和短时间精炼的目的。

底吹氩去除钢中夹杂物的效率主要取决于氩气泡和夹杂物的尺寸以及吹入钢液的气体量。大颗粒夹杂物比小颗粒夹杂物更容易被气泡捕获而去除。小直径的气泡捕获夹杂物颗粒的概率比大直径气泡高。增加底吹透气砖的面积和透气砖数量（或在有限的吹氩时间内成倍地增加吹入钢液的气泡数量）可以降低透气砖出口处氩气表观流速，从而减小透气砖出口处氩气泡的脱离尺寸。

可见，钢包吹氩的主要作用有：一是利用氩气泡清洗钢水，能使钢中的氢、氮含量降低，并能使钢中的氧含量进一步下降；二是利用氩气的搅拌作用，清除夹渣和夹杂，均匀温度和成分，减少偏析、提高脱氧剂和金属材料的收得率；三是利用氩气的保护作用，可进一步避免或减少钢液的二次氧化。

B　电磁感应搅拌

利用电磁感应的原理使钢液产生运动称为电磁搅拌。为进行电磁感应搅拌，靠近电磁感应搅拌线圈的部分钢包壳应由奥氏体不锈钢制造。由电磁感应搅拌线圈产生的磁场可在钢水中产生搅拌作用。各种炉外精炼方法中，ASEA-SKF 钢包精炼炉采用了电磁搅拌，美国的 ISLD（真空电磁搅拌脱气法）也采用了电磁搅拌。

采用电磁搅拌（EMS）可促进精炼反应的进行，均匀钢液温度及成分，可以将非金属夹杂分离，提高钢液洁净度。电磁感应搅拌可提高工艺的安全性、可靠性，且调整和操作灵活，成本低。但是仅用合成渣脱硫时电磁搅拌效果不好，因为其渣-钢混合不够。另外，电磁感应搅拌不如氩气搅拌的脱氢效果好。因此在本质上电磁感应搅拌的应用是有限的。

12.3.2.3　真空

真空是炉外精炼广泛使用的一种手段。真空对以下冶金反应产生影响：气体在钢液中的溶解和析出；用碳脱氧；脱碳反应；钢液或者是溶解在钢液中的碳与炉衬的作用；金属夹杂及非金属夹杂的挥发去除。由于具备真空手段的各种炉外精炼方法，其工作压力均大于 50 Pa，所以炉外精炼所应用的真空只对脱气、碳脱氧、脱碳等反应产生较为明显的影响。

A　钢液的真空脱气

钢的真空脱气可分为三类：一是钢流脱气，下落中的钢流被暴露给真空，然后被收集到钢锭模、钢包或炉内；二是钢包脱气，钢包内钢水被暴露给真空，并用气体或电磁搅拌；三是循环脱气，在钢包内的钢水由大气压力压入抽空的真空室内，暴露给真空，然后流出脱气室进入钢包。

a　钢液脱气的热力学

氧、氢、氮是钢中主要的气体杂质，真空的一个重要目的就是去除这些气体。但是，氧是一较活泼的元素，它与氢不一样，通常不是以气体的形态被去除，而是依靠特殊的脱氧反应形成氧化物而被去除。所以在真空脱气中，主要讨论脱氢和脱氮。

氢和氮在各种状态的铁中都有一定的溶解度，溶解过程吸热（氮在 γ-Fe 中的溶解例外），故溶解度随温度的升高而增加。气态的氢和氮在纯铁液或钢液中溶解时，气体分子先被吸附在气-钢界面上，并分解成两个原子，然后这些原子被钢液吸收。因而其溶解过程可写成以下化学反应式：

$$\frac{1}{2}H_2 \longrightarrow [H] \qquad \frac{1}{2}N_2 \longrightarrow [N]$$

氢和氮在铁中的溶解度不仅随温度变化，而且与铁的晶型及状态有关。

在小于 10^{-5} 的压力范围内，氢和氮在铁液(或钢液)中的溶解度都符合平方根定律

$$a_H = f_H[H\%] = K_H \cdot P_{H_2}^{1/2} \tag{12-24}$$

$$a_N = f_N[N\%] = K_N \cdot P_{N_2}^{1/2} \tag{12-25}$$

式中 a_H, a_N——分别为氢和氮在铁液中的活度；

f_H, f_N——分别为氢和氮的活度系数；

K_H, K_N——氢和氮在铁液中溶解的平衡常数；

P_{H_2}, P_{N_2}——气相中氢、氮的分压力，以大气压为单位。

真空脱气时，因降低了气相分压，而使溶解在钢液中的气体排出。从热力学的角度看，气相中氢或氮的分压为 100～200 Pa 时，就能将钢中气体含量降到较低水平。

b 钢液脱气的动力学

溶解于钢液中的气体向气相的迁移过程，是分步进行的：通过对流或扩散(或两者的综合)，溶解在钢液中的气体原子迁移到钢液—气相界面；气体原子由溶解状态转变为表面吸附状态；表面吸附的气体原子彼此相互作用，生成气体分子；气体分子从钢液表面脱附；气体分子扩散进入气相，并被真空泵抽出。

在当前的各种真空脱气的方法中，被脱气的钢液都存在着不同形式的搅拌，其搅拌的强度足以假定钢液本体中气体的含量是均匀的，也就是由于搅动的存在，在钢液的本体中，气体原子的传递是极其迅速的。控制速率的环节只是气体原子穿过钢液扩散边界层时的扩散速率。

因为脱气过程的限制性环节是溶解于钢中的气体穿过钢—气相界面的钢液侧的边界层，所以钢液侧边界层中气体的扩散速率就可以当作脱气过程的总速率。

工业上采取了真空提升脱气法(DH 法)、真空循环脱气法(RH 法)、真空罐内钢包脱气法(VD 法)等。

由于氮的扩散系数低，所以真空处理时，脱氮速度缓慢。而且氮的原子半径较大，同时气—钢表面又大部分被钢中表面活性元素硫、氧所吸附，因此氮的扩散速率小，氮在钢中的溶解度高，所以钢液脱氮实际效果很差。

在脱气的同时若有碳氧反应发生，有大量 CO 气泡放出和钢液接触，由于气泡中氢和氮的分压很低，近似为零，对钢液溶解的气体，它就相当于小真空室的作用。钢液中[H]、[N]的原子就能自发地进入气泡内，形成 H_2、N_2 分子，随 CO 气泡从钢液中排出。

在熔池沸腾时，脱气速率与钢中气体含量的平方及脱碳速率成正比。氢和氮的排出速率与脱碳速率的关系式

$$v_{H_2} = \frac{(w[H])^2}{6K_H^2 p_{CO}} v_C \tag{12-26}$$

$$v_{N_2} = \frac{7}{3} \times \frac{(w[N])^2}{K_N^2 p_{CO}} v_C \tag{12-27}$$

当钢液中有气体排出时，可促进钢液的脱气：一是钢中溶解的气体与气泡达到了平衡；二是气泡内的总压等于外压。在实际生产中的钢液脱气，以上两项假设都不会被满足，特别是气泡在钢液内上浮这段时间内，平衡不可能达到，也就是实际的气体分压必然小于平衡的分压。这样，为了脱除同量的气体，就必须吹入较计算值更多的氩气。对于碳氧反应则要有更大的脱碳量。这样就需要引入去气效率以进行修正。当脱氧钢进行吹氩时，修正值波动于 0.44～0.75 之间，

对未脱氧的钢在大气下吹氩时，修正值波动在 0.8～0.9 之间。

降低钢中气体的措施：使用干燥的原材料和耐火材料；降低与钢液接触的气相中气体的分压；在脱气过程中增加钢液的比表面积；提高传质系数；适当地延长脱气时间（如图 12-7 所示）。

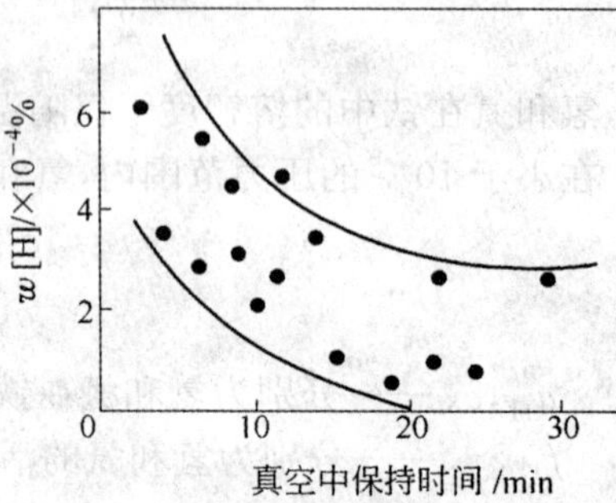

图 12-7　真空脱氢时钢中氢含量的变化规律

B　钢液的真空脱氧

常规炼钢方法中，脱氧主要是依靠硅、铝等与氧亲和力较铁大的元素来完成。这些元素与溶解在钢液中的氧作用，生成不溶于钢液的脱氧产物。一般脱氧反应是放热反应，所以在钢液的冷却和凝固过程中，脱氧反应的平衡向继续生成脱氧产物的方向移动，此时形成的脱氧产物不容易从钢液中排出，而以夹杂物的形式留在钢中。用通常的脱氧方法获得完全脱氧的钢在理论上是不可能的。此外，常规的脱氧反应都是属于凝聚相的反应，降低系统的压力并不能直接影响脱氧反应平衡的移动。

如果脱氧产物是气体或低压下可以挥发的物质，就有可能利用真空条件来促使脱氧更趋完全，而且在成品钢中并不留下以非金属夹杂物形式存在的脱氧产物。

a　碳脱氧的热力学

真空条件下，碳脱氧是钢液最重要的脱氧反应。

$$[O]+[O]\longrightarrow CO \qquad K_C=\frac{p_{CO}}{a_{[C]}\cdot a_{[O]}}=\frac{p_{CO}}{f_{[C]}\cdot w[C]\cdot f_{[O]}\cdot w[O]} \tag{12-28}$$

铁液中碳氧反应的平衡常数 K_C 与温度的关系式，不同作者曾提出过许多不同的公式。但是在 1600℃附近的较窄的温度范围内 $\lg K_C$ 的数值还是比较一致的。

$$\lg K_C=1160/T+2.003 \tag{12-29}$$

应用式 12-28 时需要知道钢液中碳和氧的活度系数，这两个系数可由相互作用系数，再根据钢液的组成而求得。对于 Fe-C-O 系，碳氧之间的平衡关系可由体系的温度按式 12-29 计算。

平衡的氧含量几乎与一氧化碳的分压力成正比。对于还含有其他元素的 Fe-C-O 体系，碳在真空下的脱氧能力仍可使用式 12-28，只不过在计算 $f_{[C]}$ 和 $f_{[O]}$ 时应考虑到其他元素的影响，即通过相互作用系数 e_C^j 和 e_O^j 来计算 $f_{[C]}$ 和 $f_{[O]}$。从热力学计算结果来看，在真空下，碳在铁液或钢液中的脱氧能力都应该是极强的。

真空精炼后，氧含量的降低程度大约为 50%～86%。真空精炼未脱氧钢，能最大限度地降低钢中氧含量。

b　碳脱氧的动力学

与脱碳和脱氮的条件一样，碳氧反应一般是在现成的钢液-气相界面上进行。在实际的炼钢条件下，这种现成的液-气相界面可以由与钢液接触的不光滑的耐火材料或吹入钢液的气体来提供。可以认为炼钢过程中，总是存在着现成的液-气界面。

碳氧反应的步骤为：溶解在钢液中的碳核氧通过扩散边界层迁移到钢液核气相的相界面；在钢液-气相界面上进行化学反应生成 CO 气体；反应产物脱离相界面进入气相；CO 气泡的长大和上浮。

碳脱氧的速率：高温条件下，气相界面上的化学反应速率很快。同时，CO 气体通过气泡内气体边界层的传质速率也比较快。气泡内的 CO 气体与气液界面上钢中碳和氧的活度处于化学平衡。这样，碳脱氧的速率就由钢液相边界层内碳和氧的扩散速率所控制。碳在钢液中的扩散系数比氧大，钢中碳的浓度一般又比氧的浓度高出一到二个数量级，因此氧在钢液侧界面层的传质是碳脱氧速率的控制环节。在钢液平静的条件下，碳脱氧的速率不大，所以无搅拌措施的钢包真空处理中，碳脱氧的作用是不明显的。

C 降低 CO 分压时的吹氧脱碳

炉外精炼中，采用低压下吹氧大都是为了低碳和超低碳钢种的脱碳，而这类钢又以铬或者铬镍不锈钢居多，所以在以下专门讨论高铬钢液的脱碳问题。

a 高铬钢液的吹氧脱碳

不锈钢中的碳降低了钢的耐腐蚀性能，对于大部分不锈钢，其含碳量都是较低的。近年来超低碳类型的不锈钢日益增多，这样在冶炼中就必然会遇到高铬钢液的降碳问题。为了降低原材料的费用，希望充分利用不锈钢的返回料和含碳量较高的铬铁。在冶炼中希望尽可能降低钢中的碳，而铬的氧化损失却要求保持在最低的水平。这样就迫切需要研究 Fe-Cr-C-O 系的平衡关系，以找到最佳的“脱碳保铬”的条件。

在 Fe-Cr-C-O 系中，两个主要的反应是：

$$[C]+[O]\longrightarrow CO \qquad m[Cr]+n[O]\longrightarrow Cr_mO_n$$

对于铬的氧化反应，最主要的是确定产物的组成，即 m 和 n 的数值。确定了铬氧化产物的组成有三类。当 $w[Cr]=0\sim3.0\%$时，铬的氧化物为 $FeCr_2O_4$；当 $w[Cr]=3\%\sim9\%$时，为 $Fe_{0.67}Cr_{2.33}O_4$；当 $w[Cr]>9\%$时，为 Cr_3O_4 或 Cr_2O_3。

对于铬不锈钢的精炼过程而言，铬氧化的平衡产物应是 Cr_3O_4（或 Cr_2O_3）。钢液中同时存在[C]、[Cr]时的氧化反应式为：

$$[C]+[O]=CO \qquad 3[Cr]+4[O]=(Cr_3O_4)$$

为分析熔池中碳、铬的选择性氧化，可以将碳和铬的氧化反应式合并为：

$$4[C]+(Cr_3O_4)=3[Cr]+4CO \qquad \Delta_rG_m^{\ominus}=934706-617.22T\,J\cdot mol^{-1}$$

反应的平衡常数 $K^{\ominus}$ 为

$$K^{\ominus}=\frac{a_{Cr}^3\cdot p_{CO}^4}{a_C^4\cdot a_{Cr_3O_4}} \qquad (12\text{-}30)$$

由于(Cr_3O_4)在渣中接近于饱和，所以可取 $a_{Cr_3O_4}=1$，得

$$a_C=p_{CO}\sqrt[4]{\frac{a_{Cr}^3}{K^{\ominus}}} \qquad (12\text{-}31)$$

式 12-34 表明，只要熔池温度升高，$K^{\ominus}$ 值增大，就可使平衡碳的活度降低。同理降低p'_{CO}（注：$p_{CO}=p'_{CO}/p^{\ominus}$）也可获得较低的碳活度。

“脱碳保铬”的途径有两个：

一是提高温度；

二是降低 p'_{CO}。降低 p'_{CO}的方法有真空法；稀释法；两者组合法。

b 有稀释气体时的吹氧脱碳

用稀释的办法降低 CO 分压力的典型例子是 AOD 法的脱碳。当氩和氧的混合气体吹进高铬钢液时，将发生下列反应：

$$[C]+\frac{1}{2}O_2\longrightarrow CO \qquad y[C]+Fe_xO_y\longrightarrow x[Fe]+yCO$$

$$m[Cr]+\frac{n}{2}O_2\longrightarrow Cr_mO_n \qquad Cr_mO_n\longrightarrow m[Cr]+n[O]$$

$$x[Fe]+\frac{y}{2}O_2 \longrightarrow Fe_xO_y \qquad Fe_xO_y \longrightarrow x[Fe]+y[O]$$

$$n[C]+Cr_mO_n \longrightarrow m[Cr]+nCO \qquad [C]+[O] \longrightarrow CO$$

根据 AOD 炉实验结果的分析，可以认为氧气没有损失于所讨论的系统之外，吹入熔池的氧在极短时间内就被熔池吸收。当供氧量少时，[C]向反应界面传递的速率足以保证氧气以间接反应或直接反应被消耗。可是随着碳含量的降低或供氧速率的加大，就来不及供给[C]了，吹入的氧气将以氧化物(Cr_mO_n 和 Fe_xO_y)的形式被熔池所吸收。

AOD 中的脱碳过程：吹入熔池的氩氧混合气体中的氧，其大部分是先和铁、铬发生氧化反应而被吸收，生成的氧化物随气泡上浮；生成的氧化物在上浮过程中分解，使气泡周围溶解氧增加；钢中的碳向气液界面扩散，在界面进行[C]+[O]→CO 反应，反应产生的 CO 进入氩气泡中；气泡内 CO 的分压逐渐增大，由于气泡从熔池表面脱离，该气泡的脱碳过程结束。

12.3.2.4　加热

为了完成钢液精炼作业，使钢液精炼项目多样化，增强对精炼不同钢种的适应性及灵活性，使精炼前后工序之间的配合能起到保障和缓冲作用，以及能精确控制浇注温度，要求精炼装置的精炼时间不再受到钢液温降的限制。炉外精炼装置加热手段有：

(1) 燃料燃烧加热。利用矿物燃料，例如常用的是煤气、天然气、重油等，燃烧发热作为热源，有其独特的优点。

(2) 电阻加热。利用石墨电阻作为发热元件，通以电流，依靠石墨的电阻热加热钢液或精炼容器的内衬。DH 法及部分 RH 法就是采用这种加热方法。

(3) 电弧加热。它由专用的三相变压器供电。如 SKF、LF、LFV 等，加热时间应尽量缩短，以减少钢液的二次氧化的时间。

(4) 化学热法。钢液的铝氧加热法(AOH Aluminum Oxygen Heating)是化学热法的一种，它是利用吹氧使铝氧化放出大量的化学热，而使钢液迅速升温。类似于这种方法的还有 CAS—OB 和 RH-OB 等。吹氧期间，铝首先被氧化，然后钢中硅、锰等其他元素也会被氧化。

(5) 其他加热方法。钢液的其他方法还有直流电弧加热、电渣加热、感应加热、等离子弧加热、电子轰击加热等。

12.3.2.5　喷吹

喷吹即喷粉精炼，是根据流化态和气力传输原理，用氩气或其他的气体作载体，将不同类型的粉剂喷入钢水或铁水中进行精炼的一种冶金方法，称之为喷射冶金(Injection Metallurgy)或喷粉冶金。

大多数钢铁冶金反应是在钢-渣界面上进行的。加速反应物质向界面或反应产物离开界面的传输过程，以及扩大反应界面积，是强化冶金过程的重要途径。喷射冶金通过载气将反应物料的固体粉粒吹入熔池深处，既可以加快物料的熔化和溶解，而且也大大增加了反应界面，同时还强烈搅拌熔池，从而加速了传输过程和反应速率。它能够有效地脱硫、改变夹杂物形态、脱氧、脱磷以及合金化。所以，喷射冶金是强化冶金过程提高精炼效果的重要方法。

向铁水包内(常用氮气)吹入铁矿粉、碳化钙和石灰的粉状材料进行脱硅脱硫脱磷的铁水预处理，钢包吹氩搅拌、向钢液深处吹入硅钙等粉剂进行非金属夹杂物变性处理等过程，都采用喷射冶金方法。此外，喷射冶金也是添加合金材料，尤其是易挥发元素进行化学成分微调以提高合金收得率的有效方法。喷射冶金方法的缺点是，粉状物料的制备、贮存和运输比较复杂，喷吹工艺参数(如载气的压力与流量、粉气比等)的选择对喷吹效果影响密切，喷吹过程熔池温度损失较大，以及需要专门的设备和较大的气源。

早在 20 世纪 50 年代，喷射冶金方法就曾被用来向铁水喷吹碳化钙、金属镁等材料，降低硫含量，但未受到重视。1969 年，联邦德国蒂森公司试验成功喷吹 CaC_2 的方法，生产出焊接性能好、含硫量低、各向异性小的结构钢。随后，法国钢铁研究院、瑞典冶金研究所等许多国家对这种新方法进行了大量喷吹机理和工艺的研究，使喷射冶金发展成为一种适应性强、使用灵活、冶金效果显著、经济效益良好的钢铁精炼方法，并迅速推广应用。我国 1977 年开始将喷射冶金列为钢铁企业重点推广技术，大多数钢铁企业先后建起了喷粉站，或在炼铁炼钢车间增添了喷粉设备，对铁水和几十个钢种进行了处理，获得了良好的效果。

喷粉的类型主要根据精炼的目的而确定。表 12-11 介绍了常用的几种脱磷、脱硫、脱氧和合金化粉剂。

表 12-11 反应和合金化采用的喷粉材料

脱 磷	$CaO+CaF_2+Fe_2O_3$＋氧化铁皮；苏打
脱 硫	钝化镁粉，$Mg+CaO$，$Mg+CaC_2$；CaC_2+CaCO_3+CaO；$CaO+(CaCO_3)$；$CaO+Al$；$CaO+CaF_2+(Al)$；苏打；CaC_2；混合稀土合金
脱 氧	Al、SiMn；采用 CaSi，CaSiBa，Ca 脱氧及控制夹杂物的形态
合金化	FeSi；石墨，碎焦；NiO，MnO_2；FeB，FeTi；FeZr，FeW，SiZr，FeSe，Te

至于喷粉的形式，可以通过浅喷射或深喷射喷枪喷入钢水中。图 12-8 为典型的深浸喷枪的喷射系统。这个设备由分配器、流态化器、挠性导管和深喷枪以及储存箱组成。

12.3.3 炉外精炼技术的选择

现代钢铁冶金生产应从整体优化出发，对冶炼、精炼、浇铸、轧制各工序，按照各自的优势进行调整、组合，从而形成专业分工更加合理、流程匹配更加科学、经济效益更加明显的整体优势。炉外精炼技术的应用，必须结合品种和质量的要求，做到炉外精炼功能对口，工艺方法和生产规模的匹配经济合理，还要注意主体设备与辅助设备配套齐全，才能获得工艺稳定和良好的经济效益。

(1) 炉外精炼的设备选型。以钢种为中心，正确选择精炼设备；注意生产节奏，提高精炼设备作业率；注意与初炼炉匹配，降低生产成本；结合工厂实际情况选择精炼设备，尽可能降低投资成本；努力提高炉外精炼比。

(2) 炉外精炼设备的合理配置。为满足钢种冶炼的质量要求，可将不同功能的精炼设备组合起来，共同完成精炼任务，如图 12-9 表示出了目前几乎所有的冶金操作功能，包括气体搅拌、

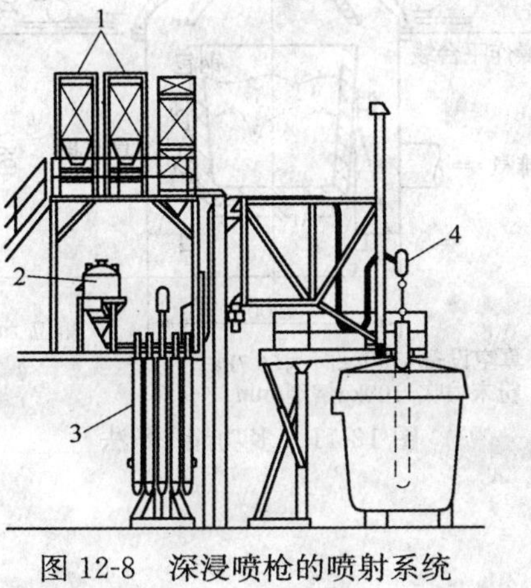

图 12-8 深浸喷枪的喷射系统

1—料斗；2—分配器；3—备用喷枪；4—喷射机械

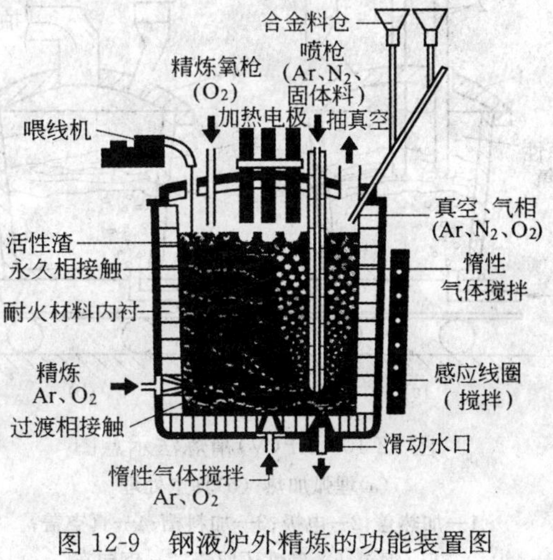

图 12-9 钢液炉外精炼的功能装置图

真空处理、电弧加热、感应搅拌、氩氧精炼、喷粉及喂线等。

炉外精炼技术是一项系统工程。采用任何一种炉外精炼技术，首先要认真分析市场对产品质量的要求，明确基本生产工艺路线，再确定应选择的炉外精炼设备。做到炉外精炼功能对口，在工艺方法、生产规模以及工序间的衔接、匹配经济合理。

12.4　炉外精炼方法简介

12.4.1　钢包炉精炼法(LF(V)法)

12.4.1.1　LF(V)精炼法概述

LF(Ladle Furnace)是日本大同特殊钢公司于1971年开发的，具有在非氧化性气氛下，通过电弧加热、造高碱度还原渣，进行钢液的脱氧、脱硫、合金化等冶金反应，以精炼钢液，为了使钢液与精炼渣充分接触，强化精炼反应，去除夹杂，促进钢液温度和合金成分的均匀化，通常从钢包底部吹氩搅拌。它的工作原理如图12-10所示。钢水到站后将钢包移至精炼工位，加入合成渣料，降下石墨电极插入熔渣中对钢水进行埋弧加热，补偿精炼过程中的温降，同时进行底吹氩搅拌。它可以与电炉配合，取代电炉的还原期。也可以与氧气转炉配合，生产优质合金钢。同时，LF还是连铸车间，尤其是合金钢连铸车间不可缺少的钢液成分、温度控制及生产节奏调整的设备。

LFV精炼法是钢包炉(Ladle Furnace)＋真空(Vacuum)的炉外精炼法。如图12-11所示，是一种集电弧加热、气体搅拌、真空脱气、合成渣精炼、喷吹精炼粉剂及添加合金元素等功能于一体的精炼法，也称多功能LF法。

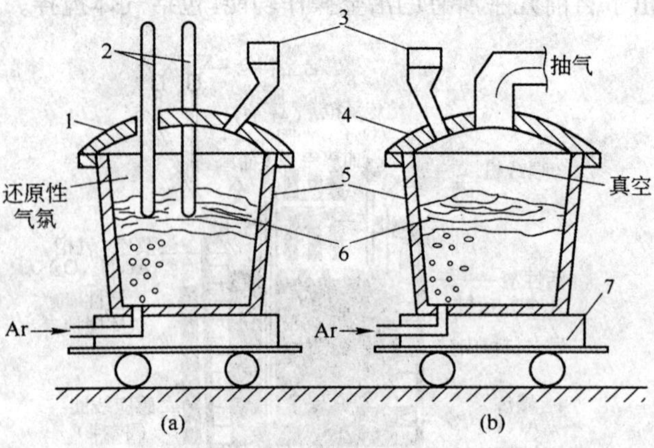

图12-10　LF(V)精炼法示意图
(a)埋弧加热；(b)真空处理
1—加热盖；2—电极；3—加料槽；4—真空盖；
5—钢包；6—碱性还原渣；7—钢包车

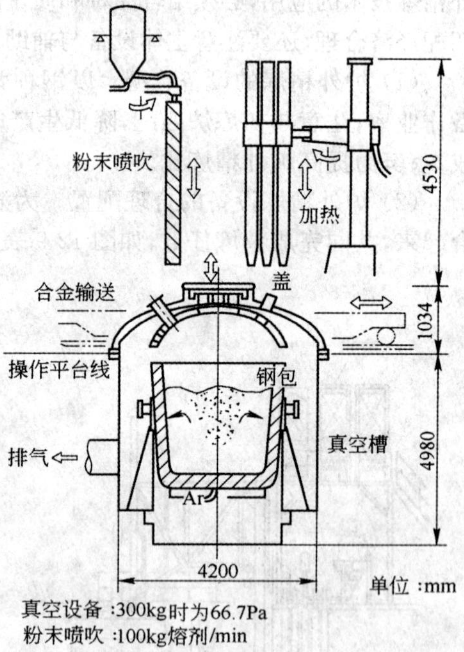

图12-11　多功能LF法

LF(V)精炼法能够通过强化热力学和动力学条件，使钢液在短时间内得到高度净化和均匀，从而达到以下各种冶金目的：

(1) LF有加热功能，采用电弧加热，能够熔化大量的合金元素，钢水温度易于控制，能满足连铸工艺要求；

(2) 协调初炼炉与连铸机工序，处理时间满足多炉连浇要求；

(3) 成分微调能保证产品具有合格的成分及实现最低成本控制；

(4) LF具有气体搅拌功能、精炼功能、气氛控制及LFV真空脱气等功能，精炼钢水的纯净度高，能减少连铸时水口堵塞，减少铸坯缺陷，满足产品质量要求。

总之，LF的使用有利于节省初炼炉冶炼时间，提高生产率；有利于生产纯净钢；有利于多炉连浇，降低生产成本，协调初炼炉与连铸工序。

12.4.1.2 LF(V)设备构成

LF主要由以下部分组成：加热电力系统；钢包；吹气系统；测温取样系统；控制系统；合金料和合成渣料添加装置；适应一些初炼炉需要的扒渣工位；适应一些低硫及超低硫钢种需要的喷粉工位；为适应脱气钢种需要的真空工位；用于较大炉体的水冷系统。

LF的加热同电弧炉一样，以石墨电极与钢水之间产生的电弧热为热源，分为交流钢包炉和直流钢包炉，目前国内基本上是用交流钢包炉。LF设备如图12-12所示。

从LF的工作条件来说，要比电弧炉好一些，因为LF没有熔化过程，而且LF大部分加热时间都是在埋弧下进行。熔化的都是渣料和合金固体料，因此应选用较高的二次电压。

LF精炼时钢液面稳定，电流波动较小。如果吹气流量稳定并且采用埋弧加热，便基本上不会引起电流的波动。因此，不会产生很大的因闪烁造成的冲击负荷。所以从短网开始的所有导电部件的电流密度都可以选得比同容量的电弧炉大得多。

LF精炼期，钢水已进入还原期，往往对钢水成分要求较严格。又由于采用埋弧加热，低电压短电弧运行，有增碳的危险性。为了防止增碳，应装备灵敏的电极调节装置。

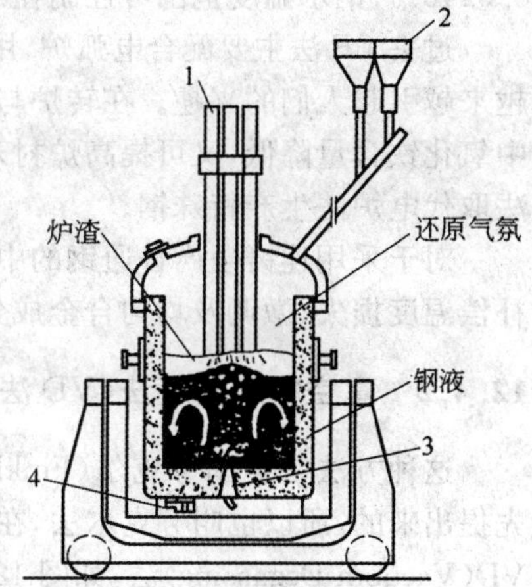

图12-12 LF设备示意图

1—电极；2—合金料仓；3—底部透气砖；4—滑动水口

为了对钢液进行充分的精炼，得到纯净钢，为连铸提供温度和成分合格的钢水，使钢水得到的能量补充是十分必要的。但是应当尽量缩短时间，以减少吸气和热损失。提高升温速度，仅靠增加输入功率是不够科学的，还应注意钢包的烘烤，提高烘烤温度，缩短钢包的运输时间。

LF的电耗主要用于以下几个方面：热散失；钢水升温；加热渣料；加热合金料。

LF的加热速度一般要达到2～5℃/min，这主要是根据生产节奏的要求以及耐火材料的承受能力来决定的。

LFV真空装置一般由蒸汽喷射泵、真空管道、充氮罐、真空炉盖(或真空室)、提升机构、提升桥架、真空加料装置等设备组成。

根据LF容量的不同，钢包底部透气砖的个数一般不同。大钢包如60 t以上的钢包可以安装两个透气砖。更大一些的可以安装三个透气砖。正常工作状态开启两个透气砖，当出现透气砖不透气时开启第三个透气砖。透气砖的合理位置可以根据经验决定，也可以根据水力学模型决定。

12.4.1.3　LF(V)的处理效果

经过 LF 处理生产的钢可以达到很高的质量水平：

(1) 脱硫率达 50%～70%，可生产出 w[S]≤0.01%的钢，如果处理时间充分，甚至可达到 w[S]≤0.005%的水平；

(2) 可以生产高纯度钢，钢中夹杂物总量可降低 50%，大颗粒夹杂物几乎全部能去除；钢中含 w[O]量可达到 0.002%～0.003%的水平；

(3) 钢水升温速度可以达到 4～5℃/min；

(4) 温度控制精度±(3～5)℃；

(5) 钢水成分控制精度高，可以生产出诸如 w[C]±0.01%、w[Si]±0.02%、w[Mn]±0.02%等元素含量范围很窄的钢。

LFV 的处理效果：使轴承钢的 w[H]达 2.68×10^{-4}%，w[N]达 37×10^{-4}%，w[O]达 10×10^{-4}%；采用普通工艺可使工业纯铁的 w[S]从 0.060%下降到 0.015%以下；采用特殊精炼工艺可使轴承钢中的 w[S]从 0.030%下降到 0.003%以下；采取特殊的工艺可使轴承钢中的 w[S]+w[H]+w[N]+w[O]≤70×10^{-4}%；钢中氧化物含量达到 0.003%以下；硫化物含量达到 0.0246%；钢水温度范围可控制在±2.5℃内。

过去 LF 法主要配合电弧炉，用以生产特殊钢。最近几年，在转炉车间装配 LF(V)精炼炉，越来越引起人们的兴趣。在转炉与连铸生产线上采用 LF(V)精炼法，可使转炉出钢温度和炉渣中氧化铁含量降低，又可提高炉衬寿命和钢的纯净度以及连铸的浇成率。可用氧气转炉配 LFV 法取代电炉法生产特殊钢。

对于采用连铸生产普通钢的中型转炉车间，也可以只采用电弧加热和底吹氩搅拌两个功能，补偿温度损失，微调及均匀合金成分和温度。

12.4.2　真空吹氩脱气法(VD 法)

这种方法是美国芬克尔(Finkl)公司 1958 年首先提出来的，所以也叫芬克尔法，在我国一般简称为 VD(Vacuum Degassing)法，如图 12-13 所示。

12.4.2.1　VD 设备

VD 设备一般不单独使用，而是与 LF 配合使用。所用钢包比普通钢包稍深一些，使钢包液面以上留有 800～1000 mm 的净空高度。包底装有透气元件或透气砖，真空盖上装有加料设备，可以在真空下添加合金料。

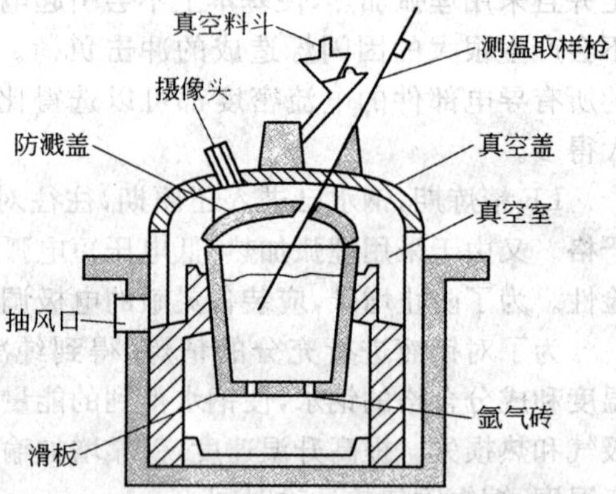

图 12-13　VD 钢液真空脱气装置

对 VD 的基本要求是保持良好的真空度；能够在较短的时间内达到要求的真空度；在真空状态下能够良好地搅拌；能够在真空状态下测温取样；能够在真空下加入合金料。一般来说，VD 设备需要一个能够安放 VD 钢包的真空室，而 ASEA-SKF 则是在钢包上直接加一个真空盖。

VD 设备主要部件有以下部分：水环泵；蒸汽喷射泵；冷凝器；冷却水系统；过热蒸汽发生系统；窥视孔；测温取样系统；合金加料系统；吹氩搅拌系统；真空盖与钢包盖及其移动系统；真空室地坑；充氮系统；回水箱。

12.4.2.2　VD 法特点

钢包脱气法只有钢包上部一层钢液与真空作用，所以脱气效果差。而 VD 法的精炼手段是吹氩搅拌与真空相结合，真空状态下吹氩搅拌钢液，一方面增加了钢液与真空的接触界面积；另一方面从包底上浮的氩气泡吸收钢液内溶解的气体，加强了真空脱气效果，脱氢率可达到42%～78%，同时上浮的氩气泡还能沾附夹杂物，促使夹杂物从钢液中排除。使钢的纯净度提高，清除钢的白点和发纹缺陷。

12.4.2.3 工艺过程

需要处理的钢液在电弧炉内冶炼，炉内预脱氧，并造流动性良好的还原渣，出钢温度比不处理时高 10～20℃，然后出钢。将钢包座入真空室内，接通吹氩管吹氩搅拌，测温取样，再盖上真空盖，启动真空泵，大约 10～15 min 后可达到工作真空度（0.1～1 mmHg），在真空下保持 10 min 左右，达到脱气、去夹杂、均匀成分和温度的作用，整个精炼时间约 30 min，吹氩搅拌贯穿整个精炼过程。

12.4.2.4 精炼效果

精炼效果如下：

(1) 脱氧：经 VD 法精炼后钢中全氧含量在 $12\sim27\times10^{-4}\%$之间，溶解氧含量一般为 $7\sim15\times10^{-4}\%$，溶解氧的脱除率平均为 82%；

(2) 脱氢：脱氢率平均 55%，氢含量为 $2.34\times10^{-4}\%$；

(3) 温度均匀：处理前不同部位的温差为±20℃，处理后为±3℃；

(4) 夹杂物形态有了根本改善；

(5) 脱硫：VD 法因缺少加热手段，精炼过程不能造新渣脱硫，脱硫率只有 20%左右。

12.4.3 循环真空脱气法（RH 法）

RH 循环真空脱气法是德国蒂森公司所属鲁尔（Ruhrstahl）公司和海拉斯（Heraeus）公司于 1957 年研制成功的循环真空脱气装置，它将真空精炼与钢水循环流动结合起来。最初 RH 装置主要是对钢水脱氢，后来增加了真空脱碳、真空脱氧、改善钢水纯净度及合金化等功能。RH 法具有处理周期短，生产能力大，精炼效果好的优点，非常适合与大型炼钢炉相配合，早在 1980 年 RH 技术就基本定型。随炼钢炉的大型化，RH 处理设备随之大型化，当前世界最大的 RH 设备已达 360 t。

12.4.3.1 RH 循环真空脱气法原理

RH 法设备的特征是在脱气室下部设有与其相通两根循环流管，脱气处理时将环流管插入钢液，靠脱气室抽真空的压差使钢液由管子进入脱气室，同时由两根管子中的上升管吹入驱动气体氩，利用气泡泵原理引导钢水通过脱气室和下降管产生循环运动，并在脱气室内脱除气体。RH 设备原理示意图见图12-14。

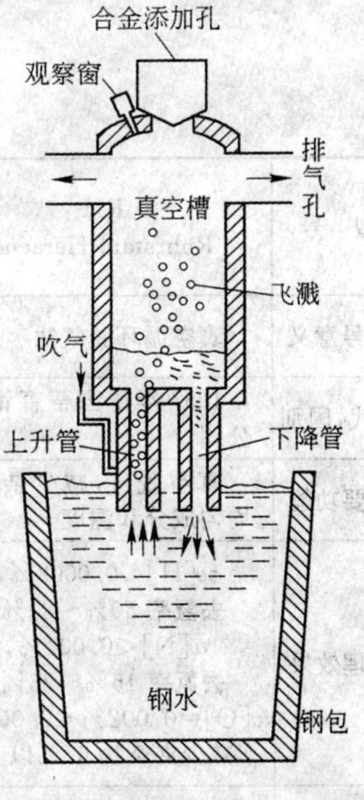

图 12-14 RH 法原理示意图

12.4.3.2 RH 技术的发展

其一是与吹氧脱碳相结合，衍生出吹氧循环真空脱气法 RH-OB（Oxygen Blowing），见图 12-15(a)；川崎顶吹氧真空脱气法 RH-KTB（Kawasaki Top Blowing）见图 12-15(b)；RH 法的另一发展是与喷射冶金相结合附加喷粉功能，如新日铁的循环脱气喷粉 RH-PB，见图 12-15(e)。几种 RH 真空处理方法的概况，见表 12-12。

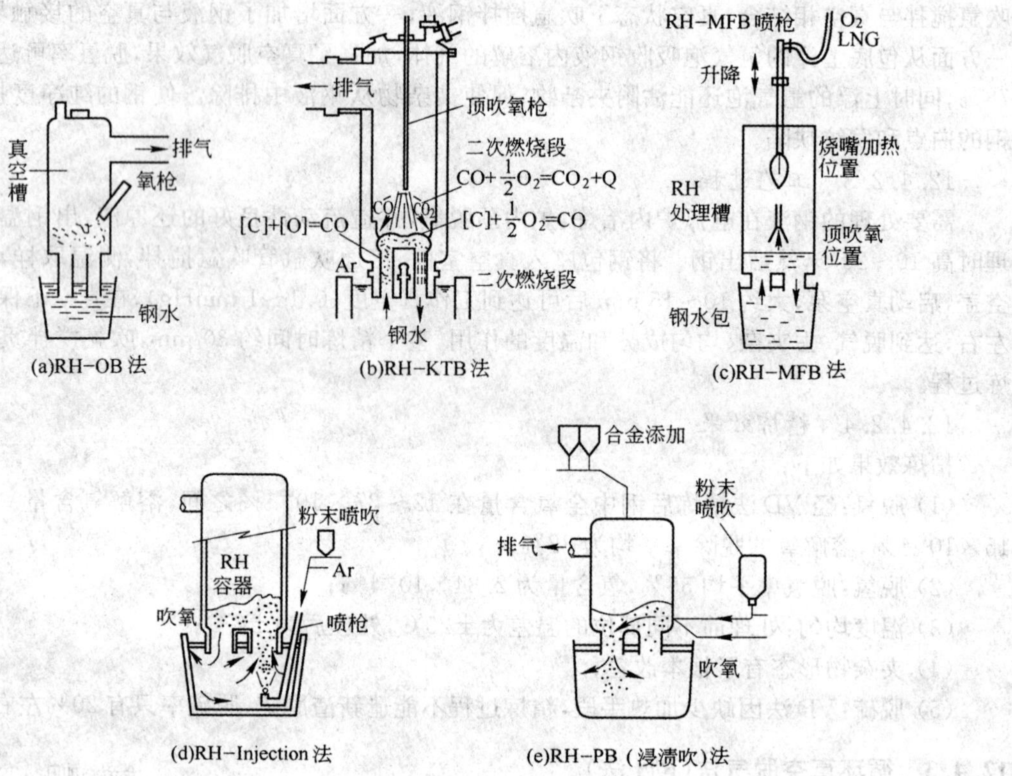

图 12-15　RH 法工艺发展

表 12-12　RH 真空处理方法的发展

型　号	RH Ruhrstahl Heraeus	RH-OB RH-Oxygen Blowing Degassing Process	RH-KTB RH-Kawasaki Top Blowing	RH-PB(I) RH-Powder Blowing
代号意义	真空循环脱气法	带升温的真空脱气	川崎顶吹氧真空脱气法	循环脱气喷粉
年代,国别	1957 年德国蒂森钢铁公司	1978 年日本新日铁	1988 年日本川崎	1985 年日本新日铁
主要功能	真空脱气,减少杂质,均匀成分和温度	同 RH,并能加热钢水	同 RH,并可加速脱碳,补偿热损失	同 RH,并可喷粉脱硫、磷
处理效果	$w[H]<0.0002\%$, 去氢率 50%～80%; $w[N]<0.004\%$, 去氮率 15%～25%, $w[O]=0.002\%\sim0.004\%$, 减少夹杂物 65%以上	同 RH,且可使处理终点碳 $w[C]\leqslant0.0035\%$	$w[H]<0.00015\%$ $w[N]<0.004\%$ $w[O]<0.003\%$ $w[C]<0.002\%$	$w[H]<0.00015\%$ $w[N]<0.004\%$ $w[C]<0.003\%$ $w[S]<0.001\%$ $w[P]<0.002\%$
适用钢种	适用于对含氢量要求严格的钢种;主要是低碳薄板钢、超低碳深冲钢、厚板钢、硅钢及轴承和重轨钢	同 RH,还可以生产不锈钢,多用于超低碳钢的处理	同 RH,多用于普碳钢、冲压钢、超低碳深冲钢及超深冲钢	同 RH,主要用于超低硫磷钢、薄板钢等处理
备　注	原为钢水脱氢开发,短时间可使[H]将低到远低于白点敏感极限以下	为钢水升温而开发	快速脱碳达超低碳钢范围,二次燃烧可补偿处理过程中的热损失	可同时脱氧硫磷,PB是用 OB 管喷入,I是指插入钢包

12.4.3.3 RH的精炼功能

RH的精炼功能如下：

(1) 真空脱碳。在25 min处理周期内可生产出$w[C]\leqslant 0.002\%$的超低碳钢水；

(2) 真空脱气。可生产$w[H]\leqslant 0.00015\%$，$w[N]\leqslant 0.002\%$的纯净钢水；

(3) 脱硫。RH附加喷粉装置(RH-PB、RH-MFB)或真空室内顶加脱硫剂处理后可生产出$w[S]\leqslant 0.001\%$的超低硫钢水；

(4) 脱磷。经RH喷粉处理(RH-PB)，可生产出$w[P]\leqslant 0.002\%$的超低磷钢；

(5) 升温。采用RH-KTB技术，可降低转炉出钢温度26℃；采用RH-OB法加铝吹氧提温，钢水最大升温速度可达8℃/min；

(6) 均匀钢水温度。可保持连铸中间包钢水温度波动不大于5℃；

(7) 均匀钢水成分和去除夹杂物。可生产出$w[TO]\leqslant 0.0015\%$的超纯净钢。

12.4.4 真空提升脱气法(DH法)

真空提升脱气法是1956年Dortmund(多特蒙德)和Horder(豪特尔)冶金联合公司首先发明使用的，所以简称DH法(Dortmund Horder Union Process)。

12.4.4.1 DH法的设备

DH法的设备如图12-16所示：由真空室(钢壳内衬耐火材料)及提升机构，加热装置(电极加热装置或喷燃气，喷油加热)，合金料仓(真空下密封加料)，抽气系统等组成。

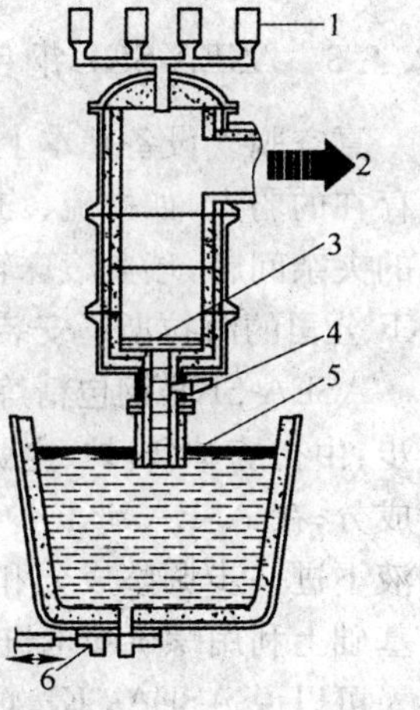

图12-16 DH真空提升脱气装置示意图

1—合金添加料斗；2—真空排气管；3—钢液；4—氩气管；5—渣；6—滑动水口

12.4.4.2 脱气工作原理

根据压力平衡原理，借助于真空室与钢包之间的相对运动，将钢液经吸嘴分批吸入真空室内，进行脱气处理的。处理时将真空室下部的吸嘴插入钢液内，真空室抽成真空后其内外形成压力差，钢液沿吸嘴上升到真空室内的压差高度，如果室内压力为13.3～66 Pa(0.1～0.5 mmHg)，则提升钢液约1.48 m。由于真空作用室内的钢液沸腾形成液滴，大大增加气液相界面积，钢中的气体由于真空作用而被脱除。当钢包下降或真空室提升时脱气后的钢液重新返回到钢包内。当钢包提升或真空室下降时又有一批钢液进入真空室进行脱气。这样钢液一批一批地进入真空室直至处理结束为止。

12.4.4.3 DH法的主要优缺点

DH法的优点是：进入真空室内的钢液由于气相压力的降低产生激烈的沸腾，脱气表面积增大，脱气效果较好，适用于大量钢液的脱气处理，可以用比较小的真空室处理大吨位的钢液；可以对真空室进行烧烤加热，因此处理过程中钢液温降小。由于激烈地沸腾还具有较大的脱碳能力，可以生产含$w[C]=0.002\%$的低碳钢。处理过程中可以加入合金，真空室合金元素的收得率高。由于这一系列的优点，使DH法得到了发展，我国的太钢50 t转炉车间配备有一台DH装置。

其缺点是设备比较复杂，投资和操作费用都比较高。

12.4.4.4 DH法的操作工艺

处理前根据钢种和出钢量确定配加的合金种类和数量，并预先加入到料仓内，根据钢水量和钢包尺寸选定每次吸入的钢水量，调整好升降行程和极限位置，吸嘴前装好挡渣帽，将真空室加热。

以上准备工作完成后，将盛有钢液的钢包送到处理位置后测温、取样并将吸嘴插入钢液内，然后启动真空泵抽气，当真空室压力降至 1.333×10^{10} Pa (100 mmHg)时升降机械开始自动升降，进入真空室的钢液在低压作用下，开始脱气反应，产生剧烈的沸腾和喷溅。脱气后钢液回流到钢包内产生剧烈的搅拌和混匀。这样反复进行 30 多次左右的升降，全部钢液经 3 次循环，真空度稳定到极限值，然后加入合金，再升降几次待合金成分混匀后取样测温送去浇注。

12.4.4.5　DH 法的实际效果

DH 法的实际效果如下：

(1) 脱氢：效果较好，可由处理前的 $2.5\sim6.5\times10^{-4}\%$降低到 $1.0\sim2.5\times10^{-4}\%$。当处理未脱氧钢时从熔池底部产生大量 CO 气泡，有利于脱氢反应的进行；

(2) 脱氧：处理未经预脱氧钢液可使氧降低 55%～90%，还可以降低非金属夹杂物 40%～50%，合金在真空下加入收得率高达 95%以上，并且成分和温度均匀；

(3) 脱氮：效果较差，当钢中含氮量低($30\sim40\times10^{-4}\%$)时，短时间处理几乎没有什么变化，当氮含量高于 $100\times10^{-4}\%$时，脱氮量可达 $20\sim30\times10^{-4}\%$；

(4) 脱碳：真空处理时，由于碳-氧反应降低了碳含量，因此 DH 法可生产超低碳钢。

总之，经 DH 处理后钢中的氢、氮、氧及非金属夹杂物都有相当的减少，钢材内外部缺陷也明显减少，各种性能也得到了提高。

12.4.5　ASEA-SKF 钢包精炼法

真空脱气设备基本上解决了钢水的脱气问题。为了进一步扩大精炼功能，改进单纯真空脱气存在的弱点，如去硫、均匀成分、处理过程中温降等，并克服在冶炼轴承钢时电炉钢渣混出而产生的夹杂问题，瑞典滚珠轴承公司(SKF)与瑞典通用电气公司(ASEA)合作，于 1965 年在瑞典的 SKF 公司的海拉斯厂安装了第一台钢包精炼炉。

ASEA-SKF 钢包精炼炉具有电磁搅拌功能、真空功能、电弧加热功能。它把炼钢过程分为两步：由初炼炉(转炉、电弧炉等)熔化、脱磷，在碳含量和温度合适时出钢，必要时可调整合金元素成分；在 ASEA-SKF 炉内进行电弧加热、真空脱气、真空吹氧脱碳、脱硫以及在电磁感应搅拌钢液下进一步调整成分和温度、脱氧和去夹杂等。1970 年美国的 Allegenry 公司在 ASEA-SKF 炉基础上利用螺旋喷枪进行供氧促进反应，称为 AVR 法。

可以说 ASEA-SKF 炉是电磁搅拌真空脱气设备与电弧炉的结合，第一次完善了现代炉外精炼设备的三个基本功能：加热、真空、搅拌。今天所使用的炉外精炼设备基本上仍以这三个基本功能为基础。现在这种钢包精炼炉通常被称作 ASEA-SKF 炉。

12.4.5.1　ASEA-SKF 炉设备

ASEA-SKF 炉可以与电弧炉、转炉配合，承担如还原精炼、脱气、吹氧脱碳、调整温度和成分等炼钢过程所有的精炼任务及衔接初炼炉和连铸工序关系。因此 ASEA-SKF 炉的结构比较复杂，如图 12-17 。主要有盛装钢水的钢包；真空密封炉盖和抽真空系统；电弧加热系统；渣料及合金料加料系统；吹氧系统；吹氩搅拌系统；控制系统。先进的 ASEA-SKF 炉采用计算机控制系统。与之相配合的辅助设备有：除渣设备(有无渣出钢设备时不必配备)、钢包

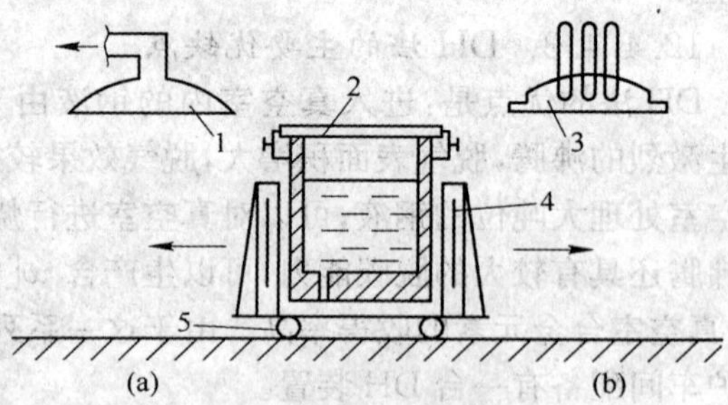

图 12-17　ASEA-SKF 法

(a)真空脱气工位；(b)电弧加热工位

1—真空室盖；2—钢包；3—加热炉盖；

4—电磁搅拌器；5—钢包车

烘烤设备。尤其是为了保证快速而有效地精炼，保证钢水成分和温度的目标控制，真空测温、真空取样、真空加料设备是十分必要的。但是这两个功能的无故障实现仍有很多困难。

12.4.5.2　ASEA-SKF 法的精炼效果

ASEA-SKF 炉适用于精炼各类钢种。精炼轴承钢、低碳钢和高纯净度渗氮钢都取得了良好效果：

(1) 提高钢的质量：ASEA-SKF 炉精炼使钢的化学成分均匀，力学性能改善，非金属夹杂物减少，氢、氧含量大大降低；

(2) 提高产量：由于把精炼任务移至炉外进行，提高了初炼炉的生产能力；

(3) 扩大了品种：由于精炼过程中加入大量合金，可生产许多钢种；

(4) 降低了成本：初炼炉冶炼时间缩短，降低了能耗，提高了合金收得率；

(5) 操作工艺非常灵活：根据精炼的目的不同，而选择不同的操作工艺。例如生产非金属夹杂物要求极低得轴承钢时，可先加强脱氧剂(Al)，然后经过电磁搅拌钢液，使非金属夹杂物排除。

12.4.6　真空吹氧脱碳法(VOD 法)

VOD 法是 Vacuum Oxygen Decarburization(真空吹氧脱碳法)的缩写。这是由威登特殊钢厂(Edd-stahl-werk witten)和标准迈索公司(Standard Messo)于 1967 年共同研制成功的，故有时又称为 Witten 法。这是为了冶炼不锈钢所研制的一种炉外精炼方法，其方法特点是向处在真空室内的不锈钢水进行顶吹氧和底吹氩搅拌精炼，达到脱碳保铬的目的。

12.4.6.1　VOD 法设备

VOD 法设备，如图 12-18 所示。设备有真空室、真空泵、吹氧枪、仓盖和保护盖。铁合金添加装置等。

设备特点是：真空泵的排气能力大；氧枪采用与转炉氧枪类似的拉瓦尔型氧枪；钢包承担着真空吹氧、脱碳精练和浇注等功能；脱气真空罐由罐体和罐盖组成，罐盖上有测温、取样、加合金料和吹氧的设备。

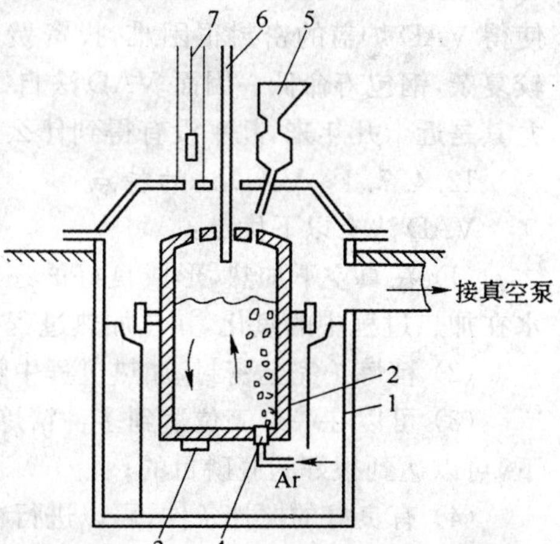

图 12-18　VOD 法设备图

1—真空室；2—钢包；3—水口；4—透气砖；5—合金漏斗；6—吹氧枪；7—取样测温

12.4.6.2　VOD 法的基本功能

VOD 具有吹氧脱碳、升温、吹氩搅拌、真空脱气、造渣合金化等冶金手段，适用于不锈钢、工业纯铁、精密合金、高温合金和合金结构钢的冶炼，尤其是超低碳不锈钢和合金的冶炼。

传统的不锈钢冶炼方法是采用电弧炉的返回吹氧法，依据高温下 C 优先于 Cr 氧化的原理，采用高温吹氧，实现脱 C 保 Cr 目的。但是高温将导致炉衬寿命降低，并且在大气压下吹氧精炼，即是温度很高，$w[C]$在 0.1%左右铬也有相当多的氧化，最高达 90%。如果降低 p_{CO}，可以起到与提高温度相同的效果。温度一定时，钢中含 $w[C]$只与 p_{CO}有关，降低 p_{CO}就可以达到降低含碳量的目的。

在大气压下吹氧，能把 $w[C]$降到 1.5%，而铬没有严重氧化损失，再继续吹氧脱碳，Cr 会大量氧化，因而不经济；如 $w[C]<0.45\%$时在减压下吹氧，则能将 $w[C]$脱到 0.06%，而 Cr 基本不氧化。

目前降低 p_{CO}的方法有：真空法，如 VOD 法；稀释法，如 AOD 法、CLU 法，用 Ar 气和蒸汽分解出来的 H 稀释降低 p_{CO}。

VOD 法就是根据真空下脱 C 的理论而研制成功的。再通过钢包底部吹 Ar 促进钢液的循环，以防止喷嘴附近铬的局部氧化。

12.4.6.3　VOD法精炼效果及发展

经VOD处理后，钢水中的w[C]可降低到0.03%以下，最低可降到0.005%，[O]降到40～80×10^{-4}%，成品材中[O]大到为30～50×10^{-4}%，[H]可降到2×10^{-4}%以下，[N]可降到30×10^{-4}%以下，可生产超低C、N不锈钢。与电弧炉法相比，成品钢中的Sn、Pb等微量有害元素的含量大大减少。从而使钢的耐腐蚀性、加工性都有相当程度的提高。由于发挥了真空脱氧作用，减少了脱氧的用铝量，因而可获得抛光性能特别良好的不锈钢。目前新的VOD技术主要有：瑞典的ASEA-SKF+氧枪；LD-VAC法；SS-VOD法；MVOD法。

12.4.7　电弧加热钢包脱气法(VAD法)

VAD法(Vacuum Arc Degassing，钢包真空电弧加热脱气)由美国A. Finkl & Sons公司1967年与摩尔公司(Mohr)共同研究发明，也称Finkl-VAD法，或称Finkl-Mohr法，联邦德国又称为VHD法(Vacuum Heating Degassing)。与ASEA-SKF法基本相同，这种方法加热在低真空下进行，在钢包底部吹氩搅拌，主要设备如图12-19所示。加热钢包内的压力大约控制在0.2×10^5 Pa左右，因而保持了良好的还原性气氛，使精炼炉在加热过程中可以达到一定的脱气目的。但是正是VAD的这个优点使得VAD炉盖的密封很困难，投资费用高，再加上结构较复杂，钢包寿命低。因而VAD法自1967年发明以来，尤其是近十几年来，几乎没有得到什么发展。

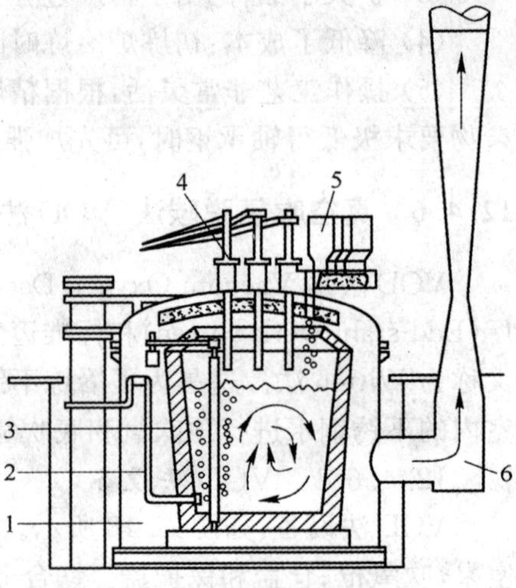

图12-19　VAD精炼炉示意图

1—真空室；2—底吹氩系统；3—钢包；4—电弧加热系统；5—合金加料系统；6—抽真空装置

12.4.7.1　VAD法的特点

VAD法有以下优点：

(1) 在真空下加热，形成良好的还原性气氛，防止钢水在加热过程中的氧化，并在加热过程中达到一定的脱气效果；

(2) 精炼炉完全密封，加热过程中噪音较小，而且几乎无烟尘；

(3) 可以在一个工位达到多种精炼目的，如脱氧、脱硫、脱氢、脱氮。甚至在合理造渣的条件下，可以达到很好的脱磷目的；

(4) 有良好的搅拌条件，可以进行精炼炉内合金化；使炉内的成分很快地均匀；

(5) 可以完成初炼炉的一些精炼任务，协调初炼炉与连铸工序；

(6) 可以在真空条件下进行成分微调；

(7) 可以进行深度精炼，生产纯净钢。

优点是明显的，但其电极密封难以解决的问题也是致命的。这个致命的缺点使得VAD法不能得到很快的发展。也许有一天电极密封的问题解决了，VAD法会得到很快的发展。但就目前的情况来看，VAD不是发展的主流。

12.4.7.2　VAD法的主要设备

VAD精炼设备主要包括：真空系统、精炼钢包、加热系统、加料系统、吹氩搅拌系统、检测与控制系统、冷却水系统、压缩空气系统、动力蒸汽系统等。

VAD炉可与电炉、转炉双联，设备布置可与初炼炉在同一厂房跨内，也可以布置在浇铸跨。精炼设备布置有深阱和台车两种形式。为了满足特殊钢多品种精炼需要，VAD常与VOD组合在一起。

12.4.7.3　VAD法基本精炼功能

VAD炉具有抽真空、电弧加热、吹氩搅拌、测温取样、自动加料等多种冶金手段。整个冶金过程在一个真空罐内即可完成,不像SKF和LF那样加热和脱气在两个工位,钢水包需移动,因此VAD的各种冶金手段可以根据产品的不同质量要求随意组合。

VAD法基本精炼功能有:造渣脱硫;脱氧去夹杂;脱气(H、N);吹氩改为吹氮时,可使钢水增氮;合金化。

12.4.8　氩氧脱碳法(AOD法)

所谓氩氧脱碳精炼法简称AOD法(Argon oxygen Decarburization,氩气-氧气-脱碳),是从一个炉型类似于侧吹转炉的炉底侧面向熔池内吹入不同此例的氩、氧混合气体,来降低气泡内p_{CO},使[C]氧化,而[Cr]不易氧化。脱碳保铬不是在真空下,而是在常压下进行。

这是美国联合碳化物公司于1968年试验成功的一种生产不锈钢的炉外精炼方法。其研究成果分别于1956年和1960年获得了专利。1969年以后AOD炉很快遍及世界各地,1972年以后AOD炉迅速发展,据资料介绍全世界不锈钢生产量的75%是用AOD炉冶炼的。西欧,美国,日本等主要的不锈钢生产国,生产着世界不锈钢总产量的93%。

AOD与VOD几乎同时出现,1972年以前发展速度相当,1973年以后AOD发展迅速,无论装备数量和产量都大大超过了VOD炉。究其原因是:AOD无论在原料选择,生产成本和生产率方面都比VOD优越。且能快速处理高碳钢水。Cr的收得率高,吹炼比较容易实现计算机自动控制。

AOD法的理论依据与VOD基本相同,所不同的是降低p_{CO}方法不是真空法而是采用稀释气体的方法。利用氩气稀释炉内的CO气体降低p_{CO},从而可以在较低的温度下,不使铬氧化而将碳脱到很低的水平。

12.4.8.1　AOD的设备

AOD炉的炉型与侧吹转炉十分相似,如图12-20。主要由炉体,倾动机构,氩氧枪,测温装置,气体混合调节装置,除尘设备和加料设备等组成,如图12-21。

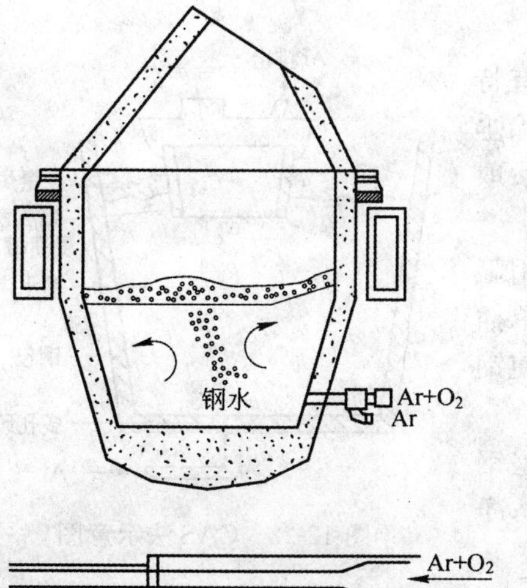

图12-20　AOD炉及喷枪示意图

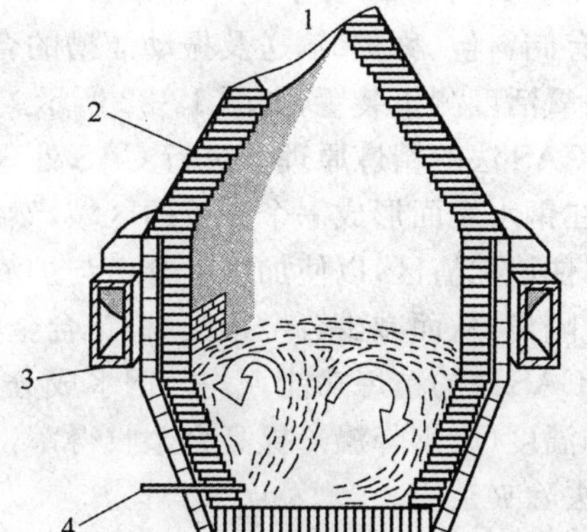

图12-21　AOD炉设备示意图

1—倾动出钢;2—活动炉壳;3—倾动耳轴套圈;4—气体喷嘴

12.4.8.2　AOD 法的特点

由于 AOD 可以使用低价原料(高碳铬铁),因而成本降低。Cr 的收得率高,$\eta_{Cr}=98\%\sim99\%$;钢的收得率可达 95%。电炉只是熔化炉,使其生产率提高,电耗降低,操作条件改善,使炉体寿命提高。AOD 炉投资省等,这些经济效果是以抵消 Ar 费用和 AOD 炉耐火材料的费用。

气消耗量大,因而操作费用高,所以 AOD 的发展受氩的限制;炉龄还比较低,耐火材料消耗高,致使成本高。

12.4.8.3　AOD 法精炼效果

AOD 法精炼效果如下:

(1) 脱硫:AOD 炉对脱硫十分有效;

(2) 脱 H:AOD 法虽然没有真空脱气过程,但是吹入 Ar 搅拌,也有明显的脱 H 效果,$w[H]$约 $1\sim4\times10^{-4}\%$,比电炉钢低 25%~65%;

(3) 脱 N:比电炉钢低 30%~60%;

(4)脱 O:由于 AOD 炉 Ar 气的激烈搅拌,可使钢中的氧化物分离上浮,$w[O]$比电炉钢低 10%~30%;

(5) 夹杂物:于钢中氧化物夹杂易于分离上浮,纯净物提高,不仅夹杂物含量少,而且几乎不存在大颗粒夹杂。夹杂物主要由硅酸盐组成,其颗粒细小,分布均匀。

12.4.9　CAS 法及 CAS-OB 法

在大气压下,通过钢包吹氩进行钢液氩气处理,可达到均匀钢液温度和成分、加速合金料及脱氧剂的熔化、减少钢中氧化物夹杂含量、改善钢液凝固性能的目的。为此钢包吹氩技术在冶金工业中得到了广泛的应用。但是,在钢液裸露处由于所添加的亲氧材料反复地接触空气或熔渣,又造成脱氧效果和合金收得率的显著降低。

为了解决上述问题,日本新日铁公司八幡技术研究所于 1975 年开发了吹氩密封成分微调工艺,即 CAS(Composition Adjustment by Sealed Argon Bubbling,密封吹氩合金成分调整)工艺。此后,为了解决 CAS 法精炼过程中的温降问题,在前述设备的隔离罩处再添加一支吹氧枪,称为 CAS-OB 法,OB 即为吹氧的意思,这是一种借助化学能而快速简便的升温预热装置。

12.4.9.1　CAS 法

(1) CAS 法的设备。CAS 炉设备的组成如下:带有特种耐火材料(如刚玉质)保护的精炼罩;精炼罩提升架;除尘系统;带有储料包、称重、输送及振动溜槽的合金化系统;取样、测温、氧活度测量装置,如图 12-22 所示。

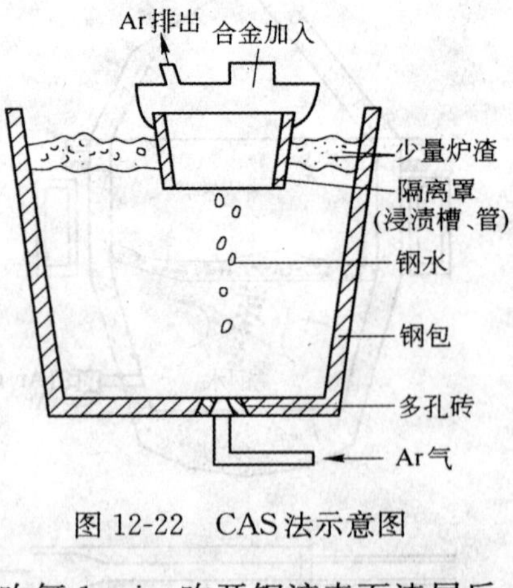

图 12-22　CAS 法示意图

(2) CAS 法的精炼原理。进行 CAS 处理时,首先用氩气喷吹,在钢水表面形成一个无渣的区域,然后将隔离罩插入钢水罩住该无渣区,以使加入的合金与炉渣隔离,也使钢液与大气隔离,从而减少合金损失,稳定合金收得率。

(3) CAS 法的精炼功能。均匀钢水成分、温度;调整钢水成分和温度(废钢降温);提高合金收得率(尤其是铝);净化钢水、去除夹杂物。

(4) CAS 法的精炼工艺。钢包吊运到处理站,对位后,强吹氩 1 min,吹开钢液表面渣层后,立即降罩,同时测温取样,按计算好的合金称量,不断吹氩,稍后即可加入铁合金,进行搅拌。吹氩结束,将隔离罩提升,再测温取样,如图 12-23 所示。

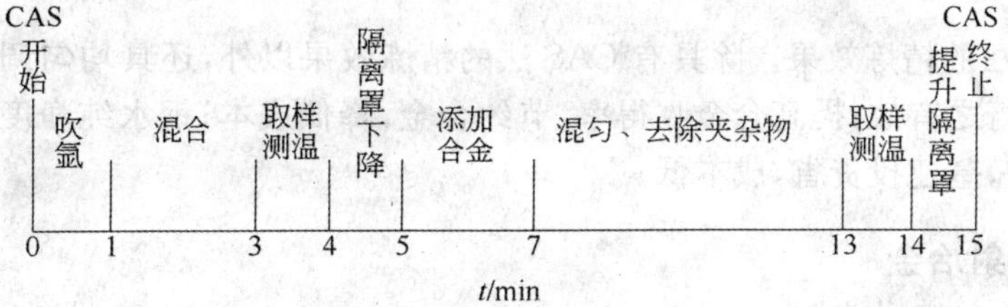

图 12-23 CAS 法的精炼工艺流程图

(5) CAS 法的精炼效果。通过吹氩，钢中的氧、氢和非金属夹杂物均有下降，氮含量可由$43\times10^{-4}\%$降到$32\times10^{-4}\%$；钢中总氧量由$100\times10^{-4}\%$可降到$40\times10^{-4}\%$以下，脱氧效果相当于真空处理的水平。非金属夹杂物明显减少，大型夹杂物可减少50%；20～40 μm的夹杂物可减少1/2～1/3，大大改善钢的质量。

12.4.9.2 CAS-OB 法

(1) CAS-OB 法的设备。CAS-OB 法除了 CAS 设备外，再增加上氧枪及其升降系统、提温剂加入系统、烟气净化系统、自动测温取样、风动送样系统等设备，如图12-24所示。

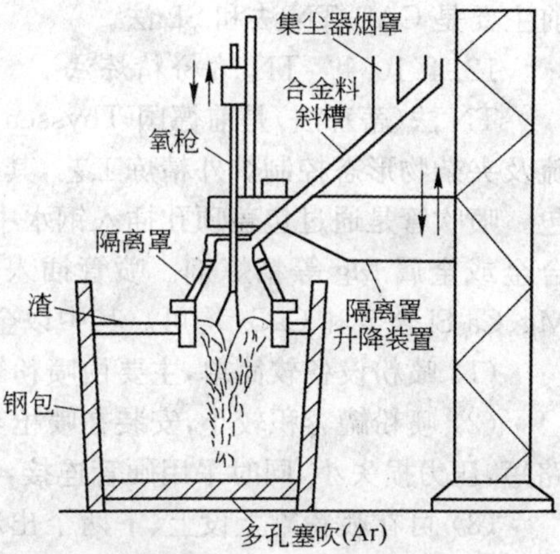

图 12-24 CAS-OB 法示意图

(2) CAS-OB 法的原理。CAS-OB 法是在 CAS 法的基础上发展起来的。它在隔离罩内增设顶氧枪吹氧，利用罩内加入的铝或硅铁与氧反应所放出的热量直接对钢水加热，化学反应为：

$$2Al+3/2O_2=Al_2O_3 \qquad Si+O_2=SiO_2$$

其目的是对转炉钢水进行快速升温，补偿 CAS 法工序的温降，为中间包内的钢水提供准确的目标温度，使转炉和连铸协调配合。

(3) CAS-OB 工艺。在 CAS 处理之后，为了能够按顺序浇铸那些低于开浇温度的钢液，必须开发一种简便的快速有效的预热装置。其解决办法就是联合使用 CAS 设备和吹氧枪，以便借助化学能来加热。在精炼罩的提升架上附加了一个使自耗氧枪上升和下降的起重装置。打开挡板之后，利用定心套管将氧枪导入精炼罩。当做能量载体的铝丸由合金化系统送到钢液中，经吹氧而燃烧。钢液被化学反应的放热作用而加热。

CAS-OB 工艺的开始阶段与 CAS 工艺完全相同。当依据温度预报需要预热钢液时，在精炼罩浸入钢液之后，首先要进行钢液脱氧及合金化。此外，还要准备预热所需的铝，并在降下吹氧枪之后在吹氧期间以一定比例连续往钢液里添加铝。

CAS-OB 工艺从吹氩到提罩整个操作过程操作过程如图 12-25，也可根据操作条件的不同来

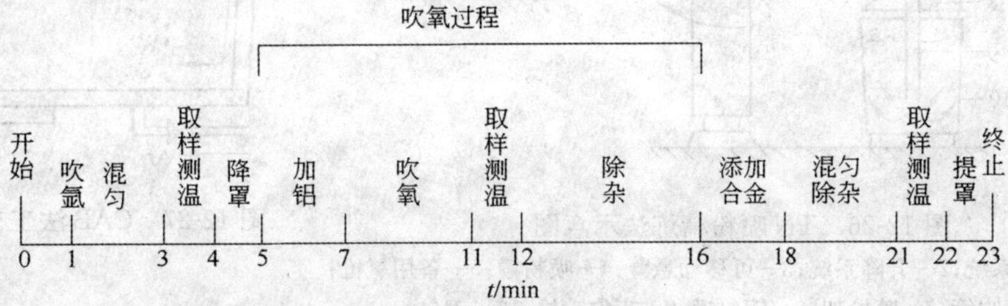

图 12-25 CAS-OB 法精炼工艺流程图

修改此操作方式。

(4) CAS-OB 法的精炼效果。除具有 CAS 法的精炼效果以外，还具均匀调节钢水成分和温度，既简单迅速又行之有效；提高合金收得率，节约合金，降低成本；钢水纯净度高；设备简单，无需复杂的真空设备，基建投资省，成本低。

12.4.10 钢包喷射冶金

钢包喷射冶金就是用惰性气体（主要为氩气、氮气）作载体，向钢水喷吹合金粉末或精炼粉剂，以达到调整钢的成分、脱硫、去除夹杂和改变夹杂物形态等目的，它是一种快速精炼手段。目前主要是 CAB/TN 法和 SL 法。

12.4.10.1 TN 喷粉精炼法

TN 法（蒂森法）是前德国 Thyssen Niederrhein 公司于 1974 年研究成功的一种钢水喷吹脱硫及夹杂物形态控制炉外精炼工艺，其构造示意于图 12-26。TN 法的喷射处理容器是带盖的钢包。喷吹管是通过包盖顶孔插入钢水中，一直伸到钢包底部，以氩气为载体向钢水中输送 Ca-Si 合金或金属 Mg 等精炼剂。喷管插入熔池越深，Ca 或 Mg 的雾化效果越好。脱硫剂可用 Ca、Mg、Ca-Si 合金和 CaC_2 均可。其中以金属 Ca 最有效，TN 法的优点有：

(1) 喷粉设备较简单，主要由喷粉罐、喷枪及其升降机构、气体输送系统和钢包等组成；

(2) 喷粉罐容积较小，安装在喷枪架的悬臂上，可随喷枪一起升降和回转，因此粉料输送管路短，压力损失小，同时采用硬管连接，可靠性强；

(3) 可在喷粉罐上设上、下两个出料口，根据粉料特性的不同，采用不同的出料方式。密度大、流动性好的粉料可用下部出料口出料（常用），密度小、流动性差的粉料，如石灰粉、合成渣粉等，可用上部出料口出料。

TN 法适合于大型电炉的脱硫，也可以与氧气顶吹转炉配合使用。

12.4.10.2 CAB 吹氩精炼法

CAB 法(Capped Argon Bubbling)是带钢包盖加合成渣吹氩精炼法，是新日铁 1965 年开发成功的一种简易炉外精炼方法（如图 12-27）。其特点是钢包顶部加盖吹氩并在包内加合成渣。由

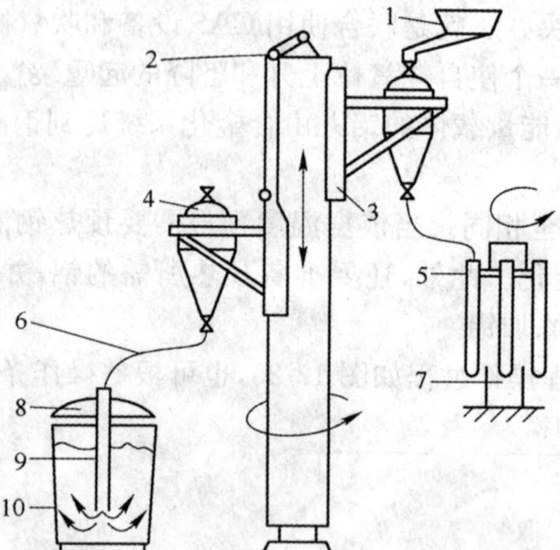

图 12-26 TN 喷粉精炼法示意图

1—粉剂给料系统；2—升降系统；3—可移动悬臂；4—喷粉罐；5—备用氧枪；
6—喷吹管；7—喷枪架；8—钢包罐；9—工作喷枪；10—钢包

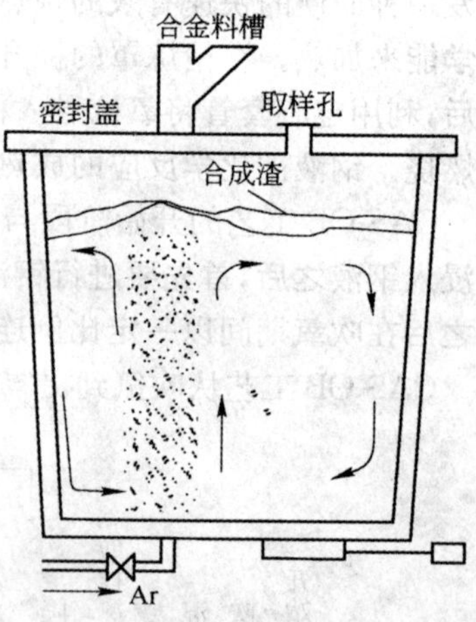

图 12-27 CAB 法工艺示意图

于加盖密封，能够做到以较大吹氩量搅拌钢水，获得良好的去除钢中夹杂物效果而不必担心钢水翻腾造成氧化。

CAB法要求合成渣熔点低、流动性好、吸收夹杂能力强。吹氩时钢液不与空气接触，避免二次氧化。上浮夹杂物被合成渣吸附和溶解，不会返回钢液中。钢包有包盖可大大减少降温。合成渣处理钢液，必须进行吹氩强搅拌，促进渣钢间反应，以利于钢液脱氧、脱硫及夹杂物去除。

12.4.10.3 SL喷粉精炼法

SL法（氏兰法）是瑞典Scandinavian Lancer公司1979年开发的一种钢水脱硫喷射冶金方法。如图12-28所示。SL法具有TN法的优点，可以喷射合金粉剂，合金元素的回收率接近100%。因此能够准确地控制钢的成分。SL法对提高钢质量的效果也非常显著。SL法与TN法相比，SL法设备简单，操作方便可靠。

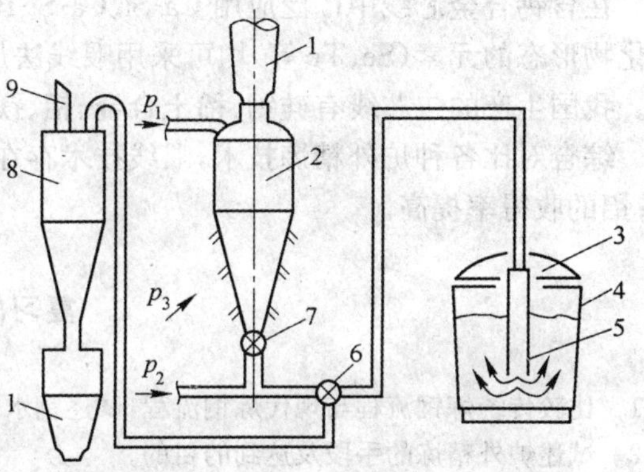

图12-28 SL喷粉精炼法示意图

1—密封料罐；2—分配器；3—钢包盖；4—钢包；5—喷枪；6—三通阀；7—阀门；8—分离器收粉装置；9—过滤器；p_1—分配器压力；p_2—喷吹压力；p_3—松动压强

SL法喷粉设备除有喷粉罐、输气系统、喷枪等外，还有密封料罐，回收装置和过滤器等。SL法的优点有：

(1) 喷粉的速度可用压差原理控制（$\Delta p=p_1-p_2$），以保证喷粉过程顺利进行，当喷嘴直径一定时，喷粉速度随压差而变化，采用恒压喷吹，利于防止喷溅与堵塞；

(2) 设有粉料回收装置，既可回收冷态调试时喷出的粉料，又可回收改喷不同粉料时喷粉罐中的剩余粉剂。

12.4.10.4 钢包喷粉冶金效果

脱硫效率高；钢中氧含量明显降低；夹杂物含量明显降低，并改善了夹杂物性态；改善钢液的浇注性能。

总之，从20世纪70年代末开始，喷射冶金不断发展、成熟。分别用于电炉、转炉内脱磷和增碳，炉内还原期脱氧、脱硫，炉外钢包中深度脱硫，对非金属夹杂物进行变性处理，对钢液进行微合金化等。

喷射冶金不具备真空去气、脱碳功能，也无法形成还原气氛，这是喷射冶金的局限性。喷射冶金方法与LF、VOD、RH等精炼工艺进行有机结合，形成精炼双联、组合精炼法或多功能精炼法等。

12.4.11 喂线法

图12-29 喂丝设备布置示意图

1—线卷装载机；2—辊式喂线机；3—导管系统；4—包芯线；5—钢水包

合金芯线处理技术，简称喂丝或喂线，是70年代末出现的一种钢包精炼技术。它将Ca-Si、稀土合金、铝、硼铁和钛铁等多种合金或添加剂制成包芯线，通过机械的方法加入钢液深处（如图12-29所示），对钢液脱氧、脱硫，进行非金属夹杂物变性处理和合金化等精炼处理，以改善冶金过程，提高钢的纯净度，优化产品的使用性能，降低处理成本等。

含钙包芯线是常用的一种包芯线。金属钙是一种强脱氧剂和脱硫剂，加钙处理可改善钢的质量。然而，由于钙是非常活泼的金属，易氧化，因此直接加钙会引起沸腾喷溅，烧损大，在钢中分布也难均匀。20 世纪 80 年代开发的喂线技术（Wire Feeding，简称 WF），为向钢液中加钙提供了有效手段，它可代替喷枪喷吹技术。

在含钙合金芯线中广泛应用 Ca-Si、Ca-Si-Ba、Ca-Al 等。此外易氧化元素（B、Ti、Zr）和控制硫化物形态的元素（Se、Te 等）均可采用喂线法加入。目前工业上应用的包芯线的种类和规格很多。我国生产的包芯线有硅钙、稀土合金、铝、镁、碳、钛铁、硼铁等。

综合对比各种炉外精炼技术，喂线技术存在以下优越性：合金收得率高；合金微调接近目标值；铝的收得率提高。

复习思考题

12-1　比较传统炼钢流程与现代炼钢流程，试述钢水二次精炼的优越性。

12-2　试述炉外精炼的手段及达到的目的。

12-3　什么是铁水预处理，如何实现铁水的三脱？

12-4　钢水炉外精炼的主要方法有哪些？

12-5　简述 LF 精炼方法及其冶金功能。

12-6　简述 RH 精炼方法及其冶金功能。

12-7　简述 CAS—OB 精炼方法及其冶金功能。

12-8　简述 AOD 精炼方法及其冶金功能。

12-9　简述 VOD 精炼方法及其冶金功能。

12-10　分析炉外精炼技术发展的主要趋势。

13 连续铸钢

13.1 概述

钢的生产过程主要分为炼钢和铸钢两大环节。炼钢的任务是将有关原料通过炼钢炉炼成质量合格的钢液，铸钢的任务是将成分合格的钢铸成适合于轧钢和锻压加工所需要的一定形状的固体(连铸坯或钢锭)。铸钢作业是衔接炼钢和轧钢之间的一项特殊作业，其特殊性表现为它是把钢液转变为固体的凝固过程。当钢液一旦凝固成固体后，在以后的轧钢过程中就不能对质量有本质上的改进了。因此，铸钢作业对产品质量和成本有重大影响，必须予以特别重视。连铸所用的钢水通常需要经过二次精炼。

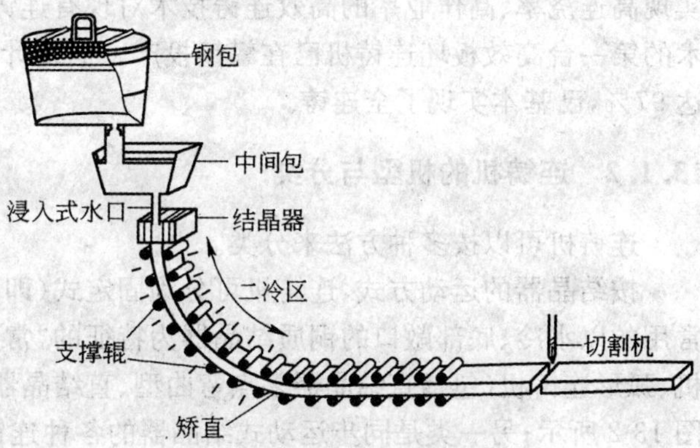

图 13-1 连铸工艺流程示意图

连铸的主要设备由钢包、中间包、结晶器、结晶器振动装置、二次冷却和铸坯导向装置、拉坯矫直装置、切割装置、出坯装置等部分组成，如图 13-1 所示。

13.1.1 连铸技术的发展概况

1950 年容汉斯和曼内斯曼(Mannesmann)公司合作，建成世界上第一台能浇注 5 t 钢水的连铸机。

从 20 世纪 50 年代起，连铸开始用于钢铁工业生产。到 20 世纪 50 年代末，世界各地建成的连铸机不到 30 台，连铸比约为 0.34%。

20 世纪 60 年代，连铸进入了稳步发展时期。至 20 世纪 60 年代末，全世界连铸机已达 200 余台，连铸比达 5.6%。

20 世纪 70 年代，连铸进入了迅猛发展时期。至 20 世纪 70 年代末，连铸坯产量已逾 2 亿 t，连铸比上升为 25.8%。

20 世纪 80 年代，连铸进入完全成熟的全盛时期。世界连铸比由 1981 年的 33.8%上升到 1990 年的 64.1%。连铸技术的进步主要表现在对铸坯质量设计和质量控制方面达到了一个新水平。

20 世纪 80 年代末，近终形连铸的出现并投入生产，如联邦德国西马克的 CSP 和德马克的 ISP，奥钢联的 CONROLL、意大利达涅利的 FTSRQ 技术、美国蒂平斯和韩国三星的 TSP 等。

近年来，传统连铸的高效化生产(高拉速、高作业率、高质量)在各工业发达国家取得了长足的进步，特别是高拉速技术已引起人们的高度重视。通过采用新型结晶器及新的结晶器冷却方式、新型保护渣、结晶器非正弦振动、结晶器内电磁制动及液面高精度检测和控制等一系列技术措施，目前常规大板坯的拉速已由 0.8～1.5 m/min 提高到 2.0～2.5 m/min，最高可达 3 m/min；小方坯最高拉速可达 5.0 m/min，使连铸机的生产能力大幅度提高，生产成本降低，给企业带来了极大的经济效益。高速连铸技术在今后仍会继续发展。

我国是研究和应用连铸技术较早的国家之一，早在 20 世纪 50 年代就已开始探索性的工作。改革开放以来，为了学习国外先进的技术和经验，加速我国连铸技术的发展，从上世纪 70 年代末一些企业引进了一批连铸技术和设备。例如 1978 年和 1979 年武钢二炼钢从联邦德国引进单流板坯弧形连铸机三台，在消化国外技术的基础上，围绕设备、操作、品种开发、管理等方面进行了大量的开发与完善工作，于 1985 年实现了全连铸生产，产量突破了设计能力。首钢在 1987 年和 1988 年相继从瑞士康卡斯特公司引进投产了两台八流小方坯连铸机，宝钢、武钢、太钢和鞍钢等大型钢铁公司也从国外引进了先进的板坯连铸机，这些连铸技术设备的引进都促进了我国连铸技术的发展。

最近几年，也是我国连铸技术快速发展的时期。利用以高质量铸坯为基础、高拉速为核心、实现高连浇率、高作业率的高效连铸技术对现有连铸机的技术改造取得了很大进展，采用国产技术的第一台高效板坯连铸机已在攀钢投产。据统计，到 2007 年初，我国在生产的连铸机连铸比达 97%，已基本实现了全连铸。

13.1.2　连铸机的机型与分类

连铸机可以按多种方法来分类。

按结晶器的运动方式，连铸机可分为固定式（即振动式）和移动式两类。前者是现在生产上常用的以水冷、底部敞口的铜质结晶器为特征的“常规”连铸机，可分为立式连铸机、立弯式连铸机、弧形连铸机（包括直结晶器多点弯曲型、直结晶器弧型、弧型、多半径弧型等）、水平连铸机等，图 13-2 所示；另一类是同步运动式结晶器的各种连铸机，如图 13-3 所示。这类机型的结晶器与铸坯同步移动，铸坯与结晶器壁间无相对运动，因而也没有相对摩擦，能够达到较高的浇铸速度，

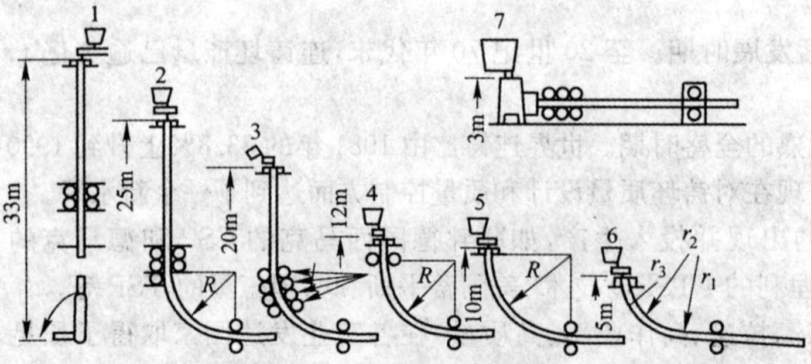

图 13-2　连铸机机型示意图

1—立式连铸机；2—立弯式连铸机；3—直结晶器多点弯曲连铸机；
4—直结晶器弧形连铸机；5—弧形连铸机；
6—多半径弧形（椭圆形）连铸机；
7—水平连铸机

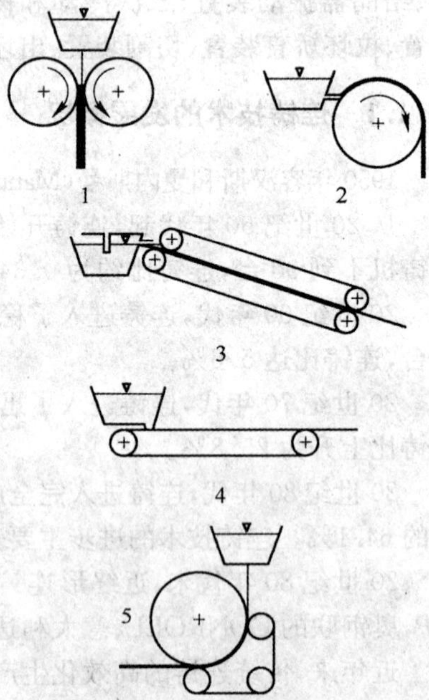

图 13-3　同步运动式结晶器连铸机机型示意图

1—双辊式连铸机；2—单辊式连铸机；
3—双带式连铸机；4—单带式连铸机；
5—轮带式连铸机

适合于生产接近成品钢材尺寸的小断面或薄断面的铸坯，即近终形连铸。如双辊式连铸机、双带式连铸机、单辊式连铸机、单带式连铸机，轮带式连铸机等。这些也是正在开发中的连铸机机型。

按铸坯断面的形状和大小可分为方坯连铸机（断面不大于 150 mm×150 mm 的叫小方坯；大于 150 mm×150 mm 的叫大方坯；矩形断面的长边与宽边之比小于 3 的也称为方坯连铸机）；板坯连铸机（铸坯断面为长方形，其宽厚比一般在 3 以上）；圆坯连铸机（铸坯断面为圆形，直径 $\phi60 \sim \phi400$ mm）；异型坯连铸机（浇注异型断面，如 H 型、空心管等）；方、板坯兼用连铸机（在一台铸机上，既能浇板坯，也能浇方坯），薄板坯连铸机（铸坯厚度为 40～80 mm 的薄板坯料）等。

按铸坯所承受的钢液静压头，即铸机垂直高度（H）与铸坯厚度（D）比值的大小，可将连铸机分为高头型（$H/D>50$，铸机机型为立式或立弯式）、标准头型（H/D 为 40～50，铸机机型为弧型或带直线段的弧型）、低头型（H/D 为 20～40，铸机机型为弧型或椭圆型）、超低头型（$H/D<20$，铸机机型为椭圆型）4 种。随着炼钢和炉外精炼技术的提高，浇注前及浇注过程中对钢液纯净度的有效控制，低头和超低头连铸机的采用逐渐增多。

13.1.3 连铸机的基本参数

13.1.3.1 弧形连铸机规格表示方法

弧形连铸机规格表示为：

$$aRb—c$$

式中 a——组成 1 台连铸机的机数；

R——机型为弧形或圆形连铸机；

b——连铸机的圆弧半径，m，若椭圆形铸机为多个半径之乘积，也表示可浇铸坯的最大厚度，坯厚$=b/(30\sim36)$ mm；

c——铸机拉坯辊辊身长度，mm，还表示可容纳铸坯的最大宽度，坯宽$=c-(150\sim200)$ mm。

在连铸生产中，凡是共用一个钢包同时浇注一流或多流铸坯的一套连铸设备，称为一台连铸机。一台连铸机可以是多机组，也可以是单机组。所谓机组，就是在一台连铸机中具有独立的传动系统和工作系统，当它机出事故时仍可照常工作的一套连铸设备称为一个机组。对于每台连铸机来说，同时能浇注铸坯的总根数叫连铸机流数。凡一台连铸机只有一个机组，又只能浇注一根铸坯叫一机一流。如能同时浇注两根以上的铸坯叫一机多流。凡一台铸机具有多个机组又可分别浇注多根铸坯的，称为多机多流。

13.1.3.2 连铸机的弧形半径

铸机的圆弧半径 R 是指铸坯外弧曲率半径，单位为 m。它是确定连铸机总高度的重要参数，也标志所能浇铸铸坯厚度范围的参数。

根据经验公式确定基本圆弧半径，也是连铸机最小圆弧半径：

$$R \geqslant cD \tag{13-1}$$

式中 R——连铸机圆弧半径，mm；

D——铸坯厚度，mm；

c——系数。

13.1.3.3 拉坯速度

拉坯速度 v_c 是指每 1 min 拉出铸坯的长度，单位是 m/min，简称拉速。拉坯速度可用经验公式来确定。

(1) 用铸坯断面确定拉速

$$v_c = \xi \cdot l/A \tag{13-2}$$

式中　l——铸坯断面周长,mm;

A——铸坯断面面积,mm^2;

ξ——断面形状速度系数,m · mm/min。

(2) 用铸坯的宽厚比确定拉速。铸坯厚度对拉坯速度影响最大,由于板坯的宽厚比较大,所以可采用以下的经验公式确定拉速:

$$v_c = f/D \tag{13-3}$$

式中　D——铸坯厚度,mm;

f——系数,m · mm/min。

(3) 最大拉坯速度。限制拉坯速度的因素主要是铸坯出结晶器下口坯壳的安全厚度。对于小断面铸坯坯壳安全厚度为 8～10 mm;大断面板坯坯壳厚度应≥ 15 mm。

最大拉坯速度:

$$v_{max} = \frac{K_m^2 L_m}{\delta^2} \tag{13-4}$$

$$\delta = K_m \sqrt{\frac{L_m}{v_{max}}} \tag{13-5}$$

式中　v_{max}——最大拉坯速度,m/min;

L_m——结晶器有效长度(结晶器长度－100 mm),mm;

K_m——结晶器内钢液凝固系数,$mm/min^{1/2}$;

δ——坯壳厚度,mm。

13.1.3.4　*液相穴深度和冶金长度*

液相穴深度 $L_液$ 是指从结晶器液面开始到铸坯中心液相凝固终了的长度,也称为液心长度。液相穴深度是确定连铸机二冷区长度的重要参数,对于弧形铸机来说,液相穴深度也是确定圆弧半径的主要参数。它直接影响铸机的总长度和总高度。

液相穴深度与拉速的关系式:

$$L_液 = \frac{D^2}{4K_凝^2} v_c \tag{13-6}$$

液相穴深度与铸坯厚度、拉坯速度和冷却强度有关。铸坯越厚,拉速越快,液相穴深度就越长,连铸机也越长。在一定程度内,增加冷却强度,有助于缩短液相穴深度。但对一些钢种来说,冷却强度需要特别控制。

根据最大拉速确定的液相穴深度为冶金长度 $L_冶$。冶金长度是连铸机的重要结构参数,决定着连铸机的生产能力,也决定了铸机半径或高度,对二次冷却区和矫直区结构以及铸坯的质量都会产生重要影响。

$$L_冶 = \frac{D^2}{4K_液^2} v_{max} \tag{13-7}$$

铸机长度 $L_机$ 是从结晶器液面到最后一对拉矫辊之间的实际长度。这个长度应该是冶金长度的 1.1～1.2 倍。

$$L_{机}=(1.1\sim1.2)L_{冶} \tag{13-8}$$

13.1.3.5 连铸机流数

一台连铸机能够同时浇铸铸坯的个数称之为连铸机的流数。在生产中，有1机1流、1机多流和多机多流三种形式的连铸机。方坯铸机最多可浇铸4～8流，大型板坯采用1～2流。

连铸机的流数可按下式确定：

$$n = W/(Av\rho t) \tag{13-9}$$

式中 n——1台连铸机浇注的流数；

W——钢包容量，t；

v——平均拉坯速度，m/min；

ρ——连铸坯密度，t/m^3；

t——钢包浇铸时间，min。

13.1.4 连续铸钢的优越性

与传统模铸工艺相比，连续铸钢工艺具有如下优点：

(1) 简化了工序，缩短了流程。如图13-4，连铸省去了脱模、整模、钢锭均热、初轧开坯等工序，由此可节省基建投资费用约40%，减少占地面积约30%，劳动力节省约70%；

(2) 提高了金属收得率。采用模铸工艺，从钢水到钢坯，金属收得率为84%～88%，而连铸工艺则为95%～96%，金属收得率提高10%～14%；

(3) 降低了能源消耗。采用连铸工艺比传统工艺可节能1/4～1/2；

(4) 生产过程机械化、自动化程度高。设备和操作水平的提高，采用全过程的计算机管理，不仅从根本上改善了劳动环境，还大大提高了劳动生产率；

(5) 提高质量，扩大品种。几乎所有的钢种均可以采用连铸工艺生产，如超纯净度钢、硅钢、合金钢、工具钢等约500多个钢种都可以用连铸工艺生产，而且质量很好。

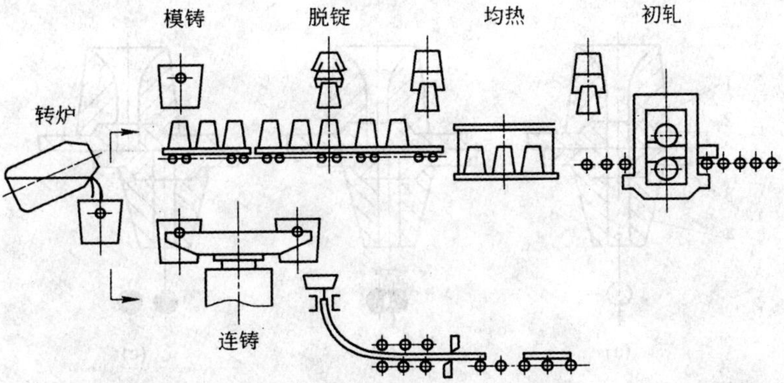

图13-4 模铸与连铸生产流程比较

13.2 连铸机的主要设备

13.2.1 钢包

钢包又称钢水包、大包等，钢包是盛装和运载钢水的浇注设备。随着冶金技术的进步，钢包的结构和功能已经发生了很大的变化，除作为盛装钢水容器外，还具备对钢水进行调温、精炼处理等功能。

13.2.1.1　钢包的作用及功能

钢包主要用于盛装和运载钢水及部分熔渣，在浇注过程中可通过开启水口大小来控制钢流。钢包还可作为精炼炉的重要组成部分，即在钢包中配置电极加热、合金加料、吹氩搅拌、喂丝合金化、真空脱气等各种精炼设备，通过钢包精炼处理可使钢水的温度调整精度、成分控制命中率及钢水纯净度进一步提高，以满足浇注生产对钢水供应质量的需要。

钢包除具有盛装、运载、精炼、浇注钢水等功能外，还具有倾翻、倒渣和落地放置的功能。

13.2.1.2　钢包容量的确定

钢包的容量应与炼钢炉的最大出钢量相匹配；考虑到出钢量的波动，留有10%的余量和一定的炉渣量；大型钢包的炉渣量应是金属量的3%～5%，小型钢包的渣量为5%～10%。除此之外，钢包上口还应留有200 mm以上的净空；作为精炼容器时要留出更大的净空。

13.2.1.3　钢包的结构

钢包主要由钢包本体(外壳、加强箍、耳轴、溢渣口、注钢口、透气口、倾翻装置部件组成)、耐火衬和水口启闭控制机构等装置组成，如图13-5。

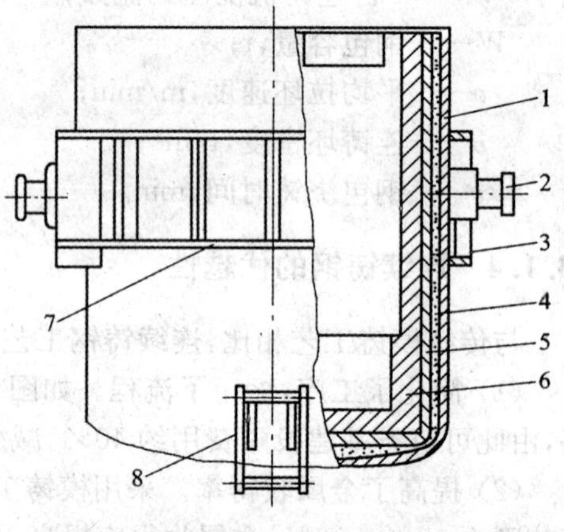

图 13-5　钢包结构

1—桶壳；2—耳轴；3—支撑座；4—保温层；5—永久层；6—工作层；7—腰箍；8—倾翻吊环

13.2.1.4　钢包滑动水口

滑动水口通常由座砖、上水口砖、上滑板砖、下滑板砖和下水口砖组成，见图13-6。对于三层式滑动水口，在上、下滑板之间还有一块中间滑板。滑板砖是滑动水口系统的关键组成部分。

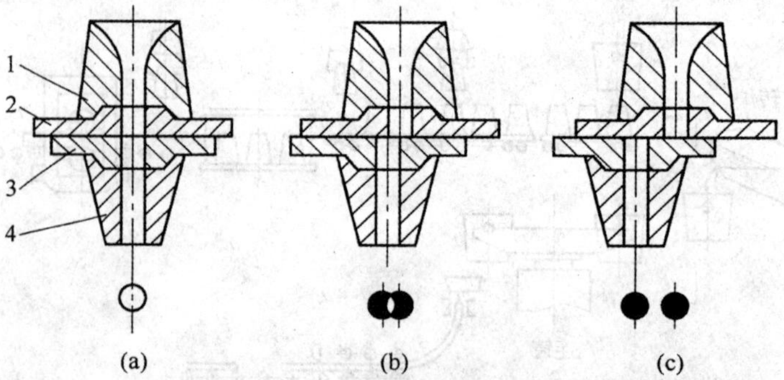

图 13-6　滑动水口控制原理示意图

(a) 全开；(b) 半开；(c) 全闭

1—上水口；2—上滑板；3—下滑板；4—下水口

滑动水口安装在钢包或中间包底部，借助机械装置，采用液压或电动使滑板作往复直线或旋转运动。根据上、下滑板孔的相对位置，调节浇注钢水流量，滑动水口工作原理见图13-6。

13.2.1.5 钢包长水口

长水口用于钢包与中间包之间，保护钢流不受二次氧化，防止钢流飞溅以及敞开浇注的卷渣问题，对提高钢质量有明显效果。使用长水口还可以减少中间包钢水温降，对合理控制钢水过热度，改善铸坯低倍组织和操作条件都有利。

长水口主要包括两类，图 13-7 为具有吹氩环的长水口和具有透气材料的长水口。具有吹氩环的长水口是氩气通过吹氩环吹向钢包滑动水口下水口与长水口连接处，起密封作用。具有透气材料的长水口的上端部镶有多孔透气材料，一般为弥散型透气材料，氩气通过弥散型透气材料向内吹，起密封保护作用。

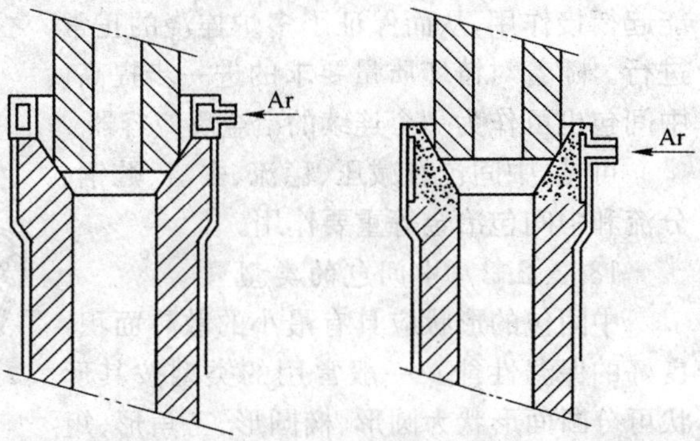

图 13-7 长水口的类型

(a) 具有吹氩环的长水口；(b) 具有透气材料的长水口

13.2.1.6 钢包回转台

钢包回转台是现代连铸中应用最普遍的运载和承托钢包进行浇注的设备，通常设置于钢水接收跨与浇注跨柱列之间。

钢包回转台按转臂旋转方式不同，可以分为两大类：一类是两个转臂可各自作单独旋转；另一类是两臂不能单独旋转。按臂的结构形式可分为直臂式和双臂式两种。因此，钢包回转台有：直臂整体旋转整体升降式（如图 13-8(a)）；直臂整体旋转单独升降式；双臂整体旋转单独升降式（如图 13-8(b)）和双臂单独旋转单独升降式（如图 13-8(c)）等形式；还有一种可承放多个钢包的支撑架，也称为钢包移动车。蝶型钢包回转台是属于双臂整体旋转单独升降式，它是目前回转台最为先进的一种形式。

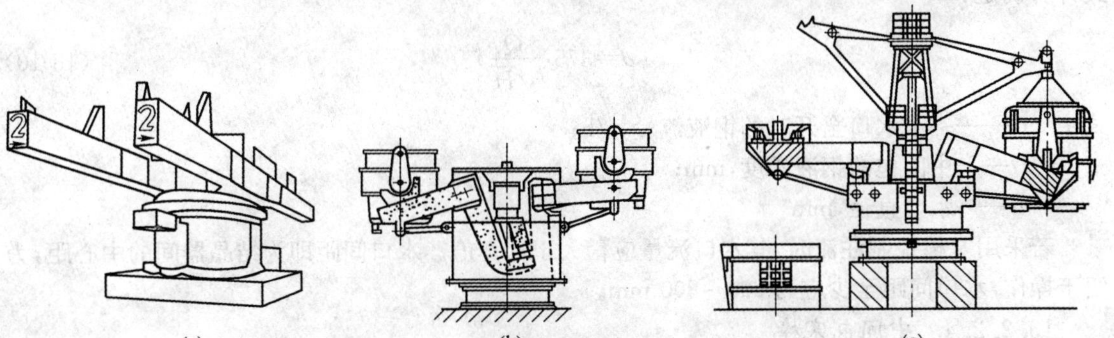

图 13-8 钢包回转台类型图

(a)直臂式；(b) 双臂单独升降式；(c)带钢水包加盖功能

13.2.2 中间包

中间包是连铸工艺流程中，位于钢包与结晶器之间的过渡容器，即钢包中的钢水先注入中间包再通过其水口装置注入结晶器。中间包车是中间包的支承、运载工具，它设置在连铸浇注平台上，一般每台连铸机配备两台中间包车，互为备用，当一台浇注时，另一台处于加热烘烤位置。这样能提高连铸机的作业率，为快速更换中间包和连浇创造条件。

13.2.2.1 中间包的作用

中间包的作用是稳定钢流，减少钢流对结晶器中初生坯壳的冲刷；能储存钢水，并保证钢水温度均匀；使非金属夹杂物和钢液分离、上浮；在多流连铸机上，中间包把钢水分配给各支结晶器，起到分流的作用；在多炉连浇过程中，中间包内储存的钢水在更换钢包时能起衔接作用，从而保证了多炉连浇的正常进行。随着对铸坯质量要求的进一步提高，中间包也可作为一个连续的冶金反应容器。

可见，中间包有减压、稳流、去渣、贮钢、分流和中间包冶金等重要作用。

13.2.2.2 中间包的类型

中间包的形状应具有最小的散热面积，良好的保温性能。一般常用的类型按其形状可分断面形状为圆形、椭圆形、三角形、矩形和“T”字形等，如图 13-9 所示。

中间包的形状力求简单、以便于吊装、存放、砌筑、清理等操作。按其水口流数可分单流、多流等，中间包的水口流数一般为 1～4流。

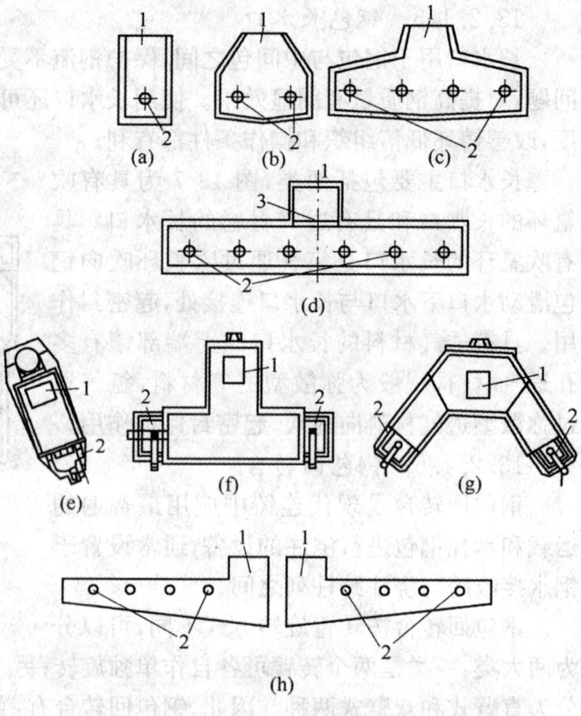

图 13-9 中间包断面的各种形状示意图

(a)、(e)单流；(b)、(f)、(g)双流；(c)4 流；(d)6 流；(h)8 流

1—钢包注流位置；2—中间包；3—挡渣墙

13.2.2.3 中间包水口

水口直径应根据连铸机在最大拉速时所需的钢水流量来确定。水口直径可由下式计算确定：

$$d=375\left(\frac{Q}{\sqrt{H}}\right) \tag{13-10}$$

式中 Q——一个水口全开时的钢液流量，t/h；

H——中间包的钢液深度，mm；

d——水口直径，mm。

若采用塞棒控制注流时，其水口流量应稍大于计算值。水口间距即为结晶器间的中心距，为便于操作，水口间距至少应为 600～800 mm。

13.2.2.4 中间包塞棒

塞棒的类型有：

(1) 袖砖型。多节袖砖和塞头组成，见图 13-10(a)，只起关、开作用，现已淘汰。

(2) 普通型。普通型整体塞棒，不具有吹气结构，见图 13-10(b)，与原袖砖、塞头型塞棒一样，只起关、开作用。

(3) 复合型。复合型整体塞棒在整体塞棒头部复合一层耐高温耐侵蚀的材料，如锆碳层，以提高其使用寿命，这种塞棒见图 13-10(c)。

(4) 单孔型。在浇注添加含钛或铝的钢时，在塞棒与水口连接处，或在水口壁上容易沉积夹杂物，使水口堵塞。如果使氩气通过中孔吹向钢水口，可防止水口堵塞，单孔型塞棒见图13-10(d)。

(5) 多孔型。多孔型整体塞棒见图 13-10(e)，能更有效地防止水口堵塞。

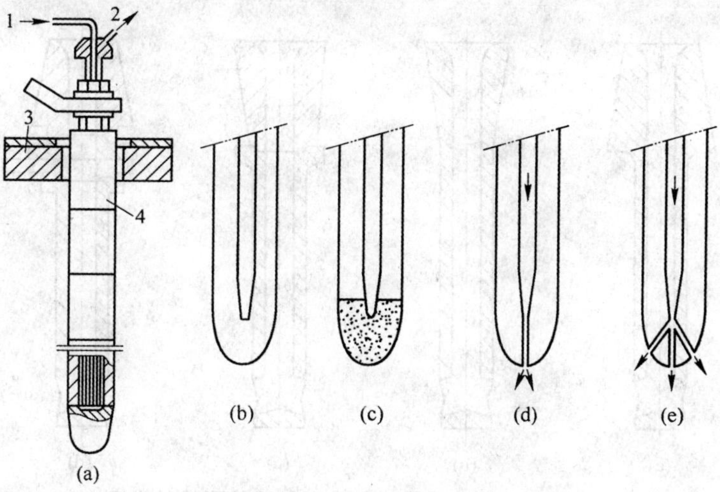

图 13-10 塞棒类型示意图

(a)塞棒空气冷却；(b)普通型；(c) 复合型；(d) 单孔型；(e)多孔型

1—空气入口；2—空气出口；3—中间包盖；4—塞棒

13.2.2.5 中间包滑动水口

中间包滑动水口控制机构通常做成三层滑板(图 13-11)。上下滑板固定不动，中间用一块活动滑板控制注流。目的是在采用浸入式水口浇注时，由于下水口太长，不便于移动，也存在难以对中问题，故中间包的滑动水口装置采用三层滑板结构。其运动方式与钢包滑动水口相似。

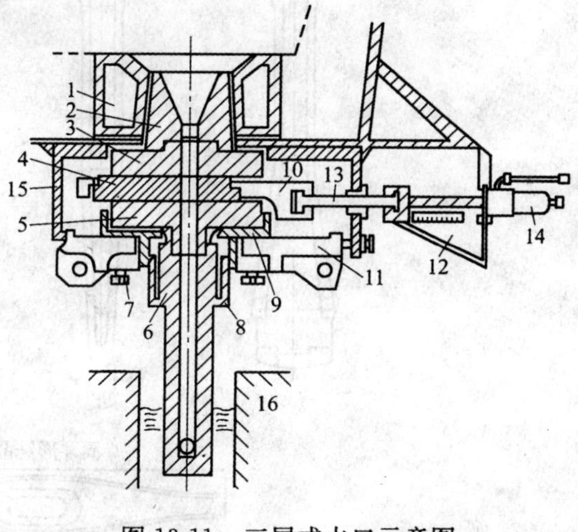

图 13-11 三层式水口示意图

1—座砖；2—上水口；3—上滑板；4—滑动板；5—下滑板；6—浸入式水口；7—螺栓；8—夹具；9—下滑套；10—滑动框架；11—盖板；12—刻度；13—连杆；14—油缸；15—水口箱；16—结晶器

13.2.2.6 浸入式水口

浸入式水口就是把中间包水口加长，插入到结晶器钢液面以下一定的深度，把浇注流密封起来。

浸入式水口的形状和尺寸直接影响结晶器内钢液流动的状况，因而也直接关系到铸坯的表面和内部质量。

按浸入式水口与中间包的连接形式可分为以下几种形式，如图 13-12 所示。

(1) 外装型浸入式水口。安装方式为由中间包底向上套装至中间包水口。

(2) 内装型浸入式水口。安装方式为由中间包内向包底方向装入座砖内。

(3) 组合型浸入式水口。用杠杆或液压压紧装置将浸入式水口固定在中间包水口下端，这类浸入式水口长度较短。

(4) 滑动水口型浸入式水口。这类浸入式水口相当于滑动水口的下水口。

(5) CPS 工艺的浸入式水口。由于结晶器的形状不同，各种类型工艺所采用的浸入式水口也不同。如图 13-13 为 CSP 工艺漏斗形结晶器使用的浸入式水口形状及其在结晶器内的位置。

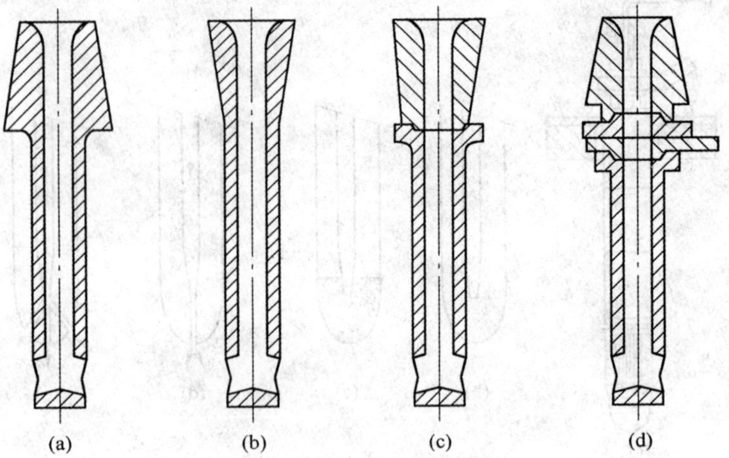

图 13-12　浸入式水口与中间包连接形式的类型
(a) 外装型；(b) 内装型；(c) 组合型；(d) 滑动水口型

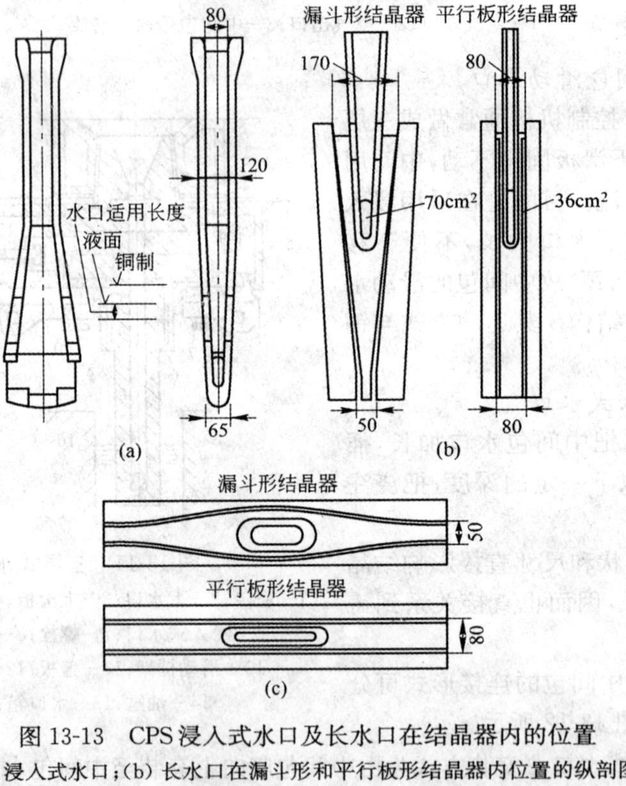

图 13-13　CPS 浸入式水口及长水口在结晶器内的位置
(a) 浸入式水口；(b) 长水口在漏斗形和平行板形结晶器内位置的纵剖图；
(c) 长水口在漏斗形和平行板形结晶器内位置的俯视图

按浸入式水口内钢水流出的方向可分为如图 13-14 所示几种形式。

目前，使用最多的浸入式水口有单孔直筒形和双侧孔式两种。双侧孔浸入式水口，其侧孔有向上倾斜、向下倾斜和水平状三类，浇注大型板坯时可采用箱形浸入式水口，如图13-15所示。单孔直筒式浸入式水口相当于加长的普通水口，一般仅用于小方坯、矩形坯或小板坯的浇注。

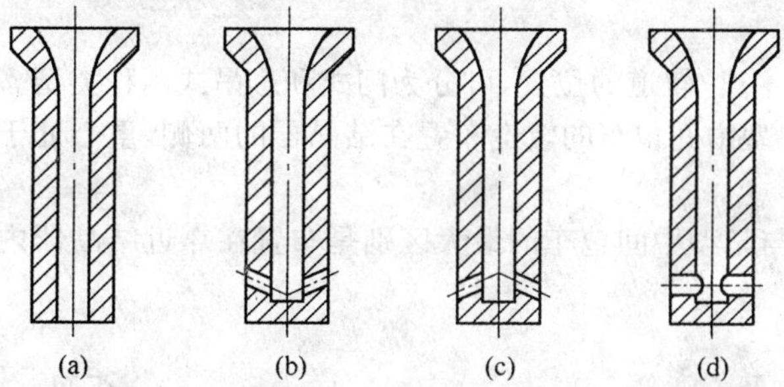

图 13-14　浸入式水口钢水流出的方向基本类型

(a) 单孔直筒形水口；(b) 侧孔向上倾斜状水口；

(c) 侧孔向下倾斜呈倒 Y 形水口；(d)侧孔呈水平状水口

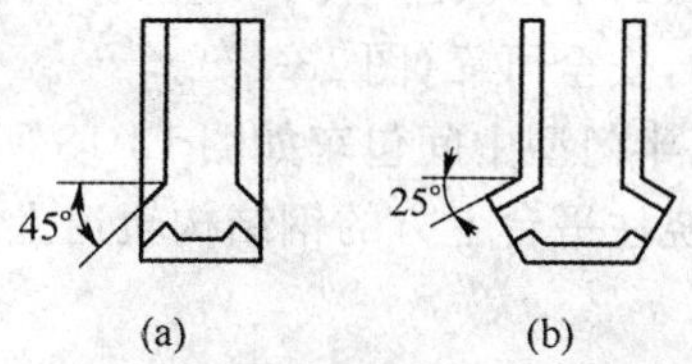

图 13-15　箱型浸入式水口示意图

(a) 箱形水口 A；(b) 箱形水口 B

双侧孔浸入式水口，其向上、下倾斜与水平方向的夹角分别为 10°～15°、15°～35°。浇注大方坯和板坯，均采用向下倾角的双侧孔浸入式水口；若浇注不锈钢，应选用侧孔向上倾角的浸入式水口为宜。箱形水口的注流冲击深度最小，当拉速达到一定值后，再提高拉速，冲击深度也不加大，所以浇注大板坯时，使用最佳。

13.2.3　中间包车

13.2.3.1　中间包车的作用

中间包车有以下作用：

(1) 中间包车是支承、运载、更换中间包的设备；

(2) 中间包车的结构要有利于浇注、捞渣和烧氧等操作；

(3) 它设置在连铸浇注平台上，可沿中间包的烘烤位和浇注位之间的轨道运行；

(4) 开浇前，将中间包放置在中间包车上，进行烘烤；

(5) 准备开浇时，中间包车将已烘烤的中间包运至结晶器上方，并使其水口与结晶器对中；

(6) 浇注完毕或遇故障停浇时，它会载着中间包迅速离开浇注位置。

13.2.3.2　中间包车的功能

(1) 运行功能。包括快、慢速自动转换功能，自动定位功能及安全联锁功能等，以适应中间包车的启动过程和到达终点过程对速度的控制；当中间包车由浇注位到烘烤位，准备放渣时，会自动停车；中间包车只能在升降平台处于高位时才允许运行等。

(2) 升降功能。中间包车的升降行程为 300～750 mm，以适应中间包的烘烤、水口装置伸入结晶器浇注等需要。

(3) 横移对中功能。中间包车的横移对中行程为(±30～±80)mm，以适应结晶器开口度改变引起水口位置的调整要求。

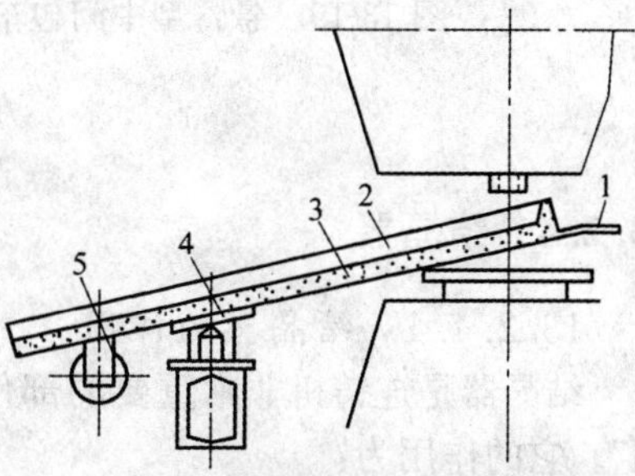

图 13-16　中间包摆动槽

1—手柄；2—流槽；3—耐火材料；

4—转轴；5—滚轮

(4) 称量功能。中间包车还设有电子称量系统和保护渣自动下料装置。采用定径水口的中间包车还设有摆动槽，如图 13-16 所示。

13.2.3.3　中间包车的类型

中间包车按中间包水口在中间包车的主梁、轨道的位置，可分为门式和悬吊式两种类型。

(1) 门式(门型、半门型)中间包车。门型中间包车的轨道布置在结晶器的两侧，重心处于车框中，安全可靠(图13-17)。

半门型中间包车如图13-18所示。它与门型中间包车的最大区别是布置在靠近结晶器内弧侧，浇注平台上方的钢结构轨道上。

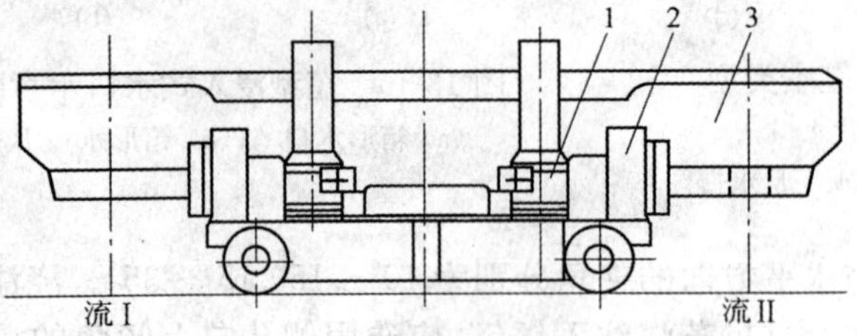

图13-17　门型中间包车
1—升降机构；2—走行机构；3—中间包

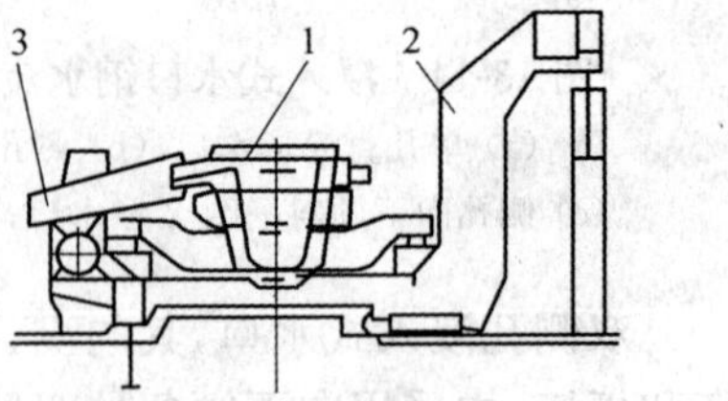

图13-18　半门型中间包车
1—中间包；2—中间包车；3—溢流槽

(2) 悬吊式(悬臂型、悬挂型)中间包车。悬臂型中间包车，中间包水口伸出车体之外，浇注时车位于结晶器的外弧侧；其结构是一根轨道在高架梁上，另一根轨道在地面上(图13-19)。

悬挂型中间包车的特点是两根轨道都在高架梁上(图13-20)，对浇注平台的影响最小，操作方便。

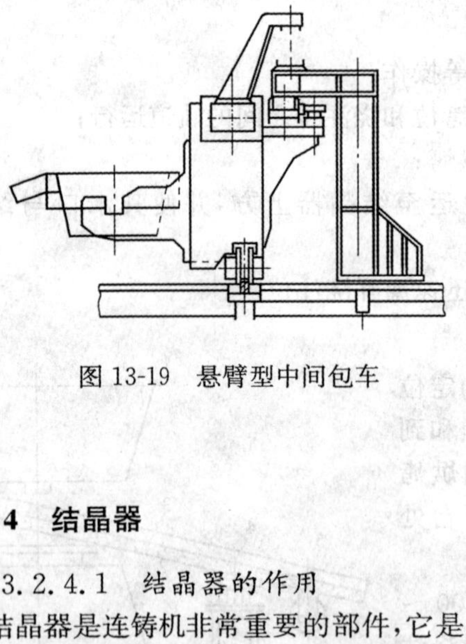

图13-19　悬臂型中间包车

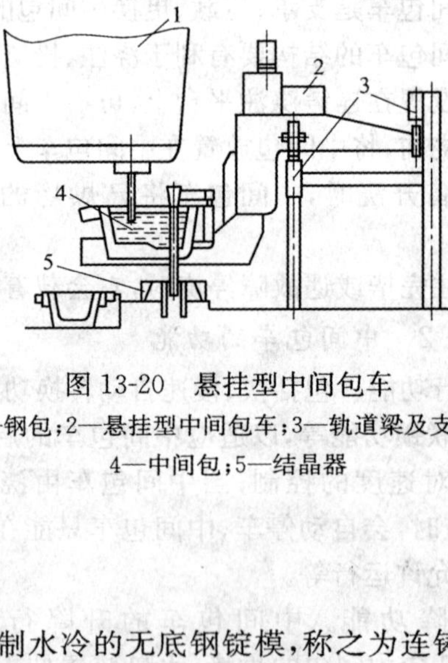

图13-20　悬挂型中间包车
1—钢包；2—悬挂型中间包车；3—轨道梁及支架；4—中间包；5—结晶器

13.2.4　结晶器

13.2.4.1　结晶器的作用

结晶器是连铸机非常重要的部件，它是一个强制水冷的无底钢锭模，称之为连铸设备的“心脏”。它的作用为：

(1) 使钢液逐渐凝固成所需规格、形状的坯壳；

(2) 通过结晶器的振动，使坯壳脱离结晶器壁而不被拉断和漏钢；

(3) 通过调整结晶器的参数，使铸坯不产生脱方、鼓肚和裂纹等缺陷；

(4) 保证坯壳均匀稳定的生长。

13.2.4.2　结晶器的性能

中间包内钢水连续注入结晶器的过程中，结晶器受到钢水静压力、摩擦力、钢水的热量等因素影响，工作条件较差，为了保证坯壳质量、连铸生产顺利进行，结晶器应具备的性能：

(1) 为使钢水迅速凝固，结晶器壁应有良好的导热性和水冷条件；

(2) 为使凝固的初生坯壳与结晶器内壁不粘结，摩擦力小，在浇注过程中结晶器应作上下往复运动并加润滑剂；

(3) 为使铸坯形状准确，避免因结晶器变形而影响拉坯，结晶器应有足够的刚性及较高的再结晶温度；

(4) 结晶器的结构要简单，易于制造、装拆和调试，重量要轻，以减少振动时产生的惯性力，振动平稳可靠，寿命要足够长。

13.2.4.3　结晶器的类型

(1) 按其内壁形状，可分直形及弧形等；

(2) 按铸坯规格和形状，可分圆坯、矩形坯、方坯、板坯及异型坯等；

(3) 按其结构形式，可分整体式、套管式、组合式及水平式等。

13.2.4.4　整体式结晶器结构组成

结晶器的结构主要由内壁、外壳、冷却水装置及支承框架等零部件组成。

整体式结晶器的结构如图 13-21 所示。结晶器内壁和外壳部分都采用同一材料，即用整块紫铜或铸造黄铜，然后经机械加工而成，并在其内壁周围钻削许多小孔，用以通水冷却钢水和坯壳。结晶器内壁的形状和大小，取决于铸坯断面的形状和尺寸。整体式结晶器具有刚性好、强度高、寿命较长、导热性较好等优点，但耗铜量很多，制造成本较高，维修困难。

13.2.4.5　套筒式结晶器结构组成

套筒式结晶器的结构如图 13-22 所示。结晶器的外壳是圆筒形，用钢材经机加工而成，结晶

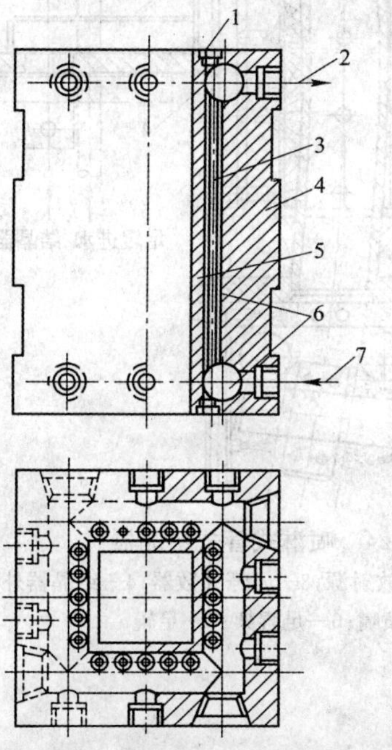

图 13-21　整体式结晶器结构

1—堵头；2—冷却水出口；3—芯杆；4—结晶器外壳；5—结晶器内壁；6—冷却水管路；7—冷却水入口

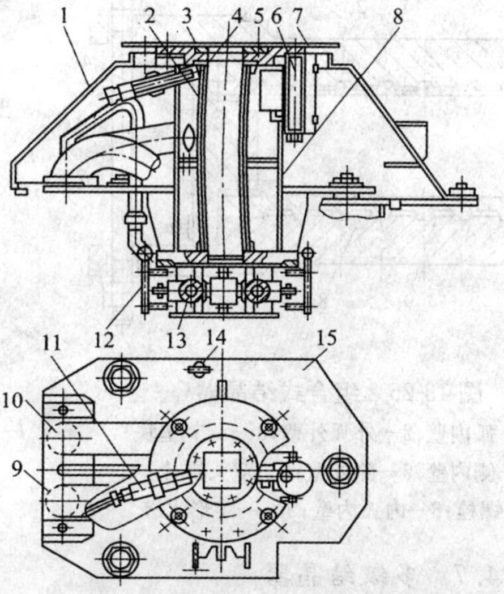

图 13-22　套筒式结晶器结构简图

1—外罩；2—内水套；3—润滑油盖；4—结晶器内壁；5—结晶器外壳；6—放射源；7—盖板；8—外水套；9—冷却水入口；10—冷却水出口；11—接收装置；12—冷却水环；13—辊子；14—定位销；15—支承板

器的内壁是用冷拔无缝铜管制成。如管式结晶器和喷淋式管式结晶器都属于套筒式结晶器。

(1) 管式结晶器。管式结晶器的结构如图 13-23 所示。其内管为冷拔异形无缝铜管,外面套有钢质外壳,铜管与钢套之间留有缝隙通以冷却水,即冷却水缝。

(2) 喷淋式管式结晶器。如将管式结晶器取消水缝,直接用冷却水喷淋冷却,则为喷淋式管式结晶器,如图 13-24 所示。

13.2.4.6　组合式结晶器

组合式结晶器是由四块复合壁板组合而成。每块复合壁板都是由铜质内壁和钢质外壳组成。在与钢壳接触的铜板面上铣出许多沟槽形成中间水缝。复合壁板用双螺栓连接固定,见图 13-25。

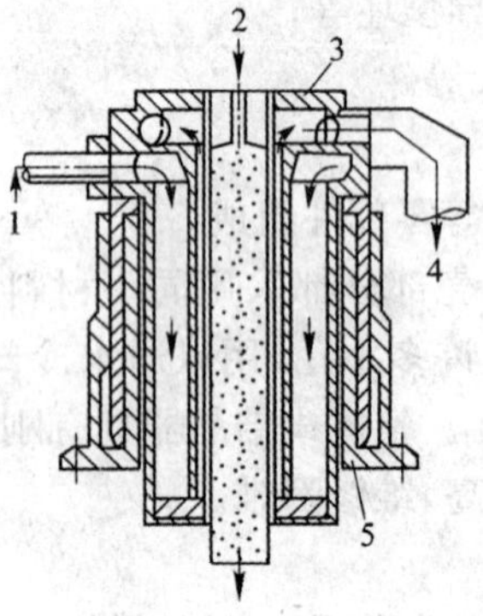

图 13-23　管式结晶器

1—冷却水入口;2—钢液;3—夹头;4—冷却水出口;5—油压缸

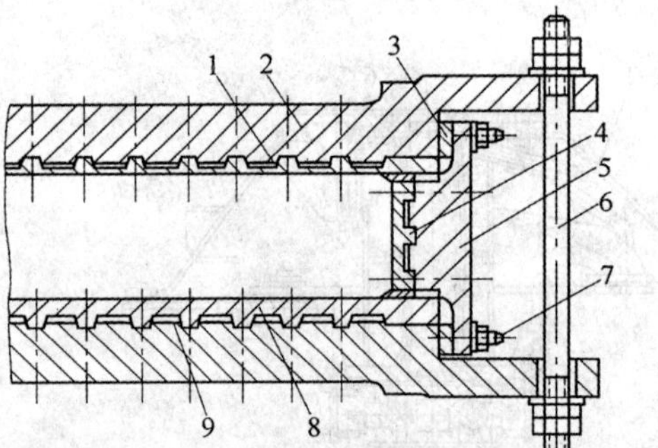

图 13-25　组合式结晶器

1—外弧内壁;2—外弧外壁;3—调节垫块;4—侧内壁;5—侧外壁;6—双头螺栓;7—螺栓;8—内弧内壁;9——字形水缝

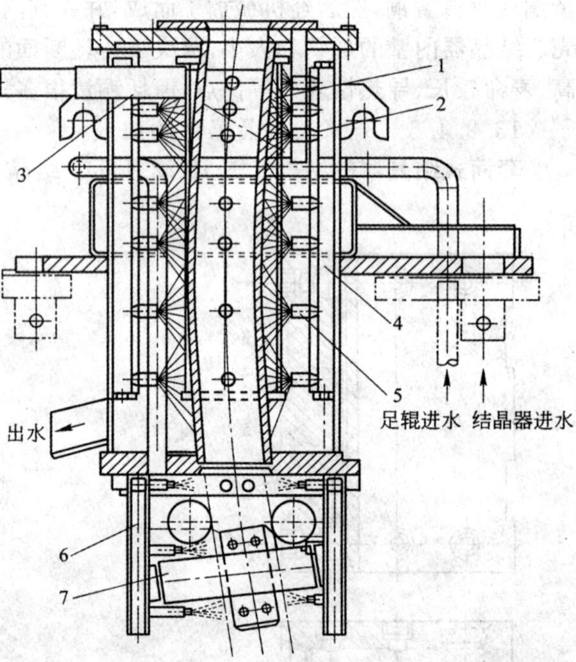

图 13-24　喷淋式管式结晶器

1—结晶器铜管;2—放射源;3—闪烁计数器;4—结晶器外壳;5—喷嘴;6—足辊架;7—足辊

13.2.4.7　多级结晶器

随着连铸机拉坯速度的提高,出结晶器下口的铸坯坯壳厚度越来越薄;为了防止铸坯变形或出现漏钢事故,采用多级结晶器技术。它还可以减少小方坯的角部裂纹和菱形变形。

多级结晶器即在结晶器下口安装足辊,如图 13-26(a);铜板,如图 13-26(b);冷却格栅,如图 13-26(c)所示。

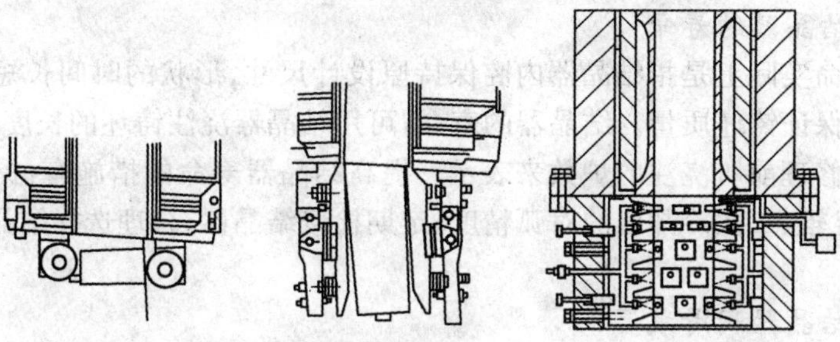

图 13-26 多级结晶器结构示意图

(a) 足辊；(b) 冷却板；(c) 冷却格栅

13.2.4.8 结晶器倒锥度

钢液在结晶器内冷却凝固生成坯壳，进而收缩脱离结晶器壁，产生气隙，因而导热性能大大降低，由此造成铸坯的冷却不均匀。为了减小气隙，加速坯壳生长，结晶器的下口要比上口断面略小，称结晶器倒锥度。有两种常见表示方法：

$$\varepsilon_1=\frac{S_{下}-S_{上}}{S_{上}\ l_{\mathrm{m}}}\times 100\% \tag{13-11}$$

式中 ε_1——结晶器每米长度的倒锥度，%/m；

$S_{下}$——结晶器下口断面积，mm^2；

$S_{上}$——结晶器上口断面积，mm^2；

l_{m}——结晶器的长度，m。

结晶器倒锥度 $\varepsilon_1<0$。计算 ε_1 时，应按结晶器宽、厚边尺寸分别考虑。倒锥度绝对值过小，则气隙较大，可能导致铸坯变形、纵裂等缺陷；倒锥度绝对值太大，又会增加拉坯阻力，引起横裂甚至坯壳断裂。倒锥度主要取决于铸坯断面、拉速和钢的高温收缩率。

板坯的宽厚相差悬殊，厚度方向的凝固收缩比宽度方向收缩要小得多。其锥度按下式计算：

$$\varepsilon_1=\frac{B_{下}-B_{上}}{B_{上}\ l_{\mathrm{m}}}\times 100\% \tag{13-12}$$

式中 $B_{下}$——结晶器下口宽度，mm；

$B_{上}$——结晶器上口宽度，mm。

板坯结晶器宽面倒锥度在（−0.9～−1.1）%/m，窄面则为 0～−0.6%/m。

采用保护渣浇注的圆坯结晶器，倒锥度通常是−1.2%/m。

有的结晶器做成双倒锥度结构，即在结晶器上部倒锥度大于下部倒锥度，更符合钢液凝固体积的变化规律；也有将结晶器内壁做成抛物线形的，但加工困难。

13.2.4.9 结晶器的材质

结晶器的材质主要是指结晶器内壁铜板所使用的材质。结晶器的内壁由于直接与高温钢液接触，工作条件恶劣。所以，内壁材料应具有以下性能：导热系数高，膨胀系数小，足够的高温强度，较高的耐磨性、塑性和可加工性。

目前，结晶器内壁使用的材质主要有以下四种：铜、铜合金、铜板镀层、渗层。

另外，在结晶器弯月面处镶嵌低导热性材料，减少传热速度，可以改善铸坯表面质量，称为热顶结晶器。镶嵌的材料有镍、碳铬化合物和不锈钢。

13.2.4.10 结晶器的寿命

结晶器使用寿命实际上是指结晶器内腔保持原设计尺寸、形状的时间长短。只有保持原设计尺寸、形状,才能保证铸坯质量。结晶器的寿命,可用结晶器浇注铸坯的长度来表示;也有用结晶器从开始使用到修理前所浇注的炉数来表示。提高结晶器寿命的措施有:提高结晶器冷却水水质;保证结晶器足辊、二次冷却区的对弧精度;定期检修结晶器;合理选择结晶器内壁材质及设计参数等。

13.2.4.11 结晶器润滑装置

为防止铸坯坯壳与结晶器内壁粘结,减少拉坯阻力和结晶器内壁的磨损,改善铸坯表面质量,结晶器必须进行润滑;目前的润滑手段主要有以下两种:

结晶器加油润滑装置如图13-27所示,润滑剂可以用植物油或矿物油,用植物油中以菜子油者居多;另一种是加保护渣润滑。目前主要采用保护渣润滑方式。

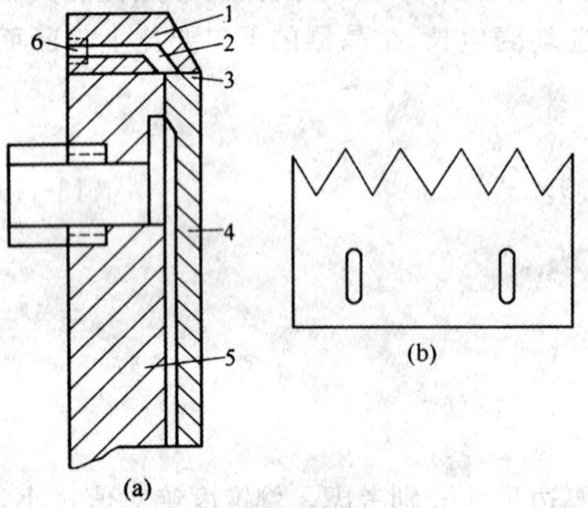

图13-27 结晶器润滑装置

(a)给油装置;(b)送油压板

1—送油压板;2—油道;3—给油垫片;4—结晶器铜壁;5—结晶器钢壳;6—润滑油管

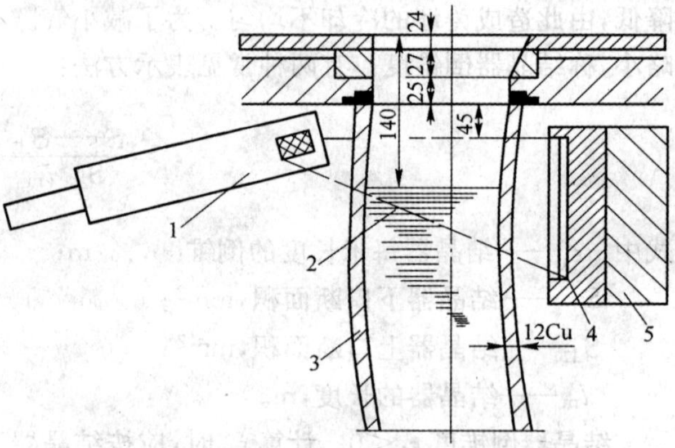

图13-28 结晶器液面自动控制装置图

1—闪烁记数器;2—液面理想控制高度;3—结晶器铜管;4—放射源;5—铅筒

13.2.4.12 结晶器液面自动控制装置

采用磁感应法、热电偶法、红外线法和同位素法等来监测并控制液面。常采用Cs-137同位素控制方法。这种同位素法是由放射源、探测器、信号处理及输出显示等部分组成。结晶器钢液面高度的自动控制系统,包括钢液面检测装置、控制器及操作执行装置等。其结构如图13-28所示。在装有放射源的结晶器壁上,加一块活动保护板;放射源的贮存和运送必须在随设备供货的专门屏蔽桶内,保证操作人员的安全。

13.2.4.13 结晶器振动装置

结晶器振动在连铸过程中扮演非常重要的角色。结晶器的上下往复运行,实际机上起到了“脱模”的作用。由于坯壳与铜板间的粘附力因结晶器振动而减小,因而防止了在初生坯壳表面产生过大应力而导致裂纹的产生或引起更严重的后果。当结晶器向下运动时,因为“负滑脱”作用,可“愈合”坯壳表面裂痕,并有利于获得理想的表面质量。目前结晶器的振动有正弦振动和非正弦振动两种方式。正弦波式振动的速度与时间的关系为一条正弦曲线。正弦振动用一简单的偏心轮连杆机构就能实现。可以提高振动频率、减小振痕,改善铸坯质量。正弦振动方式在连铸机上被广泛应用。由于拉速提高后,结晶器保护渣用量相对减少,坯壳与结晶器壁之间发生粘结而导致漏钢的可能性增加。为了解决这一问题,除了使用新型保护渣外,另一个措施就是采用非正弦振动,使得结晶器向上振动时间大于向下振动时间,以缩小铸坯与结晶器向上振动之间的相对速度,如图 13-29 所示。

结晶器振动的参数有:振幅 A,即振动曲线半波的行程,或上下运行总行程的 1/2;频率 f,即单位时间内振动的次数;负滑脱率 E,即结晶器向下振动时,速度超过拉速程度及时间,可用下式计算:

$$E = \frac{\bar{v}_0 - v_c}{v_c} \tag{13-13}$$

式中,$\bar{v}_0$ 为一完整周期中振动速度的平均值,$\bar{v}_0 = 2Af$;v_c 为拉速。

从总的情况来看:正弦振动方式采用高频率、小振幅、较大的负滑脱量的振动较为有利。

结晶器、结晶器振动装置及二次冷却区零段三部分设备安装在一个台架上,这个台架称为结晶器快速台架。这种快速更换台架,设备可整体更换,保证了结晶器、二次冷却区零段的对弧精确,实现离线检修,可大大提高铸机的生产率。

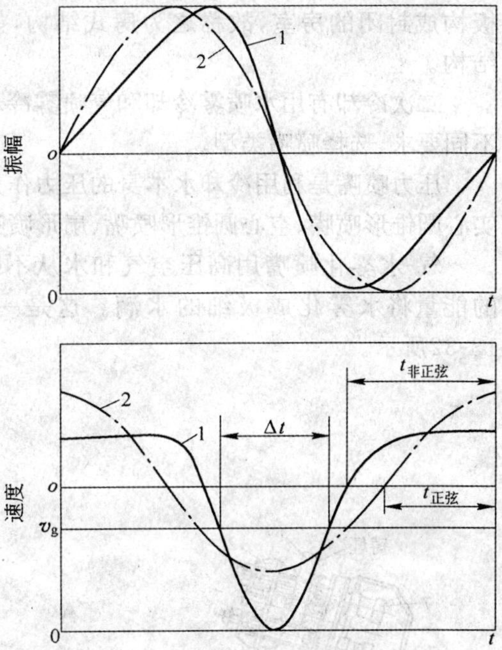

图 13-29 正弦振动和非正弦振动

1—非正弦振动;2 —正弦振动

13.2.5 二次冷却装置

钢液进入结晶器之后,在水冷结晶器的作用下,凝固成具有一定形状和厚度的坯壳。一般地,钢液在结晶器里冷却成具有一定厚度坯壳的过程称为一次冷却;坯壳出结晶器之后受到的冷却称为二次冷却。由于钢液熔点高,热容量大而导热性差,经过一次冷却后,铸坯虽然已经成形,但其坯壳较薄,只有 10～20 mm,如果这种带液芯的铸坯不继续冷却和采用一定方式支撑。那么,带液芯的高温铸坯在钢液静压力下就会产生变形,甚至漏钢,所以,还必须对铸坯进行一次强制冷却。二次冷却装置就是在结晶器之后,对铸坯进行第二次冷却和支撑的装置。

13.2.5.1 二次冷却的作用

二次冷却的作用如下:

(1) 对铸坯进行均匀的强制冷却,使铸坯在出二次冷却段时全部凝固,并且温度不低于 900℃为宜;如果是带液芯矫直,二次冷却要将铸坯凝固到足够的厚度;

(2) 对铸坯和引锭杆进行支撑和导向,防止铸坯变形;

(3) 对于带直结晶器或多曲率半径的弧形连铸机来说,二次冷却装置还对铸坯起弯曲或矫直作用;

(4) 如果采用多辊拉矫机时,二冷区的部分夹辊本身又是驱动辊,起到拉坯作用;

(5) 对于椭圆形连铸机,二冷区本身又是分段矫直区。弧形连铸机的二次冷却装置的重要性不亚于结晶器,它直接影响铸坯的质量、设备的操作和铸机作业率。

13.2.5.2 二次冷却装置的结构

二次冷却装置的主要结构形式分为箱式及房式两大类。房式结构的夹辊全部布置在敞开的牌坊结构的支架上,整个二冷区是由一段或若干段开式机架组成。在二冷区的四周钢板构成封闭的房室，故称之为房式结构，如图 13-30 所示。目前新设计的连铸机均采用房式结构。

二次冷却有用水喷雾冷却和气喷雾冷却两种方法。主要根据铸坯断面和形状，冷却部位的不同要求，选择喷嘴类型。

压力喷嘴是利用冷却水本身的压力作为能量将水雾化成水滴。常用的压力喷嘴喷雾形状有实心圆锥形喷嘴、空心圆锥形喷嘴、扇形喷嘴和矩形喷嘴等，如图 13-31 所示。

气-水雾化喷嘴用高压空气和水从不同地方向进入喷嘴内或喷嘴外汇合，利用高压空气的能量将水雾化成极细的水滴。这是一种高效冷却喷嘴，有单孔型和双孔型两种，如图 13-32所示。

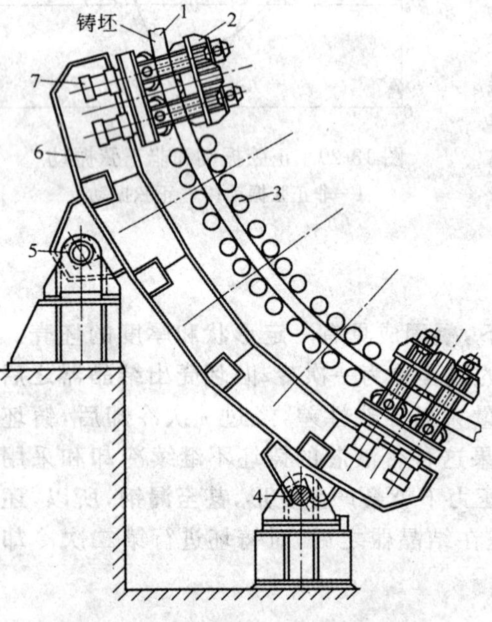

图 13-30　二冷区支导装置的底座

1—铸坯；2—扇形段；3—夹辊；4—活动支点；5—固定支点；6—底座；7—液压缸

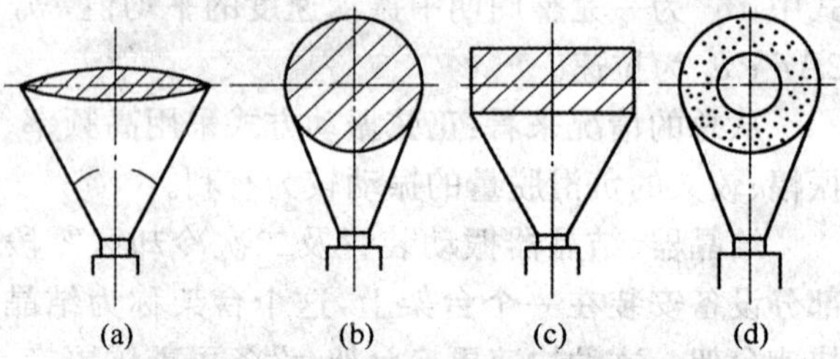

图 13-31　几种雾化喷嘴的喷雾形状图

(a) 扇形；(b) 圆锥形（实心）；(c) 矩形；(d) 圆锥形（空心）

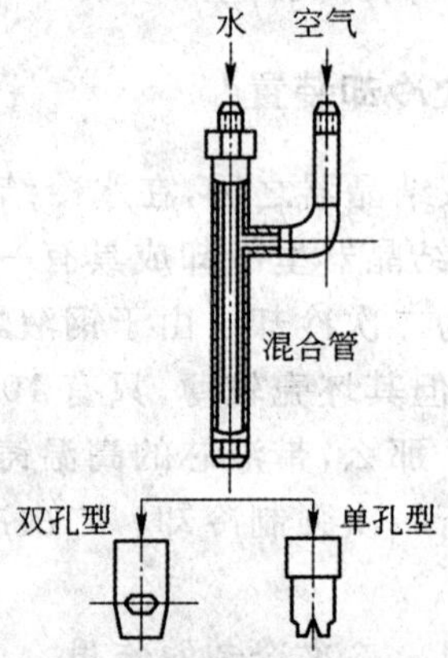

图 13-32　气-水雾化喷嘴结构示意图

喷嘴的布置应以铸坯受到均匀冷却为原则，喷嘴的数量沿铸坯长度方向由多到少。

喷嘴的选用按机型不同布置如下：

(1) 小方坯连铸机普遍采用压力喷嘴。其足辊部位多采用扁平喷嘴；喷淋段则采用实心圆锥形喷嘴；二冷区后段可用空心圆锥喷嘴。其喷嘴布置如图 13-33 所示；

(2) 大方坯连铸机可用单孔气-水雾化喷嘴冷却，但必须用多喷嘴喷淋；

(3) 大板坯连铸机多采用双孔气-水雾化喷嘴单喷嘴布置如图 13-34。

对于某些裂纹敏感的合金钢或热送铸坯，还可采用干式冷却，即二冷区不喷水，仅靠支撑辊及空气冷却铸坯。夹辊用小辊径密排以防铸坯鼓肚变形。

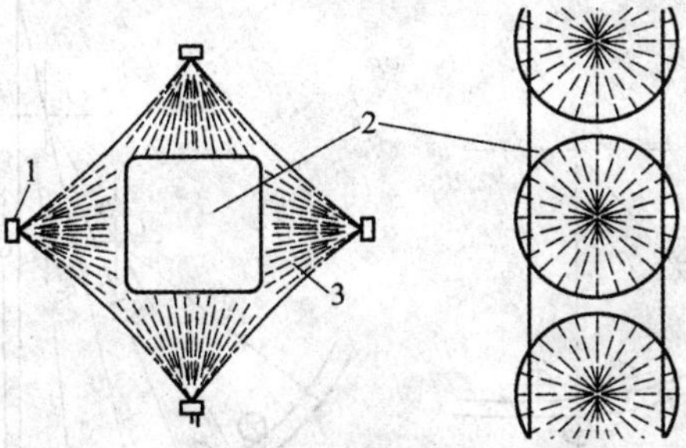

图 13-33 小方坯喷嘴布置图

1—喷嘴；2—方坯；3—充满圆锥的喷雾形式

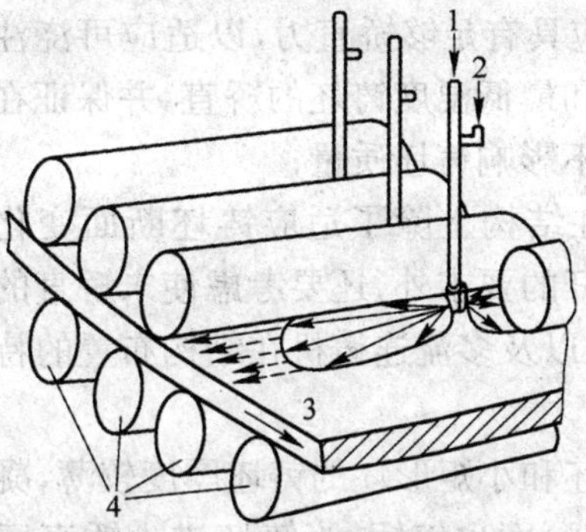

图 13-34 双孔气-水雾化喷嘴单喷嘴布置

1—水；2—空气；3—板坯；4—夹辊

13.2.6 拉坯矫直装置

在弧形连铸机设备中，拉坯矫直装置由拉坯矫直机和引锭杆两部分组成。拉坯矫直机由辊子或夹辊组成。这些辊子既有拉坯作用，也有矫直铸坯作用，所以连铸坯的拉坯和矫直这两个工序，通常由一个机组来完成，故称为拉坯矫直机，简称拉矫机。引锭杆部分则由引锭杆及其存放装置、脱引锭装置组成。

13.2.6.1 拉坯矫直装置的作用

(1) 将铸坯从二次冷却段内拉出。在拉坯过程中，拉坯速度将根据不同条件（钢种、浇注温度、断面等）的要求在一定范围内进行调节，可以满足快速送引锭，并有足够大的拉坯力，以克服铸坯可能遇到的最大拉坯阻力。

(2) 将弧形铸坯经过一次或多次矫直，使其成为水平铸坯。矫直时，对不同的钢种和断面以及带液芯的铸坯，都应能避免裂纹等缺陷的产生，并能适应特殊情况下低温矫直铸坯。

(3) 对于没有采用专门的上引锭杆装置的连铸机，在浇注前将引锭杆送入结晶器的底部。

(4) 在处理事故时（如冻坯），可以先将结晶器盖板打开吊出结晶器，通过引锭杆上顶冻坯，再用吊车吊走事故坯。

(5) 对于板坯连铸机，在引锭杆上装辊缝测量仪，通过拉矫机的牵引检测二冷段的装配及工作状态。

综上所述，拉矫机的作用可简单归结为“拉坯、矫直、送引锭、处理事故和检测二冷段状态”等。

13.2.6.2 拉坯力的确定

拉坯力是根据铸坯在运动过程中所需要的动力和所需要克服的阻力来确定的。同时需要考虑在不正常情况下浇注阻力的增加。弧形连铸机的阻力主要有：铸坯在结晶器内的阻力；铸坯在二次冷却段内的阻力；铸坯通过矫直辊的阻力；铸坯通过切割设备的阻力。铸坯自重所产生的重力可在确定拉坯动力时考虑在内。

13.2.6.3 对拉坯矫直装置的要求

对拉坯矫直装置的要求如下：

(1) 应具有足够的拉坯力，以在浇注过程中能够克服结晶器、二次冷却区、矫直辊、切割小车等一系列阻力，将铸坯顺利拉出；

(2) 能够在较大范围内调节拉速，适应改变断面和钢种的工艺要求，快速送引锭杆的要求；拉坯系统应与结晶器振动、液面自动控制、二次冷却区配水实现计算机闭环控制；

(3) 应具有足够矫直力，以适应可浇注的最大断面和最低温度铸坯的矫直，并保证在矫直过程中不影响铸坯质量；

(4) 在结构上除了适应铸坯断面变化和输送引锭杆的要求外，还要考虑使未矫直的冷铸坯通过，以及多流连铸机在结构布置的特殊要求。

小方坯和小矩形坯的铸坯厚度较薄，凝固较快，液相深度也较短，当铸坯进入矫直区已完全凝固。而对大方坯、大板坯来说，铸坯较厚，等铸坯完全凝固后再矫直，就会增加连铸机的高度和长度，因而采用带液芯多点矫直。

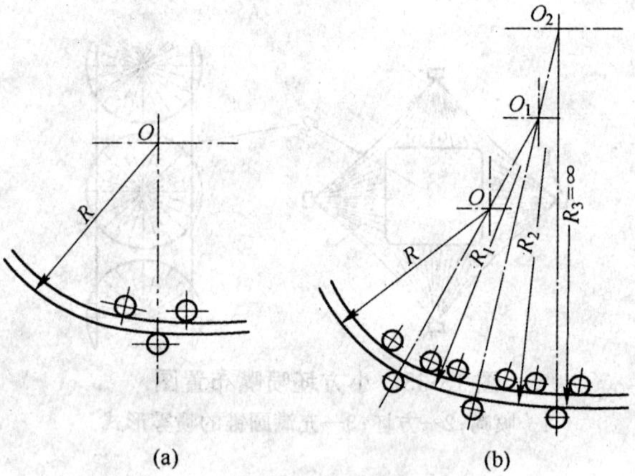

图 13-35　矫直配辊方式

(a) 单点矫直；(b) 多点矫直

带液芯铸坯矫直多采用多点连续矫直；即铸坯在矫直区内连续变形，应变力和应变率分散变小，极大地改善了铸坯受力状况，有利于提高铸坯质量。

综上所述拉矫机的矫直形式有：单点矫直见图 13-35(a)、多点矫直见图 13-35(b)、连续矫直、渐近矫直和压缩浇注。

13.2.7　引锭装置

引锭装置是结晶器的“活底”，开浇前用它堵住结晶器下口；浇注开始后；结晶器内的钢液与引锭头凝结在一起；通过拉矫机的牵引，铸坯随引锭杆连续地从结晶器下口拉出，直到铸坯通过拉矫机与引锭杆脱钩为止，引锭装置完成任务，铸机进入正常拉坯状态。引锭杆运至存放处，留待下次浇注时使用。

13.2.7.1　引锭装置的组成

引锭装置包括引锭杆(由引锭杆本体和引锭头两部分组成)、引锭杆存放装置、脱引锭装置。

引锭杆本体的种类有柔性、刚性、半柔半刚性三种。

(1) 柔性引锭杆。它由引锭头，过渡件和杆身三部分组成。是最早的引锭杆，如图 13-36 所示。它是一根活动联结的链条，故又叫引锭链。这种引锭杆结构简单，存放占地小，弧型连铸机基本上都采用这种结构。

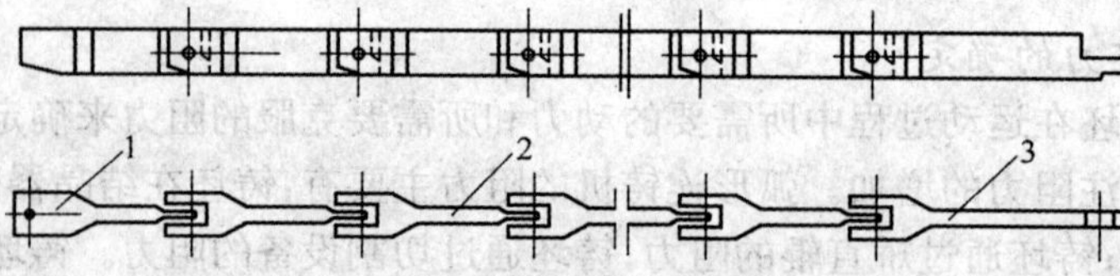

图 13-36　柔性引锭杆

1—引锭头；2—引锭杆；3—引锭杆尾部

(2) 刚性引锭杆。它是一根刚性的 90°圆弧杆，杆身是由四块钢板焊成的箱形结构(实体刚结构引锭杆)，两侧弧形板的外弧半径等于铸机半径。近年来弧型小方坯连铸机多应用于此种引锭结构，如图 13-37 所示。它是一个与铸机相同半径的圆弧形钢板结构件。其优点在于大大简化了二冷段铸坯导向装置和引锭杆跟踪装置，引锭较平稳，但刚性引锭杆存放占空间很大。

(3) 半刚半柔性引锭杆。该杆前半段是刚性的,后半段是柔性的,存放时柔性部分卷起来,如图 13-38 所示。它综合了前两种引锭杆的优点,而又克服了它们的缺点。

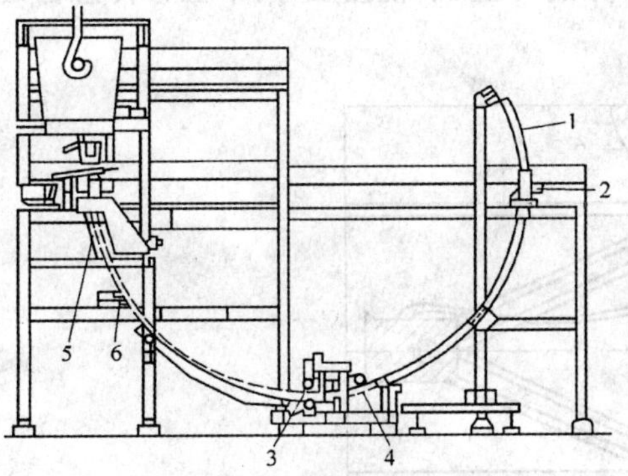

图 13-37 刚性引锭杆示意图

1—引锭杆;2—驱动装置;3—拉辊;4—矫直辊;5—二冷区;6—托坯辊

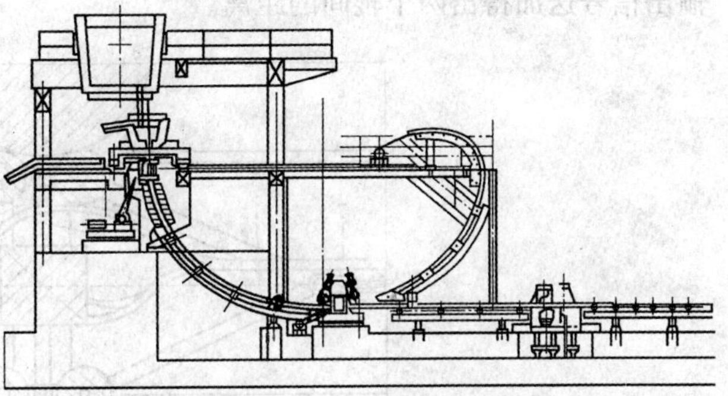

图 13-38 半刚半柔性引锭杆

13.2.7.2 脱锭装置

常用的引锭头主要是钩头式。引锭头可与拉矫机配合实现脱钩(图 13-39)。当引锭头通过拉辊后,用上矫直辊压一下第一节引锭杆的尾部,便可使引锭头与铸坯脱开。

在现代板坯连铸机中,往往采用液压脱锭装置与小节距链式引锭杆和钩式引锭头配合使用。脱锭装置设置在拉矫机与切割设备之间,当引锭头通过最后一对夹持辊时,液压缸带动脱锭头上升,从而使引锭头与铸坯脱开(图 13-40)。

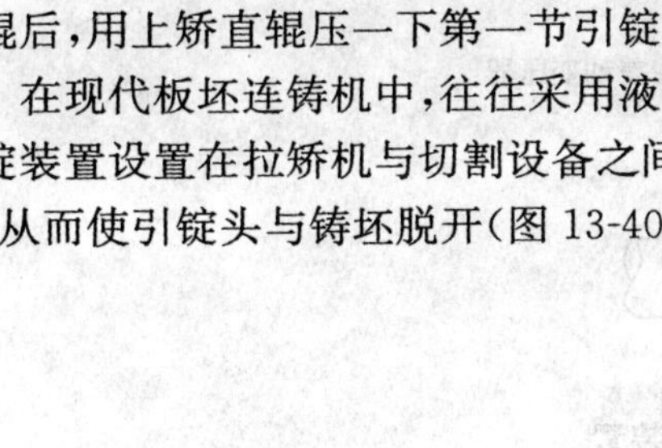

图 13-39 拉矫机脱锭示意图

1—铸坯;2—拉辊;3—下矫直辊;4—上矫直辊;5—长节距引锭杆

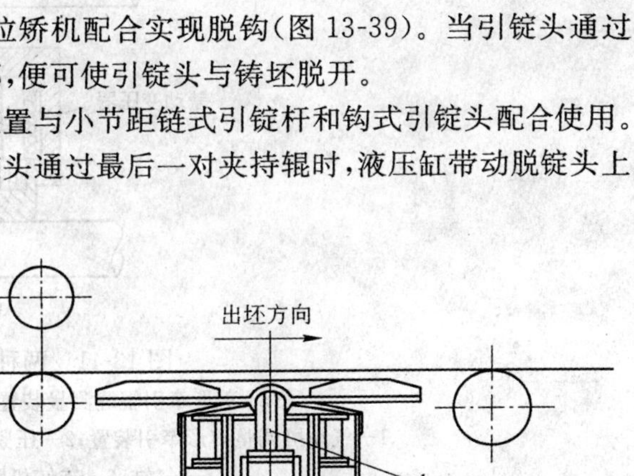

图 13-40 液压脱锭装置

1—脱锭头;2—导向框架;3—液压缸

13.2.8 辊缝测量装置

为适应现代板坯连铸机浇注断面的变化及保持铸坯的尺寸精确,减少铸坯发生鼓肚变形,必须经常对辊缝进行测量、调整。

辊缝可以人工测量，但精度较低，工作条件恶劣。目前采用专用的辊缝测量装置(图 13-41(a))或在引锭杆上安装两个位移传感器(图 13-41(b))，分别与上、下辊接触，两个位移传感器的输出信号迭加得出两个辊间的距离。

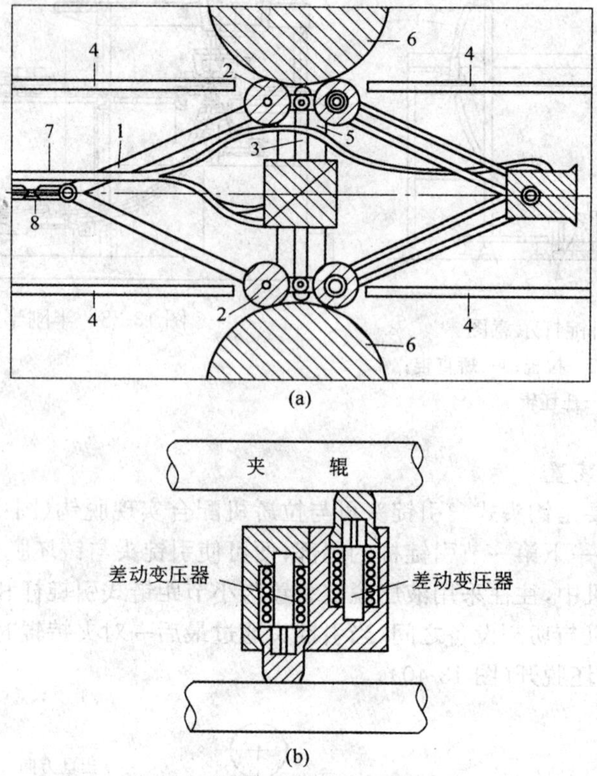

图 13-41　两种辊缝测量装置

(a) 剪形牵引辊缝测量装置；(b) 引锭头辊缝测量装置

1—气动可调整剪形牵引装置；2—压紧辊；3—带变速器的传感器；4—皮带；5—气缸；6—连铸机辊；7—电缆；8—链条

13.2.9　铸坯切割装置

连铸机中的切割装置应具有以下两点功能要求：

(1) 切割装置能够比较准确地把矫直后的铸坯，按照用户或下步工序的要求切割成定尺或数倍定尺长的铸坯；

(2) 与经拉矫机拉出的铸坯同步运动，并在与铸坯同步运动中完成切割，切割动作应具有一定的速度，以防止铸坯切割时出现弯曲和其他缺陷。

目前连铸机上常用的切割装置主要有火焰切割机、机械剪和液压剪三种。

13.2.9.1　火焰切割装置

火焰切割机由车架及车体走行装置、同步机构、切割枪横移装置、切割枪、边部检测器等组成。

火焰切割机利用预热氧气和可燃气(乙炔、丙烷、天然气、焦炉煤气、氢气等)混合燃烧的火焰，将切缝处的金属熔化，同时用高压氧气把熔化的金属吹掉，直至把铸坯切断。

切割不锈钢或某些高合金铸坯时，还需向火焰中喷入铁粉、铝粉或镁粉等材料，使之氧化形成高温，以利于切割。

连铸坯氢氧切割技术：氢氧焰在连铸生产应用中有设备简单，操作方便；切割质量好；挂渣少；在目前国内企业常用燃气中使用成本最低；燃烧不冒黑烟，无异味，符合环保要求；无需贮存、运输气体，使用压力低，符合安全要求等优点。

13.2.9.2 机械剪切装置

机械剪切设备简称机械剪或剪机，由于剪切是在运动过程中进行的，所以连铸机上用的剪机又称为飞剪。采用机械剪切，设备较大，但其剪切速度快，剪切时间只需 2～4 s，定尺精度高，特别是生产定尺较短的铸坯时，因其无金属损耗且操作方便，在小方坯连铸机上应用较为广泛。

13.2.10 铸坯输出装置

输出装置的任务是把切成定尺的铸坯冷却、精整、出坯，以保证连铸机的连铸生产。由于钢种、产量、铸坯断面尺寸和定尺长度以及对铸坯质量要求的不同，输出设备也不同。一般情况下，输出装置包括输送辊道（如图 13-42 和图 13-43 所示）、铸坯的横移装置、铸坯的冷却装置、铸坯表面清理装置、铸坯的吊具、打号机、去毛刺机和自动称量装置等等。

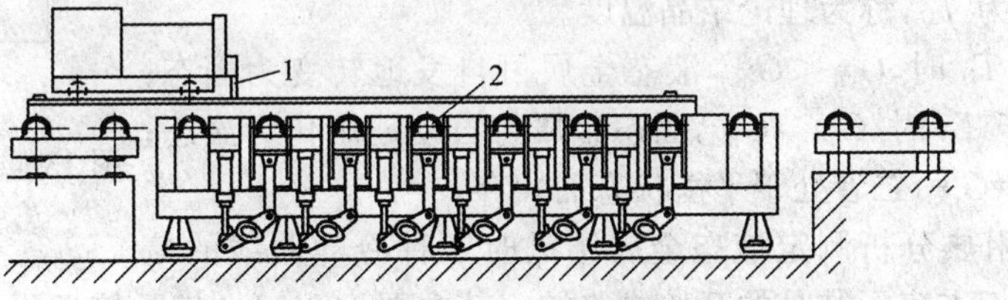

图 13-42 升降辊道

1—切割小车；2—升降辊道

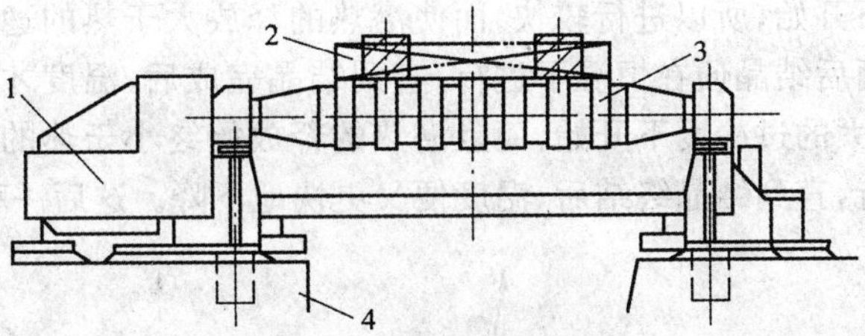

图 13-43 输送辊道简图

1—悬挂减速器；2—铸坯；3—盘形辊；4—冲渣沟

13.3 钢液凝固理论

钢液的凝固不仅是一个由液体转变为固体的物态变化过程，而且也是一个复杂的物理化学变化过程。在钢液发生物态转变的同时，还伴随有铸坯组织结构的形成、成分偏析、二次脱氧产物的生成与排出、气体的析出、凝固收缩以及传热冷却等一系列的变化。钢液凝固条件的改变对铸坯的组织结构、化学成分、机械性能将产生不同程度的影响。

本节将对钢液的凝固过程、凝固条件、钢液在凝固过程中特有的一些现象及铸坯在冷却中产生的应力等问题进行讨论，从而为获得良好的铸坯结构，减少或消除钢液在凝固过程中产生的各种缺陷提供初步的理论基础。

13.3.1 金属的结晶条件

当温度降到凝固点以下时，金属便由液态转变为晶体状态，这一过程称为结晶，也叫凝固。从金属内部结构看，发生了金属原子从近程有序排列过渡到远程有序排列并固定下来的变化。

13.3.1.1 结晶的热力学条件

金属从液态转变为固态的结晶过程，必须满足一定的热力学条件才能自发进行。即系统的自由能降低。根据热力学定律，在压力一定的条件下，液态和固态纯金属的自由能分别为：

$$G_{固}=H_{固}-TS_{固} \tag{13-14}$$

$$G_{液}=H_{液}-TS_{液} \tag{13-15}$$

式中 G——自由能；
H——热焓；
T——绝对温度；
S——熵。

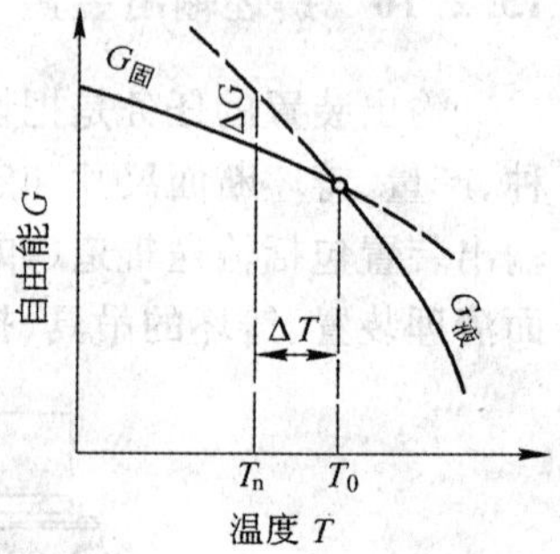

图 13-44 固液两相自由能与温度的关系

由以上两式可以计算出液态和固态金属自由能与温度的关系（如图 13-44 所示）。液态金属和固态金属的自由能都随温度的升高而降低，但液态金属自由能随温度变化的曲线较陡，二者有一交点。交点对应的温度为 T_0，称为理论结晶温度。

当温度低于 T_0 时，$G_{固}<G_{液}$，液态金属可自发地转变为固态；反之，当温度高于 T_0 时，$G_{固}>G_{液}$，固态金属将自动地熔化为液态；而在 T_0 时，$G_{固}=G_{液}$，二者处于平衡状态而共存。

图 13-45 是用热分析测定液态金属结晶时三种冷却曲线的情况。曲线中各转折点表示结晶的开始或终结。其中图 13-45(a)表示接近平衡的冷却，结晶在一定的过冷度下开始、进行和终结，由于潜热的释放和逸散相等，所以结晶温度始终保持恒定，一直到完全结晶后，温度才下降；13-45(b)表示金属液冷却速度较快（实际生产的通常情况）的状态，结晶在较大的过冷度下开始，所以进行较快，而使潜热的释放大于热的逸散，这样便使温度逐渐回升，直至两者相等，而后结晶便在恒温下进行，直到结晶完成后，温度才会下降；图 13-45(c)表示冷却很快，结晶在更大的过冷度下开始，而且潜热的释放始终小于热的逸散，所以结晶一直在连续降温的过程中进行，直到结晶终结后，温度便又更快地下降。这后一种情况只能在较小体积

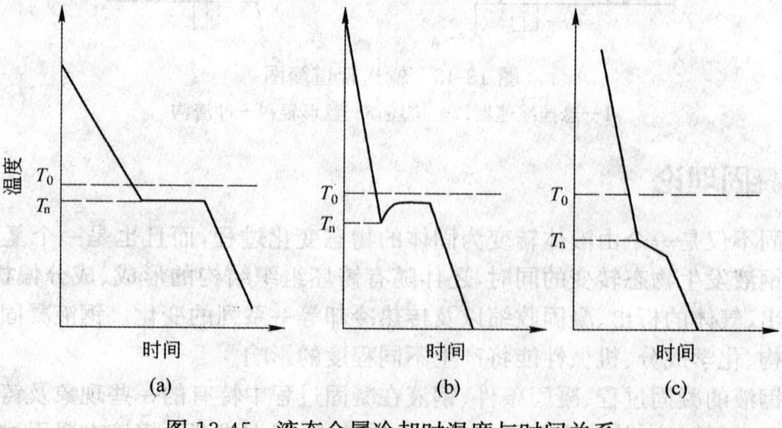

图 13-45 液态金属冷却时温度与时间关系

（冷却速度(a)<(b)<(c)）

的液体中，或在大体积液体的局部区域内进行。

13.3.1.2 结晶的动力学条件

纯金属的结晶过程可用图 13-46 来描述。

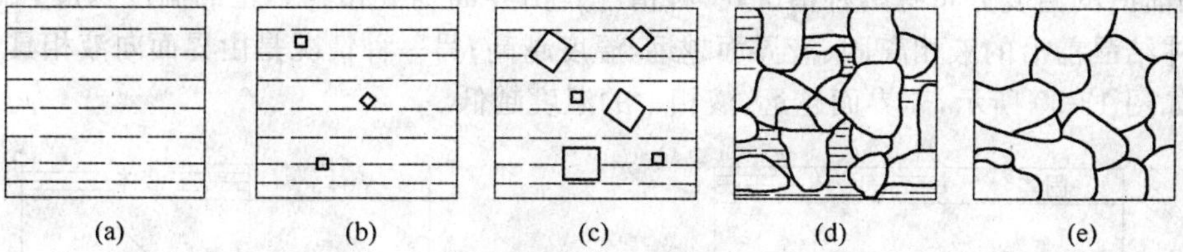

图 13-46 纯金属的结晶过程

(a) 结晶前的液相；(b) 液相过冷后产生的小晶体；(c)、(d) 小晶体长大；(e) 结晶完成

金属的结晶历经晶体从无到有和从小到大的过程，通常把这两个过程分别称为“形核和长大”。金属的结构也主要由这两个过程控制。

A 晶核的形成

从液态金属中产生晶核一般有两种形式：一种是均质形核（自发形核）；另一种是异质形核（非自发形核）。实际金属结晶时，大多数是以异质形核的方式进行的。

a 均质形核

均质形核是在液相中直接产生晶核，即在一定的过冷度下，液态金属中一些体积很小的近程有序排列的“原子集团”转变成规则排列并稳定下来的胚胎晶核，这一过程称为均质形核。

若晶核为球形，其半径为 r，则系统总自由能的变化 ΔG 与晶核半径 r 的关系见图 13-47。

由图 13-47 可知，表面自由能随晶核半径 r 的增大而增加；体积自由能随 r 增大而降低；系统总自由能 ΔG 的变化为二者之和。虽然 $r>r_K$ 的晶核长大能使系统自由能降低，但是在 $r=r_K$ 时，ΔG 为正值，这说明形成临界晶核时需要补充一定的能量，这部分能量称为形核功 ΔG_k。为了补充形核时所消耗的能量，就必须要有过冷度 ΔT，而且实验和计算表明，系统获得的过冷度越大，临界半径 r_K 越小，液态金属就越容易结晶。

b 异质形核

这是依靠液体金属中已经存在的固、液相质点形成晶核的过程。实际上金属中或多或少都含有异相杂质，故金属结晶时大都为异质形核。

均质形核和异质形核速率与过冷度的关系见图 13-48。

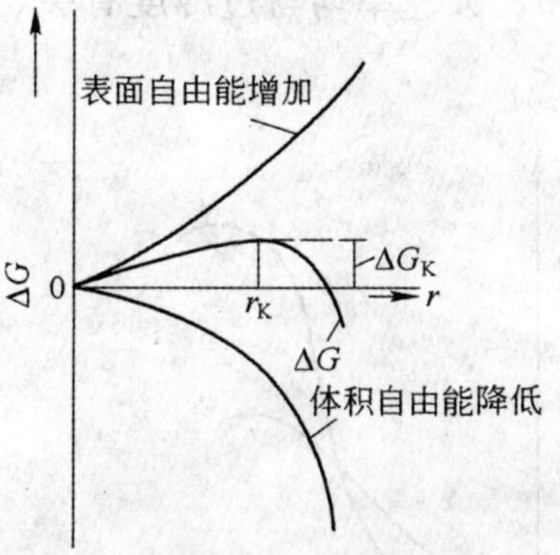

图 13-47 晶核形成时 ΔG 与 r 的关系

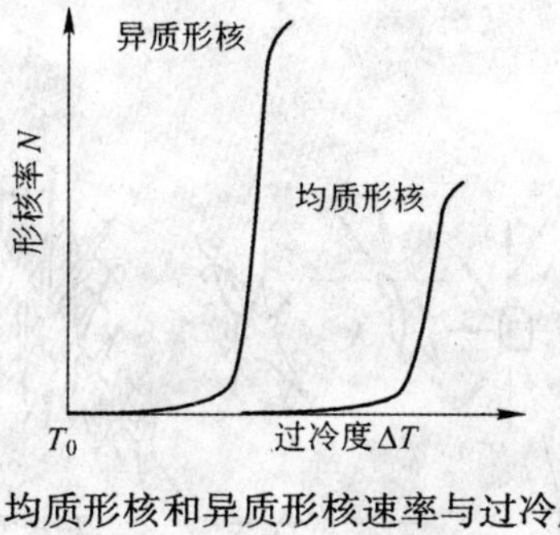

图 13-48 均质形核和异质形核速率与过冷度的关系

B 晶体的长大

液体金属中形成稳定的晶核以后，随即迅速长大。晶核长大的实质是原子由液相向固相的

扩散转移过程，也就是固相界面向液相推移的过程。

a　晶体的生长方式

晶体长大的方式取决于结晶过程中固、液相界面附近的温度分布，即与液相中的过冷度有关。

结晶前沿的温度分布有两种情况，一种情况是由界面到液相具有正的温度梯度，如图 13-49 所示，固体结晶前沿的液相离固、液界面越远，温度越高；另一种情况是由界面向液相具有负的温度梯度，如图 13-50 所示，离界面越远，液相中的温度越低。

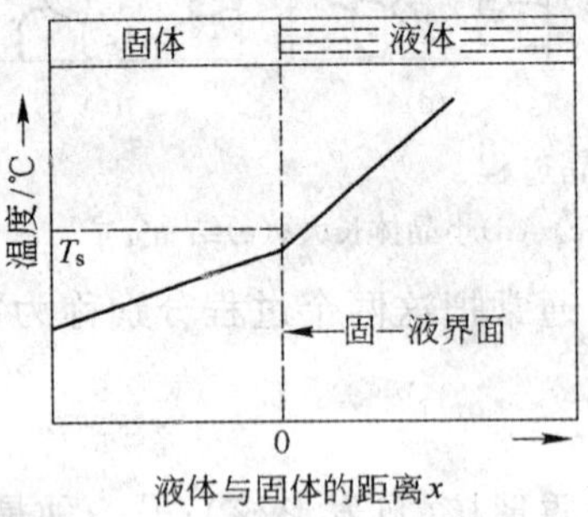

图 13-49　结晶前沿具有正温度梯度时的分布情况示意图

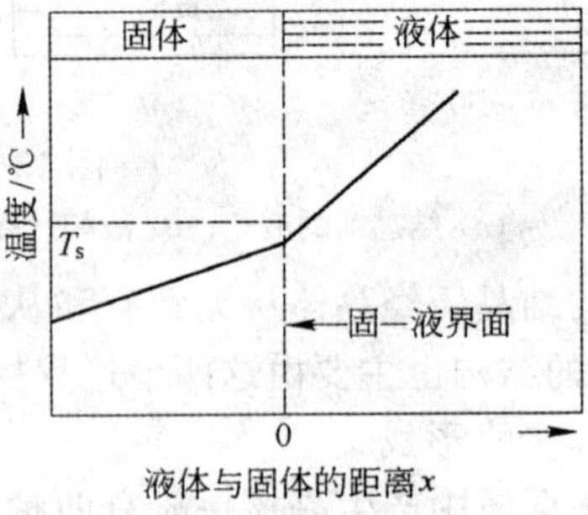

图 13-50　结晶前沿具有负温度梯度时的分布情况示意图

b　树枝晶长大

一般结晶总是在溶质偏析最小和散热最快的地方优先生长。由于棱角比其他方向导热性好，且离未被溶质富集的液体最近，因此棱角方向的长大速度比其他方向要快。铁为立方晶格，呈正六面体结构，从八个角长成为菱锥体的尖端，就构成了树枝晶主轴（一次轴），然后在主轴侧面长出分叉称为二次轴，再生出三次轴，依次发展下去，直到晶枝彼此相遇，形成一个树枝状晶粒。各方向的主轴都得到较均匀发展的树枝状晶称为等轴晶；只有某一方向的主轴得到突出发展的树枝状晶称为柱状晶，如图 13-51 所示。

C　结晶后的晶粒大小

晶粒大小是影响钢材性能的重要指标之一，一般来说，细晶粒组织的钢材具有较高的综合力学性能，即其强度、硬度和韧性、塑性等都比较好，所以生产上对控制钢材的晶粒尺寸是相当重视的。

金属凝固以后的晶粒大小取决于晶核的生成速率 N（成核数目/$cm^3 \cdot s$）和长大速率 v（cm/s），成核率 N 愈大、长大速率 v 愈小，晶粒愈细。成核率和长大速率均与过冷度有关（见图 13-52）。

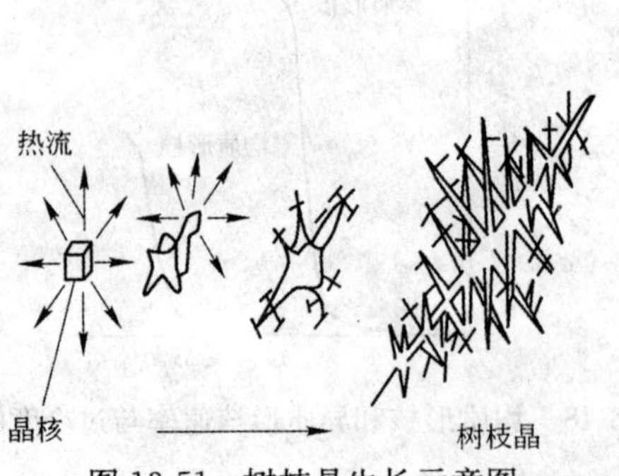

图 13-51　树枝晶生长示意图

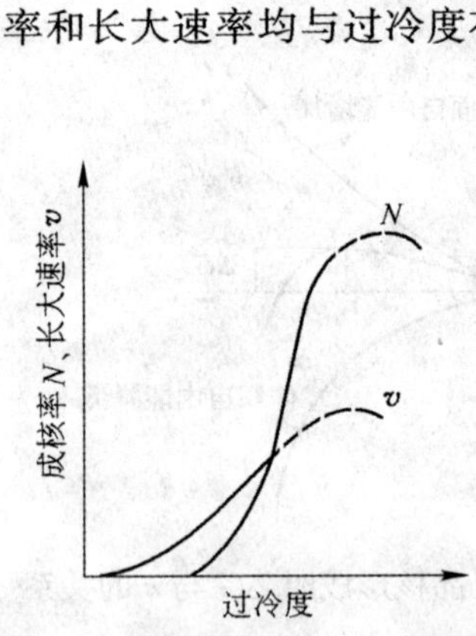

图 13-52　成核率 N 及长大速率 v 与过冷度的关系

金属结晶时，冷却速度越大，过冷度越大，晶粒就越细。加速冷却有利于获得细晶粒的铸态组织。但是，过分增大过冷度，成核率 N 和长大速率 v 反而会下降，如图 13-52 中虚线所示。

13.3.2 钢液的结晶

钢是以铁为基础的合金，含有多种合金元素。钢液的结晶除了符合前面讨论的结晶过程的一般规律外，还具有它自己的特点：其一是，结晶过程必须在一个温度范围内进行并完成；其二是，结晶过程为选分结晶，最初结晶出的晶体比较纯，溶质元素的含量较低，熔点较高，最后生成的晶体溶质元素的含量较多，熔点也较低，而且无论是晶体或液体的成分，都随着温度的下降而不断地变化着，只有当结晶完毕后，并且达到平衡时，晶体才有可能达到和原始合金一样的成分。钢液结晶过程中一系列的新问题，正是由这两个特点引起的。

13.3.2.1 钢液结晶的温度范围和两相区构成

钢液结晶的温度范围及结晶过程中固相和液相的成分变化如图 13-53 所示，图中由液相线至固相线之间的温度区间称为结晶温度范围，以 $\Delta T_{结晶}$ 表示。由于结晶器壁散热，凝固着的铸坯内存在着明显的温度梯度，一般出现三个结晶区域：固相区、两相区和液相区。在两相区内进行着形核和晶核的长大过程，铸坯的凝固就是两相区由铸坯表面逐渐向铸坯中心推移的过程。

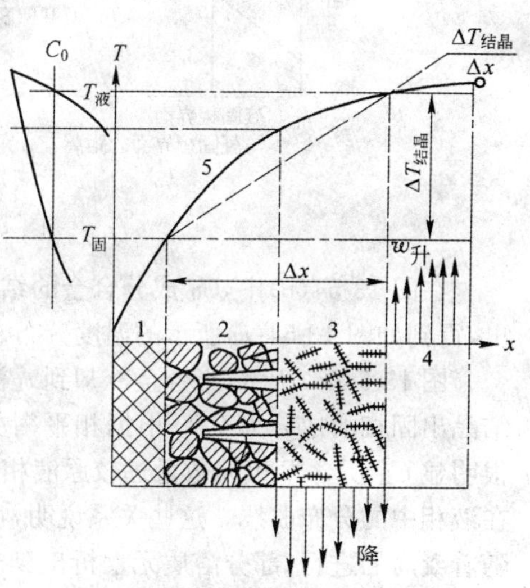

图 13-53 钢液结晶的温度范围和两相区的构成图

1—固相区；2，3—两相区；4—液相区；5—温度分布曲线

两相区的宽度主要取决于钢液的结晶温度范围和凝固前沿熔体中的温度梯度。结晶温度范围越宽，钢液过热度越低和铸坯表面冷却强度越小，则两相区越宽。

两相区内邻近固相区的一端，晶体逐渐长大，残存钢液很少，称固—液相区，它与固相区的交界面称固相等温面（或称凝固前沿）；邻近液相区的一端，过冷钢液中存在着能够自由流动的晶体，称液—固相区，它与液相区的交界面称液相等温面（或称结晶前沿）。固—液相区和液—固相区间的交界面为可流动面。在液—固相区，晶体和钢液在重力作用下产生重力迁移；而在固—液相区，钢液只能在润湿力的作用下产生毛细迁移。两相区中形核地点、晶核长大速度以及熔体运动特征的变化，使铸坯结构和性能发生很大变化。两相区窄有利于柱状晶发展，两相区宽易于形成等轴晶。两相区内的钢液已呈半凝固状态，冷凝收缩产生的孔隙不易得到高温钢液的填补，析出的气体和夹杂物也难于上浮，故两相区宽度增加，铸坯中的疏松可能严重，气体和夹杂物含量可能增多，同时铸坯中的化学不均匀性也将会受到影响。

13.3.2.2 成分过冷

A 成分过冷的基本概念

钢液的结晶不仅与温度过冷有关，还与结晶时液相成分的变化有关。由于结晶中的选分结晶现象使凝固前沿液相的成分发生了变化，引起液相的熔点改变，从而改变了凝固前沿的过冷情况。

现以 C_0 成分合金的结晶情况来说明成分过冷，并将成分过冷示于图 13-54。

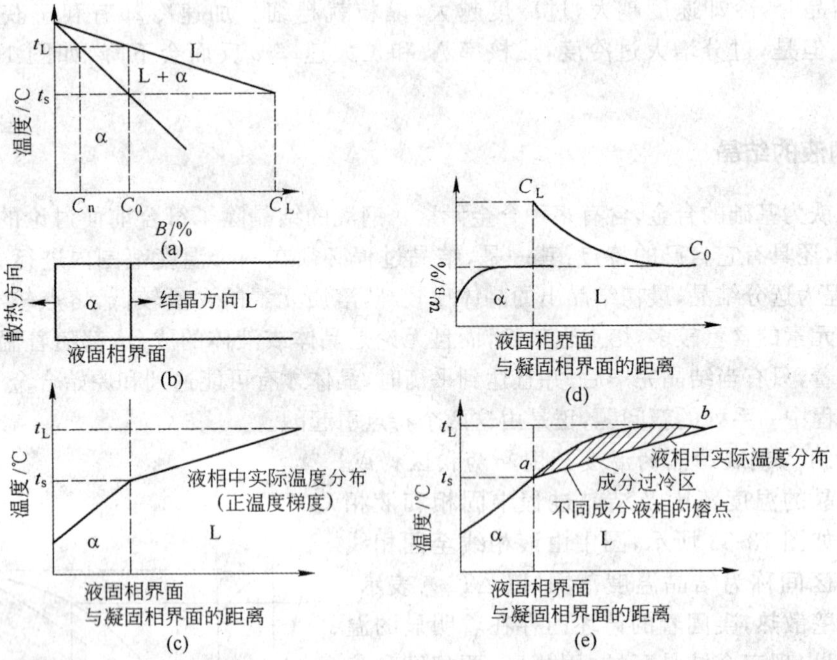

图 13-54 成分过冷示意图

在图 13-54(b)中,C_0 成分合金的结晶方向与散热方向相反。液相的热量通过已凝固晶体散出,得到如图 13-54(c)所示的温度分布。

图 13-54(a)所示,当合金冷却到 t_L温度以下时,从液相中结晶出固相,继续冷却至 t_s温度时,结晶出固相的成分为 C_0。根据相平衡关系,这时在凝固前沿与固相相平衡的液相成分为 C_L。很明显 C_L 所含 B 组元数量远较原液相成分 C_0 要高,得到如图 13-54(d)中的 B 组元浓度(成分)在液相中的分布曲线。这些关系说明,在一定温度下,溶质元素在固相中的溶解度比液相中小。随着凝固的进行,部分溶质元素析出到未凝的母液中,围绕凝固着的晶体积累了一层溶质富集层。随着与相界面距离的增加,液相中溶质元素 B 组元浓度(成分)由 C_L 逐渐降到 C_0。

相界面前沿液相成分的变化,相应地引起它们平衡结晶温度的改变。离相界面近的液相中 B 组元的浓度高,这部分液相的熔点较低。贴近相界面的液相的熔点也就是对应于 C_L成分处液相线上的平衡温度 t_s。反之,离相界面远的液相熔点则较高。这就得到如图 13-54(e)所示的熔点与距相界面距离的关系曲线ab。

若将图 13-54(c)中的温度分布曲线移到图 13-54(e)中,就会得到曲线 ab 与直线形成的影线区。在影线区内,合金的实际温度低于液相的平衡结晶温度,即在影线区内的液相都处于成分过冷状态。而且影线区内液相的过冷度都大于相界面上液相的过冷度,这就是成分过冷区。

上述情况为平衡条件下合金的结晶,只有平衡时,相界面上才无过冷度。实际上钢液的结晶过程不可能达到平衡,相界面上有过冷度存在,但此过冷度会因杂质含量高,液相熔点下降而降低。此外,结晶过程中放出的潜热消散在界面两侧的固体和液体中,这使界面液相实际温度稍有升高,从而进一步降低了界面上的过冷度,但过冷度决不会达到零,这种相界面上过冷度下降的现象称为“过冷”的降低。

B 成分过冷和温度过冷的区别

(1) 温度过冷。结晶中由于热量的散失使液体实际温度下降到熔点以下获得的过冷叫做温度过冷,这种过冷完全受散热条件的控制。

(2) 成分过冷。结晶中纯粹由溶质成分偏析引起的过冷度变化。溶质偏析越大,引起的成分过冷变化也越大。

纯金属结晶时,因无溶质偏析,只受温度过冷的影响。合金(如钢液)结晶时,因有溶质偏析,结晶除受温度过冷的影响外,还受成分过冷的影响。

C 成分过冷对结晶的影响

钢液结晶时,成分过冷对晶体的生长方式有直接的影响。

由图 13-55 可以看出,成分过冷在液相具有正温度梯度的条件下,仍然可以产生,而且它可以随条件的变化而发生变化。如果溶质浓度的分布一定,即液相的熔点曲线一定时,成分过冷将随温度梯度而变化:温度梯度越小,实际温度曲线越平缓,则成分过冷度越大,过冷区也越宽;反之,温度梯度越大,即实际温度曲线越陡,则成分过冷度便越小,过冷区也越窄。当温度梯度曲线的斜率超过液相熔点曲线的斜率时,就不会有成分过冷了。为此,钢液结晶时,晶体的生长情况与纯金属有所不同。对纯金属而言,在正温度梯度时晶体为平面生长,负温度梯度时为胞状生长或树枝状生长,而对钢液来说,仅在正温度梯度的条件下,三种生长方式就都有可能出现了。钢液在结晶过程中,若凝固前沿没有成分过冷,晶体的生长方式与纯金属在液相具有正温度梯度时是一样的,为平面生长;若有较小的成分过冷,则为胞状生长;若凝固前沿的成分过冷很大,则以树枝状的方式生长。

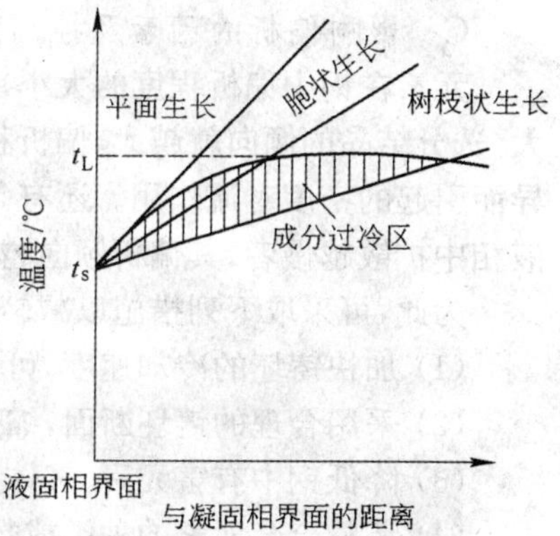

图 13-55 成分过冷对组织形态的影响

13.3.2.3 化学成分不均匀现象

钢液结晶时,由于溶质元素在固、液相中溶解度不同,以及选分结晶的结果,会导致凝固后铸坯(或钢锭)中化学成分不均匀的现象。它不仅会造成钢中二次夹杂物的生成和聚集,而且还影响到钢中气体的析出及排出,从而给钢的质量带来严重的影响。

A 偏析概念

通常把铸坯中化学成分不均匀的现象称为偏析。钢中所含各种元素、气体和非金属夹杂物等均有偏析现象,但偏析程度并不一样。偏析可分为显微偏析和宏观偏析两类。

显微偏析是指反映在显微组织上的化学成分的不均匀性,它发生在几个晶粒的范围内或树枝晶空间内,可借助显微镜、电子探针和扫描电镜等来显示和观察。显微偏析又可分为"晶内偏析"和"晶间偏析",前者是指存在于同一晶粒内的偏析,后者是指存在于不同晶粒之间的偏析。在一般的生产条件下,冷却速度越慢,显微偏析就越严重。

宏观偏析是指铸坯内呈现的大范围偏析。它往往在特定区域呈带状分布,故又称为"区域偏析"或"低倍偏析",可通过硫印、酸浸等低倍检验来判明。

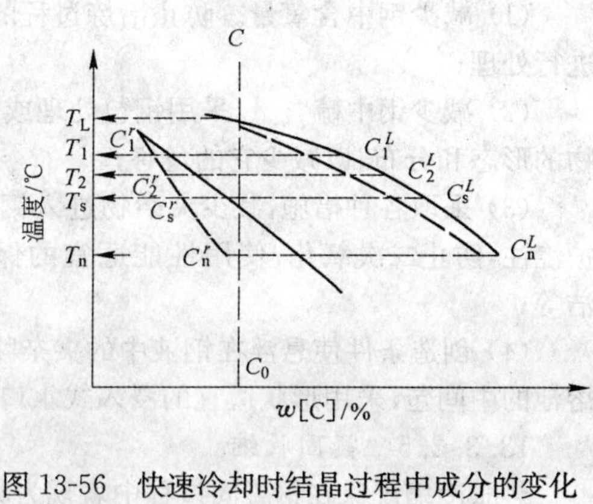

图 13-56 快速冷却时结晶过程中成分的变化

B 偏析产生的原因

显微偏析的产生与结晶的不平衡性有关。实际生产中,钢液的结晶是一种非平衡结晶,必须在液相线温度以下才能开始,并在固相线温度以下才能结束,如图 13-56 所示。由于冷却速度较大,钢液在冷却到各个温度时,没有足够的时间来完成结晶过程和扩散均匀化,就继续往下冷却,致使在各温度下的结晶过程和扩散过程都不能进行到底。这样就使固相和液相的平均成分线都偏离了平衡时的固相线和液相线，所得固体先、后结晶的各部分具有不同的溶质元素浓度：结晶初期形成的树枝晶较纯，而后结晶的部分则含有较多的溶质元素，造成了固体晶粒内部溶质浓度的不均匀性。

宏观偏析是由于凝固过程中选分结晶的作用，使两相区树枝间的液体富集了溶质元素。同时钢液凝固时液体的温度差、密度差、体积收缩以及气体的排出等引起了液体的对流运动，将富集溶质的液体带到未凝固的区域，从而导致了整个铸坯内溶质元素的不均匀分布。

C　影响偏析的因素及控制措施

元素在钢中偏析程度的大小首先取决于选分结晶过程，平衡相图上固、液相线之间的距离越大，选分结晶的倾向就越大，偏析程度也就越大。其次是结晶过程中两相区内固、液相的密度差异而引起的密度对流作用。还有是元素在固相及液相中的扩散过程，元素在固相中扩散越快，在液相中扩散越慢者，其偏析倾向越小，反之亦然。此外，冷却速度对偏析也有很大的影响。

为此，可采取下列措施以减轻偏析的程度：

(1) 加快铸坯的冷却速度，可以抑制凝固过程中溶质元素的析出，从而可减少显微偏析；

(2) 采用合理的铸坯断面，缩短凝固时间，减轻偏析程度；

(3) 降低钢中有害元素、气体及夹杂的含量，如硫、磷、砷等；

(4) 调整合金元素的种类或数量，使凝固时固相和液相的密度差减小，以减弱钢液流动，减轻偏析；

(5) 采用合理的浇注工艺。如适当降低浇注温度和浇注速度，有利于减轻偏析；连铸时防止铸坯鼓肚，可消除富集杂质的钢液流入中心空隙，以减少铸坯的中心偏析。

13.3.2.4　凝固过程中的非金属夹杂物

凝固过程中再生夹杂物的生成与凝固时的选分结晶及温度降低有关。根据热力学的观点，钢液中的硅、锰等合金元素和其中的氧、硫，凝固时会在树枝晶间的液体中富集，当其达到或超过平衡浓度积时，即可在生长的树枝晶空间发生一系列反应，生成氧化物、硫化物和硅酸盐再生夹杂，并被封闭在树枝晶之间不能上浮，而残留在铸坯中。同时，浇注系统还会带来二次氧化产物、耐火材料侵蚀物等外来夹杂，还有少量的脱氧产物，它们中的一部分在铸坯的凝固过程中来不及上浮，也会残存在铸坯中。

减少钢中夹杂物最根本的途径，一是尽量减少外来夹杂物对钢液的污染；二是设法促使已存在于钢液中的夹杂物排出。因此，应在出钢到钢液进入结晶器之前，采取下列措施：

(1) 减少钢中含氧量。防止冶炼过程的过氧化，脱氧要完全，并可采用炉外精炼技术对钢液进行处理；

(2) 减少钢中硫含量，采用钢包处理或炉外精炼新技术，也可加入其他合金元素来控制硫化物的形态和分布，以减少它的危害；

(3) 采取各种措施，减少夹杂物进入钢液。如出钢时采用挡渣操作，防止钢包下渣；采用保护浇注，防止二次氧化；使用性能适宜的保护渣，采用高质量的耐火材料；保证浇注系统的清洁等；

(4) 创造条件使悬浮在钢液中的夹杂物在浇注和凝固过程中尽可能上浮。如采用大容量深熔池的中间包，采用形状适宜的浸入式水口，在连铸结晶器内使用“电磁制动”技术等。

13.3.2.5　凝固收缩

热胀冷缩现象在钢凝固过程中表现为凝固收缩。它包含三个方面的收缩：

(1) 液态收缩。钢液由浇铸温度降至液相线温度过程中产生的收缩，即过热度消失时的体积收缩。这个阶段钢保持液态，收缩量为1%。

(2) 凝固收缩。钢液在结晶温度范围形成固相并伴有温降，这两个因素均会对凝固收缩有影响。结晶温度范围越宽，收缩量就越大。凝固收缩量约为总量的4%。

(3) 固态收缩。钢由固相线温度降至室温，钢处于固态，此过程的收缩称固态收缩。由于收缩使铸坯的尺寸发生变化，故也称线收缩。其收缩大约为总量的7%～8%。固态收缩量最大，在温降过程中产生热应力，在相变过程中产生组织应力，应力的产生是铸坯裂纹的根源。因此固态收缩对铸坯质量影响相当大。

13.3.3 铸坯凝固过程中的应力

铸坯在凝固过程中，除了受钢液静压力的作用外，还将受到收缩应力、组织应力和机械应力的作用，这些应力是引发铸坯裂纹的根源。因此，了解铸坯冷却过程中的应力，寻求合理的冷却制度，减小冷却应力，对减少钢中裂纹，提高铸坯质量具有十分重要的意义。

13.3.3.1 收缩应力(热应力)

铸坯在凝固和冷却过程中发生的凝固收缩和固态收缩受到阻碍时(通常表现为线收缩受阻时)，将产生收缩应力。由于线收缩量主要与温度有关，故这种应力又称为热应力。

热应力的主要影响因素：

(1) 铸坯表面与内部的温度差。温度差越大，线收缩量的差别越大，铸坯截面上各层间收缩的相互阻碍也越严重，产生的热应力也就越大。

(2) 钢中含碳量。高碳钢的固、液两相区宽，体积收缩量大，线收缩量小，故热应力相对较小；低碳钢的两相区窄，体积收缩量小，而线收缩量大，故热应力相对较大。

(3) 钢中合金元素的含量。总的倾向是，凡使钢液凝固区间(固、液两相区)增大的合金元素(如镍、硅、磷)的含量增加，则体积收缩增加，线收缩减少，从而使热应力减小；而使钢液凝固区间缩小的合金元素含量增加时，则线收缩增加，热应力也增加。

13.3.3.2 组织应力

铸坯在凝固后的降温过程中，内部将发生固相转变。相变的类型与钢的成分和冷却条件有关，对不同含碳量的钢，冷却时发生的固相转变主要是奥氏体分解。随着冷却方式的不同，奥氏体可以转变为珠光体、贝氏体、马氏体。由于它们的密度不同，相变的同时发生了体积的变化，但此时铸坯的外形尺寸已经确定，体积的变化将导致应力的产生。人们把固态钢在冷却过程中，因发生相变而引起的体积膨胀受阻时所产生的应力称为组织应力。

影响组织应力的因素首先是冷却速度。在发生组织转变的温度范围内，冷却速度越快，铸坯内外温差越大，体积变化受到的阻力就越大，组织应力也越大。此外，组织应力还与钢的成分有关，如40Cr(珠光体钢)容易在冷却到723℃以下时产生裂纹，属于马氏体钢的3Cr2W8V易在冷却到320℃时产生裂纹，因为723℃与320℃正是它们各自的相变温度。

13.3.3.3 机械应力

机械应力是铸坯在下行和弯曲、矫直过程中受到的应力。弧形连铸机、椭圆形连铸机的铸坯在下行时，要受到矫直应力的作用，矫直时铸坯内弧面受拉应力，外弧面受压应力。立弯式连铸机和直弧形连铸机的铸坯在顶弯时还要受弯曲应力的作用。弯曲应力、矫直应力的大小取决于铸坯的厚度和弯曲(或矫直)时的变形量。铸坯断面大、弯曲(或矫直)点少、连铸机曲率半径小，则弯曲(或矫直)应力大；反之，弯曲(或矫直)应力则小些。另外，设备对弧不准、辊缝不合理、铸坯鼓肚等均会使铸坯受到机械应力的作用。

13.3.3.4 铸坯应力的消除

铸坯在凝固和冷却过程中受到了各种应力的作用。当铸坯所承受的拉应力超过该部位钢本身的强度极限（特别是高温强度极限）或塑性变形量超过允许的范围时，就会产生裂纹，给钢的质量带来严重的危害。为了减小铸坯所承受的应力，减少裂纹的产生，应注意以下几个方面：

(1) 对于某些合金钢、裂纹敏感性强的钢种，连铸时可采用较小的冷却强度，如采用干式冷却或干式冷却与喷水冷却相结合的方式。干式冷却可使铸坯表面、心部温度趋于一致，大大减少热应力的产生；

(2) 出拉矫机的铸坯，可根据不同的钢种相应地采用不同的缓冷方式，如空冷、坑冷、退火等，也可直接热送，以消除铸坯的内应力和组织应力，防止裂纹的产生；

(3) 机械应力对铸坯的影响集中于两相区，在铸坯承受各种机械应力的作用时，铸坯尚未完全凝固，凝固前沿两相区内的柱状晶晶间还存在少量的低熔点液体，此时柱状晶之间的结合力很小，强度很低，如超过铸坯所能承受的变形量，则必然会使铸坯的凝固前沿产生裂纹。减少变形量的措施包括多点弯曲、多点矫直、铸坯适宜的厚度和准确地对弧，以及二冷区合理的辊缝量等。

此外，为了减少铸坯热裂的倾向性，还可通过合理调节和控制钢液成分，降低钢中有害元素的含量（如降低钢中硫、磷、气体和夹杂物含量），来提高钢本身的高温强度和塑性；也可采取适当降低浇注温度和浇注速度等措施，来增加凝固壳的厚度和均匀性，以提高铸坯抵抗热应力的能力。

13.3.4　连铸坯的凝固

13.3.4.1　连铸坯凝固的特点

连铸坯的凝固过程实质上是一个热量释放和传递的过程，也是一个强制快速冷凝的过程。在铸机范围内（铸坯切割以前），钢液由液态转变为固态高温铸坯所放出的热量包括三个部分：

1) 将过热的钢液冷却到液相线温度所放出的热量；

2) 钢液从液相线温度冷却到固相线温度，即完成从液相到固相转变的过程中所放出的热量；

3) 铸坯从固相线温度冷却到被送出连铸机时所放出的热量。

以上热量的放出是在连铸机的一次冷却区（指结晶器）、二次冷却区（包括辊子冷却系统的喷水冷却区）和三次冷却区（从铸坯完全凝固开始至铸坯切割以前的辐射传热区）完成的，如图 13-57。

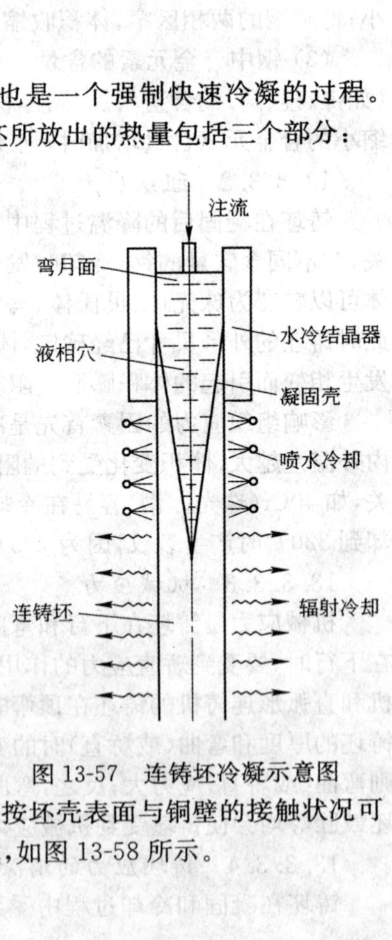

图 13-57　连铸坯冷凝示意图

13.3.4.2　钢液在结晶器内的凝固

在结晶器冷却区内，冷却铜结晶器的水，迅速带走钢液大量的热，使铸坯尽快形成均匀且具有一定厚度的坯壳，以抵抗钢液的静压力，保证铸坯在拉出结晶器时有足够的强度，而不致发生拉漏事故。

A　结晶器内坯壳的形成

钢液注入结晶器后，即与铜壁接触，急剧冷却，很快形成了钢液—凝固壳、凝固壳—铜壁的交界面。沿结晶器的竖直方向、按坯壳表面与铜壁的接触状况可将钢液的凝固过程分为弯月面区、紧密接触区、气隙区三个区域，如图 13-58 所示。

a　弯月面区

注入到结晶器内的钢液与铜壁接触，形成一个半径很小的弯月面(图 13-59)。

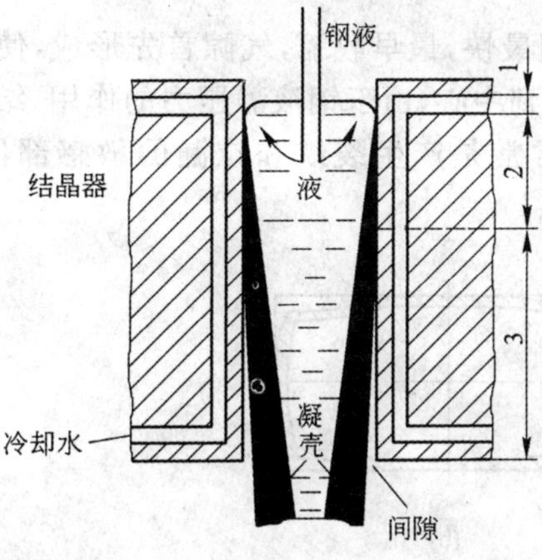

图 13-58 钢液在结晶器内的凝固

1—弯月面区；2—紧密接触区；3—气隙区

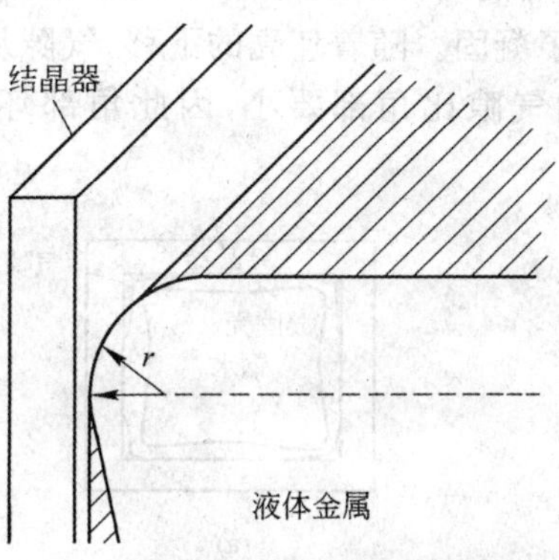

图 13-59 钢液与铜壁弯月面的形成

在半径为 r 的弯月面根部，由于冷却速度很快(100℃/s)，初生坯壳很快形成。在表面张力作用下，钢液面具有弹性薄膜的性能，能抵抗剪切力。随着结晶器的振动，向弯月面下输送钢液而形成新的固体坯壳。

b 紧密接触区

弯月面下部的初生坯壳由于不足以抵抗钢液静压力的作用，与铜壁紧密接触(图 13-60(a))。在该区域坯壳以传导传热的方式将热量传输给铜壁，越往接触区的下部，坯壳也越厚。

c 气隙区

坯壳凝固到一定厚度时，发生 $\delta\rightarrow\gamma$ 的相变，引起坯壳收缩，牵引坯壳向内弯曲脱离铜壁，气隙开始形成。然而，此时形成的气隙是不稳定的，在钢液静压力的作用下，坯壳向外膨胀，又会使气隙消失。这样，接近紧密接触区的部分坯壳，实际上是处于气隙形成和消失的动态平衡过程中，如图 13-61 所示。只有当坯壳厚度达到足以抵抗钢液静压力的作用时，气隙才能稳定存在。根据测定，方坯的气隙宽度为 1 mm，板坯的气隙宽度为 2～3 mm。气隙形成后，坯壳与铜壁之间以辐射和对流的方式进行热传输。

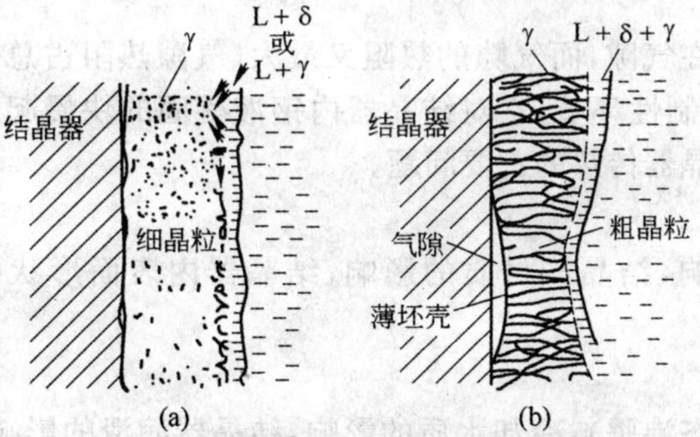

图 13-60 铸坯表面组织的形成

(a) 坯壳与铜壁紧密接触；(b) 坯壳产生气隙

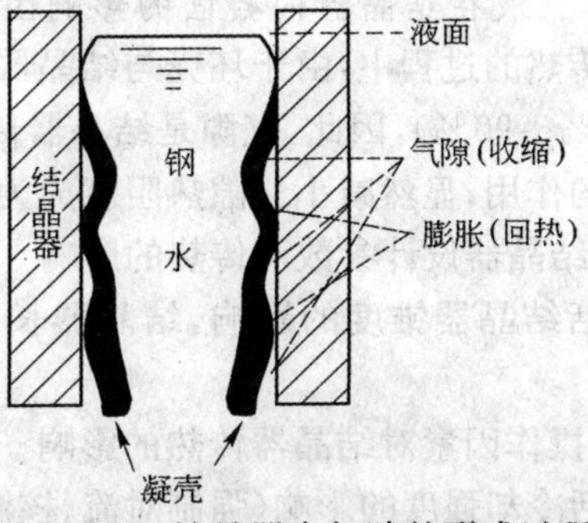

图 13-61 结晶器内气隙的形成过程

值得注意的是，随着气隙的形成，传热减慢，气隙形成区的坯壳表面会出现回热，导致坯壳温度升高，强度降低，在钢液静压力的作用下，坯壳将发生变形，形成皱纹或凹陷。同时，凝固速度降低，坯壳减薄，坯壳局部收缩会造成局部组织的粗化（图 13-60(b)），产生明显的裂纹敏感性。

在结晶器的角部区域，由于是二维传热，坯壳凝固最快，最早收缩，气隙首先形成，使传热减慢，推迟了凝固。随着坯壳的下移，气隙从角部扩展到中心，由于钢液静压力的作用，结晶器中间部位的气隙比角部要小，因此角部坯壳最薄，常常是产生裂纹和拉漏的敏感部位（图 13-62）。

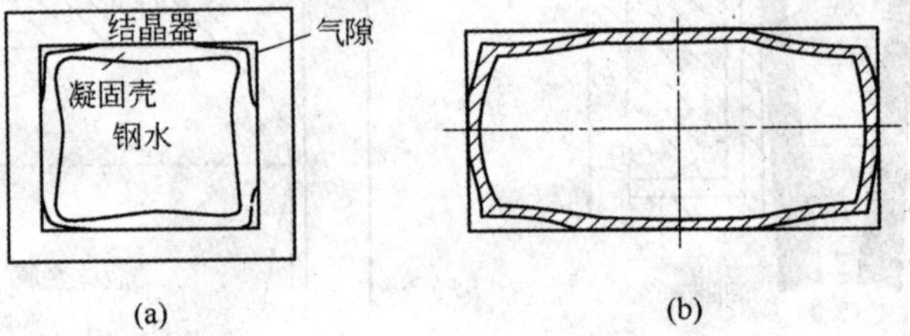

图 13-62　方坯(a)和板坯(b)横向气隙形成

B　坯壳的生长规律

被拉出结晶器的铸坯其坯壳必须有足够的厚度，以防在失去铜壁支撑后变形或漏钢。一般而言，小方坯要求出结晶器下口处坯壳厚度应大于 8～10 mm，板坯要求厚度应为 15～20 mm。坯壳厚度的生长规律服从凝固平方根定律：

$$\delta = K\sqrt{t} = K\sqrt{\frac{l}{v}} \tag{13-16}$$

式中　δ——坯壳厚度，mm；

K——凝固系数，mm/min$^{1/2}$；

t——凝固时间，min；

l——结晶器有效长度，mm；

v——拉坯速度，mm/min。

凝固系数 K 代表了结晶器的冷却能力，选择合适的 K 值就可准确地计算出结晶器的坯壳厚度。

C　钢液在结晶器内凝固的影响因素

在传热的过程中，由于坯壳与结晶器壁间存在气隙，而气隙的热阻又最大（气隙热阻占总热阻的 70%～90%），因此，气隙是结晶器传热的限制性环节，它对结晶器内钢液凝固的快慢起着决定性的作用，显然减小气隙热阻就成为改善结晶器传热的首要问题。

a　结晶器设计参数对传热的影响

包括结晶器锥度的影响，结晶器长度的影响，结晶器材质的影响，结晶器内表面形状的影响。

b　操作因素对结晶器传热的影响

包括冷却强度的影响（强制对流、核沸腾、膜态沸腾），冷却水质的影响，结晶器润滑的影响，拉速的影响，钢液过热度的影响。

c　钢液成分的影响

对结晶器导出热量的研究发现，当钢中碳含量 $w[C]=0.12\%$ 左右时，热流最小（见图 13-63），此时结晶器铜壁温度波动较大，约为 100℃。当碳含量 $w[C]>0.25\%$ 时，热流基本不变。

此外，对坯壳的研究发现，当含碳量 $w[C]=0.12\%$ 左右时，坯壳内外表面均呈皱纹状，随着含碳量增加，皱纹减小。通常认为，这是因为含碳量 $w[C]=0.12\%$ 时，坯壳有最大的收缩（0.38%），因而形成较大的气隙，而且此时硫、磷的枝晶偏析小，坯壳高温强度高，钢液静压力要将坯壳压向铜壁比较困难，钢液在弯月面下凝固后，形成较大的弯曲和气隙，导致坯壳表面与结晶器壁接触面减小，所以热流最小，形成坯壳最薄，而且不均匀。这是此种含碳量的钢容易产生裂纹和拉漏的原因。

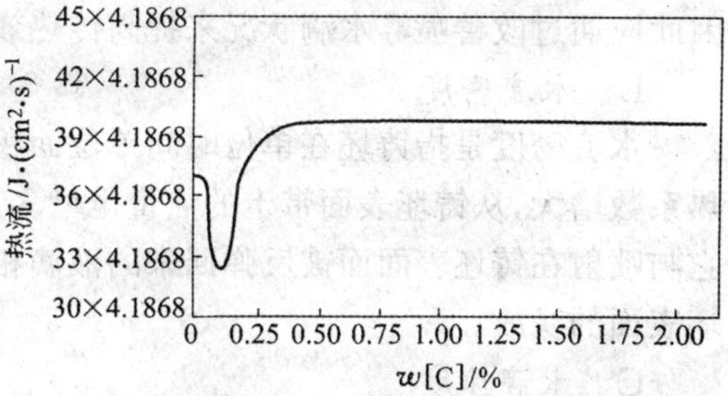

图 13-63 钢中含碳量与热流的关系

13.3.5 铸坯在二冷区的凝固

铸坯在二冷区的冷却直接影响到铸机产量和铸坯质量。当其他工艺条件一定时，二冷强度增加，可提高拉坯速度；同时，二次冷却强度又与铸坯缺陷（如内部裂纹、表面裂纹、铸坯鼓肚和菱变等）密切相关。因此，了解铸坯在二冷区的传热规律，对制定合理的二冷制度、提高铸机产量和铸坯质量都是十分重要的。

13.3.5.1 *二冷区的凝固传热*

铸坯在二冷区凝固时，中心部分的热量通过坯壳传到表面，而表面接受喷水冷却，使温度降低，这样就在铸坯表面和中心之间形成了较大的温度梯度，为铸坯的冷却传热提供了动力。板坯二冷区各种传热方式的传热比例如下（图 13-64）：纯辐射 25%；喷雾水滴蒸发 33%；喷淋水加热 25%；辊子与铸坯的接触传导 17%。

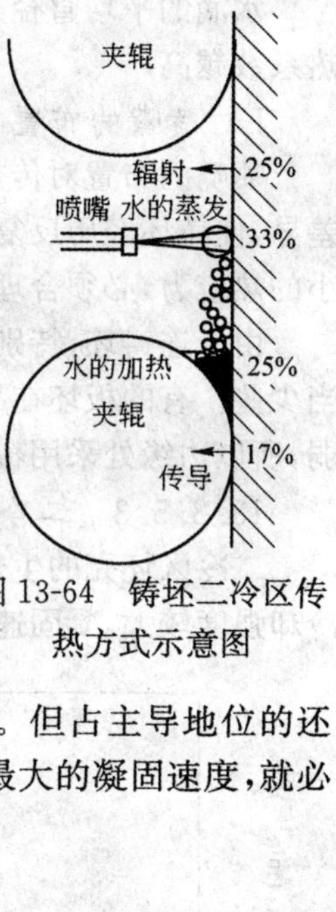

图 13-64 铸坯二冷区传热方式示意图

不同类型的连铸机或不同的工艺条件下，各种传热方式的传热比例可能有很大的区别。对小方坯连铸机而言，二冷区主要是纯辐射和喷雾水滴蒸发两种传热方式，而对板坯和大方坯连铸机则有上述四种传热方式。但占主导地位的还是喷雾水滴与铸坯表面之间的传热。因此要提高二冷区的传热效率，获得最大的凝固速度，就必须尽可能地改善喷雾水滴与铸坯表面之间的热交换。

13.3.5.2 *二冷区凝固传热的影响因素*

A 铸坯表面温度

由图 13-65 可知，热流与铸坯表面温度 T_s 不是线性关系，可分为三种情况：

(1) $T_s<300℃$，热流随 T_s 增加而增加，此时水滴润湿高温表面，为对流传热；

(2) $300℃<T_s<800℃$，随温度提高热流下降，在高温表面有蒸汽膜，呈核态沸腾状态；

(3) $T_s>800℃$，热流几乎与铸坯表面温度无关，甚至于呈下降趋势，这是因为高温铸坯表面形成了稳定的蒸汽膜，阻止了水滴与铸坯接触。

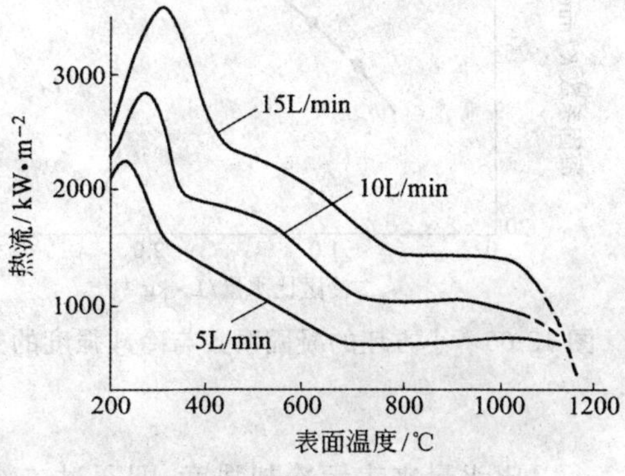

图 13-65 表面温度与热流的关系示意图

可是，在二冷区铸坯表面温度在 1000～1200℃，因此应通过改善喷雾水滴状况来提高传热效率。

B　水流密度

水流密度是指铸坯在单位时间单位面积上所接受的冷却水量。试验表明，水流密度增加，传热系数增大，从铸坯表面带走的热量也增多。这是因为水流密度增加，单位体积水滴数目增加，它与喷射在铸坯表面而被反弹回来的液滴相撞失去了能量，使得水滴不能穿透蒸气膜而到达铸坯表面的缘故。

C　水滴速度

水滴速度决定于喷水压力和喷嘴直径。水滴速度增加，穿透蒸气膜到达铸坯表面的水滴数增加，提高了传热效率。

D　水滴直径

水滴直径大小是雾化程度的标志。水滴尺寸越小，单位体积水滴个数就越多，雾化就越好，有利于铸坯均匀冷却和提高传热效率。

水滴的平均直径是：采用压力水喷嘴，200～600 μm；气—水喷嘴，20～60 μm。水滴越细，传热系数越高。

E　喷嘴的布置

喷嘴的布置对传热也有重要影响。如果喷嘴布置不合理，会造成铸坯表面局部冷却强度的差异，使铸坯经历反复的强冷和回热，容易造成铸坯表面和内部裂纹的产生。为了使铸坯承受最小的热应力，必须合理地布置喷嘴，对铸坯进行均匀的冷却。

由于连铸坯，特别是板坯在角部的散热条件较好，冷却强度大，所以在靠近角部的喷水量应当少些。有的板坯在靠近角部 50 mm 处不直接喷水冷却。由于喷嘴在覆盖边缘处冷却强度较弱，所以边缘处采用覆盖重叠的布置法。

13.3.5.3　二冷区凝固坯壳的生长

二冷区坯壳的生长服从于凝固平方根定律。由于在二冷区冷却水直接喷射到铸坯表面上，冷却强度较大，凝固速度较快，所以坯壳生长厚度决定于二冷水量（图 13-66、图 13-67）。

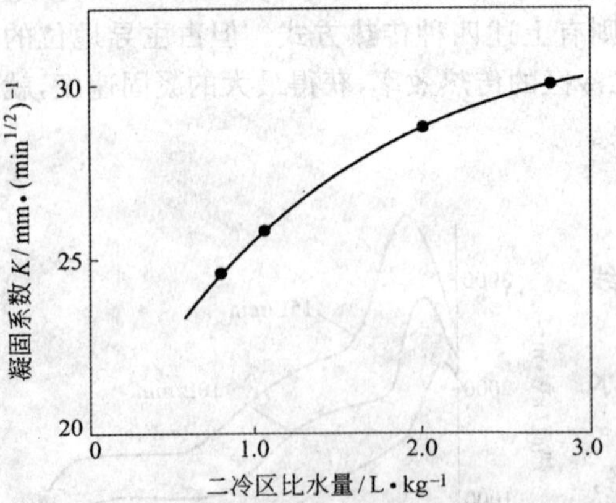

图 13-66　小方坯的凝固系数与冷却强度的关系

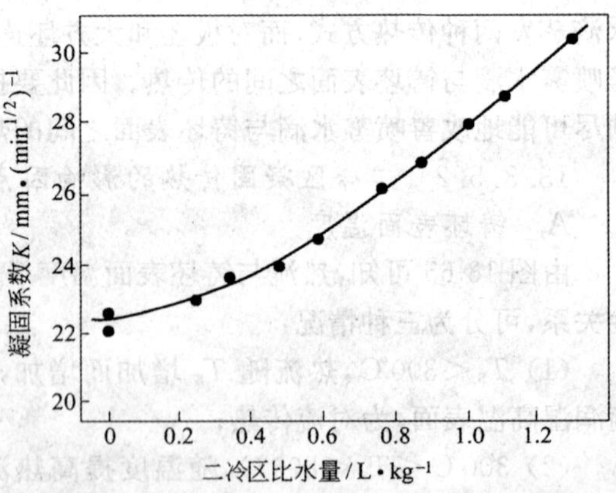

图 13-67　板坯的凝固系数与冷却强度的关系
（220 mm×1600 mm，拉速 1.15 m/min）

以比水量来表示冷却强度，即通过二冷区单位重量铸坯所接受的水量（L/kg）。比水量的大小主要决定于钢种，一般取 0.5～1.5 L/kg。对低碳钢或裂纹不敏感钢，比水量取大一些；对高碳钢、合金钢或裂纹敏感钢，比水量取小一些。

13.3.6　连铸坯的凝固结构及控制

13.3.6.1　连铸坯的凝固结构

一般情况下，连铸坯从表层到中心是由细小等轴晶带、柱状晶带和中心等轴晶带所组成，如图 13-68 所示。

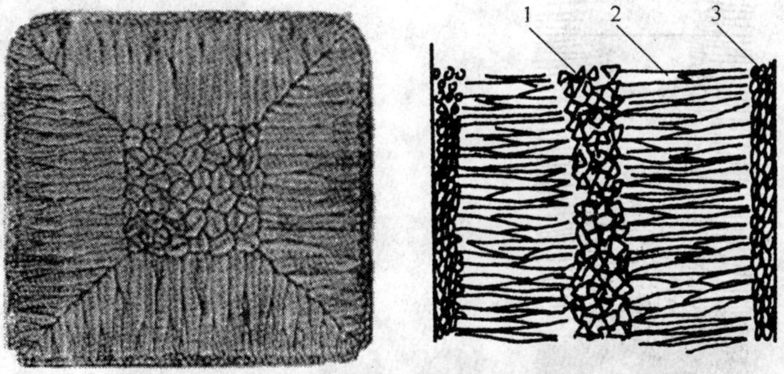

图 13-68　连铸坯的凝固结构示意图

1—中心等轴晶带；2—柱状晶带；3—细小等轴晶带

图 13-68 是连铸方坯横截面的凝固组织示意图，可见由外向内铸坯的凝固结构可区分为三个区域：

(1) 表皮细小等轴晶：厚度一般为 2～5 mm，浇注温度高时可薄一些；注温低时则厚一些。

(2) 柱状晶区：柱状晶发达有时会贯穿铸坯中心形成穿晶结构。从横断面看，树枝晶呈竹林状。从纵断面看，柱状晶向上倾斜一定角度（如 10°），并不完全垂直于铸坯表面，这说明液相穴内在凝固前沿有向上的液体流动。

(3) 中心等轴晶区：树枝晶细小无规则排列，并伴随有疏松缩孔和偏析。

13.3.6.2　“小钢锭”结构

连铸坯的低倍结构（特别是方坯）常常出现每隔 5～10 cm 有规则的凝固桥的形成，并伴随有疏松缩孔，叫做小钢锭结构（mini-ingot）。如图 13-69 所示，它的形成如下：

(1) 柱状晶规则生长；

(2) 柱状晶不稳定生长，导致局部区域某些树枝晶生长更快一些；

(3) 在局部区域两边相对生长的柱状晶相连接，或者等轴晶核下落到凝固前沿，被柱状晶捕集而形成搭桥；

(4) 液相穴内钢液被凝固桥隔开，桥下面的残余钢液凝固时要收缩，得不到上面钢水的补充而形成缩孔和疏松，伴随着有严重的中心偏析。

小方坯铸坯凝固结构的“mini-ingot”的形成，导致了部分元素（S、P、Mn、C）的轴向偏析，在热加工或热处理时，导致不均匀的转变产物，会产生脆性和断裂，对于铸坯用于轧制棒丝产品是一个特殊问题。

13.3.6.3　铸坯结构的控制

连铸坯中柱状晶带和等轴晶带的相对大小主要决定于浇注温度。浇注温度高，柱状晶带就宽，如图 13-70 所示。这是因为，高温浇注时，一方面靠近结晶器壁的过冷度小，形核率低；另一方面一部分晶核会因为钢液温度高而重新熔化，因而不易形成等轴晶。与此相反，低温浇注时，则容易形成数量较多的结晶核心，而当这些晶核长大形成等轴晶时，可进一步阻止柱状晶的长

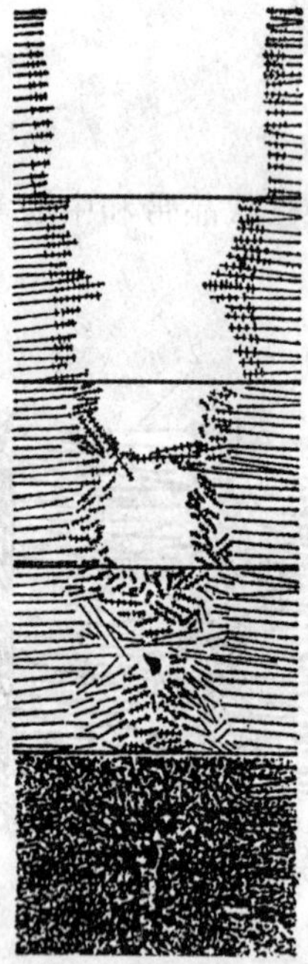

图 13-69 “小钢锭”结构形成示意图
1—柱状晶均匀生长；2—某些柱状晶优先生长；
3—柱状树枝晶搭接成“桥”；4—“小锭”凝固并
产生缩孔；5—实际铸坯的宏观结构

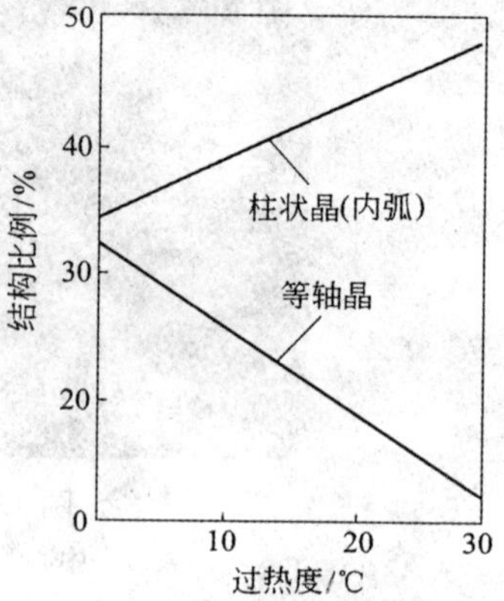

图 13-70 过热度对凝固
结构的影响

大。因此接近钢种的液相线温度浇注是扩大等轴晶带的有效手段。但是钢液过热度控制得很低，易使水口冻结，并会使铸坯中夹杂物增加。为此，通常情况下应保持钢液在一定的过热度下(20～30℃)浇注。为扩大等轴晶带可采取以下措施：加速凝固工艺；喷吹金属粉剂；控制二冷区冷却水量；加入形核剂。

13.4 连铸工艺

连铸工艺是连铸工作的核心。在前面我们学习了连铸设备、钢液凝固理论，从而为连铸工艺的制定和选择奠定了基础。

13.4.1 钢水的准备

连续铸钢是钢水处于运动状态下，采取强制冷却的措施成型并连续生产铸坯的过程。连铸的工艺特点决定了它对钢水质量的要求极为严格，主要表现在钢水的成分、温度、脱氧程度和纯净度四个方面。

13.4.1.1 钢液温度的控制

合适的连铸钢水温度是保证连铸生产工艺能否正常进行和产品质量的重要前提和基础，不能过低或过高。钢水温度过低，会在钢包或中间包中结瘤冻结，导致浇注中断并恶化铸坯表面质量。钢水温度过高，会使铸坯柱状晶发达，促进中心偏析、疏松和裂纹等缺陷的发展。同时，会加剧钢水自身的二次氧化及对钢包包衬、水口耐火材料的熔损，从而污染钢水。此外，温度过高时，只能采用低速浇注，这将降低连铸机生产率。因此，连铸钢水具备合适的温度既是保证连铸生产正常的前提，又是获得良好铸坯质量的基础。所以，不论是从连铸顺行还是从铸坯质量来说，都必须把钢水浇注温度控制在一个较窄的适宜范围内。这就不仅要求各炉次间的钢水温度要相对稳定，而且要求同一钢水包中的钢水温度要相当均匀，在浇注过程中温度变化甚小。这是连铸在钢水温度控制上不同于模铸的一个特点，也是炼钢-连铸工艺的难点。

A　浇注温度的确定

浇注温度与铸坯表面和内部质量有密切关系，而能满足两者要求的温度区域比较窄，因此浇注温度与目标温度值之间不能相差太大，其波动范围最好控制在±5℃之间。但由于生产上变化因素很多，往往出现钢液温度偏低或偏高，所以必须设法在钢包和中间包内调节钢液温度。

连铸生产中浇注温度即中间包钢水温度，包括两部分 T_L 和 ΔT，即：

$$T_{浇注} = T_L + \Delta T \tag{13-17}$$

式中　$T_{浇注}$——合适浇注温度，℃；

T_L——液相线温度，℃；

ΔT——钢液的过热度，℃。

(1) 钢水液相线温度的确定。钢水的液相线温度是确定浇注温度的基础，它取决于钢水中所含元素的性质和含量。下式可在实际计算中引用：

$$T_{液} = 1536 - \{88w[\%C] + 8w[\%Si] + w[\%Mn] + 30w[\%P] + 25w[\%S] + 5.0w[\%Cu] + 4w[\%Ni] + 1.5w[\%Cr] + 2.0w[\%Mo] + 2.0w[\%V] + 7\} \tag{13-18}$$

(2) 钢液的过热度。钢液的过热度主要根据浇注的钢种、钢包和中间包的热状态、中间包的容量和形状、中间包内衬材质、铸坯断面钢水纯净度和铸坯内部质量等等诸因素综合考虑确定。

B　钢液在传递过程中的温度变化

钢水从出钢到浇注过程温度变化如图13-71所示。

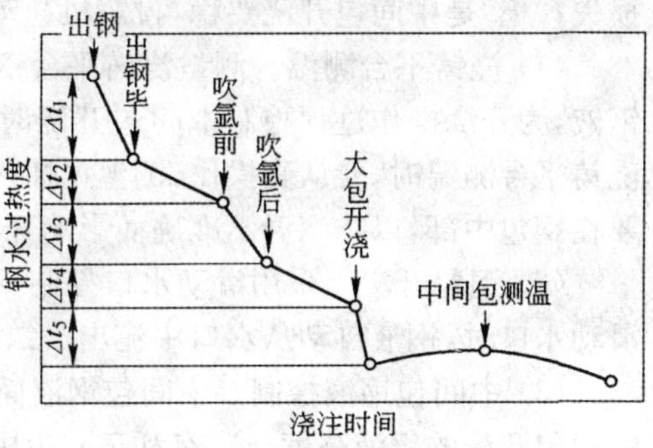

图13-71　钢水温度变化示意图

$$\Delta t_{过程} = \Delta t_1 + \Delta t_2 + \Delta t_3 + \Delta t_4 + \Delta t_5 \tag{13-19}$$

式中　Δt_1——钢水从炼钢炉流入钢包过程中的温降；

Δt_2——出钢后到处理前钢水在镇静和运输过程中的温降；

Δt_3——钢水在钢包处理或炉外精炼过程的温降；

Δt_4——钢水在处理后到开浇前的过程温降；

Δt_5——钢水从钢包注入中间包的温降。

13.4.1.2　钢液成分的控制

(1) 碳含量控制。碳是对组织性能影响最大的元素，尤其是需要在热处理状态下使用的钢，其影响更为突出。因此，钢水含碳量必须精确控制。多炉连浇时，各炉、包次之间钢水含[C]量的差别要求小于0.02%，同时碳对钢的热裂纹敏感性有重要影响，w[C]=0.10%～0.15%的碳素钢对热裂纹敏感性最大，为了减小钢的热裂纹敏感性，通常将钢水的含w[C]量避开0.10%～0.15%范围。

(2) 硅、锰含量控制。硅、锰含量既影响钢的机械性能，又影响钢水的可浇性。因此，首先要求把钢中的硅、锰含量控制在较窄的范围，以保证连浇炉次硅、锰含量的相对稳定；同时尽量提高w[Mn]/w[Si]比值，改善钢水的流动性。

(3) 硫、磷含量控制。硫对钢的热裂纹敏感性有突出影响。[S]含量在0.015%～0.035%范围内变化时，随硫含量的增加，钢的延伸率显著降低。而在相同硫含量下，随着 $w[Mn]/w[S]$的提高，钢的高温塑性明显改善。

磷在钢水结晶过程中偏析倾向大，从而使晶界脆化，使钢的热裂倾向增加。

(4) 其他元素含量控制。钛不锈钢中的钛和铝镇静钢中的铝，都易发生二次氧化而使钢水的可浇性变坏，并且恶化铸坯的内部和表面质量，连铸这类钢时必须对液面和注流严加保护。

钒、铌等元素可提高钢的强度和韧性，但它们会使钢的低温脆性区变宽，难以浇注。

铜和锡在铸坯冷却过程中，由于氧化铁皮的形成且在晶界处富集，从而形成表面热裂纹。以废钢为原料的电炉供应钢水时，必须对钢中的铜、锡含量加以限制，通常采用加入纯净废钢的稀释法、兑热铁水法或精选废钢法，控制钢水中的 $w[Cu]$在 0.2%以下，$w[Sn]$在 0.02%以下。

13.4.2　开浇操作

连铸机开浇操作是指钢液到达浇铸平台直至钢液注入结晶器，拉坯速度转入正常这一段时间内的操作。开浇操作是连铸操作中比较重要的操作，对于稳定连铸操作，提高生产率，减少事故的发生具有现实意义。

13.4.2.1　开浇操作要点

开浇操作要做到快和稳。所谓"快"是钢包，中间包就位要快，钢包开浇要快，减少钢液温度损失；"稳"是中间包开浇要稳，拉矫机起动要稳，防止开浇时结晶器拉漏。

(1) 浇铸平台测温。测量浇铸平台钢包内钢液温度是保证连铸机不浇铸"过高"和"过低"的钢液，为开浇操作过程控制中间包开浇时间、出苗时间等提供操作参数，为连铸拒浇提供依据。浇铸平台测温时，要认真操作，测温枪插入钢包内钢液的深度要保持在 300～400 mm，测温地方要在钢包中部，以防测温不准确而影响开浇操作的正常进行。

(2) 钢包开浇。采用滑动水口控制钢包注流时，其开浇有两种情况：一是自然引流，即打开滑动水口时，钢液自动从水口中流出。二是不能自然引流，采用人工引流，即用氧气将水口烧开。

(3) 中间包钢液控制。中间包钢液面控制是钢包开浇后，尽量使中间包钢液快速升高，达到中间包开浇的钢液高度。这有利于减少中间包钢液温度的损失，保证中间包顺利开浇。

对于不正常的情况，中间包钢液面高度控制有所不同。如浇铸平台测量钢液温度较低，钢包引流时间长和设备事故使钢液等待时间过长时，中间包钢液面较低就进行中间包开浇。

(4) 中间包开浇。中间包开浇是指打开中间包水口，使钢液注入结晶器这段过程的操作。中间包开浇的主要目的是使钢液平稳注入结晶器，保证出苗时间和拉坯顺利进行。在正常情况下，中间包开浇操作尽量做到平稳，即钢液平稳注入引锭头沟槽，在结晶器内根据出苗时间的长短慢慢上升。中间包开浇不能过猛。开浇过猛，钢液易冲动堵引锭头材料和冲熔引锭头，造成开浇拉漏和脱引锭困难；同时易造成结晶器挂钢和出苗时间不能保证。

在掌握中间包开浇平稳的基础上，对于采用滑动水口或塞棒控制中间包注流的，还要进行"试滑"或"试棒"操作，检查控制系统是否灵活，防止开浇后注流控制不好而影响操作。

对于不正常情况，要想保证开浇成功，其中间包水口的控制就更重要。对于钢液温度低或水口烘烤不良的情况，中间包开浇时，可将水口开得大些，增加水口处钢液的冲击力，防止钢液结冷钢，同时出苗时间可缩短，拉坯速度增快。如果钢液温度较高，中间包开浇时，水口要控制小些，增加出苗时间。

(5) 出苗时间的控制。出苗时间是指钢液注入结晶器到拉矫机开始拉坯这段时间。出苗时间是保证连铸在结晶器内凝固成足够厚度的坯壳所必需的时间。坯壳的凝固厚度与钢液温度、钢种、连铸坯断面等因素有关。当浇铸的连铸坯断面较大或浇铸的钢液温度较高时，采用出苗时间的上限控制；当浇铸的连铸坯断面较小或浇铸的钢液温度较低时，采用出苗时间的下限控制。出苗时间一般在 30～90 s 之间。

(6) 开浇过程的拉坯速度控制。连铸机的起步拉坯速度可采用预先选定某一拉速(0.1m/min)或不预先选定从零开始拉速两种方法。一般对于大断面采用不预先选速的操作方法较好。开浇拉坯速度的控制是：升速要平稳，过程要慢。

当温度不正常时，如钢液温度较低时，连铸机的起步拉速和升速过程都可相应提高，在保证不拉漏的前提下，尽量提高拉坯速度。

13.4.2.2 开浇过程操作

开浇过程如下：

(1) 各岗位最后检查各自的准备工作和各种仪表情况，确认准备工作做好了。

(2) 钢液到达浇铸平台后，浇钢工进行测温操作。当测温符合要求，指挥吊车将钢包稳定地放置在钢包回转台或其他支承设备上。

(3) 将准备好的中间包及中间包车开到浇注位置，对中落位。如采用冷中间包浇注时，立即将引流砂(或硅钙粉)放入中间包水口里。

(4) 利用钢包回转台或其他支承设备，使钢包处于浇注位置。

(5) 结晶器接通冷却水。

(6) 钢包开浇。如采用钢包注流保护浇注，当钢包开浇正常后，关闭钢包水口，迅速将预先准备好的保护管套入水口，确保保护管与钢包水口在一条中心线上，人工压住操纵杆(或采用机械手安装长水口)打开钢包水口，确认注流正常后，将平衡重锤挂上，立即接上吹氩管并打开吹氩阀门。

(7) 当中间包液面达到 1/2 高度时，向中间包加入覆盖渣，如采用钢包注流保护浇注时，钢液面淹没保护管下口就可加入覆盖渣，加入数量视具体情况而定，一般要求均匀覆盖中间包钢液面，厚度为 10～30 mm。

(8) 当中间包钢液面达到开浇要求后，打开塞棒或滑动水口，或拉开悬在中间包水口外面的石棉绳，中间包开浇。一旦中间包开浇，主控室操作工以 5 s 为单位向机长报出时间，以确认出苗时间；浇钢工用捞渣耙压住水口侧孔的钢流，严防结晶器挂钢，或接通结晶器润滑油。

(9) 当结晶器钢液面淹没浸入式水口侧孔时，迅速向结晶器内推入保护渣，其加入数量以完全覆盖钢液表面为原则。

(10) 当到了出苗时间，结晶器钢液面距上口 100 mm 时，启动拉矫机开始拉坯。注意结晶器是否振动，同时启动抽蒸汽风机，按从上到下顺序逐步打开各段的二次冷却水。一旦开始拉坯，主控室操作工以 10 s 为单位重新向机长报告时间，以便机长对开浇的拉坯速度进行控制。

(11) 拉坯后，引锭工要严密监视引锭杆的运行情况，发现异常及时处理。

13.4.3 正常浇注操作

正常浇注操作是指连铸机开浇、拉坯速度转入正常以后，到本浇次最后一炉钢包钢液浇完为止这段时间的操作。正常浇注操作的主要内容是拉坯速度的控制，冷却制度的控制，保护浇注及液面控制，脱锭操作和切割操作。

13.4.3.1 拉坯速度的控制

拉坯速度是正常浇注操作中的重要控制参数。中间包内钢液温度是控制和调节拉坯速度的关键。其大小直接影响到钢液的凝固速度及内部质量。显然，在连铸坯断面一定的情况下，提高拉速可以提高连铸机的生产能力。但是，拉速过高会造成结晶器出口处坯壳厚度不足，难以承受拉坯力和钢液的静压力，以致坯壳被拉裂甚至拉漏。因此，拉坯速度必须和中间包内钢液温度密切配合。提高拉速应以获得良好的坯结构和保证正常操作为前提，在这一前提下，尽可能提高拉速。当铸机工作稳定后的拉速，又称为工作拉速。稳定的拉速是实现顺利连浇和保证铸坯质量的重要前提。当铸坯的液相深度等于冶金长度的拉速，称为最大拉速。它是连铸机设备本身允许达到的最高拉速，是衡量设备最大生产能力的依据。最大拉速为工作拉速的 1.15～1.2 倍。

当采用多流浇注时，在浇注过程中，由于钢液注入位置的影响，中间包各流水口的流速有一定的差别，因而各流的拉坯速度不同，距钢液注入点较远的水口流速比距钢液注入点近的水口流速要小。在实际生产中，对距钢液流入点较远的水口，可适当加大水口孔径；而钢液注入点较近的水口，可适当缩小或维持正常水口孔径，以保持各流的拉坯速度相对均衡。

13.4.3.2 影响拉速的因素

影响拉速的因素有：钢种的影响，铸坯断面形状及尺寸的影响，拉速对铸坯质量的影响，结晶器导热能力的限制，注温及钢中硫磷含量的影响，以及拉坯力的限制。

除了上述因素外，其他如结晶器振动，保护渣性能，二冷强度，结晶器传热能力等对拉速也有一定的影响。因此，应根据情况和浇注工艺条件，选择既能发挥连铸机生产能力又能保证铸坯质量的合适的拉速。

13.4.3.3 拉速的调整和控制

研究表明，稳定的拉速是保证连铸坯质量和顺利进行连铸机操作的重要工艺条件。而拉速的控制首先是依据钢液的浇注温度、钢种、中间包容量等因素制定一合理拉速，然后通过控制中间包内钢液液面的高度来调节，这是因为液面过高，不易保持注流圆整，而且冲击力较大，造成钢流在结晶器中飞溅和冲击初生坯壳，影响凝固坯壳的均匀性；包内液面过低，注流不易稳定，如果液面低于临界高度时，在水口上方的液面上会出现漏斗形漩涡，从而将钢液面上覆盖的渣层卷入结晶器，严重影响铸坯的质量。因此，为了保证铸坯的质量和顺利地进行连铸操作，各工厂根据铸坯断面、钢种、中间包容量、注温等因素使中间包钢水高度（钢液量）保持稳定，以获得稳定的拉速。为此，现代连铸机都有自动控制中间包钢水面高度（钢液量）的装置，当浇注参数发生波动时，可自动控制钢包滑动水口或塞棒的开启程度，使中间包钢液量始终不变，为稳定拉速创造条件。

13.4.4 冷却制度的控制

在正常浇注过程中，冷却制度的控制包括两方面：结晶器冷却制度的控制和二次冷却段冷却制度的控制。前者决定结晶器中初生凝固坯壳的形成厚度和连铸坯的一些表面缺陷；后者决定连铸坯的内部组织和内部缺陷。

13.4.4.1 结晶器冷却制度

结晶器的作用是保证坯壳在结晶器出口处有足够的厚度，以承受钢液的静压力，防止拉漏，同时又要使坯壳在结晶器内冷却均匀，防止表面缺陷的发生。为了保证钢液在短时间内形成坚固外壳，要求结晶器有相应的冷却强度，这就要求结晶器有合适的冷却水量。冷却水量过小，将降低结晶器的冷却强度，影响拉坯速度的提高，且易使结晶器内壁温度升高，缩短结晶器使用寿命。反之，冷却水量过大会使坯壳过早收缩，从而使结晶器与坯壳间过早形成气隙，减少了铸坯向结晶器的传热，也将影响提高拉坯速度。

13.4.4.2 二冷区冷却制度

从结晶器出来的铸坯，其芯部仍是液体。为使铸坯在进入矫直点前或在切割前完全凝固，就必须在二冷区进一步对铸坯进行冷却。为使二冷系统能对铸坯表面温度进行均匀控制，应尽量使水雾均匀覆盖在铸坯表面。然而，由于二冷喷水的复杂性，铸坯表面温度的波动客观上是不可避免的。因此，良好的二冷系统控制是避免和减轻大的急剧温降的重要环节。

(1) 二次冷却强度。铸坯在凝固时，由于热应力产生的内部裂纹，随着冷却强度的减小和喷水区的延长而减少，即在二冷区采取弱冷制度冷却铸坯，使铸坯在二冷区保持高温运行，对减少中、高碳钢和合金钢的内部裂纹时尤为重要。二次冷却强度随着钢种、铸坯断面尺寸、铸机类型、拉坯速度等参数不同而变化，通常波动在 0.5～1.5 L/kg 之间。

(2) 二冷水量的计算。二次冷却耗水量可按下式计算：

$$Q=WG \tag{13-20}$$

式中 Q——二冷区水量，m^3/h；

W——二冷区冷却强度，m^3/t；

G——连铸机理论小时产量，t/h。

在二冷区内，沿铸坯方向随着距结晶器距离的增加，通过铸坯表面散失的热量逐渐减少，相应二冷段的喷水量也逐渐减少。二冷区冷却水的分配主要是根据钢种、铸坯断面、钢的高温状态的力学性能等并通过实践确定的。

(3) 二冷水量的分配方案。二冷水量的分配方案有：等表面温度变负荷给水；分段按比例递减给水（如图 13-72 所示）；等负荷（等传热系数）给水。

(4) 钢种的高温脆性曲线。二冷区的冷却还应根据钢种的高温脆性曲线来考虑，以保证铸坯质量。

从图 13-73 可以看出，曲线分为三个区域：

(1) 高温区。从液相线以下 50℃到 1300℃。在此区域内，钢的塑性和强度都很低，若钢中磷、硫量高时更加剧了钢的脆性。

(2) 中温区。在 1300～900℃范围内，钢的强度取决于晶界析出的硫化物，氧化物数量和形态；球状分布可明显提高其强度。

(3) 低温区。900～700℃的钢处于 $\gamma \rightarrow \alpha$ 相变温度区，钢的延性最低，即脆性“口袋区”。若有 AlN、Nb(CN)的质点沉淀于晶界处，如在此温度范围内矫直铸坯将大大降低钢的延展性，加

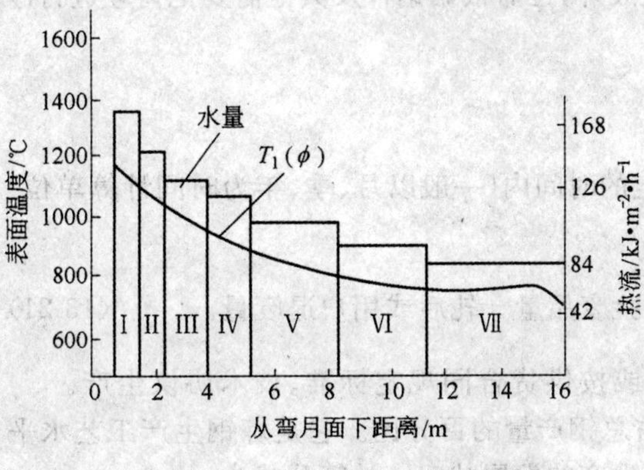

图 13-72 二冷区分段冷却示意图

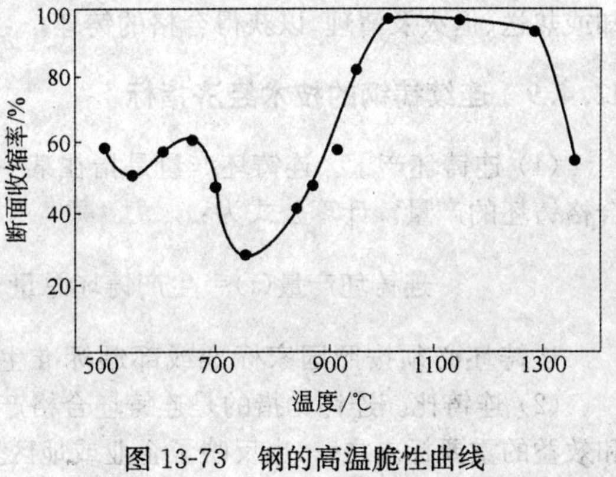

图 13-73 钢的高温脆性曲线

剧裂纹形成。如在此温度范围内矫直铸坯，极易产生裂纹。

每种钢都有一条相应的脆性曲线。只不过口袋区因钢种成分不同有的移动而已；因此无论碳素钢还是合金钢，铸坯的矫直温度都应避开脆性口袋区，选择延伸性最好的温度区域。

基于以上原因，二冷区的冷却制度分为“热行”与“冷行”：热行也称软冷却，在矫直前铸坯表面温度达到 900℃以上，其二冷水量一般为 0.5～1.0 L/kg；冷行又称硬冷却，铸坯维持在 700～650℃，避开了脆性口袋区，冷却水量高一些，一般在 2～2.5 L/kg。

13.4.5 保护浇注及液面控制

在正常浇注过程中，正确进行保护操作是防止钢液二次氧化，改善连铸坯质量的重要措施；正确地控制中间包液面和结晶器液面是稳定拉坯速度，保证连铸操作顺利进行的重要前提。

钢包到中间包注流的保护；中间包液面控制及保护；中间包到结晶器注流的保护；结晶器内液面控制及保护，如图 13-74 所示。

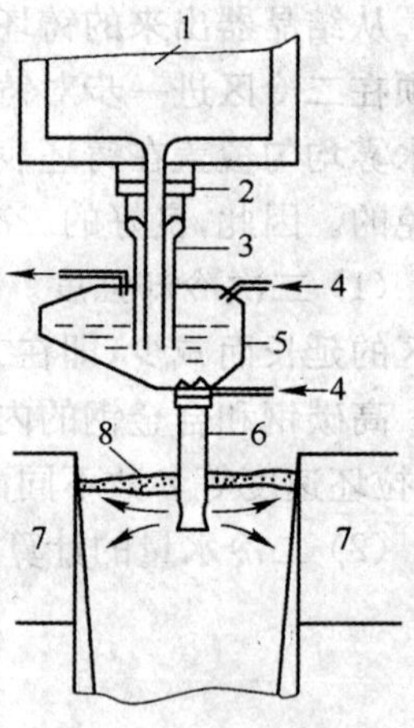

图 13-74 保护浇注示意图

1—钢包；2—滑动水口；3—长水口；4—氩气；5—中间包；6—浸入式水口；7—结晶器；8—保护渣

13.4.6 多炉连浇技术

多炉连浇技术包括同钢种连浇、异钢种连浇、不同断面连浇（即断面调宽技术）等。多炉连浇是提高连铸机的作业率，提高连铸坯产量及连铸比，降低金属损失的重要措施，使连铸机的优点得到了充分的发挥。

多炉连浇操作主要有：更换钢包的操作，快速更换中间包的操作，中间包定径水口快速更换技术，中间包长寿技术，快速更换浸入式水口技术及异钢种连浇的操作。

13.4.7 停浇操作

停浇操作是指钢包钢液浇完，中间包钢液浇完，连铸坯送出连铸机及浇铸完检查和清理的操作。停浇操作的主要内容是钢包浇完操作、降速操作、封顶操作、尾坯输出操作及浇注完的清理和检查。

13.4.8 连铸坯的精整

连铸坯生产中，除按要求将铸坯同步切割成定尺外，还需根据钢种及其他需要把铸坯进行冷却或热送、退火及清理，以获得合格的铸坯。

13.4.9 连续铸钢的技术经济指标

(1) 连铸坯产量。连铸坯产量是指在某一规定的时间内（一般以月、季、年为时间计算单位）合格铸坯的产量。计算公式为：

$$连铸坯产量(t)=生产铸坯总量-检验废品量-轧后或用户退废量。\quad (13\text{-}21)$$

连铸坯必须按照国家标准或部颁标准生产，或按供货合同规定标准、技术协议生产。

(2) 连铸比。连铸比指的是连铸坯合格产量占总钢产量的百分比。它是炼钢生产工艺水平和效益的重要标志之一，也反映了企业或地区连铸生产的发展状况。计算公式为：

$$连铸比(\%)=\frac{合格连铸坯产量}{总合格钢产量}\times 100\% \tag{13-22}$$

(3) 连铸坯合格率。连铸坯合格率指的是连铸合格坯量占连铸坯总检验量的百分比，又称为质量指标(一般以月、年为时间统计单位)。计算公式为：

$$连铸坯合格率(\%)=\frac{合格连铸坯产量}{连铸坯的总检验量}\times 100\% \tag{13-23}$$

(4) 连铸坯收得率。连铸坯收得率是指合格连铸坯产量占连铸浇注钢水总量的百分比，比较精确地反映了连铸生产的消耗及钢液的收得情况。计算公式为：

$$连铸坯收得率(\%)=\frac{合格连铸坯产量}{连铸浇注钢液总量}\times 100\% \tag{13-24}$$

(5) 连铸坯成材率。如果铸坯是两火成材时，可用分步成材率的相乘积作为全过程的成材率。

$$铸坯成材率(\%)=\frac{合格钢材产量}{连铸坯消耗总量}\times 100\% \tag{13-25}$$

(6) 连铸机作业率。连铸机作业率是指铸机实际作业时间占总日历时间的百分比(一般可按月、季、年统计计算)。它反映了连铸机的开动作业及生产能力。计算公式为：

$$连铸机作业率(\%)=\frac{连铸机实际作业时间}{日历时间}\times 100\% \tag{13-26}$$

(7) 连铸机达产率。连铸机达产率是指在某一时间段内(一般以年统计)，连铸机实际产量占该台连铸机设计产量的百分比。它反映了这台连铸机的设备发挥水平。计算公式为：

$$连铸机达产率(\%)=\frac{连铸机实际产量}{连铸机设计产量}\times 100\% \tag{13-27}$$

(8) 平均连浇炉数。平均连浇炉数是指浇注钢液的炉数与连铸机开浇次数之比。它反映了连铸机连续作业的能力。计算公式为：

$$平均连浇炉数(炉/次)=\frac{浇注钢液炉数}{连铸机开浇次数} \tag{13-28}$$

(9) 平均连浇时间。平均连浇时间是指连铸机实际作业时间与连铸机开浇次数之比。它同样反映了连铸机连续作业的状况。计算公式为：

$$平均连浇时间(h/次)=\frac{铸机实际作业时间(h)}{连铸机开浇次数} \tag{13-29}$$

(10) 铸机溢漏率。铸机溢漏率指的是在某一时间段内连铸机发生溢漏钢的流数占该段时间内该铸机浇注总流数的百分比。计算公式为：

$$铸机溢漏率(\%)=\frac{溢漏钢流数总和}{浇注总炉数\times 铸机拥有流数}\times 100\% \tag{13-30}$$

(11) 连铸浇成率。连铸浇成率是指浇注成功的炉数占浇注总炉数的百分比。计算公式为：

$$连铸浇成率(\%)=\frac{浇注成功的炉数}{浇注总炉数}\times 100\% \tag{13-31}$$

13.4.10　中间包冶金

传统的中间包在连铸过程中是个过渡容器，只起到均匀钢水成分、温度，降压，分流钢水及去除夹杂物的作用。随着对钢质量要求的日益提高，人们对钢的生产流程中钢水精炼的位置提出了新的看法，即把中间包作为钢包和结晶器之间的一个精炼反应器，以进一步提高铸坯质量。

当中间包作精炼容器时，可以完成以下几种冶金功能：

(1) 净化功能。为生产高纯净度的钢，在中间包采用挡渣墙、吹氩、陶瓷过滤器等措施，可大幅度降低钢中非金属夹杂物含量，且在生产上已取得了明显的效果。

(2) 调温功能。为使浇注过程中中间包前、中、后期钢液温差小于5℃，接近液相线温度浇注，扩大铸坯等轴晶区，减少中心偏析，可采取向中间包加小块废钢、喷吹铁粉等措施以调节钢液温度。

(3) 成分微调。由中间包塞杆中心孔向结晶器喂入铝、钡、硼等包芯线。实现钢中合金成分的微调，既提高了易氧化元素的收得率，又可避免水口堵塞。

(4) 精炼功能。在中间包钢液表面加入双层渣吸收钢中上浮的夹杂物，或者在中间包喂钙线改变 Al_2O_3 夹杂形态，防止水口堵塞。

(5) 加热功能。在中间包采用感应加热和等离子加热等措施，准确控制钢液浇注温度。

实现上述功能，就能进一步净化进入结晶器的钢液纯净度，为此把中间包当作一个连续精炼反应器，它已成为炼钢生产工艺流程中一个独立的冶金反应器，这在生产上已取得了显著效果。

13.4.11　保护渣

现代连铸生产中，普遍采用保护渣配合浸入式水口工艺。实践证明，这一工艺是保证铸坯质量和操作正常的重要条件之一。20世纪70年代初我国把该工艺成功地用于板坯连铸，解决了板坯纵裂问题，随后逐步得到推广应用。近几年又相继建立了保护渣系列，并研制了一些连铸特殊钢的保护渣，为我国进一步发展连铸创造了必要的条件。

保护渣有以下功能

(1) 绝热保温；

(2) 隔绝空气、防止钢液二次氧化；

(3) 净化钢渣界面、吸附钢液中夹杂物；

(4) 润滑坯壳并改善凝固传热。

在连铸过程中，加入结晶器的保护渣，要完成上述四个方面的功能，必须要求保护渣有规定的熔化模式，也就是要求在钢液面上形成粉渣层→结层→渣层三层结构，如图13-75所示。

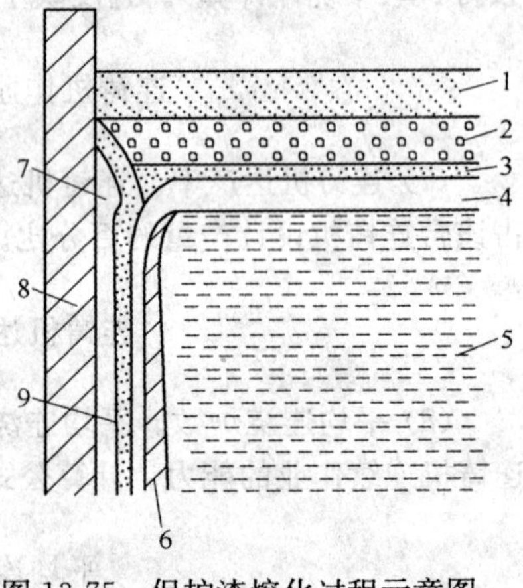

图13-75　保护渣熔化过程示意图

1—粉渣层；2—烧结层；3—半熔化层；4—液态渣层；5—钢液；6—凝固坯壳；7—渣圈；8—结晶器；9—渣膜

13.5　连铸坯质量

连铸坯的质量决定着最终产品的质量。从以下四个方面评价连铸坯质量：

(1)连铸坯的纯净度；

(2)连铸坯的表面质量；

(3)连铸坯的内部质量；

(4)连铸坯的外观性质。

13.5.1 连铸坯的纯净度

与模铸相比，连铸的工序环节多，浇铸时间长，因而夹杂物的来源范围广，组成也较为复杂；夹杂物从结晶器液相穴内上浮比较困难。夹杂物的存在破坏了钢基体的连续性和致密性。大于50 μm的大型夹杂物往往伴有裂纹出现，造成连铸坯低倍结构不合格，板材分层，并损坏冷轧钢板的表面等，对钢危害很大。夹杂物的大小、形态和分布对钢质量的影响也不同，如果夹杂物细小，呈球形，弥散分布，对钢质量的影响比集中存在要小些；当夹杂物大，呈偶然性分布，数量虽少对钢质量的危害也较大。

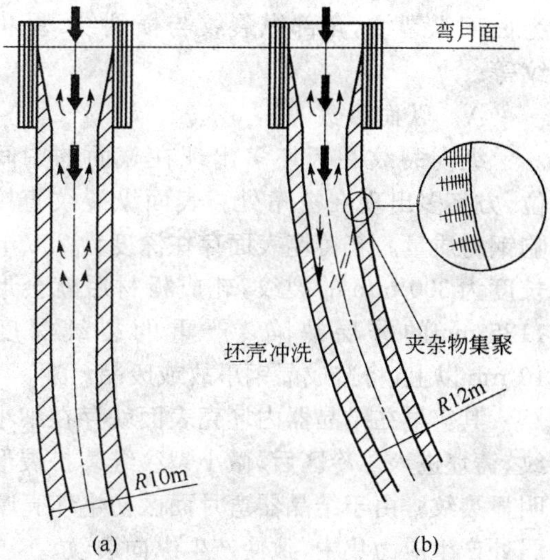

图 13-76 液相穴内夹杂物上浮示意图
(a) 带垂直段立式连铸机；(b) 弧形连铸机

连铸机的机型对铸坯内夹杂物的数量和分布有着重要影响。不同的连铸机机型，其铸坯内夹杂物的分布有很大差别；就弧形结晶器而言，铸流对坯壳的冲击是不对称的，上浮的夹杂物容易被内弧侧液固界面所捕捉，因而在连铸坯内弧侧距表面约 10 mm 处就形成了 Al_2O_3 夹杂物的聚集，大型夹杂物也多集中于连铸坯内弧内侧厚度的 1/5～1/4 的部位，如图 13-76 所示。由此可见弧形结晶器的铸坯夹杂物分布很不均匀，偏析于内弧侧；倘若是直结晶器，铸流冲击是对称的，液相穴夹杂物的上浮比较容易，同时夹杂物分布也比较均匀。

铸坯夹杂物聚集机理表明，液相穴内有利于夹杂物上浮的有效垂直长度应不小于 2 m，因而要消除弧形连铸坯内夹杂物的聚集，最好建设带有 2～3 m 垂直长度的弧形连铸机。

连铸机的机型不同，连铸坯内夹杂物的数量也有明显的差异。如按大样电解后大型夹杂物的数量排列，按立式铸机、立弯式铸机、弧型铸机顺序逐渐增多。

提高钢的纯净度就应在钢液进入结晶器之前，从各工序着手尽量减少对钢液的污染，并最大限度促使夹杂物从钢液中排除。为此应采取以下措施：

(1) 无渣出钢；

(2) 根据钢种的需要选择合适的精炼处理方式，以纯净钢液，改善夹杂物的形态；

(3) 采用无氧化浇铸技术；

(4) 充分发挥中间包冶金净化器的作用；

(5) 连铸系统选用耐火度高，熔损小，高质量的耐火材料，以减少钢中外来夹杂物；

(6) 充分发挥结晶器的钢液净化器和铸坯质量控制器的作用；

(7) 采用电磁技术，控制铸流的运动。

13.5.2 连铸坯表面质量

连铸坯表面质量的好坏决定了铸坯在热加工之前是否需要精整，也是影响金属收得率和成本的重要因素，还是铸坯热送和直接轧制的前提条件。

连铸坯表面缺陷形成的原因较为复杂，但总体来讲，主要是受结晶器内钢液凝固所控制。连铸坯表面缺陷如图 13-77 所示。

13.5.2.1　表面裂纹

表面裂纹就其出现的方向和部位，可分为面部纵裂纹，角部纵裂纹与横裂纹，星状裂纹等。

A　纵向裂纹

纵向裂纹在板坯多出现在宽面的中间部位，方坯多出现在棱角处。表面纵裂纹直接影响钢材质量。若铸坯表面存在深度为2.5 mm，长度为300 mm的裂纹，轧成板材后就会形成1125 mm的分层缺陷。严重的裂纹深度达10 mm以上，将造成漏钢事故或废品。

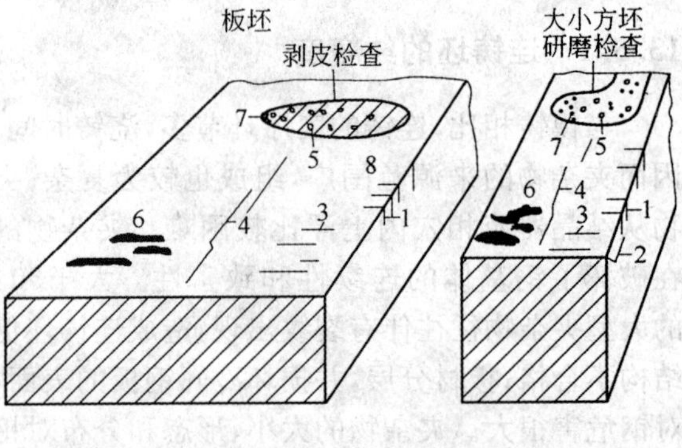

图 13-77　连铸坯表面缺陷示意图

1—角部横裂纹；2—角部纵裂纹；3—表面横向裂纹；4—宽面纵裂纹；5—星状裂纹；6—振动痕迹；7—气孔；8—大型夹杂物

其实早在结晶器内坯壳表面就存在细小裂纹，铸坯进入二冷区后，微小裂纹继续扩展形成明显裂纹。由于结晶器弯月面区初生坯壳厚度不均匀，其承受的应力超过了坯壳高温强度，在薄弱处产生应力集中，致使产生纵向裂纹。

坯壳厚度不均匀还会使小方坯发生菱变，圆坯表面产生凹陷，这些均是形成纵裂纹的决定因素。影响坯壳生长不均匀的原因很多，但关键仍然是弯月面初生坯壳生长的均匀性，为此应采用以下措施：

(1) 结晶器采用合理的倒锥度。坯壳表面与器壁接触良好，冷却均匀，可以避免产生裂纹和发生拉漏；

(2) 选用性能良好的保护渣。在保护渣的特性中黏度对铸坯表面裂纹影响最大，高黏度保护渣使纵裂纹增加；

(3) 浸入式水口的出口倾角和插入深度要合适，安装要对中，以减轻铸流对凝固坯壳的冲刷，使其生长均匀，可防止纵裂纹的产生；

(4) 根据所浇钢种确定合理的浇铸温度及拉坯速度；

(5) 保持结晶器液面稳定，结晶器液面波动区间应控制在±5 mm以内；

(6) 钢的化学成分应控制在合适的范围。钢中含碳量对板坯纵裂纹影响，含 $w[C]$ 量在0.10%左右时，由于凝固处于包晶区，此时温度在固相线以下20～50℃时，钢的线收缩最大，出现纵裂纹最为严重。当钢中 $w[C]>0.20\%$ 时，产生纵裂纹的几率很小。铸坯厚度不同，拉速不同，出现裂纹的严重程度也不相同。钢中 $w[P]>0.015\%$，$w[S]>0.015\%$ 时，钢的强度与塑性降低较多，容易产生纵裂纹；

(7) 采用热顶结晶器。即在弯月面区75 mm铜板内，镶入导热性差的材料，如不锈钢等，使结晶器此处的热流密度减少50%～70%，延缓坯壳的收缩，减轻铸坯表面的凹陷，从而减少了裂纹发生几率。

B　角部纵裂纹

角部纵裂纹常常发生在铸坯角部10～15 mm处，有的发生在棱角上，板坯的宽面与窄面交界棱角附近部位，由于角部是二维传热，因而结晶器角部钢水凝固速度较其他部位要快，初生坯壳收缩较早，形成了角部不均匀气隙，热阻增加，影响坯壳生长，其薄弱处承受不住应力作用而形成角部纵裂纹。角部纵裂纹产生关键在结晶器。通过试验指出，倘若将结晶器窄面铜板内壁纵向加工成凹面，呈弧线状，这样在结晶器1/2高度上，角部坯壳被强制与结晶器壁接触，由此热流增加了70%，坯壳生长均匀，因而避免了铸坯凹陷和角部纵裂纹。

另外，还发现当板坯宽面出现鼓肚变形时，若铸坯窄面能随之呈微凹时，则无角部纵裂纹发生，这可能是由于窄面的凹下缓解了宽面突起时对角部的拉应力。

小方坯的菱变会引起角部纵裂纹。为此结晶器水缝内冷却水流分布要均匀，保持结晶器内腔的正规形状，正确尺寸，合理倒锥度和圆角半径及规范的操作工艺，可以避免角部裂纹的发生。

C 横向裂纹

多出现铸坯的内弧侧振痕波谷处，通常是隐蔽看不见的。经金相检查指出，裂纹深7 mm，宽0.2 mm，处于铁素体网状区，也正好是初生奥氏体晶界。晶界处还有AlN或Nb(CN)的质点沉淀，因而降低了晶界的结合力，诱发了横裂纹的产生。铸坯矫直时，内弧侧受拉应力作用，由于振痕缺陷效应而产生应力集中，如果正值700～900℃脆化温度区，促成了振痕波谷处横裂纹的生成。当铸坯表面有星状龟裂纹时，由于受矫直应力的作用，以这些细小的裂纹为缺口扩展成横裂纹。浇铸高碳钢和高磷硫钢时，若结晶器润滑不好，摩擦力稍有增加也会导致坯壳产生横裂纹。减少横裂纹的措施如下：

(1) 结晶器采用高频率，小振幅振动。振动频率在200～400次/min，振幅2～4 mm，是减少振痕深度的有效方法；

(2) 二冷区采用平稳的热冷却，矫直时铸坯的表面温度要高于质点沉淀温度或高于$\gamma \rightarrow \alpha$转变温度，避开低延性区；

(3) 降低钢中$w[S]$、$w[O]$、$w[N]$的含量，或加入Ti、Zr、Ca等元素，抑制C-N化物和硫化物在晶界的析出；

(4) 选用性能良好的保护渣；

(5) 保持结晶器液面的稳定。

D 星状裂纹

星状裂纹是一般发生在晶间的细小裂纹，呈星状或呈网状。通常是隐藏在氧化铁皮之下难于发现，经酸洗或喷丸后才出现在铸坯表面。主要是由于铜向铸坯表面层晶界的渗透，或者有AlN，BN或硫化物在晶界沉淀，这都降低了晶界的强度，引起晶界的脆化，从而导致裂纹的形成。减少铸坯表面星状裂纹的措施如下：

(1) 结晶器铜板表面应镀铬或镀镍，减少铜的渗透；

(2) 精选原料，降低Cu、Sn等元素的原始含量，以控制钢中残余成分$w[Cu]<0.20\%$；

(3) 降低钢中含硫量，并控制$w[Mn]/w[S]>40$，有可能消除星状裂纹；

(4) 控制钢中[Al]、[N]的含量；

(5) 选择合适的二次冷却制度。

13.5.2.2 表面夹渣

表面夹渣是指在铸坯表皮下2～10 mm镶嵌有大块的渣子，因而也称为皮下夹渣。就其夹渣的组成来看，锰-硅盐系夹杂物的外观颗粒大而浅，Al_2O_3系夹杂物细小而深。若不清除，会造成成品表面缺陷，增加制品的废品率。夹渣的导热性低于钢，致使夹渣处坯壳生长缓慢，凝固壳薄弱，往往是拉漏的起因，一般渣子的熔点高易形成表面夹渣。

敞开浇铸时，由于二次氧化，结晶器表面有浮渣。浮渣的熔点和流动性以及钢液的浸润性均与浮渣的组成有直接关系。对硅铝镇静钢，浮渣的组成与钢中的$w[Mn]/w[Si]$有关。当$w[Mn]/w[Si]$低时，形成浮渣的熔点高，容易在弯月面处冷凝结壳，产生夹渣的几率较高。因此，钢中的$w[Mn]/w[Si]$以大于3为宜。对用铝脱氧的钢，铝线喂入数量也影响夹渣的性质，当钢液加铝量大于200 g/t时，浮渣中Al_2O_3增多，熔点升高，致使铸坯表面夹渣猛增。所以

$w[C]=0.15\%\sim0.30\%$的低锰钢，加铝量控制在70～120 g/t；$w[C]<0.20\%$时，最佳加铝量为50～100 g/t。

此外，可以加入能够软化和吸收浮渣的材料，改善浮渣的流动性，以减少铸坯的表面夹渣。

用保护渣浇铸时，产生夹渣的根本原因是由于结晶器液面不稳定所致。因此水口出孔的形状，尺寸的变化，插入深度，吹气量的多少，塞棒失控以及拉速突然变化等均会引起结晶器液面的波动，严重时导致夹渣。结晶器液面波动对卷渣的影响为：

液面波动区间±20 mm时，皮下夹渣深度<2 mm；液面波动区间±40 mm时，皮下夹渣深度<4 mm；液面波动区间>40 mm时，皮下夹渣深度<7 mm。

皮下夹渣深度小于2 mm，铸坯在加热过程中可以消除；皮下夹杂深度在2～5 mm是，热加工前铸坯必须进行表面精整。为消除铸坯表面夹渣，应采取的措施为：

(1) 控制结晶器表面波动，使其小于±5 mm；

(2) 浸入式水口插入深度应控制在最佳位置；

(3) 浸入式水口出孔的倾角要选择得当，以出口流股不致搅动弯月面渣层为原则；

(4) 控制中间包塞棒的吹氩气量，防止气泡上浮时，对钢渣界面强烈搅动和翻动；

(5) 选用性能良好的保护渣，且(Al_2O_3)原始含量小于10%，并控制一定厚度的液渣层。

13.5.2.3 皮下气泡与气孔

在铸坯表皮以下，直径约1 mm，长度在10 mm左右，沿柱状晶生长方向分布的气泡，这些气泡若裸露于铸坯表面称其为表面气泡；小而密集的小孔叫皮下气孔，也叫皮下针孔；在加热炉内铸坯皮下气泡表面氧化，轧制过程不能焊合，产品形成裂纹；若埋藏较深的气泡，也会使轧后产品形成细小裂纹；钢液中氧、氢含量高也是形成气泡的原因。为此要采取以下措施：

(1) 强化脱氧，如钢中溶解$w[Al]>0.008\%$，可以消除CO气泡的生成；

(2) 凡是入炉的一切材料，与钢液直接接触所有耐火材料，如钢包、中间包衬及保护渣和覆盖剂等必须干燥，以减少氢的来源；

(3) 采用全程保护浇铸；

(4) 选用合适的精炼方式降低钢中含气量；

(5) 控制中间包塞棒的吹入Ar气量。

13.5.3 连铸坯内部质量

铸坯的内部质量是指铸坯是否具有正确的凝固结构、偏析程度、内部裂纹、夹杂物含量及分布状况等。凝固结构是铸坯的低倍组织，即钢液凝固过程中形成的等轴晶和柱状晶的比例。铸坯的内部质量与二冷区的冷却及支撑系统是密切相关的。铸坯的内部缺陷如图13-78所示。

13.5.3.1 中心偏析

钢液在凝固过程中，由于溶质元素在固液相中的再分配形成了铸坯化学成分的不均匀性，中心部位碳、磷、硫的含量明显高于其他部位，这就是中心偏析。中心偏析往往与中心疏松和缩孔相伴而存在的，从而恶化了钢的力学性能，降低了钢的韧性和耐蚀性，严重影响产品质量。

中心偏析是由于铸坯凝固末期，尚未凝固富集偏析元素的钢流流动所造成的。铸坯的柱状晶比较发达，凝固过程常有“搭桥”发生。方坯的凝固末端液相穴窄尖，“搭桥”后钢液补缩受阻，

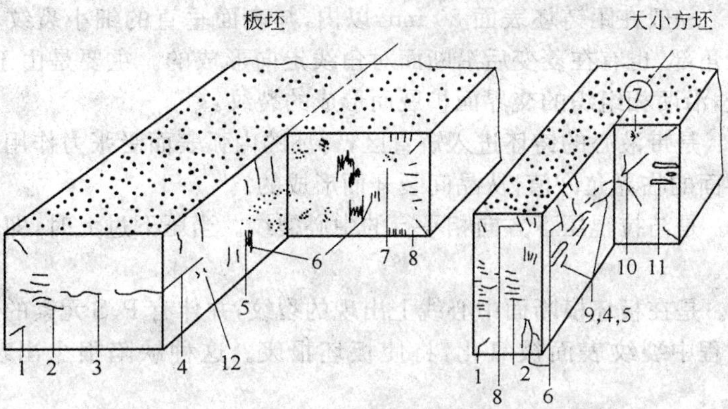

图 13-78 连铸坯的内部缺陷示意图

1—内部角裂；2—侧面中间裂纹；3—中心线裂纹；4—中心线偏析；5—疏松；6—中间裂纹；7—非金属夹杂物；8—皮下鬼线；9—缩孔；10—中心星状裂纹对角线裂纹；11—针孔；12—半宏观偏析

形成“小钢锭”结构。因而周期性、间断地出现了缩孔与偏析。相比之下，板坯的凝固末端液相穴宽平，尽管有柱状晶“搭桥”，钢液仍能进行补充。但当板坯发生鼓肚变形时，也会引起液相穴内富集溶质元素的钢液流动，从而形成中心偏析。

为减小铸坯的中心偏析，可采取以下措施：

(1) 降低钢中易偏析元素的含量。应采用炉外处理技术，将[S]含量降到 0.01%以下；

(2) 采用低过热度的浇注，减小柱状晶带的宽度，从而达到控制铸坯的凝固结构；

(3) 采用电磁搅拌技术，消除柱状晶“搭桥”，增大中心等轴晶区宽度；

(4) 防止铸坯发生鼓肚变形，二冷区夹辊要严格对弧，宽板坯的夹辊最好采用多节辊；

(5) 在铸坯的凝固末端采用轻压下技术，来补偿铸坯最后凝固的收缩，从而抑制残余钢水的流动，减轻或消除中心偏析；

(6) 在铸坯的凝固末端设置强制冷却区。可以防止鼓肚，增加中心等轴晶区，中心偏析大为减轻，其效果不亚于轻压下技术。

13.5.3.2 中心疏松

在铸坯的断面上分布有细微的孔隙，这些孔隙称为疏松。分散分布于整个断面的孔隙称为一般疏松；在树枝晶间的小孔隙称为枝晶疏松；铸坯中心线部位的疏松称之为中心疏松。一般疏松和枝晶疏松在轧制过程中均能焊合，唯有中心疏松伴有明显的偏析，轧制后完全不能焊合。中心疏松和中心偏析严重时，还会导致中心线裂纹。中心疏松还影响着铸坯的致密度。

根据钢种的需要控制合适的过热度和拉坯速度；二冷区采用弱冷却制度和电磁搅拌技术，可以促进柱状晶向等轴晶转化，是减少中心疏松和改善铸坯致密度和有效措施，从而提高铸坯质量。

13.5.3.3 内部裂纹

铸坯从皮下到中心出现的裂纹都是内部裂纹，由于是在凝固过程中产生的裂纹，也叫凝固裂纹。从结晶器下口拉出带液心的铸坯，在弯曲、矫直和夹辊的压力作用下，于凝固前沿薄弱的固液界面上沿一次树枝晶或等轴晶界裂开，富集溶质元素的母液流入缝隙中，因此这种裂纹往往伴有偏析线，也称其为“偏析条纹”。在热加工过程中“偏析条纹”是不能消除，在最终产品上必然留下条状缺陷，影响钢的力学性能，尤其是对横向性能危害最大。

(1) 皮下裂纹。一般在距铸坯表面 20 mm 以内,与表面垂直的细小裂纹,都称其为皮下裂纹。裂纹大都靠近角部,也有在菱变后沿断面对角线走向形成的。主要是由于铸坯表面层温度反复变化导致相变,沿两相组织的交界面扩展而形成的裂纹。

(2) 矫直裂纹。是带液心的铸坯进入矫直区,铸坯的内弧表面受张力作用,矫直变形率超过了凝固前沿固液界面的临界允许值,从晶间裂开而形成的。

(3) 压下裂纹。是与拉辊压下方向相平行的中心裂纹。当压下过大时,即使铸坯完全凝固,也有可能形成裂纹。

(4) 中心裂纹。是在板坯横断面中心线上出现的裂纹,并伴有 P、S 元素的正偏析,也称其断面裂纹。有加热过程中裂纹表面被氧化,将使板坯报废。这种缺陷很少出现,一旦出现危害极大。

(5) 中心星状裂纹。是在方坯断面中心出现呈放射状的裂纹。其形成原因主要由于凝固末期液相穴内残余钢液凝固收缩,而周围的固体阻碍其收缩产生拉应力,中心钢液凝固又放出潜热而加热周围的固体而使其膨胀,在两者综合作用下,使中心区受到破坏而导致放射性裂纹。

为减少铸坯内部裂纹应采取以下措施:对板坯连铸机可采用压缩浇铸技术,或者应用多点矫直技术、连续技术均能避免铸坯内部裂纹的发生;二冷区夹辊辊距要合适,要准确对弧支撑辊间隙误差要符合技术要求;二冷区冷却水分配要适当,保持铸坯表面温度均匀;拉辊的压下量要合适,最好用液压控制机构。

13.5.4　连铸坯形状缺陷

13.5.4.1　鼓肚变形

带液心的铸坯在运行过程中,于两支撑辊之间,高温坯壳中钢液静压力作用下,发生鼓胀成凸面的现象,称之为鼓肚变形,如图 13-79 所示。板坯宽面中心凸起的厚度与边缘厚度之差称之为鼓肚量,是用以衡量铸坯鼓肚变形程度。高碳钢在浇铸大、小方坯时,在结晶器下口侧面有时会产生鼓肚变形,同时还可能引起角部附近的皮下晶间裂纹。

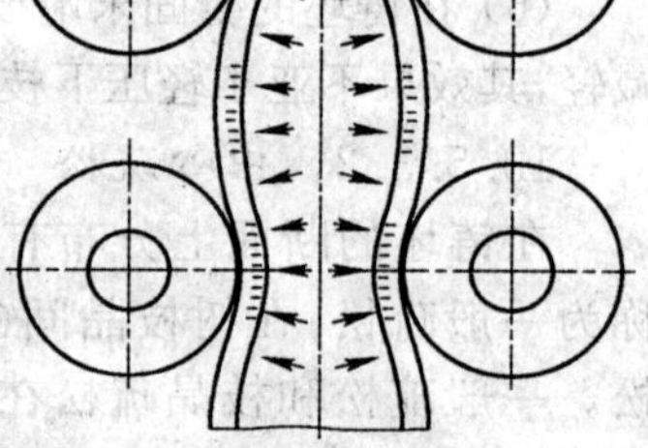

图 13-79　连铸坯鼓肚示意图

板坯鼓肚会引起液相穴内富集溶质元素钢液的流动,从而加重铸坯的中心偏析,也有可能形成内部裂纹,给铸坯质量带来危害。

鼓肚量的大小与钢液静压力、夹辊间距、冷却强度等因素有密切关系。鼓肚量随辊间距的 4 次方而增加,随坯壳厚度的 3 次方而减小。减少鼓肚应采取以下措施:

(1) 降低连铸机的高度,减小了钢液对坯壳的静压力;

(2) 二冷区采用小辊距密排列,铸机从上到下辊距应由密到疏布置;

(3) 支撑辊要严格对中;

(4) 加大二冷区冷却强度,以增加坯壳厚度和坯壳的高温强度;

(5) 防止支撑辊的变形,板坯的支撑辊最好选用多节辊。

13.5.4.2　菱形变形

菱形变形也叫脱方,是大、小方坯的缺陷。菱形变形是指铸坯的一对角小于 90°,另一对角大于 90°。两对角线长度之差称为脱方量。用(脱方量/对角线平均长度)×100%来衡量菱形变形程度。铸坯的菱形变形程度应控制在3%以下。

铸坯发生菱形变形主要是由于结晶器四壁冷却不均匀，因而形成的坯壳厚度不均匀，引起收缩的不均匀，这一系列的不均匀导致了铸坯的菱形变形。在结晶器内由于四壁的限制铸坯仍然能保持方坯；可一旦出了结晶器，如果二次冷却仍然不够均匀，支撑不充分，那么铸坯的菱变会进一步地发展；即使是二冷能够均匀冷却，由于坯壳厚度的不均匀造成的温度不一致，坯壳的收缩仍然是不均匀的，菱形变形也会有发展。

引起结晶器冷却不均匀的因素较多，如冷却水质的好坏、流速的大小、进出水温度差、结晶器的几何形状和锥度都要影响结晶器冷却的均匀性。控制这些因素是控制菱形变形的关键。

13.5.4.3 圆铸坯变形

圆铸坯变形是指圆坯变形成椭圆形或不规则多边形。圆坯直径越大，变成椭圆的倾向越严重。形成椭圆变形的原因有：

(1) 圆形结晶器内腔变形；

(2) 二冷区冷却不均匀；

(3) 连铸机下部对弧不准；

(4) 拉矫辊的夹紧力调整不当，过分压下。

针对以上形成的原因可采取相应措施：及时更换变形的结晶器；连铸机要严格对弧；二冷区均匀冷却；也可适当降低拉速，以增加坯壳强度，避免变形。

13.6 薄板坯连铸连轧技术

薄板坯连铸连轧(Thin Slab Casting and Rolling，TSCR)是20世纪80年代末开发成功的生产热轧板卷的一种全新的短流程工艺，是继氧气转炉炼钢、连铸之后钢铁工业最重要的革命性技术之一。世界各国都给予关注，并先后投入了大量的人力、物力进行研究、开发、推广。目前世界各地已有50多流薄板坯连铸机投入使用和在建，形成5000万t/年的生产能力。我国已投产和在建的CSP生产线有6条(珠钢、邯钢、包钢、马钢、涟钢、酒钢)，FTSR生产线有3条(唐钢、本钢、通钢)，ASP生产线有3条(鞍钢2条、济钢1条)，生产能力已跃居世界第一。

13.6.1 薄板坯连铸工艺的优点

目前应用于工业生产的薄板坯连铸工艺作为近终形浇铸，它与传统板坯连铸相比，具有下述特点：板坯厚度小；拉坯速度大；凝固速度快；出坯温度高；冶金长度短；比表面积大。

与传统热轧带钢生产相比具有非常大的优越性：

大大缩短了生产线长度，减少了总图面积；大大缩短了生产周期；减少了设备，节约了能耗；产品成本降低，经济效益提高。

13.6.2 薄板坯连铸连轧的关键技术

薄板坯连铸连轧的关键技术主要包括结晶器、铸坯带液心或固芯压下、高压水除鳞、中间缓冲炉(均热炉又称辊底炉)、板型自动控制(如CVC、PFC/CFC等)、卷取等硬件技术和连铸连轧的衔接等软件技术以及相关的钢水精炼技术。

(1) 结晶器技术。结晶器技术包括浸入式水口、结晶器内腔的结构、结晶器电磁制动及结晶器液压振动等。目前浸入式水口已开发应用到了第四代技术。如CSP的结晶器为漏斗型，ISP的为直弧型，达涅利公司为透镜型，奥钢联的为平行板直式结晶器等，如图13-80所示。

（2）铸坯带液心或固芯压下。铸坯带液心或固芯压下包括在结晶器出口处的带液心压下和在二冷段末端的固芯压下装置。

（3）中间缓冲炉技术。中间缓冲炉是连接连铸和连轧的中间缓冲环节。

（4）板型及平直度控制系统。板型及平直度控制系统采用了著名的CVC工艺，通过板型及平直度控制能够确定成品板厚而不用过多考虑各道次压下量如何分配。

（5）板带卷取技术。板带卷取可采用卷取箱技术和采用有轴心或无心卷取技术。

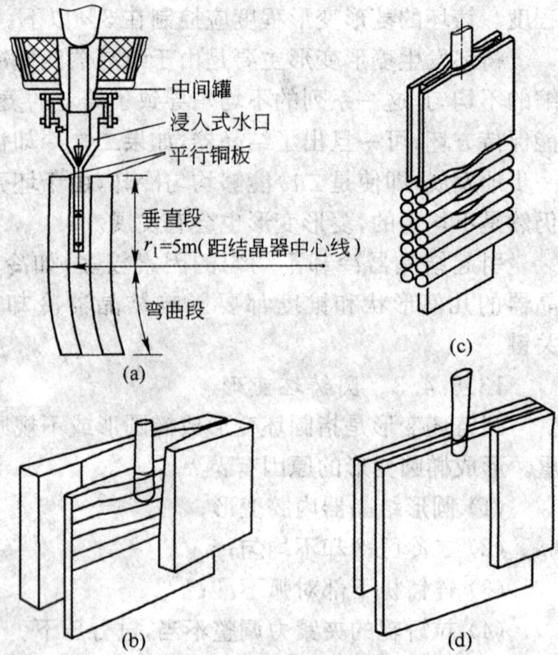

图13-80　四种类型的薄板坯连铸结晶器
(a) 立弯式结晶器(第一代)，德马克公司ISP工艺；
(b) 漏斗形结晶器，西马克公司CSP工艺；
(c) 凸透镜形结晶器；达涅利公司FTSRQ工艺；
(d) 平板形结晶器，奥钢联CONROLL工艺

13.6.3　典型的薄板坯连铸连轧工艺设备技术

典型的薄板坯连铸连轧技术主要有德国西马克的CSP技术、德马克的ISP技术、意大利达涅利的FTSR技术、奥地利奥钢联的CONROLL技术、日本住友金属的QSP技术、美国蒂平斯的TSP技术及德国西马克公司、蒂森公司和法国尤西诺尔·沙西洛尔公司共同开发的CPR技术等。各种薄板坯连铸连轧技术各具特色，同时又相互影响，互相渗透，并在不断地发展和完善。如表13-1所示。

表13-1　不同薄板坯连铸工艺技术

基本特征	CSP	ISP	FTSR	CONROLL	QSP
坯厚/mm	40～70	60～90	50～90	70～80	70～100
机型	立弯式	直—弧	直—弧	直—弧	直—弧
结晶器	漏斗结晶器 上口170 mm 长1100 mm 漏斗700 mm	平板式直结晶器全弧—直弧—小漏斗	H^2结晶器 上口180 mm 长1200 mm 全长漏斗	平板式直结晶器长900 mm	平板式直结晶器(多锥度) 长950 mm
铸坯支撑	结晶器下采用格栅，2～4个垂直扇形段进入弧形弯曲段	多点弯曲矫直密排分节辊扇形段，无拉矫机，大压下轧机	结晶器下7～8对带凸度密排分节辊，多点弯曲矫直扇形段密排分布辊	渐进弯曲矫直密排分节辊扇形段	多点弯曲矫直密排分节辊扇形段
冷　却	水冷，气—水	气—水	气—水	气—水	气—水
弧形半径/m	3～3.5	5～6	5	5	3.5
冶金长度/m	6～9.7	11～15.1	15	5	11.2～15.7
是否液芯压下	未采用—采用	采用	动态软压下	无	采用—未采用
拉坯速度 /m·min^{-1}	4～6 最大6	3.5～5 最大5.5～6	3.5～5.5 最大5.5～6	3～3.5	3.5～5 最大5～5.5

13.6.4 我国的薄板坯连铸连轧技术

我国自行开发的薄板坯连铸机早在 20 世纪 60 年代中期。"七五"期间，薄板坯连铸列为我国重点攻关项目，在原冶金部组织领导下，由北京钢铁研究总院和北京冶金自动化研究院出技术，兰州钢铁厂出资、出场地，新建了 1 条立弯式漏斗形（CSP 型）薄板坯连铸试验机，配备 1 台5 t电炉，于 1990 年 10 月热负荷试拉成功，最大拉速达到 4.5 m/min，铸出了 50 mm×900 mm×6000 mm 薄板坯。在此基础上，又进一步改进设备，提高检测和自动化水平，建起了半工业试验机，原 5 t 电炉扩容到 10 t，出钢量 20 t，于 1993 年成功地浇出 Q235 钢 100 多炉，连浇率 20%，平均拉速为 3 m/min，拉成率 95%，合格率 97%。

1996 年，我国从德国 SMS 捆绑式引进了 3 条 CSP 生产线，分别建在珠江钢厂、邯郸钢铁公司和包头钢铁公司。前者采用电炉炼钢，后两公司是长流程企业，转炉炼钢。由于转炉冶炼周期短、容量大，因此出结晶器口的坯厚增加到 70～80 mm，并二流连铸，除采用带液心压下技术外，邯钢还增设了 1 架粗轧机，以使进入精轧机的坯厚不大于 50 mm。3 条 CSP 线主要的共同点是：立弯式机型；漏斗型结晶器；结晶器液压振动；液心压下（LCR）技术；摆动式加热炉；热轧带卷最薄厚度至 1.0 mm。

珠钢 CSP 生产线已于 1999 年 8 月建成投产，如图 13-81 所示，并后续冷轧带钢生产设备；紧随其后的邯钢 CSP 线也在同年 12 月投产了；包钢 CSP 生产线在 2001 年投产。

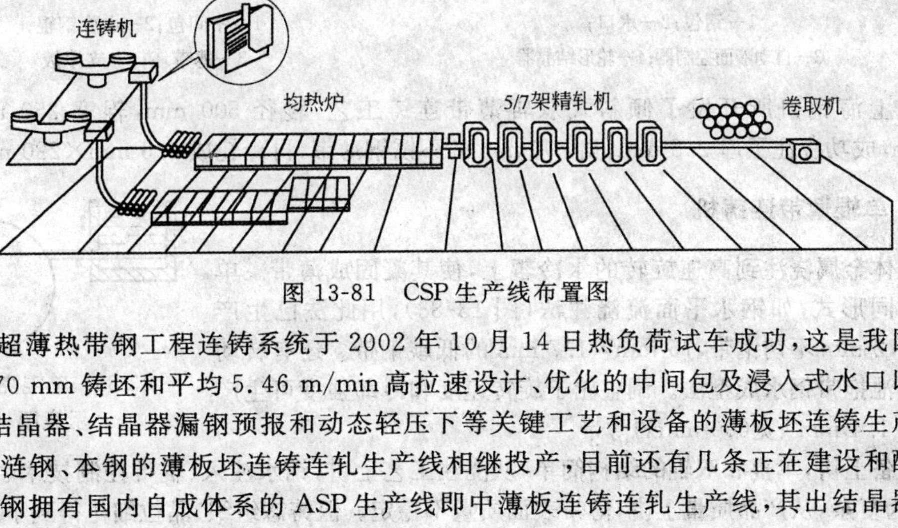

图 13-81 CSP 生产线布置图

唐钢超薄热带钢工程连铸系统于 2002 年 10 月 14 日热负荷试车成功，这是我国第一条采用 90/70 mm 铸坯和平均 5.46 m/min 高拉速设计、优化的中间包及浸入式水口以及采用 H^2 漏斗结晶器、结晶器漏钢预报和动态轻压下等关键工艺和设备的薄板坯连铸生产线。此后，马钢、涟钢、本钢的薄板坯连铸连轧生产线相继投产，目前还有几条正在建设和酝酿规划之中。鞍钢拥有国内自成体系的 ASP 生产线即中薄板连铸连轧生产线，其出结晶器的铸坯厚度为 100～135 mm。

在薄板坯生产线投产的同时，国内不少厂家结合自身技术改造都在进一步思考引用或嫁接这一近终形现代化前沿工艺技术的问题，如昆钢引进美国 Tippins 公司现代化炉卷轧机，将使用中厚板坯连铸机生产热轧带钢和后接冷轧设备的项目。

13.7 薄带连铸技术

把钢水直接铸成薄带作为成品或作为冷轧坯料生产薄带产品，这是连铸技术上又一次革新。其优点是减少投资，节约能源，简化工序，得到高质量的材料。如直接将钢水连铸成硅钢薄带，经退火处理，即可做电机硅钢片，这样就省去开坯、轧制等工序。对不锈钢，可连铸成 2～6 mm 薄带作为冷轧坯料。对低合金钢，可连铸成 1～6 mm 薄带，经退火后，可做冲压制品。

薄带连铸在世界范围内引起了冶金工作者的重视，竞相开发。它是一种快速凝固的方法，特点是冷却速度快，达 $10^2 \sim 10^3$℃/s，拉速可达 10 m/min 以上。目前薄带连铸机有以下几种类型。

13.7.1　双辊薄带连铸机

两个水冷辊直径为 400～500 mm，辊长为 150～400 mm，两个辊子转动控制两个辊面的间隙，钢水浇注到两个旋转辊轮之间迅速凝固成薄带。此法可生产 1～10 mm 冷轧带钢，拉速可达 3～12 m/min。可浇注硅钢、不锈钢和碳钢。从钢流浇注方向来分有：上注双辊法、倾斜双辊法、水平双辊法，其基本结构如图 13-82 所示。

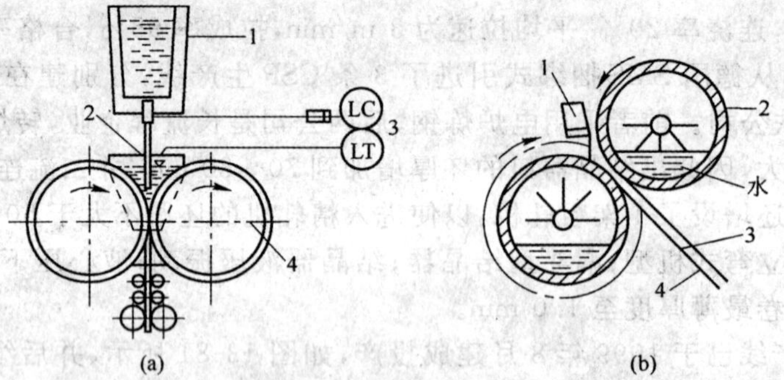

图 13-82　双辊薄带连铸机示意图

(a) 上注双辊法；
1—钢包；2—水口；
3—自动液面控制器；4—轮形结晶器

(b) 倾斜双辊法
1—中间包；2—水冷钢辊；
3—薄带坯；4—支撑板

我国上海钢研所开发了倾斜式双辊薄带连铸工艺，辊径 500 mm，辊宽 250 mm，拉速 25 m/min，成功浇注了厚 2.5 mm、宽 200 mm 的不锈钢薄带，再冷轧成 0.6 mm×220 mm 薄带。

13.7.2　单辊薄带连铸机

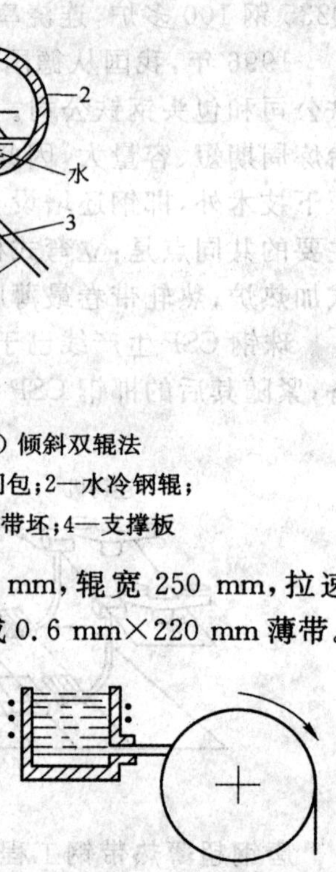

图 13-83　单辊浇注带坯示意图

将液体金属浇注到高速旋转的水冷辊上，使其凝固成薄带。单辊法有不同形式，如钢水平面流浇注法（图 13-83），用此法已生产 300 mm×2 mm 不锈钢带，75 mm×1.7 mm 的低碳钢带。还有转动轮子从熔池拖带钢水成型法。调整轮子旋转速度和冷却强度可生产厚 0.25～1.4 mm 、宽600 mm的薄带。

从设备上讲，单辊和双辊的结构简单，从浇注工艺上讲，钢水注入、辊带控制技术（如带厚均匀性）较为复杂，从产品质量上讲，薄带表面质量不稳定。但铸态组织、晶粒细化得到了改善。

薄带连铸技术简化工序，减少投资，尤其适合于合金钢薄带连铸。虽然目前还处于试验阶段，随着技术的进步，这一工艺将发挥它的潜力。

13.7.3　Eurostrip 薄带连铸机

设在克虏伯、蒂森不锈钢公司克雷弗尔德厂的欧洲第一套工业生产性薄带坯连铸生产线（Eurostrip）是由德国蒂森公司、法国尤西诺尔钢铁公司、意大利特尔尼特钢厂和奥钢联设备制造公司联合建立的，它是在过去 Terni 厂和 Isbergues 厂中间试验所取得经验和知识的基础上建立的，于 1999 年 2 月 25 日奠基并于 1999 年 12 月 10 日进行第一炉热试。此薄带生产线主要是为了生产奥氏体不锈钢。图 13-84 为欧洲薄带连铸机示意图。

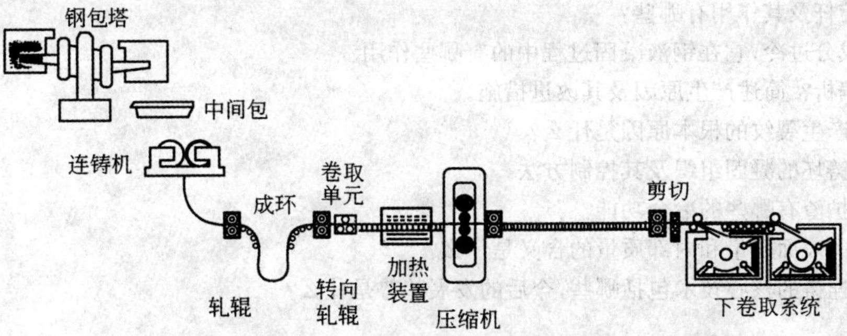

图 13-84 欧洲薄带连铸机示意图

Eurostrip 生产线自 1999 年 12 月 10 日进行第一次热试后，每月浇注 7～8 炉，工艺流程是：双辊拉出来的 3 mm 厚的连铸带钢，紧接着进行 20%～30%热轧，然后冷却卷成带卷。整个流程长约 70 m。设计拉速为 150 m/min，也可根据带钢厚度而改变拉速。计划年产带钢 40 万 t，产品规格为 1.5～4.5 mm 厚、800～1450 mm 宽。据称，薄带坯表面质量良好，连铸过程运行顺利。

13.7.4 双带式薄板坯连铸技术

该机型早在 20 世纪 40 年代由美国赫兹莱特(Hazelet)设计，现已广泛应用于有色金属浇注薄板坯。20 世纪 60 年代以来相继有英国、日本、法国的有关公司对该机型进行改造，用于试验浇注钢水。

常规连铸机的结晶器固定的作上下运动；而双带连铸机结晶器和正在凝固的坯壳作相对运动，以满足高拉速(10 m/min)的要求。

钢水从钢包进入中间包再由小中间包注入由上下钢带和两侧用活动链块组合而成的结晶器内，上下钢带用厚度为 1.1～1.4 mm 低碳钢焊接成环状，钢带背面用高压水膜冷却，通过两条环形钢带绕在两组转轮上，由大转轮张紧钢带并以预定速度驱动钢带运转，这样就形成了移动式结晶器。

钢带内表面与铸坯分离后，经清理、涂保护层、烘干进入浇注位置，而薄板坯则进入二次冷却区，切割后进入冷床。

日本住友公司已做过试验，钢包 50 t。大中间包容量 10 t，小中间包 1.5 t，薄板坯尺寸(20～80) mm×600 mm，拉速 10 m/min。钢包→大中间包→小中间包采用长水口，小中间包→结晶器采用氩气(Ar)保护。50 t 钢水浇 30～40 min，钢包温降 30～40℃，二次冷却区比水量 0.6～1.0 L/kg钢。

双带式薄板坯连铸机还有水平式、单带式等不同形式，用此法生产的薄板坯有裂纹、冷痣、凹坑等表面缺陷。

复习思考题

13-1 简述连铸的主要特点及其优越性有哪些。

13-2 简述连铸机的主要种类及其特点有哪些。

13-3 简述连铸结晶器的主要作用有哪些。

13-4 简述中间包冶金的主要含义是什么？

13-5 简述结晶器振动的作用及其主要方式有哪些。

13-6 什么是二次冷却区，它的主要作用有哪些，二冷配水的基本原则有哪些？

13-7　连铸引锭杆及其作用有哪些?

13-8　什么是成分过冷,它在钢液凝固过程中的有哪些作用?

13-9　什么是偏析?简述产生原因及其改进措施。

13-10　连铸坯产生裂纹的根本原因是什么?

13-11　论述连铸坯的凝固组织及其控制方法。

13-12　连铸保护渣有哪些的冶金功能?

13-13　连铸坯的表面质量和内部质量的含义是什么?

13-14　薄板坯连铸的核心技术包括哪些,今后的发展趋势是什么?

参考文献

1 殷瑞钰. 冶金流程工程学. 北京:冶金工业出版社,2004

2 张家芸等. 冶金物理化学. 北京:冶金工业出版社,2004

3 黄希祜. 钢铁冶金原理(第3版). 北京:冶金工业出版,2002

4 曲英. 炼钢学原理. 北京:冶金工业出版社,1980

5 王筱留等. 钢铁冶金学(炼铁部分)(第2版). 北京:冶金工业出版社,2000

6 陈家祥等. 钢铁冶金学(炼钢部分). 北京:冶金工业出版社,1990

7 李慧. 钢铁冶金概论. 北京:冶金工业出版社,1993

8 王雅贞等. 氧气顶吹转炉炼钢工艺与设备. 北京:冶金工业出版社,2001

9 冯聚和等. 铁水预处理与钢水炉外精炼. 北京:冶金工业出版社,2006

10 王悦祥等. 烧结矿与球团矿生产. 北京:冶金工业出版社,2006

11 高泽平. 炼钢工艺学. 北京:冶金工业出版社,2005

12 徐曾启. 炉外精炼. 北京:冶金工业出版社,1996

13 苏天森. 转炉溅渣护炉技术. 北京:冶金工业出版社,1999

14 张树勋. 钢铁厂设计原理(上册). 北京:冶金工业出版社,1993

15 李传薪. 炼钢厂设计原理(下册). 北京:冶金工业出版社,1995

16 马竹梧. 钢铁工业自动化(炼钢卷),北京:冶金工业出版社,2003